제4판

환경지질학

INTRODUCTION TO ENVIRONMENTAL GEOLOGY

환경지질학

제4판

Edward A. Keller 지음
박수인 · 김지수 · 박영록 · 손문 · 우남칠 · 윤성택 · 전승수
정찬호 · 정형빈 · 조호영 · 최상훈 · 함세영 옮김

Σ 시그마프레스

환경지질학, 제4판

발행일 | 2009년 9월 15일 1쇄 발행
2010년 8월 15일 2쇄 발행

저자 | Edward A. Keller
역자 | 박수인, 김지수, 박영록, 손문, 우남칠, 윤성택, 전승수
정찬호, 정형빈, 조호영, 최상훈, 함세영
발행인 | 강학경
발행처 | **(주) 시그마프레스**
편집 | 김정하
교정 · 교열 | 김은실

등록번호 | 제10-2642호
주소 | 서울특별시 마포구 성산동 210-13 한성빌딩 5층
전자우편 | sigma@spress.co.kr
홈페이지 | http://www.sigmapress.co.kr
전화 | (02)323-4845~7(영업부) (02)323-0658~9(편집부)
팩스 | (02)323-4197

인쇄 | 자윤프린팅 제본 | 세림제책
ISBN | 978-89-5832-622-9

Introduction to **Environmental Geology**, 4th Edition

Authorized translation from the English language edition, entitled INTRODUCTION TO ENVIRONMENTAL GEOLOGY, 4th Edition, ISBN: 0132251507 by KELLER, EDWARD A., published by Pearson Education, Inc, publishing as Prentice Hall, Copyright © 2008

*책값은 뒤표지에 있습니다.

PREFACE

역자서문

지구는 우리 인류를 비롯한 지구상의 모든 생물에게 먹을거리와 살 곳을 제공하는 삶의 터전이다. 따라서 지구는 우리들의 가정과 같이 소중한 존재이다. 그러나 우리는 최근 인구의 빠른 증가와 각종 자원의 무분별한 개발과 남용에 의해 자연 경관 훼손과 환경오염 및 광물 자원과 에너지 자원의 고갈, 지하수의 고갈과 오염, 사막화 현상, 비옥한 토양의 유실 및 식량 의 부족 등 심각한 문제를 겪고 있다.

지난 2004년 인도네시아에서 발생한 쓰나미와 2009년 7월 태풍 마라꽃은 많은 인명피해와 막대한 재산피해를 입혔다. 오늘날의 자연재해 중 일부는 고도로 발달된 현대 과학기술로 예방은 물론 예측도 할 수 없을 정도로 그 규모와 강도가 엄청나게 크다. 따라서 지구상에서 일어나고 있는 크고 작은 규모의 각종 자연재해와 환경 파괴, 식량 및 자원 고갈의 원인과 과정을 명확히 이해하고 밝히며, 이에 대한 지혜로운 해결책과 대안을 모색함으로써 물론 우리의 생활수준과 환경의 질을 향상시키는 것은 오늘날 지구상에 살고 있는 우리 현대인들의 중대한 책무이다. 우리는 또한 미래의 지도자로서 또는 교양 있는 시민으로서 당연히 사람과 환경에 유익한 개발 방향을 강구해야 한다.

우리 역자들은 대학에서 오랫동안 지질학과 환경지질학을 연구하고 가르치고 보급하는 일에 종사해 왔으며, 그 과정에서 오늘날 지구의 환경오염과 자연재해의 심각성을 인식하고 이에 대한 대책으로 환경지질학을 쉽고 재미있게 가르칠 수 있는 방법이 없을까 다방면으로 모색해 왔다. 그러던 중 (주)시그마프레스 강학경 사장님으로부터 Edward A. Keller가 저술한『Introduction to Environmental Geology』제4판을 번역하자는 제안을 받고 역자들 각자의 전공분야를 고려하여 업무를 분담해 번역하기로 하였다.

이 책은 모두 4개의 부로 구성되어 있다. 제1부는 환경지질학의 원리와 기본 개념, 지구의 구조와 판구조론, 광물과 암석의 기원과 중요성을 소개한다. 따라서 제1부는 이 책의 나머지 부분을 이해하는 데 필요한 중요한 정보와 함께 지질학의 기초를 소개한다. 제2부는 각종 자연재해와 이와 관련된 기초와 환경학적인 관점에서 지구의 작용과 자연재해에 초점을 맞추었다. 제3부는 지질학적인 환경과 이와 관련된 주요 자원과 오염 문제를 제시하며, 제4부는 전 지구적 변화, 환경 관리 및 환경과 사회 사이의 관계를 다룬다. 또한 각 부는 여러개의 장으로 구성되어 있는데, 이들은 독자들이 자료를 이해하고 주요 개념을 효과적으로 복습할 수 있도록 매우 체계적으로 조직화되어 있다.

이 책의 목적은 지구의 구성 물질과 작용에 초점을 맞추어 독자들에게 지질학과 환경지질학의 기본 개념과 원리를 소개한다. 또한 자연 자원과 환경오염 및 자연재해와 지질학적인 환경에 대한 충분한 정보를 제공함으로써 이들 사이의 상호작용과 환경 관리의 기본 개념을 이해하여 환경 훼손과 환경오염 문제를 최소화하는 데 있다.

이 책을 번역하는 데 있어 역자들은 가능한 쉬운 용어를 사용하였으며, 원서의 내용이 충실하게 반영되도록 최선을 다했다. 일부 적절한 용어가 없는 경우 원어를 그대로 사용하거나 다소 어려운 단어들을 피할 수 없이 사용하였다. 이 책에서 사용된 중요한 용어는 지구과학용어집(한국지구과학회, 2003), 지질학사전(교학연구사, 1998), 대기과학용어집(한국기상학회, 1996)을 따랐다. 이 책을 통하여 환경지질학과 지질학에 관심을 두고 공부하는 대학교 학생들과 환경오염과 자연재해에 관심이 많은 교수, 연구원, 초 · 중 · 고등학교 교사 및 일반인들이 이들 문제를 명확히 인식하고 적절한 해결책과 대안을 제시할 수 있는 능력을 함양하는 데 기여했으면 하는 것이 역자들의 간절한 소망이다. 책의 번역이나 잘못된 점에 대하여 독자들의 많은 조언과 아낌없는 비판을 바란다. 이 책의 번역과 출판에 많이 협조하여 주신 (주)시그마프레스의 강학경 사장님과 편집부 김은실 과장님 및 여러 분들께 진심으로 감사드린다.

2009년 9월
옮긴이 일동

PREFACE

저자서문

『Introduction to Environmental Geology』 제4판의 주된 목적은 학생들, 특히 과학을 단 한 과목이라도 수강하는 학생들에게 지질 작용, 생태 작용 및 사회에서의 상호작용을 이해할 수 있는 능력을 기를 수 있도록 돕는 데 있다. 21세기 전반기 동안 인구수가 증가하고 자원 이용이 증가함에 따라 물, 토양, 공기, 광물 자원, 에너지 및 사는 공간과 같은 자원 활용에 대한 많은 의사결정이 우리의 생활수준과 환경의 질을 결정할 것이다.

우리의 가치관과 결합된 과학지식은 이러한 의사결정에 영향을 미칠 것이다. 미래의 지도자로서 또는 교양 있는 시민으로서 우리의 책임은 사람과 환경에 유익한 개발 방향을 선택하는 것이다.

역동적으로 변화하는 지구 환경은 가장 흥미진진하고 호기심을 불러일으키는 연구 영역 중 하나이다. 환경지질학은 사람과 자연환경 사이의 상호작용하는 모든 범위에 지질학적 정보를 적용하는 것이다. 환경지질학의 교육과정 동안 우리는 지질학이 사람들과 사회가 직면하고 있는 주요 환경문제와 어떻게 상호작용을 하는지에 대한 이해를 계발할 것이다. 이것이 바로 이 책의 진수이다. 이 책의 전략은 다음과 같다.

- 지구 물질과 작용에 초점을 맞추어 일반지질학과 환경지질학의 기본 개념과 원리를 소개한다.
- 자연재해와 지질학적인 환경에 대한 충분한 정보를 제공함으로써 한층 더 교양 있고, 지진, 화산 및 홍수와 같은 자연재해와 대참사에 대해 사회가 어떻게 대응해야 할지 의사결정하는 데 도움을 줄 것이다.
- 자연 자원과 오염 사이의 관계를 이해하는 데 도움을 줄 것이다. 자원을 탐사하고 개발하며 활용한 결과 우리 환경은 오염될 수 있다. 따라서 우리가 오염문제를 어떻게 최소화할 수 있는지 아는 것이 중요하다.
- 환경 관리의 기본 개념을 이해하는 데 도움을 줄 것이다. 왜냐하면 이들은 폐기물 처리, 환경 건강, 전 지구적 변화 및 환경영향평가와 같은 지질학적인 환경 영역과 관계가 있기 때문이다.

환경지질학의 교육과정을 마치고 나면 여러분은 어디에 집을 지을지 또는 구입할지에 대한 준비나 어떤 자원을 활용해야 할지 그리고 사회에 적절한 환경 작용과 지구 생태계

이해에 대한 준비가 더 잘되어 있을 것이다.

다섯 가지 기본 개념

이 책은 우리가 '환경지질학의 기본 개념' 이라고 하는 방책을 소개한다. 수업을 통해 배운 이 다섯 개념은 지질학적 작용의 상호작용과 영향에 대해 올바른 선택을 할 수 있도록 평생 활용할 수 있는 지식을 제공하고 있다.

- **인류의 인구수 증가** : 인구 증가는 제일의 환경문제이다. 인구가 증가함에 따라 환경에 대한 우리의 영향과 요구도 증가한다.
- **지속 가능성** : 지속 가능성은 미래의 인류와 지구를 공유하는 그 밖의 생명체를 부양하는 장기적인 환경 목표이다.
- **계로서의 지구** : 인류의 활동은 어떤 또는 지구 시스템 모두에게 중요한 영향을 미칠 수 있으며 빈번히 전 지구 환경에 영향을 미친다.
- **위험한 지구작용, 위해성 평가 및 인식** : 지구의 위험스러운 작용은 항상 일어났으며 항상 일어날 것이다. 인류는 재해의 위협을 인지하고 생명과 재산의 위해성을 평가하며, 이들을 막거나 또는 적절한 입안이 필요하다.
- **과학지식과 가치** : 과학 연구는 흔히 환경문제에 대해 가능성 있는 다양한 해결책을 제공한다. 우리가 선택한 해결책은 우리의 가치 체계의 직접적인 반영이다.

이들 개념은 제1장에 소개되어 있으며 그 다음에 이 책 전체에 걸쳐 강조되어 있다(모든 장의 끝에 있는 '기본개념의 재확인' 참조). 내용을 이들 5개 개념에 연결시킴으로써 이 책은 환경지질학의 교육과정의 한계를 넘어 여러분의 일상생활 속으로 널리 확장되는 이해의 골격을 제공한다.

이 책의 구성

지질학을 전공하든 또는 과학의 선택과목으로 이 과목을 수강하든 이 책은 환경지질학 학습에 아주 적합하다. 저자는 이 책을 환경지질학과 지질학의 기본원리를 소개하고, 자연작용과 재해, 자연 자원과 환경 훼손을 최소화하기 위한 목표하에 이들 자원의 관리에 대한 이해로 자연스럽게 연결되도록 구성하였다. 그리고 기후와 사회, 지질학적인 환경 사이의 중요한 상호작용에 집중하는 전 지구적 변화에 대한 자세한 토론으로 끝을 맺었다.

이 책은 4부 20장으로 구성되어 있다.

- 제1부는 원리와 기본 개념, 지구의 구조와 판구조론, 광물과 암석의 기원과 중요성을 소개한다. 따라서 제1부는 이 책의 나머지 부분을 이해하는 데 필요한 중요한 정보와 함께 일반지질학의 기초를 소개한다. 제1장은 지질학적인 환경의 강조와 함께 환경과학의 다섯 가지의 기본 개념을 소개한다. 제2장은 지구의 구조와 판구조론이란 중요 주제 및 지질학적인 관점에서 우리 지구는 어떻게 작동하는가를 논한다. 제3장은 환

경지질학의 문제와 이들 문제의 해결책을 이해하는 데 필요한 암석과 광물에 대한 지질학적인 정보를 제공한다. 제3장에서는 또한 지층 수평의 원리, 절단의 원리, 퇴적환경의 개념, 암석의 순환 개념 및 마그마 분화작용의 원리를 포함한 지질학의 기본 원리 몇몇을 제시하였다. 제4장은 지질학과 연결된 생태학의 기초를 제시한다. 생태계는 생물체의 군집과 이들의 비생물 환경(암석, 토양 등)을 포함한다. 생태학과 연결된 최근 새로 생겨난 지질학 연구는 호기심을 불러일으키며 많은 기회를 제공한다.

- 제2부는 자연재해(제5장), 지진(제6장), 화산 활동(제7장), 강과 홍수(제8장), 사태(제9장), 해안 작용(제10장) 및 외계 천체의 충돌을 포함한 자연재해를 다룬다. 제2부의 목적은 이들 작용에 대한 자세한 정보의 막대한 양을 제공하는 것이 아니라 관련된 기초와 지구작용과 자연재해의 환경학적인 관심사에 집중하는 것이다.
- 제3부는 지질학적인 환경과 관련된 주요 자원과 오염 문제를 제시한다. 중요한 주제는 수자원(제12장), 물 오염(제13장), 광물 자원(제14장), 에너지 자원(제15장), 토양(제16장), 폐기물 처리(제17장) 및 대기 오염(제18장)을 포함한다. 여기에서는 자연 자원에 대한 기본 원리를 제시하고 잠재적인 환경 문제와 해결책을 확인하는 것에 중점을 둔다.
- 제4부는 전 지구적 변화, 환경 관리 및 환경과 사회 사이의 관계를 다룬다. 제19장은 지구온난화와 성층권의 오존 고갈에 집중하는 전 지구적 변화를 논한다. 마지막으로 이 책의 '절정'인 제20장에서는 환경 건강, 토지 이용 계획, 환경법, 환경영향분석, 우리는 어떻게 환경 지속 가능성의 획득 목적을 달성할 수 있는가, 그리고 환경이 남길 수 있는 것과 같은 주제들과 함께 환경과 사회 사이의 관계를 논한다.

제4판에서 새로운 주요 자료

제4판은 이 책을 교재로 쓴 교수들이 재검토해 준 것의 도움을 받아 이루어졌다. 변경된 것의 대부분이 이들의 사려 깊은 재검토를 반영하고 있다. 새로운 장인 제4장 생태학과 지질학은 환경 연구에 있어 물리적인 작용과 생물학적인 작용 사이의 중요한 관계를 인지한다. 새로운 이 장에 더해 새롭거나 광범위하게 개정된 토론들이 포함된다.

- 환경 문제를 해결하는 것이 왜 어려운가(제1장)
- 환경 정책과 예방 원리(제1장)
- 쓰나미(제6장)
- 홍수 평가(제8장)
- 라콘치타 사태(제9장)
- 허리케인(제10장)
- 수자원(제13장)
- 피크오일(제15장)
- 전자폐기물((제17장)
- 대기 중 독성물질(제18장)

- 지구온난화(제19장)
- 지속 가능한 환경이 포함하는 것 — 미래에 대한 비전

앞에서 언급한 새로운 장과 새롭거나 개정된 토론에 더하여 많은 주제의 토론은 갱신되었다. 그리고 재검토자들의 요구에 의해 토론 중인 주제를 한층 더 분명하게 제시하기 위해 많은 그림들이 개정되었다.

이 책의 특징

이 책은 학생들의 학습 욕구에 민감하다. 각 장은 여러분이 자료를 이해하고 주요 개념을 효과적으로 복습하는 것을 돕기 위해 명료하게 조직화되어 있다. 여러분이 이 책에서 자료를 이용하는 데 도움을 주기 위해 각 장은 다음과 같이 구성되어 있다.

- 장을 끝마친 후 여러분이 할 수 있는 것을 명료하게 기술한 '학습 목표' 가 있다.
- '사례 연구' 또는 '자세히 살펴보기' 라고 하는 읽을거리가 이 책의 내용을 주위 세상과 관련시킬 수 있게 삽입되어 있다.
- 각 장의 요약은 주요 주제에 재집중할 수 있게 돕는다.
- 환경지질학의 기초는 제1장에서 제4장에 걸쳐 소개되어 있으며, 제5장에서 제20장까지는 장에 제시된 자료에 관하여 5개의 기본 원리를 재고하는 토론을 포함한다.
- 보충 읽을거리를 제공하고, 각 장에 보고된 연구를 수행한 과학자의 신뢰를 나타내기 위해 이 책 끝에 자세한 참고문헌이 제시되어 있다.
- 주요 용어가 장의 끝에 소개되어 있다. 이들 용어는 여러분이 각 장의 내용을 더 잘 이해하는 데 필요한 중요한 개념과 용어를 확인하는 데 도움을 줄 것이다.
- 복습 문제는 중요한 내용을 복습하는 데 도움을 준다.
- 심화 문제는 각 장에 포함된 어떤 중요 쟁점을 생각하도록 여러분을 고무시키며, 이 쟁점을 여러분의 생활과 사회에 관련시키도록 시도한다.

이 책의 부록은 환경지질학의 한층 더 응용적인 부분을 이해할 수 있도록 유용한 부가적인 정보를 추가하였다. 이 정보는 아마 여러분이 참여하는 보충 실험실 활동과 야외 활동에 유용할 것이다. 부록에 포함된 특정 주제는 다음과 같다.

- 덧붙인 표와 힌트를 이용한 암석과 광물의 감정
- 어떻게 지형도를 읽고, 지형단면도를 작성하며, 지질도를 이해하는지에 대한 구체적인 정보와 함께 지형도와 지질도 소개
- 디지털고도모형(DEMs)과 위성위치확인시스템(GPS) 도구 사용법 소개
- 지질학자들이 어떻게 지질시대를 결정하고 해석하는지에 대한 논의
- 다르시 법칙과 지하수 문제를 푸는 데 우리가 어떻게 이 법칙을 이용하는지에 관한 예
- 환경지질학 분야에서 사용되는 용어 해설

BRIEF CONTENT

요약차례

제1부 | 환경지질학의 기초 1

제 1 장 원리와 기본 개념 2
제 2 장 지구의 내부 구조와 판구조론 40
제 3 장 광물과 암석 72
제 4 장 생태와 지질 116

제2부 | 지구작용과 자연재해 145

제 5 장 자연재해 개관 146
제 6 장 지진과 이에 수반된 현상 180
제 7 장 화산 활동 240
제 8 장 강과 홍수 282
제 9 장 사면작용, 산사태와 지반침하 324
제10장 해안작용 364
제11장 외계 천체의 충돌 404

제3부 | 자원과 오염 431

제12장 수자원 432
제13장 수질 오염 470
제14장 광물 자원 506
제15장 에너지 자원 538
제16장 토양과 환경 600
제17장 자원으로서의 폐기물 : 폐기물 관리 630
제18장 대기 오염 656

제4부 | 환경적 관리, 지구적 시각과 우리 사회 687

제19장 전 지구적 기후 변화 688
제20장 지질학, 사회 그리고 미래 726

CONTENT

차례

제1부
환경지질학의 기초 1

제1장 원리와 기본 개념 2

사례 연구 이스터 섬 : 전 지구적인 규모에서 우리는 동일한 운명에 있는가? 4

1.1 환경지질학의 소개 5

자세히 살펴보기 우주에서 지구의 위치 5

1.2 환경지질학의 기본 개념 11

자세히 살펴보기 인류에 의한 경관 변형 : 테네시의 덕타운 18

사례 연구 아랄 해 : 호수의 죽음 22

자세히 살펴보기 가이아 가설 26

제2장 지구의 내부 구조와 판구조론 40

사례 연구 판 경계에 있는 두 도시 42

2.1 지구의 내부 구조 43

2.2 지구 내부 구조의 연구 46

2.3 판구조 46

자세히 살펴보기 경이로운 산맥 53

2.4 해저확장설의 이해 56

2.5 판게아와 현재의 대륙 61

2.6 판구조 운동의 원인 : 여러 가지 힘 65

2.7 판구조론과 환경지질학 67

제3장 광물과 암석 72

사례 연구 석면에 관한 논쟁 74

3.1 광물 75

3.2 주요 조암광물 81

자세히 살펴보기 풍화 84

자세히 살펴보기 점토 87

3.3 암석 순환 89

3.4 세 가지 암석의 법칙 90

3.5 화성암 91

3.6 퇴적암 97

3.7 변성암 101

3.8 암석 강도와 변형작용 106

사례 연구 세인트프란시스 댐 106

3.9 암석 구조 108

제4장 생태와 지질 116

사례 연구 멸종 위기에 처한 남부 캘리포니아의 무지개송어 : 지질과의 연관성 118

4.1 지질학자를 위한 생태학 : 기본 용어 118

4.2 지질과 생물다양성 122

자세히 살펴보기 방파제와 생물다양성 132

4.3 생태 복원 135

자세히 살펴보기 키시미 강의 복원 136

자세히 살펴보기 플로리다 에버글레이즈의 복원 138

자세히 살펴보기 포켓 비치에서의 해안 사구 복원 : 캘리포니아 대학교 샌타바버라 캠퍼스 141

제2부
지구작용과 자연재해 145

제5장 자연재해 개관 146

사례 연구 미국 역사상 가장 치명적인 자연재앙인 허리케인 카트리나 148

5.1 재해, 재앙 그리고 자연작용 151

자세히 살펴보기 규모–주기 이론 154

5.2 자연재해 평가 : 재해 기록, 연관성, 재해 예측 그리고 위해성 평가 158

자세히 살펴보기 과학자, 재해 그리고 대중매체 164

5.3 자연재해에 대한 인간의 대응 166

5.4 지구의 기후와 자연재해 170

5.5 인구 증가, 토지용도 변경 그리고 자연재해 171

자세히 살펴보기 네바도 델 루이즈 : 사람, 토지 이용 그리고 화산 분출에 대한 이야기 173

제6장 지진과 이에 수반된 현상 180

사례 연구 1994년 노스리지 182

6.1 지진에 대한 소개 182

6.2 지진 규모 182

6.3 지진 강도(진도) 187

6.4 판경계 지진 190

6.5 판내부 지진 191

6.6 지진 과정 192

6.7 지진동 197

6.8 지진주기 207

6.9 인간 활동이 원인이 되는 지진 209

6.10 지진의 효과 211

6.11 쓰나미 214

자세히 살펴보기 인도네시아 쓰나미 215

6.12 지진 위험도와 지진 예측 222

6.13 지진예측의 전망 226

6.14 터키의 순차 지진 : 지진이 또 다른 지진을 만드는가? 226

6.15 지진재해에 대한 대응 227

자세히 살펴보기 2002년의 알래스카 지진과 잠재적인 지반 파열의 평가 가치 229

제7장 화산 활동 240

사례 연구 1991년의 운젠 화산 242

7.1 화산재해에 대한 소개 243

7.2 화산 활동과 화산 245

7.3 화산 유형 246

7.4 화산의 기원 251

7.5 화산 지형 254

7.6 화산재해 258

7.7 두 가지 사례 연구 268

7.8 화산 활동에 대한 예측 274

7.9 화산재해 인지 및 적응 278

제8장 강과 홍수 282

사례 연구 1973년과 1993년의 미시시피 강의 홍수 284

8.1 강 : 역사적인 이용 287

8.2 시내와 강 287

8.3 강의 퇴적물 289

8.4 강의 유속, 유출량, 침식 그리고 물질의 퇴적 290

자세히 살펴보기 어느 강의 역사 292
8.5 토지 이용 변경의 영향 294
8.6 수로의 형태와 범람원의 형성 295
8.7 강의 범람 298
자세히 살펴보기 홍수의 규모와 주기 299
8.8 도시화와 홍수 303
8.9 홍수재해의 성질과 범위 305
사례 연구 오하이오 주 동부 지역의 돌발 홍수 307
8.10 홍수재해에 대한 조정 308
8.11 홍수에 대한 인식 317

제9장 사면작용, 산사태와 지반침하 324
사례 연구 2005년 라콘치타 산사태 326
9.1 산사태란 327
9.2 사면작용과 산사태의 형태 328
9.3 사면의 안정도 332
자세히 살펴보기 층리면을 따라 일어나는 전이성 미끄럼사태 334
사례 연구 바이온트 댐 340
9.4 인간에 의한 이용과 산사태 343
9.5 산사태 재해의 최소화 346
9.6 눈사태 352
9.7 지반침하 353
9.8 산사태 재해의 인지 359

제10장 해안작용 364
사례 연구 케이프 하테라스 등대에 대한 논쟁 366
10.1 해안재해란 367
10.2 해안작용 368
10.3 해안침식 375
자세히 살펴보기 해안변화의 측정 379
10.4 해안재해와 공학적 구조물 380
10.5 인간 활동과 해안침식의 몇 가지 예 385
10.6 열대성 저기압 388
10.7 해안재해에 대한 인지와 적응 395
자세히 살펴보기 E-선과 E-구역 398

제11장 외계 천체의 충돌 404
사례 연구 퉁구스카 사건 406
11.1 우주에서 지구의 위치 407
11.2 공중폭발과 충돌 409
11.3 대량멸종 417
11.4 충돌 위험의 최소화 423
자세히 살펴보기 지구근접천체 426

제3부
자원과 오염 431

제12장 수자원 432
사례 연구 뉴욕 롱아일랜드 434
12.1 물 : 전 지구적 관점 435
12.2 지표수 436
12.3 지하수 440
12.4 지표수와 지하수의 상호작용 447
사례 연구 텍사스 주 에드워즈 대수층-분쟁에 싸인 수자원 451
12.5 탈염 453
12.6 물 사용 453
12.7 미래의 물 관리 458
자세히 살펴보기 콜로라도 강의 관리 459

12.8 물과 생태계 463

자세히 살펴보기 습지 464

12.9 전 지구적 물 부족 현상의 발생 465

제 13 장 수질 오염 470

사례 연구 노스캐롤라이나 만의 돼지들 472

13.1 수질 오염 개론 474

13.2 대표적 수질 오염물질 475

13.3 지표수 오염과 처리 485

자세히 살펴보기 산성광산배수 486

13.4 지하수 오염과 처리 488

13.5 수질 기준 492

13.6 폐수 처리 494

자세히 살펴보기 보스턴 항구-국가적 보물의 정화 498

13.7 연방 법규 501

13.8 수질 오염의 영향을 줄이기 위해 무엇을 할 수 있는가? 501

제 14 장 광물 자원 506

사례 연구 골프장으로 변한 콜로라도 주 골든 시 인근의 광산 508

14.1 광물과 이용 508

14.2 광물 자원과 지질작용 514

자세히 살펴보기 판구조론과 광물 생성 515

14.3 광물 개발의 환경적인 영향 522

자세히 살펴보기 광산활동과 이타이이타이병 528

자세히 살펴보기 사우스다코타의 홈스테이크 광산 531

14.4 광물 자원의 재활용 532

14.5 광물 자원과 지속 가능성 534

제 15 장 에너지 자원 538

사례 연구 피크오일 : 언제 일어나며 그 중요성은 무엇인가? 540

15.1 에너지원에 대한 문제는 새로운 것이 아니다 : 과거와 현재의 에너지 쇼크 540

15.2 에너지 공급과 에너지 수요 542

자세히 살펴보기 에너지 단위 543

15.3 화석연료 545

자세히 살펴보기 애팔래치아 산맥의 석탄 슬러지 553

15.4 석유의 미래 562

15.5 화석원료와 산성비 563

15.6 핵 에너지 567

자세히 살펴보기 방사능 569

15.7 지열에너지 580

15.8 재생 에너지원 585

15.9 보존, 효율 그리고 열병합 594

15.10 미래의 에너지 정책 595

제 16 장 토양과 환경 600

사례 연구 미주리 주의 타임스비치 602

16.1 토양 개론 603

16.2 토양 단면 603

16.3 토양 특성 606

16.4 토양 비옥도 608

16.5 토양수 608

16.6 토양 분류 609

16.7 토양의 공학적 성질 609

16.8 토양 침식률 615

자세히 살펴보기 범용 토양 유실 공식 615

16.9 퇴적물 오염 616

16.10 토지 이용과 토양의 환경 문제 618

사례 연구 매릴랜드의 퇴적물 오염 감소 618

16.11 토양 오염 624

16.12 토양 조사와 토지 이용 계획 625

제17장 자원으로서의 폐기물 : 폐기물 관리 630

사례 연구 어디에 전자폐기물을 버려야 하는가? 632

17.1 폐기물 관리의 개념 : 개요 632

17.2 물질 관리 635

17.3 고체 폐기물 처분 635

17.4 유해 폐기물 관리 643

자세히 살펴보기 러브 운하 사건 645

제18장 대기 오염 656

사례 연구 1952년 런던 스모그 위기 658

18.1 서론 659

18.2 대기 오염 659

18.3 대기 오염의 배출원 660

18.4 대기 오염물질 661

18.5 도시 대기 오염 669

18.6 실내 공기오염 674

18.7 대기 오염의 제어 676

18.8 대기질 환경 기준 680

18.9 대기 오염 제어 비용 681

제4부 환경적 관리, 지구적 시각과 우리 사회 687

제19장 전 지구적 기후 변화 688

사례 연구 에릭드레드와 기후 변화 690

19.1 지구적 변화와 지구계과학 : 개관 691

19.2 지구적 변화를 연구하는 방법들 692

19.3 지구 대기와 기후 변화 693

19.4 지구온난화 697

19.5 지구 변화에 대한 잠재적 영향 708

자세히 살펴보기 빙하 710

자세히 살펴보기 사막화 712

자세히 살펴보기 엘리뇨 715

19.6 지구 변화 과정의 연결성 : 오존의 고갈과 지구온난화 720

자세히 살펴보기 지구온난화의 진행을 어떻게 멈추게 할 것인가에 대한 토의 720

제20장 지질학, 사회 그리고 미래 726

사례 연구 환경 위기의 가장자리에 있는 중국 728

20.1 서론 728

20.2 지질학과 환경 건강 729

자세히 살펴보기 환경 속의 납 730

20.3 환경 계획 : 부지 선정 733

자세히 살펴보기 라돈 가스 734

20.4 환경영향 분석 738

20.5 토지 이용과 계획 743

20.6 환경법 748

20.7 지질학, 환경 그리고 미래 750

부록 A 광물 757

부록 B 암석 766

부록 C 지도와 이와 관련된 주제 769

부록 D 지질학자들은 어떻게 지질시대를 측정하는가 776

부록 E 다르시의 법칙 779

용어해설 781

참고문헌 800

찾아보기 812

제 1 부

환경지질학의 기초

제1부의 목표는 환경지질학의 5개 기본 원리와 이 책의 나머지를 이해하는 데 필요한 중요한 정보를 소개하는 것이다. 특히 중요한 것은 (1) 지질 환경을 강조하는 환경과학의 기본 원리, (2) 지구의 구조와 판구조론적 관점에서 우리 행성은 어떻게 작용하는가, (3) 환경지질학의 문제와 이들 문제의 해결법을 이해하는 데 필요한 암석과 광물에 대한 지질학적인 정보, (4) 지질학적인 작용과 생태계 사이의 연계이다.

제1장은 환경지질학의 정의와 토론으로 시작하며, 우주와 지구의 기원에 대한 간략한 역사로 이어진다. 특히 중요한 것은 지질시대의 개념이며, 이는 환경 내에서 지질 작용과 인간의 상호작용의 역할을 평가하는 데 중요하다. 5개의 기본 개념인 인류의 인구수 증가, 지속 가능성, 계로서 지구, 위험한 지구작용 및 과학지식과 가치가 소개된다. 이것은 이 책의 전체에 걸쳐 재검토된다. 제2장은 지구의 내부 구조에 대한 간단한 토론과 판구조론을 다소 길게 다루었다. 몇천만 년에 걸쳐 대륙의 위치와 산맥과 해양분지의 발달은 전 지구적으로 우리 환경을 극적으로 변화시켰다. 해류의 패턴, 전 지구적 기후, 그리고 지구상의 생명체 분포는 모두 또는 부분적으로, 지질시대에 걸쳐 대륙과 해양분지를 형성하고 유지해 온 작용의 함수 요소이다.

광물과 암석 그리고 지질학적인 환경에서 이들이 어떻게 생성되는가는 제3장의 주제이다. 광물과 암석은 우리들의 집, 공장 및 그 밖의 구조물을 짓고, 사람과 화물을 전 세계로 운송하는 비행기, 기차, 승용차, 버스 및 화물차를 생산하며, 컴퓨터에서 식기까지 모든 도구를 포함한 우리의 산업 경제를 유지하기 위한 원료에 우리 사회가 의존하는 근본 자원을 제공한다. 광물과 암석에 대한 연구는 지방, 지역 및 전 지구적 범위에서 지구작용에 대한 우리들의 보편적인 이해에 도움이 된다. 이 지식은 암석의 특성이 인류 사회에 작용하는 과정과 미치는 잠정적인 영향에 직접적으로 관련된 사태와 화산 분출을 포함한 위험한 작용을 이해하는 데 특히 중요하다.

지질학과 생태학 그리고 이들 둘 사이의 많은 연계는 제4장에 소개된다. 생태계는 지질 환경인 비생물 환경을 포함한다. 또한 생태계의 생물 영역(생물의 군집)은 중요한 풍경과 지질 작용에 대한 많은 중요한 피드백 순환과 연계를 갖는다. 제4장은 지질학자들에게 생태학의 일부 기초를 제공하며 환경지질학과 이들 기초의 관계를 강조한다.

제 1 장

원리와 기본 개념

학습 목표

이 장에서 우리는 지질학과 환경지질학을 토론하고 정의를 내린다. 문화와 사회의 관점에 초점을 맞추어, 우리는 환경 인식에 특별히 의미가 있는 환경과학의 몇몇 기본 개념을 제시한다. 이 책의 일반적인 체제를 보여주는 이 장을 읽은 후 우리는 다음을 토론할 준비가 되어야 한다.

- 과학으로서 지질학과 환경지질학
- 제일의 환경 문제로서 인구수의 증가
- 지속 가능성의 개념과 '환경 위기'와 관련된 주요 요소
- 계로서 지구와 계들 내에서의 변화
- 환경일체성의 개념과 동일과정의 원리 및 이들이 환경지질학에서 중요한 이유
- 위험한 지구작용
- 과학지식과 가치
- 과학 방법
- 지질시대와 이의 중요성
- 예방의 원리
- 환경 문제를 해결하는 것이 왜 어려울 수 있는가

이스터 섬. 자원을 남용한 사회의 흥망의 역사. (*Tom Till/Getty Images Inc.*)

사례 연구 | 이스터 섬 : 전 지구적인 규모에서 우리는 동일한 운명에 있는가?

이스터 섬(넓이 172km^2)은 삼각형 모양의 작은 화산섬으로 남아메리카에서 서쪽으로 수천km 떨어진 지점에 위치하며 기후는 아열대 기후이다. 폴리네시아 인들이 약 1,500년 전에 최초로 이 섬에 도착하였다. 폴리네시아 인들이 최초로 도착했을 때 커다란 야자수를 포함한 숲이 울창한 녹색 섬이 이들을 맞이하였다. 16세기 때 이 섬에는 15,000명 내지 30,000명이 살았다. 이들은 작은 마을 사이에 넓고 복잡한 사회를 형성하였으며, 이들이 음식물로 활용하는 물고기, 바다 포유동물, 바닷새를 보충하기 위해 농작물과 닭을 길렀다. 종교적인 이유에서 이들은 화산암으로 거대한 석상(모아이라 부름)을 조각하였다. 석상은 돌 머리장식을 한 사람의 토르소(머리와 팔이 없는 조각상) 형태이다. 대부분 석상은 약 7m 높이이나 어떤 것은 20m보다 더 높았다. 석상들은 나무줄기로 만든 굴림대와 밧줄을 이용하여 섬의 여러 곳으로 운반되었다.

17세기에 유럽인들이 이스터 섬에 도달하였을 때는 약 2,000명만이 섬에 살고 있었다. 이전의 활기가 넘친 문명의 주된 상징은 대부분 쓰러질듯 기울어지거나 훼손된 석상들었다. 섬에는 어떤 나무도 자라지 않았으며 주민들은 황폐화된 환경에서 살고 있었다.

사회는 왜 붕괴되었을까 분명히, 사회는 아마 섬의 한정된 자원 기반의 고갈 때문에 단지 수십 년 내에 붕괴되었다. 섬의 인구수가 증가함에 따라 경작을 위해 점점 더 많은 토지를 개간하였으며 동시에 남아 있는 나무를 연료와 석상을 곳곳으로 운반하는 데 사용하였다. 이전에는 토양은 삼림의 보호 아래서 보호되었으며 아열대 환경에서 물을 포함하였다. 토양의 영양분은 아마 수천km 멀리서 바람에 의해 운반된 먼지로부터 공급되었다. 일단 숲이 개간되면 토양은 침식되며 사회의 농업 기반은 줄어든다. 숲의 유실은 또한 집을 짓고 배를 건조하는 데 필요한 숲의 생산물 유실을 가져오며 그 결과 사람들은 동굴 내에 살 수밖에 없었다. 배 없이 이들은 더 이상 단백질의 근원을 물고기에 의존할 수 없었다. 인구수의 압력이 증가함에 따라 노예와 심지어 식인종들이 했던 것처럼 자원의 기반이 고갈된 환경에서 살아남기 위해 마을 사이의 전쟁이 흔해졌다.

배운 교훈 이스터 섬의 이야기는 인류 활동에 의해 고립된 지역의 자원이 고갈될 때 무엇이 일어날 수 있는지 생생하게 말해 준다. 제한된 자원은 계속 증가하는 인류수를 유지할 수 없다.

비록 이스터 섬의 사람들이 이들의 자원을 고갈시켰지만 쇠락하는 이들이 이해하지 못하거나 인식하지 못한 몇 가지 요소가 있다. 이스터 섬은 폴리네시아 인들이 살고 있는 다른 섬에 비해 자연적으로 취약한 환경을 가지고 있다.

- 이스터 섬은 작고 매우 격리되어 있다. 주민들은 이웃 섬으로부터 도움을 기대할 수 없었다.
- 화산 기원의 토양은 원래 비옥하였으나 경작에 의한 침식이 문제였으며, 이 섬에서 토양 생성 작용은 더 열대성인 섬에 비해 느렸다. 아시아로부터 넘어온 대기 중의 먼지로부터 토양에 공급된 영양분은 충분하지 못했다.
- 섬에 있는 3개 화산은 활동하지 않아서 어떠한 신선한 화산재도 토양에 영양분을 더해 주지 못하였다. 이스터 섬의 지형은 경사가 낮고 완만하였다. 경사가 급한 높은 산은 낮은 지대에 영양분을 공급하는 구름, 비 및 지표수를 형성한다.
- 연강수량이 80cm인 아열대 기후에서 이 섬의 강수량은 충분했지만 물은 토양을 통해 다공질의 화산암 내로 빠르게 침투되었다.
- 이스터 섬에는 풍부한 수산 자원을 공급할 수 있는 산호초가 없다.

현재 우주 내에서 고립된 우리 행성은 16세기 이스터 섬의 주민들이 직면했던 동일한 발단을 맞이할 수 있다는 공포를 안고 있다. 21세기에 우리들은 다양한 지역에서 토양, 담수, 삼림, 방목장, 바다 어장을 포함한 자원의 한계에 직면하고 있다. 환경적인 전망과 지구상에서 인류 역사 모두에 있어 일차적인 문제는 전 지구적 규모에서 인류 사회의 붕괴를 막기에 너무 늦기 전에 우리가 지구 자원의 한계를 인식할 수 있을 것인가이다. 오늘날 지구상에는 더 이상의 경계가 없으며 우리는 거의 완전히 통합된 세계 경제 속에 살고 있다. 우리의 현대 기술로 우리는 자원을 추출하며 우리 이전의 어떤 인류보다 훨씬 빠른 속도로 우리 환경을 변형시킬 수 있는 능력을 갖고 있다. 이스터 섬으로부터 얻은 주요 교훈은 분명하다. 지구상의 우리 자원 기반과 다른 생명체의 존속을 확실히 하거나 또는 결과를 견딜 수 있는 지속 가능한 세계 경제를 개발하는 것이다.[1]

이스터 섬 역사의 몇몇 양상은 최근에 역사의 유일한 부분으로서 도전을 받았다. 삼림 벌채는 확실히 나무의 유실 역할을 하였으며 폴리네시아 인과 함께 도착한 쥐는 야자수 씨를 먹음으로써 재생을 허용하지 않았다. 또 다른 설명은 1722년 유럽인과 접촉할 때 이스터 섬의 폴리네시아 인의 인구수는 약 3,000명이었다는 것이다. 이 인구수는 1350년에 달한 최대치에 근접하였다. 유럽인의 접촉에 이은 질병과 노예제도의 유입으로 1870년대 후반기까지 인구수는 약 100명으로 줄었다.[2] 과학과 사회학적인 연구로부터 이스터 섬의 이야기가 더 자주 나타남에 따라 인류의 자원 개발, 공격적인 쥐 및 유럽인의 교섭의 효과가 더욱 명확해졌다. 환경 파괴의 교훈은 우리가 어떻게 우리의 전 지구적인 인류의 문화를 유지할 수 있는가를 더욱 잘 이해할 수 있게 한다.

1.1 환경지질학의 소개

모든 사물은 시작과 끝이 있다. 우리 지구는 태양계 성운인 성간 성운이 붕괴하여 원시태양과 행성계를 형성한 약 46억 년 전에 시작되었다(자세히 살펴보기 '우주에서 지구의 위치' 참조). 지구의 생명체는 약 35억 년 전에 출현하였으며, 그 이후 수많은 다양한 생명체가 출현하여 번성하고 죽어갔다. 그리고 유일하게 화석을 남겨 지구의 역사에 이들의 위치를 나타냈다. 바로 수백만 년 전에 우리 조상이 현재 지배적인 인류 종을 위한 준비를 하였다. 분명히 우리 태양이 소멸하듯이 우리 역시 결국 사라질 것이다. 수십억 년의 견지에서 보면 지구의 역사에서 우리의 역할은 무의미하지만 오늘날 살아 있는 우리와 우리의 자녀와 이들의 자녀에 있어 환경에서 우리의 영향은 실제로 중대하다.

자세히 살펴보기 | 우주에서 지구의 위치

유명한 지질학과 프레스톤 클라우드는 다음과 같이 서술하였다.

> 별의 잔해로부터 태어나서 그의 고유한 중력에 의해 고체 상태로 압축되었으며, 중력과 방사성 붕괴 열에 의해 이동하였고, 화산의 뜨거운 호흡에 의한 공기와 물의 얇은 막으로 싸여 있으며, 46억 년간 지각의 진화에 의해 광물화되어 모양을 갖추었고, 태양에 의해 따뜻해져 사람이 살게 되었으며, 복원력은 있으나 유한한 이 구는 모든 우리 종을 영원히 부양해야만 한다.[3]

간결하고 감명적인 이 진술에서 클라우드는 우리를 지구의 탄생으로부터 오늘날의 환경과 우리의 미래에 대한 생각에 있어 가장 중요한 위치에 있는 지속 가능성의 개념으로 안내하였다.

우리는 지구에 살 권리가 있다 우주에서 인류의 살 곳은 *Desiderata*에 잘 명시되어 있다.

"여러분은 나무와 별들과 함께 우주의 자식이다. 여러분은 지구에 살 권리가 있다. 그리고 이것이 여러분에게 분명하거나 또는 분명하지 않더라도 우주는 분명히 그랬던 것처럼 나타나고 있다."[4] 어떤 사람들에게는 이 말이 과학에서 약간 벗어난 것처럼 들릴 것이나 클라우드가 강조한 바와 같이 사람들은 우리가 생물권의 한 부분이며, 비록 우리가 생물권에서 높은 위치에 있다 할지라도 우리가 그 위에 있지 않다는 사실은 결코 벗어날 수 없다.[3]

우주의 기원 그림 1.A는 우리 태양계와 지구의 기원의 강조와 함께 우주의 발달 과정에 대해 이상화한 생각을 나타낸다. 별과 우주의 기원을 연구하는 과학자들은 120억 년 전에 대폭발로 알려진 거대한 폭발이 있었다고 믿는다. 이 폭발은 원자를 생성하였으며, 이들은 나중에 은하, 별 및 행성을 형성하였다. 약 70억 년 전에 첫 세대의 거대한 별 중 하나가 초신성(supernova)이라고 알려진 엄청나게 큰 폭발을 겪었다는 것이 믿어지고 있다. 이 폭발은 거대한 양의 에너지를 방출하였으며, 먼지와 기체로 이루어진 회전하는 구름으로 생각되는 태양계 성운을 형성하였다. 태양계 성운은 중력 작용에 의해 응축되었으며, 중심에 우리 태양이 생성되었다. 그러나 일부 입자들은 토성 주위에서 볼 수 있는 것과 비슷한 고리들과 같이 태양 주위의 궤도에 고리로 붙잡히게 되었다. 개개의 고리 내에 있는 입자들의 밀도는 분명히 일정하지 않아서 고리 내에서 입자의 가장 큰 밀도에 의한 중력은 오늘날의 행성계로 고리가 붕괴될 때까지 다른 입자들을 끌어들였다. 따라서 지구의 초기 발달 과정은 우리 태양계 내의 다른 행성들과 마찬가지로 운석의 강력한 충돌로 특징된다. 이 충돌은 강착 작용, 즉 먼지에서 운석, 석질 소행성, 지름이 수km인 얼음이 풍부한 혜성까지 다양한 크기의 입자의 합병에 수반되었으며, 이는 약 46억 년 전 지구를 형성하였다.[3,5] 이것은 클라우드가 지구는 별의 잔해로부터 태어났으며, 지구의 자체 중력에 의해 고체 상태로 압축되었다고 말한 지구 발달 과정의 일부이다. 중력에 의해 철과 같은 무거운 원소의 침강과 함께 지구 심부에서 생성된 열은 오늘날 우리가 보는 것과 같이 지구를 층상 구조로 분화시켰다(제2장 참조).

지구상에서 대기와 물의 기원 얼음으로 된 혜성의 핵과 화산과 그 밖의 작용으로부터 이산화탄소와 수증기 같은 기체의 방출 또는 분출은 지구 초기의 대기와 물을 생성하였다. 산소가 고갈된 환경에서 약 35억 년 전에 최초로 지구상에 최초의 원시 생명체가 출현하였다. 이들 원시 생물의 일부가 광합성을 통해 산소를 만들어 내기 시작하였으며, 이는 지구 대기에 큰 영향을 미쳤다. 산소를 만들어 내는 초기의 원시 생물은 태양의 자외선을 막아 주는 바다에 살았다. 그러나 대기가 진화하고 산소가 증가함에 따라 해로운 태양복사로부터 지구를 막아 주는 대기권에 오존층이 생성되었다. 지표에 서식하는 식물이 출현하였으며, 이는 지상에서 동물들의 진화를 가능하게 한 숲, 초원, 들판과 그 밖의 환경을 형성하였다.[3]

그림 1.A에 총괄된 나선 그림은 지구의 발달 과정에서 수십억 년에 걸쳐 단순한 생물에서 복잡한 생물로 변화함에 따른 진화를 나타낸다. 지질학자들이 **지질시대**(geologic time)를 나누기 위해 사용하는 대, 기 및 세의 이름은 이들의 범위를 현재로부터 100만 또는 10억 년 전으로 표시된다(표 1.1). 만약 우리가 지질학을 계속 연구한다면 이들 이름은 1년의 열두 달처럼 우리에게 친숙하다. 대, 기 및 세 사이의 경계는 특정한 시대에 어떤 생물이 살았는지의 연구과 지구의 발달 과정에서 전 지구적인 중요한 사건에 근거를 둔다. 암석의 상대 연령은 암석과 퇴적물 내에서 발견된 화석의 집합체—즉 조개, 뼈, 이빨, 나뭇잎 및 씨와 같은 옛날 생물의 잔류물—에 근거한다. **화석 군집의 법칙**(law of faunal assemblages)으로 알려진 지질학의 보편적인 원리는 비슷한 화석을 포함한 암석은 비슷한 지질시대임을 나타낸다. 예를 들면 만약 우리들이 암석에서 공룡 뼈를 발견하면 우리는 암석의 나이가 중생대임을 알 수 있다. 화석은 암석의 상대 연령을 제공한다. 수치 또는 절대 연령은 다양한 정교한 화학적인 연대 측정 기술에 의존한다. 이들 연대 측정 기술은 지질학자들로 하여금 화석을 포함한 암석의 지질시대를 수백만 년 범위 내에서 또는 한층 더 정확히 결정하게 한다.

변화 과정으로서 진화 화석 기록으로부터 추론되는 진화 과정은 연속적으로 고른 것이 아니라 그 대신 어떤 때는 새로운 종의 폭발과 다른 때에는 많은 종의 멸종에 의한 갑작스런 변화이다. 5번의 대량 멸종 사건이 그림 1.A에 표시되

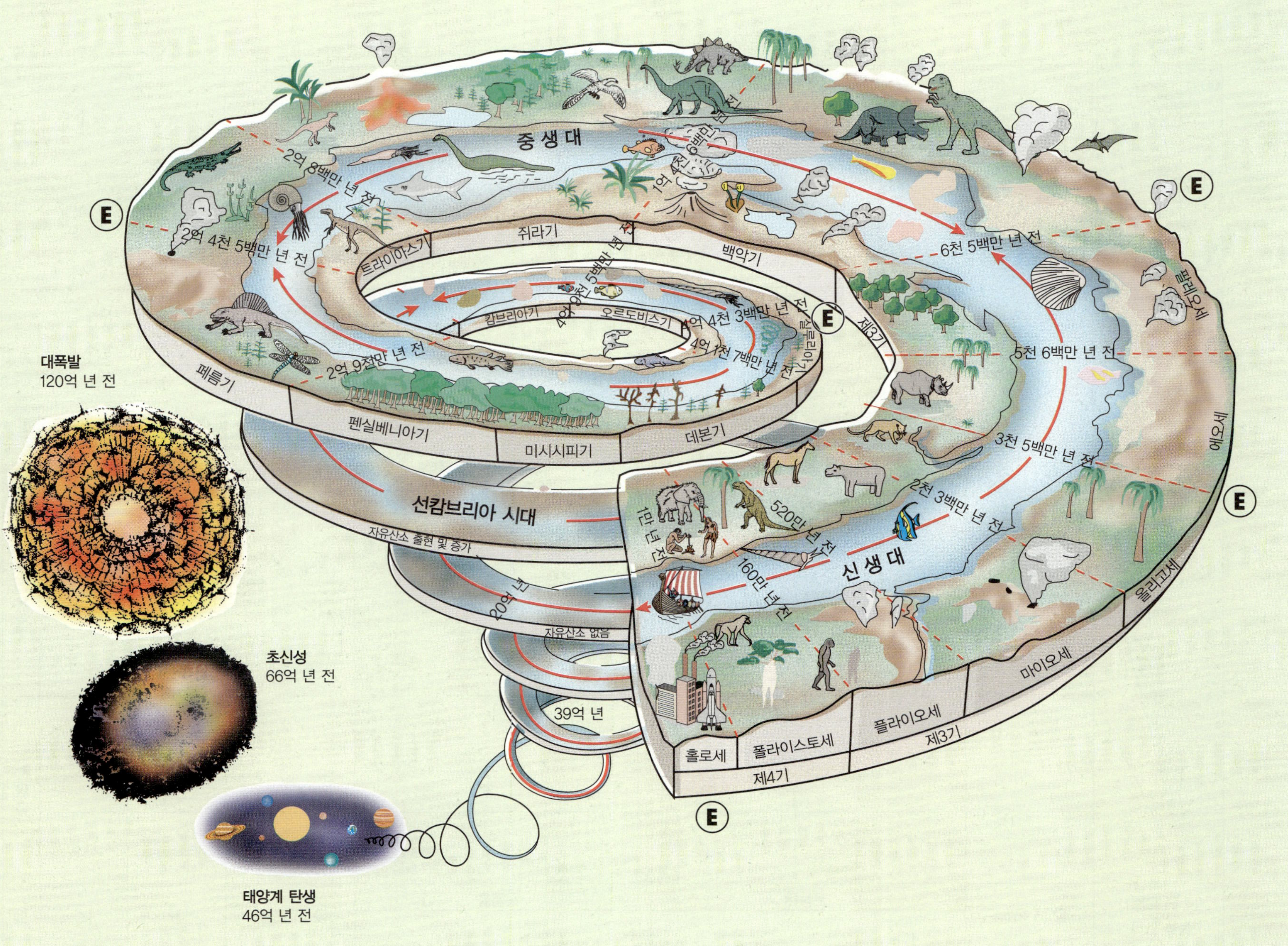

그림 1.A 지구 역사. 선캄브리아 시대의 단순한 생물체에서 오늘날의 인류까지 지구의 생물학적 진화의 강조와 함께 우주와 지구의 역사를 이상적으로 나타낸 그림. 선캄브리아 시대 = 46억 년 전부터 5억 4천 5백만 년까지. 빨간색 화살표는 대(代)의 경계이다(표 1.1). (E)는 대량멸종 사건의 시기이다. (*USGS; Cloud, P. 1978.* Cosmos, Earth and Man. *New Haven, CT: Yale University Press*)

표 1.1 지질 시대와 중요 사건

대	기	세	1백만 년 전	사건: 생물권	사건: 암석권	1백만 년 전	실제 축척 (1백만 년 전)
신생대	제4기	홀로세	0.01	• 대량멸종 • 현대인	빙하기 캘리포니아 트랜스버스 산맥 형성		신생대
		플라이스토세	1.65	• 초기 인류		1.65	1.65
	제3기	플라이오세	5.2		안데스 산맥 형성		
		마이오세	23	• 초원	인도와 아시아 대륙이 충돌하여 히말라야 산맥과 티벳 고원 형성		
		올리고세	35	• 고래			
		에오세	56	• 대량멸종			
		팔레오세	65	• 포유동물 번성 • 공룡 멸종[1] 대량 멸종	로키 산맥 형성	65	65
중생대	백악기		146	• 꽃씨식물	시에라 네바다 화강암 정치 (요세미티 국립공원)		중생대
	쥐라기		208	• 새	• 판게아 초대륙 분리 시작		
	트라이아스기		245	• 포유동물 • 공룡		245	245
고생대	페름기		290	• 대량멸종 • 파충류	• 빙하기		고생대
	석탄기		363	• 나무(석탄 소택지) • 대량멸종	애팔래치아 산맥 형성		
	데본기		417				
	실루리아기		443	• 육상식물 • 대량멸종			
	오르도비스기		495	• 물고기			
	캄브리아기		545	• 껍데기를 가진 생물의 급증		545	545
선캄브리아 시대			2500	• 다세포 생물 • 대기 중 자유산소 및 성층권 내 오존층	• 빙하기 • 빙하기		선캄브리아 시대
			3500	• 원시 생물(최초의 화석)			
			4000		• 가장 오래된 암석		
			4600		• 지구의 나이	4600	4600

[1] 어떤 과학자들은 모든 공룡이 멸종하지 않고 일부 공룡이 새로 진화한 것으로 믿는다.

어 있다.

종의 진화와 멸종은 자연적인 과정이다. 그러나 거의 같은 시기에 많은 종이 멸종한 시대에 대해 우리는 대량 멸종이란 용어를 사용한다. 예를 들면 공룡은 대략 6,500만 년 전에 멸종하였다. 어떤 지질학자들은 대량 멸종은 지구상에서 자연적으로 일어나는 기후와 환경 변화에 의해 일어났다고 믿는다. 다른 지질학자들은 지구가 현재 멕시코의 유카탄 반도에 떨어진 지름이 약 10km인 소행성과 충돌하였다고 믿는다. 또 다른 이러한 충돌은 오랜 기간 동안 지구 대기권을 순환하는 폭풍과 거대한 먼지 구름을 일으켜 태양빛을 차단하고 광합성을 크게 감소시켰거나 멈추게 하였다. 그리고 결국에는 식물을 먹는 종과 초식동물을 먹고사는 초식동물 모두의 대량 멸종을 일으켰다고 믿는다.

공룡을 멸종하게 했을 행성의 크기는 독특한 것이 아니라고 생각되며, 이러한 격변적인 충돌은 지질시대 동안 다른 시기에도 일어났을 것이다. 이러한 사건은 결정적인 지질 재앙이며, 이것의 영향은 아마 인류를 포함한 또 다른 대량 멸종을 일으킬 수 있다(제11장 참조). 다행히 이러한 사건이 일어날 가능성(확율)은 다음 수천 년 동안 매우 낮다. 게다가 우리는 소행성이 지구와 충돌하기 전에 이들을 확인하고 빗나가게 할 기술을 개발하고 있다. 여기에 간략히 소개된 우리 태양계와 지구의 역사는 행성과 생물 진화에 대한 놀라운 역사이다. 미래는 어떻게 될까? 물론 우리는 알 수 없다. 그러나 확실히 미래는 변화에 의해 갑작스럽게 변할 것이며, 진화 과정이 계속됨에 따라 우리 역시 아마 새로운 종으로 진화할 것이다. 오염, 농업, 도시화, 산업화와 열대우림 지역의 개척 과정을 통해 인류는 식물과 동물 종의 멸종 속도를 가속시키고 있는 것으로 밝혀졌다. 이러한 인류 활동은 지구 생물의 종다양성—시간과 공간(면적)에 대한 종의 수와 변이성—을 상당히 감소시고 있으며, 인류를 포함한 지구상의 많은 생명체는 이들의 존속을 위한 생물 형태의 다양성과 함께 환경에 의존하기 때문에 주요 환경 문제로 생각되고 있다.

지질학적으로 볼 때 우리 인류가 지구상에 살아온 시간은 매우 짧다. 예를 들면 공룡은 1억 년 이상 지구를 지배하였다. 비록 우리는 우리의 왕국이 얼마나 오래 지속될지 모르지만 화석 기록은 모든 종은 결국에는 멸종된다는 것을 말해 준다. 우리 인류의 고유 종의 역사가 어떻게 전개될 것이며 누가 이것을 기록할 것인가? 우리의 희망은 호모 사피엔스가 번성하였을 때 짧은 시간을 기록하는 어떤 화석보다 더 많은 어떤 것을 남기는 것이다. 바라건대 우리가 진화함에 따라 우리는 계속해서 환경적으로 더 많이 알고 우리 지구와 조화를 이루며 살 수 있는 방법을 찾아야 한다.

지질학(geology)은 지구의 성분, 구조와 역사 및 지구 생물과 관련된 변화 과정의 학문이다. 지질학은 화학(지구 구성물질의 성분), 물리학(자연법칙) 및 생물학(생물 형태에 대한 지식)의 관점에 의존하는 학제적인 과학이다.

환경지질학(environmental geology)은 응용지질학이다. 더 엄격히 말하면 응용지질학은 토지 이용에 있어 갈등을 해소하는 데 도움이 될 수 있으며, 환경 훼손을 최소화하고 우리의 천연 환경과 개조된 환경 이용의 유익한 결과를 최대화하기 위해 지질학적인 정보를 이용하는 학문이다. 이들 문제에 지질학의 응용은 다음 내용을 포함한다(그림 1.1).

1. 광물, 암석 및 토양과 같은 지구 구성물질이 어떻게 생성되며, 자원으로서 또는 폐기물 처리장소로서 이들의 이용 가능성 및 사람들의 건강에 미치는 이들의 영향 결정

2. 생명과 재산의 피해를 최소화하기 위한 홍수, 사태, 지진 및 화산 활동과 같은 자연재해
3. 부지 선정을 위한 토지, 토지 이용 계획 및 환경 영향 분석

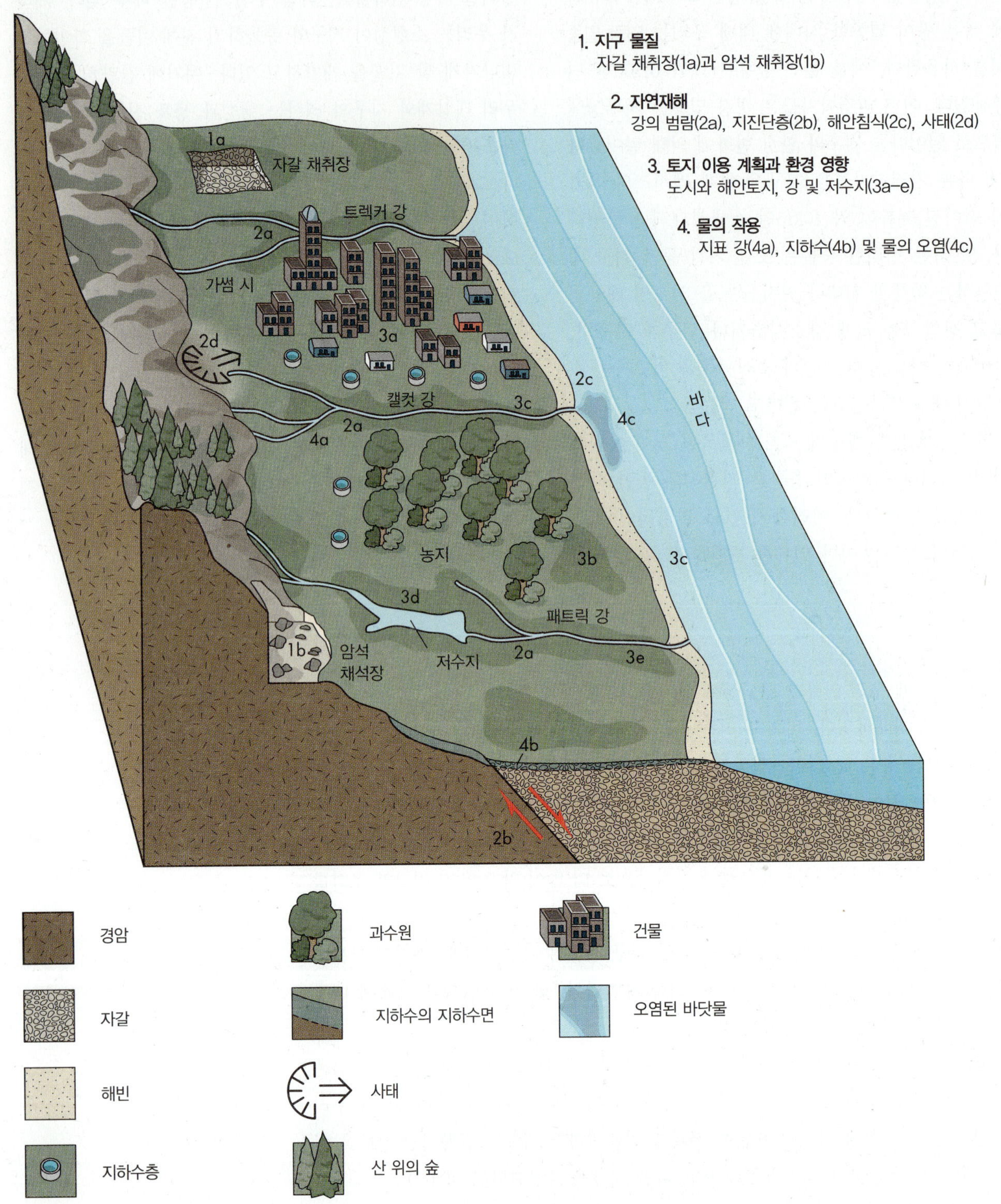

그림 1.1 환경지질학의 구성 요소 환경지질학 연구의 4개 주요 영역을 보여주는 이상적인 그림. 지질 작용은 4개 영역 모두를 포함한다. 이들은 지질학자, 공학자 및 수문학자들의 고용 기회를 제공한다.

4. 수자원과 물 오염 문제 평가를 위한 지하수와 지표수의 수문학적 작용.
5. 지역, 광역 및 전 지구적 변화를 평가하기 위한 해저 퇴적물의 퇴적 작용, 산맥의 형성, 지구 표면과 지표 아래에서의 물의 이동과 같은 지질학적 작용

응용지질학의 적용 폭을 고려할 때 우리는 환경지질학을 물리적인 환경과 인류의 상호 작용의 전체 범위를 연구하는 지구과학의 영역으로 더 넓게 정의할 수 있다. 이러한 맥락에서 환경지질학은 환경 연구에 있어 물리적 작용, 생물학적 작용 및 사회학적 작용 사이의 연계 과학인 환경과학의 한 영역이다.

1.2 환경지질학의 기본 개념

이 책에 제시된 환경지질학의 여러 면의 조사를 시작하기 전에 몇몇 기본 개념을 소개한다. 이들 5개 기본 개념은 이 책의 나머지 부분의 토대가 될 구상의 틀 역할을 한다. 환경지질학 개론을 처음부터 끝까지 읽을 때 우리는 이들 개념이 이 책 전체에 걸쳐 다시 등장함을 알 수 있다.

1. 인구 증가
2. 지속 가능성
3. 계로서 지구
4. 위험한 지구작용
5. 과학지식과 가치

여기에 제시된 5개 개념은 환경지질학자들에게 중요한 모든 개념의 목록을 구성하지 않으며, 이들을 꼭 암기해야 함을 의미하지 않는다. 그러나 각 개념에 대한 일반적인 이해는 이 책의 나머지 부분에 제시된 내용을 이해하고 평가하는 데 도움을 줄 것이다.

개념 1 : 인류의 인구수 증가

제일의 환경 문제는 인류의 인구수 증가이다.

제일의 환경 문제는 계속 증가하는 인류의 인구수이다. 인류 역사의 대부분은 인구수가 적었으므로 지구에 미치는 환경적 영향도 적었다. 농업, 공중위생, 현대 의학 및 특히 석유와 같은 값싼 에너지 자원의 도래와 함께 우리 인구수는 문제가 되는 지점까지 급격히 증가하였다. 인류에 의한 전체 환경 영향은 한 사람당의 영향에 총 인구수를 곱한 값으로 평가된다. 따라서 인구수가 증가함에 따라 총 영향 역시 증가하게 된다. 인구수가 증가함에 따라 더 많은 자원이 필요하며, 우리의 현재 기술하에서 더 많은 환경 파괴가 일어난다. 정치적인 격변과 전쟁에 의하여 지역적인 인구 밀도가 증가하면 기근이 일어날 수 있다(그림 1.2).

그림 1.2 기근 1984년 에티오피아 코렘 야영장. 굶주린 사람들은 정치와 군사적 활동에 의해 그들의 가정을 떠나도록 강요당하였으며, 이와 같은 야영지에 모여들었다. 가축의 지나친 방목, 땔감나무의 수집 및 한정된 지역에 정말 너무 많은 사람들에 의해 주위 토지가 황폐화되었다. 이 결과는 기근이 될 수 있다. (*David Burnett/Contact Press Images, Inc.*)

기하 급수적 증가

인구수 폭발이란 무엇인가 인구 과잉은 지구의 어떤 지역들에서는 적어도 수백 년 동안 문제가 되었다. 그러나 오늘날에는 인구 과잉이 전 지구적인 문제란 것이 확실해졌다. 1830년에서 1930년까지 세계 인구는 10억에서 20억 명으로 2배 증가하였다. 1970년까지 세계 인구는 다시 거의 2배 되었으며, 2000년에 지구상의 인구는 약 60억 명이 되었다.이 인구 증가 문제는 때때로 인구수 폭발이라 불린다. 왜냐하면 인구수의 기하 급수적인 증가는 인구수의 폭발적인 증가를 야기시키기 때문이다(그림 1.3). 인구 증가에 있어 기하 급수적 증

그림 1.3 인구수 폭발 2006년의 인구수는 66억 명이며, 계속 증가하고 있다. (*U.S. Department of State*)

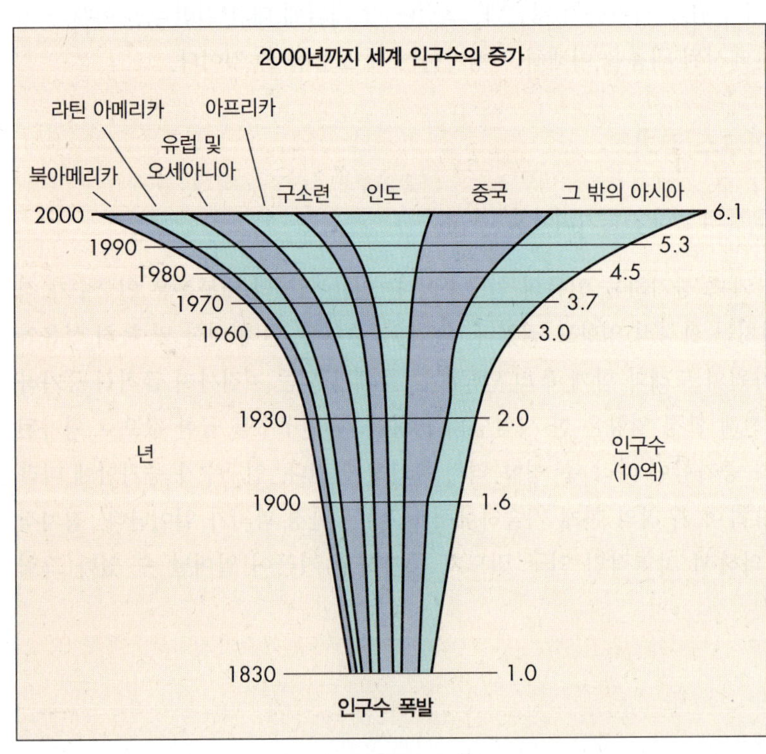

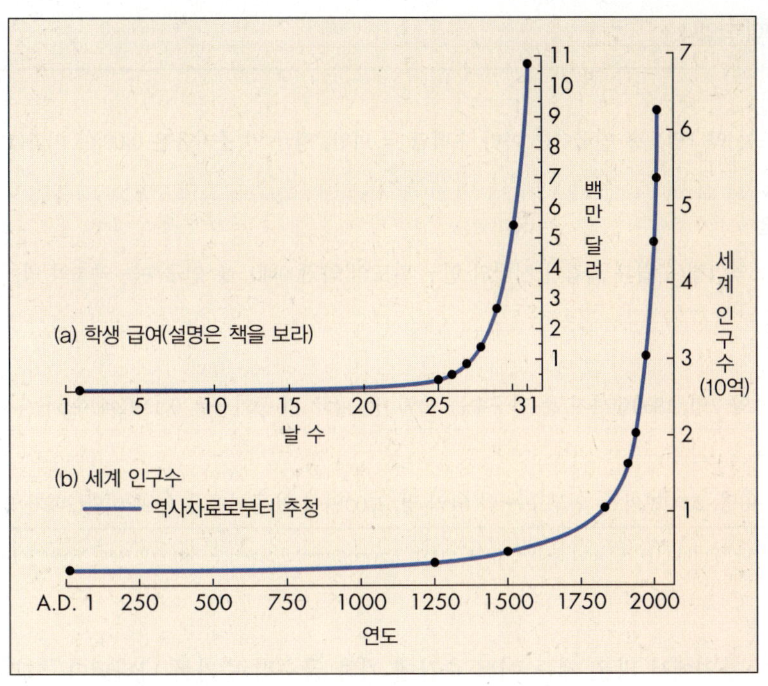

그림 1.4 지수함수적 성장 (a) 학생들의 급여로 일하는 첫날 1센트에서 시작해서 31일 동안 매일 2배씩 증가. (b) 세계 인구수. 두 곡선은 초기의 느린 증가에 이어 빠르게 증가하는 J자 모양의 특징을 가짐을 주목하라. 곡선의 실질적인 모양은 자료가 점시되는 축척에 좌우된다. 이것은 흔히 스케이트보드의 끝처럼 보인다. (*Population data from U.S. Department of State*)

가는 인구수에 매년 더해지는 사람 수가 일정하지 않고 오히려 현 인구수의 일정한 비율이 매년 더해지는 것을 뜻한다. 유사하게 매년 7%의 이자를 지급하는 이율이 높은 보통예금을 생각해 보자. 만약 100달러로 시작하면 첫 해 말에는 107달러가 되며 이자로 7달러를 벌게 된다. 2년째 말에 107달러의 7%는 7.49달러가 되며 예금 잔고는 107달러 더하기 7.49달러나 또는 114.49달러가 된다. 3년째 이자는 114.49달러의 7% 또는 8.01달러가 되며 예금액은 122.51달러가 된다. 약 30년 후에는 약 800.00달러를 저축하게 된다. 이것을 어떻게 알게 되었는지 계속 읽어 보아라.

기하 급수적 증가의 중요한 두 가지 양상은

- **성장률**은 백분율로 측정되며
- **2배 시간** 또는 무엇이 2배로 증가하는 데 걸리는 시간이다.

그림 1.4는 기하 급수적 증가의 두 가지 예를 예시한다. 각각의 경우 고려되는 항목(학생 급여 또는 세계 인구수)은 처음에는 아주 느리게 증가하고, 점점 빠르게 증가하기 시작하여 그 다음에는 아주 빠른 비율로 계속 증가한다. 심지어 아주 크지 않은 증가율도 무엇이 증가하든 결국에는 아주 큰 증가를 초래한다.

얼마나 빨리 인구수가 2배가 되는가 2배가 되는 시간(D)은 대략 70을 증가율(G)로 나눈 값과 같다는 일반 법칙이 있다.

$$D = 70/G$$

이 계산식을 이용하면 연 증가율이 2%인 인구수는 약 35년 후에 2배가 되는 것을 알 수 있다. 만약 인구수가 1년에 1%씩 증가하면 약 70년 후에 인구수는 2배가 될 것이다.

표 1.2 인구수는 어떻게 60억 명이 되었나 +

40,000~9000 BC : 수렵과 채집인
거주 가능 지역의 100km²당 인구 밀도는 약 1명,* 총 인구수는 아마 수백만 명 미만, 평균 연 증가율은 0.000% 미만(2배가 되는 시간은 약 70만 년)
9000 BC~AD 1600 : 산업혁명 이전의 농업
거주 가능 지역의 3km²당 인구 밀도는 약 1명(수렵과 채집인 시대의 인구 밀도의 약 300배), 총 인구수는 약 5억 명, 평균 연 증가율은 약 0.03%(2배가 되는 시간은 약 2,300년)
AD 1600~1800 : 초기 산업 시대
거주 가능 지역의 1km²당 인구 밀도는 약 7명, 1800년까지 총 인구수는 10억 명, 평균 연 증가율은 0.1%(2배가 되는 시간은 약 700년)
AD 1800~2000 : 현대
거주 가능 지역의 1km²당 인구 밀도는 40명, 2000년의 총 인구수는 약 61억 명, 2000년에 연 증가율은 1.4% 미만(2배가 되는 시간은 약 50년)

* 거주 가능 지역은 약 1억 5천 km²로 가정한다. Botkin, D.B., and Keller, E. A. 2000. *Environmental Science*, 3rd ed. New York: John Wiley and Sons.

자연에서 많은 계는 어느 순간에 기하 급수적 증가를 나타낸다. 그래서 우리가 이러한 변화를 인지하는 것은 중요하다. 왜냐하면 기하 급수적 증가는 결국에는 대단히 큰 수를 만들어 내기 때문이다. 기하 급수적 증가의 극단적인 예(그림 1.4a)로 한 달 동안 직업을 가진 학생이 일한 첫날의 임금으로 주인에게 1센트를 요구하고, 이틀째에는 2센트를, 3일째에는 4센트를, 그리고 계속 이런 방식으로 임금을 요구하는 학생을 생각해 보자. 바꿔 말하면 임금은 매일 2배가 된다. 총액은 어떻게 될까? 학생이 하루 임금으로 8달러 이상을 버는 데는 8일이 걸리며 11일까지 하루 임금은 10달러 이상이 된다. 한 달의 16일째의 임금은 300달러 이상이 되며, 한 달이 31일인 마지막 날에 그날 하루의 학생의 임금은 1천만 달러 이상이 된다! 이것은 하루의 증가율이 100%로 일정하기 때문에 극단적인 예이며, 기하 급수적 증가가 매우 역동적인 과정임을 보여준다. 인류의 인구수는 낮은 비율—오늘날 매년 1.4%—로 증가하나 이러한 느린 기하 급수적 증가도 결국에는 인구수의 극적인 증가를 가져온다(그림 1.4b). 기하급수적 증가는 우리가 계와 변화를 다룰 때 개념 3에서 한층 더 자세하게 설명된다.

역사 동안의 인류의 인구수

인류의 인구수 증가의 내력은 어떠한가 인류의 인구수 증가의 내력은 표 1.2의 역사적 전망에 설명되어 있다. 수렵·채집인일 때 인구수는 매우 적었으며 증가율도 매우 낮았다. 농업과 더불어 인류의 인구수 증가율은 안정적인 식량 공급 때문에 수백 배로 증가하였다. 초기 산업 시대 동안(A.D. 1600~1800년) 증가율은 다시 약 10배 증가하였다. 산업혁명과 현대 공중 위생, 의학과 함께 인류 증가율은 또 다시 10배 증가하였다.

인류의 인구수는 2000년에 60억에 다다랐다. 인구수는 2013년까지 70억이 될 것이며 2050년까지 약 90억이 될 것이다. 즉 단지 13년 동안에 새로운 10억의 인구가, 그리고 50년 동안에 30억(현재 인구수의 약 절반)의 인구가 늘어났다. 비교해 보면 인류의 총 인구수는 인류 역사상 4만 년이 지난 약 A.D. 1800년에는 단지 10억 명에 달했다! 덜 개발된 나라들은 더 개발된 나라들과 비슷한 사망률을 가지나 출생률은 후자의 출생률보다 2배 높다. 인도는 아마 2050년까지 모든 나라 중에서 가장 많은 인구수를 가져 세계 총 인구수의 18%를 차지하며, 다음으로 중국의 인구수는 15%가 될 것이다. 합치면 이들 두 나라는 2050년까지 세계 총 인구수의 약 1/3을 차지할 것이다.[6]

인구수 증가와 미래

지구는 얼마나 많은 사람을 편안하게 수용할 수 있을까 지구의 인구수는 기하 급수적으로 증가하기 때문에 많은 과학자들은 21세기에 지구는 세계 인구수에 더해지는 수십억의 사람들에게 자원과 높은 질의 환경 공급이 불가능할 것으로 생각하였다. 개발도상국의 거의 모든 인구 증가와 함께 2050년까지 증가된 30억 명 이상의 인구가 우려되는 문제이다. 지역, 광역 및 전 지구적 수준에서 증가하는 인구수는 지하수와 지표수의 오염, 해로운 폐기물의 생성과 처리, 그리고 홍수, 사태, 화산 분출 및 지진과 같은 자연 과정(자연재해)에 사람과 인류 구조(human structures)의 노출을 포함한 거의 모든 환경지질학 문제를 더욱 악화시킨다.

인구수 문제에 대해 쉬운 답은 없다. 미래에 우리는 계속 증가하는 인구를 부양하기 위해 토지가 거의 없는 농업으로 충분한 음식물을 대량생산하거나 또는 인공 재배 시설을 이용할 수 있을 것이다. 그러나 인류를 먹여 살릴 수 있는 능력은 사람들이 이용할 수 있는 한정된 공간과 사람들의 삶의 질의 유지와 개선 문제를 해결할 수 없다. 일부 연구는 현재 인구수가 이미 지구의 적당한 **수용력**(carrying capacity)을 넘었음을 암시한다. 수용력은 지구가 인구를 부양할 수 있는 지구의 능력을 감소시키는 환경 훼손을 일으키지 않고 지구가 수용할 수 있는 최대 인구수이다. 교육의 역할은 인구 문제에 있어 가장 중요하다. 사람들(특히 여성)이 더 많은 교육을 받음에 따라 인구수의 증가율은 감소하는 추세이다. 식자율(rate of literacy)이 증가함에 따라 인구수 증가는 줄어들었다. 현대 세계의 문화, 가치 및 평균 학력의 다양성하에서 인구수 조절에 대한 우리의 가장 큰 희망은 실제로 교육으로 밝혀졌다.[7]

지구는 우리의 유일하고 적절한 서식처이다 지구는 현재와 예견할 수 있는 미래에 우리가 가지고 있는 유일하고 적절한 서식처이며, 지구의 자원은 한정되어 있다. 물과 같은 일부 자원은 재생이 가능하나 연료와 광물과 같은 많은 자원은 재생이 불가능하다. 화성과 같은 우리 태양계 내의 다른 행성들은 현재 우리들의 자원과 인구 문제의 해결책으로 고려될 수 없다. 우리는 결국 화성에 사람의 식민지를 만들 수는 있으나 거품 속에 사는 사람을 가진 화성은 가혹한 환경이다.

만약 자원과 다른 환경 자료가 인구수 증가 자료와 합쳐지면 결론은 명확하다. 장기간에 걸쳐 한정된 자원 기반으로 기하 급수적으로 증가하는 인구를 부양하는 것은 불가능하다. 따라서 환경 연구의 중요한 목표 중 하나는 인구수의 폭발을 완화시킬 수 있다는 것을 확실하게 하는 것이다. 어떤 과학자들은 인구수 증가는 질병과 기근 같은 다른 돌발적인 큰 참사를 통해 스스로 대비한다고 믿는다. 다른 과학자들은 우리가 이용할 수 있는 자원, 공간 그리고 다른 환경적인 요구의 한계 내에서 우리가 세계 인구를 조절할 수 있는 더 나은 방법을 찾을 수 있다고 낙관적이다.

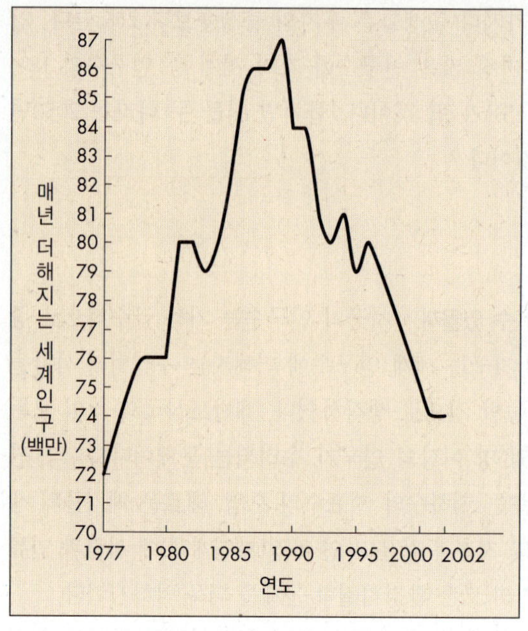

그림 1.5 인구수 증가에 대한 좋은 소식 인구수의 세계 연 증가는 1980년대 후반에 절정에 달했다. 오늘날 세계 인구수 증가는 1970년대 후반 수준에 대비된다. 이 증가는 매년 2배의 캘리포니아 인구수를 더하는 것과 같다. (*The U.S. Bureau of the Census and Worldwatch Institute*)

인류의 인구수 증가에 있어 좋은 소식 인류의 인구수 증가에 대한 뉴스가 모두 다 나쁜 것은 아니다. 1900년대 중반 이래 처음으로 인류의 인구수의 증가율은 감소하고 있다. 그림 1.5는 지구의 총 인구수에 더해지는 사람 수가 1980년대 후반에 최고 한도에 달한 이후 대체로 감소하는 것을 보여준다. 이것은 인류의 인구수 증가에 있어 획기적인 일이며 고무적이다.[8] 낙관적으로 보면 2000년에 60억 명에 달하는 우리 지구의 인구수는 다시 2배가 되지 않을 것이다. 농업, 공중 위생, 의학, 문화, 교육과 같은 변수 때문에 인구수 증가를 추정하는 것은 어렵지만 2050년까지 인류의 인구수는 73억과 107억 명 사이가 될 것이며, 아마 89억 명이 가장 유력하다. 인구수의 감소는 아마 여성들의 교육, 늦은 결혼, 그리고 현대 출생률 조절 방법의 이용과 관련되어 있다. 그러나 증가율이 0이 될 때까지 인구수는 계속 증가할 것이다. 대부분 서부 유럽과 중국을 포함한 약 20개 나라에서 인구 보충 수준에 필요한 수준인 2.1명보다 낮은 총 출산율(한 여성당 자녀의 수)을 달성하였다.

개념 2 : 지속 가능성

지속 가능성은 환경 목표이다.

지속 가능성이란 무엇인가? **지속 가능성**(sustainability)은 우리가 정의하고자 노력하는 어떤 것이다. 지속 가능성에 대한 한 정의는 미래 세대가 지구가 공급하는 자원에 동일하게 접근할 수 있다는 것을 보장하는 개발이다. 지속 가능성은 또한 경제적으로 실행 가능한 개발의 형태를 말하며 환경을 훼손하지 않으며 사회적으로 정당하다.[7] 지속 가능성은 수십 년 심지어는 수백 년 이상에 걸쳐 일어나는 어떤 것의 장기적인 지속 가능성 개념이다. 자원의 이용에 관해 지속 가능성은 공기와 물과 같은 재생 가능 자원에 대해 가능하다는 것을 인정하는 것이 중요하다. 지속 가능한 개발은 화석 연료와 광물과 같은 재생 불가능 자원에 관해 보존과 재활용을 통해 첫째, 우선 이들의 이용성을 확대하는 것이 가능하다. 둘

그림 1.6 채광 이 광산에서 거대한 굴착기는 짧은 시간에 이집트 피라미드 하나를 묻을 수 있는 지구 물질을 운반할 수 있다. (*Joseph J. Scherschel/NGS Image Collection*)

째, 특정한 재생 불가능한 자원이 고갈되는 때에 초점을 맞추기보다는 광물이 어떻게 이용되며 이들 이용의 대체물을 개발하는 데 중점을 두는 것이다.

숲, 물고기, 야생생물과 같은 살아 있는 환경 자원은 이들이 자연적으로 보충될 수 있는 것보다 더 빠르게 이용되는 것은 의심의 여지가 없다. 우리는 광물, 석유 및 지하수의 한계나 또는 이들의 재활용의 필요성을 고려하지 않고 이들을 개발하였다. 그 결과 몇몇 자원은 부족한 실정이다. 우리는 우리의 환경 자원을 어떻게 유지할 수 있는지를 배워야 하며, 이들이 사람과 지구에 사는 다른 생물체들에게 이익을 계속해서 제공할 수 있어야 한다.

우리는 인류와 자원에 대하여 개념 1에서 지구는 오늘날 우리가 접근할 수 있고 우리의 자원이 한정된 유일하게 살 수 곳이라는 것을 설명하였다. 미래 자원의 수요를 만족시키고 우리의 자원을 유지하기 위해 우리는 많은 원료를 대규모로 재활용할 필요가 있다. 대부분의 원료는 이론적으로 재활용될 수 있다. 과제는 환경을 훼손하지 않고 삶의 질을 증대시키며 경제적으로 실행할 수 있는 방법을 찾는 것이다. 폐기물이 재사용되고 재활용된다면 이들의 처리 문제에 있어서 많은 부분이 경감될 수 있다. 바꾸어 말하면 오늘날 오염 물질로 생각되는 많은 폐기물은 자원으로 변할 수 있다. 토지는 또한 사람, 식물, 동물뿐만 아니라 제조, 채광, 그리고 에너지 생산, 운송, 폐기물의 야적, 심미적인 사람들에 있어 중요한 자원이다. 어느 정도 도시와 농업 목적을 위해 더 많은 토지를 필요로 하는 인류의 인구수 증가 때문에 사람에 의한 지구의 변화는 빠른 속도로 증가하고 있다. 인류 활동과 암석과 토양을 운반할 수 있는 능력에 대한 최근 연구는 인류 활동(농업, 채광, 도시화 등)이 산맥 형성 또는 강의 퇴적물 운반을 포함한 다른 어떤 지구 작용과 연간 기준으로 같거나 또는 더 많은 토양과 암석을 운반한다는 결론을 내렸다(그림 1.6). 이들 활동과 이에 수반된 구체적인 지구의 변화(예를 들면 산의 평탄화 작용)는 인간 활동이 지구 표면의 형태를 변화시키는 데 가장 중요한 작용임을 나타낸다[9](자세히 살펴보기 '인류에 의한 경관 변형 : 테네시의 덕타운' 참조). 우리는 토지 이용 계획을 제20장에서 설명한다.

자세히 살펴보기 | 인류에 의한 경관 변형 : 테네시의 덕타운

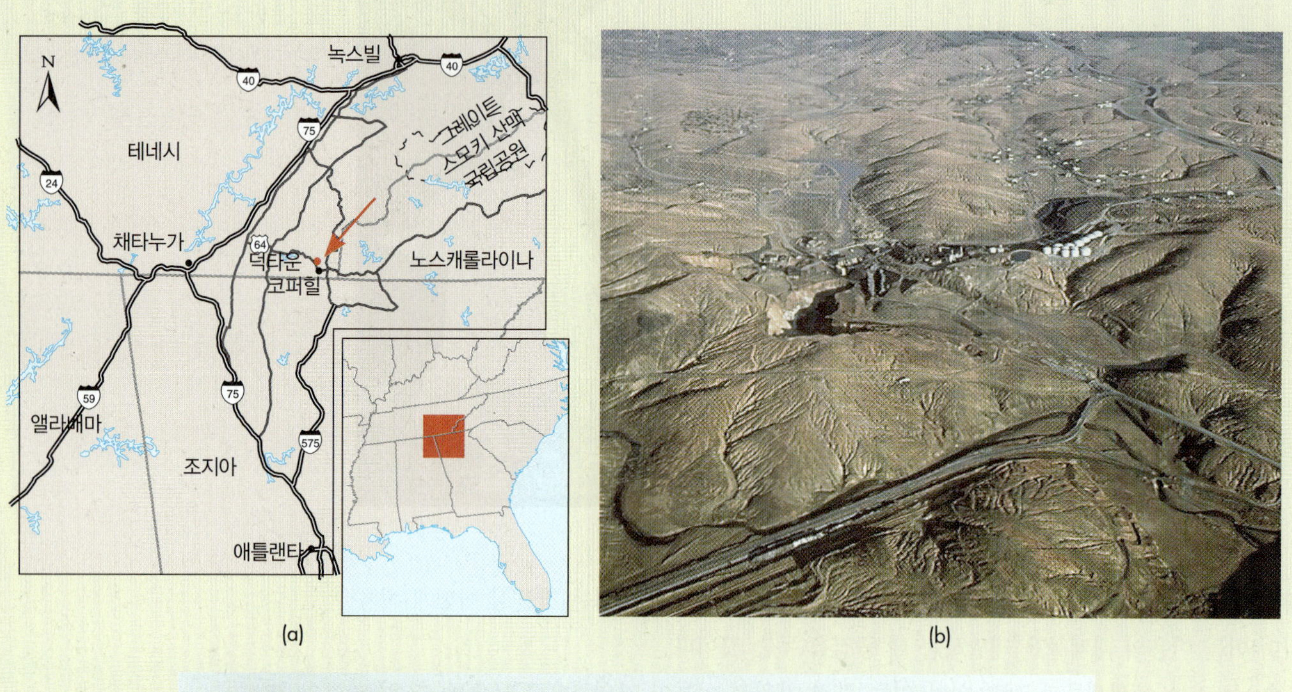

그림 1.B 지속되는 토지 남용의 영향 (a) 테네시의 덕타운 위치. (b) 100년 전 이전의 채광 활동에 의해 덕타운 주위에 생성된 인공 사막. 광대한 토양 침식과 식생의 유실이 일어났었으며, 완전한 복원은 아마 100년 이상 걸릴 것이다. (*Kristoff, Emory/NGS Image Sales*). (c) 복원 과정을 보여주는 최근 몇 년 동안의 덕타운 지역. (*Tennessee Valley Authority*)

테네시에 있는 인공 사막? 덕타운을 둘러싸고 있는 지역은 한때 미국 남부의 블루 리지 산맥의 무성한 식생보다 훨씬 더 애리조나 주의 페인티드 사막(일명 오색 사막)처럼 보였다(그림 1.Ba).[10] 덕타운의 역사는 골드러시로 생각되던 구리를 구하기 위한 쇄도로 드러난 1843년에 시작되었다. 1855년까지 30개 회사가 구리 광석을 산너머 구리 분지(Copper Basin)로 불리는 지점과 덕타운으로 노새를 이용해 나르고 있었다. 아연, 철 및 황으로부터 구리를 분리시키기 위해 거대한 가마—길이가 200m이고 깊이가 30m인 노천 구덩이—를 건조하였다. 이 지역의 활엽수 숲은 이들 가마에 연료를 공급하기 위해 벌채되었으며 나무 그루터기를 뽑아 숯으로 썼다. 결국 맨해튼 섬의 대략 4배와 같은 약 130km^2 면적의 모든 나무가 제거되었다. 가마는 유독 가스의 거대한 구름을 형성하였으며, 전하는 바에 의하면 구름이 너무 두터워서 노새들은 서로 충돌하는 것을 막기 위해 종(편경)을 달고 다녔다고 한다. 이산화황 가스와 입자들은 남아 있는 식생을 말라죽게 하는 산성비와 산성 먼지를 생성하였다. 이러한 식생의 유실은 광대한 토양 침식을 일으켜 사막을 닮은 무기질을 함유한 단단한 암석 표층으로 변했다. 경관이 망쳐진 이 지역은 매우 넓어서 우주에서도 볼 수 있는 인류의 건조물 중 하나가 되었다(그림 1.Bb).

사람들은 근본적으로 이들의 미래에 대해 낙관적인가 덕타운 채광 활동으로 인한 황폐화는 또한 불리한 경제 및 사회적인 변화를 일으킨다. 그럼에도 불구하고 덕타운 주민들은 여전히 낙관적이다. 도시 입구 표지판에는 "구리가 우리를 유명하게 하였다. 우리 주민은 우리를 위대하게 만들었다."라고 쓰여 있다. 재녹화 작업이 1930년대에 시작되었으며 이제 대부분의 면적은 약간의 식생으로 덮여 있다(그림 1.Bc). 그러나 이 지역을 완전히 복원하는 데는 아마 수백 년이 걸릴 것이다. 구리 분지의 복원으로부터 배운 교훈은 온타리오의 서드베리(그림 1.C)에 있는 제련소 주변 지역과 같은 인류 활동에 의해 사막이 형성되는 세계의 다른 지역에 유용한 정보를 제공할 것이다. 그러나 광산 지역, 특히 구리 분지의 경관 파괴와 비슷한 파괴가 아직도 진행되고 있는 개발도상국은 여전히 걱정된다.[12]

그림 1.C 대기 오염 뒤 배경의 제련소와 굴뚝으로부터 발생된 대기 오염 때문에 식생이 사라진 온타리오의 서드베리 주위 지역. (*Bill Brooks/ Masterfile corporation*)

우리들은 환경 위기 속에 있는가 증가하는 인구수에 의해 줄어드는 자원에 대한 요구와 계속되는 인류 폐기물의 산출은 일반적으로 **환경 위기**(environmental crisis)고 하는 말을 생기게 하였다. 미국과 전 세계에 걸친 이 위기는 인구 과잉과 도시화, 그리고 우리 토지에

그림 1.7a 벌목 개벌에 의한 목재 수확은 일반적으로 토양을 노출시켜 토양을 다지고 토양 침식과 그 밖의 환경 문제의 증가에 기여하였다. (*Edward Keller*)

그림 1.7b 채광 만약 우리가 자원을 얻고자 한다면 뉴멕시코의 실버시 동쪽의 이 광산과 같은 거대한 노천 광산이 필요하다. 그러나 이들은 토지 표면을 교란시키며, 어떤 경우에 개간은 어렵거나 또는 거의 불가능하다. (*Michael Collier*)

대한 너무 낮은 윤리적인 배려와 환경 스트레스를 극복하기 위한 부적절한 제도와 결합된 산업화로부터 발생하였다.[10] 계속된 자원의 빠른 이용은 전 지구 규모의 환경 문제를 야기하며 다음을 포함한다.

- 삼림 벌채와 이에 수반된 토양 침식, 물과 공기의 오염이 많은 대륙에서 일어난다(그림 1.7a)
- 금속, 석탄 및 석유 같은 자원의 채굴은 이들이 부존되는 곳이 어디든 온갖 종류의 환경 문제를 일으킨다(그림 1.7b).
- 지하수와 지표수 자원 모두의 개발은 전 지구 규모에서 많은 환경의 유실과 피해를 가져온다(사례 연구 '아랄 해 : 호수의 죽음' 참조).

긍정적인 기록에서 우리는 환경 위기, 특히 환경 훼손과 자원의 이용 사이의 관계에 대하여 많은 것을 배웠다. 물과 에너지를 포함한 자원의 지속 가능한 개발에 대한 혁신적인 계획이 자원 활용과 관련된 갖가지 종류의 환경 문제를 줄이기 위해 개발되고 있다.

우리는 지구를 지키거나 또는 우리 자신을 지킬 필요가 있을까 1990년대의 환경 표어는 "지구를 지키자"였다. 지구의 생존이 참으로 위험한가? 긴 행성 진화의 관점에서 지구는 인간보다 더 오래 살아남을 것이 확실하다. 우리 태양은 앞으로 적어도 몇십억 년을 지속할 것이며, 비록 모든 인간이 다음 수년 내에 멸종하더라도 생물들은 여전히 지구상에서 번성할 것이다. 우리가 경관, 대기 및 물에 부과한 환경 훼손은 수백 또는 수천 년 동안 존속될 것이나 결국에는 자연 작용에 의해 깨끗이 정화될 것이다. 따라서 우리의 주요 관심은 인류 환경의 질이며, 이는 공기, 물, 토양 및 다른 생물을 포함한 우리의 커다란 자주적 지원 시스템에 의존한다.

개념 3 : 하나의 계로서 지구

지구계와 이들의 변화에 대한 이해는 환경 문제를 해결하는 데 중대하다.

계(system)는 우리가 연구를 위해 선택한 우주의 정의된 어떤 부분이다. 계의 예는 행성,

그림 1.8 계로서 강 아마존 하계(청색) 일부와 리오 네그로 강(흑색)의 합류지역. 아마존 강의 푸른 물은 많은 퇴적물을 포함한 반면에 네그로 강의 물은 거의 투명하다. 2개의 큰 강이 합쳐질 때 두 강물은 혼합되지 않고 합류점을 지나 상당한 거리까지 나뉘어 있다. 리오 네그로 강은 홍수 상태에 있다. 붉은색은 아마존 우림이며, 흰색 선은 도로와 같이 사람들이 일으킨 교란 지역이다. (*Earth Satellite Corporation/Science Photo Library/Photo Researchers, Inc.*)

화산, 해양분지 또는 하천이다(그림 1.8). 대부분의 계는 하나의 소계 내에서의 변화가 다른 소계 내에서의 변화를 야기하는 전체로서 기능하는 것을 상호 조절하는 몇 개의 소계 부분을 포함한다. 예를 들면 우리의 전 지구계의 소계는 물, 육지, 대기 및 생물이다. 이들 소계는 상호작용을 하여 전체 지구계가 작용하는 것을 유지하도록 도와준다.[11]

사례 연구 | 아랄 해 : 호수의 죽음

과거 구소련의 일부였던 아랄 해는 카자흐스탄과 우즈베키스탄 사이에 위치하며, 1960년에 번성한 관광 휴양지였다. 농사를 위해 돌린 물길은 단 30년 만에 아랄 해를 거의 사라지게 하였다. 아랄 해는 오늘날 죽어가는 호수이며, 염분으로 덮인 수천km^2의 평지로 둘러싸여 있다. 이러한 변화는 이 지역의 경제 기반에 영원히 피해를 입히고 있다.

1960년에 아랄 해의 면적은 약 67,000km^2이었다. 호수에 물을 공급하던 주요 두 강의 관개로 인해 호수면의 높이는 20m 이상 낮아졌고 약 28,000km^2 정도의 호수 면적이 줄어들었다(그림 1.D). 한때 호안의 어업 중심지였던 번화가는 오늘날에는 약 30km 멀어진 내륙에 위치하게 되었다. 날씨에 미치는 호수의 조정 역할의 상실은 이 지역의 기후를 변화시키고 있다. 오늘날 겨울은 더 춥고 여름은 더 더워졌다. 폭풍은 소금기가 많은 먼지를 끌어올려 넓은 면적 위로 흩뿌림으로써 토지에 피해를 입히고 공기를 오염시켰다.

아랄 해로부터 배워야 할 교훈은 환경 훼손이 얼마나 빨리 지역 전체의 변화를 일으킬 수 있는지이다. 지질학자를 포함한 환경학자들은 사람들이 아랄 지역에서 행한 행동은 우리들이 전 지구적 규모로 많은 영역에서 행하고 있는 행동의 전조라고 걱정한다.[13] 오늘날 호수 북쪽 작은 부분을 구하기 위해 활발한 복원 사업이 진행 중이다. 시르다리아 강이 호수로 흘러드는 바로 남쪽에 호수를 가로지르는 낮은 댐이 건설되었다(그림 1.D 참조). 강물을 보존함으로써 더 많은 물이 호수로 흘러들고 있으며, 댐은 호수 바닥의 북쪽 지역에 물을 가두었다. 이곳의 호수 수면은 높아지고 몇몇 어업은 되돌아왔다. 이것은 전도가 유망한 징조이다. 그러나 앞으로 훨씬 더 많은 것이 수행되어야 한다.

(a)

(b)

그림 1.D 죽어가는 호수 (a) 아랄 해는 죽어가는 호수로 수천km^2의 염분 평지로 둘러싸여 있다. (*Philip P. Micklin*) (b) 농사를 짓기 위한 물의 관개는 호수를 거의 사라지게 했다. 여기에 있는 두 척의 배는 아랄 해가 증발함에 따라 생성된 광대한 소금 평지를 포함한 해안을 따라 높게 좌초되어 말라붙어 있다. (*David Turnley/CORBIS*)

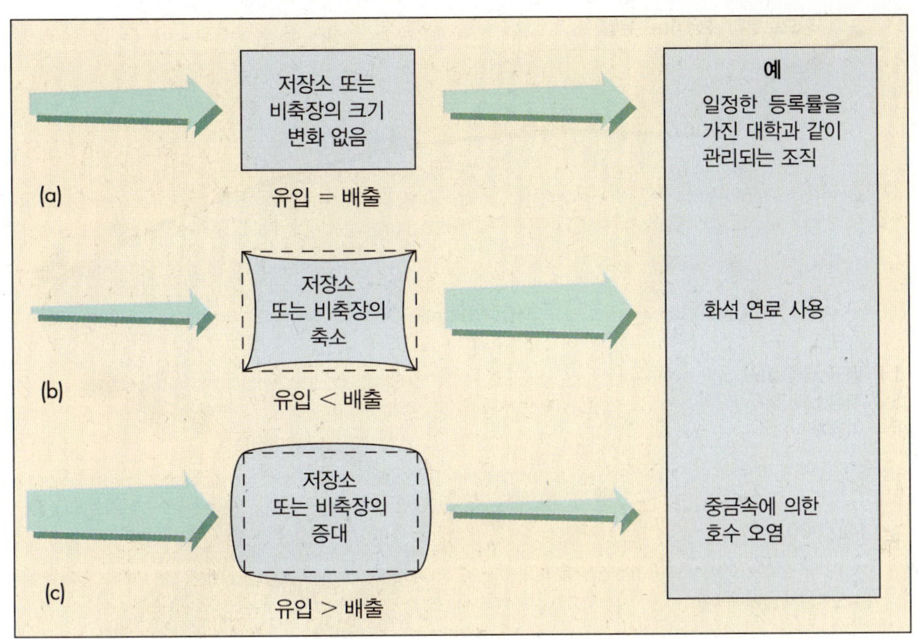

그림 1.9 계 내의 변화 어떤 물질의 저장소 또는 비축장이 변화할 수 있는 주요 방법. (*Ehrlich, P. R., Ehrlich, A. H., and Holdren, J.P. 1977*. Ecoscience: Population, resources, environment, *3rd ed. San Francisco: W.H. Freeman*)

유입-배출량 분석

유입-배출량 분석(input-output analysis)은 열린 계에서 변화를 분석하는 데 있어 중요하다. 그림 1.9는 물질의 저장소 또는 비축장 내에서의 세 가지 형태의 변화를 나타낸다. 각각의 경우 순변화는 유입량과 배출량의 상대적인 속도에 달려 있다. 계 내로의 유입이 배출량과 같은 경우(그림 1.9a)에 대략 평형 상태가 이루어졌으며, 순변화는 일어나지 않는다. 이와 같은 예는 학생들이 신입생으로 입학하고 4년 후에 일정한 비율로 졸업하는 대학에서 볼 수 있다. 따라서 대학생의 총수는 여전히 일정하다. 전 지구적 규모에서 우리 지구는 에너지에 대해 대략 평형 상태의 계이다. 유입되는 태양 복사는 지구로부터 방출되는 복사에 의해 대략 균형을 이룬다. 변화의 두 번째 형태에서는 계 내로의 유입량이 배출량보다 적다(그림 1.9b). 이와 같은 예는 화석 연료 또는 지하수와 어떤 식물 또는 동물의 수확량과 같은 자원의 사용이다. 만약 유입량이 배출량보다 훨씬 적으면 연료 또는 물 자원은 완전히 소모되거나, 또는 식물 또는 동물은 멸종될 수 있다. 계에서 유입량이 배출량을 초과하면(그림 1.9c), 측정되는 것이 무엇이든 비축량은 증가한다. 이와 같은 예는 산업 오염 또는 토양과 물의 오염으로부터 유래된 호수 내의 중금속의 축적이다.

우리는 변화를 어떻게 평가할 수 있을까 변화의 속도 또는 계의 유입량과 배출량을 평가함으로써 우리는 자원과 같은 특정 물질에 대한 **평균 체류 시간**(average residence time)을 구할 수 있다. 평균 체류 시간은 전체 비축량 또는 물질의 공급량이 계를 통해 순환되는 데 걸리는 시간의 길이이다. 평균 체류 시간(T)을 계산하기 위해서(계의 크기와 이송 비율은 일정하다고 가정함) 우리는 비축량(S)을 취하고, 이것을 계를 통한 평균 이송률(F)로 나누면

$$T = S/F$$

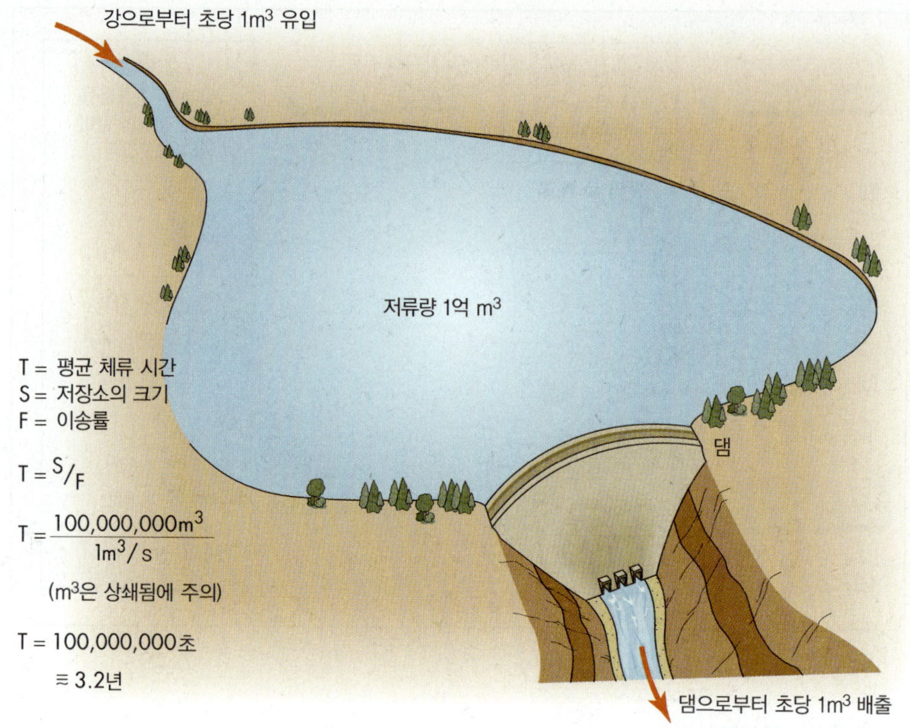

그림 1.10 평균 체류 시간 유입량 = 배출량 = 1 m^3/s이고 저수지의 크기는 100,000,000m^3인 저수지에서 1 m^3의 물의 평균 체류 시간의 계산.

예를 들면 만약 저수지가 1억 m^3의 물을 저장할 수 있고, 강으로부터 저수지로 유입되는 평균 유입량은 초당 1m^3이고, 방수로를 통한 평균 배출량이 1m^3이면 저수지 내에서 1m^3의 물의 평균 체류 시간은 1억 초 또는 약 3.2년이다(그림 1.10). 우리는 또한 크기와 이송률이 변하는 계에 대한 평균 체류 시간을 계산할 수 있으나 수학적 계산은 한층 더 어렵다. 특정 자원에 대한 체류 시간을 계산하고, 그 다음에 환경 문제를 이해하고 해결하는 것을 돕기 위해 정보를 응용하는 것은 흔히 가능하다. 예를 들면 평균 체류 기간이 수천 년인 몇몇 지하수와 비교하여 강에서의 물 평균 체류 시간은 약 2주이다. 따라서 강으로 유출된 한 번의 기름 오염 사건을 처리하기 위한 전략은 지하의 송유관 파열에 의해 발생한 지하수에 떠 있는 기름을 제거하는 전략과 매우 다를 것이다. 강으로 유출된 기름은 상대적으로 접근하기 쉽고 간단하며 단기적인 문제인 반면에 지하수는 느리게 이동하며 긴 평균 체류 시간을 갖기 때문에 오염된 지하수는 한층 더 어려운 문제이다. 지하수 오염이 자연적으로 정화되는 데 몇 년에서 수백 년까지 걸릴 수 있기 때문에 지하수 오염은 처리하기가 어렵다.

지구계 내에서 변화의 예측

"현재는 과거의 열쇠이다."라는 개념은 **동일과정의 원리**(uniformitarianism)라고 하며, 일부 학자들에 의해 지질학의 아버지라 불리는 제임스 허튼에 의해 1785년에 대중화되었으며 오늘날에는 지구과학의 근본 개념으로 알려지고 있다. 용어가 암시하듯이 동일과정의 원리는 오늘날 우리들이 관찰하는 작용은 과거에도 또한 작용하였다고 여긴다(강에서 물의 흐름, 빙하의 생성과 이동, 사태, 해변의 파도, 지진에 의한 땅의 융기 등). 동일과정의 원리

그림 1.11 도시 개발 이 산 사면에서 산사태의 발생은 산 사면이 불안정하며 미래에 뒤따른 산사태가 일어날 수 있음을 말해 준다. 이것은 이 지역의 미래 개발에 대한 '경고장'이다. (*Edward A. Keller*)

는 자연적인 작용들의 규모(소비된 에너지의 양)와 빈도(특정 작용이 얼마나 자주 일어나는가)가 시간에 따라 일정하다는 것을 요구하지도 않고 심지어 암시하지도 않는다. 우리는 지구가 오늘날의 대기, 해양 및 대륙과 같은 것들을 갖는 동안 현재의 작용들이 작용하였다는 것을 추론할 수 있다.

현재 인류 활동은 미래를 이해하는 열쇠의 일부이다 지질학적인 사건을 추론하는 데 있어서, 우리는 인류 활동이 지구계에 미치는 영향을 고려해야 한다. 그리고 전체로서 계에 미치는 이러한 변화들이 자연적인 지구작용에 어떤 영향을 미치는지 반드시 고려해야 한다. 예를 들면 강은 인간 활동과 관계없이 범람한다. 그러나 도시에서 지면의 포장과 같은 인간 활동은 지표수를 증가시켜 홍수의 규모와 빈도를 증가시킨다. 즉 포장 후에 특정 크기의 홍수는 더욱 빈번하며, 특정 폭풍은 포장 이전보다 더 큰 홍수를 일으킬 수 있다. 따라서 홍수의 장기적인 영향을 예측하기 위해서는 우리는 반드시 미래 인류 활동이 홍수의 크기와 빈도를 어떻게 변화시킬지 결정할 수 있어야 한다. 이 경우에 현재는 미래의 열쇠이다. 예를 들면 환경지질학자가 주택 단지로 선정된 지역의 최근 산사태 퇴적물(그림 1.11)을 조사할 때 이들은 어디에서 미래의 산사태가 일어날 것이며, 도시화가 미래 산사태의 규모와 빈도에 어떤 영향을 미칠지 예측하는 것을 추론하는 데 반드시 동일과정의 원리를 활용해야 한다. 이제 우리는 작용 사이의 연계를 다룰 것이다.

환경 일체성

하나의 작용이 다른 것에 연쇄적인 작용이 일어나게 하는 **환경 일체성**(environmental unity)은 지구계 내의 변화를 예상하는 데 중요한 원리이다. 예를 들면 우리가 강에 댐을 건설하였다면 수많은 변화가 일어날 것이다. 댐이 건설되기 전에는 강을 통해 바다로 운반되던 퇴적물은 저수지에 갇히게 된다. 그 결과 해변은 강으로부터 공급되는 퇴적물을 빼앗겼으며, 이러한 박탈의 결과는 해안침식 작용을 증가시킨다. 해변의 적은 퇴적물은 또한 모래를 이용하는 게와 대합조개 같은 해안 생물에게 영향을 미칠 수 있다. 따라서 댐의 건설은 해안 환경과 이 곳에 사는 생물들을 변화시키는 연쇄적 또는 연속적인 효과를 가져온다. 댐은 또한 강물의 성질과 분포를 변화시키며 상류로 이동하는 물고기를 막는다. 이제 우리는 전 지구적 연계를 다룬다.[11]

자세히 살펴보기 | 가이아 가설

지구는 생물체와 유사한가? 지질학의 아버지 제임스 허튼은 1785년 에딘버러의 명문 왕립협회 회의에서 행성 지구가 초생물체(superorganism)라는 것을 믿는다고 말하였다(그림 1.E). 그는 지구 물의 순환을 물에 포함된 퇴적물과 영양분과 함께 동물 내의 피의 순환에 대비하였다. 허튼의 은유에서 해양은 지구의 전체적인 계에서 심장이며 숲은 허파이다.[15] 200년 후에 영국의 과학자이며 교수인 제임스 러브록은 살아 있는 지구의 개념을 환기시키는 이 가설은 그리스의 **가이아 가설**(Gaia hypothesis)을 소개하였다. 대지의 여신 가이아의 이름을 따서 붙여졌다.

가이아 가설은 일련의 가설로 가장 잘 설명된다.

- 생물은 지구 환경에 상당히 영향을 미친다. 매우 소수의 과학자들은 이 개념에 동의하지 않는다.
- 생물은 생활의 개선을 위해 환경에 영향을 미친다. 이 가설은 지구상의 생물은 지구의 기후를 조정하는 데 중요한 역할을 하며, 그래서 생물이 살아가는 데 지구는 너무 뜨겁거나 너무 차지 않는다는 것을 보여주는 몇몇 연구에 의해 지지를 받는다. 예를 들면 단세포 식물은 해양의 표면 가까이에 떠서 대기 중의 이산화탄소양을 부분적으로 지배하며, 따라서 이것에 의해 전 지구적 기후가 조절된다.[15]
- 생물은 신중히 또는 의식적으로 전 지구적 환경을 지배한다. 세 번째 가설을 받아들이는 과학자들은 매우 소수이다. 대기권, 지구의 표면 및 바다에서 작용하는 작용들의 상호작용과 연계는 생물이 환경에 영향을 미치는 대부분의 메커니즘을 설명하는 데 대개 충분하다. 이와 대조적으로 인간은 전 지구적 환경에 대하여 의사결정을 의식적으로 하기 시작하였으며, 그래서 인간은 지구의 미래에 영향을 미칠 수 있다는 생각은 극단적인 견해는 아니다. 몇몇 사람들은 이 개념을 광의의 가이아 가설을 지지하는 것으로 해석하였다.

가이아 사고는 학제적 사고를 촉진시킨다. 가이아 가설의 실질적인 가치는 이 가설이 우리 지구가 어떻게 작용하는지 이해하기 위해 수많은 학제적 연구를 고무시켰었다는 것이다. 대부분의 과학자들에 의해 해석된 바와 같이 이 가설은 생물의 역할에 대한 예견이나 계획을 말하기보다는 오히려 자연적인 작용이 영향을 미친다는 것을 말한다.

그림 1.E 집 북대서양, 북아메리카 및 극빙상을 중앙에 둔 지구의 영상. 멀리서 촬영한 우리 지구의 영상에서 지구를 하나의 커다란 계로 이해하는 것은 어렵지 않다. (*Earth Imaging/Getty Images Inc.*)

지구계과학

지구계과학(earth systems science)은 지구의 구성 요소 측면에서 지구 전체를 하나의 계로 연구한다(자세히 살펴보기 '가이아 가설' 참조). 이것은 대기권(공기), 수권(물), 생물권(생물) 및 암석권(암석) 같은 구성 요소인 계(지구계의 소계)가 어떻게 연계되었으며, 어떻게 형성되었고, 진화하였으며 유지되었는지, 이들 소계들이 어떻게 기능을 하는지, 그리고 이들은 10년에서 100년 및 더 긴 기간 동안 어떻게 계속 진화할 것인지 묻는다.[14] 이들 소계들은 연계되어 있기 때문에 한 소계 내의 변화가 다른 소계에 미치는 영향을 이해하고 예상할 수 있는 것은 또한 중요하다. 과제는 사회에 중요할 것 같은 변화를 예상하고 불리한 환경 영향을 최소화하는 관리 전략을 개발하는 것을 알아차리는 것이다. 예를 들면 대기의 화학성분에 대한 연구는 우리 대기가 수천 년에 걸쳐 변화하였음을 말해 준다. 이산화탄소와 같은 미량 기체는 1850년 이래 약 100% 증가하였다. 냉매제와 에어졸 통의 추진제로 쓰이는 염화플르오르탄소(CFCs)는 지표에서 방출된 후 성층권으로 올라가 이곳에서 태양 에너지와 작용함으로써 해로운 자외선 복사를 막아주는 오존층을 파괴시키다. 전 지구적 변화와 지구계과학에 대한 중요한 주제는 지구의 물질, 자연재해 및 에너지 자원과 같은 주제에 뒤이어 제19장에서 논의된다.

개념 4 : 위험한 지구작용

사람들에게 위험한 지구의 작용은 항상 있어 왔다. 이러한 자연재해는 가능하면 인식되고 막아야 하며 인류의 생명과 재산에 이들의 위협은 최소화되어야 한다.

우리 인류는 모든 동물과 같이 주기적으로 재산에 피해를 입히고 생명을 앗아가는 폭풍, 홍수, 지진, 사태 및 화산 분출과 같은 자연적인 작용과 싸워야만 했다. 지난 20년 동안 지구상의 자연재해는 몇백만 명의 인명을 앗아갔다. 연 손실은 약 150,000명이며 재정적인 피해는 약 200억 달러에 달한다.

큰 재해를 일으키는 자연재해는 대참사라 불리는 초대형 참사가 되고 있다 인류 역사의 초기에 자연적인 지구 작용과 우리의 투쟁은 대부분 매일 매일의 경험이었다. 미국의 인구수는 많지도 않고 밀집되어 있지도 않았다. 그래서 위험한 지구 작용에 의한 손실은 중대하지 않았다. 사람들이 다량의 식량을 생산하고 더 풍부한 식품 공급의 유지를 알게 됨에 따라 인구수도 증가하였으며 지역적으로 더 많이 밀집하게 되었다. 인구수와 자원의 밀집은 또한 인류에 영향을 미친 주기적인 지진, 홍수 그리고 기타 자연 참사에 의한 영향을 증가시키고 있다. 이 추세는 계속되었으며, 그 결과 오늘날 많은 사람들은 위험한 지구 작용에 의해 훼손되기 쉽거나 또는 주변 지역에서 이러한 작용의 불리한 영향에 민감한 지역에 산다. 자연재해에 대해 새로 만들어진 원리는 인간 활동(인구수 증가와 농업을 통한 토지의 변화, 삼림 벌채, 채광 및 도시화)에 의해 이전에는 큰 재해였던 것이 오늘날에는 대참사가 되고 있다는 것이다. 예를 들면,

- 인류의 인구수 증가로 인해 더 많은 사람들이 범람원, 급한 경사면(사태가 더 일어나기 쉬운) 및 화산 가까운 곳과 같은 위험한 지역에 살도록 강요받고 있다.

- 도시화와 삼림 벌채를 포함한 토지 이용은 지표수와 홍수 재해를 증가시켰으며, 사면을 약화시켜 사태가 더 자주 일어날 수 있게 하고 있다.
- 막대한 양의 석유, 천연가스 및 석탄의 사용은 대기 중에 이산화탄소의 농집을 증가시켜 대기와 해양의 온난화에 기여하였다. 그 결과 더 많은 에너지가 태풍에 공급된다. 태풍의 수는 증가하지 않지만 폭풍의 강도와 크기는 증가하였다.

우리는 기후적, 생물학적 및 지질학적인 조건을 고려함으로써 많은 자연 작용을 인지하고 이들의 영향을 예상할 수 있다. 지구과학자가 잠정적으로 위험한 작용을 확인한 후 이들은 인간 생명과 재산에 대한 위협을 막거나 또는 최소화하는 방법을 생각할 수 있는 입안자와 의사결정자들이 이용할 수 있는 정보를 만들어야 하는 책임을 가진다. 간단히 말하면 이 과정은 주어진 지역에서 어떤 재해의 위험 평가와 이 위험 평가에 대한 계획 결정의 기초로 구성된다. 재해에 대한 대중의 인식은 또한 재해로부터 위험을 결정하는 역할을 한다. 예를 들면 비록 이들이 남부 캘리포니아에서 지진의 재해가 실질적이라는 것을 이해한다 할지라도 지진을 직접 경험하지 못했던 거주자들은 지진을 경험했던 사람들보다 재산과 생명 손실의 위험의 심각성에 대한 인식이 낮다.

개념 5 : 과학지식과 가치

특정한 환경 문제를 해결하기 위한 과학적인 연구 결과는 과학적인 발견과 일치하는 일련의 가능성 있는 해결법을 흔히 제공한다. 선택한 해결법은 우리의 가치 체계의 반영이다.

과학은 무엇인가 과학 지식과 가치에 대한 우리의 논의를 이해하기 위해 우선 과학 연구의 관습을 이해하자. 대부분의 과학자들은 사물들이 어떻게 작용하는가에 대한 근본적인 호기심에 의해 동기를 부여받는다. 지질학자들은 세계가 어떻게 작용하는지 이전에 알려지지 않은 어떤 것을 발견함으로써 느끼는 스릴에 의해 고무된다. 이러한 발견은 이들로 하여금 계속하여 연구를 할 수 있게 한다. 만약 우리가 우리 세계를 형성하고 유지하는 내적 및 외적 작용에 대하여 거의 알지 못한다면 우리는 어떻게 이 연구에 착수할까? 과학적인 새 발견에 의한 창조성과 통찰력은 흔히 연구자에게 홍미 있는 어떤 적절한 문제에 대한 정확한 질문으로부터 시작된다. 만약 연구되는 주제와 과정이 거의 알려지지 않았다면 과학자들은 먼저 야외 또는 아마 실험실에서 자세히 관찰함으로써 무슨 일이 일어나고 있는가를 개념적으로 이해하려고 한다. 이들의 관찰에 근거하여 과학자들은 관찰한 것에 대해 질문이나 일련의 질문을 개발한다. 그 다음 과학자들은 질문에 대해 답이나 수개의 가능한 답을 제시한다. 가능한 답은 검증되어야 할 **가설**(hypothesis)이다. 가장 좋은 가설은 자료 수집, 조직화 및 분석을 포함한 실험의 설계에 의해 검증될 수 있다. 자료의 수집과 분석 후에 과학자들은 자료를 해석하고 결론을 내린다. 그 다음 결론은 가설과 비교되며 가설은 거절되거나 또는 잠정적으로 채택된다. 흔히 일련의 질문이나 또는 다수의 가설이 개발되며 검증된다. 만약 특정한 문제에 답을 하는 가설들이 모두 거절되면 새로운 가설의 세트가 개발되어야 한다. 이 방법은 때때로 **과학 방법**(scientific method)으로 불린다. 과학 방법의 단계는 그림 1.12에 제시되었다. 과학 방법의 첫 단계는 질문을 구성하는 것이다—이 경우에 "해빈 모래는 어디서 유래했을까?" 이다. 이 질문을 검토하기 위해 과학자들은 해빈

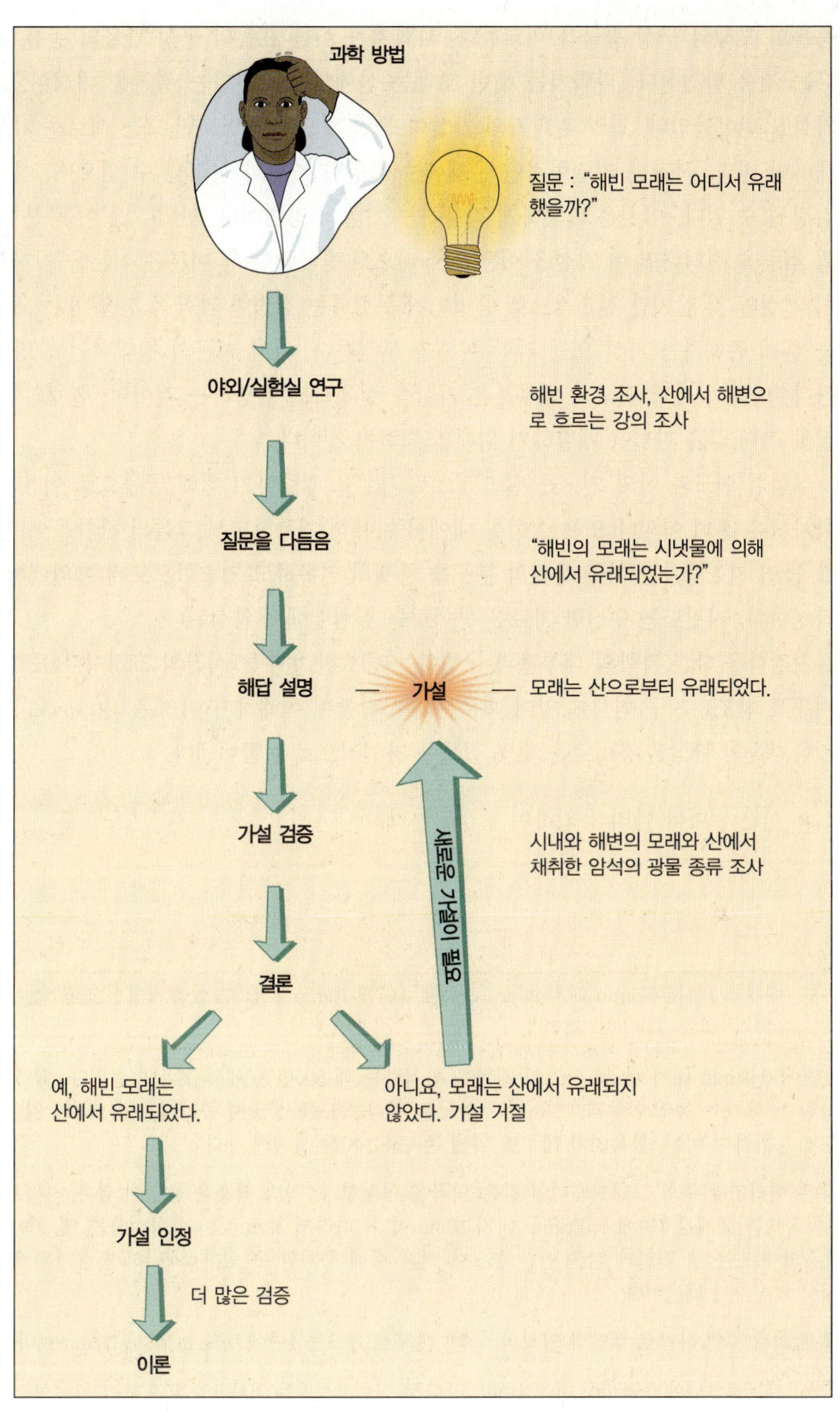

그림 1.12 과학 과학 방법의 단계

에서 얼마간의 시간을 보낸다. 과학자는 바다로 흘러드는 몇몇 작은 강을 알아챘으며, 그는 강은 가까이 있는 산으로부터 기원됨을 알았다. 그래서 과학자는 더 명확히 묻기 위해 그의 질문을 다듬는다. "해빈의 모래는 강물에 의해 산에서 바다로 운반되었는가?" 이 질문은 과학자의 가설의 기초이다. 해빈 모래는 산에서 기원된다. 이 가설을 검증하기 위해 과학자는 해빈과 강의 모래 약간과 산의 암석 표품을 약간 채취한다. 그 후 과학자는 각 표품들의 모래의 구성 광물을 비교한다. 과학자는 이들 표품의 구성 광물의 종류가 대략 같다는 것을 발견한다. 과학자는 해빈 모래는 산에서 유래한다는 결론을 내리며, 그는 그의 가설을 받아들인다. 만약 과학자의 가설이 틀린 것으로 증명되면 그는 새로운 가설을 설정해야만 한다. 복잡한 지질학적인 문제에는 다양한 가설이 설정될 수 있으며, 이들 각각은 검정될 수 있다. 이것은 다양하게 작용하는 가설의 방법이다. 만약 가설이 충분한 수의 실험 검증을 견뎌내면 이 가설을 **이론**(theory)으로 받아들인다. 이론은 이론을 지지하는 가설이 진실일 것 같지만 결정적으로 증명되지 못했다는 강력한 과학적 진술이다. 새로운 증거는 흔히 존재하는 가설 또는 과학 이론을 부정한다. 과학 이론의 절대적인 증명은 불가능하다. 따라서 과학 연구의 대부분은 가설을 설정하고 검증하는 것이며, 현재의 가설을 거절하고 더 나은 가설을 개발하기 위해 노력하는 것이다.

실험실 연구와 야외 연구는 일반적으로 가설을 검증하기 위해 공동으로 이용되며, 지질학자들은 흔히 야외나 또는 실험실 내에서 자세히 기록하면서 그들의 관찰을 시작한다. 예를 들면 지질학자는 지구 물질의 분포를 자세히 기록하고 기술함으로써 야외에서 지질도를 작성한다. 지질도는 수집한 자료를 분석하는 실험실에서 완성된다.

지질학을 다른 과학의 대부분과 구별하는 중요한 변수는 시간의 고려이다(표 1.1의 지질계통표 참조). 지구 역사에 있어 대부분의 사람들이 이해하기 어려운 기(period)에 대한 지질학자들의 관심은 흥미로운 몇몇 질문을 자연적으로 이끌어낸다.

- 산은 얼마나 빨리 융기하여 형성되는가?

표 1.3 지질 작용의 일반적인 속도

느린 속도	▪ 산을 형성하는 융기 속도. 대체로 1년에 0.5mm 내지 2mm. 최대로 1년에 10mm가 될 수 있음. (침식 작용 없이) 높이가 3km인 산을 형성하는 데 150만 년 내지 600만 년 걸린다.
	▪ 육지의 침식. 대체로 1년에 0.01mm 내지 1mm. 3km의 경관을 침식하는 데 300만 년에서 3억 년 걸린다. 땅에 흐르는 물의 양을 증가시키는 삼림 벌채 또는 농업 활동과 같은 인간 활동은 침식 속도를 상당히 증가시킬 수 있다. 일반적으로 융기의 속도가 침식 속도를 능가하며 이는 왜 육지가 해수면 위에 존속하는지를 설명해 준다.
	▪ 강의 기반의 삭박 작용은 애리조나 주의 그랜드캐니언 같은 협곡을 형성한다. 삭박 작용은 물질이 같은 지역으로 이동되는 침식 작용과 다르다. 속도는 대체로 1년에 0.005mm 내지 10mm이다. 따라서 3km 깊이의 형성하는 데 30만 년 내지 6억 년 걸린다. 삭박 작용의 속도는 댐 건설과 같은 인간 활동에 의해 수배 증가할 수 있다. 왜냐하면 증가된 하상의 하각 작용이 댐 바로 아래에서 일어나기 때문이다.
중간 속도	▪ 중력 작용에 의한 포행에 의해 사면 아래로 토양과 암석의 이동. 대체로 속도는 1년에 0.5mm 내지 1.2mm이다.
	▪ 파에 의한 해안침식 작용. 대체로 1년에 0.25mm 내지 1mm. 따라서 침식으로부터 100년을 보호하기 위해서는 절벽 가장 뒤로 약 25m 내지 100m의 구조물을 지어야만 한다.
빠른 속도	▪ 빙하 이동. 대체로 1년에 수m 내지 1일에 수m 이동한다.
	▪ 용암의 흐름. 용암의 종류와 경사에 의존. 1일에 수m 내지 초당 몇몇 m 이동한다.
	▪ 홍수에서 강물의 흐름. 대체로 초당 수m 이동한다.
	▪ 암설 사태 또는 포화된 흙, 토양 및 암석의 사면 아래로 이동. 시간당 100km보다 클 수 있다.
	▪ 지진에 의한 파열. 초당 몇몇 km 이동한다.

- 침식 작용은 얼마나 빨리 육지의 평균 높이는 낮게 하는가?
- 강은 얼마나 빨리 계곡을 침식시켜 요세미티 계곡과 그랜드캐니언(그림 1.13)과 같이 경관이 아름다운 계곡을 형성하는가?
- 홍수, 빙하, 그리고 용암류는 얼마나 빨리 이동하는가?

표 1.3에 나타낸 바와 같이 지질 작용의 속도는 1년에 몇 분의 1mm에서 초당 수km까지 다양하다. 가장 빠른 속도는 가장 느린 것보다 1조 배 이상이다. 초당 수 km인 가장 빠른 속도는 수초 동안 지속되는 사건에 해당된다. 예를 들면 한 번의 지진에 의한 1m의 융기는 큰 것처럼 보이나 1,000년(지진 사이의 간격)으로 평균하면 이것은 산의 형성에 있어 일반적인 융기 속도인 1년에 1mm로 장기간의 속도 변화이다. 환경지질학에 특별히 중요한 것은 인간 활동이 어떤 작용의 속도를 가속시킬 수 있다는 것이다. 예를 들면 삼림 벌채와 도시 건설은 식생을 제거하여 토양을 노출시키고 침식 속도를 증가시킨다. 이와 반대로 온전한 토양 보존의 실천은 침식 속도를 줄일 수 있다.

인류는 지구 나이의 매우 작은 백분율인 플라이스토세(마지막 165만 년)에 출현하였다. 지질시대 척도의 개념화를 돕기 위해 그림 1.14는 지질시대 모두를 미식 축구장의 야드 선과 비슷하게 나타낸다. 우리의 인기 선수가 엔드 존(end zone) 깊숙이 돌진했을 고등학교 시절을 돌이켜 생각해 보자. 100야드의 운동장이 지구의 나이(46억 년)를 나타낸다고 가정하면 1야드는 4,500만 년과 같다. 우리 인기 선수가 지그재그로 방향을 바꾸며 돌진하여 50야드 선에 도달하면 관중은 환호한다. 그러나 그는 지구 역사에서 오직 22억 5,000만 년을 이동하였으며 여전히 산소가 결핍된 원시 환경에 있다. 중앙선에서 상대팀의 5야드 선에서 대기 중의 자유 산소가 생물을 부양하기 시작하였다. 우리의 선수가 상대팀의 38야드 선을 넘었을 때 선캄브리아 시대가 끝나고 생물은 훨씬 더 다양화되었다. 골 라인으로부터 반 야드도 안 된 지점에 도달했을 때 우리의 인기 선수는 플라이스토세의 출발점에 다다른 셈이다. 인기 선수가 1인치 지점을 뛰어넘어 터치다운을 향해 돌진할 때 지구 역사에서 이에 해당하는 시기는 10만 년 전이며 현대인들이 유럽에 살고 있었다. 지질시대를 시각화하는 또 다른 방법은 만 1년을 지구의 나이 46억 년으로 생각하는 것이다. 이 경우에 지구는 1월 1일에 형성되었다. 대기의 첫 산소는 7월까지 나타나지 않았다. 그리고 포유동물은 12월 18일까지 출현하지 않았다. 최초의 인간은 12월 31일 오후 6시에 등장하였다. 기록된 역사는 12월 31일 자정 전 단지 48초에 시작되었다!

환경지질학의 질문에 답하는 데 있어 우리는 흔히 가장 최후의 플라이스토세(지난 18,000년)에 관심이 많다. 그러나 우리는 지난 수천 년 또는 약 1만 년 전에 시작된 홀로세의 수백 년에 가장 관심이 많다(지질학자들이 시간을 어떻게 정하는지는 부록 D를 보라). 따라서 지질학 연구에 있어 지질학자들은 흔히 시간을 통해 완성된 질문에 답하게 위해 가설을 세운다. 예를 들면 우리는 대기 중으로 이산화탄소를 방출하는 것으로 알고 있는 석탄과 기름 같은 화석 연료의 사용은 대기권 하부에 열을 가둠으로써 전 지구적 온난화를 일으킨다는 가설을 검증하고자 한다. 우리는 이 현상을 온실효과라고 부르며, 이것은 제19장에서 자세하게 논의된다. 이 가설을 검증하는 한 가지 방법은 우리가 많은 양의 석탄 사용을 시작하고 나중에는 당시의 새로운 기계류에 동력을 공급하기 위해 많은 석유를 사용한 산업 혁명 이전의 전 지구적 평균 온도가 오늘날의 평균 온도보다 상당히 낮았다는 것

그림 1.13 계곡의 침식 작용 수평의 연속층에서 하천의 점진적인 삭박 작용의 이상적인 그림. 계곡의 사면 경사는 암석이 단단하고 삭박 작용에 저항이 큰 곳에서 급하며 삭박 작용의 속도는 대체로 약 0.01mm/년보다 낮다. 사면 경사가 완만한 연한 암석에서 삭박 작용의 속도는 1mm/년을 넘는다. 만약 계곡이 100만 년에 약 1km 삭박되었다면, 평균 삭박 속도는 1mm/년이다. (*King, P. B., and Schumm, S. A.*, 1980. The physical geography of William Morris Davis. *Norwich, England: Geo Books*)

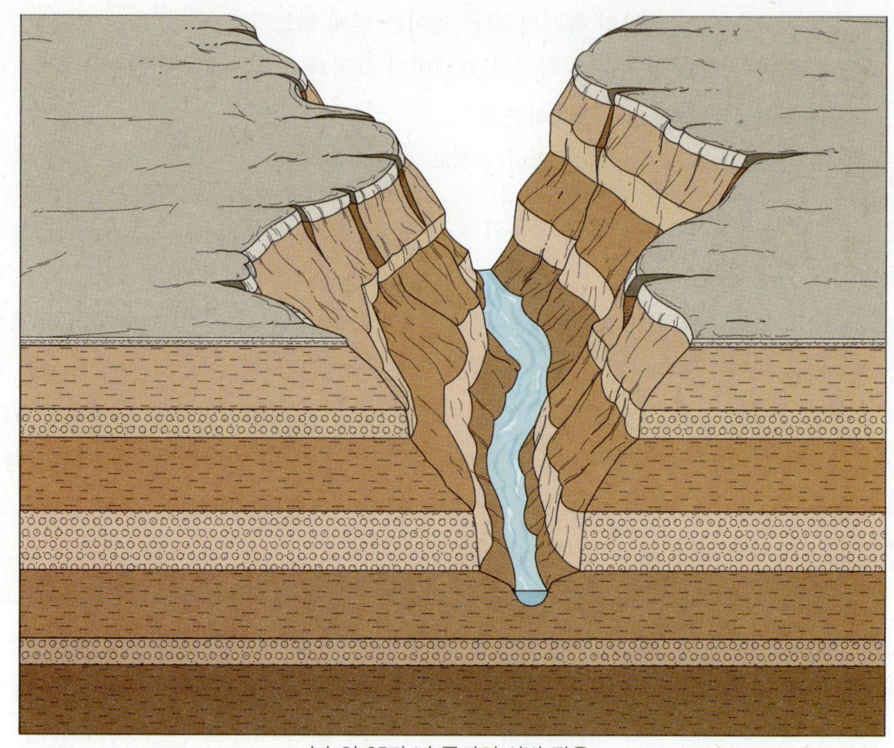

(a) 약 25만 년 동안의 삭박 작용

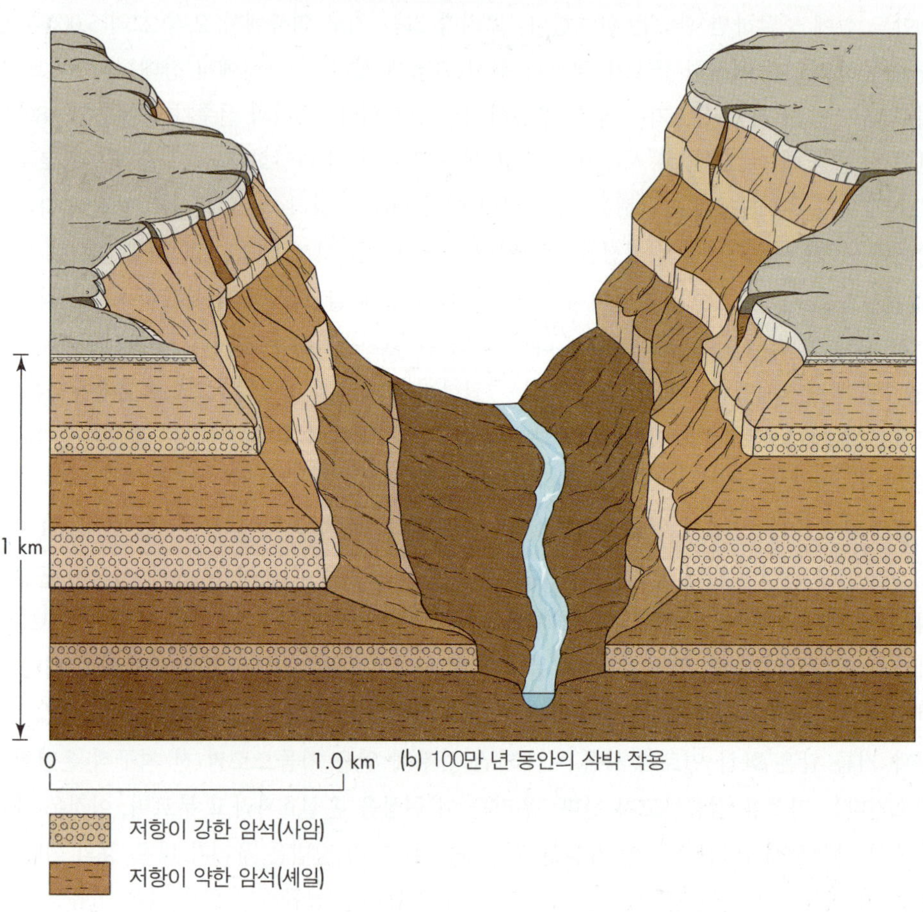

(b) 100만 년 동안의 삭박 작용

을 보여주는 것이다. 우리는 특히 오늘날 온도 측정처럼 지구의 여러 지점에서 온도 측정이 기록되기 이전인 지난 수백 내지 수천 년에 관심이 있다. 전 지구적 온난화가 일어나고 있다는 이 가설을 검증하기 위해 과학자들은 전 지구적 온도의 지시물을 제공하는 선사시대의 지구 물질을 조사할 수 있다. 이 조사는 대기 중에 있는 이산화탄소의 과거 수준을 측정하기 위해 빙하 얼음 또는 바다 또는 호수 바닥에서 채취한 퇴적물의 연구를 포함할 수 있다. 정확히 완료되면 연구는 전 지구적 온난화가 일어나고 있다는 가설을 받아들이거나 또는 거절할 수 있게 하는 결론을 제공할 수 있다.

과학이 무엇인가라는 우리의 논의는 과학은 과정이다는 것을 강조한다. 과학은 그 자체로서 과학 방법의 적용에 근거한 일련의 현대 믿음을 이루는 것을 아는 방법이다. 과학은 일련의 믿음이 입증된 유일한 방법이 아니다. 어떤 믿음은 확신에 근거한다. 그러나 믿음은 근거가 확실할지라도, 과학과 혼동되어서는 안 된다. 현대 과학이 과학의 과정과 함께 나타남에 따라 다른 설명들이 알려졌다. 이것은 생물학자들에 의한 생물의 진화, 물리학자들에 의한 공간과 시간의 이해, 그리고 대륙과 해양분지는 판 구조운동에 의해 생성된다는 지질학자들의 설명들을 포함한다.

문화와 환경 인식

환경 인식은 한 세대에서 다른 세대로 물려주는 생활의 모든 방식을 포함한다. 우리의 현재 조건의 근본을 밝히기 위해 우리는 우리의 문화와 우리의 정치, 경제, 윤리, 종교 및 미학에 관한 법규가 우리의 물리적 환경에 대해 우리가 인식하고 반응하는 방식에 어떻게 영향을 미치는지 이해하기 위하여 과거를 조사해 보아야 한다.

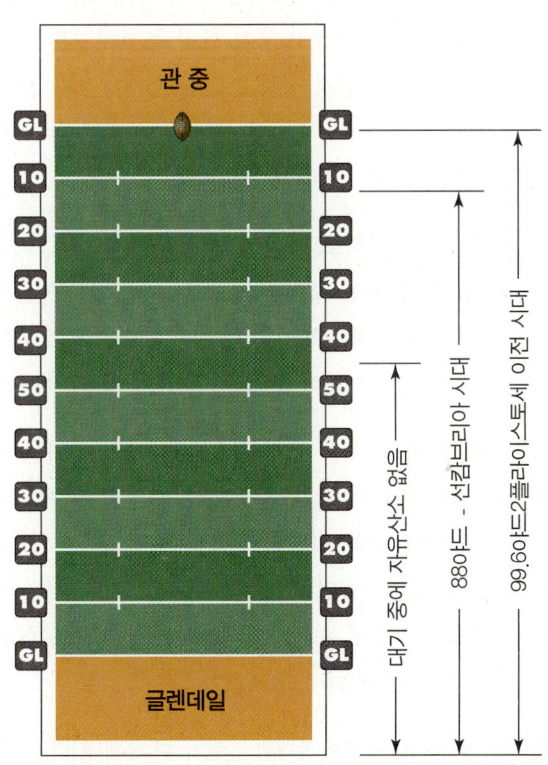

그림 1.14 시간 미식축구장에 나타낸 지질시대. 더 자세한 설명은 본문을 보라.

환경을 보존하기 위한 윤리적 접근은 인류의 윤리 진화의 긴 역사에 있어 가장 최근의 발전이다. 재산권의 개념에 대한 변화는 우리의 윤리 변화에 근본적인 변환을 가져왔다. 초기 시대에는 사람들은 흔히 재산으로 여겨졌으며 이들의 지배자들은 그들이 원하는 대로 이들을 처분할 수 있는 무소불위의 권한을 가졌다. 노예 소유 사회는 틀림없이 윤리 규약을 가지고 있었을 것이다. 그러나 이 규약은 사람은 재산이 될 수 없다는 생각을 포함하지 않았다. 이와 비슷하게 아주 최근까지 산업화된 세계에서 토지 소유자들이 그들이 원하는 대로 토지를 처분하는 권리에 대해 문제를 제기하였던 사람은 거의 없었다. 오로지 금세기에 들어 문명사회와 그의 물리적 환경 사이의 관계가 윤리적인 고려를 포함한 관계로 알려지기 시작하였다.

환경(생태 및 토지를 포함하는) 윤리는 사회의 한계뿐만 아니라 우리의 억압된 환경에서 존재하기 위해 노력하는 개개인의 활동의 자유를 포함한다. **토지 윤리**(land ethic)는 우리가 다른 개인과 사회뿐만 아니라 전체 환경, 식물, 동물, 토양, 암석, 대기 및 물로 이루어진 더 큰 공동체에 책임이 있다고 생각한다. 이 윤리에 따르면 우리는 토지의 시민이며 보호자이지 지배자는 아니다. 이러한 역할 변화는 경제성 때문에 토지 이용의 결정을 허용하기보다는 우리 토지를 경외하고, 사랑하며 보호할 것을 우리에게 요구한다.[16] 국립공원과 휴양림의 설립은 토지 윤리에 바탕을 둔 보호 활동의 한 예이다. 와이오밍과 몬타나에 있는 옐로스톤 국립공원은 1872년에 설립된 미국 최초의 국립공원이다. 옐로스톤은 다른 국립공원, 유적지 및 휴양림 설립을 이끌었으며, 나라에서 가장 높이 평가된 미학적인 자원을 보전하게 되었다. 나무, 식물, 동물 및 암석은 국립공원 또는 휴양림의 경계 내에서 보호된다. 또한 강은 자유롭고 깨끗하게 흐르고, 호수는 물고기가 남획되거나 또는 오염되지 않으며, 광물 자원은 보호된다. 마지막으로 이러한 토지의 보호를 이끄는 윤리는 우리들에게 이들 천연 지역을 즐길 수 있는 특전을 허용하며, 미래 세대들이 동일한 기회를 가질 수 있도록 보증한다. 이제 우리는 초점을 바꾸어 환경 문제해결은 왜 어려워지는 경향이 있는지 논하고 예방 원리로 알려진 새 환경 정책 수단을 소개하고자 한다.

환경 문제해결은 왜 그렇게 어려운가?

많은 환경 문제는 복잡하고 다방면적인 경향이 있다. 이들 문제는 물리적, 생물학적, 그리고 인류의 작용과 관련된 쟁점을 포함할 수 있다. 문제의 일부는 감정적인 관점에서 크게 비난을 받으며 가능한 해결책들은 빈번히 활발하게 토론된다.

환경 문제를 해결하는 것이 어려울 수 있는 세 가지 주요 이유가 있다.

- 편향적인 증가와 흔히 부딪친다. 편향적인 증가는 우리가 증가 또는 감소를 말할 때 변화의 양이 빠르게 일어날 수 있다는 것을 뜻한다.
- 변화가 일어날 때와 이것이 문제로 인식되는 시간 사이에는 흔히 지연 시간이 있다. 만약 지연 시간이 길면 특정 문제를 인식하는 것조차도 매우 어렵다.
- 환경 문제는 되돌릴 수 없는 변화의 가능성을 포함한다. 만약 한 종이 멸종된다면 이것은 영원히 사라진다.

환경 경제와 환경 정책의 연계는 초기 단계에 있다. 즉 환경 문제를 해결하기 위한 정책의 골격은 상대적으로 새로운 영역이다. 우리는 예방 원리와 환경 변화로부터 오는 이익과 손실의 경제성을 평가하는 방법을 개발하고 있다. 예를 들면 여러분은 미학에 또는 질이 높은 환경에 사는 데에 금전(dollar amount)을 어떻게 쓰는가? 분석이 흔히 귀착하는 것은 가치 설명에 있는 과제이다. 과학은 문제에 수많은 잠정적인 해결법을 제공할 수 있다. 그러나 우리가 선택한 해결책은 우리들의 가치관에 달려 있다.

예방 원리

예방 원리란 무엇인가 과학은 전 지구적 온난화, 독성 물질에의 노출, 자원의 고갈 등과 같은 환경 문제와 관련된 물리적 작용과 생물적인 작용을 이해하기 위해 노력하고 있다. 그러나 모든 과학은 예비 행동이며 물리적 작용과 생물학적인 작용 사이의 관계를 증명하고 이들을 사람들의 작용과 연계시키는 것은 어렵다. 부분적으로 이러한 이유 때문에 1992년에 지속 가능한 개발에 대한 리오 지구 정상회의는 **예방 원리**(precautionary principle)를 지지하였다. 이 원리의 이면의 뜻은 잠정적으로 심각한 환경 문제가 존재할 때 예방적인 조치를 취하는 데 과학적인 확실성은 필요가 없다는 것이다. 즉 나중에 후회하는 것보다 미리 조심하는 편이 낫다. 따라서 예방 원리는, 예를 들면 독성 화학 물질의 생산과 이용 또는 기름이 부족해짐에 따라 막대한 양의 석탄의 연소와 같은 갖가지 환경 관심사에 대한 중대한 판단을 내리는 데 기여한다. 이것은 환경 문제에 대한 현명하고 환경적으로 정당한 정책의 틀을 얻는 데 가장 영향력 있는 착상 중 하나로 생각된다.[17]

예방 원리는 과학적인 증명이 모든 경우에 가능하지 않다는 것을 인정하고 감독 실천하는 것이 인간 활동에 의해 발생한 환경 문제를 줄이고 제거하는 데 필요하다. 바꿔 말하면 완전한 과학적 확실성이 유용한 것은 아니다라는 사실에도 불구하고 환경 문제를 해결하기 위해 우리는 여전히 비용 효율이 높은 행동을 취한다.

예방 원리는 적용하기에 어려울 수 있다 예방 원리를 적용하는 데 있어 어려움 중 하나는 특정한 문제에 대해 조치가 취해지기 전에 얼마나 많은 과학적 증거가 필요한가를 결정하는 것이다. 이것은 중요하고 흔히 쟁점이 되는 문제이다. 고려되고 있는 쟁점은 어떤 예비 자료와 결론을 가져야만 하지만 더욱 과학적인 자료와 분석을 기다려야 한다. 예를 들면 석탄 연소와 관련된 환경 건강 문제를 고려할 때 공기, 물 및 토지 오염에 대한 과학적인 자료가 많을 수 있으나 의견 결여, 불일치 및 다른 과학적인 불확실성이 있다. 석탄 사용을 계속하거나 또는 증대시키는 것을 선호하는 사람들은 석탄 사용의 제한을 보증할 충분한 증거가 없다고 주장한다. 다른 사람들은 석탄 사용의 큰 증가가 허용되기 전에 안정성에 대한 절대적인 증명이 필요하다고 주장한다. 이 경우에 적용되는 예방 원리는 석탄 사용에 완전한 과학적 확실성의 부족이 환경 훼손 또는 건강 문제를 줄이거나 막기 위한 비용 효율이 높은 조치를 채택하지 않거나 또는 연기되는 이유로 이용되어서는 안 된다. 이것은 무엇이 비용 효율이 높은 조치를 이루는지에 대한 문제를 제기한다. 더 적은 석탄 사용에 비해 더 많은 석탄 사용의 이익과 가격 또는 연료를 더 깨끗하게 하기 위한 석탄의 처리에 대한 결정이 내려져야 한다. 또한 다른 경제적인 분석이 적당할 수도 있다.[17, 18]

결정을 내리는 데 있어 충분한 과학적 지식이 무엇이냐에 대한 논쟁이 있을 수 있다. 예방 원리는 적용하기에 어려울 수도 있으나 환경 보호와 환경 건강 쟁점에 적용될 때 이것은 환경 분석 과정과 정책의 공통 요소가 되고 있다. 유럽 연합은 이 원리를 수십 년 이상 적용해 왔으며 샌프란시스코 시와 군은 2003년에 미국에서 예방 원리를 이들의 환경 정책의 기본으로 삼는 최초의 정부 기관이 되었다.

예방 원리의 적용은 이들이 일어나기 전에 환경 일체성의 원리를 이용하고 활동의 잠정적인 결과의 예측을 우리에게 요구한다. 따라서 예방 원리는 사람들의 활동에 의해 발생된 환경 파괴를 줄이거나 제거하는 데 있어 반발적이라기보다는 미리 대책을 강구하는 대책이 되는 잠재력을 갖는다. 이 원리는 해롭지 않다는 증거의 부담을 대중으로부터 특정한 행동을 제안하는 사림들에게로 이동시킨다. 새로운 화학물질이나 수단을 개발한 사람들은, 항상은 아니지만 종종 예방 원리에 반대한다. 이러한 반대자들은 이 예방 원리를 적용하는 것이 너무 비싸고 진척을 지연시킨다고 주장한다. 미국에서 이 원리가 잠재된 환경 문제에 바로 전면적으로 적용될 것 같지는 않다. 그럼에도 불구하고 이것은 아마 미래에 더욱 빈번히 호소될 것이다. 예방 원리가 적용될 때 정보가 제공된 관계자와 잠정적으로 영향을 받을 당사자 사이에 공정한 토론이 있어야 한다. 활동을 취하지 않는 것을 포함하여 택할 수 있는 활동의 모든 범위가 고려되어야 한다.

과학과 가치관

우리는 플라이스토세의 생물이다 우리가 1,000만 년 이상 지구와 다른 형태의 생물 모두와 조화를 이루며 최근까지 살아온 매우 성공적인 종이라는 것에 대한 논쟁은 없다. 우리는 우리 자신을 현대인이라고 생각하며, 과학과 기술에 대한 우리의 이해력은 지난 수백 년 동안 굉장히 성장하였다. 그러나 우리는 우리의 유전적인 뿌리가 플라이스토세에 있다는 것을 잊을 수 없다. 실제로 우리의 가장 진실한 믿음과 가치관은 거주지에서 거주지로 이동하면서 그들이 필요한 것을 수렵하고 채집하며 작은 공동체 내에서 자신들을 부양했던 우리 조상들의 것과 대개는 매우 멀지 않다. 얼핏 생각하기에 이 설명은 상상할 수도 없고 우리의 현재 생활 방법과 우리의 플라이스토세 조상들의 생활 방법 사이의 차이를 생각하면 입증하는 것은 불가능한 것처럼 보인다. 우리와 거의 동일한 유전적인 정보를 공유한 플라이스토세의 우리 조상의 연구는 우리 자신을 한층 더 이해하는 데 도움을 줄 수 있다는 것이 논의되었다.[19] 즉 우리 인류의 본성의 대부분과 실제로 우리의 인간성은 초기 수렵인과 채집인의 생활로부터 발견될 수 있으며, 이는 자연적인 세계에 대한 우리의 현재 태도를 설명하고 있다. 우리들은 경적과 착암기의 날카로운 잡음이나 도시의 오염된 공기의 냄새보다 사냥감이 이동하는 곳의 풀의 움직임 같은 자연적인 소리와 냄새 또는 익은 과일의 냄새에 한층 더 편안해한다. 우리들 중 많은 사람은 캠프파이어 주위에 앉자 마시멜로를 굽고 곰과 방울뱀에 대해 이야기하는 것을 즐긴다. 우리의 플라이스토세 조상들은 불이 곰, 늑대 및 사자와 같은 육식동물로부터 그들을 보호하는 것을 알았기 때문에 비록 연기가 우리 눈을 자극할지라도 우리는 캠프파이어가 위안이 되는 것을 알 수 있다. 만약 여러분이 캠프파이어 이야기에 활기를 북돋우기를 원한다면 회색곰 이야기하는 것을 시작하라!

환경 문제를 해결하기 위해 채택한 해결책은 우리가 사람과 환경을 어떻게 평가하는가에 달려 있다. 예를 들면 만약 우리가 인류의 인구수 증가가 문제라고 믿는다면 인류의 인구수 증가를 줄이기 위한 의식적인 결정은 한 공동체로서 우리가 보증하고 이행하는 것을 선택한 가치 결정을 반영한다. 또 다른 예로 도시의 작은 시내의 범람을 생각해 보라. 범람은 많은 지역 사회가 경험한 재해이다. 하천과 이들의 작용에 대한 연구는 주어진 홍수 재해에 대해 많은 잠정적인 해결법을 내놓는다. 우리는 시내를 콘크리트 상자—홍수 재해를 상당히 줄일 수 있는 구제책—내에 자리를 잡아두는 것을 선택한다. 양자택일로 우리는 우리의 도시 시내와 시내에 인접한 평탄한 육지로 주기적으로 범람하는 범람원, 즉 녹지대로의 복구를 선택할 수 있다. 이러한 선택은 홍수로부터 피해를 줄이는 한편 하천을 환경으로 사용하는 너구리, 여우, 비버 및 사향뒤지, 강 가까이에서 둥지를 틀고, 먹이를 구하며 휴식을 취하는 텃새와 철새, 하천에 사는 갖가지 물고기를 포함한 온갖 종류의 동물들에게 서식처를 제공한다. 이것이 바로 강변 공원들이 인기 있는 이유이다.

해안선과 관련된 침식 작용이 개발과 상충하는 해안 환경은 과학과 가치를 위한 다른 예를 제공한다. 해안침식에 대한 해결책은 어떤 희생을 치르더라도 방파제와 같은 '견고한 구조물'을 설치함으로써 해안 도시의 개발과 함께 해안을 지키는 것을 포함한다. 과학은 확실한 해결책으로부터 얻는 결과가 일반적으로 개발을 막기 위하여 해빈 환경의 축소 또는 제거를 포함한다는 것을 우리들에게 말해 준다. 과학은 또한 해빈과 인접한 해안절벽 또는 사구 배열과 같은 지형을 포함한 양질의 환경을 유지하는 동안 침식지대에 층층으로 쌓은 적절한 단벽의 사용은 침식 작용에 대해 완충지대를 제공한다는 것을 말해 준다. 우리가 선택한 해결책은 우리가 어떻게 해안 지대를 평가하는지에 달려 있다. 만약 우리가 개발을 해빈보다 한층 더 높이 평가한다면 어떤 희생을 치르더라도 우리는 개발을 선택할 수 있다. 만약 우리가 해빈 환경을 높이 평가한다면 우리는 해빈과 주거 단지 사이의 완충지대 내에서 침식 작용이 자연적으로 일어나는 것을 허용하는 한층 더 융통성 있는 선택권을 택할 수 있다.

2050년까지 우리 지구의 인구수는 오늘날보다 약 30억 명이 많은 약 90억 명으로 증가할 것 같다. 따라서 다음 50년 동안 증가될 인구수와 이에 수반된 토지, 물, 광물 및 공기를 포함하는 자원에 대한 우리의 높은 요구에 대한 중대한 결정을 반드시 내려야 한다. 우리가 택한 선택은 우리의 가치관을 필연적으로 반영한다.

요 약

환경 위기의 직접적인 원인은 인구 과잉, 도시화 및 산업화이며, 이들은 우리의 토지에 대한 너무 낮은 윤리적 관심과 환경 압박감을 극복하기에 불충분한 제도를 포함한 채 일어난다. 환경 문제의 해결은 과학 지식과 실행될 수 있는 해결법을 제공하는 사회, 경제 및 윤리 행동 모두의 조성을 포함한다. 이 외에도 복잡한 환경 문제는 인구의 기하 급수적 증가 가능성, 원인과 결과 사이의 지체 시간 및 뒤집을 수 없는 결과 때문에 해결하기가 어렵다. 새롭게 출현한 정책 수단은 예방 원리이다. 이 원리의 이면에 있는 잠정적으로 심각한 환경 문제가 존재할 때 과학적인 확신은 예방적인 접근과 비용 효율이 높은 해결법을 찾을 필요가 없다는 것이다. 어떤 환경 문제는 매우 심각해서 나중에 후회하는 것보다 미리 조심하는 편이 낫다.

5개 기본 개념은 환경지질학의 연구를 위해 현명한 골격을 확립한다.

1. 증가하는 세계 인구수는 제일의 환경 문제이다.

2. 지속 가능성은 많은 환경 문제에 대해 선호되는 해결법이다.
3. 지구계의 이해와 계 내의 변화율은 환경 문제의 해결에 중요하다.
4. 사람들에게 위험한 지구작용은 항상 있어 왔다. 이들 자연재해는 가능하면 인식되고 예방되어야 한다. 또한 이들의 인명과 재산에 대한 위협은 최소화되어야 한다.
5. 특정한 환경 문제를 해결하기 위한 과학적인 조사 결과는 과학적인 발견과 일치하는 일련의 잠재적인 해결법을 자주 제시한다. 우리가 택한 해결책은 우리의 가치관을 반영한다.

주요 용어

가설
가이아 가설
계
과학 방법
기하 급수적 증가
동물군 군집의 원리
동일과정의 원리
성장률
수용력
예방 원리
유입-배출량 분석
이론
이중 시간
지구계과학
지속 가능성
지질 시대
지질학
토지 윤리
평균 체류 시간
환경 위기
환경 일체성
환경지질학

복습 문제

1. 환경지질학이란 무엇인가?
2. 과학 방법의 구성 요소에 대한 정의를 내려라.
3. 소위 환경 위기의 근원은 무엇인가?
4. 우리는 왜 인류의 인구수 증가에 대해 매우 걱정하는가?
5. 지속 가능성이란 무엇인가?
6. 환경 일체성의 원리에 대하여 정의를 내리고 좋은 예를 하나 들라.
7. 기하급수적 증가란 무엇인가?
8. 지구계과학이란 무엇이며 이것이 왜 중요한가?
9. 평균 체류 시간은 무엇을 뜻하는가?
10. 동일과정의 원리가 환경지질학에 어떻게 적용될 수 있는가?
11. 가이아 가설이란 무엇인가?
12. 예방 원리란 무엇이며, 이것이 왜 중요한가?
13. 많은 경우에 복잡한 환경 문제 해결이 왜 어려운가?

심화 문제

1. 오늘날 환경 위기가 있다고 가정하자. 위기를 경감하기 위해 어떤 적절한 해결법이 이용될 수 있는가? 개발도상국의 해결법은 고도로 산업화된 사회의 해결법과 어떻게 다른가? 종교 또는 정치적 체제는 잠정적인 해결법과 관련이 있는가? 만약 그렇다면 이들이 해결법에 어떻게 영향을 미치는가?
2. 우리는 인류의 인구수를 조절해야 함을 논의하였다. 왜냐하면 그렇지 않으면 우리는 모든 사람을 부양할 수 없

기 때문이다. 우리가 지구상에서 100억 명 내지 150억 명의 사람을 부양할 수 있다고 가정할 때 여전히 우리는 이보다 더 적은 인구수를 원하는가? 왜?

3. 지속 가능성은 환경적인 목적이라는 것을 말하였다. 이러한 진술을 지지하기 위한 주장을 구성해 보라. 지속 가능성과 지속 가능한 경제의 확립에 대한 생각은 부유하고 생활수준이 매우 높은 국가에서보다 가난한 개발도상국에서 다양한가? 이들은 어떻게 다르며, 그리고 왜 다른가?

4. 환경 일체성의 개념은 오늘날 중요한 것 중 하나이다. 우리 지역을 위해 계획된 어떤 주요 개발을 생각하고 환경 일체성의 원리가 계획의 잠정적인 환경 영향을 결정하는데 어떻게 도움을 줄 수 있는지 간략히 설명하라. 바꿔 말하면 개발과, 그러고 나서 개발로부터 생기는 일련의 결과를 생각해 보라. 우리의 판단에 있어 영향의 어떤 것은 긍정적이며 어떤 것은 부정적이다.

5. 우리가 플라이스토세 조상과 실질적인 연고를 가진다고 믿는가? 이러한 연고가 새끼 동물 또는 캠프파이어 주위에서의 이야기하기에 대한 우리들의 천진한 사랑을 설명할 수 있는가? 우리의 유전적인 진화가 일어났던 수렵과 채집의 인류의 긴 역사가 우리들의 가치관에 반영되어 있는가?

6. 가이아 가설은 과학인가? 우리는 어떻게 주요 부분을 검증할 수 있는가? 어떤 것이 검증하기 어려운가? 왜?

7. 인류의 인구수 증가가 환경 문제이며 지속 가능성이 해결법이라는 견해를 지지하거나 또는 비평하라.

8. 여러분은 예방 원리가 인류의 인구수 증가의 조절 문제에 반드시 적용되어야만 한다고 생각하는가? 만약 그렇다면 이것이 어떻게 적용될 수 있는가?

제 2 장

지구의 내부 구조와 판구조론

Tanya Atwater의 도움으로

학습 목표

만약 지진, 화산, 산맥 그리고 해양 분지를 형성하는 지구 내부의 활발한 지구조 운동 과정이 없다면, 지구의 표면은 상대적으로 변화가 없는 단조로운 지형이 될 것이다.[1] 이 장의 학습 목표는 다음과 같다.

- 지구의 내부 구조와 변화 과정을 이해한다.
- 판구조론의 이론적 배경과 증거를 안다.
- 판구조 운동의 메커니즘을 이해한다.
- 판구조 운동과 환경지질학의 관련성을 이해한다.

태평양 판과 북아메리카 판의 경계인 캘리포니아 남부의 샌앤드레이어스 단층. 이곳은 인디오 힐스 지역으로, 단층은 선상으로 배열된 야자수를 따라 위치하고 있다. (*Edward A. Keller*)

사례 연구 | 판 경계에 있는 두 도시

북아메리카 판과 태평양 판의 경계로 유명한 샌앤드레이어스 단층은 미국 서부 해안을 따라 캘리포니아 주를 가로질러 달리고 있다(그림 2.1). 단층은 양편 판이 상대적으로 다르게 이동하여 만들어진 암석 내 단열로서, 샌앤드레이어스 단층은 수백km 연장된 거대한 단열대를 형성하고 있다. 샌앤드레이어스 단층의 남부와 북부에 위치하는 대도시 로스앤젤레스와 샌프란시스코는 단층 양편에 각각 놓여 있다. 1906년 샌프란시스코에서 발생한 대규모 지진은 당시 도시를 거의 완전히 파괴시켰으며, 샌앤드레이어스 단층의 존재를 알려주는 계기가 되었다. 로스앤젤레스 지역에서 발생하는 크고 작은 수많은 지진들은 샌앤드레이어스 단층계에 속하는 단층들의 운동과 밀접한 관련이 있다. 또한 이들 두 도시 주변의 해안에 발달하는 아름다운 산악지형도 샌앤드레이어스 단층운동의 결과이다. 그러나 이 아름다운 산악풍경이 만들어지기까지는 사회적으로 엄청난 비용이 요구되는데, 1906년 이후 판의 활동에 의해 이 단층계와 주변 단층들에서 발생한 지진으로 수백 명의 인명 피해와 수십억 달러의 재산손실이 발생하였다. 캘리포니아에서는 지진에 의한

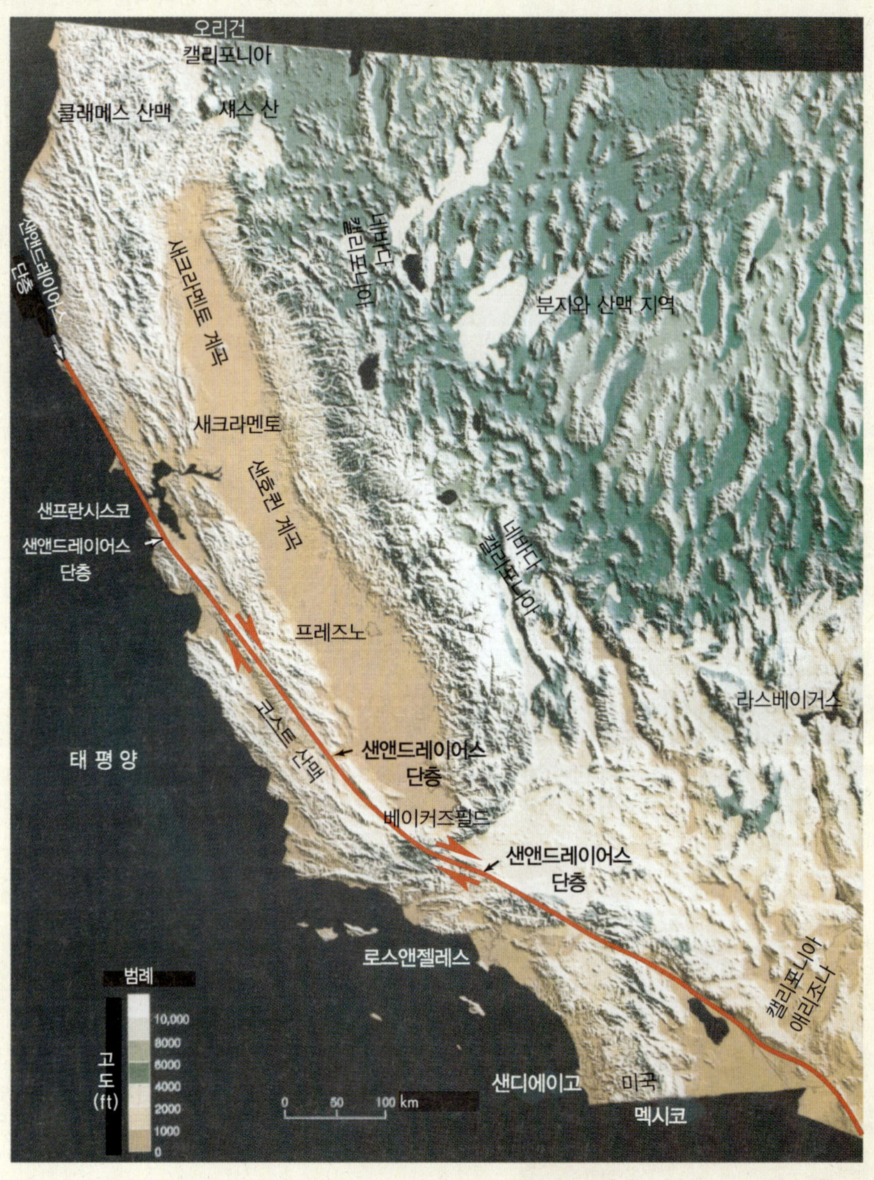

그림 2.1 샌앤드레이어스 단층 캘리포니아의 지형과 샌앤드레이어스 단층의 위치를 보여주는 지도. 붉은색의 화살표는 단층 양편 지괴의 상대적 이동방향을 알려준다.

강한 지반진동을 견뎌내기 위해 건물과 다리 등 인공구조물의 설계와 건설에 다른 지역에 비해 한층 더 많은 비용을 지출한다. 또한 오래된 구조물의 경우에는 내진을 위해 보강해야 하며, 대규모 지진 피해에 대비하여 많은 사람들이 보험에 가입하고 있다.

태평양 판에 위치하는 로스앤젤레스는 북아메리카 판에 속하는 샌프란시스코 쪽으로 서서히 이동하고 있어 약 2,000만 년 이후에는 두 도시는 서로 접하게 될 것이며, 만약 그때까지 인간이 생존한다면 사람들은 두 도시 중 어느 것이 교외인지에 관해서 서로 논쟁할 수도 있다. 일반적으로 거대한 판은 1억 년 이상의 오랜 지질시대 동안 수명을 지속하기 때문에 2,000만 년 이후에도 태평양 판과 북아메리카 판의 경계는 존재할 것이다. 그러나 현재 두 판의 경계는 동쪽으로 이동하고 있기 때문에 미래의 판 경계가 샌앤드레이어스 단층이 아닐 수 있으며, 현재 캘리포니아의 지형도 미래에는 달라질 것이다. 실제로 1992년 샌앤드레이어스 단층 동편에서 대규모로 발생한 랜더스 지진과 같은 최근 캘리포니아의 지진활동은 이러한 판 경계의 이동이 시작되었음을 암시한다.

2.1 지구의 내부 구조

태양으로부터 세 번째 행성인 지구는 다른 불모지의 행성들과는 달리 복잡하고 역동적인 행성으로 여러 가지 점에서 초콜릿으로 감싸져 있는 체리와 닮았다. 즉 지구의 껍데기는 딱딱하고 중심은 고체이나 둘 사이에는 유체로 된 두꺼운 층이 역동적 내부 변화과정에 의해 움직이고 있다. 이러한 내부 변화과정은 놀랍게도 지구의 표면까지 심각한 영향을 미쳐 대륙과 해양분지와 같은 거대 지형이 만들어지는 원인이 된다. 대륙과 해양의 분포와 형태는 일정 부분 전 지구적인 해류와 온도분포에 영향을 미쳐 기후, 날씨, 동식물의 분포 등을 좌우하게 된다. 또한 지구의 내부 변화과정은 산맥, 활화산, 그리고 티베트 고원과 로키 산맥과 같은 고지의 분포 등 광역적 지형의 원인이 되며, 산맥과 고지와 같은 높은 지형들은 전 지구적인 하부 대기권의 순환과 기후에 심각한 영향을 미쳐 궁극적으로 지구 생명체의 삶에 영향을 주게 된다. 따라서 지구 내부 변화과정은 단순한 학문적인 주요 관심사를 넘어 지구 모든 생명체가 공유해야 할 다양한 환경들을 만드는 핵심임을 명심해야 한다.

지구는 역동적이고 층상구조를 가지고 있다 지구(그림 2.2a)의 반지름은 약 6,300km이며, 그림 2.2b와 같은 층상구조를 보여준다. 지구의 층상구조는 두 가지의 기본 관점에서 다루어질 수 있다.

- 조성과 밀도(예를 들어 비중)
- 물리적 특성(예를 들어 고체 또는 액체, 강도)

이 책은 기본적으로 위의 두 관점에서 지구 내부를 구분할 것이며, 전통적으로 지질학에서 받아들이고 있는 지구 내부의 구성요소는 다음과 같다.[1]

- 고체인 **내핵**(inner core)은 대략 달의 크기와 유사한 1,300km 이상의 반지름을 가지

며, 그곳 온도는 태양의 표면온도와 유사하다.[2] 내핵은 대부분 철(중량 단위로 약 90%)로 구성된 금속물질이며 황, 산소와 니켈 등이 소량 포함된다.

- 액체인 **외핵**(outer core)은 약 2,000km 이상의 두께를 가지며, 조성은 내핵과 유사하다. 외핵은 유동성이 매우 높아 점성이 벌꿀보다는 물과 유사하다. 내핵과 외핵의 평균 밀도는 약 10.7g/cm³이며, 지구 중심부에서 약 13g/cm³의 최대 밀도를 가진다. 물의 밀도 1g/cm³과 비교할 때, 지구 전체의 평균 밀도는 약 5.5g/cm³으로 상당히 높다.
- 약 3,000km의 두께로 외핵을 둘러싸고 있는 **맨틀**(mantle)은 대부분 고체로 구성되며 평균 약 4.5g/cm³의 밀도를 가진다. 이곳 암석은 대부분 철과 마그네슘이 풍부한 규

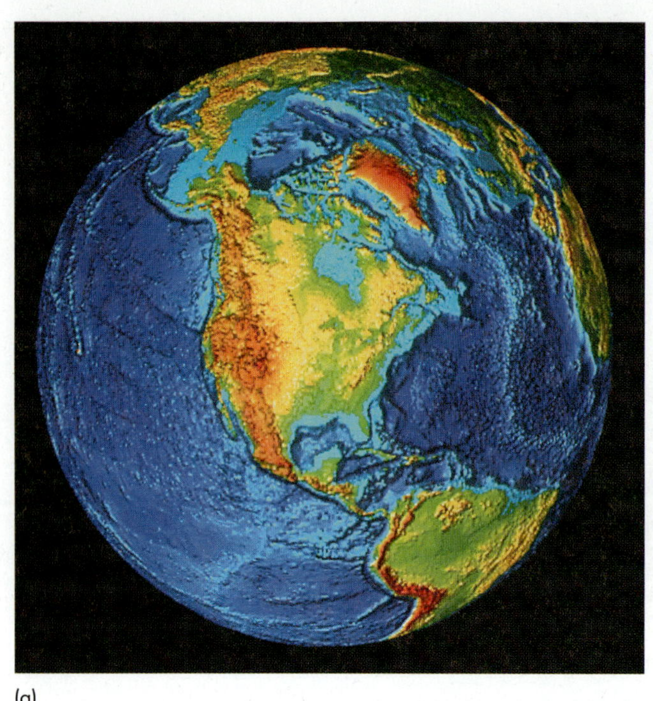

(a)

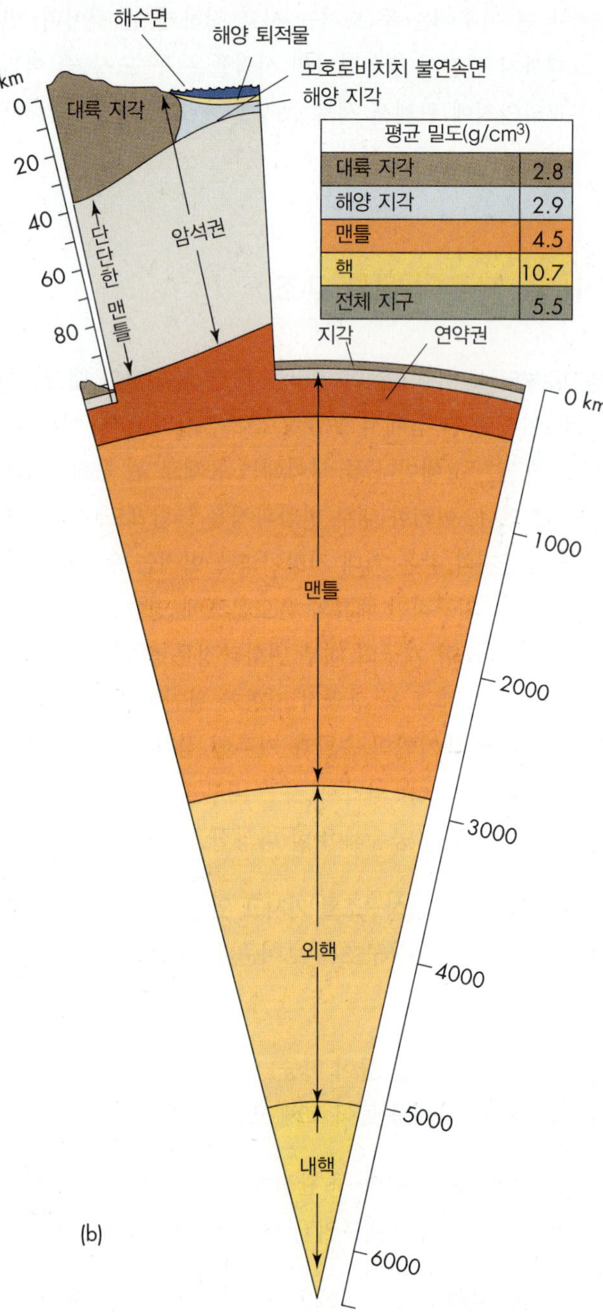

(b)

그림 2.2 지구와 지구의 내부 구조 (a) 우주에서 바라본 지구. (*National Geophysical Data Center, National Oceanic and Atmospheric Administration*) (b) 층상구조를 가진 지구 내부 구조를 보여주는 모식도. 암석권은 지각과 상부 맨틀로 구성되며 연약권은 맨틀 내부에 존재한다. 지구 내부를 구성하는 지하 여러 층들의 성질은 (1) 지진파를 이용한 지구물리학적 자료, (2) 지구 심부 기원의 암석, (3) 과거 지구의 성질과 유사한 운석 등을 분석한 자료를 기초로 추정된다. (*Levin, H. L. 1986.* Contemporary physical geology, *2nd ed. Philadelphia: Saunders*)

산염으로 구성되는데, 흥미롭게도 하부 외핵과 상부 맨틀의 밀도 차이는 지표 암석과 대기권의 밀도 차보다 크다. 또한 외핵과 맨틀 경계는 유동성이 더 높은 외핵이 고체의 맨틀 아래에 놓이는 경우로, 이는 유동성이 높은 대기가 고체의 암석권 위에 놓이는 지표와는 완전히 반대이다. 외핵은 액체 상태이기 때문에 유동적이고 상부의 맨틀에 상당한 영향을 미쳐 결과적으로 지표면 변화에도 영향을 미치게 된다.

- 지구의 최외각을 이루는 **지각**(crust)의 두께는 지역에 따라 다양하다. 맨틀과 지각의 경계는 모호로비치치 불연속면[약어로 **모호면**(Moho)]이라 하며, 모호면은 약 2.8g/cm^3 밀도의 가벼운 지각 암석과 밀도가 더 큰 하부의 맨틀 암석의 경계를 이룬다.

대륙과 해양분지는 매우 다른 특성과 진화과정을 가진다 맨틀의 최상부와 지표 근처 지하구조를 설명하기 위해서는 한층 더 복잡한 용어가 필요하다. 예를 들면, 지구 최외각의 차갑고 단단한 부분은 **암석권**(lithosphere)으로도 불리며, 암석권은 그 아래의 뜨겁고 느리게 유동하는 상대적으로 약한 암석으로 구성된 **연약권**(asthenosphere)보다 강하고 단단하다. 암석권은 평균 약 100km의 두께를 가지는데, 중앙해령의 중심부에서는 수km, 해양 분지에서는 약 120km 그리고 대륙에서는 20~400km로 지역에 따라 다양한 두께를 가진다. 지각 암석은 맨틀 암석에 비해 밀도가 낮고 해양 지각은 대륙 지각에 비해 밀도가 약간 높다. 해양 지각의 두께는 약 6~7km로 일정하며 대륙지각에 비해 얇다. 그러나 대륙 지각은 평균 약 35km이며 산악 지역에서는 70km 이상의 두께를 가진다. 따라서 지각의 평균 두께는 전체 지구 반지름의 1% 이하에 불과하기 때문에 지각은 얇은 탄제린 껍질에 비유될 수 있다. 그러나 인간은 대륙 지각 표면에서 살고 있기 때문에 우리 인간에게는 지각이 특별히 중요한 관심대상이다.

밀도와 두께의 차와 더불어 대륙 지각과 해양 지각은 매우 다른 지질학적 진화과정을 겪었다. 현재 존재하는 해양 아래 지각은 최고 약 2억 년의 암석연령을 보이는 반면, 대륙지각은 수십억 년의 나이를 가지는 것도 있다. 지표에서 약 3,000km 아래의 핵과 맨틀의 경계에서 발생하는 변화는 지표까지 심각한 영향을 미칠 수 있다. 맨틀 내에는 핵과 맨틀의 경계와 같이 깊은 곳에서 상승하여 다시 하강하는 거대한 대류순환이 있는 것으로 알려져 있으며, 이러한 **대류**의 개념은 난로 위 냄비에서 가열되는 뜨거운 물의 순환으로 설명될 수 있다(그림 2.3). 냄비 바닥의 뜨거워진 물은 밀도가 작아지고 불안정하게 되어 상승하며, 상승한 물은 밀도가 커지고 차가워져 측방 이동하다 다시 바닥으로 하강하게 된다. 지구

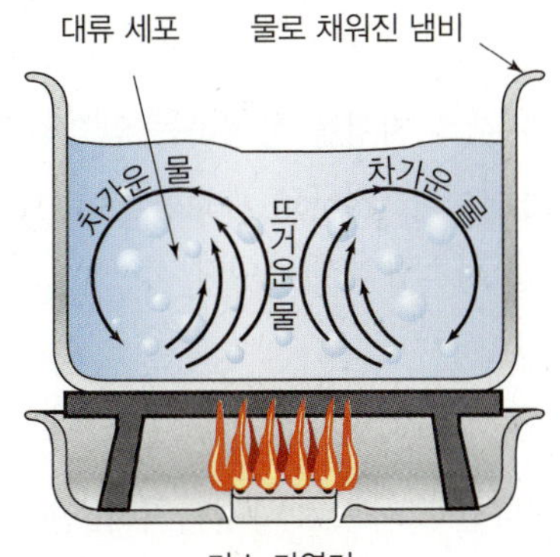

그림 2.3 대류 대류의 개념을 보여주는 모식도. 냄비의 하부가 데워지면 밀도가 낮아진 기저부의 물은 위로 상승하게 되며, 측방으로 이동하는 상층부의 물은 다시 차가워져 바닥으로 가라앉는다. 이러한 물질의 이동 과정을 대류라 하며, 상승과 하강의 개개 순환 고리를 대류 세포라 한다.

내부 층들도 이와 유사한 대류 세포를 가지고 있음이 알려져 있다.

맨틀에서 완전한 대류가 한 번 발생하는 데 대략 5억 년의 시간이 소요될 것이다.[1] 용융된 외핵에서 공급되는 열과 더불어 맨틀 내에 산재하는 방사성 동위원소(예를 들어 우라늄)의 붕괴로 인한 열은 맨틀 하부를 가열시켜 대류를 발생시킨다. 다음에서 지구 내부 구조를 밝힌 주요 연구결과에 관해 살펴보기로 한다.

2.2 지구 내부 구조의 연구

지진으로부터 알아낸 지구에 관한 지식 지구 내부에 관한 지식은 일차적으로 **지진학**(seismology)으로부터 얻어진다. 지진학은 지진과 지구를 통해 전달되는 지진파를 연구하는 학문이다.[3] 대규모의 지진이 발생하면, 지진에너지가 발생하면서 지진파가 지구 내부를 가로지르거나 지표를 따라 이동하게 된다. 이러한 지진파의 특성은 지진 위험성을 다루는 제6장에서 한층 더 자세히 설명하기로 한다.

일부 지진파는 고체와 액체 매질 모두에 전달되나 어떤 파는 고체에서만 전달된다. 지진파의 전파 속도는 수km/sec의 단위를 가지며, 실제 지진파의 속도는 매질의 고유 성질에 좌우된다. 지진파는 맨틀과 핵의 경계와 같은 경계면을 만나면 반사되거나 전달 방향이 바뀌면서 굴절된다. 또한 지진파에 따라서는 액상의 외핵으로는 전파하지 못한 것도 있다. 지구상에는 수천 개의 지진계가 설치되어 있으며, 지진이 발생했을 때 반사와 굴절되어 지표에 도달하는 지진파를 기록하고 있다. 이러한 지진파 연구는 지구 내부의 층상구조를 밝히고 층의 고유 특성을 알아내는 데 있어 매우 효과적인 방법이다.

요약하면, 지구 내부 구조를 이루는 경계면들은 지진계에 기록되는 지진파에 관한 연구를 통하여 결정되고 있다. 지진학이 발전하면서 더욱 자세한 지구 내부 구조에 관한 지식을 얻게 되었으며, 지구 내부는 상당히 다양하고 복잡한 구조를 가지고 있음이 밝혀지고 있다. 예를 들어, 우리가 알아낸 지식은 다음과 같다.

- 연약권에서 암석 용융체인 마그마가 만들어지는 장소
- 맨틀 내부로 가라앉고 있는 차가운 암석권 판의 존재
- 암석권의 연령과 변천사를 반영하는 극심한 암석권 두께의 변화

2.3 판구조

지구조(tectonics)라는 용어는 해양 분지, 대륙, 산맥 등과 같은 지형을 형성하는 암석권 판에서 발생하는 대규모 지질학적 변형과정을 지시하는 용어이다. 지구조 과정은 지구 내부 힘에 의해 발생하며, 전체 거시 지구계를 구성하는 주요 소시스템의 하나이다.

암석권 판의 이동

판구조란? 암석권은 암석권 판으로 불리는 여러 개의 커다란 조각으로 나누어지며, 판들은

서로 상대적인 운동을 한다(그림 2.4a).[4] 이들 판의 생성, 이동 그리고 소멸과 관련된 일련의 과정을 설명하는 종합적인 이론을 **판구조론**(plate tectonics)이라 한다.

지진과 화산의 분포와 판의 경계 각 암석권 판은 대륙과 일부 해양으로 구성되거나 해양만으로 구획되기도 한다. 지구적 크기 관점에서 볼 때, 판의 크기는 다양하다. 예를 들어, 북아메리카 북서부 해안에 위치하는 후앙드 후카 판은 상대적으로 작은 크기의 판으로서 캘리포니아의 북부 지역에 많은 지진을 발생시키고 있다. 판들의 경계는 지질학적으로 활동성 지역으로 대부분의 지진과 화산 활동이 이곳에서 발생한다. 실제로 판 경계는 지진 활동이 집중되는 지역으로 정의될 수 있다(그림 2.4b). 지질시대 동안, 판은 판 경계부에서 만들어지거나 파괴되는 과정을 겪는다. 즉 지구 중심에서 지표로 상승한 물질이 다시 지구 중심으로 되돌아가는 순환과정이 이들 판 경계부에서 발생한다(그림 2.5). 이러한 연속적인 지구조 순환과정을 총칭하여 **지구조 윤회**(tectonic cycle)라 한다.

판구조 운동에 의한 해저 확장 암석권 판은 연약권 위에 떠서 이동하면서 대륙을 운반한다.[5] 이러한 대륙이 이동한다는 생각은 1915년 독일 과학자인 알프레트 베게너에 의해 **대륙이동설**(continental drift)로 처음 제안되었다. 그가 제시한 대륙이동의 증거는 대서양 양편 대륙들의 해안선 모양의 일치 그리고 남아메리카와 아프리카에서 발견되는 화석군의 유사성 등이 있다. 그러나 당시 대륙이 움직이는 근본적인 메커니즘을 설명할 수 없었기 때문에 베게너의 가설은 중요하게 받아들여지지 않았으며, 1960년대 후반에 들어 **해저확장설**(seafloor spreading)이 발표되면서 판의 운동 메커니즘이 설명되기 시작하였다. **중앙해령**(mid-oceanic ridge) 또는 **확장중심**(spreading center)으로 불리는 해저 지역에서는 새로운 지각이 만들어져 해양 암석권을 계속적으로 밀어내며(그림 2.5의 왼편), 이동하는 해양 암석권은 **섭입대**(subduction zone : 판이 다른 판 아래로 가라앉는 지역)와 같은 다른 판 가장자리에서 파괴되거나 맨틀로 사라지게 된다(그림 2.5의 오른편). 따라서 대륙은 해양 지각 위에 떠 움직이는 것이 아니라, 판의 이동으로 인해 운반되는 것이다. 또한 확장중심에서 새로운 판의 생성속도와 섭입대에서 판의 소멸속도는 균형을 이루고 있어, 지구의 크기는 커지거나 줄어들지 않고 일정하게 유지되고 있다.

섭입대에서 지진 암석권 판이 상부 맨틀로 섭입되는 개념은 그림 2.5에 도시하였다. 수분을 가진 차가운 해양 지각이 뜨거운 연약권을 만나면 마그마가 만들어진다. 마그마는 지표로 상승하게 되어 환태평양 섭입대 위에 형성되어 있는 화산고리와 같은 화산대를 만든다. 슬랩으로도 불리는 맨틀로 섭입되는 판의 형태는 그곳에서 발생하는 지진들의 진원지 연구로 알아낼 수 있다. 해양판이 섭입되면, 섭입판과 그 상부 판의 경계 그리고 섭입판의 내부에서 지진이 발생한다. 가라앉는 판은 주변 연약권에 비해 상대적으로 차갑고 단단하기 때문에 암석이 깨져 탄성에너지가 방출되므로 지진이 발생한다.[6]

진원지 연구를 통해 판의 섭입경사는 저각에서 거의 수직까지 다양한 것으로 알려져 있으며, 이 경사진 지진대를 **와다티-베니오프대**(Wadati-Benioff zone, 그림 2.6)라 한다. 이러한 와다티-베니오프대의 존재는 섭입대 아래에 차갑고 단단하여 깨지는 물성(탄성체와 비슷함)을 가진 암석권이 존재하고 있다는 강력한 증거가 된다.[6]

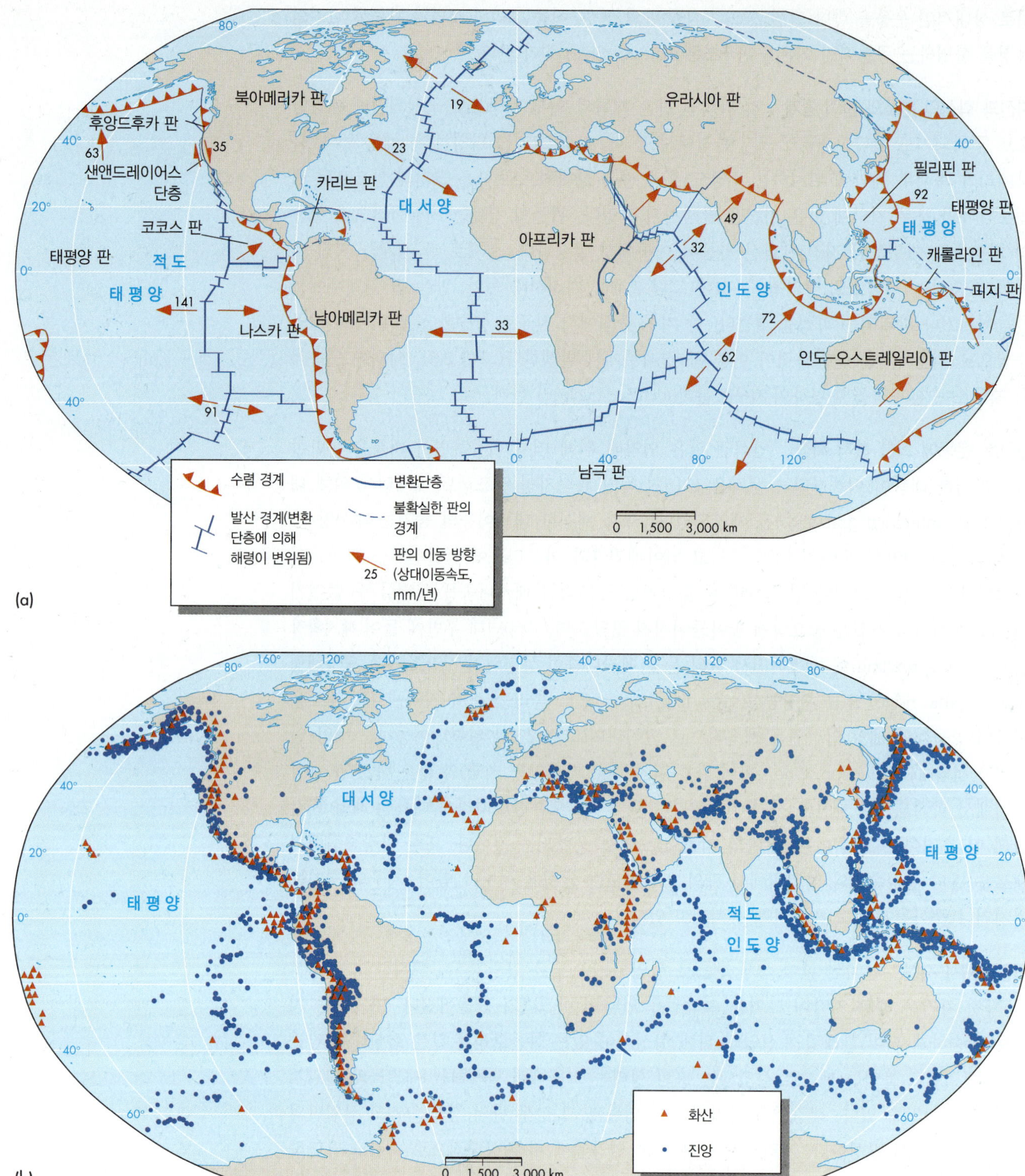

그림 2.4 지구의 주요 판들 (a) 주요 판, 판의 경계 그리고 판의 이동 방향을 보여주는 지도. (*Christopherson, R. W. 1994.* Geosystems, *2nd ed. Englewood Cliffs, NJ: Macmillan*) (b) 화산과 진앙 : 화산과 지진의 발생지를 보여주는 지도로, 이들의 위치는 판의 경계와 거의 일치하는 특징을 보인다. (*Hamblin, W. K. 1992.* Earth's dynamic systems, *6th ed. New York: Macmillan*)

통합이론인 판구조론 생물학에서 다윈의 종의 기원과 같이 판구조론은 지질학에서 매우 다양한 현상들을 설명할 수 있는 통합적 개념이다. 현재 생물학자들은 진화론적으로 생물계의 변화를 설명하고 있다. 지질학에서는 판의 운동을 일으시키는 정확한 힘을 아직도 찾고 있으며, 오늘날 많은 지질학자들은 그 근본적인 힘은 맨틀에서 발생하는 대류현상이 아닐까 생각하고 있다. 지구 깊은 곳의 암석은 가열되어 밀도가 작아져 상승하게 되며, 마그마와 같은 뜨거운 물질들은 확장중심에서 유출되어 새로운 판을 형성하게 된다. 새로운 판 암석들은 측방으로 이동하며 차가와져 밀도가 커지고, 결국 섭입대에서 다시 맨틀로 가라앉는다. 이러한 순환은 대류로 설명할 수 있으며, 그림 2.7에 판구조 운동을 설명하는 대류 순환과정을 도시하였다.

판 경계의 종류

판의 경계는 크게 세 가지 유형으로 구분될 수 있다(그림 2.4와 2.5, 표 2.1)—발산 경계, 수렴 경계, 변환단층 경계. 이들 경계는 지도나 모식도상에는 선으로 표시되나 실제로는 수 km에서 수백km의 폭을 가지며, 해양 지각에 비해 대륙 지각에서 경계부의 폭이 더 넓다.

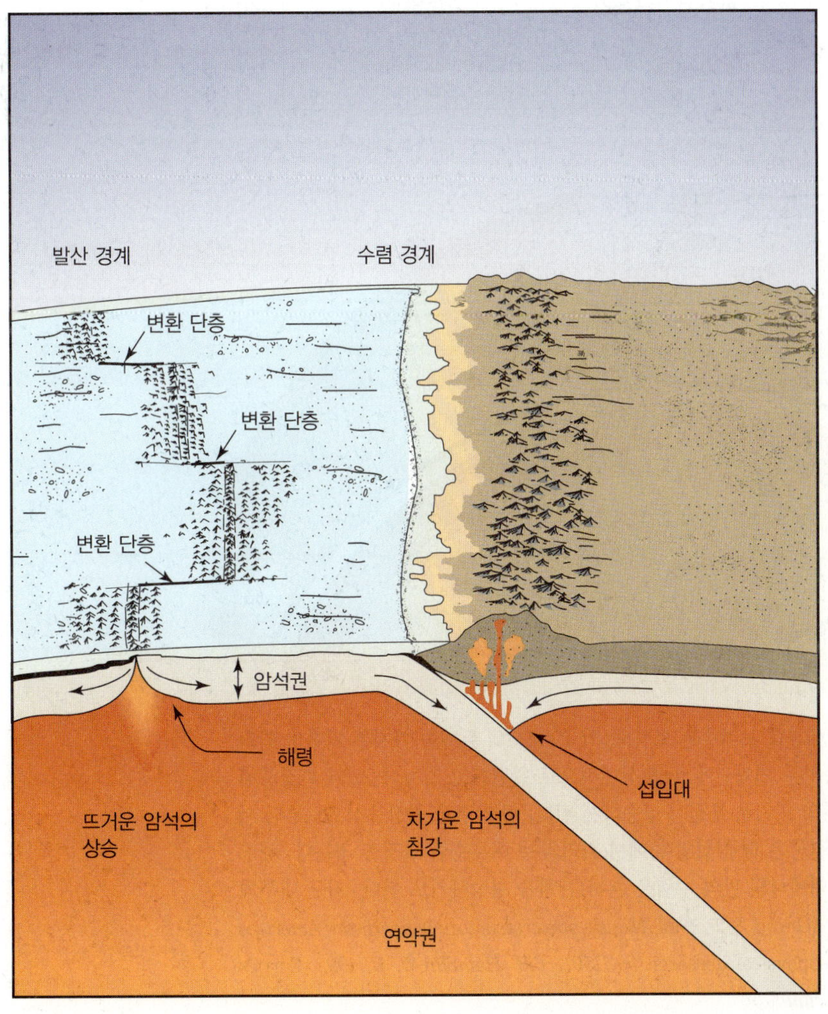

그림 2.5 판구조 판구조론을 설명하는 모식도. 새로운 해양 암석권이 해령(발산 경계)에서 만들어지며, 수렴 경계(섭입대)에서 해양 암석권은 다시 지구 내부로 가라앉는다. (*Lutgens, F. and Tarbuck, E. 1992. Essentials of geology. New York: Macmillan*)

발산 경계 새로운 암석권이 생성되는 곳으로 인접한 두 판이 서로 반대로 멀어지는 운동을 한다. 전형적인 발산 경계의 예는 중앙해령으로 이곳에서 해저 확장이 일어난다(그림 2.5). 중앙해령은 맨틀로부터 뜨거운 물질이 상승하여 중앙열곡과 함께 넓은 융기부가 형성될 때 만들어진다. 이곳에는 지각이 당겨져 균열이 발생하기 때문에 열곡 또는 열개(rift)가 만들어지며, 열곡을 따라 분출된 화산물질들은 냉각되어 새로운 판의 암석이 생성된다. 이러한 과정에 의해 실제로 지구 모든 대양 내 발산 경계인 중앙해령에서는 해저 해맥들이 선상으로 배열되어 있음이 밝혀져 있다.

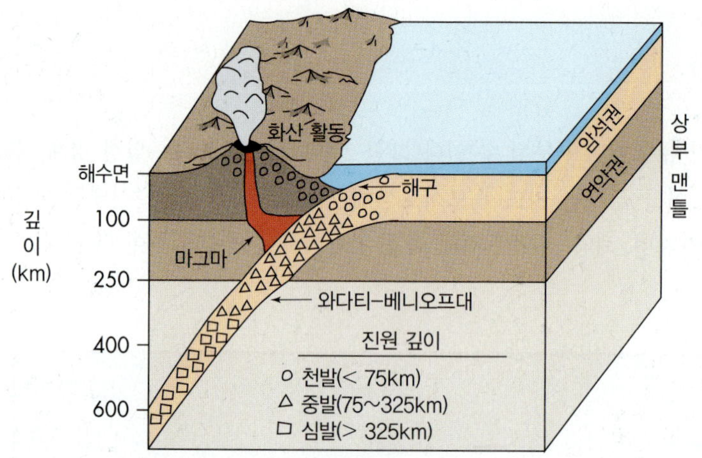

그림 2.6 섭입대 와다티-베니오프대를 보여주는 섭입대의 모식도. 천발, 중발, 심발 지진들의 진원 분포 형태는 섭입대와 이곳에 가라앉는 암석권 판의 모습을 알려준다.

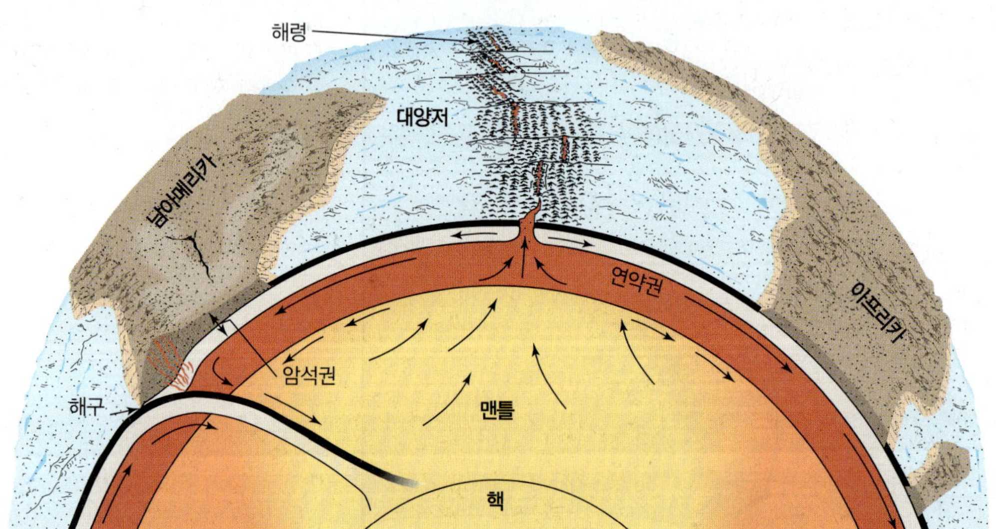

그림 2.7 판의 운동 판의 운동과 맨틀 대류를 보여주는 모식도. 약 100km의 두께를 가지는 지구의 최외각 암석권은 하부의 뜨겁고 서서히 유동하는 연약권에 비해 상대적으로 단단하고 강하다. 먼저 확장중심인 해령에서 판은 분리되어 이곳 틈을 따라 뜨거운 물질이 상승하게 된다. 이후 판은 확장중심으로부터 서서히 멀어지면서 차가워지고 단단해져 결국은 해구(섭입대)에서 가라앉는 대류순환 과정을 겪는다. 해령에서의 확장은 해양분지를 만들고 섭입대에서의 판의 수렴은 흔히 산맥을 형성하기도 한다. 지구 내부의 층상구조는 그림 2.2b에 도시되어 있다. (*Grand, S. P. 1994. Mantle shear structure beneath the Americas and surrounding oceans.* Journal of Geophysical Research *99:11591–621. Hamblin, W. K. 1992.* Earth's dynamic systems, *6th ed. New York: Macmillan*)

표 2.1 판 경계의 종류 : 지구조 운동, 결과 그리고 예

종류	지각의 종류	지구조 운동	결과	예
발산	대부분 해양 지각	두 판이 서로 멀어지며 그 사이에 뜨거운 마그마가 상승	해령이 생성되고 새로운 판의 암석이 만들어짐	아프리카 판과 북아메리카 판의 경계(그림 2.4a) 대서양 중앙해령
수렴	해양 지각-대륙 지각	해양 암석권이 대륙 암석권 아래로 가라앉음	해구와 함께 산맥과 섭입대가 만들어짐. 지진과 화산 활동이 빈번함	나스카 판과 남아메리카 판의 경계(그림 2.4a) 안데스 산맥 페루-칠레 해구
	해양 지각-해양 지각	보다 오래되어 단단한 해양 암석권이 젊고 가벼운 해양 암석권 아래로 가라앉음	해구와 함께 섭입대가 만들어짐. 지진과 화산 활동이 빈번함	피지 판(그림 2.4a) 피지 섬
	대륙 지각-대륙 지각	두 판 모두 밀도가 작아 연약권 아래로 가라앉지 않고 충돌하여 압축됨	거대한 산맥이 형성되고 지진이 빈번함	인도-오스트레일리아 판과 유라시아 판의 경계(그림 2.4a) 히말라야 산맥
변환단층	해양 지각-해양 지각 또는 대륙 지각-대륙 지각	두 판이 서로 어긋나 스치고 지나감	지진이 빈번하게 발생하고 특이한 지형이 만들어짐	북아메리카 판과 태평양 판의 경계(그림 2.10) 샌앤드레이어스 단층

수렴 경계 두 판이 충돌하는 곳으로, 해양과 대륙이 충돌할 경우에는 밀도가 큰 해양판이 대륙판 아래의 맨틀로 가라앉아 섭입대가 형성된다(그림 2.5). 대륙과 해양판이 충돌하면 압축응력이 발생할 수 있으며, 이로 인해 식탁보를 밀면 접히는 것과 유사하게 지구 표면이 수축된다. 따라서 습곡과 단층이 생성되고 단열대를 따라 암석이 이동하여 암석권이 두꺼워진다(그림 2.8a). 이러한 변형과정으로 미국 북서부의 캐스케이드 산맥과 남아메리카의 안데스 산맥과 같은 주요 산맥과 화산대가 만들어진다(자세히 살펴보기 '경이로운 산맥' 참조). 해양과 해양판이 충돌할 경우에는, 그중 하나의 판이 가라앉아 섭입대를 만들며

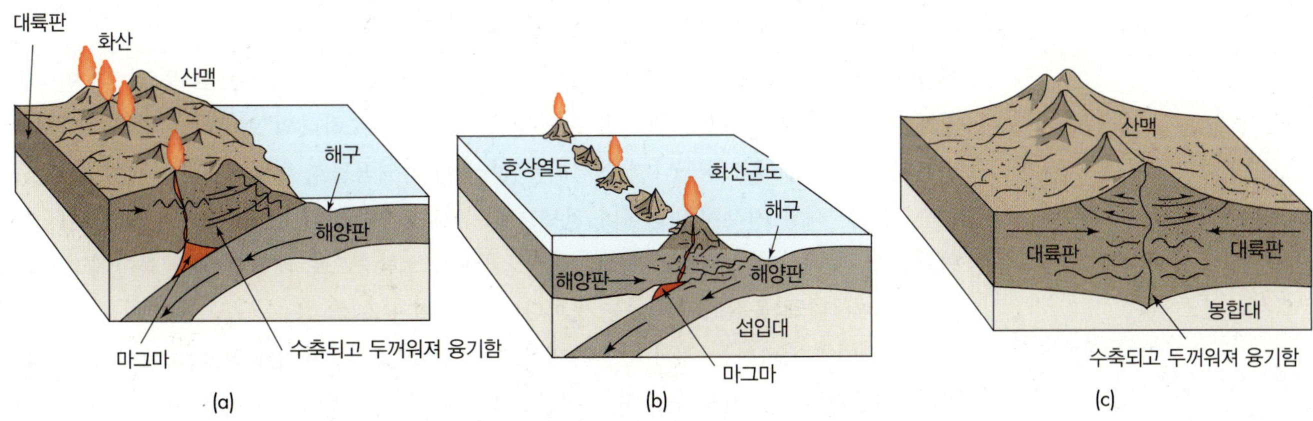

그림 2.8 판의 수렴 경계 수렴 경계에서 나타나는 지질학적 특징을 도시한 모식도. (a) 대륙판과 해양판의 충돌, (b) 해양판과 해양판의 충돌, (c) 대륙판과 대륙판의 충돌.

그림 2.9 이탈리아의 산맥 이탈리아 북부의 산 정상(돌로마이트 산맥)은 아프리카와 유럽 사이의 충돌에 의해 만들어진 알프스 산맥계에 속한다. (*Edward A. Keller*)

활 모양으로 배열된 화산섬들, 즉 북태평양의 알류샨 열도와 같은 **호상열도**가 만들어진다(그림 2.8b). 상대적으로 폭이 좁고 대부분 수천km 연장과 수km 깊이를 가지는 **해저협곡**(submarine trench)인 해구는 두 판의 충돌의 결과로서, 대체로 해양판과 대륙판 혹은 해양판과 해양판의 충돌로 인한 섭입대의 해양 쪽에 형성된다. 해구는 지구상에서 가장 깊은 곳을 형성하기도 하며, 예를 들어 필리핀 해양판의 경계부에 위치하는 마리아나 해구의 중앙부는 약 11km의 수심을 가진다. 또 다른 주요 해구로서 알래스카 남쪽의 알류샨 해구와 남아메리카 서쪽의 페루-칠레 해구가 있다. 두 판 모두의 충돌부에 상대적으로 가벼워 뜨기 쉬운 대륙 지각이 놓여 있는 경우에는 판이 맨틀 속으로 가라앉기 어렵다. 이러한 대륙과 대륙의 충돌대는 습곡과 단층 활동이 활발하여 암석권이 수축되고 매우 두꺼워지며, 이를 **봉합대**(suture zone)라 한다(그림 2.8c). 봉합대는 알프스와 히말라야 산맥과 같은 지구상에서 가장 높은 산맥을 형성하기도 한다(그림 2.9). 대부분의 오래된 산맥들은 이와 유사한 과정을 거쳐 만들어졌으며, 예를 들어 애팔래치아 산맥은 과거 약 2억 5천 만 년에서 3억 5천만 년 사이의 고대 대륙과 대륙이 충돌한 봉합대이다.

변환단층 경계 그림 2.5와 같이 인접한 두 판이 서로 어긋나게 수평으로 움직이며 만나는 경계이다. 그림 2.4a와 2.5에서 알 수 있듯이, 중앙해령은 하나의 연속적인 열곡이 아니라 변환단층에 의해 서로 어긋나며 연결되는 여러 개의 열곡들로 이루어진다. 대부분의 변환단층 경계는 해양 지각에 나타나나 일부는 대륙 내에 위치한다. 널리 알려져 있는 대륙 내 변환단층 경계는 미국 캘리포니아의 샌앤드레이어스 단층으로 태평양 판과 북아메리카 판이 서로 어긋나게 움직이며 만나는 곳이다(그림 2.4a와 2.10).

그림 2.10에 나타나는 것과 같은 3개의 판이 만나는 지점을 **삼중점**(triple junction)이라 한다. 삼중점의 예로서는 멘도시노 삼중점으로 불리는 북아메리카 서쪽 해안의 후앙드후카 판, 북아메리카 판, 그리고 태평양 판이 만나는 곳이 있으며, 3개의 해령으로 이루어진 남아메리카 서편의 태평양 판, 코코스 판, 그리고 나스카 판이 만나는 곳이 있다.

자세히 살펴보기 | 경이로운 산맥

여기에서는 매우 경이로운 자태로 오랫동안 인간을 매혹시켜 온 산맥의 기원에 관하여 살펴보기로 한다. 산맥은 인간에게 아직도 여전히 경이로운 존재이지만 그 기원에 관한 신비는 오늘날에야 서서히 벗겨지고 있다. 산맥은 지각을 두껍게 만드는 지구조 운동, 산악 지역의 독특한 기후, 그리고 지표의 변화과정(특히 침식작용)의 상호작용에 의해 만들어짐을 인간이 인식하게 됨으로써 산맥의 생성과정에 관한 지식은 넓게 확대되고 있다. 산맥 생성과 관련하여 우리가 알고 있는 주요한 지식을 요약하면 다음과 같다.[7,8]

- 수렴 경계에서의 지구조 운동은 지각을 수축시켜 두껍게 만들고 초기 산맥을 형성시킨다. 산맥의 평균 고도는 융기속도의 함수로서 설명이 가능하다. 융기속도는 연 1mm 미만에서 약 10mm까지 다양하며, 융기속도가 빠를수록 산맥의 형성과정에서 평균 고도가 빠르게 높아진다.
- 산맥이 발달하고 고도가 높아지면 태풍의 이동 경로가 막히고 상대적으로 강수량이 적은 산악 경사면인 비그늘(rain shadow)이 생기면서 국지적 그리고 광역적으로 기후가 변한다. 그 결과 비그늘 쪽 사면은 강수량이 적어 반대 사면에 비해 침식속도가 느려진다. 한편 산맥의 고도가 높아지면 전반적인 침식속도는 빨라지며, 결국은 융기속도와 침식속도가 균형을 이루게 된다. 두 속도가 균형을 이루게 되면 산맥은 최고 고도에 도달하게 되며, 더 이상 평균 고도는 높아지지 않는다. 한편 융기속도가 빨라지면 평균 고도는 다시 높아질 수 있으며, 융기가 중단되거나 속도가 느려지면 평균 고도는 낮아진다.[7] 그러나 경이롭게도 특정 산 정상부의 고도는 계속적으로 높아질 수 있다.
- 침식작용에도 불구하고 실제로는 산맥의 특정 정상부의 고도는 계속 높아질 수 있다. 이러한 사실은 침식과 관련한 지각의 물리적 반응에 대한 깊은 지식이 있기 전까지는 이해하기 어려웠다. 침식으로 인한 융기현상은 **지각균형설**(isostasy)을 통해 설명될 수 있다. 지각균형설은 얇고 무거운 지각에 비해 두껍고 가벼운 지각이 높은 지형을 형성함을 설명하는 원리로서, 그림 2.A는 이 원리를 이용해 어떻게 침식작용이 지각을 융기시키는지를 보여준다. 수면 위로 솟아 있는 빙산에 고립된 어느 해군 장교가 수면 위로 솟아 있는 얼음을 모두 제거해 해수면에 도달하고자 하였다고 가정해 보자. 만약 지각균형(부력)에 의한 융기가 발생하지 않는다면 해수면에 도달하려는 목표를 달성할 수 있겠지만, 불행하게도 그는 헛고생만 한 셈이다. 아무리 얼음을 제거하여도 지각균형에 의한 계속된 융기로 빙산의 1/10은 항상 수면 위로 노출되게 될 것이며, 결국 그는 해수면에 도달하지 못하고 항상 거의 동일한 높이의 빙산 위에 있어야 할 것이다.[7]
- 물론 산맥은 빙산과는 다르지만, 구성 암석이 하부의 맨틀보다는 가볍기 때문에 맨틀 위로 뜨려 한다. 또한 산맥에서 침식은 주로 계곡 사면과 골짜기에, 차별적으로 집중되는 경향이 있다. 따라서 침식이 계속되면서 산맥의 전체 질량이 줄어들게 되어 지각균형에 의해 전반적인 산맥의 융기가 발생하게 된다. 그 결과, 전체 산맥의 평균 고도는 낮아지나 최정상부의 고도는 실제로는 높아질 수 있다. 일반적으로 산맥 전체가 약 1km 침식되면, 약 5/6km 평균 고도가 상승한다.

요약하면, 산맥의 기원은 일차적으로 지각을 융기시키는 지구조 운동의 결과이지만 그 이후의 기후 변화와 침식작용과도 밀접한 관련을 가진다. 침식은 지구조적인 융기와 동시에 그리고 이후에 일어나며, 침식에 기인한 지각균형으로 발생하는 융기현상은 이후 수백만 년 동안 지속된다. 이러한 이유로 산맥은 침식으로 인해 쉽게 사라지지 않는 자연 풍경이 된다. 예를 들어, 미국 남동부의 애팔래치아 산맥은 원래 수억 년 전에 일어난 유럽과 북아메리카 대륙의 충돌에 의한 지구조 융기로 만들어졌다. 애팔래치아 산맥은 오랫동안 많은 침식을 받았지만, 침식 이후의 지각균형으로 인한 계속된 융기로 여러 번의 지형변화를 겪어가며 현존하고 있다.

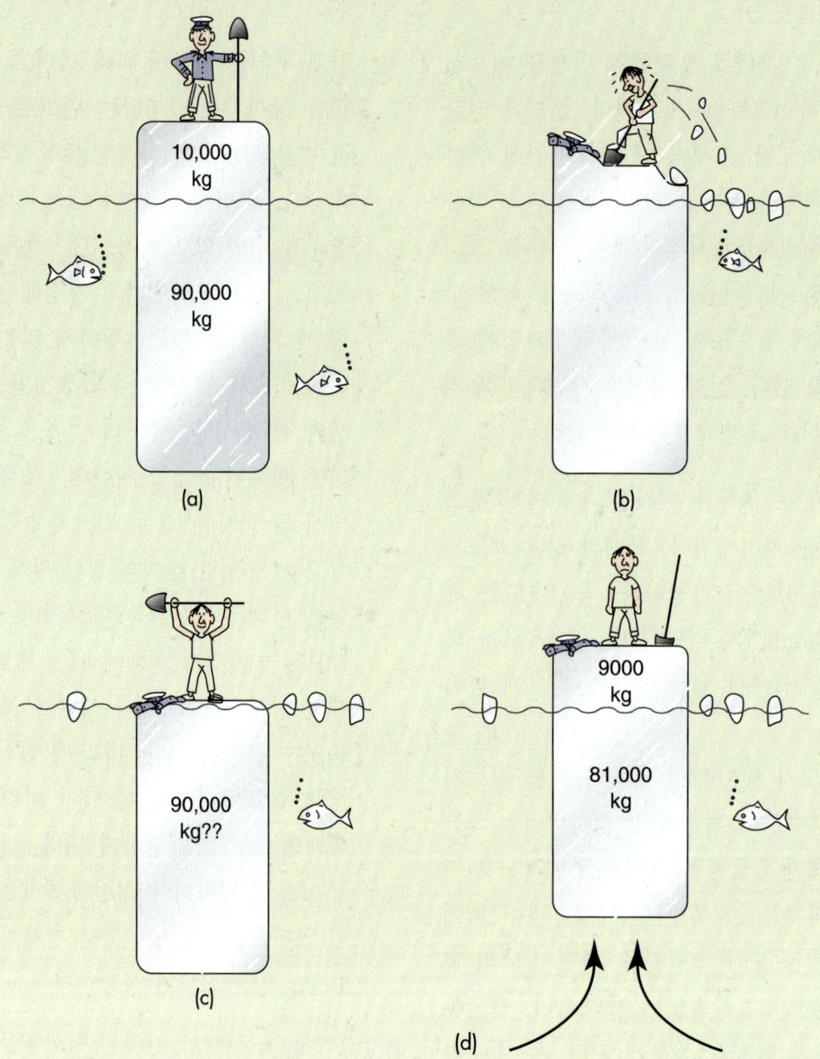

그림 2.A 지각균형설 지각균형의 원리를 보여주는 그림. (a) 한 해군 장교가 해수면 위로 높이 솟아 있는 빙산 위에서 위험하게 표류하고 있다. (b) 해군 장교는 해수면 위로 솟아 있는 10,000kg의 얼음을 제거하기로 결심한다. (c) 만약 지각균형에 의한 융기가 없다면, 그는 해수면에 도달할 수 있을 것이다. (d) 그러나 얼음을 제거하면 지각균형에 의해 융기가 일어나기 때문에, 전체 빙산의 1/10은 항상 수면 위에 솟아 있게 된다. 문제 : 만약 이 해군 장교가 솟아 있는 빙하 중 단지 1/10 면적만 선택적으로 10,000kg의 얼음을 제거한다면 어떤 일이 발생할까? 답 : 해수면 위로 솟아 있는 빙하의 최대 고도는 실제로 높아질 것이다. 이와 유사하게 산맥도 침식되면 지각균형에 의해 고도가 조절되고 산맥 정상부의 최대 고도는 침식만으로도 높아질 수 있다. (*Keller, E. A. and Pinter, N. 1996.* Active tectonics. *Upper Saddle River, NJ: Prentice Hall*)

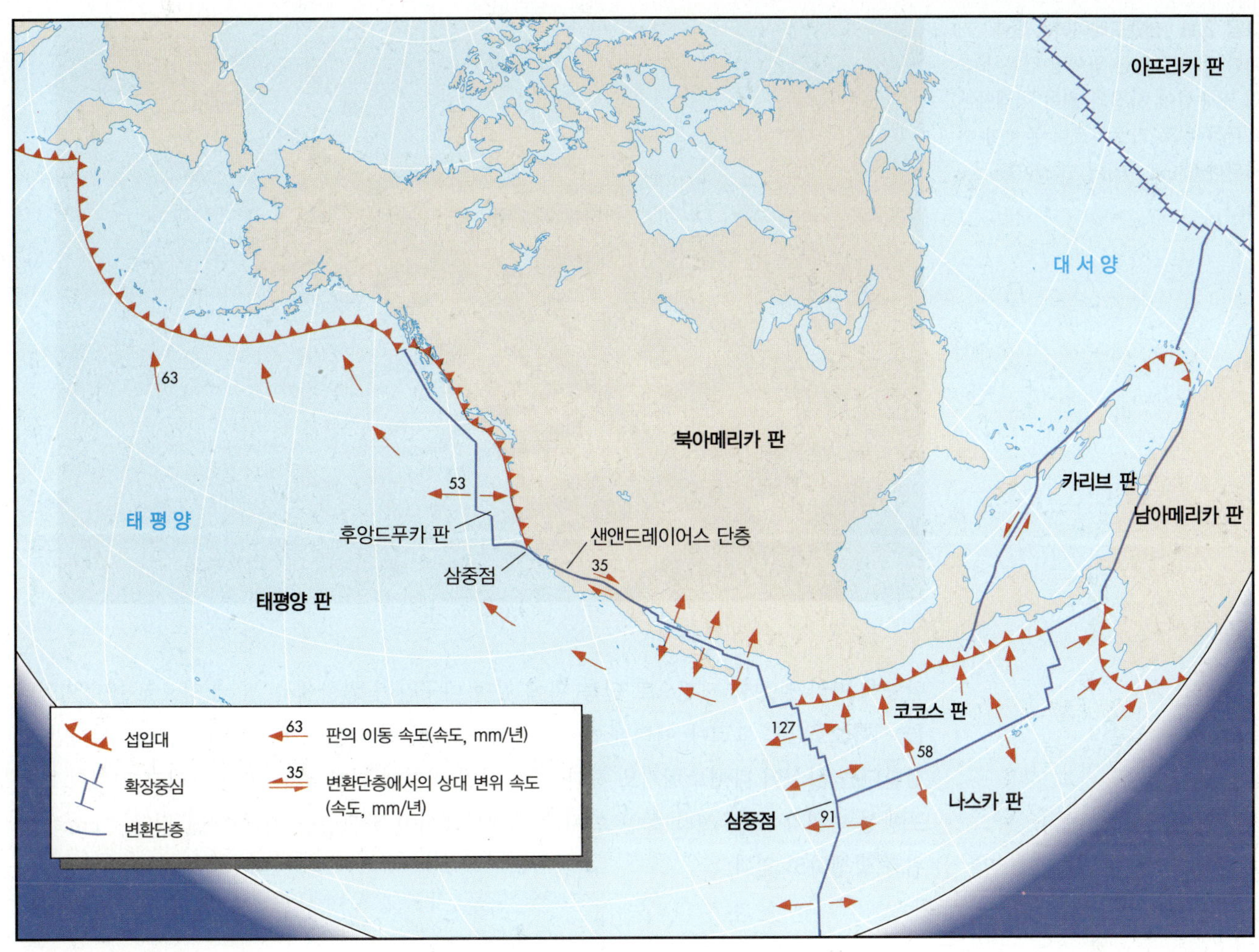

그림 2.10 북아메리카 판의 경계 북아메리카 판과 태평양 판의 자세한 경계를 보여주는 지도. (*Tanya Atwater*)

판의 이동속도

지질학적 시간 개념에서 판은 빠르게 이동하고 있다 판의 이동방향은 그림 2.4a에 도시되어 있다. 일반적으로 판은 사람의 손톱이나 머리카락이 자라는 속도와 비슷하게 매년 수cm씩 이동한다. 태평양 판은 샌앤드레이어스 단층을 따라 매년 3.5cm 속도로 북아메리카 판을 스치고 지나가고 있어, 이곳 하천과 지층들은 단층에 의해 어긋나 있는 특징을 보인다(그림 2.11). 이 단층을 따라 과거 500만 년 동안 약 175km의 변위가 발생하였으며, 이는 고속도로에서 시속 55마일의 속도로 자동차가 두 시간 동안 달려가야 하는 거리이다. 판의 중앙부는 일정하게 느린 속도로 움직이지만, 판의 경계부에서는 충돌과 섭입 등 판들의 상호 작용에 의해 이동 속도가 일정하지 않을 수 있다. 판들은 대부분 서로 붙어 있으며, 거친 나무로 만들어진 목선들이 스쳐 미끄러지듯이 운동한다. 목선들은 접촉부의 돌기가 부러지는 순간 빠르게 움직이게 된다. 판의 가장자리 돌출부가 깨어져 판이 순간적으로 빠르게 움직이면 지진이 발생한다. 샌앤드레이어스 단층은 변환단층 경계로서 수평으로 변위되며 큰 지진이 일어날 때는 수m의 변위가 한 번에 발생하기도 한다. 1857년 샌앤드레이어스

그림 2.11 샌앤드레이어스 단층 거대한 쟁기로 일군 밭이랑 같은 모습의 단층선이 사진의 왼쪽 아래에서 오른쪽 위로 가로지르며 뚜렷이 인지된다.(*James Balog/Getty Images Inc.*)

단층을 따라 발생한 지진으로 단층 위에 있던 마구간이 원형에서 'S' 모양으로 변형되었다는 기록도 있다. 그러나 이러한 사건은 100년에 한 번 정도의 주기로 특정 지역에서만 발생한다는 사실이 다행스럽기도 하다. 주기적인 지진에 의한 빠른 변위 그리고 평소의 느린 포행성 변위가 오랜 시간 동안 합쳐져 샌앤드레이어스 단층을 따라 매년 평균 수cm의 변위가 발생하고 있다.

2.4 해저확장설의 이해

1915년 알프레드 베게너가 대륙이동설을 처음 제안하였을 때, 그는 대륙이동을 일으키는 메커니즘에 대한 신뢰할 만한 증거를 찾지 못하였다. 1950년대에 이르러서야 전 지구적인 규모의 해령이 존재함이 밝혀졌으며, 1962년에는 지질학자 해리 헤스에 의해 해령으로부터 해저가 확장되면서 대륙이 이동한다는 논문이 발표되었다. 해저확장설의 기본 개념은 그림 2.5가 보여준다. 새로운 해양 암석권은 확장 축인 해령에서 만들어지며, 판의 상부에 위치한 대륙은 판의 측방 이동에 의해 운반되게 된다. 이러한 생각은 지구에 대한 우리의 생각이 빠른 속도로 새롭게 바뀌게 되는 혁명적 사고의 계기가 된다.[3,6,9]

해저확장설을 증명하는 세 가지 주요 연구 결과는 다음과 같다—(1) 해령의 발견과 지도제작, (2) 해양 화산암류에 대한 연령 측정, (3) 고자기학의 발전과 해양분지의 고자기 기록에 대한 이해.

고자기학

해저확장설과 판구조론이 어떻게 증명되었는지를 이해하기 위해 지구자기장과 고자기 역사에 관해 다소 심도 있게 살펴보기로 하자. 지구는 늦어도 30억 년 전에는 이미 자기장을 가지고 있었다(그림 2.12a). 지구자기장은 남극에서 북극으로 연결되는 자력선을 가진 쌍극자기장으로 표현할 수 있다. 쌍극자기장은 서로 크기가 같으나 반대 방향의 자하를 가진 2개의 마주보는 극으로 구성된다. 지구 외핵과 내핵의 경계에서 발생하는 열과 조성변화에 의해 철이 풍부하고 고온의 유체인 외핵에 대류가 발생한다. 외핵의 가벼운 물질은 상승하게 되어 대류가 시작된다(그림 2.3과 2.7). 외핵 내의 대류와 함께 지구 자전에 의한 외핵의 회전에 의해 전류의 흐름이 발생하게 되며, 이러한 전류의 흐름은 지구자기장을 지속시키게 된다.[2,3]

지구자기장은 일부 지표 암석들을 영구적으로 자화시킨다. 예를 들어, 해령에 분출되어 냉각되는 화산암은 큐리온도라 하는 특정온도에 도달하면 자화되며, 이때 화산암에 포함된 자철석과 같은 함철광물들은 스스로 외부 자기장과 평행하게 영구적으로 자화된다. 이러한 과정을 통해 암석에 남아 있는 자기 성분을 **열잔류자기**(thermoremnant magnetization)라 한다.[3] **고자기학**(paleomagnetism)은 암석의 자화와 자기적 성질을 연구하는 학문으로 지구의 자기 역사를 구명하는 데 활용된다.

지구 핵의 크기와 전도도를 고려하면 지구자기장은 끊임없이 유지되어야 하나, 약 20,000년 후에는 쇠퇴되어 사라질 수도 있다. 이러한 쇠퇴 현상은 영구적으로 자기장을 유지하기에는 지구 핵의 온도가 너무 높은 데 기인할 수 있다.[2]

주기적인 지구자기장의 역전 판구조론이 대두되기 이전에 이미 지질학자들은 육상의 일부 화산암이 현재 지구자기장과 반대방향으로 자화되어 있음을 발견하였다. 이러한 현상은 이들 화산암이 분출되고 냉각될 당시에 지구자기장의 극성이 현재의 것과 반대였음을 의미한다(그림 2.12b). 따라서 암석의 자기 성질은 지구 역사의 특정 시간대 동안 지구자기장이 현재와 동일하였는지 아니면 반대의 극성을 가졌는지를 밝히는 데 이용되고 있다. 자기 극성이 역전된 암석의 연령을 근거하여 지난 수백만 년 동안의 자기 연대표가 만들어져 있다. 현재 지구자기장을 알아보기 위해 나침반을 사용하면 바늘은 시사기 북극을 가리킬 것이나, 과거 지자기 역전기에는 바늘은 남극을 가리킬 것이다. **지자기 역전**(magnetic rever-

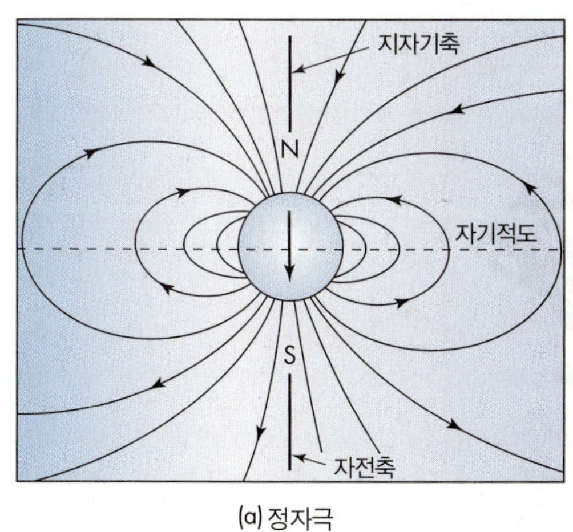

(a) 정자극

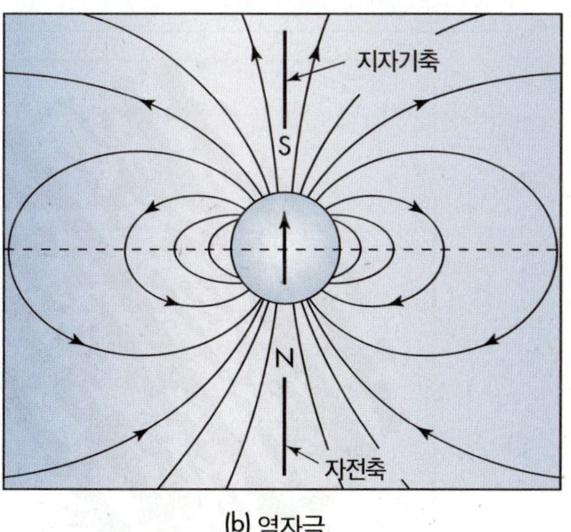

(b) 역자극

그림 2.12 자기장의 역전 (a) 정자극과 (b) 역자극 시대의 지구자기장의 모습을 보여주는 모식도. (*Kennett, J. 1982,* Marine geology, *Englewood Cliffs, NJ: Prentice Hall*)

sal)의 원인은 확실히 구명되지 않았으나, 내핵에서 발생하는 변화와 외핵 내 대류운동의 변화와 관련될 것이다. 지구자기장의 역전현상은 불규칙하나, 평균적으로 수십만 년에 한 번 정도 역전이 일어난다. 앞으로 수천 년 후에도 지자기 역전이 발생할 수 있으며, 지질학적 시간 개념에서 수천 년은 매우 짧은 시간임이 분명하다.

자기이상 줄무늬 지구자기장에 대해 더욱 자세한 연구를 위해, 지질학자들은 암석의 자성을 측정하는 장비인 자력계를 탑재한 탐사선을 이용하여 해양자력탐사를 수행한다. 해양지각은 지구자기장을 기록하기 쉬운 세립질이고 함철 자성광물(자세한 내용은 제3장을 참조)이 풍부한 화산암인 현무암으로 구성되어 있기 때문에, 탐사를 통해 해저의 고자기 기록을 쉽게 획득할 수 있다. 탐사 결과, 예견치 못했던 것들이 발견되었다. 해저 암석들은 균질하지 못한 자화양상을 보여주는데, 이러한 자화의 차이는 자기이상 또는 자기변동이라 하며 지도상에 해령과 평행하고 거의 직선에 가까운 줄무늬로 표시된다. 지질학자들은 이들 줄무늬의 폭과 배치를 기존에 육지 화산암들에서 발견된 지자기 역전 기록들과 비교하였다. 그림 2.13은 아이슬란드 남서부 지역 해양에서 실시된 자력탐사 결과이다. 검은 줄무늬는 정상으로 자화된 암석을 나타내며, 이들 사이의 흰색 줄무늬는 역전되어 자화된 암석이다.[10] 줄무늬들은 완전히 일정한 폭을 보이지는 않지만, 대서양 중앙해령을 중심으로 양편에 대칭으로 분포하는 양상이 뚜렷하다(그림 2.13).

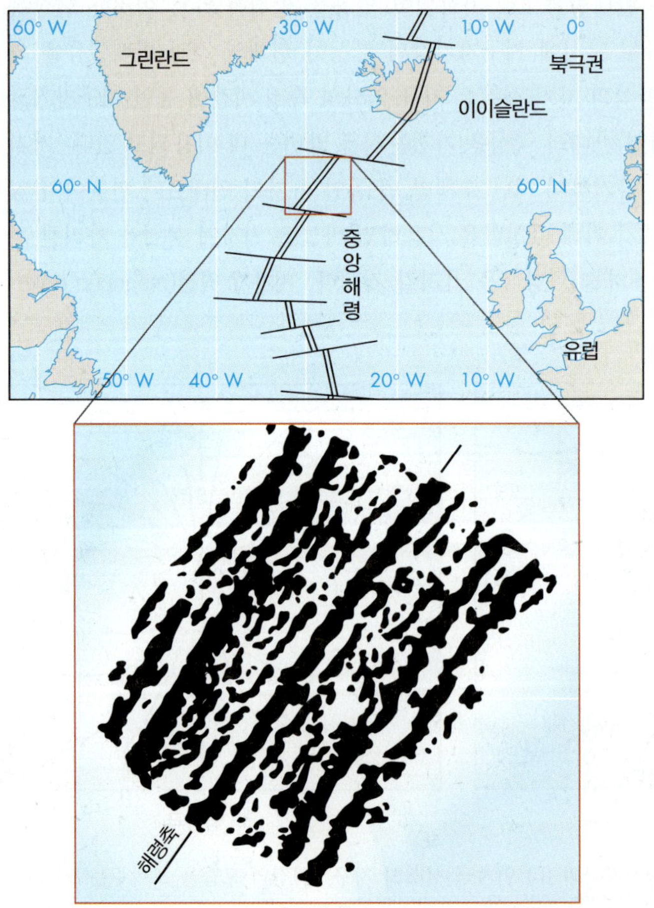

그림 2.13 해저의 자기이상 아이슬란드 남서쪽 대서양 중앙해령을 따라 실시된 자력탐사 결과를 보여주는 지도. 정자화에 의한 자기이상대는 검은색으로, 역자화에 의한 자기이상대는 흰색으로 표시하였다. 특징적으로 이상대는 해령을 중심으로 양편에서 대칭적인 분포를 보인다.

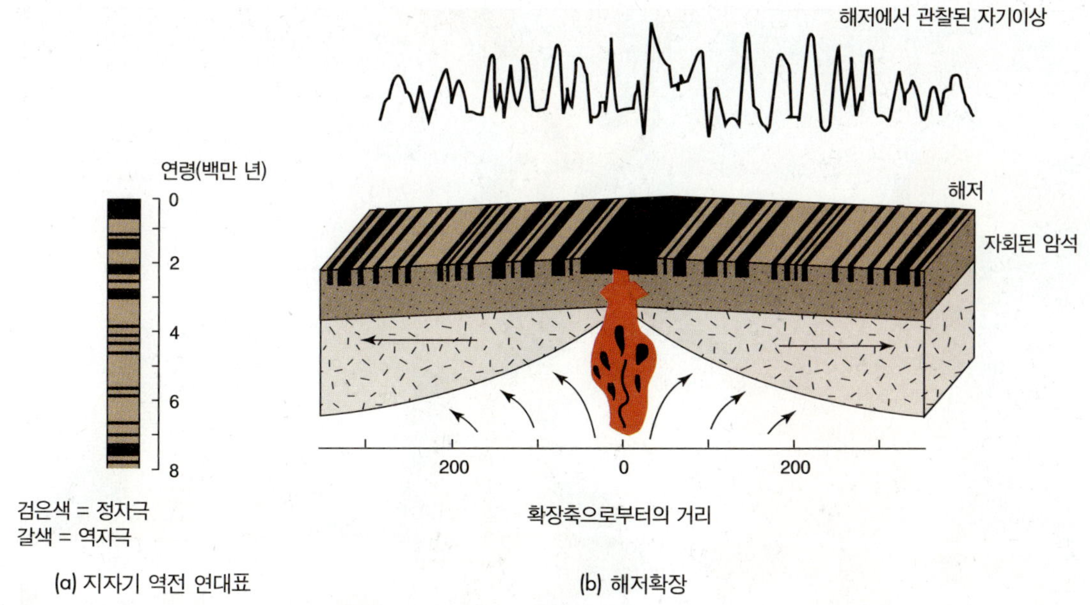

그림 2.14 지자기 역전과 해저확장 해저확장으로 인해 해령에서 상승하는 마그마를 보여주는 모식도. 화산암은 냉각되면서 자화되며, 정자극 시대에는 검은 띠로, 역자화 시대에는 갈색 띠로 표시되었다. 여기에서 보여주는 기록은 약 800만 년 동안의 기록으로 자기이상(띠)은 해령을 중심으로 양편에서 대칭이다. 이러한 정자화와 역자화의 대칭은 지자기 역전과 해저확장이 결합되어 나타나는 결과이다.(*Tanya Atwater*)

2억 년보다 젊은 해양 지각 해양 여러 곳에서 자기이상 줄무늬들이 발견되면서 지질학자들은 해저 암석의 연령을 추정할 수 있게 되었다. 또한 자기이상 줄무늬는 암석의 연령 자료와 함께 해저확장의 역사를 밝히는 데 사용된다. 해저의 자기이상 줄무늬 모양은 중앙해령에서 시작된 해저확장으로 설명이 가능하다.[11] 그림 2.14는 해저확장에 의해 자기이상 줄무늬가 생성되는 과정을 쉽게 설명하는 것으로, 과거 수백만 년 동안 몇 번의 지구자기장이 역전과 정상을 반복하면서 화산암이 정자화와 역자화로 자화되는 과정을 보여주고 있다. 검은 줄무늬는 정자화된 암석을, 갈색 줄무늬는 역자화된 암석을 표시한다. 가장 최근의 지자기 역전은 약 70만 년 전에 발생하였다. 그림 2.14는 해령에서 상승하는 마그마가 화산 활동에 의해 지표로 밀려올라와 냉각되면서 암석이 정자화로 자화되는 모습을 보여준다. 지구자기장이 역전된 시기에 냉각된 암석은 역자화를 기록하며 갈색의 띠로 표현된다. 해저는 해령을 중심으로 확장되기 때문에, 자기이상의 분포는 특징적으로 해령을 중심으로 대칭의 모습을 보인다. 따라서 해저 암석에서 관찰되는 지자기 역전 기록은 해저확장을 지시하는 강력한 증거가 된다. 또한 해저 자기이상의 분포와 함께 역자화가 관찰된 육지 암석의 연령 자료는 해저확장 과정을 해석하는 데 있어 중요한 지표가 된다. 그림 2.15는 이 자료들을 이용하여 해양 지각의 연령 분포도를 작성한 것으로, 해저확장설에 제안된 바와 같이 가장 젊은 암석들은 현재 활동 중인 중앙해령에서 관찰되고 있다. 해령에서 멀어질수록 해양 지각의 연령은 증가하고 있으며, 가장 오래된 해양 지각은 쥐라기 초에 해당하는 약 2억 년의 연령을 가진다(표 1.1). 따라서 현존하는 해양 지각은 약 2억 년보다 오래된 것은 없다고 할 수 있다. 그러나 대륙 지각은 쥐라기보다 오래된 암석이 흔히 발견되며, 대양저 평원보다는 약 20배 오래된 약 40억 년 연령의 암석도 관찰된다. 이는 두꺼운

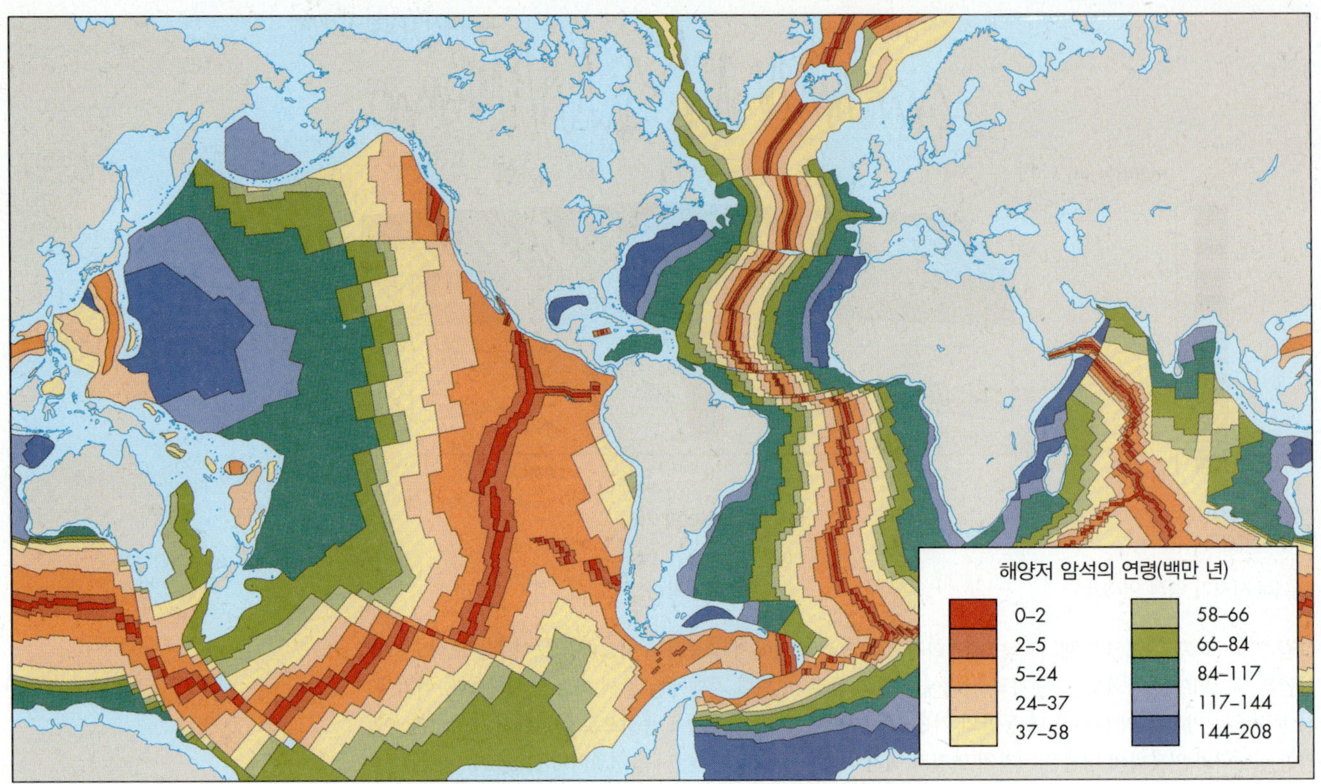

그림 2.15 해양저 암석의 연령 해양저 암석의 연령은 해저 자기이상의 연구 결과로 결정될 수 있다. 가장 젊은 해양저(붉은색)는 해령을 따라 나타나며, 해령에서 멀어질수록 암석의 연령은 점점 많아진다. 가장 오래된 해양저 암석은 약 1억 8,000만 년의 연령을 가진다. (*Scotese, C. R., Gahagan, L. M., and Larson, R. L. 1988. Plate tectonic reconstruction of the Cretaceous and Cenozoic ocean basins.* Tectonophysics *155: 27–48*)

대륙 지각은 해양 지각 암석보다는 가볍기 때문에 실제로 지표에서 더 안정할 수 있기 때문이다. 대륙은 퇴적물의 부착, 화산물질의 부가 그리고 판의 이동으로 운반된 대륙 덩어리의 충돌 등으로 형성된다. 이에 관해서는 과거 2억 년 동안의 대륙이동에 관한 내용을 다룰 때 다시 논의하기로 한다. 그러나 여기서 반드시 기억해야 할 점은 해저의 자기이상 줄무늬는 판과 대륙이 지질시대 동안에 어떻게 이동되었는가를 연구하는 데 있어 매우 중요하다는 것이다.

열점

열점이란 지구에는 **열점**(hot spot)이라 부르는 곳이 여럿 있다. 이곳은 핵과 맨틀의 경계 근처의 깊은 맨틀로부터 뜨거운 물질이 상승하는 곳으로 생각되며, 특징적으로 화산체의 중심을 형성하고 있다. 부분 용융된 물질은 충분히 뜨겁고 부력이 있어 맨틀과 상부 판을 뚫고 올라올 수 있다. 대륙에 위치한 열점의 한 예로 미국의 옐로스톤 공원의 화산지대가 있으며, 또한 대서양과 태평양과 같은 대양에서도 열점이 발견된다. 열점은 깊은 맨틀 내에 고정되어 있고 그 위에 판이 움직이면 화산군도가 형성된다. 이러한 열점의 활동에 의해 만들어진 대표적인 예는 태평양에 선상으로 섬들이 배열되어 나타나는 하와이-황제 군도를 들 수 있다(그림 2.16a). 하와이 군도 남동쪽 끝의 현생 최대 화산섬인 하와이에서부터 황제군도 북쪽 끝의 약 7,800만 년보다 오래된 것까지 이 군도를 따라 북서쪽으로 갈수록 점점 오래된 연령의 화산체들이 연속적으로 배열되어 있다. 하와이와 일부 산호섬(미드웨이와 같은 원형의 산호섬)을 제외하고 이 군도는 해산이라 불리는 해저 화산체로 주로 구성된다. 해산은 해저사태와 파도에 의해 침식되어 해수면 아래로 침강된 섬이다. 또한 열점으로부터 해산이 멀어지면 하부의 해양지각이 냉각되고 밀도가 높아져 결국은 해수면 아래로 침강하게 된다.

해산들은 일련의 해저 화산체의 산맥을 형성한다. 그림 2.16b에 도시된 바와 같이, 하와이 군도의 마운트 로이히는 가장 젊은 해저 화산체로 현재 열점 바로 위에 위치하는 것으로 판단된다. 하와이 섬들은 북서쪽으로 갈수록 연령이 증가하며, 카우아이가 약 600만 년으로 연령이 가장 오래되었다. 한편, 그림 2.16a는 하와이 군도와 황제 군도가 만나는 지점에서 화산체들의 배열 방향이 갑자기 변화됨을 보여준다. 이곳 해산의 화산암 연령은 약 4,300만 년으로, 이 시기에 판의 이동방향이 갑자기 변화된 것으로 해석된다.[12] 열점이 맨틀에 고정되어 있다고 가정한다면, 화산군도가 열점에서 멀어질수록 구성 암석의 연령이 많다는 사실은 태평양 판이 이동함을 지지하는 또 하나의 중요한 증거가 된다. 다시 말해, 태평양의 화산군도 연령이 체계적으로 변화됨은 고정된 열점 위에서 판이 계속 이동하고 있음을 지시한다.

2.5 판게아와 현재의 대륙

대륙과 산맥의 모양과 위치를 결정하는 판의 운동 현재 우리가 살고 있는 대륙들의 위치와 모양은 암석권의 판이 이동한 결과이다. 해저확장으로 발생한 가장 최근의 전 지구적 대륙이동 사건은 지금부터 약 1억 8,000만 년 전 판게아라는 초대륙의 분열로 시작되었다. 판게아는 모든 대륙이란 의미로 베게너에 의해 처음 제안되었다. 판게아는 지구의 극과 극까지 뻗어 있었으며 적도 근처에서는 거의 지구의 반을 차지하는 거대한 초대륙으로서(그림 2.17), 대륙들의 과거 충돌로 만들어졌으며 북쪽의 로라시아와 남쪽의 곤드와나로 구분된다. 그림 2.17a는 약 2억 년 전의 판게아의 모습을 보여준다. 해저확장은 과거 2억 년 동안 계속되어 유라시아와 북아메리카 대륙이 곤드와나로부터 먼저 분리되었으며, 이어 유라시아와 북아메리카 대륙이 분리되고 곤드와나는 남아메리카, 아프리카, 인도, 남극과 오스트레일리아 대륙으로 각각 흩어졌다(그림 2.17b-d). 아프리카와 유라시아-아시아 대륙 사이에 위치한 테티스 해는 줄어들어 일부는 유럽의 알프스 산맥이 되었으며, 남은 일부는 현재 지중해를 형성하고 있다(그림 2.17d). 약 5,000만 년 전부터 인도는 중국과 충돌하여 뉴욕과 마이애미 사이의 거리만큼 중국 대륙 내로 만입되었다. 이 충돌 사건은 현재까지 계속되고 있으며 세계에서 가장 높은 고지인 티베트 고원과 히말라야 산맥을 만들었다.

오랜 지질학적 미해결 과제들을 풀어낸 판구조론 초대륙 판게아의 복원은 판게아의 분열 이전의 두 가지 중요한 지질학적 미해결 과제를 시원하게 해결하였다.

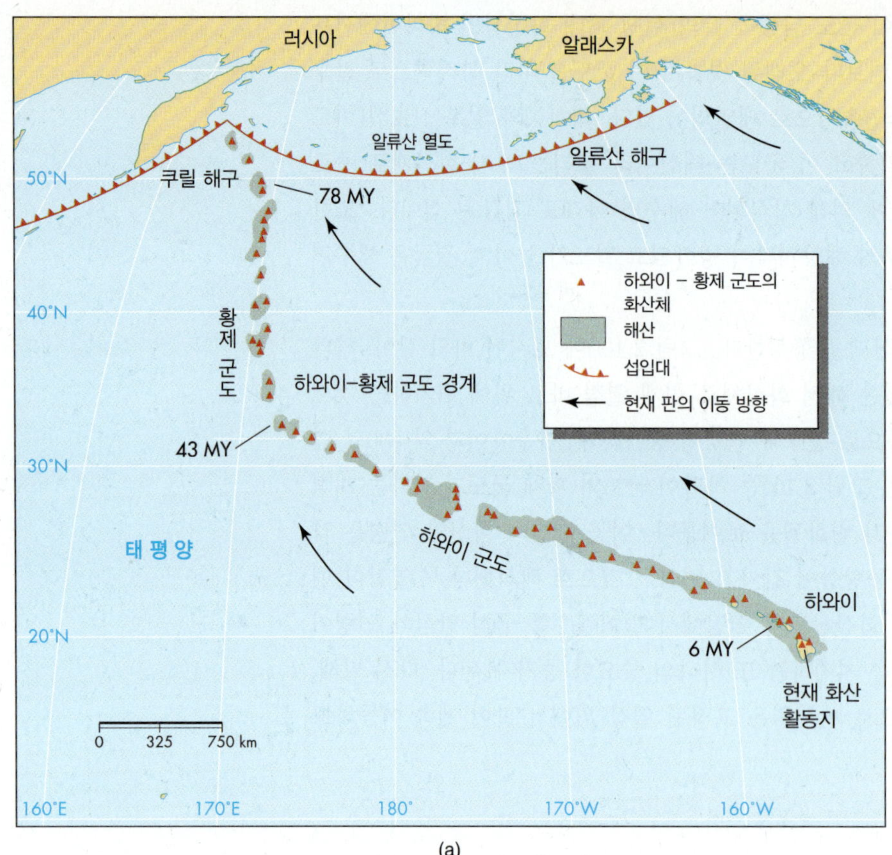

(a)

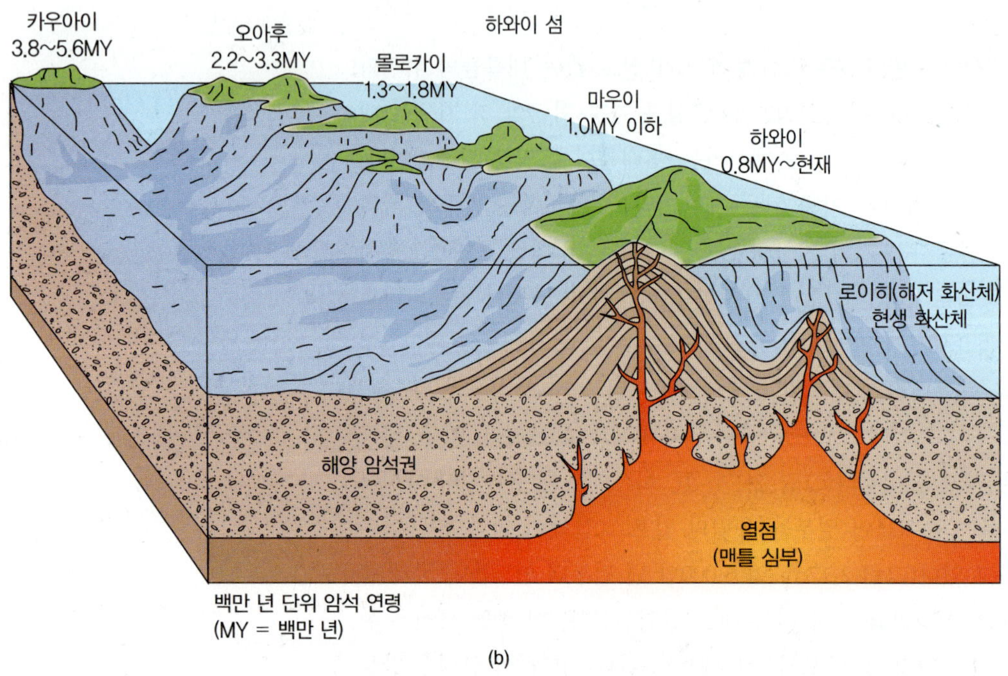

(b)

그림 2.16 하와이 열점 (a) 화산섬과 해산으로 구성된 하와이–황제 군도를 보여주는 지도. 군도의 남동쪽 끝의 현재 화산 활동이 일어나고 있는 하와이제도와 미드웨이 섬을 제외한 나머지는 해산들이다. (*Claque, D. A., Dalrymple, G. B., and Moberly, R. 1975. Petrography and K–Ar ages of dredged volcanic rocks from the western Hawaiian Ridge and southern Emperor Seamount chain.* Geological Society of America Bulletin *86: 991–98*) (b) 현재 화산 활동이 일어나는 곳에서부터 약 600만 년의 암석 연령을 보이는 섬들이 배열되어 있는 하와이제도의 그림. (*Thurman.* Oceanography, *5th ed. Columbus, OH: Merrill, plate 2*)

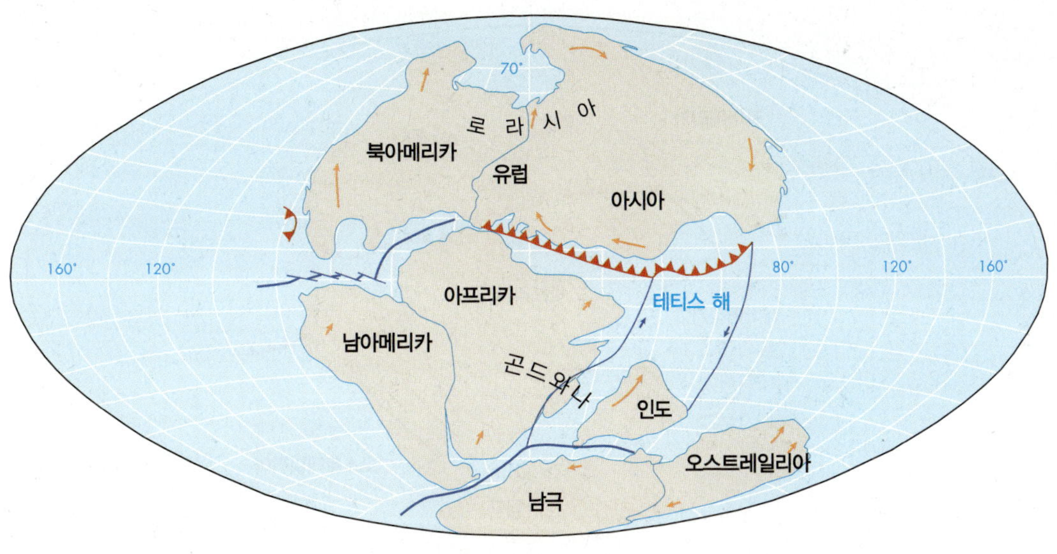

(a) 1억 8,000만 년 전

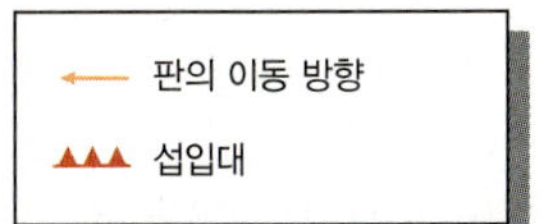

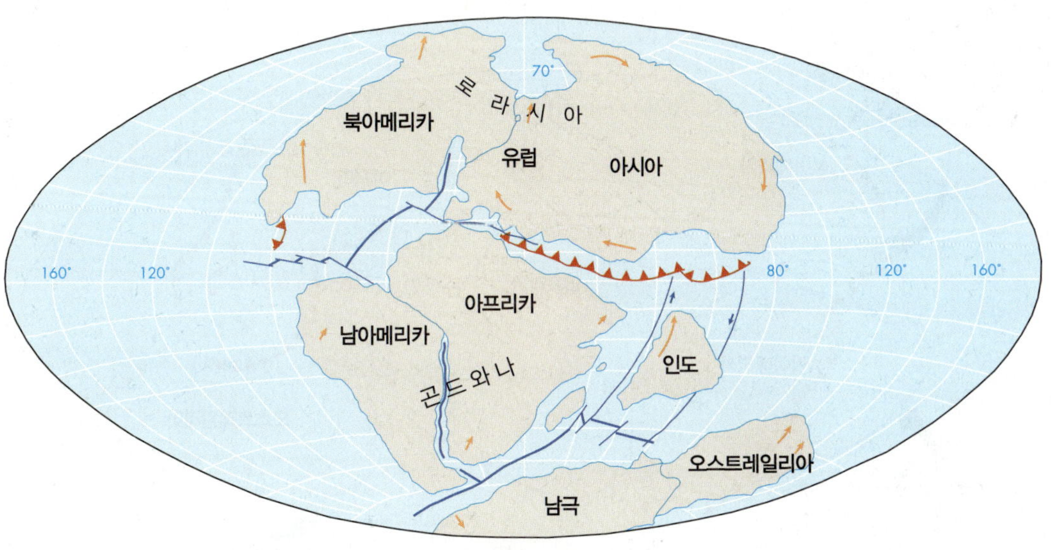

(b) 1억 3,500만 년 전

그림 2.17 2억 년 동안의 판구조 운동 (a) 1억 8,000만 년 전, (b) 1억 3,500만 년 전, (c) 6,500만 년 전, 그리고 (d) 현재의 대륙의 분포 모습. 화살표는 판의 이동 방향을 지시한다. 테티스 해의 소멸, 인도와 중국의 충돌 그리고 산맥의 형성과정에 관한 자세한 설명은 본문을 참고하기 바람. *(Dietz, R. S. and Holden, J. C. 1970. Reconstruction of Pangaea: breakup and dispersion of continents, Permian to present.* Journal of Geophysical Research *75(26):4939–56. Copyright by the American Geophysical Union. Modifications and block diagrams from Christopherson, R. W. 1994.* Geosystems, *2nd ed. Englewood Cliffs, NJ: Macmillan)*

북아메리카
유럽
아시아
160°
120°
아프리카
남아메리카
인도
80°
120°
160°
오스트레일리아
남극

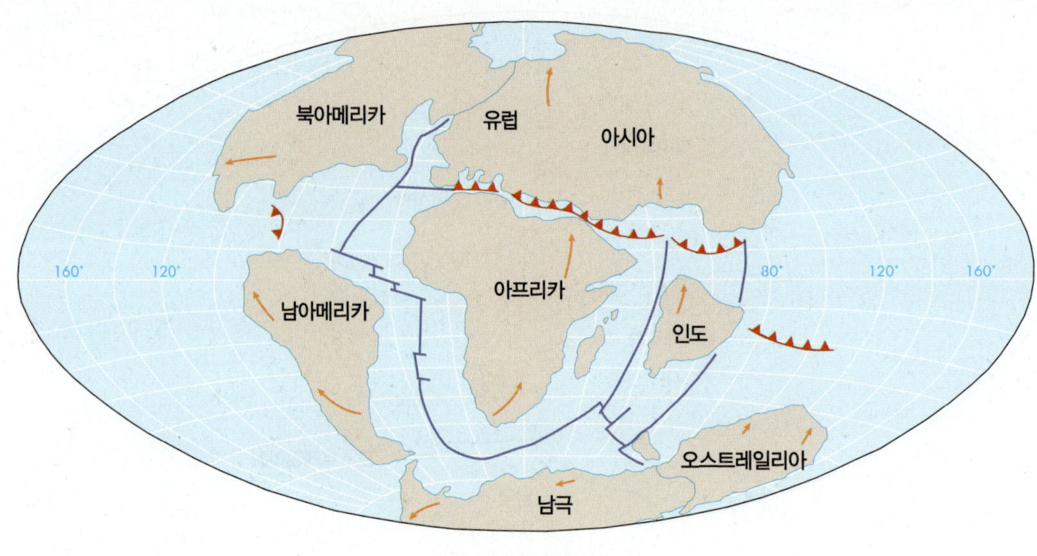

(c) 6,500만 년 전

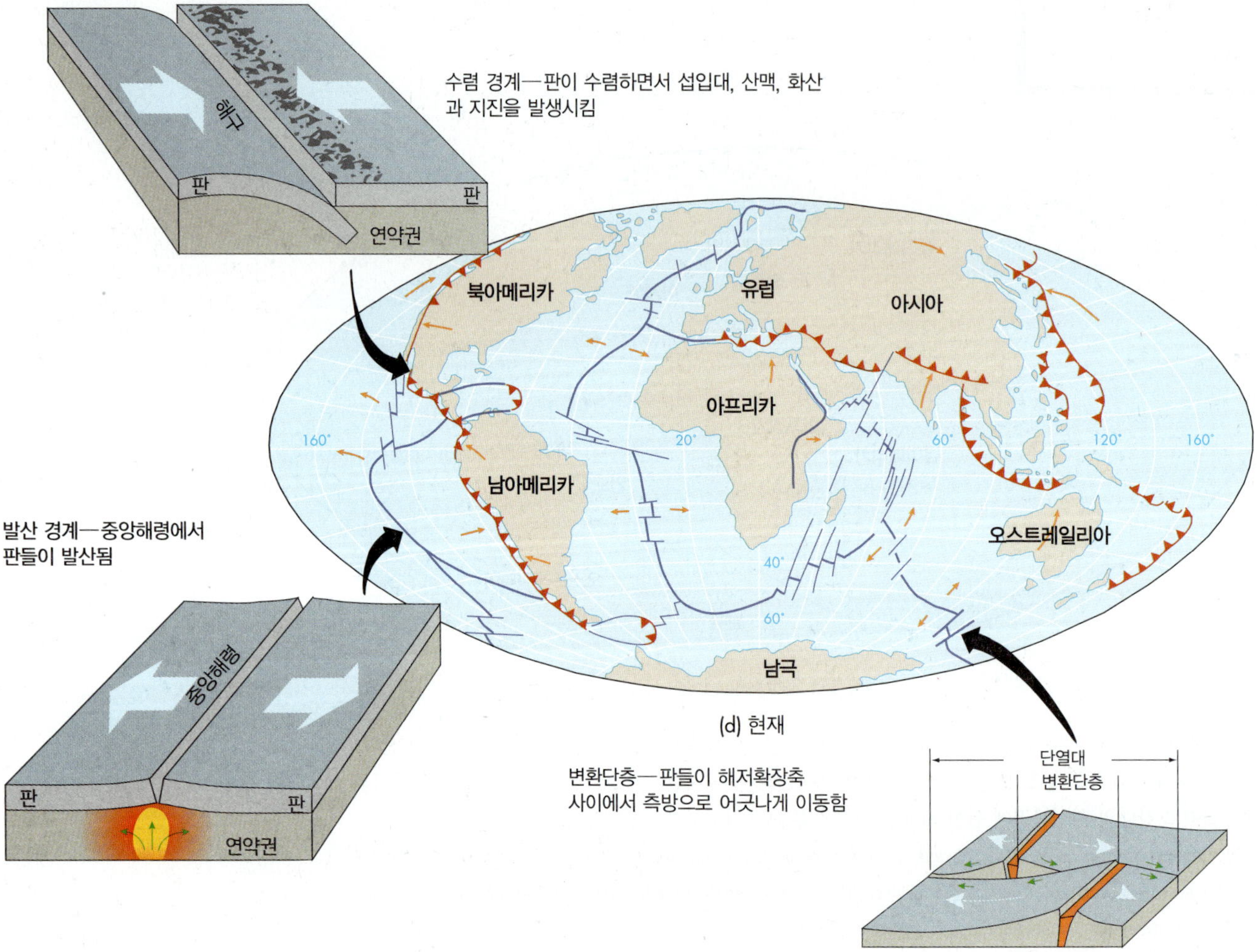

해구
판
판
연약권
수렴 경계—판이 수렴하면서 섭입대, 산맥, 화산
과 지진을 발생시킴
북아메리카
유럽
아시아
아프리카
남아메리카
오스트레일리아
남극
160°
20°
60°
120°
160°
40°
60°
발산 경계—중앙해령에서
판들이 발산됨
중앙해령
판
판
연약권
변환단층—판들이 해저확장축
사이에서 측방으로 어긋나게 이동함
단열대
변환단층

(d) 현재

그림 2.17 2억 년 동안의 판 구조 운동(계속)

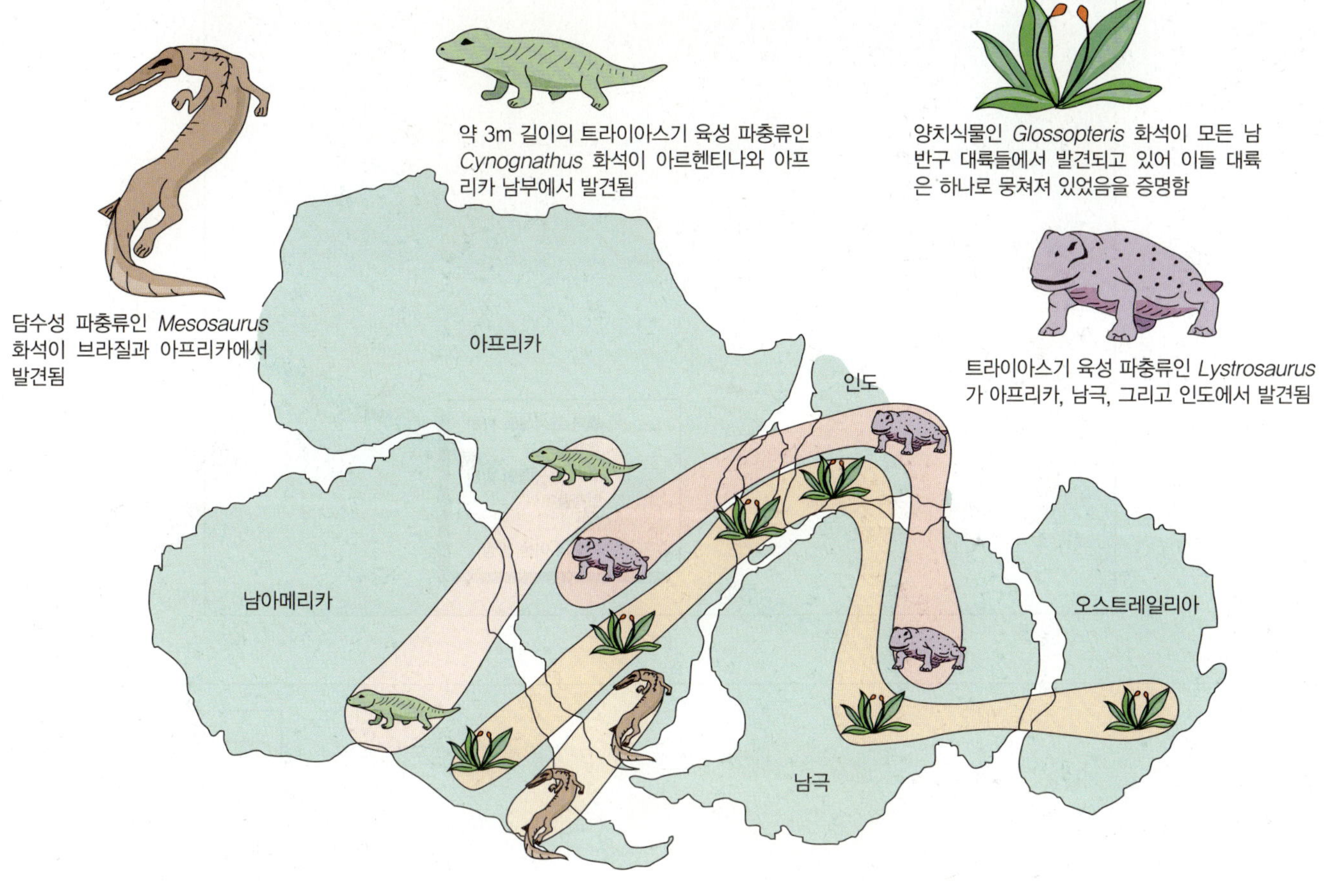

그림 2.18 판구조 운동을 입증하는 고생물학적 증거 대륙이동설을 입증하는 고생물학적(화석) 증거를 보여주는 지도. 제시된 동물과 식물 화석의 분포는 오늘날에 비해 과거에 대륙들이 매우 서로 인접되어 위치하였음을 의미한다. 오늘날에는 이들 대륙 사이의 바다 때문에 생물들이 연속되어 분포하기 어렵다.
(*Hamblin, W. K. 1992.* Earth's dynamic systems, *6th ed. New York: Macmillan*)

- 서로 멀리 떨어진 다른 대륙들에서 동일한 식물과 동물 화석군이 산출되는 사실은 과거에 이들 대륙이 연결되어 있었음을 의미한다(그림 2.18).
- 일부 대륙에서 나타나는 과거 빙하 증거와 빙하의 이동방향에 관한 기록은 판게아가 분열되기 이전에 곤드와나는 남극 근처에 뭉쳐 있었음을 의미한다(그림 2.19).

2.6 판구조 운동의 원인 : 여러 가지 힘

판을 이동시키는 메커니즘 지금까지 우리는 해저확장 동안 중앙해령에서 새로운 해양 암석권이 만들어지고 측방으로 이동하면서 차가워진 판은 섭입대에서 맨틀로 가라앉는다는 개념을 살펴보았다. 그렇다면 암석권 판이 실제로 움직이고 섭입되는 근본적인 힘은 무엇일까? 그림 2.20은 판구조 운동의 근본적인 힘으로 중요하게 대두되고 있는 두 가지 힘인 해령에서 생성된 새로운 암석권 판을 밀어내는 힘과 차고 무거운 암석권이 섭입대에서 가라앉으면서 판을 끌어당기는 힘을 도시하였다.

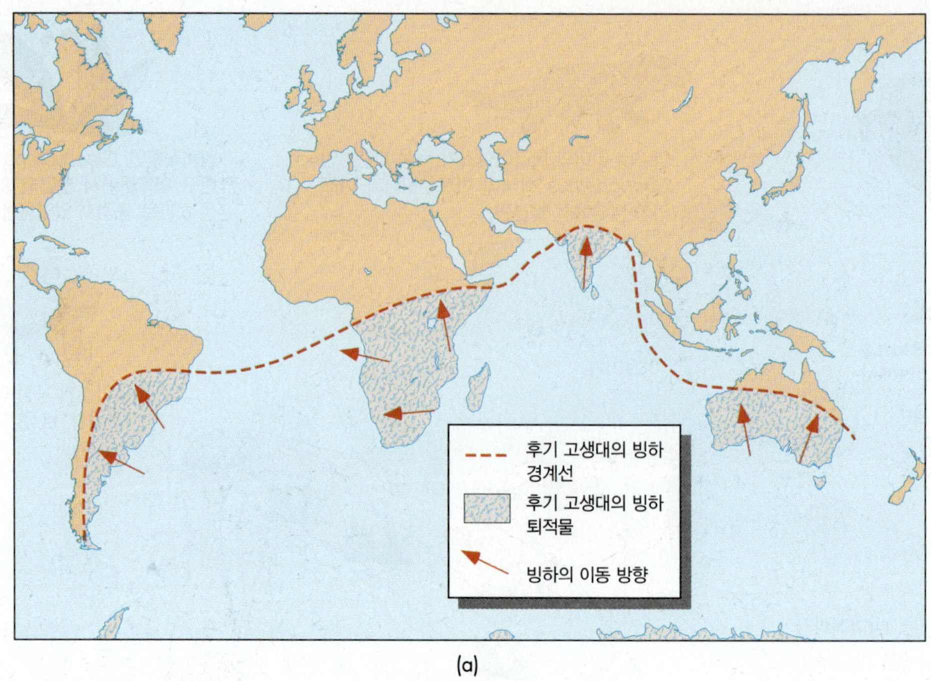

(a)

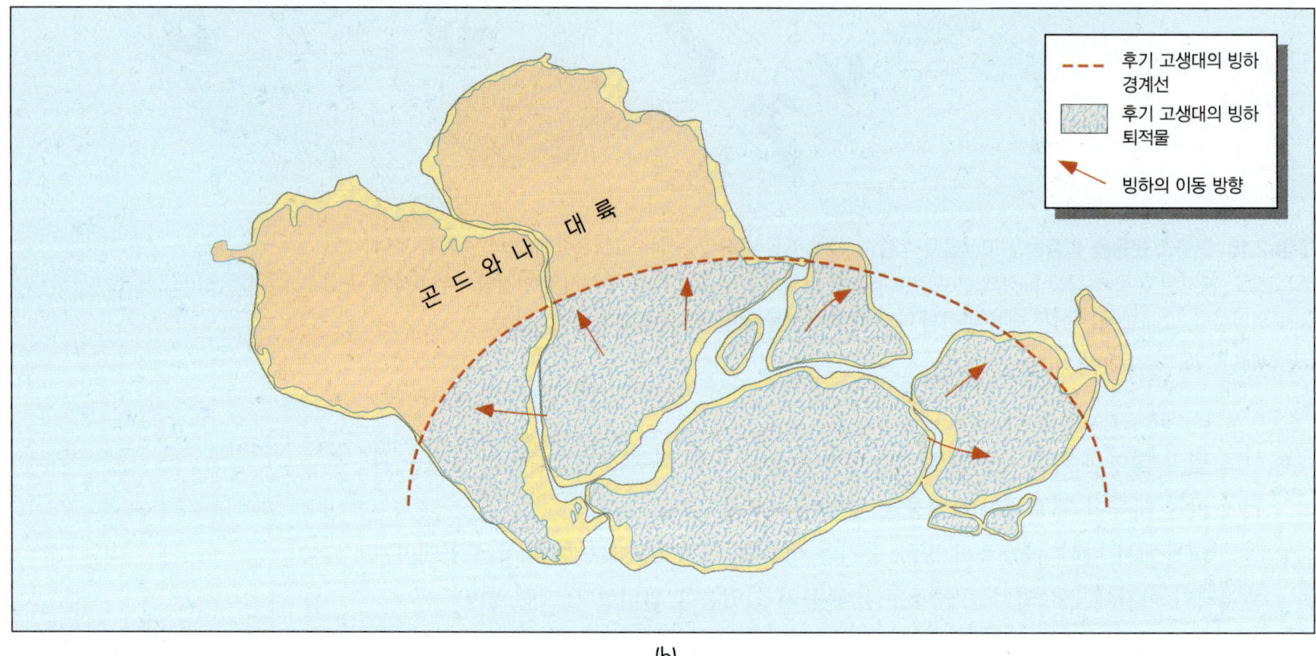

(b)

그림 2.19 판구조 운동을 입증하는 빙하의 기록 (a) 후기 고생대 빙하의 분포를 보여주는 지도. 화살표는 빙하의 이동 방향을 지시한다. 모든 화살표가 육지로 향하고 있고 오늘날 열대 지방과 인접한 곳에 빙하가 분포하고 있음이 주목된다. 이러한 특징은 고생대 빙하퇴적층이 대륙이 이동되기 이전의 초대륙 판게아에서 퇴적되었음을 의미한다. (b) 대륙이동 이전의 상태로 복원된 대륙들. 대륙들이 남극에서 멀어지며 북쪽으로 이동하였음을 알 수 있으며, 화살표의 방향은 빙하 분포 지역의 중심부에서 바깥쪽으로 빙하가 이동하였음을 지시한다. 따라서 대륙을 복원하면, 빙하의 분포와 이동 방향이 훨씬 논리적인 설명이 가능해진다. (*Hamblin, W. K. 1992.* Earth's dynamic systems, *6th ed. New York: Macmillan*)

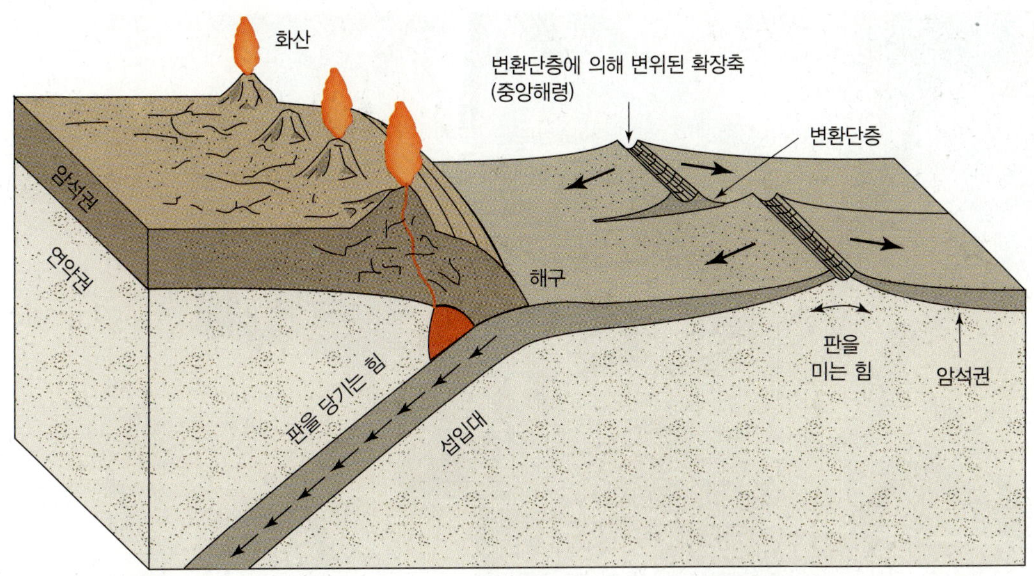

그림 2.20 이동하는 판을 밀고 당기는 힘 해령에서부터 섭입대쪽으로 판을 이동하게 하는 해령에서 밀고 섭입대에서 당기는 힘을 도시한 모식도. 이 두 힘은 모두 중력에 의해 발생하며, 무거운 암석권이 중앙해령 위에서 미끄러지고 가볍고 뜨거운 맨틀로 가라앉으면서 발생한다. (*Cox, A. and Hart, R. B. 1986. Plate tectonics. Boston: Blackwell Scientific Publications*)

중앙해령은 해저바닥으로부터 1~3km 높이로 선상으로 배열되며 완만한 아치형의 융기부(그림 2.21의 해저산맥을 참조)를 형성한다. 이 융기부의 폭은 플로리다에서 캐나다 사이의 거리보다 넓으며, 해령의 총 길이는 지구 둘레의 약 2배이다. 해령에서 미는 힘은 해령의 정상부에서 섭입대쪽으로 작용하며, 대규모 사태가 발생하듯이 중력에 의해 암석권이 연약권 위에서 미끄러지면서 발생한다. 반면, 섭입대에서 판을 끌어당기는 힘은 암석권 판이 해령으로부터 멀어질수록 냉각되어 하부의 연약권에 비해 밀도가 커져 발생한다. 섭입대에서는 판이 암석권 아래의 더 가볍고 뜨거운 맨틀로 가라앉게 되고, 가라앉는 판은 무게에 의해 전체 판을 끌어당기게 된다. 한편, 판을 움직이는 근본적인 힘으로서 이들 두 힘 중 어느 힘이 더 중요할까? 중력에 의해 발생할 수 있는 힘을 계산해 보면, 해령에서 미는 힘이 섭입대에서 당기는 힘보다는 상대적으로 적다. 또한 태평양 주변 섭입대와 같이 실제로 큰 섭입 판을 가지고 있는 판일수록 단순히 해령에서 미는 힘만으로 움직이는 판보다는 확실히 빠르게 움직이고 있음이 확인된다. 따라서 판의 이동에 있어 섭입대에서 당기는 힘이 해령에서 미는 힘보다는 영향력이 클 가능성이 높다.

2.7 판구조론과 환경지질학

판의 운동은 우리 모두에게 영향을 미친다 환경지질학 분야에서도 판의 운동은 매우 중요하게 취급되는 항목으로, 지구상에 사는 모든 생명체는 판의 이동의 영향을 받고 있다. 판은 해양분지와 대륙과 함께 매년 수cm씩 천천히 움직이면서 석유, 가스, 그리고 광물 등 천연자원을 특정 장소에 축적시키고 지진과 화산 활동을 일으킨다(그림 2.4b). 판의 경계에서

그림 2.21 대서양 중앙해령 자세한 대서양 해저지형을 보여주는 지도. 대서양 중앙해령은 전체 대서양 해양분지의 약 1/2의 면적을 차지하고 있다. (*Heinrich C. Berann/NGS Image Collection*)

발생하는 지구조 현상들은 우리가 의존하고 있는 땅과 광물, 암석 자원, 그리고 농사를 지을 수 있는 토양의 토대가 되는 암석의 종류와 성질을 결정한다. 예를 들어, 뉴욕이나 로스앤젤레스와 같은 대도시는 서로 매우 다른 지형에서 발달하나 모두 도시가 성장하기에 적당한 환경을 가지고 있다. 뉴욕(그림 2.22a)은 북아메리카 판 내부에 위치하고 있어, 이곳 해안은 판의 충돌과는 직접적인 관련이 없는 특징을 가지고 있다. 북아메리카 판과 아프리카 판 사이의 발산 경계인 대서양 중앙해령은 뉴욕으로부터 동쪽으로 수천km 떨어져 있으며, 북아메리카 판과 카리브 판, 그리고 북아메리카 판과 태평양 판의 경계도 각각 남쪽과 서쪽으로 수천km 떨어져 있다(그림 2.4a). 산악지형이 발달하는 활동성 지각변형 지역과는 달리, 플로리다 북쪽의 미국 동부 해안은 하천과 빙하, 그리고 연안 작용에 의한 비활동성 퇴적작용으로 해안선이 만들어졌다. 약 2억 년 전 판게아가 분열되어 대서양이 만들어졌으며, 침식작용, 퇴적작용, 빙하작용과 같은 수백만 년 동안의 다양한 지질현상으로 현재 뉴욕 일대의 해안지역은 아름답지만 기복은 거의 없는 지형이 형성되었다. 이와 대조적으로 로스앤젤레스는 북아메리카 판과 태평양 판의 경계와 매우 인접하게 위치한다. 따라서 이곳에는 변환단층 경계인 샌앤드레이어스 단층의 활동으로 융기, 침강, 지반침하, 그리고 단층운동 등 활발한 활동성 지각 변동이 발생하고 있다. 이러한 지각 변동은 로스앤젤레스 분지를 만들었으며, 이 분지는 험한 산악지형과 융기된 해안선에 의해 둘러싸여 있다(그림 2.22b).

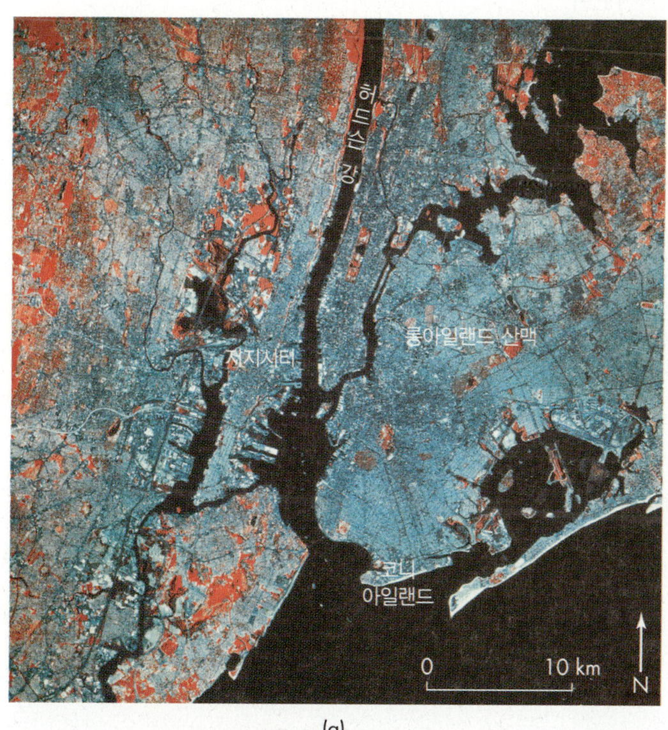

(a)

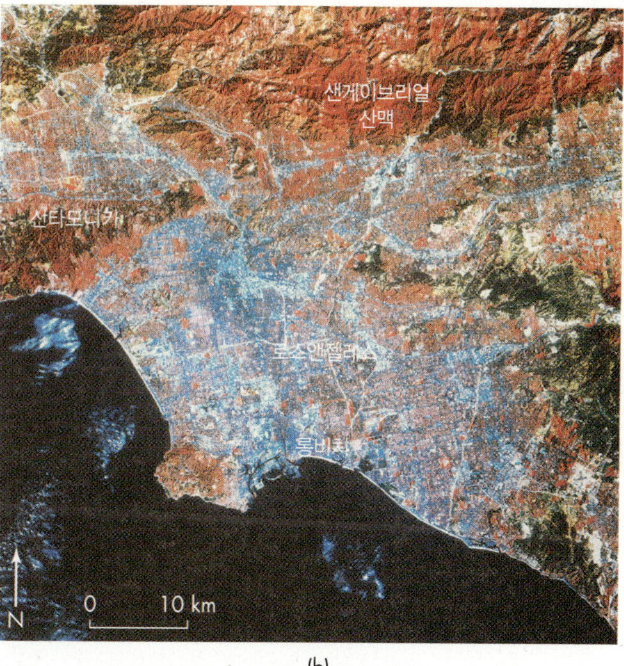

(b)

그림 2.22 로스앤젤레스와 뉴욕 (a) 뉴욕과 (b) 로스앤젤레스의 위성 사진. 두 도시는 해안에 위치하고 있으나 로스앤젤레스는 산으로 둘러싸여 있는 반면, 뉴욕은 상대적으로 저지의 대서양 주변 해안 환경의 지형을 보여주고 있다. 위성 사진에서 왕성한 식생지역은 붉은색, 도심지는 푸른색, 해변은 회색을 띤 흰색 그리고 바다는 검은색으로 표시된다. (*Science Source/Photo Researchers, Inc.*)

수백만 년 동안의 판의 운동은 해양과 대기의 흐름을 변화시키고 있으며, 이는 전 지구적인 기후를 변화시키고 지역적인 강우량의 차이를 발생시키고 있다. 이러한 변화들은 국토의 생산성과 생물의 생존 환경에도 영향을 미친다. 더불어 판구조 운동은 지역에 따라 분포하는 특정 광물과 암석 종류를 결정하는 요인이 되기도 한다. 판구조 운동이 암석과 광물에 어떻게 영향을 미치는지에 관해서는 제3장에서 논의하기로 한다.

요 약

지구의 내부 구조에 관한 우리의 지식은 지진학적 연구에 기초한다. 지구는 내핵, 외핵, 맨틀 그리고 지각과 같은 주요 층들로 이루어진 층상 구조로 정의된다. 지구의 가장 상부에 위치한 암석권은 하부의 약한 연약권에 비해 상대적으로 단단하고 강하다. 암석권은 여러 개의 판으로 나누어지며, 판은 서로 상대적 운동을 한다. 판은 이동하면서 그 속의 대륙을 운반시키며, 대륙, 해양분지, 대산맥, 고원과 같은 거대한 지형을 만든다. 해양분지는 맨틀의 대류에 의한 해저확장의 결과로서 섭입과정을 통해 사라진다.

지판의 경계는 발산(중앙해령, 확장중심), 수렴(섭입대와 대륙충돌대), 변환단층 경계로 구분되며, 일부 지역에서는 3개의 판이 만나 삼중점을 형성한다. 판의 이동 속도는 일반적으로 매년 수cm이다. 해저확장의 주요 증거로는 고자기 자료, 열점과 화산열도의 배열 그리고 과거 대륙들의 위치 복원 등이 있다. 판이동의 원인이 되는 힘은 해령에서 미는 힘과 섭입대에서 당기는 힘이 있다. 오늘날 지질학자들은 확장중심에서 섭입대로 판이 이동하는 데 있어 섭입대에서 당기는 힘이 해령에서 미는 힘보다 중요할 것으로 생각하고 있다. 판구조 운동은 지구의 모든 생명체의 삶에도 영향을 미치고 있어 환경지질학 분야에서도 매우 중요한 부분을 차지한다.

주요 용어

고자기학	섭입대	자기역전
대류	수렴 경계	중앙해령
대륙이동설	암석권	지진학
맨틀	연약권	판구조론
모호면	열점	확장중심
발산 경계	와다티-베니오프대	해구
변환단층 경계	지각	해저확장설
삼중점	지각균형설	핵

복습 문제

1. 내핵과 외핵의 주요 차이점은 무엇인가?
2. 연약권과 암석권의 특성은 어떻게 다른가?
3. 판 경계의 세 가지 종류를 말하라.
4. 오늘날 지구자기장이 만들어지는 원인을 무엇으로 보

는가?

5. 판구조 운동을 이해함에 있어 자기역전과 고자기학적 연구는 왜 중요한가?

심화 문제

1. 초대륙 판게아(그림 2.17)가 분열되지 않았다면, 지구의 지형 등의 변화와 환경 측면에서 현재와 어떻게 다를 것인가를 추론해 보라.

힌트 : 대륙의 분리가 산맥과 해양분지의 형성과 어떤 관계가 있으며, 기후 등에는 어떤 영향을 미칠 것인가를 생각해 보라.

제 3 장

광물과 암석

William Wise의 도움으로

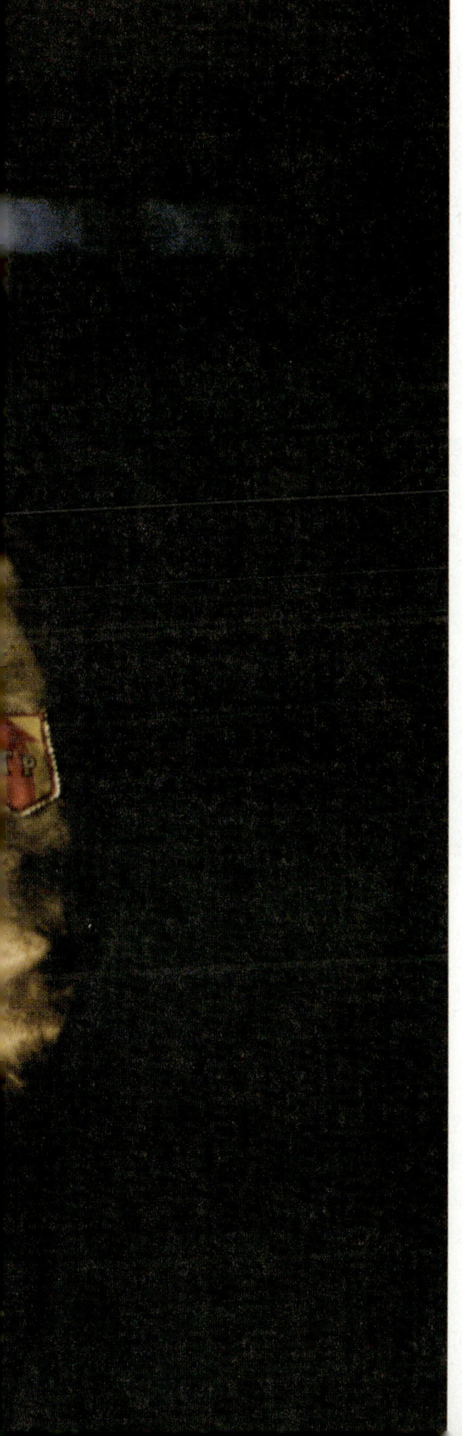

학습 목표

광물과 암석은 지질시대로부터 우리가 물려받은 상속물의 일부이다. 이들은 고체지구의 기본 입자로서 다음과 같은 이유로 환경지질학에서 특히 중요한 의미를 갖는다. (1) 광물과 암석은 집을 짓고, 자동차를 몰고, 컴퓨터를 제작하거나 이외에 여러 가지 것들에 대한 기초 자원으로 이용된다. (2) 광물과 암석은 사태, 해안 침식 및 화산 활동과 같이 지구에서 일어나는 다양한 작용이 일어나는 과정에 있어 중요한 역할을 한다. (3) 광물과 암석에 대한 연구는 지구의 역사에 대한 중요한 정보를 제공한다. (4) 광물과 암석의 작용 및 성질에 대해 아는 것은 지구가 어떻게 작동하며, 지구자원을 최대로 활용하기 위해 어떻게 해야 하는지를 이해하는 데 있어 필수적인 부분이다. 광물자원에 관해서는 제14장에서 자세히 다룬다. 이 장의 학습 목표는 다음과 같다.

- 화학성분과 내부 구조 측면에서 광물에 대해 이해한다.
- 주요 그룹의 중요한 조암광물과 이들의 환경적인 중요성에 대해 이해한다.
- 암석의 순환 및 이것이 판구조론과 어떻게 상호작용을 하는지에 관해 이해한다.
- 암석의 3대 법칙에 대해 안다.
- 기본적인 암석의 종류와 이들의 환경적인 중요성에 대해 이해한다.
- 기본적인 암석 구조에 대해 이해한다.

석면을 사용하고 있는 이 공장 노동자들은 자신들이 잠재적인 건강 재해에 노출되었다는 것을 알지 못했다. (*David & Peter Turnley/CORBIS*)

사례 연구 | 석면에 관한 논쟁

석면은 치명적인 폐질환을 일으킬지도 모르기 때문에 많은 사람들에게 석면이라는 단어는 인간의 건강에 유해한 물질이라는 신호를 보내는 붉은 깃발처럼 느껴진다. 석면의 유해성이 알려지면서 미국 사람들은 막대한 양의 돈을 들여 학교와 다른 공공건물과 같이 오래된 건물들에서 천장, 바닥 및 단열재로 사용된 석면을 제거하였다(그림 3.1). 석면에 대한 논쟁은 언제 그리고 어디에서 석면이 제거되어야 하느냐에 관심이 있지만, 우선 석면이 무엇이고 그것이 어떤 해를 입히는지에 관해 알아보도록 한다.

석면은 넓은 의미로는 어떤 규산염 광물과 암석에 들어 있는 작고 길쭉한 광물섬유로서 정의된다. 규산염 광물과 암석은 화학조성에 있어서 규소(Si)와 산소(O)를 포함하는 것들이다. 석면은 유용한 물질로 입증되었으며, 특히 이것이 가지는 내화성으로 인해 유용하다. 석면은 또한 브레이크 라이닝과 다양한 종류의 단열재로 이용된다. 그러나 석면에 노출된 사람들은 폐암을 포함한 폐질환에 걸리게 되었다. 석면이 건강에 해롭다는 것을 인식하기 시작하면서부터 석면을 제거하고 석면 사용을 줄이거나 금지하려는 노력을 기울이고 있다.

석면은 아니지만 분쇄된 암석에 작은 광물 조각이나 입자로 들어 있는 석영 또한 발암성 물질로 간주된다. 결과적으로, 석영을 포함하여 유리된 실리카를 1%의 10분의 1을 함유하는 미국에 있는 모든 자연물질은 유해 경고 표시를 해야 한다. 이론적으로, 분쇄된 암석을 나르는 트럭은 경고 표지를 부착해야 한다. 미국의 델라웨어 주에서 분쇄된 암석을 운송하는 트럭 운전사가 그의 트럭에 이러한 표지를 부착하지 않았기 때문에 소환장을 발부받았다. 델라웨어 지방 신문은 실리카 모래로 이루어진 해변 역시 공공의 건강을 위협할지도 모르기 때문에 해변에 경고판을 세워야 한다고 익살스럽게 보도했다. 이 기사의 저자는 광물의 일반적이며

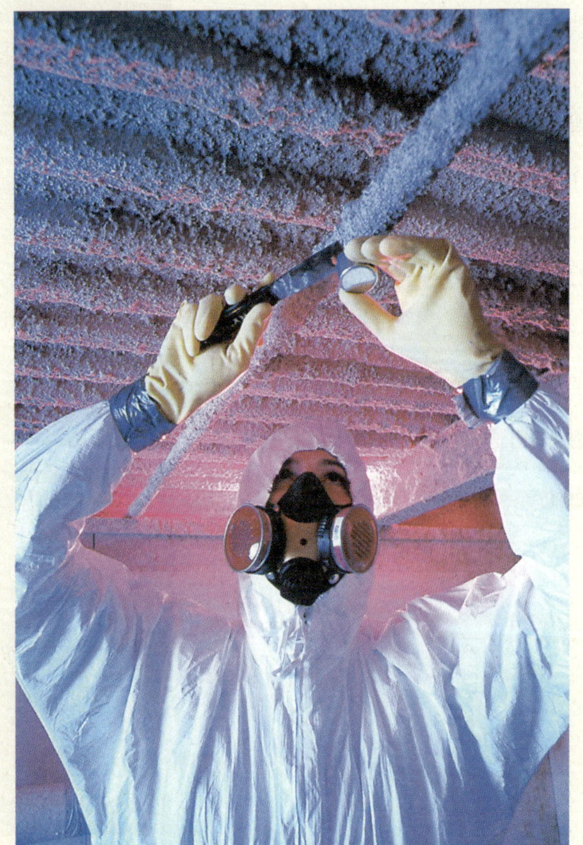

(a)

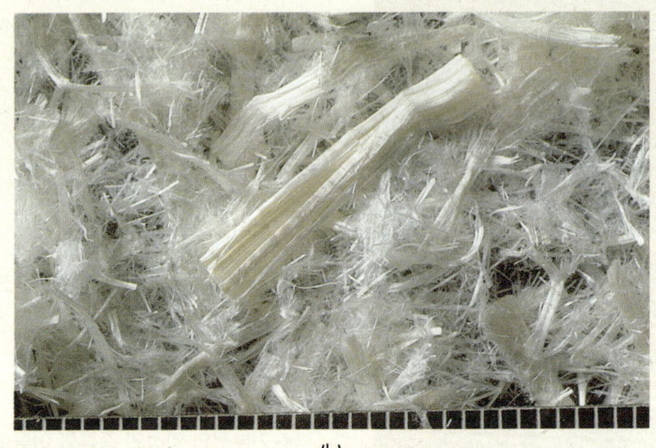

(b)

그림 3.1 석면 (a) 보호복을 입고 석면을 조사하는 여자. (*Rene Sheret/Getty Images Inc.*) (b) 솜털 모양의 섬유 같은 성질을 보여주는 일반 등급의 흰색 석면 표품. 그림 아래 제시된 눈금 척도는 mm이다. (*Skinner, H. C. W., Ross, M., and Frondel, C. 1988.* Asbestos and other fibrous materials: Mineralogy, crystal chemistry, and health effects. *New York: Oxford University Press*)

자연적인 특성에 관한 이해 없이 실시한 환경 독성 연구를 통해 얻은 자료를 이용하여 추론하려는 선의의 노력으로부터 많은 오해가 초래되었다는 것을 언급했다.[1,2] 이 저자의 요점은 모래가 석영으로 이루어져 있다 할지라도 그것은 잠재적으로 위험한 섬유상의 먼지가 아니라 단단하고 둥근 입자 형태로 되어 있다는 것이다.

서로 다른 유형의 석면들이 동일한 정도로 해로운 것은 아니다. 사실, 미국에서 가장 흔하게 사용되는 종류인 '백석면'인 크리소타일에 노출되는 것은 확실히 매우 유해하지는 않다. 이와는 달리, '청석면'인 크로시돌라이트는 폐질환을 유발하는 것으로 알려져 있다.[2]

석면에 대한 커다란 두려움은 석면에 대한 직업상의 노출이 아닌 노출, 특히 아이들의 노출과 관련되어 있다. 학교, 공공건물 및 가정에서는 잠재적으로 유해한 청 석면을 식별하고 나서 그것을 제거하거나 사람에게 노출되지 않도록 덮어버리는 것이 중요한 목적이다. 유해한 청석면을 제거하기 위해 소비된 자금은 환경 건강에서 훌륭한 투자에 해당한다. 별로 유해하지도 않으며 제거될 필요가 없을지도 모르는 백석면을 제거하기 위해 많은 금액의 돈이 사용되었다. 석면을 제거할지 말지를 결정하기 위해서는 사용되고 있는 환경과 관련하여 섬유상의 광물과 암석들에 관해 주의 깊이 연구할 필요가 있다. 그러고 나서야만 사람과 다른 생물들에 대해 이것들이 미치는 잠재적인 유해성 여부를 파악할 수 있다. 더 많은 경우에, 석면에 관한 논쟁은 현대 사회에서 우리가 사용하는 광물들과 이들이 어떻게 환경문제에 관련되어 있는지에 대해 더 많이 알 필요가 있음을 강조한다.

3.1 광물

광물이란? 광물은 자연적으로 산출되는, 지질작용에 의해 형성된 고체 지구 물질이다. 더 자세한 정의는 광물에 대한 더 깊은 이해를 위해 필요한 기초 화학을 설명한 후에 내려질 것이다. 지금은 광물을 지각의 단단한 구조물을 형성하는 암석의 기본 입자로 생각하라.

원자와 원소

지질작용에 미치는 원자와 원소의 중요성에 대한 연구는, 지구의 화학에 대한 연구 분야인 지구화학의 일부이다. 지구화학은 여러 환경하에서의 원자들의 이동과 함께 광물, 암석, 토양, 물 및 대기에 존재하는 화학 원소들의 자연적인 분포에 대한 연구를 포함한다. 먼저 몇 가지 정의부터 시작하자.

암석, 광물, 물 및 여러분을 포함하는 모든 물질은 **원자**들로 이루어져 있다. 원자는 다른 원자와 결합하거나 화학반응에 참여할 수 있는 화학 원소의 가장 작은 부분이다. **원소**는 정상적인 화학적 방법에 의해 서로 다른 물질로 분리되지 않는 동일한 원자들로 이루어진 화학물질이다. 어떤 특별한 원소를 구성하는 원자들은 종종 그 원소의 영어나 라틴어 이름의 첫 번째 문자 또는 첫 번째와 두 번째 문자들로 된 약자로 이루어진 **원소 기호**에 의해 표시된다.[3] 예를 들어, 탄소 원자에 대한 원소 기호는 C이며, 산소의 원소 기호는 O이다. 주기율표(표 3.1)는 알려진 원소들 목록을 포함한다.

원자 개념 모형

원자에 대한 이상적인 모형은 그림 3.2에 제시되어 있다. 이 모형은 원자의 핵 또는 원자핵 및 3개의 아원자 입자인 양성자, 중성자 및 전자를 보여준다. 원자핵은 양의 전하를 띠는 양성자와 전하를 띠지 않는 중성자로 이루어져 있다. 전자는 음의 전하를 띠며 원자핵의 둘레에 위치한다. 어떤 특정한 원소의 원자핵에 들어 있는 양성자의 수는 독특하며 표 3.1에 제시된 것처럼 그 원소의 원자 번호를 나타낸다. 예를 들어, 수소는 원자핵 안에 1개의 양성자를 가지며, 산소는 8개, 규소는 14개, 금은 79개, 우라늄은 92개의 양성자를 가진다. 표 3.1에는 또한 예를 들면 규소, 산소, 알루미늄 및 철과 같이 지각을 구성하는 광물과 암석에 비교적 많이 들어 있는 원소와 탄소, 산소 및 질소를 포함한 생명체에 아주 중요한 원소 그리고 매우 적은 양으로도 환경적으로는 중요한 미량원소인 코발트, 아연, 납, 우라늄 원소들이 제시되어 있다.

원자는 전자구름에 의해 둘러싸인 원자핵으로서 개념화될 수 있다(그림 3.2a). 전자들은 마치 지구와 다른 행성들이 태양의 주위를 도는 것처럼, 원자핵 주위의 궤도를 도는 것으로서 묘사될 수 있다(그림 3.2b). 이러한 것은 원자가 어떤 형태인지를 개념화하는 데 있어서는 만족스러운 모형일지 모르지만, 수학적인 관점에서 보면 너무 단순하고 부정확하다.[3] 전자들은 원자핵 주위의 에너지 준위 혹은 껍질에 실제적으로 배열되어 있다(그림 3.2c). 전자들은 음의 전하를 띠기 때문에, 양의 전하를 띠는 원자핵에 가장 가까이 위치하는 것들이 바깥쪽 껍질에 있는 것들보다 더 단단하게 붙어 있다.

전자들은 음의 전하를 띠고 있지만, 양성자와 중성자에 비해 아주 작은 질량을 가진다. 결과적으로, 원자의 질량 대부분은 원자핵에 집중되어 있다. 원자의 핵에 들어 있는 양성자와 중성자의 수를 합한 수를 원자 질량수라 한다. 중성자는 전하를 띠지 않기 때문에, 원자는 양성자의 수와 전자의 수가 같을 때 전기적으로 균형을 맞추게 된다. 그러나 원자는

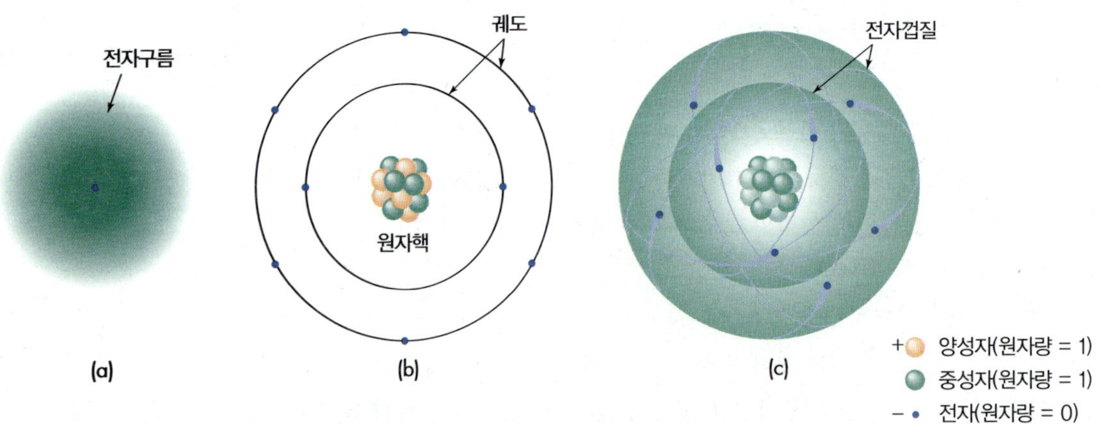

그림 3.2 원자 (a) 전자구름에 둘러싸인 원자핵으로서 원자의 기본 구조를 보여주는 이상적인 그림. (b) 이러한 개념화된 모습은 대략적인 것이거나 궤도를 따라 회전하는 전자들에 의해 둘러싸인 원자의 원자핵을 보여주는 모형이다. (c) 좀 더 실제적인 원자의 모습은 원자핵을 둘러싸는 전자껍질로 이루어져 있다(여기서 보이는 것은 산소이다. 전자껍질에 대한 원자핵의 크기는 잘 볼 수 있도록 크게 과장하여 나타낸 것이다). (*Press, F. and Siever, R. 1994.* Understanding Earth. *New York: W. H. Freeman*)

표 3.1 지각에 비교적 풍부한 원소와 환경적으로 중요한 미량원소를 보여주는 원소의 주기율표

범례 (예: 26 Fe 철):

- 원자번호: 26
- 원소기호: Fe
- 원소 이름: 철
- *: 지각에 비교적 풍부한 원소
- **: 환경적으로 중요한 미량원소
- L: 생명에 중요한 원소

1	2	3	4	5	6	7	8	9	10	11	12	13	14	15	16	17	18
1 **H** L 수소																	2 **He** 헬륨
3 ** **Li** 리튬	4 **Be** 베릴륨											5 **B** 붕소	6 **C** L 탄소	7 **N** L 질소	8 * **O** L 산소	9 ** **F** 불소	10 **Ne** 네온
11 * **Na** L 나트륨	12 * **Mg** L 마그네슘											13 * **Al** 알루미늄	14 * ** **Si** 규소	15 **P** 인	16 **S** L 황	17 **Cl** L 염소	18 **Ar** 아르곤
19 * **K** L 칼륨	20 * **Ca** L 칼슘	21 **Sc** 스칸듐	22 **Ti** 티타늄	23 ** **V** 바나듐	24 ** **Cr** 크롬	25 ** **Mn** 망간	26 * ** **Fe** L 철	27 ** **Co** L 코발트	28 ** **Ni** 니켈	29 ** **Cu** L 구리	30 ** **Zn** L 아연	31 **Ga** 갈륨	32 **Ge** 게르마늄	33 ** **As** 비소	34 ** **Se** 셀레늄	35 **Br** 브롬	36 **Kr** 크립톤
37 **Rb** 루비듐	38 **Sr** 스트론튬	39 **Y** 이트륨	40 **Zr** 지르코늄	41 **Nb** 니오븀	42 ** **Mo** L 몰리브덴	43 **Tc** 테크네튬	44 **Ru** 루테늄	45 **Rh** 로듐	46 **Pd** 팔라듐	47 **Ag** 은	48 ** **Cd** L 카드뮴	49 **In** 인듐	50 ** **Sn** 주석	51 **Sb** 안티모니	52 **Te** 텔루륨	53 ** **I** 요오드	54 **Xe** 크세논
55 **Cs** 세슘	56 **Ba** 바륨	57 **La** 란탄	72 **Hf** 하프늄	73 **Ta** 탄탈룸	74 **W** 텅스텐	75 **Re** 레늄	76 **Os** 오스뮴	77 **Ir** 이리듐	78 **Pt** 백금	79 **Au** 금	80 ** **Hg** 수은	81 **Tl** 탈륨	82 ** **Pb** 납	83 **Bi** 비스무스	84 ** **Po** 폴로늄	85 **At** 아스타틴	86 ** **Rn** 라돈
87 **Fr** 프랑슘	88 ** **Ra** 라듐	89 **Ac** 악티늄															

58 **Ce** 세륨	59 **Pr** 프라세오미늄	60 **Nd** 네오디뮴	61 **Pm** 프로메튬	62 **Sm** 사마륨	63 **Eu** 유로퓸	64 **Gd** 가돌리늄	65 **Tb** 테르븀	66 **Dy** 디스프로슘	67 **Ho** 홀뮴	68 **Er** 에르븀	69 **Tm** 툴륨	70 **Yb** 이테르븀	71 **Lu** 루테튬
90 **Th** 토륨	91 **Pa** 프로텍악티늄	92 ** **U** 우라늄	93 **Np** 넵투늄	94 ** **Pu** 플루토늄	95 **Am** 아메리슘	96 **Cm** 퀴륨	97 **Bk** 버클륨	98 **Cf** 칼리포르늄	99 **Es** 아인시타이늄	100 **Fm** 페르뮴	101 **Md** 멘델레븀	102 **No** 노벨륨	103 **Lr** 로렌슘

외곽에 놓여 있는 껍질에서 느슨하게 붙어 있는 전자들을 잃거나 얻을 수도 있다. 전자를 잃거나 또는 얻은 원자를 이온이라 한다. 원자가 전자를 잃었다면, 이것은 전기적으로 양의 전하를 띠기 때문에 양이온이라 부른다. 예를 들면, 원자 기호 K인 칼륨은 하나의 전자를 잃은 후에 K^+가 된다. 원자가 전자를 얻으면, 그것은 전기적으로 음의 전하를 띠게 되며, 음이온이라 한다. 원자 기호 O인 산소는 2개의 전자를 잃은 후에 O^{2-}가 된다.

동위원소

동위원소란? 동일한 원소의 원자들은 언제나 동일한 원자번호를 가진다. 그러나 이들은 서로 다른 수의 중성자를 가짐에 따라 서로 다른 원자 질량수를 갖는다. 원자핵에 서로 다른 수의 중성자를 가지는 동일한 원소의 원자들을 동위원소라고 한다. 생명체들을 구성하는 주 원소인 탄소의 두 동위원소는 ${}^{12}_{6}C$와 ${}^{13}_{6}C$이다. 두 동위원소의 원자들은 6이라는 동일한 원자번호를 가지지만, 각각 12와 13의 서로 다른 원자 질량수를 갖는다. 이 동위원소들은 때때로 C-12와 C-13으로서 표기된다. 둘 중에서 C-12가 일반적인 동위원소이다.

환경 연구에 동위원소가 왜 중요한가? 동위원소 연구로부터 많은 것이 밝혀진 것은 과학의 업적이다. 예를 들어, 어떤 동위원소들은 불안정하고 핵붕괴(스스로 변화하며 방사선을 방출한다)를 하기 때문에 방사성 동위원소라고 한다. 이것은 제15장에서 핵에너지를 다룰 때 설명될 것이다. 다른 원소들은 핵붕괴를 하지 않는 안정 동위원소들이다. 예를 들어, 산소는 ${}^{16}_{8}O$와 ${}^{18}_{8}O$의 2개의 안정 동위원소 갖는다. 해수, 빙하(동결된 물) 및 매우 작은 해양 생물인 유공충에 들어 있는 이 2개의 산소 동위원소의 양에 대한 연구 결과는 전 세계적으로 지구의 기후가 어떻게 변해 왔으며 지구 역사의 서로 다른 시기에 얼마나 많은 양의 빙하가 존재해 왔는지에 대해 매우 흥미로운 증거를 제공해 왔다(그림 3.3). ${}^{16}_{8}O$은 ${}^{18}_{8}O$보다 가볍기 때문에 해양으로부터 물(H_2O)이 증발할 때 우선적으로 증발된다. 많은 양의 빙하가 육지에 있는 시기에는, 바닷물에는 상대적으로 ${}^{16}_{8}O$이 결핍되며, 따라서 유공충은 그들의 껍데기를 구성하는 광물 물질 부분에 더 적은 양의 ${}^{16}_{8}O$ 을 가지게 된다. 유공충은 해양저에 쌓이는 퇴적물과 함께 화석으로 산출된다. 유공충 화석을 채취한 후, 유공충이 생성된 시기를 측정하고, 유공충 내에 들어 있는 2개의 산소 동위원소의 상대적인 양을 결정하면, 유공충이 살 당시에 얼마나 많은 빙하가 육지에 있었는지, 그리고 기후가 따뜻했는지 아니면 추웠는지에 대해 유추할 수 있다.

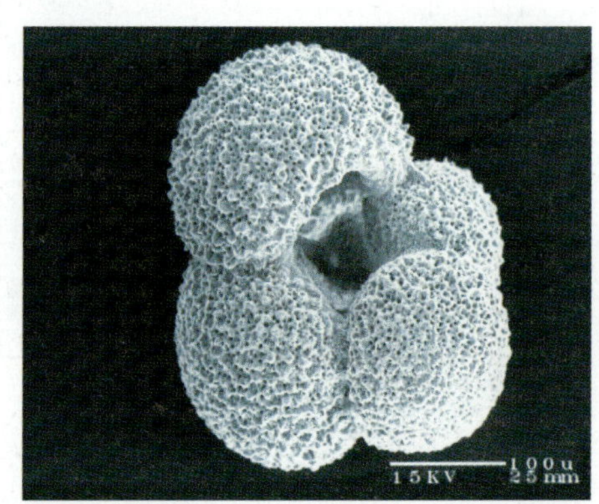

그림 3.3 유공충 산소 동위원소 조성에 관한 정보를 얻는 데 유용한 부유성 동물의 한 종류. 해양저 퇴적물로부터 채취한 시료. 가로 길이는 0.1mm. (*Tessa Hill*)

광물 화학 : 화합물

광물은 다음과 같은 조건을 만족시키는 원소 또는 화합물로 정의된다.

1. 자연적으로 생성되어야 한다. 이러한 요구 조건은 인조 다이아몬드와 같은 인간이 만든 물질을 제외한다.
2. 고체여야 한다. 대부분의 유체와 모든 기체를 제외한다.
3. 특정한 화학식을 가져야 한다.
4. 대부분의 경우에 특징적인 결정구조를 가져야 한다. 일부 지질학자들은 그 물질이 결정구조를 가질 것을 요구하지만, 광물에 대한 정의는 1990년대 중반에 일부 비결정질 고체와 수은과 같은 일부의 액체조차 포함하도록 개정되었다.

광물은 원소이거나 또는 화합물이다. 원소들에 관해서는 앞에서 논의했다. 화합물은 납 황화물 또는 PbS와 같은 화학식으로 표기될 수 있는 2개 이상의 원소들로 이루어진 물질이다. 자연적으로 산출되는 PbS는 우리가 납을 얻기 위해 채굴하는 방연석 광물이다. 따라서 광물은 탄소(C)로 이루어진 다이아몬드 광물에서와 같이 하나의 원소로 이루어지거나 또는 납 황화물(PbS)인 방연석 광물과 같은 화합물처럼 몇 개의 원소들로 이루어질 수 있다.

광물 및 화학결합

광물을 구성하는 원자들은 **화학결합**에 의해 함께 결합된다. 결합은 원자들 사이의 인력, 전자들의 공유 또는 둘 모두에 의해 이루어진다. 결합 유형에 따라 광물의 일차적인 물리적 성질 일부가 결정된다. 예를 들어, 다이아몬드와 흑연은 순수한 탄소(C)로 이루어진 동일한 화학식을 가지고 있지만 왜 이들이 서로 다른지를 이러한 화학결합 방식의 차이에 의해 부분적으로 설명할 수 있다.

광물에는 네 가지 주요 형태의 화학결합이 있다—공유, 이온, 판데르발스, 금속결합. 공

(a)

(b)

그림 3.4 다이아몬드 (a) 다이아몬드 결정. (b) 탄소 원자들을 나타내는 구들이 강력한 공유결합을 나타내는 막대기들에 의해 연결된 다이아몬드 내부구조를 보여주는 이상적인 그림. (*Charles D. Winters/Photo Researchers, Inc.*)

유결합은 원자들이 전자를 공유할 때 이루어진다. 예를 들어, 지구상에서 가장 단단한 물질 중 하나인 다이아몬드는 공유된 탄소 원자들로 이루어져 있다(그림 3.4). 양질의 다이아몬드는 보석세공인들이 가치가 있는 아름다운 보석을 만들기 위해 절단하는 투명하고 단단한 결정이다. 공유결합은 양의 전하를 띤 이온과 음의 전하를 띤 이온 사이의 인력 때문에 이루어지는 이온결합보다 더 강하다. 이온 결합의 예로서 암염이라는 광물인 염화나트륨을 형성하는 Na^+와 Cl^- 이온의 결합을 들 수 있다. 이온결합으로 이루어진 화합물은 공유결합에 의해 이루어진 것보다 훨씬 더 용해가 잘되며 물에서 쉽게 녹는다. 그러므로 이온결합에 의해 형성된 광물들은 화학적으로 활성화되어 있으며 유동성이 큰 경향을 갖는다. 판데르발스 결합은 결합력이 더 강한 공유결합과 이온결합에 의해 결합된 이온들로 이루어진 사슬이나 판 사이에 작용하는 약한 인력에 의해 이루어진다. 앞에서 언급한 것처럼, 흑연은 다이아몬드처럼 순수한 탄소로 이루어져 있다. 그러나 둘 사이의 유사성은 그것에 불과하다. 흑연은 검은색이며 탄소 원자들로 된 유연한 판으로 되어 있으며, 이 판들은 쉽게 떨어져 나오거나 서로 분리된다(벽개라는 광물의 성질, 부록 A 참조). 흑연은 연필에 사용되는 연필심이다. 흑연은 또한 자물쇠 부분들이 더 자유롭게 움직이도록 돕기 위해 자물쇠 안에 먼지로 뿌려지는 좋은 건조 윤활제로 사용된다. 금속결합은 금속원자들 사이에서 이루어진다. 금은 금속결합을 포함한다. 금이 전류를 흐르게 하거나 종이처럼 얇게 펴질 수 있도록 하는 성질인 전성을 가지는 것은 금속결합을 하고 있는 것에 기인한다. 금속결합에서는 공유결합에서처럼 단지 특별한 원자들에 의해서만 전자들이 공유되기보다는 그 고체의 모든 원자들에 의해 전자들이 공유된다. 전자들이 가지는 유동성 때문에 금은 우수한 전도체이자 박막으로 사용되며,[5] 결과적으로 금은 전기 공정에서 크게 필요한 것이 되고 있다.

광물의 화학결합에 관하여 공부할 때 복잡한 주제, 즉 광물에서의 결합은 엄격히 어떤 특정한 유형이 아니라 여러 가지 유형의 성질을 가진다는 사실을 다루고 있다는 것을 명심할 필요가 있다. 따라서 어떤 특정한 광물의 경우에, 종종 한 가지 유형 이상의 결합이 존재한다.[5]

광물의 결정구조

화학결합을 통해 광물을 형성하는 원자들이 결합한다는 것을 알았으니, 결정질이라는 용어에 대해 살펴보도록 한다. 결정질이라는 용어는 대부분의 광물을 이루는 원자들이 질서정연하게 규칙적으로 반복되는 기하학적인 패턴을 말한다. 결정에서 이러한 기하학적인 유형의 가장 작은 단위를 단위세포라고 한다. 결정은 쌓아올린 단위세포로 이루어진다.[3] 어떤 광물의 내부 구조는 그 결정의 외부 형태를 결정하는 특정한 대칭을 포함한다. 그림 3.5는 선택된 광물들의 일반적인 결정 형태 일부를 보여준다. 그림 3.6은 암염의 내부 결정구조를 보여준다. 구조는 나트륨 이온이 결정격자의 코너에 위치하며 염소 이온이 중간 지점에 놓이는 정육면체이다. 그림 3.6b에서 보여주는 것처럼 나트륨 이온은 염소 이온 크기의 대략 반 정도라는 것에 주의할 필요가 있다. 모서리의 길이는 대략 0.56나노미터(1nm = 0.000000001m)이다. 이 거리는 너무 짧아서 모래 입자나 핀 머리와 같은 크기가 되기 위해서는 약 100만 배 정도를 확대해야 한다.

(a) 정육면체
6면을 가진 결정
광물 예 : 암염, 황철석

(b) 육방기둥
6개의 측면을 가진 결정
광물 예 : 석영

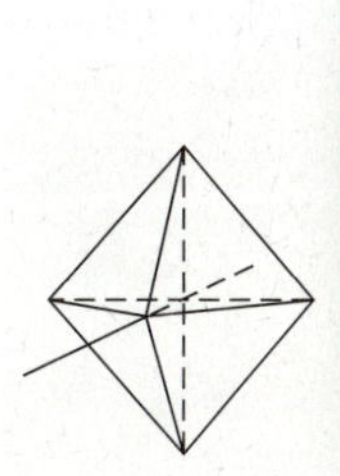

(c) 팔면체
8면을 가진 결정
광물 예 : 다이아몬드, 형석

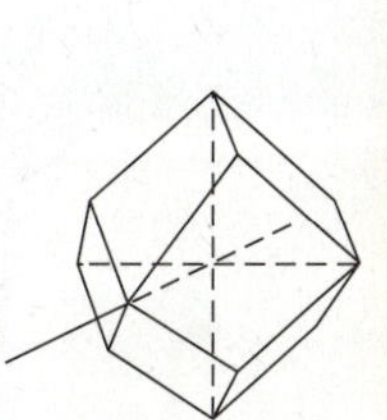

(d) 십이면체
12면을 가진 결정
광물 예 : 석류석

그림 3.5 결정들의 모양 선택된 광물들에 대한 일반적인 모양. (*[a] Alfred Pasieka/SPL/Photo Researchers, Inc.; [b] Charles D. Winters/Timeframe Photography Inc./Photo Researchers, Inc.; [c] Charles D. Winters/ Photo Researchers, Inc.; [d] E. R. Degginger/ Photo Researchers, Inc.*)

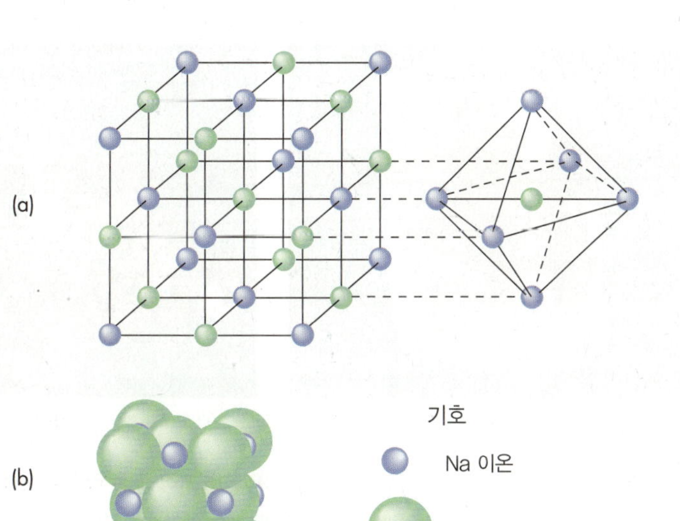

그림 3.6 결정구조 (a) 1개의 염소 이온(Cl^-) 주위에 6개의 나트륨 이온(Na^+)들이 배열된 것을 보여주는 염화나트륨의 구조. (b) 동일한 구조를 이온들의 상대적인 크기를 반영하여 그린 것. (*Gribble, C. D., ed. 1988. Rutley's elements of mineralogy, 27th ed. Boston: Unwin Hyman*)

3.2 주요 조암광물

4,000개 이상의 광물이 존재한다 할지라도, 단지 20개 내지 30개의 광물만이 지표면이나 지표 근처에 존재하는 지구 물질의 일반적인 구성성분이다. 이러한 얼마 되지 않는 광물들은 종종 많은 환경적인 문제와 관련하여 중요하며 또한 하나 그 이상의 광물들의 집합체인

암석으로 알려진 대부분의 지구 물질을 식별하기 위해 필요하다. 그림 3.7은 일부 광물들을 보여준다.

광물의 화학조성과 결정구조를 조사하기 위해서는 정교한 기구를 사용할 필요가 있다. 손에 들 수 있는 크기의 시료로부터 광물을 식별할 때, 우리는 또한 우리를 도와줄 외형이나 몇 가지 물리적인 성질을 이용한다. 화학조성과 함께 광물의 성질은 환경지질학에서 접할 수 있을 것 같은 일부 조암광물들에 대한 표와 함께 부록 A에서 살펴볼 수 있다. 마지막으로, 물리적 · 화학적 작용에 의해 지표면이나 지표 근처에서 광물이 분해되는 **풍화**(weathering)는 퇴적물과 토양을 형성하는 데 있어서 중요하다(자세히 살펴보기 '풍화' 참조).

그림 3.7 일부 조암광물 (a) 브라질에서 산출된 석영 결정 덩어리. 일부는 무색이며 일부는 장미색이다. 석영은 매우 단단하고 흔한 조암광물이다. (*Arnold Fisher/Science Photo Library/Photo Researchers, Inc.*) (b) 지각에서 가장 흔한 조암광물인 장석류의 여러 가지 종류 중 하나. (*Stuart Cohen/Comstock*) (c) 콜로라도 주의 페인트 마인즈 벽에 있는 노란색과 분홍색 점토광물. 이들은 토양 속에 있을 때 낮은 강도, 높은 물 함량, 나쁜 배수 및 높은 수축–팽창 가능성과 같은 바람직하지 못한 성질을 보여줄 수 있는 많은 점토광물 중 단지 2개의 예에 불과하다. (*Mark D. Phillips/Photo Researchers, Inc.*) (d) 이 암석 속에 있는 고철질 광물은 흑운모라 하는 검은색 운모이다. 흑운모는 일부 변성암뿐만 아니라 화강암질암에 흔한 광물이다. (*Barry L. Runk/Grant Heilman Photography, Inc.*) (e) 석회암과 대리암에 풍부한 광물인 방해석. 석회암 지역은 동굴, 싱크홀, 함몰 및 잠재적인 물 오염과 건설 문제 등을 수반한다. (*Betty Crowell/Faraway Places*) (f) 황철석(바보 금)은 물 및 산소와 반응하여 황산을 생성하는 광상과 석탄에 수반되어 나타나는 철 황화광물이다. (*Betty Crowell/Faraway Places*) (g) 자연 동 조각. (*Comstock*)

지질학자들은 광물의 색, 비중, 결정형, 벽개 등과 같은 성질을 이용하여 표품이나 현미경으로 일반적인 광물들을 식별하는 방법을 배운다. 수많은 시료들을 주의 깊게 조사함으로써 어떤 특정한 광물을 알아내는 방법을 인지하게 되며, 간단한 테스트를 통해 그 광물에 대한 식별이 올바른지에 대해 검증할 수 있다. 중요한 조암광물을 식별하는 것은 지질학자들에게 중요한 기술이다.

표 3.2에 조암광물들의 중요한 그룹을 요약해 놓았다. 각각의 그룹은 일차적으로 화학에 기초한 것이며, 이 간략한 표는 광물 유형에 대한 토의를 위한 요약으로 이용된다. 이제 주요 광물 그룹 각각에 대해 토의한다.

규산염광물

지각 무게의 약 72%가 산소(약 45%)와 규소(약 27%)로 이루어져 있다. 이 두 원소들은 알루미늄(3%), 철(6%), 칼슘(5%), 마그네슘(3%), 나트륨(2%), 칼륨(2%)과 같은 원소들과 함께 지각 무게의 약 98 %를 차지하는 광물들의 화학조성을 이룬다. 놀랍게도, 지각 부피의 94%를 차지하는 것은 산소이다. 지질학자들은 일반적으로 질량(무게)이나 부피로서 물질의 양을 보고한다. 질량은 킬로그램으로 측정되지만, 중량에 대한 올바른 단위는 뉴턴이다. 뉴턴은 킬로그램에 중력을 곱한 것으로 계산된다. 중력은 지구상에서는 일정한 값이기 때문에 일상생활에서 일반적으로 사용할 때는 그것을 종종 무시한다. 그러므로 유럽에서 치즈는 킬로그램 단위로 팔리며, 미국에서는 파운드 단위로 팔린다. 단위가 무엇이든 간에, 우리 모두는 스티로폼으로 채워진 하나의 컵이 모래로 채워진 하나의 컵보다는 더 가볍다는 것을 알고 있다. 부피는 어떤 물질이 차지하는 공간의 양을 말한다. 스티로폼 $1m^3$와 모래 $1m^3$은 같은 부피를 가지나 모래가 스티로폼보다 훨씬 더 무겁다.

화학성분으로서 규소(Si)와 산소(O) 원소를 포함하는 광물들을 규산염광물이라고 하는데, 이것은 조암광물 중에 가장 많은 것이다. 모든 규산염광물들의 기본 단위는 중심에 작은 규소 이온이 놓이고 코너에 상대적으로 커다란 산소 이온들이 놓여서 만드는 피라미드 모양의 규소-산소 사면체이다(그림 3.8). 이 사면체는 독립사면체형, 단일 또는 이중 사슬형, 판상형, 또는 복잡한 네트워크형과 같은 특정한 광물구조를 이룬다(그림 3.9).[3] 규소-산소 사면체들은 칼슘, 마그네슘, 나트륨 및 알루미늄과 같은 다른 원소들과 결합하여 다양한 종류의 규산염광물을 형성한다. 규소-산소 사면체는 다양한 배열을 통해 여러 가지 형태를 형성함으로써 광물의 성질을 결정한다(그림 3.8과 3.9 참조). 가장 중요한 규산염 조암광물들 혹은 광물 그룹은 석영, 장석류, 운모류 및 철마그네슘 그룹이다.

석영 규소-산소 사면체의 네트워크형 구조를 가진 이산화규소(SiO_2)의 형태인 석영은 지각에서 가장 풍부한 광물들 중의 하나이다. 석영은 대개 유리보다 더 큰 경도와 패각상으로 깨지는 특징에 의해 식별될 수 있다(그림 3.10). 순수한 석영은 무색, 즉 투명하나, 대부분의 석영 결정은 불순물이 포함되어 있어서 흰색, 장미색, 자주색, 또는 짙은 연기와 같은 색 등을 가진다(그림 3.7a). 이러한 색깔을 가지는 종류 중 일부는 자수정처럼 준보석의 가치를 지닌다. 커다란 육각의 투명한 뾰족한 석영 결정은 자연에서 흔하며 종종 수정으로서 거래한다. 석영은 풍화작용과 강과 같이 광물 입자를 운반하는 작용에 강하기 때문에 강과

자세히 살펴보기 | 풍화

풍화란? 간단하게 정의하면, 풍화는 지표면이나 지표 근처에 있는 광물과 암석을 물리적, 생물학적 및 화학적인 작용에 의해 갈라지거나 화학적으로 분해되는 것이다. 풍화작용은 여러 가지 이유로 중요하다.

- 풍화는 토양 형성에 수반된 일차적인 작용들 중의 일부이다. (제6장 참조)
- 풍화는 산사태와 같은 사면 작용이나 유수에 의해 지구 물질이 더 쉽게 운반되도록 입자 크기를 줄이고 약화시키는 일을 한다.
- 3.6절에서 토의된, 석회암과 같은 일부 암석 유형의 화학적 용해를 통해 풍화는 싱크홀 및 동굴 같은 지하 공동처럼 특징적인 지형을 만든다(제12장 참조).
- 장석류가 점토광물로 변화하는 것과 같이 풍화는 광물들의 변화에 중요한 역할을 한다.

위에 언급된 것처럼, 풍화에 수반된 작용은 물리적, 화학적 및 생물학적 또는 이러한 것들의 조합에 의해 이루어진다. 예를 들어, 물리적 풍화작용 또는 암석의 파괴는 동결작용에 의해 일어날 수 있다. 암석 파쇄대에 있던 물이 얼면서 부피가 팽창하면 광물 입자들이 파괴된다. 생물학적으로 야기된 풍화의 예는 다양한 생물들에 의한 암석의 (미생물) 분해와 동물들이 굴을 파는 것을 포함한다. 화학적 풍화란 용어는 일반적으로 토양에서 발견되는 탄산과 같이 자연적으로 생성된 산성 용액의 존재하에서 대개 일어나는 화학작용에 의한 암석과 광물의 부분적인 분해를 말한다. 대기 중에 있는 이산화탄소가 물과 결합하여 약산을 생성($CO_2 + H_2O \rightarrow H_2CO_3$)하기 때문에 빗물조차도 약한 산성을 띤다. 더 강한 산은 황화광물과 물의 혼합에 의한 황산 생성의 결과로서 형성될 수 있다. 풍화에 의한 순수한 결과는 지표면 근처에서 암석이 부서지거나 분해된다는 것이다. 강이 호수나 해양으로 운반하는 짐을 일반적으로 구성하는 퇴적물은 이러한 붕괴를 통해서 만들어진다. 환경지질학에서 어떤 지점에 있는 광물, 암석 및 토양과 같은 지구 물질을 묘사할 때, 이러한 물질들이 어떻게 풍화되었고 점토광물과 같은 풍화산물들이 어디에 모여 있는지에 대해 주의 깊은 평가가 이루어져야 한다.

여러분은 여러분의 자동차, 자전거 또는 연장 표면에 녹이 스는 것을 막기 위한 일에 아마도 익숙해 있을 것이다. 녹은 화학적 풍화작용인 철의 산화작용에 의해 생성된다. 녹은 종종 노란색-갈색을 띠며 약하고 흙 같은 물질인 갈철석이라고 총괄적으로 이름 붙여진 광물군으로 이루어져 있다. 녹은 금속을 약하게 하여 금속의 강도와 유용성을 감소시킨다. 유사하게 강도가 큰 암석에서 철을 함유하는 광물들을 녹슬게 하거나 암석의 깨진 틈을 따라 점토를 형성함으로써 일어나는 화학적 풍화작용은 그 암석을 약하게 만든다(그림 3.A). 풍화를 받은 암석은 콘크리트 댐과 같은 구조물의 기반 물질로서 바람직하지 못할 것이며 산사태에 의해 떨어져 나갈지도 모른다.

그림 3.A 화학적 풍화 풍화된 점토(철이 착색된 오렌지색)와 풍화된 층들을 따라 형성된 방해석과 석고 광물로 된 얇은 층들은 암석을 약화시킬 수 있다. (*Edward A. Keller*)

표 3.2 대부분 화학에 기초한, 그룹에 따른 조암광물

광물 그룹	예	화학식	비고
규산염광물	석영	SiO_2	흔함
	사장석 장석류	$(Na,Ca)Al(Si,Al)_2O_8$	매우 흔함
	휘석	$(Ca,Mg,Fe)_2Si_2O_6$	철마그네슘 광물
탄산염광물	방해석	$CaCO_3$	석회암과 대리암의 주요 광물
	백운석	$(Ca,Mg)CO_3$	
산화광물	적철석	Fe_2O_3	철의 주요 광석
	보크사이트	함수의 알루미늄 산화광물	알루미늄의 주요 광석
황화광물	황철석	FeS_2	산성 광산폐수의 주요 요소
	방연석	PbS	납의 주요 광석
원소광물	금	Au	귀금속, 산업용도
	다이아몬드	C	보석, 산업용도
	황	S	황산제조에 이용

주의 : 더 많은 목록은 부록 A에 있음

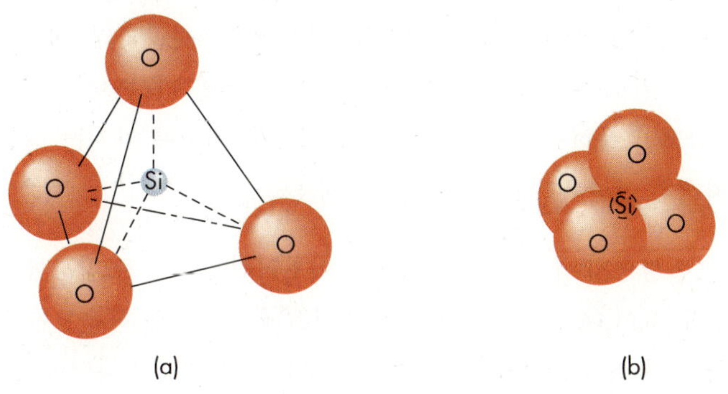

그림 3.8 규소-산소 사면체 (a) 규소-산소 사면체에 대한 이상적인 그림. 이 그림은 사면체의 중심에 작은 규소 이온이 있고 코너에 상대적으로 큰 산소 이온들이 놓이는 것을 보여주기 위해 확대한 것이다. 규소와 산소 이온들 사이의 띠선은 화학결합을 나타낸다. (b) 자연에서 발견되는 것으로서 서로 접촉하는 산소 이온들로 이루어진 사면체 그림. 사면체의 중앙 부분에 띠선으로 표시된 원이 규소 이온이다. (*Dietrich, R. V. and Skinner, V. J. 1979.* Rocks and rock minerals. *New York: John Wiley*)

해안 모래에서 흔히 볼 수 있는 광물이다.

장석류 장석류는 규소-산소 사면체의 네트워크형 구조에 칼륨(K), 나트륨(Na), 또는 칼슘(Ca)과 결합된 알루미늄(Al), 규소(Si), 산소(O)를 포함하는 알루미늄 규산염광물이다. 지각의 약 60%를 차지하며 조암광물 중에 가장 흔한 광물인 장석류는 세라믹과 유리 산업에서 상업적으로 중요하다. 장석류는 일반적으로 회색이나 분홍색이며 상당히 단단하다(그림 3.7b).

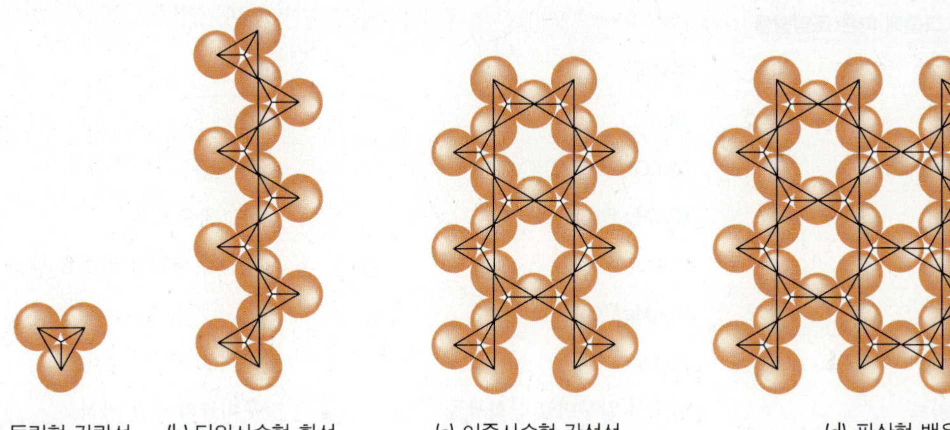

그림 3.9 규소-산소 사면체 결합형태 규소-산소 사면체가 결합하는 몇 가지 방법을 보여주는 이상적인 그림. (*Press, F. and Siever, R. 1994.* Understanding Earth. *New Yok: W. H. Freeman*)

장석류에는 2개의 주요 유형이 있다. (1) 알칼리 장석은 $(Na,K)AlSiO_3O_8$의 화학식으로 나타내지며, 칼륨(K) 혹은 나트륨이 풍부한 몇 가지 정석광물을 나타낸다. (2) 사장석은 $(Na,Ca)Al(Si,Al)Si_2O_8$의 화학식으로 표현되며, 나트륨이 풍부한 것으로부터 칼슘이 풍부한 것까지 조성 변화를 가지는 일련의 광물들로 되어 있다. 사장석의 (Na,Ca)처럼, 화학식에서 괄호 안에 있는 원소들은 서로 치환할 수 있는 원소들을 나타낸다.

장석류는 화학적인 풍화를 받아 환경적으로 중요한 의미를 가지는 점토광물(그림 3.7c)을 형성한다(자세히 살펴보기 '풍화', '점토' 참조).

운모류 운모는 판상형의 규소-산소 사면체로 이루어진 중요한 조암광물 그룹으로서, 무색의 운모인 백운모, $KAl_2(AlSiO_3)O_{10}(OH)_2$와 철마그네슘 운모인 흑운모를 포함한다. 운모류는 한 방향의 완벽한 벽개에 의해 식별된다. 즉 운모류는 결정의 바닥에 평행하게 쪼개지며 판상으로 벗겨진다. 백운모 광물은 개척시대에 창문을 만들기 위한 물질로 사용되었으며

그림 3.10 패각상 깨짐 이러한 유형의 깨짐은 자연에서 산출되는 화산유리에서 원의 호처럼 보인다(흑요암). 석영 또한 패각상으로 깨진다. 백색 띠의 길이는 2.5cm이다. (*Edward A. Keller*)

자세히 살펴보기 | 점토

점토라는 용어는 환경지질학에서 중요한 용어이며 몇 가지 방법으로 정의될 수 있다. 직경이 0.004mm 이하인 참으로 아주 작은 입자들을 묘사하기 위해서 **점토 크기** 입자들이라는 용어를 사용한다. 또한 점토를 화학조성과 내부 결정구조 측면에서 정의된 매우 세립질의 광물 조각을 언급할 때 사용한다. 수많은 점토광물들은 화학적 특징과 원자구조에 기초하여 몇 가지 그룹으로 분류된다. 일부 점토들은 제16장에서 토의된 주제인 물에 적실 때 많은 물을 흡수하며 팽창한다.

사람들은 점토가 투박한 항아리부터 멋진 도자기, 벽돌이나 햇볕에 말려 만든 어도비, 벽돌을 포함한 건축 블록까지 모든 것을 만들 수 있도록 잘 주조되기 때문에 점토를 수천 년 동안 사용해 오고 있다. 일부 점토광물들은 액체를 흡수하는 수용력이 크기 때문에 의약품과 산업을 위한 다양한 용도로 사용된다. 예를 들어, 어떤 고양이 집 바닥은 일차적으로 점토로 되어 있다. 점토광물은 종이 충전제로 사용되며, 점토는 또한 종이를 코팅하기 위해 사용되며, 특히 광택이 나도록 마무리하는 것이 요구될 경우에 사용된다.

점토는 흔히 산업 과정에서 사용되기 때문에 이들 대부분은 기본적인 성분들로부터 합성되어 왔다. 자연에서 발견될 때 점토는 일반적으로 환경지질학자들에게 경고 메시지를 전하게 된다. 예를 들어, 점토는 암석의 깨진 틈을 채우며, 이것에 의해서 암석이 약화된다. 점토는 또한 특정한 토양층에 존재할 수 있으며, 그곳에서 그들은 경사를 안정화시키거나 건물의 기초를 준비하는 데 있어서 문제를 야기할 수도 있다.

이후에는 오븐 문으로 사용되어 무슨 요리를 하는지 볼 수 있도록 하였다.

고철질 광물들 고철질 광물들은 규소(Si)와 산소(O)가 철(Fe)과 마그네슘(Mg)과 결합하는 규산염광물 그룹이다. 이 광물들은 대부분의 암석에서 어두운(흑색, 갈색 또는 초록색) 광물들이다. 흑색 운모인 흑운모, $K(Mg, Fe)_3AlSi_3O_{10}(OH)_2$는 규소-산소 사면체로 판으로부터 형성된다(그림 3.7d). 화성암이나 마그마의 고화작용으로부터 형성된 암석들을 식별하기 위하여 사용되는 고철질 광물들의 다른 세 가지 중요한 그룹에는 감람석, 휘석, 각섬석류가 있다. 감람석은 $(Mg,Fe)_2SiO_4$의 화학식을 가지며, 순수한 마그네슘으로부터 순수한 철까지 다양하게 변화하며 서로 치환하는 마그네슘(Mg)과 철(Fe)을 가지는 독립형 규소-산소 사면체로 이루어진 광물들의 그룹이다. 휘석은 $(Ca,Mg,Fe)_2Si_2O_6$의 화학식을 가지며, 단일 사슬형의 규소-산소 사면체로 된 광물 그룹이다. 각섬석류는 $(Na,Ca)_2(Mg,Al, Fe)_5Si_8O_{22}(OH)_2$의 화학식을 가지며 이중 사슬형 규소-산소 사면체로 이루어진 그룹의 광물들이다.

고철질 광물들은 풍화와 침식작용에 강하지 않기 때문에 비교적 빨리 변질되거나 이들의 위치로부터 제거되는 경향을 보인다. 이들 광물들은 **산화작용**을 받아 쉽게 풍화되는 동안 산소와 결합한다. 산화광물은 금속원소들과 산소를 연결하는 광물화합물로서, 예를 들어 적철석, 갈철석 및 수화철산화물(녹)이 이에 해당한다. 고철질 광물들은 다른 원소들과 쉽게 결합하여 점토와 용해성의 염을 형성한다. 고철질 광물들을 많이 포함할 경우, 이 암석이 약화될 수 있기 때문에, 고철질 광물들을 많이 포함하는 암석들을 포함하는 건설 지역을 평가할 때 건축업자들은 주의를 기울일 필요가 있다. 특히 고속도로, 터널 및 저수지를 건설할 때 주의할 필요가 있다.

다른 주요 조암광물

산화광물 경제적으로 가치를 가지며 추출될 수 있는 유용한 광물들, 특히 금속들을 포함하는 지구 물질을 광석(ores)이라 한다(광석에 대해서는 제14장에서 더 자세히 토의된다). 산업 분야에서 아마도 가장 중요한 금속인 철과 알루미늄은 철과 알루미늄 산화물을 함유하는 광석으로부터 추출된다. 가장 주요한 철광석은 적철석(철 산화물, Fe_2O_3)이며 가장 중요한 알루미늄 광석은 보크사이트(몇 가지 알루미늄 산화물의 혼합물)이다. 자철석(Fe_3O_4, 역시 철 산화물이나 적철석보다 경제적으로 덜 중요함)은 많은 암석에서 나온다. 천연자석으로 알려지기도 한 자철석은 철 입자들을 끌어당기거나 붙어 있게 하는 천연자석이다. 자철석이나 다른 고철질 광물들이 풍부한 곳에서, 그들은 강이나 해빈 퇴적층에 흑색 모래층을 형성할 수 있다.

탄산염광물 환경적으로 가장 중요한 탄산염광물은 그림 3.7e에 제시된 방해석(칼슘 탄산염, $CaCO_3$)이다. 방해석은 석회암과 대리암의 주요 구성광물이다. 굴과 조개로부터 유공충(산소 동위원소와 함께 앞에 토의된)에 이르기까지 많은 해양 생물체들은 탄산염광물로 이루어진 껍데기를 가진다. 이러한 암석들이 물에 의해 화학적 풍화작용을 받으면 방해석이 용해되어 종종 동굴, 싱크홀 및 지표면 구덩이(그림 3.11)를 만든다.

황화광물 바보 금이라고 알려진 황철석(철 황화광물, FeS_2)은 황화광물이며, 그림 3.7f에서 볼 수 있다. 황화광물은 또한 이들을 포함하는 석탄을 함유하는 암석을 깎아서 길, 터널 및 광산을 만들 때 전형적으로 일어나는 환경 파괴에 영향을 미칠 수 있다. 노출된 황화광물은 물속에서 산화되거나 산소와 결합하여 황산과 같은 화합물을 형성하며, 이러한 황산은 하천이나 다른 환경으로 들어가서 그곳의 환경을 오염시키기도 한다(그림 3.12). 이러한 현상은 애팔래치아 탄전지역과 황화광물이 풍부하게 들어 있는 석탄이나 황화광물이 채광된 전 세계의 다른 많은 지역에서 주요 문제점이 되고 있다(제15장 참조).

원소광물 하나의 원소로 형성된 광물을 원소광물이라고 한다. 금, 은, 구리(그림 3.7g) 및

그림 3.11 석회암 동굴 뉴멕시코, 칼스바드 캐번즈국립공원, 레추길라 동굴. 동굴탐험가 닐드 메슬러가 동굴 속 아래로 들어가며 탐사하고 있다. (*Michael Nichols/National Geographic Image Collection*)

그림 3.12 산성광산 폐수 오하이오 주 잭슨 군에 있는 이 하천은 노천광으로부터 배출되는 산성광산 폐수에 의해 오염되었다. (*Matt Meadows/Peter Arnold, Inc.*)

다이아몬드는 원소광물의 예이다. 이러한 광물들은 오랫동안 가치 있는 광물들로서 거래되었다. 이 광물들은 비교적 소량이 집적된 상태로 산출되나 경우에 따라서는 채광을 하기에 충분할 정도로 충분한 양으로 발견된다. 이러한 광물들은 아주 낮은 품위를 갖는 광상에서도 개발되기 때문에 환경적인 영향은 증가될 것이다. 왜냐하면 광산이 크면 클수록 환경적인 영향은 더 클 것이기 때문이다(광산이 환경에 미치는 영향에 대해서는 제14장에서 토의된다).

3.3 암석 순환

암석이란? **암석**(rock)은 하나 이상의 광물의 집합체이다. 즉 일부 암석은 하나의 광물로 이루어져 있으며, 다른 암석들은 몇 가지의 광물들로 이루어져 있다. 암석들은 조성과 성질이 아주 다양하지만, 이들의 광물학—광물조성, 화학조성 및 조직(크기, 모양 및 입자 배열)(부록 B 참조)—과 **암석 순환**(rock cycle)이 이루어지는 동안 그들이 어떻게 형성되었는지에 따라 세 가지 유형으로 나눌 수 있다. 우리는 이러한 순환을 지구 내부 열에 의해 야기된 지하에서 일어나는 작용인 조구조 순환에서 암석을 변화시키거나 용융시키는 것과 같은 작용을 태양에너지에 의해 초래된 지표 작용으로 연결하는 전 세계적인 암석 재순환 시스템으로 간주할 수 있다. 암석 순환은 세 가지 일반적인 암석 유형을 형성한다—화성암, 퇴적암 및 변성암. 용융된 암석의 결정화 작용은 지표면 아래와 지표면 위 모두에서 **화성암**(igneous rocks)을 형성한다. 지표면이나 지표 근처에 있는 암석들은 풍화작용에 의해 화학 및 물리적으로 붕괴되어 퇴적물을 형성하며 이러한 퇴적물들은 바람, 물 및 얼음에 의해 해양과 같은 퇴적분지로 운반된다(자세히 살펴보기 '풍화' 참조). 퇴적물들이 쌓인 층은 결국 화학 · 물리적인 변화를 거쳐 **퇴적암**(sedimentary rocks)이 된다. 깊이 매몰된 퇴적암들은 열, 압력 또는 화학적으로 활성화된 유체에 의해 변성작용이나 변질작용을 받아 **변성암**(metamorphic rocks)이 된다. 이러한 변성암들은 훨씬 더 깊이 매몰되어 용융이 됨으로써 다시 순환을 시작하게 된다. 이러한 이상적인 순서와 다른 일부의 변화는 그림 3.13에서 볼 수 있다. 예를 들어, 화성암이나 변성암은 풍화나 침식을 받지 않고 새로운 변

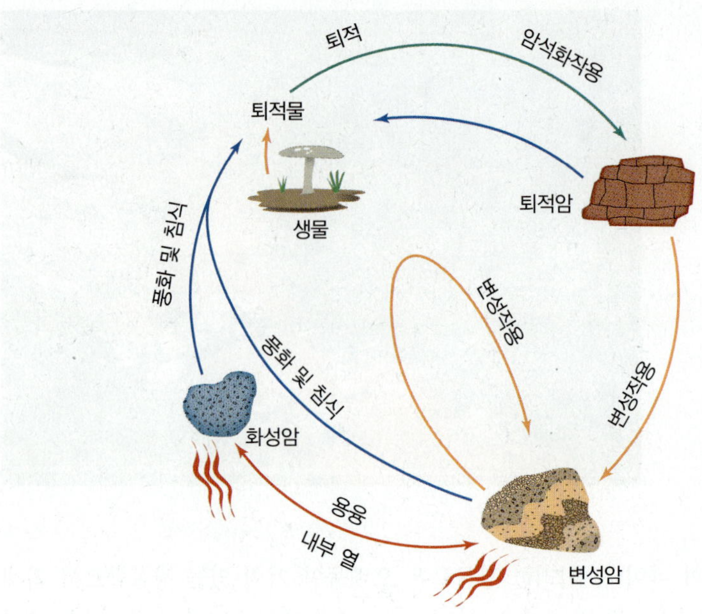

그림 3.13 암석 순환 세 종류 암석들과 그들을 생성하는 중요한 과정을 보여주는 이상적인 암석 순환. 생물은 석탄과 다른 화석 연료를 포함하는 퇴적암을 만드는 퇴적물에 존재하는 탄소와 다른 원소들을 공급하는 순환의 일부분이다. 생물과 지질학 사이의 연계에 대해서는 제4장에서 토의된다.

성암으로 바뀔 수도 있다. 요약하면, 암석 순환에 의해 형성되는 암석의 유형은 그 암석이 처한 환경에 따라 달라진다.

암석 순환과 판구조론

판구조론은 각각 서로 다른 유형의 판 경계에서 특정한 암석이 생성되는 작용을 통해 암석 생성을 위한 몇 가지 환경을 제공해 준다(그림 3.14). 암석 순환만을 고려할 때, 암석과 광물의 재순환에만 주로 관심을 가지게 된다. 그러나 암석 순환을 일으키고 지속적으로 유지되도록 하는 조구조 작용은 이러한 작용을 통해 만들어지는 암석의 성질을 결정하는 데 있어서 필수적인 요인이다. 그러므로 판구조론에 대한 우리의 관심은 학문적인 것 이상이다. 우리는 이러한 지구 물질 위에 집, 공장 및 길을 만들며 농작물을 재배한다.

3.4 세 가지 암석의 법칙

지질시대 동안의 지구 역사를 이해하기 위해서는 몇 가지 기본적인 법칙을 알 필요가 있다. 가장 중요한 세 가지는 다음과 같다.

1. **절단의 법칙** : 암석을 가로질러 절단하는 암석이 다른 암석들보다 더 젊다.
2. **지층수평의 법칙** : 원래 퇴적될 때, 퇴적층은 거의 수평이다.
3. **지층누중의 법칙** : 일련의 퇴적지층이 전복되지 않은 상태로 있다면, 오래된 지층이 아래에 놓이며 가장 젊은 지층은 꼭대기에 위치한다.

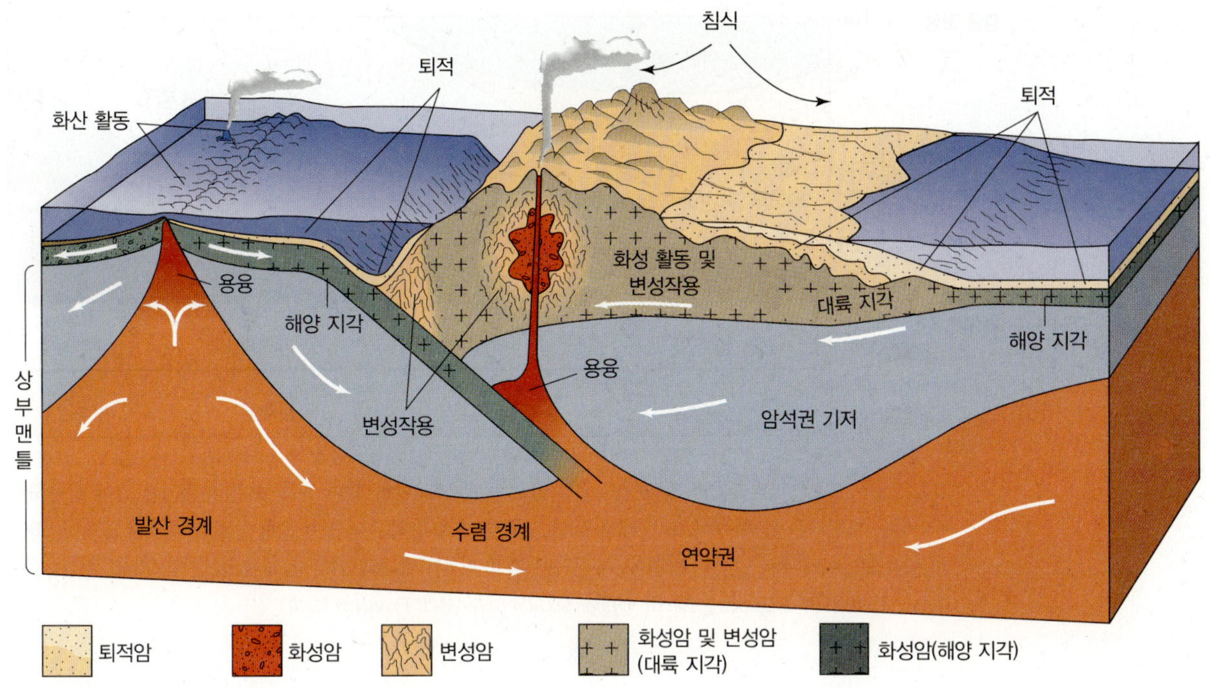

그림 3.14 암석 환경 퇴적암, 화성암 및 변성암이 생성되는 환경 중의 일부를 보여주는 이상적인 그림. (*Judson, S., Kauffman, M. E. and Leet, L. D. 1987.* Physical geology, *7th ed. Englewood Cliffs, NJ: Prentice Hall*)

암석, 암석의 지질 역사 및 암석의 환경적인 중요성에 대해 토의할 때 이러한 법칙에 대해 다시 살펴볼 것이다.

3.5 화성암

화성암(igneous rocks)은 마그마가 결정화되어서 만들어지며, 마그마는 고체와 용융된 물질의 혼합물로 이루어진 뜨겁고 유사 액체의 성질을 가지는 유동성 물질이다. 마그마는 상부 연약권이나 암석권에서 종종 생성된다(그림 3.14). 마그마는 고체 체리와 혼합된 액체로 이루어진 뜨겁고 질척거리는 체리 파이로 생각할 수 있다.

관입암

마그마가 지하 심부에서 서서히 냉각되어 결정화되면 관입암이 생성된다. 관입암에서는 개개의 광물입자들을 육안으로 볼 수 있다. 관입암을 이루는 광물들 중에 주변에 있는 광물들보다 더 커다랗고 형태가 잘 발달된 결정으로서 주변에 있는 상대적으로 작은 결정들에 의해 둘러싸여 있는 결정을 **반정**(phenocryst)이라 한다. 관입암이 지표면에 노출되어 있을 때는, 원래 관입암을 덮고 있던 지표면에 있던 물질들이 침식에 의해 제거되었다는 것을 알려준다. 용융된 마그마가 지표면을 향해 상승할 때, 마그마는 관입당하는 암석을 밀어내며,

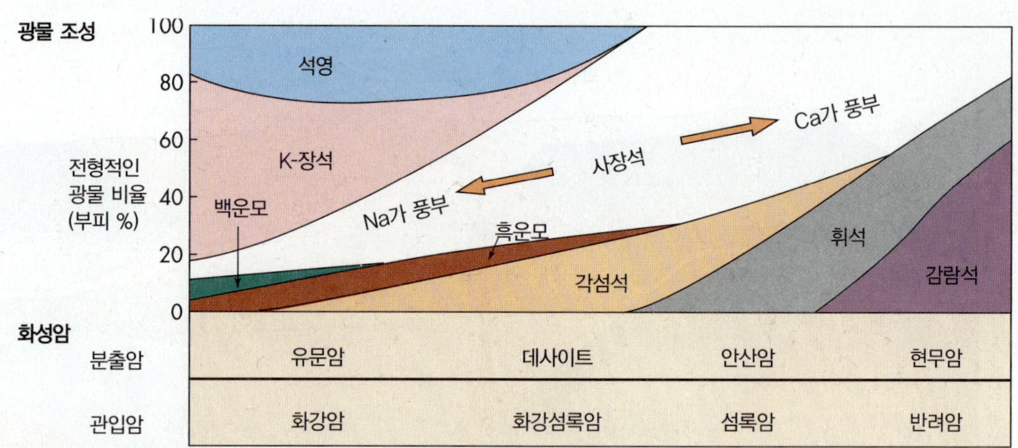

그림 3.15 화성암 분출암과 관입암의 종류 및 그들의 특징적인 광물 조성. 모든 분출암은 그에 상응하는 관입암을 가진다는 것을 주목하라. 예를 들면, 유문암과 화강암은 동일한 광물들로 이루어져 있으나, 화강암은 지표면 아래에서 냉각된 반면에, 유문암은 지표면에서 냉각되었다. (*Davidson, J. P., Reed, W. E., and Davis, P. M. 1997.* Exploring Earth. *Upper Saddle River, NJ: Prentice Hall*)

마그마가 결정화됨에 따라 종종 관입당한 암석의 일부분을 부서뜨리고 이것들을 포획한다. 포획암이라 불리는 이러한 외래 기원 암석 덩어리는 관입이 일어난 확실한 증거가 된다.

화강암, 화강섬록암, 섬록암 및 반려암과 같은 관입암의 일반적인 종류와 그들의 구성광물에 대해서는 그림 3.15에 제시되었다. 예를 들어, 화강암은 대개 칼륨이 풍부한 알칼리 장석과 석영으로 이루어지며, 부수적으로 나트륨이 풍부한 장석류, 운모류인 흑운모와 백운모 및 각섬석을 포함한다(그림 3.16a).

저반과 심성암체

어떤 특정한 지역에 있는 지각에 배태된 관입암체를 형성하는 마그마는 종종 수천 km^{3}를 초과할 정도로 규모가 크다. 가장 커다란 관입암체를 저반(batholiths)이라고 하며, 이것은 심성암체로 알려진 일련의 더 작은 관입암들로 이루어져 있다. 심성암체는 크기가 다양하나 폭은 수km 정도로 작다. 암맥과 암상과 같은 일부 관입암들은 판상의 형태이며 비교적 길며 좁은 형태의 모양을 가진다(그림 3.17). 암맥은 기존의 암석을 관입하거나 가로질러 자르는 반면에, 암상은 지층에 평행하게 관입한다. 우리가 야외에서 관찰하는 대부분의 암맥들은 비교적 작으며, 폭이 1m 미만에서 수m 정도에 불과하다. 암맥은 서로 가로질러 자르거나 방사상 모양의 복잡한 패턴을 보여주기도 한다. 이러한 패턴을 암맥군이라 한다. 대부분의 저반은 화강암질암으로 이루어지나 암맥과 암상은 현무암질 조성을 가지기도 한다. 때때로 침식에 의해 노출된 것을 야외에서 관찰함으로써 더 오래된 것을 더 젊은 심성암체와 구별하는 것이 가능하다. 예를 들어, 그림 3.17에 있는 옅은 회색의 심성암체는 그 안에 짙은 회색의 심성암체 조각을 포함한다. 포획암들은 심성암체 사이의 상대적인 연령을 결정하는 데 도움을 준다. 다른 심성암체의 포획암을 함유하고 있는 심성암체는 더 젊은 것임에 틀림없다. 그러므로 옅은 회색의 심성암체는 짙은 회색의 심성암체보다 더 젊은 것이다. 그림 3.17에서 가장 젊은 관입암은 더 젊은 관입암을 가로질러 자르는 암맥과 암

그림 3.16 일반적인 암석 종류의 일부 (a) 화강암 시료. 분홍색 세립질 광물은 장석, 어두운 색 광물은 고철질 광물, 아주 밝은 색을 띠는 광물은 석영이다. 중앙에 있는 큰 결정은 반정이라 부르며, 더 작은 크기의 입자를 갖는 광물들로 이루어진 석기 내에 존재하는 커다란 결정을 말한다. 이 경우에 반정은 장석이다. (*Bett Crowell/Faraway Places*) (b) 미국 캘리포니아 주의 요세미티 계곡에 있는 화강암 돔. (c) 이 사진에 제시된 층상의 암석은 워싱턴에 있는 팔로우스 리버를 따라 산출되는 현무암 용암류이다. (*Bett Crowell/Faraway Places*) (d) 이 사진 전면에 노출되어 있는 암석은 사암이다. 이 사암은 사구가 교결되어 암석으로 변한 것이다. 유타 주의 지온 국립공원. (*George Hunter/Getty Images Inc.*) (e) 이 사진에서 보이는 암석은 캘리포니아 주의 데스밸리에서 발견된 역암이다. 함께 교결된 각각의 입자들이 쉽게 관찰된다. 수직선은 암석 내에 있는 균열이다. (*Bett Crowell/Faraway Places*) (f) 이 사진의 노출된 암석은 중국 윤난성에 있는 풍화작용을 심하게 받은 석회암이다. 뾰족한 봉우리는 석회암의 화학적 풍화 및 이를 덮고 있던 토양 물질의 제거에 의해 형성되었다. (*Bett Crowell/Faraway Places*) (g) 엽리를 가진 변성암인 편암. 광물 입자들이 평행하게 배열하여 엽리를 형성하며, 이 경우에는 운모가 평행하게 배열되어 엽리를 형성하며 빛을 반사한다. (*Marvin B. Winter/Photo Researchers, Inc.*) (h) 엽리를 가진 변성암인 편마암. 장석으로 이루어진 밝은 색 띠와 고철질 광물로 이루어진 어두운 색 띠로 분리된 엽리를 보여준다. (*John Buitenkant/Photo Researchers, Inc.*)

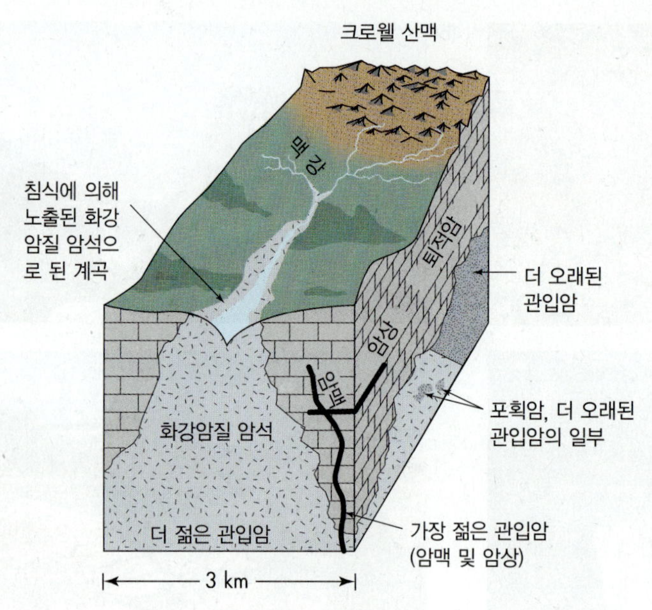

그림 3.17 화성암의 관입 형태 화성암 관입 형태의 몇 가지 종류를 보여주는 이상적인 그림. 더 오래된 관입암은 더 젊은 관입암에 의해 잘리며, 더 오래된 관입암의 포획암들이 더 젊은 관입암 내에서 발견된다. 이 그림에서 가장 젊은 관입암은 암맥과 암상이다. 더 젊은 관입암은 그림 3.16b에서 보여준 요세미티에 있는 화강암질암의 노출과 비슷하게 계곡 표면에서 누출된다는 것을 주의하라. 관입암이 10km 이상의 깊이에서 정치한다는 것을 가정하면, 요세미티 계곡과 같은 계곡에서 화강암질암이 노출되기 위해서는 어마어마한 양의 침식이 일어난다는 것을 짐작할 수 있다.

상이다. 이것은 어떤 암석이 다른 암석을 자르고 지나갈 때 잘린 암석보다 더 젊다는 것을 의미하는 절단의 법칙을 나타낸다.

마그마가 상승하여 다른 암석을 관입하는 이유

사람들이 의문을 품어온 한 가지 질문은 "부분적으로 용융된 암석 혹은 마그마는 상승하여 어떻게 주변의 암석을 관입하는가?" 이다. 하나의 그럴듯한 설명은 지구 내부 열에 의해 마그마는 주변의 암석들보다 더 뜨겁고 밀도가 낮기 때문에 대기 중에서 헬륨이 가득 찬 풍선이 올라가는 것이나 또는 스쿠버 다이버의 공기 거품이 물을 통하여 위로 올라가는 것처럼 상승한다는 것이다. 일단 밀도차가 없어지면, 마그마는 지표를 향해서 위로 상승하는 것을 멈추고, 이 마그마는 광물들의 결정화 작용을 마침으로써 관입암체를 형성한다. 그러나 종종 관입암체를 형성하는 결정화 작용이 일어나기 전에 일부 마그마는 지표면에 도달하여 화산분출을 일으키며 분출암을 형성한다.

분출암

지표면에서 결정화된 화성암을 **분출암**이라고 한다. 분출암은 종종 화산으로부터 흘러나오는 용암 혹은 녹은 마그마로부터 형성된다. 분출암은 또한 화산으로부터 분출되어 나왔을 때 급속히 고화된 마그마의 파편으로 이루어진 화성쇄설성 물질로부터 생성될 수 있다.

분출암은 급격한 냉각과 결정화 작용으로 인해 세립질이며, 개개의 결정이나 입자들은 대개 육안으로 구분할 수 없다. 그러나 분출암은 마그마가 지구의 심부에 있으면서 서서히 결정화 작용이 일어날 때 생성된 반정들을 가지고 있기도 하다. 다수의 세립 결정들에 의해 둘러싸여 있으며 상대적으로 수는 적으나 결정형이 잘 발달된 반정들을 가지는 그러한 암석 조직을 **반상 조직**이라 한다. 다양한 종류의 관입암이 있는 것처럼, 유문암, 데사이트,

안산암, 현무암과 같은 다양한 종류의 분출암이 존재한다(그림 3.15). 특정한 종류는 암석의 화학조성 차이에 따른다. 유문암을 구성하는 광물들은 화강암의 구성 광물과 동일하며, 데사이트는 화강섬록암, 안산암은 섬록암, 현무암은 반려암의 구성 광물과 동일하다는 것을 그림 3.15에서 주목하라. 관입암으로부터 분출암을 식별하는 기준은 지표면이나 또는 지하 심부에서 일어나는 결정화 작용에 형성된 결정의 크기이다. 우리는 종종 존재하는 반정을 관찰함으로써 표품으로부터 관입암을 식별한다. 예를 들어, 안산암은 장석 반정을 가지는 반면에(그림 3.18), 현무암은 휘석이나 감람석 반정을 가진다. 분출암과 그들의 차이점에 대해서는 제7장에서 화산에 대해 논할 때 좀 더 자세히 살펴본다.

분출암은 용암 또는 지표면에서 결정화되는 마그마로부터 생성된다. 용암류는 화산각력암이라는 부수어진 용암과 화산재 조각들과 혼합되거나 냉각되는 용암으로부터 가스가 빠져나갈 때 생성되는 두꺼운 다공질 혹은 공동이 채워진 것들과 섞인다.

테프라라 불리는, 화산으로부터 분출된 화성쇄설물들은 다양한 화성쇄설암을 형성한다(그림 3.19). 지름이 4mm 이하인 암석과 유리파편으로 이루어진 화성쇄설물은 화산재라고 한다. 이 화산재가 치밀하게 교결되었거나 용결되었을 때 그 암석을 응회암이라고 한다. 화성쇄설성 활동은 화산재와 섞이고 교결될 때, 화산각력암이라는 암석을 형성하는 더 커다란 조각들을 생성한다.

분출암은 태평양에 있는 하와이 섬과 같은 화산군도를 형성하는 화산을 둘러싸는 층상의 화산암체를 형성하기도 한다. 분출암은 또한 아주 두꺼운 일련의 현무암 용암류들로 이루어진 수천km^2에 이르는 면적을 덮는 현무암 대지를 형성한다(그림 3.16c 참조, 워싱턴 주에 있는 스네이크 리버 현무암 대지의 일부분).

화성암과 생성 환경

관입암과 분출암은 다양한 성질을 가지며 일반화하기는 어렵다. 그러나 이러한 암석들에 수반된 세 가지 환경적인 사항을 말할 수 있다.

- 관입암, 특히 화강암은 일반적으로 댐과 건물과 같은 여러 가지 구조물을 위한 토대로

그림 3.18 안산암 흰색 장석 반정을 가진 안산암 표품. 띠의 길이는 2.5cm이다. (*Edward A. Keller*)

그림 3.19 화성쇄설성 암설 화성쇄설층, 세립질의 화산재, 부석(밝은 색 층) 및 화산재와 혼합된 더 커다란 입자들로 된 화성쇄설성 암편들(대리암 크기), 카나리제도의 테너라이프의 북쪽 측면. (*Edward A. Keller*)

서 유용한 단단한 암석이다. 이러한 암석들의 블록은 종종 풍화에 강하며 다양한 종류의 건축 목적을 위해 사용된다.[6,7]

- 냉각되어 고화된 용암류는 흔히 **주상절리**를 보여준다(그림 3.20). 주상절리는 냉각이 일어나는 동안 발생하는 일종의 균열작용으로서 암석의 강도를 낮출 수 있다. 고화된 용암류들은 또한 용암굴로서 알려진 지하공간을 형성하기도 한다. 용암굴은 위에 놓여 있는 물질들의 무게로 인해 붕괴되거나 많은 양의 지하수를 운반할 수 있다. 두 가지 현상 모두 사업의 계획, 디자인 또는 건축 단계에 문제를 야기할 수 있다.
- 응회암은 일반적으로 매우 낮은 강도를 가지는 부드럽고 약한 암석이다.[6] 응회암의 강도는 이 암석이 교결되거나 응결된 정도에 따라 달라진다. 일부 응회암은 풍화되어 극도로 불안정한 물질인 **벤토나이트**라고 부르는 일종의 점토로 변질된다. 벤토나이트에 물이 들어가면 그것은 원래의 부피보다 몇 배 팽창하며 불안정해진다.

특정한 용도를 위한 분출암의 적합성에 대해 일반화하여 말하기는 어렵다. 커다란 구조물을 이러한 분출암 위에 세우기 전에 세심한 야외 조사가 필수적으로 이루어져야 한다.[6] 분출암, 특히 화성쇄설암 위에 토목 사업을 계획, 디자인 및 건축하는 것은 복잡하고도 위험할 수 있다.[7] 이러한 사실은 1976년 6월 5일 아이다호 주에 있는 테톤 댐이 붕괴되어 14명의 인명피해를 내고 대략 10억 달러 정도의 재산 피해를 입혔을 때 비극적으로 강조되었다. 이 댐의 붕괴가 일어나기 바로 전에, 자유롭게 흘러가는 물로 가득한 터널이 그 댐 아래 발달되어 있다는 것을 강력하게 지시하는 수m에 달하는 소용돌이가 그 저수조에서 관찰되었다. 사실 이 댐은 매우 심하게 파쇄된 화산암 위에 건설되었다. 지하로 흘러가던 물이 그 댐과 접촉했을 때, 물은 그 댐의 바닥을 통하는 터널을 빠르게 침식시키면서 소용돌이를 일으켰다. 그 댐은 수 분 후에 붕괴되었으며, 20m 높이의 물 벽이 집, 농장, 설비, 동물 및 농작물을 파괴시키며 댐이 붕괴된 곳으로부터 160km 떨어진 하류를 향해 돌진했다.

그림 3.20 주상절리 또는 균열 현무암에서 발견되는 이러한 절리나 균열은 냉각 동안 일어나는 수축에 의해 형성된다. 이 사진은 캘리포니아 주 시에라 네바다의 데블스 포스트파일 국립 유적지에서 찍은 것이다. (*A. G. Sylvester*)

3.6 퇴적암

퇴적암은 지표면에 드러난 모든 암석 중 약 75%를 차지한다(그림 3.21). 퇴적암의 일반적인 환경은 그림 3.14에 제시되어 있다. 두 가지 유형의 퇴적암이 존재한다. **쇄설성 퇴적암**, 이전에 존재하던 암석들의 부셔진 부분으로부터 형성되는 퇴적암, 그리고 **화학적 퇴적암**, 화학적 또는 생화학적 작용을 통해 물속에 녹아 있던 물질로부터 광물이 생성되어 퇴적되는 암석으로 나누어진다.

퇴적암은 퇴적물이 운반, 퇴적된 이후에 자연적인 다져짐 작용이나 교결작용 또는 두 가지 작용 모두에 의해 암석으로 변화되어 형성된다. 퇴적된 후에 온도와 압력이 증가함에 따라 퇴적물에서 물리 및 화학적 변화가 모두 일어난다. 온도와 압력의 증가는 변성암을 형성하기에는 충분하지 않다. 퇴적물에서 일어나는 이러한 변화는 그들이 매몰되고 그들을 통하여 유체가 이동하기 때문에 나타나는 결과이다. 이러한 작용을 총체적으로 **속성작용**이라고 한다. 이러한 작용 중의 일부는 이상적인 형태로 그림 3.22에 제시되었다.

- 강에 있는 퇴적물은 퇴적분지, 이 경우에는 해양으로 운반된다. 이 분지는 지구상에 있는 여러 가지 유형의 **퇴적 환경** 중 유일한 것이다. 그 밖의 퇴적 환경으로는 호수, 하천 범람원, 사막 및 빙하 환경이 있다.
- 강이 A지점에서 해양으로 들어갈 때, 입자의 크기가 더 큰 조립의 퇴적물(모래)은 B지점에서 먼저 퇴적되고, 더 작은 세립의 실트와 점토는 해안으로부터 멀리 떨어진, 운반작용이 가장 약한 C지점에서 퇴적된다. 퇴적물은 단위층(bed 또는 layer)에서 퇴적된다. 각각의 단위층은 **지층수평의 법칙**에서 언급한 것처럼 퇴적될 때 거의 수평이다. 단위층의 연속층을 지층이라 한다. 최상위 층과 다른 층들은 강으로부터 한번 대규모 홍수 범람에 의해 생성되었을 수 있다. 다른 단위층들은 특정한 퇴적층의 꼭대기와 바닥을 나타내는 **층리면**에 의해 분리된다(그림 3.23). 그러므로 퇴적암의 층리는

입자 크기, 퇴적물의 조성 차이 또는 많은 양의 퇴적물을 퇴적분지 안으로 주기적으로 공급하는 대규모 홍수와 같은 일련의 사건에 수반된 퇴적작용의 변화에 의해 생성된다. 특정한 퇴적층은 측면으로 가면서 한 형태의 퇴적물로부터 또 다른 형태로 변화한다 — 예를 들어, 그림 3.22에 예시된 모래, 실트 및 점토. 퇴적물의 측면 변화를 상(facies) 변화라 한다. 이 경우에, 모래 상은 동일한 퇴적단위에서 실트와 점토 상으로 변화했다.

- 퇴적분지가 가라앉거나 또는 해수면이 상승함에 따라, 두께가 수km에 달하는 퇴적물(지층)이 퇴적된다. 그림 3.21이 보여주는 그랜드캐니언에 있는 퇴적암의 장관을 생각해 보라.
- 퇴적물이 처음 퇴적되었을 때, 입자들 사이에는 빈 공간이 있다. 공극이라는 입자 사이의 이러한 공간은 물로 채워진다. 그러므로 퇴적물의 m^3당 절반은 입자 사이의 물이 차지한다. 가장 오래된 퇴적층은 퇴적분지의 바닥에 놓인다. 지층누중의 법칙에서 언급한 것처럼, 일련의 퇴적층이 뒤집히지 않았다면, 가장 젊은 퇴적층은 꼭대기에, 가장 오래된 것은 바닥에 놓인다. 바닥 근처의 퇴적층은 상부에 놓여 있는 퇴적물의 하중으로 인한 압력 증가와 지구 내부로부터 전달되는 자연적인 열로 인한 온도 증가를 경험하게 된다. 물이 빠져나오는 속도는 부분적으로 물이 입자들 사이의 공극을 통하여 얼마나 용이하게 이동하느냐에 달려 있다. 압력과 온도의 증가는 일부 광물의 용해를 용이하게 하며 그 결과 형성된 광물이 풍부한 유체는 퇴적물 사이를 통해 이동하면서 그들을 교결시키기 시작한다. 일반적인 교결 물질로는 탄산염($CaCO_3$) 혹은 규소 산화물(SiO_2)이 있다. 이러한 속성작용이 계속됨에 따라 퇴적물들은 퇴적암으로 바뀐다. 퇴적물들이 아주 깊이 매몰되면 속성작용은 변성작용으로 진행하게 되는데, 변성작용에 대해서는 다음 3.7절에서 논의된다.

그림 3.21 퇴적암의 연속층 콜로라도 강의 그랜드캐니언에는 장관을 이루는 퇴적암이 노출되어 있다. 해질녘에 남쪽 가장자리를 바라보며 찍은 이 장면에서, 상층부의 퇴적암 단위는 카이밥 석회암이며, 그 아래로 사암, 셰일 및 유명한 레드 월석회암이 분포한다. (*Jack W. Dykinga*)

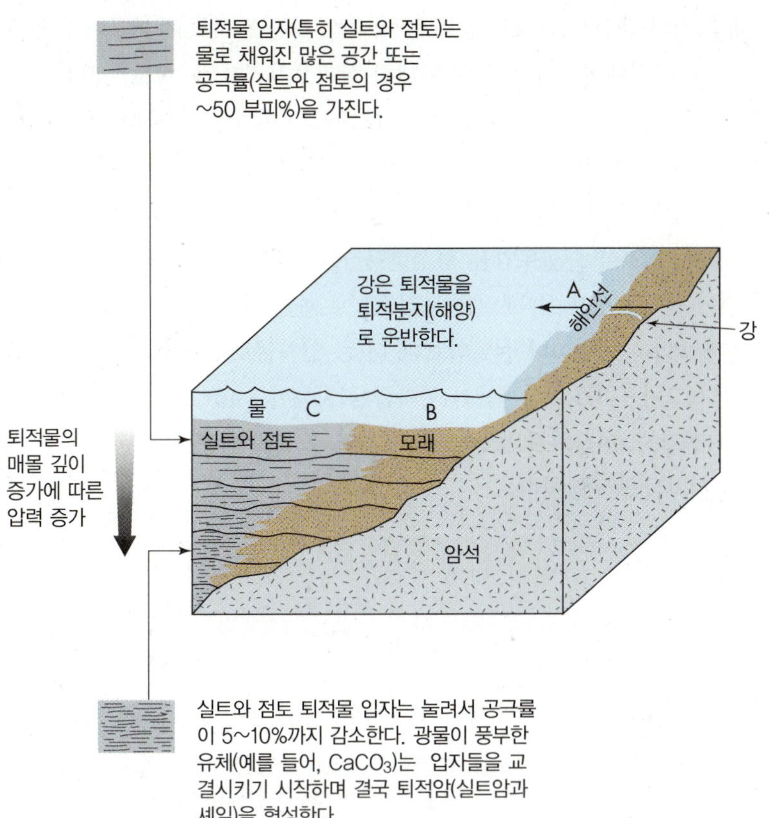

그림 3.22 속성작용 퇴적물을 퇴적암으로 바꿔주는 속성작용 과정의 일부를 예시하는 이상적인 그림. A, B, C 지점은 본문에서 토의된 위치를 나타낸다.

그림 3.23 경사진 퇴적암 좌측 하부로부터 우측 상부까지 이어지는 선들은 퇴적암의 층리면이다. 층은 약 30° 기울어져 있다. 지층수평의 법칙은 이러한 층리면들이 이 암석을 형성하는 퇴적물 입자들이 퇴적되었을 때 수평에 가까웠다는 것을 말해 준다. 우리는 이 암석들이 조구적 작용에 의해 융기되어 기울어졌기 때문에 오늘날 30° 기울어지게 되었다고 가정한다. (*Edward A. Keller*)

쇄설성 퇴적암

쇄설성 퇴적암은 그들의 입자 크기에 따라 셰일, 실트암, 사암 및 역암으로 분류한다(표 3.3A). 셰일과 실트암은 층리가 불량한 이암 및 점토암과 함께 모든 퇴적암의 약 50%를 차지하는 가장 풍부한 쇄설성 퇴적암이다. 점토와 실트 크기의 입자들로 이루어져 있기 때문에, 네 가지의 쇄설성 퇴적암 종류 중에 가장 작은 입자들로 이루어져 있다. 앞에서 점토를 광물 조성 측면에서 정의했으며(자세히 살펴보기 '점토' 참조), 지질학자들은 또한 이 용어를 매우 작은 입자의 퇴적물(지름이 1/256mm 이하)을 의미하는 조직적인 의미에서 사용한다.

점토나 실트(약간 더 큰 퇴적물, 지름이 1/256~1/16mm)의 층들이 다져지거나 교결될 때, 그들은 셰일이나 실트암을 형성한다. 실트암은 더 괴상의 모양을 가지며, 일반적으로 층리면이 결여된 반면에, 셰일은 특징적으로 좁은 간격을 가진 층리면을 가진다.

사암과 역암은 셰일이나 실트암보다 더 큰 입자들로 이루어지며 모든 퇴적암의 약 25%를 차지한다(그림 3.16d, e). 사암의 입자들은 지름이 1/16~2mm인 모래 크기이다. 역암은 실리카, 탄산칼슘, 철산화물 또는 점토와 같은 물질에 의해 교결된 지름이 2mm보다 큰 자갈 크기의 입자들을 포함한다.

표 3.3 쇄설성(A) 및 화학적(B) 퇴적암

	크기	퇴적물	암석
(A) 쇄설성 퇴적암	2mm 이상	자갈	**역암** : 종종 모래 기질을 가진다. 입자들이 각이 져 있으면, 각력암이라 한다(그림 3.17d)
	1/16 ~2mm	모래	**사암** : 분급이 양호한 경우(대략적으로 동일한 크기의 모래 입자들로 이루어지면), 일반적으로 조립질(0.5~1mm), 중립질(0.25~0.49mm), 또는 세립질(0.13~0.24mm)이라 부른다. 또한 조성에 따라 분류되어 왔다. 더 중요한 유형들은 **석영질 사암**(주로 석영, 그림 3.17c 참조) **장석질 사암**(알코스) : 장석이 20% 이상 **잡사암** : 분급이 불량(다양한 크기의 모래 입자들이 함께 혼합되어 이루어진), 점토 기질과 함께 암편을 함유한다.
	1/256 ~1/16mm	실트	**실트암**(이암) : 세립의 엽층리가 결여된 다져지거나 교결된 실트와 점토
	1/256mm 이하	점토	**셰일** : 세립의 엽층리가 발달된 다져지거나 교결된 실트 및/혹은 점토. 쪼개짐이 결여된 점토로 이루어진 암석은 **점토암**이라고 한다. **이암**은 실트와 점토의 혼합체로서 층이 결여되어 있다.
	주요 성분	**주요 조직**	**암석**
(B) 화학적(비쇄설성) 퇴적암	방해석, $CaCO_3$	세립[1]	**석회암** : 종종 생물기원이며 화석을 포함하기도 한다. 코퀴나는 주로 화석과 화석조각으로 이루어진 석회암이다. 약 염산에 반응
	방해석, $CaCO_3$	세립	**백악** : 아주 작은 껍질이 쌓여서 형성된 부드럽고 하얀 석회암. 약 염산에 반응
	실리카, SiO_2	세립	**처트** : 경고 6 혹은 7[3], 흔히 흰색, 플린트는 검은색이거나 짙은 회색
	석고, $CaSO_4 \cdot 2H_2O$	세립-조립[2]	**석고** :경도 2. 잘 발달된 1개의 벽개와 불량한 2개의 벽개
	암염, NaCl	세립-조립	**암염** : 정육면체 결정이며 벽개가 보일 수도 있음. 소금 맛
	실리카, SiO_2	세립	**규조토** :실리카로 이루어진 아주 작은 껍질이 쌓여서 형성된 부드러우며 하얀 암석. 약 염산에 반응하지 않는 것에 의해 백악과 구분됨

[1] 입자들을 육안으로 볼 수 없음. 일반적으로 입자 크기는 1/16mm 이하

[2] 입자들을 육안으로 볼 수 있음. 일반적으로 입자 크기는 2mm 이상

[3] 경도에 대한 정의는 부록 A 참조

Foster, R. J. 1991. *Geology*, 6th ed. Upper Saddle River, NJ: Prentice Hall.

화학적 퇴적암

화학적 퇴적암은 광물 조성에 의해 분류된다. 이들은 암염(NaCl), 석고(수화된 황산칼슘, 물을 함유하는 황산칼슘, $CaSO_4 \cdot 2H_2O$), 및 대부분 방해석(탄산칼슘, $CaCO_3$)으로 이루어진 석회암을 포함한다(표 3.3B)(그림 3.16f). 석회암은 모든 퇴적암의 약 25%를 차지하며 화학적 퇴적암 중에 가장 풍부한 암석이다.

퇴적암과 그 환경

퇴적암에 수반된 세 가지 중요한 환경 관심사는 다음과 같다.

- 셰일, 이암 및 실트암은 종종 매우 약한 암석이다. 이들 암석은 많은 환경적인 문제점들을 야기시킬 수 있으며, 이 암석들의 존재는 응용지구과학자들에게는 붉은색 기와 같다. 그러나 일부 셰일은 교결정도와 교결물질의 종류에 따라 여러 가지 건설 목적에 적합한 매우 안정적이고 강한 암석이다. 일반적으로 어떤 셰일, 이암 혹은 실트암이 건축 부지에 존재할 경우에는 이 암석의 물리적인 성질을 결정하기 위해 정교한 평가가 이루어져야 한다.
- 석회암이 인류의 활용이나 활동에 언제나 잘 어울리는 것은 아니다. 이 암석은 건축물을 지지할 만큼 충분히 강할 수 있지만, 쉽게 풍화되어 지하의 동굴 시스템을 형성하며 화학적 풍화에 의해 야기된 용해 구덩이를 지표에 형성한다. 용해 구덩이는 또한 싱크홀이라 한다(제12장 참조). 고속도로, 저수지 및 그 밖의 구조물을 동굴이나 싱크홀이 있는 지역에 건설하는 것은 문제이다. 석회암 지대에서 일반적으로 발생하는 다른 문제는 동굴이 있는 지역에 있는 지하수는 오염된 물을 자연적으로 정화할 기회가 거의 없이 도시에서 방출되는 폐기물에 의해 빠르게 오염된다는 것이다.
- 쇄설성 퇴적암을 구성하는 교결물질들은 다루기 어려운 부분이다. 실리카 교결물은 가장 강력하다. 탄산칼슘은 약산에서 용해되는 경향을 갖는다. 점토는 불안정하며 씻겨 없어진다. 쇄설성 퇴적암에서 교결물의 강도와 안정도를 주의 깊이 평가하는 것은 언제나 권장할 만하다.

3.7 변성암

화성암과 변성암은 지각에 존재하는 모든 암석의 90% 이상을 차지한다. 변성암은 변화된 암석이다. 즉 열, 압력 및 조구조적인 순환이나 또는 관입암에 의해 생성된 화학적으로 활성화된 유체가 기존의 암석들의 구성광물과 조직을 바꾸어서 효과적으로 새로운 암석을 형성한다. 압력, 온도 조건과 함께 변성작용을 일으키는 일반화된 지질 환경은 그림 3.24에 제시되었다. 변성작용의 중요한 세 가지 종류로는

1. 고압, 저온 변성작용 : 섭입대의 특성
2. 고온, 고압 변성작용 : 대륙 충돌 동안에 일어날 수 있는 **광역변성작용**의 특성. 이러한 환경 아래에서 암석의 변성작용은 온도와 압력의 증가로 인해 저변성작용을 받은 퇴

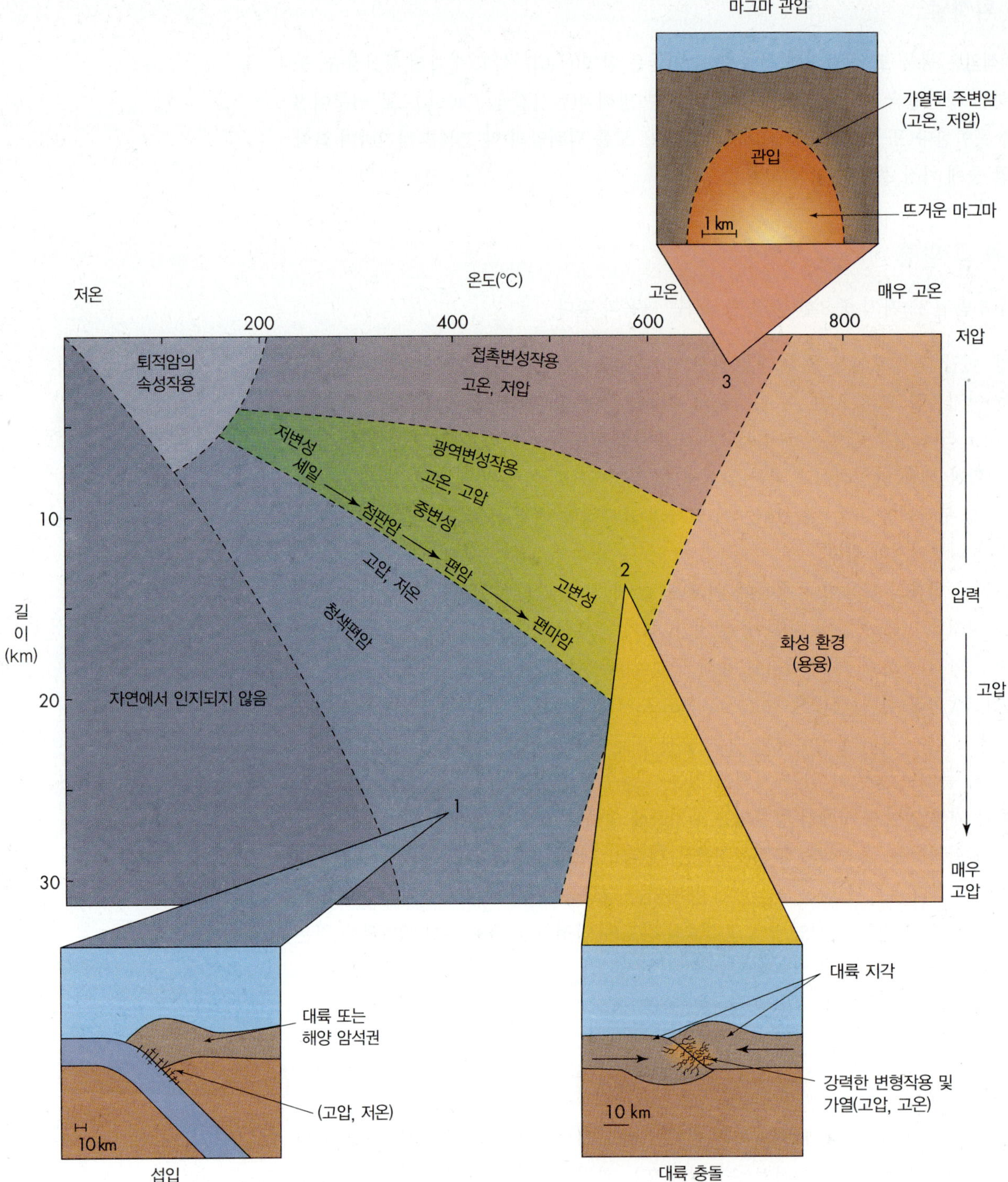

그림 3.24 변성작용의 지질환경 퇴적물의 속성작용 및 그 밖의 압력-온도 조건과 지질 환경에서 일어나는 주요 종류의 변성작용에 대한 온도와 압력 조건을 보여주는 매우 이상적인 그림. 섭입대는 해양 퇴적물의 짐(load)과 함께 해양 암석권이 섭입함에 따라 압력이 증가하면서 일어나는 고압 변성작용(1)에 의해 특징된다. 광역변성작용(2)은 대륙 충돌에 에 의한 고온 · 고압과 함께 강력한 변형작용에 의해 일어난다. 식어가는 마그마를 둘러싸고 있는 암석(3)은 비교적 낮은 압력에서 고온 접촉변성작용을 받는다. (*Davidson, J. P., Reed, W. E., and Davis, P. M. 1997.* Exploring Earth. *Upper Saddle River, NJ: Prentice Hall*)

표 3.4 셰일의 변성작용

퇴적암	저변성작용	중변성작용	고변성작용
셰일 →	점판암 →	편암 →	편마암
점토	매우 작은 점토 입자들이 매우 작은 운모 결정들로 바뀌기 시작한다. 엽리가 형성된다.	운모 결정들이 커지며 암석에는 엽리가 잘 발달된다.	운모는 대개 장석류로 바뀌며, 밝은 장석류와 어두운 각섬석류 같이, 밝은 색 광물들과 어두운 색 광물들로 된 대상구조(엽리)를 형성한다.

적암을 고변성작용을 받은 변성암으로 변화시킨다. 이 암석은 퇴적암으로부터 점판암이라는 저변성의 변성암, 편암이라는 중변성의 변성암으로, 그리고 마지막으로 편마암이라는 고변성의 변성암으로 점진적으로 변화한다. 따라서 온도와 압력의 증가로 인한 점진적인 광역변성작용을 통해 원래의 셰일은 점판암, 그 다음에 편암, 그 다음에는 편마암으로 바뀌게 된다.

3. 고온, 저압 변성작용 또는 **접촉변성작용**. 마그마가 상부 지각을 관입할 때, 마그마는 주변의 암석을 가열하나, 이것은 지표면에 가깝기 때문에 압력은 비교적 낮다. 이같이 증가된 온도는 접촉대에서 특정한 종류의 변성광물과 변성암을 만든다.

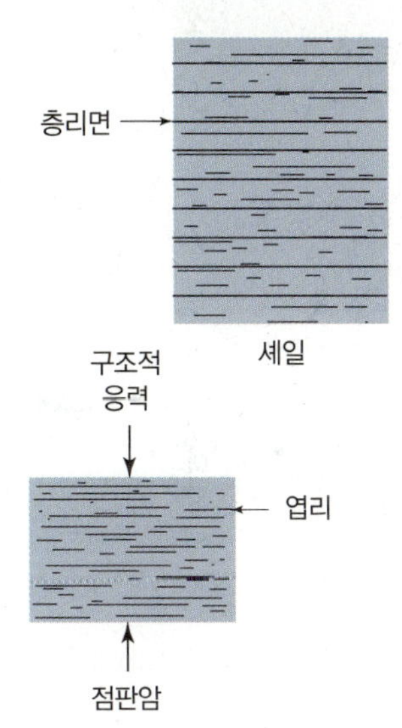

그림 3.25 셰일의 점판암으로의 변화 퇴적암인 셰일로부터 변성암인 점판암으로의 변화를 보여주는 이상적인 그림. 점판암에 있는 엽리는 비교적 저변성작용의 결과로서 광물들의 재결정 작용과 함께 조구조적 응력을 받아 발달된다. 엽리면은 조구조적인 응력 방향에 수직인 방향으로 생성된다. 총괄적인 의미에서, 암석에 있던 초기 광물들은 카드를 맞추어 지은 집 같아 보인다. 카드를 맞추어 지은 집 위에 손바닥을 놓고 압력을 가하면, 그 집은 붕괴되고 그 카드들은 평평하게 되어 마치 점판암에서 볼 수 있는 엽리처럼 테이블 위에 쌓이게 된다.

엽리 변성암

점판암은 표 3.4에 요약되고 그림 3.25에 제시된 것처럼 퇴적암인 셰일의 변성작용에 의해 생성되는 비교적 저변성작용을 받은 변성암이다. 그림 3.25에 도시된 것과 같이, 비교적 낮은 온도와 압력 아래에서 셰일에 조구조적인 응력이 가해지면 새로운 암석이 생성된다. 점판암은 운모와 같은 광물 입자들이 평행한 층이나 대상을 이루며 배열되면서 암석 벽개 또는 엽리를 형성하는 **엽리 변성암**으로 분류된다. 점판암이 더 높은 온도와 압력에 의해 작용을 받으면 **편암**이라는 더 높은 정도의 변성작용을 받은 변성암으로 바뀌게 된다. 재결정화 작용이 일어나면 광물 입자들이 평행한 배열을 더 잘 보이게 되며 결정 입자들의 크기가 증가함으로써 결정들을 식별하기가 더 쉬워진다(그림 3.16g). 셰일이 훨씬 더 높은 온도와 압력 조건 아래 놓이면, 그때에는 밝은 색 광물들과 어두운 색 광물들로 이루어진 호상구조에 의해 특징지어지는 엽리조직을 갖는 **편마암**이 생성된다(그림 3.16h).

비엽리 변성암

모든 변성암들이 모두 엽리조직을 갖는 것은 아니다. 대부분 방해석($CaCO_3$)으로 이루어진

그림 3.26 산중턱에 있는 변성암 이스트 그린랜드 , 케저 프란츠 조셉 피오르드 지역에서 산 규모로 드러난 변성암. 동쪽으로 경사진(중앙) 흰색 단위는 대리암이다. 이러한 복잡한 노출은 높이가 800m이며 몇 개의 정단층 또는 인장단층을 포함하며, 이러한 단층들은 아래를 향해가면서 합병되어 분리단층이라는 매우 큰 규모의 인장단층을 형성한다. 노출된 변성암의 종류는 아름다운 대리석뿐만 아니라 편마암을 포함한다. (*Ebbe Hartz, University of Oslo*)

대리암은 비엽리 변성암의 예이다. 대리암은 대개의 경우 석회암이 광역변성작용을 받아서 생성되며 일부의 경우에는 접촉변성작용을 받아 생성된다(그림 3.26). 변성작용이 일어나면 방해석이 재결정되어 더 큰 결정으로 바뀌게 된다. 모암이 비교적 순수한 석회암이라면 미켈란젤로가 그의 작품을 위해 선택했던 아름다운 흰색의 대리암이 생성된다. 규암은 또 다른 중요한 비엽리 변성암에 해당한다. 규암은 석영이 풍부한 사암의 광역변성작용에 의해 생성된다.

변성암과 변성 조건

변성암과 그 환경에 대해 언급되어야 할 몇 가지 점이 있다.

- 점판암은 일반적으로 우수한 기본 원료이다. 점판암은 또한 칠판, 당구대, 지붕 재료 및 장식용 석재 카운터 제작을 위해 사용된다(그림 3.27). 조립질의 변성암인 편암은 약한 광물들로 이루어져 있어서 큰 구조물을 위한 기본 원료로 적합하지 않다(그림 3.16a). 조립질의 호상 변성암인 편마암은 대개의 경우 많은 점에 있어서 화강암과 비슷하게 단단하고 견고하기 때문에 공학적인 목적을 위해 적합하다(그림 3.16h).
- 변성암의 엽리면은 잠재적으로 약한 면이다. 암석의 강도, 미끄러질 가능성 및 암석을 통한 물의 이동은 모두 엽리 방향에 따라 다르다. 예를 들어, 엽리가 발달된 변성암이 많은 지역에다 댐과 도로 절취면을 건설하는 것을 고려해 보라. 도로건설을 위해 변성암을 절취하는 경우에, 우선시되는 방향은 도로 절취면으로부터 멀어지는 경사면을 가진 엽리나 암석 벽개에 평행한 방향이다. 도로를 향해 경사진 엽리면은 그 도로를 향해 떨어지거나 미끄러질 수도 있는 불안정한 블록을 만든다(그림 3.28). 지하수는 엽리 아래로 이동하는 경향이 있기 때문에, 도로를 향해 기울어진 엽리면은 배수 문제를 야기할 것이다. 댐을 건설하는 경우에, 우선시되는 방향은 그 구조물의 수평축에 평행한 거의 수직적인 엽리면이다[6](그림 3.29). 이러한 위치가 엽리면이 저수조 벽들에 평행할 때 심각한 위험이 되는 불안정한 블록과 누수 가능성을 최소화한다(사례연구 '세인트프란시스 댐' 참조).

그림 3.27 지붕 재료로 이용된 점판암 영국 남부의 집과 술집 위의 점판암으로 된 지붕. (*Edward A. Keller*)

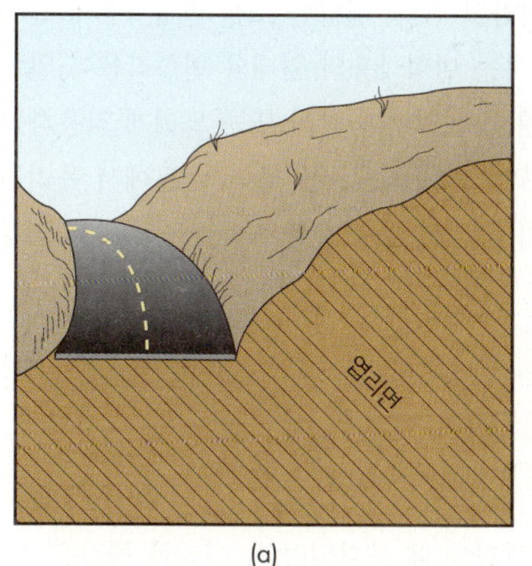

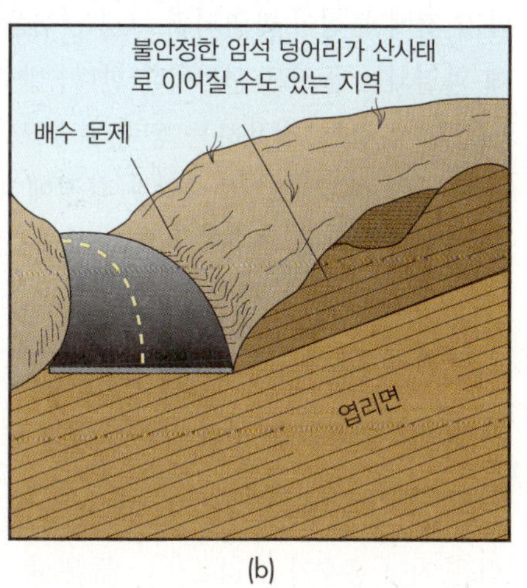

그림 3.28 엽리와 고속도로 안정성 변성암에 존재하는 엽리의 잠재적인 두 방향과 고속도로 안정성에 미치는 영향. (a) 엽리가 길의 반대쪽으로 경사진 곳에서는 불안정한 암석 덩어리가 길 위로 떨어질 가능성이 덜하다. (b) 엽리가 길을 향해 경사진 곳에서는 길 위에 있는 암석의 불안정한 암석 덩어리가 산사태 재해를 일으킬 수 있다.

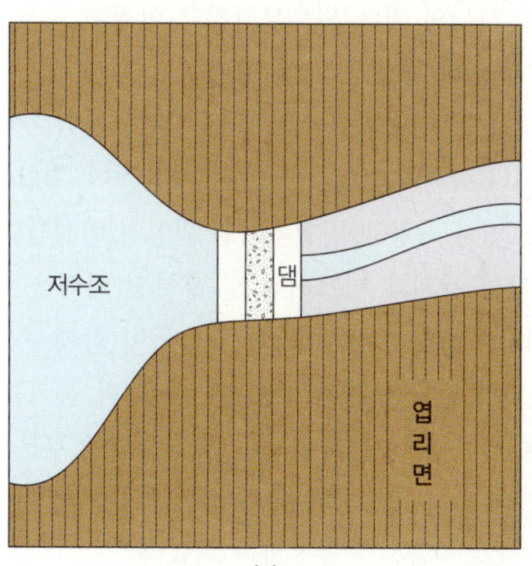

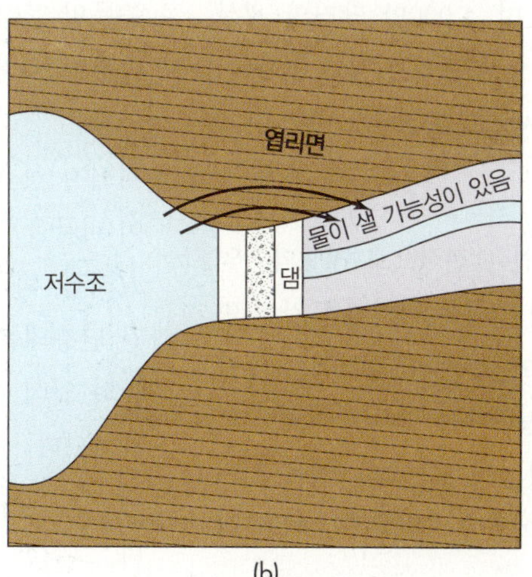

그림 3.29 엽리와 댐 안정성 댐과 저수조가 있는 지점에 분포하는 변성암에 존재하는 두 방향의 엽리의 잠재적인 안정성. (a) 가장 좋은 방향은 댐의 축에 엽리가 평행한 것이다. (b) 가장 좋지 않은 방향은 댐의 축에 엽리면이 수직인 것이다. 엽리를 따라 물이 스며들어 저수조로부터 물이 새어나가도록 할 수 있기 때문이다.

3.8 암석 강도와 변형작용

일반적으로 파쇄, 미끄러짐 또는 유동과 같은 파손에 대한 저항력으로 정의되는 지구 물질의 강도는 조성, 조직 및 위치에 따라 달라진다. 변질된 고철질 광물을 많이 함유하는 것과 같은 연약한 암석은 어떤 조건에서는 천천히 이동하며 이러한 암석을 통과하는 터널을 파기는 매우 어렵다. 대조적으로 일부 암석은 매우 강해서 버팀대가 거의 필요 없거나 또는 전혀 필요하지 않다. 그러나 강한 암석이라 할지라도 지구 내에 깊이 매몰되었을 때 역시 유동하며 변형될 수도 있다(예를 들어, 파쇄, 회전 또는 단축, 두꺼워짐, 얇아짐과 같은 모양의 변화). 따라서 암석의 강도는 환경에 따라 달라질 수 있다.

지구 물질의 변형은 **탄성**, **소성**, **연성**, **취성**의 성질을 보이다. 탄성 변형작용은 변형된 물질이 응력이 제거된 후에 원래의 모양으로 되돌아올 때 일어난다. 예로서 고무공을 눌렀을 때, 고무밴드를 잡아당겼을 때 또는 활 시위를 잡아당겼다가 놓았을 때의 경우를 들 수 있다. 이와는 달리 소성 변형작용은 영구적인 변화에 의해 특징된다. 즉 응력이 제거된 이후에도 그 물질은 원래의 모형으로 되돌아가지 않는다. 소성 변형작용의 예로서는 눈을 눌러서 눈덩이로 만드는 것이나 씹던 껌을 잡아당기는 것을 들 수 있다. 소성 변형작용이 일어나기 전에 물질이 파열되면 그것은 **취성**이라고 한다. 상당한 소성 변형작용이 일어난 이후에 파열되는 물질은 **연성**이라 한다. 발생하는 변형작용의 형태와 변형작용이 일어나는 속도는 암석 종류, 작용하는 응력의 규모, 응력이 얼마나 빨리 또는 느리게 작용하는지 여부 및 물질의 온도와 같은 다양한 환경에 따라 달라진다. 예를 들어, 상온에서 유리는 단단하며 깨지기 쉬운 물질처럼 거동하나 온도가 충분히 높게 가열된 유리는 약하며 연성의 성질

사례 연구 | 세인트프란시스 댐

1928년 3월 12일 밤에 막대한 파괴력을 지닌 홍수가 캘리포니아 사우구스 인근의 샌프란시스퀴토 캐니언을 따라 흘러가면서 500명 이상이 실종되었으며, 1,000만 달러의 재산 피해가 발생했다. 높이가 63m, 주요 부분의 길이가 214m이며, 4,700만cm^3의 물을 저장하는 세인트프란시스 댐이 붕괴되었다(그림 3.B).

그 댐은 왜 붕괴되었나? 붕괴 원인은 전적으로 지질학적인 이유였다. 동쪽 계곡 벽이 그 벽에 평행한 엽리면을 가진 변성암이었다. 붕괴가 발생하기 전에, 현재와 과거에 일어난 산사태들을 통해 이 암석이 불안정하다는 것이 암시되었다. 서쪽 벽은 그 암석이 강하고 저항성이 있는 암석임을 지시하는 고지형 능선으로 된 퇴적암이었다. 불행히도, 이 암석들은 축축해졌을 때 붕괴되었다. 이러한 특징은 그 댐이 붕괴된 후까지 발견되지도 시험되지도 않았다. 서로 다른 두 종류의 암석들 사이의 접촉부는 부서지고 변질된 암석으로 이루어진 약 1.5m의 두께를 가진 단층대로 되어 있다. 이 단층은 캘리포니아의 1922 단층도에 표시되어 있었으나 인지되지 못했거나 무시되었다. 세 가지 작용들이 결합하여 이 비극을 일으켰다—붕괴의 일차적인 원인인 변성암의 미끄러짐, 퇴적암의 붕괴와 미끄러짐 및 부서진 암석을 쓸어간 단층대를 따른 물의 누수. 이러한 작용들이 함께 콘크리트와 암석 사이의 결합을 파괴시켰으며 이 댐의 붕괴를 초래하였다.[7,8] 이러한 재난은 저수지나 댐 건설의 일부분으로서 지질학적인 조사가 필요함을 대중에게 알리는 데 기여했다. 그러한 조사가 지금은 표준절차가 되었다.

(a)

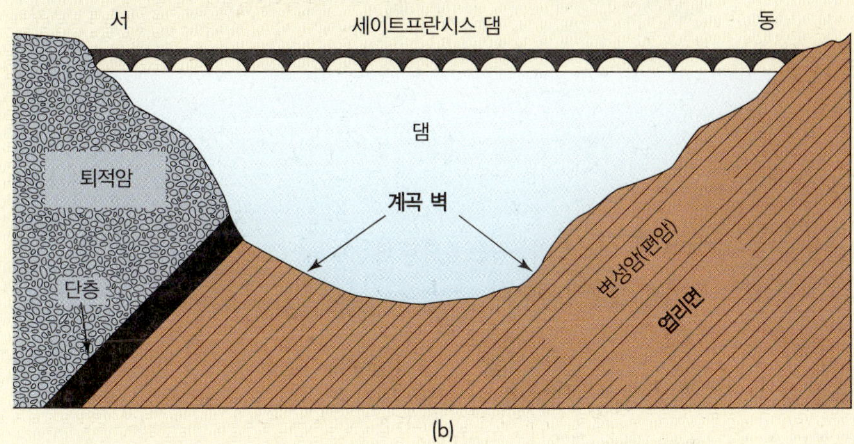

(b)

(c)

그림 3.B 세인트프란시스 댐의 붕괴 (a) 댐 붕괴 전. (b) 댐의 축을 따라 나타나는 지질. (c) 댐 붕괴 후.
(*Los Angeles Department of Water and Power*)

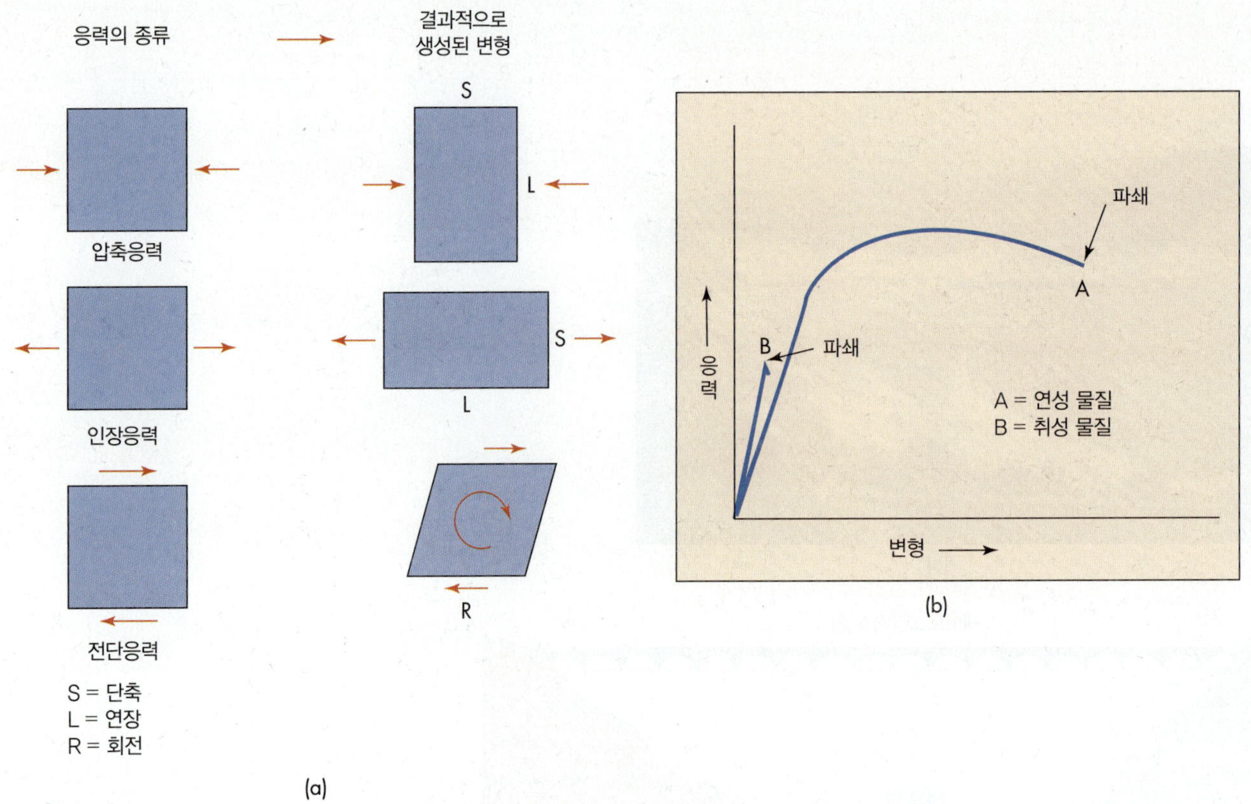

그림 3.30 응력과 변형 (a) 응력의 종류와 응력작용에 의해 생성된 변형. (b) 암석에 작용하는 응력과 변형 사이의 관계. 취성의 암석에서는 소성 변형작용이 일어나지 않는다(선 A의 구부러진 부분).

을 가져서 파열되기 이전에 소성의 변형작용이 일어난다. 이러한 이유로 유리 세공업자들은 그토록 아름다운 물건들을 만들 수 있는 것이다.

암석의 강도는 변형작용을 일으키는 데 필수적인 특정한 응력의 규모를 언급하면서 압축 강도, 인장 강도 또는 전단 강도로서 자주 기록된다(그림 3.30). 지진이 발생하기 전에, 암석은 응력을 받게 되며 그 후에 변형작용을 겪게 된다. 암석의 파쇄는 지진을 일으킨다. 이러한 현상을 더 자세히 설명하는 것은 여기에서 이루어지는 토의의 범위 밖이다. 그러나 구조지질학이나 지진지질학과 관련된 과목을 수강하면 이러한 것들에 대해 더 자세히 배울 수 있다.

3.9 암석 구조

암석 구조에는 여러 가지 종류가 있다. 일반적인 구조들로는 균열, 습곡 및 부정합이 있다. 이러한 것들에 대해 차례로 설명한다.

균열

암석 균열의 일반적인 두 가지 형태에는 변위가 이루어지지 않는 절리와 전위가 이루어지는 단층이 있다(제6장 참조). 몇 개의 암석 균열을 그림 3.31에서 볼 수 있으며, 이 그림에서는 절리를 보여준다. 남부 캘리포니아에 있는 산타크루즈 섬에 있는 암석을 이동시키는 단층은 그림 3.32에서 볼 수 있다. 그 규모가 가는 머리카락 정도로 갈라진 틈에서부터 수 km 폭이나 수백km까지 연장되는 커다란 단층에 이르기까지 다양하게 나타나는 암석의 균열은 다음과 같은 이유 때문에 환경적으로 중요한 부분을 차지한다.

- 이들은 유체, 대부분의 경우에 물의 통로 역할을 하며 오염원을 포함하기도 한다.
- 이들은 암석의 연약대이다. 균열은 일반적으로 암석의 강도를 낮추며, 따라서 건물에서부터 다리, 댐, 활주로와 같은 것들의 기초로서 적합성을 낮추게 된다.

(a)

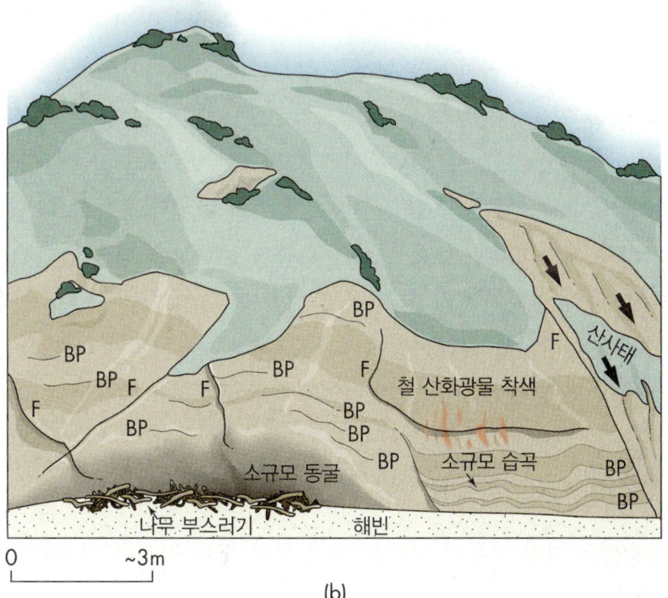

(b)

그림 3.31 균열과 습곡 (a) 캘리포니아 남부 해빈을 따라 분포하는 옅은 갈색 셰일. (b) 암석의 몇 가지 성질들을 보여주는 그림. 균열(F), 습곡, 철 산화광물의 착색, 층리면(BP) 및 소규모 산사태. (*Edward A. Keller*)

그림 3.32 단층 노두(자연적인 노출) 캘리포니아 산타크루즈 섬의 동부 해안에 있는 단층. 화살표는 상대적인 이동 방향을 나타낸다. (*Edward A. Keller*)

- 일단 균열이 발달하면, 풍화를 받기 쉬워지며 풍화를 받으면 균열이 넓어지며 쉽게 씻겨 내려가거나 산사태가 용이하게 일어나도록 하는 불안정한 점토광물을 형성하게 된다. 균열에서 1m 정도의 변위가 발생하게 되면 큰 규모의 지진이 일어난다(제6장 참조).

습곡

암석이 압축응력에 의해 길이가 단축되면, 일련의 습곡들이 발달하게 된다. 실연을 위해 테이블보에 위에서 수평으로 힘을 가한 후 배사라는 아치 모양의 위로 볼록한 습곡과 향사라는 그릇 모양의 오목한 습곡들이 형성되는 것을 관찰하라. 이러한 습곡들은 그림 3.33a에서 볼 수 있으며, 제6장에서 지진에 대해 토의할 때 좀 더 자세하게 다룬다. 현재 활성 단층이 어떤 지역에서 일어나고 있다면, 그림 3.33a에서 볼 수 있는 것처럼 향사 계곡들에 의해 분리되는 일련의 선형의 배사축들이 존재하게 될 수 도 있다. 일련의 습곡들은 **습곡 벨트**이며, 선형의 골짜기와 능선을 형성하는 기본적인 구조는 수백만 년 동안 경관의 일부로서 남아 있을 수 있다. 습곡 벨트가 오랫동안 보존되는 성질은 애팔래치아 산맥의 일부분이 미국 남동부에 형성한 침식된 습곡 벨트에 의해 잘 예시된다(그림 3.33c, 제2장 참조). 애팔래치아 산맥은 약 2억 년 전에 유럽이 미국과 충돌할 때 만들어졌다. 우리가 오늘날 관찰하는 애팔래치아 조망의 직선 모양의 능선들은 더 단단한 암석들에 의해 만들어지고 직선 모양의 골짜기들은 더 약한 암석들에 의해 만들어진다. 이러한 직선 모양의 능선과 골짜기들은 미국의 시민전쟁에서 중요한 역할을 하였다. 군대들은 서로의 위치를 알 필요 없이 하나의 능선 정도 떨어져 있었을지도 모른다.

부정합

부정합은 지질 기록이 상당한 기간 동안 결여된 것을 지시한다. 부정합은 퇴적보다 침식이 일어날 때의 시간이다. 부정합은 어떤 지역의 지질역사를 이해하는 데 중요하다. 부정합은 또한 서로 다른 특성을 가지는 두 가지 암석 사이의 자연적인 경계이기 때문에 중요하다.

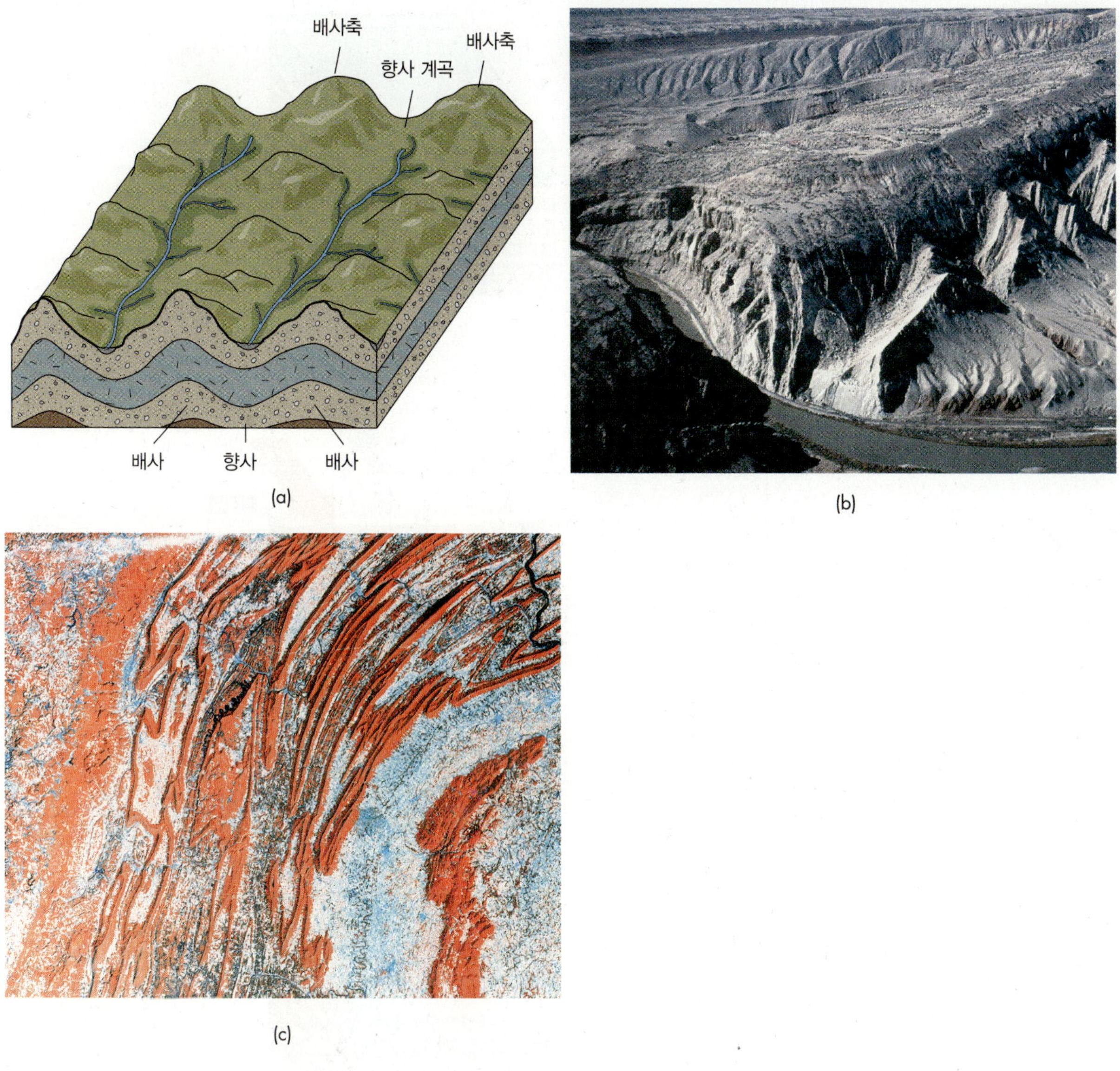

그림 3.33 배사와 향사 (a) 향사와 배사를 입체적으로 묘사한 그림. (b) 지표면에서 활동 중인(현재) 습곡이 있는 지역에서, 배사는 와이오밍 십 마운틴 배사처럼 종종 연장된 언덕과 배사축을 형성한다. (*John Shelton*) (c) 미국 남동부의 애팔래치아 산맥의 리지앤밸리프로빈스의 습곡 벨트에 대한 높은 고도에서 찍은 영상. (*Earth Satellite Corporation/Science Photo Library/Photo Researchers, Inc.*)

샘과 유전은 때때로 아래를 향해 이동하는 물이나 위를 향해 이동하는 기름이 지표면까지 밀어올려질 때 부정합에 수반되어 나타난다.

부정합은 침식이 일어나고 있었던 시기를 나타내며, 침식면은 육지가 해수면 위에 있었을 때 형성되었을 것이다. 오늘날 해수면 위에 있는 지구상의 모든 육지들은 침식면의 일부이다. 예를 들어 미국 남동부에 있는 피드몬트 지역은 침식면이 발달되고 있는 지역이다. 해수면이 상승하여 노스캐롤라이나 샤롯 근처에 있는 육지를 덮는다면, 수백만 년 된 화성암과 변성암들이 젊은 해양 퇴적물에 의해 파묻힐 것이다. 그러면 파묻힌 침식면은 암석 기록에서 부정합으로서 인지될 것이다. 부정합에는 세 종류가 있다.

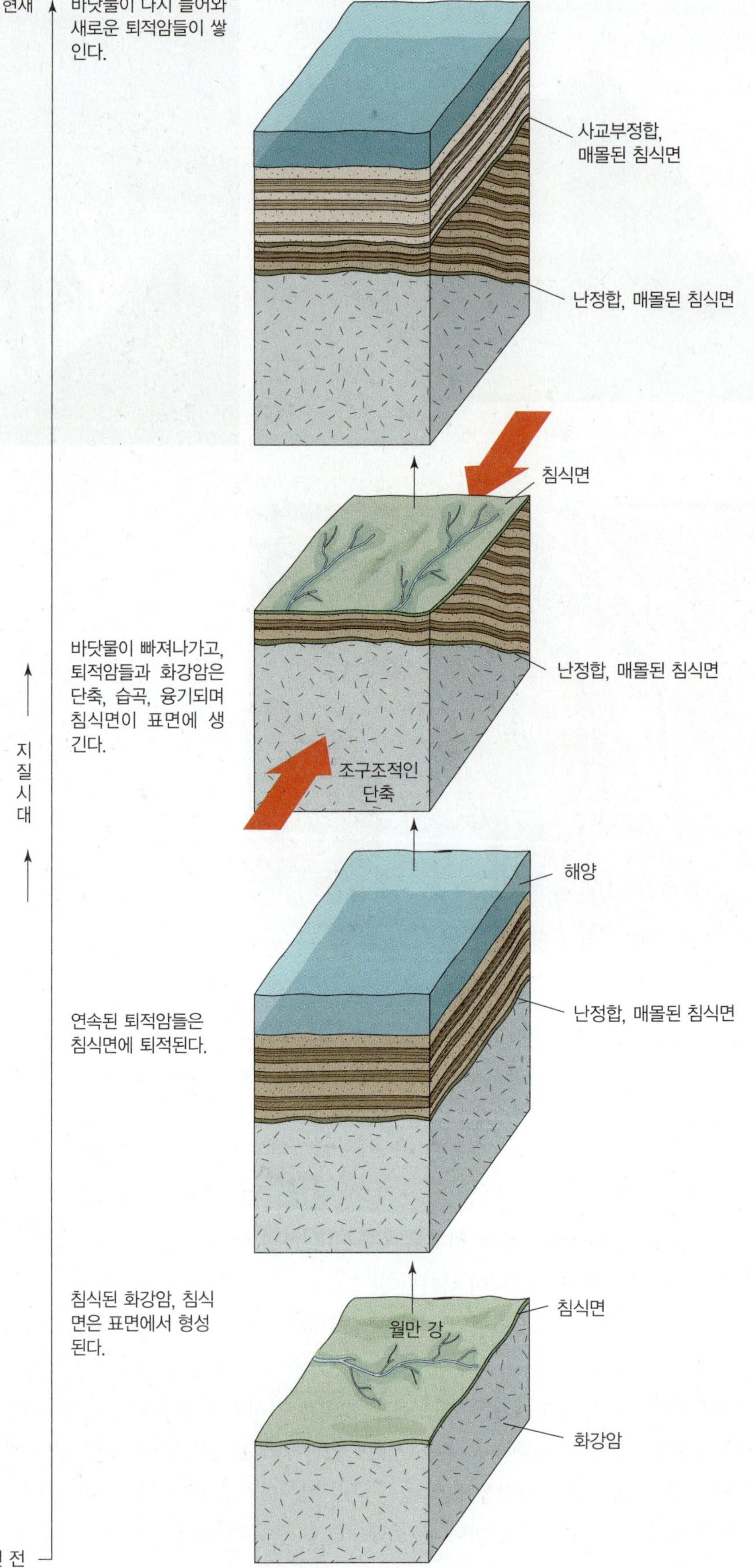

그림 3.34 부정합이 생성되는 과정 난정합과 사교부정합이 어떻게 형성되는지를 보여주는 그림.

- **난정합** : 오래된 화성암이나 변성암과 더 젊은 퇴적암 사이에서 형성된다(그림 3.34).
- **사교부정합** : 더 젊은 퇴적암이 침식면 위에 놓이며, 침식면 아래에 있는 더 오래된 퇴적암들은 기울어져 있거나 습곡되어 있다(그림 3.34와 3.35).
- **평행부정합** : 퇴적암들의 평행한 지층 사이에 층리면에 나란한 침식면으로 발달되어 있다. 난정합과 사교부정합에 비해 평행부정합은 잘 보이지 않기 때문에 인지하기가 어렵다.

그림 3.35 사교부정합 더 오래되고 더 경사진 퇴적층과 더 젊은 퇴적층 사이의 사교부정합. (*A. G. Sylvester*)

요 약

광물과 암석은 고체 지구의 기본입자이며 현대 문명화를 위해 우리가 크게 의존하는 가장 기본적인 자원의 일부를 형성한다. 광물과 암석은 또한 산사태, 지진 및 화산 활동과 같이 지표면에서 일어나는 여러 가지 작용에 있어서 중요한 역할을 한다. 마지막으로 광물과 암석에 대한 연구는 지구의 역사에 관한 중요한 정보를 제공한다.

광물은 지질작용에 의해 형성된 자연적으로 산출되며, 결정질인 원소나 화합물이다. 비록 4,000개 이상의 많은 광물이 있지만, 대부분의 암석을 식별하고 환경문제 평가에 도움을 받기 위해서는 그들 중 단지 일부만을 알면 된다. 환경지질학에 관련된 주요 광물 그룹들로는 규산염광물, 산화광물, 탄산염광물, 황화광물 및 원소광물이 있다.

암석은 하나 또는 그 이상의 광물의 집합체로서 암석 순환 과정에서 어떻게 형성되었는가에 따라 일반적으로 세 가지 종류, 즉 화성암, 퇴적암, 변성암으로 분류된다. 이러한 세 가지 암석 종류는 암석 순환의 일부로서 끊임없이 생성되고 소멸된다. 암석 순환은 판구조론과 밀접하게 관련되어 있다.

지구 역사를 이해하는 데 기본이 되는 세 가지 중요한 암석 법칙은 (1) 절단의 법칙, (2) 지층수평의 법칙 및 (3) 지층누중의 법칙이다.

화성암은 마그마로부터 결정화된 암석이다. 화성암은 지표면에서 냉각된 것을 의미하는 분출암이거나 또는 지표면 아래에서 냉각된 것을 의미하는 관입암이다.

퇴적암은 다른 암석의 일부분으로부터 생성되거나 또는 화학작용에 의해 생성된다. 이들은 암편의 고화작용에 의해 형성된 쇄설성 퇴적암이거나 또는 물속에 녹아 있던 물질이 화학적 또는 생화학적인 작용에 의해 고체 물질로 되면서 만들어지는 화학적 퇴적암이다.

변성암은 열, 압력 및 화학적으로 활성화된 유체 또는 이러한 요인들의 복합적인 작용에 의해 변화된 암석이다. 변성암은 광물 입자들이 층이나 호상구조를 가지도록 배열된 엽리상이거나 층이나 호상구조가 없는 비엽리상일 수 있다.

광물과 암석은 환경적인 중요한 영향을 미치는 물리적 및 화학적 성질을 가진다. 예로서 황철석과 산성광산 폐수, 방해석/석회암과 동굴 형성, 현무암과 용암동굴 및 편암/엽리와 산사태 사이의 관계를 들 수 있다.

암석의 강도는 광물조성, 조직, 구조 및 지구 내부에 있는지 아니면 지표면에 있는지와 같은 몇 가지 요인에 따라 달라진다.

일반적인 암석의 구조에는 균열, 단층, 습곡 및 부정합이 있다. 이러한 구조들은 환경적으로 중요한 결과를 초래할 수 있다.

풍화는 물리적, 생물학적 및 화학적 작용에 의해 지표면이나 지표면 근처에 있는 광물과 암석을 물리적으로 부서지거나 화학적으로 분해되는 작용이다. 풍화는 토양의 형성, 표면작용에 의해 지구 물질을 운반하기 위한 준비 및 장석류의 점토광물로의 변환에 있어서 가장 중요하다.

주요 용어

광물
변성암
암석
암석 순환
절단의 법칙
지층누중의 법칙
지층수평의 법칙
퇴적암
풍화
화성암

복습 문제

1. 광물이란 무엇인가?
2. 풍화에 대해 정의를 내려라.
3. 점토에 대해 정의를 내려라.
4. 암석에 대해 정의를 내려라.
5. 화성암, 퇴적암, 변성암의 차이점은 무엇인가?
6. 암석 순환의 주요 요인은 무엇인가?
7. 절단의 법칙이란 무엇인가?
8. 지층수평의 법칙과 지층누중의 법칙에 대해 설명하라.
9. 저반과 심성암체에 대해 정의를 내려라.
10. 반상조직은 어떻게 만들어지는가?
11. 쇄설성 퇴적암과 화학적 퇴적암 사이의 차이는 무엇인가?
12. 암석의 강도를 결정하는 요인들은 무엇인가?
13. 어떤 요인에 의해 세인트프란시스 댐이 붕괴되었는가?
14. 주요 암석 구조에는 어떠한 것들이 있는가?
15. 사교부정합은 어떻게 생성되는가?

심화 문제

1. 환경적인 건강 문제를 야기할 것으로 생각되지 않은 석면의 사용과 흰색 석면을 제거할 필요성에 관한 사례사를 고려하라. 여러분이 석면을 포함하는 오래된 건물이 많은 대규모 도심지의 학교 시스템의 학교 감독자라고 상상해 보라—강당에 있는 석면으로 감긴 파이프, 석면 천장과 바닥 타일 및 방화재 석면. 여러분은 재해가 있는지 여부를 결정하기 위하여 무슨 조치를 취할 것이며, 그들의 자녀들이 유해한 물질에 노출되어 있다고 걱정하는 부모들과 어떻게 의사소통을 할 것인가? 조처를 위한 계획에 대한 개요를 작성하라.

제 4 장

생태와 지질

학습 목표

생태와 지질은 여러 흥미롭고도 중요한 측면에서 서로 관련되어 있다. 이 장에서는 강, 습지, 해변 등을 복구하는 데 있어 생태와 지질의 연관성과 효용성을 다룰 것이다. 이 장의 학습 목표는 다음과 같다.

- 생태의 기본 개념과 지질과의 연관성을 파악한다.
- 지질과 생물다양성 간의 관계들의 중요성을 이해한다.
- 생물다양성을 증가시키거나 감소시키는 요인을 알아본다.
- 인간의 생태계 지배가 무엇인지 그리고 환경에 대한 인간의 흔적을 줄일 수 있는 방법은 무엇인지를 알아본다.
- 현대인들에게 적절한 시간 규모에서 적정한 환경윤리가 필요한 이유를 이해한다.
- 생태 복원과 그 과정을 파악한다.

이 남부 캘리포니아 산맥에 있는 하천에는 깊고 차가운 연못들이 존재한다. 이 연못은 표석이 하천 흐름을 집중시켜 세굴을 형성한 결과로 생긴 것이다. 세굴이 형성되는 과정에서 송어의 중요한 서식지인 연못이 생성된다.

사례 연구 | 멸종 위기에 처한 남부 캘리포니아의 무지개송어 : 지질과의 연관성

남부 캘리포니아 산맥에서 발원하여 바다로 흘러가는 연안 하천은 일반적으로는 송어의 서식지로 여겨지지 않는다. 무지개송어는 산간 하천에서 태어나서 바다로 이동하여 몇 년을 지낸 후에는 산란을 위해 태어난 곳으로 회귀한다. 이런 어류는 주로 북서태평양의 하천과 더 연관되어 있다. 그렇지만, 남부 캘리포니아의 최북단인 샌디에이고로부터 북쪽으로는 군집과 합쳐지는 샌프란시스코 남쪽에 걸쳐 무지개송어 군집이 나타난다.

남부 캘리포니아는 반건조 기후에 속하고 하천 흐름의 변화가 매우 크다. 여름에는 하천의 하류가 종종 고갈되고, 주기적으로 발생하는 건기 동안에는 전체 하천의 대부분이 마른다. 우기 동안, 특히 산불이 발생한 이후에는 다량의 퇴적물을 수반하는 하천 범람이 일어난다. 하천 상류는 산불이나 산사태 이후에 자갈에 의해 막히게 되고, 이 자갈은 이후 수년에 걸쳐 하천 시스템 전체에 퍼지게 되어 어류와 다른 수생종에게 중요한 서식지를 제공한다.

여름의 낮은 유량은 멸종 위기에 처한 남부 무지개송어에게 특히 중요하다. 겨울에 성체 송어는 산란을 위해 바다에서 하천으로 이동하고 또 다시 미래의 산란을 위해 바다로 돌아간다. 무지개송어의 알은 하천의 자갈 사이에서 부화하며 유년기 수개월에서 수년 정도를 하천에서 살아가다가 바다로 이동하려는 본능에 의해 이동을 개시한다. 로스앤젤레스 근처의 산타모니카 산맥에 있는 무지개송어의 서식지를 알아내기 위한 조사의 일환으로서 저유량의 여름 동안에 수개의 수계를 관찰하였다. 멸종 위기에 처한 남부 무지개송어를 되살리기 위한 계획 중의 하나로서, 산타모니카 산맥에 있는 어떤 하천이 무지개송어가 살아가기에 가장 적합한지를 알아내려는 시도가 이루어졌다. 말리부 수계와 토팡가 수계를 포함한 몇 개 하천에 무지개송어가 서식한다고 알려져 있다. 남부 캘리포니아의 무지개송어의 생존에 있어 중요한 제한 인자가 되는 여름철 저유량을 촉진하는 중요한 요소가 바로 산타모니카 산맥의 지질임이 밝혀졌다. 대수층이 존재하고 암석의 균열이나 단층을 따라 지하수가 지표로 유출되는 지역에서는 흔하게 지하수 누출(seeps)과 샘이 나타난다. 산타모니카 산맥의 동쪽 지역은 지질학적으로 여름철 저유량이 발생하기 쉽다는 것이 밝혀졌다. 일련의 해안 단층이 육지로 연장되어 하천을 가로지르는 곳에서는 여름철 저유량이 보다 흔하게 발생한다. 단층은 지하수에 대해 방벽을 형성하여 지하수의 지표 유출(누출이나 샘의 형태로)을 유발한다. 2005년 늦가을에 토팡가 협곡에서 수많은 웅덩이를 관찰하였으나(그림 4.1), 대부분의 물 웅덩이에서는 물고기를 발견할 수 없었다. 물고기가 발견된 두세 개의 웅덩이에서는 퇴적암 중의 균열과 단층으로 인해 생성된 누출지와 샘이 차가운 물(지하수)의 공급원이 되고 있었다. 물웅덩이는 하천 수로 중에 암석에 의한 제방과 큰 표석이 존재하는 곳에 형성되어 있었다. 암석과 표석이 수로를 막게

4.1 지질학자를 위한 생태학 : 기본 용어

생태학(ecology)은 생물의 분포와 개체수의 조절에 대하여 연구하는 학문이다. 좀 더 일반적으로 말하면 생태학은 생물(유기체)과 생물 간, 그리고 생물과 무생물 환경과의 상호작용과 연계성을 연구하는 학문이다. 무생물 환경은 주로 지질학적 순환에 관련된 물리적·화학적 작용에 의해 조절된다(그림 3.13 참조). 생물과 광범위한 환경 간의 복잡한 상호작용이 우리 삶의 세계에 있어 창조와 유지에 관련된다. 전 지구적 차원으로부터 도마뱀이 사는 바위 밑과 같은 국지적인 수준에 걸쳐 일어나는 모든 지질 작용이 생물 작용에 크게 영향을 준다.

생태와 지질과의 관계를 논하기에 앞서 몇 가지 용어와 원리를 정의하고자 한다. 종, 개

되면 물 웅덩이를 씻어내는 고유량 시기에는 유속이 빠른 지역을 형성하게 되며, 따라서 어류에게 저유량의 서식지를 제공하게 된다.

산타모니카 산맥에 대한 연구는 어류의 서식지를 평가할 때 하천의 지질 조건을 고려함이 중요하다는 사실을 알려준다. 남부 캘리포니아에서는 지질과 지하수가 어류 서식지를 이해하는 데 있어 중요하다는 것은 명백하다.

그림 4.1 어류 서식지 : 지질과 관련하여 토팡가 협곡에 존재하는 이 연못은 균열과 단층을 통하여 유출하는 샘이 찬 물을 하천으로 배출하는 곳에 위치한다. 차가운 물의 공급이 없다면 이 곳에는 남부 무지개송어의 서식지가 훨씬 적게 존재할 것이다.(*Edward A. Keller*)

체군, 생태 군집, 서식지, 생태적 지위 등이 그것이다. 이들을 정의한 이후에, 지질이 생명체와 협력하여 지대한 역할을 하고 있는 생태계에 대한 논의로 넘어갈 것이다. 종(species)은 개체 사이에서 교배가 가능한 집단을 의미한다. **개체군**(population)은 동일 지역에 살고 있는 동일 종으로 이루어진 집단으로 정의할 수 있다. **생태 군집**(ecological community)은 동일한 지역에 살아가는 여러 상이한 개체군들의 집단으로서 이들은 서로 다른 정도의 상호작용을 하면서 살아가고 있다. **서식지**(habitat)는 특정 종이 살아가는 지역을 나타내기 위해 사용하는 용어이며, 특정 종이 어떻게 살아가는지를 나타내는 것이 **생태적 지위**(niche)이다. 예를 들어 몬타나의 산악 지대에 서식하는 쿠거를 생각해 보자. 우리는 서식지가 산이라고 말하지만, 쿠거의 생태적 지위는 사슴과 다른 몸집이 큰 포유동물을 먹는다는 것이다.[1]

생태학의 기본 용어에 대한 논의를 마치기 전에 종의 유형에 대해 간단히 살펴보자. 어떤 종들은 발견되는 지역에서 진화해 왔다는 점에서 재래종이라고 여긴다. 기타는 외래종인데, 다양한 목적이나 인간에 의해 혹은 우연히 그 지역으로 유입된 종을 의미한다. 예를 들어, 아카시아 나무는 미국에 유입되어 건조한 지역에서 방풍림으로 심어졌다. 오스트레일리아 유칼리나무의 두 변종 역시 다른 수많은 동식물과 마찬가지로 수입되어 널리 심어졌다. 대부분의 외래종은 도입 후에 문제를 야기하지는 않으나 그렇지 않은 종도 존재한다. 문제를 야기하는 외래종을 침입종이라고 부르기도 한다. 침입종은 재래종과 경쟁하여 쫓아내기도 한다. 침입종은 세계적으로 물자를 운송하는 과정에서 우연히 도입되기도 하지만 의도적으로 유입되기도 한다. 양자의 경우, 침입종의 부정적인 측면은 예상되지 않은 것들이다. 침입종의 도입은 지구의 동식물 멸종을 야기하는 주요 원인 중 하나이다.

생물권과 생물상 역시 유용한 용어이다. **생물권**(biosphere)은 지구에서 생물이 존재하는 부분을 일컬으며, **생물상**(biota)은 어떤 지역(지구 전체까지 포함)에 살고 있는 모든 유기체를 의미한다. 전술한 기본적인 정의를 바탕으로 생태계는 무엇인지, 생태계의 종류, 지질학과 생물다양성의 관계, 인간의 생태계 지배에 대해서 알아볼 것이다.

생태계는 무엇이고 어떻게 움직이는가?

하나의 **생태계**(ecosystem)는 생태 군집과 그의 무생물 환경을 일컫는데, 무생물 환경에서는 에너지가 이동하고 물질(영양분과 물 등)이 순환한다. 따라서 생태계는 바로 지질, 화학, 수문이며, 생명체와의 기능적 연계는 다양하고 복잡하다. 이에 대한 기본적인 개념이 그림 4.2에 나타나 있으며, 화학물질이 재순환하고 수없이 여러 번에 걸쳐 사용되는 생태계를 통하여 에너지가 흐른다는 사실을 기억하는 것이 중요하다. 생태계의 에너지 흐름의 속도와 영양소와 물질의 순환 속도를 '생태계 기능'이라 하기도 한다. 생태계 기능 외에 다른 특성들이 바로 구조, 작용, 변화이다. 생태계 구조에는 두 부분, 즉 생물군과 무생물(지질) 환경이 포함된다. 생태계의 두 가지 중요한 작용은 바로 에너지 이동과 물질 순환이다. 마지막으로, 화산 폭발이나 범람, 산불 등의 교란 이후에 생태계가 진화함에 따라 일어나는, 시간 종속적이거나 시간에 무관한 종의 변화를 천이(succession)라 한다. 화산 폭발로 인해 새로운 땅이 섬에 더해지는 것처럼, 교란에 의해 새 땅이 형성되면 1차 천이라 한다. 어떤 교란 이후에는 기존 생태계의 재건을 포함하는 교란이 더 빈번하게 일어나는데, 이것이 2차 천이다. 2차 천이는 보통 선구식물이라 불리는 식물에 의해 일어나는데, 이는 선구식물이 많은 양의 빛을 흡수하고 빠르게 자라기 때문이다. 시간이 흐르면서 보다 많은 영양소가 순환하고 그 계가 발달하게 되면 천이의 중간 단계가 시작된다. 이 시기에는 가장 많은 종류의 종이 존재하고 에너지를 사용하며 물질을 순환하는 능력이 최고조에 달한다. 그 이후의 천이 단계에는 보다 적은 종류의 종들이 존재하는데, 숲의 경우 이를 노숙림이라 칭한다. 별 변화가 없고 계가 평형 상태에 이르는 극상의 조건을 향한 질서적인 천이를 가지게 되는 소위 '자연 균형'이라는 보편적 아이디어는 그야말로 가상적인 조건이며, 이 개념은 생태학자들에 의해 대부분 부인되고 있다. 다양한 시간 및 공간 규모에서의 교란과 변화는 정상적인 것이다.[1]

생태계에는 고유, 천연, 인간이 변형한, 인간이 만들거나 건설한 생태계 등 여러 유형이

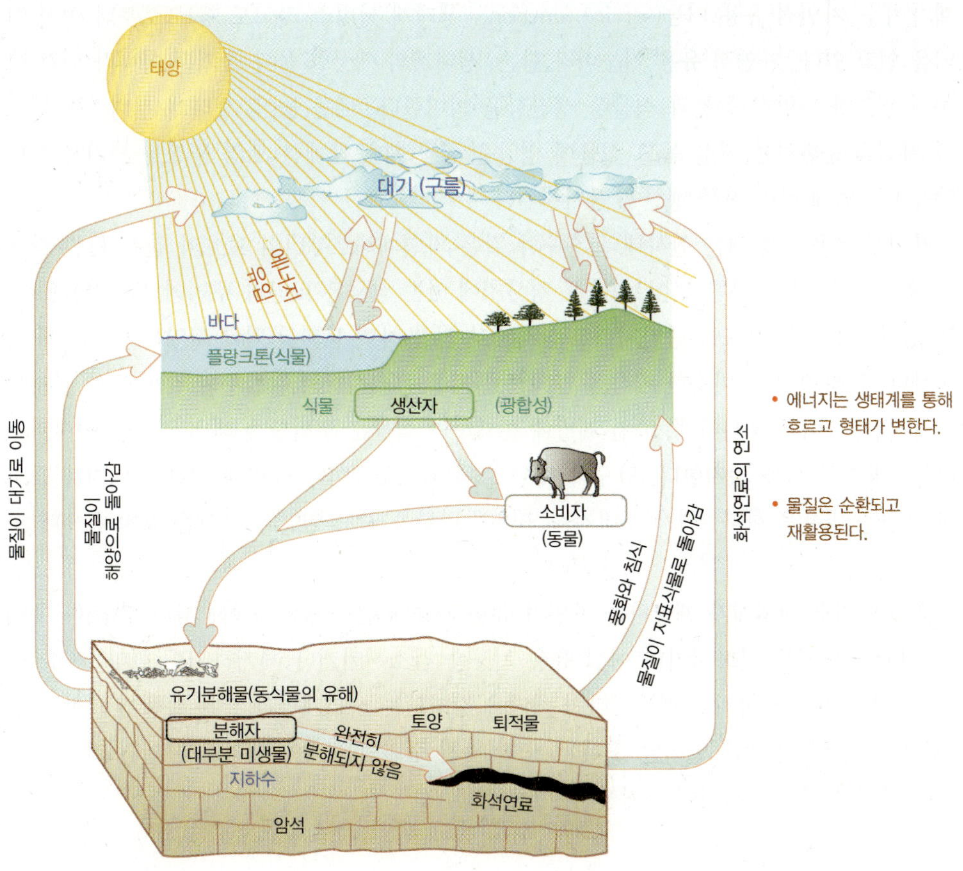

그림 4.2 기본 생태계 에너지 흐름과 물질 순환의 측면에서 기본적인 생태계를 보여주는 이상적인 그림. (*Edward A. Keller*)

있다. 완벽하게 자연적인 고유 생태계는 땅에서 발견되기 어려운데, 그 이유는 인간 활동이 매우 광범위하고 침투적이어서 거의 모든 생태계가 인간의 이용과 관심에 의해 변화되었기 때문이다. 예를 들어, 대기 중으로 방출되는 납 등의 우리 인간 사회의 폐기물들은 지구 전체로 운송되어 인간 개체군과 멀리 떨어진 생태계에까지 도달하여 영향을 주고 있다.

다양한 범위의 지점과 용도를 위하여 어떤 생태계가 인간에 의해 조성되기도 한다. 예를 들어, 우리는 얕은 연못을 만들거나 인공 수로를 건설하여 지표 유출수를 모은다. 부들과 같은 습지 식물은 연못이나 수로에 심어져 폐기물이나 오염 물질을 영양분으로 사용하고 제거토록 함으로써 물을 정화하도록 돕는다. 특별하게 고안된 습지 생태계가 건설되어 박테리아와 식물이 폐수를 섭취하여 물에서 독성 물질을 제거하도록 돕고 있다. 그 밖에 대규모의 생태계가 건설되어 도시 폐수를 부분적으로 처리하고 있다. 인간이 조성한 생태계는 생명공학의 일부분을 이루고 있다.

생태계의 자연적인 유용 기능

지구가 생물이 살아가기에 적합한 장소인 이유는, 바로 환경이 생명체가 살아가는 데 필요한 자원을 공급하기 때문이다. 지구의 많은 종들 중 하나인 인간은 자원을 뽑아내고 생태계가 주는 자연적 유용 기능(service function, '생태계 서비스'라고도 함)으로부터 여러 이익을 얻고 있다. 자연적 유용 기능이라 함은, 생태계의 깨끗한 물과 공기뿐 아니라 인간 생존에 필요한 다양한 동물과 식물을 생산함을 의미한다. 예를 들어, 생태계 서비스는 원소가 자연을 순환하는 것을 돕고 식물에 영양을 공급하며, 물에서 오염 물질을 제거하고 토양을 비옥하게 하여 작물 생산을 증가시킨다.

자연적 유용 기능에는 산사태나 홍수와 같은 자연재해로부터의 보호와 같은 완충 작용도 포함될 수 있다. 예를 들어, 가파른 경사지에 있는 식물은 토양과 뿌리의 상호작용을 통해 경사지 물질의 강도를 증가시키고 산사태로 인한 사면 붕괴를 막아 토양의 안정성에 기여한다. 특히 연필과 비슷한 지름을 가지는 뿌리는 콘크리트의 강철주와 같이 토양 입자를 결합시킨다. 이와 유사하게, 하천 제방에 존재하는 식물은 뿌리를 통해 토양을 안정시키고 하천제방의 침식을 저지한다. 담수나 해수 소택지는 조력이나 풍력에 의한 에너지를 흡수하는 완충 작용을 한다. 연안 소택지는 연안의 범람을 막고 연안의 침식을 방지하는 데 도움을 준다.

우리는 지구 생태계가 제공하는 자연적 유용 기능에 길들여져 성장해 왔다. 그러나 우리는 때때로 토지를 변화시키며 이런 유용 기능을 감소시키거나 제거하기도 한다. 예를 들어, 우리가 연안 소택지를 제거한다면 해안을 강타하는 허리케인과 같은 폭풍에 의한 연안 침식과 범람이 더 쉽게 일어날 것이다. 또한 하천 주변의 늪과 습지가 고갈되면 저수 능력이 저하되어 범람의 위험이 증가할 것이다.

4.2 지질과 생물다양성

환경과학에 있어 **생물다양성**(biodiversity)은 중요한 개념이다. 생물다양성에 대해 생각할 때는, 흔히 생태계나 생태 군집에서의 종의 수나 양에 대해 논한다. 종의 수는 주로 종 풍부도를 지칭하며, 생태계에서 종의 상대적 비율은 종 균등도를 일컫는다. 우점종이라는 용어는 생태계에서 가장 흔하게 발견되는 종 또는 몇 가지 종을 가리키는 말이다. 식물 생태학자들은 생태계에서의 한 종이나 여러 종의 중요 가치라는 개념을 사용한다. 생물다양성의 중요한 원리는, 지질학이 최소 규모인 사면으로부터 대륙 규모인 산지에 이르기까지 지질이 생물다양성에 영향을 준다는 사실이다.

북아메리카와 유럽에서의 나무의 다양성

대륙 규모에서 볼 때 지질과 생물다양성 간의 매우 재미있고도 흥미로운 관계가 바로 북아메리카와 유럽에서의 재래종 나무의 분포와 개수 차이이다. 북아메리카는 유럽에서 발견되는 양에 비해 훨씬 많은 재래종 나무를 가지고 있는데, 그 원인은 산맥의 방향을 결정하는 빙하기, 빙하, 판구조론의 연계와 관련되어 있다고 짐작된다. 북아메리카에는 로키 산맥과 웨스트 코스트의 산맥을 포함한 주요 신기 산맥이 주로 남북 방향으로 뻗어 있으며, 유럽에서는 아프리카 판과 유럽 판의 충돌에 의하여 스페인 동부로부터 히말라야에 이르는 알프스 산맥 등 주요 신기 산맥이 만들어졌다(그림 4.3). 그렇다면, 어떻게 이러한 사실이 북아메리카와 유럽에서의 나무의 종의 개수와 연관되어 있을까?

빙하가 대륙의 30%를 뒤덮고 있던 약 20,000년 전의 최후 극빙기(Last Glacial Maxima)는 나무가 살아가기에 가혹한 환경이었다. 대륙 빙하가 북아메리카와 유럽에서 성장함에 따라 나무는 다가오는 얼음 앞에서 이주해야만 했다. 이때 북아메리카에서는 남쪽으로 이동할 수 있는 통로를 찾았지만, 유럽에서는 동서로 뻗은 알프스 산맥이 얼음으로 덮여 있어 이동할 수가 없었다. 유럽에서는 나무들이 빙하 사이에 갇혀 북아메리카에 비해 훨씬 많은 종들이 멸종하였다. 그러므로 북아메리카와 유럽의 재래종 나무의 생물다양성이 판구조론과 연관된 대륙 규모의 산맥 형성에 의해 크게 영향을 받았음을 알 수 있다.[2]

군집 효과와 핵심종 : 이 개념들이 지질과 어떻게 연관되어 있는가?

생태계에서 둘 혹은 그 이상의 유기체는 복잡하게 상호작용하면서 다른 유기체에 영향을 준다. 이런 유기체들은 무기적 환경과도 연결되고 생태계 작용(에너지 흐름과 물질 순환의 속도)과도 결합하여 생태계 유지를 돕는다. 어떤 개별종은 그들의 풍부도와는 걸맞지 않는 강한 군집 효과를 나타내기도 한다. 우리는 이러한 종을 핵심종(keystone species)이라 부른다. 생태계와 생물다양성을 유지하는 데 도움을 주는 핵심종과 지질과의 관계에 대한 많은 예시가 있다. 우리는 그중 옐로스톤 국립공원의 하천 작용과 남부 캘리포니아의 켈프(kelp) 숲에 대해 알아볼 것이다.

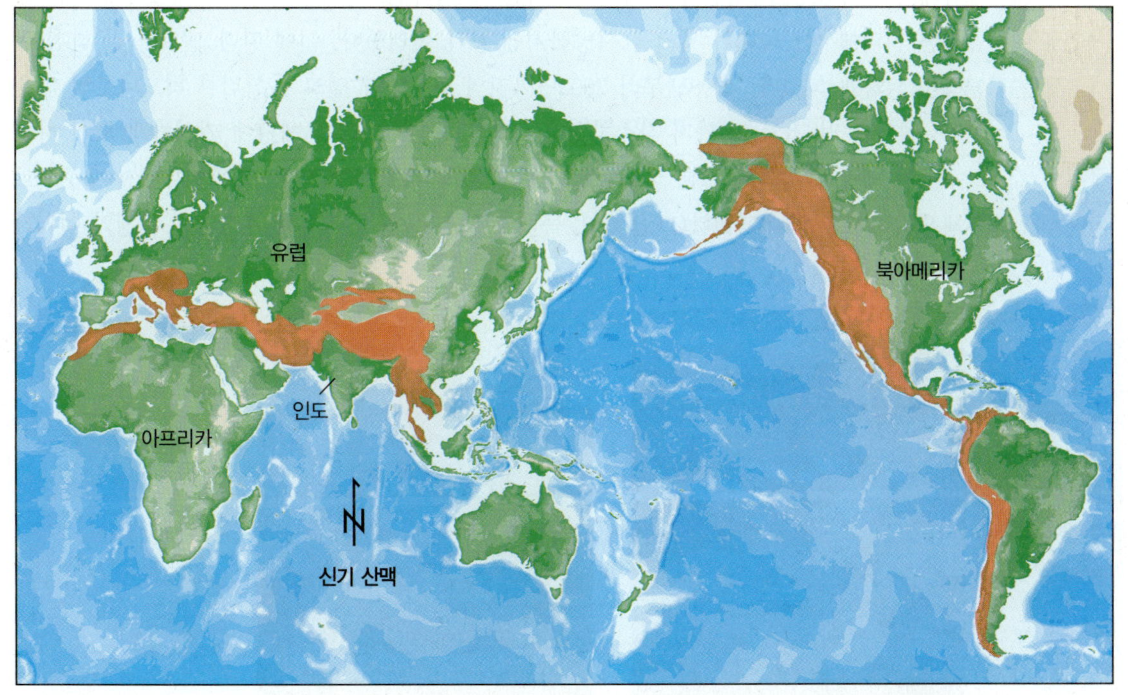

그림 4.3 지구에 존재하는 주요한 신기 산맥 이 지도는 주요한 신기 조산대를 나타낸다. 북아메리카의 산맥은 거의 남북 방향이고, 유럽의 주요 산맥인 알프스와 히말라야는 훨씬 더 동서 방향인 것에 주목하자. (*Edward A. Keller*)

하천 작용과 생태학 : 옐로스톤 국립공원의 산간 하천, 엘크, 늑대 이야기

산간 하천은 실트, 모래, 자갈, 기반암으로 구성된 하천 수로, 하상, 제방으로 이루어진 강건한 시스템이다. 차고 깨끗한 물은 해빙과 강수의 형태로 지질 조건에 의해 공급되는데, 해빙과 강수는 보통 암석이나 토양으로 침투한 후에 지하수 누출지와 샘의 형태로 하천으로 다시 빠져 나온다. 이 물이 여름의 저수류가 된다. 물은 하천에서 살아가는 어류와 다른 유기체들의 삶뿐만 아니라 수변 환경의 강가 식물의 서식을 돕는다. 수변 환경은 고지 근처와는 다른 환경을 지니는 하천 수로 근처의 환경을 의미한다. 또한 하천 제방의 식생은 제방 침식을 막고 하천 시스템에 불필요한 양의 퇴적물이 유입되는 것을 막는다. 미루나무와 버드나무와 같은 강변 식생의 일부는 사슴과 엘크 등 식물을 먹고 사는 동물들의 주요 식량이 된다. 너무 많은 양의 식물이 섭취되면 나무의 풍부도는 감소할 것이다. 그로 인해 하천의 그늘이 줄어들고 제방 침식이 증가하며 물에 해로운 미세 퇴적물이 유입되어 하천 환경이 손상될 것이다. 미세 퇴적물(실트와 같은)은 토양 자원을 감소시키고(토양 침식에 의해 생산되므로) 수질을 낮추며 수생동물의 아가미를 막는 수질 오염의 한 종류이다. 하상에서는 미세 퇴적물이 자갈 입자 사이의 공간을 채우고 하상을 뻘로 메우면서 어류와 수생식물의 서식지를 손상시킨다.

위와 같은 상황이 1960년대에서 1990년대 사이, 즉 늑대가 존재하지 않고 엘크는 도태되지 않았을 무렵에 옐로스톤 국립공원에서 발생했다. 버드나무와 다른 강변 식물들은 엘크가 뜯어먹어 크게 감소하였다. 그 후 1990년대 중반에 이르러 옐로스톤 국립공원 생태계에 늑대가 나타났다. 야생동물 과학자들의 관찰에 의하면, 엘크가 수변 식물을 먹어 치운 하천변 지역에서는 늑대가 엘크를 사냥하기에 보다 편리했다. 이에 따라 엘크는 곧 하천 환경을 피하게 되었다. 1998년부터 2002년까지의 4년 동안 엘크가 섭취한 버드나무의 양은 90%에서 무려 거의 0%까지 감소하였다. 강변 식생이 생태계 재생에 기여하게 되어 하천 수로와 제방 역시 옐로스톤 국립공원의 마지막 늑대가 사망했던 1920년대 이전 수준으로 재생될 것으로 기대되었다(그림 4.4). 늑대와 같은 상위 포식자의 재도입은 논쟁의 여지가

(a)

(b)

그림 4.4 늑대와 하천 (a) 엘크가 과도하게 풀을 뜯자 1996년 봄 Blacktale Creek에는 버드나무가 거의 존재하지 않았다. (옐로스톤 국립공원) (b) 늑대가 다시 들어온 이후 6년 만에 버드나무가 울창하게 자라났다. (*William J. Ripple*)

있지만, 늑대는 그들이 존재하는 생태계에서 나름의 역할을 한다. 늑대는 엘크를 사냥하고 하천에서 쫓아냄으로써 하천 제방과 수질을 향상시키는 긍정적인 영향력을 행사했다(그림 4.5). 그러므로 늑대는 핵심종이며 보다 다양한 생물 군집에 영향을 준다. 하천변 환경을 보호하는 데 있어 늑대에 관심을 가지지는 않았지마는, 엘크를 사냥함으로써(그림 4.6) 하천 환경을 높은 수준으로 유지하도록 도왔다.[3]

해안 지질, 켈프, 성게와 해달

남부 캘리포니아의 켈프 숲(그림 4.7)은 부분적으로 지역 지질에 기반을 둔 놀랄 만한 생태계이다. 켈프는 크기가 큰 해양 조류의 일종으로서 매우 빠르게 자란다. 남부 캘리포니아의 거대한 켈프는 하루에 25cm 이상이나 성장하여 그 크기가 해저 위로 10m 이상에 달하기도 한다. 켈프는 뿌리처럼 보이는 부착기, 줄기, 잎 구조(잎)의 세 부분으로 이루어진다.

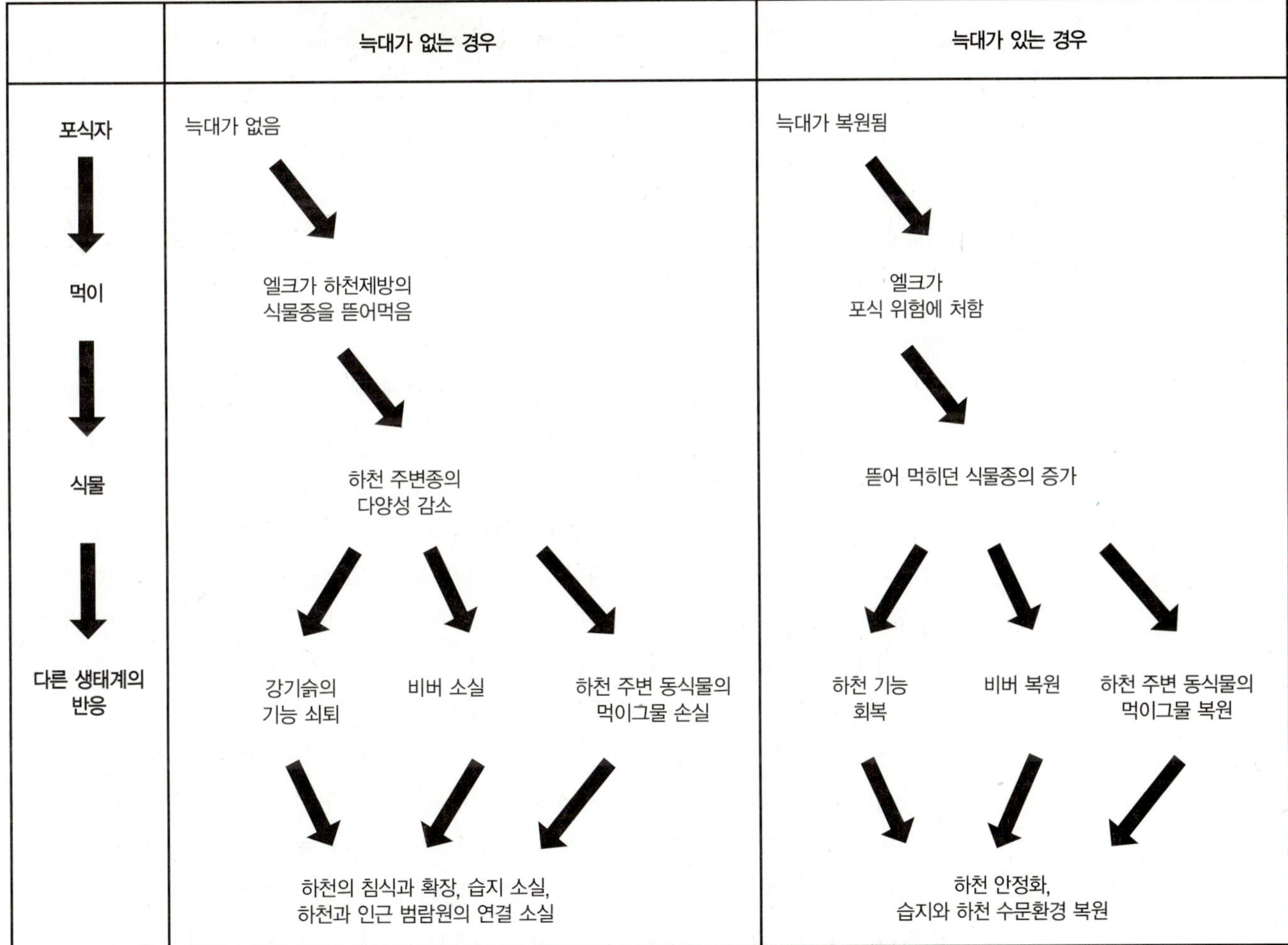

그림 4.5 늑대의 유무에 따른 생태계 과정 이 그림은 옐로스톤 국립공원의 하천에서 늑대의 존재 유무에 따라 발생하는 생태계 과정을 보여준다. 늑대가 없으면 엘크가 과도하게 풀을 뜯어먹기 때문에 늑대가 다시 들어옴으로써 복원되었던 하천 환경이 다시 손상된다. (*Ripple, J.W., and Beschta, R.L. 2004. Wolves and the ecology of fear; can predation risk structure ecosystems?* BioScience 54(8): 755–766)

그림 4.6 늑대는 옐로스톤 국립공원에 서식하는 엘크의 자연 포식자이다. 늑대가 다시 들어옴으로써 기대하지 않았던 방식으로 하천 생태계가 개선되었다. (*Tom McHugh/Photo Researchers, Inc.*)

켈프는 잎 근처에 많은 양의 부양 기관을 지니고 있어 물속에서도 수직으로 서 있을 수 있다. 특히 썰물 때 해수면은 거의 켈프로 이루어진 고체 매트로 보이기도 한다. 해수면 아래는 부착기에 의해 바닥에 고정되어 있는 줄기의 숲으로 이루어져 있다. 부착기는 표석이나 암석질 바닥에 붙어 있다. 이들이 고정되어 있는 암석질 환경은 수십 미터 정도의 깊이를 갖는 상당히 얕은 수중이나 암초의 앞바다에서 발견되는 파식대이다. 파식대는 특정 기반암의 지역적인 저항성에 따라 다양한 기복을 나타낸다. 암초는 주로 단층으로 인한 지질학적 융기나 저항성이 보다 큰(단단한) 암석이 존재할 때 생긴다. 이런 구조는 샌타바버라 남쪽에서 로스앤젤레스까지 해안에 평행하게 나타나며 대략 동서 방향이다. 켈프 숲을 지탱하는 거의 모든 근해 암초는 활발한 지질 환경에 의해 생겨났다.

부착기는 뿌리 기관처럼 생겼으나 영양분을 흡수하지는 않으며 암석에 고정되어 있다. 부착기의 기능은 오히려 그 자리에 식물을 지탱하는 것이다. 부착기가 느슨하게 부러지거나 어떤 작용에 의해 파괴되면 켈프는 자유롭게 떠다니거나 해안을 표류할 것이다. 폭풍으로 인하여 해수면 근처의 켈프가 움직이면 식물 아래쪽에 스트레스가 가해져 부착기가 느슨하게 된다. 부착기와 암석의 조각들은 해변으로 운송되어 연안 환경에서 퇴적물의 일부가 될 것이다. 이 과정에 의해 암석 입자는 근해에서 해안가로 이동하며, 유기 물질 또한 근해에서 해안으로 분포하게 된다.

켈프 숲은 영양분이 용승하고 수온이 비교적 낮은 지역에서 잘 발달한다. 따뜻한 물이 나타나는 엘니뇨 기간처럼 해수의 온도가 올라가면 성장 속도는 크게 감소한다. 켈프 숲의

그림 4.7 남부 캘리포니아의 켈프 숲은 현저하게 다양한 생태계이다. 지질은 켈프 숲 발달에 있어 중요한 역할을 하며, 켈프 숲의 식물은 비교적 얕은 파식대나 융기한 암초의 해저 바닥에 부착되어 있다. (*Flip Nicklin/Minden Pictures*)

바닥에는 켈프의 부착기를 먹고 사는 가시 있는 동물인 성게와 같은 다양한 종류의 생명체가 살고 있다. 성게가 부착기를 섭취하고 파괴하게 되면 켈프는 자유롭게 떠다니다가 죽게 된다. 성게의 포식자는 여럿 존재하는데, 성게 알을 모으는 인간이나 성게를 잡아먹는 해달이 그 예이다(그림 4.8).

알래스카에서 행해진 연구에 의하면, 해달이 많이 존재하지 않는 지역의 켈프 숲이 불모화되었음을 알려주었다. 어떤 지역에서는 성게가 너무 많아 켈프가 거의 존재하지 않는다. 해달이 값진 모피 때문에 거의 멸종될 뻔하다가 과거 수준으로 복구된 지역에서는 켈프가 다시 번성하고 있다.[1] 지질 환경과 켈프 숲, 성게, 해달의 연계성은 그림 4.9에 잘 나타나 있다. 해달이 존재할 때 성게는 거의 존재하지 않고 켈프가 풍부하다는 사실을 인식하자.

그림 4.8 해달과 켈프 숲 해달은 켈프 숲의 핵심종이다. 해달은 성게와 다른 조개류를 먹고 산다.
(*FRANS LANTING/MINDEN PICTURES*)

해달은 핵심종인 동시에 강한 군집효과를 가지는데, 이는 해달이 성게를 포식함으로써 건강한 켈프 숲이 형성되도록 돕기 때문이다. 켈프 숲과 함께 노출된 암석은 어류를 포함한 다른 동물을 위한 구조와 식량 자원을 제공한다. 해달은 켈프를 보호하려는 의도가 없으며 성게를 켈프 바닥으로부터 쫓아내기 위해 어슬렁거리지도 않는다. 그러나 성게가 해달의 먹이가 됨으로써 해달은 건강하고 생산성 있는 켈프 숲을 지키는 것을 돕는다.[1]

샌타바버라의 북서쪽인 남부 캘리포니아 폰트 콘셉션에 있는 기존 서식지를 향해 해달의 서식지가 계속 확장되어야 하는지에 대해 논쟁이 일고 있다. 이 분쟁은, 해달이 많아지면 성게를 수확해도 이익이 남지 않을 정도로 성게의 개체수가 감소할 것을 우려하기 때문이다. 물론 해달은 이런 논쟁에 대해 알지 못하며 단순히 기존 서식지로 돌아가고 있을 뿐이다. 해달이 남쪽으로 이동할 수 있게 허용된다면, 그들의 재건은 느리게 일어날 것이며 사실상 여러 이유로 인해 일어나지 않을 수도 있다. 무엇보다도 남부 캘리포니아 지역의 일부는 해안의 물이 오염되어 오염 물질이 해달을 병들게 할 것이다. 또한, 기후 변화로 인해 바닷물의 온도가 상승하고 있는데, 이러한 변화는 남부 지역을 켈프 숲과 켈프의 부착기를 먹고 사는 성게의 서식지로서 적합하지 않게 만들 것이다. 게다가 해달은 수온에 민감하다. 그들은 높은 지방밀도를 가지고 있어 차가운 물에서는 좋은 열 차단효과를 나타내지만 따뜻한 물에서는 체온 과열이 일어날 수도 있다.

옐로스톤의 늑대, 켈프 숲의 해달과 그들의 수리학적, 지질학적 환경 간의 관계에 대한

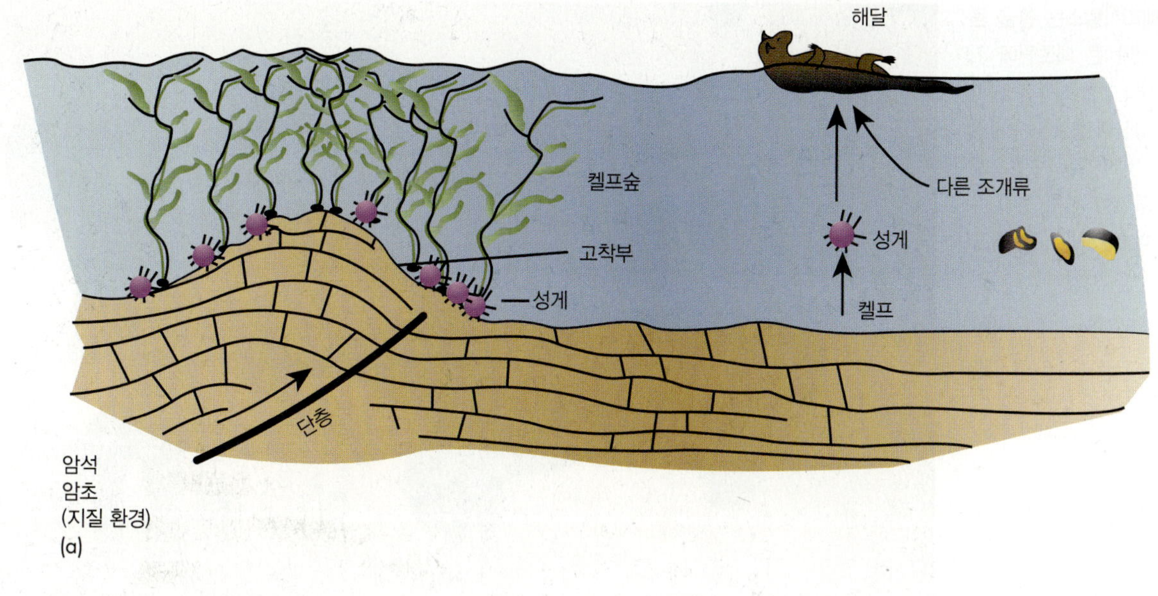

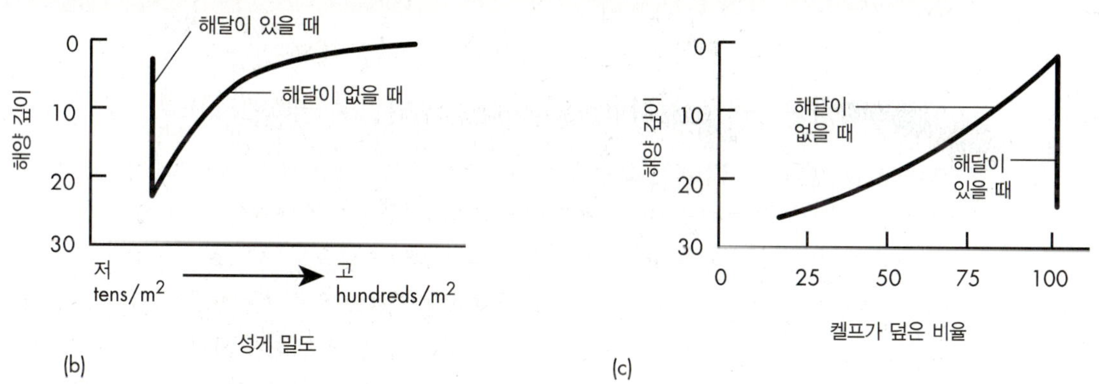

그림 4.9 해달은 켈프 숲에 영향을 준다. 이 그림은 해달이 켈프 숲에 미치는 영향, 특히 켈프의 풍부도에 미치는 영향을 보여준다. (a) 융기한 암초, 성게, 해달과 지질 환경. (b) 해달이 없으면 성게의 밀도가 높아진다. (c) 해달이 있으면 켈프 피복지의 비율이 높아진다. 해달이 존재하지 않을 때는 켈프가 크게 감소함에 주목하자.

논의는 상당히 직접적이다. 핵심종이 어떻게 생태계에 영향을 주는지를 알려주는 그 밖의 예는 많다. 예를 들어, 아메리카들소가 풀을 뜯어먹는 습성은 키가 큰 초원의 생물다양성뿐 아니라 토양을 유지하는 데 도움을 준다(그림 4.10).

어떤 종들은 큰 개체가 아니거나 크게 눈에 띄지 않아도 생태적 측면에서 매우 중요하다. 예를 들어, 암초 형성 산호나 조류는 산호초 환경에서 물리적인 서식지를 만들어 내는 종이다. 산호와 조류는 다른 암초 생명체가 살아갈 수 있는 근간을 제공한다(그림 4.11). 해수 온도의 증가, 오염, 물고기의 남획 등으로 인해 지구에 존재하는 산호초가 여러 곳에서 감소하고 있다. 고대의 산호초는 결국에 석회암으로 존재하는데, 이러한 지역은 플로리다의 대부분이나 오대호 지역 등과 같이 인간이 살아가는 토대가 된다.

그림 4.10 아메리카들소는 풀을 뜯고 배회하면서 키가 큰 대초원에 커다란 영향을 미친다. 풀을 뜯는 습성은 초원의 풀의 생물다양성을 유지함과 아울러, 토양 및 버팔로 수렁으로 알려진 습지를 포함한 전체 경관 유지에 도움을 준다. (*Lowell Georgia/Corbis*)

생물다양성을 증가시키거나 감소시키는 요인

생태 군집, 생태계, 핵심종에 대한 논의 이후에 우리는 어떤 과정들이 직접적으로 생물다양성을 증가시키거나 감소시키는지를 알아볼 것이다. 우선은 종의 수를 말하는 종 풍부도에 대해 다룰 것이나, 생물다양성 역시 개체군에서 발견되는 유전자 수를 일컫는 유전자적 다양성과도 연관된다.[1] 유전자 수는 특정 생물체의 형태나 기능을 통해서만 표현되지는 않는다.

그림 4.11 산호초는 조류와 산호를 포함하는 많은 생명체들로 이루어진다. 이들은 해양 환경의 생물다양성에 크게 영향을 주는 기본적인 환초 구조를 발달시킨다. (*Cousteau Society/The Image Bank/Getty Images*)

생물다양성을 증가시키는 요인은 무엇인가?

생물다양성은 다음과 같은 여러 요인[1]에 의해 증가될 수 있다.

- 여러 가능한 생태적 지위를 가지는 다양한 서식지의 존재. 예를 들어, 수심, 난류, 유속, 큰 나무 조각(나무 줄기와 뿌리)의 양 등이 다양한 강에는 더 많은 종들이 서식할 수 있다.
- 산불, 격렬한 폭풍, 화산 활동과 같은 적당한 정도의 교란은 새롭거나 재생된 서식지를 제공한다.
- 온천이나 영양물질이 부족한 암석이나 토양과 같은 가혹한 환경에서는 특별한 종들이 서식하여, 광역적인 규모에서 다양성을 증가시키기도 한다.
- 온도나 강수량, 고도와 같은 환경적 요인들이 비교적 일정한 경우이다. 이는 적도 근처에 많은 종들이 서식하는 이유 중에 하나이다. 적도 근처에는 태양 에너지가 비교적 일정하게 공급되고 온도나 습도와 같은 조건이 상대적으로 일정하여 생물다양성이 크게 된다.
- 진화 혹은 생물다양성의 생성은 지질학적 시간에 걸쳐 일어나는 느린 변화라고 일컬어진다. 그러나 이따금 어떤 종에서는 진화가 급하게 일어나기도 한다.
- 유기물이 풍부한 토양의 경우와 같이 생명체에 의해 크게 변형된 환경에서이다. 광역적인 규모에서 보면, 생물학적으로 생산성이 높은 지역에는 생물다양성이 높을 가능성이 크다.
- 지질 특성은 소규모에서 대륙 규모에 이르기까지 생태계의 기능과 작용에 영향을 준다. 앞서 토의한 산맥의 방향과 생물다양성의 관계에 대해 생각해 보자.

생물다양성을 감소시키는 요인은 무엇인가?

생물학적 다양성은 다음과 같은 요인[1]에 의해 감소할 것이다.[1]

- 온천이나 타르 누출지와 같은 극한 환경의 존재는 지역적으로 생명체에 대해 제한된 서식지와 생태적 지위를 제공한다. 앞에서는 극한 환경이 광역적인 규모에서 보면 생물다양성을 증가시킨다는 것을 보았다. 따라서 공간 규모에 따라 그 영향은 달라진다.
- 광역적 규모의 화재, 폭풍, 화산 활동과 같은 심한 교란 내지 매우 빈번한 교란은 생태계를 심각하게 재앙적으로 붕괴시킨다.
- 생태계를 산산조각 내는 토지의 변형. 예를 들어, 어류 이동을 방해하는 댐의 위나 아래, 본토로부터 고립되는 여러 작은 섬을 만들게 되는 대규모 저수지의 건설, 시골 지역 간에 동식물의 이동을 돕는 회랑을 파괴하는 도시화
- 오염과 같은 환경적 스트레스의 존재
- 서식지 단순화. 예를 들어, 서식지를 감소시키는 농업, 범람이나 침식을 조절하기 위한 공학 구조물의 건설 등(자세히 살펴보기 '방파제와 생물다양성' 참조)
- 재래종과 경쟁하거나 재래종을 포식하고 병들게 하는 외래 침입종의 유입
- 동식물의 이동을 막거나 제한하는 산맥의 존재

생태계의 인간 지배

인간이 지구의 거의 모든 생태계에서 우위를 차지하고 있다는 것은 명백하다. 인간 지배에 관한 연구 결과 아직은 전 지구적인 재해를 발생시키지는 않는다는 일반적 결론을 내려왔다. 그러나 어떤 지역에서는 재해가 발생하고 있다. 명백한 사실은 인구 증가뿐만 아니라

자세히 살펴보기 | 방파제와 생물다양성

방파제는 해안침식을 방지하기 위해 해안에 평행하게 건설되며 콘크리트, 큰 표석이나 나무로 만들어진 구조물이다(그림 4.A). 파도는 방파제에서 부숴지며(노출된 해변에서는 이렇지 못함) 결국 해안침식은 저감된다. 방파제는 외관상 해변에 위치하기 때문에 일차적으로는 해변을 좁게 만든다. 방파제는 파도와 파도 에너지를 반사시킨다. 반사된 파도는 방파제 근처의 모래를 침식시키고 이는 해변을 더 좁게 만든다. 침식된 모래를 대신할 충분한 모래가 존재하지 않는다면 해변은 수년에서 수십 년 동안에 점점 더 좁아질 것이다. 간혹 간조일 때를 빼고는 해변이 사라질 수도 있다.

수많은 종들이 해변 생태계를 이용한다. 대합조개와 다른 패류, 연충, 게 등은 해수면 아래에서 살아간다. 조류와 어류를 포함한 동물들은 모래 속에 있거나 파도에 의해 씻겨나온 것들을 잡아 먹는다. 켈프, 유목과 다른 식물 파편은 이들을 먹고 살아가는 모래벼룩 및 곤충들과 함께 해수면 위에서 발견되기도 한다. 해변이 방파제에 의해 좁아지면 모든 생명체는 좁은 지역으로 몰리게 된다. 이러한 모래 속에는 더 적은 수의 동물이 살게 되며, 해변에는 더 적은 수의 새가 먹고 쉰다. 또한 해변에는 곤충의 서식지가 되는 유목과 켈프가 적어진다. 그 결과 해변의 생물다양성은 감소한다.[4] 그림 4.B는 이런 변화를 나타내고 있다. 중요한 개념은 바로 우리가 생태계에서 종의 서식지를 줄이게 되면 그 다양성이 감소한다는 것이다. 어떤 종은 수가 감소하고 어떤 종은 멸종하기도 한다. 방파제 건설로 인해 해변이 거의 사라지면 이러한 문제는 보다 용이하게 일어난다.

그림 4.A 방파제는 해변을 좁게 만든다. 남부 캘리포니아의 이 방파제는 모래질 해변을 좁게 함으로써 해변 환경에 영향을 주었다. (*Edward A. Keller*)

인간이 사용하는 토지의 변형과 기후 및 생지구화학적 순환의 변화가 다양한 요인들과 복잡하게 연결되어 있다는 것이다. 이런 작용들은 전체 생태계의 손실과 많은 종의 멸종으로 나타나는 생물다양성의 감소로 귀착된다. 우리는 지난 2,000년 동안 명백하게 큰 멸종 사건을 겪고 있으며, 이는 특히 조류, 포유류, 어류뿐만 아니라 많은 곤충과 다른 종들의 생물

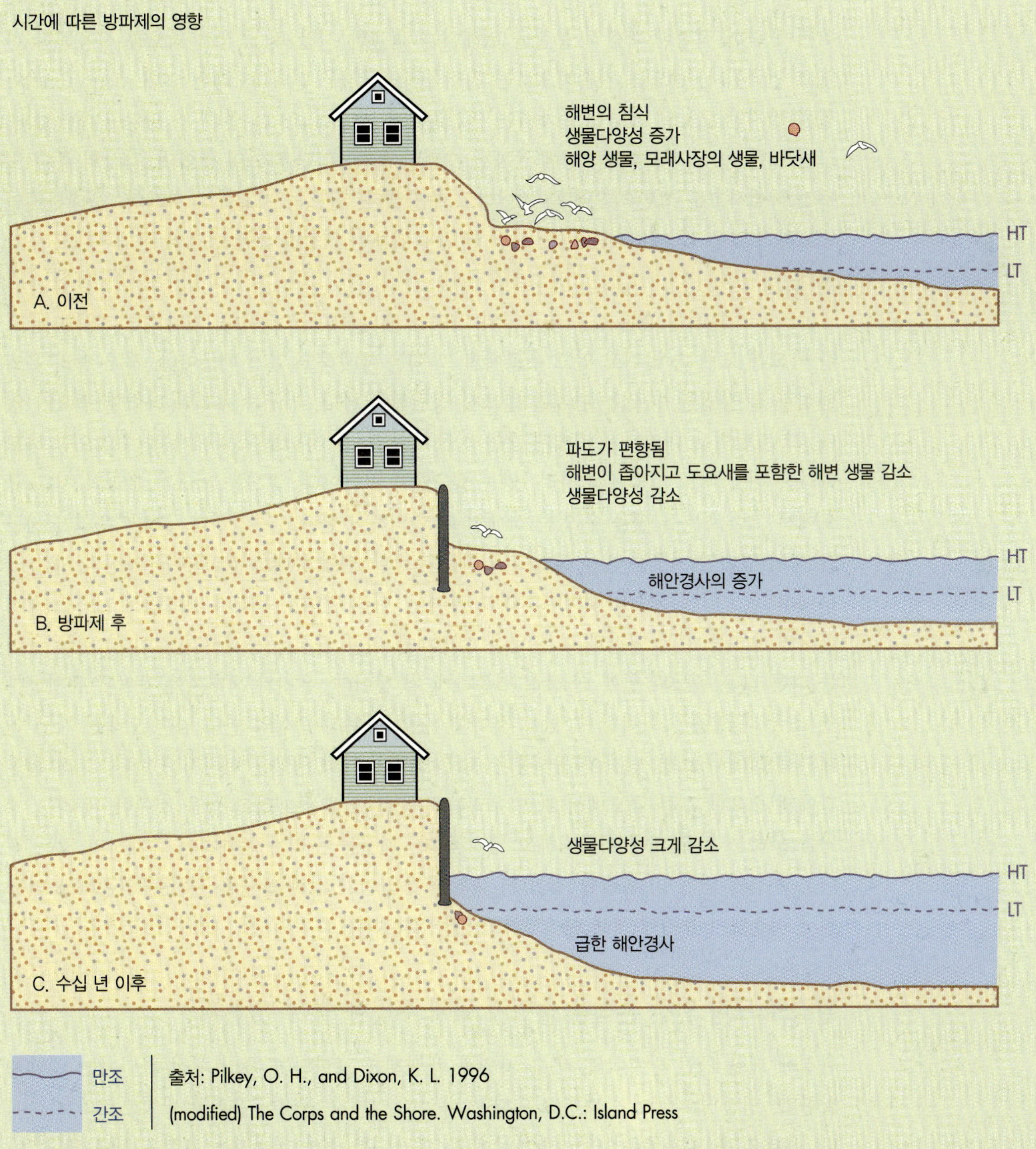

출처: Pilkey, O. H., and Dixon, K. L. 1996
(modified) The Corps and the Shore. Washington, D.C.: Island Press

그림 4.B 방파제와 생태학 해변이 천천히 좁아지면서 연안의 새를 위시한 해안 동물의 생물다양성이 감소하였다. 게다가 좁아진 해변에서는 부유하는 나무(유목) 등 유기 쇄설물의 양이 감소하여 해변에 살아가는 생명체에 대한 서식지 제공이 감소하였다.

다양성의 감소로 연결되고 있다. 지난 200만 년 동안의 멸종 속도는 지질학적 기반의 속도에 의해 예측된 것보다 훨씬 빠르다.

지구 생태계의 인간 지배를 이끄는 가장 중요한 요인은 토지의 변형이다. 이런 변형은 인간이 농업, 산업, 여가활동, 도심을 발달시키면서 발생한다.

환경의 황금률 : 시기에 관한 지질학적 전망

저명한 지질학자이자 생태학자인 스티븐 제이 굴드는 오늘날 인간이 직면하고 있는 환경위기에 관한 적절한 과학적 분석을 위해서는 적절한 시간 및 공간적 척도를 사용해야 한다고 언급했다. 굴드는 기본적으로는 지질학적인 '지구 연대' (오래된 연대, deep time)와 훨씬 짧지만 오늘날 지구에 존재하는 인간들에게 중요한 '인간 연대' 가 있다고 주장했다. 그는 또한 현대 인류는 지구상에 존재한 수백만 종 중의 단 하나일 뿐이며, 각각의 종이 모두가 특별하고도 그만의 가치를 지닌다고 주장했다. 굴드는 지질학적 시간의 '웅대하지만 중요하지 않음' 과 대비되는 인간 시간 규모에 기초한 적절한 환경 윤리가 존재한다고 주장한다.

굴드의 기본적인 결론은 우리 지구와 약속을 해야 한다는 것이다. 왜냐하면 지구는 중요한 카드를 모두 손에 쥐고 있고 우리에게 그 힘을 행사하고 있기 때문이다. 하루 빨리 우리 행성과 잘 양립할 수 있는 관계를 반드시 정립해야 한다. 지구는 우리와 타협할 필요가 없다. 그런 타협은 대지가 우리에게 주는 선물이며 "다른 사람들이 너에게 해 주었으면 하고 바라는 대로 너도 그들에게 하라." 라는 **황금률**의 변화이다. 굴드는 지구가 우리의 시간 규모에서 그런 협약을 맺을 수 있는 상태일 때 합의해야 한다고 주장한다. 그는 "우리가 지구를 상처 입히면 지구는 피를 흘리고 우리를 추방한 후에 붕대를 감고 지구 자신의 시간 규모에서 자기 일에 집중할 것이다."[5]라고 말한다. 다시 말해서 우리가 계속해서 지구를 경시한다면 우리는 결국 인간과 다른 많은 생명체를 위한 환경을 붕괴시킬 것이다. 결국 우리는 다른 많은 종들과 함께 더 빨리 멸종하게 될 것이다. 우리가 생태계와 자원을 유지한다면 조금 더 멸종을 회피할 수 있을 것이다. 수억 년부터 수십억 년을 넘는 오래된 지구 연대의 관점에서 보면, 인간이라는 종은 지구 역사에 거의 영향을 미치지 못한다. 그러나 인간에게 중요한 시간 규모에서 보면 우리는 가능한 오래 존재하고 싶을 것이다. 우리는 지구를 구하는 것에 대해 이야기하고 있지 않다. 지구는 우리가 존재하든 존재하지 않든 적어도 수십억 년은 더 존속할 것이다. 우리는 우리의 건강과 안녕을 위하여 의존하고 있는 지구 시스템의 유지에 대해 이야기하고 있는 것이다.

환경에 대한 인간 흔적을 줄이기 위해 무엇을 할 수 있는가?

환경에 대한 인간 발자국(흔적)은 자원과 생태계를 포함하는 우리 행성에 미치는 영향을 말한다. 인간 발자국이 증가하고 있다는 사실을 인지하는 것이 올바른 방향으로의 시작이다. 우리의 총 발자국은 1인당 발자국에 총 인구수를 곱한 것이라는 사실을 알고 있다. 이 영향을 줄이기 위해서 우리는 총 인구수를 줄이거나 1인당 영향력을 줄여야 한다. 가장 흔히 언급되는 방법들은 인구수를 줄이는 것과 함께 자원을 더 효율적으로 사용하고 폐기물을 잘 처리하는 법을 배우는 것이다. 생태계에 대해 과학적인 이해를 높이는 것 또한 중요하다. 우리는 인간에 의해 야기된 변화와 생태계가 어떻게 연결되어 있는지를 알고, 우리의 사회문화적 환경이 이런 변화와 어떻게 연관되어 있는지를 알 필요가 있다. 그러면 우리는 인간 지배하의 생태계와 더 큰 세계와의 연관이 중요함을 알 수 있다. 결국, 우리가 현저한 흔적을 남긴다는 것을 깨달음으로써 생태계를 더 좋게 개선해야 한다는 도덕적인 책임감을 가지게 된다. 만약에 '야생종'과 함께 '야생 생태계'의 생물학적 다양성을 보존하고 싶다면, 우리가 어떻게 환경을 다루는지에 대해 지각 있는 결정을 내려야 할 것이다. 인구 증가가 지구 역사에서 전례가 없던 일이라는 것을 지각하고 있으므로 좀 더 능동적인 관리가 특히 중요하다. 지구 역사상 어떤 종도 이렇게 확연하게 세상의 우위에 있었던 적은 없다. 어떤 경우에는 변화가 증가하고 가속화되기도 한다. 이에 대해 더 잘 알수록 우리 행성에 대한 능동적인 관리에 대해 보다 잘 준비할 수 있을 것이다.[6]

4.3 생태 복원

복원 생태학은 생태학적 복원 과정에 관한 과학이다. 지금부터 우리의 논의는 과학(복원 생태학)을 복원 프로젝트에 적용하는 것에 초점을 맞출 것이다. **생태 복원**(ecological restoration)을 간단히 정의하면 어떤 장소나 지역을 고유의 이전 생태계로 바꾸는 과정이다. 많은 종류의 가능한 프로젝트가 있다. 예를 들면, 어류와 다른 야생 생물의 서식지를 위한 하천 복원, 조각난 하천 생태계를 다시 합치기 위한 댐 제거(자세히 살펴보기 '키시미 강의 복원' 참조), 생태 기능을 개선하기 위한 범람원 복원, 홍수 조절에서부터 야생 생물의 서식지 개선, 해안침식의 완충 작용 등 여러 가지 목적에서 이루어지는 담수와 염수 습지 복원(자세히 살펴보기 '플로리다 에버글레이즈의 복원' 참조), 해변 침식을 조절하고 야생 생물 서식지를 제공하기 위한 해변과 해안 사구 복원(자세히 살펴보기 '포켓 비치에서의 해안 사구 복원 : '캘리포니아대학교 샌타바버라 캠퍼스' 참조), 멸종 위기종의 서식지 복원, 노천 채굴 이후의 토지 복원, 배수나 식생 회복, 절개나 효과적인 화재 관리를 위한 토목사업에 영향을 받은 재래종이나 야생생물의 서식지를 복원하는 것 등이다.

복원 과정의 공통적인 목표는 인간에 의해 덜 교란되고 이상적인 생태계와 닮아 필요한 생태계의 구조, 기능, 다양성, 작용을 포함하도록 손상된 생태계를 변화시키는 것이다. 생태 복원에 인간과 사회적인 요소를 더하려는 시도에 있어서는, 인간에 의해 야기된 환경 손상을 보상하기 위하여 어떤 장소나 지역을 신중하게 변화시키는 작용이라고도 정의할 수 있다. 복원의 목적은, 지속 가능한 생태계를 다시 정립하고 자연 환경과 인간에 의해 변화된 환경 사이에 새로운 관계를 발전시키는 것이다.[7] 이런 생각과 원칙을 적용시키려고 시도할 때, 인간에 의해 변형된 다양한 환경은 자연계와 같지 않음을 깨닫게 된다. 더욱이 많은 장소들은 돌이킬 수 없는 상태로 변화했기 때문에 그들의 초기 상태로 되돌리는 일은 거의 불가능하다. 예를 들어, 많은 해안습지와 하천습지는 인간의 이용을 위해 배수되고 함양되고 개발되었다. 이것을 본래의 상태로 되돌리는 것은 불가능하다. 그러므로 보다 실용적인 접근은, 현재의 생태계와 조경을 인간 활동에 의해 덜 교란된 생태계와 최대한 비

자세히 살펴보기 | 키시미 강의 복원

플로리다 중부와 남부의 키시미 강 복원은 미국에서 가장 야심적인 하천 복원 사업이었다. 키시미 강은 수로 정비 이전에는 대략 160km 정도의 길이로 범람원을 향해 굽이쳐 흘렀는데, 그 너비는 수 킬로미터에 달했다(그림 4.C). 긴 기간 동안 범람원이 물에 잠겼기 때문에 하천은 보기 드문 수문 특성을 나타냈다. 그 결과, 범람원과 하천은 습지 식물, 학, 물새, 어류와 기타 야생생물을 포함하여 생물학적으로 다양한 생태계를 유지하였다.

대략 1940년 이전에는 매우 적은 수의 사람들이 키시미 분지에 살면서 대부분 농사를 짓거나 목장에서 소를 키우는 목적으로 토지를 이용했다. 그러나 제2차 세계대전이 끝나면서 급격한 개발과 성장이 일어났고, 허리케인이 분지를 지나가면서 광범위한 홍수가 발생했다. 그래서 플로리다 주는 연방 정부에 중부와 남부 플로리다를 위한 치수 계획을 세울 것을 요청했다. 1954년부터 1960년까지 키시미 강의 수로 정비가 계획되었고, 1962년부터 1971년 사이에 수로가 정비되었다. 약 2/3에 해당하는 범람원에서 물이 빠져나갔고 인공 수로가 생겼으며 사행천은 직선 수로로 바뀌었다. 수로 정비 결과 생태계 기능은 저하되었다. 조류와 어류가 살던 습지는 크게 감소하였다. 현재의 복원 운동이 논의되고 계획될 때까지 하천 유실을 야기하는 행위가 계속되었다. 복원의 목적은 하천의 일부분을 이전의 사행천 하상과 넓은 범람원으로 되돌리는 것이었다. 구체적인 목표는 다음과 같았다.[9]

(a)

(b)

그림 4.C 키시미 강의 복원 (a) 직선 수로화 이전의 중부와 남부 플로리다의 키시미 강. (b) 직선화된 이후의 키시미 강으로서 강은 주로 도랑으로 이루어져 있다. (*South Florida Water Management District*)

- 이전의 생물다양성과 생태계 기능을 회복한다.
- 이전의 습지 식물 군집을 되살린다.
- 범람원의 장기간 범람과 함께 이전의 수문 상태를 되살린다.
- 이전의 하천 범람원 환경을 재조성하고 본류로 연결한다.

복원 프로젝트는 1992년에 미 의회의 인가를 받아 남부 플로리다 물관리지구와 미 공병단과의 협력하에 이루어졌다. 복원의 일반적인 계획은 그림 4.D에 나타나 있다.

키시미 강의 복원은 수년 전에 시작하여 계속되고 있다. 2001년까지 대략 12km에 달하는 거의 직선이던 수로가 24km 정도의 범람원 습지를 포함하는 사행천으로 복원되었다. 이를 통하여 생태계는 좀 더 자연적인 상태, 즉 물이 사행천과 범람원 위로 다시 흐르는 상태로 되돌렸다. 그 결과, 습지 식물이 다시 생겨났고 새와 그 밖의 야생생물이 되돌아오고 있다. 복원 프로젝트에 의해 하천이 범람원으로 사행함으로써 범람 방지 시설을 유지함과 아울러 홍수 재해의 가능성이 감소하고 있다. 범람 방지 시설을 유지하는 이유는 전체 하천을 수로화 이전 상태로 완전히 되돌리지는 않기 때문이다. 즉 홍수를 조절하는 구조 중 일부는 제거되고 나머지는 유지될 것이다.

키시미 강의 복원에 드는 비용은 강을 직선 수로화하는 비용에 비해 몇 배나 크다. 그러나 복원 프로젝트는 생물다양성을 유지하고 좀 더 자연적인 환경에서의 여가 활동을 제공한다는 점에서 가치가 있다.

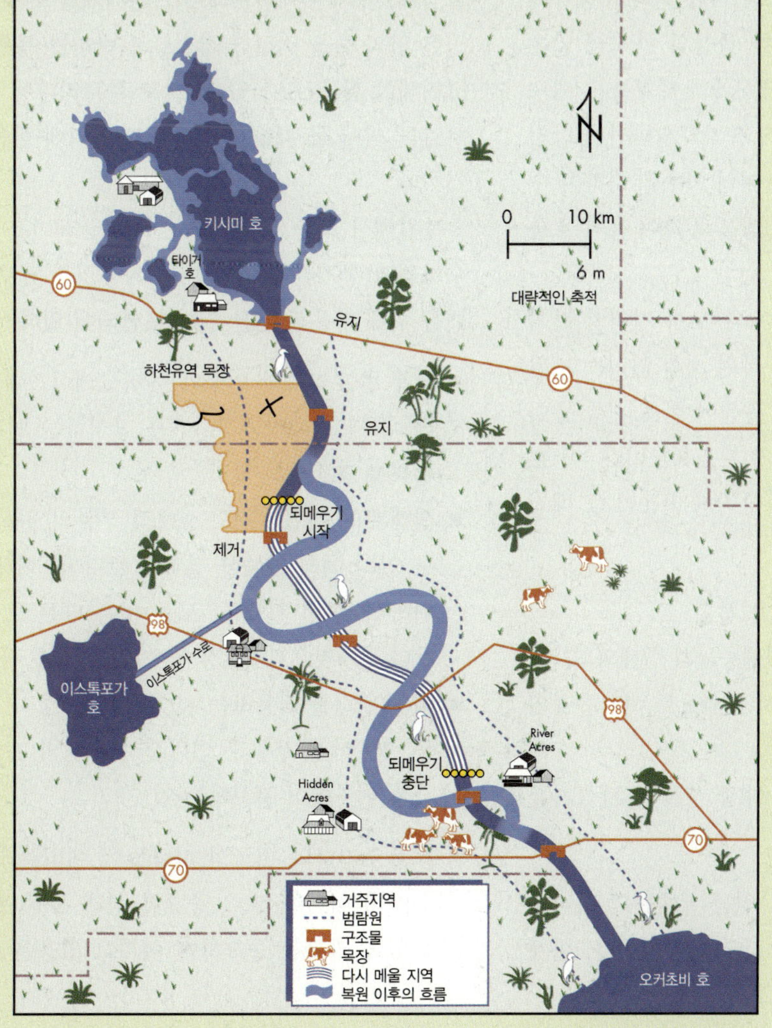

그림 4.D 키시미 강 복원 계획 키시미 강의 복원을 위한 개괄적인 계획. 복원 프로젝트의 주요 목적의 하나는 강의 생태계 기능에 있어 생물다양성을 복구하는 것일 뿐만 아니라 본류에 연결되어 있던 이전의 하천 범람원 환경을 되살리는 것이다. (*South Florida Water Management District*)

자세히 살펴보기 | 플로리다 에버글레이즈의 복원

플로리다 에버글레이즈는 미국에서 가장 가치 있는 생태 보물 중의 하나라고 여겨진다. 에버글레이즈의 생태계는 플로리다 올랜도 근처의 여러 작은 호수로부터 시작하여 남쪽으로 플로리다 만에 이르기까지 수백 km에 걸쳐 발달되어 있다(그림 4.E). 오키초비 호수 북쪽의 생태계는 호수로 유입되는 배수 지역을 이루고 있으며, 반면에 호수 남쪽은 수문학적으로 서서히 흐르는 얕고 넓은 수체를 이루는 긴 습지 시스템을 이루고 있다. 여러 세대에 걸쳐 세계 곳곳에서 여행자들이 에버글레이즈를 찾아오고 있는데, 그들은 독특한 경관뿐만 아니라 야생생물을 보기 위해서 찾아온다. 에버글레이즈는 11,000종이 넘는 식물뿐만 아니라 수백 종의 조류와 수많은 종류의 어류, 멸종 위기에 처한 플로리다 매너티를 포함한 바다포유류의 서식지이다. 습지와 그 주변 지역은 플로리다 팬더와 아메리칸 악어를 위시한 거의 70종류에 달하는 위협받거나 멸종 위기에 처한 종들의 마지막 남은 서식지이다. 약 1900년부터 에버글레이즈의 대부분은 배수되어 농지와 도시로 개발되었고, 원래 습지의 50%만이 남았다. 홍수 관리, 급수, 토지 배수 등의 여러 치수를 위하여 수로와 제방으로 이루어진 복잡한 시스템을 통하여 물의 흐름이 조절되었다.

수십 년 동안에 행해진 습지의 배수와 도시 지역의 잠식으로 인하여 에버글레이즈 생태계는 복원 계획 없이는 자원이 거의 사라질 정도로 손상되었다. 복원이 현재 진행 중인데 세계에서 가장 큰 습지에서의 환경 프로젝트이다. 이 프로젝트는 30년 사업으로서 약 100억 달러의 비용이 들 예정이다. 복원 목표는 다음과 같다.

- 좀 더 자연적인 상태로 수문 과정을 복원
- 재래종, 특히 멸종 위기에 처한 재래종들의 증대와 회복
- 수질 개선, 특히 농업 지역과 도시 지역으로부터 유출되는 영양염류의 부하량 조절
- 에버글레이즈를 이용하는 모든 야생 생물의 서식지를 복원

이 복원 계획은 연방 정부, 주 정부, 인근 부족뿐만 아니라 수많은 다른 관련 집단이 참가하는 적극적인 것이다. 현재까지의 진전은 주목할 만한데, 농업 활동으로 인하여 에버글레이즈로 흘러드는 오염된 물이 거의 반으로 줄어들고 있다. 그 결과, 하천 시스템으로 흘러드는 물이 수년 전에 비해 훨씬 깨끗해졌다. 게다가, 위협에 처한 종들의 서식지를 개선하고 보존하기 위하여 브라질 후추나무, 틸라피아(아프리카가 원산지인 물고기) 등의 침입 및 외래종을 제거하는 작업이 수천 헥타르에 걸쳐 진행되었다.

에버글레이즈를 복원하는 계획은 장기간의 계획이며, 아직 완결되지 않은 오랜 기간의 과학적 조사가 포함되어 있다. 남부 플로리다에는 500만이 넘는 사람이 살고 있다는 사실이 사업을 복잡하게 만든다. 급격하게 경제가 성장하고 있는 지역이고, 따라서 수질과 토지 이용에 관련된 도시 문제들을 추가로 고려해야 한다. 아마 가장 큰 문제점은 바로 물인데, 따라서 에버글레이즈 생태계를 유지하기 위하여 적정한 양의 물을 적절한 장소로 운반하는 복원을 조심스럽게 고려해야 할 필요가 있다. 남부 플로리다에 사는 수백 만의 사람들 역시 물 때문에 경쟁하고 있기에 이는 큰 도전이 될 것이다.

복원에서 최우선의 목표는 에버글레이즈 생태계에 있어 수자원의 장기간에 걸친 지속 가능성을 담보하는 일이다.[10] 이를 위해 다음과 같은 일이 포함되어 있다.

- 남부 플로리다의 인구와 에버글레이즈에의 사람들의 접근, 그리고 에버글레이즈를 잠식하는 인간에 의한 개발 행위를 조절하는 것
- 생태계의 지질, 수문, 생태적 부분의 변화로부터 야기될 수 있는 여러 가능한 결과를 보다 잘 이해하고 예측하기 위하여, 환경 일체론("모든 것은 다른 모든 것에 영향을 준다."는 것으로 제1장 참조)의 원리를 적용하는 것
- 예방 원리를 적용하는 것(제1장 참조)
- 물, 땅, 야생 생물과 연관된 시스템의 속도와 변화를 인간과 연관지어 분석하는 것

남부 플로리다와 미국의 사람들이 에버글레이즈 생태계를 가치 있게 여기며, 또한 중요한 생태 복원 프로그램을 이행함에 있어 과학을 중요하게 여기고 있음은 명백하다. 이것

이 성공함으로써, 장래에 차세대들이 이 복원 프로그램의 시작을 "북아메리카에 있는 가장 중요한 생태 자원 중 하나를 지키기 위한 분기점이었다."고 되돌아보기를 희망한다.

(a)

(b)

그림 4.E 플로리다 에버글레이즈 (a) 플로리다 최남단의 에버글레이즈를 보여주는 플로리다 지도. 에버글레이즈는 오커초비 호수 남쪽에서 대서양으로 뻗어나가는 넓고도 얕게 흐르는 강 시스템이다. (b) 플로리다 에버글레이즈는 다양한 생태계이다. (*Farrell Grehan/CORBIS*)

슷하도록 바꾸려는 노력이다. 예를 들어, 도시로 흘러들어가는 하천을 복원하려고 계획한다면 비재래종을 제거하고 재래식물을 다시 심으며 하천이 범람원을 따라 보다 자연적인 상태로 흐르도록 하는 것이다. 이렇게 함으로써, 복원을 통하여 하천 주변에 그린벨트를 만들어 도시화 이전 상태의 생태계를 일부 포함하고 식생이 잘 발달하게 만들 것이다. 그 결과물은 도시화 이전 상태로 되돌리는 생태 복원과 비도심 환경에서 발견되는 하천처럼 기능하는 보다 자연적인 하천 시스템을 만드는 일 사이의 절충안이 될 것이다.[8]

다양한 조경을 복원하는 것은 가능하다. 그러나 무엇이 복원되든지 우리가 종종 'Big Three'라고 부르는 여러 중요한 요소가 고려되어야 한다. 이는 바로 수문학적 작용, 토양과 암석, 식생이다. 수문학적 과정은 지표수와 지하수로 나타나는 모든 수문학적 순환을 포함한다. 토양과 암석은 토양 속에 살고 있는 미생물을 포함한다. 식생은 땅과 습지 생태계를 덮고 있는 물질이다. 복원 사업에 'Big Three'를 적용하면 생태 복원이 예술이면서도 공학이기도 하다는 사실을 쉽게 알게 된다. 특정한 생태계의 기능, 구조, 작용을 정확하게 정의할 수 있을 정도로 우리 지식이 넓지 못하기 때문이다. 생태 복원은 과학적인 기여와 함께 사회적인 기여도 한다. 이런 점에서 복원은 사회적인 활동이다. 복원이 행해지는 지역의 거주민들, 즉 이해관계자라 불리는 이들의 기여도가 복원의 목표를 정하는 데 있어 매우 중요하다. 복원 사업을 시작하기 전에는 비평과 권고를 위해 공청회를 하게 된다. 목표와 그 목표의 결과인 과학적 목표 사이에는 피드백이 존재한다. 예를 들어, 염성소택지(salt marsh)를 복원하고 영양분의 하천 부하를 특정 수준까지 줄이기 위해 습지에 식물을 심으려고 한다면, 그 수준이 바로 과학적 최종 목표가 될 것이다. 만약 목표에 도달하지 못할 것이라고 밝혀지면 그 목표에 대한 고려가 이루어져야 할 것이다. 과학적 측정이라 함은 복원의 과학적 목표와 목표를 이루기 위한 과정에서 발생하는 측정과 모니터링을 말한다. 목표와 측정을 정립하는 데 있어서 과학의 기여는 중요하다.

표 4.1 생태 복원 프로젝트를 계획하고 시작하는 단계 및 과정

1. 복원될 지역의 생태 기술을 한다.
2. 복원의 필요성에 대한 명백한 이해를 제공한다.
3. 사업의 목적과 목표를 밝힌다.
4. 복원을 하기 위해 사용될 절차를 구체적으로 제시한다.
5. 복원을 통해 도달하려는 기준 생태계를 정확하게 안다.
6. 복원된 생태계가 어떻게 스스로 지속될지를 정한다. 즉 에너지 흐름과 물질 순환을 제공하여 복원된 생태계의 장기적인 자체 유지뿐 아니라 다른 생태계로의 안정적인 연계를 보장한다.
7. 복원 동안의 성취도와 완결 이후의 모니터링에 대한 기준을 제시한다.
8. 사업의 시작부터 완결, 사업 후의 모니터링에 이르기까지 사업과 이해 관계에 있는 모든 사람들과 함께 일한다.
9. 사업의 예상 가능한 결과는 무엇일지 분석한다. 즉 모든 것은 다른 모든 것에 영향을 준다는 환경 일체론 원리를 적용하고 1차, 2차, 3차 영향을 예측한다.

출처: Society for Ecological Restoration, 2004. The SER international primer on ecological restoration, www.SER.org

생태 복원은, 간단히 식물 외래종을 제거하고 이상적인 종을 심는 것과 같이 생태계 구성과 구조의 복원에 초점을 맞추는 아주 간단한 처리로부터 생태 과정에 초점을 맞추는 전체 조경의 재건에 이르기까지 다양할 수 있다. 조경과 그 생태계의 재건을 위해서는 지질과 수문 작용에 대한 상세한 지식이 필요하다. 표 4.1에는 복원 과정을 상세히 기술하였다.

진행되는 복원의 특성 및 정도와는 관계없이, 복원은 그 사업과 이해 관계에 있는 사람들, 복원을 하고 있는 사람들, 복원 방법을 추천하고 데이터를 모으며 결과를 분석하는 과학자들 간의 협상 과정이라 할 수 있다. 또한 복원 사업의 평가는 건설보다 훨씬 이전에 시작한다는 것을 깨닫는 것도 중요하다. 평가는 복원 사업의 환경적으로 민감한 측면과 이것이 역사적으로나 문화적으로 중요한 가치와 어떻게 상호작용하는지를 파악하는 것이다. 건설 이전에 그 지역의 지질, 수문, 식생 상태를 주의 깊게 평가해야만이 복원 과정에 환경을 순응시킬 수 있다. 다시 말해서 복원 사업의 종합적인 목표와 무엇이 복원되는지에 대한 관점에서 수문, 지질, 식생을 평가하는 것이다. 복원 중에는 목적이 잘 성취되고 있는지를 판단하기 위해서 종종 감시가 필요하다. 또한, 복원 목표 설정을 포함한 전체 사업 과정 도중에 복원 사업을 시행하는 이들은 환경학자, 재산 소유권자, 또 다른 이해관계에 있는 이들을 포함한 지역 주민들과 복원 사업에서의 협력 가능성을 최대화하기 위해 긴밀하게 협력해야 한다. 마지막으로 생태 복원은 종종 성공적이지만, 여러 복합적인 성공이 있어야만 함을 인식하는 것도 중요하다. 이것은 예상하지 않은 어려움이 종종 발생하는 복원 사업의 첫 해에 특히 발생하기 쉬우며, 이러한 경우 필요하다면 복원 계획을 변경하기도 한다. 또한 복원 활동을 방해하는 가뭄이나 심한 폭풍과 같은 자연재해도 발생할 수 있다.

생태 복원에 관련된 또 다른 개념이 생물공학인데, 이는 하천 제방의 침식 방지와 같은 구체적인 목표를 달성하기 위해 시행하는 공학 프로젝트에 식생을 사용하는 것이다.[7,8] 좀 더 넓은 의미에서 생태 공학은 생태계를 고안하고 건설하는 것이다.

자세히 살펴보기 | 포켓 비치에서의 해안 사구 복원 : 캘리포니아 대학교 샌타바버라 캠퍼스

캘리포니아 대학교 샌타바버라 캠퍼스 안에는 수 킬로미터에 달하는 해변이 있다. 2개의 작은 포켓 비치가 고대 하천이 해안절벽을 교란하거나 절단한 곳에 존재한다. 여기에는 해변으로부터 모래가 내륙을 향해 수십 미터 정도 불어오며 낮은 해안 사구가 발달해 있다. 수년에 걸쳐 사구는 빙하 식물 중 남아프리카 종에 의해 잠식 당하였다. 빙하 식물은 사구 전체를 뒤덮어 정상적인 사구의 기능을 방해했으며, 다른 식물들이 자라지 못하게 하고 자연적인 모래 이동을 막았다. 그 결과 사구 생태계의 생물다양성이 크게 감소했다. 사구 복원에는 빙하 식물을 태양광에 노출시키는 일이 포함되었다. 여러 달 동안 검은 플라스틱으로 식물을 덮어 두면 죽어 뿌리 덮개로 바뀐다. 그 이후에 사구에 재래종을 심는다(그림 4.F). 본래의 식생이 사구로 돌아오면 생태계는 복원된다. 사구 복원은 외래종과 침입종을 제거하고 재래종으로 대체하는 제한된 목표를 가지고 아주 간단하고도 수월하게 이루어졌다. 이 작업이 끝나고 생태계의 기능은 복원되었고 생물다양성이 증가하였다. 이 사례에서는 생태계 구성(식물)을 복원하는 일이 생태계 작용(사구의 모래가 이동 가능하게 됨)을 복원을 촉진함을 보여준다. 그렇지만, 에버글레이즈와 키시미 강의 사례에서는 생태계 구성을 복원하기 전에 수문 과정이 복원되어야 함을 보여준다.

그림 4.F 사구 복원 복원 이후의 캘리포니아 대학교 샌타바버라 캠퍼스의 사구. 침입종이 제거되고 사구의 재래종이 이식되었다. (*Edward A. Keller*)

요 약

생태학은 생물과 그들 사이 혹은 무기 환경과의 상호작용과 연계에 대하여 연구하는 학문이다. 또한 종의 분포와 풍부도에 영향을 미치는 요인에 대한 연구라고 볼 수도 있다. 생태계는 생물체의 군집이며, 에너지가 흐르고 물질이 순환하는 무기 환경과 생물체 간의 상호작용이다. 그러므로 생태계를 이해하기 위해서는 지질학적, 생지구화학적, 수문학적 환경을 이해해야 한다.

지질은 식물과 동물의 분포와 풍부도에 영향을 줌으로써 생물다양성과 다양하게 연계되어 있다. 그 예로는 남부캘리포니아의 송어 서식지, 북아메리카와 유럽의 숲, 옐로스톤 국립공원의 늑대 및 엘크와 하천 작용에의 관계, 해달과 그들의 먹이가 되는 성게 간의 상호작용에 관련되는 캘리포니아의 켈프 숲 등이 있다.

인간 활동과 이해는 지구상의 거의 모든 생태계를 지배한다. 인간의 작용(영향)은 전체 생태계를 감소시키고 많은 종의 멸종을 불러와서 생물다양성을 감소시킨다. 가장 관심을 끄는 작용은 바로 토지의 변모인데, 예를 들면 자연 환경에서 농업이나 도시 지역으로 토지가 변모하는 것, 침입종의 도입, 전 지구적 변화를 초래하는 작용, 생지구화학적 순환의 변화 등이 있다. 지구 생태계에서의 인간 발자국(흔적)을 줄이는 것이 중요한 목표인데, 인구수를 조절하는 것, 지속가능성을 위해 지구 자원을 조절하는 것, 폐기물을 보다 효율적으로 처리하는 것 등이 포함된다.

우리에겐 인간과 관련된 시간 규모에 기초한 적절한 환경윤리가 필요하다. 우리 인간이 자원과 생태계를 유지하려면 삶의 터전인 지구와 다른 종들 간의 양립 가능한 관계를 가져야 할 것이며, 그래야만 오랜 기간 동안 지구에서 살아남을 수 있을 것이다.

생태 복원은 다양한 목적과 목표를 가지는 중요한 과정임이 판명되었다. 일반적으로, 생태 복원은 지속 가능한 생태계 구조, 작용, 기능을 재정립하기 위한 것이다.

기본개념의 재확인

인구 증가

인구수를 조절하는 것은 환경을 유지하고 인간 발자국(흔적)을 줄이기 위해서 중요한 목표이다. 인구수를 조절하지 못한다면 자원의 지속 가능한 관리가 어려워질 것이다.

지속 가능성

지속 가능성은 환경적인 목표이다. 지구 생태계의 유지는 인간계를 지속하고 싶다면 꼭 필요한 것이다. 인간은 다른 수많은 생명체와 지구를 공유하고 있으며, 이들 대부분은 우리의 행복에 필요하다. 그러므로 우리가 지질과 생태계를 생각할 때 가장 큰 배경에서 이들의 관계가 지속 가능한 발달로 이어지는지를 고려해야 한다.

계로서의 지구

생태계는 지구계의 중요한 구성 중 하나로서 생물체를 무기환경과 연결시킨다. 지질과 수문 시스템은 단순한 관계로부터 복잡한 관계에 이르기까지 생명체 군집과 서로 연결되어 있다. 이상적이고도 지속 가능한 상태로 생물계를 유지하기 위해서는 지질 및 수문 과정의 역할을 이해하고 이상적인 생물 조건을 유지할 수 있도록 그 과정들을 유지함이 필요하다.

위험한 지구작용, 위해성 평가 및 인식

생태계는 산사태나 범람과 연관되는 자연적인 유용(서비스) 기능을 수행한다. 하천 제방의 제방 식생은 하천 제방의 안정성과 침식에 대한 저항성을 증가시킨다. 습지는 범람 시에 물을 저장하고 천천히 배출함으로써 홍수 재해를 감소시킨다. 습지는 바다에서 일어나는 폭풍파에 대한 완충작용을 하여 해안 지역의 침식과 범람 방지를 돕는다.

과학지식과 가치

생태과학은 생태계에 대한 많은 정보를 제공한다. 그 지식을 생태계를 복원하고 유지하는 데 어떻게 쓸 것인지는 매우 가치있는 일이다.

주요 용어

생물다양성
생태계
생태학
생태 복원

복습 문제

1. 생태계를 정의하라.
2. 종과 생태 군집 간의 관계는 무엇인가?
3. 생물다양성은 무엇을 의미하는가?
4. 생물다양성을 증가시키거나 감소시키는 요인은 무엇인가?
5. 옐로스톤 국립공원의 늑대와 남부캘리포니아 켈프 숲의 해달과 관련된 사례를 통해 무엇을 알 수 있는가?
6. 방파제는 어떻게 생물다양성을 감소시키는가?
7. 환경 황금률은 무엇을 의미하는가?
8. 생태 복원이란 무엇인가?
9. 생태 복원, 자연화, 생물공학의 차이는 무엇인가?
10. 지질과 생태의 중요한 연계는 무엇인가?

심화 문제

1. 생태계는 생태 군집과 무생물 환경을 모두 포함한다. 둘 중 어떤 것이 더 중요하다고 생각하는가? 이유는 무엇인가? 다시 말해서, 외관상의 환경이 그곳에 사는 생물보다 더 중요한가, 아니면 지질의 역할에 비하여 그에 거주하는 생물이 외관상의 환경에 더 큰 영향을 주는가?
2. 우리 주변 지역의 하천을 방문해 보자. 하천과 주위 환경을 주의 깊게 관찰하고 인간의 지배가 어느 정도 되는지 짐작해 보자. 그 하천은 복원 대상이 되는가? 그렇다면 어떤 일이 가능한가? 아니라면 그 이유는 무엇인가?
3. 일부 지질학자와 수문학자들이 특히 생물 환경적인 측면에서 생태계 기능에 대한 인식을 잘하지 못하는 이유는 무엇인가? 일부 생물학자들이 생태계의 물리적·수리지질학적 상태에 대해 알지 못하는 이유는? 어떻게 하면 생물계를 다루는 학자들과 지질·수문학적 시스템을 다루는 학자들 간의 격차를 줄일 수 있겠는가?

제 2 부

지구작용과 자연재해

제2부의 핵심적인 내용은 주요 자연재해에 대한 것이다. 제5장은 자연재해 개관, 제6장은 지진과 쓰나미, 제7장은 화산활동, 제8장은 홍수, 제9장은 사태, 제10장은 해안의 작용과 허리케인, 제11장은 운석과 혜성의 충돌에 대한 것이다. 제2부의 목적은 자연재해에 대해서 상세하고 광범위한 정보를 제공하려는 것이 아니고, 인간과 자연재해의 상호작용으로 인해서 발생하는 환경문제의 기본 사항에 관해서 논의하고자 한다. 주요 개념은 다음과 같다. 1) 지구는 역동적인 환경이며 자연작용으로 인한 변화는 예외적이라기보다는 일상적인 것이다. 2) 우리는 모든 자연작용과 재해를 이해함으로써 그 작용들이 인간 사회에 미치는 영향을 최소화하도록 노력해야 한다. 3) 인구 증가와 토지 용도의 변경은 인명 손실과 재산피해를 유발하는 자연재해의 위험성을 크게 증대시키고 있다. 특별히 중요한 것은 자연재해의 잠재 발생 지역과 자연 및 인간에 의해서 유발되는 자연재해의 재발 시기를 인지하는 것이다. 환경적으로 우선시되는 자연재해의 조절 대책은 자연재해의 발생 가능성이 매우 높은 지역을 피하고 토지 사용을 적절하게 관리하는 환경계획을 수립하는 것이다. 환경계획의 수립은 자연작용의 상세한 연구와 유용한 환경도면 작성을 포함한다.

제 5 장

자연재해 개관

학습 목표

자연재해는 인간의 생명과 건축물에 위험을 초래하는 자연작용이다. 화산 분출, 지진, 홍수, 허리케인은 모두 자연재해이다. 인구는 계속적으로 증가하고 있으며, 특히 도시지역에서는 자연재해로부터 인명과 재산 손실을 최소화하기 위하여 환경적으로 견고한 대책이 요구되고 있다. 그러므로 자연재해에 관한 연구는 환경지질학의 주요 분야 중의 하나이다. 이 장의 학습 목표는 다음과 같다.

- 인구 증가와 토지용도 변화가 어떻게 자연재해와 재앙으로부터 인명과 재산손실의 위험성을 증대시키는지를 이해한다.
- 지구작용의 어떤 조건이 인간에게 위해가 되는지 알아본다.
- 인간에게 재해가 되는 자연작용이 어떻게 인간에게 이로울 수도 있는지를 이해한다.
- 인명 손실과 재산피해를 유발하는 여러 가지 자연작용을 이해한다.
- 자연작용의 역사, 예측, 여러 자연작용 사이의 연관성, 자연재해의 위험성을 결정하는 데 있어서 위해성 평가의 중요성을 이해한다.
- 자연재해의 잠재성을 인식하고 조절하는 방법을 터득한다.
- 자연재해와 재앙에서 회복하는 단계를 이해한다.

초대형 태풍인 허리케인 카트리나. 허리케인 카트리나가 뉴올리언스 지역으로 접근하고 있다—항공사진. (*NOAA*)

사례 연구 | 미국 역사상 가장 치명적인 자연재앙인 허리케인 카트리나

허리케인 카트리나(이 장의 첫 페이지 사진)는 2005년 8월 29일 초저녁에 뉴올리언스 동쪽 약 45km 지점에 상륙하였다. 카트리나는 그 중심으로부터 160km까지 심각한 피해를 줄 정도의 초대형 태풍이었다. 카트리나는 3~6m의 태풍 해일(태풍에 의해서 해안에 밀려드는 높은 파도)을 발생시켰다. 해안방벽 섬과 해안이 침식됨으로써 루이지애나와 미시시피 주 해안의 많은 지역들이 초토화되었으며 집들이 파괴되었다. 허리케인 카트리나로 인한 재산피해와 피해지역 재건을 위한 비용이 1,000억 달러를 넘어서면서, 카트리나는 미국 역사상 가장 금전적인 피해가 큰 허리케인이 되었다. 많은 사망자가 바다로 밀려가서 너무 깊은 곳에 묻혀 버렸기 때문에 정확한 사망자 수는 알 수 없으나, 공식적인 사망자 수는 1,836명이었다. 허리케인과 뒤이어 일어난 홍수가 일련의 사건들로 일어났으며, 이에 의해서 심각한 환경적인 피해가 초래되었다. 폭풍과 해일로 발생한 인명과 재산 손실은 엄청났으며, 모든 해안 마을과 수산업이 사라졌다.

처음에는 허리케인의 직접적인 타격을 받지 않았기 때문에 뉴올리언스 시가 피해로부터 벗어날 것으로 생각되었다. 그러나 폰차트레인 호수(뉴올리언스 시의 북쪽에 위치하여 멕시코 만과 연결되어 있음)로부터 밀려들어온 물이 시를 범람시켰을 때 재앙이 시작되었다. 호수 물이 시의 저지대로 들어오는 것을 방지하도록 방벽을 갖추고 있는 제방의 두 지점이 붕괴되어 물이 쏟아져 들어왔다. 그리고 뉴올리언스 시의 멕시코 만 쪽에 있는 또 다른 제방이 무너져서 범람이 확대되었다. 뉴올리언스의 약 80%가 무릎 깊이부터 지붕까지 또는 그보다 더 높은 곳까지 물속에 잠겼다(그림 5.1). 대피할 수 있었지만 대피하지 않았거나 교통문제로 대피할 수 없었던 사람들은 폭풍의 공격에 당하고 말았다. 시의 일부(구 시가지인 프렌치 쿼터이며 뉴올리언스의 음악과 마르디 그라스가 유명한 지역)는 범람하지 않았다. 200년 전에 뉴올리언스를 건설한 사람들은 시의 많은 지역들이 낮은 곳으로서 미시시피 강의 자연제방에 위치하고 있다는 것을 알고 있었다. 자연제방은 수천 년 동안 강으로부터 운반된 퇴적물이 주기적으로 제방에 퇴적되어 형성되었다. 자연제방은 하도에 평행하며 인접 지표면보다 높아서 자연적으로 홍수를 방지하는 역할을 한다.

그림 5.1 카트리나가 뉴올리언스를 범람시키다 허리케인 카트리나 발생 시 홍수 방지시설의 붕괴로 뉴올리언스가 범람하였다. (*N. Smiley/Pool/Dallas Morning News/Corbis*)

저지대의 습지와 늪지가 배수되면서 도시는 저지대로 확대되었고, 이로 인해서 훨씬 더 큰 홍수재해가 일어나게 되었다. 도시의 많은 지역이 자연적인 요지에 위치하며 일부는 해수면 아래 1~3m 정도에 위치하고 있다(그림 5.2).

만일 대규모 허리케인이 뉴올리언스를 직접 또는 뉴올리언스의 근처를 강타한다면 광범위한 범람과 인명 및 재산 손실이 발생할 것이라는 것은 오래전부터 인지되어 왔었다. 그러한 경고가 완전히 무시되지는 않았으나, 대규모 허리케인으로부터 도시의 저지대를 보호할 수 있는 제방과 홍수방벽 시스템을 유지할 수 있을 정도로 충분한 예산이 지원되지는 않았다.

저지대가 100년마다 1~4m씩 매우 가변적으로 침하하는 것이 홍수재해를 유리하게 하였다. 어떤 지역에서는 단기간 내 50~75%의 침하가 일어나며, 이는 멕시코 만과 미시시피 삼각주를 형성시킨 지질작용(단층운동)에서 비롯된다.[1] 많게는 수m의 지반침하가 지난 100년간에 일어났으며, 이 기간 동안 해수면은 약 20cm 가량 상승하였다. 해수면 상승은 부분적으로는 지구온난화에서 비롯된다. 멕시코 만의 해수와 대양의 해수가 온난해짐에 따라 해수가 팽창하고 해수면이 상승하게 된다. 지반침하는 부분적으로 지하수, 석유, 천연가스 개발과 같은 인간 활동과 담수 습지의 상실(미시시피 강으로 공급되는 퇴적물이 줄어들 때 발생하는 담수

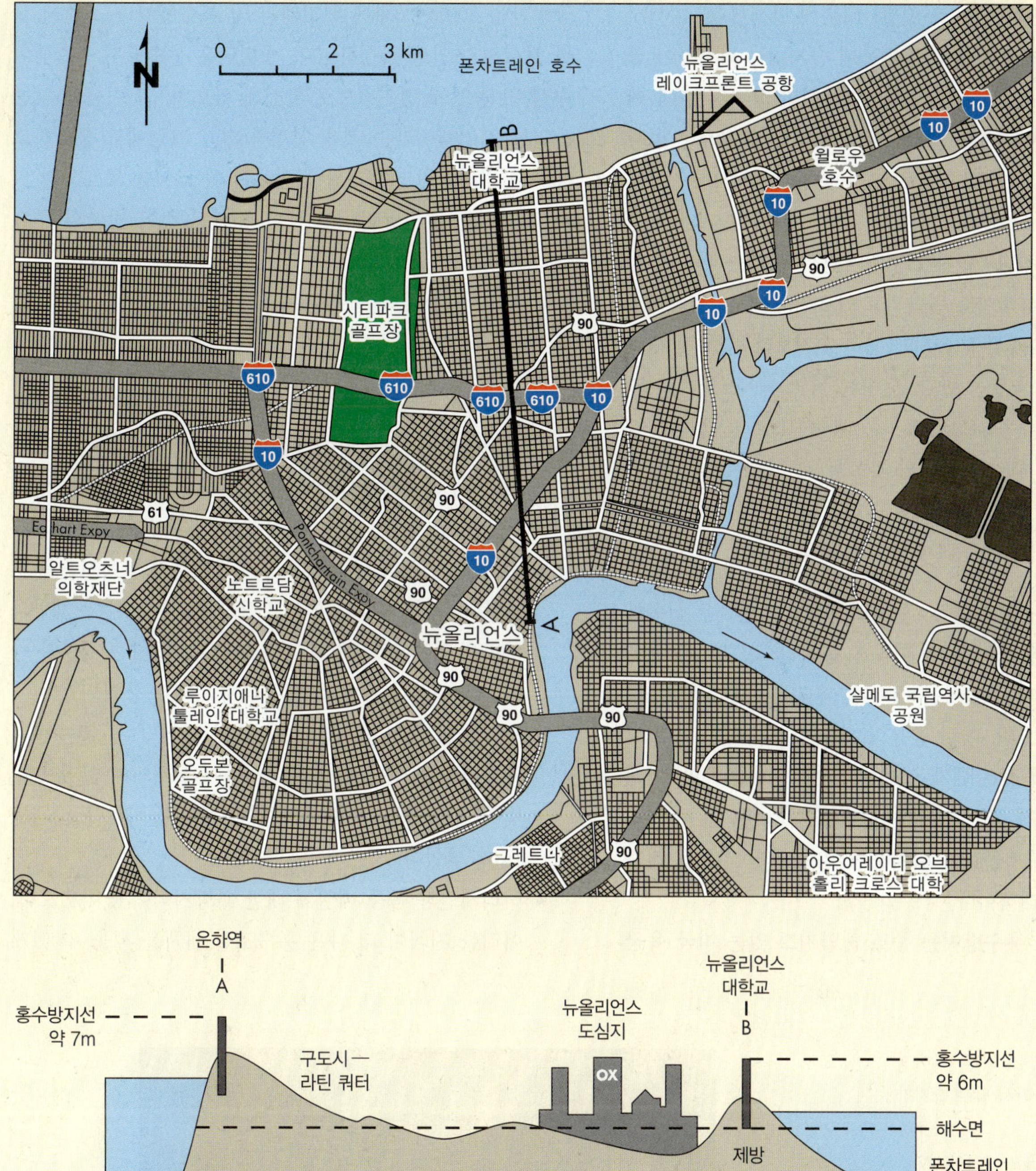

그림 5.2 뉴올리언스의 지도와 단면도 도시의 많은 부분의 고도가 미시시피 강과 폰차트레인 호수 수준으로서 해수면 아래에 있다. (*Edward A. Keller*)

습지의 단단해짐과 침하로 인함) 때문에 발생한다. 미시시피 강에는 인공제방들이 있기 때문에 습지에는 퇴적물이 공급되지 않고 퇴적이 중단되었다. 미시시피 강 삼각주에 제방이 건설되기 이전에는 퇴적물을 포함하는 홍수물은 삼각주를 지나서 넓게 펴졌으므로 습지 토양과 식물이 유지될 수 있었다. 뉴올리언스 근처의 담수 습지는 주로 지난 수십 년 동안에 없어졌다. 습지가 없어지면서 습지는 해수면 상승과 함께 염수생태계로 변화되고 있으며, 육지는 계속적으로 침강하고 있다. 담수 습지는 염수 습지보다 폭풍 및 해일의 좋은 완충제 역할을 한다. 담수 습지의 사이프러스와 그 외 다른 키 큰 나무들(그림 5.3)은 내륙쪽으로 진행하는 높은 파도나 폭풍 해일의 속도와 파고를 낮추는 작용을 한다. 잘 알려져 있는 염수 습지와 담수 연안 습지의 한 가지 자연적인 역할은 폭풍으로부터 내륙지역을 보호하는 것이다.

뉴올리언스는 재건될 것이다 뉴올리언스의 주민들은 신속한 재건에 힘쓰고 있으며, 이에 따라 뉴올리언스는 역사적으로 유명한 도시로 다시 돌아올 것이다. 우리는 이번 재해로부터 교훈을 얻었으며, 이런 종류의 재앙이 미래에는 덜 일어날 수 있도록 더 좋은 대책을 세우고 있다. 예를 들면, 미래에 제방이 붕괴될 때는 수위가 1층 정도까지 올라오는 지역에서는 2층에 주거공간이 위치하는 홍수 안전 건물을 짓는 것을 포함하는 대책이다.

뉴올리언스의 홍수방지를 주로 책임지고 있는 미국 육군 공병단은 2006년 6월에 허리케인 및 홍수방지 시스템에 관한 보고서 초안을 작성하였다. 공병단은 홍수방지 시스템이 수십 년 동안에 점진적으로 발전해 왔으며, 그 이름에 맞는 유일한 시스템이라는 것을 인정하였다. 그럼에도 불구하고 2005년 허리케인 카트리나에 의해서 이 도시를 보호하기 위하여 세워진 홍수방지 구조물이 붕괴된 것이 범람의 주요 원인이다.

이 보고서[2]의 몇 가지 결론은

- 주 홍수조절 구조물이 붕괴되었을 경우에 대비한 여분의 대체 시스템(2차 방지대책)이 없었다는 것이다. 범람수를 양수하는 양수장들이 유일한 여분의 시스템이었으며, 대규모 허리케인과 이에 따른 광범위한 범람을 조절할 수 있는 양수장은 없었다는 것이다.
- 허리케인 카트리나는 홍수방지 구조물의 설계기준을 초과한다. 몇몇 제방과 홍수 방벽의 붕괴는 홍수가 제방과 방벽을 범람함으로써 발생하였다. 그 외 다른 제방과 방벽들은 범람이 아닌 측면 침식에 의해서 붕괴되었다.
- 광역적인 침하는 생각보다 빨리 일어났다. 홍수방지 구조물의 높이는 침하를 고려하여 설계되지 않았으며, 몇몇 홍수 방벽과 제방은 설계 시의 높이보다 많게는 1m가 낮았다.
- 허리케인과 폭풍 해일에 대한 과학지식이 높아졌으나, 이러한 지식이 더 나은 홍수조절 대책을 세울 수 있게

그림 5.3 사이프러스 나무 루이지애나 주 해안을 따라서 담수 습지가 분포하고 있다.
(*Tim Fitzharris/Minden Pictures*)

하지는 못하였다. 홍수조절 대책은 일관되고 꾸준하기보다는 단편적이었다.

- 홍수가 집중적으로 일어났다. 사망자의 75%가 60세 이상이었으며, 홍수의 수위가 제일 높은 지역에서 발생하였다. 노인 사망자가 많았던 이유는 가난하고, 나이가 많으며, 지체가 부자연스러운 사람들로서 대피의 도움을 받을 수 있는 가능성이 가장 낮은 사람들이었기 때문이다.
- 홍수와 허리케인 방재 시스템 중에서 홍수방지의 가장 중요한 부분은 카트리나 이후에 약 8억 달러의 비용으로 보수되었으며, 현재는 홍수방지 수준이 카트리나 이전과 비슷하게 되었다.

미육군공병단에 의하면, 홍수조절 구조물에 대한 지원이 삭감되었으며, 구조물은 여러 해 동안에 걸쳐서 건설되었다. 바라건데, 우리는 카트리나를 교훈삼아 뉴올리언스 시뿐만 아니라 미국 내에 허리케인이 발생하기 쉬운 다른 시를 위해서도 더욱 효과적이고 튼튼한 허리케인 방지 시스템을 세워야 한다.

하나의 중요한 문제는 더욱 튼튼한 홍수방지 시스템을 건설한다 하더라도 미래에 다시 홍수가 발생할 수 있는가 하는 것이다. 물론 카트리나보다 더 강력한 폭풍이 온다면 피해는 불가피하다. 만약 담수 습지가 복원되고 미시시피 강물이 다시 담수 습지를 통과하여 흐르게 된다면, 담수 습지는 폭풍과 파도의 완충역할을 할 것이다. 앞에서 언급했듯이, 담수 습지에는 멕시코 만으로부터 진입하는 바람과 파도의 속도를 늦추는 방벽 역할을 하는 나무들이 분포한다. 매 1.5km의 습지는 파도의 속도를 약 25cm까지 감소시킨다.

뉴올리언스를 미래의 폭풍으로부터 보호하기 위해서는 엄청난 예산이 필요할 것이다. 재앙에 의한 손실이 수십억 달러임을 고려할 때, 특히 미국 내 대도시에서 중요한 자원을 보호하기 위한 대책으로 예산을 집행할 때는 신중해야 한다.

이 장의 나머지 부분에서는 자연작용의 원리와 그것들이 어떻게 재해와 재앙을 발생시키는지에 대해서 검토할 것이다. 그리고 적절하지 못한 토지 이용과 토지용도 변경, 이와 함께 늘어나는 인구가 어떻게 재해의 위험성을 증대시키는지를 논의한다.

5.1 재해, 재앙 그리고 자연작용

자연재해 : 인명 손실과 재산피해

많은 인명 손실과 재산피해를 유발하는 자연재해(지진, 홍수, 태풍, 사이클론, 허리케인)로 인하여 지난 수십 년간 수백만 명이 죽었으며, 이는 전 세계적으로 매년 약 15만 명의 사망자가 발생하는 셈이 된다. 자연재해로 인한 재산피해는 매년 500억 달러를 초과하며, 여기에는 사회적인 피해(고용피해, 정신적인 피해, 그리고 생산성 감소)는 포함되지 않은 것이다. 세 경우의 자연재해(1970년 방글라데시에서 발생한 사이클론으로 인한 홍수, 1976년 중국의 지진, 그리고 2004년에 인도양에서 발생한 쓰나미)는 각각 25만 명 이상의 생명을 앗아갔다. 이러한 엄청난 재해(재앙)은 대기의 교란과 조구조운동처럼 과거부터 항상 있어온 자연 현상에 의해서 유발되지만, 그 재해의 범위는 인구밀도와 토지 이용 형태에 따라 달라진다.

왜 자연의 작용이 때로는 재해가 되는가

자연재해는 기본적으로는 자연 현상이다. 이 자연 현상은 인간이 그 지역에 살고 활동함으로써 재해가 되는 것이다. 또한 자연 작용은 토지용도 변경(도시화, 산림벌채 등)이 자연 작용에 영향을 미칠 때 위해가 되며, 홍수나 산사태를 유발하게 된다. 지질학자의 역할은 자연재해의 위험 잠재성을 분석하여 정책입안자와 결정권자들에게 정보를 제공함으로써, 그들이 인명 및 재산에 대한 위협을 예방하거나 최소화할 수 있는 여러 가지 대안을 마련하도록 하는 것이다. 그러나 재해의 본질은 우리가 그 부정적인 효과를 언제나 최소화해야 한다는 심리적인 압박을 가지게 한다. 예를 들면, 우리는 강과 범람원(강에 인접한 평평한 지역)은 자연계의 같은 부분이며 우리는 범람원에 홍수가 일어날 수 있다는 것을 사람들에게 가르치려고 한다. 범람원에 건물을 짓지 않는 것이 홍수피해를 최소화하는 가장 간단한 방법이다. 그러나 범람원이 집을 지을 수 있는 평지라고 여기는 사람들에게는 이러한 합리적인 해결책이 받아들여지기 어렵다.

규모와 주기

자연재해의 **충격**은 부분적으로는 **규모**(발산되는 에너지)와 **주기**(재발 간격)의 함수이지만, 그 외에도 기후, 지질, 식생, 인구, 토지 이용에 영향을 받는다. 일반적으로 자연재해의 발생 주기는 그 규모와 반비례한다. 예를 들면, 소규모 지진은 대규모 지진보다 더 자주 일어난다(자세히 살펴보기 '규모-주기 이론' 참조).

자연재해의 이득

인간의 생명을 앗아가고 재산을 파괴하는 자연재해가 동시에 인간에게 큰 이득을 주거나 자연에 공헌하기도 한다는 것은 역설적이다. 예를 들면, 미시시피 강의 주기적인 범람은 범

(a)

(b)

그림 5.4 댐과 해안 (a) 남부 캘리포니아의 벤투라 강으로부터 운반된 퇴적물이 해안 모래를 제공한다. 그러나 오래된 상류 댐(b)이 해안으로 보내져야 할 모래를 축적하고 있어서 이 댐은 철거될 예정이다.
(*[a] Pacific Western; [b] Edward A. Keller*)

그림 5.5 사태로 인해서 만들어진 댐 유타 주에 호수를 형성시킨 사태 댐. (*Michael Collier*)

람원에 비옥한 흙을 퇴적시켜서 농사에 도움을 준다. 산사면을 침식시키는 홍수는 아울러서 강의 퇴적물을 해안으로 운반하며(그림 5.4), 연안의 삼각주에서 오염물질을 씻어낸다. 산사태는 쇄설류에 의해서 댐을 만들어서 인간을 이롭게 하고, 산간지역에 호수를 만들기도 한다(그림 5.5). 때로는 산사태에 의해서 만들어진 댐이 붕괴되어 하류지역에 홍수를 유발하기도 하지만, 견고하게 남아 있는 댐은 소중한 저수지가 되고 풍취 있고 중요한 자원이 된다.

화산 분출은 재앙을 초래하지만, 한편으로는 여러 가지 이득을 인간에게 제공한다. 화산 분출은 하와이 섬과 같이 새로운 섬을 생성시키기도 한다. 하와이 섬은 완전한 화산섬이다(그림 5.6). 영양분이 풍부한 화산재가 기존 토양 위에 퇴적되어 빠르게 기존 토양과 섞이게 되면, 야생식물과 작물이 자라기에 적당한 토양으로 된다. 지진도 인간에게 귀중한 것

(a)

(b)

그림 5.6 화산 분출로 만들어진 새로운 육지 하와이 섬에 추가로 만들어진 새로운 육지. (a) 사진의 중앙부에 보이는 연기기둥은 뜨거운 용암이 바다로 들어가는 지역이다. (b) 연기기둥 근처 움직이는 용암 앞부분의 근접사진. (*Edward A. Keller*)

자세히 살펴보기 | 규모-주기 이론

규모–주기 이론은 일반적으로 자연재해의 규모와 주기 사이에는 반비례 관계가 있다는 것이다. 예를 들면, 더 큰 홍수는 덜 자주 일어난다는 것이다. 또한 이 이론은 작은 규모와 잦은 주기의 자연작용이나 극히 큰 규모와 낮은 빈도의 자연작용보다는 중간 정도의 규모와 주기의 자연작용에 의해서 지표면이 형성된다는 것을 의미한다.

규모–주기 이론과 비슷한 예로서, 흰개미, 벌목꾼, 그리고 코끼리에 의해서 숲의 범위가 축소되는 것을 생각해 보자(그림 5.A). 흰개미는 그 숫자가 많고 꾸준히 일을 하지만 너무 작아서 모든 나무들을 파괴할 만큼 충분한 일을 할 수 없다. 그러나 인간은 그 숫자가 작고 덜 일하지만 흰개미보다 강하기 때문에 주어진 시간 내에 더 많은 일을 할 수 있다. 그래서 흰개미와는 달리 사람들은 결국 대부분의 나무들을 쓰러뜨린다. 코끼리는 사람보다 더 강하고 짧은 시간에 많은 나무들을 쓰러뜨릴 수 있으나, 그 수가 작고 또한 자주 숲으로 가지도 않는다. 따라서 길게 보면, 코끼리는 사람보다 더 적게 일을 하고 숲을 덜 변화시킨다.

이런 점에서, 인간은 적당한 에너지와 시간으로 가장 많은 일을 하고 가장 극적으로 숲을 변화시킨다. 이와 비슷하게, 적당한 에너지와 적당한 주기의 자연작용은 자연 경관을 가

그림 5.A 인간의 시간규모의 변화 고도의 기술을 가진 인간은 오래된 숲의 가장 큰 나무조차도 쓰러뜨릴 수 있다. 이 그림의 벌목꾼은 퍼시픽 노스웨스트 지역의 국유림에서 작업하고 있다. (*William Campbell/ Sygma Photo News*)

들을 제공한다. 지진에 의해서 암석이 깨지면, 단층을 따라서 단층점토가 생겨서 불투수대를 형성하게 된다. 많은 지역에서 단층의 오르막 비탈에서는 단층점토가 지하수 흐름의 방벽 역할을 함으로써 자연적인 지하댐과 수자원을 만들어 낼 수 있다. 캘리포니아의 인디오 근처 건조한 코첼라 계곡에 있는 샌앤드레이어스 단층의 일부를 따라서, 단층점토가 방벽 역할을 함으로써 사막 환경이었을 이곳에 자연적인 야자수로 둘러싸인 연못인 오아시스가 만들어졌다(그림 5.7). 게다가, 지진은 조산운동에서도 중요한 역할을 하며, 미국 서부에 많은 경관을 만든 직접적인 장본인이다.

자연재해에 의한 사망과 손실

여러 가지 자연재해의 효과를 서로 비교할 때, 우리는 가장 큰 인명 손실을 초래한 자연재

장 크게 변화시킨다. 예를 들면, 아습윤 기후 지역(미국 동부의 대부분 지역)의 강에 의해 운반되는 대부분의 퇴적물은 중간 규모와 빈도의 흐름에 의해 운반된다. 예를 들면, 건조 지역에서는 보통 때는 하상이 말라 있으며, 흔치 않은 강한 폭우에 의해 발생되는 매우 큰 규모의 흐름에 의해서만이 많은 퇴적물이 운반된다. 미국 동부 해안의 사주섬을 따라서는 큰 규모의 폭풍우가 사주섬의 입구를 삭박하여 퇴적물의 이동과 퇴적 형태를 변화시킨다(그림 5.B).

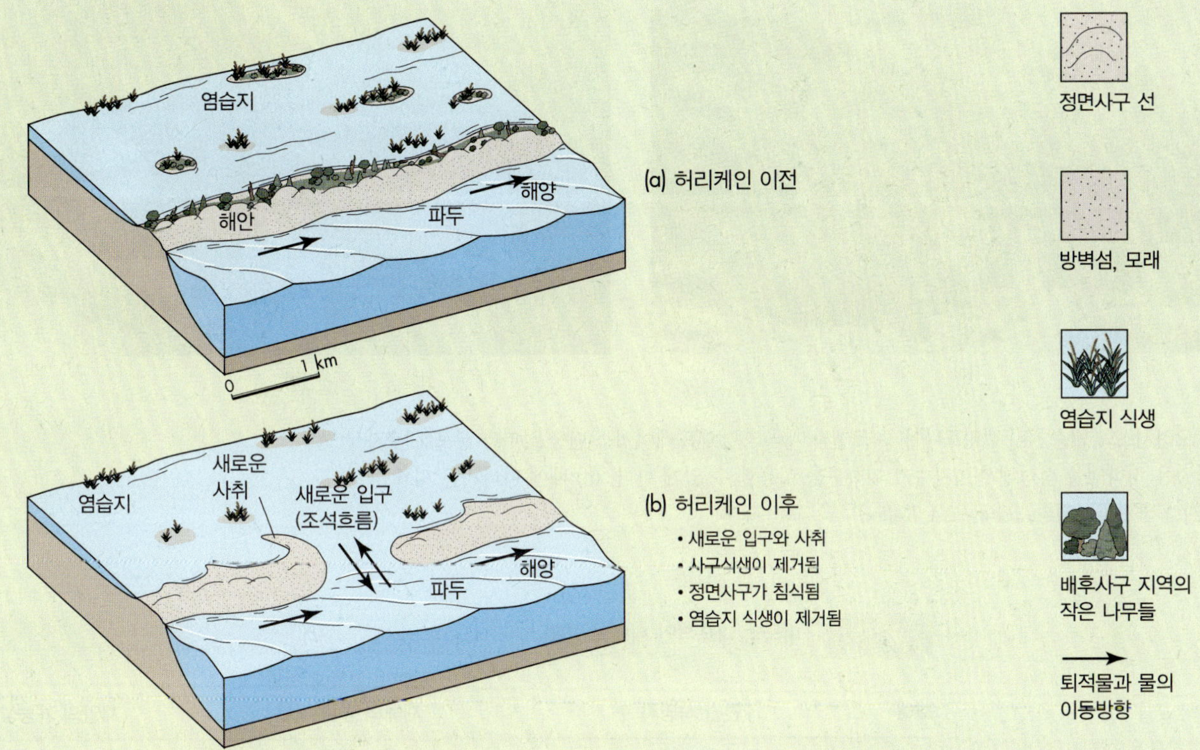

그림 5.B 허리케인이 해안을 변화시킨다 허리케인 발생 시 침식에 의해 방벽섬이 뚫려 입구가 만들어지는 것을 보여주는 모식도. (a) 허리케인 이전. (b) 허리케인 이후.

해가 반드시 가장 큰 재산피해를 입힌 자연재해와 일치하는 것은 아니라는 것을 알게 된다. 표 5.1은 미국에서 발생한 자연재해의 영향/피해에 대한 자료를 요약한 것이다. 매년 가장 많은 사망자를 낸 것은 토네이도(그림 5.8)와 폭풍이지만, 번개(그림 5.9), 홍수, 허리케인도 많은 사망자를 낸다. 지진에 의한 인명 손실은 연도에 따라 상당히 다르며, 이는 단 하나의 대규모 지진이 엄청난 인명 손실을 야기할 수 있기 때문이다. 캘리포니아 주의 인구밀도가 높은 지역에서 발생하는 대규모의 파괴적인 지진은 1,000억 달러의 손해와 수천 명의 인명 손실을 입힐 수 있는 것으로 추산된다.[3] 1994년에 로스앤젤레스 지역의 노스리지 지진은 약 60명의 사망자를 내고 300억 달러 이상의 재산피해를 입혔다. 사실, 각각의 재해에 의한 재산피해는 상당하다. 미국 내에서 홍수, 산사태, 냉해, 팽창성 흙은 각각 매년 평균적으로 15억 달러 이상의 피해를 입힌다. 놀랍게도 습윤과 건조에 따라 팽창하고 수축하는 점토가 풍부한 팽창성 흙은 가장 큰 재산피해를 일으키는 재해 중의 하나이며, 팽창성 흙으로 인해서 매년 건물의 지반, 보도(그림 5.10), 도로, 그리고 수영장이 입는 피해는 30억 달러를 넘는다.

모든 자연재해의 중요한 특징은 **재앙**(catastrophe)을 불러올 가능성이 있다는 것이다. 재

(a)

(b)

그림 5.7 오아시스와 단층 (a) 캘리포니아 주 코첼라 계곡의 샌앤드레이어스 단층을 따라 분포하는 자생 야자수. 단층은 지하댐을 형성해서 야자수가 지하수를 이용할 수 있게 한다. (b) 때에 따라서는 지표 웅덩이와 오아시스가 만들어진다. (*Edward A. Keller*)

표 5.1 미국의 대표적인 재해의 영향

재해	연간 사망자 수	사람의 활동에 의한 재해의 발생 여부	재앙의 가능성[2]
홍수	86	예	높음
지진[1]	50 + ?	예	높음
사태	25	예	중간
화산[1]	<1	아니요	높음
해안침식	0	예	낮음
팽창성 흙	0	아니요	낮음
허리케인	55	아마	높음
토네이도와 폭풍	218	아마	높음
번개	120	아마	낮음
가뭄	0	아마	중간
서리와 냉해	0	예	낮음

[1] 최근 자료 또는 150년 이상의 결손 자료를 근거로 예측함. 실제로는 인명 손실 및/혹은 재산 손실이 이보다 훨씬 더 클 수도 있다.

[2] 재앙의 가능성 : 높음, 중간, 낮음

출처 : White, G. F., and Haas, J. E. 1975. *Assessment of research on natural hazards*. Cambridge, MA: MIT Press.

앙은 인간, 재산, 사회에 끼치는 손실이 너무 커서 회복이나 복원에 시간이 오래 걸리는 상태를 말한다.[4] 표 5.1은 자연재해가 재앙이 될 수 있는 가능성을 보여주고 있다. 재앙이 될 수 있는 자연재해들은 홍수, 허리케인, 토네이도, 지진, 화산 분출 그리고 대규모 산불(표 5.1에 포함되어 있지 않음)이다. 일반적으로 산사태는 다른 자연재해에 비해서 소규모이

(a) (b)

그림 5.8 토네이도 재해 (a) 1995년 7월 12일 플로리다 주 탬파 만에서 발생한 토네이도. (*Brian Baer/St. Petersburg Times/AP/Wide World Photos*) (b) 1999년 4월 4일 루이지애나 주 벤톤을 강타한 토네이도에 의해서 이동성 주택이 파괴됨. (*Eric Gay/AP/Wide World Photos*)

그림 5.9 번개 번개는 미국에서 매년 100명 이상의 사망자를 발생시키는 재해이다. 사진에 보이는 번개는 네브라스카 주 월튼 근처에서 발생한 것이다. (*Joel Sartore/NGS Image Collection*)

그림 5.10 토양 재해 유기물이 풍부한 팽창성 흙은 스페인에 있는 이 주택의 벽을 갈라지게 하는 원인이 되고 있다. (*Edward A. Keller*)

며, 따라서 재해의 수준이 낮은 편이다. 한발의 재해 수준도 역시 낮은 편이다. 한발은 광범한 지역에 많은 재산상 피해를 입히지만, 충분한 경고 기간이 있고 난 이후에야 최악의 영향이 나타난다. 재해의 잠재성이 낮은 것에는 해안침식, 냉해, 번개 그리고 팽창성 흙이 있다.

자연재해의 효과는 시간에 따라 달라진다. 주변지역 개발과 같은 토지용도 변경, 지구 물질의 물리적 성질을 변화시키는 도시화, 그리고 인구 증가 등 모든 것들이 자연재해의 영향을 바뀌게 하는 요인이 된다. 미국의 경우에, 대부분의 자연재해로 인한 손실은 증가하고 있으나, 향상된 재해 예보와 대중들에 대한 경고 덕분에 재해로 인한 사망자 수는 감소하고 있다.

5.2 자연재해 평가 : 재해 기록, 연관성, 재해 예측 그리고 위해성 평가

자연재해에 관한 기본 원칙

자연재해에 대한 이해와 인간과 환경에 대한 충격을 최소화하는 방법은 다음의 다섯 가지 원칙을 인지함으로써 쉽게 터득될 수 있다.

1. **재해는 과학적인 평가로부터 인지될 수 있다.** 지진, 화산 분출, 산사태, 홍수와 같은 자연재해는 과학적인 방법으로 인지되고 연구될 수 있는 자연작용이다. 대부분의 재해는 감시되고 재해 발생 위치는 도면화될 수 있으며, 과거의 발생빈도와 특징, 그리고 전조 활동에 의해서 미래의 재해 발생이 예측될 수 있다.

2. **위해성 분석은 재해로부터 비롯되는 충격을 이해하는 데 있어서 하나의 중요한 요소이다.** 재해 발생 확률과 재해의 결과에 기초를 둔 위해성 평가에 의해서 재해 발생이 예측될 수 있다. 예를 들면, 로스앤젤레스나 시애틀에서 어떤 해에 보통 강도의 지진이 5%의 확률

로 발생하는 것으로 예측된다고 하자. 이 지진의 결과로 예상되는 인명 손실과 재산피해를 안다면, 실제 지진이 발생하였을 때의 사회적인 위해성을 계산할 수 있다.

3. **재해는 서로 연관된다.** 재해는 간단한 또는 복잡한 여러 가지 방법으로 서로 연관된다. 예를 들면, 지진은 산사태와 거대한 파도인 쓰나미를 유발하고, 허리케인은 홍수와 침식을 유발한다.

4. **과거에 발생한 재해는 현재 발생하는 재앙이 되는 경우가 많다.** 자연재해의 규모와 주기는 인간 활동에 의해서 영향을 받는다. 인구 증가와 부적절한 토지 이용의 결과로 과거에는 재해였던 것이 지금은 재앙이 되는 경우가 종종 있다.

5. **재해의 결과는 최소화될 수 있다.** 자연재해의 부정적인 영향을 최소화하기 위해서는 과학적인 이해, 토지 이용 계획(규제와 공학적인 접근), 그리고 재해에 대한 대비와 같은 종합적인 대책이 요구된다.

재해의 이해를 위한 역사적인 기록의 역할

자연재해를 이해하는 기본적인 원칙은 재해가 반복적으로 발생하며, 따라서 재해의 기록을 연구하는 것은 재해 저감 대책에 필요한 많은 정보를 제공한다는 것이다. 홍수, 산사태, 화산 분출 또는 지진을 연구할 때는 역사적인 지질 활동 기록과 최근의 지질 활동 기록이 주요 자료가 된다. 예를 들면, 우리가 어떤 강의 홍수 기록을 평가하고자 할 때, 첫 번째 과업 중하나는 과거의 이 수계의 홍수를 연구하는 것이다. 이러한 연구는 기록이 허락하는 한 과거의 항공사진과 지도를 상세하게 평가하는 작업을 포함한다. 선사시대의 홍수 기록은 범람원의 홍수 퇴적층서와 같은 지질 환경 증거를 찾아냄으로써 알 수 있다. 때로는 유기

그림 5.11 하천유량 측정 요세미티 국립공원 내 메르세드 강의 하천유량 측정 장소에서는 지속적으로 강물의 유출량을 측정하며 태양전지가 동력을 제공한다. 이 장소는 평범한 하천유량 측정 장소가 아니고 하천유량이 어떻게 기록되는지를 방문객들에게 보여줄 수 있도록 만들어져 있다. (*Edward A. Keller*)

그림 5.12 범람원 캘리포니아 주의 미션크리크(왼쪽)와 범람원(오른쪽) 그리고 범람원상의 공원. 이 공원은 범람원 이용의 좋은 예이다. (*Edward A. Keller*)

물이 선사시대 홍수 기록을 제시할 수도 있다. 이러한 홍수 역사는 문자로 기록된 홍수위 자료와 연관되어, 평가하고자 하는 수계의 홍수를 예측 가능하게 한다. 이와 유사하게, 어떤 하천 계곡에서 사태를 조사할 때, 문자로 기록된 사태 발생 자료와 선사시대의 사태 정보를 서로 연관시켜 연구하는 것은 한층 더 정확한 사태 예측을 가능하게 한다.

홍수분석에 있어서 수문학자들의 역할은 기록계가 설치된 유량 측정 장소에서 얻어진 하천 유출량 기록을 평가하는 것이다(그림 5.11). 불행하게도 큰 하천을 제외하고는 보통 하천의 유출량 기록 기간은 짧아서 수년 정도밖에 되지 않는다. 대부분의 소규모 하천에는 유량 측정 장소가 전무하다. 지질학자들은 관측 기술, 도구 그리고 지형을 관찰하는 능력을 가지고 있다. 이들은 선사시대의 자연재해 증거를 평가하고, 이 정보를 역사 기록과 연관시킴으로써 어떤 자연작용의 시기를 인지할 수 있다. 환경지질학자들도 자연재해에 수반되는 지형을 인지하는 능력을 가지고 있다. 게다가, 환경지질학자들은 자연재해의 특성과 범위가 지형 변화와 함께 변화한다는 것을 인지하고 있다. 예를 들면, 편평한 범람원이 강 옆에 위치할 때 발생하는 홍수는 삼각주의 홍수와는 판이하게 다르다. 강과 범람원은 하나의 수로와 범람원으로 구성되는 비교적 단순한 수계를 구성한다(그림 5.12). 그러나 삼각주는 더욱 복잡한 지형으로서 강이 호수나 바다로 들어가는 지역에 위치한다(그림 5.13). 삼각주는 시기에 따라 여러 지역에서 홍수가 흘러들어옴으로써 다수의 작은 수로들을 가지고 있으며, 홍수의 에너지에 따라 수로가 변한다. 삼각주의 작용은 제8장에서 자세하게 다룰 것이지만, 여기서는 여러 가지 다른 지형과 수반되는 수로의 불안전성을 강조하고자 한다.

요약하면, 우리가 자연재해의 성질과 범위를 정확하게 이해하려면, 예를 들면 어떤 지역의 홍수를 이해하려고 한다면, 우리는 홍수재해 발생의 역사(특히 과거 홍수의 발생 시기, 위치 그리고 그 영향)를 상세하게 연구해야 한다. 이러한 과거 역사를 이해하는 것은 재해를 더 잘 이해하고 '큰 그림'을 그릴 수 있도록 한다. 현재의 상황과 산림벌채와 도시화와

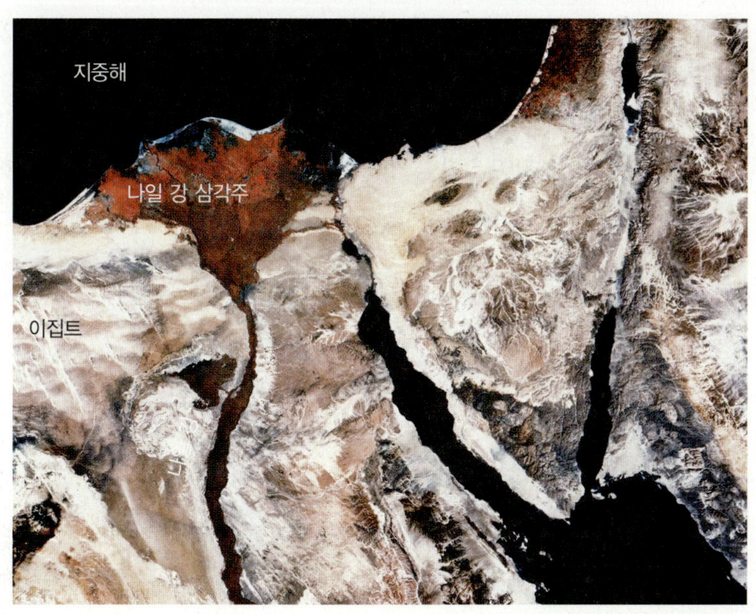

그림 5.13 삼각주 나일 강 삼각주(위의 왼쪽)와 주변지역의 적외선 사진. 건강한 식생은 붉은색을 띤다. 삼각주 가장자리의 흰색 띠는 심각한 침식에 의해서 만들어진 모래톱이다. 이는 1964년에 아스완 댐(사진에는 보이지 않음)의 완공으로 인해서 발생하였다.
(*Earth Satellite Coporation/SPL/Photo Researchers, Inc.*)

같은 토지용도 변경에 대한 정보를 종합함로써 재해를 더 잘 이해할 수 있다. 이것은 왜냐하면 토지용도 변경이 산사태와 홍수 같은 재해의 충격을 증대시키는 요인이 되기 때문이다. 또한 역사 기록을 연구하는 것은 더 신뢰성 있는 재해 예측을 가능하게 한다.

여러 재해 간의 연관성

인간에게 위해가 되는 여러 자연작용들 간의 연관성은 일반적으로 두 가지로 구분된다. 첫째로는 많은 재해들은 서로 연관된다는 것이다. 예를 들면, 허리케인은 홍수와 연관되는 경우가 많다. 그리고 허리케인에 수반되는 강한 비는 해안침식과 내륙의 사면붕괴를 유발한다. 둘째로, 자연재해와 지구 물질의 특성은 서로 연관된다. 예를 들면, 셰일은 느슨하게 교결되거나 다져져 있는 세립의 입자들로 구성되어 있어서 산사태에 취약하다. 화강암은 자연재해와 지구 물질의 특성 간의 연관성을 나타내는 또 다른 예이다. 일반적으로 화강암은 강하고 내구성이 있으나, 화강암 내의 균열을 따라서 미끄러짐이 일어나기 쉽다.

재해 예보, 예측 그리고 경고

지진과 같은 재해의 **예측**(prediction)은 재해 발생 날짜, 시간 그리고 재해의 규모를 알아내는 것이다. 이것은 홍수와 같은 어떤 특정 재해가 어디서 또는 어떻게 일어날 것인가를 예측하는 것과는 다르다. 한편, **예보**(forecast)는 확실성의 범위를 가진다. 내일의 일기예보로는 소나기가 내릴 확률이 40%라는 식이다. 인명 손실과 재산피해를 최소화하기 위하여 재해를 예측하거나 예보하는 방법을 습득하는 것은 중요한 시도이다. 각각의 재해에 대해서 우리는 어떤 분량의 정보를 가지고 있으며, 경우에 따라서는 이 정보들을 이용하여 우리는 재해를 정확하게 예측하거나 예보할 수 있다. 정보가 불충분할 때, 우리가 할 수 있는 최선의 길은 재해가 발생하였던 지역을 알아내고 어디서 그리고 언제 비슷한 재해가 미래에 발생할지를 추정하는 것이다. 우리가 어떤 특정 위치에서 발생하는 재해의 확률과 예상되는 결과를 알 수 있다면, 비록 정확하게 언제 그 재해가 일어날지를 예측할 수 없다 할지라도, 우리는 그 재해가 인간과 재해에 미치는 위험성을 평가할 수 있다.

우리가 하나의 특정한 재해를 예측 또는 예보하거나 경고를 발할 수 있다면, 그 재해의 영향을 저감시킬 수 있다. 어떤 주어진 상황에서 대부분 또는 모든 경우에 다음 요소들이 포함된다.

- 재해가 발생할 것 같은 장소를 인지함
- 어떤 규모의 재해가 발생할 확률을 결정함
- 전조 활동을 관측함
- 재해를 예측 또는 예보함
- 일반 대중들에게 경고함

위치 대부분의 경우에 우리는 어떤 자연재해가 어디서 일어날 가능성이 있는지를 알고 있다. 진앙지, 신기 화산암과 최근의 화산 활동 위치를 지도상에 표시함으로써, 지구상에서 지진과 화산 분출이 주로 일어나는 지역을 알 수 있다. 지역적으로는 과거의 화산 분출 기록으로부터 화산 부근에 있는 지역들이 대규모 이류나 화산 분출에 의한 화산재의 피해를 받을 가능성이 가장 크다는 것을 예측할 수 있다. 대부분의 대규모 화산(북아메리카 북서쪽에 있는 캐스케이드 산맥, 알래스카, 일본, 이탈리아, 멕시코, 중앙 아메리카와 남아메리카, 하와이 화산들, 그리고 전 세계 대양의 화산도들)에 의해서 이러한 위험성이 알려져 있다. 국지적인 규모로는 토양, 암석, 수문학에 관한 상세한 연구로부터 사면 붕괴의 가능성이나 팽창성 토양의 분포를 식별할 수 있다. 범람원의 분포지역과 최근의 홍수 증거[홍수에 의한 암설과 고수위선(high water line)의 분포범위]로부터 홍수가 어디서 일어날지를 확실히 예측할 수 있다.

재해 발생 확률 어떤 특정 재해가 특정 시간에 특정 위치에서 일어날 확률을 결정하는 것은 재해 평가의 가장 중요한 목표이다. 많은 큰 강들에 대해서는 충분한 하천 유출량 자료를 가지고 있으므로 어떤 시간 간격에 대하여 어떤 규모의 평균 홍수 발생빈도를 합리적으로 예측하는 확률 모델을 만들 수 있다. 마찬가지로 가뭄은 그 지역의 과거 강수량 자료를 바탕으로 확률적으로 예측할 수 있다. 그러나 이러한 확률은 주사위를 던져서 어떤 수가 나오는 확률이나 포커게임에서 거의 가능성이 없는 것에 희망을 거는 것과 비슷하지만 기회는 항상 존재한다. 예를 들면, 10년 주기의 홍수는 매 10년마다 발생할 수 있으나, 어떤 경우에는 같은 규모의 홍수가 한 해에 여러 번 발생할 수도 있다. 이는 마치 주사위를 던졌을 때 두 번 연속해서 6이 나올 수 있는 것과 같다.

전조 활동 많은 경우에, 자연재해가 일어나기 이전에는 **전조**(precursor events)가 있다. 예를 들면, 사태가 일어나기 전에는 어떤 기간 동안(수 일에서 수 개월간), 지표면에 토양포행이 일어나거나, 지면이 느리게 사면 아래 방향으로 움직인다. 많은 경우에, 포행속도가 증가하게 되면 사태가 일어나게 된다. 화산 분출이 시작될 즈음에는 화산이 부풀어 오르고, 화산가스가 방출되면서 화산 주변 지역에서 지진 활동이 크게 증가한다. 초기 미동(전진)과 비정상적인 융기가 지진에 앞서서 일어날 수 있다. 전조는 재해가 언제, 어디서 일어나기

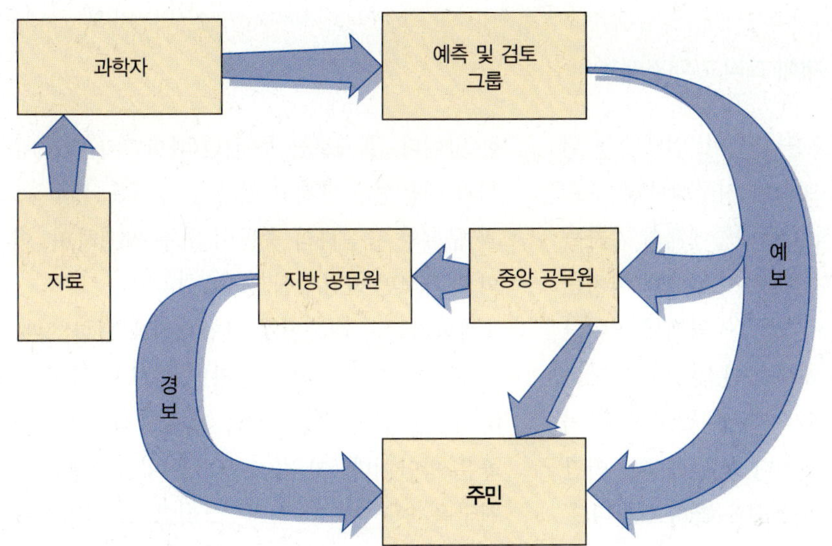

그림 5.14 재해 예보 및 경보 자연재해 예보나 경보의 발효 경로.

쉬운지 예측하는 데 도움을 준다. 예를 들면, 사면 포행이나 화산의 융기가 일어나면, 경고의 발효와 함께 사람들을 위험지역으로부터 대피시키게 된다.

예보 재해가 예보되면, 보통은 재해 발생 확률이 백분율로 공지된다. 우리가 재해를 예보받으면, 이것은 우리가 재해에 대비해야 한다는 것을 의미한다.

예측 때로는 자연재해가 일어날 시기를 정확히 예측하는 것이 가능하다. 미시시피 강의 범람은 봄철에 융설이나 매우 광역적인 폭풍우에 의해서 일어난다. 지진이나 해저화산에 의해 해수가 교란됨으로써 발생하는 쓰나미(지진 해파)도 예측이 가능하다. 쓰나미 경보 시스템은 태평양 분지에서는 쓰나미 도달시간을 꽤 정확히 예측할 수 있다. 허리케인과 같은 재해를 빠른 시간에 예측하는 것은 재해 사건의 피해를 감소시키는 동기가 된다.

경보 재해가 예측되거나 예보된 후에 주민들에게 경보가 내려진다. 대규모 지진이나 홍수와 같은 재해에 관한 정보로부터 **경보**(warning)를 내리는 경로는 그림 5.14에 제시된 것과 같다. 주민들은 이런 경보를 항상 좋아하지는 않는다. 예측된 재해가 발생하지 않았을 경우에는 특히 그렇다. 1982년에 지질학자들이 캘리포니아의 맘모스 호수 부근에서 화산 분출이 일어날 가능성이 높다고 충고하였으며, 이로 인해서 관광산업의 손실과 주민들의 걱정을 야기시켰다. 그러나 화산 분출은 일어나지 않았고, 결국 그 충고는 철회되었다. 1986년 7월에 시에라 네바다 산맥의 동부, 캘리포니아 주 비숍 근처에서 4일간 연속적으로 지진이 일어났다. 최초의 지진은 비교적 소규모였으며, 국지적으로만 느낄 수 있었다. 그러나 그 뒤에 더 큰 지진이 일어나서 약간의 피해도 발생하였다. 조사자들에 의해 가까운 미래에 같은 지역에서 그보다 더 큰 지진이 일어날 확률이 높다고 판단되어, 경보를 발령하였다. 여름철의 관광 손실을 걱정한 이 지역의 사업가들은 그 경보가 무책임하다고 느꼈으며, 실제로 예견된 지진은 발생하지 않았다.

이런 종류의 사건들로 인해서 어떤 사람들은 과학적인 예측은 쓸모가 없으며, 권고성 경보는 발효되지 말아야 한다고 결론짓는다. 부분적으로는 과학자들과 대중매체의 기자들

자세히 살펴보기 | 과학자, 재해 그리고 대중매체

오늘날 사람들은 TV를 보고, 라디오를 들으며, 인터넷을 뒤지거나, 또는 신문과 잡지를 읽음으로써 지구상에서 무슨 일이 일어나는지 알게 된다. 일반적으로 대중매체의 기자들은 재해의 과학적인 측면보다는 그 재해가 인간에게 미치는 충격에 더 관심이 높다. 사람이 살지 않는 지역에서 일어난 대규모 화산 분출이나 지진은 대중매체의 관심을 끌지 못하지만, 보통 정도나 작은 규모의 재해가 사람이 살고 있는 지역에서 일어나면 매우 상세하게 보도된다. 신문매체는 인간과 재산에 관련되는 기사와 극적인 사건들을 팔려고 한다.[5]

과학자와 뉴스매체 사이에 원만한 관계를 확립하는 것은 항상 달성하기 어려운 목표이다. 일반적으로 과학자들은 잘못 인용되는 것을 두려워하는 보수적이고, 비판적인 사람들이다. 과학자들은 기자들이 뻔뻔하고, 공격적이거나 기사를 미화하기 위해서 과학적인 의견의 차이점을 강조하면서 완전한 진실이 아닌 이야기를 곧잘 제시하는 것으로 생각한다. 한편, 기자들은 과학자들은 알 수 없는 전문적인 말로 이야기하고 기자들이 당면한 원고 마감시간을 이해하지 못하는 비협조적이고, 냉담한 사람들이라고 생각한다.[5] 과학자와 대중매체의 기자에 대한 이러한 표현은 명백하게 진부한 말이다. 실제로는 두 집단(과학자와 기자)은 높은 윤리의식과 전문성을 가지고 있다. 그럼에도 불구하고 의사전달상의 문제와 관심사의 충돌이 자주 발생하며, 이것이 두 집단의 객관적인 타당성에 영향을 미친다.

과학자들은 대중에게 자연재해에 관한 정보를 제공할 책무를 가지기 때문에 가능하면 일관성 있는 정보 제공을 위하여 연구팀이 대중매체와 접촉할 대변인을 선정하는 것은 좋은 방안이다. 가령, 과학자들이 로스앤젤레스 근처의 지진군을 연구한다고 하자. 그리고 그 지진군의 중대성에 대해서 심각한 고찰이 있다고 하자. 하나의 문제를 연구하는 지구과학자들의 연구 수행 과정은 여러 가지 가능한 가설과 미래의 시나리오를 전개하는 것이다. 그러나 과학자들이 인간의 생명과 재산에 관한 주제로 뉴스매체와 일하게 되면, 보고서 작성 시에 직접적인 증거로 보수적인 평가를 하고, 가능하면 전문적인 용어를 쓰지 않으려고 한다. 기자들 쪽에서는 과학자들이 확인한 정확한 정보를 독자, 시청자, 청취자에게 제공하고자 한다. 기자들이 정보를 잘못 인용함으로써 과학자들을 당황하게 하는 사실 자체가 과학자들과 기자들 간의 불신과 부족한 의사소통의 유일한 원인이 된다.

간에 잘못된 의사전달에서 문제가 생길 수 있다(자세히 살펴보기 '과학자, 재해 그리고 대중매체' 참조). 신문, TV, 라디오 보도는 재해 예측의 증거나 확률적 성격을 설명하지 못할 수도 있다. 이러한 불충분한 보도가 대중들에게는 재해가 발생하리라는 것이 정확한 보도라고 믿게 만든다. 화산 분출과 지진에 대한 과학적인 예측이 항상 정확한 것은 아니지만, 과학자들은 자료에 근거한 판단을 공표할 때는 책임을 진다. 정보를 전달받은 사람들은 그 정보로 인해서 불안해지지만 정보를 제공받지 못한 사람들보다 더 확실하게 행동할 수 있다. 배의 선장은 일기예보와 일기변화 경보에 따르며, 곧 일어날 것 같은 폭풍에 대해서, 비록 그 폭풍이 방향을 바꾸어서 배에 도달하지 않더라도 폭풍에 대해서는 모르는 편이 더 낫다고 말하지 않는다. 날씨 경보가 배의 항해를 위해서 매우 유용한 것으로 판명된 것처럼 지진, 산사태, 홍수와 같은 재해의 공식적인 경보도 또한 사람들이 살고, 일하고, 여행하는 지역에 대해서 결정을 내리는 데 유용한 것이다.

캘리포니아의 맘모스 호수 지역에 대한 화산 분출 예측에 대해서 좀 더 생각해 보자. 지진자료는 과학자들에게 마그마가 지표 쪽으로 이동하고 있음을 지시해 주었다. 화산 분출의 가능성이 매우 높고 인명 손실이 발생할 수 있었으므로, 과학자들이 충고를 하지 않는 것이 무책임한 행동이었을 것이다. 화산 분출이 일어나지 않았으나, 경보로 인해서 대피도로가 마련되고 재해에 대한 대비책이 고려되었다. 향후에 재해가 발생한다면, 이러한 대비가 유익했던 것으로 판명될 것이다. 앞으로 맘모스 호수 지역에는 화산 분출이 일어날 가능성이 있다. 가장 최근의 화산 분출은 불과 600년 전에 일어났다! 마침내 이러한 예측으로 인해서 화산 분출이 일어났을 때 더 슬기롭게 대처할 수 있는 정보화된 사회가 될 것이다.

재해 위해성 평가

재해의 조절을 토의하고 고려하기 이전에 인간은 다양한 시나리오에 직면한 위험에 대해서 좋은 생각을 떠올려야 한다. 재해 위해성 평가는 재해분석 분야에서 빠르게 성장하고 있는 분야이며, 그 이용도가 증대될 것이다.

위해성 판별 어떤 특정 재해의 위해성은 재해 발생과 이 재해가 실제로 발생하였다면 일어날 결과를 곱한 확률로 정의된다.[6] 사람, 재산, 경제 활동, 공중 서비스에 미치는 피해 결과는 다양한 잣대로 제시된다. 예를 들면, 지진에 의한 원자로 손상의 위해성을 생각할 때 이 손상은 방출된 방사선량으로 평가될 수 있으며, 더 나아가서 사람과 생물들에게 미치는 피해로 옮아갈 것이다. 어떤 평가에서는 여러 규모의 재해 위해성(지진의 경우에는 지진의 다양한 규모에 대한 위해성)을 산정하는 것이 중요하다. 대규모 지진은 소규모 지진보다 더 낮은 발생 확률을 가지지만 그 피해는 훨씬 더 크다.

용인할 수 있는 위해성 용인할 수 있는 **위해성**(risk)을 결정하는 것은 더욱 복잡하다. 개개인이 기꺼이 감내하는 위해성은 상황에 따라 좌우된다. 매일 자동차를 운전하는 것은 상당히 위험하나 현대사회에서 우리들 대부분은 그 위험성을 생활의 일부로 받아들이고 있다. 그러나 원자력 발전소에 대한 용인할 수 있는 위해성은 매우 낮다. 왜냐하면 우리는 방사선에 의한 위해를 용인할 수 없는 것으로 간주하기 때문이다. 많은 사람들은 원자력발전소를 위해성이 매우 높은 시설로 인식하고 있기 때문에 원자력발전소는 논쟁의 대상이 된다. 지진과 같은 지질재해로 인한 원자력발전소의 사고 확률이 아주 낮다 하더라도 사고에 수반되는 결과가 상대적으로 높은 위해성을 가진다.

정부, 은행과 같은 기관은 개인적인 위해성 인식보다는 경제적인 관점에서 용인할 수 있는 위해성 문제를 다룬다. 예를 들면, 은행은 홍수에 의해서 감내할 수 있는 위해성이 얼마나 되는가를 고려한다. 연방정부는 은행으로부터 대부받은 재산이 매년 1%를 초과하지 않는 홍수(즉 최대 100년 주기의 홍수재해)로부터 보호되는 것을 요구한다.

위해성 평가를 위한 문제와 기회 위해성 분석에서 자주 부딪히는 문제는 과거 장기간의 강의 홍수 중에서 예외적인 홍수 문제와 함께 재해의 확률을 분석하는 데 필요한 신뢰성 있는 자료의 부족이다. 지진이나 화산폭발과 같은 지질재해의 확률을 정하는 것은 어렵다. 이는 알려져 있는 과거의 지질재해의 연대가 부정확한 경우가 많기 때문이다.[6] 이와 비슷하게 하나의 재해나 일련의 재해의 결과를 판단하는 것은 대단히 어렵다. 예를 들면, 우리가 환경 속으로 방출되는 방사선의 영향을 평가하고 싶다면, 그 지역의 생물학적, 지질학적, 수문학적, 기상학적 정보를 모두 종합해야 한다. 이러한 제한에도 불구하고 지진과 화산 분출의 확률을 정하는 방법과 재해의 결과를 평가하는 능력이 향상되고 있다. 분명한 것은 위해성 평가가 올바른 방향이며 확대되어야 한다는 것이다. 재해의 확률과 결과를 판정하는 지식이 진보하게 되면 우리는 더욱 신뢰성 있는 예보와 예측을 통하여 경고를 발하고 위험으로부터 사람들을 대피시키는 것과 같은 의사결정을 할 수 있을 것이다.

5.3 자연재해에 대한 인간의 대응

우리가 재해를 대하는 방식은 우선적으로는 반사적인 반응이다. 재해 발생 이후에 우리는 생존자를 구조하고, 화재를 진압하고, 구호식품, 물, 피난처를 제공한다. 이러한 활동이 인명과 재산피해를 감소시킨다는 데는 이론의 여지가 없으며, 또한 계속적으로 필요한 일이다. 그러나 한 차원 더 높은 단계로의 재해 감소를 위해서는 재해와 그 충격을 예상하는 데보다 더한 노력이 요구된다. 재해지역을 피하는 토지 이용 계획, 재해에 대한 내구성이 있는 건축, 재해의 조절대책(예를 들면, 홍수 조절 수로)은 미래의 재해 사건을 예상하고 재해에 대한 인간의 취약성을 저감시키는 몇 가지 조절책들이다.[4]

직접적인 대응 : 재해의 충격과 재해로부터의 회복

인간에게 미치는 재해의 충격에는 직접적인 충격과 간접적인 충격이 있다. 직접적인 충격은 사람의 사망, 부상, 장애, 또는 그 외 특수한 재해에 의해서 발생하는 피해를 포함한다. 간접적인 충격은 일반적으로 재해에 의한 반응으로서 정신적인 피해, 헌금이나 구호물품 기증, 피해복구를 위한 재정 확보를 위한 세금 납부 등을 포함한다. 직접적인 충격은 그 재해에 의해서 직접적으로 영향을 받은 개인들에게만 해당되지만, 간접적인 충격은 전체 주민들에게 영향을 준다.[7,8]

재해로부터의 회복 과정은 긴급구호 활동, 서비스 시설의 복원, 통신시설 복구 그리고 재건축과 같다. 그림 5.15는 이상적인 회복모델을 보여준다. 이 모델은 1994년 로스앤젤레스 지역에서 발생한 노스리지 지진과 같은 실제 재해의 복구 활동을 위해서 적용될 수 있다. 노스리지 지진이 발생한 바로 직후에 복원이 시작되었다. 예를 들면, 지진 발생 이후에 첫 번째 수 주와 수 개월 동안에 도로가 복구되고 연방정부 지원계획, 보험회사 그리고 다른 재원들에 의해 예산이 투입됨으로써 시설들이 복구되었다. 노스리지의 피해지역들은 복구 단계에서 재건축 1단계로 빠르게 진행되었다. 지금은 노스리지 지진 이후의 재건축 2단계에 있으며, 전에 발생한 두 재해(1964년의 알래스카 주의 앵커리지 지진과 1972년에 사우스다코다 주의 래피드 시를 황폐화시킨 순간적인 폭우)의 교훈을 기억하는 것이 중요하다. 앵커리지는 연방정부 프로그램, 보험회사 그리고 그 외 재원에 의해서 지진 발생 후 약 한 달 뒤에 복구를 시작하였다. 그 결과 모든 사람들이 가능한 한 많은 지원을 받으려고 노력했기 때문에 재건축은 빠른 속도로 진행되었다. 그러나 래피드 시에서는 홍수 후에 약 10주까지도 본격적인 복구가 이루어지지 않았다. 이는 앞으로의 홍수 문제를 해결하기 위한 최적의 대안을 신중하게 고려하는 데 시간이 걸렸기 때문이다. 그 결과, 오늘날 래피드 시는 범람원의 토지 사용에 대해 전혀 다른 측면을 가지게 되었다. 즉 범람원은 그린벨트화

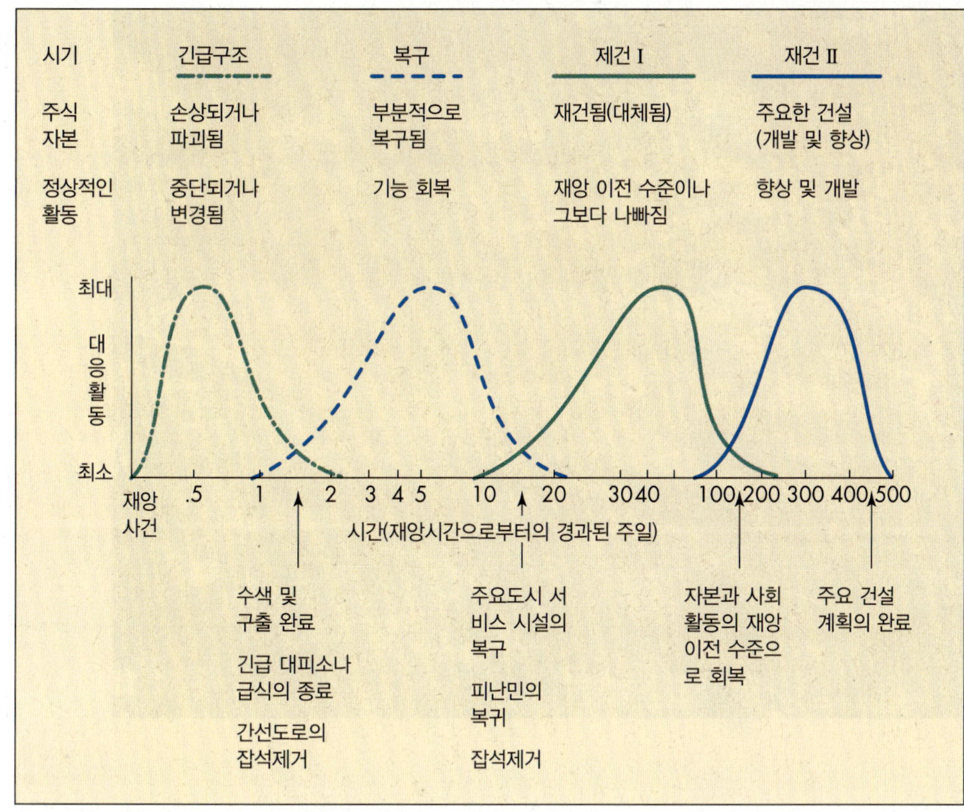

그림 5.15 재해로부터의 회복 재해 이후 회복의 일반적인 모델. 재해 이후 첫 2주 동안은 긴급구호 활동으로 보내진다. 이때 정상적인 사회 활동은 중단되거나 변화된다. 그 이후의 19주 동안의 복구 단계에는 정상적인 사회 활동과 사회의 기능이 재개된다. 그러나 이 시기에는 아직도 재해 이전 수준으로 회복되지는 않는다. 재건 I단계는 재해 이후의 거의 4년간이며, 이 단계에는 재해지역이 재건되고 정상적인 사회 활동이 재해 이전 수준으로 돌아온다. 최종적으로 재건 II단계에는 주요한 건설과 개발이 이루어지고, 정상적인 활동이 개선되고 발전된다. (*Kates, R. W., and Pijawka, D. 1977. Reconstruction following disaster. In* From rubble to monument: The pace of reconstruction, *ed. J. E. Haas, R. W. Kates, and M. J. Bowden. Cambridge, MA: MIT Press*)

되고, 골프장과 그 외 다른 활동을 위해서 활용되었으며, 그 범람원 지역에서 홍수재해가 현저하게 감소되었다(그림 5.16). 이와는 반대로, 급속한 복구와 재건축이 진행된 앵커리지에서는 토지 이용 계획이 불충분하였다. 지반균열이 일어나고 그 부분을 매립한 지역에 걸쳐서 아파트와 빌딩들이 서둘러 건축되었다. 신중한 토지 이용 계획의 이점을 무시함으로써 앵커리지는 1964년에 발생했던 지진피해와 같은 피해를 입을 수 있는 취약성을 가지고 있다.[4,7,8]

노스리지에서는 고가 도로, 교량, 건물, 그리고 그 외 건축물에 입은 지진피해를 신중하게 평가하여, 재건축 2단계에서 새 건축물의 건축공학 기준의 상향 조정과 오래된 건축물의 보강이 제대로 실시되도록 하였다(그림 5.15). 장차 로스앤젤레스 지역에는 보통 규모에서 대규모의 지진이 재발할 것으로 확실시된다. 그러므로 우리는 지진 발생 지역에 대한 재해 감소를 위해서 계속적인 노력을 기울여야 한다.

예측 대응 : 재해의 인지, 예방 및 조절

재해의 충격을 방지하거나 최소화하기 위해서 개인적이나 사회적으로 우리가 해야 할 것은 부분적으로는 재해를 인지하는 것이다. 사람들이 여러 가지 자연재해를 인지하는 방법을 터득하기 위해서 최근에 많은 연구가 수행되었으며 이러한 연구는 중요하다. 왜냐하면 재해 감소 프로그램의 성공 여부는 재해의 영향을 받기 쉬운 사람들의 인식에 많이 좌우되기 때문이다. 미국 지질조사소, 주나 지방 홍수통제소와 같은 정부기관이 제도적인 수준의 재해 인지와 지식을 갖고 있다고 하더라도, 이것이 일반 대중들에게 전달되지 않을 수도

그림 5.16 범람원 관리 사우스 다코타 주의 래피드 시. 범람원 관리 이전인 1972년 홍수 때에는 200명 이상이 사망하고, 범람원상의 많은 집들이 파괴되었다. 캐니언 호수의 래피드천의 하류에 위치한 범람원(사진 중앙부)은 현재 골프장(사진의 좌측 하단부)의 일부가 되었다. (*Perry Rahn*)

있다. 이러한 이해의 부족은 특히 자주 일어나는 재해에 적용된다. 사람들은 매 수년마다 또는 수십 년마다 일어나는 큰 홍수와 산불과 같은 재해를 잘 알고 있으며(그림 5.17), 이런 재해로부터의 피해를 방지하거나 최소화하기 위한 지방 조례들이 있다. 예를 들면, 남부 캘리포니아 주 어떤 지역에서는 집이 쉽게 타지 않도록 연철조각으로 지붕을 이도록 하

그림 5.17 살인자인 산불 1991년 10월 캘리포니아 주 오클랜드에서 발생한 산불은 이 지역을 황폐화시켰다. 이 산불로 25명이 사망하고 3,000채 이상의 집이 파괴되었으며 약 17억 달러의 재산피해가 발생하였다. (*Tom Benoit/Getty Image Inc.*)

는 지방조례를 만들었다. 또 다른 조례는 스프링클러 시스템 설치와 덤불 더미의 제거를 규정하고 있다. 이러한 안전기준들은 화재 발생 이후에 재건축 시에 만들어진다.

재해의 조절에서 가장 환경적이고 확실한 조절 중의 하나는 **토지 이용 계획**(land-use planning)이다. 즉 범람원 지역, 산사태가 빈발하는 지역 또는 해안침식이 일어나기 쉬운 장소에 건축을 피하는 방안이 있다. 산사태와 관련하여 건축지역에 대한 토양공학이나 지질공학적인 조사의 법적 규정은 잠재적인 손실을 크게 감소시킬 수 있다. 해안침식의 피해는 해안선이나 해안 절벽으로부터 적당한 거리만큼 떨어져서 건물을 짓도록 함으로써 최소화할 수 있다. 특정한 경우에는 물리적인 작용을 조절할 수 있으나, 수용할 수 있는 범위 내에서 자연작용을 허용하는 토지 이용 계획이 기술에 기반을 둔 해결책(성공할 수도 있으나 실패할 수도 있는 해결책 임)보다 더 나을 수도 있다.

보험 보험은 자연재해에 대처하는 또 다른 방법이다. 홍수보험과 지진보험은 많은 지역에서 보편화되어 있다. 그러나 1994년에 노스리지 지진에 따른 대규모 손실로 인해서, 여러 보험회사들이 더 이상은 그 지역의 주민들에게 지진보험을 제공하지 않기로 발표하였다.

대피 멕시코 만 연안에 있는 주들과 미국의 동부 해안을 따라서 분포하는 주들에서는 대피가 허리케인 재해에 대한 중요한 대비책이다. 주민들이 예보와 경보에 주의를 기울인다면 대비하는 데 충분한 시간이 있다. 그러나 사람들이 재빨리 대피하지 않고 또한 영향권이 대도시 지역이라면 대피도로가 마지막 순간에 대피하는 사람들로 막힐 수도 있다. 화산분출지역의 성공적인 대비에 대해서는 제7장에 언급되어 있다.

재해에 대한 대비 각 개인, 가족, 시, 주 또는 전 국가가 **재해에 대한 대비**(disaster preparedness)를 실천할 수 있다. 개인과 기관이 많은 부상자를 치료하거나 사람들에게 경보를 발한 후 어떤 지역을 벗어나는 것을 훈련시키는 것은 재해에 대한 대비에 있어서 특히 중요하다.

자연재해의 인위적인 조절

산사태, 홍수, 용암류와 같은 자연작용을 인위적으로 조절하는 것은 부분적으로 성공하였다.

그림 5.18 사면보호 이전에 사태가 종종 발생했던 지역의 협곡 측면을 따라 지지벽이 건설되었다. 이 지지벽은 가파른 협곡의 가장자리에 매우 가깝게 지어진 집들을 보호하기 위한 것이다. 만약 집들이 협곡으로부터 적당한 거리만큼 떨어져 지어졌더라면, 지지벽은 필요 없을 것이다. (*Edward A. Keller*)

해안침식을 막기 위해서 축조된 해안 방벽은 어떤 면에서는 재산을 보호할 수 있으나 다른 한편으로는 해변의 너비를 축소시키거나 또는 없애버리기도 한다. 산사태로부터 사면을 보호를 위해서는 잘 설계된 지지벽이나 그 외 구조물들이 일반적으로 제 역할을 성공적으로 할 수 있으나, 가장 잘 설계된 인공 구조물조차도 극단적인 재해에는 적절한 역할을 기대할 수 없다(그림 5.18). 무관심한 사람이라도 고속도로와 언덕 위의 도심지를 따라 축조되어 있는 이런 구조물들을 볼 수 있을 것이다. 이러한 구조물들은 제한적으로는 환경에 영향을 미친다. 그러나 건축 시 인위적인 절개가 필요하거나 불안정한 사면이 건축물에 영향을 줄 때는 이러한 구조물이 필요하다. 홍수조절의 일반적인 방법은 수로건설, 댐 및 제방 축조이다. 그러나 불행히도 홍수조절 계획은 범람원 주민들에게 안전에 대한 잘못된 인식을 심어줄 수 있다. 실제로 대규모 홍수가 발생하면 어떤 방지대책도 주민들과 재산을 보호할 수 없다. 우리는 이에 대해 제8장에서 다시 논의할 것이다.

너무도 자주 사람들은 자연재해에 의한 손실을 그대로 감내하는 방편을 택한다. 많은 사람들은 어떤 종류의 재해(특히 특정한 지역에서만 발생하는 화산 분출, 지진과 같은 재해)에 대해서 그들의 기회를 낙관적으로 생각하고, 재해에 대해서 아무런 대책을 강구하지 않는다. 우리가 재해를 최소화하거나 방지할 수 있는 대책을 세우든 또는 세우지 않든, 우리가 재해 자체와 물리적, 생물학적, 경제적, 사회적 충격을 인지하고 예상하는 것은 필수적이다.

5.4 지구의 기후와 자연재해

전 지구와 지역적인 기후변화는 폭풍, 홍수, 침식, 산사태, 가뭄, 산불과 같은 자연재해의 발생에 중대한 영향을 미칠 수 있다. 기후변화와 함께 일어나는 지구온난화도 자연재해에 영향을 미친다(우리는 제9장에서 지구온난화를 상세하게 논의한다).

기후변화가 자연재해의 규모와 발생빈도에 얼마나 영향을 미칠 것인가? 지구온난화의 결과로 빙하의 융해는 해수면을 상승시키고 해수온난화의 범위는 늘어날 것이다. 이와 같은 해수면 상승은 해안침식을 가속화시킬 것이다. 기후변화와 함께 어떤 지역에는 강수량

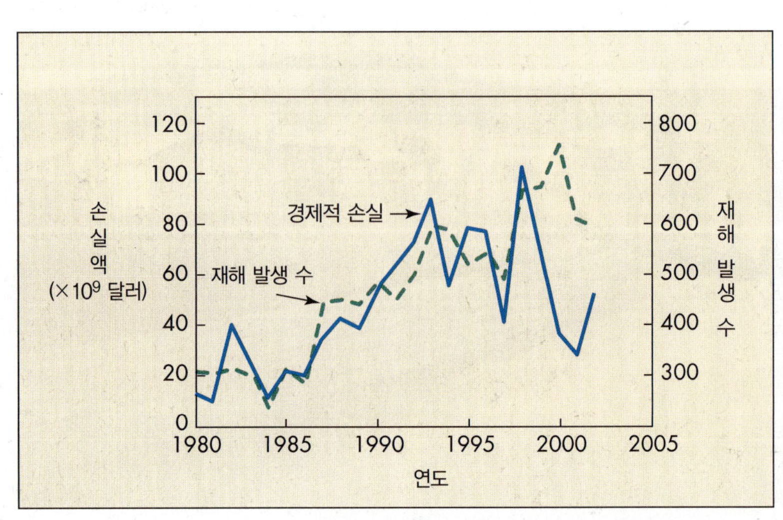

그림 5.19 극심한 기후재해의 증가 전 세계의 기후 관련 자연재해로 인한 사건과 경제적인 손실의 수 (1980–2002). (*Sawing, J. L. 2003.* Vital Signs. *New York: W. W. Norton. World Watch Institute*)

이 증가하고 다른 지역에서는 강수량이 감소함으로써 작물생산 지역이 이동될 것이다. 사막과 아건조 지역은 확대되고, 보다 고위도 지역에서도 농업 생산성이 증가할 것이다. 이러한 변화는 지구의 인구 이동을 초래하고, 이는 전쟁이나 사회적, 정치적 격변을 유발할 수도 있다.

지구온난화는 지구의 해양을 온난화시키고, 온난한 해수로부터 대기 중으로 한층 더 많은 에너지를 내보낸다. 대기온난화는 기후와 관련된 재해(뇌우, 토네이도, 허리케인)의 빈도와 강도를 증가시킨다. 1998년에는 기후 관련 재해로 인해서 전 세계적으로 약 1,000억 달러의 경제적인 손실을 기록하였다. 기록상 가장 더웠던 해 중의 하나인 1998년에 폭풍, 홍수, 산불, 가뭄으로 인한 손실은 1980년대의 전체 10년간의 손실보다 더 큰 손실이었다(그림 5.19). 전 세계적으로 1998년에 기후 관련 재해가 인간에게 미친 영향은 약 32,000명이 사망하고, 3억 명이 집을 잃을 정도로 대재앙이었다.[9] 심각한 기후 관련 재해(폭풍, 홍수, 가뭄, 열파, 혹한)의 빈도가 증가하고 있다는 것은 명백하다.

5.5 인구 증가, 토지용도 변경 그리고 자연재해

인구 증가와 재해

전 세계의 인구 증가는 주요한 환경문제 중의 하나이다. 그리고 인구는 계속적으로 증가하고 있고, 자연재해에 의한 손실을 줄이려는 노력도 증가할 것이다. 특히 인구 증가로 인하여 더 많은 사람들이 자연재해를 입을 위험에 처하게 될 것이며, 더 많은 사람들이 재해 위험지역에 거주함으로써 자연재해의 위험성이 더 높아지는 결과를 초래하게 될 것이다. 높은 인구밀도와 재해 위험지역에 거주함으로 인하여 일어난 재해의 극적인 예는 1985년에 콜롬비아에서 수천 명의 목숨을 앗아간 재해이다(자세히 살펴보기 '네바도 델 루이즈' 참조).

멕시코시티는 높은 인구밀도와 재해 위험지역에 거주함으로써 일어난 재해의 또 다른 예이다. 멕시코시티는 세계에서 가장 인구밀도가 높은 도시이다. 약 2,300만이 약 2,300km^2 범위 내에 집중되어 있으며, 모든 세대 중 약 1/3은 단칸방에 살고 있다. 멕시코시티는 지진에 의해 진동이 가속화되는 고기 호성층 위에 세워져 있으며, 시의 일부는 지하수 양수로 인해서 매년 수cm씩 침하하고 있다. 이런 지반침하는 불균일하게 일어나면서 건물이 기울어지고 지진에 의한 진동에 더욱 더 취약해지는 원인이 되고 있다.[10] 멕시코시티에서는 1985년 9월에 대규모 지진으로 인하여 약 1만 명이 목숨을 잃었다.

토지용도 변경과 재해

1990년대에 전 세계에서는 기록적으로 큰 재해들이 많이 발생하였다. 매년 500건 이상의 재해가 발생하지만, 이 중 몇몇 재해만이 인명 손실과 재산피해로 인해 외부의 원조가 필요한 대규모 재앙으로 분류된다.[11] 지난 반세기 동안 그림 5.20에 제시된 대로 대규모 재앙이 극적으로 증가하였다. 이들 대규모 재앙 중에서 가장 많은 인명 손실을 유발하는 것은

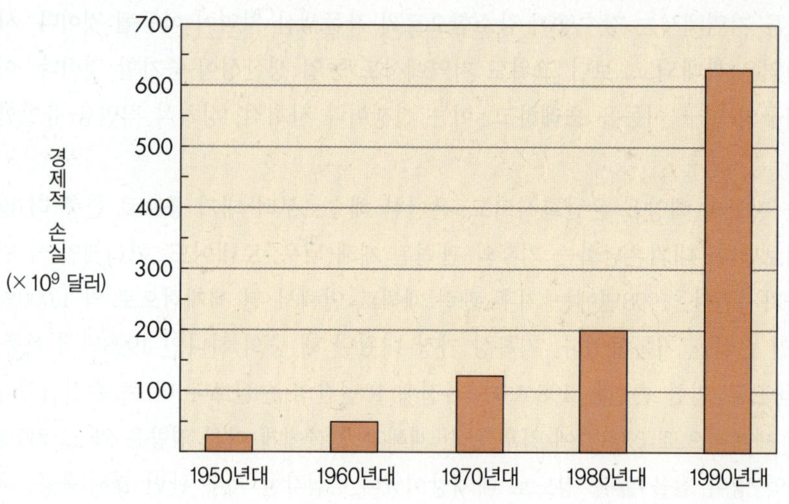

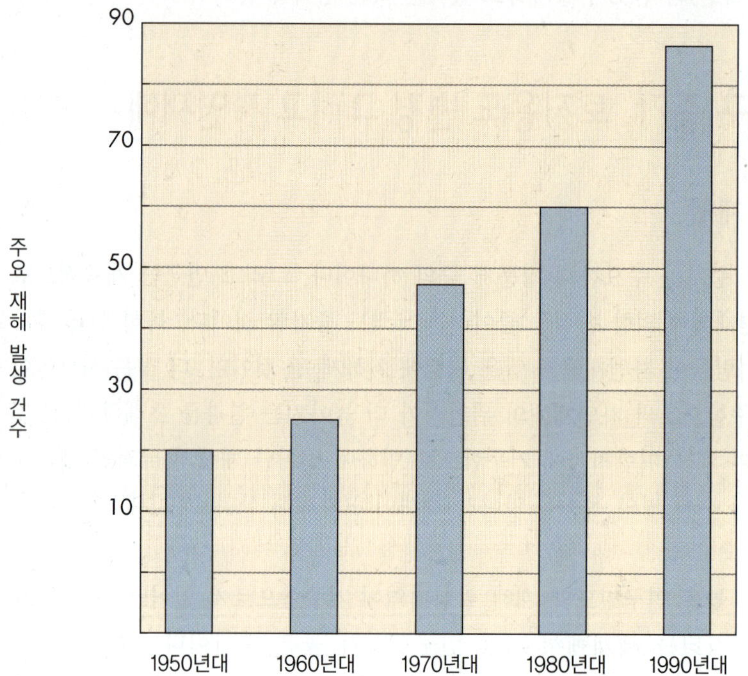

그림 5.20 재해의 증가 1950년대부터 1990년대까지의 주요 재해. (a) 경제적 손실. (b) 주요 재해 발생 건수. (*Abramovitz, J. N. 2001. Averting unnatural disasters. In Brown, L. R., et al. State of the world. 2001, pp. 123–42. World Watch Institute. New York: W. W. Norton*)

그림 5.21 허리케인 재앙 1998년 온두라스에서 발생한 허리케인 미치에 의해 발생한 홍수와 사태가 가옥들을 파괴하였다. (*Luis Elvir/AP/Wide World Photos*)

자세히 살펴보기 | 네바도 델 루이즈 : 사람, 토지 이용 그리고 화산 분출에 대한 이야기

제5장의 기본 내용은 인구 증가와 토지용도 변경이 자연재해의 충격을 심화시켰다는 것이다. 어떤 경우에는 자연재해가 재앙이 되기도 하였다. 예들 들면, 1845년에 콜롬비아의 네바도 델 루이즈 화산이 분출하였을 때, 화산의 동측 사면을 따라 화산이류가 흘러내려 약 1,000명이 사망하였다. 화산 분출로 기름진 흙이 라구닐라 강 계곡에 퇴적되었으며, 이 지역에 농업이 발달되었다. 이 지역의 마을은 아르메로이며, 1985년에는 약 23,000명으로 인구가 늘어서 번성하는 마을로 되었다. 1985년 11월 13일에 화산 분출과 함께 또 다른 이류가 아르메로를 매몰하였으며, 약 21,000명의 사망자 또는 실종자와 2억 달러 이상의 재산피해가 발생하였다. 두 차례의 이류 사이의 140년 동안에 인구 증가는 희생자 수를 20배 이상 증가시켰다. 이전의 화산 분출에 만들어진 평탄한 토지와 기름진 토양이 사람들을 재해 위험지역으로 유혹하였다. 얄궂게도, 그 전의 이류에 의해서 만들어진 생산성 높은 토양이 발전과 인구 증가를 가져온 그 지역에서 같은 종류의 자연재해(이류)가 많은 인명피해를 입혔다.[12]

1985년 11월 13일의 화산 분출이 일어나기 1년 전에 지진과 온천과 같은 전조 활동이 있었다. 1985년 7월에 화산 감시가 시작되었으며, 11월 13일에 발생한 화산 분출을 정확하게 식별한 재해도면이 10월에 완성되었다. 그 보고서물 첨부 도면은 (전번의 화산 분출 때처럼) 한 번의 화산 분출에 의해서 위험한 이류가 발생할 확률이 100%라는 것을 보여 주었다.

예측한 대로, 11월 13일에 폭발적인 화산 분출이 시작되면서, 뜨거운 화성쇄설류를 생성시키고, 이것이 산위에 있는 빙하를 뜯어내어 녹였다. 화산재와 빙하의 녹은 물은 이류가 되어 계곡 아래로 밀려 내려 왔다. 물 및 얼음과 접촉한 마그마가 기저분출(격렬한 증기와 화산재 폭발)와 화성쇄설류를 유발하였으며, 그림 5.C는 이런 마그마에 의해서 영향을 받은 지역을 보여준다. 그림 5.D는 화산과 아르메로 마을을 보여주고 있다. 이류가 마을의 남쪽 반을 매몰하였으며, 건물들은 기초까지 완전히 쓸려나갔다.[13]

이 재앙의 진짜 비극은 그 결과가 이미 예견되었다는 것이다. 실제로, 그 마을로부터 대피해야 한다는 여러 차례의 경고가 있었다. 재해위험도는 10월에 통지되었으나, 대부분

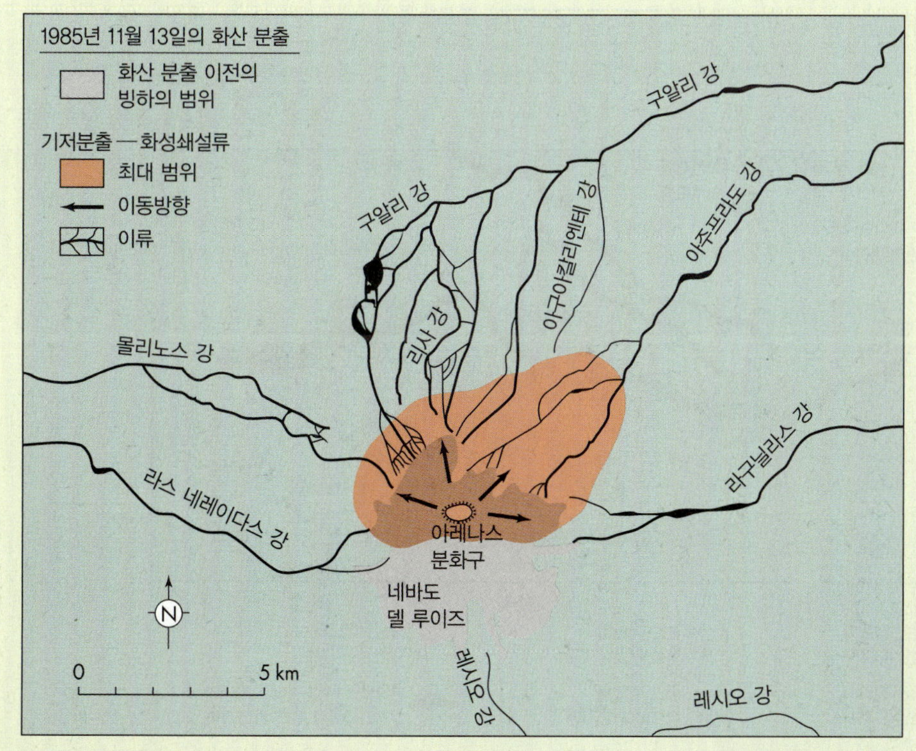

그림 5.C 네바도 델 루이즈 화산의 분출 네바도 델 루이즈 화산지역의 지도. 1985년 11월 13일의 화산 분출로 인한 상황을 보여주고 있다.(*Herd, D. G. 1986. The Ruiz volcano disaster.* EOS, Transactions of the American Geophysical Union, *May 13: 457–60*)

의 사람들이 그것을 무시하였다. 그림 5.E는 화산 분출 재해위험도가 화산 분출이 일어날 것을 이미 예측하였다는 것을 보여준다. 이것은 화산 분출 재해위험도가 쓸모가 있다는 것을 증명하는 것이다.[14] 이러한 경고에도 불구하고 대비책이 거의 없었기 때문에 결과적으로 약 21,000명이 사망하였다. 1986년 초에 콜롬비아에는 네바도 델 루이즈 화산과 남아메리카의 다른 화산들을 감시하기 위한 상시 화산관측소가 설치되었다. 남아메리카는 이제 화산 분출에 더 잘 대처할 수 있게 되었다. 시민방위본부로부터 지역 마을까지의 통신이 더욱 잘되었다면, 그리고 화산으로부터 40km까지의 잠재적인 화산재해를 더 잘 식별하였다면, 아르메로 마을로부터의 주민 대피가 가능했을 것이다. 네바도 델 루이즈 화산 분출의 교훈이 미래의 화산 분출과 그 밖의 자연재해로 인해서 발생할 인명피해를 줄이는 데 도움이 되기를 희망한다.

(a)

(b)

그림 5.D 네바도 델 루이즈 (a) 분출 이전의 화산. (*Photo El Espectador/Corbis/ Sygma*) (b) 재앙을 가져온 이류 : 화산 분출로 인한 이류가 21,000명의 사망자를 내고 아르메로 마을을 거의 모두 파괴시켰다. (*J. Langevin/Corbis/Sygma*)

그림 5.E 화산재해도 화산재해도는 1985년 11월 13일의 네바도 델 루이즈의 화산 분출과 콜롬비아의 아르메로 마을을 매몰시킨 이류가 발생하기 한 달 전에 완성되어 배포되었다. 이류 퇴적층은 빨간색으로 표시된 부분이다. (*Wright, T. L., and Pierson, T. C. 1992. USGS Circular 1973*)

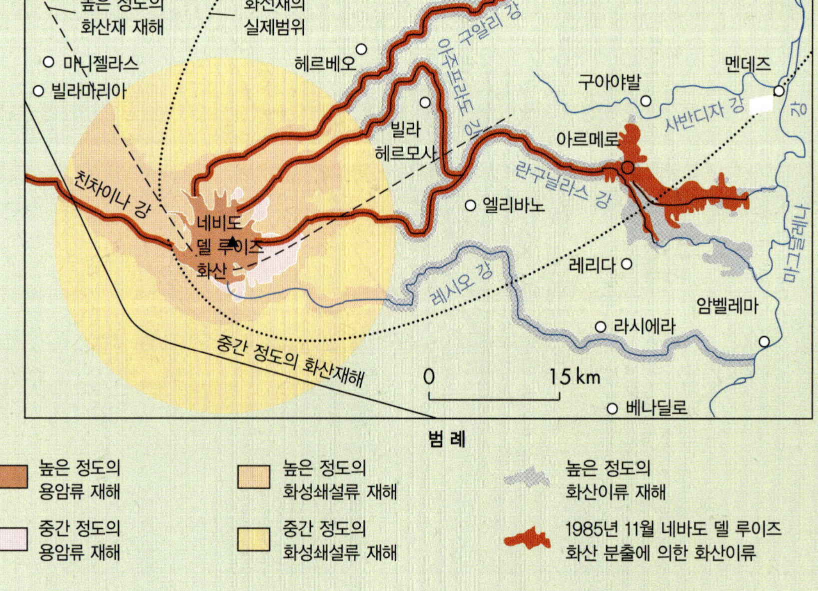

홍수이며, 그 다음으로 지진, 화산 활동 그리고 폭풍의 순이다. 1985년부터 1995년까지 55만 명이 자연재해로 사망하였다. 사망자 중 대부분(96%)은 저개발국에서 발생하였다. 1985년부터 1997까지 아시아에서는 총 사망자의 77%와 경제적인 손실의 45%로서 가장 많은 손실이 발생하였다. 경고 시스템의 향상, 재해에 대한 대비, 그리고 재해 발생 후의 공중위생 대책이 없었다면, 1985년부터 1999년 사이의 피해는 더 컸을 것이다.[11] 그렇지만 경제적인 손실은 사망자 수보다 훨씬 빠른 비율로 증가하였다.

토지용도 변경과 연관된 자연재해로부터 발생된 엄청난 재앙의 세 가지는 1998년에 중앙아메리카를 초토화시킨 허리케인 미치, 1998년에 일어난 중국 양자 강의 홍수, 그리고 2005년의 허리케인 카트리나이다. 허리케인 미치는 약 11,000명의 사망자를 냈으며, 양자 강의 홍수는 거의 4,000명의 사망자를 냈다. 중앙아메리카와 중국에서 발생한 자연재해로 인한 손실에 대해서는 토지용도 변경의 영향이 특히 컸던 것으로 판단된다. 예를 들면, 온두라스는 벌목으로 인하여 이미 숲의 절반 정도를 잃었으며, 허리케인이 발생하기 전에 재해 발생 지역의 약 11,000km^{2}의 숲이 산불로 소실된 상태였다. 이미 언급한 대로 남벌과 산불로 인하여, 사면의 식생이 파괴되고 분수령이 없어지면서, 농장, 집, 도로, 다리가 만들어졌다(그림 5.21). 중국의 중부도 비슷하다. 최근에 양자 강 분지에서는 벌목과 농경지로의 전환으로 인하여 숲의 약 85%가 없어졌다. 중국에서는 토지용도 변경의 결과로 양자 강의 홍수가 과거보다 훨씬 더 빈발해졌을 것이다.[9] 허리케인 카트리나(이 장의 앞머리에 있는 사례 연구 참조)는 폭풍과 파도의 완충제 역할을 하는 해안 습지의 제거와 같은 여러 가지 부적당한 토지 이용의 결과임을 강조하게 한다.

1990년대 후반과 21세기 초기에 중앙아메리카, 중국, 미국 그리고 지구의 다른 지역에서 발생한 자연재해들은 앞으로 다가올 재해의 조기 경고일 수도 있으며, 인간 활동이 자연재해의 충격을 증대시킬 것으로 보인다. 인간 활동의 영향을 인식함으로써 중국은 양자 강 상류 분지의 벌목을 금지하였고, 무분별한 범람원 개발을 금지하였으며, 조림에 수십억 달러를 투입하였다. 앞의 교훈들은 미래에 자연재해로 인한 손실을 최소화하기 위해서는 토지 재복원을 고려할 필요가 있다는 것이다. 이 목표는 건강한 생태계의 복원과 유지에 기초한 지속적인 개발을 성취하는 것이어야 한다.[9] 이러한 목표는 세계의 많은 지역에서 일어나고 있는 인구 증가의 압력 때문에 성취하기가 어려울 것이다. 어려워지고 있는 환경문제를 해결하고 지속 가능한 환경의 목표를 달성하기 위해서는 인구 증가의 조절이 필요하다.

요 약

자연재해에 관한 토의는 동적이고 변화하는 자연에 대한 견해를 제시한다. 이로써 우리는 환경을 시간에 고정시킬 수 없음을 이해하게 된다. 자연재해 없이 경관은 다양성을 갖지 못하며, 그 경관은 안전하지만 그러나 흥미롭지 않고 미학적으로 경탄스럽지 않은 것이 될 것이다. 우리는 아직도 우리가 얼마만큼 자연재해를 조절해야 하고, 얼마만큼 자연재해를 허용해야 할 것인가를 고심 중에 있다. 그러나 산불, 폭풍, 홍수와 같은 교란이 자연적이고, 자연 자원은 이러한 교란과 함께 관리되어야 한다는 것을 우리는 명심하여야 한다.

환경지질학의 기본 철학은 인간에게 위험한 지구의 변천은 과거부터 항상 있어 왔다는 것이다. 인간이 자연적인 위험의 중심에 가까이 살게 될 때 또는 인간이 자연을 위험한 방향으로 개조할 때, 지구의 변천은 인간에게 위해가 된다. 계속적으로 인명과 재산피해를 유발하는 자연작용은 홍수, 사태, 지진, 화산 활동, 폭풍, 팽창성 토양, 가뭄, 산불, 그리고 해안침식을 포함한다. 자연재해의 빈도는 일반적으로 규모에 반비례한다. 그리고 인간에게 미치는 충격은 그 발생 주기와 규모뿐만 아니라 기후, 지질, 식생, 그리고 인간의 토지 이용과 같은 다양한 요인에도 좌우된다. 재해를 일으키는 자연작용이 홍수나 화산 분출에 의해서 기름진 토양을 제공하는 것처럼 인간에게 이익을 주기도 한다.

단 하나의 대규모 지진이 매우 큰 인명피해를 줄 수도 있지만, 미국에서 가장 많은 인명피해를 주는 자연재해들은 토네이도(돌풍), 폭풍, 번개, 홍수, 허리케인이다. 홍수, 사태, 서리, 팽창성 토양은 가장 많은 재산피해를 입힌다. 가장 자주 일어나는 자연재해는 홍수, 허리케인, 토네이도, 지진, 화산 분출, 그리고 산불이다. 미국에서는 토지용도 변경, 도시화, 인구 증가가 대부분의 자연재해에 의한 손실을 증가시키기는 하지만, 향상된 예측과 경고 시스템이 자연재해에 의한 사망자 수를 감소시킨다.

몇몇 자연재해(하천 홍수와 허리케인 및 쓰나미의 해안 도달)는 꽤 정확하게 예측될 수 있다. 전조 사건들은 지진과 화산 활동이 임박했다는 것을 전문가들에게 경고한다. 일단 자연재해가 예측되었다면, 이 정보는 입안자와 결정권자들에게 전달되어, 인명과 재산에 대한 위협을 최소화시킬 수 있도록 해야 한다. 경고를 발하고 대중매체 및 대중과 과학자들 사이에 정보교환이 이루어지는 것이 특히 중요하다. 많은 자연재해에 대해서는 언제 재해가 발생할지 정확히 알 수 없으며, 과거의 발생 기록에 의거하여 발생확률만을 결정할 수 있을 뿐이다. 자연재해의 위해성은 그 재해의 발생 확률과 그 재해가 발생했을 때의 예상되는 결과를 곱한 것이다.

사람에게 미치는 재해의 충격은 직접적인 충격(사망, 장애 또는 부상)과 간접적인 충격(정신적인 고통, 돈이나 물건 기부, 재정 회복을 위한 세금 납부)을 포함한다. 재해로부터의 회복은 긴급 구호 활동, 서비스와 통신의 회복, 재건축을 포함하는 여러 단계를 거친다.

개인과 사회가 자연재해를 피하거나 완화시키기 위해서 택하는 방법들은 부분적으로는 재해가 어떻게 인식되느냐에 좌우된다. 사람들은 자주 일어나는 재해(예를 들면, 대서양으로부터 매년 북아메리카의 동부 해안과 멕시코 만을 강타하는 허리케인)를 더 잘 알고 있다. 자연재해를 완화하는 방법들은 토지이용계획, 보험, 대피에서부터 재해 대비와 재해의 인위적인 조절까지 포함한다. 특별한 지역에서만 흔치 않게 일어나는 자연재해에 대해서 사람들은 재해로부터 초래되는 손실을 감수하는 방편을 택하는 경우가 많다. 인위적으로 자연재해를 조절하려는 시도는 부분적으로 성공하였으며 극단적인 자연재해에 대해서는 일반적으로 방어하기가 어렵다. 우리가 어떤 방법을 택하든지 우리는 자연재해에 대한 우리의 이해를 증진시켜야 하며 재해를 미리 예상하여 더 나은 방향으로 일을 처리하도록 해야 한다.

세계 인구가 증가하고, 도시화, 벌목과 같이 환경의 지속적인 개조에 따라 더 많은 사람들이 주변 지역과 위험한 장소에 살게 될 것이다. 인구 증가의 압력과 토지용도 변경의 결과로 전에는 국지적이던 재해가 지금은 재앙의 수준이 되었다. 그러므로 인구가 증가함에 따라 자연재해로부터의 손실을 최소화하기 위해서는 모든 점에서 더 나은 계획이 필요하다.

기본개념의 재확인

인구 증가

인구 증가는 많은 사람들이 자연재해가 일어나기 더 쉬운 지역(범람원, 가파른 사면, 화산의 측면)에서 살도록 강요하고 있다. 인구 증가 압력은 토지용도 변경을 가속화시켰으며, 이에 따라 더 많은 토지가 도시화되고, 농지로 되고, 광산개발을 위하여 채굴되었으며, 벌목되고 있다. 그 결과, 이전에는 재해였던 것이 이제는 재앙이 되고 있다.

지속 가능성

범람원과 같은 위험한 지역에서의 삶은 지속성이 있는 삶이 아니다. 그러한 삶은 끊임없이 인명 손실과 재산피해를 당하는 삶이 될 것이다. 미래의 세대가 양질의 환경을 물려 받을 수 있도록 보장하기 위해서는 자연재해부터의 손실을 최소화시켜야 한다. 가파른 사면상의 숲을 지속적으로 제거하고 그럼으로써 토양을 침식시키는 산사태와 홍수 발생을 증대시킨다면 우리는 토양 자원을 보전할 수 없다.

계로서의 지구

역동적인 지구계(기권, 수권, 암석권)는 인간에게 위해가 되는 변화를 일으킨다. 한 시스템의 일부가 변화하면 이것은 복잡한 과정을 통하여 다른 부분에 영향을 미친다. 예를 들면, 화석 연료의 연소는 대기 중으로 이산화탄소를 방출하며, 이는 지구온난화의 원인이 된다. 한 가지 결과를 든다면 지역에 따라서 더 많은 비가 내리고 더 강한 폭풍이 발생하는 것이다. 이러한 현상은 홍수와 산사태의 강도를 높이게 된다.

과학지식과 가치

지구 변화의 위험성에 대한 심도 있는 연구로 인해서, 어디에서 지구 변화가 일어나고, 어떻게 일어나는지, 이 변화가 어떤 손실을 주는지, 그리고 어떻게 하면 손실을 최소화할 수 있는지에 대한 우리의 지식이 크게 늘어났다. 사람들의 인식은 과학적인 지식과 함께 자연재해의 충격을 부분적으로 감소시키는 방법을 강구하도록 할 것이다. 예를 들면, 지진 발생 위험이 높은 지역의 병원과 학교 중 많은 건물들이 노후하고 대규모 지진에 무너질 가능성이 높은 것으로 밝혀지고 있다. 이들 병원과 학교 건물이 지진에 견딜 수 있도록 보수하는 것이 합리적인 답이지만, 이것을 위해서는 수십억 달러가 소요된다. 인간 생명의 가치를 다른 가치와 비교할 때, 우리가 병원과 학교 건물을 보강하는 데 필요한 예산을 쓸 것인지를 결정할 수 있을 것이다.

주요 용어

경고	예측	재앙
규모-주기 이론	위해성	재해에 대한 대비
단층점토	전조 활동	토지 이용 계획
예보		

복습 문제

1. 콜롬비아에서 1985년에 일어난 네바도 델 루이즈 화산 분출의 두 가지 큰 교훈은 무엇인가?
2. 재앙은 무엇이고, 재해와는 어떻게 다른가?
3. 자연작용의 규모와 주기는 무엇을 지시하는가?
4. 규모-주기 이론의 주된 결론은 무엇인가?
5. 자연재해를 이해하는 데 있어서 역사적인 기록의 역할은 무엇인가?
6. 자연재해 간의 연결성들을 몇 가지 열거하라.
7. 재해가 일어나기 쉬운 지역을 예보하는 방법들에는 어떤 것들인 있는가?
8. 예측과 예보의 차이점은 무엇인가?
9. 대중매체와 과학자들은 왜 때때로 긴장관계에 있는가?
10. 어떤 특정한 재해 발생의 위해성이 어떻게 식별될 수 있는가?
11. 자연재해 저감에 있어서 반발적인 반응과 선행 예측 반응 간의 차이점이 무엇인가?
12. 자연재해의 영향을 제한시키거나 감소시키는 일반적인 조절방법들에는 어떤 것들이 있는가?
13. 자연재해 발생에 있어서 전 지구적 기후의 역할은 무엇인가?
14. 인구 증가로 인해서 어떻게 재해가 재앙의 수준으로 변하게 되었는가?

심화 문제

1. 여러분이 살고 있는 지역에서 사람과 재산에 위험이 되는 모든 자연재해를 열거하라. 여러분과 여러분의 공동체는 이런 자연재해의 충격을 저감시키는 어떤 대책들을 마련하였는가? 더 나은 대책이 나와야 하는가? 그렇다면 그것은 무엇인가? 어떤 대안들이 환경적인 측면에서 보다 바람직한가?

2. 미래에 우리가 언제, 그리고 어디서 대규모의 파괴적인 지진이 일어날지를 확률적으로 예측할 수 있다고 하자. 만약 어느 날짜에 지진이 일어날 확률이 10% 정도로 아주 낮다면, 일반 대중에게 그 예보를 전달해야 할까? 50%나 또는 90%까지 확신할 때까지 기다려야 할까? 예보와 재해발생 사이의 시간 간격이 여러분의 해답에 영향을 주는가?

3. 친구와 여러분이 과학자와 신문기자의 역할을 해 보라. 자연과 여러분 마을의 자연재해의 범위에 대해서 신문기자가 과학자와 인터뷰하고 있다고 가정하자. 인터뷰 후에는 과학자가 신문기자와 의사소통하는 방법에 대하여 여러분의 생각을 메모해 보라. 두 사람 사이에 어떤 의견의 대립이 있는가?

4. 여러분 마을의 홍수 위해성을 평가하기 위한 방안을 생각해 보라. 감내할 수 있는 정도의 위해성을 결정하기 위해서 어떻게 하겠는가?

5. 여러분은 토지용도 변경과 인구 증가가 자연재해의 위해성을 증대시킨다는 것에 찬성하는가 또는 반대하는가? 가설을 세우고 그 가설을 어떻게 증명할지를 토의하라.

제 6 장

지진과 이에 수반된 현상

학습 목표

지진은 재앙적인 인명 손실은 물론이고 집과 건물 및 도로, 철로, 공항, 댐, 발전소와 같은 산업기반시설에 큰 피해와 손실을 끼친다. 또한 일상적인 생활을 빼앗아 가고, 소득의 손실까지 초래하여 우리 사회에 엄청난 피해를 가져다주므로 이에 대한 공부는 매우 가치 있고 중요한 일이다. 이 장의 학습 목표는 다음과 같다.

- 지진과 단층 활동의 관계를 이해한다.
- 지진의 규모가 어떻게 결정되는지 이해한다.
- 지진파의 종류와 그 성질을 알고 강한 지진동이 어떻게 발생하는지 알아본다.
- 지진 위험도가 어떻게 결정되는지 이해한다.
- 지진의 주요 피해효과를 알아본다.
- 지진주기의 구성요소들을 이해한다.
- 지진을 예측할 수 있는 방법들을 이해한다.
- 지진재해를 줄이는 방법과 재해에 우리가 어떻게 대응하고 인식하는지 이해한다.

로스앤젤레스 지진. 1994년 노스리지 지진으로 붕괴된 로스앤젤레스 지역의 고속도로. (*Les Stone/Corbis/Sygma*)

사례 연구 | 1994년 노스리지

1994년 1월 17일 로스앤젤레스 지역을 강타했던 노스리지 지진은 남부 캘리포니아 사람들을 새벽잠에서 깨워 뼈아픈 상처를 가져다준 불쾌한 모닝콜이었다. 이 지진으로 57명이 사망했으며, 약 400억 달러의 재산피해가 있었다. 주차장 건물을 포함하여 3,000채 이상의 건물과 고속도로 여러 군데가 심하게 파손되었다(그림 6.1). 노스리지 지진은 최근 캘리포니아 남부에서 줄줄이 발생했던 중간 규모의 크기를 가진 지진 중의 하나였다.

노스리지 지진은 약 18km 깊이의 급경사 단층에서 암석이 파열되어 일어났다. 이 파열은 지표를 향해 북쪽과 서쪽 방향으로 빨리 전파되었으나 지표까지 도달하지 못하고 수 km 깊이에서 중단되었다. 동시에 파열은 수평으로(거의 서쪽 방향) 20km 진행하였다. 그림 6.2에 단층의 움직임을 기하학적인 구조로 나타냈다. 그 이동으로 노스리지에서 몇

(a)

(b)

그림 6.1 로스앤젤레스 도심지에서의 지진 1994년 캘리포니아 노스리지 지진에 의한 피해. (a) 주차장. (*R. Forrest Hopson*) (b) 피해를 입은 카이저 퍼머넌트 건물. (*A.G. Sylvester*)

6.1 지진에 대한 소개

지구상에서 사람들이 감지할 수 있는 지진은 1년에 약 100만 번 일어난다. 그러나 이 중에서 발생 지점으로부터 멀리 떨어진 곳에서 느낄 수 있는 지진은 불과 몇 퍼센트에 지나지 않는다. 지진은 그것이 방출하는 에너지, 즉 **규모**, 지반의 움직임, 즉 진동의 세기, 사람과 사회에 끼치는 피해로서 그 크기를 비교한다. 19세기 초 이후 미국을 강타한 주요 지진들을 표 6.1에 정리하였다.

6.2 지진 규모

지진에 대한 뉴스를 접할 때 우리는 일반적으로 지진의 발생 지역, 즉 진앙에 대한 정보를

km 떨어진 산타수산나 산맥의 일부에 융기와 습곡작용이 일어났다.[1]

노스리지 지진은 특히 어린이들에게 공포의 대상이었다. 격렬한 진동이 약 15초 동안 지속되어 사람들이 침대에서 떨어지고 방안의 물건들은 공중으로 날아다니고 굴뚝이 무너지고 벽에 금이 가고 지진파가 통과함에 따라 지반이 꿈틀거리고 포효하였다. 움직임이 멈추나 했더니 얼마 지나지 않아 다시 강한 여진이 시작되었다.

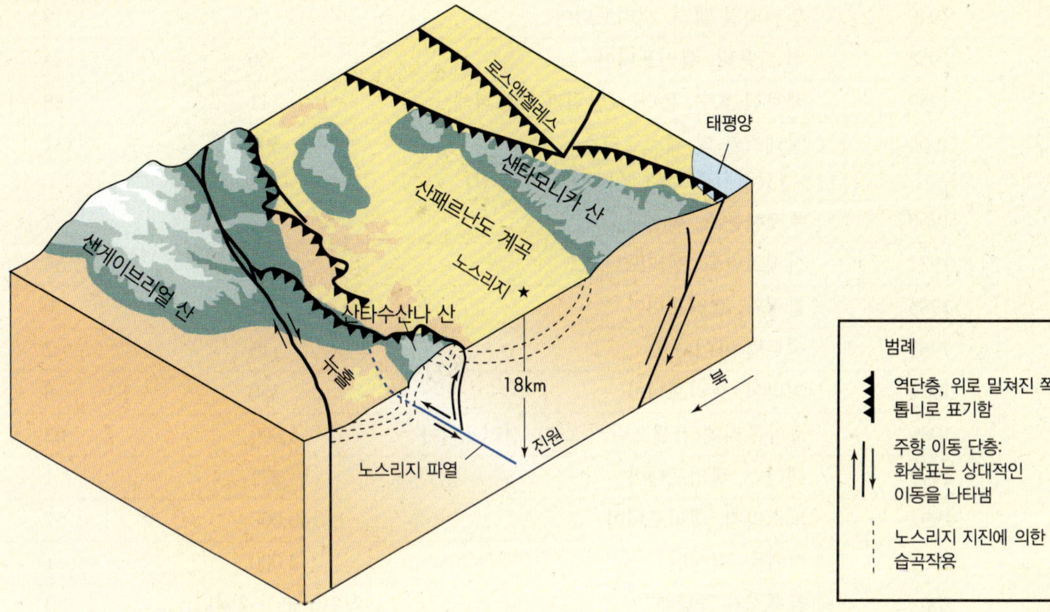

그림 6.2 지진의 상세한 기술 1994년 노스리지 지진을 일으킨 단층의 입체도. 지진 동안 산타수산나 산은 습곡을 이루고, 38cm의 융기와 북서방향으로 21cm의 이동이 있었다. (*Pat Williams, Lawrence Livermore Laboratory*)

듣는다. 암석이 파괴되어 지진이 발생한 지하 지점을 **진원**(focus)이라 하고, 그 상부에 있는 지표상의 위치를 **진앙**(epicenter)이라 일컫는다(그림 6.3). 뉴스에서는 또한 **모멘트 규모**(moment magnitude)를 언급하는데, 이것은 지진에 의해 방출되는 에너지의 척도이다. 모멘트 규모는 중요한 물리적인 성질, 지진 동안에 단층면을 따라 파열된 면적과 단층이 미끄러진 길이, 그리고 암석의 강도에 따라 결정된다.

모멘트 규모를 사용하기 전에 리히터 규모를 썼는데, 이것은 유명한 지진학자 찰스 리히터의 이름을 딴 것으로서 지진으로 인해 방출된 에너지를 나타내는 데 사용한다. 리히터 규모는 지진 동안에 발생한 지진파의 최대 진폭에 따라 결정된다. 지진계는 지진 변위를 기록하는 장비를 말하며, 이것은 지진기록을 출력한다. 기록된 진폭은 로그 단위의 크기로 바뀐다. 즉 리히터 규모가 1만큼 증가하면 진폭은 10배 증가하는 셈이다. 예를 들어 리히터 규모가 7인 지진은 규모가 6인 지진보다 10배의 변위를 보인다. 리히터 규모가 사람들에게

표 6.1 미국에서 발생한 주요 지진들

연도	위치	피해 (백만 달러)	사망자 수
1811~1812	뉴마드리드, 미주리	미확인	미확인
1886	찰스톤, 사우스캐롤라이나	23	60
1906	샌프란시스코, 캘리포니아	524	700
1925	샌타바버라, 캘리포니아	8	13
1933	롱비치, 캘리포니아	40	115
1940	임페리얼 밸리, 캘리포니아	6	9
1952	컨 카운티, 캘리포니아	60	14
1959	헤브겐 호수, 몬타나(삼림과 도로피해)	11	28
1964	알래스카 및 웨스트코스트 (앵커리지 부근의 쓰나미 피해 포함)	500	131
1965	푸젯사운드, 워싱턴	13	7
1971	산페르난도, 캘리포니아	553	65
1983	콜링가, 캘리포니아	31	0
1983	센트럴 아이다호	15	2
1987	휘티어, 캘리포니아	358	8
1989	로마프리에타(샌프란시스코), 캘리포니아	5,000	62
1992	랜더스, 캘리포니아	271	1
1994	노스리지, 캘리포니아	40,000	57
2001	시애틀, 워싱턴	2,000	1
2002	알래스카 중남부	(인구분산지역)	0

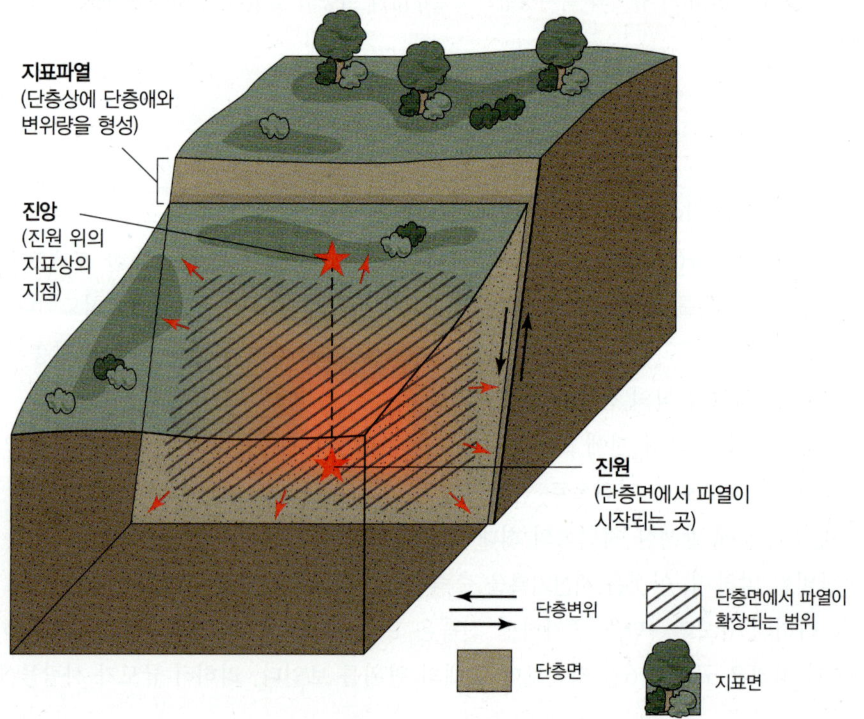

그림 6.3 지진의 기본적인 형태 단층면, 변위량, 파열면적, 진원, 진앙을 보여주는 입체도. 파열은 진원에서 시작하여 위와 아래, 옆으로 전파한다. 큰 지진이나 대형 지진이 일어나면 100km 이상의 단층길이를 따른 변위는 2~20m, 파열면적은 1,000km^2 이상이 될 수 있다.

표 6.2 기술어 분류에 의한 세계적인 지진의 규모와 빈도

기술어	규모	연평균 발생 수
대형(great)	8 이상	1
큰(major)	7~7.9	18
강한(strong)	6~6.9	120
중간(moderate)	5~5.9	800
경미한(light)	4~4.9	6,200(추정)
미소한(minor)	3~3.9	49,000(추정)
매우 미소한(very minor)	<3.0	규모 2~3, 하루 약 1,000회
		규모 1~2, 하루 약 8,000회

USGS. 2000. *Earthquakes, facts and statistics.* gttp://neic.usgs.gov. Accessed 1/3/00.

표 6.3 지진의 규모, 변위, 에너지 사이의 관계

규모 변화	지반변위 변화[1]	에너지 변화
1	10배	약 32배
0.5	3.2배	약 5.5배
0.3	2배	약 3배
0.1	1.3배	약 1.4배

[1] 표준지진계에 기록된 수평 혹은 수직 변위

출처 : USGS. 2000. *Earthquakes, facts and statistics.* neic.usgs.gov. Accessed 1/3/00.

아직까지 가장 잘 알려진 지진 척도이지만 지진학자들은 이것을 잘 사용하지 않는다. 피해를 줄 수 있는 큰 지진의 경우 리히터 규모는 최근에 일반적으로 많이 사용하는 모멘트 규모와 거의 같은 값을 갖는다. 이 책에서는 리히터 규모나 모멘트 규모를 구분하지 않고, 지진의 크기를 단순히 규모 M으로 나타낸다.

세계적으로 일어난 지진의 규모와 빈도를 표 6.2에 나타냈다. 대형 지진은 규모 8 이상의 지진을 일컫는데, 이것은 넓은 지역에 큰 재앙을 일으키고 세계 어디에선가는 1년에 한 번 꼴로 일어난다. 규모 7의 큰 지진은 넓은 지역에 걸쳐 심각한 피해를 줄 수 있으며, 규모 6의 강한 지진은 장소, 지표 지질, 구조물의 견고성에 따라 상당한 피해를 줄 수 있다. 지반의 움직임은 지진으로 인한 변위 또는 암석의 실제 이동거리로 설명될 수 있다. 규모 및 변위의 변화와 에너지의 관계가 표 6.3에 있다. 이에 의하면 규모 6과 규모 7 사이의 차이는 상당하다. 규모 7의 지진은 규모 6의 지진에 비해 32배의 에너지를 방출하며 변위량은 10배 정도 크다. 규모 5와 규모 7은 더욱 큰 차이를 보인다. 방출 에너지는 약 1,000배 차이를 보인다. 여기서 지진의 규모는 지진의 충격효과를 비교하기 위해 소개되었으며, 이것은 앞으로 지진과정을 다룰 때 더 자세히 언급할 것이다.

그림 6.4 지진 피해 (a) 1995년 일본 고베지진에 의한 강한 진동으로 붕괴된 고가도로. (*Naoto Hosaka/Getty Image, Inc.*) (b) 2005년 파키스탄 발라코트에서 일어난 규모 7.6의 지진으로 붕괴된 건물. (*AP/Wide World Photos*)

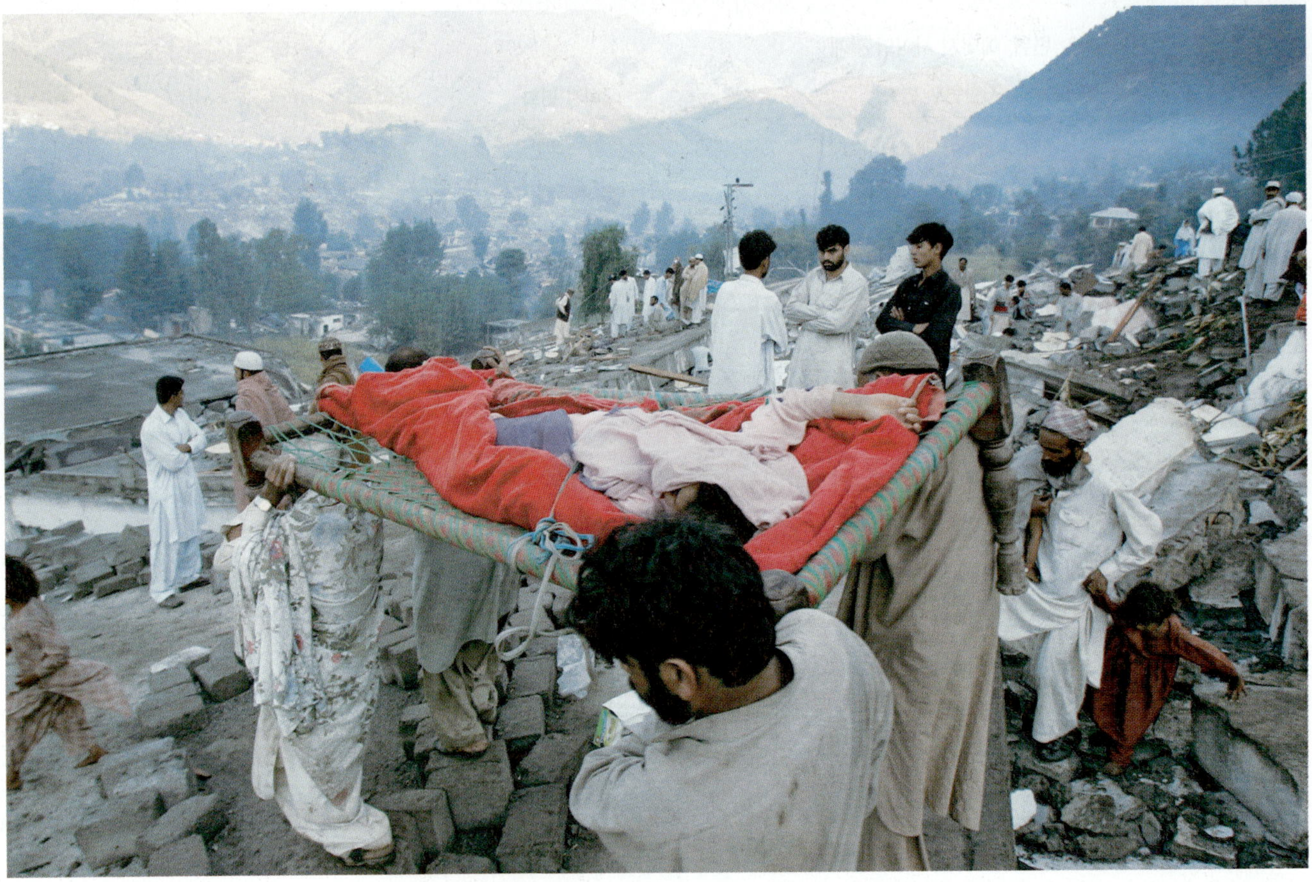

(a)

(b)

지진 피해

재앙적인 대형 지진은 순식간에 수천 명의 목숨을 앗아가고 대도시를 파괴한다. 16세기 중국에서 일어난 한 지진으로 무려 85만 명이 희생을 당한 것으로 알려졌다. 보다 최근에는 1923년 일본 도쿄 부근에서 일어난 지진으로 14만 3,000명, 1976년 중국에서 발생한 지진으로 수십만 명이 죽었다. 1985년에는 멕시코 연안 태평양 밑에서 발생한 지진(M 8.1)으로 진원에서 수백km 떨어진 멕시코시티에서 1만여 명이 희생당했다. 노스리지 지진이 일어나고 정확히 1년 후인 1995년 1월 17일에는 일본 고베에서 규모 7.2의 지진으로 5,000명 이상이 죽고 2만 7,000여 명이 부상당하고 10만여 채의 건물이 붕괴되고 1,000억 달러 이상의 재산피해가 났다(그림 6.4a). 2001년 1월 26일 인도의 구자라에서는 규모 7.7의 지진이 일어나 3만 명이 죽고 16만 6,000명이 부상당하고 100만 채의 집이 피해를 입거나 파손되었고 60만 명의 이재민이 발생하였다. 2005년 10월 8일 파키스탄 북부를 강타한 지진(M 7.6)의 진앙은 파키스탄에 위치했지만 카시미르와 인도에도 폭넓게 피해를 입혀(그림 6.4b) 8만 명 이상이 죽고 3만 개 이상의 건물이 파손되었다. 마을 전체가 파괴되고, 심지어 그중에서는 격렬한 진동이 원인이 되어 발생한 산사태로 묻혀버린 마을도 있었다.[2, 3]

6.3 지진 강도(진도)

지진을 정성적으로 비교하는 방법으로 **수정된 메르칼리 진도**(Modified Mercalli Scale)가 있

표 6.4 수정된 메르칼리 진도 단위(요약)

진도	효과
I	극히 일부 사람만이 감지함
II	건물 높은 층의 정지한 사람만이 느낌. 허술하게 매달린 물체가 흔들릴 수 있음
III	건물 높은 층의 실내에서는 매우 명확히 감지되지만 많은 사람들은 지진으로 인지하지 못함. 정차해 있는 자동차는 약간 흔들릴 수 있음. 진동은 트럭이 지나갈 정도로 느껴짐
IV	낮에 실내에서는 많은 사람들이 느끼지만 실외에서는 얼마 느끼지 못함. 밤에는 잠을 깨는 사람도 있음. 접시, 창문, 문이 흔들림. 벽에 금가는 소리가 남. 무거운 트럭이 건물에 부딪히는 느낌. 정차해 있는 자동차는 눈에 띌 정도로 흔들림
V	거의 모든 사람들이 느낌. 많은 사람이 잠에서 깸. 접시와 창문 등이 깨짐. 벽토가 깨지는 경우도 있음. 불안정한 물건들이 넘어짐. 나무, 전신주와 같은 긴 물체들이 흔들림. 추시계가 멈출 수 있음
VI	모두가 느낌. 많은 사람들이 놀라서 밖으로 뛰쳐나감. 무거운 가구가 흔들림. 벽토가 무너지거나 굴뚝이 피해를 입음. 피해는 경미한 편임
VII	모두가 밖으로 뛰쳐나감. 설계와 공사가 잘된 건물에서는 피해는 무시할 정도임. 잘 지어진 보통 구조물의 피해는 경미하거나 중간 정도임. 부실하게 지어지고 형편없이 설계된 구조물에서는 상당한 피해가 따름. 굴뚝이 깨짐. 운전 중인 사람도 감지
VIII	특별하게 설계된 건물의 피해는 경미함. 잘 지어진 보통 건물은 일부 붕괴면서 적지 않은 피해가 따름. 부실하게 지어진 건물은 그 피해가 매우 큼. 벽판이 골조에서 분리되어 떨어짐. 굴뚝, 공장 야적, 기둥, 기념비, 벽 등이 무너짐. 무거운 가구가 뒤집힘. 소량의 모래와 진흙이 공중으로 분출됨. 우물물의 변화. 운전자가 현기증을 느낌
IX	특별하게 설계된 건물도 큰 피해를 입음. 잘 설계된 골조 구조물이 기울어짐. 잘 지어진 건물도 일부 붕괴되어 큰 피해가 따름. 건물이 토대에서 이격됨. 지반에 뚜렷한 균열이 생김. 지하 배관이 끊어짐
X	잘 지어진 목조 구조물이 파괴됨. 기초를 갖춘 대부분의 석조와 골조 구조물이 파괴됨. 지반에 심하게 균열이 생김. 철로가 휨. 강둑과 급경사면에서 산사태가 심각함. 모래와 진흙이 이동됨. 물이 제방을 넘어 튐
XI	석조건물이 거의 완파됨. 교량이 파괴됨. 지반 균열이 폭넓게 생김. 지하 배관이 고장 남. 연약지반이 붕괴되고 미끄러짐. 철길이 휨
XII	완전 폐허. 파동이 지표에서 관찰됨. 시선과 수평선이 왜곡됨. 물체들이 공중으로 날아다님

출처 : Wood and Neuman, 1931, by USGS, 1974, *Earthquake Information Bulletin* 6(5): 28.

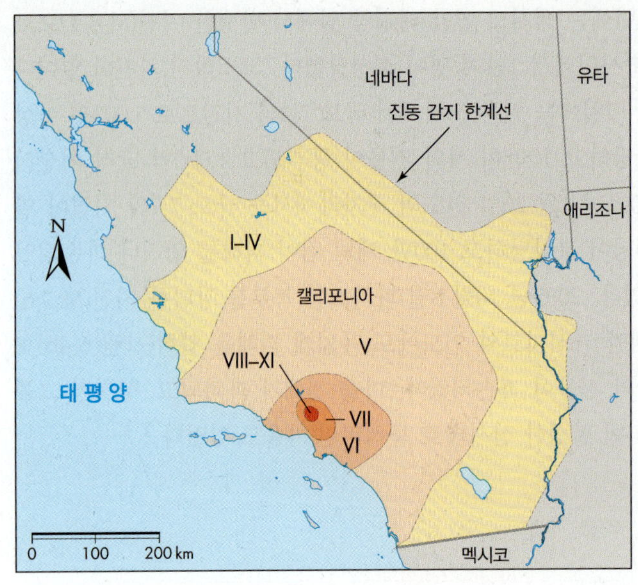

그림 6.5 진동의 강도 지진 이후 결정된 1971년 캘리포니아 산페르난도 밸리 지진(M 6.6)에 대한 수정된 메르칼리 진도 지도. (*USGS, 1974,* Earthquake Information Bulletin 6[5])

다. 이것은 지진이 일어나는 동안 흔들리는 정도를 정밀하게 관찰하여 12등급의 진도로 구분한 것이다(표 6.4). 진도는 사람들이 흔들림을 얼마나 감지했고, 구조물이 어떻게 반응했는지를 반영하여 등급으로 매긴다. 어떤 특정한 지진에 대한 규모는 하나이지만 진도는 장소, 진앙과의 거리, 지역의 지질조건에 따라 그 등급이 달라질 수 있다. 그림 6.5의 지도는 1971년 발생한 규모 6.6의 산페르난도 지진에 대한 진도를 공간적으로 나타낸 것이다. 이와 같은 지도는 지진 후에 진앙 지역 부근의 주민들에게 보낸 질문서를 바탕으로 작성하는데 그것이 비록 개략적이지만 지반진동을 연구하는 데 있어서 매우 중요한 지침이 될 수 있다.

지진으로 피해를 입는 동안 중요한 것 중의 하나는 그 피해가 어디에서 가장 심한가를 신속하게 결정하는 일이다. 현재 사용되는 한 가지 방법으로 **진동지도**(shake map)를 활용하는 것이며, 이것은 지진피해를 줄 수 있는 진동의 분포 범위를 제공한다. 지도 작성에 필요한 자료는 고급 지진계를 갖춘 지진관측소들의 조밀한 관측망에서 얻는다. 지진관측소에 지진자료가 수신되면 진동이 가장 심한 지역은 진동이 끝난 후 불과 1분여 안에 파악할 수 있다. 이 정보는 진동이 심한 지역에 대한 효율적인 비상대책을 수립할 때 필수적이다. 그림 6.6은 1994년의 캘리포니아 노스리지 지진(M 6.7) 및 2001년의 워싱턴 시애틀 지진(M 6.8)에 대한 진동지도이다. 2개 지진의 규모는 거의 같지만 진도는 노스리지 지진이 훨씬 크게 나타났다. 지진 발생 후 몇 분 안에 진동지도를 만들어 배포하는 기술은 2002년에 가능했다.[4] 지진계의 비용은 지진으로 입을 수 있는 피해에 비하면 매우 적다. 붕괴된 건물 안에서 구조를 기다리는 입장에서 볼 때 지진 발생 직후 구조대가 얼마나 빨리 도착하느냐가 매우 중요하기 때문이다. 진동지도는 또한 가스관이나 다른 시설들이 피해를 입기 쉬운 지역을 찾아내는 데 매우 유용하다. 진동지도의 활용은 특히 지진에 취약한 도심지에서 지진을 대비하는 데 매우 바람직한 것임에 틀림없다.

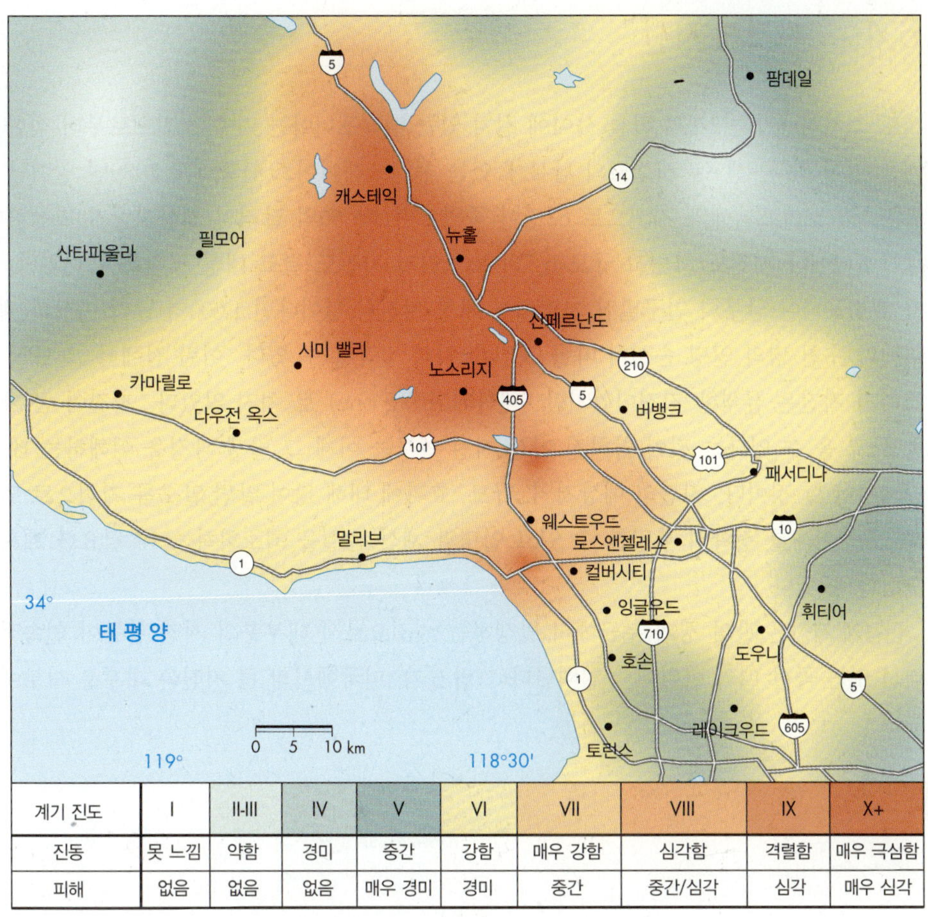

계기 진도	I	II-III	IV	V	VI	VII	VIII	IX	X+
진동	못 느낌	약함	경미	중간	강함	매우 강함	심각함	격렬함	매우 극심함
피해	없음	없음	없음	매우 경미	경미	중간	중간/심각	심각	매우 심각

(a)

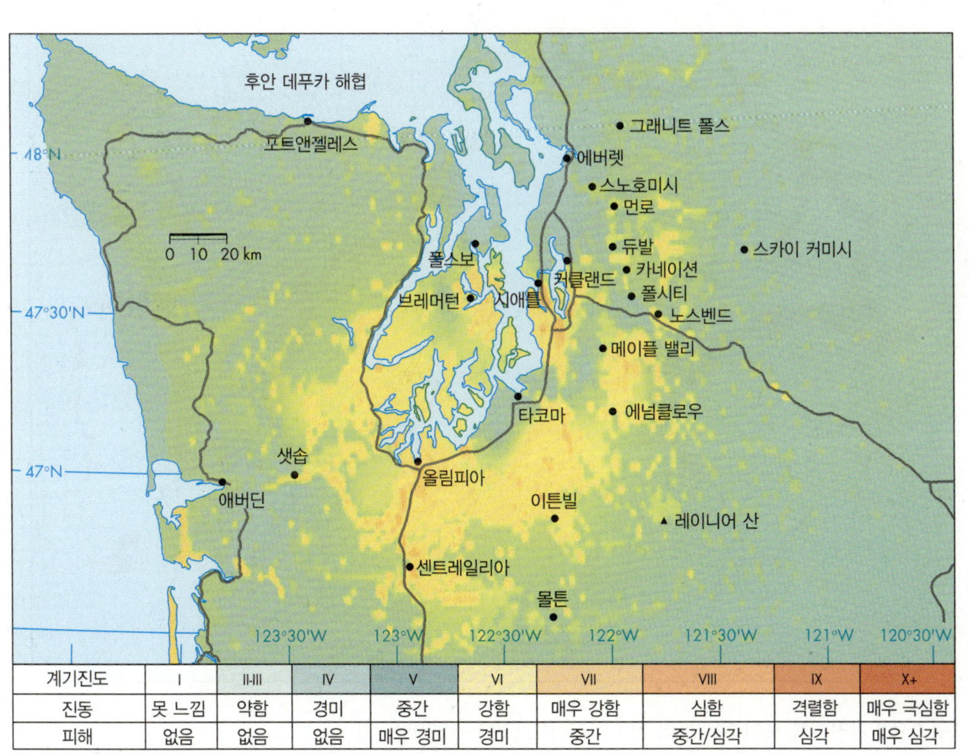

계기진도	I	II-III	IV	V	VI	VII	VIII	IX	X+
진동	못 느낌	약함	경미	중간	강함	매우 강함	심함	격렬함	매우 극심함
피해	없음	없음	없음	매우 경미	경미	중간	중간/심각	심각	매우 심각

(b)

그림 6.6 실시간 진동의 강도 (a) 지진이 발생할 때 얻어진 1994년 캘리포니아 노스리지 지진(M 6.7)의 진동 지도. (*USGS, David Wald*) (b) 2001년 워싱턴 시애틀 지진(M 6.8). (*Pacific Northwest Seismo-graph Network, University of Washington*)

6.4 판경계 지진

서로 스쳐지나가는 2개의 판들 사이에 걸쳐 있는 캘리포니아는 자주 지진으로부터 심한 피해를 입어 왔다. 샌프란시스코의 남부에 있는 샌앤드레이어스 단층에서 1989년 일어난 규모 7.1의 로마프리에타 지진으로 62명이 죽었으며, 약 50억 달러의 재산피해가 발생했다. 로마프리에타 지진도 그렇고 규모 6.7의 노스리지 지진도 결코 대형 지진은 아니었다. 만약 캘리포니아 남부의 인구밀집 지역에서 대형 지진이 일어나면 1,000억 달러 이상의 재산피해와 수천 명의 인명 손실이 따를 것임을 익히 짐작할 수 있다. 이런 점에서 그 당시 노스리지 지진은 끔찍한 지진이었지만 '대짜배기(big one)'로 치지 않았다. 지진이 큰 재앙을 몰고 올 수 있다는 것이 밝혀진 이상 지진 연구는 이제 그 발생 과정을 이해하는 데 집중되어야 할 것이다. 지진의 예상지역, 규모, 효과에 대해 많이 알면 알수록 지진으로 입을 수 있는 피해를 정확히 추정할 수 있고 인명과 재산 손실을 최소화하는 데 필요한 계획을 수립할 수 있다.

판경계 지진은 판의 경계 부근에서 발생하는 지진으로서 대부분의 지진 활동이 연속적인 직선 또는 곡선 띠의 범위에서 일어난다(그림 6.7). 미국에서의 큰 지진은 대부분 서부에서

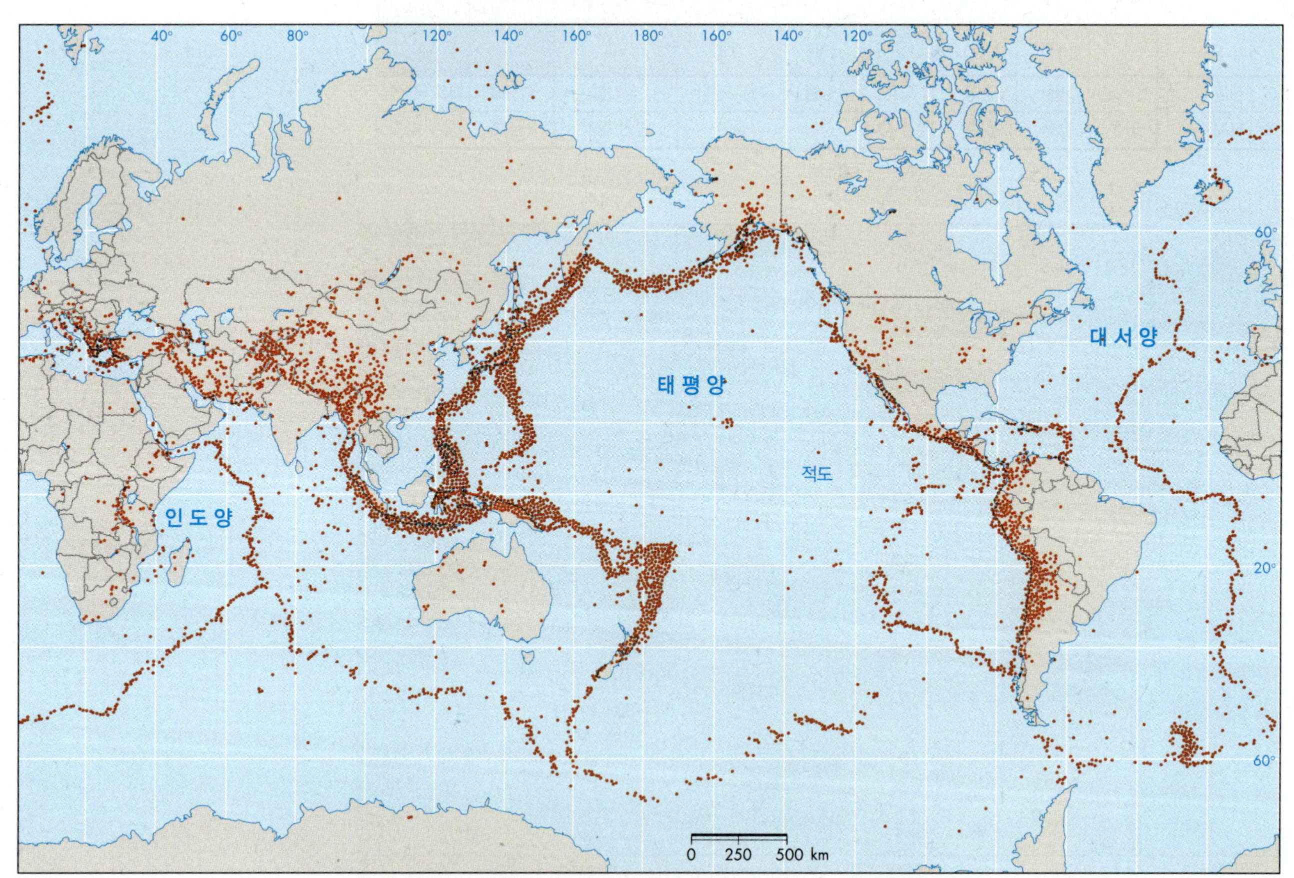

그림 6.7 판경계 지진 판의 경계와 그림 6.9의 지진대를 보여주는 광역적인 지진지도(1963~1988년). 갈색 점들은 각각의 지진을 나타낸다. 판의 이름과 위치는 그림 2.4를 참조하라. (*National Earthquake Information Center*)

발생하는 판경계 지진으로서 특히 북아메리카 판과 태평양 판의 경계 부근에서 일어난다(표 6.1). 그러나 판의 경계에서 멀리 떨어진 판의 복판에서도 큰 피해를 주는 판내부 지진이 일어날 수 있다.

6.5 판내부 지진

1811~1812년 겨울 미시시피 계곡의 중부에서 일어난 규모 7.7 이상의 판내부 지진으로 미

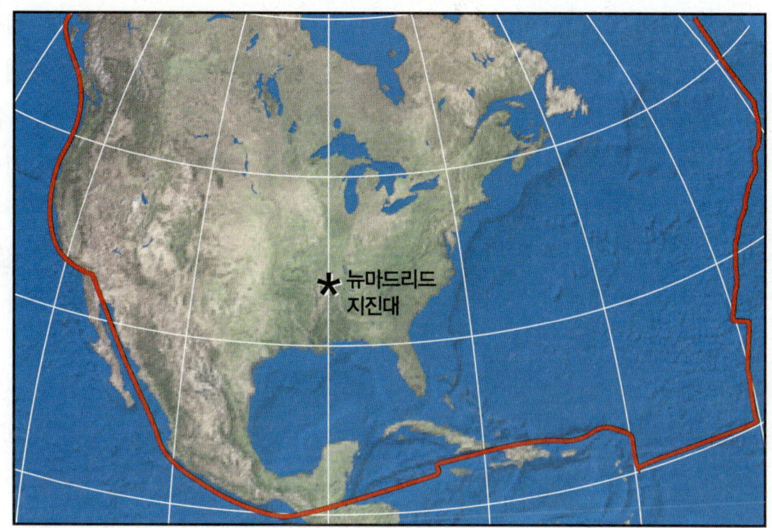

그림 6.8a 뉴마드리드 지진대 위치는 가장 가까운 판의 경계(빨간색)에서 수천km 떨어져 있다.

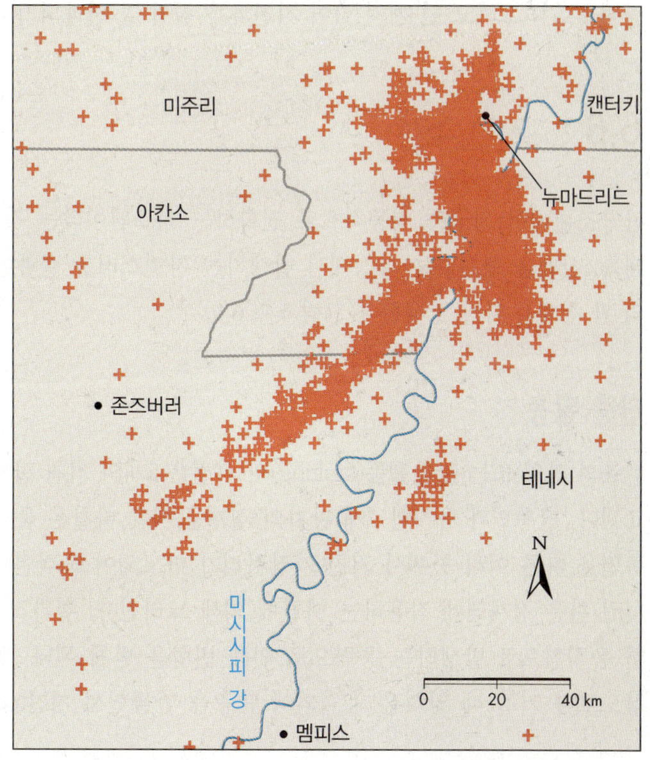

그림 6.8b 미국 로기 신맥의 동쪽에서 지진 발생의 가능성이 가장 높은 지역 +는 1974년 이후 일어난 미소지진의 위치를 나타낸다. (*USGS*)

주리 뉴마드리드가 거의 파괴되고 몇 명인지 확인은 안 되었지만 많은 희생자들이 발생했다. 이 지진으로 멀리 떨어진 보스턴의 교회 종이 울릴 정도였고 테네시 멤피스에서부터 북쪽의 미시시피 강과 오하이오 강이 합류하는 지점까지 넓은 지역의 지표가 변형을 심하게 받았다. 또한 지진으로 나무들이 쓰러지고, 지반이 갈라져서 틈이 너무 벌어져 이것을 건너가려고 사람들은 나무들을 베어 메웠다. 또 어떤 지역에서는 땅이 수m 내려앉아 홍수가 일어났다. 진동이 일어나는 동안 미시시피 강이 실제로 역류했다는 보도도 있었다. 이 지진은 미시시피만 지질구조로서 지진학적으로 활성구조인 뉴마드리드 지진대를 따라 발생하였다(그림 6.8). 이 만은 암석권이 비교적 약한 지역에서 지각의 일부가 침강하여 하향요곡을 이룬 지역이다. 이곳에서 일어나는 큰 지진의 재발 주기는 약 500년으로 추정된다.[5,6] 지진에 비교적 '안정적'인 북아메리카 판의 내부도 앞으로의 피해 가능성을 고려하여 발전소나 댐 같은 시설을 설계하고, 건설할 때 그 지역에 대한 지진재해를 고려해야 한다. 뉴마드리드 지진대는 채 1만 년이 안 된 젊은 변형대이다. 따라서 수십만 년에 걸쳐 일어날 정도의 상당한 표고차가 그동안에 있었다는 것을 고려하면 그 융기속도는 크다고 볼 수 있다. 미시시피 강 범람원의 융기지역의 표고가 매우 낮다는 사실은 이 지역이 매우 젊은 단층계이거나 최근에 다시 활동했다는 가설을 뒷받침한다. 따라서 앞으로 뉴마드리드 지진대에서 큰 지진이 발생할 가능성이 있으므로 이 지역은 지진연구의 집중적인 대상이 되고 있다.

또 하나의 큰 판내부 지진으로 1886년 8월 31일 사우스캐롤라이나 찰스톤 부근에서 발생한 규모 7.5의 지진을 들 수 있다. 이 지진으로 약 60명이 죽었으며 대부분의 건물들이 파괴되었으며 지진의 영향은 1,000km 이상 떨어진 지역까지 보고되었다.

미국 동부에서의 판내부 지진은 캘리포니아에서 일어나는 같은 규모의 지진보다 더 많은 피해를 주고 더 넓은 지역에서 감지된다. 그 이유는 미국 동부의 암석은 서부에 비해 일반적으로 견고하고 덜 깨져 있어 지진파가 훨씬 잘 전파되기 때문이다.

6.6 지진 과정

판구조론에서 지구는 역동적으로 진화하는 시스템이라는 것을 알았다. 지진은 해양분지, 대륙, 산맥을 형성하는 과정에서 발생하는 자연스러운 결과이다. 대부분의 지진은 암석권의 판 경계를 따라 발생한다(그림 6.7, 6.9).

단층 활동

단층의 파열 또는 **단층 활동**(faulting)의 과정은 2개의 거친 판자가 서로 미끄러지는 것과 비교된다. 단층면과 유사한 2개 판자의 경계를 따른 마찰은 움직임을 잠시 더디게 하지만 접촉면을 따른 여러 곳에서 거친 가장자리가 마모되어 움직인다. 예를 들어 서로 스치는 암석권 판은 경계면에 작용하는 마찰에 의해 느려진다. 결과적으로 경계면상의 암석은 이러한 움직임으로 발생하는 응력으로 인해 변형을 받게 된다. 암석에 작용하는 응력이 암석 강도보다 커질 때 암석은 파열되어 단층을 만들면서 **지진**(earthquake)이 발생한다. **단층**

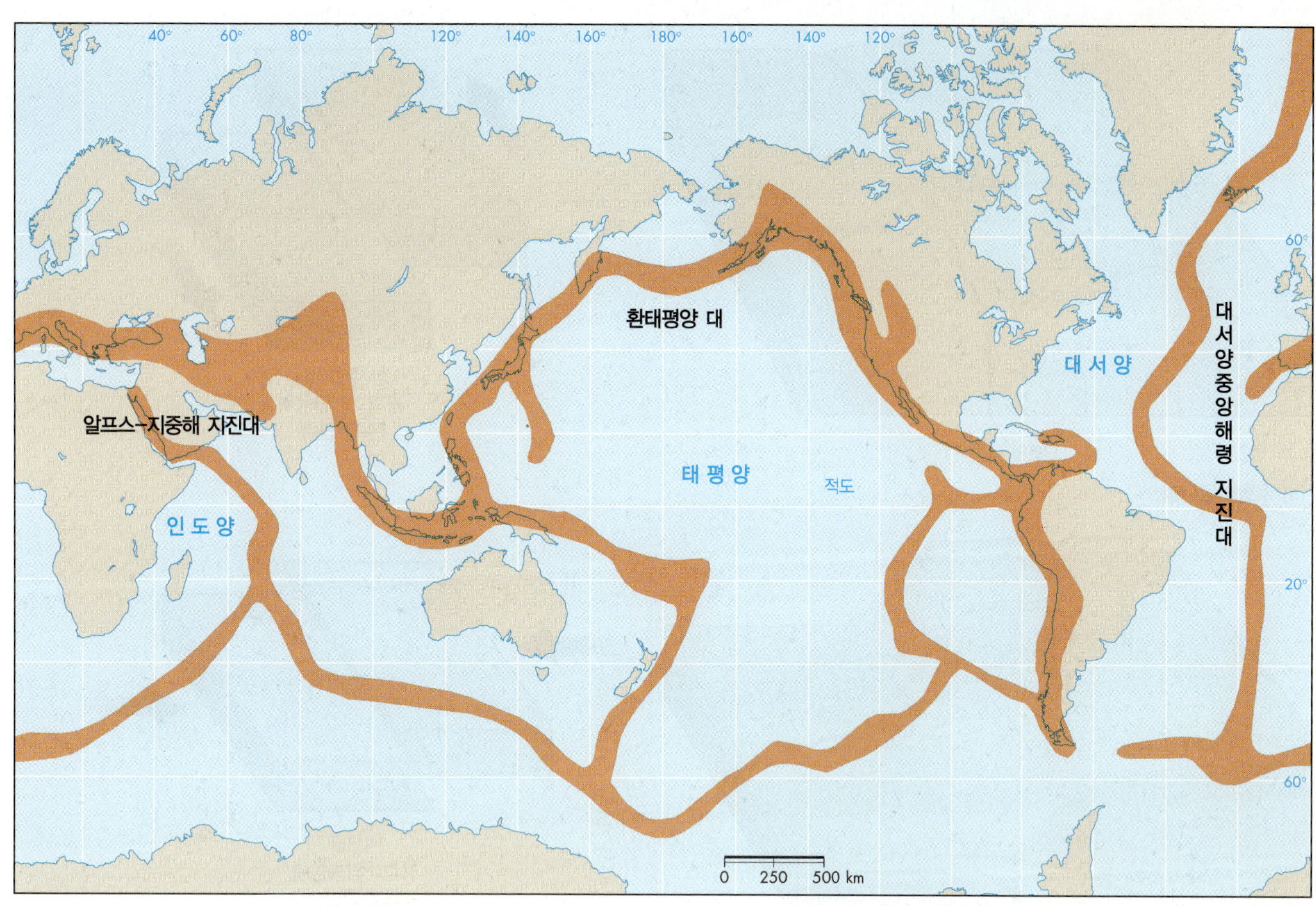

그림 6.9 지진대 세계의 주요 지진대(음영 지역)를 보여주는 지도. (*National Oceanic and Atmospheric Administration*)

(fault)은 암석이 이동되는 단열 또는 단열 시스템을 말한다. 즉 단열 또는 단열 시스템의 한쪽이 다른 쪽에 대해 상대적으로 움직인다. 오랜 시간에 걸쳐 움직이는 속도를 **이동속도**라 하며, 그 단위는 매년 몇 mm(mm/yr) 또는 1,000년에 몇 m(m/ky)로 쓴다. 대형 또는 큰 지진에서는 단층을 따라 수m의 변위가 갑자기 발생할 수 있다. 지진 동안에 파열은 진원에서 시작되어 단층면을 따라 위, 아래, 측면으로 발전되고 전파된다(그림 6.3). 암석의 갑작스러운 파열은 지진파 또는 **탄성파**로 불리는 충격파를 발생시키고 이것이 지반을 흔든다. 다시 말하면 변형된 암석에 갇혀 있던 에너지가 지진의 형태로 방출된다. 따라서 단층이 지진원이 되는데, 이 단층을 규명하는 것이 해당 지역에 대한 지진의 위험도를 평가하는 첫 번째 단계이다.

단층 형태

단층의 주요 형태는 변위의 상대적인 방향에 따라 구분된다(그림 6.10). **주향이동단층**은 단층의 양쪽 면이 수평으로 움직인 것을 말한다. 우리가 단층선을 따라 볼 때 오른쪽이 우리 쪽으로 이동하면 **우수향** 주향이동단층이라 일컫는다. 반대로 왼쪽이 다가오면 **좌수향** 단층이다. 만일 단층이 수직 방향으로 움직이면 **경사이동단층**이라 한다. 경사이동단층은 변위의

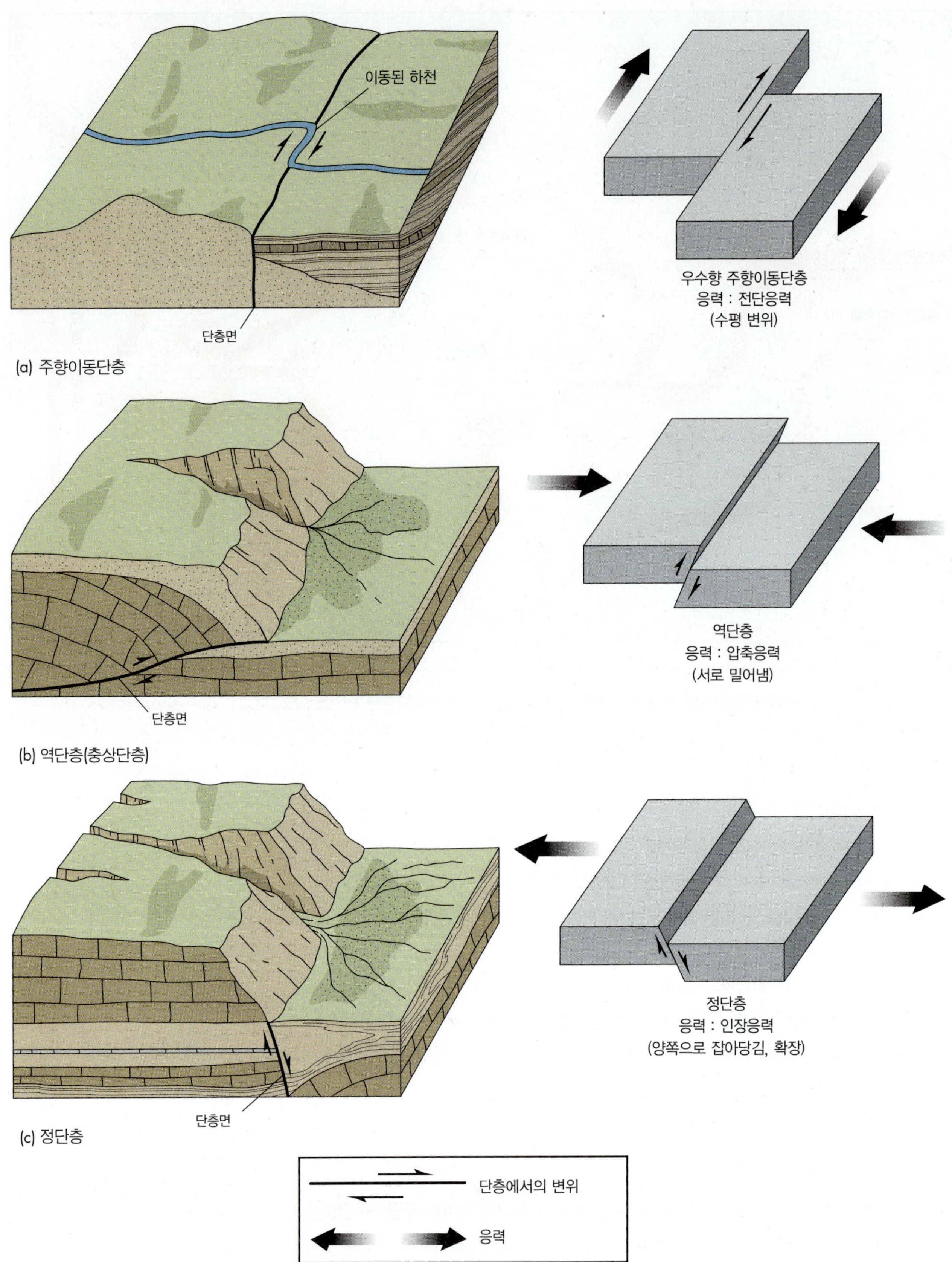

그림 6.10 지형을 변화시키는 단층 활동 단층 운동의 형태 및 단층에 따른 블록의 상대적인 이동 효과.

기하학적 구조에 따라 역단층과 정단층이 될 수 있다. 지질학자들은 역단층과 정단층을 구분하는 데 흥미로운 용어를 사용한다. 그림 6.10에 단층면으로 구분된 2개의 블록이 있다. 2개의 블록에 대한 용어를 기억하는 한 가지 방법으로서 언덕을 올라가듯이 단층면 위로 올라간다고 생각해 보자. 이때 우리가 서 있는 곳을 하반, 그 반대편을 상반이라 한다. 만일 상반이 하반에 대해 상대적으로 위로 움직이면 **역단층**이라 한다. 단층면의 경사가 45° 이하일 때의 역단층을 특별히 **충상단층**이라 한다. 반대로 상반이 하반에 대해 밑으로 움직이면 **정단층**이 된다. 역단층과 충상단층의 변위는 지각단축을 보이는 반면에 정단층의 변위는 지각확장과 관련된다.

그림 6.10에 있는 단층은 일반적으로 지표변위나 파열을 만든다. 그러나 습곡 암석과 관련된 **매몰단층**도 있다. 매몰단층의 변위와 균열은 노스리지 지진과 같은 큰 지진에서도 지표까지 진행하지 않는다.

매몰 역단층과 암석 습곡과의 관계가 그림 6.11에 있다. 퇴적암이 연속적으로 단축되어 **배사**와 **향사** 습곡을 만든다. 배사구조는 아치 모양의 습곡이고 향사구조는 사발 모양의 습곡이다. 그림에서 배사구조는 지표에 산맥을 형성하고 향사구조는 분지를 형성한다. 오른쪽에 있는 2개의 배사구조의 안쪽에 매몰단층을 볼 수 있다. 지진 동안의 단층 활동으로 배사구조 산맥은 융기되는 반면에 향사구조의 계곡에서는 지표면이 내려앉아 함몰된다.

최근까지 대부분의 활성단층과 관련된 지진들은 거의 지표 파열을 일으켰기 때문에 활성단층들은 지도에 충분히 나타낼 수 있다고 생각하였다. 그러나 어떤 단층들은 매몰되어 있고 균열이 지표까지 연장되지 않아서 그 지역에 대한 지진 위험도를 평가하기는 더욱 어렵다.

활성단층

지질학자들은 일반적으로 지난 10,000년 동안, 즉 홀로세에 단층이 움직였다는 것이 증명되면 **활성단층**으로 구분한다. 약 165만 년 동안 이어진 제4기는 가장 최근의 지질시대로서 현재의 자연경관은 대부분 이때 형성되었다(표 1.1). 제4기의 플라이스토세 기간, 즉 165만 년 전부터 10,000년 전까지의 기간에 발생한 단층 변위는 **잠재활성**으로 구분한다(표 6.5).

지난 165만 년 동안 움직임이 없었던 단층은 보통 **비활성단층**이라 한다. 그러나 지진의 역사기록이 없을 경우에는 일반적으로 단층의 활동성을 증명하기 어렵다는 점을 알아야

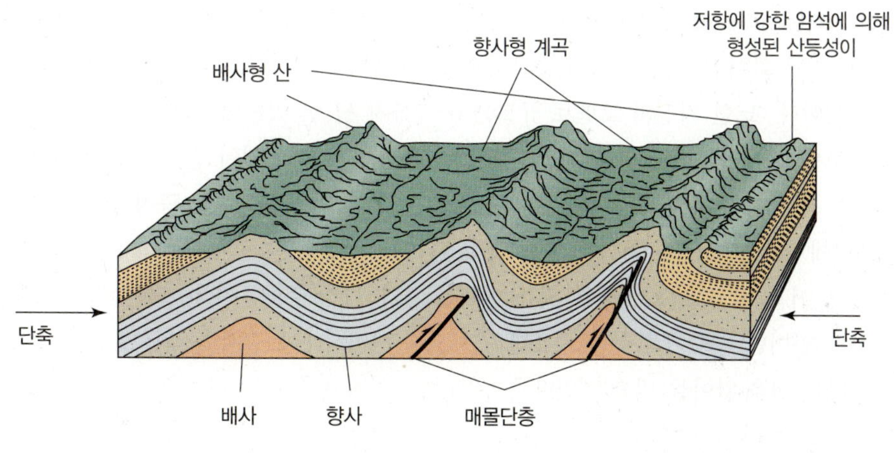

그림 6.11 매몰단층 여러 형태의 습곡과 매몰 역단층을 보여주는 입체도. 매몰단층으로 인하여 배사 산맥과 향사 계곡이 지표상에 나타나고 있다. (*Lutgens, F., and Tarbuck, E. 1992.* Essentials of geology, *4th ed. New York: Macmillian*)

표 6.5 지질시대에 따른 단층의 활동성

지질시대			현재로부터의 시간(년 전)	단층 활동성
대	기	세		
			200	
신생대	제4기	홀로세		활성
			10,000	
		플라이스토세		잠재활성
			1,650,000	
	제3기	플라이스토세 이전		
			65,000,000	
	신생대 이전			비활성
			4,500,000,000	
	지구 연령			

출처 : California State Mining and Geology Board Classification, 1973.

한다. 단층이 활동성이라는 것을 증명하려면 지질기록을 바탕으로 지진역사, 즉 고지진(paleoseismicity)을 알아야 한다. 그러기 위해서는 단층 주위의 지구 물질을 밝히고 가장 최근의 변위가 언제 일어났는가를 결정해야 한다.

지체구조적 포행

일부 활성단층은 **지체구조적 포행**(tectonic creep), 즉 감지될 정도의 큰 지진을 수반하지 않는 점진적인 변위를 보여준다. 이 과정은 도로, 보도, 건물부지 및 그 밖의 구조물을 서서히 파괴시킨다. 지체구조적 포행으로 캘리포니아 버클리 대학교의 축구 경기장 밑의 배수거가 정기적인 수리가 필요할 정도로 손상되었고 그 틈새가 벌어졌다. 11년 동안 약 3.2cm가 이동된 것으로 측정되었다. 캘리포니아 홀리스터 부근의 샌앤드레이어스 단층의 한 구역인 칼라베라스 단층대에서는 포행이 더욱 빠른 속도로 진행되었다. 단층대에 위치한 포도주 공장의 한 곳은 1년에 약 1cm만큼 서서히 벌어지고 있다(그림 6.12). 지체구조적 포행에 의한 피해는 일반적으로 느리고 연속적인 변위를 받는 좁은 단층대를 따라 발생한다.

느린 지진

느린 지진(slow earthquakes)은 단층 파열로 발생한다는 점에서 보면 다른 지진과 유사하다. 가장 큰 차이점은 그 파열이 순간적으로 일어난 것이 아니고 며칠에서 몇 개월 지속된다는 점이다. 느린 지진의 모멘트 규모는 6~7까지 될 수 있는데, 왜냐하면 파열의 이동거리는 보통 1cm 정도밖에 안 되지만 대부분 넓은 지역에서 파열이 일어나기 때문이다. 느린 지진은 최근 새롭게 알려진 지구 과정으로서 이것은 연속적인 측지 측정이나 자동차의 위치추적에 쓰이는 GPS의 분석을 통해 밝혀졌다. 이 장비는 수평 이동을 mm 범위까지 감지할 수 있어 느린 지진으로 인한 지표 변위를 관찰하는 데 활용된다. 느린 지진이 자주, 가령 매년 일어난다면 이로 인한 지표변위는 오랜 지질시대에 걸쳐 누적되면 큰 산맥을 만들 수 있다는 점을 알아둘 필요가 있다.[7]

그림 6.12 지체구조적 포행 캘리포니아 홀리스터에 있는 알만디 포도원의 콘크리트 하수관이 샌앤드레이어스 단층에서의 포행으로 깨져 있다. (*James A. Sugar/NGS Image Collection*)

6.7 지진동

지진 발생 시 진동을 결정하는 세 가지 요소는 다음과 같다. (1) 지진규모, (2) 진앙으로부터의 거리, (3) 그 지역의 토양과 암석 조건이 그것이다. 강한 진동과 움직임은 중간 규모(5~5.9) 이상의 지진에서 예상된다. 강한 진동은 지반 균열을 일으키고 지구를 '로큰롤(rock and roll)'로 심하게 흔들어대 건물과 다른 구조물을 파괴시킨다.

지진파의 종류

단층 파열로 발생한 지진파의 일부는 지구 내부를 통과하고 또 다른 일부는 표면을 따라 전파된다. 1초에 수km의 속도로 암석 내부를 통과하는 파에는 P파와 S파가 있다(그림 6.13a, b)

P파(P wave)는 일명 압축파라 하며, S파보다 빠르며 고체, 액체, 기체를 통과할 수 있다(그림 6.13a). 액체를 통과할 때 그 속도는 더 작아진다. 흥미로운 것은 P파가 대기 중에 전파될 때는 우리가 들을 수 있다는 점이다. 이러한 사실은 속도가 더 느린 표면파에 의해 야기되는 지반 진동을 느끼지 전에 먼저 지진을 들었다는(hear) 사람들의 말을 뒷받침한다.[8]

S파(S wave)는 일명 전단파라 하며, 고체만 통과하며 그 속도는 화강암의 경우 P파 속도의 약 1/2 정도이다. S파는 빨랫줄의 한쪽을 밑으로 잡아당겼다 놓은 후 생기는 운동처럼 파의 진행방향에 직각으로 좌우 또는 상하 진동을 일으킨다(그림 6.13b). 액체는 이와 같은 형태의 횡적인 전단력을 받았을 때 다시 복귀할 수 없으므로 S파는 액체를 통과 못한다.[8]

지진파가 지표에 도달할 때 **표면파**(surface wave, R파)가 발생한다. 지면을 따라 전파하는 표면파는 P파나 S파보다 느리며, 건물이나 다른 구조물에 큰 피해를 입힌다. 표면파는 수평과 수직의 복합적인 운동으로 지면을 진동시키고 회전시켜 건물, 교량, 도로의 벽과 기초들을 금가게 한다. 그림 6.13c는 표면파 중의 하나인 R파를 보여준다. 회전 운동은 파의 진행방향과 반대이며 수직운동, 즉 진폭은 파의 진행방향과 수직이다.

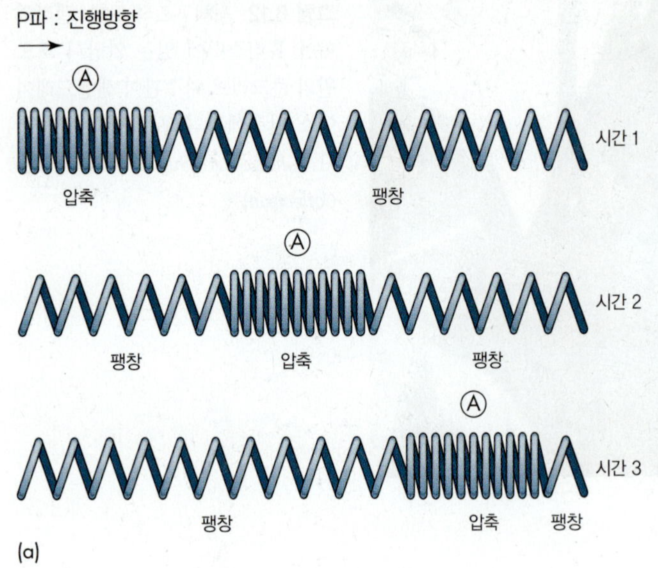

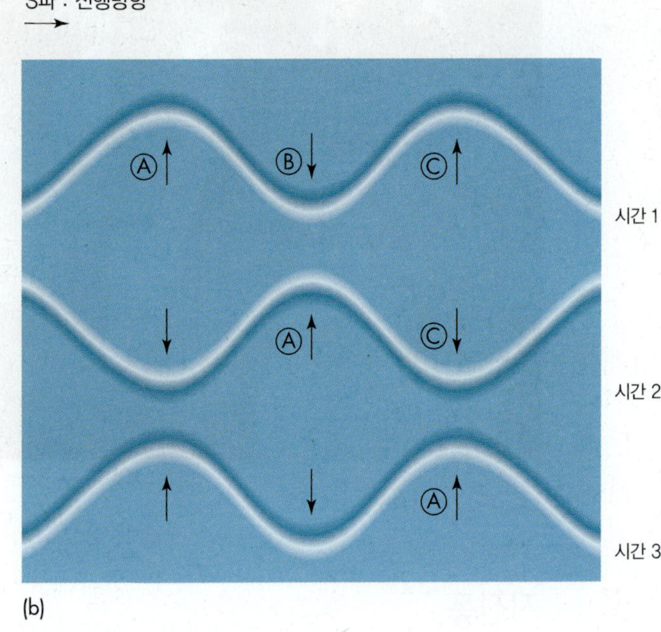

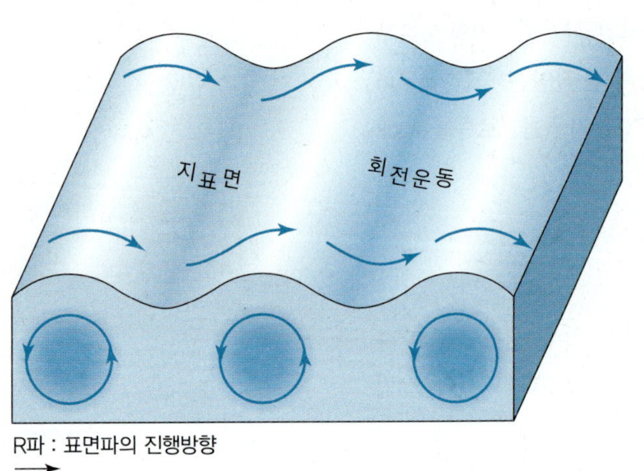

그림 6.13 지진파 P파와 S파의 차이를 보여주는 모식도. (a) P파는 플라스틱 스프링의 팽창(서로 잡아당길 때)과 단축(같이 밀 때)과 같은 효과로 발생하는 파이다. 평탄한 지면에서 수평으로 3m가량 늘렸다가 왼쪽 끝에서 밀면 압축(단축)대는 그림과 같이 오른쪽으로 진행한다. 화강암 안에서의 P파의 전파속도는 약 6km/s이다. 액체를 통과할 때 그 속도는 훨씬 작아서 물의 경우 약 1.5km/s이다. (b) S파의 발생은 2개의 의자 사이에 7m가량의 로프 또는 빨랫줄을 사용할 때의 효과이다. 왼쪽 끝을 위로 잡아당긴 후 놓으면 줄은 위 아래로 출렁거리면서 파는 오른쪽으로 진행한다. S파의 변위는 파의 진행방향과 수직이다. 이것은 압축과 팽창으로 인한 P파의 변위가 파의 진행방향으로 생기는 것과 대조된다. 점 A, B, C는 파의 특정 부분을 시간별 위치로 나타낸 것이다. 화강암의 S파 속도는 약 3km/s이며 액체를 통과하지 못한다. (c) 표면파 또는 R파로서 수직운동은 파의 진행방향과 수직이다. 또한 매질의 타원운동은 파의 진행방향과 반대이다. 표면파는 일반적으로 지진파 중에서 피해를 가장 많이 준다.

지진계

지진기록은 지진을 그림 또는 숫자로 표현한 기록을 말한다. 그림 형태의 기록은 지진관측소에서 수신하여 지진계로 기록한 진동의 수평 또는 수직 운동을 나타내는 연속적인 선을 말한다. 그림 6.14a는 간단한 지진계의 구성 요소들이며 그림 6.14b는 현대적인 지진계를 보여준다. 그림 6.14c는 그림 지진기록의 한 예를 보여준다. P파는 S파와 표면파(R파)보다 각각 50초, 1분 40초 빨리 도착한다. R파는 진폭이 가장 크고 건물에 큰 피해를 준다.

그림 6.14d는 1994년 일어난 캘리포니아 노스리지 지진기록(M 6.7)의 거리에 따른 영향을 보여준다. 즉 진앙에서 가장 가까운 38km 떨어진 패서디나에서부터 가장 먼 356km 떨어진 니들즈까지 총 3개의 지진기록을 살펴보자. 진동은 P파의 도달로부터 시작되며 니들즈보다 패서디나에 더 강한 진폭으로 더 빨리 도달한다.

S파와 P파 도달시간의 차(S−P)는 진앙을 찾는 데 사용한다. 이를 위해서는 적어도 3개 지점에서 관측된 3개의 지진기록이 요구된다. 예를 들어 그림 6.14c에서 S−P 값 50초는 진앙과 해당 기록계 사이의 거리가 약 420km임을 말한다. 이 값은 S−P 값과 앞에서 언급한 P파와 S파의 속도를 이용하여 계산한 것이다. 그러나 그 계산 과정은 여기서 생략한다. 진앙이 지진계로부터 420km 떨어져 있다는 것을 알지만 그 거리는 지진계를 중심으로 모든 방향에 해당된다. 컴퓨터 모델을 통하여 많은 지점에서 관측된 기록들을 분석하면 주어진 지진에 대한 진앙을 정확히 찾을 수 있다. 그림 6.15는 컴퓨터 모델을 사용하여 각 기록에 대해 진원의 깊이를 변화시켜 가며 지진파의 주행시간을 계산한 결과이다. 이때 거리와 진원까지의 깊이는 모든 지진기록 자료에 가장 잘 부합하도록 변화시켜 가면서 결정한다. 진앙과 진원 깊이는 이와 같은 근사기법으로 결정한다.

지진파의 주파수

지진과 지진파의 또 다른 중요한 특징은 1초당 사이클, 즉 Hz가 단위인 주파수이다. 파의 주파수를 이해하기 위해 지진파와 유사한 해수면을 진행하는 파도를 생각해 보자. 부두의 끝에 서서 파도의 정점이 해변을 향해 우리 옆을 지나는 시간들을 기록할 때 파도의 정점들 사이의 시간길이를 주기라 하며 보통 초로 잰다. 우리 옆을 지나는 파의 주기가 10초라 생각하자. 해안 쪽을 향해 다가오는 1개의 파가 부두의 끝을 10초마다 지나간다면 그 파의 주기는 10초이고, 따라서 1분 사이에 6개의 파가 지나간다. 1초에 몇 사이클로 표현되는 주파수는 1을 10초로 나눈 값, 즉 0.1Hz이다. 다시 지진파의 문제로 돌아오면 대부분의 P파와 S파는 0.5~20Hz 또는 1/2~20사이클/초의 주파수를 갖는다. 표면파는 P파나 S파보다 작은 주파수, 보통 1Hz 이하의 주파수를 갖는다.

왜 파의 주파수가 중요한 것인가? 지진이 발생하면 지진파는 넓은 범위의 주파수를 포함하고, 큰 지진의 진앙 근처에서 강한 지반 운동이 관찰된다. 고주파 진동은 낮은 건물을 진동시키고, 저주파 진동은 큰 건물을 진동시킨다. 건물을 파손시키는 것은 진동이나 흔들림이다. 진동 재해를 이해하는 데 두 가지 중요한 점이 있다. (1) 진앙 부근에서는 큰 건물과 작은 건물들이 고주파와 저주파 지진으로 파괴된다. (2) 진앙에서 멀어질수록 고주파 지진은 감쇠(attenuation) 과정으로 약화되거나 없어진다. 따라서 급격한 진동은 거리에 따라 빨리 없어진다. 결과적으로 근거리 지진은 '덜거덕거림(jolting)', 원거리 지진은 '너울거림(rolling)'으로 빗대어 말할 수 있다. 0.5~1.0Hz의 저주파 지진파는 많은 감쇠 없이 멀리 갈 수 있다. 따라서 진앙에서 멀리 떨어진 큰 건물을 파괴시킬 수 있다. 이러한 사실은 지진피해와 인명피해를 최소화하는 계획에 중요하다. 큰 지진 또는 대형 지진을 만들 수 있는 큰 단층대로부터 수백km 멀리 떨어진 곳이라도 그곳에 큰 건물을 지을 때는 지진동을 충분히 견디도록 설계해야 한다.

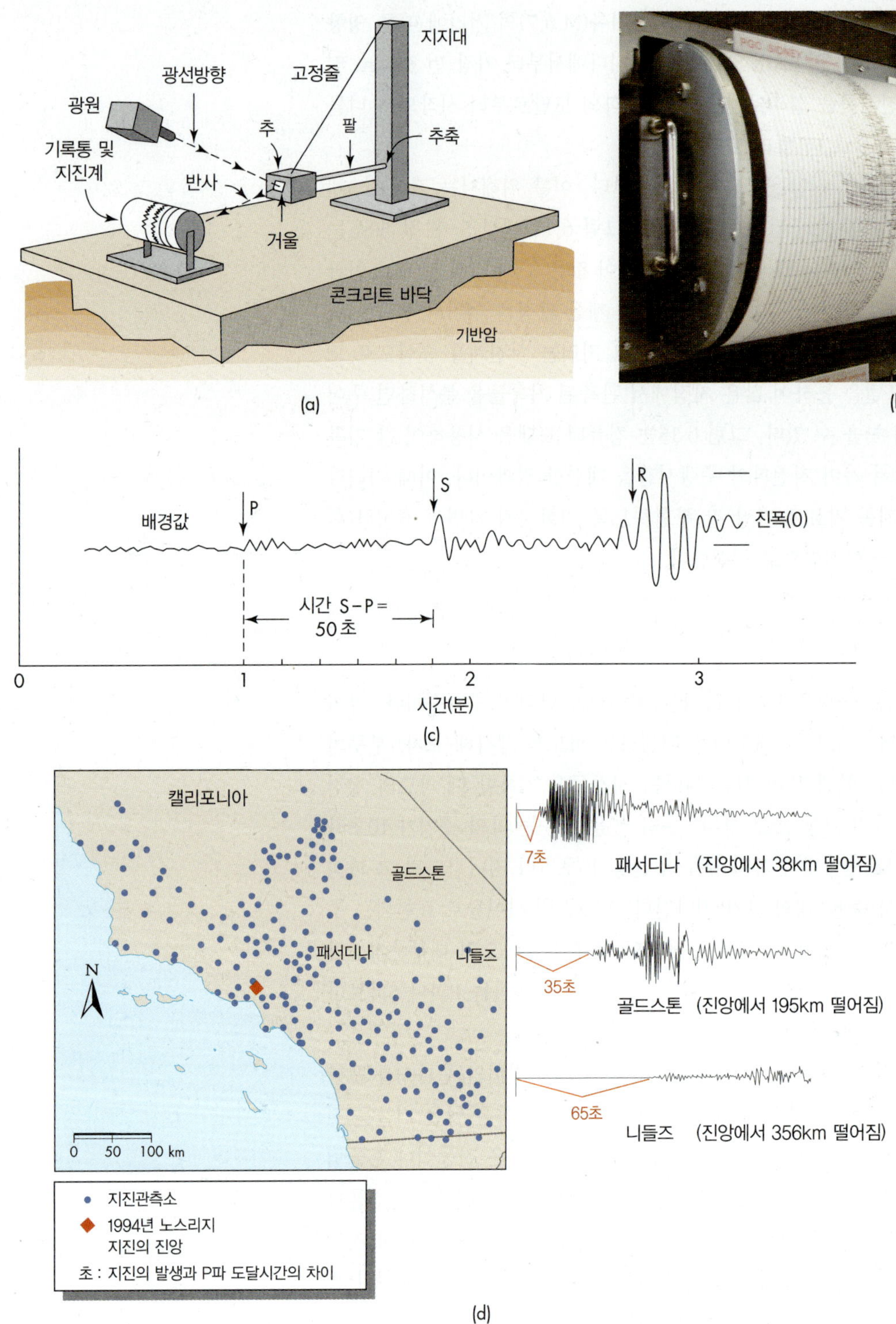

그림 6.14 지진계 (a) 작동원리를 보여주는 간단한 지진계. (b) 캐나다 태평양지구과학센터(PGC)에 있는 현대적인 지진계. 기록은 2001년 2월 28일 시애틀에서 일어난 지진(M 6.8) 자료이다. (c) 1개 지진에 대한 이상적인 지진기록. 표면파의 진폭은 P파나 S파의 그것보다 훨씬 크다. S-P 시간(50초)으로부터 진앙은 지진계로부터 약 420km 떨어져 있다는 것을 알 수 있다. (d) 1994년 노스리지 지진으로부터 거리 38~356km의 범위에 있는 3개 관측소에서 측정된 진동의 도달시간과 진폭의 차이. 진앙으로 거리가 멀어짐에 따라 진동의 도달시간은 증가하고 그 진폭은 작아지는 것을 알 수 있다. (*Southern California Earthquake Center*)

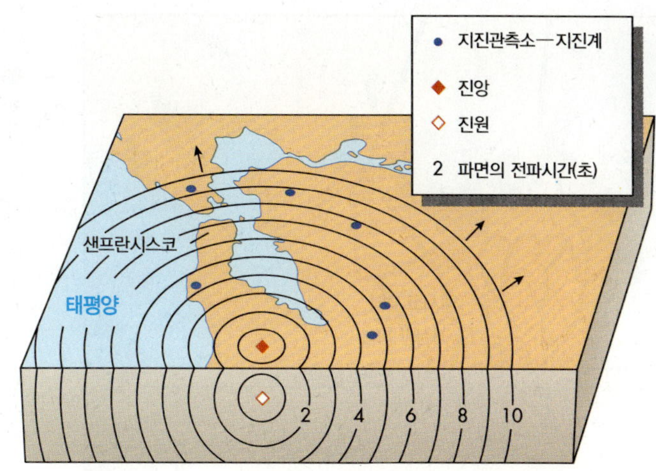

그림 6.15 지진의 위치 결정 진원으로부터 지진파 파면이 캘리포니아 샌프란시스코 지역에 전파되는 것을 보여주는 그림. 각 지진관측소에 도달한 시간을 사용하여 진앙의 위치와 진원의 깊이를 수학적으로 계산할 수 있다. (*USGS*)

물질 증폭

기반암, 충적층(모래, 자갈), 실트, 진흙과 같은 다양한 지구 물질들은 지진동에 서로 다르게 반응한다. 예를 들면 미고결 퇴적물의 진동은 기반암의 그것보다 훨씬 강하게 나타난다. 그림 6.16에서 진동의 **진폭**(amplitude), 즉 진동의 세기는 실트와 점토층 같은 미고결 퇴적물에서 얼마나 커지는지 알 수 있다. 이러한 효과를 **물질 증폭**(material amplification)이라 한다.

멕시코시티 지진(M 8.1) 기록을 살펴볼 때 진동이 증폭되기 쉬운 물질 위에 건설된 건물은 그것이 진원에서 수백km 멀리 떨어졌음에도 불구하고 지진에 얼마나 취약했는지를 알 수 있다. 해상에서 발생한 지진은 처음에는 다양한 주파수를 포함하지만 도심지에 도달했을 때는 0.5~1.0Hz의 저주파 지진이 된다. 지진파가 멕시코시티 밑에 있는 옛날 호수의 점토 퇴적물을 강타했을 때 지표에서의 진동 진폭은 4~5배 증가했던 것으로 알려졌다. 그림 6.17은 멕시코시티의 지질과 가장 큰 피해를 입은 지역을 보여준다. 규칙적인 강한 진동으로 건물이 앞뒤로 흔들려 결과적으로 건물의 위층이 아래층으로 붕괴되어 팬케이크 모양이 되었다.[9]

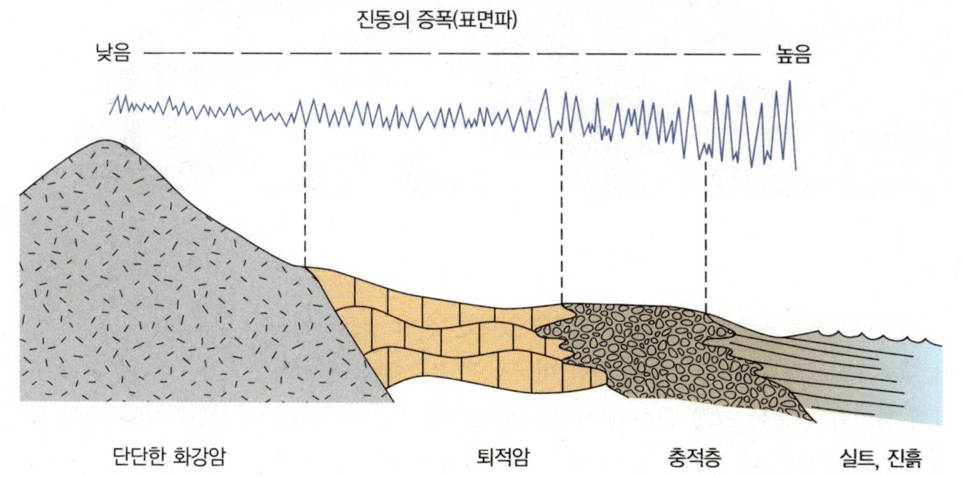

그림 6.16 진동의 증폭 지표 근처의 지구 물질과 지진동 사이의 일반적인 관계.

그림 6.17 멕시코시티의 지진 피해 (a) 가장 큰 피해를 입은 호수 퇴적층을 보여주는 멕시코시티의 일반지질도. 극심한 피해 지역은 빨간색 영역, 심한 피해 지역은 빨간색의 외곽선으로 표시되었다. (b) 1985년의 지진(M 8.1)으로 붕괴된 건물 중의 하나. (*T.C. Hanks and Darrell Herd/USGS*)

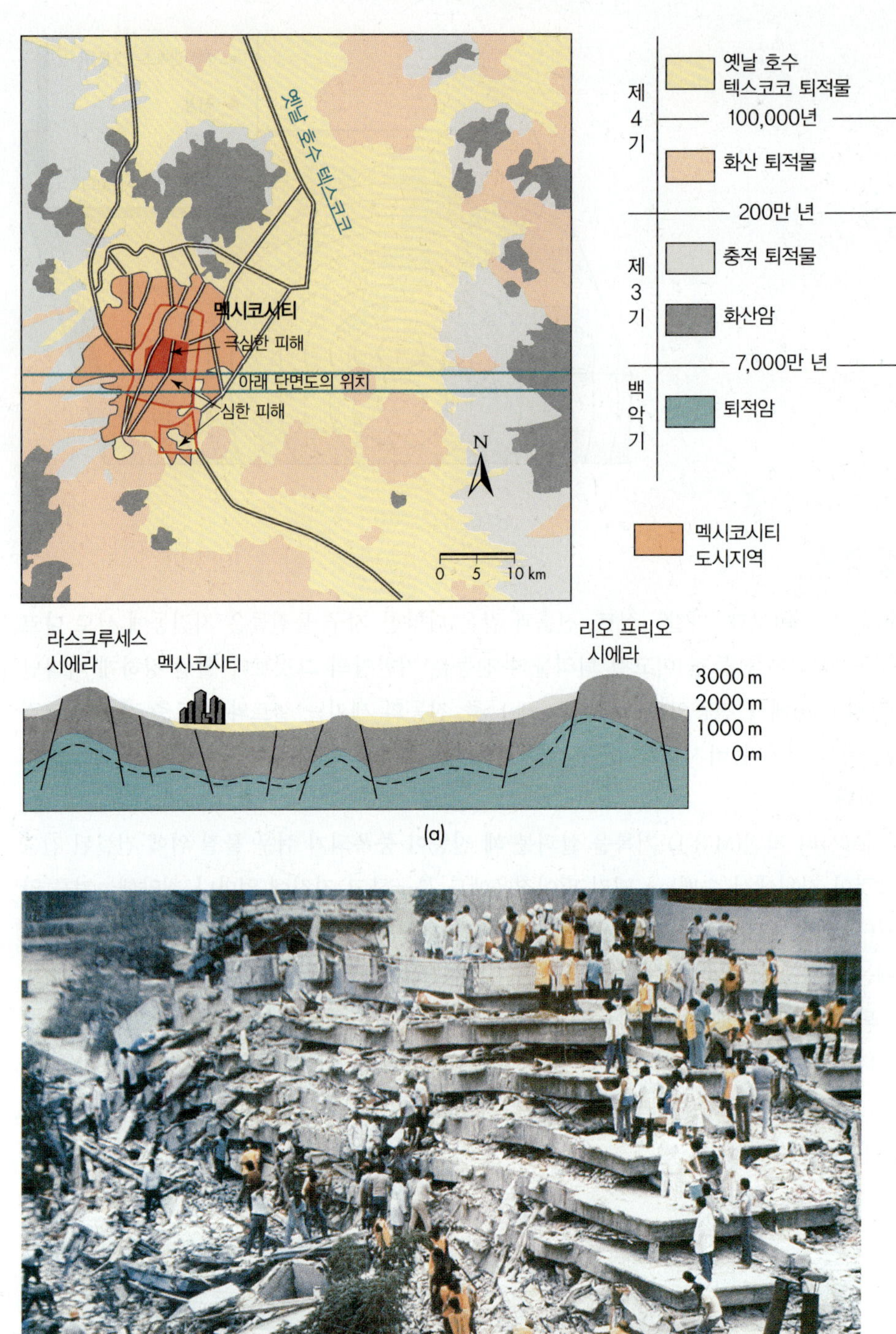

표면파의 증폭으로 큰 피해를 입을 수 있다는 것이 샌프란시스코 남부에서 1989년 발생한 로마프리에타 지진(M 7.1)에 의한 비극적인 결과에서 다시 확인되었다. 그림 6.18은 진앙의 위치와 진동이 크게 증폭된 지역을 보여준다. 2층 고속도로의 상판이 붕괴되어 41명이 희생되었으며, 이 붕괴는 만의 매립지와 진흙 위에 세워진 도로 구간에서 발생했다(그

림 6.19). 반면에 좀 더 오래되고, 견고한 충적층에 건설된 고속도로에서는 진동이 더 작아 그 지역의 건물들은 지탱하였다. 또한 샌프란시스코의 마리나 지역에서도 피해가 폭넓게 발생하였다(그림 6.20). 이 지역은 주로 1906년 지진 후 복구를 위해 만에 펴다 놓은 건물 잔해 및 만의 매립지와 진흙 위에 세워져 있었다.[10]

방향성

단층면상의 암석 파열은 한 점에서 시작되고 그곳으로부터 사방으로 전파하고 진행한다. 파열 구간이 클수록 지진의 크기 또한 증가한다. 또 다른 증폭효과인 **방향성**(directivity)은 진동의 크기가 단층 파열의 방향으로 증가하기 때문에 나타난다. 예를 들어 1994년 노스리지 지진의 단층 파열은 지표를 향해(북쪽) 서쪽으로 발달되어 진동이 북서쪽에 크게 나타

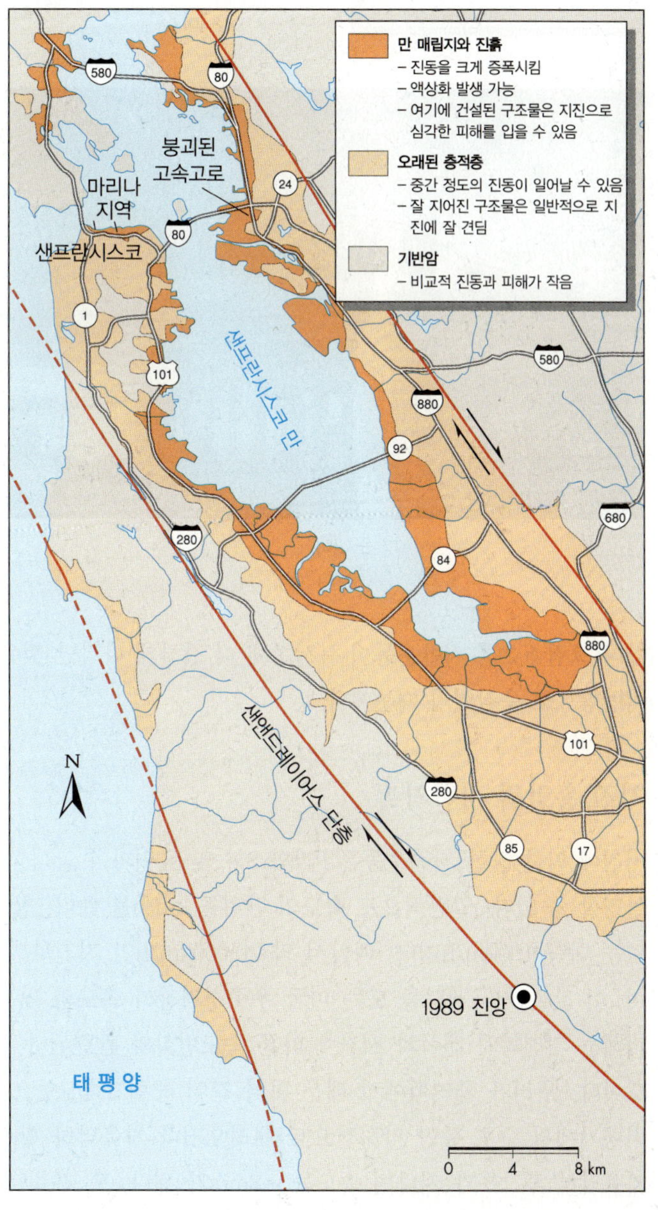

그림 6.18 로마프리에타 지진 샌앤드레이어스 단층과 1989년 지진(M 7.1)의 진앙이 표시된 샌프란시스코 만 지역. 가장 심한 진동은 만의 매립지와 점토에서 일어났으며 고속도로가 붕괴되고 마리나 지역이 피해를 입었다. (*T. Hall Data from USGS*)

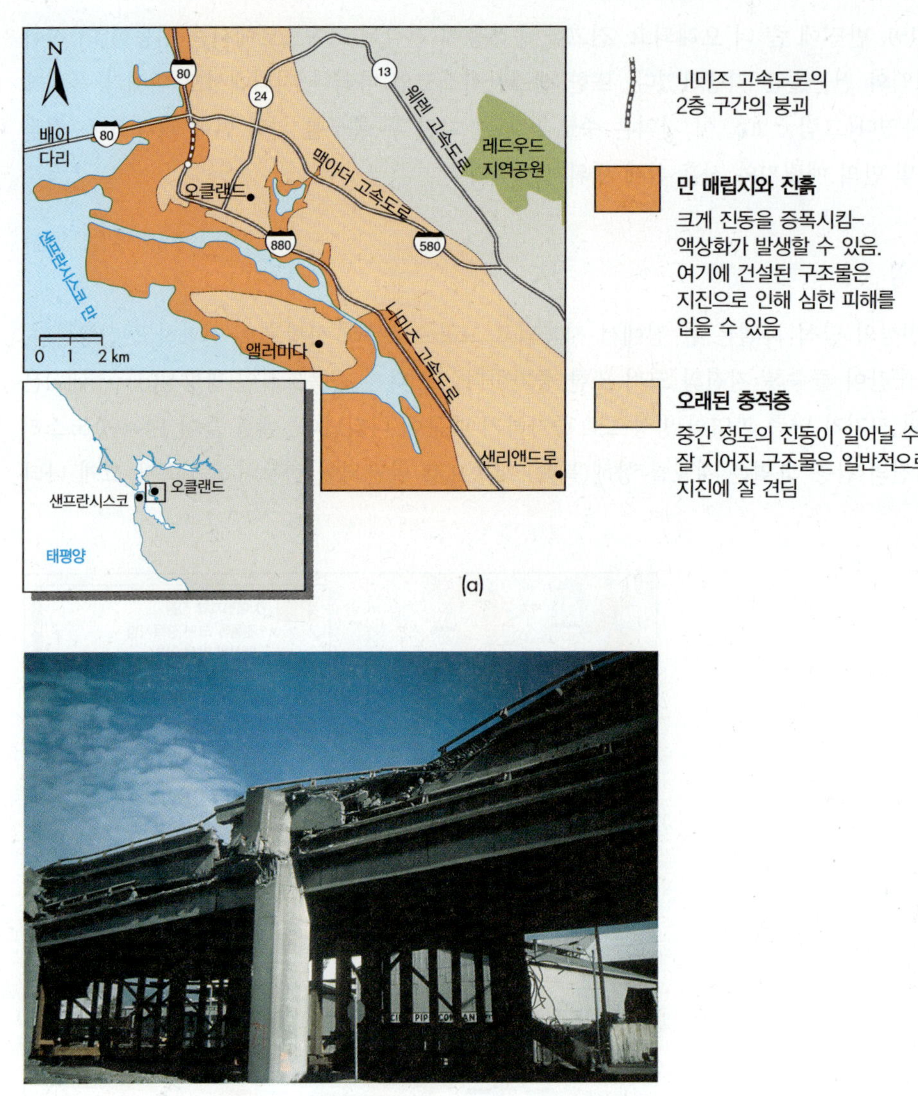

(a)

(b)

그림 6.19 고속도로의 붕괴 (a) 만 매립지와 점토 및 이보다 오래된 충적층을 보여주는 일반 지질지도. (*Hough, S. E., et al. 1990*) (b) 1989년 지진으로 붕괴된 고속도로. (*Dennis Laduzinski*)

났다(그림 6.21). 지반운동이 북서쪽에 더 강하게 나타난 것은 상반 블록이 지표를 향해 북서방향으로 움직였기 때문이다.[1]

지진 동안의 지반가속

지진에 의한 강한 지반운동은 P파와 S파 및 표면파가 암석이나 지표면을 통과하는 속도로 설명할 수 있다. 일반적으로 속도의 단위는 km/h를 쓴다. 참고로 우리가 운전하는 차의 속도는 대략 100km/h이다. 따라서 약 20,000km/h인 지진파의 속도는 차에 비해 매우 빠르며, 이 값은 지구궤도를 도는 미국 우주정거장의 속도와 맞먹는다. 진동에 의한 구조물의 피해는 지진파의 진폭과 시간에 따른 속도변화와 관련된다. 시간에 따른 속도변화는 가속도이다. 우리가 물리학에서 배운 바와 같이 중력가속도는 9.8m/s^{2}으로서 1g로 표시한다. 비행기에서 수초 동안 낙하산으로 내려오거나 자유낙하 할 때 중력가속도를 경험하는데, 자유낙하 후 1초가 지나면 속도는 9.8m/s가 된다. 또 자유낙하 후 2초가 경과하면 속도는

그림 6.20 지진피해 1989년 규모 7.1의 지진으로 인한 샌프란시스코 마리나 지역의 건물피해. (*John K. Nakata/USGS*)

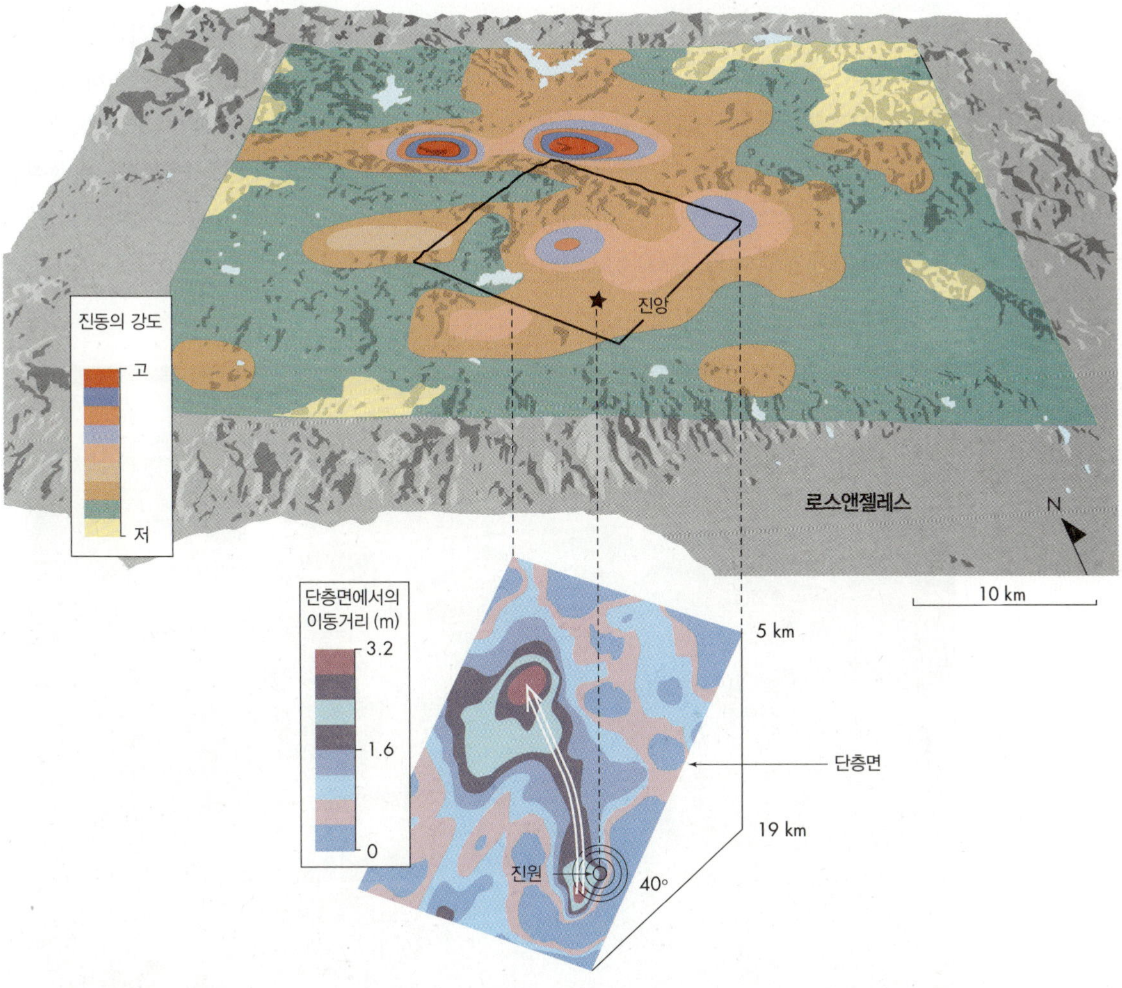

그림 6.21 진앙 및 파열의 진행 1994년 노스리지 지진(M 6.7)의 진앙과 최고 지반변위(cm/s) 및 지하단층면을 보여주는 남쪽에서 본 로스앤젤레스 지역의 조감도. 파열의 진행방향은 m가 단위인 변위량과 함께 단층면을 따라 표시되었다. 단층면을 따라 일어난 파열 면적은 약 430km^{2}이고 단층면은 남-남서 방향으로 약 40° 경사져 있다. 최대 변위와 최대 진도는 모두 진앙의 북서쪽에서 보이고 있다. 단층 파열은 단층면의 남동 부분의 진원에서 시작되어 화살표에서 보듯이 지표를 향해 북서쪽으로 진행한 것으로 보인다. (*USGS Open File Report 960–263*)

약 20m/s, 3초 후에는 약 30m/s가 된다. 이와 같이 시간에 따라 속도가 변하는데, 이 변화율을 가속도라 한다. 마치 우리가 운전할 때 가속 페달을 밟을 때 차가 가속되듯이 지진파는 지반을 수평방향과 수직방향으로 가속시킨다. 특별히 제작된 가속도계라 불리는 기구는 지진 동안에 지반의 가속도를 측정하고 기록한다. 지진 연구에서 가속도의 단위는 중력단위를 쓴다. 만일 지반이 1g로 가속되면 그 값은 9.8이다. 또 지반 가속도가 0.5g이면 그 값은 대략 $5m/s^2$이다. 지진으로부터 지반의 가속도에 흥미를 갖는 이유 중 하나는 엔지니어들이 건물이 지진동에 버티도록 설계할 때 건물설계의 기준을 보통 지반의 최대 가속도로 표현하기 때문이다. 건물에 주된 피해를 주는 것은 수평 가속도이다. 예를 들면 캘리포니아 남부의 강한 지진은 규모가 보통 6.0~6.9이며 이로 인한 수평 가속도는 진앙 근처에서는 1.0g이 넘고 일반적으로는 약 0.3~0.7g의 범위 안에 있다. 만일 내진설계가 안 된 경우 수평 가속도가 0.3g을 초과하면 건물들이 부분적으로 피해를 입고 0.7g에서는 광역적으로 파괴된다. 그러므로 규모 6~6.9의 지진에 버티도록 건물을 설계하기 위해서는 0.6~0.7g의 지반 가속도를 견디도록 더욱 규격을 높여 설계할 필요가 있다. 이 기준을 멕시코 농촌, 남미, 중앙아시아에 흔한 어도비 벽돌점토 집에 적용하면 이들은 0.1g 이하의 수평 가속도에도 무너질 수 있다.[8] 철근이 없거나 조립식 콘크리트 건물 또한 0.2~0.3g에서도 취약하다. 이것은 1995년 러시아 사할린에서 발생한 규모 7.5의 지진에서 발생한 비극적인 피해현장에서 잘 설명된다. 즉 네프테고르스크 타운에서 17개 동의 조립식 아파트 건물이 붕괴되어 뭉개지면서 약 3,000명 중에서 2,000여 명이 죽음을 당했다(그림 6.22).

그림 6.22 러시아에서의 건물 붕괴 1995년 러시아의 사할린 섬에서 발생한 지진(M 7.5)으로 완파된 보강되지 않은 5층짜리 조립식 아파트 건물. (*Tayna Makeyeva/AP/Wide World Photos*)

진원의 깊이

지진 파열이 시작되는 지구 내부의 한 점 또는 면적을 진원이라는 것을 상기하자(그림 6.3). 진원은 지표 밑 수km에서 700km 깊이까지 위치한다. 가장 깊은 지진은 해양 암석권 판이 심부까지 침강하는 섭입대에서 일어난다. 2001년 워싱턴 시애틀 지진(M 6.8)은 비교적 깊은 곳에서 발생하였다. 시애틀 지진은 1994년의 노스리지 지진과 크기 면에서 맞먹는 큰 지진이었지만 진원이 더 깊어 52km에 위치한다. 진원은 섭입되는 후안 데푸카 판의 정단층을 따라 위치하며(그림 2.10 참조), 지진파가 52km의 깊이에서 지표까지 오는 동안 많은 에너지를 잃는 관계로 지진 피해는 지진의 규모에 비해 상대적으로 작게 나타났다. 반면에 캘리포니아 남부의 지진은 때로는 더 깊은 경우도 있었지만 진원의 깊이는 대부분 10~15km의 범위에 있다. 얕은 곳에서 발생하는 이와 같은 천발지진은 같은 규모의 심발지진보다 더욱 파괴적이다. 왜냐하면 이들은 강한 지반운동을 발생시킬 정도로 충분히 깊으면서도 동시에 지표에서 충분히 가까운 곳에서 일어나기 때문이다. 1992년 캘리포니아 랜데스 근처의 모하브 사막의 주향이동단층에서 일어난 규모 7.5의 지진은 진원의 깊이가 10km에 불과하다. 이 지진으로 약 85km 폭의 광범위한 지반 균열이 초래되었다.[11] 어떤 곳에서는 수직 변위가 2m 이상, 수평 변위가 약 5m로 관측되었다(그림 6.23). 만약 랜더스 지진이 로스앤젤레스 분지에서 일어났다면 수많은 재산피해와 인명피해가 뒤따랐을 것이다.

6.8 지진주기

1906년 발생한 샌프란시스코 지진(7.7)에서 **지진주기**(earthquake cycle)라 하는 하나의 가설이 생겨났다. 이것은 탄성변형이 지진 발생으로 강하되었다가 다시 축적되어 그 다음 지

(a)

(b)

그림 6.23 단층 활동으로 인한 지반 파열 (a) 캘리포니아 랜더스 지진(M 7.5)으로 발생한 지반 균열 및 건물피해. (b) 오른쪽으로 이격된 울타리와 비포장도로. (*Edward A. Keller*)

진이 일어난다는 가설이다.

변형은 응력으로부터 생긴 변화이다. 탄성변형은 응력이 없어질 때 변형이 영구적이지 않고 원래의 모양으로 다시 돌아가는 것을 의미한다. 응력이 계속하여 증가하면 변형 매질은 결국 파괴되고 그 변형은 영구적이 된다. 예를 들어 당겨진 고무줄 또는 휘어진 활을 생각해 보자. 응력을 계속 가하면 고무줄은 툭 잘라지고 활 또한 끊어진다. 고무줄과 활이 부러질 때 그 부러진 끝은 축적된 에너지를 방출하면서 복귀한다. 이와 유사한 효과, 즉 탄성반발(elastic rebound)이 지진 후에 일어난다(그림 6.24). 단계 1에서는 단층 구간의 양쪽 끝의 암석은 변형이 축적이 안 되어 변위가 없다. 단계 2에서는 전단 응력으로 일컬어지는 서로 반대방향으로 암석을 움직이게 하는 구조력에 의해 탄성변형이 시작되고, 암석은 휘어지기 시작한다. 단계 3에서는 탄성변형이 축적되고, 암석은 휘어진다. 그러나 암석은 여전히 마

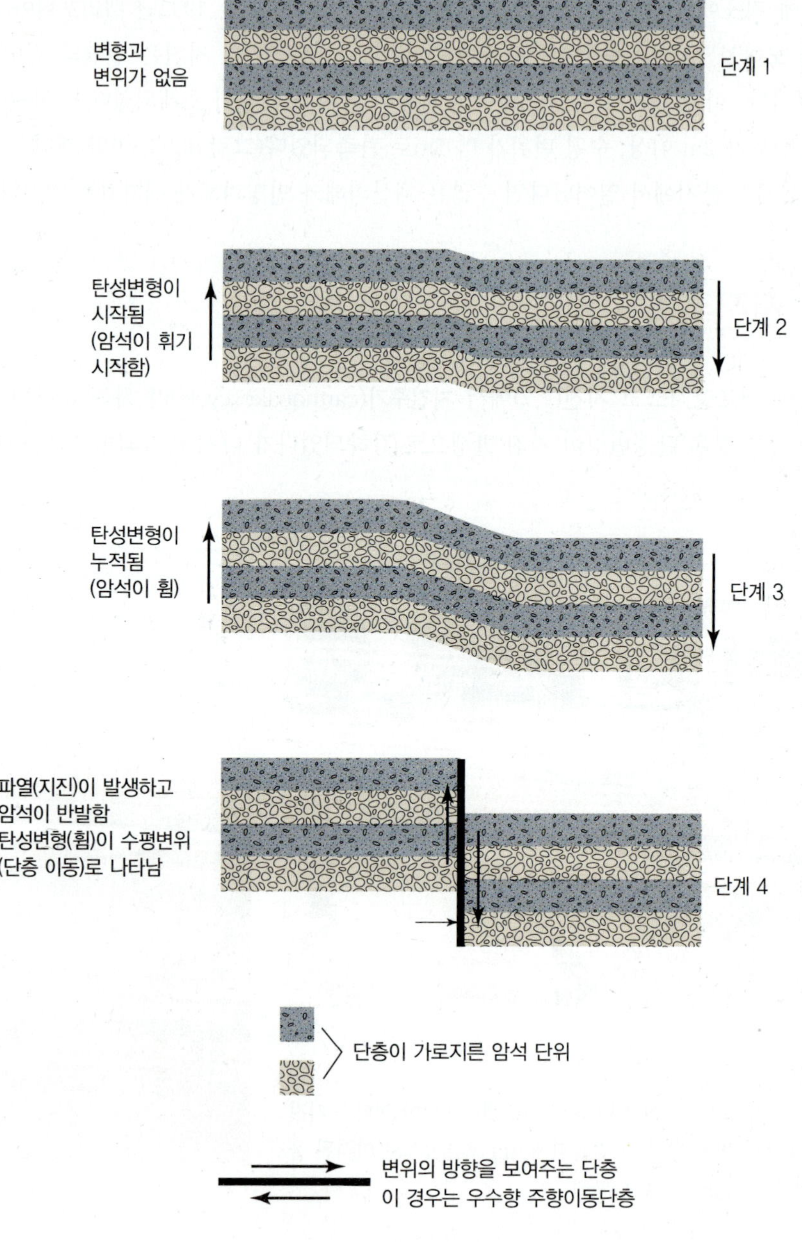

그림 6.24 지진주기 지진주기에 대한 모식도로서 단계 1에서 단계 4까지 수백 년에서 수천 년 걸릴 수 있다.

찰력으로 붙어 있다. 단계 4에서는 변형된 암석이 마침내 파열될 때 응력이 방출되고, 단층의 양쪽 끝이 새로운, 즉 영구 변형된 위치로 '포진(snap)' 하면서 탄성변형은 갑자기 감소한다. 지진 후 또 다시 파열을 일으킬 정도의 탄성변형이 충분히 축적되기 위해서는 많은 시간이 걸린다.[12]

지진주기의 단계

지진주기는 일반적으로 3단계 또는 4단계를 갖는 것으로 추정된다. 첫 번째 단계는 큰 지진과 여진(aftershock)(큰 지진 후 몇 분에서 1년여까지 어딘가에서 일어나는 지진)이 발생한 후 지진 활동이 없는 오랜 기간을 말한다. 두 번째 단계는 지진성이 증가하는 기간으로서, 축적된 탄성변형이 암석의 강도에 접근하고 어떤 곳에서는 그 강도를 넘어서는 기간이다. 축적된 탄성변형으로 단층 활동이 시작되어 작은 지진들이 발생한다. 세 번째 단계에서는 다음 큰 지진이 발생하기 불과 수시간, 수일 이전에 **전진**(foreshocks)들이 발생한다. 전진은 주된 지진이 일어나기 전에 일어나는 소규모 또는 중간 규모의 지진을 말한다. 가령 규모 6의 본진에 앞서 규모 4의 전진이 발생할 수 있다. 경우에 따라서 세 번째 단계는 일어나지 않는다. 네 번째 단계에서 본진이 일어나며, 그 이후에는 앞 단계들이 다시 반복된다.[12] 주기가 비록 가설이고, 또 본진 사이의 기간은 일정하지 않지만 큰 지진에서는 이러한 단계들이 충분히 확인되고 구분되어 왔다.

6.9 인간 활동이 원인이 되는 지진

여러 가지 인간 활동이 지진 활동을 유발하거나 증가시키는 것으로 알려졌다. 이러한 지진으로 인한 피해는 후회스럽지만 한편으로 생각하면 여기서 배운 교훈은 앞으로의 위험한 큰 지진을 조절하거나 예방하는 데 도움이 될 수 있다. 인간 활동이 지진에 영향을 미치는 세 가지 유형은 다음과 같다.

- 댐과 저수지의 건설로 인한 지각의 부가 하중
- 폐기관정을 통한 폐기물의 지하 처분
- 지하 핵폭발 수행

저수지 유발 지진 활동

애리조나와 네바다 경계의 콜로라도 강에 있는 후버 댐의 완공 후 10년 동안 수백 번의 국지적인 진동이 있었다. 이들 중에서 대부분은 크기가 매우 작았지만 그중 하나는 규모가 5였고 2개는 거의 4에 가까웠다. 인도에서는 저수지를 건설하여 물을 채운 후 규모 6의 지진이 일어나 약 200명의 사망자가 나왔다. 이 경우에 땅 위에 충전된 물의 하중과 저수지 밑에 있는 암석에서의 증가된 수압이 복합적으로 작용하여 파쇄대가 활성화되어 단층 활동이 일어난 것이다.

지하 폐기물 처리

1962년 4월부터 1965년 11월까지 콜로라도 덴버에서 수백 개의 지진이 발생하였다. 가장 큰 지진은 규모가 4.3으로서 상점의 진열대를 뒤엎을 정도로 심한 진동을 일으켰다. 지진의 근원은 화학전투용 물질을 생산하는 로키 산 병기고로 확인되었다. 생산 과정에서 나오는 액체 폐기물은 지하 약 3,600m의 깊이의 심부처리 관정으로 주입되었다. 폐기물이 주입된 지하 암석은 파쇄가 많이 된 변성암이어서 새로이 주입된 액체가 파쇄대를 따라 미끄러진 것이다. 지진 활동을 분석한 결과 폐기물의 주입속도와 지진 발생은 상관성이 높았다. 즉 폐기물의 주입이 멈출 때는 지진 활동 또한 없었다(그림 6.25).[13] 유체 폐기물의 주입이 지진을 유발시킨 이 사건은 유압과 지진의 상호관계에 대한 관심을 이끌었다는 점에서 매우 가치가 있었다.

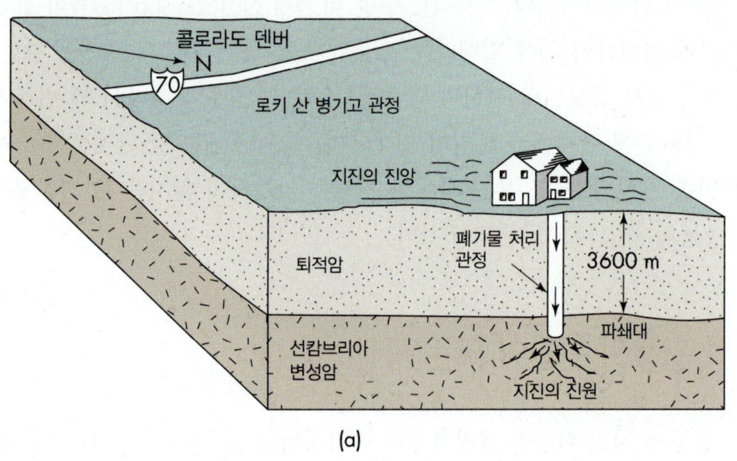

(a)

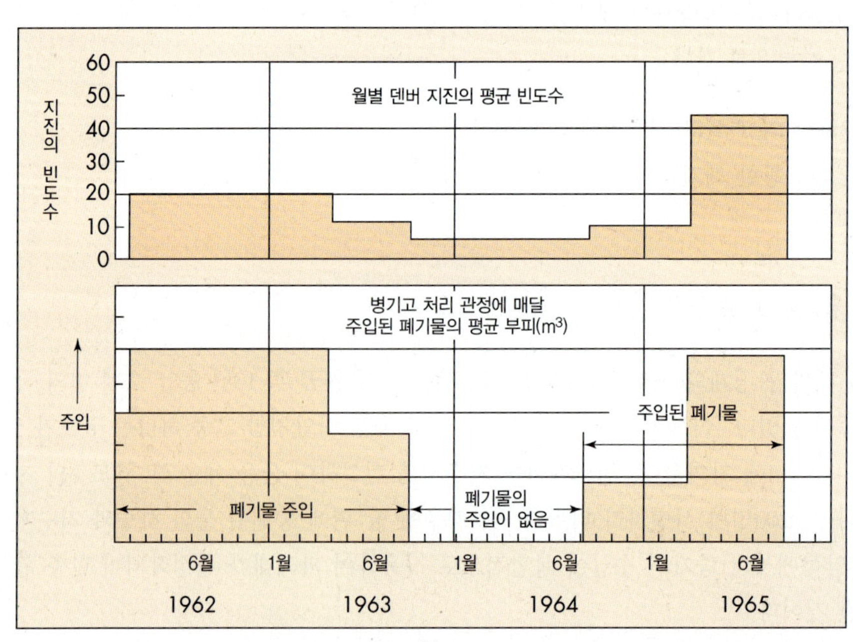

(b)

그림 6.25 인간이 유발한 지진 (a) 로키 산 병기고 관정을 보여주는 입체도. (b) 지진의 발생빈도와 액체 폐기물의 주입속도와의 관계를 보여주는 그래프. (*Evans, D. M. 1966. Geotimes 10*)

핵폭발

네바다 핵실험 장소에서의 지하 핵폭발로 규모 5.0~6.3의 지진이 많이 발생하였다. 여진을 분석한 결과 핵폭발이 지체구조의 변형을 자연적으로 해소시킨 것으로 해석하였다. 이러한 분석은 과학자들로 하여금 변형이 극점에 도달하기에 앞서 핵폭발을 일으켜 변형을 해소시킴으로써 큰 지진을 막을 수 있다는 주장을 이끌어 냈다.

6.10 지진의 효과

지진으로 인한 사망과 피해의 원인으로 진동이 유일한 것은 아니다. 재앙을 일으키는 큰 지진은 다양한 파괴효과를 수반한다. 단층운동이 직접 원인이 되는 일차적인 효과는 지반 진동 및 인명과 구조물, 지표균열에 대한 피해들을 포함한다. 단층 활동과 진동의 결과로 생기는 이차적인 피해로는 지반의 액상화, 산사태, 질병, 쓰나미, 표고의 광역적인 변화들이 포함된다.

진동 및 지반 파열

위험한 지진의 즉각적인 영향은 넓은 면적의 지반 파열과 변위를 수반하는 격렬한 지반진동을 들 수 있다. 수직으로 발달한 지반 파열은 **단층애**(fault scarp)를 만든다. 단층애는 노변에서 자주 볼 수 있는 형태인 선형으로 이어진 가파른 사면이다. 단층애는 단층을 따라 보통 1m 이상의 높이를 보이고 그 길이는 수십m에서 수km까지 연장된다(그림 6.26). 1906년에 일어난 샌프란시스코 지진(M 7.7)은 샌프란시스코 북부의 샌앤드레이어스 단층을 따라 6.5m의 수평적인 단층 이동을 보였고, 최대 진도는 수정 메르칼리 진도로 XI에 도달했다.[8] 이 진도에서의 지표 가속도는 큰 나무를 뿌리째 뽑아내고 사람들을 땅에 나뒹굴게 할 수 있다. 또한 진동으로 높은 건물, 교량, 댐, 터널, 배관, 그 밖의 견고한 구조물이 피해를 입거나

그림 6.26 단층애 1992년 캘리포니아 랜더스 지진(M 7.5)으로 단층애가 만들어졌다. (*Edward A. Keller*)

그림 6.27 지진으로 발생한 산사태 이 거대한 산사태는 2002년 알래스카 지진(M 7.9)에 의해 유발된 수천 개의 산사태 중의 하나이다. 산사태 퇴적물은 블랙 래피드스 빙하의 일부를 덮었다. (*USGS*)

붕괴될 수 있다. 1964년의 알래스카 대지진(M 8.3)은 교통 시스템, 철도, 공항, 건물에 막대한 피해를 입혔다. 1989년에 발생한 로마프리에타 지진(M 7.1)은 알래스카 지진보다 규모가 훨씬 작았지만 약 50억 달러의 피해를 냈다. 1994년의 노스리지 지진(M 6.7)은 57명의 사망자를 냈고, 약 400억 달러의 피해를 입혀 미국 역사상 가장 재산피해를 많이 낸 재해 중 하나가 되었다. 노스리지 지진은 피해를 입을 수 있는 많은 대상들이 그곳에 있었기 때문에 그 피해가 막대했다. 로스앤젤레스 지역은 인구밀도가 높은 매우 도시화된 지역으로 그 피해는 막대했다.

액상화

액상화(liquefaction)는 물로 포화된 과립 물질 또는 퇴적물이 고체에서 액체 상태로 변환되는 것을 뜻한다. 액상화는 지진으로 인한 격렬한 진동으로 퇴적물이 압밀되면서 일어난다. 지표 근처에서 물로 포화된 실트와 모래가 액상화되면 물질은 강도를 잃어 유동한다. 결과적으로 건물은 기울어지거나 액상 퇴적물 안으로 침강하고, 지하에 매설된 저장고 탱크나 배관은 지표로 떠오른다.[14]

산사태

지진동은 종종 많은 산사태를 야기한다. 산사태는 구릉지역과 산악지역의 여러 형태의 언덕사면의 사태를 포함하는 포괄적인 용어이다. 산사태는 매우 파괴적이어서 1970년의 페루 지진에서 보았듯이 큰 인명피해를 입힐 수 있다. 이 지진으로 7만 명 이상이 죽고 그중에서 2만 명이 융안과 란라히르카 도시를 매몰시킨 거대한 산사태로 죽었다. 1964년 알래스카 지진과 1989년 로마프리에타 지진 2개 모두 건물, 도로, 다른 구조물에 광범위한 피해를 주었다. 1994년의 노스리지 지진과 여진으로 수천 개의 산사태가 일어났다. 2002년 알

그림 6.28 지진과 화재 1995년 일본 고베 지진으로 인한 화재는 도시에 심각한 피해를 입혔다. (*CORBIS*)

래스카 지진으로 대형 산사태가 산 사면에서 발생하였다(그림 6.27). 이 지진으로 수천 개의 또 다른 산사태 또한 촉발되었는데, 대부분은 알래스카 산맥의 급경사면에서 발생하였다.

2001년 1월 13일 엘살바도르 지진(M 7.6)으로 인한 큰 산사태는 라스콜리나스 지역을 매몰시켜 수백 명을 희생시켰다. 후회스러운 일이 되었지만 만일 붕괴된 사면에 고급주택을 짓기 위해 식생을 베어내지만 않았더라도 이 산사태는 충분히 피할 수 있었을 것이다. 이 내용은 제9장의 산사태에서 더 자세히 다룰 것이다.

화재

화재는 지진과 관련된 또 하나의 주요 재해이다. 지반의 진동과 지표변위는 전력과 가스 배관을 절단시켜 화재를 일으킨다. 각 가정과 건물에서는 가스난로 같은 장비들이 넘어져 가스가 새어나와 발화될 수 있다. 소방장비가 파손되고 진화에 필수적인 물 배관이 지진 동안 파괴될 수 있기 때문에 화재 위험은 더욱 심각하다. 일본과 미국에서는 지진 발생 후 매우 파괴적인 화재가 뒤따르곤 했다(그림 6.28). 1906년 샌프란시스코 지진은 '샌프란시스코 화재'로 자주 불렸을 정도로 지진 피해의 80%는 화재폭풍이었고, 이로 말미암아 도시가 며칠 동안 황폐화되었다. 1989년의 로마프리에타 지진도 샌프란시스코의 마리나 지역에 대형 화재를 일으켰다.

질병

1994년의 노스리지 지진에서 기인한 산사태는 먼지를 양산했고, 그 먼지의 일부는 곰팡이 포자를 갖고 있어 계곡열 질병의 원인이 되었다. 바람으로 먼지와 포자가 시미계곡과 같은 도심지로 운반되어 지진 발생 후 8주 동안 계곡열이 발발하였다. 평소 감염률의 16배가 되는 200명의 환자가 진단을 받았고 50여 명이 입원했고, 3명이 죽었다. 지진은 하수구와 수도관을 파열시키고, 물은 질병을 일으키는 미생물에 의해 오염된다. 지진 잔해에 매몰되어 죽은 동물이나 사람들의 시체 또한 질병을 일으키는 위생 문제가 될 수 있다.

표고의 광역적인 변화

융기와 지표의 침하를 포함한 수직적인 변위는 큰 지진에서 종종 볼 수 있는 또 다른 재해이다. 이와 같은 변형은 지하수위의 광역적인 변화를 초래한다. 1964년에 일어난 알래스카 대지진(M 8.3)은 광역적인 융기와 침하를 일으켰다.[15] 즉 10m에 달하는 융기와 2.4m나 되는 지반 침하로 인해 연안의 바다생물이 파괴거나 죽는 것은 물론 지하수위가 크게 변동하였다. 융기지역에서는 통조림 공장과 어민들의 집이 만조선 위로 이동되어 부두와 다른 시설들이 작동이 안 되었다. 한편 지반 침하는 여러 마을에 홍수를 야기했다. 캘리포니아 북서부의 케이프멘도시노 부근에서 1992년에 일어난 지진(M 7.1)은 해안가에서 약 1m의 융기를 일으켜 이로 인해 노출된 바다생물들이 떼죽음을 당했다.[16]

6.11 쓰나미

쓰나미(Tsunamis)는 일본말 '큰 항구파'에서 유래한 것으로 해수의 갑작스러운 수직 변위에 기인한다. 쓰나미는 발생지로부터 수천km 떨어진 곳에도 재앙을 일으킬 수 있는 심각한 자연재해이다. 쓰나미는 해저의 갑작스러운 융기와 침하를 일으키는 대형 지진 및 이와 유사한 사건들로 인해 유발된다. 즉 쓰나미는 지진에 의한 수중 산사태, 화산의 측면붕괴와 해양으로의 미끄러짐, 해저 화산 분출, 소행성이나 혜성과 같은 외계 철체의 해양으로의 충돌 등으로 일어난다. 소행성 충돌은 지진으로 발생하는 가장 큰 쓰나미에 비해 약 100배 크고 수억 명을 위험에 처하게 하는 '초대형(Mega)' 쓰나미를 일으킬 수 있다. 그러나 다행히 이러한 큰 충돌이 일어날 확률은 매우 낮다. 앞에 설명한 원인들 중에서 물론 지진으로 유발된 쓰나미가 가장 많다.

역사시대 동안 피해를 가져다준 쓰나미는 비교적 자주 일어났으며 최근까지는 대부분 태평양 분지에 국한되었다. 최근에 일어난 쓰나미의 사례들을 보면 다음과 같다.

- 1960년 칠레 지진(M 9.0 이상)으로 일어난 쓰나미가 15시간 태평양 분지를 횡단하여 하와이에서 61명이 사망
- 1964년 알래스카 지진(M 8.3)으로 치명적인 쓰나미가 발생하여 알래스카와 캘리포니아에서 약 130명이 사망
- 1993년 동해에서 일어난 지진(M 7.8)으로 쓰나미가 발생하여 오쿠리쉬 섬에서 120명이 사망
- 1998년 파푸아뉴기니 지진(M 7.1)과 해저 산사태로 쓰나미가 발생하여 2,100명 이상이 사망
- 2004년 수마트라 지진(M 9)으로 쓰나미가 발생하여 약 25만 명이 사망(자세히 살펴보기 '인도네시아 쓰나미' 참조)

지진이 어떻게 쓰나미를 유발하는가 지진으로부터 쓰나미가 발생하는 일반화된 과정이 그림 6.29에 있다. 해저를 파열시키는 단층 활동은 상부의 물을 이동시킨다. 피해를 줄 정도의 쓰나미는 일반적으로 규모 7.5 이상의 지진에서 발생한다.

자세히 살펴보기 | 인도네시아 쓰나미

2004년 인도네시아 쓰나미는 우리로 하여금 이것이 얼마나 거대한 파도이고 이로 인한 피해가 어느 정도인지 알게 하였다. 불과 몇 시간 안에 약 25만 명이 죽고 인도양 주위의 해안 지역들을 쓰나미 파도가 연속적으로 강타해서 수백만

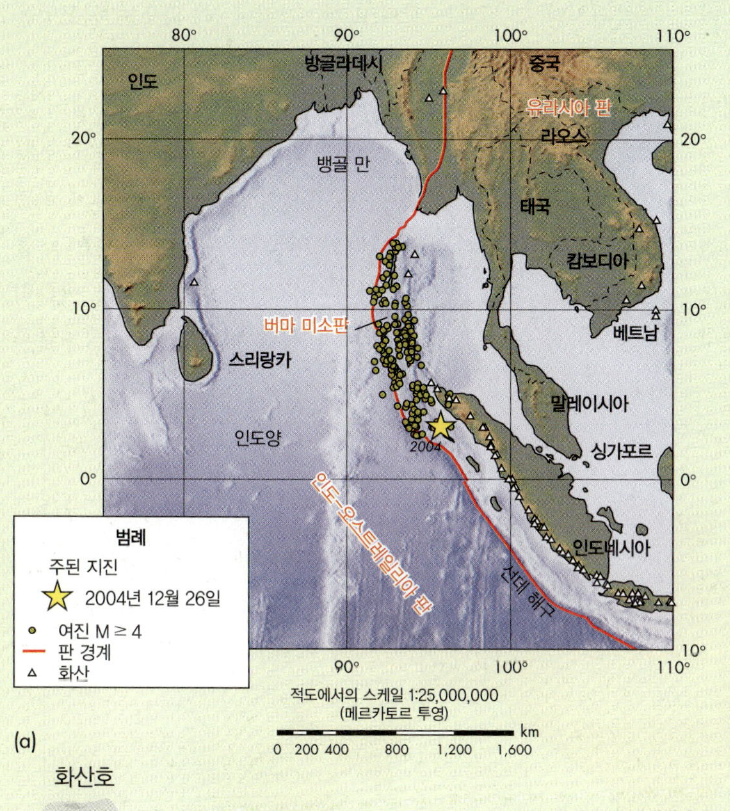

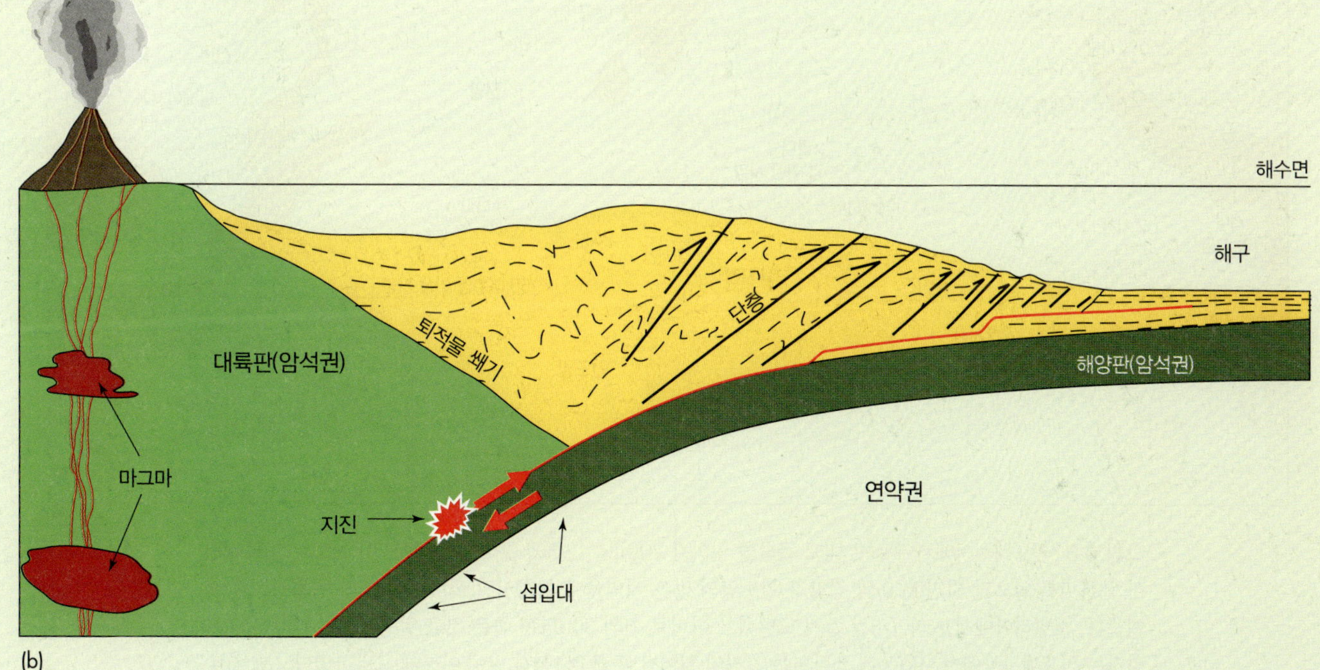

그림 6.A 지질 환경 (a) 인도네시아 쓰나미. (*USGS*) (b) 섭입대 지진을 보여주는 이상적인 단면도. (*United Kingdom Hydrographic Office*) 그림 2.5를 참조하라.

명의 난민이 발생했다. 지난 40년 동안 지구상에서 가장 큰 지진이 2004년 12월 26일 일요일 아침 인도네시아 수마트라 섬에서 발생하였고(그림 6.A), 이 지진은 역사상 가장 참혹한 쓰나미를 만들었다. 지진 규모는 9.0이었으며 수마트라 부근에서 인도-오스트레일리아 판이 이보다 작은 크기의 버마 판 밑으로 섭입되는 판 경계에서 발생하였다. 단층 파열은 북서방향으로 완만하게 경사진(10°) 섭입대에서의 '메가쓰러스트 이벤트'로 알려진 그것이었다. 지진으로 인한 진동은 수 분간 계속되었고 2개 판 사이의 파열면(단층)상의 변위는 15m, 파열의 총 길이는 약 1,200km에 달했다. 지진으로 인한 해저의 수평 변위 및 수직 변위는 서-남서 방향으로 각각 약 15m, 수m만큼 일어났다. 해저 변위는 인도양의 물을 교란시키고 이동시켜 쓰나미 파도를 연속적으로 발생시켰다. 그 효과는 마치 큰 돌멩이를 욕조에 던질 때 물결파가 사방으로 퍼져나가는 모습과 같다. 해저 지진의 개념으로 보면 이 경우 돌멩이가 마치 바닥에서 올라온 것처럼 해석되지만 그 결과는 같다고 할 수 있다. 즉 파도는 인도양을 횡단하여 빠른 속도로 사방으로 퍼져 나갔다.

인도양에는 태평양에서와 같은 쓰나미 경보 시스템이 없어서 사람들은 대부분 크게 놀랐다. 미국 과학자들은 쓰나미를 발생시킬 만한 매우 큰 지진이 일어난 것을 알고 지진이 발생한 지역의 몇몇 나라와 미국 정부에 이를 전했다. 불행하게도 그 통보는 각 나라가 조치를 취하기에는 시간이 충분하지 않았고, 또한 미국과 해당 지역의 다른 정부들과

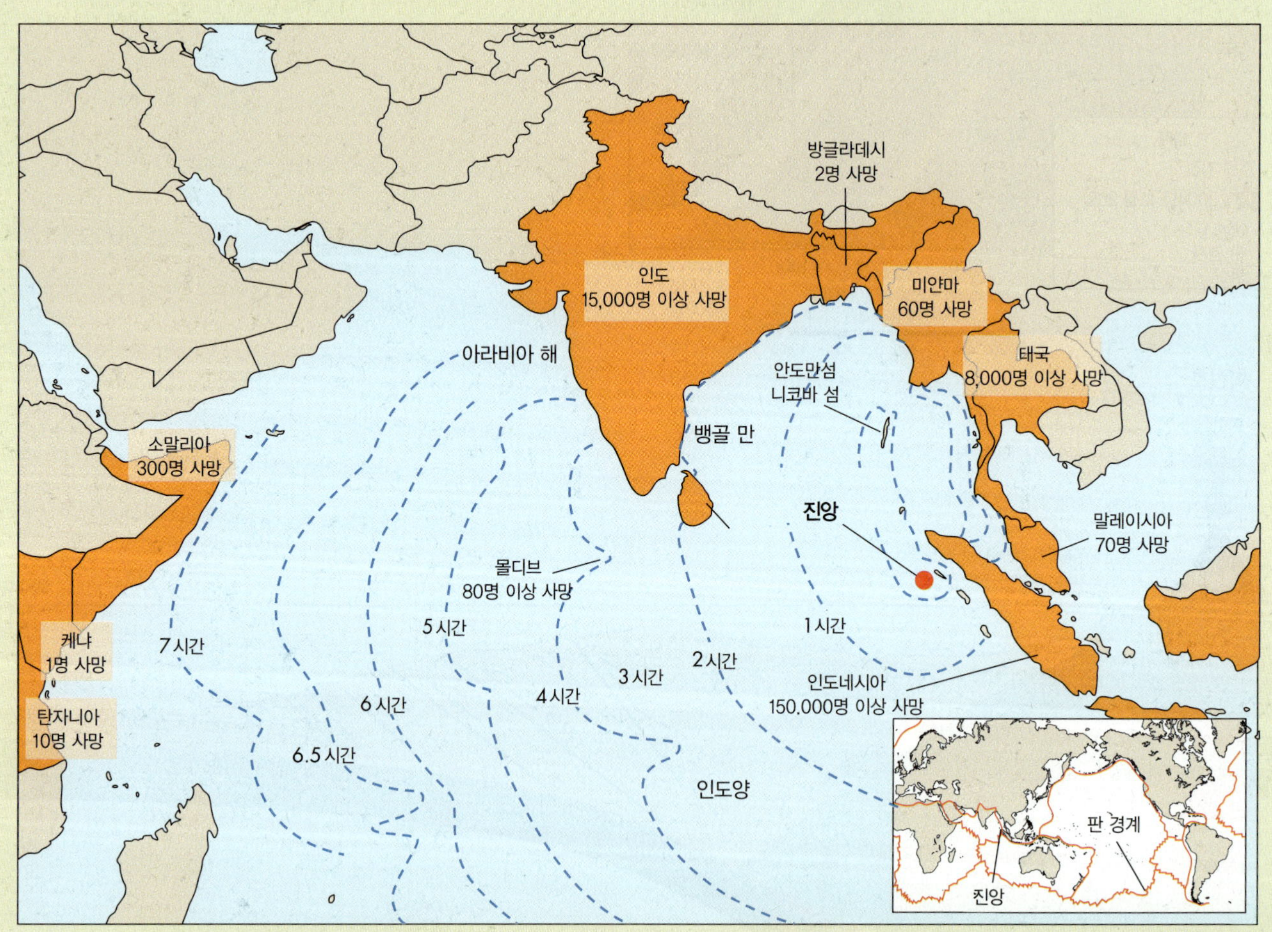

그림 6.B 인도네시아에서 수십만 명의 목숨을 앗아간 2004년 12월에 발생한 쓰나미 이 지도는 인도네시아 쓰나미를 일으킨 지진(M 9)의 진앙과 인도양의 많은 지역을 황폐화시킨 쓰나미 파도의 이동경로를 보여준다. 소말리아에서도 약 7시간 걸려 도달한 쓰나미로 거의 300명이 죽은 것을 알 수 있다. 대부분의 사망자는 인도네시아에서 나왔는데 쓰나미는 지진이 일어난 후 불과 1시간 만에 이곳에 도달하였다. (*NOAA*)

의 연락이 원활하지 못한 관계로 일이 꼬이게 되었다. 실제로 쓰나미 파도가 사람들이 죽어간 몇몇 해안가에 도달하는 데 몇 시간이 걸렸기 때문에 경보만 잘 발령만 될 수 있었다면 수천 명의 목숨을 더 구할 수 있었을 것이다. 반 시간가량의 경보만 있었어도 저지대 해안가에 살고 있는 사람들을 대피시켜 많은 사람들을 살릴 수 있었을 것이다.[17] 사건 후 인도양의 쓰나미를 감지하는 첫 번째 해저 센서가 2006년 말에 설치되었고 뒤이어 연달아 설치될 계획이다. 최근에는 쓰나미가 닥쳐올 경우 사람들에게 경보를 주기 위한 사이렌이 인도양 주위의 몇몇 해안지역을 따라 가동 중에 있다.

사망자의 3/4 이상이 인도네시아에서 발생하였는데, 이곳은 쓰나미를 일으킨 지진에 의한 강한 진동과 쓰나미 자체로 인해 피해를 많이 입었다. 그림 6.B에 규모 9의 지진과 쓰나미의 발생장소 및 시간에 따른 쓰나미의 진행경로와 사망자 수를 나타냈다. 쓰나미가 발생하여 소말리아까지 가는 데 7시간, 인도까지 2시간이 걸렸다. 다른 지역에는 진앙과의 거리에 따라 이보다 빠르거나 늦게 도달한다.

쓰나미 이전과 이후의 사진(그림 6.C)에서 인도네시아 반

(a)

(b)

그림 6.C 2004년 인도네시아 쓰나미로 거의 완파된 시설 (a) 2004년 12월 23일 이전의 반다아체 도시. (*Digital Globe*) (b) 수마트라 섬의 북쪽 끝에 있는 도청 소재지 반다아체의 쓰나미 발생 이틀 후 모습. 거의 모든 시설들이 피해를 입거나 파괴되었다. 사진의 상단 부분에서 예전에는 연속적으로 이어진 해안선이 쓰나미로 인해 큰 침식을 당하여 작은 섬들로 보인다. 쓰나미뿐만 아니라 지진으로 인해 발생한 침하가 표고의 파괴와 변화를 초래한 것이다. (*Digital Globe*)

다아체의 해안지역은 쓰나미로 거의 파괴된 것을 알 수 있다. 이러한 파괴는 지진동, 쓰나미, 지진에 의한 지반침하로 발생하였다.

이 지역의 관광지역은 심하게 타격을 받았으며, 특히 태국에서는 수천 명의 관광객이 죽었다. 그림 6.D는 태국 푸켓에 쓰나미가 들이닥치는 사진이다. 몇 사람들은 화들짝 놀란 것처럼 보이고 또 다른 사람들은 갈팡질팡하며 대피하고 있다. 그러나 적어도 두 곳 해변만큼은 모든 것이 황량한 것만은 아니었다. 10살 된 영국 소녀가 태국의 한 해변에 있는 사람들에게 대피하도록 적시에 큰 소리로 경보를 주어 약 100명의 관광객과 다른 사람들을 구했다. 그 소녀는 이전에 학교에서 배운 바 있는 판구조론, 지진, 쓰나미에 대한 지식을 활용하였다. 그 내용 중의 하나로 쓰나미가 오기 전에 바닷물이 빠져나간다는 것을 생각해 냈다. 바닷물이 빠져나간 것을 본 그녀는 엄마에게 비명을 지르면서 위험한 상태의 해변에서 즉시 떠날 것을 청하였다. 그녀는 그들이

그림 6.D 관광객의 필사적인 대피 맨 앞의 남자가 건물보다 더 큰 높이로 그를 향해 돌진하는 쓰나미를 뒤로하여 보고 있다. 장소는 태국의 푸켓으로 관광객과 주민들 모두 파도가 자기들이 있던 지역을 범람시킬 것이라고 생각하지 않았고, 만일 물줄기가 들이닥칠 때 파도보다 자기들이 빠르게 달릴 수 있을 것이라고 생각하였다. 몇몇 사람들은 살아남았지만 많은 사람들이 익사했다. (*ZUMA Press*)

묵었던 호텔에 있는 사람들과 해변의 다른 사람들도 설득하였다. 해변에서 모든 사람들이 무사히 대피하였다. 그 엄마가 나중에 말하기를 자기는 쓰나미가 뭔지도 몰랐지만, 딸이 학교에서 배운 지식을 가지고 그날 많은 사람들을 살렸다고 자랑했다. 두 번째의 경우를 살펴보자. 스리랑카의 한 호텔에 묵고 있던 한 과학자는 밑에서 솟구쳐 올라온 작은 파도로 인해 수영장이 넘치는 것을 목격했다. 바로 다음에는 해수면이 7m 내려갔다. 그는 큰 파도가 밀려오는 것을 보고 비상벨을 울렸다. 호텔 지배인은 확성기를 잡고 사람들에게 해변을 떠나라고 소리쳤다. 당시 많은 사람들이 호기심을 가지고 바다에서의 멋진 장면을 구경하기 위해 해변으로 가있던 터였다. 7m 높이의 큰 파도가 도달했을 때 대부분의 사람들은 계단 근처에서 있다가 위층으로 피했다. 호텔 직원과 손님 누구도 희생당하지 않았지만 1층에 있던 많은 사람들은 물에 휩쓸렸고 호텔 정원에 있던 종려나무에 매달려 목숨을 구하기도 했다.[18]

인도네시아의 몇몇 원주민들은 쓰나미에 대한 그들 나름대로의 대처방법을 가지고 있다. 지진이 발생하였을 때 그들은 그러한 경험을 살려 높은 지대로 이동하여 섬에 살던 작은 부족들이 모두 살았다.

2004년의 쓰나미에서 코끼리가 12명의 관광객을 구했다. 태국에서의 일이었다. 규모 9의 지진이 수마트라 섬을 강타했을 때 사람을 태운 코끼리들은 크게 나팔소리를 내며 울기 시작했다. 그들은 약 한 시간 후 다시 떠들어댔다. 사람을 태우지 않았던 코끼리들은 쇠사슬을 풀고 내륙 쪽으로 향했다. 관광객을 등에 태운 코끼리들은 조련사들의 말을 듣지 않고 쓰나미로 약 4,000명이 죽었던 해변 리조트의 뒤에 있는 언덕으로 올라갔다. 조련사들이 밀려오는 쓰나미를 볼 때쯤에는 코끼리들이 나머지 관광객들을 등에 태우고 있었다. 보통 때는 사람들이 목판 플랫폼을 이용하여 타게 되지만 이번에는 코끼리들이 코를 이용하여 관광객들을 등에 태우고 내륙 쪽으로 이동했다. 이윽고 쓰나미는 해안으로부터 내륙 쪽으로 약 1km만큼 들어가서 치솟았다. 코끼리는 파도가 다 끝난 지점의 바로 너머에서 멈추었다.

코끼리는 사람이 알아채지 못한 것을 어떻게 느낄 수 있을까? 동물은 인간과 다른 감각 능력이 있다. 코끼리가 지진을 들을 수 있는 것은 지진으로부터 발생되는 초저주파를 감지할 수 있기 때문이다. 일부 사람들도 지진 음파를 들을 수 있지만 일반적으로 그것을 재해로 인식하지 않는다. 코끼리는 또한 땅이 지진으로 흔들릴 때 그 움직임을 느꼈을 것이다. 그래서 그들이 유일하게 갈 만한 내륙으로 향했던 것으로 보인다. 이것은 실제 일어났던 장면들이지만 코끼리의 감각 능력과 그들의 행동 사이의 관계성은 단지 추론적일 뿐이며 확실하지 않다. 그러나 중요한 사실은 그들이 결과적으로 적지 않은 사람들의 목숨을 구했다는 것이다.[19]

열대성의 자연생태가 쓰나미 피해의 정도를 결정하였다. 쓰나미 충격이 가장 큰 곳에서는 해안의 대규모 파괴는 불가피했지만 다른 지역들에서의 피해 정도는 서로 달랐다. 어떤 해안 마을은 많이 파괴된 반면 또 다른 마을은 훨씬 덜 파괴되었다. 피해를 모면한 마을은 대체로 홍수림 또는 줄줄이 서 있는 대량으로 재배된 나무들이 마을을 감싸고 있어서 이것들이 파도의 충격을 완화시키는 역할을 하여 쓰나미 파도로부터 보호되었다.[20]

쓰나미에 취약한 해안가의 주민들에 대한 교육의 역할이 매우 중요한 것은 말할 것도 없다. 지구의 징후로부터 쓰나미가 일어날 것 같다는 것을 더 많은 사람들이 인식하였다면 생명을 더 구할 수 있었을 것이다. 큰 지진을 경험한 사람들은 지진이 일어나면 쓰나미가 발생할 수 있고 이것이 오면 높은 지대로 대피한다는 것을 알 것이다. 그나마 다행스러운 것은 지진이 감지되지 않은 수천 마일 떨어진 곳까지도 지구는 장차 무엇이 일어날 것이라는 신호를 계속 준다는 것이다. 앞에 설명한 여학생의 예가 바로 그것이다. 만일 물이 갑자기 빠져나가서 곧바로 바다의 바닥이 보이기 시작하면 사람들에게 쓰나미 파도가 곧 온다고 말할 수 있다. 이것이 높은 지대로 대피하라는 신호가 될 것이다. 우리가 또 알아야 할 것은 쓰나미는 하나의 파가 아니고 실제로는 뒤에 따라오는 연속적인 파이며 뒤에 오는 것이 처음 것보다 더 위험한 경우가 많다는 점이다. 쓰나미는 지진 후 10~15분이 경과하여 발생하기 때문에 쓰나미의 발생 가능 지역에 가까이 사는 사람들에 대한 교육은 특히 중요하다. 지질학자들은 몇십 년이 지나면 인도네시아 해안에서 또다시 큰 쓰나미가 발생할 것이라고 경고하고 있다.

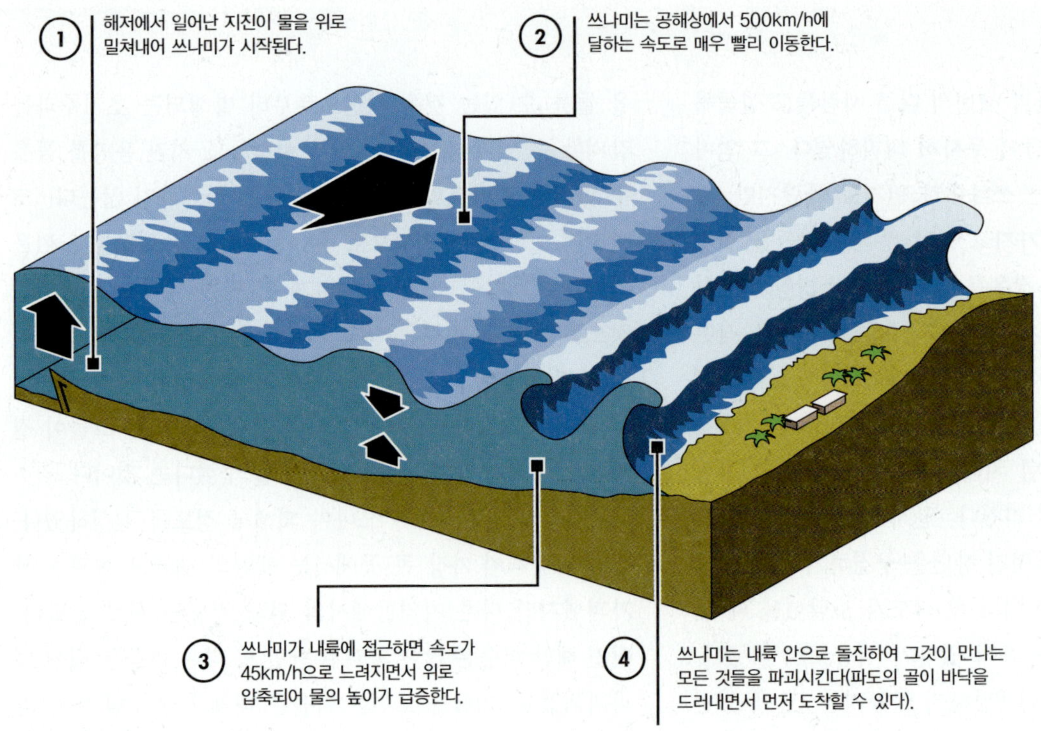

그림 6.29 쓰나미 피해 지진에 의해 쓰나미가 발생하는 것을 보여주는 모식도. (*United Kingdom Hydrographic Office*)

그림 6.30 쓰나미 경보 시스템 (a) 수면 부표와 쓰나미를 감지하기 위한 바닥 센서. (b) 하와이에서 발생한 쓰나미의 주행시간(등고선 간격은 1시간). 로스앤젤레스까지 약 1시간이 걸리며 남아메리카까지 약 12시간이 걸린다. 쓰나미 장비가 있는 6개의 위치가 보여진다. 대서양과 카리브 해안을 위해 쓰나미 장비가 다른 몇 곳에 계획되어 있다. (*NOAA*)

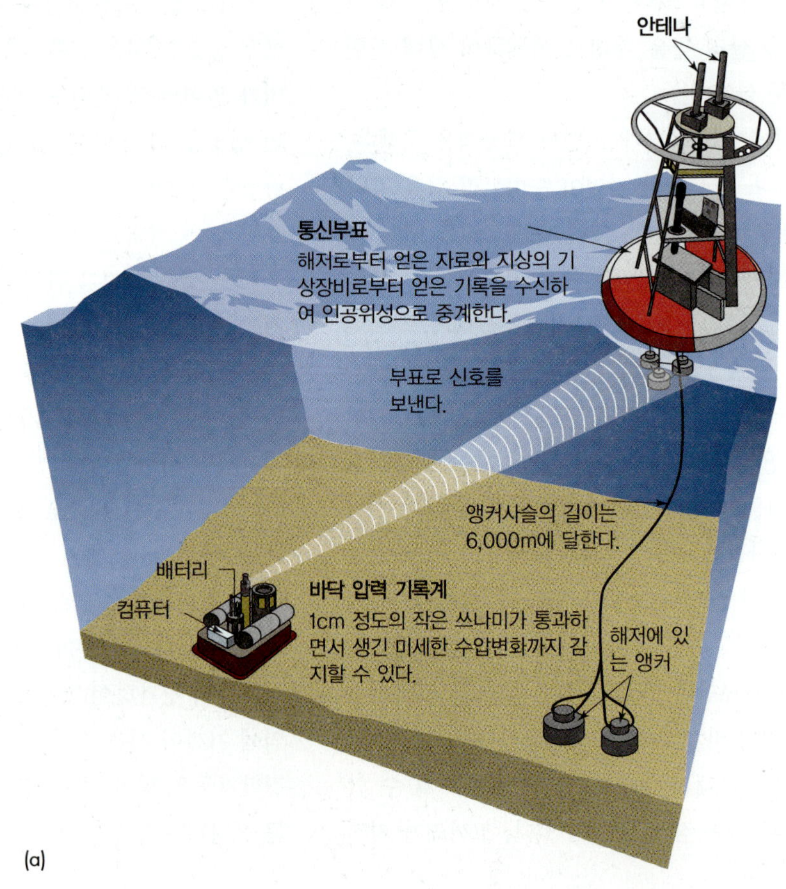

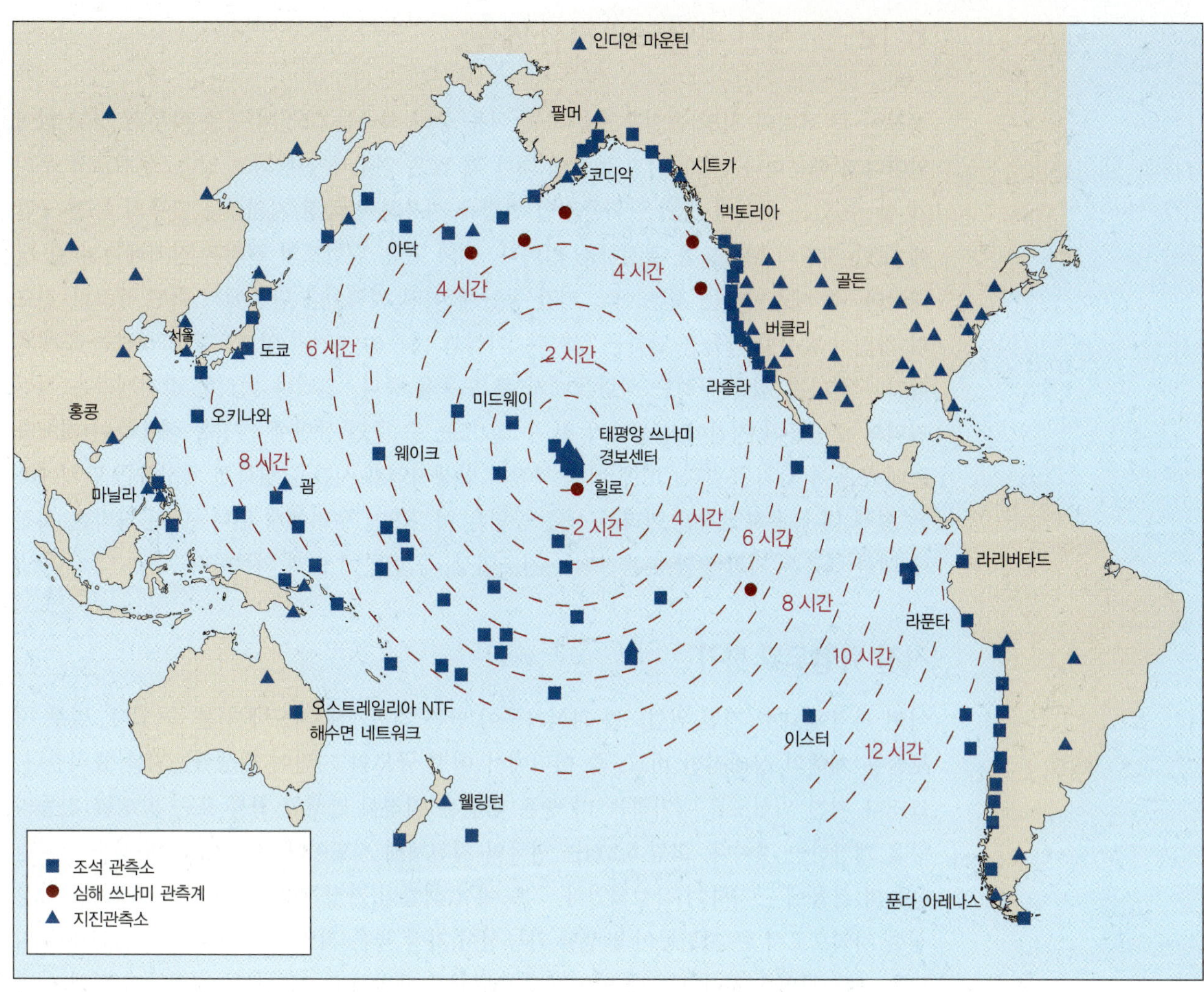

(b)

그림 6.30 (계속)

쓰나미의 파고는 공해상에서는 비교적 1m보다 낮지만 속도는 제트기와 속도(750km/h)와 맞먹는다. 쓰나미가 해안을 칠 때 해안에 도달한 쓰나미 파의 에너지는 얕은 물에서 누적되어 파고는 극적으로 증가한다. 쓰나미 파는 연속적으로 도달하므로 나중에 도달한 파는 처음 파들보다 더 높아질 것이다. 파도가 육지에서 빠져나가 바다로 돌아가는 파 역시 쓰나미 파도만큼 위험할 수 있다.

지진이 발생한 후 쓰나미 파의 도달시간은 주행시간 1시간에 ±1.5분의 오차 내로 추정할 수 있다. 따라서 이러한 점을 바탕으로 태평양에서의 쓰나미 경보체계가 구축되었다. 그림 6.30a에서 쓰나미를 감지하기 위한 바닥 센서가 부착된 지표 부표로부터 자료가 제공되어 태평양 주위의 도달시간을 보여주는 지도가 만들어진다. 그림 6.30b의 지도는 하와이로부터 진행하는 쓰나미를 보여준다.

6.12 지진 위험도와 지진 예측

지진이 큰 피해와 인명 손실을 수반하는 이유 중의 하나는 그것이 종종 아무런 경고 없이 일어나기 때문이다. 현재 지진 예측에 대한 꽤 많은 연구가 진행되고 있다. 현재로서 우리가 할 수 있는 최선의 방법은 확률적인 방법을 사용하여 특정 지역이나 단층의 특정 구간에 대한 지진의 위험도를 결정하는 일이다. 이와 같은 위험도의 결정은 장기예측의 한 형태이다. 즉 예측이라는 것은 어느 기간 동안에 어떤 지역이나 단층에서 어떤 규모나 진도의 지진이 발생할 확률을 말하는 것이다. 이러한 예측은 지진의 안전도를 고려하는 도시계획자와 살아갈 집을 구하는 사람들에게 큰 도움을 준다. 그러나 이러한 장기예측은 지진 지역의 주민들이 지진이 발생하기 전 수 일 또는 수 주일 동안에 지진을 예측하여 대처하는데 도움이 되지 못한다. 이에 비해 지진의 발생지역과 시간을 명확히 제시하는 단기예측은 훨씬 더 유용하겠지만 이러한 예측 능력은 아직까지 우리에게 없다. 단지 임박한 지진에 대한 예측은 지진에 앞서 관찰되는 전조현상, 즉 변화에 크게 의존한다.

지진 위험도의 평가

어떤 지역에 대한 지진 위험도는 과학자들이 만든 지진재해 지도에서 볼 수 있다. 일부 지도들은 재해의 상대적인 비교, 즉 어디에서 어떤 규모의 지진이 발생했는지를 표시한다. 그러나 지진 위험도를 평가하는 더 좋은 방법은 지진이 발생할 확률 또는 발생할 진동의 양을 계산하는 것이다. 그림 6.31a는 미국의 지진재해 지도이다. 이 지도는 수평적인 지반 운동의 확률에 근거하여 작성되었다. 지도에서 색깔이 가장 진한 지역은 지진재해가 가장 심한 지역으로서 큰 지진동이 발생할 가능성이 가장 높은 지역이다. 지역적인 지진재해 지도는 재해 지역을 평가하는 데 있어서 건축법규를 개발하고, 보험료를 결정하기 위해서 필요하다. 그러나 그러기 위해서는 훨씬 더 많은 자료가 필요하다. 그림 6.31b는 샌프란시스코 만 지역의 단층들로부터 2003년부터 2032년까지 규모 6.7 이상의 지진이 적어도 한 번 일어날 확률을 나타낸 것이다. 2032년 이전에 규모 6~7 또는 그 이상의 규모를 가진 지진이 발생할 확률은 종합해서 62%이다.[21] 또한 캘리포니아 주에서는 단층의 이동속도 및 단층에 의해 발생한 지진의 최대 모멘트 규모를 가지고 단층을 분류한다(표 6.6). A유형의 한 예가 샌앤드레이어스 단층이다. 캘리포니아에서 지진 피해를 입히는 대다수의 단층은 B유형이다. 이것은 캘리포니아에 B유형의 단층이 많고 또 그들이 강하고 큰 지진을 만들기 때문이다(표 6.2). 이 분류 시스템은 단층이 활동적인지 아닌지를 규명하는 것보다 훨씬 더 중요한 것으로 생각된다. 캘리포니아에서 알려진 대부분의 활성단층들은 이러한 유형으로 분류된다.

단기예측

지진의 단기예측, 즉 **예보**(forecast)는 지진의 활발한 연구 영역 중의 하나이다. 지진예보는 **기상예보처럼 지진이 일어날 확률을 비교적 짧은 기간으로 한정하여 발표한다.** 지진예보의 기본적인 과정은 한때 '1−2−3'과 같이 쉬운 것으로 생각하였다. 첫째, 앞으로 발생할

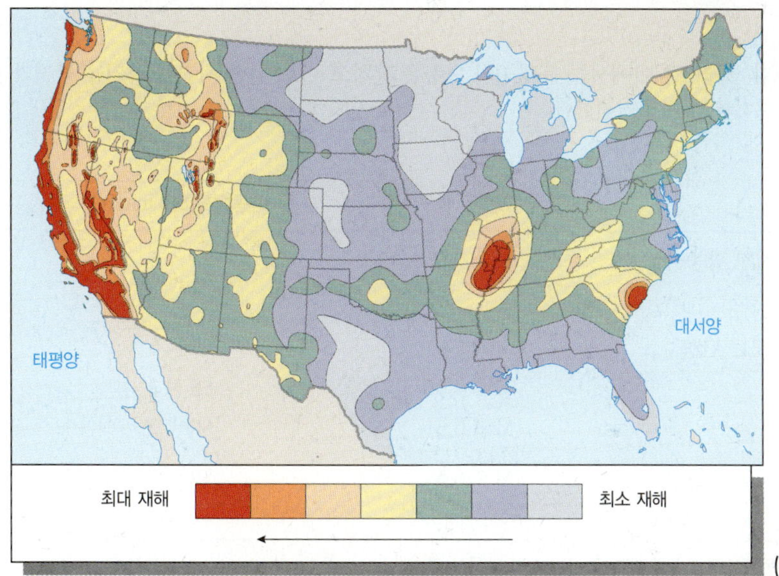

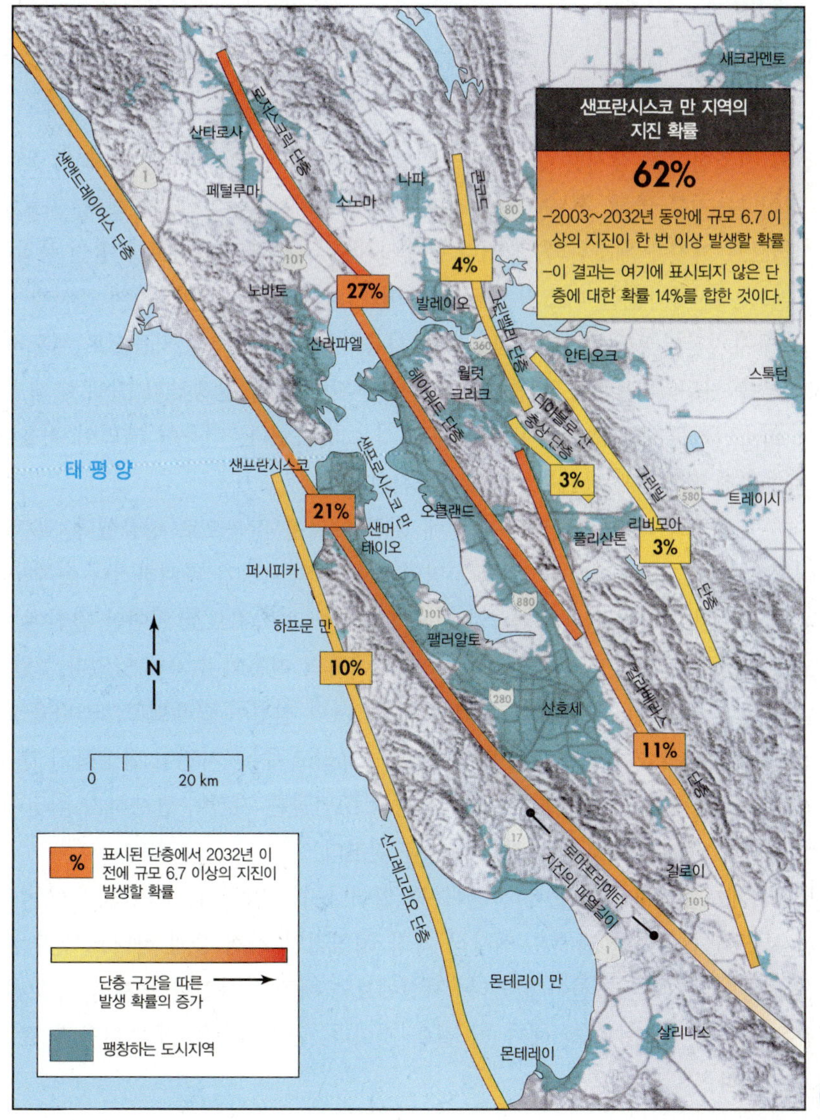

그림 6.31 지진재해 지도 (a) 미국의 지진재해에 대한 확률론적 접근. 재해 등급은 색깔로 구분하였다. (b) 샌프란시스코 만 지역의 단층 및 전체 지역에서 2032년 전에 규모 6~7 이상의 지진이 적어도 한 번 일어날 확률. (*USGS*)

표 6.6 캘리포니아의 단층(지진원) 유형

단층이 만들 수 있는 지진과 이동거리에 근거함. 캘리포니아에서는 유형 B의 단층은 흔하고 이로 인한 지진의 크기는 작지만 A나 C 유형의 단층보다 많기 때문에 대부분의 피해는 유형 B의 단층에 기인한다.

유형	설명	정의[1]	
		최대 모멘트 규모 M[3]	이동속도(SR) mm/yr[3]
A	큰 규모의 지진을 만들 수 있고 지진 활동이 잦은 단층[2]	$M \geq 7.0$	$SR < 5$
B	유형 A도 아니고 유형 C도 아닌 모든 단층	$M \geq 7.0$ $M < 7.0$ $M \geq 6.5$	$SR < 5$ $SR > 2$ $SR < 2$
C	큰 규모의 지진을 만들 수 없고 지진 활동이 비교적 드문 단층	$M < 6.5$	$SR \leq 2$

1 지진원의 유형을 결정할 때 최대 모멘트 규모와 이동속도의 2개 조건이 동시에 만족되어야 한다.
2 섭입 지진원은 장소에 따라 다르게 결정한다.
3 ≥은 크거나 같다는 것을 의미하고, <는 이하를 뜻한다.

출처: *1997 California Uniform Building Code*, Table 16-U.

지진의 전조현상을 감지할 수 있는 장비를 배치하고 둘째, 지진이 언제 또 얼마만한 규모로 일어나는지를 말해 줄 수 있는 전조현상을 감지하고 인지하며 셋째, 자료를 검토하여 공식적으로 지진을 예보한다. 그러나 불행하게도 지진예보는 이보다 훨씬 복잡하다.[22]

일본의 지진학자들은 미소지진(규모 2 이하)의 발생빈도, 반복하여 조사한 지면의 기울기, 지구자기장의 변화에 대한 자료들을 사용하는 지진예측을 처음으로 시도하여 어느 정도 성공을 거두었다. 그들은 연구지역에서 주된 지진이 발생하기 전에 수개월 동안 거의 항상 미소지진들이 집중되어 발생한다는 것을 알아냈다. 더욱이 지면이 기울어지는 것은 지진 활동과 밀접하게 관련된 것으로 나타났다.

1975년 중국의 과학자들은 큰 지진에 대한 예보를 처음으로 성공했다. 1975년 2월 4일 하이청 지진(M 7.3)으로 인구가 9,000명인 도시의 약 90%가 파괴하거나 손해를 입었다. 단기예측은 주된 지진이 발생하기 4일 전에 시작되어 연속적으로 일어난 전진에 주로 기초를 두고 수행하였다. 2월 1일과 2일에는 규모 1 이하의 진동이 수차례 있었다. 2월 3일에는 주된 지진동이 있기 전 24시간이 안 되어 규모 2.4의 전진이 발생했고, 그 다음 17시간에 걸쳐 규모 3 이상의 지진이 8차례 발생하였다. 그리고 주된 지진이 발생하기 전 6시간 동안 갑자기 조용해졌다.[23] 하이청의 9,000여 명의 주민들은 지진이 발생하기 직전에 지진에 허술한 집에서 나와 단체로 대피하여 목숨을 건졌다.

불행하게도 큰 지진에 앞서 전진이 꼭 일어나지는 않는다. 1976년에 중국의 광산촌인 탄샨 부근에서 일어난 지진은 역사상 가장 치명적인 지진 중의 하나로서 수십만 명이 목숨을 잃었다. 이때는 전진이 없었다. 지진예보는 아직도 복잡한 문제이고, 믿을 만한 단기예측을 하기까지에는 여러 해가 더 걸릴 것이다. 단기예측은 거의 다음과 같은 전조현상에 의존한다.

- 전진의 패턴과 빈도
- 지진 발생 이전의 지표변형
- 라돈 가스의 방출
- 단층을 따른 지진공백
- 동물들의 이상한 행동(?)

지진 발생 이전의 지표변형

융기속도와 침하속도는 특히 이들이 빠르거나 이례적일 때 지진예측을 하는 데 중요한 역할을 한다. 1964년 일본 니가타 근처에서 규모 7.5의 지진이 발생하기 전에 10년 이상 동해 근처 해안에서 수cm의 광역적인 지각 융기가 있었다. 이와 유사하게 수cm의 광역적이고 느린 융기가 1983년의 동해 지진(규모 7.7)이 일어나기 전에도 5년간에 걸쳐 있었다.[24] 1~2m의 큰 융기들이 또한 1793년, 1802년, 1872년, 1927년 일본에서 발생했던 큰 지진에 앞서 있었다. 비록 이러한 융기들을 명쾌하게 잘 해석할 수는 없지만 그것들은 지진이 임박했다는 지시자가 충분히 될 수 있을 것이다. 이 융기들은 육지로부터 바다의 갑작스러운 후퇴로 인지되는데, 항구에서 종종 수백m만큼 후퇴한다. 예를 들어 1802년 지진이 발생한 날 아침에는 지진 발생 이전에 일어난 1m의 융기에 대응하여 바닷물이 항구로부터 약 300m 후퇴하였다. 실제로 4시간 후에 지진이 일어나서 많은 집들이 파괴되었으며, 이 지진으로 융기가 1m 더 일어나 바다를 더 멀리 후퇴시켰다.[25]

라돈 가스의 방출

방사성 가스인 라돈의 양은 지진이 발생하기 전에 뚜렷이 증가하는 것으로 관찰되었다. 지진 발생 이전에 암석이 팽창하고 깨져서 물이 유입되면 암석 내에서 자연적으로 존재하는 라돈 가스는 물과 함께 이동한다. 1995년 일본의 고베 지진(M 7.2)이 발생하기 한 달 전에 지하수 관정에서 라돈 가스가 상당히 증가하였다.[26]

지진공백

지진공백은 큰 지진이 발생할 만한 활성단층대 또는 지역에서 최근에 큰 지진이 일어나지 않았던 범위를 말한다. 지진이 없었던 것은 일시적인 현상이다. 게다가 이 지역들은 구조적인 변형을 축적하는 과정 중에 있으며, 따라서 앞으로 장차 큰 지진을 일으킬 수 있는 후보지가 된다. 지진공백은 지진의 중기예측 정도에 잘 적용되어 왔다. 적어도 10개의 큰 판경계 지진은 1965년 이후 지진공백을 참조하여 성공적으로 예보되었다. 이에는 알래스카 1개, 멕시코 3개, 남아메리카 1개, 일본 3개, 인도네시아 1개의 지진들이 포함된다. 샌앤드레이어스 단층을 따른 지진공백 중의 하나는 1857년에 마지막 파열이 일어난 캘리포니아 포트테존 근처이고, 또 하나는 수백 년 동안 큰 지진이 일어나지 않고 있는 코첼라 계곡 구간이다. 두 공백에서는 모두 앞으로 수십 년 이내에 큰 지진이 발생할 것으로 보인다.[12,27]

동물의 이상한 행동(?)

큰 지진이 일어나기 전에 동물들의 이례적인 행동들이 종종 보고되었다. 즉 개가 유별나게 짖고, 닭이 알을 낳지 않고, 말이나 가축이 원을 그리며 뱅뱅 뛰어다니고, 쥐가 전선에 앉고, 뱀이 겨울에 동굴에서 기어나와 얼어 죽는다. 동물들의 이상한 행동은 중국 하이청에서 지진이 발생하기 이전에 확실하게 나타났다.[23] 앞으로 언젠가는 다람쥐와 뱀 같은 동물을 새장 안에 넣어 지하 단층을 따라 배치시켜 지진이 일어날 것 같으면 동물들이 어떤 식으로든지 우리에게 말해 줄 것이라는 제안도 있었다. 몇몇 동물은 지진이나 산사태가 일어나기 전에 지구의 운동과 지구의 변화에 사람보다 훨씬 더 민감한 것은 틀림없다. 그러나 동물의 행동에 대한 의미와 신뢰도는 평가하기 매우 어렵다. 미국에서 동물들의 이상한 행동을 더 깊이 탐구하기 위한 연구가 진행되고 있으나, 그것은 여전히 지진을 둘러싼 흥미로운 수수께끼 중의 하나로 남아 있다.

6.13 지진예측의 전망

현재 가지고 있는 실제적인 기술로 신뢰할 만한 지진예측을 하기에는 아직도 요원하다.[28] 그러나 지진과 관련될 만한 전조현상에 대한 정보들이 차곡차곡 축적되고 있는 실정이다. 현재까지 가장 유용한 전조현상은 지진의 패턴, 특히 전진과 지진공백이었다. 낙관적으로 생각하는 과학자들은 결국에 가서는 큰 지진의 대략적인 위치와 규모에 대한 장기예측(수십 년–수천 년), 중기예측(몇 년–몇 달), 단기예측(며칠 또는 몇 시간)을 일관되게 할 수 있을 것이라고 믿는다.

비록 단기적인 지진예측의 발전이 기대에 미치지 못하고 있지만 특정한 단층에서 일어나는 지진의 발생 확률에 근거한 중장기 예측(수년–수십 년)은 기대 이상으로 빨리 발전되어 왔다. 1983년 10월 28일 아이다호 중부에 있는 보라피크에서 일어난 지진(M 7.3)은 중기 지진재해 평가에 대한 성공담으로 평가된다. 로스트리버 단층은 이전 평가에서 활성으로 해석된 바 있다.[29] 이 지진으로 두 사람이 죽고 약 1,500만 달러의 피해가 있었다. 지진으로 인해 36km의 파열대를 따라서 수m 높이의 단층애와 수많은 지반 균열이 생겨났다. 중요한 사실은 지진 동안에 생성된 단층애와 단층은 그 이전에 존재했던 단층애 위에 포개졌다는 점이다. 따라서 역사시대 이전의 지진에서 형성된 단층애에 대한 신중한 조사가 얼마나 필요한 것인지 입증되었다. 이전에 한 번 깨졌던 지반이 다시 깨지기 쉽다는 것을 기억하라!

6.14 터키의 순차 지진 : 지진이 또 다른 지진을 만드는가?

그동안 반복적인 지진의 패턴에 대해서 많은 논쟁이 있어 왔다. 즉 하나의 단층에서 일어나는 지진은 그 규모도 비슷하고 그 반복 주기 또한 대체로 일정한가? 아니면 수백 년에서 수천 년의 기간 동안에 군집되어 일어나는가? 확실히 어떤 단층들은 비교적 일정한 반복주기로 비슷한 규모의 지진을 발생시킨다. 그러나 많은 단층들에 대한 지진을 연구한 결과, 하나의 주어진 단층 시스템에 대한 지진의 규모와 반복 주기는 일정하지 않고 매우 다양하다

그림 6.32 순차 지진 20세기 터키의 노스아나톨리안 단층에서 일어난 규모 6.7 이상의 지진 분포. 1992년과 1951년 지진은 포함되지 않았다. 1999년 지진은 2개 지진(8월의 이즈미트 지진과 11월의 두쥬스 지진)으로 인한 파열길이를 합친 것이다. (*Rellinger, R., Toksot, N., McClusky, S., Barka, A, 2000*)

는 것이 밝혀졌다. 예를 들어 20세기 동안에 터키의 노스아나톨리아 단층은 동쪽에서 서쪽 방향으로 규모 6.7 이상의 지진들이 두드러지게 연속적으로 발생하여 결과적으로 1,000km의 길이에 걸쳐 지면 파열이 발생하였다(그림 6.32). 1999년의 이즈미트 지진(M 7.4)과 듀즈스 지진(M 7.1)은 특히 강해서 수십억 달러의 재산피해를 내고 수천 명의 목숨을 앗아갔다. 순차 지진은 지진이 다음 지진들을 차례차례 만드는 이른바 '함락−도미노 각본' 으로 묘사된다. 결국에 가서는 잇달아 뭉친 지진들로 단층은 거의 전체 길이에 걸쳐 파열된 상태가 된다.[30,31] 비교적 짧은 기간에 걸쳐 순차적으로 일어난 지진들의 집합은 수백 년 동안 지진이 없었던 공백 기간에 의해 다른 순차 지진들의 집합과 분리된다. 이와 유사한 순차 지진은 2004년 쓰나미를 만들었던 수마트라 판 경계에 있는 단층을 따라 발생할 수 있다. 지질기록에 의하면 2004년 지진에 앞서 3개의 큰 지진이 1600년부터 1833년까지 있었다. 다시 2005년에 규모 8.7의 지진이 발생하였다. 이 지진으로 쓰나미는 발생하지 않았지만 건물들이 붕괴되고 약 1,000명이 죽었다.[3] 어떤 지역의 미래 지진에 대한 대비 계획을 세우기 위해서는 특정 단층을 따라 순차적으로 일어나는 지진의 과정을 이해할 필요가 있다. 수백 년 동안 큰 피해를 준 지진이 없었다는 사실 하나만으로 우리가 안심할 일은 아니다.

6.15 지진재해에 대한 대응

지진 위험지역에서 지진재해에 대한 대비는 재해저감 프로그램의 개발, 주요시설의 신중한 부지 선정, 지진활동에 대응한 토목건축 및 토지 이용의 조절, 경보 시스템의 개발을 포함한다. 이러한 대비의 정도는 재해에 대한 각 개인의 인식 정도에 따라 어느 정도 달라진다.

지진재해저감 프로그램

미국에서는 대학교와 미국 지질조사소 및 과학자들이 국가 지진재해저감 프로그램을 개발하고 있다. 프로그램의 주요 목표는 다음과 같다.[28]

- **지진원에 대한 이해도를 높임.** 이 목표를 위해 지진의 물리학적 과정에 대한 정량적 모형의 개발 및 단층의 물리적인 특성과 역학적인 거동에 대한 이해가 필요하다.
- **지진잠재성의 결정.** 이 목표에는 지진학적으로 활동적인 지역을 파악하고, 지각의 변형 속도를 결정하고, 활성단층을 식별하고, 고지진성의 특성을 결정하고, 확률론적인 계산으로 장기예측을 하고, 중단기적인 지진예측 기법을 개발하는 것이 포함된다.
- **지진영향의 예측.** 지반의 파열과 진동을 예측하고, 지진위험 지역에 세운 구조물의 내진 반응을 예측하고, 지진재해와 관련된 손실을 평가하는 것이 예측영향에 포함된다.
- **연구 결과의 적용.** 이 프로그램은 지진재해를 개인, 단체, 지자체 및 국가를 대상으로 교육시키는 데 목적이 있다. 이러한 지식은 지진에 대한 더 나은 계획을 수립하고, 인명과 재산의 손실을 줄일 수 있는 방법을 찾는 데 도움이 될 것이다.

지진 활동에 대한 대응

지진이 일어나는 메커니즘은 아직도 정확히 밝혀지지 않고 있다. 그러므로 경보 시스템과 지진예방과 같은 대책은 아직 신뢰할 만한 수준은 아니다. 그러나 현재 우리가 취할 수 있는 믿을 만한 보호대책들을 간추리면 다음과 같다.

- **구조적 방호.** 큰 건물이나 댐, 발전소, 배관과 같은 구조물들이 어느 정도의 진동이나 지표 파열에 견딜 수 있도록 건설하는 것을 말한다. 이 대책은 미국에서 비교적 성공적이었다(자세히 살펴보기 '2002년의 알래스카 지진과 잠재적인 지반 파열의 평가 가치'). 1988년 아르메니아 지진(M 6.8)은 1994년 노스리지 지진(M 6.7)과 규모는 거의 같았지만 아르메니아에서의 인명 손실과 파괴는 엄청났다. 최소 45,000명이 죽고 진앙 근처의 몇몇 도시는 거의 모두 파괴되었다. 반면에 캘리포니아에서는 57명이 죽고 파괴도 진앙에 가까운 몇몇 마을에만 국한되었다. 아르메니아 있는 대부분의 건물은 보강되지 않은 콘크리트로 지어져 있어 건물이 바로 잡석더미로 부서져 그 안에 있던 사람들을 깔아뭉개고 사람들을 가두는 덫으로 작용하였다. 2005년 파키스탄 지진(M 7.6)으로 80,000명 이상이 죽었다. 아파트가 약간의 강철로만 보강되거나 전혀 보강되지 않아 팬케이크 모양으로 붕괴되면서 많은 사망자가 나왔다.[3] 그렇다고 노스리지 지진이 참사가 아니었다는 말은 아니다. 그것도 확실히 대참사였다. 이 지진으로 25,000명의 이재민이 나왔고 여러 개의 고속도로 고가가 붕괴되고 8,000여 명이 부상당하였으며 건물과 구조물이 수십억 달러의 피해를 입었다. 그러나 로스앤젤레스 분지에 있는 대부분의 건물들이 나무골조나 보강 콘크리트로 지어져 노스리지에서는 수천 명이 죽음을 피할 수 있었다.
- **토지이용 계획.** 학교, 병원, 경찰서와 같은 중요한 시설들은 활성단층이나 지진동을 증폭시킬 수 있는 지구 물질로부터 멀리 떨어져 있어야 한다. 이 계획은 지진동에 대

한 지반의 반응을 지역별로 구역화하는 것을 포함한다. 지진동에 대한 지반의 반응이 지역에 따라 크게 다를 수 있기 때문에 토지 이용 계획에서 지진에 대한 구역화는 더

자세히 살펴보기 | 2002년의 알래스카 지진과 잠재적인 지반 파열의 평가 가치

2002년 11월 3일 이른 오후 알래스카 중남부에 있는 데날리 단층에서 규모 7.9의 지진이 발생하였다. 이 지진으로 약 340km의 지표파열이 오른쪽으로 최대 8m의 변위를 가지고 일어났다(그림 6.E). 지진은 사람이 얼마 살지 않는 알래스카의 먼 곳까지 덮쳤고, 이 지진으로 수천 개의 산사태와 수많은 액상화 사태 및 강한 진동이 발생했지만 구조물의 피해는 적었고 인명 피해도 없는 것으로 보고되었다.[32]

데날리 단층 지진은 진동재해 및 지진재해에 대한 평가가 얼마나 가치 있는지 증명하였다. 이 단층은 원래 1970년대 초 알래스카 횡단 송유관 사업의 일환으로 연구되었다. 이 송유관은 현재 미국 국내산 원유의 약 17%를 공급하고 있다. 송유관이 교차하는 곳에서의 단층대는 수백m의 폭으로 규모 8의 지진을 받으면 6m 정도의 수평이동이 일어날 것으로 지질학자들은 해석하였다. 이러한 해석을 바탕으로 송유관이 설계되었는데, 이것에는 테플론 슈로 부착된 수평 강철 빔이 달려 있어 송유관이 약 6m까지 수평으로 미끄러질 수 있도록 하였다. 따라서 송유관은 지그재그 형태로 강철 빔과 함께 수평으로 움직이도록 설계되었다(그림 6.E). 2002년의 지진은 조사지역에서 일어났고, 이로 인한 단층대의 변위는 약 4.3m의 우수향 주향이동을 보였다. 결과적으로 송유관은 약간만 피해를 입었고 기름 유출도 전혀 없었다. 단층이동에 대비하여 소요된 1970년대의 공사비는 약 300만 달러였다. 오늘날 하루에 약 2,500만 달러 가치의 원유가 이 송유관을 통해 공급되는 점을 고려할 때 당시의 투자비용은 경제적으로 매우 효과적인 것으로 볼 수 있다. 만약 그때 송유관이 파괴되었다면 환경적인 정화비용과 수리비용을 합쳐 아마 수억 달러가 소요되었을 것이다.[33]

그림 6.E 규모 7.9의 지진을 극복한 알래스카 횡단 송유관 알래스카 송유관은 데나이 단층에서 생길 수 있는 수m의 수평변위를 견디도록 설계되었다. 2002년 지진은 송유관 밑에서 4.3m의 파열을 초래했다. 송유관의 붙박이 굽이에 테플론 슈가 달린 슬라이더 빔을 부착시켜 파열에 신축성 있게 적응하도록 설계하였다. 이 예는 잠재적인 지반파열을 조사하여 그로 인해 발생할 수 있는 위험과 피해를 제거하기 위한 조치가 얼마나 중요한지 보여준다. (*ASPC*)

욱 절실해진다. 구역마다 재산 가치가 수백만에서 수십억 달러가 넘는 도시지역에서 구역화를 완성시키기 위해서는 자세한 지반반응 지도가 필요하다. 이러한 지도는 공학자들이 지진동을 잘 견딜 수 있는 건물과 구조물을 설계하는 데 도움을 준다. 분명히 구역화는 많은 시간과 돈의 상당한 투자가 요구된다. 무엇보다도 먼저 특정 지역에서의 지진으로 인한 지반운동을 적절하게 예측하는 방법들을 개발해야 한다.

- **보험 및 구호대책의 확대.** 이것은 지진 후 생활에 적응하는 데 큰 도움이 된다. 1994년 노스리지 지진 후 보험청구액이 너무 많아서 지진 보험을 중단한 보험회사들도 있었다.

그 다음에는 지진을 잘 예측할 수 있어야 한다. 그림 6.33은 지진예보와 경보를 발령하기 위한 정부 계획의 순서도이다. 이것은 그림 5.14에서 보여준 재난예보의 발령을 위한 일반적인 흐름 경로와 어떻게 연관되는지 살펴보자. 정보의 일반적인 흐름은 검증을 위해 과학자로부터 예보위원회로 이동한다. 일단 검증이 되면 피해를 줄 만한 어떤 규모의 지진이 어느 기간에 어디에서 일어날 것이라는 예보가 지자체 정부와 지역 공무원에 통보된다. 이 공무원은 경보를 사람들에게 발령하여 이미 계획되었던 대처 행동을 취하도록 할 책임이 있다. 예보에 대한 대처 행동은 준비기간에 따라 달라지지만, 며칠만으로도 비상활동을 전개하고, 주요 공장시설을 닫고 무엇보다도 재해위험 지역을 대피하는 데 충분할 것이다.

지진경보 시스템

예를 들어, 수백km 떨어진 곳에서 발생한 큰 지진파가 로스앤젤레스 지역에 도달하기 전에 약 1분 가량 발령할 수 있는 경보 시스템을 개발하는 것은 기술적으로 가능하다. 이와

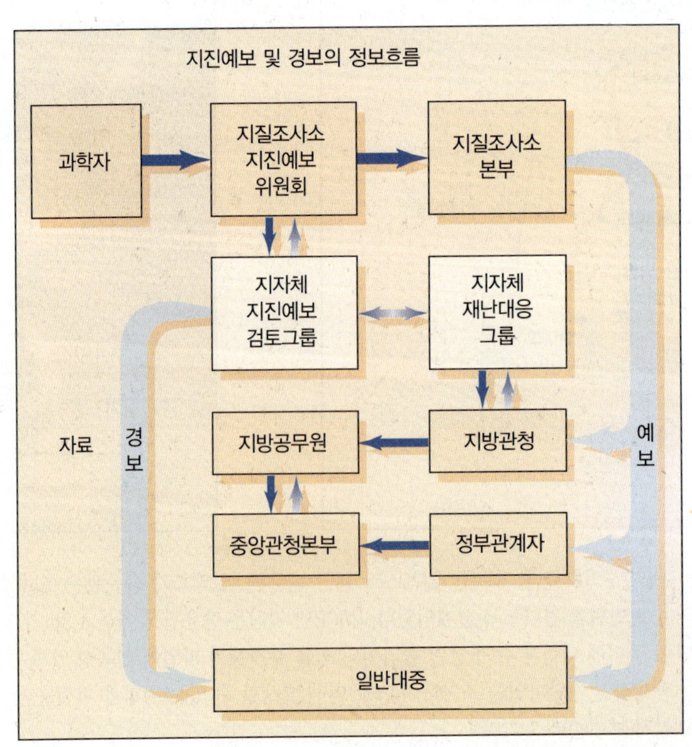

그림 6.33 예보와 경보 발령 지진예보와 경보 발령을 위한 중앙정부 계획 : 정보의 흐름. (*McKelvey, V.E., 1976*)

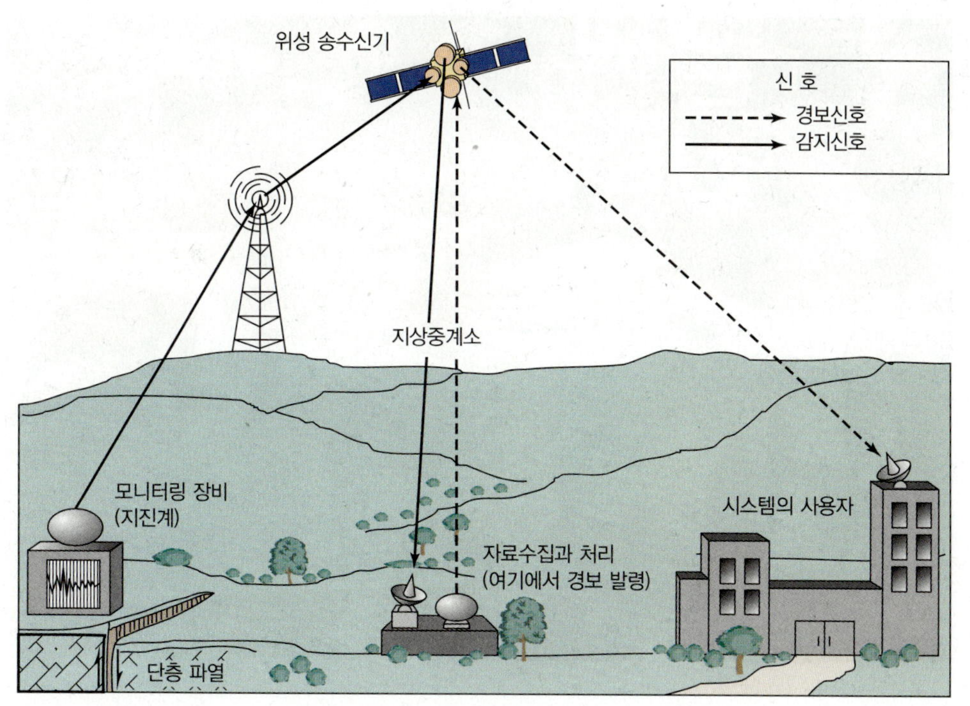

그림 6.34 지진경보 지진 경보 시스템을 보여주는 이상적인 모식도. 일단 지진이 감지되면 그 신호는 지진동이 도달하기 전에 사람과 시설물에 보내진다. 경보 시간은 지진의 발생지에서 얼마나 멀리 떨어져 있는가에 달려 있다. 이 시간은 주요 장비들을 정지시키고 사람들이 대피하기에 충분하다. (*Holden, R., Lee, R., and Reichle, M, 1989*)

같은 시스템은 인공위성을 통한 라디오 신호가 지진파보다 훨씬 빠르다는 원리에 기초한다. 일본 사람들은 이러한 시스템을 그들의 고속열차에 대한 지진경보를 제공하는 데 거의 20년 동안 사용해 왔다. 지진으로 인해 기차가 탈선하면 결과적으로 수백 명이 죽을 수 있다. 캘리포니아에서는 샌앤드레이어스 단층을 따라 지진계와 송신기를 정교하게 연결한 시스템을 사용한다. 이 시스템은 먼저 큰 지진으로 인한 움직임을 감지한 후 바로 로스앤젤레스로 경보를 보낸다. 그리고 그 경보는 주요시설, 학교, 일반 사람들에게 전달된다(그림 6.34). 경보시간은 진앙의 위치에 따라 달라지는 데 짧게는 15초에서 길게는 1분까지 지속된다. 이 시간은 기계와 컴퓨터를 중지시키고 대피하는 데 충분한 시간이다.[34] 유념할 것은 이 지진경보 시스템은 지진이 이미 일어난 것을 경보하는 것일 뿐이지 예측 도구가 아니라는 점이다.

문제는 경보 시스템에서 일어날 수 있는 잘못된 경보이다. 일본에서 발령된 경보 중에서 오보는 5% 이하였다. 그러나 어떤 사람들은 너무 짧은 경보시간 동안에 충분한 대피활동이 가능할지에 대해 염려해 왔다. 또한 오보, 경보 시스템의 고장, 조기 오보를 따라 취해진 행동으로부터 발생한 피해와 고통에 대한 책임문제를 충분히 고려해야 한다.

지진 재해의 인식

지구가 지역에 따라서 그렇게 견고하지 않다는 사실은 특히 지진을 조금이나마 경험했던 사람들로서는 매우 불안하게 느껴진다. 산페르난도 지진과 노스리지 지진 후에 정신적 고통을 받았던 수많은 사람들, 그중에서도 특히 어린이들에게서 지진의 감정적이고 심리적인 영향을 읽을 수 있다. 이러한 영향은 지진이 일어난 후 많은 가정들이 로스앤젤레스로부터 먼 곳으로 이사를 한 것만 보아도 알 수 있다.

그림 6.35 터키에서의 건물 붕괴 1999년 8월에 발생한 지진(M 7.4)으로 인한 터키 서부의 골쿡 도시의 피해. 많은 현대식 건물은 붕괴된 반면 왼쪽에 있는 매우 오래된 회교사원은 그대로 남아 있다. (*Enric Marti/ AP/ Wide World Photos*)

1995년 일본인들은 예기치 못한 고베 지진으로 큰 피해를 입었다. 당시 일본 정부는 신속하고 효과적인 대응을 못했다 하여 많은 비난을 받았다. 긴급구조대는 지진 후 처음 약 10시간 동안 현장에 도착하지 않았다! 그들은 1년 전에 일어난 캘리포니아 노스리지 지진으로 붕괴된 시설에 비해 그들의 건물과 고속도로는 상대적으로 안전하다고 굳게 믿었던 것이다.

앞에서도 언급했지만 터키에서 뚜렷하게 보인 순차 지진은 1999년 큰 피해를 준 2개의 지진으로 끝났다(그림 6.32). 8월 17일 발생한 첫 번째 지진으로 수천 개의 콘크리트 건물들이 붕괴되었고, 60만 명이 집을 잃었으며, 약 38,000명이 사망했다. 그림 6.35는 터키 서부의 골쿡 도시가 입은 대규모의 피해 사진이다. 많은 현대식 건물들은 붕괴된 반면 매우 오래된 회교사원은 여전히 남아 있던 점은 이전의 건물들이 지진에 더 잘 견딜 수 있었다는 것을 말해 준다. 비록 터키가 지진에 견디기 위한 높은 수준의 건축기준을 가지고 있지만, 더 걱정스러운 것은 강한 지진동으로 새로운 건물들이 붕괴된 것에 부실공사가 한 요인이라는 점이다. 지진이 발생한 직후 건설업자들이 붕괴된 건물을 불도저로 밀어버린 것은 부실한 건축의 증거를 없애기 위한 것이라는 주장도 있었다. 만일 그 주장이 사실이라면 이 건설업자들은 지진으로 붕괴된 건물 안에 갇힌 사람들을 구조하는 데 사용할 수 있는 불도저를 자기들의 증거를 제거하는 데 묶어둔 셈이다.

노스리지, 고베, 터키, 파키스탄 지진에서 얻은 것은 현대 사회는 큰 지진으로부터 참혹한 피해를 입기 쉽다는 점을 알려 준 쓰라린 교훈이었다. 오래되고 보강되지 않은 건물이나 강한 지반 운동을 견디도록 내진설계가 안 된 건물은 피해를 입기 쉽다. 고베에서 강화된 지진건축법에 의해 1990년 이후에 지어진 보강된 콘크리트 건물들은 1960년대 또는 그 이전에 지어진 건물들에 비해 피해를 적게 입었다. 재해를 최소화시키려면 재해에 대한 새로운 발상을 해야 한다. 덧붙여 더욱 상세한 미소구역화가 내진설계에 큰 도움이 될 것이다.

개인과 사회의 적응 : 지진 이전, 동안 그리고 이후

어떤 지역에 살고 있는 개인들의 집합을 사회로 정의하는데, 이에는 마을, 소도시, 도시들이 포함된다. 지진 위험 지역에 사는 사람들은 지진 이전과 지진 발생 중, 그리고 지진 이후에 대한 각각의 대처요령을 준비해야 한다.

공동체 차원에서 지진대비의 한 가지 중요한 점은 캘리포니아 건축규제법과 같이 건축기준을 강화하는 것이다. 규제법에서 지진 규정을 포함시키는 목적은 지진동을 견딜 수 있도록 건물을 잘 설계하여 인명 손실과 구조물 피해를 막기 위한 보호조항을 마련하는 데 있다. 또 다른 중요한 과제는 오래된 건물을 점검하여 지진에 잘 버틸 수 있도록 건물의 강도를 높이기 위한 건물의 '보수'가 필요한지 결정하는 것이다. 실제로 캘리포니아 주는 건물 보수를 규정하고 있다. 최근 연구에서 캘리포니아 남부에 있는 많은 병원들은 전체적으로 비용이 많이 드는 보수가 필요한 것으로 결론이 났다.

교육 또한 사회적인 차원에서 지진 대비의 중요한 부분이다. 정부, 지자체 그리고 지역기관은 지진재해에 관한 팸플릿과 비디오를 준비하여 일반 사람들에게 홍보하는 노력을 해야 한다. 지진재해를 최소화하기 위한 가장 최근의 정보에 관한 워크숍이나 훈련 개최는 공학자나 지질학자, 정책입안자들에게 절대 필요하다. 공동체 차원의 많은 정보는 또한 인터넷을 통하여 미국 지질조사소와 캘리포니아 남부 지진센터 및 지진재해저감에 관심 있는 다른 기관을 포함한 여러 곳에서 얻을 수 있다.

학교에서 '지진 훈련'을 수행하는 것 또한 중요하다. 학생들은 지진이 일어나고 있다고 가정하여 '피하고, 숨고, 붙잡는 연습'을 한다. 15~20초 후에 학생들은 그들이 피하고 숨은 곳으로부터 나와 5번 정도 천천히 그리고 심호흡을 하여 진정하는 연습을 하고나서 지정된 안전한 곳으로 이동한다.

집과 아파트에서의 개인적인 차원에서 보면 건물과 내부 시설이 지진동에 견디도록 잘 설계되어 있다면 지진으로 인한 수십억 달러의 피해를 막을 수 있을 것이다. 지진이 일어나기 전에 집주인과 아파트 주민들은 방, 지하, 주차장, 다락방을 포함한 전체 건물에 대한 점검을 철저히 마쳐야 한다. 집안의 안전점검에 포함되는 몇 가지 항목들은 다음과 같다.[35]

- 굴뚝이 지진동에 견디도록 보강되었는지 확인하자. 1994년 노스리지 지진 후에 가장 흔히 관찰된 피해 중의 하나가 무너진 굴뚝이었다.
- 집이 토대 위에 안전하게 서 있는지 또 벽의 나무기둥 사이에 베니어 판이 있는지 확인하자. 차고의 문처럼 위에 구조물이 있는 큰 빈 공간이 적절하게 지지되고 있는지 확인하자.
- 집안에서 위에서 떨어지면 다칠 수 있는 무겁고 깨지기 쉬운 값진 것들이 안전하게 놓여 있는지 확인하자. 탁자 위의 물건, 텔레비전 세트, 큰 가구, 캐비닛 문을 안전하게 보호하자.
- 큰 창문과 미닫이 문을 강한 폴리에스테르 필름으로 피복하여 지진으로 깨진 유리 파편으로 인한 피해를 줄이자.
- 가스 온수기가 건물에 부착되어 있는지 확인하여 그것이 떨어져서 화재가 발생하지 않도록 하자. 필요하다면 진동에 견딜 수 있는 유연한 가스관으로 교체하자.

지진 발생 이전에 할 가장 중요하고 합당한 일은 아마도 장차 큰 지진이 일어났을 때 무엇을 해야 할지를 정확히 계획하는 것이다. 이에는 다음 사항들이 포함된다.

- 모든 가족들이 '피하고, 숨고, 붙잡자'는 원칙을 알자. 각 방마다 튼튼한 책상과 탁자 또는 단단한 내벽과 같은 안전한 곳을 미리 알아두자.
- 가족들은 가스를 끄는 방법을 알고 있어야 한다. 가스는 누출이 소리 또는 냄새로 감지될 때 끈다.
- 지진이 발생하면 시내통화보다 장거리 통화가 더 쉬울 때가 많다. 그러므로 다른 지역에 사는 접촉이 가능한 사람들을 알아두자.
- 몇몇 물품을 얻기 힘든 비상사태 기간에 필요한 식량, 물, 의약품, 손전등 그리고 약간의 현금과 같은 필수품을 챙겨두자.
- 지진이 일어날 경우 우리의 도움을 필요로 하는 이웃, 연장자 및 장애인들을 점검하고 이웃에 있는 다른 사람들이 그들의 계획을 세울 수 있도록 도와주자.

지진이 일어나는 동안 우리의 행동은 강한 지반 진동으로 크게 제약을 받게 되므로 결국 '피하고, 숨고, 붙잡다'가 우리가 취할 수 있는 상책이다. 우리가 지진에 대한 기본적인 지식을 어느 정도 가지고 있다면 이것이 얼마나 강한 지진인지 알고 또한 지진 동안에 무엇이 벌어질 것인지 예측할 것이다. 예를 들어 우리는 지진파에는 P파, S파, 표면파가 있다는 것을 알고 있다. P파가 먼저 도달하고 또 그 파가 오는 것을 듣는 사람도 있을 것이다. 그러나 P파를 바로 뒤따라오는 S파나 R파가 더 큰 진폭을 갖고 있어 대부분의 피해가 이들 파로부터 야기된다. 지진 동안의 진동 시간은 지진의 규모에 따라 달라진다. 예를 들어 1994년 노스리지 지진에서 진동은 약 15초 동안 지속되었는 데 만일 더 큰 규모의 지진이었다면 그 진동 시간은 더 길었을 것이다. 반면에 1906년 샌프란시스코 지진으로 인한 진동은 2분 정도 지속되었다. 지진 동안에 '피하고, 숨고, 붙잡는' 전략 외에 당황하지 말고, 가구나 책 또는 미끄러져 넘어지고, 방 사이로 날아다니는 다른 물체들로부터 우리 자신을 보호해야 한다. 책상이나 탁자 아래서 웅크리고, 침대 밑에 엎드리고, 튼튼한 현관에 서 있는 것도 좋은 방법이다. 지진이 일어나는 동안 변압기나 전봇대가 폭발하여 불꽃이 일어날 수 있으므로 땅에 주저앉은 전선은 확실히 피해야 한다. 어떤 경우에도 조급하게 우왕좌왕하지 마라.[35]

진동이 멈추고 나면 심호흡을 하고 우리가 계획했던 대로 생각을 정리한다. 가족들과 이웃들을 확인하고 가스 유출이나 화재를 점검한다. 전화는 비상 시에만 사용한다. 지진으로 넘어지기 쉬운 굴뚝을 특별히 점검한다. 굴뚝은 지붕에서 떨어지거나 굴뚝을 따라 벽과 틈새가 생길 수 있다. 만약 극장이나 경기장에 있을 때 큰 지진이 일어나면 진동이 멈출 때까지 달아나지 말고 자리에 그대로 앉아 머리와 목을 팔로 감싸 보호한다. 떨어졌거나 떨어질지도 모르는 물체들을 주시하면서 침착하게 천천히 밖으로 빠져 나온다. 쇼핑몰 안에 있을 때 지진이 일어나면 '피하고, 숨고, 붙잡다' 원칙으로 우리한테 떨어질지도 모르는 유리문이나 책 진열대 및 다른 물체들로부터 멀리 떨어져 있는 것이 상책이다. 야외에 있을 때 지진이 발생하면 쓰러질지도 모르는 나무, 건물, 전선 또는 이외 다른 재해거리가 없는 트인 장소로 이동하는 것이 현명하다. 산악지역에 있다면 지진으로 인해 지진이 일어나는 동안 또는 지진 후에 산사태가 많이 일어나는 점을 명심한다. 고층 건물에서는 다른 실내 장소에서처럼 '피하고, 숨고, 붙잡다' 원칙을 살려 큰 유리창을 피한다. 또한 진동으로 화재경보기와 스프링클러 시스템이 작동할 수 있다. 큰 건물이 즐비한 거리는 지진이 일어나는 동안 매우 위험하다. 왜냐하면 산산조각이 난 유리들이 예리한 유리 파편으로 거리에 떨어져 사람들에게 심각한 피해를 주거나 죽게 하기 때문이다.[35]

마지막으로 지진 후에는 여진을 생각하자. 지진이 일어나고서 몇 시간, 수일, 심지어는 수년이 지나 뒤따라 일어나는 여진의 분포는 1차 지진의 규모와 관계있다. 규모가 7인 지진에서는 규모 6의 몇몇 여진들이 발생할 것으로 예상된다. 물론 규모 5와 규모 4의 여진은 더 많이 발생할 것이다. 일반적으로 여진의 발생 수와 그 크기는 1차 지진 후 경과 시간에 따라 감소하고 가장 심한 피해를 주는 여진은 1차 지진이 발생 한 후 수분, 수시간, 수일 안에 일어난다.

미국과 같은 지진다발 국가에서 살면서도 그래도 좋은 소식은 큰 지진에서도 충분히 살아날 수 있다는 점이다. 즉 지진 진동을 견디도록 잘 지어진 건물과 나무로 지은 집들은 좀처럼 붕괴되지 않는다. 무엇보다도 지진에 대해 잘 알고 충분히 준비하는 것이 중요한 것은 말할 나위 없다. 이러한 이유 때문에 개인적으로 지진 이전, 지진이 일어나는 동안, 그리고 그 후에 무엇을 할 것인가에 대한 계획을 짜서 그것에 익숙하도록 하는 것이 더욱 중요하다.

요 약

큰 지진은 자연 중에서 가장 위험하고 참혹한 사건에 속한다. 대부분의 지진은 암석권 판들이 그 경계를 따라 접촉하는 구조적 활성지역에서 발생한다. 그러나 판의 내부에서 일어나는 지진도 큰 피해를 주기도 한다.

단층은 암석이 균열을 따라 움직이는 단열 또는 단열 시스템을 말한다. 단층의 양쪽이 서로 다른 방향으로 잡아당길 때 양쪽의 암석에 변형이 축적된다. 응력이 암석 강도를 넘어설 때 암석은 파열되어 탄성파인 지진이 발생하여 지반을 진동시킨다.

주향이동단층은 수평 변위를 나타내며 우수향 또는 좌수향으로 구분한다. 경사이동단층은 수직변위를 보이며 정단층 또는 역단층으로 구분된다. 어떤 단층들은 매몰되어 있기 때문에 단층에 의해 큰 지진이 일어났을 때도 지표 파열이 일어나지 않는다. 최근 느린 지진으로 알려진 기본적인 지구 과정이 새로이 밝혀졌다. 느린 지진은 수일에서 수개월 계속될 수 있는데 넓은 범위에서 단층 파열이 일어나며 그 변위는 작다.

일반적으로 단층이 지난 10,000년 동안에 움직인 적이 있으면 활성단층으로 간주하며, 지난 165만 년 동안에 움직인 적이 있으면 잠재적 활성단층으로 여긴다. 어떤 단층은 감지될 만한 지진을 수반하지 않고 느린 변위를 보이는 지체 구조적 포행을 보여준다.

단층 파열이 시작되는 지구 내부의 영역을 진원이라 하며 수km에서 700km까지의 깊이에 위치한다. 진원의 직상부에 있는 지표 영역을 진앙이라 한다. 지진파는 파의 종류에 따라 진원으로부터 서로 다른 속도로 전파한다. 많은 지진피해는 표면파에 기인한다. 지반과 건물의 심한 진동은 지진파의 주파수와 그 지역의 지구 물질에 의해 영향을 받는다. 미고결 퇴적물이나 매립지는 진동을 증폭시키는 경향이 있어 그 위에 지어진 건물은 지진피해를 크게 입는다.

지진의 규모는 방출된 에너지의 척도이다. 진도의 척도는 수정된 메르칼리 진도로 표시하며 이것은 관찰자로부터 보고된 진동의 정도에 근거를 두고 결정한다. 진도는 진앙으로부터의 거리와 그 지역의 지질 및 공학적인 특성에 따라 달라진다. 지진 이후에는 지진계의 조밀한 네트워크를 통하여 진동지도를 작성하여 피해를 입을 만한 진동 예상지역을 재빨리 파악한다. 이 정보는 신속한 비상 활동을 준비하는 데 필요하다. 지진이 일어나는 동안의 지반 가속도는 구조물의 내진설계에 필수적인 정보이다.

지진주기는 큰 지진의 발생에 대한 가설로서 4단계로 이루어진다. 단층을 따라 암석 내에 탄성변형이 축적되는 기간이 1단계이다. 그 후 곳에 따라서 변형이 암석의 강도를 초과하여 단층활동이 시작되면서 작은 지진이 발생하여 지진활동이 증가하는 기간이 2단계이다. 3단계는 전진이 일어나는 기간인데 항상 존재하지는 않는다. 4단계에서 주된 지진이 일어나며, 단층 구간이 파열될 때 탄성반발이 일어나 탄성파가 발생하면서 지진이 일어난다.

인간의 활동은 지진 활동을 증가시키는 원인이 되어 왔다. 예를 들면, 큰 저수지의 건설로 인하여 지각이 하중을 받거나, 액체 폐기물을 심부 폐기관정에 주입, 처리하여 암석 내의 유체 압력이 높아져서 단열을 따른 움직임이 원활해지거나, 지하 핵폭발을 수행하는 활동들이 그것이다. 이 중에서 처음 2개의 활동으로 인해 우연적으로 발생한 피해는 안타깝지만, 한편으로는 지진을 유도했던 이와 같은 방법에서 배운 것을 역으로 활용하면 큰 지진을 조절하거나 멈추게 할 수 있다.

지진의 영향은 큰 건물, 교량, 댐, 터널 및 다른 단단한 구조물을 절단하고 붕괴시키는 파열이 수반된 심한 지반진동을 포함한다. 다른 영향들로서는 지하수위의 변화, 액상화, 산사태, 화재, 지반의 침하와 융기가 포함된다. 대규모 해저 지진은 큰 피해를 일으키는 쓰나미를 유발시킬 수 있다.

지진예측은 최근 매우 중요한 연구 주제가 되고 있다. 지금까지 확률분석에 기초를 둔 중장기 지진예측은 단기예측보다 훨씬 성공적이었다. 장기예측은 토지 이용 계획, 건축법 개발, 주요 시설의 공학설계를 위한 중요한 정보를 제공한다. 몇몇 과학자들은 언젠가는 지반변위의 모니터링, 라돈 가스의 방출, 지진공백의 현황 및 과거 지진의 패턴과 빈도에 기초를 둔 장기, 중기, 단기예측이 가능할 것으로 낙관한다. 최근에는 활발히 연구되지 않고 있지만 지진 이전에 보이는 동물의 이상한 행동도 지진예측에 있어서 잠재적인 도움이 될 수 있을 것으로 보인다. 지진예측에서 일어날 수 있는 문제 중 하나는 지진 활동이 줄어든 긴 기간에 의해 분리된 지진 발생의 밀집성과 순차성으로 인해 그 발생 패턴이 종종 다양해진다는 점이다.

지진재해저감 프로그램은 다방면에 걸친 것으로서 활성단층과 진동에 민감한 지구 물질을 파악하고, 지진에 대한 예측, 조절 및 대응을 위한 새로운 방법을 개발하고, 구조물의 내진 설계를 하는 것까지 포함한다. 경보 시스템과 지진 예방은 아직 신뢰할 만한 수준은 안 되지만, 많은 공동체가 앞으로 예측되거나 예상 외로 일어나는 위험한 지진에 대응할 수 있는 비상계획을 개발하고 있는 실정이다. 미소구역화 및 기타 재해저감 방법을 포함한 지진의 구역화는 현재 활발히 연구되고 있는 분야이다. 개인적인 차원에서 재해를 줄이고 쉽게 복구할 수 있도록 각자가 지진 이전, 지진 발생 중, 지진 이후에 취할 대처요령들을 숙지하자.

기본개념의 재확인

인구 증가

지진이 활발한 지역에 있는 대도시는 인구 증가로 사람들과 재산이 모여들어 지진피해를 더 많이 입는다.

지속성

한 사회의 지속적인 발전을 위해서는 공공물과 개인 재산에 대한 지진의 피해를 최소화시키는 것이 한 요소로 포함된다. 즉 지진에 대한 대비 소홀로 인해 발생할 수 있는 재앙적인 손실을 막음으로써 안정된 사회를 만드는 데 그 목적이 있다.

계로서의 지구

지진은 지구 내부의 구조적인 시스템에 의해 발생한다. 해양분지와 산과 같은 지형은 대륙이동과 이에 수반되는 지진의 산물이다. 산은 대기 과정에 변화를 주어 사막지대와 지역적으로 강우의 패턴을 형성하여 식생과 침식에 영향을 미친다. 이것이 환경 개체의 원리에 대한 하나의 예이다. 이 경우는 산의 진화에 해당되지만, 하나의 변화가 다른 사건들을 연달아 일으킨다는 것이 환경 개체의 원리이다.

위험한 지구작용, 위해성 평가 및 인식

우리가 지진을 발생시키는 과정을 조절할 수는 없지만 지진재해를 얼마나 심각하게 인식하는 정도가 인명 손실을 줄이기 위해 우리가 취할 행동에 크게 영향을 미친다. 만일 실제로 지진이 자신과 가족 및 친구들의 생명에 위협이 된다는 것을 똑바로 인식하면 우리들은 앞으로 지진을 대비하기 위한 필요한 모든 조치들을 강구할 것이다.

과학지식과 가치

지진이 어떤 과정으로 언제 어디서 일어나고, 건물의 내진설계를 어떻게 할 것인가에 대한 과학적인 지식은 최근 양적으로 놀랄 만하게 늘어났다. 약 38,000명이 죽은 1999년의 터키 지진에서 많은 교훈을 얻었다. 터키는 당시 건축규정이 비교적 까다로웠다는 점을 고려할 때 더 많은 건물들이 지진으로부터 지탱되었어야 했다. 어떤 사람들은 많은 건물들이 부실공사 때문에 피해를 입었다고 믿는다. 그 당시 건설업자들은 지진 후에 부실 건축의 증거를 소멸시켰을 지도 모른다. 결과적으로 사회가 공존하는 가치를 위해 지진 피해를 줄이는 데 도움이 될 건축규제법을 우리 스스로 만들게 된다. 건물의 내진설계를 잘하면 끔찍하고 용인할 수 없는 인명 손실을 가져온 터키 지진과 같은 재앙이 일어나는 횟수는 앞으로 크게 줄어들 것이다.

주요 용어

느린 지진	쓰나미	진앙
단층	액상화	진원
물질 증폭	지진	표면파
모멘트 규모	지진주기	S파
방향성	지체구조적 포행	P파
수정된 메르칼리 진도	진동지도	

복습 문제

1. 지진의 진원과 진앙의 차이점은 무엇인가?
2. 리히터 규모는 어떻게 결정되는가?
3. 모멘트 규모는 무엇인가?
4. 수정된 메르칼리 진도를 결정하는 요소들은 무엇인가?
5. 리히터 규모, 모멘트 규모, 수정된 메르칼리 진도, 계기진도들은 각각 어떠한 주된 차이점들이 있는가?
6. 단층을 정의하라.
7. 단층의 주된 형태들은 무엇인가?
8. 배사와 향사는 어떻게 다른가?
9. 활성단층은 어떻게 정의하나?
10. 지체구조적 포행은 무엇인가?
11. 지진파의 종류에는 어떤 것들이 있는가?
12. P파, S파, R파의 거동을 설명하라. 그리고 이들의 물리적인 성질과 거동의 효과들을 연관시켜 설명하라.
13. 진동지도는 무엇이며 어떻게 만들어지고 왜 중요한가?
14. 물질증폭은 무엇인가?
15. 지진주기를 정의하고 간단한 예를 들어 그것을 설명하라.
16. 인간 활동이 어떻게 지진을 유발하는가?
17. 지진이 끼치는 중요한 피해들은 무엇인가?
18. 쓰나미를 설명하고 어떤 원인으로 가장 많이 발생하

는가?

19. 지진을 예측하는 데 도움이 되는 주요 전조현상들은 무엇인가?

20. 지진재해저감 프로그램의 최종 목적은 무엇인가?

21. 지진 활동과 지진 발생에 대해 사람들이 취할 수 있는 중요한 대응방법에는 어떤 것들이 있는가?

심화 문제

1. 당신이 평화봉사단으로 개발도상국에서 일하고 있다고 가정하자. 그곳 대부분의 집들이 허술한 벽돌로 지어져 있다. 또한 그 지역에서는 수백 년 동안 큰 피해를 준 지진은 일어나지 않았지만 그 전에 여러 차례의 지진으로 수천 명이 죽었던 기록이 있다. 이 경우 그 지역 사람들에게 지진재해를 어떤 어떻게 설명할 것인가? 재해를 줄이기 위해 취할 조치들은 무엇인가?

2. 당신이 지진재해에 심하게 노출된 위험 지역에 살고 있다고 가정하자. 지진경보 시스템을 개발할 것인지에 대한 논쟁이 진행 중에 있다. 오보 때문에 많은 문제점들이 나올 것이라고 우려하는 사람들도 있고, 대응 시간이 충분히 길지 않다고 지적하는 사람들도 있다. 이에 대한 당신의 견해는 무엇인가? 만약 설치할 경우 지진경보 시스템에 대한 투자는 공공기관이 해야 한다고 생각하는가? 그곳에 경보 시스템이 설치되었다면 그 피해를 일부 피할 수 있었는데, 경보 시스템이 개발되지 않아서 지진으로 큰 피해가 발생했다면 이 사건으로부터 우리가 배워야 할 교훈은 무엇인가?

제 7 장

화산 활동

학습 목표

지구상에는 약 500여 개의 활화산이 존재하며, 그중 거의 400개가 20세기에 분출하였다. 화산은 7개 대륙 모두에서 일어날 뿐만 아니라 해양 한가운데에서도 일어난다. 인류가 활화산이 일어나는 곳에서 살 경우 그 결과는 치명적일 수 있다. 이 장의 학습 목표는 다음과 같다.

- 화산의 주요 유형, 이들이 생성하는 암석 및 이들의 조구조적인 환경을 알아본다.
- 용암류, 화성쇄설성 활동, 암설류 및 이류와 같은 화산 활동의 결과와 주요 유형에 대해 이해한다.
- 화산 분출을 예측하고 그 피해를 최소화하기 위하여 지진 활동, 지형변화, 가스방출 및 지질역사와 같은 화산 활동을 연구하는 방법에 대해 이해한다.

◀ 1980년에 산 정상을 날려버린 분출이 일어나기 전 세인트헬렌스 화산 관측지점에 있던 해리 글릭켄. 해리가 그 화산의 측면에 서서 높아지고 있는 팽창부를 직접 바라보고 있다. 화산이 분출할 때, 그 관측소 기둥은 파괴되었으며 그 지점에 있던 그 지질학자는 사망했다.

사례 연구 | 1991년의 운젠 화산

일본에는 19개의 활화산이 육지 전반에 걸쳐 분포하고 있다. 약 200년 전에 일본 남서부에 위치한 운젠 화산이 분출하여 대략 15,000명의 인명피해가 발생했다. 이 분출이 있은 후에 이 화산은 200년 동안 휴화산으로 있었다. 그러고 나서 1991년 6월 3일에 운젠 화산은 격렬하게 분출했다. 정부 당국은 수천 명의 사람들에게 대피하도록 명령했다. 1993년 말에 용암이 분출했으며 수천 개의 뜨거운 화산재류가 발생했다(그림 7.1). 사실 운젠 화산은 전 세계적인 화산재류 중심지 중 하나가 되는 불명예를 안고 있다. 과학자들은 그러한 화산재류를 연구할 때 이 화산을 자연에 존재하는 실험실로 이용하였다.[1,2] 1991년에 분출이 이루어지는 동안 피해를 주는 이류가 또한 발생했다. 이류가 흘러가도록 특별하게 디자인된 통로가 건설되었으나, 그림 7.2에서 보는 것처럼 그 이류는 통로를 넘쳐흘러 많은 집들이 진흙 속에 묻혔다.

해리 글릭켄은 운젠 화산이 분출했을 때 사망한 44명 중 한 사람이다. 해리는 1980년 5월 18일 세인트헬렌스 화산이 분화할 때 운 좋게 사망을 면했던 용감하고 헌신적인 젊은 과학자였다. 해리의 죽음은 화산학자가 되는 것이 위험한 일임을 우리에게 상기시켜 준다. 화산학자들은 흔히 화산에 대한 이해를 도모하고 화산 인근에 사는 사람들의 생명을 구하기 위해 그들 자신의 목숨을 걸어야 한다. 화산을 사랑했던 나의 친구 해리에게 화산작용에 대한 이 장을 바친다.

그림 7.1 화산재류 1991년 6월 일본 운젠 화산의 분출. 화산 지역에 있는 구름이 화산재류로서 빠르게 산 아래로 이동하고 있으며, 소방관이 필사적으로 도망치고 있다. (*AP/Wide World Photos*)

(a)

(b)

그림 7.2 이류 (a) 1991년 운젠 화산에서 발생한 이류로 인해 일본 쉬마바라에 있던 많은 집들이 피해를 입었다. 이류는 그것을 통제하기 위해 건설된 통로를 흘러넘쳤다. (b) 이류는 많은 집들과 건물들을 뒤덮었다. (*Michael S. Yamashita*)

7.1 화산재해에 대한 소개

전 세계적으로 매년 50~60개의 화산이 분출한다. 미국에서는 일 년에 두세 번 화산이 분출하는데, 대부분은 알래스카에서 일어난다.[1] 화산 분출은 종종 인구 밀도가 낮은 지역에서 일어나기 때문에 인명 손실이나 경제적 손실이 거의 없다. 그러나 인구가 밀집된 지역에서 화산 분출이 일어날 때 그 결과는 매우 참담하다.[3] 지구상에 사는 수백만 명의 사람들이 화산 가까이 살고 있으며, 인구가 증가함에 따라 더욱 더 많은 사람들이 활동적인 또는 활동 잠재성을 지닌 화산의 가장자리에서 살고 있다. 지난 세기에는 거의 100,000명의 사람이 화산 분출에 의해 생명을 잃었다. 거의 23,000명의 사람들이 단지 20세기의 마지막 20년 동안에 목숨을 잃었다.[1,3] 일본, 멕시코(특히 멕시코시티 근처), 필리핀 및 인도네시아와 같이 활화산이 많이 분포하고 인구가 밀집해 있는 국가들은 특히 피해를 입기가 쉽다.[2] 알래스카, 하와이 및 태평양 북서부를 포함하는 미국 서부지역 또한 많은 활화산 또는 잠

표 7.1 선택된 역사적인 화산 사건

화산 또는 도시	연도	결과
이탈리아의 베수비우스	A.D. 79	폼페이를 멸망시키고 16,000명의 사망자 발생. 도시는 화산 활동에 의해 매몰되었다가 1595년에 재발견됨
아이슬란드의 스캡타르 조컬	1783	10,000명의 인간(많은 사람이 기근으로 죽음)과 그 섬에 있는 대부분 가축의 죽음. 또한 스코틀랜드처럼 멀리 떨어져 있는 일부 농작물을 죽임
인도네시아의 탐보라 화산	1815	지구 냉각화, '여름 없는 해' 를 만듦
인도네시아의 크라카토아	1883	어마어마한 폭발, 쓰나미로부터 36,000명 사망
마르티니크의 펠레 화산	1902	화산재류로 인해 수 분 만에 30,000명 사망
세인트 빈센트의 라 소우프리에레	1902	2,000명이 사망하고, 카리브 인디언 멸종
파푸아뉴기니의 라밍톤 화산	1951	6,000명 사망
칠레의 빌라리카	1963-64	30,000명이 대피를 위해 집을 떠남
아이슬란드 헤이메이 제도의 헬가펠 화산	1973	5,200명이 대피를 위해 집을 떠남
미국 워싱턴의 세인트헬렌스 화산	1980	암설사태, 측방폭발 및 이류로 인해 54명이 사망하고 100가구 이상이 파괴됨
콜럼비아의 네바다 델 루이즈	1985	화산 분화로 발생한 이류로 인해 적어도 22,000명 사망
일본의 운젠 화산	1991	화산재류와 다른 활동으로 인해 41명이 사망하고 125가구 이상이 불탐. 10,000명 이상이 집을 떠남
필리핀의 피나투보 화산	1991	어마어마한 분출, 화산재류 및 이류가 태풍과 합쳐져서 300명 이상을 사망케 함, 수천 명 대피
카리브의 몬트세라트	1995	폭발적인 분출, 화성쇄설류, 수도인 플리마우스를 포함하여 그 섬의 남쪽에서 대피, 수백 가구가 파괴됨
아프리카 콩고의 니라공고 화산	2002	용암류가 14개 마을과 고모 시 일부분을 지나감, 수십만 명 대피, 약 5,000가구가 파괴되고, 약 45명 사망

출처 : Data partially derived from C. Ollier. 1969. *Volcanoes*. Cambridge, MA: MIT Press

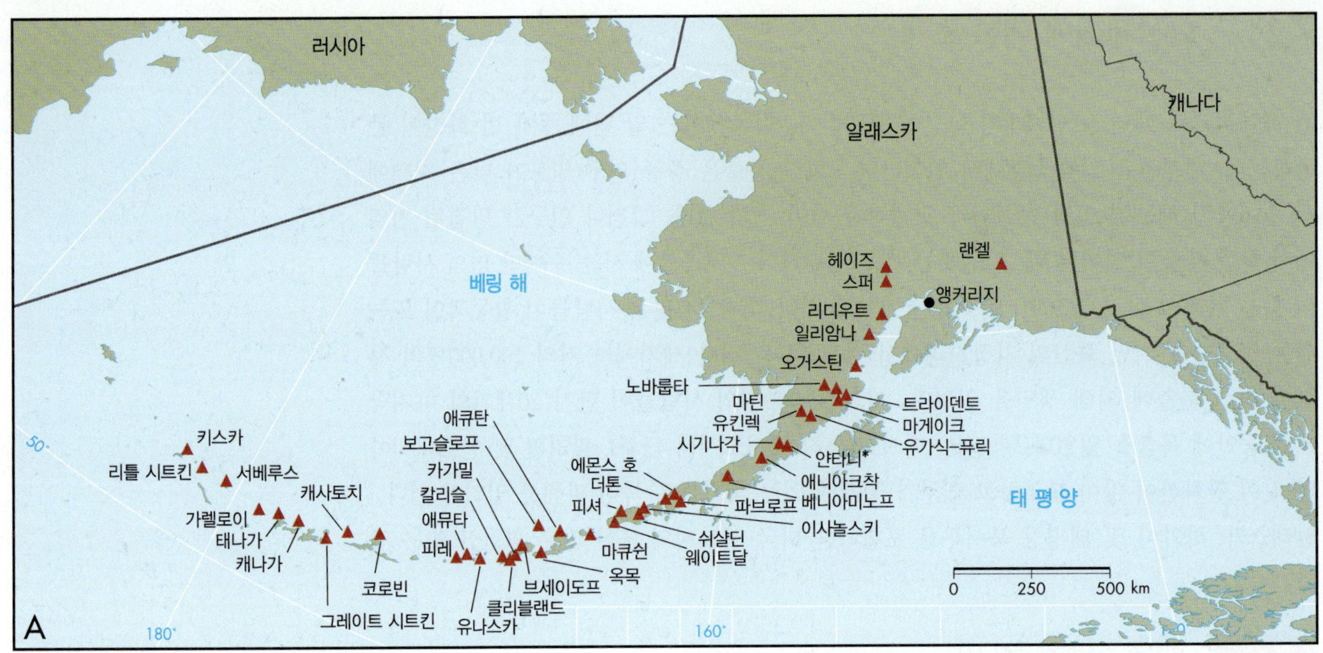

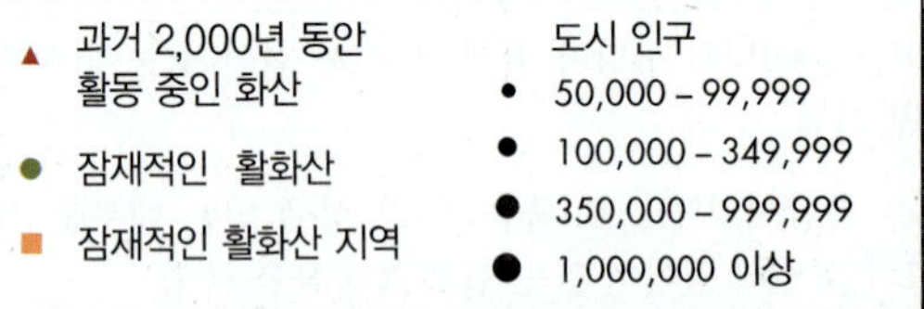

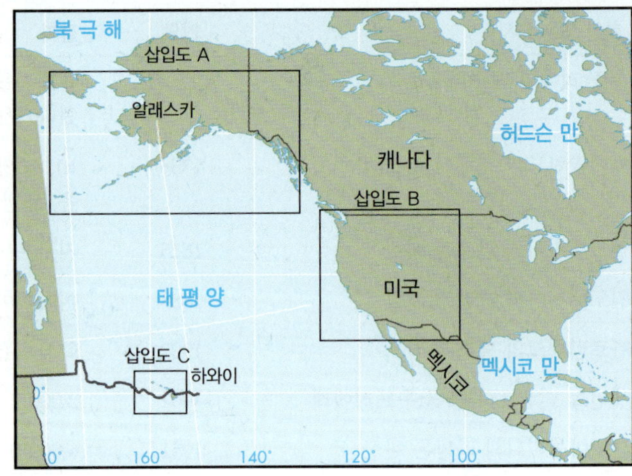

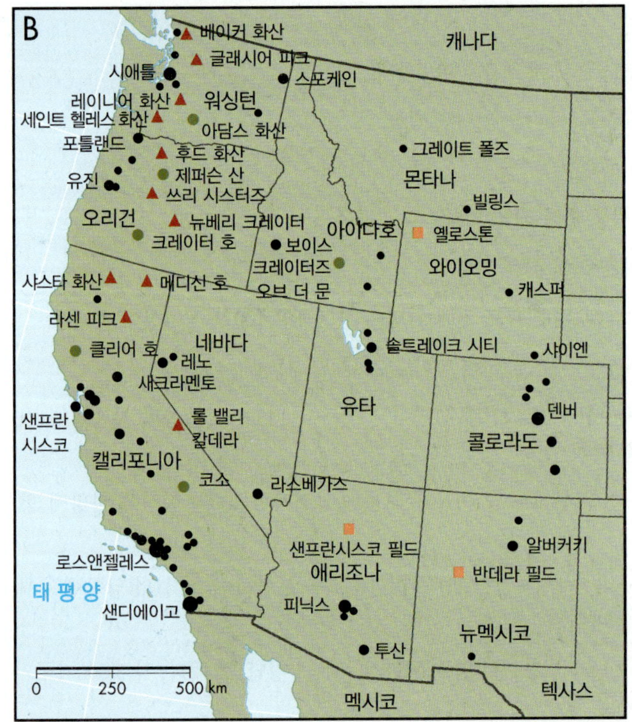

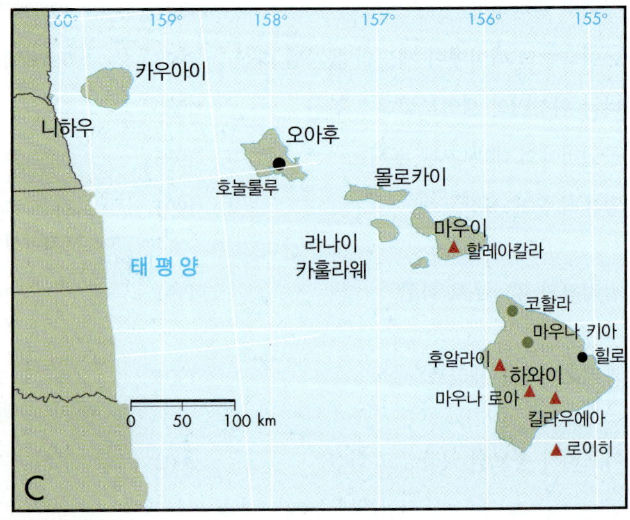

그림 7.3 미국에 분포하는 화산 위치 색인도는 활화산 및 잠재적인 활화산의 위치와 인근 도시를 보여준다(모두 표시되지는 않음). (*Wirght, T. L. and Pierson, T. C. 1992. USGS Circular 1073*)

재성을 가진 화산이 분포하고 있다. 이러한 화산들 중 일부는 대도시 근처에 위치한다(그림 7.3). 표 7.1은 몇 가지 역사적인 화산 사건과 그 결과들을 보여준다.

7.2 화산 활동과 화산

화산 활동은 판구조론에 직접적으로 관계되며 가장 활발한 화산들은 판 경계 근처에 위치한다.[4] 발산하거나 가라앉는 암석권이 다른 지구 물질과 상호작용하게 되면, 소량의 용존 가스(대부분 수증기와 이산화탄소)를 포함하는 **마그마**(magma) 또는 용융된 암석이 생성된다. 화산에서 지표면으로 흘러 나오는 마그마를 **용암**(lava)이라고 한다. 지구상에 있는 모든 활화산의 대략 3분의 2는 태평양 판의 가장자리를 따라 존재하는 섭입대에 해당하는 지역인 태평양을 둘러싸는 '환태평양 화산대'에 위치한다(그림 7.4).

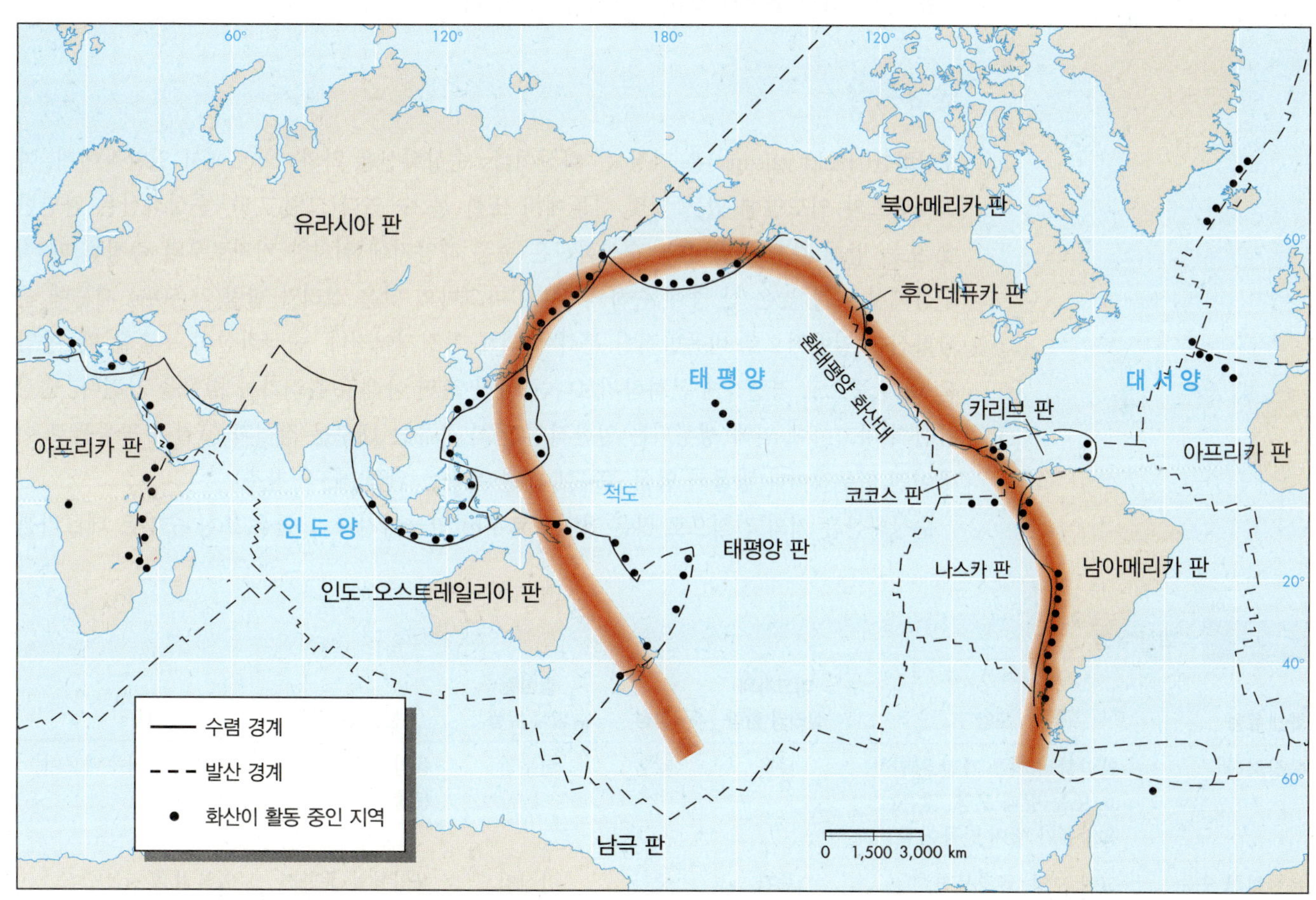

그림 7.4 '환태평양 화산대' 환태평양 화산대가 태평양 판을 둘러싸고 있다. (*Costa, J. E., and Baker, V. R. 1981.* Surficial geology. *Originally published by John Wiley and Sons, New York, and republished by Tech Books, Fairfax, VA*)

7.3 화산 유형

서로 다른 유형의 화산은 부분적으로 마그마 점성에 의해 야기되는 서로 다른 특징을 보여주는 활동 유형을 보여준다. 점성은 액체의 흐름에 대한 저항 정도를 나타내는 것으로서, 높은 점성을 가지는 것은 잘 흘러가지 못하는 것을 말한다. 예를 들어 꿀은 물보다 점성이 크다. 마그마 점성은 약 50~70% 사이에서 변화하는 실리카(SiO_2) 함량과 온도에 의해 결정된다. 마그마의 실리카 함량이 높으면 높을수록 그 마그마는 좀 더 높은 점성을 가진다. 또한 온도가 높으면 높을수록 그 마그마는 점성이 낮다. 온도의 효과는 꿀에 대해 다시 한 번 생각해 보면 쉽게 이해할 수 있을 것이다. 냉장고에 꿀을 넣어두면 용기로부터 그 꿀을 퍼내거나 따르기가 매우 어렵다. 그러나 꿀을 따르기 전에 열로 약간 가열하면 훨씬 더 쉽게 용기로부터 꿀을 따라낼 수 있다. 점성이 매우 큰 마그마는 점성이 작은 마그마에 비해 종종 폭발적으로 분출한다.

표 7.2는 화산 유형과 그들의 특징을 보여준다.

순상화산

순상화산(shield valcano)은 가장 큰 화산이다. 순상화산은 하와이제도에서 일반적이며, 아이슬란드와 인도양에 있는 몇몇 섬들에서 또한 볼 수 있다(그림 7.5). 순상화산은 완만한 호 또는 방패 같은 모양이다. 순상화산은 종종 해양저에 위치한 기저로부터 측정될 때 지구상에서 가장 높은 산 중에 속하게 된다. 마그마의 낮은 실리카 함량(약 50%) 때문에 순상화산은 일반적으로 비폭발적인 분화에 의해 특징지어진다. 순상화산이 분출할 때, 용암은 대기 중으로 격렬하게 분화하기보다는 화산 측면 아래로 흘러가는 경향을 가진다. 순상화산의 마그마에 의해 생성되는 일반적인 암석 종류는 대부분 장석과 고철질 광물들로 이루어진 현무암이다(광물과 암석 종류에 대한 복습을 위해 제3장 참조).

순상화산은 거의 전적으로 많은 용암류로부터 만들어지나, 그들은 또한 수많은 테프라를

표 7.2 화산 유형

화산 유형	모양	마그마의 실리카 함량	점성	형성된 암석 유형	분출 유형	예
순상화산	완만한 경사를 가진 완만한 호 또는 방패 모양, 많은 용암류가 쌓여 만들어짐	낮음	낮음	현무암	용암류, 테프라 분출	하와이의 마우나로아, 그림 7.5
복합화산 또는 층상화산	고깔 모양, 급경사면, 용암류와 화성쇄설층이 교대로 쌓여 만들어짐	중간	중간	안산암	용암류와 폭발적인 활동의 조합	일본의 후지 산, 그림 7.7
용암돔	돔 모양	많음	높은	유문암	매우 폭발적임	캘리포니아의 라센 화산, 그림 7.8
분석구	고깔 모양, 급경사면, 흔히 정상 분화구를 가짐	낮음	낮음	현무암	테프라(대개 화산재) 분출	애리조나의 스프링어빌, 그림 7.9

그림 7.5 순상화산 순상화산의 종단면도. 정상까지의 종단면도는 기사의 방패처럼 매우 완만한 곡선을 이룬다. 보이는 산은 하와이 화산 관측소에서 바라본 하와이의 마우나로아이다. (*John S. Shelton*)

생성할 수 있다. 화성쇄설물이라고도 하는 **테프라**는 화산으로부터 폭발적으로 분출되는 모든 유형의 화산 부스러기를 포함한다. 쇄설물 입자들은 지름이 2mm 이하인 화산재(ash)로부터, 지름이 4~32mm인 화산력, 지름이 64mm 이상인 **화산탄**까지의 범위를 가진다. 테프라가 쌓이면 **화성쇄설층**(그리스어 pyro는 '불', klasto는 '부수어진')을 형성한다. 화성쇄설층은 굳게 결합되어 **화성쇄설암**을 형성한다.

순상화산의 기울기는 정상 근처에서는 매우 완만하나 측면에서는 증가한다. 이러한 변화는 흘러가는 용암의 점성에 의해 이루어진다. 마그마가 화산의 정상에 있는 **화도**(vent)로부터 흘러나올 때 매우 뜨거워서 쉽게 흘러간다. 용암이 화산의 측면 아래로 흘러갈 때, 용암은 식으며 더 큰 점성을 가지기 때문에 용암이 더 아래로 멀리 흘러가기 위해서는 더 급한 경사가 필요하다.

화산의 측면 아래로 흘러가는 것에 더하여 용암은 여러 가지 방법으로 화도로부터 멀리

그림 7.6 용암굴 1984년 하와이 마우나로아 분출. (*Scott Lopez/Wind Cave National Park*)

이동한다. 마그마는 종종 용암굴을 통해 지하에서 수km를 이동한다. 이러한 용암굴들은 종종 지표면에 매우 가까이 위치하며 마그마가 뜨겁고 액체인 상태를 유지하도록 한다. 용암이 식어서 결정화되어 암석이 된 이후에 용암굴은 기다랗고 구불구불한 동굴 시스템으로 남겨질 수도 있다(그림 7.6). 용암굴은 지하수 이동을 위한 자연적인 통로가 되며 건설 공사를 시행하는 동안 용암굴을 만나게 되면 공학적인 문제를 초래하기도 한다.

순상화산은 지름이 10km쯤 되며 경사가 급한 벽으로 둘러싸인 분지인 정상 칼데라를 가지기도 한다. 정상 칼데라는 화산 정상의 붕괴에 의해 형성되는데, 그곳에는 용암 호수가 형성될 수도 있으며 그곳으로부터 분출이 일어나는 동안 용암이 흘러내릴 수도 있다. 순상화산으로부터의 용암 분출은 또한 화산의 측면에 있는 열곡대로 알려진 직선상의 균열을 따라 흔히 일어나기도 한다. 예를 들어, 하와이 순상화산 킬라우에아에서의 열곡 분화는 지난 24년 동안 계속되어서 하와이의 큰 섬 위에 새로운 육지를 더했다.[4]

복합화산

복합화산(composite volcano)은 아름다운 원뿔 모양으로 잘 알려져 있다(그림 7.7). 미국에 있는 화산 중 복합화산에 해당하는 것으로는 워싱턴 주에 있는 세인트헬렌스 화산과 레이니어 화산을 들 수 있다. 복합화산은 순상화산을 형성하는 실리카 함량이 적은 마그마보다 점성이 더 큰 마그마인 중간 정도의 실리카 함량(약 60%)을 가지는 마그마에 의해 생성된다. 복합화산을 형성하는 마그마에 의해 생성된 일반적인 암석 종류는 소량의 석영과 함께 주로 Na와 Ca가 풍부한 장석류와 고철질 광물들로 이루어진 안산암이다. 복합화산은 폭발적인 활동과 용암류의 혼합에 의해 구분된다. 결과적으로 층상화산으로 불리기도 하는 이러한 화산은 교호하는 화성쇄설층과 용암류로 이루어진다. 복합화산에서 관찰되는 측면의 급경사는 많은 화성쇄설층의 경우에 대략적으로 30~35%를 차지하는 느슨한 물질에 대한 최대 경사각 또는 안식각에 기인한다.

이러한 화산들이 보여주는 아름다운 경관 때문에 바보가 되는 일이 없도록 해야 할 것이

그림 7.7 복합화산 일본 후지 산은 아름다운 급경사면을 가진 복합화산이다. (*Jon Arnold Images/Alamy*)

다. 이 화산은 폭발적으로 분출하며 비교적 자주 일어나기 때문에 역사적으로 사망과 파괴를 일으켰던 대부분의 화산재해는 이 복합화산에 의해 일어났다. 1980년 세인트헬렌스 화산이 분출했을 때 보여준 것처럼, 이 화산은 마치 산탄총이 총알을 발사하는 것과 유사한 형태로 어마어마한 규모로 수평방향으로 분출을 일으킬 수 있다. 우리는 이러한 화산을 마치 무장하고 있는 위험한 것으로 간주해야 한다.

화산돔

화산돔(volcanic domes)은 비교적 높은 함량의 실리카(약 70%)를 가지는 점성이 큰 마그마에 의해 형성된다. 이 마그마에 의해 생성되는 일반적인 암석 종류는 유문암으로서 대개 칼륨과 나트륨이 풍부한 장석류, 석영 및 소량의 고철질 광물로 이루어진다. 화산돔의 활동은 대부분 폭발적이기 때문에 이 화산은 매우 위험하다. 캘리포니아 북동부에 위치하는 라센 화산이 화산돔의 좋은 예이다. 1914년부터 1917년까지 라센 화산에서 분출한 일련의 최후의 폭발은 넓은 지역에 영향을 미친 어마어마한 측방폭발을 수반했다(그림 7.8).

분석구

분석구(cinder cones)는 대개 화산재 및 화산탄을 포함하는 더 큰 입자들로 이루어진 테프라로부터 형성된 비교적 작은 화산이다. 화산탄은 분출된 용암 덩어리가 굳어져서 생성된 것으로 대기 중으로 회전하며 날아가면서 끝이 뾰족한 둥근 모양의 형태를 갖는다. 분석구

그림 7.8 라센 화산의 분출 1914년 6월. (*B. F. Loomis/Lassen Volcanic National Park*)

그림 7.9 분석구 애리조나 스프링어빌 근처의 정상에 작은 분화구가 있는 분석구. 사진의 중앙부 상부로부터 상부 우측 코너까지 존재하는 암갈색의 물질은 분석구의 기저에서 기원한 용암류이다. *(Michael Coller)*

는 화구 근처에 테프라가 쌓이면서 크기가 커진다. 분석구들은 흔히 더 커다란 화산의 측면이나 정단층 및 기다랗게 갈라진 틈이나 열곡을 따라서 발견된다(그림 7.9).

멕시코시티 서부 중앙 멕시코의 이지큐아로 계곡에 위치하는 패리큐틴 분석구(그림 7.10)는 이전에 아무것도 존재하지 않았던 곳에서 화산이 생성되어 빠르게 성장하는 과정을 관찰하기에 좋은 흔치 않은 기회를 제공했다. 몇 주에 걸쳐 지진이 일어나고 지표면 아래로부터 천둥과 같은 소리가 들린 후, 1943년 2월 20일에 놀라운 사건이 발생했다. 디오니시오 퓰리도가 씨를 뿌리기 위해 옥수수 밭을 정리하고 있을 때, 오랫동안 그가 메우려고 해오던 밭에 있던 구멍이 더 커진 것을 발견했다. 세노 퓰리도가 보았을 때, 그 주변의 땅들은 부풀어 올라서 2m 이상 상승했으며, 황을 포함한 연기와 화산재가 그 구멍으로부터 소용돌이치기 시작했다. 그날 밤까지 그 구멍은 불타오르는 붉은 암석 조각들을 공기 중으로 높이 분출하고 있었다. 폭발에 의해 암석과 화산재가 하늘로 계속해서 분출됨에 따라 그 다음 날까지 그 분석구는 3층 건물의 높이만큼 성장했다. 단지 5일 후에 그 분석구는 30층 건물 높이만큼 커졌다. 1944년 6월에 지금은 400m의 높이를 가지는 분석구의 바닥부분에서 생긴 열극이 교회의 뾰족탑을 제외한 어떠한 것도 드러나지 않도록 샌후안 파란가리큐티로의 인근 마을을 뒤덮어 버린 두꺼운 용암류를 분출했다(그림 7.10). 화산재나 용암류에 의한 사망자는 발생하지 않았으며, 10년 이내에 패리큐틴 분석구는 휴화산이 되었다. 그럼에도 불구하고 디오니시오 소유의 옥수수 밭에서 분출이 이루어진 여러 해 동안 그 지역은 상당한 영향을 받았다. 농작물 경작이 실패로 돌아갔다. 농작물은 때때로 그들이 자랄 수 있는 것보다 더 빠른 속도로 화산재에 의해 매몰되었다. 또한 가축들은 병들고 죽었다. 어떤 마을은 다른 지역으로 자리를 옮기게 되었으며, 일부 마을 주민들은 그 지역으로 다시 이주해 왔다. 재산 소유물의 경계를 나타내는 이정표들이 종종 화산재와 용암류에 의해 덮여버렸기 때문에 경계를 정하는 것이 어렵게 되어 재산 분쟁이 일어났다.[5]

그림 7.10 화산의 급격한 성장 1943년에 화산재와 용암을 분출하는 멕시코 중부의 패리큐틴 분석구. 용암류는 교회 뾰족탑만을 남기고 샌후안 파란가리큐티로 마을을 거의 다 덮어버렸다. (*Tad Nichols*)

7.4 화산의 기원

화산 활동의 원인이 판구조론과 직접적으로 관련이 있다는 사실은 이전에 확증되었다.[4] 서로 다른 유형을 가지는 화산들에 대한 조구조적인 기원을 이해함으로써 화산을 구성하는 서로 다른 종류의 암석들에서 나타나는 화학적인 차이를 설명할 수 있다. 그림 7.11은 우리가 기술한 화산 유형과 판 경계에서 일어나는 과정 사이의 관계를 보여주는 이상적인 그림이다. 다음의 특징들은 이 그림에서 잘 설명된다.

1. 중앙해령에서 발생하는 화산 활동은 현무암질암을 생성한다. 현무암질암은 비교적 낮은 실리카 함량을 가지며 연약권으로부터 직접적으로 분출한다. 현무암질 마그마는 그 자체가 현무암질인 해양지각을 제외하고는 다른 물질과 거의 섞이지 않는다. 아이슬란드와 같이 판이 갈라지는 일이 육지에서 일어나는 곳에서는 순상화산이 형성된다(그림 7.12).
2. 순상화산은 암석권 아래에 위치한 열점 위에서 형성된다. 예를 들어, 하와이 화산은 판 경계 근처보다 태평양 판 내부에 위치한다. 태평양 판 아래에는 열점이 있어서 그곳에서 마그마가 생성되는 것으로 현재 알려져 있다. 마그마는 판을 통과하여 위로 이동하며 해저에 화산을 생성한다. 이 화산은 마침내 섬이 될 수도 있다. 하와이 제도를 포함하는 판은 고정된 열점 위에서 대략 북서쪽으로 이동하고 있다. 그러므로 북서쪽에서 남동쪽으로 연결되는 일련의 화산들이 형성된다(제2장 참조). 하와이 섬은 현재 열점 근처에 있으며 활발한 화산 활동과 성장이 일어나고 있다. 몰로카이와 오아후 같은 북서쪽에 있는 섬들은 이러한 섬들에 있는 화산들이 더 이상 활동하지 않는 것으로 보아 열점으로부터 명백하게 벗어나 있는 것을 알 수 있다.
3. 복합화산은 안산암질 화산암 및 섭입대와 관련이 있다. 태평양 가장자리를 따라 발견

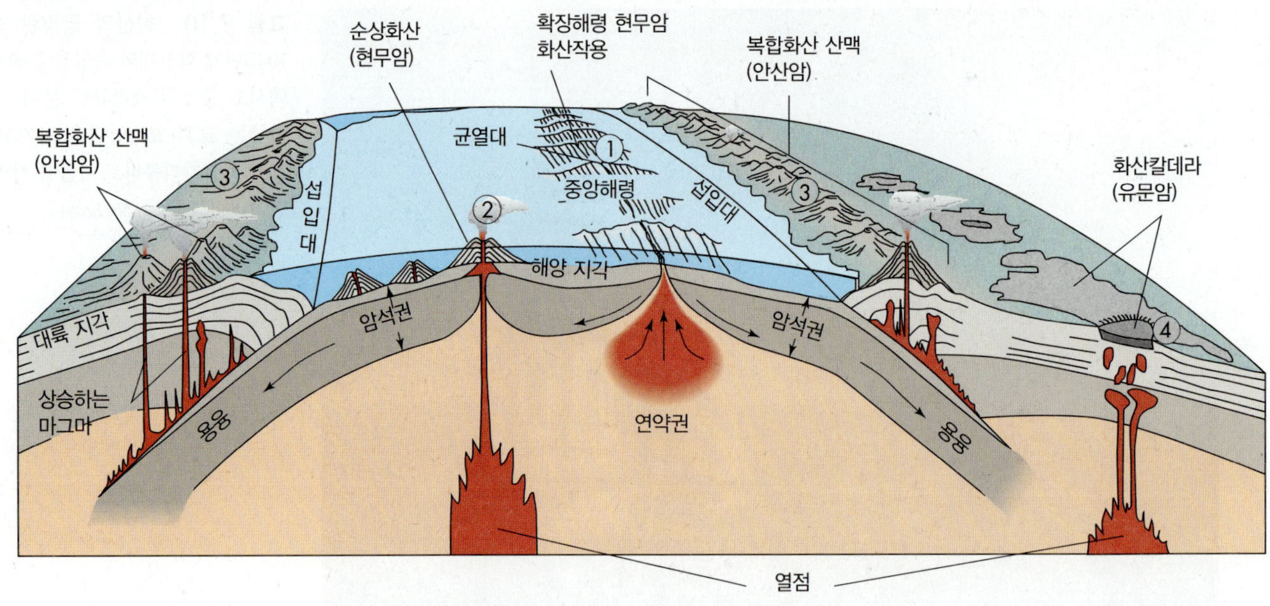

그림 7.11 화산 활동과 판구조론 판구조론 작용과 화산 활동과의 관계를 보여주는 이상적인 그림. 숫자들은 이 책에 나와 있는 설명을 나타낸다. (*Skinner, D. J., and Porter, S. C. 1992.* The Dynamic Earth, *2nd ed. New Yow York: John Willey*)

되는 가장 일반적인 화산이다. 예를 들어, 워싱턴, 오리건 및 캘리포니아의 캐스케이드 산맥에 있는 화산들은 캐스캐디아 섭입대와 관련이 있다(그림 7.13). 안산암질 화산암은 섭입대에서 생성되는데, 그곳에서 상승하는 마그마는 해양 지각뿐만 아니라 대륙 지각과도 혼합된다. 대륙 지각은 현무암질 마그마보다 더 높은 실리카 함량을 가지기 때문에 이러한 작용은 중간 정도의 실리카 함량을 가지는 암석을 형성한다.

4. 칼데라를 형성하는 분출은 극도로 폭발적이며 격렬하다. 이러한 분출은 마그마가 상승하면서 대륙 지각과 섞일 때 생성되는 유문암질암과 관련하여 일어나는 경향을 갖

그림 7.12 대서양 중앙해령에 발달한 열극 아이슬란드의 순상화산(배경)과 대서양 중앙해령을 따라 판의 확장에 수반된 커다란 열극(정단층). (*John S. Shelton*)

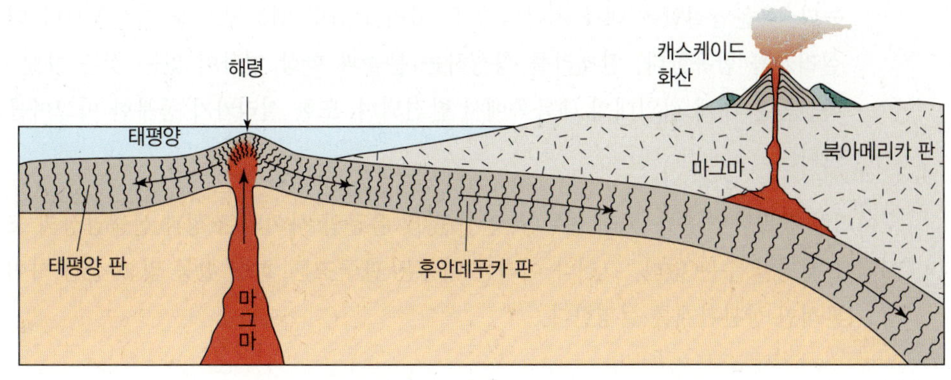

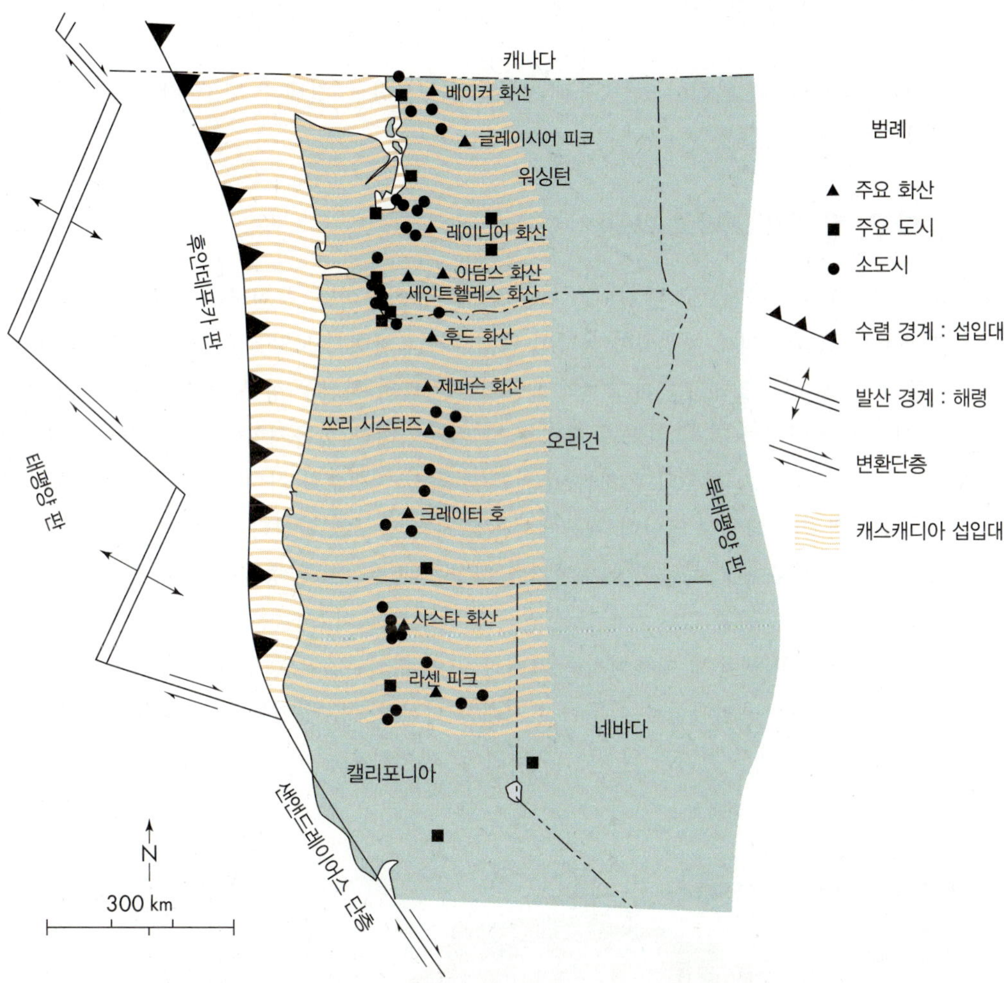

그림 7.13 캐스케이드 화산과 판구조 운동 캐스케이드 산맥의 판구조 환경과 지도로서 인근에 위치한 주요 화산들과 도시들을 보여준다. (*Crandell, D. R. and Waldron, H. H. 1969.* Disaster preparedness. *Office of Emergency Preparedness*)

는다. 유문암질암은 대륙 지각의 높은 실리카 함량 때문에 다른 화산암보다 더 많은 실리카를 함유한다. 칼데라를 형성하는 분출과 항상 연관이 있는 것은 아닐지라도 화산돔은 대개 섭입대의 내륙쪽에서 발견되며, 또한 실리카가 풍부한 마그마를 분화한다.

이러한 간략한 기술을 통해 현무암, 안산암 및 유문암 사이의 조성과 산출양상의 모든 차이점을 설명할 수는 없다. 그러나 이러한 내용은 판구조론, 화산 활동 및 화산암 사이의 가장 기본적인 상관관계를 설명한다.

7.5 화산 지형

화산과 화산 지역과 관련이 있는 지질 지형들에는 분화구, 칼데라, 화구, 간헐천 그리고 온천이 있다.

분화구, 칼데라 그리고 화구

화산 정상에서 일반적으로 발견되는 함몰지대는 분화구이다. 분화구는 분출 혹은 화도 상부 부분의 함몰에 의해 형성되며 바닥이 평평하거나 깔대기 모양을 갖는다. 분화구는 대개 지름이 수km이다. 칼데라는 마그마의 폭발적인 분출과 화산구 상부 부분의 연속적인 붕괴에 의해 만들어지는 흔히 원형의 형태를 가지는 거대한 함몰지형이다. 칼데라는 지름이 20km 이상이며 가스 화도와 온천과 같은 다른 화산 지형뿐만 아니라 화도를 포함한다. 화도는 용암과 화성쇄설성 암설이 지표에서 분출하는 출구를 말한다. 화도는 원형에 가까운 모형을 가진 통로이며, 분출이 이루어지면 화산돔과 화산구를 형성한다. 다른 화도들로는 신장된 열극 또는 종종 정단층과 같은 암석 균열이 있으며, 이들은 용암류를 생성한다. 일부 지역에서 열극을 통해 이루어지는 막대한 양의 화산분출은 현무암 대지라고 부르는 거의 수평을 이루는 용암류들로 이루어진 거대한 화산암층을 형성한다. 미국에서 현무암 대지로 가장 잘 알려진 지역은 워싱턴, 오리건 및 아이다호 주의 일부에 위치하는 콜럼비아

그림 7.14 현무암 대지 워싱턴 주 벤톤 카운티에 있는 콜럼비아 강의 절벽을 따라 노출된 콜럼비아 대지 현무암. (*Calvin Larsen/Photo Researchers, Inc.*)

대지 지역(그림 7.14)으로서, 이곳에서는 현무암이 어마어마하게 넓은 지역을 덮고 있다.

온천과 간헐천

온천과 간헐천은 일부 화산 지역에서 발견되는 수리적인 지형이다. 뜨거운 암석과 접하는 지하수는 가열되며 경우에 따라서는 가열된 물이 온천(*hot spring* 또는 *thermal spring*)으로서 지표면으로 흘러나온다. 드문 경우이지만, 지표면 아래의 지하수 시스템은 표면에서 수증기와 뜨거운 물을 주기적으로 분출하는 순환과 가열 패턴인 간헐천이라는 현상을 수반한다. 세계적으로 유명한 간헐천 분지들은 아이슬란드, 뉴질랜드 및 와이오밍 주에 있는 옐로스톤 국립공원에서 발견된다(그림 7.15).

칼데라 분출

칼데라는 매우 드물게 그러나 극도로 격렬한 분출에 의해 생성된다. 지난 수십만 년 동안 지구상 어디에서도 일어나지 않았지만, 적어도 10개의 **칼데라 분출**(caldera eruption)이 지난 100만 년 동안 일어났으며, 그중 3개는 북아메리카에서 일어났다. 커다란 칼데라를 형성하는 분출은 대개 화산재로 이루어진 화성쇄설성 암설을 폭발적으로 분출하는데, 그 양은 1,000km^3 정도가 되기도 한다. 이 양은 1980년에 세인트헬렌스 화산에서 일어난 폭발에 의해 분출된 양의 대략 1,000배가 된다! 그러한 분출은 지름이 10km 이상인 칼데라를 생성

(a)

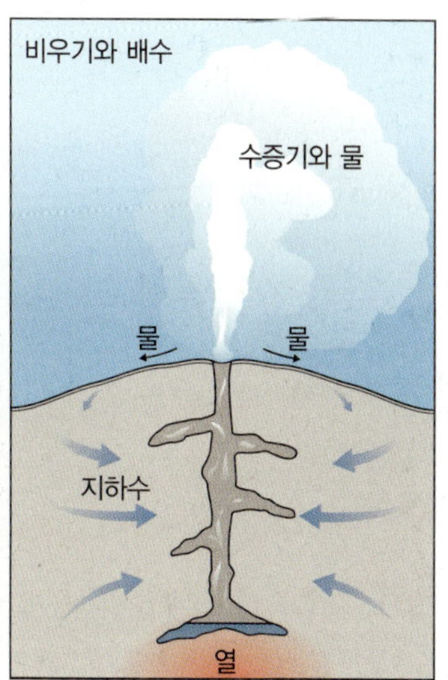

(b)

지하수가 지표면 아래 있는 간헐천의 불규칙한 튜브를 채우며 물은 가열되어 수증기로 분출한다.

분출이 일어나면서 지표면 아래에 있는 튜브 일부가 비게 되며, 재순환한 지하수가 다시 채우기 시작한다. 뿜어져 나오는 물은 간헐천 구릉을 형성하는 규화(geyserite)라 부르는 실리카가 풍부한 흰색 광물을 침전시킨다.

그림 7.15 간헐천이 분출하는 기작 (a) 와이오밍 주의 옐로스톤 국립공원에 있는 올드 페이스풀 간헐천의 분출. 이 간헐천은 예측 가능한 주기적인 분출을 반영해서 이름이 붙여졌다. (*James Randklev/Getty Images, Inc.*) (b) 간헐천에서 분출하는 과정을 보여주는 모식도.

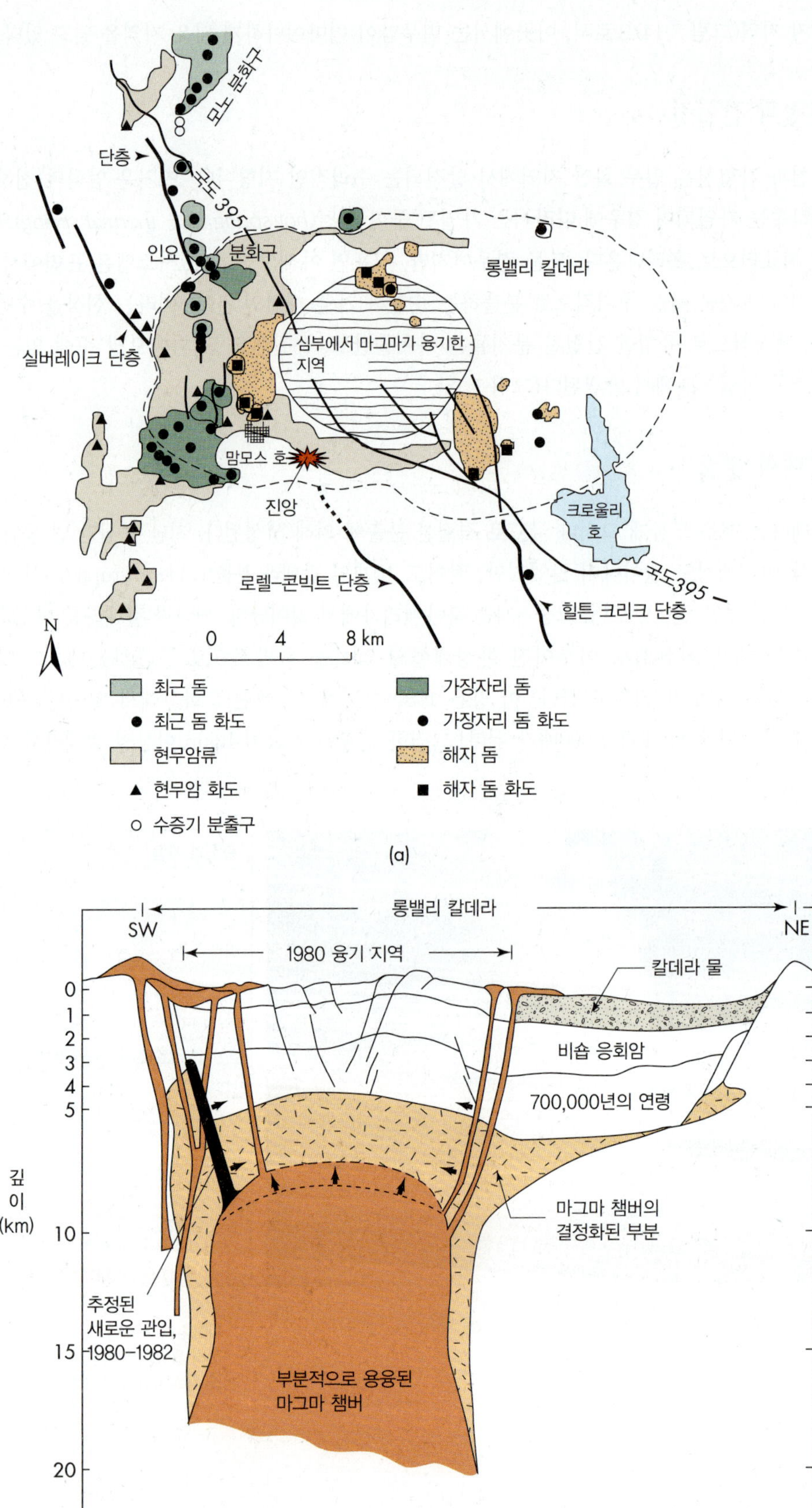

그림 7.16 칼데라 지질 캘리포니아 맘모스 호 인근의 화산재해를 묘사하는 지도(a)와 지질단면도(b). 지도 (a)는 과거 화산 사건이 일어난 위치, 마그마가 상승한 것처럼 보이는 융기 지역 및 맘모스 호 근처 지진이 발생한 지역을 보여준다. 지질단면 (b)는 롱밸리 칼데라를 가로지르는 단면(북동–남서)이다. 융기와 지진을 일으킨 1980 마그마 상승과 관련하여 추정된 지질관계를 보인다. (*Bailey, R. A. 1983.* Mammoth Lakes earthquakes and ground uplift: Precursor to possible volcanic activity? *In USGS Yearbook, Fiscal Year 1982.*)

하며, 수만 km^2의 지역을 화산재로 뒤덮는다. 이러한 화산재층은 분화구 가장자리 근처에서는 두께가 100m 정도, 분화구로부터 100km 정도 떨어진 지점에서는 두께가 대략 1m 정도가 될 수 있다.[6] 가장 최근에 북아메리카에서 일어난 것으로서 칼데라를 형성한 분출은 와이오밍 주의 옐로스톤 국립공원에서 600,000년 전에, 캘리포니아 주의 롱밸리에서 700,000년 전에 일어났다. 롱밸리 칼데라의 지질과 화산지형은 그림 7.16에 제시되어 있다. 그림 7.17a는 유명한 맘모스 산 스키 리조트 인근에 있는 롱밸리 칼데라를 형성한 분출 사건 시 화산재에 의해 덮인 지역을 보여준다. 그림 7.17b는 롱밸리에서 장차 일어날 수 있는 화산 분출로부터의 재해양상을 보여준다. 롱밸리에서 있었던 가장 최근의 화산 분출은 약 400년 전에 있었다. 1980년 대 초기에 규모 M6 정도의 지진군에 수반되어 측정하는 것이 가능할 정도로 육지 융기가 일어나는 것을 보고나서 마그마가 상부로 이동하고 있음을 인

(a)

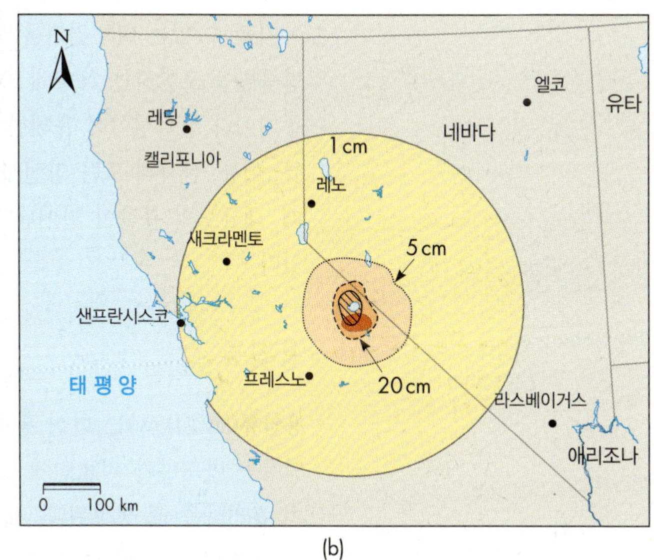

(b)

그림 7.17 잠재적인 재해 캘리포니아 맘모스 호 인근의 롱밸리에서 발생한 화산 분출에 의한 잠재적인 재해. (a) 대략 700,000년 전 롱밸리 칼데라 분화에 의해 생성된 화산재에 의해 덮인 지역. 롱밸리(LV) 근처의 원은 120km의 지름을 가지며 유사한 분출이 일어난다면 적어도 1m의 화산재가 쌓일 지역을 나타낸다. 또한 이 원 내에서는 뜨거운 화성쇄설류(화산재류)가 발생할 것 같으며, 사실 원에 의해 보여진 것보다 더 멀리까지 확장될 수 있다. (b) 빨간색으로 표시된 지역과 대각선으로 표시된 지역은 인지된 잠재 화도로부터 대략적으로 20km 떨어진 거리까지 흘러가는 사건에 의한 재해를 보여준다. 재해 지역을 둘러싸는 선들은 35km 떨어진 지점에서 잠재적으로 쌓일 화산재의 두께가 20cm(띠선), 85km 떨어진 지점에서 5cm(점선), 및 300km 떨어진 지점에서 1cm(실선)일 것을 나타낸다. 잠재적인 재해에 대한 이러한 평가는 최근의 활동적인 분화구 부근으로부터 대략 $1km^3$의 폭발적인 분출이 일어나는 것을 가정한 것이다. (*Miller, C. D., Mullineaux, D. R., and Bailey R. A. 1982.* Potential hazards from future volcanic eruptions in the Long Valley-Mono Lake area, east-central California and southwest Nevada—A preliminary assessment. *USGS Circular 877*)

지한 후, 미국 지질조사소는 화산재해 가능성에 대한 경고를 발하도록 하였으나 뒤이어 철회하였다. 그러나 롱밸리의 미래는 믿을 수 없는 상태로 남아 있다.

칼데라를 형성하는 분출에서 주요 사건은 며칠 내지 몇 주 정도 내에 빠르게 일어날 수 있으나, 간헐적이면서 더 약한 강도로 일어나는 화산 활동은 100만 년 정도의 오랜 기간에 걸쳐 일어날 수 있다. 따라서 옐로스톤 사건은 올드 페이스풀과 같은 간헐천과 온천을 우리에게 남겨 놓은 반면에, 롱밸리 사건은 화산재해 가능성을 우리에게 남겨두고 있는 것이다. 사실 두 장소 모두에서는 마그마가 칼데라 바닥 아래 어딘가에 존재하고 있기 때문에 여전히 화산 활동이 일어날 수 있다. 두 지점 모두 그들을 형성한 폭발적인 분출이 일어난 이래로 칼데라의 바닥이 위를 향하여 서서히 돔을 형성했기 때문에 재생 칼데라로 고려된다. 롱밸리나 옐로스톤에서 앞으로 일어날 수 있는 분출의 규모는 수십만 년 전에 일어났던 거대한 칼데라 분출보다는 훨씬 더 작을 것이다.

7.6 화산재해

화산재해는 화산 분출의 직접적인 결과인 화산 활동에 의한 일차 결과와 일차 결과에 의해 야기될 수 있는 이차 결과를 포함한다. 일차 결과로는 용암류, 화산재 강하, 화산재류 및 측방폭발을 포함하는 화성쇄설성 활동 및 기체의 방출이 있다. 방출되는 기체의 대부분은 수증기이나 부식성이며 유해한 기체 역시 방출되는 것으로 알려져 있다. 이차 결과로는 암설류, 이류, 산사태 또는 암설사태, 홍수 및 화재를 들 수 있다. 전 지구적인 수준에서 보았을 때, 대규모의 분출이 일어난다면 약 1년 정도 지구의 기온이 떨어지는 현상을 초래할 수도 있다.[6,7]

용암류

용암류(lava flow)는 화산 활동 결과 생성되는 것 중 가장 잘 알려진 것 중의 하나이다. 용암류는 마그마가 지표면에 도달하여 분화구나 화산 측면을 따라 위치하는 화도를 통해 넘쳐 흘러나올 때 생성된다. 세 가지 주요 용암 그룹은 그들이 형성하는 화산암을 따라서 이름이 붙여진다. 세 가지 중에서 가장 양이 많은 현무암질을 포함해서 안산암질 및 유문암질이 있다.

용암류는 사실상 액체로서 빠르게 이동하기도 하고, 또는 비교적 끈적끈적하여 느리게 이동할 수도 있다. 대략 50%의 실리카를 포함하는 현무암질 용암은 다양한 속도를 가진다. 낮은 점성과 고온의 분출온도를 가지는 용암은 대개 시속 1m 정도(대략 시간당 3.2ft나 경사진 곳에서는 훨씬 더 빠를 수 도 있다)의 속도를 가지며 가장 빠르게 이동한다. 이러한 용암은 파호이호이 용암이라 불리며, 그들이 굳어졌을 때 매끈매끈하며 새끼줄 표면 조직을 갖는다(그림 7.18a). 온도가 더 낮으며 점성이 더 큰 현무암질 용암류는 하루에 수m 정도를 이동하며 굳어진 후에 괴상 조직을 갖는다(그림 7.18b). 이러한 유형의 현무암질 용암을 아아 용암이라고 한다. 경사가 급한 곳에서 흘러가는 일부의 용암류를 제외하면, 대부분의 용암류는 용암이 흘러가는 방향으로부터 사람들이 쉽게 벗어날 수 있을 정도로 느리

그림 7.18a 파호이호이 용암류 1990년에 하와이 칼라파나에서 집을 둘러싸며 파괴하는 매끈매끈한 표면 조직을 가진 파호이호이 용암류. 이러한 용암류들은 국립공원 서비스 방문객 센터를 포함하는 100개 이상의 구조물을 파괴하였다. 이러한 유형의 용암류는 새끼줄 조각처럼 보이는 표면 조직 때문에 흔히 새끼줄 용암이라고 불린다. (*Paul Richardsl/UPI/CORBIS*)

그림 7.18b 아아 용암류 아이슬란드 헤이마에 섬에서 분출이 일어나는 동안 건물을 삼켜버리는 괴상의 아아 용암류. (*Solarfilma HF*)

게 이동한다.[8]

하와이의 킬라우에아에서 열곡을 따라 흘러나오는 용암류는 1983년에 분출하기 시작하였으며, 킬라우에아에서 역사상 가장 오랫동안 가장 큰 규모로 일어나는 분출이 되었다[4] (그림 7.19). 2005년까지 칼라파나 마을에 있는 건물 중 국립공원 방문객 센터를 포함한 100개 이상의 건물이 용암류에 의해 무너져버렸다. 용암은 유명한 카이무블랙샌드비치의 일부분을 가로질러 바다 속으로 흘러갔다. 칼라파나 마을은 사실상 사라졌으며, 육지의 많은 부분이 다시 생산적인 땅이 되려면 수십 년이 걸릴 것이다. 용암의 분출이 있은 후 해빈을 형성하는 작용에 의해 검은색 모래로 이루어진 새로운 해빈이 형성되었다. 그 모래는 용암이 상대적으로 차가운 바닷물 속으로 흘러들어가 모래 입자 크기로 산산이 부셔질 때 생성된다.

용암류를 통제하는 방법

수력냉각과 방벽건축과 같은 몇 가지 방법들을 이용하여 사람이 거주하는 지역이나 가치가 있는 지역으로부터 용암류가 비껴나가도록 해왔다. 이러한 방법들을 통해 좋은 결과를 얻기도 했지만 그렇지 못한 경우도 있었다. 이러한 방법들을 이용해서는 규모가 큰 용암류의 흐름 방향을 바꿀 수 있을 것으로 기대할 수 없으며, 규모가 더 작은 용암류의 흐름에 대한 통제 효율성을 올바로 알기 위해서도 더 많은 결과에 대한 평가가 이루어져야 한다.

물을 이용하여 용암류를 식히는 방법은 화산 분출로부터 피해를 줄이는 데 있어서 때때로 성공적이었다. 세계에서 가장 야심적인 수력냉각 프로그램은 헤이마에의 아이슬란드

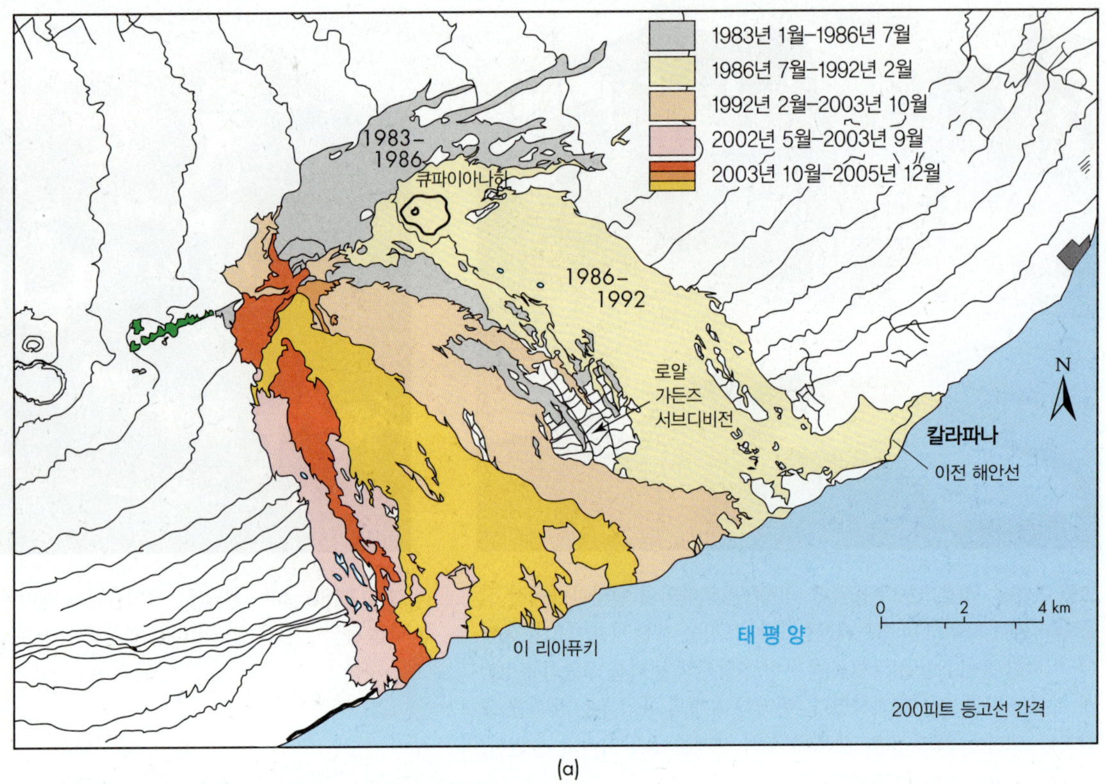

(a)

(b)

그림 7.19 1983~2005년 하와이 섬의 용암류 (a) 용암류 분포. (b) 바다 속으로 흘러 들어가는 용암. 흰색 '연기'는 수증기이다. 분출은 하와이를 만든 과정을 설명한다. (*USGS Hawaiian Volcano Observatory*)

섬에서 1973년 1월에 시작되었다. 그때는 헬가펠 화산에서 흘러나온 현무암질 용암류가 이 섬의 주요 도시인 베스트만내이자르의 항구를 거의 막아버려 이 섬의 주 어항으로서 이곳을 계속 사용할지에 대해 위협하고 있었던 시기였다. 그때의 상황은 즉각적인 행동을 취해야 할 시점이었다.

세 가지의 우호적인 조건들이 존재했다—(1) 용암류는 이 통제 프로그램을 시작하기에 필요한 시간을 충분히 제공할 정도로 느린 속도로 이동하고 있었으며, (2) 해양과 그 지역의 도로를 이용하여 파이프, 펌프 및 무거운 장비들을 운반하는 것이 가능했으며, 그리고

(3) 이용 가능한 물의 양이 충분했다. 초기에는 파이프로부터 연결된 수많은 호스를 이용하여 물을 뿌림으로써 용암류의 가장자리와 표면을 냉각시켰다(그림 7.20). 그러고 나서 천천히 앞으로 흘러가는 용암류 위로 불도저를 이동시켜 플라스틱 파이프를 놓을 길을 만들었다. 이렇게 배치된 파이프들은 물이 그 안에서 흘러가고 있는 동안에는 녹지 않았으며, 파이프에 있는 작은 구멍들 역시 용암류의 여러 부분을 따라 특히 뜨거운 지점을 식히는 데 도움을 주었다. 용암류의 전방 근처에 물을 뿌리는 것이 첫째 날에는 거의 효과가 없었으나, 그러고 나서는 용암류는 천천히 이동하기 시작했으며 어떤 경우에는 멈추기 시작했다.

아이슬란드에서 취해진 이러한 조처는 의심할 바 없이 헬가펠 화산에서 흘러나오던 용암류에 커다란 영향을 미쳤다. 그것은 용암류의 이동을 제한하는 역할을 하였으며 그 항구도시에서의 재산피해를 줄여서 1973년 6월에 용암의 분출이 멈춘 후에도 그 항구는 여전히

(a)

(b)

(c)

그림 7.20 용암류와 싸우는 사람들 아이슬란드, 헤이마에 섬에 있는 헬가펠 화산의 분출. (a) 항구 쪽에서 밤에 바라본 장면. (*Solarfilma HF*) (b) 항구 쪽을 바라본 항공사진. 우측하단 코너에서 흰색 수증기와 함께 나오는 용암류를 주목하라. 수증기는 용암류 전방에 뿌려진 물로 인해 발생한 것이다. 물대포가 우측하단 코너에서 작동하고 있으며, 수증기가 보인다. (*James R. Andrews*) (c) 항구 쪽으로 이동하는 괴상의 용암류의 전방을 보여주는 항공사진. 우연히도 그 용암류는 거센 파도가 밀려올 때 그 항구가 이전보다 보호를 더 잘 받을 수 있도록 하는 지점에서 멈추었다. (*James R. Andrews*)

이용이 가능했다.[9] 사실상 새로 생성된 암석이 바다로부터 그 항구를 보호해 주는 역할을 하도록 그 항구의 모양이 우연히 바뀌었기 때문에 실제적으로는 환경이 개선되는 결과를 낳았다.

화성쇄설성 활동

화성쇄설성 활동(pyroclastic activity)는 테프라가 화구를 통해 물리적으로 대기 중으로 분출되는 폭발적인 화산 활동을 말한다. 몇 가지 유형의 화성쇄설성 활동이 일어날 수 있다. 화산재 분출 또는 **화산재 강하**(ash fall)가 일어나는 동안에는 어마어마한 양의 암편, 자연 유리편 및 가스가 화산으로부터 폭발에 의해 공기 중으로 높이 날아간다. **측방폭발**(lateral blast)은 화산의 측면으로부터 가스와 화산재가 폭발하여 나오는 것으로서 산의 일부분을 파괴시키는 결과를 낳게 된다. 분출된 물질들은 어마어마한 속도로 화산으로부터 멀리 날아간다. 측방폭발은 매우 파괴적일 수 있으며, 때때로 분출된 물질의 이동속도는 거의 소리 속도(7.7절에서 다룬 세인트헬렌스 화산에 대한 토의 참조)와 같다. 화성쇄설류 또는 **화산재류**(ash flows)는 화산 분출 중에 가장 치명적인 양상의 일부이다. 그들은 화도로부터 폭발적으로 뿜어져 나와 화산의 하부를 향하여 아주 빠른 속도로 이동하는 매우 뜨거운 화성쇄설성 물질—화산재, 암석, 화산유리 파편 및 가스—에 의한 사태이다. 화성쇄설류는 또한 열운(nueé ardentes, 프랑어로 '새빨갛게 달아오른 구름'을 의미)으로 알려져 있다.

화산재 강하 화산재 분출은 수백 또는 수천km^2의 면적을 화산재로 덮을 수 있다. 화산재 분출은 몇 가지 재해를 일으킨다.

- 농작물과 나무들을 포함한 식물들이 파괴될 수 있다.
- 지표수가 퇴적물에 의해 오염되어 일시적으로 물의 산도가 증가할 수 있다. 산도의 증가는 일반적으로 분출이 멈춘 후에 단지 몇 시간 동안 지속된다.
- 화산재가 지붕 위에 쌓임에 따라 하중이 증가하여 건물에 대한 구조적인 피해가 일어날 수 있다(그림 7.21). 단지 화산재 1cm의 두께는 평균적인 집의 지붕 위에 2.5톤의 무게를 추가로 더하게 된다.

그림 7.21 지붕 위의 화산재 건물 위의 화산재는 수톤의 하중을 건물 벽에 가한다. 이 사진은 1973년 아이슬란드에서의 분출 동안 뜨거운 화산재와 용암에 의해 그을리고 붕괴된 건물들을 보여준다. (*Owen Franken/Stock Boston*)

- 화산재와 이에 수반된 부식성 가스와의 접촉에 의해 호흡기와 눈의 가려움과 같은 건강상의 피해를 야기할 수 있다.[8]
- 실리카가 풍부한 용융된 화산재가 제트여객기 엔진에 얇은 화산유리 막을 형성함에 따라 엔진이 비행 중 갑자기 정지해 버릴 수도 있다. 예를 들어, 1989년에 알래스카의 레드아웃 화산이 분출하면서 화산재 분출 구름을 생성했는데, 그때 일본행 비행기가 그곳을 지나고 있었다. 그 제트여객기 엔진 4개가 모두 동력이 끊어졌다. 다행히도 그 엔진은 약 5분 이내에 다시 작동되었다. 그 비행기 엔진이 다시 작동되기까지 걸린 시간 동안 그 비행기는 약 10,000피트 정도 떨어졌으나 가까스로 알래스카 앵커리지에 안전하게 착륙하였다. 그 비행기의 피해규모는 약 8,000만 달러였다.

화산재류 화산재류, 또는 열운(nuee ardentes)은 수백 ℃ 정도로 뜨거워서 화산 측면 아래로 이동하는 동안 접촉하는 모든 것들을 재로 만들어 버리며 시속 100km의 빠른 속도로 이동한다. 화산재류가 이동하는 경로에 사람들의 주거 지역이 위치해 있다면 그것은 대재앙을 일으킬 수 있다. 비극적인 예가 1902년에 마티니크의 서인도 섬에서 발생했다. 5월 8일 아침에 새빨갛게 달아오른 고온의 화산재, 수증기 및 다른 가스들로 이루어진 화산재류가 펠레 화산에서 폭발하여 세인트피에르 도시를 통과하여 지나가면서 약 30,000명의 인명을 앗아가는 대재앙을 일으켰다. 감옥에 갇혀 있던 죄수가 유일하게 살아남은 2명의 생존자 중 한 사람이었는데, 그는 심한 화상을 입었으며 끔직한 흉터를 가지게 되었다. 소문에 의하면, 그는 여생을 '세인트피에르의 죄수'로서 순회하는 서커스단의 사이드쇼에 출연하며 보냈다. 이러한 화산재류는 과거에 태평양 북서부와 일본의 화산에서 일어났으며, 앞으로도 일어날 것으로 여겨진다.

유독가스

수증기(H_2O), 이산화탄소(CO_2), 일산화탄소(CO), 이산화황(SO_2), 황화수소(H_2S)를 포함하는 많은 가스들이 화산 활동이 일어나는 동안 방출된다. 수증기와 이산화탄소가 방출된 모든 가스의 90% 이상을 차지한다. 해를 입힐 정도의 농도를 가진 유해한 화산가스들은 사람이 거주하는 지역에 거의 도달하지 못한다. 서부 아프리카에 위치하는 카메룬의 니요스 호에서 1986년에 주목할 만한 비극적인 일이 예외적으로 일어났다. 니요스 호는 200m의 깊이를 가지는 휴화산의 분화구에 위치한다. 우르릉 소리를 내는 것 이외에는 어떠한 다른 경고도 없이 휴화산으로 보였던 화산이 주로 이산화탄소로 이루어진 진한 가스구름을 방출했다. 이산화탄소는 공기보다 무거운 무색무취의 가스이다. 이 가스구름은 계곡을 따라 화산 아래로 10km를 땅에 바싹 깔려서 이동하였으며, 1,700명의 사람과 3,000마리의 가축이 질식사하는 참사를 일으켰다(그림 7.22a와 b).[4]

1986년 이래로 이산화탄소 가스는 이 호수의 바닥에 계속해서 축적되었으며, 언젠가 다른 방출 사건이 일어날 수도 있다. 이 호수 지역은 재해에 대해 연구하는 과학자들을 제외한 모든 사람들에게 출입이 제한된 채로 남아 있으나, 수천 명의 사람들이 땅을 경작하기 위해 이곳으로 돌아오고 있다. 과학자들은 이산화탄소의 농도 수준이 높아지면 소리가 나도록 이 호수에 경보 시스템을 설치하였다. 이들은 또한 호수 바닥으로부터 호수 표면 위에

(a) (b) (c)

그림 7.22 휴화산에서 방출된 유독가스 (a) 1986년에 니요스 호는 어마어마한 양의 이산화탄소를 방출했다. (*T. Oban/Corbis/Sygma*) (b) 이 가스는 약 1,700명의 사람과 3,000마리의 가축을 질식사시켰다. (Peter Turnley/CORBIS) (c) 2001년에 가스 방출 분수로부터 방출되고 있는 가스. (*"Nyos degassing system conceived, designed and manufactured by a French company, Data Environment and the University of Savoie, France." Courtesy of J. C. Sabroux*)

있는 가스를 방출하는 분수까지 하나의 파이프를 설치하여 이산화탄소가 서서히 공기 중으로 빠져나가도록 하였다(그림 7.22c). 호수 바닥으로부터 자연적으로 서서히 새어나와 호수 안으로 들어가는 이산화탄소 양보다 조금 더 많은 양의 가스를 하나의 분수를 통해 방출함에 따라 그 위험이 서서히 감소되고 있다. 위험을 충분히 줄이기 위해서는 가스를 방출하는 분수에 연결된 파이프를 적어도 5개는 부가적으로 설치할 필요가 있을 것이다.

화산 분출 시 방출된 이산화황은 대기 중에서 반응하여 산성비를 만들 수 있다. 일부 화학제품에서 방출된 유해한 농도를 가진 가스가 화산재에 의해 흡수되어 땅 위에 떨어질 수도 있다. 결국 산성비와 독성을 지닌 화산재는 사람들과 가축이 먹는 식물과 토양 안으로 들어간다. 예를 들어 불소는 불화수소산으로 분출한다. 그것은 화산재에 의해 흡수될 수 있으며 물의 공급원으로 유입될 수 있다.[3]

일본에서는 황화수소와 같은 유독가스의 방출을 감지하기 위해 화산을 감시한다. 유독

가스의 방출이 감지될 때는 사람들로 하여금 고지대로 피신하도록 경적이 울린다.

화산은 또한 보그(vog, volcanic material의 v와 fog의 og의 합성어)로서 알려진 일종의 스모그를 형성할 수 있다. 예를 들어, 하와이의 킬라우에아로부터 이산화황과 다른 화산 가스의 방출은 1986년 이래로 계속되어 왔다. 때때로 이러한 가스들은 바람이 불어가는 쪽으로 이동하여 대기 중에서 산소 및 수증기와 화학적으로 반응하여 산성비와 혼합된 보그 상태를 생성한다. 때때로 하와이의 남동부 지역은 짙은 산성 안개로 뒤덮이기 때문에 건강 경보가 발해진다. 보그는 사람과 다른 생물체 모두에게 해를 입힐 가능성이 있기 때문에 하와이에서는 건강에 해로운 영향을 미치는지에 대해 평가하고 있다.[10,11] 작은 산성 에어로졸 입자들과 보그에 들어 있는 것과 같은 이산화황의 농도는 사람들의 폐안으로 깊숙이 들어갈 수 있으며 천식 발작을 일으키고 다른 호흡기 문제들을 야기하는 것으로 알려져 있다. 때때로 킬라우에아로부터 방출된 이산화황의 대기 중 농도는 공기 수준의 표준치를 훨씬 넘는다(제18장 참조). 보그에 노출되었을 때 주민들과 방문자들은 호흡곤란, 두통, 인후통, 눈물흐름 및 독감 증세 같은 다양한 증상을 보고했다. 1988년에 코나 지역의 옥상 빗물 집수 시스템으로부터 채집된 산성비는 주택들의 40%에서 납으로 오염된 물을 생성하였다. 납은 지붕과 배관 물질로부터 산성비에 의해 용탈되었다. 검사할 때 일부 주민들은 혈액 속에 고농도의 납을 가지고 있는 것이 발견되었는데, 아마도 그 물을 마신 것에서 기인한 것으로 여겨진다.[12]

암설류와 이류

화산 활동의 이차 영향 중에 가장 심각한 것은 총괄적으로 인도네시아 말로 라하르로 알려진 **암설류**(debris flow)와 **이류**(mudflow)이다. 라하르는 큰 부피의 느슨한 화산재와 다른 분출물들이 물로 인해 포화되고 불안정해져서 갑자기 경사면 아래로 이동할 때 생성된다(그림 7.2 참조). 암설류와 이류 사이의 차이점은 입자의 우세한 크기가 무엇이냐에 달려 있다. 암설류는 구성 입자들의 50% 이상이 지름 2mm 이상으로 모래보다 더 큰 입자들로 이루어져 있다. 우리는 제9장에서 산사태에 대해 좀 더 자세히 토의할 것이다.

암설류 몇 개의 화산에 대한 연구 결과는 뜨거운 화산 물질이 비교적 소규모로 분출한다 할지라도 그것이 큰 부피의 눈과 얼음을 빠르게 녹일 수 있음을 알려준다. 막대한 양의 융해된 물은 홍수를 일으킨다. 이 홍수는 화산의 경사면을 침식시킬 수 있으며 화산재와 다른 물질과 같은 퇴적물을 흡수하여 암설류를 형성한다. 화산암설류는 암석 조각들과 물을 포함하는 퇴적물의 혼합물을 빠르게 이동시킨다. 암설류는 그들이 생성된 화산 측면으로부터 계곡 아래로 수km를 이동할 수 있다.[8] 예를 들어 알래스카의 리다우트 화산으로부터 분출한 화성쇄설류는 1990년 초기에 드리프트 빙하를 가로질러 이동하는 동안 눈과 얼음을 빠르게 녹였다. 막대한 양의 물과 퇴적물이 계곡을 따라 빠르게 이동하며 암설류를 생성했으며, 그 양은 홍수가 났을 때 미시시피 강이 가지는 유수량에 비할 정도였다. 다행히 그 사건은 격리된 지역에서 일어났기 때문에 어떤 인명 피해도 발생하지 않았다.[3]

이류 거대한 이류는 태평양 북서부에 위치하는 화산들 측면에서 기원했다.[7] 대부분 화산

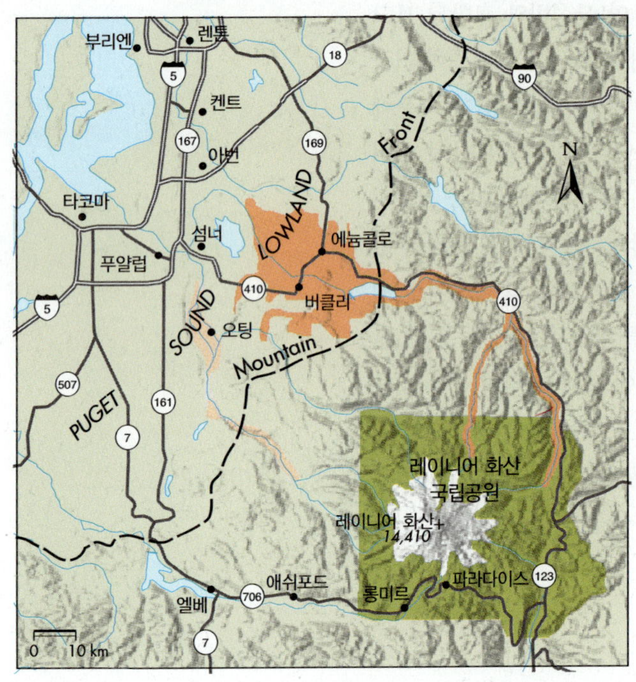

그림 7.23 이류 푸얄럽 강 계곡의 일렉트론 이류(베이지색)와 화이트 강 계곡의 오스체올라 이류(오렌지색)의 범위를 보여주는 레이니어 화산과 그 주변 지도. (*Crandell, D. R., and Mullineaux, D. R., USGS Bulletin 1238*)

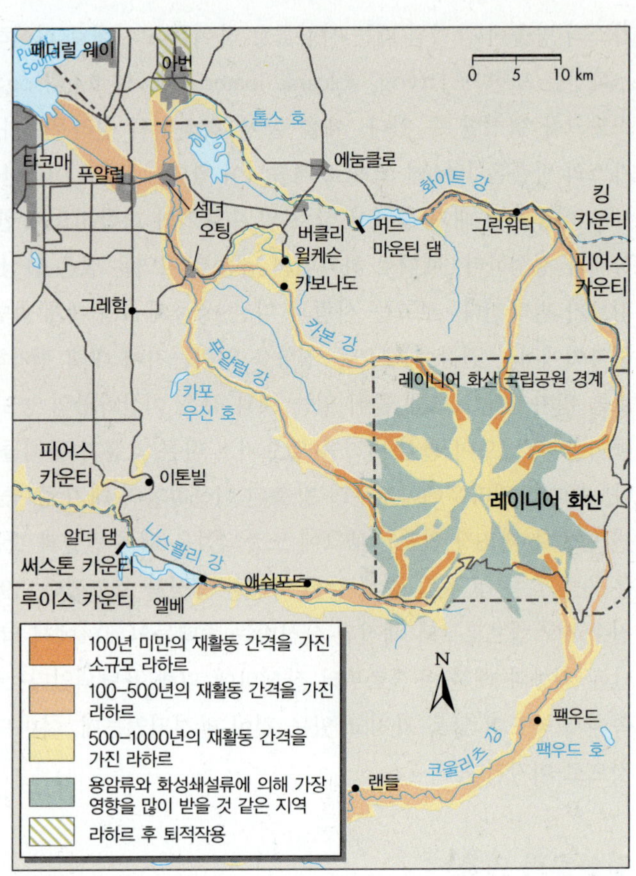

그림 7.24 이류 재해 가능성 라하르, 용암류 및 화성쇄설류에 의한 재해 가능성을 보여주는 레이니어 화산과 그 주변의 지도. (*Hoblitt and others. 1998. USGS Open File Report 98–428*)

재로 이루어진 이류를 종종 라하르라고 부른다. 과거에 레이니어 화산에서 유래한 2개의 이류 경로가 그림 7.23에 표시되어 있다. 오스체올라 이류의 층은 5,000년의 연령을 가진다. 이 이류는 이 화산으로부터 80km 이상 이동했으며 13km^{2}의 면적에 150m 이상의 두께로 쌓인 양에 상응하는 1.9km^3 이상의 암설을 수반했다. 더 젊은 층인 500년 된 일렉트론 이류는 이 화산으로부터 약 56km까지 이동했다.

수십만 명의 사람들이 이러한 오래된 이류로 덮인 지역에서 현재 살고 있으며, 유사한 이류가 이 지역에서 다시 발생하지 않는다는 어떠한 보장도 없다. 그림 7.24는 레이니어 화산의 이류, 용암류 및 화성쇄설성 암설 집적에 의한 잠재적 위험성을 보여준다. 이러한 이류가 이동하여 내려오는 계곡에 있는 사람들은 2m 내지 3m 높이를 가지고 약 시속 30~50km의 속도로 이동하는 진흙 벽으로서 그것을 묘사할 것이다. 이러한 것을 바라보는 사람들은 약 1.6km 떨어진 곳에서 그것을 최초로 볼 것이며, 생매장되는 것으로부터 벗어나기 위해서는 고지대를 향하여 직각 방향으로 가는 차가 필요할 것이다.[8]

미국 지질조사소는 미국(레이니어 화산), 인도네시아, 필리핀, 멕시코, 일본에 있는 몇 개의 화산들에 자동으로 작동하는 태양에너지를 이용한 라하르 감지 시스템을 최근에 설치

(a)

(b)

그림 7.25 화산의 거대한 산사태 (a) 카나리 제도의 테네리페 섬의 일부. 표시된 지점은 붕괴된 캐나다 칼데라와 테이드 산(고도 3.7km). 2개의 영상에 있는 화살표는 산사태를 나타낸다. (*Espagna Instituto Geografico Nacional*) (b) 오로토바 계곡에서의 산사태. 슬라이드 내에 있는 도시는 푸에르토 데 라 크루즈이다. (*Jose Barea/Espagna Instituto Geografico Nacional*)

했다. 이동하는 라하르로부터 야기되는 지면의 진동을 감지하는 감지기(음향-흐름 모니터)를 통해 이류가 계곡 아래로 이동하고 있다는 것을 경고할 수 있도록 하였다. 이 시스템은 기후가 나쁘거나 밤에는 신뢰할 만하지 못할 뿐만 아니라 계속해서 사람의 주의를 필요로 하는 영상관측기나 카메라를 대체한다. 위험한 라하르는 거의 경고 없이 빠르게 발생할 수 있다. 중요한 것은 대피해야 할 때를 아는 것이다. 라하르 감지 시스템이 라하르가 접근한다는 경보음을 발한다면, 안전한(더 높은) 지대로 대피할 충분한 시간을 가지고 경고가 발해진다.[12]

지구상에서 가장 규모가 크고 활동적으로 일어날 수 있는 산사태는 하와이에 있다. 현재 이러한 산사태들은 느리게 이동한다(1년에 대략 10cm). 이들은 폭이 100km, 두께가 10km, 길이가 20km까지 될 것이며, 육지에 있는 화산 열곡대로부터 해양 아래 끝까지 연장된다. 이처럼 느리게 이동하는 산사태는 맨해튼 섬 크기 정도의 암석 블록을 포함한다. 두려운 것은 과거에 그랬던 것처럼, 이들이 인근에 있는 섬에 해수면 위로 수백m가 되는 해양 암설을 퇴적시킬 뿐만 아니라 태평양 분지 주위에 큰 재앙을 가져올 쓰나미를 일으키는 거대하고 이동 속도가 빠른 해저 암설사태가 될 수 있다는 것이다. 다행히 이러한 대규모 사건들은 언뜻 보기에 단지 100,000년 정도에 한 번 쯤 일어난다.[4]

다른 화산과 관련 있는 거대한 산사태와 암설 사태는 아프리카 서부 해안에서 떨어져 대서양에 위치한 카나리 제도에서 보도된 적이 있다. 가장 큰 섬인 테네리페에서 6번의 대규모 산사태가 지난 수백만 년 동안 일어났다(그림 7.25). 가장 최근의 사건은 지금부터

150,000년 전에 일어났다. 3.7km의 고도를 가진 테이드 화산은 현재 함몰 중인 캐나다 칼데라 내에 있다.[13,14] 이 산사태는 많은 길쭉한 계곡들을 형성하였는데, 그중에 가장 큰 것은 푸에르토 데 라 크루즈 도시가 있는 곳으로서 유럽인들을 위한 주요 해안 관광 휴양지이며 은퇴한 사람들이 선호하는 오로토바 계곡이다. 가장 젊은 계곡은 아이코드이다(그림 7.25). 사태층이 차지하는 총 면적은 1,000km^{3}을 초과한다. 테네리페 북쪽의 외안 해저는 이 섬 육지 면적의 두 배 이상인 5,500km^{2}의 산사태층에 의해 덮여 있다.[15]

테네리페 또는 카나리 제도의 또 다른 지역인 라 팔마로부터 일어날 수 있는 산사태는 메가쓰나미로 알려진 거대한 쓰나미를 일으킬 것이라는 우려를 낳고 있다. 100m를 초과하는 파고를 가진 파도가 가능하다. 그것들은 뉴욕 시를 포함하는 미국의 동부 해안에 큰 재앙과도 같은 피해를 일으킬 것이다. 장차 일어날 거대한 산사태에 대한 가능성은 잘 알려져 있지 않지만 이러한 사태가 일어날 가능성을 배제할 수 없다.

7.7 두 가지 사례 연구

피나투보 화산

1991년 6월 15일과 16일 20세기에 일어난 화산 분출 중 두 번째로 규모가 큰 분출이 필리핀 루존 섬에 위치하는 피나투보 화산에서 일어났다(그림 7.26). 화산재, 암설류, 이류 및

그림 7.26 대피 1991년 6월 필리핀의 피나투보 화산의 대규모 화산재 분출과 폭발 동안 미국 클라크 공군기지로부터 1,000명 이상을 포함하여 수천 명의 사람들이 대피하였다. (*Carlo Cortes/Reuters/CORBIS*)

태풍이 함께 일어난 결과 약 300명의 사망자가 발생하였다. 사망자 대부분은 화산으로부터 40km만큼 멀리 떨어진 곳에서 30cm 두께의 무겁고 축축한 화산재—태풍 유냐(Yunya)가 동시에 도착함에 따른 결과—가 지붕 위에 쌓이면서 건물이 붕괴돼 생명을 잃게 되었다.[2] 화산 정상으로부터 직경 30km 이내에 있던 미국 군 기지 및 마을로부터 250,000명의 사람이 대피하였기 때문에 수천 명의 사람들이 생명을 건졌다.[4] 과학자들은 이 지역에 사는 사람들과 공공기관에 화산 분출과 재해 가능성에 관한 비디오를 보여주고 이들에게 이야기함으로써 이들을 교육시켰다. 과학자들의 이러한 노력은 이 지역의 관리들에게 대피를 명령하도록 하고 위험에 처한 사람들이 순종하도록 하는 데 도움이 되었다.[16]

피나투보에서 어마어마한 분출이 일어났을 때 400km의 폭과 34km 높이까지 화산재 구름이 날아갔다.[4] 이러한 규모와 유사한 사건이 과거에 일어났을 때, 이산화황을 포함하는 화산재로 된 에어로졸이 1년 이상을 대기 중에 남아 있었다. 화산재 입자들과 이산화황이 태양으로부터 오는 빛을 산란시켜 분출이 일어난 다음 해에는 지구의 기온이 약간 내려갔다.[2,16]

1991년 피나투보 화산에서 화산 분출이 일어났을 때 생명을 구하는 데 성공적이었던 일은 네바다 델 루이즈에서 1985년에 일어났던 분출(제5장 참조) 때와는 완전한 차이를 보인다. 아메로에서 일어난 화산재해는 대재앙이 되었는데, 이러한 결과는 부분적으로 사람들의 잘못에서 비롯되었다. 이곳에서 분출이 대규모로 일어났거나 운이 나빠서 발생한 경우가 아니었다. 그것보다는 오히려 재해에 대한 과학이 이 지역에 사는 사람들과 공무원들에게 효과적으로 전달되지 않았기 때문에 나타난 결과였다. 네바다 델 루이즈에서 일어난 재앙은 피할 수 있었을 뿐만 아니라 피했어야만 하는 그런 비극이었다.

세인트헬렌스 화산

1980년 5월 18일 워싱턴 주의 남서부 코너(그림 7.27)에 위치하는 세인트헬렌스 화산에서 일어난 화산 분출은 캐스케이드 화산으로부터 일어날 것으로 기대된 여러 가지 유형의 화산 사건을 예시한다. 많은 자연 사건의 경우처럼, 이곳에서 일어난 분출은 독특하고 복잡하여 일반화시키는 것은 다소 어렵다. 그럼에도 불구하고 세인트헬렌스 화산에서 일어난 분출로부터 많은 것을 배웠으며, 그에 관한 이야기는 아직도 완성되지 않고 있다.

세인트헬렌스 화산은 120년간의 휴지기 후에 지하수가 뜨거운 암석과 접촉함에 따라 소규모 폭발과 지진 활동을 일으키며 1980년 3월에 깨어났다. 5월 1일에 이 산 북쪽 측면이 두드러지게 팽창하는 것이 명확하게 관찰되었으며 하루에 약 1.5m의 속도로 높아졌다(그림 7.28a). 1980년 5월 18일 오전 8시 32분에 화산에서 기록된 규모 5.1의 지진이 대규모의 산사태/암설사태(대략 2.3km^3)를 일으켰으며, 이러한 사태는 팽창부 지역 전체에 걸쳐서 발생했다(그림 7.28b). 이 사태는 산 북쪽 측면 아래로 쏜살같이 내려가 인근의 스피리트 호에 있던 물을 대체하였으며, 북쪽으로 능선을 넘어서 8km를 이동하였으며, 그 후 갑자기 경로를 바꿔 터틀 강 아래로 18km를 이동하였다.

팽창부가 파괴된 지 수 초 후에 세인트헬렌스 화산은 팽창부가 차지했던 지역으로부터 직접적으로 측방폭발을 통한 분출이 일어났다(그림 7.28c). 폭발을 통해 분출된 물질은 시속 1,000km 이상의 속도로 분출지점으로부터 거의 30km 떨어진 거리까지 이동하였다. 이

(a)

(b)

(c)

그림 7.27 세인트헬렌스 화산의 분출 이전과 이후 모습 (a) 세인트헬렌스 산의 위치. (b) 세인트헬렌스 화산의 1980년 5월 18일 분출 이전 및 (c) 분출 이후. 분출 결과 그 화산의 북쪽 사면 대부분이 사라져버리고 산 정상의 고도는 약 450m 정도 낮아졌다. (*Photo [b] by Bruce Spainhower. Photo [c] by Harry Glicken*)

폭발로 인해 약 600km²의 면적이 황폐화되었다.[17,18] 암설사태, 피해를 입고 쓰러진 수목, 그을린 수목, 화성쇄설류 및 이류가 점했던 지역이 그림 7.29a에 제시되어 있다.

측방폭발이 일어난 지 약 1시간 후에 대규모의 수직 구름이 대략 19km의 고도까지 빠르게 상승했다(그림 7.28d). 수직 기둥의 분출은 9시간 이상 계속되었으며, 막대한 부피의 화산재가 워싱턴 주, 아이다호 주 북부 및 몬타나 주 서부와 중앙을 포함하는 넓은 지역에 떨어졌다. 분출이 일어나는 9시간 동안 몇 개의 화산재류가 이 화산의 북쪽 경사면 아래로 휩쓸고 지나갔다. 분출된 화산재의 총량은 약 1km³이었으며, 대규모의 화산재 구름은 멀리 이동하여 동쪽으로 뉴잉글랜드 지역까지 도달하였다(그림 7.29b). 터틀 강 분지의 북쪽 갈래 상부인 이 화산의 북쪽 사면 전체가 황폐되었다. 수풀이 우거진 사면은 화산재, 암석, 용융된 빙하 얼음 덩어리, 좁은 골짜기 및 뜨거운 김을 내뿜는 구덩이로 이루어진 회색빛의 작은 언덕과 같은 경관으로 바뀌어 버렸다(그림 7.30).[18]

몇몇의 이류들 중 최초의 것은 물, 화산재, 암석 및 원목과 같은 유기물 부스러기의 혼합물로 이루어져 있으며, 화산 분출이 시작되고 난 지 수 분 후에 발생했다. 이류와 이에 수반된 홍수는 시속 29km에서 55km로 추정되는 속도로 강을 따라 야영을 하던 사람들의 생명을 위협하며 터틀 강 북쪽과 남쪽 갈래에 있는 계곡 아래로 흘러갔다.[18]

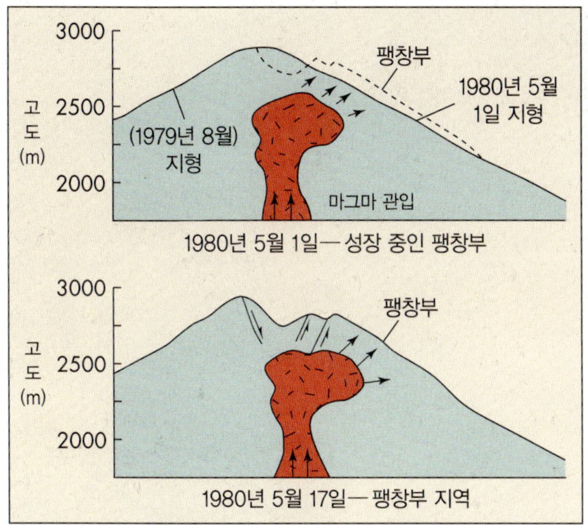

(a) 1980년 5월 1일부터 17일 분출 이전

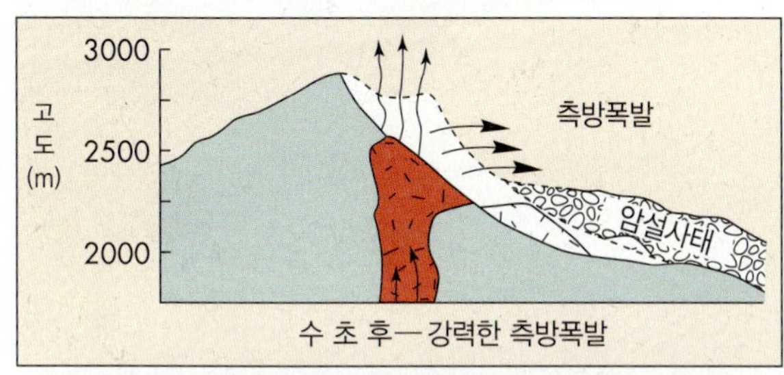

(c) 분출 시작 수 초 후

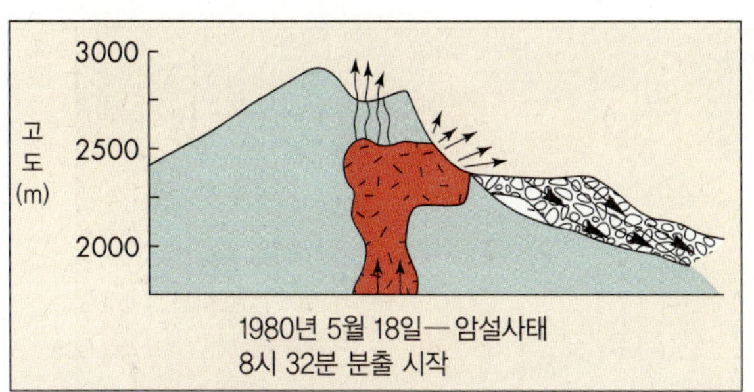

(b) 1980년 5월 18일 분출 시작

(d) 분출을 시작한 지 약 한 시간 후

그림 7.28 세인트헬렌스 화산의 분출 세인트헬렌스 화산의 1980년 5월 18일 분출 당시의 사건을 순차적으로 보여주는 그림과 사진. (*Photographs [a], [b], and [c] © 1980 by Keith Ronnholm, the Geophysics Program, University of Washington, Seattle. Photograph [d] from Roger Werth/Woodfin Camp and Associates. Drawings inspired from lecture by James Moore, USGS*)

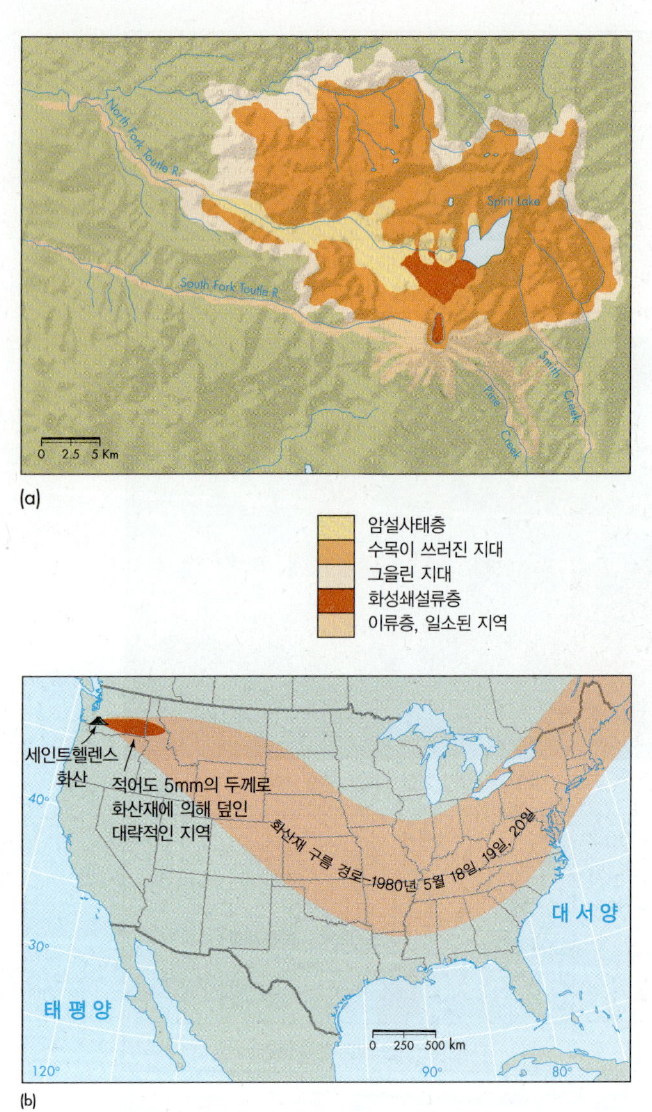

그림 7.29 암설사태와 화산재 구름 (a) 세인트헬렌스 화산의 1980년 5월 18일 분출에 수반된 암설사태층(쓰러지거나 그을린 목재 구역, 이류 및 화성쇄설류층 (b) 1980년 분화 시 생성된 화산재 구름의 경로. (*various USGS publications*)

그림 7.30 분출에 의해 초래된 불모지 광경 여기에서 보여지는 황폐하고 불모지화된 광경은 1980년 5월 18일 세인트헬렌스 화산의 분출에 의해 만들어진 것이다. 터틀 강 계곡 아래로 이동한 암설사태/암설류가 사진의 중앙 왼쪽으로부터 우측하단까지 보인다. 계곡 전체가 암설로 가득 차 있다. 암설층의 표면은 커다란 화산암암설 블록이 흩어져 있는 특징을 보이는 작은 언덕 같다. (*John S. Shelton*)

1980년 5월 18일 아침에 터틀 강으로 낚시 여행을 간 2명의 젊은이가 스피리트 호로부터 하류 쪽으로 약 36km 떨어진 지점에서 잠을 자고 있었다. 이들은 쓰러진 나무들로 뒤덮인 강으로부터 들려오는 큰 소리에 잠이 깼다. 이들은 이들의 차로 달려가려고 시도했으나 강으로부터 흘러넘친 물이 이들이 대피하는 것을 방해하면서 길 위로 흘러갔다. 그러고 나서 진흙 덩어리가 숲을 통과하여 차를 향하여 돌진했다. 두 사람은 진흙으로부터 피신하기 위하여 자동차 지붕 위로 올라갔다. 그러나 진흙이 이 자동차를 둑 위로 민 후 강 안으로 밀었기 때문에 이들은 단지 순간적으로만 안전할 수 있었다. 지붕으로부터 뛰어오른 후에 이들은 진흙, 통나무, 붕괴된 철도 버팀목 및 다른 부스러기로 이루어진 것들이 흘러가는 강 안으로 떨어졌다. 두 젊은이 중 한 사람은 통나무 사이에 갇혀서 몇 번이고 사라졌다 다시

(a)

(b)

그림 7.31 회복의 시대 (a) 1980년에 일어난 세인트헬렌스 화산의 분출로 인해 불모지 조망이 초래되었다. (b) 10년이 지난 1990년 7월에 찍은 루핀 꽃에 의해 예시되고 있는 것처럼 이 산이 회복되고 있다.

나타났다. 이 두 사람은 대략 1.5km 떨어진 하류 지점에서 야영을 온 다른 가족에 의해 발견되어 구출되었다. 화산이 분출된 후에 다시 보니 최대 고도가 약 450m 낮아져 있었다. 원래는 대칭적이었던 산의 모양이 이제는 북쪽을 향하여 급경사를 이루는 대규모의 원형경기장 모양으로 변하였으며, 스피리트 호(그림 7.27b 아래)는 퇴적물에 의해 채워졌다(그림 7.27c). 암설사태, 측방폭발, 화성쇄설류 및 이류는 거의 400km^{2}의 면적을 황폐케 했으며, 54명의 인명을 앗아갔다. 100가구 이상이 홍수에 의해 파괴되었으며, 대략 8억 보드-피트(board-feet)의 목재가 그 폭발에 의해 쓰러졌다(그림 7.29a). 1보드-풋(board-foot)은 두께가 1인치이며 1제곱피트의 면적을 가지는 판자를 말한다. 총 피해액은 10억 달러를 초과한 것으로 추정된다.

세인트헬렌스 화산의 재앙적인 폭발 이후에 화산 활동을 감시하기 위한 집중 프로그램이 개설되었다. 1980년 5월 18일 있었던 분출에 의해 생성된 분화구 내에 용암류에 의한 용암돔이 만들어지는 것이 주의 깊게 감시되었다. 분출이 일어난 후 처음 3년 동안 적어도 11개의 더 작은 규모의 분출이 일어났다. 이러한 더 작은 규모의 분출이 일어나면서 대략 250m의 높이를 가지는 용암돔이 만들어졌다. 각각의 분출이 일어날 때마다 용암이 돔 정상 근처에서 분출되어 아래 부분을 향하여 서서히 흘러갔다. 방출되는 기체들을 감시하는 것과 더불어 용암돔의 성장과 분화구 바닥에서 일어나는 변형작용을 감시하는 것은 분출을 예측하는 데 있어서 유용했다. 각각의 분출 사건은 용암돔의 크기에 수백만 cm^{3}를 더했다.[19] 주 분출이 일어난 지 20년 후인 2,000년까지 생물들이 다시 산으로 되돌아 왔으며, 그 주변 지역은 많은 지역이 다시 한번 녹색지대가 되었다(그림 7.31).[17] 그러나 산사태로 인해 만들어진 작은 언덕과 같은 경관은 여전히 특징을 이루며, 이것은 1980년에 있었던 대재앙 사건을 생각나게 해 준다. 세인트헬렌스 화산에는 관광안내소가 있으며 지금은 100만 명 이상의 방문객들의 관심을 끈 유명 관광지가 되었다.[20]

7.8 화산 활동에 대한 예측

화산 분출에 대한 '예측(forecast)'은 분출이 일어나기 전에 분출이 일어날 시간, 장소 및 특성에 관해 확률적으로 말하는 것이다. 그것은 일기예보를 하는 것과 유사하며 예언과 같이 정확한 언급을 말하는 것은 아니다.[4] 화산 분출을 예측하는 것은 화산재해를 줄이려는 목적의 주요 부분이다.

가까운 장래에 대부분의 화산 활동을 정확하게 예측할 수 있을 것 같지는 않지만, 분출 전에 일어날 현상들에 대한 귀중한 정보들이 모아지고 있다. 한 가지 문제점은 대부분의 예측 기술들은 그 메커니즘이 이해되기 전에 실제적인 분출을 가진 경험을 필요로 한다는 것이다. 따라서 우리는 하와이 제도에서 아주 많은 경험을 했기 때문에 그곳에서 일어나는 분출을 다른 곳에서 일어나는 분출보다 좀 더 잘 예측할 수 있다.

화산 분출을 예측하는 방법에는 다음과 같은 것들이 포함된다.

- 지진 활동에 대한 감시
- 열, 자기 및 수리적인 상황에 대한 감시
- 화산의 기울어짐이나 팽창에 대한 지형적인 감시
- 화산 기체 방출에 대한 감시
- 특정한 화산이나 화산센터에 대한 지질 역사를 연구하는 것[3,16]

지진활동

세인트헬렌스 화산과 하와이 제도의 큰 섬에서 일어난 화산에 대한 경험을 통해 우리는 지진이 종종 임박한 화산 분출에 대한 조기 경보를 제공한다는 것을 알고 있다. 세인트헬렌스 화산의 경우에, 지진 활동은 5월에 분출이 일어나기 전인 3월 중순에 시작되었다. 미약한 지진 활동이 거의 계속적으로 일어나는 가운데 화산 활동이 갑자기 시작되었다. 불행히도 5월 18일 사건 바로 전에는 지진의 증가가 없었다. 하와이에서는 마그마가 지표면을 향하여 접근할 때 마그마의 이동을 감시하기 위하여 지진이 이용되었다.

1991년 피나투보 화산에서 화산 분출이 일어나기 몇 달 전에, 소규모의 수증기 폭발과 지진이 시작됐다.[3] 피나투보 화산(현재 고도 1,700m)은 침식된 능선이었으며, 결과적으로 화산의 전형적인 모습을 가지고 있지 않았다. 더욱이 500년 동안 그곳에서 분출이 일어나지 않았으며, 그 근처에 사는 대부분의 사람들은 그것이 화산이었는지조차도 모르고 있었다! 과학자들은 지진 활동을 감시하고 과거 화산 활동을 연구한 후에 그것이 폭발적으로 분출하는 화산이라는 결론을 내렸다. 화산 아래 깊은 곳으로부터 정상 바로 아래 천부까지 이동함에 따라 재앙적인 분출이 있기 전에 지진 수와 규모가 증가하였다.

열, 지자기 및 수리적인 감시

화산에 대한 감시는 화산 분출이 있기 전에 큰 부피를 갖는 마그마가 화산 아래에 있는 일종의 수용 저장고 안으로 상승한다는 사실에 기초한다. 뜨거운 물질은 그 지역의 지자기, 열, 수리 및 지화학적인 조건들을 바꾸게 된다. 주변 암석들이 뜨거워짐에 따라 지표면에 있는 암석의 온도 상승이 원격탐사장치나 적외선 항공사진에 의해 감지된다. 증가된 열이 만년설이나 빙하를 녹일 수도 있다. 따라서 원격조정장치를 이용하여 화산대를 주기적으로 감시함으로써 화산 활동이 일어날 가능성이 있는 장소를 지시할 수 있는 뜨거운 지점들을 새롭게 감지할 수 있다. 이러한 방법은 1980년 5월 18일 세인트헬렌스 화산에서 주요 분출이 일어나기 전에 일부 성공적으로 이용되었다.

암석들이 냉각되고 결정화될 때 원래 기록되는 지자기 성질은 더 오래된 화산암들이 새로운 마그마에 의해 가열될 때 변할 수 도 있다. 이러한 변화는 화산을 이루는 암석들의 지자기 성질에 대해 지상 또는 항공 감시를 실시함으로써 상세하게 감지할 수 있다.[3,21]

지형변화 감시

지형적인 변화와 화산의 지진 거동을 감시하는 것은 일부 화산 분출을 예측하는 데 있어서 유용하게 이용되어 왔다. 하와이 화산 특히 킬라우에아는 자료의 대부분을 공급해 왔다. 킬라우에아의 정상은 분출이 일어나기 전에는 기울어지고 팽창하였으며 실제적인 분출이 일어나는 동안에는 가라앉았다(그림 7.32). 킬라우에아는 또한 지표면 아래의 마그마가 움직이고 있으며 분출이 임박했음을 반영하는 지진군을 경험했다. 지진군과 함께 정상이 기울어진 사실은 산 정상으로부터 45km 떨어진 화산 측면에 있던 카포호 농장마을 인근에서 화산 분출이 있을 것임을 예측하는 데 이용되었다. 결과적으로 주민들은 용암이 넘쳐흘러 결국 이 마을의 대부분을 파괴하는 사건이 발생하기 전에 대피할 수 있었다.[22] 분출 전에 일어나는 특징적인 팽창과 지진 활동 때문에 과학자들은 계속해서 다른 화산들보다 하와이 화산에 대해 더 잘 예측하는 것이 가능할 것으로 기대하고 있다. 기울어짐, 팽창, 갈라진 틈의 발생 혹은 화산 위나 인근 호수면의 수위 변화 같은 지반 이동을 감시하는 것은 곧 있을지도 모를 화산 분화를 지시하는 변화를 인지하는 데 유용한 도구가 되었다.[3] 오늘날에는 사람들을 위험한 지역으로 보내지 않고도 위성을 이용한 레이더와 네트워크의 위성항법장치(GPS) 수신기들을 사용하여 표면 변형작용을 포함한 화산 변화를 감시할 수 있다.[17]

화산가스 방출 감시

화산가스 방출을 감시하는 일차적인 목적은 가스의 화학적인 조성 변화를 인지하는 것이다. 가스 방출 속도와 가스 조성—즉 수증기, 이산화탄소 및 이산화황과 같은 가스들의 상대적인 양—의 변화는 둘 다 지하에서 일어나는 화산작용 변화와 관련이 있다고 여겨진다. 이러한 요인들은 표면을 향한 마그마의 이동을 지시할 수도 있다. 이러한 기술은 세인트헬렌스 화산과 피나투보 산의 화산 분출을 연구하는 데 유용했다. 피나투보 화산에서는 폭발적인 분출이 일어나기 2주 전에 이산화황의 방출이 약 10배 정도 증가했다.[3]

지질역사

화산이나 화산 시스템에 대한 지질역사를 이해하는 것은 장래에 일어날 수 있는 분출 유형을 예측하는 데 유용하다. 화산의 지질역사를 설립하기 위하여 사용된 일차 도구는 화산암과 화산층에 대한 지질도이다. 그들이 언제 일어났는지를 결정하기 위하여 용암류와 화성

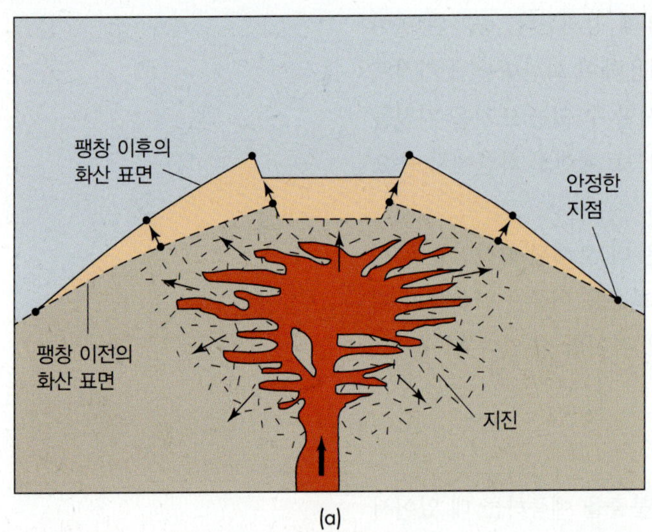

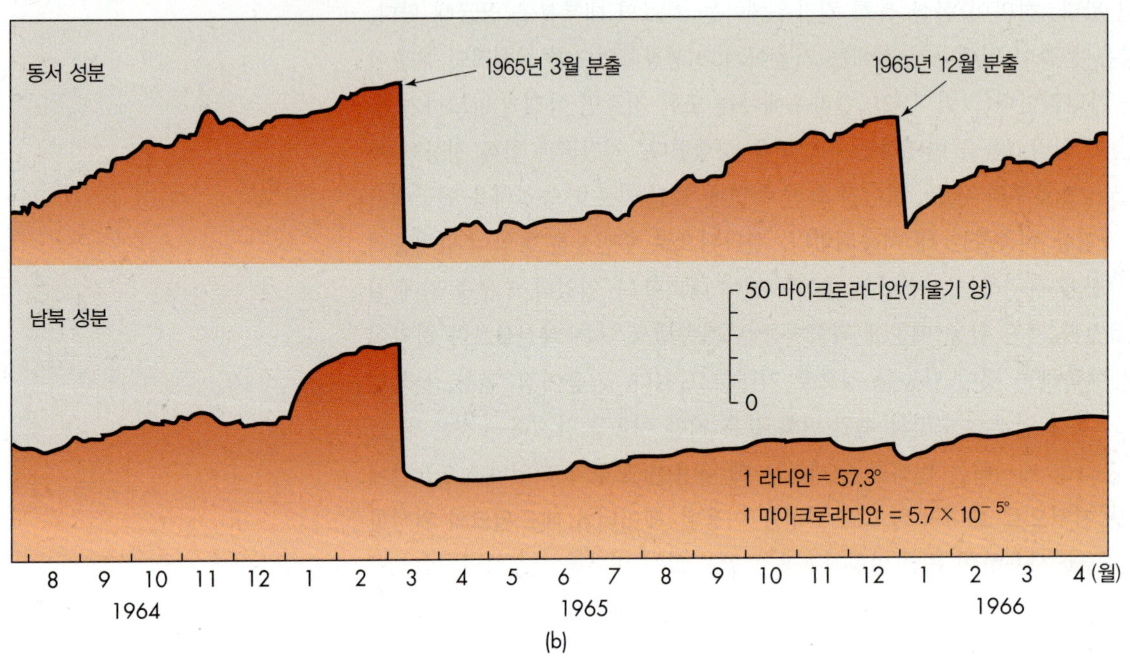

그림 7.32 분화 전의 팽창과 기울어짐 (a) 마그마가 상승할 때 지진에 수반되어 나타나는 팽창과 표면의 기울어짐을 보여주는 킬라우에아의 이상적인 다이어그램. (b) 하와이 킬라우에아 화산에서 1964년부터 1966년까지 기록된 동-서와 북-남 방향의 지면 경사를 보여주는 실질적인 자료 그래프. 분화 이전 지면 경사의 느린 변화와 분화 시 갑작스런 침강을 주목하라. (*Fiske, R. S., and Koyanagi, R. Y. 1968. USGS Professional Paper 607*)

쇄설성 활동이 일어난 시기를 정하려는 시도가 행해진다. 이러한 것들은 어떤 특정 지역의 화산재해를 설명하는 지도를 작성하는 데 필요한 일차적인 자료이다. 하와이 킬라우에아에 있는 화산층에 대한 연대 측정과 함께 지질도를 작성함으로써 화산 지표면의 90% 이상이 단지 과거 1,500년 이내의 용암에 의해 덮여 있었다는 사실을 발견하게 되었다. 그 위험이 너무 크다고 생각되었을지도 모르기 때문에, 개발 이전에 이 정보가 알려졌다면 1990년에 용암류에 의해 파괴된 칼라파나 시내는 결코 건설되지 않았을 것이다. 지질도 작성과 화산사건이 일어난 시기에 대한 연대를 측정하는 것의 진정한 가치는 재해도 작성을 통해서 토지 이용 계획과 장래에 있을 수도 있는 분출을 대비하도록 돕는 것이다.[3] 그러한 지도는 현재 전 세계에 분포하는 많은 수의 화산에 대해 이용이 가능하다.

화산 경계경보 또는 경고

대중에게 어떤 시점에 화산 분출이 일어날 것이라는 경계경보를 발하거나 경고함으로써 대피하도록 해야 하는가? 이것은 화산학자들에 의해 전달되어야 할 중요한 문제이다. 현재 표준 규약은 없으나, 여러 번의 수정을 통해 미국 지질조사소에 의해 개발된 것이 하나 사용되고 있다. 이 시스템은 상황에 따라 서로 다르게 코드화된 색깔을 사용하는 것이다. 각각의 색깔—초록색, 노란색, 오렌지색, 빨간색—은 중요성이 증가하는 것을 나타낸다(표 7.3). 이 표는 캘리포니아에 있는 롱밸리 칼데라에 관한 것이다. 유사한 시스템들이 미국

표 7.3 지질학적인 거동, 컬러-코드 상황 및 반응 : 화산재해 반응 계획, 캘리포니아의 롱밸리 칼데라

지질학적인 거동	상황	반응
1980년 이래로 전형적인 거동은 다음과 같은 것을 포함한다. 배경 : 규모(M) 3 이하의 소규모 지진이 하루에 10~20개 정도로 많이 일어나고 1년에 약 1인치(2.54cm)의 평균속도로 재생 돔의 융기가 일어난다. 약한 불안(1년에 몇 번 일어날 것 같음) : 예를 들어, 소규모 지진의 규모와 빈도 수 증가 또는 규모 3 이상의 지진 중간 정도 불안(1년에 한 번 정도 일어날 것 같음) :예를 들어, 하루에 규모 4 이상의 지진 또는 300개 이상의 지진	초록색 즉각적인 위험 없음	일상적인 감시에 부가 국지적으로 느낀 지진과 지하 변형작용, 화산의 분기공 활동, 가스 방출 등과 같이 감시되고 있는 요인들에서 나타나는 주목할 만한 변화를 미국 지질조사소 직원, 시, 군, 주 및 연방 기관에게 알려주는 전화를 함
심한 불안(10년에 약 한 번 일어날지 모름) : 예를 들어, 규모가 5인 지진을 적어도 하나 포함한 지진군 및(또는) 지하 변형작용의 속도 증가에 의해 지시된 것처럼 심부에서 마그마 유동의 증거	노란색 주의보	강화된 감시 : 롱밸리 칼데라에 응급 야외본부 설립됨. 미국 지질조사소에 의해 캘리포니아 공무원들에게 보내진 초기 주의보 메시지. 이 소식이 지역 담당자들에게 신속히 알려짐
수 시간 또는 수일 내에 분출이 일어날 것 같음(수백 년 마다 일어날 수 있음) : 천부에서의 마그마 유동에 대한 강력한 증거	오렌지색 경고	지질학적인 재해 경고가 미국 지질조사소에 의해 캘리포니아 및 네바다 주지사와 그 소식을 대중에게 알리는 다른 사람들에게 발해짐 (주의보 반응을 포함)
진행 중인 분출(수백 년마다 일어날 수 있음)	빨간색 경계경보	지속된 현장 감시과 의견교환. 강력한 감시를 유지하고 계속해서 시 당국에 분화 진척상황과 장차 일어날 것 같은 것을 알림

주의 : 주어진 시간에서의 상황은 감시 네트워크에 의해 감지된, 연속적으로 더 심한 수준의 지질학적인 불안의 관문이 된다.

주어진 상황에 대한 반응은 더 낮은 수준에 대해 구체적으로 언급된 반응을 포함한다. 주어진 상황에 대한 추정 재발 간격은 1980년 이래 롱밸리 칼데라에서의 불안한 불연속적인 사건들의 재발, 1930년대 이래로 그 지역에서 발생한 규모 4 이상의 지진에 대한 기록 및 과거 50,000년에 걸쳐 그 지역에서 있었던 화산 분출에 대한 지질학적인 기록에 기초한다.

주의보, 경고 및 경계경보의 소멸 : 이 표는 불안 수준이 처음에 그 상황을 발생시킨 수준 아래로 떨어진 이후 주어진 상황이 유효한 채로 남아 있는 시간 길이(일)를 보여준다.

상황	소멸기간	차후 상황*
주의보	14일	초록색(즉각적인 위험 없음)
경고(분출 임박)	14일	주의보
경계경보(분출 중)	1일	경고

*이전에 설립된 상황이 만료된 시기의 불안 수준. 분출 활동(경계경보) 말기에, 경고는 진행 중인 불안 수준에 따라 적어도 14일 동안 유효한 상태로 남아 있을 것이다.

출처: USGS, 1997.

태평양연안 북서부 지방의 캐스케이드 산맥과 알래스카를 포함한 다른 화산지역들에 사용되어 왔거나 사용되고 있다. 컬러-코드 시스템은 좋은 시작이다. 그러나 어려운 질문이 여전히 남아 있다. 언제 대피를 시작해야 하는가? 사람들이 언제 되돌아오는 것이 안전한가? 대피는 적색경보 이전에 틀림없이 필요한 것인데, 노란색이나 오렌지색 경보 중 언제 시작되어야 하는가?

7.9 화산재해 인지 및 적응

손실에 대한 심리적 적응은 별도로 하고, 화산 활동에 대한 사람들의 일차적인 적응은 대피이다. 주목할 만한 예외는 앞에서 토의된 헤이마에 섬에 있던 사람들이 물을 이용하여 용암을 식힘으로써 성공적으로 분출에 대항해서 싸웠던 결정이다. 사람들이 화산재해를 어떻게 인지하느냐에 관한 정보는 제한적이다. 사람들은 다음과 같은 여러 가지 다양한 이유 때문에 화산 근처에서 산다. (1) 이들이 거기에서 태어났고, 카나리 제도와 같이 일부 섬들의 경우에는 이 섬에 있는 모든 땅이 화산지대이다. (2) 땅이 비옥하고 농사짓기에 좋다. (3) 사람들이 낙천적이며 분출이 일어날 것이라고 믿지 않는다. (4) 그들이 어디에 살 것인가에 대해 선택의 여지가 없다. 예를 들어, 그들은 경제적인 여건 때문에 제한을 받을 수 있다. 인지에 관한 한 연구에서는 하와이에서 일어난 화산 활동을 평가하여 화산 활동과 이에 대한 적응방법을 아는 데 있어서 중요한 요인들로는 사람의 나이와 화산재해 장소 인근에서 거주한 기간임을 발견하였다.[23] 1991년 피나투보 화산의 분출이 일어나기 전 60,000명의 사람들이 성공적으로 대피할 수 있었던 한 가지 이유는 암설류를 동반한 격렬한 화산재 분출로부터 야기될 수 있는 위험에 관해 사람들을 교육시키는 프로그램을 정부가 제공한 것이었다. 분출이 일어나기 전에 이러한 사건을 묘사하는 비디오가 그 지역에서 널리 시청되었으며, 이것을 통해 그 지역 지방 관리들과 주민들은 그들이 실제적이며 급박한 위협에 직면했다는 것을 확신할 수 있었던 것이다.[4]

화산을 연구하는 과학이 알려지고 있으나 충분하지 않다. 아마도 미래에 화산재해를 줄이는 측면에서 가장 결정적인 것은 최근에 나타나는 잠재적인 **화산 위기**(volanic crisis) — 즉 화산 분출이 가까운 미래에 일어날 것 같다는 것을 과학이 제안하는 상황 — 동안에 나타나는 인간 및 사회 문제들에 대한 이해를 도모하는 데서 올 것이다. 과학자, 비상시 관리인, 교육자, 미디어 및 시민들 사이의 의사소통이 원만하게 이루어지도록 방법을 개선하는 것이 특히 중요하다. 목적은 화산 위기가 화산재해 또는 대재앙으로 되는 것을 막는 것이다.[17]

요 약

화산 분출은 흔히 인구가 밀집되지 않은 지역에서 일어나나, 만약 인구가 밀집된 지역에서 일어날 때는 대재앙을 일으킬 가능성이 높다. 화산 활동은 판구조론에 직접적으로 관련되어 있다. 대부분의 화산들은 판 경계부에 위치하며, 마그마는 갈라지거나 섭입하는 암석권이 다른 지구 물질과 상호작용을 할 때 생성된다. '환태평양 화산대'는 전 세계에 분포하는 화산들의 약 2/3를 포함하는 태평양(태평양판)의 대부분을 둘러싸는 지역이다.

용암은 화산으로부터 분출한 마그마이다. 다른 유형을 가지는 화산들의 활동은 용암이 가지는 실리카 함량과 점성의 차이에 의해 부분적으로 결정된다. 순상화산은 아이슬란드와 같은 중앙해령과 하와이 제도와 같은 판 내부 열점 위에서 생성된다. 순상화산의 일반적인 암석 종류는 현무암이며, 이들은 비폭발적인 분출에 의해 특징지어진다. 복합화산은 섭입대, 특히 태평양 가장자리를 따라 생성되며, 미국의 태평양 북서부를 예로 들 수 있다. 그들은 대개 안산암으로 되어 있으며 폭발적인 분출과 용암류에 의해 특징지어진다. 용암돔은 섭입대의 내륙에서 생성된다. 용암돔의 예로서는 캘리포니아의 라센 화산이 있다. 그들은 대개 유문암으로 이루어져 있으며 매우 폭발적이다.

화산 지형에는 화도, 분화구 및 칼데라가 있다. 화산 지역에서 볼 수 있는 그 밖의 지형으로는 온천과 간헐천이 있다. 거대한 칼데라를 형성하는 분출은 격렬하지만 드물게 일어나는 지질 사건이다. 폭발적인 분출이 시작된 후에 이들은 흔히 재생하며 100만 년 이상 동안 화산재해를 일으킬 수도 있다. 캘리포니아 롱밸리 칼데라에서 최근에 일어난 융기와 지진은 재해 가능성이 있음을 상기시켜 준다.

화산 활동의 일차적인 결과는 용암류, 화성쇄설성 재해 및 경우에 따라 유독가스의 방출을 포함한다. 수력냉각과 방벽건설이 용암류를 통제하려는 의도로 사용되었다. 이러한 방법들은 부분적으로 성공을 거두었으며, 더 고도의 평가를 요구한다. 화성쇄설성 재해는 화산재가 넓은 지역을 덮는 화산재 강화, 화산 측면 아래로 시속 100km의 속도로 빠르게 이동하는 화산재류 또는 뜨거운 암설사태 및 매우 파괴적일 수 있는 측방폭발을 포함한다. 화산 활동의 이차적인 결과는 융해된 눈과 얼음 또는 강수가 화산재와 섞일 때 생성되는 암설류와 이류를 포함한다. 이러한 것들은 화산으로부터 수km 떨어진 지역을 황폐시킬 수 있다. 이러한 영향들 모두는 미국 태평양 연안 북서부 지방의 캐스케이드 산맥에서 최근에 일어났으며, 장차 거기에서 일어나지 않을 것이라고 믿을 어떠한 이유도 없다.

화산에 대한 최근 지질역사에 대한 지식과 결합하여 지진 활동, 열, 지자기 및 수리적인 성질 및 지형 변화를 충분히 감시할 때 결국 화산 활동에 대한 믿을 만한 예측을 할 수 있을 것이다. 분출에 대한 예측은 성공적이었으며, 특히 하와이 화산과 필리핀에 있는 피나투보 화산의 경우에 성공적이었다. 그러나 세계적인 규모에서 미래에 일어날 수 있는 대부분의 화산 활동을 정확하게 예측할 수 있을 것 같지는 않다.

손실에 대한 심리적인 적응은 별도로 하고, 화산 활동에 대해 일차적으로 사람들이 적응해야 하는 것은 대피이다. 화산재해에 대한 인지 정도는 나이와 재해 지역 인근에 거주한 기간의 함수이다. 일부 사람들은 화산 인근에 사는 것 이외에는 선택의 여지가 없다. 교육은 화산재해에 대해 사람들에게 알리는 데 있어 중요한 역할을 한다.

화산재해를 줄이려는 목적은 화산 위기가 화산재해나 대재앙이 되는 것을 막으려는 목적에서 의사소통을 통해 인간 및 사회문제에 초점을 맞추는 것이다.

기본개념의 재확인

인구 증가

사람들이 활화산 가까이 거주할 때, 그 결과는 대재앙이 될 수 도 있다. 화산 토양은 일반적으로 비옥하며, 거주지는 화산으로부터 하부를 향해 형성된 널찍하며 농사를 짓기에 좋은 계곡에 발달된다. 이에 더하여 워싱턴 주 시애틀과 멕시코시티를 포함하는 대도시 중심지는 활화산 가까이에 위치한다. 카나리 제도 테네리페의 푸에르토 데 라 크루즈와 같은 섬의 도시처럼 일부의 경우, 섬 전체가 대규모 화산 중심지에 놓여 있다. 이 섬에 사는 사람들의 경우 위험이 잠재해 있는 지역에 사는 것 이외에는 다른 대안이 없다. 향후 100년 동안 화산 인근의 거주 센터와 도시가 성장하여 더 많은 사람들의 관심을 끌게 될 때, 수백만 명의 추가적인 사람들에게 화산재해는 더욱더 심각해질 것이다.

계로서의 지구

화산은 지구 내부 시스템 중의 일부이다. 마그마는 사람들에게 관심이 있는 시간 기간에 걸쳐 단지 느리게 진보하는 판 경계와 열점에서 생성된다. 그러나 화산이 활동적일 때, 이것이 일으키는 지진과 마그마가 표면을 향해 이동함에 따라 방출하는 가스에서 중요한 변화가 일어난다. 이러한 변화를 통해 우리는 경계를 하게 되며 분출이 일어날 것을 예측할 수 있다.

위험한 지구작용, 위해성 평가 및 인식

화산은 가장 격렬한 자연재해 중 하나이다. 수백 년 동안 활동하지 않았던 화산 아주 가까이에 살고 있는 사람들은 그것이 거기에 있다는 것을 거의 알지 못할 수 있으며, 장차 있을 분출에 대한 잠재적인 위협이 알려지지 않을 수 있거나 위협으로서 인지되지 않을 수도 있다. 하와이처럼 분출이 더 자주 일어나는 지역에서는 사람들이 일반적으로 위험을 잘 알아차리며, 수십 년 동안 지속될 수 있는 분출에 대한 매일의 뉴스 보고를 접하며 살고 있다. 다시 말해서 분출이 자주 일어나면, 그 재해에 대한 사람들의 인지도는 증가한다.

과학지식과 가치

화산이 어떻게 기능하고, 이것이 생성하는 암석 및 이것이 주는 재해에 대해 많은 것을 배웠다. 그러나 그 가치기준은 때때로 일치하지 않는다. 예를 들어, 하와이 제도에 사는 일부 사람들은 화산을 영적이고 종교적인 견해에서 바라본다. 이들에게 화산가스, 마그마 및 육지는 지열에너지를 생산하거나 도시 개발을 위해 덮어 가리도록 사용되는 것이 아니라, 화산 여신 펠레의 호흡이며 생명인 것이다. 이들은 하와이 섬으로부터 펠레의 화산암을 조금이라도 가져가는 일은 그 도둑에게 불행을 가져온다고 믿는다.

주요 용어

마그마
분석구
복합화산
순상화산
암설류/이류/라하르
용암
용암류
용암 돔
측방폭발
칼데라 분출
화산 위기
화산재 강하
화산재류
화성쇄설성 활동

복습 문제

1. 재해 전망으로부터 화산의 유형을 아는 것이 왜 중요한가?
2. 점성은 무엇이며, 무엇이 이것을 결정하는가?
3. 화산의 주요 유형과 각각에 수반되는 마그마 종류를 열거하라.
4. 화산의 주요 유형과 그들의 분출방식을 열거하라. 왜 이들이 분출하는 방법으로 활동하는가?
5. 판구조론과 화산은 어떤 상관관계가 있는가?
6. 용암굴은 화도로부터 마그마가 멀리까지 이동하는 데 어떻게 도움을 주는가?
7. 하와이 제도와 하와이의 큰 섬 아래 있는 열점 사이에는 무슨 관계가 있는가?
8. 간헐천의 기원은 무엇인가?
9. 칼데라 분출은 왜 그토록 위험한가?
10. 화산 분출의 일차 및 이차 영향을 열거하라.
11. 용암류를 통제하려고 시도되었던 일부 방법들에는 무엇이 있는가?
12. 화산재 강하, 측방폭발 및 화산재류 사이의 차이점을 설명하라.
13. 화산 분출 시 방출되는 주요 가스들은 무엇이며 무엇이 가장 위험한가?
14. 화산 분출이 어떻게 거대한 이류를 생성할 수 있는가?
15. 화산 분출 예측을 가능하게 하는 일부 방법에는 어떤 것들이 있는가?

심화 문제

1. 여러분의 할아버지 집에 있는 오래된 상자들 속을 들여다보다가 당신의 증조부에 의해 수집된 화산암 시료 하나를 발견한다. 그것이 어디에서 수집되었는지는 아무도 모른다. 당신이 이것을 학교로 가지고 가서 지질학 교수에게 여쭤보니 그것이 안산암 시료라고 말한다. 여러분은 할아버지께 아마도 그 시료가 유래하였을 화산 유형, 지질 환경 및 이것을 생성했을 화산 활동의 유형에 대해 무엇이라고 말할 수 있겠는가?

2. 화산재해 인지 및 적응에 관한 토의에서 우리는 사람들의 인지와 화산 분출 시 이들이 무엇을 할지에 대한 것이 재해에 대한 근접성과 화산작용 및 필요한 적응에 대한 지식 모두와 관련되어 있다는 것을 수립했다. 이러한 연관성을 생각하면서, 화산재해 가능성을 사람들에게 경고할 수 있는 공공 관련 프로그램을 개발하라. 네바다 델 루이즈(제5장 참조)에서 분출이 일어날 때 초래된 비극은 그 지역에 관한 재해도를 준비하는 데 무관심한 태도를 갖도록 영향을 준 정치적 및 경제적 요인들에 의해 부분적으로 일어났다는 것을 명심하라. 일부 사람들은 재해도가 일부 지역의 자산가치를 떨어뜨릴 것이라고 염려했다.

제 8 장

강과 홍수

학습 목표

물은 지구 표면의 약 70%를 덮고 있으며, 지구의 생명체를 유지하는 데 필수적인 요소이다. 그러나 홍수와 같은 상황에서는 물이 인간의 생명과 재산에 중대한 위협이 된다. 홍수는 전 세계적으로 가장 흔히 발생하는 자연재해이다. 미국에서는 홍수가 가장 보편적이며 손실이 큰 자연재해이다. 1900년 이래 미국에서는 홍수로 인해서 10,000명 이상의 사망자가 발생하였으며, 매년 50억 달러 이상의 재산 손실이 발생하고 있다. 홍수는 사람들이 홍수 발생 취약 지역에서 살고 일하는 한 주요한 자연재해로 남아 있을 것이다. 이 장의 학습 목표는 다음과 같다.

- 기본적인 강의 작용에 대해서 이해한다.
- 홍수 재해의 특성과 범위를 이해한다.
- 소규모 유역 홍수에 대해서 도시화가 미치는 영향을 이해한다.
- 대규모 홍수 조절 방안과 환경적으로 더욱 바람직한 조절 방안을 판별한다.
- 수로화에 의한 부정적인 환경 효과와 수로 복원의 이점을 이해한다.

미시시피 강과 오하이오 강의 합류점. (*Alex S. MacLean/Peter Arnold, Inc.*)

사례 연구 | 1973년과 1993년의 미시시피 강의 홍수

1973년 봄에 발생한 미시시피 강의 홍수는 미시시피 강 계곡의 수천km²의 농장을 침수시킴으로써 수만 명이 대피하도록 하였다. 다행히도 사망자는 거의 없었으나 홍수로 인해서 약 12억 달러의 재산피해가 발생하였다.[1] 1973년의 홍수는 미주리 강 상류에 홍수조절 댐들을 건설하는 엄청난 투자를 했음에도 불구하고 발생하였다. 이들 댐의 저수지는 사우스다코타 주와 노스다코타 주의 가장 중요한 몇몇 농지를 침수시켰으며, 이들 댐에도 불구하고 세인트루이스 근처의 홍수는 그 이전의 기록을 깨는 규모였다.[2] 이전의 홍수도 큰 규모였으나, 20년 후에 발생한 홍수에 비하면 규모나 피해 면에서 비교가 되지 않는다.

1993년 여름에 미시시피 강의 본류와 지류에서는 100년 만에 가장 큰 홍수를 경험하였다. 1993년에는 1973년 홍수보다 더 많은 범람수를 경험하였으며, 그 재발 주기는 100년을 넘는 것이었다. 홍수는 6월 말부터 8월 초까지 계속되었으며, 50명의 인명 손실과 100억 달러가 넘는 재산피해를 발생시켰다. 모두 합쳐서, 약 55,000km²(다수의 마을과 농장을 포함함)이 물에 잠겼다.[3,4]

1993년 홍수는 중서부 지역의 북부와 대초원 지대의 북중부인 미시시피 강과 미주리 하류의 강물이 흘러들어오는 지역의 대규모 기상 이변에서 비롯되었다.[5] 습한 가을과 봄철의 대규모 융설이 미시시피 강 유역 상류 지역의 땅을 포화시킴으로써 문제가 시작되었다. 그리고 6월 초에 동부 해안의 고기압 중심부가 정체되었으며, 습하고 불안정한 기류가 미시시피 강 유역 상류지역으로 들어왔다. 동쪽으로부터 들어오면서, 이러한 기상 조건은 중서부 지역에 폭우를 내리게 하였다. 동시에 로키 산맥을 넘어온 기류가 호우를 뿌리기 시작하였다.[5] 일리노이 주, 아이오와 주, 미네소타 주에서는 1993년 여름은 가장 습하였다. 예를 들면, 아이오와 주의 세다 래피드에는 4월부터 7월까지 90cm의 비가 내렸다. 4개월 동안 내린 이 강수량은 평년의 연강수량에 해당하였다![4] 그 해 여름에, 포화되어 있는 땅에 내린 집중호우는 대

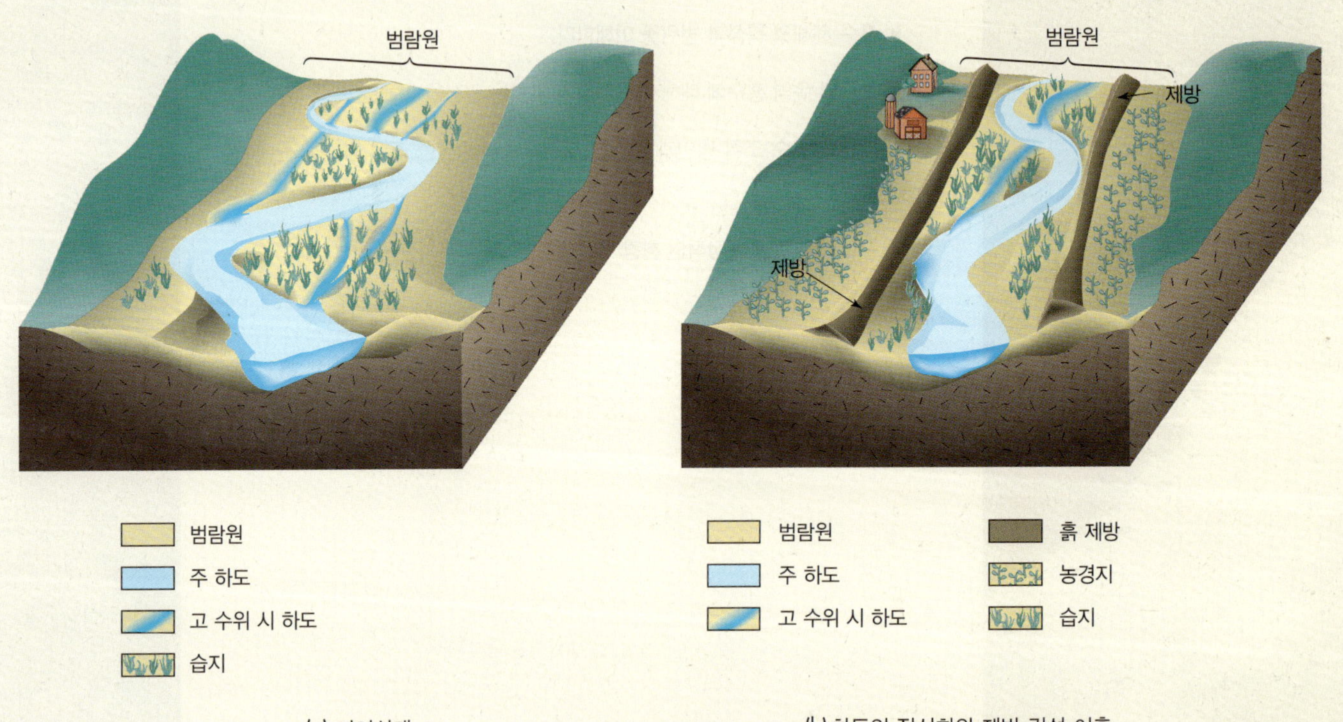

그림 8.1 범람원과 제방 (a) 자연 범람원(강에 인접한 평평한 땅)과 습지. (b) 하도가 직선화되고 제방이 건설된 이후의 범람원. 제방 너머의 땅이 경작되고 습지는 양쪽 제방 사이에만 한정되어 있다.

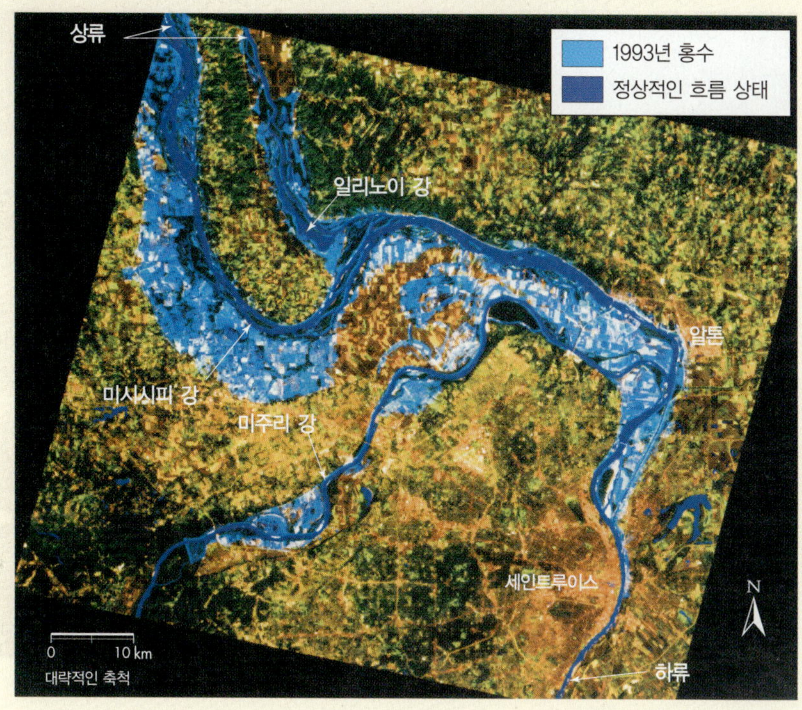

그림 8.2 1993년 미시시피 강의 홍수 이 사진은 1993년 미시시피 강 홍수의 범위를 보여준다. 아래 오른쪽 구석편의 미주리 주 세인트루이스 시(오렌지색)의 옆으로 흐르는 지역에서 미시시피 강이 좁아진다. 미시시피 강이 좁아지는 이유는 도시를 보호하기 위해서 일련의 홍수방벽들이 건설되었기 때문이다. 미주리 주 세인트루이스의 상류에서 광범위한 홍수가 발생하였음을 주목하여야 한다. 세인트루이스의 홍수방벽들은 강의 흐름에 대해서 실제로 병목 역할을 하고 있다. 일리노이 주의 알톤 시는 세인트루이스의 상류에 있는 오렌지색 지역으로서 악명 높은 홍수의 역사를 가지고 있다. (*ITD-SRSC/RSI/SPOT Image, copyright ESA/CNES/Sygma*)

단한 하천유량과 엄청난 홍수를 유발하였다. 홍수는 긴 기간 동안 높은 수위를 유지하였으며, 미시시피 강의 홍수 방어시설, 특히 **제방**(levee, 홍수를 저장하고 범람을 방지하기 위해서 강에 평행하게 축조된 흙으로 된 제방, 그림 8.1)에 압력을 가하였다. 제방은 범람원(강에 인접한 평지)에 축조된다.

제방의 축조 이전에, 미시시피 강의 범람원은 강에 인접한 편평한 매우 넓은 지역으로서 주기적으로 범람되었으며, 광범위한 습지들이 분포하고 있었다. 1718년에 최초로 제방이 축조된 이래로, 1993년에 심한 홍수피해를 본 지역들인 위스콘신 주, 일리노이 주, 아이오와 주, 미주리 주, 그리고 미네소타 주의 약 60%의 습지가 사라졌다. 미주리 주의 세인트루이스와 같은 몇몇 지역의 제방은 대규모 홍수로부터 시를 보호하도록 설계된 홍수방벽이다. 1993년 6월 중순의 인공위성 사진(그림 8.2)은 홍수방벽에 에워싸인 세인트루이스와 대규모 범람이 발생한 알톤 시 근처의 폭이 넓은 상류지역을 보여주고 있다. 물은 홍수방벽과 방벽 사이의 좁은 수로를 지나가야 하기 때문에, 홍수방벽은 병목 현상을 초래하고, 물이 홍수방벽을 넘쳐 들어오게 된다. 이 범람한

그림 8.3 제방의 붕괴 1993년 미시시피 강의 홍수 때에 붕괴된 일리노이 주의 이 제방은 밸메이어 시를 범람시키는 원인이 되었다. (*Comstock Images*)

그림 8.4 손상된 농경지 1993년 미시시피 강 홍수의 정점 때 농경지의 손실. (*Comstock Images*)

물에 의해서 1993년 홍수에서 세인트루이스의 상류 지역이 범람되었다(그림 8.2).

홍수를 방지하기 위해서 높은 방벽이 건설되었음에도 불구하고, 차 올라오는 홍수 위는 세인트루이스의 홍수방벽 높이의 약 0.6m 이내까지 도달하였다. 세인트루이스의 하류에 있는 제방이 터짐으로써 그 압력은 부분적으로 해소되었으며, 이것이 아마도 범람으로부터 그 도시를 구했을 것이다. 제방 붕괴(그림 8.3)는 홍수재해 때 흔히 일어나는 일이었다.[4,5] 실제로, 미시시피 강 본류와 지류를 따라 사적으로 건설된 제방들(즉 농부들과 집주인들이 만든 제방들) 중 거의 80%가 붕괴되었다.[4] 그러나 연방정부에 의해서 건설된 대부분의 제방들은 홍수에 견뎌냈으며, 따라서 인명과 재산을 구하였다. 불행하게도, 제방 건설에는 일정한 법적 규정이 없으며, 따라서 어떤 지역에서는 제방의 높이가 높고, 다른 지역에서는 낮다. 제방 붕괴는 제방 둑으로의 넘침과 제방의 구멍, 제방의 터짐으로 인해서 발생하였으며, 광대한 농지와 도시가 범람되었다(그림 8.4).[4]

1993년의 홍수에 의한 교훈들 중의 하나는 제방의 축조가 안전에 있어서 부정적인 측면을 제공했다는 것이다. 장기적으로는 극히 큰 규모의 홍수에 견딜 수 있는 제방을 설계하는 것이 어렵다. 더군다나 습지의 소멸로 인해서 범람원이 범람수를 흡수할 공간을 축소시킨다.[6] 1993년에는 홍수가 또 다시 범람원 마을들을 범람시켰다. 미시시피 강을 따라 분포하는 여러 마을들은 홍수재해에 대해서 전략을 재고하고 있으며, 더 높은 지역으로 이주하고 있다! 물론, 이것은 적절한 홍수 조절 대책이다.

홍수가 허리케인으로 인한 해안 범람과 같은 여러 가지 자연작용에서 유래하지만, 이 장에서는 여러 가지 관점(강의 작용, 토지용도 변경이 홍수에 미치는 영향, 홍수의 영향, 홍수를 저감시키는 방법)에서 홍수를 다룰 것이다.

8.1 강 : 역사적인 이용

기름진 **충적**(하천퇴적) 토양, 풍부한 물 공급, 폐기물 처리의 용이함, 강을 따라 발달된 상업 지역에의 근접성으로 인해, 200년 이상 미국인들은 범람원에서 살고 일해 왔다. 물론 범람원에 가옥, 산업시설, 공공 건물, 농장을 만드는 것은 재앙을 불러오지만, 매우 많은 범람원 거주자들이 범람원이 강의 자연적인 범람수로이며 자연수계의 일부라는 사실을 인정하기를 거부하였다. 강의 수로에 인접한 평탄한 지면인 **범람원**(floodplain)은 홍수에 의해서 주기적으로 범람되는 지역으로서, 실제로 홍수의 작용에 의해서 만들어진다(그림 8.1a, 8.5, 8.6). 범람원의 특성 및 강과 범람원의 관계를 이해하지 못한 상태에서는 홍수 조절, 범람원 및 습지의 배수는 중대한 사안이 된다. 개척자들이 서부로 이주하였을 때 일련의 과정을 거쳐서 토지를 개조시켰다. 첫째로, 그들은 벌목을 하고 불을 질러서 토지를 정리하고, 그 다음에는 자연적인 배수체계를 변경시켰다. 그러한 토지 이용 역사에 의해서 홍수조절 계획이 가속화되고, 홍수피해가 더욱 더 커지는 두 가지 일이 동시에 일어났다. 이 장에서 우리는 강의 자연적인 작용으로서의 홍수를 고찰하고, 홍수 조절의 전통적인 방법들의 성공과 실패를 검토할 것이다. 또한 자연적인 강의 작용에 거스르기보다는 오히려 강의 작용에 순응하는 하천복원 계획에 대해서 논할 것이다.

8.2 시내와 강

시내와 강은 수문순환의 일부이고, 수문학은 수문순환을 연구하는 학문이다. 수문순환은 지구표면(주로 해양)으로부터 대기로의 증발, 그리고 지표면 유출과 지하로의 흐름에 의해서 해양으로 돌아가는 물의 이동을 포함한다. 비나 눈의 형태로 지상에 떨어지는 물 중의 일부는 토양과 암석 속으로 침투하고, 일부는 증발하며, 그 나머지는 국지적인 지형구배에 따라 결정되는 수로를 통하여 배출되거나 흘러간다. 이러한 지표유출수는 시내로 흘러 들어가며, 시내는 더 큰 시내나 강으로 합쳐진다. 강과 시내의 차이는 그 규모에 있다. 즉 시내는 작은 강이다. 그러나 지질학자들은 보통 시내라는 용어를 크기에 관계없이 수로에 흐르는 수체를 지칭하는 말로 사용한다. 단 하나의 강이나 하나의 수계로 지표수가 배수되는 지역을 **배수 유역**(drainage basin) 또는 **집수 유역**이라고 지칭한다(그림 8.7a).

강의 경사 또는 구배는 수평거리에 대한 수로의 수직적인 차이이다. 일반적으로, 집수유역 내에서 강의 경사는 일반적으로 고지대에서 더 급하고 기준면에 접근할수록 완만해진다. 강의 기준면은 이론적으로는 강이 지표 물질을 침식할 수 있는 가장 낮은 수준면이다. 어떤 경우에는 강의 기준면을 호수면으로 하기도 하지만, 대부분의 경우에는 해수면이 기준면이 된다. 강은 하류로 흘러서 기준면에 도달하며, 하류쪽으로의 거리에 대한 강의 해발고도를 도시한 것이 종단면이다(그림 8.7b). 강은 일반적으로 유역의 최상류 근처의 고지대에서는 경사가 급하고 계곡이 깊은 반면에 넓은 범람원이 분포하는 기준면에 가까울수록 경사가 완만하고 강의 깊이가 얕은 편이다(그림 8.7c, d). 고지대에서는 강의 경사가 급하므로 계곡의 침식도 더 깊게 일어난다. 침식률 증가는 가파른 수로의 경사에 의해서 강물의 유속이 증가하기 때문이다.

그림 8.5 범람원 (a) 강의 범람원 모식도. (b) 콜로라도 주의 리오그란데 강의 범람원. (*Edward A. Keller*)

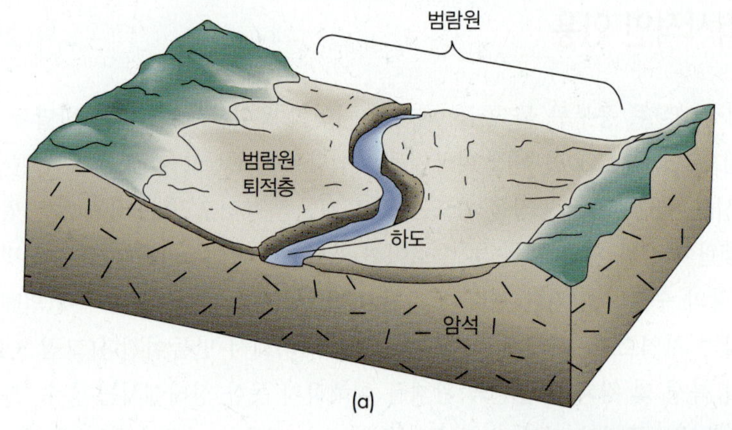

(a)

(b)

(a)

(b)

그림 8.6 융설에 의한 범람원의 침수 봄철 융설 동안의 요세미티 국립공원의 게일러 내. (a) 아침에는 강물이 하도 내를 흐른다. (b) 오후에 융설이 절정에 달하면, 강물은 범람원을 침수시킨다. (*Edward A. Keller*)

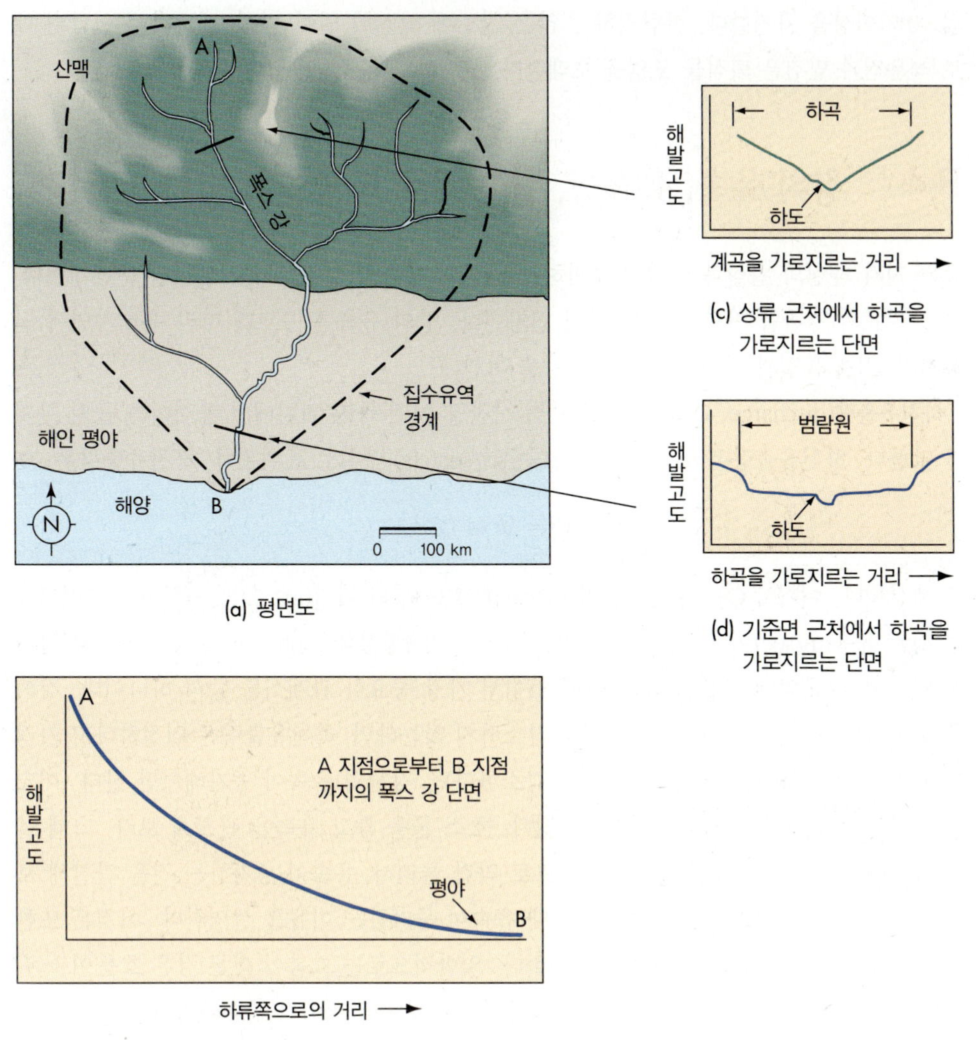

그림 8.7 집수유역과 강의 단면 (a) 집수유역. (b) 폭스 강의 종단면. (c) 강의 상류 근처의 하곡의 단면. (d) 기준면 근처의 하곡 단면.

8.3 강의 퇴적물

강에 의해서 운반되는 퇴적물의 총량을 **총 운반량**이라고 한다. 이는 밑짐, 뜬짐, 녹은짐을 포함한다. **밑짐**은 수로의 밑바닥을 따라서 입자들이 튀거나, 구르거나, 바닥 가까이를 스치듯이 이동한다. 대부분의 강에서 밑짐은 모래와 자갈로 구성되며, 보통은 총 운반물의 10% 미만으로서 상대적으로 적은 양을 차지한다. **뜬짐**은 주로 실트와 점토로 구성되며, 수로의 바닥보다 떠서 유수에 의해서 운반된다. 뜬짐은 총 운반물의 거의 90%를 차지하며, 강물을 탁하게 한다. **녹은짐**은 용액 상태로 운반되며, 집수유역 내 암석의 화학적 풍화로부터 유래한다. 녹은짐 중에 나트륨과 염소 농도가 높으면 강물의 맛이 짜게 된다. 만약 녹은짐 중에서 칼슘과 마그네슘의 농도가 높아지면, 강물은 경수가 된다. 녹은짐의 구성성분의 대부분은 중탄산이온(HCO_3^-), 황산염(SO_4^{2-}), 칼슘이온(Ca^{2+}), 나트륨이온(Na^+) 그리고 마그네슘이온(Mg^+)이다. 제3장에서 언급한 대로 이온은 전자의 획득이나 손실에 의해서 양성이나 음성을 가지는 원자나 분자를 말한다. 전형적으로, 위의 다섯 가지 이온이 강의 녹은짐의 90% 이상을 차지한다. 바람직하지 않은 장소에 퇴적이 일어날 때, 제13장에 언급된 대로 녹은짐과 밑짐은 퇴적물 오염을 초래한다.

8.4 강의 유속, 유출량, 침식 그리고 물질의 퇴적

강은 지각 물질의 침식과 퇴적을 포함하는 암석의 순환의 일부로서 기본적인 운반계이다. 강은 지표의 경관을 만드는 주요 침식 인자이다. 강의 유속은 수로를 따라 흘러가면서 달라지며, 지표 물질의 침식과 퇴적에 영향을 미친다.

하천유출량(discharge, Q)은 강에서 단위 시간당 어떤 특정 위치에서 움직이는 물의 부피를 말한다. 하천유출량은 m^3/sec(cms) 또는 ft^3/sec(cfs) 단위로 표현된다. 하천유출량은

$$Q = W \times D \times V$$

로 계산된다. 여기서 Q는 하천유출량(m^3/sec), W는 강의 너비(m), D는 수심(m), 그리고 V는 평균 유속(m/sec)이다. 식 $Q = W \times D \times V$는 **연속방정식**(continuity equation)으로 알려져 있으며, 강물의 흐름을 이해하는 데 있어서 가장 중요한 관계식들 중의 하나이다. 강의 주어진 길이를 따라 강물이 증가하거나 감소하지 않는다면, 하천유출량은 일정하다고 가정한다. 따라서 흐름의 단면적($W \times D$)이 감소한다면, 강물의 유속이 증가해야만 한다. 이러한 변화는 정원의 호스에서 관찰할 수 있다. 호스 물을 틀고 유속을 관찰해 보라. 그때 물이 흘러나오는 호스의 끝을 엄지손가락으로 약간 눌러서, 유속이 증가하는 것을 관찰해 보라. 이것은 계곡에서 강의 수로가 좁을 때 유속이 증가하는 이유를 설명한다. 이것은 또한 좁은 협곡에서 급류가 흔한 이유를 설명한다. 일반적으로는 흐름이 빠른 강은 흐름이 느린 강보다 강둑을 더 강하게 침식시킨다. 시내가 산지로부터 평야로 흘러나올 때는 선상지라고 하는 부채꼴 모양의 퇴적지를 형성시킨다(그림 8.8). 강이 해양이나 또는 그 밖의 잔잔한 수체로 흘러들어갈 때, 퇴적물이 퇴적되어 삼각형이나 또는 불규칙한 모양의 땅으로서 바다나 호수까지 연장된 지대인 삼각주(delta)가 형성된다(그림 8.9). 선상지, 삼각주와 관련된 홍수재해는 하곡과 범람원 환경에서 발생하는 재해와는 다르다. 이는 강이 선상지나 삼각주 환경으로 들어갈 때는 지류 수로들로 분산되기 때문이다. 즉 강은 하나의 본류가 아닌 여러 개의 수로로 갈라지며, 범람한 물을 선상지나 삼각주의 여러 다른 부분으로 보낸다. 더욱이 이들 수로는 홍수 시에 빠르게 그 위치를 바꾸는 특징을 보인다.[7] 예를 들면, 남부 캘리포니아의 벤투라 강 삼각주의 레저 차량을 위한 대형 유원지는 1990년대에 4번이나 홍수에 잠겼다. 레저 차량 유원지는 벤투라 강의 변화가 활발한 한 지류의 수로에 건설되었다. 그러나 그 유원지를 건설하기 이전에, 그 장소의 잠재적인 홍수재해도를 작성하였던 기술자들은 그 유원지가 삼각주상에 위치하고 있다는 사실을 깨닫지 못하였다. 이 이야기는, 홍수재해 평가에 있어서 강의 홍수 역사를 연구하는 것이 중요하다는 점을 강조하는 것이다(자세히 살펴보기 '어느 강의 역사' 참조).

강 수로의 특정 지역이나 선상지 또는 삼각주상에서 일어나는 침식이나 퇴적의 원인은 복잡하지만, 그것은 강의 물리적 성질과 상관관계를 가진다.

그림 8.8 선상지 데스 벨리의 블랙 마운틴스 서쪽 기슭을 따라 발달한 선상지. 선상지의 기저부를 따라서 난 길을 주목하라. 흰 물체는 데스 벨리의 소금 퇴적층이다. (*Michael Collier*)

그림 8.9 삼각주 미시시피 강 삼각주. 이 사진에서 식생은 빨간색으로, 그리고 부유물이 떠 있는 물은 흰색 또는 밝은 파란색으로 보인다. 그리고 부유물이 적은 심부의 물은 짙은 파란색으로 보인다. 사진의 맨 오른쪽 삼각주의 지류 하도는 새의 다리처럼 생겼다. 실제로 미시시피 강 삼각주는 전형적인 새다리 모양의 삼각주이다. 지류의 하도는 멕시코 만으로 퇴적물을 운반하는 역할을 한다. 그리고 멕시코 만에서는 파도의 작용이 강하지 않기 때문에 강은 삼각주 시스템에서 주도적인 역할을 한다. 사진의 가로상 횡단 거리는 약 180km이다. 보다 활동적인 해안 환경으로 유입하는 강들과 관련되는 삼각주는 새다리 모양의 삼각주보다는 더 직선적인 해안선을 가지고, 파도의 지배를 받는 환경 속에 있다. 또 다른 형태의 삼각주는 강이 지배하는 형태와 파도가 지배하는 형태의 중간적인 형태를 가진다. 예를 들면 나일 강 삼각주는 아름다운 삼각형 모양의 삼각주로서 지중해 속으로 돌출한 볼록한 해안선을 가지고 있는 중간적인 형태의 삼각주이다. (*LANDSAT image by USGS/John S. Shelton*)

자세히 살펴보기 | 어느 강의 역사

1905년에 철학자 조지 산타야나는 "과거를 기억하지 못하는 사람들은 그것을 반복할 운명을 가진다."고 말하였다. 학자들은 인간의 역사가 반복되는지를 두고 오래된 논쟁을 계속하고 있지만, 홍수와 같은 자연재해의 반복성에 대해서는 논쟁의 여지가 없다.[8] 그래서 현재와 미래의 홍수재해를 평가하기 위해서, 과거의 강의 작용을 한층 더 잘 이해하는 것이 중요하다. 1992년 2월에 일어난 캘리포니아 주 남부의 벤투라 강 홍수를 생각해 보자. 그 홍수는 벤투라 해변 레저 차량 유원지를 심하게 손상시켰다. 이 유원지는 홍수가 일어나기 몇 년 전 벤투라 강 삼각주의 변화가 활발한 한 지류 수로 상에 건설되었다. 재발 간격이 약 22년임에도 불구하고(그림 8.A) 그 전의 기술보고서는 그 레저 차량 유원지가 100년의 재발 간격의 홍수에도 잠기지 않으리라고 예측하였다. 무엇이 잘못되었는가?

- 입안자들은 그 레저 차량 유원지가 벤투라 강 삼각주의 역사적으로 활동적인 지류 수로상에 건설되었다는 것을 깨닫지 못하였다. 실제로, 그 전의 보고서는 삼각주를 언급조차 하지 않았다.
- 강 삼각주상에 위치하며, 깎이거나 채워지는 광범위한 수로 또는 수로의 측면 이동을 보이는 지류의 수로들을 평가할 때는 홍수 범람을 예측하는 공학적인 방법들이 부정확해진다.
- 수로에 관한 역사적인 기록들(1855년의 지도와 더 최근의 항공사진들)이 평가되지 않았다. 이 역사적인 기록들 속의 지도에서는 1855년에 지류의 수로가 실제로 존재했다는 것이 제시되었다(그림 8.B).[9]

분명히, 벤투라 강의 역사적인 활동은 홍수재해 예측의 일부로서 평가되지 않았다. 만약 그렇게 되었다면, 역사적으로 활동이 활발한 수로가 위치하는 그 장소는 개발의 부적합지로서 지정되었을 것이다. 그러나 실제로는 유원지 개발이 허가되었으며, 그 유원지는 홍수 이후에 재건되었다. 1992년 이전인 1969년, 1978년, 1982년에 지류의 수로에는 하천 유출이 있었다. 1992년 홍수 이후에, 1993년, 1995년, 1998년 겨울에 지류의 수로에 홍수물이 흐르면서, 그 레저

그림 8.A 1992년 2월의 캘리포니아 주 벤투라 해안의 레저 차량 유원지의 범람 이 레저 차량 유원지는 벤투라 강 삼각주 내의 역사적으로 활동성이 높은 지류 하도를 가로질러서 건설되었다. 홍수의 재발 주기는 약 22년이다. 1995년에도 비슷한 홍수가 재발하였다. 태평양 해안을 따라서 달리는 미국 101번 고속도로가 그 홍수로 인해서 완전히 폐쇄되었음을 주목하라. (*Mark J. Terrell/AP/Wide World Photos*)

차량 유원지는 다시 범람되었다. 1992년 홍수 때는 약 4시간 만에 하천유출량이 25m^3/sec로부터 최고 1,322m^3/sec까지 증가하였다! 이 유출량은 여름에 강의 급류타기에 이용되는 그랜드캐니언을 통과하는 콜로라도 강의 일일 최고 유출량의 약 두 배에 해당한다. 이것은 약 585km^{2}의 유역면적을 가지는 비교적 작은 강으로서는 굉장한 하천유출량이다. 홍수는 대낮에 일어났으며, 사망자는 단 한 사람이었다. 만약 홍수가 밤에 일어났다면, 훨씬 더 많은 사람들이 죽었을 것이다. 지금까지는 그 레저 차량 유원지를 위해서 만들어진 경보 시스템이 곧 일어날 홍수를 조기에 경보하는 데 효과적이었다. 레저 차량과 사람이 있든 없든 그 유원지는 무방비 상태이다. 1995년과 1998년에 겨울 홍수가 그 유원지를 다시 휩쓸었을 때 그 유원지의 취약성은 극적으로 증명되었다. 경보 시스템이 작동하였고 유원지가 성공적으로 소개되었지만, 그 시설은 다시 한번 심하게 손상되었다. 지금은 그 유원지를 구입하여 더욱 자연적인 삼각주 환경을 복원하기 위한 운동이 진행되고 있다. 바람직한 운동이다!

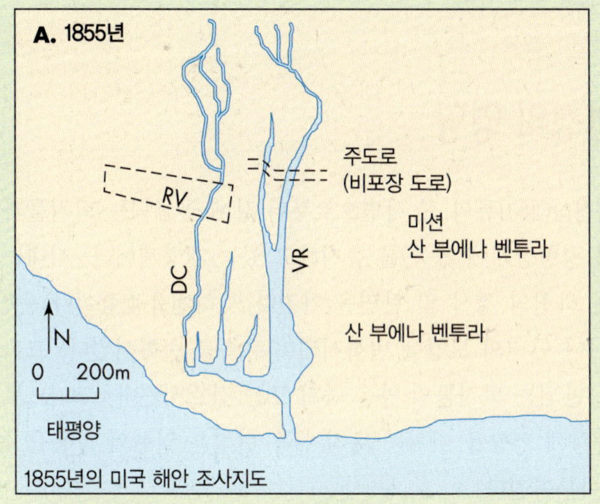

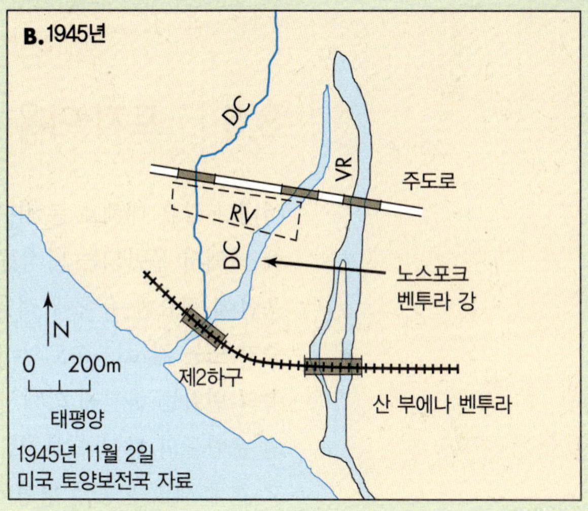

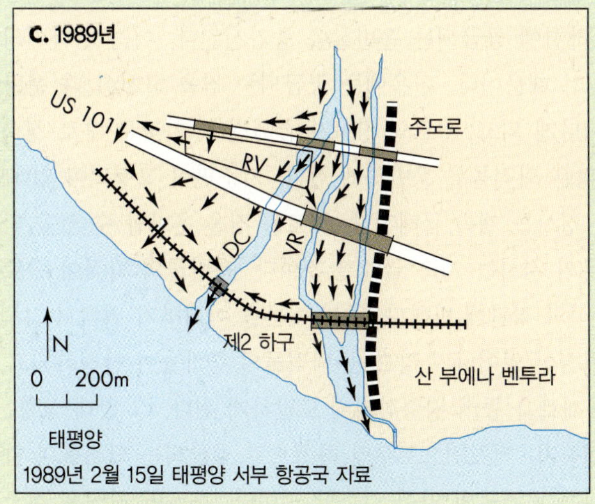

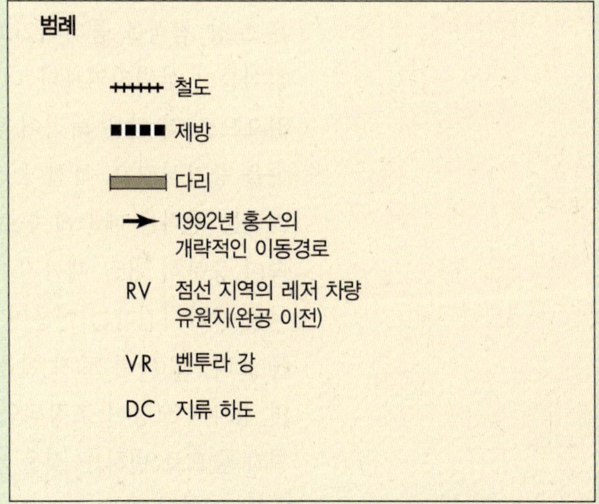

그림 8.B 벤투라 강 삼각주의 역사지도 이 지도들은 지류 하도와 레저 차량 유원지의 위치를 보여주고 있다. (*Keller, E. A.*, and *Capelli, M. H. 1992. Ventura River flood of February, 1992: A lesson ignored?* Water Resources Bulletin 28(*5*)*: 813–31*)

- 수로의 너비, 깊이 또는 경사의 변화
- 하상 퇴적층과 강둑의 조성(암석, 자갈, 모래, 실트 또는 점토)
- 식생의 형태와 규모
- 경작을 위한 삼림의 제거와 같은 토지용도 변경(8.5절에서 설명됨)

예를 들면, 선상지상의 퇴적은 부분적으로는 지류 수로의 모양과 경사의 변화 때문에 발생한다. 지류 수로는 경사도가 낮아짐에 따라 더 넓고 얕아진다. 그리고 이러한 변화는 강의 유속을 감소시키고, 퇴적을 촉진시킨다. 일반적으로, 강의 유속이 증가하면 강이 운반할 수 있는 밑짐의 크기가 증가한다. 그리고 실트와 점토로 구성되는 뜬짐의 부피도 증가한다. 강의 유속, 유출량, 운반물 간의 관계에 관한 설명은 이 책의 범위를 벗어난다.

강이 운반할 수 있는 최대 입자(지름이 수mm나 수cm임)를 최대운반능(competency)이라고 한다. 그리고 주어진 기간 내에 강이 운반할 수 있는 짐의 총량(질량이나 무게 단위)을 운반량(capacity)이라고 한다.

8.5 토지 이용 변경의 영향

시내나 강은 대체로 **동적인 평형상태**(지류와 산 사면으로부터 강에 공급되는 퇴적물과 하천에 의해서 운반되는 퇴적물이 평형상태에 있음)를 유지하고 있는 개방계이다. 시내는 짐의 운반에 필요한 유속에 적당한 하천의 경사 및 단면을 가진다.[10] 하천유출량이나 운반물의 증가 또는 감소는 수로의 경사나 단면의 모양을 변화시키며 유속을 변화시킨다. 그리고 유속의 변화는 하천에 의해서 운반되는 퇴적물의 양을 증가 또는 감소시킨다. 그러므로 하천의 운반물의 양이나 하천유출량에 영향을 미치는 토지 이용 변경은 일련의 작용을 유발하고 결국 새로운 동적 평형이 이루어진다.

예를 들면, 숲을 이랑 경작지로 바꾼 토지 이용 변경을 생각해 보자. 이 토지 이용 변경은 토양 침식을 증대시키고, 하천에 공급되는 운반물을 증가시킨다. 이는 경작지의 토양 침식률이 삼림지역보다 더 높기 때문이다. 처음에는 공급되는 짐을 하천이 다 운반할 수 없으므로 더 많은 퇴적이 일어나게 되고, 수로의 경사가 급해진다. 가파른 수로 경사는 유속을 증가시키고, 하천이 더 많은 퇴적물을 운반하게 한다. 기준면이 고정되어 있다면, 퇴적되는 퇴적물 때문에 수로의 경사는 계속 급해진다. 새로운 짐을 운반할 수 있을 만큼 유속이 충분히 커질 때까지 수로의 경사는 계속 급해질 것이다. 운반물의 퇴적이 수로의 경사를 증가시킨다는 이론이 당신의 직관에 반한다면, 이 이론을 이해하기 위해서 그림 8.10을 보라. 또 다른 토지 이용 변경이 일어나지 않으면, 퇴적물의 증가율이 안정화되고, 수로의 경사와 모양이 조정되면서 새로운 동적 평형상태에 도달하게 된다. 그 반대 상황, 즉 농지가 숲으로 변하는 것을 가정하자. 지표면으로부터 하천으로 공급되는 퇴적물의 양이 감소하고, 따라서 수로에 퇴적되는 퇴적물의 양이 감소할 것이다. 수로의 침식은 결국 수로의 경사도를 낮출 것이고, 낮아진 경사도는 유속을 낮추는 결과가 될 것이다. 이러한 퇴적에 대한 침식의 우세는 하천에 공급되는 짐의 총량과 하천의 운반능력이 평형상태에 도달할 때까지 계속될 것이다.

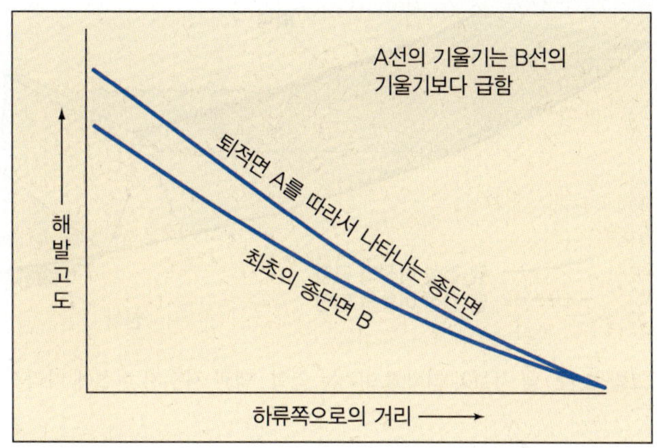

그림 8.10 강의 기울기에 미치는 퇴적 효과 하도상의 퇴적은 하도의 구배를 증가시킨다.

이제까지 언급된 변화의 과정은 미국의 남동부 일부 지역에서 실제로 일어났던 것이다. 애팔래치아 산맥과 해안 평야 사이의 피드몬트상의 삼림지대가 1800년대에 경작을 위해서 개간되었다. 숲을 농경지로 변화시키는 토지이용 변경은 토양침식을 가속화시켰으며, 이어서 하천에 퇴적물을 퇴적시켰다(그림 8.11). 이러한 작용은 그림 8.11에 제시된 대로 경작이 시작되기 전에 수로를 퇴적물로 채우게 했다. 1930년 이후에 그 지역은 소나무 숲으로 다시 바뀌었으며, 이러한 재삼림화와 토양 보존 조치는 하천에 공급되는 퇴적물의 양을 감소시켰다. 그에 따라 퇴적물로 채워진 이전의 흙탕 하천은 맑아졌으며, 1969년까지는 수로에 쌓인 퇴적물이 침식되어 없어졌다(그림 8.11).

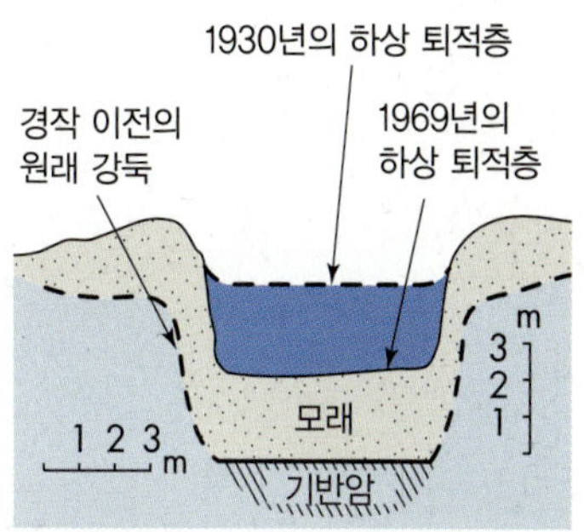

그림 8.11 토지 이용 변화에 따른 하상 퇴적층의 변화 조지아 주 중부의 피드몬트 상에 있는 몰딘 밀사이트에서는 토지이용 변화(자연림을 경작지로 전환하고 경작지를 숲으로 전환함)에 따른 퇴적작용과 이에 따른 침식이 가속화 되었다. (*Trimble, S. W. 1969. "Culturally accelerated sedimentation on the middle Georgia Piedmont." Master's thesis, Athens: University of Georgia. Reproduced by permission*)

이제는 하천에 댐을 건설하는 효과를 생각해 보자. 댐 건설은 댐에 의해서 만들어진 상류와 하류에 상당한 변화를 일으킬 것이다. 저수지 위쪽의 상류에서는 하천의 유속이 느려져서 퇴적이 일어나고, 댐으로부터 물이 흘러나오는 하류에는 퇴적물의 양이 적어질 것이다. 이는 퇴적물의 대부분이 저수지에 갇혀 있기 때문이다. 그 결과, 하천은 추가적인 운반량을 필요로 하게 되고, 따라서 댐의 하류에서는 퇴적보다는 하천 침식이 더 우세하게 될 것이다. 그러면, 하천의 경사도는 감소하게 되고, 새로운 동적 평형상태에 도달하게 된다(그림 8.12). (제12장에서 강에 건설되는 댐의 주제를 다시 다루게 될 것이다.)

8.6 수로의 형태와 범람원의 형성

항공사진에서 보여지는 수로의 모양을 수로의 형태라고 한다. **수로 형태**(channel pattern)는 망상이나 사행을 보이거나, 또는 한 하천에서 두 가지 특징이 동시에 나타나기도 한다. 망상 수로(그림 8.13)에는 수로를 분리시키거나 재결합시키는 다수의 자갈사주와 하중도들이 특징적으로 나타난다. 가파른 경사와 조립질 퇴적물은 밑짐의 운반을 용이하게 하며, 밑짐은 자갈사주의 형성에 중요한 요인이 된다. 자갈사주는 하천의 흐름을 분리시키거나 세분하는 섬들을 형성하게 된다. 망상형 수로는 다른 많은 강들처럼 흐르는 물과 움직이는 퇴적물의 상호작용에 의해서 형성된다. 만약 강의 종단면이 가파르고 조립질 밑짐의 양이 풍부하다면, 수로의 형태는 망상형으로 되기 쉽다. 망상형 수로는 사행천보다 대체로 하천 폭이 넓고 수심이 얕다. 망상형 수로는 지구조 운동에 의해서 빠르게 융기하는 지역을 통

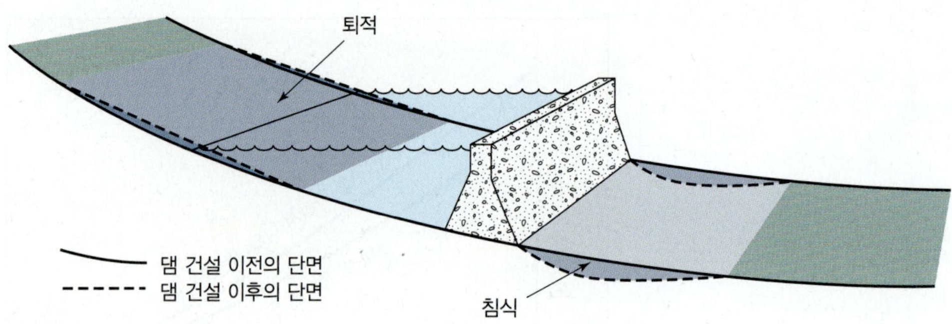

그림 8.12 댐 건설이 침식에 미치는 영향 댐과 저수지 건설에 따라서 발생하는 상류의 퇴적과 하류의 침식.

과하여 흐르는 경사가 급한 강에서 생긴다. 녹으면서 다량의 조립질 퇴적물을 공급하는 빙하로부터 물이 흘러들어오는 강에서도 망상형 수로가 흔히 나타난다.

어떤 수로에서는 사행천이 나타난다. 사행천은 범람원을 통과하면서 굽이가 앞뒤로 이동하는 것을 말한다(그림 8.14a). 우리는 사행천이 구부러지는 모양을 알고 있으며, 강물과 퇴적물이 만곡된 수로에서 어떻게 되는지를 알고 있으나, 왜 강이 사행하는지를 확실히는 모른다. 만곡의 외측(침식제방이라고도 함)에서는 유량이 많을 때 유속이 빠르고, 제방 침식이 일어나는 한편, 만곡의 내측에서는 유속이 느리고, 퇴적이 일어나면서 포인트바가 형성된다. 이와 같은 차별 침식과 퇴적이 계속적으로 일어나면, 외측 제방의 침식과 포인트바상의 퇴적으로 인해서 사행은 측방향으로 이동한다. 포인트바의 퇴적작용은 범람원을 만들고 유지시킬 때 두드러지게 나타난다(그림 8.14b). 홍수 때, 제방 위의 퇴적(강의 제방 너머로의 퇴적)은 상대적으로 세립질 퇴적물(모래와 실트)의 층을 형성시킨다. 강에서 운반되는 많은 퇴적물은 강의 자연적인 영역인 수로와 인접 범람원(이들 지역을 총괄해서 강변 환경이라 함)에 주기적으로 퇴적된다.

(a)

(b)

그림 8.13 망상하도 (a) 사진의 사스카체완 강의 북부는 망상형을 보인다. 다수의 하도 사주와 하중도가 강의 흐름을 가르고 있음을 주목하라. (*John S. Shelton*) (b) 스페인의 그라나다에 있는 망상 하천은 다수의 하도와 급한 경사 그리고 굵은 자갈들로 되어 있다. 하도의 횡단 거리는 약 7m이다. (*Edward A. Keller*)

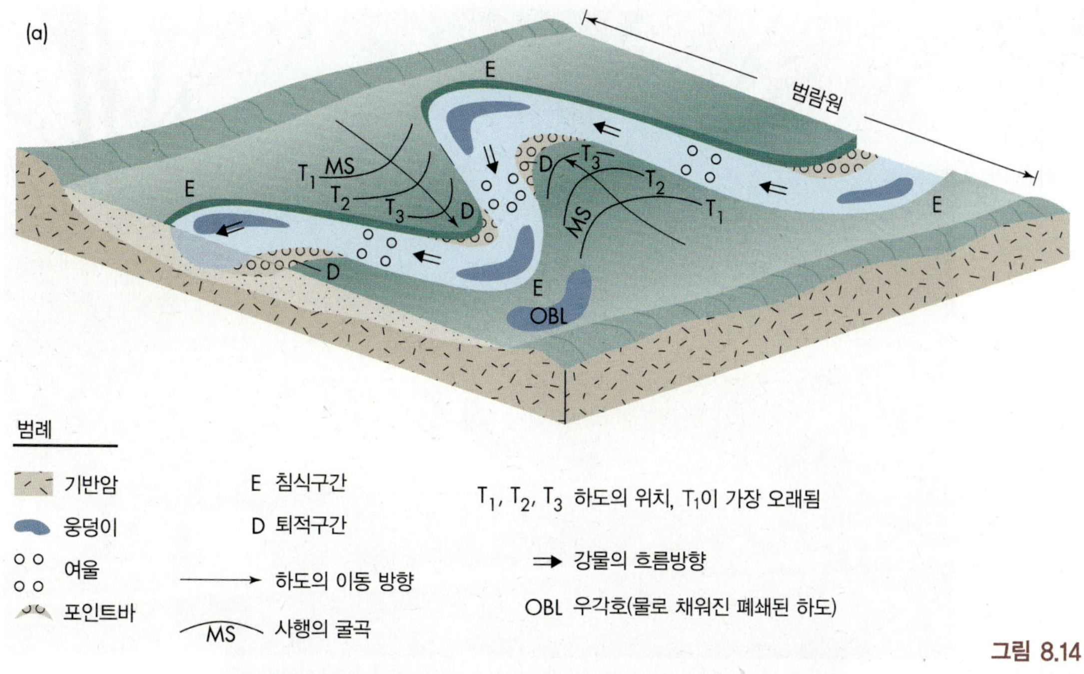

(b)

그림 8.14 사행천 (a) 사행천의 주요 형태와 작용을 보여주는 모식도. 사행천의 만곡부는 사행천의 만곡과 평행한 퇴적물의 낮은 능선으로 이루어진다. 사행천의 강둑에는 퇴적물이 퇴적되고 식생이 자란다. 일련의 사행천 만곡부들은 사행천의 만곡이 진화하고 있음을 나타낸다. (b) 사행천의 만곡과 포인트바, 그리고 강둑의 침식면이 나타나는 알래스카 주의 코야쿡 강. 강이 범람원을 측면으로 가로질러 침식하는 결과로 우각호가 만들어진다. (*© Andy Deering/Omni-Photo Communications, Inc.*)

사행천은 흔히 일련의 규칙적인 간격의 웅덩이들과 여울들을 포함한다(그림 8.15). 웅덩이(pool)는 유수에 의한 침식으로 만들어지는 깊은 지역으로서, 비교적 깊고 유수가 느리고 저 유출이 적은 지역에서 특징적으로 나타난다. 웅덩이는 여름에 수영을 즐길 수 있는 장소이다. 여울은 퇴적작용에 의해서 만들어지는 얕은 지역으로서, 상대적으로 얕고 빠르게 움직이는 유량이 많은 지역에서 특징적으로 나타난다. 깊고 느리게 움직이는 유수와 얕고 빠르게 움직이는 유수의 반복에 의해서 만들어지는 웅덩이와 여울은 물리적, 수리적 환경을 변화시키고 생물 다양성을 증대시키는 것과 같은 환경적인 중요성을 가진다.[11] 예를 들면, 물고기는 여울에서 먹을 것을 얻고, 웅덩이에서 은식처를 구한다. 그리고 웅덩이에서는 여울에서 발견되는 것과는 다른 종류의 곤충을 발견할 수 있다.

지금까지 강에서의 유수와 퇴적물의 몇몇 특성과 작용을 다루었으며, 다음 단원에서 더욱 자세하게 홍수의 작용을 설명한다.

그림 8.15 웅덩이와 여울 노스캐롤라이나 주 블로윙록 근처의 심스 내에 나타나는 웅덩이와 여울. 깊은 웅덩이는 중간 정도의 거리에서 나타나고 여울은 먼 거리와 가까운 거리에서 나타난다. (*Edward A. Keller*)

8.7 강의 범람

홍수(flooding)는 물이 제방 위로 넘치는 자연적인 작용을 말한다(그림 8.6 참조). 대부분 강의 홍수는 집수유역 내 총 강수량과 강수량의 분포, 강우가 암석이나 토양으로 침투되는 속도 그리고 지형에 좌우된다. 그러나 어떤 홍수는 봄에 얼음과 눈의 급속한 융해, 또는 드문 경우이지만 댐의 붕괴에 의해서도 발생한다.

수로를 넘쳐흐르는 지점의 수로 유출량을 홍수 유출량이라 하며, 홍수의 규모를 정하는 척도로 쓰인다(자세히 살펴보기 '홍수의 규모와 주기' 참조). 어떤 시기의 강물 높이를 강수위라고 한다. 홍수 수위는 재산 손실을 초래할 정도까지 수면이 높아졌을 때의 수위를 의미하는 경우가 자주 있다. 이러한 정의는 홍수에 대한 인간의 인식에 기초한다. 즉 홍수 수위로 간주되는 높이는 인간이 범람원을 사용하는 정도에 따라 좌우된다.[12] 그러므로 홍수의 규모는 재산 손실의 정도와 일치할 수도 있거나 또는 일치하지 않을 수도 있다.

돌발 홍수와 하류 홍수

돌발 홍수와 하류 홍수를 구분하는 것은 유용하다(그림 8.16). **돌발 홍수**(flash floods)는 집수유역의 상류에서 발생하고, 보통 상대적으로 작은 지역에서 짧은 기간에 집중적인 강우에 의해서 생긴다. 일반적으로, 돌발 홍수는 하류에서 합쳐지는 더 큰 규모의 하천에서는 범람을 초래하지 않지만, 국지적으로는 상당히 심각한 홍수피해를 입힐 수도 있다. 예를 들면, 격렬한 돌발 홍수가 1976년 7월에 콜로라도의 프론트 산맥에서 발생하였으며, 강우에 의해서 범람수가 급속하게 상승하였다. 더욱이, 러브랜드의 서쪽 여러 협곡들을 휩쓸고 지나가면서 복잡한 양상을 보이고, 25cm의 비를 동반한 뇌우에 의해서, 돌발 홍수는 증폭되었다. 이런 국지적인 홍수에 의해서 139명이 사망하였으며, 고속도로, 일반 도로, 교량,

자세히 살펴보기 | 홍수의 규모와 주기

홍수는 강우량과 지표유출의 양과 강도에 밀접하게 관련된다. 신문과 TV에 보도되는 대규모 홍수는 흔치 않은 대규모의 강한 폭풍에 의해서 발생하는 경우가 많다. 소규모 홍수와 하천 유출은 덜 강한 폭풍에 의해서 일어나며, 자주 일어난다. 하천 수위 관측소(그림 8.C)에서 측정된 모든 하천유출량은 그 크기(단위는 보통 m^3/sec임) 순으로 배열될 수 있다(그림 8.D). 연간 최고 유출량의 목록, 즉 매년 최대 유출량을 연도별로 배열한 자료(그림 8.E 옆의 패트릭 강의 유출량 자료 참조)를 이용하여 각 하천유출량에 대한 재발간격(R)을 하천 유출량–주기 곡선으로 도시할 수 있다. 관계식

$$R = (N + 1)/M$$

에서 R은 재발 간격(년), N은 총 관측기간(년), M은 관측 기

그림 8.C 하천유량 관측소 캘리포니아 주 골레타의 산호세 내. (*Edward A. Keller*)

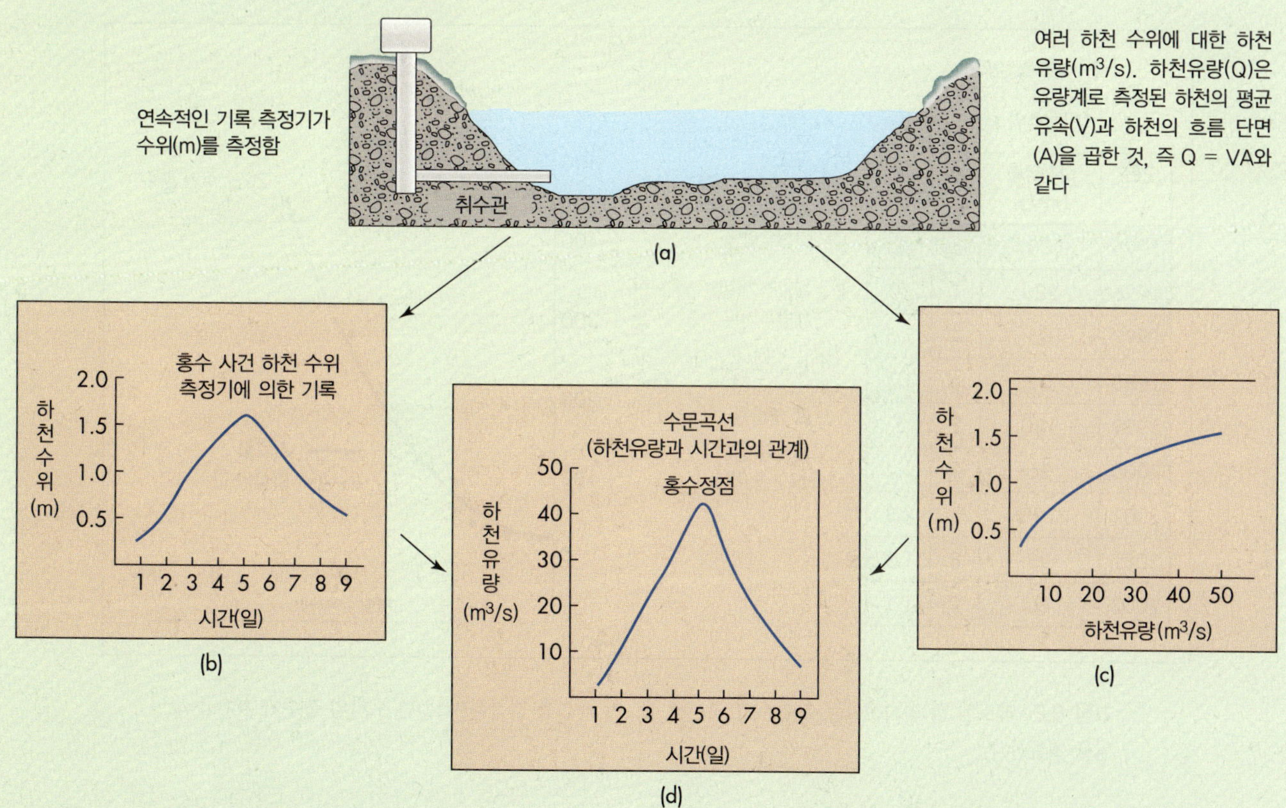

그림 8.D 수문곡선은 어떻게 만들어지는가 야외자료 (a)는 연속적인 하천수위 기록자료이다. 이 자료는 하천수위–시간 그래프(b)를 그리는 데 이용된다. 여러 개의 하천유량에 대한 하천수위 자료는 하천수위–하천유량 그래프(c)를 그리는 데도 이용된다. (b)와 (c)그래프를 이용해서 최종적인 수문곡선(d)이 만들어진다.

간 내의 개개 하천유출량의 순위이다(그림 8.E).[13] 예를 들면, 그림 8.E에서 9년 동안의 최고 하천유출량은 약 280m³/sec이고, M = 1이다.[14] 이 홍수의 재발 간격은

$$R = (N + 1)/M = (9 + 1)/1 = 10$$

이다. 이것은 280m³/sec 또는 이를 능가하는 규모의 홍수는 매 10년마다 예상되며, 이것을 10년 주기 홍수라고 부른다. 10년 주기 홍수가 1년에 발생할 수 있는 확률은 1/10 또는 0.1(10%)이다. 100년 주기 홍수가 1년에 발생할 수 있는 확률은 1/100 또는 0.01(1%)이다. 그림 8.E에서의 곡선은 20년 주기의 홍수의 유출량이 450m³/sec에 외삽됨을 보여준다. 외삽에 의한 예측은 위험하고, 측정된 유출량보다 두 배 이상으로 너무 많이 확장되어서는 안 된다. 많은 강과 시내에 대한 연구들은 수로를 가득 채우는 유출량에 의해서 수로가 형성되고 유지된다는 것을 보여준다. 만수위 유량은 수로를 가득 채우는 유량을 말하며, 재발 간격이 약 1.5년인 유출량(그림 8.E에서 27m³/sec)으로 정의된다. 그러므로 우리는 매년 한 번 정도 범람원의 일부가 물과 퇴적물에 의해서 뒤덮였다가 하천이 제 모습을 드러내는 것을 예상할 수 있다.

유량 기록이 축적될수록 우리는 더 정확하게 홍수를 예측할 수 있다. 그러나 10년, 25년, 50년 또는 100년 주기 또는 어떤 유량의 구조물 설계를 하더라도 홍수 예측은 통계적인 확률에 의존하기 때문에 계산상의 위험성은 존재한다. 길게 보았을 때는 25년 주기의 홍수가 평균적으로 25년마다 한 번씩 발생하지만, 25년 주기의 홍수가 주어진 어떤 해에는 두 번 발생할 수도 있다. 마찬가지로 100년 주기의 홍수가 두 번 발생할 수도 있다![15] 우리가 홍수 발생의 취약 지역에 댐, 고속도로, 교량, 집 그리고 다른 구조물들을 건설하는 한 계속적인 인명 손실과 재산피해가 발생할 것이다.

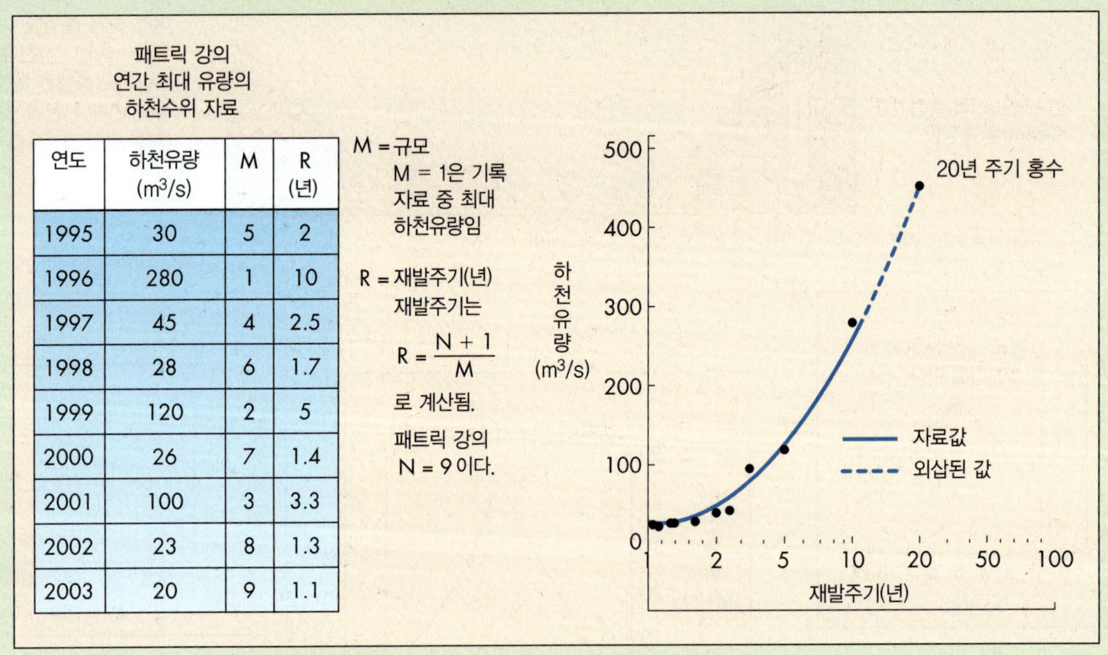
패트릭 강의 연간 최대 유량의 하천수위 자료

연도	하천유량 (m³/s)	M	R (년)
1995	30	5	2
1996	280	1	10
1997	45	4	2.5
1998	28	6	1.7
1999	120	2	5
2000	26	7	1.4
2001	100	3	3.3
2002	23	8	1.3
2003	20	9	1.1

그림 8.E 패트릭 강의 하천유량-재발주기 곡선의 예 이 곡선을 외삽하여 20년 주기의 홍수가 450m³/s임을 예측한다.

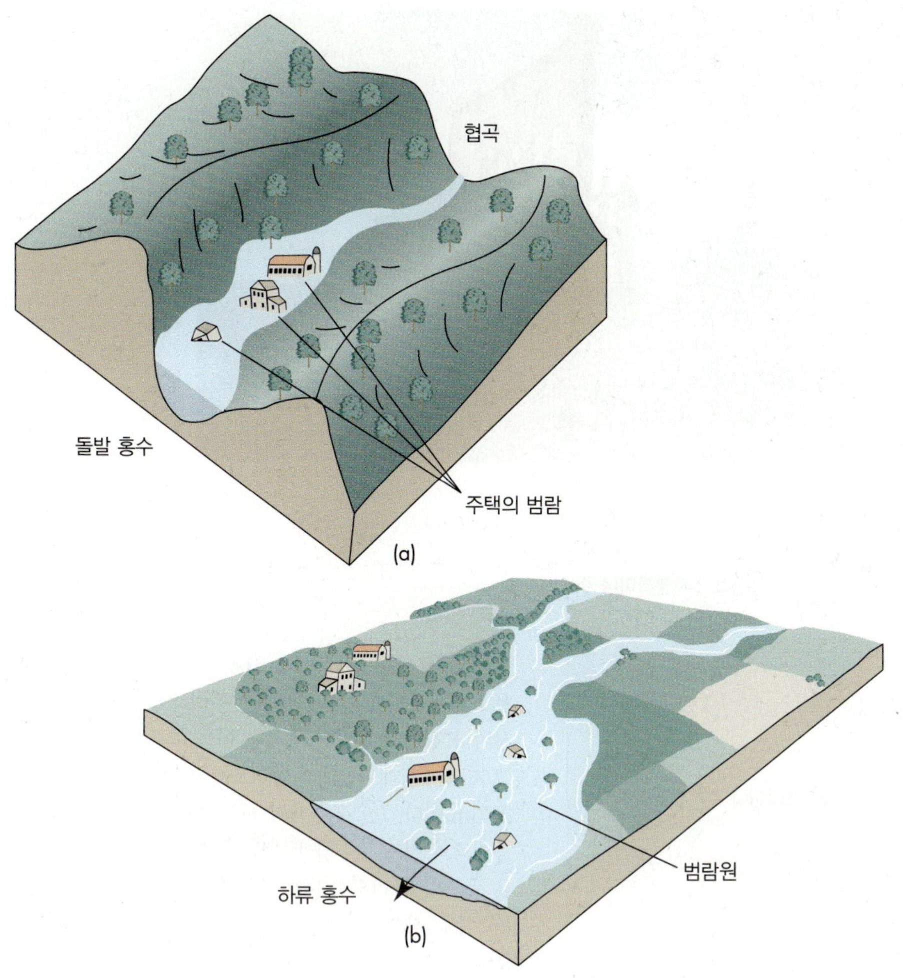

그림 8.16 돌발 홍수와 하류 홍수 돌발 홍수(a)와 하류 홍수(b)를 비교한 모식도. 돌발 홍수는 일반적으로 비교적 작은 지역에서 일어나고 경사가 급한 지형에서 국지적인 폭우에 의해서 유발되며, 뚜렷한 범람원은 존재하지 않는다. 반면에 하류 홍수는 광역적인 호우에 의해서 범람원의 넓은 지역에 걸쳐서 또는 범람원의 샘을 통한 유출에 의해서 발생한다. (*U.S. Department of Agricul-ture drawing*)

집 그리고 소규모 회사 건물 등 3,500만 달러가 넘는 피해를 입혔다. 대부분의 재산피해와 인명 손실은 빅 톰슨 협곡에서 발생하였으며, 이 지역의 수백 명의 주민들, 야영자들, 관광객들은 거의 아무 경고도 받지 못했다. 프론트 레인지 협곡에서는 폭우와 홍수가 드문 일이지만 비슷한 홍수들이 과거에 발생하였고, 앞으로도 발생할 수 있다.[16,17,18] 흥미로운 사실은 돌발 홍수 때 사망자들 반 정도가 자동차와 관련된 것으로 미국 지질조사소는 보고하고 있다. 사람들이 얕고 빠르게 흐르는 범람수를 통과하여 건너가려고 할 때, 유수의 강한 측력이 자동차를 더 깊은 물속으로 밀어 넣었으며, 사람들은 물속에 잠기거나 뒤집힌 차 속에 갇힌 것으로 보인다.

1993년의 미시시피 강 홍수, 1997년 노스다코타 주의 레드 강 홍수와 같은 대규모 **하류 홍수**(downstream floods)는 TV와 신문의 주요 보도 제목이 된다. 우리는 이 장의 최초 사례 연구로 1993년의 미시시피 강 홍수를 다루었다. 북쪽으로 흘러서 캐나다로 들어가는 레드 강의 홍수는 노스다코타 주의 그랜드 포크스 시를 범람시켰으며, 5만 명의 주민을 대피시키도록 하고, 시 중심부의 일부에 화재를 유발하였으며, 10억 달러가 넘는 피해를 입혔다(그림 8.17). 레드 강의 홍수는 봄에 자주 발생하였다. 2001년 봄에도 홍수가 발생하였는데, 이때 삼림지대로 빗물의 침투를 막는 역할을 하는 얼어붙은 땅 위의 눈과 얼음이 호우에 의해서 녹았다.

그림 8.17 범람된 시가지 1997년 노스다코타 주의 그랜드 포크스의 레드 강 범람으로 화재가 발생하였으며 이로 인해 시가지의 일부가 불탔다. (*Eric Hylden/Grand Forks Herald*)

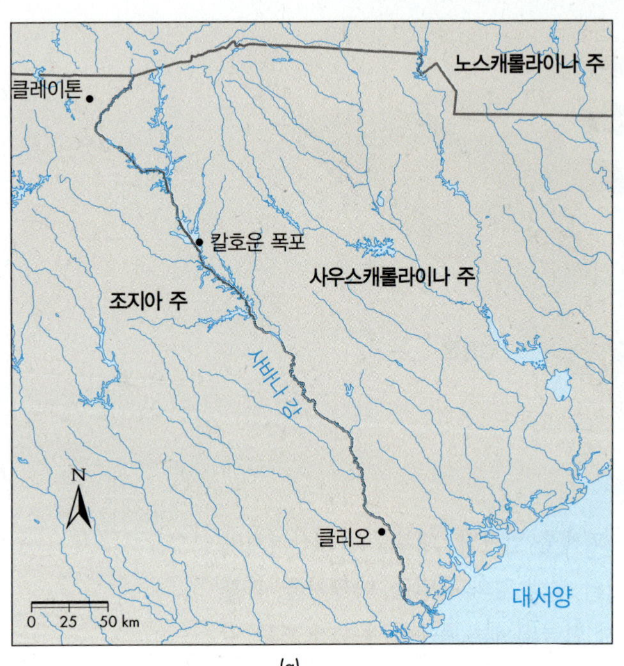

(a)

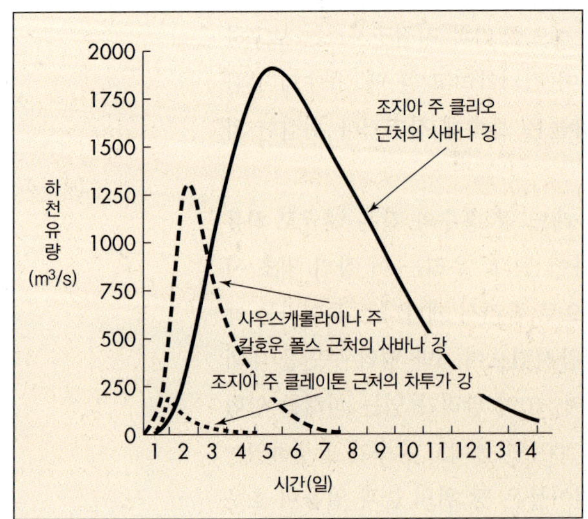

(b)

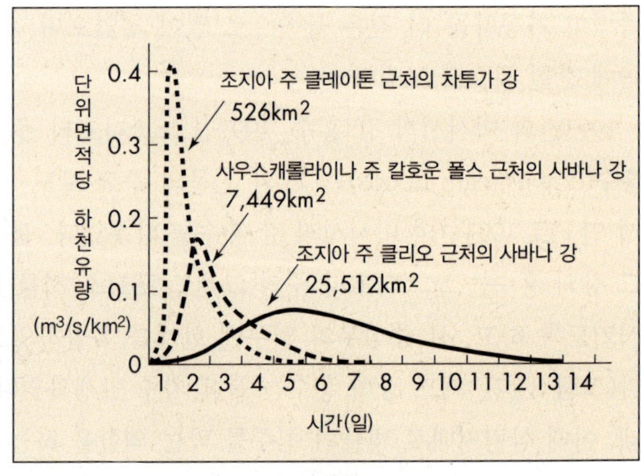

(c)

그림 8.18 홍수파의 하류 이동 사우스캐롤라이나 주와 조지아 주의 사바나 강에서 홍수파의 하류 이동. 그 거리는 클레이톤에서 클리오까지 257km이다. (a) 홍수파의 하류 이동지역의 지도. (b) 클레이톤, 칼호운 폴스와 클리오까지의 하천유량. (c) 이들 지역의 단위면적당 유량. (*Hoyt, W. G., and Langbein, W. B. Floods.* ⓒ *Copyright 1955 by Princeton University Press, figure 8, p. 39. Reprinted by permission of Princeton University Press*)

하류 홍수는 광범위한 지역을 덮으며, 토양을 포화시키고 지표유출량을 증가시키면서 오랜 기간 계속되는 폭우에 의해서 발생한다. 지류의 소규모 유역에서 발생하는 홍수는 좁은 지역에 한정되나, 수천 개 지류 유역으로부터 공급되는 지표유출은 하류에서 광범위한 홍수를 일으킬 수 있다. 이 같은 홍수는 어떤 특정 위치의 유출량의 많은 증가와 감소에 의한 범람수의 하류 이동으로 특징된다.[19] 그림 8.18a는 차투가-사바나(Chattooga-Savannah) 강 수계를 보여주는 지도이고, 그림 8.18b는 270km을 따라 홍수 정점이 하류로 이동하는 것을 보여준다. 그림에서 볼 수 있듯이 홍수파가 하류로 이동함에 따라 강 수위의 상승과 하강에 걸리는 시간은 점차 길어진다. 또한, 그림 8.18b는 최초의 적은 유출량에서 5일 후에는 1,700m^3/s를 초과하는 엄청난 하천유출량으로 증가함을 보여준다.[20] 그림 8.18c는 하류로 가면서 증가하는 하천유출량의 효과를 제거하여 동일한 홍수를 단위면적당 유출량으로 도시한 것인데, 이것은 홍수파가 하류로 이동하면서 그 형태가 변하는 것을 보다 잘 보여준다.[20]

8.8 도시화와 홍수

도시환경 속에서 인간의 토지 이용에 따라 수 km^2의 소규모 집수유역의 홍수 규모와 주기가 증가하였다. 홍수 규모와 빈도의 증가는 지표가 지붕, 포장도로, 시멘트 등의 **불투수성 덮개**로 덮임에 따라(그림 8.19), 그리고 폭우 배수로를 설치한 지역이 늘어남에 따라 홍수 규모와 빈도가 증가하고 있다. 폭우 배수로는 도심지의 불투수성 지표면으로부터 지표유출수를 빨리 하천에 도달할 수 있도록 한다. 그러므로 불투수성 덮개와 폭우 배수로는 총체적으로 도시화의 척도가 된다. 그림 8.20의 그래프는 지표면의 40%가 불투수성 덮개로 그리고 40%가 폭우 배수로가 설치되어 있는 어떤 도시지역에서, 홍수 발생 횟수는 도시화 이전에 비해서 약 3배에 달한다는 것을 보여주고 있다. 이러한 홍수 발생 비율은 소 주기와 중 주기 홍수에 적용된다. 그러나 집수유역의 크기가 커짐에 따라 약 50년 주기 이상의 대규모 홍수는 도시화에 의해서 크게 영향을 받지 않는다(그림 8.21).

홍수는 강우-지표유출량 관계의 함수이며, 도시화는 강우-지표유출량 관계에 많은 변화

그림 8.19 도시화는 지표유출량을 증가시킨다 캘리포니아 주의 샌타바버라와 같은 미국 내 대부분의 도시들에서는 사진에서 보는 것과 같이 지표면의 많은 부분이 지붕과 도로와 주차장으로 덮여 있다. 이러한 지표면 때문에 물이 지하로 침투할 수 없고 따라서 지표유출량이 크게 증가한다. (*Edward A. Keller*)

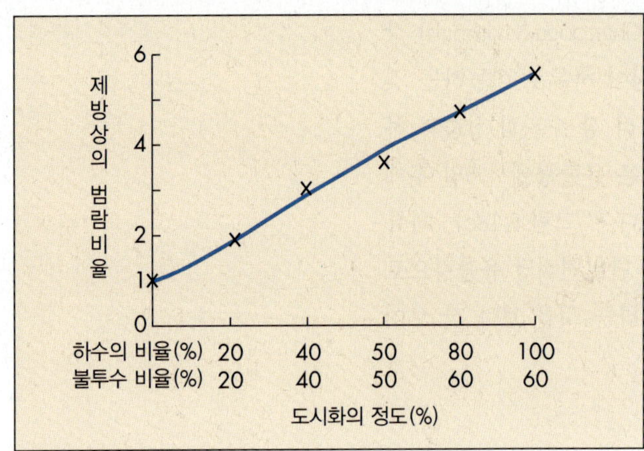

그림 8.20 도시화 이전과 이후의 홍수 제방상의 범람 비율(도시화 이전에 대한 이후의 비)과 도시화 정도 간의 관계. 예를 들면, 3대 1의 비율 또는 간단히 3은 도시화 이전에 매 1회의 홍수가 있었다면 도시화 이후에는 같은 기간에 대해서 3회의 홍수가 발생한다는 것을 의미한다. 즉 도시화 이후에는 홍수 발생빈도가 3배이다. 이 그림은 도시화의 정도가 커지면 연간 제방상의 범람 횟수도 역시 증가한다는 것을 보여준다. (*Leopold, L. B. 1968. USGS Circular 559*)

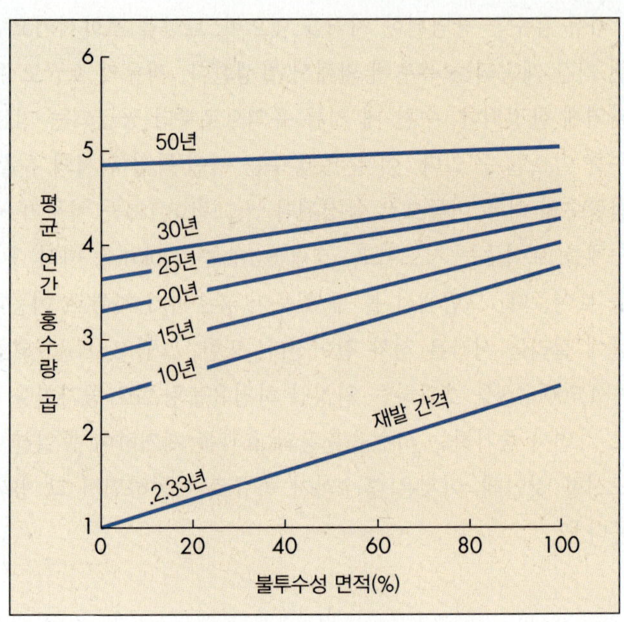

그림 8.21 도시 홍수재해는 불투수 지역이 증가함에 따라 증가한다 불투수 지역의 비율에 따라 홍수 빈도의 변화를 보여주는 그래프. 연평균 홍수량(거의 제방이 넘치는 것을 기준으로 함)은 전체 대상 연도에 대해서 연 최대 하천유출량의 평균과 같다. 도시화가 전혀 진행되지 않은 자연하천 유역에서 연평균 홍수는 2.33년의 재발 간격을 가진다. 수년의 재발 간격을 가지는 소규모 홍수가 대규모 홍수보다 도시화에 더 크게 영향을 받는다. 50년 주기 홍수는 불투수성 지역에 의해서 거의 영향을 받지 않는다. (*Martens, L. A. 1968. USGS Water Supply Paper 1591C*)

를 유발한다. 한 연구에 의하면, 큰 폭우에 의한 도시 지역의 지표유출량은 도시화 이전의 지표유출량의 거의 5배에 달한다.[21] 도시화의 정도에 따른 재발 간격에 대한 지표유출량 산정은 그림 8.22에 제시되어 있다. 그 산정을 보면, 불투수성 지역과 폭우 배수로의 증가에따라 지표유출량이 굉장히 크게 증가한다는 것을 명백히 알 수 있다. 그러나 도시 지역의 홍수를 유발하는 것이 정점 유출량뿐만은 아니다. 보통의 강우가 장기간 내릴 때도 강우 배수로가 퇴적물이나 지표유출로 운반된 자갈로 막힌다면 홍수를 유발할 수 있다. 이 경우에는 물은 먼저 웅덩이를 형성하고 저지대를 범람시키게 된다. 이는 마치 목욕탕의 배수구가 비누에 의해서 부분적으로 막히게 되면, 욕탕 안의 수위가 올라가는 것과 같다.

도시화로 인한 지표유출량 증가는 지표침투량의 감소 때문이다. 그림 8.23a는 도시화 이전의 일반적인 하천 수위를 보여주고 있다. 중요한 것은 지연시간으로서, 지연시간은 대부분의 강우가 내리는 시각과 홍수가 발생하는 시각의 시간 간격으로 정의된다. 그림 8.23b는 도시화 이전과 이후의 두 가지 경우의 하천 수위를 보여준다. 도시화 이후에는 지연시간이 급격히 감소한다. 돌발 유출과 관련되는 짧은 지연시간은 범람수의 급속한 상승과 하강으로 나타난다. 토양 속으로 침투되는 물의 양이 감소하므로, 저수기 또는 갈수기에 수로에 유입되는 지하수 양은 감소되며, 이로 인해서 도시 하천에서는 하천유출량이 감소한

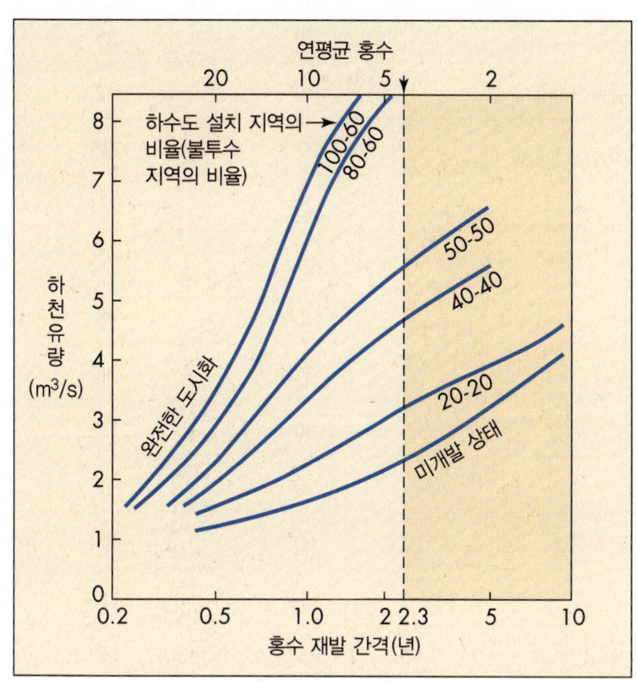

그림 8.22 도시화는 특정 재발 간격을 가지는 홍수를 증대시킨다 여러 가지 도시화 상태에서 2.6km²의 유역에 대한 홍수 빈도 곡선. 100-60은 유역이 100% 하수도 설치 지역이고, 60%는 불투수 지역으로 되어 있음을 의미한다. 점선은 도시화에 의해서 연평균 홍수가 증가한다는 것을 보여준다. (*Leopold, L.B. 1968. USGS Circular 559*)

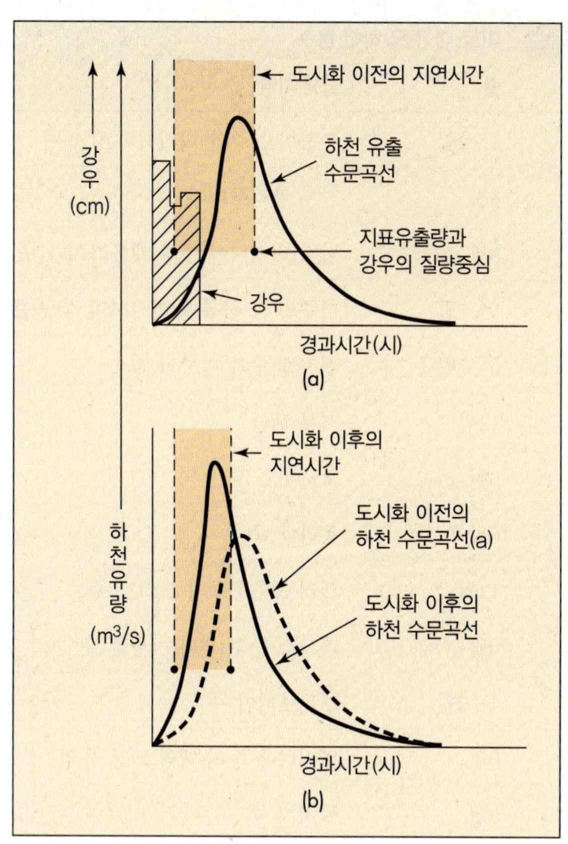

그림 8.23 도시화는 지연시간을 단축시킨다 일반적인 수문곡선. (a) 수문곡선은 강우 시간과 하천 홍수 시간 사이의 지연시간을 보여준다. (b) 수문곡선은 도시화로 인해서 지연시간이 감소함을 보여준다. (*Leopold, L. B. 1968. USGS Circular 559*)

다. 이러한 유출량 감소는 현존하는 오염물질의 농도를 높이고, 하천에 대한 쾌적한 느낌을 가지지 않게 한다.[14]

도시화는 홍수를 증대시키는 단지 하나의 개발 형태이다. 어떤 돌발 홍수는 소하천에 다리를 건설했을 때, 다리의 교각에 걸려 있던 자갈이 다시 움직이면서, 물결이 하류로 이동함으로써 발생하기도 하였다(사례 연구 '오하이오 주 동부 지역의 사류 홍수' 참조).

8.9 홍수재해의 성질과 범위

홍수는 전 세계적으로 가장 흔한 자연재해 중 하나이다. 미국에서는 홍수가 21세기의 가장 많이 발생하는 재해였으며, 매년 하천 범람으로 약 100명(21세기에 약 10,000명)이 목숨을 잃는다. 비극적인 것은 관측시설, 경보 시스템, 효과적인 재해구조 시스템이 갖추어지지 않은 개발도상국에서는 이보다 더 많은 손실을 입는다는 사실이다.

표 8.1 미국 내 주요 하천 홍수

연도	월	발생 지역	인명 손실(명)	재산피해(백만 달러)
1937	1~2월	오하이오 주와 미시시피 강 하류	137	418
1938	3월	남부 캘리포니아	79	25
1940	8월	남부 버지니아 주와 캐롤라이나 주 그리고 동부 테네시 주	40	12
1947	5~7월	미주리 강 하류와 미시시피 강 중류	29	235
1951	6~7월	캔자스 주와 미주리 주	28	923
1955	12월	서부 해안	61	155
1963	3월	오하이오 강 유역	26	98
1964	6월	몬타나 주	31	54
1964	12월	캘리포니아 주와 오리건 주	40	416
1965	6월	텍사스 주의 샌더슨(돌발 홍수)	26	3
1969	1~2월	캘리포니아 주	60	399
1969	8월	버지니아 주의 제임스 강 유역	154	116
1971	8월	뉴저지 주	3	139
1972	6월	사우스다코타 주의 블랙힐(돌발 홍수)	242	163
1972	6월	미국 동부	113	3,000
1973	3~6월	미시시피 강	0	1,200
1976	7월	콜로라도 주 빅 톰슨 강(돌발 홍수)	139	35
1977	7월	펜실베이니아 주의 존스타운	76	330
1977	9월	미주리 주의 캔자스시티와 캔자스 주	25	80
1979	4월	미시시피 주와 앨라배마 주	10	500
1983	9월	애리조나 주	13	416
1986	겨울철	서부 주들(특히 캘리포니아 주)	17	270
1990	1~5월	텍사스 주의 트리니티 강	0	1,000
1990	6월	동부 오하이오 주(돌발 홍수)	21	몇
1993	6~8월	미시시피 강과 지류들		
1997	1월	캘리포니아 주 센트럴 밸리의 시에라 네바다	23	수백
2001	6월	텍사스 주의 휴스턴과 버팔로 바이유(해안의 강)	22	2000
2006	6~7월	뉴욕 주에서부터 노스캐롤라이나 주까지의 중부 대서양 연안 주들	16	100+

사례 연구 | 오하이오 주 동부 지역의 돌발 홍수

1990년 6월 15일 금요일, 오하이오 주 동부 몇몇 지역에 약 4시간 동안 14cm가 넘는 강우가 쏟아졌다. 오하이오 강의 두 지류인 위기 내와 파이프 내가 새이디사이드의 작은 마을 근처에 돌발 홍수를 일으켰으며, 이로 인해 21명이 사망하고 13명이 행방불명되었으며, 이들은 아마도 죽었을 것이다. 계곡으로 흘러들어갔던, 이 돌발 홍수의 수위는 5m였었다. 약 70채의 집이 파괴되고 40채의 집이 손상을 입었다. 트레일러와 집들이 지류로 쓸려들어 갔으며, 마치 코르크마개처럼, 급류 속에서 재빠르게 위아래로 움직이면서 떠내려갔다.

물의 급습은 지류를 가로질러 있는 교량의 상류에 만들어진 사력댐의 붕괴 때문에 일어난 것으로 밝혀졌다. 강우에 의한 지표유출은 사면상에 있는 암설들을 지류 속으로 쓸어 넣었다. 나무 둥치와 그 외 다른 물질들도 포함하고 있는 이 암설들은 교량에서 멈추었으며, 사력댐을 만들었다. 교량이 더 이상 암설의 무게를 지탱할 수 없게 되었을 때, 댐이 붕괴되면서 물이 하류쪽으로 쏟아져 내려갔다. 이 과정은 세계적으로 많은 돌발 홍수에서 재연되고 또 재연되었다. 교량의 지지대는 커다란 암설이 통과하기에는 서로 너무 가깝게 위치하는 경우가 많다. 그래서 암설들이 교량의 상류쪽에서 퇴적되기보다는 하천을 막아서 결국에는 홍수를 유발하게 된다.

홍수에 의한 손실을 초래하는 요인

홍수에 의한 손실을 초래하는 요인에는 다음과 같은 것들이 있다.

- 범람원상의 토지 이용
- 홍수의 규모(유수의 깊이, 유속, 홍수 빈도)
- 홍수에 의한 수위 상승률 및 홍수 지속시간
- 계절, 예를 들면 범람원상의 작물 성장기
- 운반되는 퇴적물의 양
- 예보, 경보, 긴급구조 시스템의 효율성

홍수의 영향

홍수의 영향은 홍수에 의한 직접적으로 유발되는 1차적인 영향과 홍수로 인한 서비스 시설의 붕괴나 고장을 포함하는 2차적인 영향이 있다.[22] 1차적인 영향은 사람의 사망과 부상, 급류, 자갈, 퇴적물에 의한 농장, 집, 건물, 철로, 교량, 도로, 통신시설의 피해가 있다. 또한 시골과 도시의 경관 지역에 대한 퇴적물의 침식과 퇴적은 상당한 토양과 식생의 손실을 유발할 수 있다. 2차적인 영향은 단기적인 하천 오염, 기아와 질병, 수재민의 이주를 포함한다. 또한 전기 누전에 의한 화재나 범람과 이에 수반된 침식으로 인한 가스관 파열에 의한 화재도 2차적 영향에 포함된다.[22]

8.10 홍수재해에 대한 조정

역사적으로, 특히 19세기에 인류는 홍수를 방지하기 위한 대응책을 마련하였다. 즉 인류는 물리적 방벽(댐이나 제방)을 만들거나 하천 전체를 직선화하고, 넓히고, 깊게 파는 방법으로 하천을 개조하였으며, 이로써 지표의 물을 효과적으로 배수시키고자 하였다. 모든 새로운 홍수 조절 계획은 범람원에 대한 잘못된 희망—홍수재해가 더 이상은 심각한 것이 아니라는 생각—을 사람들에게 심어주는 효과를 끼쳤다. 우리는 최대의 지표유출량을 조절할 수 있을 정도의 댐이나 수로를 건설해야 하지만, 물이 최후에 구조물의 용량을 초과할 때는 범람은 광범위한 지역에 미칠 것이다.[22,23]

최근에는 물리적으로 홍수를 방지하는 것보다 대안적인 조절의 유리함을 깨닫기 시작하였다. 이러한 대안적 조절책은 홍수보험, 범람원상의 토지 이용 규제를 포함한다. 우리는 어떤 조절책도 모든 경우에 대해서 최선이 될 수는 없다는 것을 알고, 주요 조절책들을 하나씩 검토할 것이다. 또한 홍수재해를 최소화하기 위해서 하나의 특수한 상황에 적합한 조절책들을 통합하는 접근방식이 보다 바람직하다.

구조적인 접근

물리적 방벽 홍수를 방지하는 방법은 물리적 방벽(제방)(그림 8.24), 흙 제방에 대조적으로 콘크리트로 건설되는 홍수벽, 홍수방지를 위한 저수지, 물을 저장하고 나중에 안전한 유속으로 방출하기 위한 저수지, 강우를 현장에서 체류시켜 두는 못(그림 8.25)의 건설을 포함한다. 그러나 불행하게도 이러한 구조물의 건설에 의해서 보호된다는 생각 때문에 범람원 지역을 확대·개발하는 것은 물리적인 방벽의 잠재적인 효용성을 감소시킨다. 예를 들면, 1986년과 1997년의 겨울에 서부 주들, 특히 캘리포니아, 네바다, 유타 주에는 굉장한 폭우와 홍수가 닥쳤다. 1986년의 폭우와 홍수 시에는 캘리포니아 주의 유바 강의 제방이 붕괴되어 20,000명 이상의 주민이 피난을 갔다. 이 홍수로부터 얻은 중요한 교훈은 여러 해 전에

그림 8.24 미시시피 강의 제방 루이지애나 주에 위치하고 있는 미시시피 강 하류의 제방 위의 도로와 제방(사진의 왼쪽)은 강둑을 보호하고 있다. (*Comstock Images*)

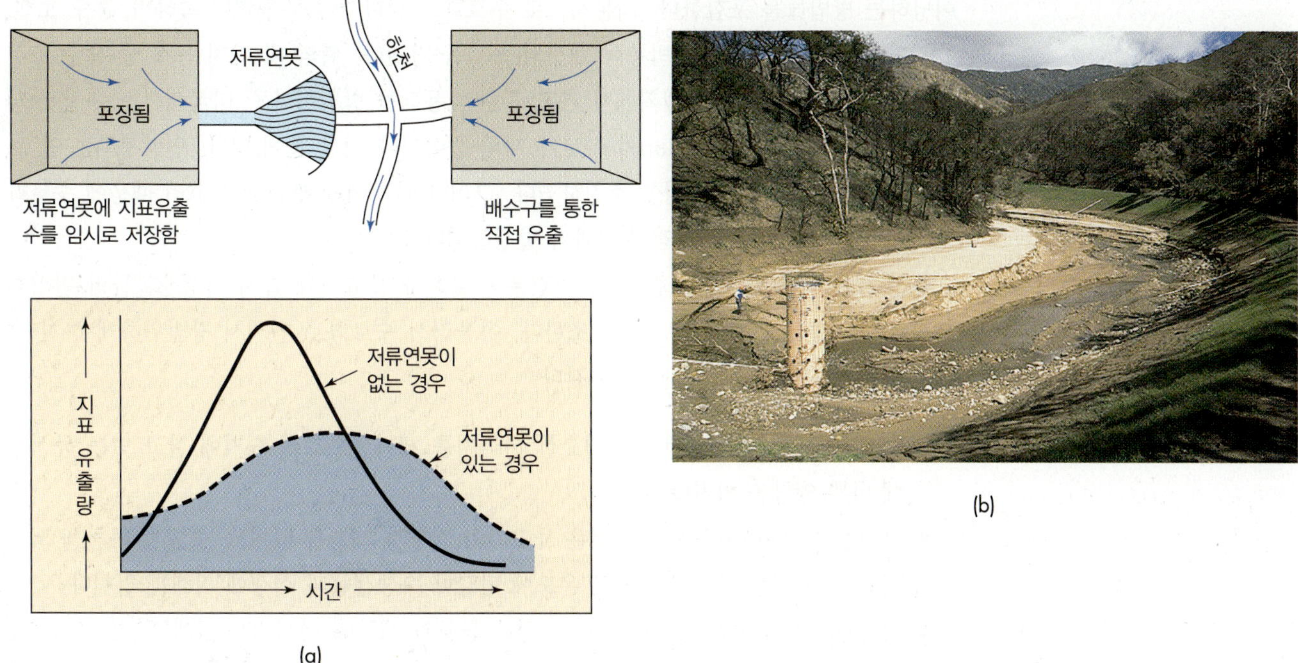

그림 8.25 저류연못 (a) 포장된 지역으로부터 배수구를 통해서 지표유출수를 강으로 배출시키는 경우와 임시저장소(저류연못)를 통해서 지표유출수를 강으로 배출시키는 경우를 비교함. 포장된 지역으로부터 저류연못으로 흘러가는 지표유출수는 더 낮은 유출량 정점을 보이며, 따라서 하천 홍수에 대한 공헌도가 더 낮다. (*USGS Professional Paper 950*) (b) 캘리포니아 주 샌타바버라 근처의 저류연못 사진. (*Edward A. Keller*)

강을 따라서 축조된 제방들이 몹시 낡았으며, 홍수 때에 붕괴될 수 있다는 것이다.

1997년 홍수는 요세미티 국립공원 내의 복합단지와 그 외 다른 주택단지에 피해를 입혔다. 그 결과, 그 국립공원은 범람원 관리 계획을 수정하였고, 몇몇 캠핑장과 그 외 시설물을 폐쇄시켰으며, 현재는 강이 자유롭게 흘러갈 수 있도록 되었다.

홍수를 방지할 수 있도록 설계된 몇몇 공학 구조물은 장기간으로 볼 때 실제로는 홍수재해를 증가시켰다. 예를 들면, 이 장의 첫머리 사례 연구에서 살펴보았듯이, 홍수방벽은 1993년 미시시피 강의 홍수 때에 상류 홍수를 증대시킨 세인트루이스의 병목현상을 유발하였다(그림 8.2).

재발하는 홍수, 특히 미시시피 강의 홍수는 인간 활동이 홍수를 증대시키는 데 기여했다는 논란을 불러일으켰다. 다른 시기의 동일한 규모의 홍수유출량은 홍수 수위를 더 높게 한다. 따라서 제방, 홍수벽, 강 하류로 상품을 운반하는 바지선의 운항을 개선시키기 위한 구조물은 이전보다 적은 규모의 홍수만을 조절할 수 있다. 가장 큰 규모의 홍수에 대해서는 이와 동일한 구조물 시스템은 유수의 흐름을 억제하거나 느리게 하며, 홍수 수위를 더 높이는 결과가 될 것이다.[26]

많은 홍수의 원인과 결과를 살펴본 결과, 홍수재해를 최소화하기 위해서는 구조물에 의한 조절은 범람원 규제와 병행되어야 한다는 것을 알게 되었다.[1,23,24,25]

수로화 수로화(channelization)는 기존의 하천 수로를 직선화, 깊게 팜, 확장, 정화 또는 라이닝하는 방법들을 포함한다. 기본적으로 수로화는 공학기술의 영역에 속하며, 홍수 조절, 습지의 배수, 침식 조절, 선박통행 개선의 목적을 가진다. 위의 네 가지 목적 중 홍수 조절과 습지 배수가 수로건설 계획에서 가장 흔히 적용되는 방법이다.[27] 미국에서는 수천km의 하천이 변경되었으며, 수천km의 수로가 계획 중이거나 건설 중에 있다. 연방정부는 안 보더라도 수천km의 수로 변경을 추진하였다. 그러나 과거에는 부적절한 고려 때문에 수로화로 인해서 환경적으로 부정적인 효과가 발생하였다.

자연 하천의 수로화에 대한 반대 의견은 수로화가 물고기와 습지 야생생물들의 번식에 부정적인 영향을 미친다는 것을 강조한다. 아울러서 수로화로 인해서 광범위하게 하천 경관이 악화된다. 논쟁거리는 다음과 같다.

- 습지 배수는 생물의 생존에 필요한 서식지를 제거함으로써 습지에 살고 있는 동식물에 나쁜 영향을 미친다.
- 하천을 따라서 나무를 베는 것은 물고기의 지붕과 그늘을 없애고, 햇빛에 하천을 노출시킨다. 이러한 하천의 노출은 온도에 민감한 수중생물과 식생에 피해를 입힌다.
- 범람원의 활엽수를 벌목하는 것은 많은 동물과 새들의 서식지를 없애고, 침식과 하천의 부유물 생성을 용이하게 한다.
- 하천의 직선화와 개조는 수로의 다양성을 파괴하고, 수중생물의 성장과 번식에 악영향을 미치는 한편, 최대 유출량을 변화시킨다.
- 습지 지역을 사행천으로부터 직선적인 개방형 수로로 바꾸는 것은 자연 지역의 경관적인 가치를 떨어뜨린다.[27] 그림 8.26은 자연 하천과 원래 하천의 수로화의 몇몇 차이점들을 요약하고 있다.

모든 수로화가 심각한 환경적인 피해를 유발하는 것은 아니다. 많은 경우에 배수 계획이 유익할 수도 있다. 홍수에 취약한 도시 지역과 이전의 토지 이용으로 인하여 배수의 문제가 있었던 시골 지역에서 배수 계획의 이득이 가장 크다. 아울러서, 수로 변경은 선박 운항을 개선하고 홍수를 감소시킴과 동시에 환경 파괴도 유발하지 않았던 다른 예들도 있다.

수로 복원 : 수로화의 대안

도시 지역의 많은 하천들은 자연 하천과 유사한 경우가 거의 없다. 도로, 시설물, 건물의 건설과 이로 인해서 발생하는 퇴적물은 대부분의 소규모 하천들을 파괴시키기에 충분하다. **수로 복원**(channel restoration)[28]에는 여러 가지 기술이 적용된다. 즉 도시 쓰레기를 유로에서 제거하는 것, 하천이 자유롭게 흐를 수 있도록 하는 것, 이미 심어져 있는 나무를 베지 않거나 필요한 경우에는 원산지 나무나 식물을 심어서 기존의 수로 제방을 보호하는 것이다. 나무는 하천에 그늘을 만들고, 뿌리들은 제방의 침식을 막는다(그림 8.27). 수로 복원의 목적은 하천이 사행하도록 하여 더 자연스러운 수로를 만들고, 가능하다면 가변적인 저 유출량 조건을 조성하는 데 있다. 이러한 조건은 여울에서의 빠르고 얕은 흐름과 웅덩이에서의 느리고 깊은 흐름이 교대로 일어날 수 있게 한다. 측면 제방의 침식이 절대적으로 억제되어야 할 때는 만곡의 바깥쪽을 석축으로 보호해야 한다. 수로 복원을 위한 설계 조건은 그림 8.28에 제시되어 있다.

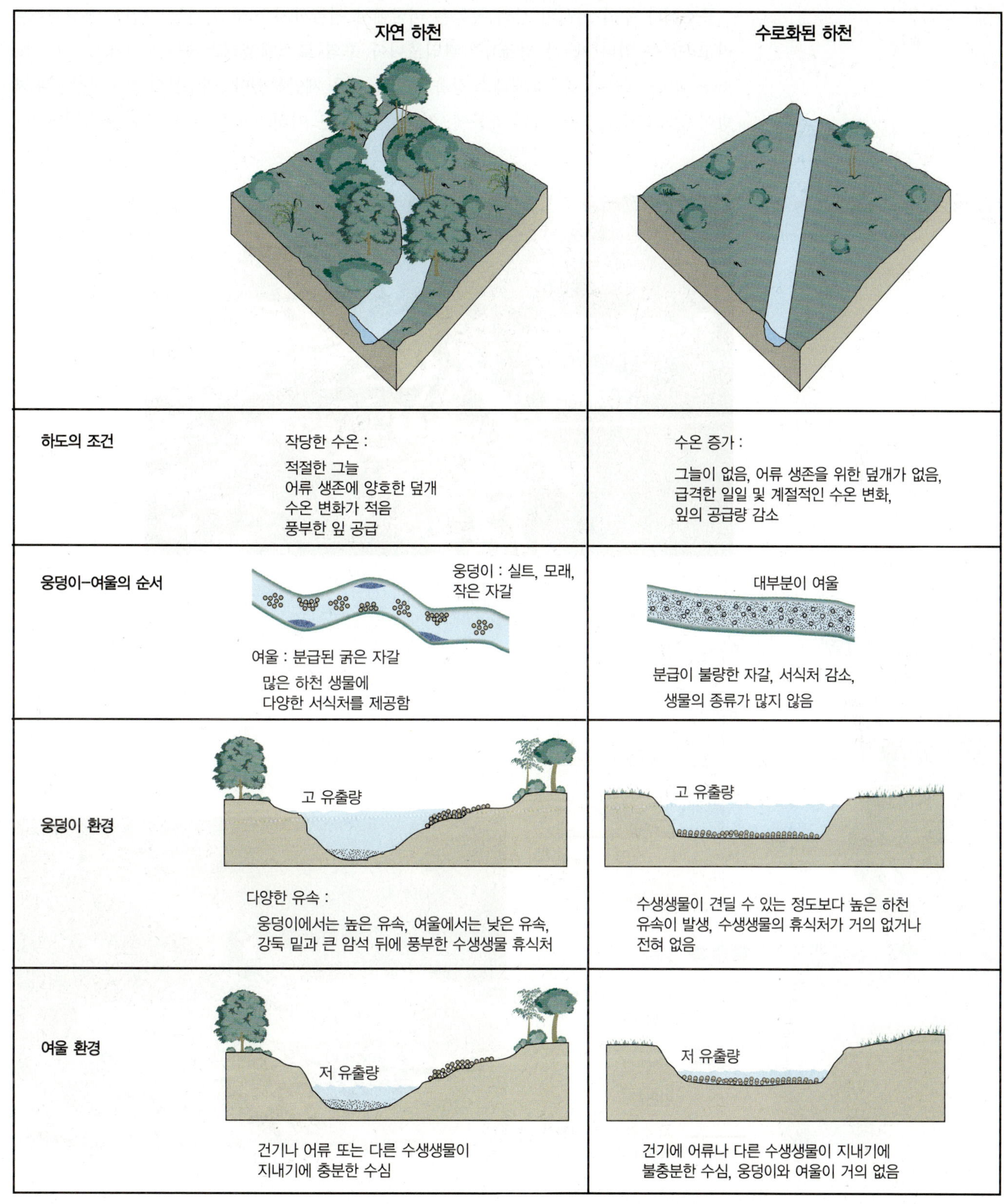

그림 8.26 자연 하천과 수로화된 하천 일반적인 특성과 웅덩이 환경의 관점에서 자연 하천과 수로화된 하천의 비교.
(*Corning, Virginia Wildlife, 1975*년 2월)

플로리다 주의 키시미 강의 복원은 미국에서 지금까지 시도된 가장 야심찬 복원계획이라고 할 수 있다(제4장 참조).[29] 캘리포니아 주의 로스앤젤레스에서는 'Friends of the River' 라는 모임이 로스앤젤레스 강을 복원할 것을 제안하였다. 대부분의 하상퇴적층과 제방이 콘크리트로 되어 있기 때문에, 이 복원 계획은 어려운 과업이 될 것이다(그림 8.29).

그림 8.27 침식으로부터 하천 둑을 보호하는 나무뿌리 (*Edward A. Keller*)

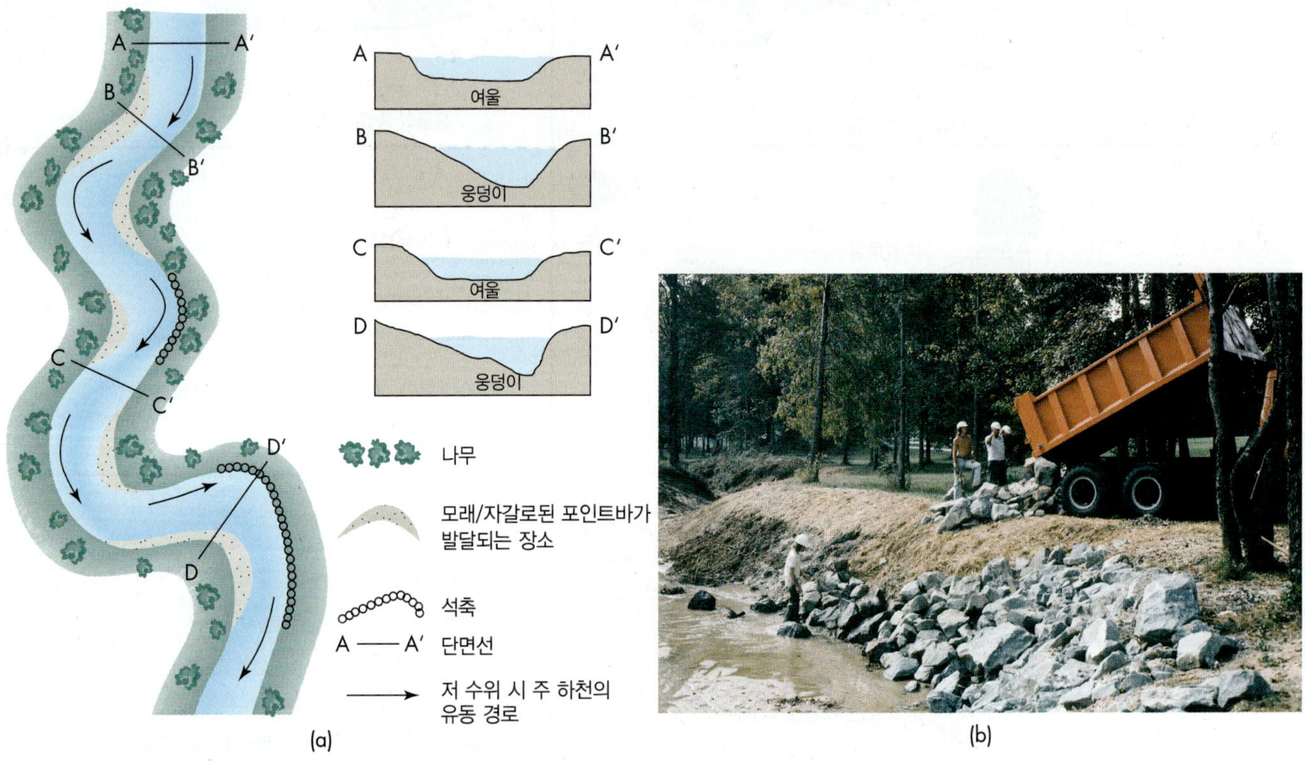

그림 8.28 도시 하천의 복원 (a) 침식과 퇴적작용(웅덩이와 여울)에 의해 다양한 하도 형태가 만들어지도록 하는 도시 하천의 수로 복원 설계 기준. (*Keller, E. A., and Hoffman, E. K. 1977.* Journal of Soil and Water Conservation 32(5): 237-40) (b) 노스캐롤라이나 주의 샬럿 지역의 브리어 내의 강둑을 보호하기 위해서 절대적으로 필요한 석축 배치. 강둑에 잔디를 심고 뿌리 덮개로 덮고 강둑 위에 나무를 심는다. (*Edward A. Keller*)

그러나 강변 공원은 수로화된 강의 유로 중에서 보다 자연스럽게 보이는 수로가 나타나는 장소에 계획된다(그림 8.30).

홍수보험

1968년에 사기업이 더 이상 홍수보험을 개설하는 것을 달갑게 생각하지 않게 되었을 때 연방정부가 이를 인수하였다. 미국 국가홍수보험 사업은 30일 대기 기간을 포함하는 조건으로, 국가보조로 홍수보험에 가입할 수 있도록 하였다. 100년 주기의 홍수에 의해 범람된 특별 홍수재해 지역이 지정되었으며, 새로운 재산 소유자는 위험 기준에 의해서 결정된 가격으로 보험에 가입해야 한다. 이 보험 사업은 홍수 피해자에게 단기적으로는 재정 지원을 함과 동시에 장기적으로는 국가의 범람원에 대한 토지 이용 법규를 제정하는 데 있다. 기본적인 위해성 평가는 100년 주기 홍수에 의해서 범람되는 범람원 지역을 확인하는 데 집중하고 있다. 홍수에 안전하다고 판명된 건물만이 이 범람원 지역에 건축될 수 있으며(그림 8.31), 20년 주기 홍수에 의해 범람되는 범람원 지역에는 어떤 건축도 허가되지 않는다.

(a)

(b)

그림 8.29 수로화와 하천 복원 (a) 로스앤젤레스 강의 콘크리트 수로와 (b) 노스캐롤라이나 주의 복원된 수로의 비교. (*Edward A. Keller*)

그림 8.30 로스앤젤레스 강 로스앤젤레스 강의 수로화 이후에 만들어진, 한층 더 자연 수로에 가까운 강의 일부 지역. (*Deirdra Walpole Photography*)

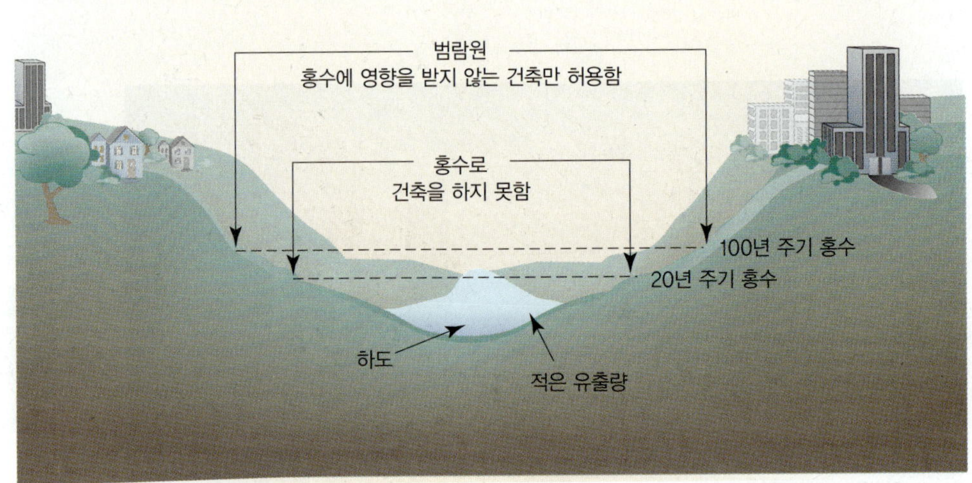

그림 8.31 범람원 규제 미국의 국가 홍수보험 프로그램에 적용되는 100년 주기와 20년 주기의 홍수에 의해 범람되는 지역을 보여주는 모식도.

국가홍수보험사업에 참여하고자 하는 지역은 연방긴급관리청(Federal Emergency Management Agency : FEMA)에 의해 작성된 100년 주기 범람원 지역의 토지 이용 규제의 최소한의 기준을 채택해야 한다. 미국 내 거의 모든 홍수위험 지역들은 기본적인 홍수재해도를 가지고 있으며, 어떤 형태의 범람원 법규를 도입하였다. 재산 소유자들은 현재 수백만 개의 보험증권을 보유하고 있다.[30]

1990년대 초에는 보험사업 개혁의 필요성이 인식되었다. 그 결과, 1994년에 국가홍수보험 개정법률이 제정되었다. 그 법률은 홍수에 대한 보강, 재배치, 자주 범람되기 쉬운 부동산의 차입매수와 같은 홍수재해 완화 기회를 장려하기 위한 것이었다.[30]

홍수에 대한 보강

여러 가지 홍수보강 방법이 있다. 그중 가장 보편적인 방법은 다음과 같다.

- 기둥 또는 기초벽이나 흙 매립층을 확장함으로써 홍수재해 수위보다 높게 건물의 기

초를 높이는 것[30]

- 범람수로부터 건물을 보호하기 위하여 건물 주위에 홍수벽이나 흙벼랑 길을 축조하는 것
- 방수 문과 방수 지하실벽 및 창문과 같은 방수건축을 하는 것
- 범람수를 배수하기 위해서 펌프를 갖춘 개선된 배수구를 설치하는 것

또한 건물 내로 범람수가 유입됨으로써 일어나는 홍수피해를 줄일 수 있도록 건물 설계를 보완하는 방법도 있다. 예를 들면, 독일의 어떤 지역에서는 널찍한 강변지대를 따라서 위치하는 지상층이 범람수에 의해서 심각한 피해를 입지 않도록 하고, 홍수 후에는 쉽게 청소하고 재사용할 수 있도록 설계되어 있다.[30]

범람원의 개발규제

앞에서 우리는 범람원은 강에 의해 만들어지는 지형의 한 가지 형태라고 정의하였다. 홍수재해 지역상의 개발을 규제하고자 할 때, 우리는 자주 수문학적 관점에서 범람원을 정의한다. 즉 100년 주기 범람원은 100년 주기의 홍수에 의해 범람되는 하곡의 부분을 말한다. 어떤 특정한 강에 대해서, 어떤 특정 지점에서 홍수는 어떤 유출량(m^3/s나 ft^3/s의 단위를 가지는 시간당 유수의 체적)으로 나타낸다. 우리는 흔히 과거의 유수의 기록을 분석함으로써 그 유출량을 결정한다(자세히 살펴보기 '홍수의 규모와 주기' 참조).

환경적인 관점에서, 도시 지역의 홍수피해를 최소화하는 가장 좋은 방법은 **범람원 개발규제**(floodplain regulation)이다. 중대한 문제는 미국의 거의 4,000개 마을과 도시에 사는 수백만의 사람들이 홍수재해가 확인된 범람지역에 살고 있다는 것이다. 범람원 개발규제의 목적은 홍수피해와 홍수 방지 비용을 최소화하면서 범람원 사용으로 최대의 이득을 얻는 것이다.[31] 범람원 개발규제는 무분별한 범람원 지역 개발로 인한 엄청난 재산피해와 인명 손실을 막고 아울러서 유용한 자연자원인 범람원을 완전히 포기하지는 않는 타협점이다.

이것은 물리적인 방벽과 건설 및 저수지, 수로화 작업이 바람직하지 않다고 말하는 것은 아니다. 범람원의 개발지역에서는 인명과 재산을 보호하는 것이 필요하다. 그러나 범람원이 수계에 속하고, 범람원의 단면적을 감소시키는 잠식행위는 홍수를 증대시킨다는 것을 인식해야 한다(그림 8.32). 이상적인 해결책은 새로운 물리적인 방벽건설을 필요로 하는

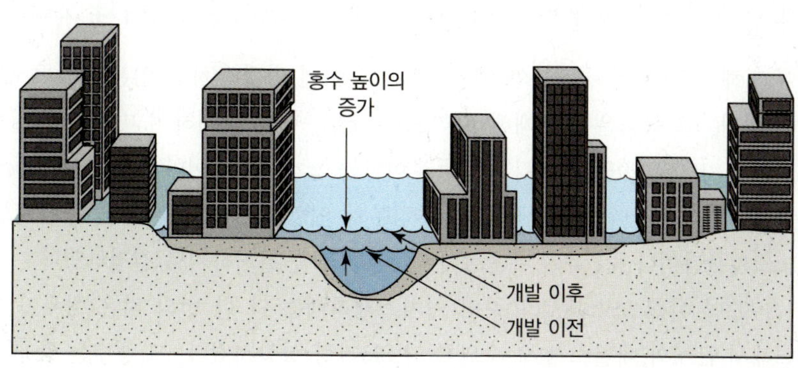

그림 8.32 홍수재해의 증가 범람원 지대의 더 많은 개발은 그 이후에 범람의 높이를 증가시킬 수 있다. (*Water Resources Council. 1971.* Regulation of flood hazard areas, *vol. 1*)

범람원개발을 중지하고, '자연과 함께 하는 설계'를 하는 것이다. 현실적으로, 가장 효율적이고 실질적인 해결책은 물리적인 방벽과 범람원 개발규제를 적당히 병용함으로써 수계의 물리적인 변형을 줄여나가는 것이다. 예를 들면, 수로 계획와 상류 저수지의 다변화와 연계한 합리적인 범람원 구획정리로 더 작은 규모의 수로나 저수지 다변화가 이루어지고, 범람원 규제도 필요없어질 것이다.

홍수재해도 작성

범람원 개발규제의 예비 단계는 범람원의 토지 이용 계획에 대한 정보를 제공하는 수단인 홍수재해도 작성이다.[32] 홍수재해도는 과거의 홍수 또는 특정 주기의 홍수(예를 들면, 100년 주기 홍수)를 표시한다(그림 8.31). 이 도면은 사적인 개발을 규제하거나, 공공목적의 용지매입(공원, 유원지 시설 등), 또는 앞으로 범람원 지역 토지 이용의 기준을 세우는 데 유용하다.

홍수재해 평가는 일반적으로 직접적인 관찰과 물리적인 요소들의 측정으로 수행된다. 예를 들면, 1993년 여름에 발생한 미시시피 강 계곡의 광범위한 범람은 위성자료에 의해 만들어진 영상에서 뚜렷이 보여진다(그림 8.2 참조). 홍수재해도는 또한 홍수 발생 시 촬영된 항공사진에 의해서도 만들어질 수 있다. 범람수가 지나간 후 야외에서 측정된 고 수위선, 홍수퇴적물, 깎인 자국, 범람원 지대에 퇴적된 자갈에 의해서 홍수를 평가할 수 있다.[33] 오늘날 홍수재해도를 만드는 가장 보편적인 방법은 어떤 특정 홍수(예를 들면, 100년 주기 홍수)에 의해서 범람되는 토지를 예측하는 수학적인 모델을 이용하는 방법이다.

홍수재해도 작성에 필요한 정보는 직접자료(하천수위-유량자료), 간접자료[집수유역 내 하천의 수, 하천 밀도(모든 하천의 총연장을 집수유역으로 나눈 것)], 항공사진 및 인공위성 사진자료, 토양과 식생분대 등이다. 또한 도시 지역에서는 미래의 도시개발 조건(불투수 지역의 분포면적)을 예상하여 도면을 만들어야 한다.

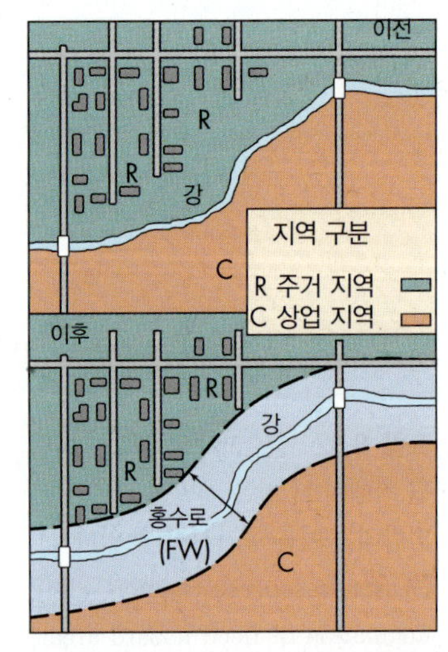

그림 8.33 범람원 구획 홍수 법규제정 이전과 이후의 범람원 구획도. (*Water Resources Council. 1971.* Regulation of flood hazard areas, *vol. 1*)

범람원 지역의 구획정리 홍수재해 정보는 홍수재해 지역을 표시하는 데 이용된다. 일단 홍수재해 지역이 확인되면, 입안자들은 범람원 지역의 규제와 합당한 토지 이용 방안을 세울 수 있다. 그림 8.33은 범람원 규제 계획을 세우기 이전과 이후의 전형적인 범람원 구획정리 도면을 보여주고 있다.

범람원 지역으로부터 주민들의 소개 : 노스캐롤라이나와 노스다코타의 예

여러 해 동안 미국 주정부와 연방정부는 홍수에 의해 피해를 입은 집들을 선택적으로 구입해 왔다. 그 목적은 홍수재해 지역으로부터 주택을 철거하여 미래의 손실을 줄이기 위한 것이다. 1999년 9월에 허리케인 플로이드는 노스캐롤라이나 주에 거의 50cm의 비를 몰고 왔으며, 많은 지역을 범람시켰다. 주정부와 연방정부는 거의 5,000만 달러의 예산을 들여, 노스캐롤라이나 주, 로키 마운트의 약 430가구를 철거하기로 결정하였다.

1992년 이래 노스다코타 주의 처치스페리에는 단 한 번의 많은 강우가 있었으며, 이로 인해서 근처의 데빌스 호수 수위를 약 8m가량 상승시켰다. 그 홍수는 출구가 없으며, 노든 플레인즈의 호수 쪽 부분은 매우 평탄하다. 그 결과, 호수는 그 면적이 2배 이상 늘어났으며 처치스페리 부근의 토지를 범람시키고 있다. 2000년 6월 말까지는 그 마을이 거의 황폐화되었으며, 마을의 인구는 약 100명에서 7명으로 줄어들었다. 그 마을 대부분의 주민은 연방정부의 자발적인 부양책의 혜택을 입고, 더 높은 지대인—약 24km 떨어진—리즈 마을로 이주하였다. 뒤에 남겨진 빈 집들은 철거하거나 더 안전한 지대로 옮겨질 것이다.

350만 달러의 유리한 매입은 마치 농구의 '슬램덩크'와 같았다. 그 매입 프로그램에 참여했던 사람들은 그들 집의 감정가에다 인센티브까지 받았다. 대부분의 사람들은 그러한 제의가 거부할 수 없을 정도로 좋은 것이라고 생각하였다. 그리고 그 마을이 언젠가는 홍수에 잠길 것이라는 인식이 과거부터 있었다. 그러나 마을 사람들 중에는 비판도 있었으며, 모든 사람이 그 제안을 받아들이지는 않았다. 잔류하기로 결정한 일곱 사람 중에는 마을의 시장과 소방서장도 있다. 처치스페리 매입 사업은 그러한 사업의 진행이 사람들의 정서와 관련된다는 것을 보여준다. 어떤 사람들은 비록 비교적 가까운 장래에 범람수에 의해서 피해를 입기 쉽다는 사실을 알고 있더라도 그들의 집을 떠나는 결정을 내리기가 어렵다.

개인적인 대책 : 해야 될 것과 해서는 안 되는 것

홍수는 가장 흔히 경험하는 자연재해이다. 우리가 홍수 발생을 막을 수는 없지만, 개개인이 더 잘 대처할 수는 있다. 표 8.2는 개개인이 홍수 대비를 위해서 할 수 있는 것과 해서는 안 될 것들을 요약하고 있다.

8.11 홍수에 대한 인식

공공기관, 즉 정부와 홍수통제소는 계획을 세우기에 적절한 인식을 가지고 있다. 그러나 개인에 있어서는 홍수에 대한 인식이 뚜렷하지 않다. 홍수에 대한 지식, 미래의 홍수 예측, 홍수재해로 초래되는 조절 대책들을 받아들이는 자세는 사람들에 따라 많은 차이를 나타낸다.

공공기관에 의해 추진되는 사업들은 홍수취약 지역의 도면 작성(수천장의 도면이 작성됨), 사류 홍수로 인한 댐 하류지역의 잠재 홍수 발생 지역 도면 작성, 도시화에 의해 가까운 장래에 홍수 문제가 발생할 수 있는 지역들에 대한 도면 작성을 포함한다. 아울러, 연방정부는 주정부와 지역사회에 범람원 관리계획을 채택하도록 권장해 왔다.[8] 그러나 범람원 개발을 하지 않거나 지금의 개발 위치를 범람원이 아니 곳으로 옮김으로써 홍수재해를 예방하는 계획을 마련하는 것을 일반 사람들이 받아들일 수 있도록 방안을 좀 더 마련하고 사람들을 교육시키는 것이 아직도 필요하다. 이러한 것은 2006년에 버지니아 주에서 뉴욕 주까지의 미국의 중부 대서양 지역을 강타한 강 홍수의 비극적인 예에서 볼 수 있다(그림 8.34). 20만 명이 넘는 범람원 지대 거주자들이 펜실베이니아 주로 소개되었으며, 피해액은 1억 달러를 초과하였다. 차가 범람수에 의해서 휩쓸려 가거나 홍수로 넘친 지류나 강에 빠져서, 약 16명이 목숨을 잃었다. 약 70명은 지붕 위에서 구조되었다. 우리는 앞으로의 범람원 개발에 대해서 단호하게 "아니요"라고 말할 필요가 있다. 그것은 상습적인 홍수를 감소시키는 비용면에서 가장 효과적인 방법이다.

표 8.2 홍수 전과 후에 해야 할 것과 하지 말아야 할 것

해야 할 일	홍수에 대한 대비 • 만약 여러분의 재산이 홍수의 위험에 처해 있으면, 여러분 지역의 홍수통제소에 문의하라.
	• 만약 여러분의 재산이 위험에 처해 있다면, 그리고 여러분이 보험에 가입할 수 있다면 홍수보험에 가입하라.
	• 문으로 범람수가 들어오는 것을 막기 위해서 모래 주머니나 홍수판을 구입하라.
	• 홍수대비 용품 세트(손전등, 담요, 비옷, 건전지를 장착한 라디오, 구급용 세트, 고무장갑, 그리고 중요한 개인서류)를 준비하라. 그리고 가능하면 그것을 위층에 두어라.
	• 가스와 전기를 차단했는지 확인하라. 만약 차단 여부를 확신할 수 없다면 검침기를 점검하는 사람에게 부탁하라.
	• 여러분 가족이나 동거자에게 홍수 가능성을 이야기하라. 홍수대비계획서를 쓰고 홍수대비 용품 세트와 홍수대비계획서를 함께 보관하라.
하지 말아야 할 일	• 홍수재해를 과소평가한다.
해야 할 일	홍수 재해경보가 발효되었을 때 • 대피를 준비하라.
	• 홍수 수위를 관찰하고 라디오를 켜두며 TV 뉴스와 날씨예보를 청취하라.
	• 사람, 애완동물, 귀중품을 위층이나 더 높은 지대로 옮겨라.
	• 여러분 차를 더 높은 지대로 옮겨라. 단지 0.6m 높이의 급류만으로도 여러분 차가 휩쓸려 갈 것이다.
	• 여러분의 이웃이 도움을 필요로 하는지를 살펴봐라. 그들이 2층에서 탈출하지 못하거나 가구를 옮기는 데 도움을 필요로 할 수도 있을 것이다.
	• 가능하면 낮에 많이 일하라. 만약 전기가 끊기면 일하는 데 어려움이 있을 것이다.
	• 따뜻하고 건조한 상태를 유지하라. 홍수는 여러분이 생각하는 것보다 더 오래 계속될 수도 있으며, 감기에 걸릴 수도 있을 것이다. 따뜻한 옷, 담요, 보온병, 음식물을 가져가라.
하지 말아야 할 일	• 무릎 이상의 홍수 속을 걷다가 물에 빠질 수도 있을 것이다. 맨홀, 도로작업장, 그리고 다른 재해물질이 물 밑에 감추어져 있을 수 있다.
해야 할 일	홍수 이후 • 집의 파손 정도를 점검하라. 손상된 부분의 사진을 찍어 두어라.
	• 만약 홍수보험에 가입했다면, 손해보상 청구를 위한 서류를 작성하라.
	• 벽과 바닥 청소뿐만 아니라 카펫과 가구를 옮기거나 말리는 데는 전문가의 도움을 받아라.
	• 가스, 전기 및 수도 회사에 연락하라. 여러분이 가스, 전기 및 수도를 다시 켤 때는 먼저 기구들을 점검하는 것이 필요할 것이다.
	• 문과 창문을 열고 집을 환기시켜라.
	• 수도꼭지를 씻고 수 분 동안 수돗물을 틀어 놓은 후 사용하라. 여러분의 수도가 오염되어 있을 수도 있을 것이다. 필요하다면 수도공급자와 함께 수도를 점검하라.
하지 말아야 할 일	• 홍수에 잠겼던 물건에 손을 댈 때 홍수로 인해 그 물건들이 오염되었을지 모르며 하수물질이 묻어 있을지도 모른다. 일단 젖었던 모든 물건은 완전히 살균하고 깨끗이 씻어라.

출처 : Environment Agency, United Kingdom. Floodline accessed 11/1/00 at www.environment_agency.gov.uk/flood/press_2.htm

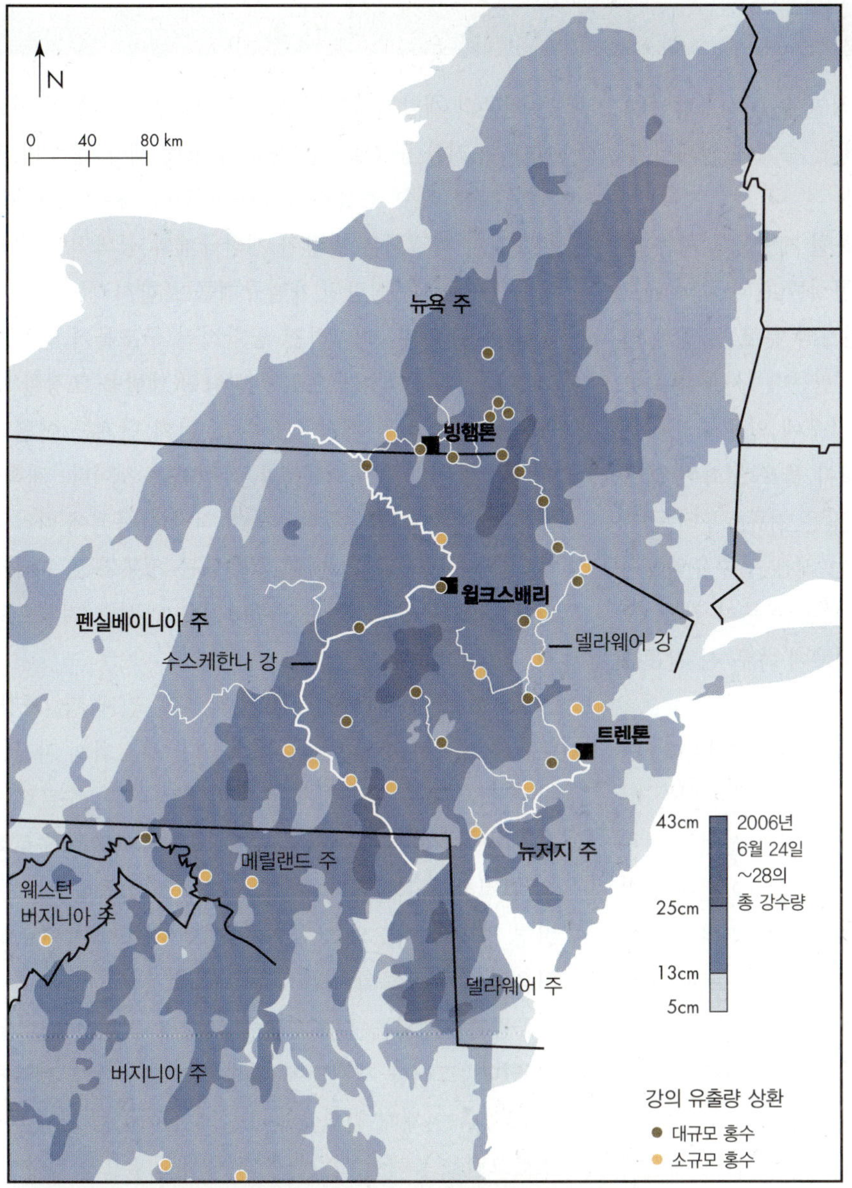

그림 8.34 2006년 6~7월에 발생한 중부 대서양 연안 홍수 (a) 대규모와 소규모 홍수도면. (*New York Times with data from National Weather Service*) (b) 펜실베이니아 주의 윌크스배리에 있는 침수된 집에서 우편물을 수거하고 있음. (*AP/Wide World Photos*)

요 약

시내와 강은 암석을 순환시키는 기본적인 운송 시스템이며, 지형을 형성하는 주된 침식 요인이 된다. 수계에 의해서 배수되는 지역을 집수유역이라고 한다.

사행천의 측방 이동과 주기적으로 하천 제방을 넘치는 물에 의해서 퇴적되는 퇴적물은 범람원을 형성한다. 홍수의 규모와 주기는 서로 반비례하며, 강우의 강도와 분포, 토양과 암석 내로의 침투율, 지형기복에 영향을 받는다. 사류 홍수는 작은 유역에 짧은 기간에 내린 많은 강우에 의해서 비롯된다. 대규모 강에서의 하류홍수는 토양이 물로 포화된 넓은 지역에 내린 장기간의 호우에 의해 수많은 지류로부터 증가된 하천유출량에서 비롯된다. 도시화는 작은 집수유역에서 홍수를 증대시킨다. 이는 도시지역의 많은 부분이 건물, 도로 등의 불투수성 지표로 덮여 있기 때문에 폭우 시 지표유출량을 증가시킨다.

강의 홍수는 가장 일반적으로 경험하는 자연재해이다. 인명 손실은 적절한 감시와 경보체제가 잘 갖추어져 있는 선진국에서 상대적으로 낮다. 그러나 재산피해는 산업화 이후보다 이전 사회에서 훨씬 더 컸다. 이는 산업화 이전에는 범람원이 광범위하게 개발되었기 때문이다. 홍수에 의해서 초래되는 피해를 조절하는 요소는 범람원 지대의 토지 이용, 홍수의 규모와 주기, 홍수 때 수위 상승률과 지속기간, 계절, 퇴적되는 퇴적물의 양, 예보, 경보 및 비상체제의 효율성을 포함한다.

환경적으로, 홍수피해를 최소화하는 가장 최선의 해결책은 범람원 개발규제이다. 그러나 고도로 도시화된 지역에서는 기존의 개발지역을 보호할 공학적인 구조물이 필요할 것이다. 이러한 구조물에는 물리적 방벽(제방, 홍수벽)과 저수지와 같은 배수 조절용 구조물이 있다. 홍수피해를 줄이는 현실적인 해결책은 범람원 개발규제와 공학적인 대책을 병행하는 것이다. 범람원 개발규제를 포함시키는 것이 비판을 받을 수도 있다. 왜냐하면 공학적인 구조물이 안전에 대한 그릇된 인식을 심어줌으로써 범람원 개발을 조장할 수 있기 때문이다. 범람원 개발규제의 첫 번째 단계는 어렵고 많은 예산이 들지만 홍수재해도를 작성하는 것이다. 계획입안자들은 이 홍수재해도를 활용하여 적당한 목적에 따라 홍수취약 지역을 구분한다. 어떤 경우에는 정부가 홍수취약 지역의 주택을 구입하여 헐고, 주민들을 안전한 지역으로 이주시킨다.

수로화는 기존 하천 유로를 직선화, 깊게 팜, 확장, 청소 또는 라이닝하는 방법들을 포함한다. 수로화의 가장 보편적인 목적은 홍수 조절과 배수능력 향상이다. 수로화는 흔히 환경적인 후퇴를 초래하였으며, 그래서 새로운 수로화 계획은 엄정하게 검토된다. 자연의 작용을 접목한 새로운 수로 변경 방법이 시도되고 있으며, 어떤 경우에는 수로화된 하천을 다시 복원하고 있다.

공공기관에서는 홍수재해에 대해서 적절한 인식을 가지고 있다. 그러나 개개인에 대해서는 홍수취약 지역에 거주하고 있다는 재해 인식을 분명하게 심어주는 더욱 대중적인 프로그램을 통해서 사람들을 교육시킬 필요가 있다.

기본개념의 재확인

인구 증가

점점 더 많은 사람들이 범람원 지대에 살고 있다. 강에 인접한 편평한 지대인 범람원은 높은 홍수 위해성을 갖지만, 매우 많은 사람들에게 이는 개발지역으로 비쳐지고 있다. 이러한 어리석은 행동을 종식시키기 위해서, 우리는 범람원 개발규제 자세를 확고하게 지켜나가야 하며, 대부분의 범람원 개발에 대해서 단호하게 반대해야 한다.

지속 가능성

강은 육지의 젖줄이다. 강은 수자원을 제공하고, 사람과 상품의 수송로이며, 습지로부터 범람원까지 중요한 생태계 유지 수단이 된다. 지속 가능한 미래를 건설하는 것은 지속 가능한 강을 계획하지 않고서는 불가능하다.

계로서의 지구

강은 육지의 주요 시스템 중의 하나이다. 강은 물과 퇴적물을 운반하고, 지표면을 침식하여 경관을 만든다. 시간이 흘러가면서, 숲을 도시와 경작지로 바꾸는 것과 같은 토지 이용에 따라 강은 변화한다. 이러한 변화는 (1) 농업지역에서는 땅에서 침식된 퇴적물에 의해 수로를 메움으로써, (2) 도시지역에서는 지표유출량 증가로 인해서 더 자주 그리고 더 큰 홍수를 일으키는 반면, 토양으로의 물의 침투량은 감소시킴으로써 홍수재해를 증대시켜 왔다.

위험한 지구작용, 위해성 평가 및 인식

홍수는 가장 일반적으로 경험하는 재해이다. 홍수는 또한 그 위험성이 잘 알려져 있는 재해이다. 무분별한 범람원 이용은 하나의 주요한 문제는 사람들과 공동체에 홍수피해를 유발한다는 것을 확신시키는 것이다. 사람들에게 홍수재해를 더 잘 이해시키고, 어디서 그리고 왜 홍수가 발생하는지 이해하도록 교육시키는 것이 관건이다. 다른 말로 하면, 홍수에 대한 대중의 인식을 높이는 것이다.

과학지식과 가치

생태학과 수문학을 포함하는 강의 과학은 많이 발전하였다. 그러나 홍수재해를 막는 문제에 대해서는 우리의 가치관은 자주 과학과 대립한다. 우리는 자주 더 많은 홍수조절댐, 더 높은 제방, 더 많은 홍수벽을 건설하고, 강을 수로화하는 '기술 고정관념'을 채택한다. 이런 일들이 강의 생태계를 파괴하고, 사람들을 범람원에 불러들여 더욱 큰 홍수피해를 일으키도록 하였다. 범람원 관리와 강의 복원은 강을 손상시키지 않고, 숭배해야 할 자원으로 보는 가치관을 반영한다.

주요 용어

돌발 홍수	수로화	제방
배수 유역	수로 복원	하류 홍수
범람원	수로 형태	하천 유출량
범람원 개발규제	연속방정식	홍수

복습 문제

1. 집수유역을 정의하라.
2. 하천이 운반하는 짐을 구성하고 있는 세 가지 퇴적물은 무엇인가?
3. 연속방정식이란 무엇인가?
4. 1992년 벤투라 강의 홍수에서 얻은 교훈은 무엇인가?
5. 운반능과 운반량을 구별하라.
6. 망상하천과 사행천을 구별하라.
7. 강변 환경이란 무엇인가?
8. 웅덩이와 여울을 구별하라.
9. 상류 홍수와 하류 홍수를 구별하라.
10. 10년 주기의 홍수가 발생했다는 것은 무엇을 의미하는가?
11. 도시화가 홍수재해에 어떤 영향을 미치는가?
12. 홍수피해를 조절하는 주요 인자들은 무엇인가?
13. 홍수의 1차와 2차 영향에는 어떤 것들이 있는가?
14. 범람원 개발규제는 무엇을 의미하는가?
15. 수로화를 정의하라.
16. 수로 복원이란 무엇인가?

심화 문제

1. 당신이 집수 유역의 최상류 쪽으로 마을이 확장되고 있는 지역에서 일하는 계획입안자라고 하자. 당신은 도시화가 홍수에 미치는 영향을 알고 있으며 이러한 영향을 줄이는 계획을 세우기를 원한다고 하자. 그 실천계획의 개요를 적어보라.
2. 당신이 여러 해 동안 하천의 수로화 사업을 수행하여 오고 있는 어느 도시의 홍수 조절 부서에서 일하고 있다고 하자. 홍수 조절 부서가 불도저를 사용하여 수로를 직선화하고 넓히고 있어서 광범위한 환경피해를 초래한다는 비판을 받아 왔다. 그래서 하천유지 사업의 일환으로 당신이 수로를 복원하는 새로운 계획을 세우도록 지시받았다고 하자. 정부를 확신시킬 수 있도록 도시지역 하천 환경을 개선하고 홍수재해 잠재성을 감소시킬 수 있는 하천유지 계획안을 마련해 보라.
3. 당신이 살고 있는 자역에 홍수가 났다고 하자. 그런 일은 충분히 일어날 수 있다. 홍수재해를 감소시키거나 제거하기 위해서 현재 할 수 있는 방법이 무엇인가? 그리고 앞으로 더 할 수 있는 어떤 일들이 있는가?

제 9 장

사면작용, 산사태와 지반침하

학습 목표

사면을 미끄러져 내려가는 물질 이동의 형태인 산사태는 전 세계의 여러 지역에서 발생하는 심각한 자연재해 중의 하나이다. 산사태는 지진이나 화산과 같은 다른 자연재해와 관련되어 자주 일어난다. 대부분의 산사태는 규모가 작거나 속도가 느린 편이지만 간혹 규모가 매우 크거나 속도가 빠른 경우도 있다. 이 경우에는 인명과 재산에 심각한 피해가 발생할 수 있으며, 도시지역에서는 특히 피해가 심각해질 수 있다. 이 장의 학습 목표는 다음과 같다.

- 기본적인 사면작용과 사면붕괴의 원인에 대해 이해한다.
- 사면 위에서의 구동력 및 저항력과 이들이 사면안정성과 어떻게 관련이 되는가에 대해 이해한다.
- 사면의 경사와 형태, 식생, 물과 시간이 사면작용과 산사태 발생에 어떻게 영향을 주는가에 대해 이해한다.
- 인간의 땅 이용이 산사태에 어떤 영향을 주는가에 대해 이해한다.
- 산사태를 인지하고 방지, 경고 및 예방하기 위한 방법은 무엇인가?
- 지반침하와 관련된 작용들에 대해 이해한다.

산사태. 2005년 미국 캘리포니아 라콘치타에서 발생한 산사태에 의하여 13채의 집이 파괴되었으며 10명의 사망자가 발생했다. (*AP/Wide World Photos*)

사례 연구 | 2005년 라콘치타 산사태

미국 캘리포니아의 로스앤젤레스에서 약 80km 북서쪽에 위치하는 라콘치타의 작은 해변마을에 2005년 1월 10일에 산사태가 발생하였다(제9장의 표지 사진). 그날 빠르게 움직이는 산사태에 의해 발생한 쇄설류에 의해 36채의 집이 피해를 입거나 파괴되었으며, 10명의 희생자가 발생하였다. 이 2005년의 산사태는 1995년에 있은 몇 채의 집을 파괴하고 인명피해는 없었던 산사태의 재활동(reactivation)에 의한 것이었다. 다시 말해서 1995년과 2005년의 두 사건은 모두 라콘치타 바로 위 가파른 사면에서 6,000년 전 이후에 발생하였던 산사태의 연속이었다. 또한 이 6,000년 된 미끄럼 사태는 산의 더 위쪽에 더 오래되고 규모도 큰 사태의 재활동에 의한 것이었다.

2004~2005년의 겨울은 특히 비가 많았던 겨울이었으며 때때로 집중호우도 내렸었다. 주민이나 지역의 관리들 중 어느 누구도 또 다른 산사태가 곧 닥쳐올 것이라는 사실을 인지하지 못하였다. 2005년의 이 쇄설류는 시속 45km로 빠르게 마을 안쪽으로 더 깊숙이 흘렀다는 점에서 1995년의 것과는 달랐다. 일부 사람들은 기를 쓰고 달아났지만 수많은 사람들이 집에 갇혀버렸다.

마을 바로 뒤쪽에는 아래쪽 사람들에게 지속적인 산사태를 일으키는 200m 높이의 급사면이 있었다. 라콘치타 마을은 결코 그 경사면의 기저에 건설되어서는 안 되었었다. 산사태가 약 100년간 그 지역에서 발생하고 있다는 것은 이미 알려져 있었다. 더군다나 마을은 바로 오래된 약 15m 두께의 산사태 퇴적층 위에 건설된 것이었다. 사람들이 급경사의 기저부에 해변주택을 짓기로 결정하기 이미 오래 전인 수천 년간 산사태가 라콘치타의 위쪽과 동쪽, 서쪽에서 발생하고 있었다.

라콘치타와 주변 지역에서의 연구 결과에 의하면 1995년, 2005년과 그 이전의 쇄설류와 산사태는 최근까지 인지되지 못하였던 약 40,000년 전 이후에 발생하였던 규모가 매우 큰 산사태의 일부이며 그것의 연속이었다는 것이다(그림 9.1). 매우 크고 오래된 이 사태가 지금도 움직이고 있다는 증거는 없지만 그 일부는, 특히 서쪽 주변부에서는 아직도 활동적인 것이 틀림없다.[1]

라콘치타 위쪽의 경사면에서는 앞으로 산사태가 일어날 가능성이 있을 뿐만 아니라 언젠가는 다시 일어난다는 것이다. 라콘치타 마을의 어느 곳도 미래의 산사태로부터 자유롭지 않다.[2]

주민과 주택에 대한 피해를 막기 위해서 가능한 방안은 라콘치타 토지 이용 구역을 주민이 거주하고 있는 구역에서 해안공원으로 이전하는 것이다. 이곳에 살고 있는 모든 사람이 이러한 제안을 듣고 좋아하지는 않겠지만 지역사회는 가치가 높은 해안부동산에 대한 적절한 보상을 전제로 주민들을 이주하도록 도움을 주어야 한다. 이 결과는 재해지역을 새로운 미래자원으로 바꾸는 것이 될 것이다. 최소한 우리는 앞서가는 토지 이용 계획이 되도록 더 신중할 필요가 있으며, 라콘치타 위쪽에서 역사 이전에 발생하였던 대규모 사태퇴적층 위에 현명치 못한 개발과 같은 어리석은 행위를 피해야 할 필요가 있다. 비슷하지만 작은 규모로서 역사 이전에 발생하였던 산사태가 1980년대 중반에 캘리포니아 말리부에서 재활동하여 2억 달러가 넘는 손해배상을 가져오기도 하였다.

라콘치타에서 지금까지 배우게 된 것은 역사 이전의 산사태와 활동적인 산사태 모두를 인식할 수 있게 된 것이고, 이들의 미래 활동성에 대하여 평가를 할 수 있게 된 것이다. 우리는 지금 앞을 내다보고 행동할 필요가 있으며, 미래의 산사태로부터 위험을 감소시킬 수 있기 위한 방도를 강구할 필요가 있다.

9.1 산사태란

산사태와 관련 현상들은 실질적인 피해(그림 9.2)와 인명 손실을 야기한다. 미국에서는 매년 25명에서 50명 정도의 사람들이 산사태로 사망한다. 희생자의 수는 협곡이나 다른 절개지의 붕괴를 포함한다면 100명에서 150명까지 늘어난다. 매년 총 피해액은 대략 35억 달러에 이른다.[2]

산사태와 다른 지반붕괴의 형태는 자연현상으로서 인간 활동과 관련되거나 또는 관련되지 않고도 발생한다. 그러나 인간에 의한 땅의 이용은 어떤 경우에는 이러한 자연재해를 증가시키고, 어떤 경우에는 감소시키기도 한다. 예를 들면, 이전에는 안정적이었던 언덕을 택지개발을 위해 변형시킴으로써 산사태가 발생하기도 하는 반면, 때때로 산사태는 민감한 자연사면에서 안정화 구조물이나 기술의 적용에 의해 방지되기도 한다.

사면붕괴(mass wasting)는 지구 구성물질이 사면 아래로 이동하는 모든 형태를 일컫는 포괄적인 용어이다. 좀 더 제한적인 의미로서 사면붕괴는 암석 혹은 다소 응집력이 있는 물질로서 토양의 사면이동을 지칭한다. 이 장에서 우리는 제한적인 의미에서 산사태를 다

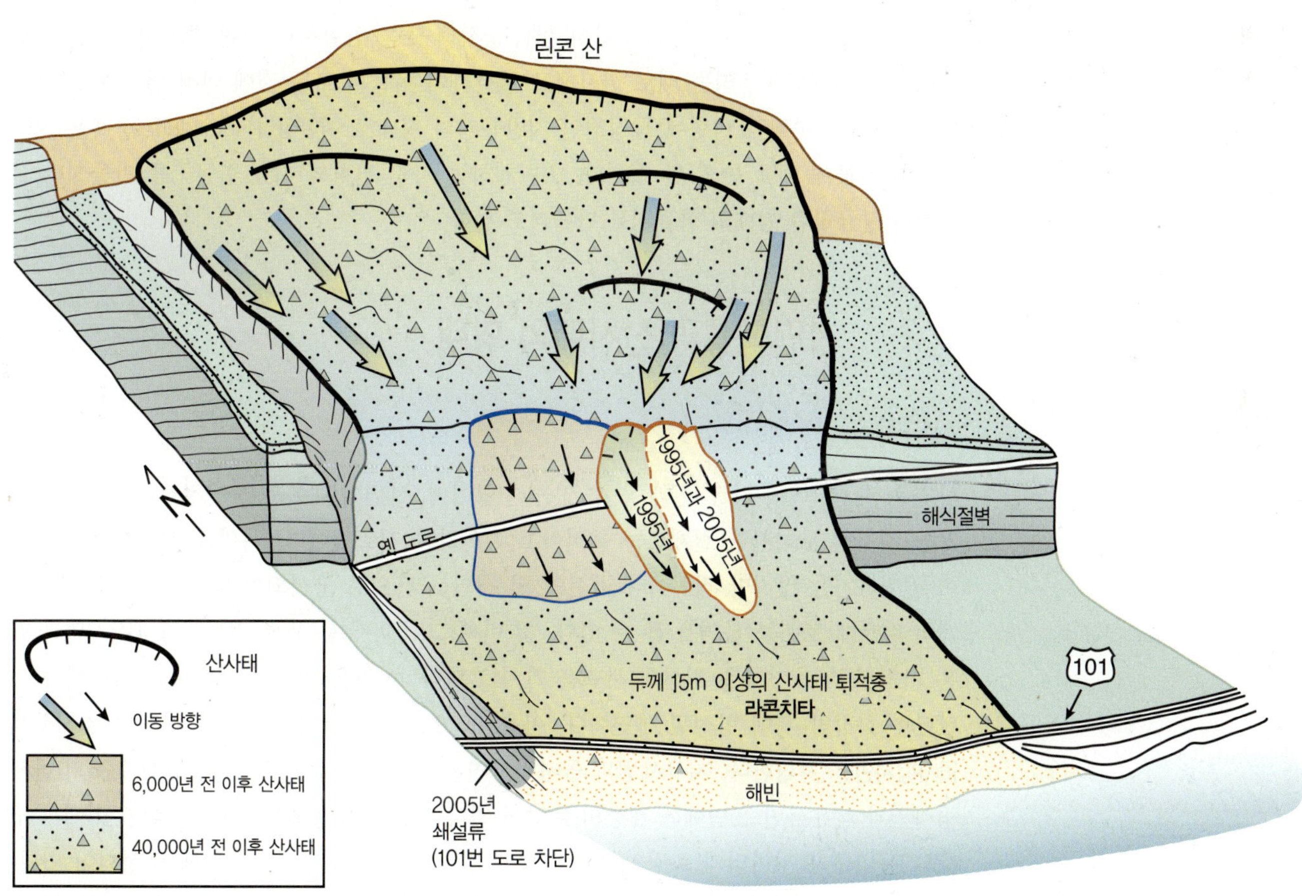

그림 9.1 캘리포니아 라콘치타에서 발생한 산사태의 모식도 1995년과 2005년의 매우 빠른 산사태는 6,000년이 채 되지 않은 역사 이전에 발생하였던 대형 산사태의 일부가 재활동한 것이었으며, 이것은 린콘 산 산사태라고 불리는 더 오래되고 (수만 년 전) 규모가 더 큰 산사태의 일부분이었다.

그림 9.2 파괴된 주택들의 모습 1950년대 남부 캘리포니아 포르투기스 벤드 산사태의 하부를 보여주는 항공사진. 산사태의 끝부분 부두 잔교의 휘어진 모습을 주목하라. 결국 수영클럽과 잔교는 물론 대부분의 집들이 천천히 움직이는 산사태에 의해 파괴되고 말았다. (*John S. Shelton*)

룬다. 우리는 또한 토류와 이류, 암석낙하, 눈사태 또는 암설사태와 관련된 현상들을 논의할 것이다. 편의상 우리는 때로 산사태로 일괄하여 이들의 모든 것에 대해 언급한다. 우리는 또한 거의 수직적 변형이 특징적인 지반붕괴의 형태로 **지반침하**(subsidence) 혹은 지구물질의 함몰에 대해 논의 할 것이다. 지반침하는 자주 원형의 지표 함몰구를 만들지만 선형이나 불규칙한 형태의 함몰지를 만들기도 한다.

9.2 사면작용과 산사태의 형태

사면작용

사면은 지구상에서 가장 흔히 볼 수 있는 지형이며, 사면의 대부분은 안정적이고 움직이지 않는 것처럼 보이지만 실제로는 동적이고 진화하는 시스템이다. 사면은 일반적으로 모양이 일정하지는 않지만 직선이나 곡선인 몇 개의 구간으로 구성되어 있다. 그림 9.3에서 2개의 다르게 보이는 사면을 볼 수 있다. 첫 번째(그림 9.3a)는 높은 절벽이나 자유사면과 같은 거의 수직에 가까운 직선의 사면을 가지고 있다. 이것은 미국 요세미티 국립공원 안의 단단한 화강암 위에 형성된 사면이다. 자유사면으로부터 떨어진 암편은 사면의 기저부에 돌서렁사면을 형성한다. 자유사면과 돌서렁사면은 사면의 구간을 이룬다. 그림 9.3a의 돌서렁사면과 자유사면 표면에는 표층의 토양이 없다는 점에 주목해야 한다. 그림 9.3b에서 구릉의 사면은 요세미티의 화강암처럼 그렇게 강한 암석이 아닌 암석 위에 형성되어 있다. 이 사면은 더 완만하고 자유사면이 발달하지 않았다. 사진에서 3개의 구간이 있음을 알 수 있다—상부의 볼록한 사면, 하부의 오목한 사면 그리고 두 사면을 분리하는 직선 사면. 우리는 이렇게 사면이 보통 서로 다른 사면의 구간들로 구성되어 있음을 알았다. 위의 다섯

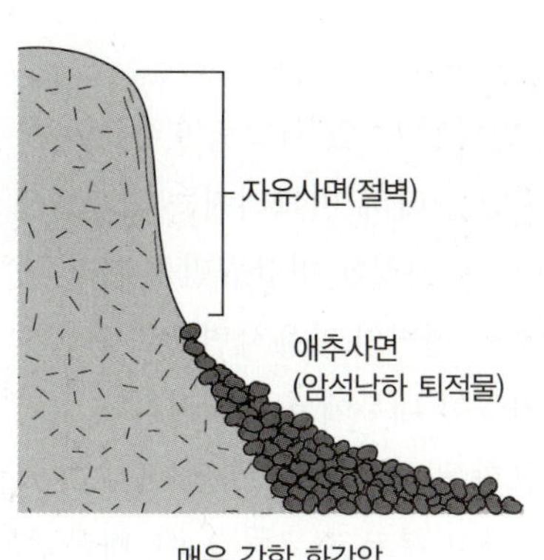

(a)

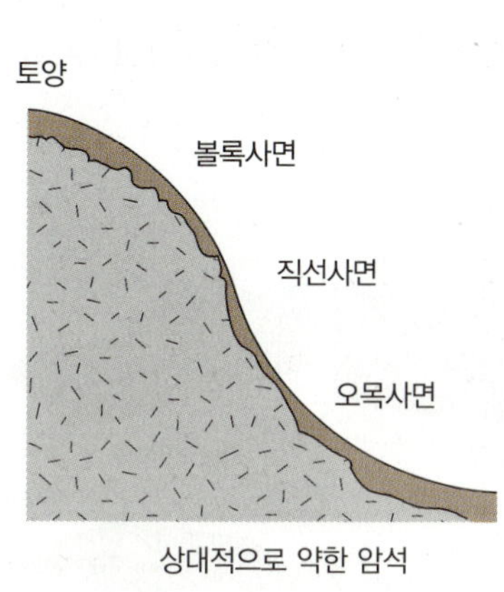

(b)

그림 9.3 사면구간 (a) 자유사면(절벽, 수백m)과 애추사면을 보여주는 요세미티 국립공원의 단단한 화강암 위에 형성된 사면. (b) 상대적으로 약한 편암(적색)과 화산암(흰색) 위에 형성된 캘리포니아 산타크루즈 섬의 사면으로서 볼록형, 직선형, 오목형 사면구간. (*Edward A. Keller*)

가지 구간의 형태는 자연에서 접하게 될 대부분의 사면을 기술하기에 충분하다. 특정한 사면 위에 어떤 사면구간이 존재하는가는 암석의 종류와 기후에 달려 있다. 자유사면은 강한 암반 위 또는 식생이 적은 건조한 환경에서 더 자주 발달한다. 볼록사면과 오목사면은 연한 암석 위 또는 두꺼운 토양과 식생이 존재하는 더 습한 환경에서 더 자주 나타난다. 그러나 지역적인 조건에 의해 이러한 일반적인 규칙에 많은 예외적인 것이 나타난다. 예를 들어, 그림 9.3b의 하부에서 볼 수 있는 완만하고 볼록한 붉은색의 사면이 반건조 기후인 캘리포니아 산타크루즈 섬의 약하고 쉽게 침식되는 변성암(편암) 위에 형성되어 있다.

대부분 사면 위의 물질은 잘 인지되지 않을 정도의 느린 이동인 토양과 암석의 포행으로부터 엄청난 속도로 이동하는 번개와 같은 사태와 암석낙하까지 다양한 이동률로 끊임없이 사면 아래로 이동하고 있다. 계곡들을 포함한 하천의 면적보다 사면이 훨씬 더 넓으므로, 이러한 사면작용의 중요성이 매우 높다.

산사태의 형태

지구상의 물질은 몇 가지 방법으로 붕괴하거나 이동 또는 변형될 수 있다(그림 9.4a, b). 회전하는 함몰사태는 함몰블럭을 형성하면서 휘어진 미끌림면을 따라 미끄러지는 미끄럼사태를 동반한다. 전이형 미끄럼사태는 층리면이나 단열과 같은 평평한 미끌림면을 따라 내려가는 지구 물질의 이동을 뜻한다(그림 9.4c, d). 암석낙하는 절벽의 자유사면으로부터 지구 물질의 자유낙하를 말한다(그림 9.4e). 퇴적물류는 입자들이 내부에서 이리저리 움직이면서 혼합되어 있는 덩어리 상태로 미고결된(보통 물로 포화된) 물질들이 사면 아래로 이동하는 것이다. 매우 느린 암석이나 토양의 흐름은 포행이라고 부르고(그림 9.4f), 빠른 흐름은 토류, 이류 또는 쇄설류라 한다. 토류(그림 9.4g, 9.5)는 토양이 부분적으로 액화되어 흘러내리는 사면에서 흔히 발생한다. 발생지는 사발 모양의 함몰지가 되고, 퇴적지는 '모래시계 형태'의 흐름처럼 사면의 말단부에서 퍼져나간다. 쇄설류나 이류(그림 9.4h)는 물·공기와 혼합되어 사면을 빠르게 흘러내리는 공기, 물, 유기물의 혼합체이다. 쇄설류나 이류의 상부는 종종 수로나 계곡에 한정되어 있지만 제한이 사라지게 되면 퍼져나갈 수 있

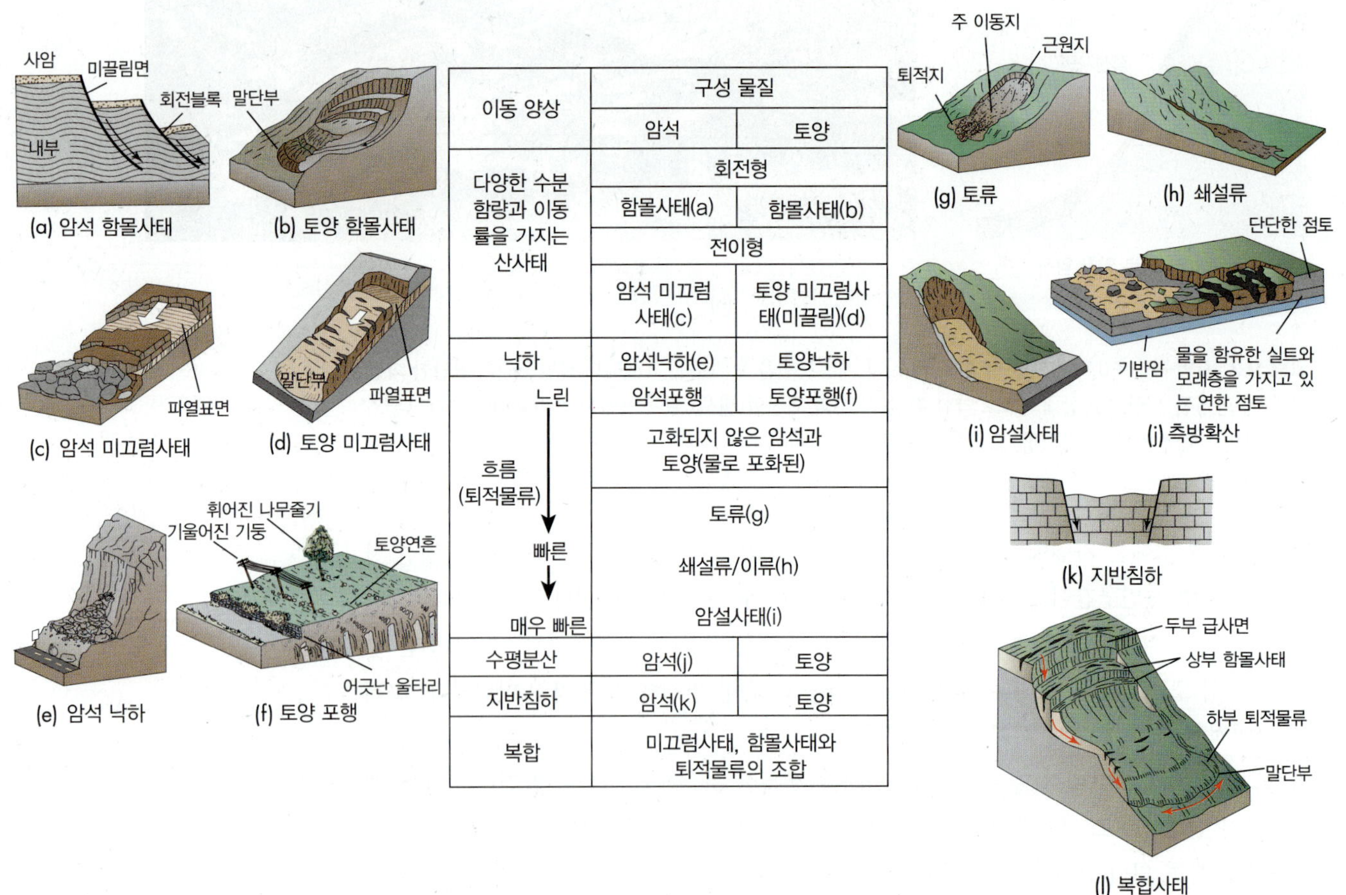

이동 양상	구성 물질	
	암석	토양
다양한 수분 함량과 이동률을 가지는 산사태	회전형	
	함몰사태(a)	함몰사태(b)
	전이형	
	암석 미끄럼 사태(c)	토양 미끄럼사태(미끌림)(d)
낙하	암석낙하(e)	토양낙하
흐름(퇴적물류) 느린	암석포행	토양포행(f)
	고화되지 않은 암석과 토양(물로 포화된)	
빠른	토류(g)	
	쇄설류/이류(h)	
매우 빠른	암설사태(i)	
수평분산	암석(j)	토양
지반침하	암석(k)	토양
복합	미끄럼사태, 함몰사태와 퇴적물류의 조합	

그림 9.4 산사태의 형태들 이동 양상, 구성물질, 수분함량과 이동률을 기준으로 분류된 산사태의 형태들.
(USGS 2004, Fact Sheet 2004-3072)

그림 9.5 토류 캘리포니아 샌타바버라 근처의 연한 셰일 위. (*Edward A. Keller*)

다. 쇄설류는 세립 입자(모래, 실트, 점토)의 양이 50%보다 작지만 이류는 세립 입자를 50% 이상 포함하고 있다. 암설사태(그림 9.4i)는 매우 빠른 아니 극단적으로 빠른 쇄설류를 말한다. 대형 암설사태는 재앙적인 재산과 인명피해를 야기한다. 측방확산(그림 9.4j)은 거의 평평하거나 매우 완만한 사면에서 흔히 나타나는 산사태의 한 형태이다. 퇴적물류의 운동은 지진이나 다른 형태의 교란에 의해 실트와 점토나 또는 세립질 모래의 액화로 시작된다. 실제의 운동은 측면으로 확장하는 형태이다. 만약 강한 응집력이 있는 암석이나 토양이 표면에 있거나 액화된 토양층 위에 있다면 이러한 강한 물질은 깨지거나, 변형되거나, 또는 분해되거나 하며 흐를 수도 있다. 측방확산은 종종 갑자기 시작된 다음에 느리고 점진적인 형태로 커지게 된다.[3] 지반침하는 사면 위나 평평한 지면에서 일어날 수 있으며, 주변의 지표면 아래로 함몰하는 땅덩어리를 포함한다(그림 9.4k).

산사태는 통상적으로 미끄럼사태와 유동이 복합적으로 조합된 형태이다. 한 예로 그림

그림 9.6 복합 산사태 1995년 캘리포니아 라콘치타. 상부의 함몰사태 블럭과 하부의 퇴적물류를 가지는 이 사태는 이동경로에 있는 삼층집을 파괴하였다. (*Edward A. Keller*)

9.4와 9.6은 상부의 함몰사태가 하부에서는 흐름의 형태로 전환되는 붕괴를 보여준다. 이러한 복합사태는 사면의 하부에서부터는 물로 포화된 물질류가 상부층 밑으로 파고들어 흐르면서 함몰블럭을 만들어 놓을 때 형성된다.

사면이동의 분류에 중요한 변수들은 이동의 형태(미끄럼, 낙하, 흐름, 함몰 또는 복합), 사면물질의 형태, 존재하는 물의 양과 이동률이다. 일반적으로 육안으로 식별될 수 있다면 이동은 빠른 이동이라고 간주하는 반면에 식별이 되지 않으면 느린 이동으로 분류된다(그림 9.4). 실제 이동률은 매년 몇 mm나 몇 cm의 느린 포행에서 매일 1.5m의 매우 빠른 이동, 매초 30m 또는 그 이상의 극히 빠른 이동까지 다양하다.[4]

9.3 사면의 안정도

사면 위에서의 힘

산사태의 원인을 결정하기 위해서 우리는 사면 위에서 작용하는 힘에 의해서 표현될 수 있는 사면안정도를 조사해야 한다. 사면에서 안정도는 물질을 경사면 아래로 움직이게 하는 **구동력**과 반대로 작용하는 **저항력** 사이의 관계를 나타낸다. 대부분의 공통적인 구동력은 식생, 충전물 또는 빌딩과 같은 사면 위에 중첩된 것들을 포함한 사면물질 무게의 하향사면 성분이다. 대부분의 공통적인 저항력은 전단력 또는 잠재적인 **미끌림면**을 따라 작용하는 사면물질의 미끄럼이나 흐름에 의한 붕괴에 대하여 저항하는 힘이다. 잠재적인 미끌림면은 사면물질에서 지질학적으로 약한 면이다. 예를 들어, 편암의 사면에서 엽리면, 퇴적암에서 층리면과 모든 암석에서 단열면이 잠재적인 미끌림면이 된다.

사면안정도는 구동력에 대한 저항력의 비로서 정의되는 **안전율**(safety factor : SF)을 계산하여 평가한다. 만약 안전율이 1보다 크면 저항력이 구동력을 초과하여 사면은 안정하다고 간주된다. 만약 안전율이 1보다 작으면 구동력이 저항력을 초과하여 사면붕괴가 예측될 수 있다. 구동력과 저항력은 항상 일정한 것은 아니다. 지역적인 조건의 변화에 따라서 이러한 힘들은 변화할 수 있으며 안전율을 증가시키거나 감소시킨다. 사면에서 구동력과 저항력은 다음과 같은 변수의 상호관계에 의해 결정된다.

- 지표 구성물질의 형태
- 사면의 경사도와 지형
- 기후
- 식생
- 물
- 시간

지표 물질의 역할

사면을 구성하는 물질은 하향 사면이동의 형태와 빈도에 영향을 준다. 미끄럼사태는 회전성과 전이성이라는 이동의 두 가지 기본적 양상을 가진다. **회전성 미끄럼사태**(rotational slides) 또는 함몰사태에서 사태는 굴곡진 미끌림면을 따라 일어난다(그림 9.4a, b). 이동은 굴곡면을 따르기 때문에 함몰사태의 함몰블럭은 그림 9.4b에서처럼 사면 위의 방향으로 회전하거나 휘어질 수 있는 지형적인 단구를 형성하는 경향이 있다. 함몰사태는 토양사면에서 가장 흔하지만 암석사면에서도 발생하며, 셰일과 같은 약한 암석에서 가장 흔하다. **전이성 미끄럼사태**(translational slide)는 평행한 면을 따라, 즉 사면 내에서 경사진 미끌림면을 따라 발생한다(그림 9.4c, d)(자세히 살펴보기 '층리면을 따라 일어나는 전이성 미끄럼사태' 참조). 암석사면에서 공통적인 전이성 미끌림면은 모든 암석에서의 균열, 층리면, 약한 점토층, 변성암에서 엽리면을 포함한다. 전이성 미끄럼사태의 다른 형태인 **토양 미끌림**도 어떤 지역에서는 일어날 수 있다. 토양미끌림은 암석 위의 토양에서 발생하는 매우 얇은 미끄럼사태이며, 사면에 평행한 미끌림이다(그림 9.7). 토양 미끌림에서 미끌림면은 보통 기반암 위에 있지만 풍화암과 다른 물질의 혼합물인 세적층(colluvium)이라 부르는 사면 물질 내 토양층 아래에 존재한다(그림 9.8).

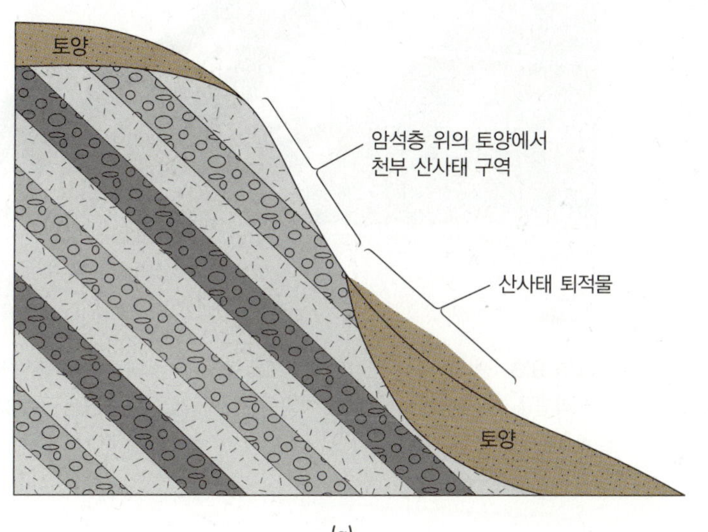

(a)

(b)

그림 9.7 복합 토양 미끌림 (a) 천부 토양 미끌림의 단면도. (b) 남부 캘리포니아 급경사면에서의 천부 토양 미끌림. 식생은 떡깔나무의 얕은 덤불이다. (*Edward A. Keller*)

자세히 살펴보기 | 층리면을 따라 일어나는 전이성 미끄럼사태

층리면은 사면 아래로 기울여졌을 때와 사면의 표층으로 드러난 '날틈(daylight)'일 때에 산사태의 잠재적인 미끌림면이 된다. 셰일에 발달한 날틈 층리면을 가지는 해식절벽의 경사면을 그림 9.A에서 입체적으로 볼 수 있다. 2003년, 도면을 그리고 몇 달 후에 사면이 붕괴하였다. 붕괴는 아마도 식생을 입히고 물을 뿌렸던 사면의 꼭대기에 추가된 물에 의한 것으로 보인다. 산사태 퇴적물이 모래해빈의 일부분을 덮었지만(그림 9.B) 해변파티를 즐기던 사람들은 산사태와 약간 떨어진 곳에서 파티를 벌였기 때문에 재앙은 극적으로 피할 수 있었다.

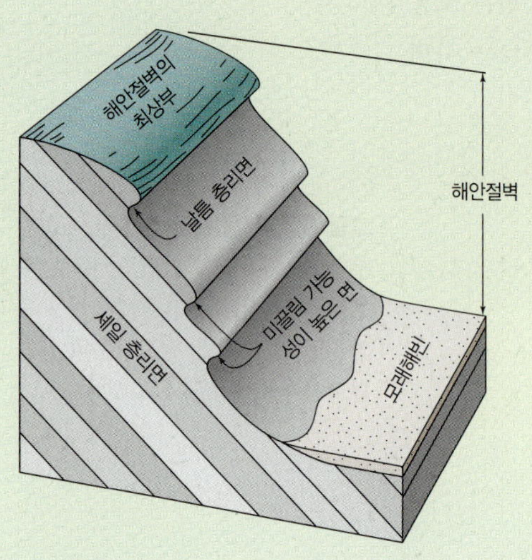

그림 9.A 날틈 층리면 사면 위에서 땅의 표면을 자르는 층리면을 '날틈'이라 한다. 이러한 층리면은 미끌림의 면이 될 가능성이 높다.

그림 9.B 전이형 미끄럼사태 이 미끄럼사태는 2003년 말에 발생하였다. 붕괴는 날틈 층리면을 따라서 발생하였다. 미끄럼사태 퇴적물은 해빈의 일부를 덮고 있다. (*Edward A. Keller*)

물질의 형태는 미끄럼사태는 물론 낙하에서도 변수가 된다. 만약 강한 암석이 급경사면을 이루고 있다면 단열을 따라 발생한 풍화나 침식이 암석낙하를 일으킬 수 있다. 요세미티 국립공원에서는 거의 수직인 단단한 화강암의 경사면에서의 붕괴가 지속적이고 상습적인 재해를 일으키고 있다(그림 9.9).

사면을 구성하고 있는 물질의 형태는 발생하는 사면붕괴의 형태에 큰 영향을 미칠 수 있다. 예를 들어, 셰일 사면이나 약한 화성쇄설암 물질로 이루어진 사면에서는 암석이나 토양의 매우 느린 이동인 포행, 포화된 토양물질의 사면이동인 토류 또는 이류, 함몰사태, 혹은 토양 미끌림과 같은 사면붕괴가 흔히 발생한다. 잘 교결된 사암, 석회암 또는 화강암과 같은 강한 암석으로 이루어진 사면은 같은 문제를 겪지는 않는다. 그러므로 셰일이나 다른 약한 암석의 사면에서 개발을 하기 전에 사람들은 잠재적인 산사태 재해에 대하여 신중히 고려해야 한다.

사면과 지형의 역할

사면의 경사를 측정한 사면경사각을 보통 경사도라고 부른다. 경사도는 사면에서 구동력의 상대적 크기에 큰 영향을 준다. 경사면 내에서 언덕사면 또는 잠재적 미끌림면의 경사도가 증가할 때, 즉 15°에서 45° 또는 더 경사졌다고 말할 때에, 구동력 역시 증가하는 것이며, 산사태는 급경사면에서 더욱 빈번해진다. 캘리포니아의 샌프란시스코만 지역에서 두 번의 우기 동안 발생한 산사태에 관한 연구는 산사태 활동의 75~85%가 급경사면의 도심지역과 밀접하게 관련되어 있음을 보여준다.[5] 미국 내에서는 캘리포니아 주와 오리건 주의 해안

(a)

(b)

그림 9.8 천부 미끄럼사태 (a) 천부 토양 미끌림, 노스캐롤라이나. (b) 천부 쇄설류, 캘리포니아 클래머스 강. 길고 좁은 트랙과 강의 제방 위에 있는 쇄설물을 잘 살펴보라. 붕괴지의 휘어진 부분 근처 벌목로가 사면의 안정성을 훼손한 것일 수 있다. (*Edward A. Keller*)

그림 9.9 캘리포니아 요세미티 국립공원의 암석낙하 이 암석낙하는 1996년 7월 10일 오후 6시 52분에 머세드 강을 따라서 해피아일에서 발생하였다. 암석낙하는 665m 고지인 글레이셔 포인트에서 떨어져서 계곡바닥까지 이르면서 초속 110m의 속도에까지 다달았다. 한 사람이 사망하였으며 1,000그루 이상의 나무가 공기폭풍에 의해 쓰러졌다. 암석이 낙하한 양은 약 30,000m³이었다. 만약 낙하가 많은 사람들이 해피아일 방문객센터를 방문할 때에 맞춰 조그만 일찍 발생했어도 많은 사람들이 희생되었을 것이다.

산맥, 로키 산맥, 애팔래치아 산맥에서 산사태의 빈도가 높다. 그림 9.4에서 보여준 사면이동의 모든 형태가 이들 지역의 급경사면 위에서 발생한다.

급한 경사도는 토양, 암석과 유기성 쇄설물의 매우 빠른 사면이동인 암석낙하나 암설사태와 자주 관련된다. 캘리포니아 남부에서 천부 토양 미끄럼은 포화된 급경사면에서 흔하게 발생한다. 한번 사면 아래로 움직이기 시작하면 이러한 토양 미끄럼은 흔히 토류나 쇄설류로 전이되어 극히 위험한 것이 될 수 있다(그림 9.10). 토류는 보통의 사면에서 발생할 수 있고, 포행은 매우 완만한 사면 위에서도 관찰할 수 있다.

쇄설류는 상대적으로 조립한 물질의 사면 아래로의 흐름이다. 쇄설류에서 입자의 50% 이상이 모래보다 큰 입자들이다. 쇄설류는 조건에 따라 매우 느리거나 또는 빠르게 흐를 수 있다. 쇄설류, 암설사태와 이류는 크기가 다양하다. 쇄설류는 하나의 계곡사면에 한정되어 있어 수만에서 수십만m³의 쇄설물을 가지고 있는 작거나 중간 정도의 상대적으로 작은 사

(a)

(b)

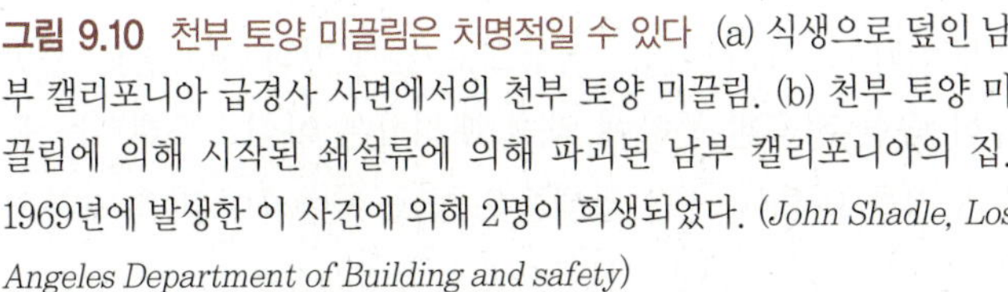

그림 9.10 천부 토양 미끌림은 치명적일 수 있다 (a) 식생으로 덮인 남부 캘리포니아 급경사 사면에서의 천부 토양 미끌림. (b) 천부 토양 미끌림에 의해 시작된 쇄설류에 의해 파괴된 남부 캘리포니아의 집. 1969년에 발생한 이 사건에 의해 2명이 희생되었다. (*John Shadle, Los Angeles Department of Building and safety*)

건일 수 있다. 그러나 쇄설류는 산의 전체 측사면 계곡을 포함하여 수km^3의 쇄설물을 가지고 있는 거대한 사건일 수도 있다(제7장에서 토론된 화산성 이류와 쇄설류 참조).

기후의 역할

기후는 몇 계절, 몇 년 또는 수십 년에 걸쳐 특정 장소나 지역에 나타나는 특징적인 기상으로 정의된다. 기후는 평균기온과 강수량보다는 큰 개념이다. 기후는 미국 서부 해안을 따라 내리는 겨울비, 미국 남서부의 여름 뇌우와 미국 남동부의 허리케인 활동과 같은 계절적인 기상의 양상을 포함한다. 기후에서 다루는 것들과 어떻게 변화하는가는 제19장에서 자세히 논의된다.

기후는 사면 위에서 성장하는 식생의 형태와 규모는 물론 사면에 스며들거나 사면을 침식하는 물(비 또는 눈의 형태로서)의 양과 기간에 영향을 주기 때문에 기후의 역할은 산사태의 논의에서 중요하다. 건조와 반건조 기후의 산사면에는 식생이 드문드문 발달하며, 암석이 많이 노출되어 있는 토양이 나타나는 경향이 있다. 풍화와 침식에 대한 암석의 저항력의 차이가 작기 때문에 자유사면과 애추(돌서렁)사면과 같은 사면요소의 발달이 흔한 경향이 있다. 건조 지역과 반건조 지역에서 공통적인 산사태 활동은 암석낙하, 쇄설류와 얕은 천부 토양 미끌림을 들 수 있다.

식생의 역할

세계의 아습윤-습윤 지역에서는 식생이 풍부하고, 두꺼운 토양층이 발달하며, 사면은 더 많은 볼록사면과 오목사면의 구간을 가진다. 산사태 활동은 심부 복합사태, 토류와 토양포행을 포함한다. 산사태와 이와 관련된 현상에서 식생의 역할은 복합적이다. 한 지역에서 식생은 기후, 토양 형태, 지형과 산불역사 또한 이들이 각기 서로 사면에 영향을 주는 여러 요소들의 함수이다. 식생은 다음의 세 가지 이유 때문에 사면안정도에 중요한 요소가 된다.

- 식생은 사면에서 떨어지는 빗방울의 충격을 완화해주는 덮개를 제공한다. 이 덮개는 표면에서 입자를 하나씩 움직여 침식되는 것을 늦추는 동안 사면 안으로 물이 스며드는 것을 촉진한다.
- 식생은 산사태에 대한 저항성을 증가시키는 사면물질의 뚜렷한 결합력(콘크리트의 철골과 같은)을 제공하는 뿌리 시스템을 가진다.
- 식생은 사면의 무게를 증가시킨다.

어떤 경우에는 식생의 존재가 산사태의 가능성을 증가시킨다. 특히 급경사면에서 천부 토양 미끌림의 가능성을 증가시킨다. 남부 캘리포니아 해안 지역에서는 한 가지 형태의 토양 미끌림이 아이스플랜트(ice plant)라고 부르는 얕은 식생으로 덮인 가파르게 잘린 사면 위에서 발생한다(그림 9.11). 특히 습한 겨울철 동안에 얕게 뿌리박은 아이스플랜트는 물을 흡수하여 급경사면에 상당히 무게를 더하여—각 입새들은 물을 저장하여 작은 수통처럼 보인다—구동력을 증가시킨다. 식물들은 또한 사면 속으로 물의 침투를 증가시키는 원인이 되어 저항력이 감소하는 결과를 가져온다. 붕괴가 일어날 때 아이스플랜트와 몇 cm의 뿌리와 토양은 사면의 기저에까지 미끄러진다.

자연급사면 위에서의 토양미끌림은 남부 캘리포니아에서는 심각한 문제이다. 그림 9.7에 보이는 빽빽한 관목이나 잡목림의 떡갈나무 식생은 사면으로 물침투를 증가시켜 안전율을 떨어뜨리는 결과를 가져왔다.[6]

그림 9.11 사면 위의 아이스플랜트는 간혹 불안정해진다 캘리포니아 샌타바버라 근처에서 얕게 뿌리내린 채송화로 덮인 급경사면에서의 천부 토양 미끌림. (a) 도로 위에 쌓여 있는 흙무더기. (b) 주택지. 비닐막은 빗물이 땅에 스며드는 것을 감소시키기 위한 시도이다. (*Edward A. Keller*)

물의 역할

물은 직접적으로 또는 간접적으로 산사태와 항상 관련되므로 물의 역할은 특히 중요하다.[7] 산사태를 공부할 때 우리는 사면 위 또는 안에서 물이 무엇을 하는가에 대하여 우선적으로 살펴보아야 한다. 사면의 위 또는 안에서 물이 안정도에 영향을 주는 다음과 같은 세 가지 기본적인 방식이 있다. (1) 천부 토양 미끌림과 같은 산사태는 폭풍우 동안 사면이 포화될 때 발달할 수 있다. (2) 함몰사태나 전이성 미끄럼사태와 같은 산사태는 물이 사면으로 깊이 침투한 후 몇 달 혹은 몇 년 후에 발달할 수 있다. (3) 물은 사면의 기저부나 말단부를 침식시킬 수 있으며, 사면안정도를 감소시킨다.

물의 침식능력은 사면의 안정도에 영향을 미친다. 사면 위에서 유수나 파랑에 의한 침식은 물질을 제거하고 급경사면을 생성하므로 안전율을 감소시킨다(그림 9.12). 이 문제는 특히 사면의 기저부가 오래되었다면 치명적이다. 안정도가 감소된다면 비활동성 산사태가 다시 움직일 수 있다(그림 9.13). 그러므로 잠재적인 문제들을 격리하고 예방하기 위해서는 구조물 건설 전에 잠재적인 도로절단면과 다른 굴착지를 따라 분포하는 오래된 산사태를 인지하는 것이 중요하다.

물이 산사태를 야기시킬 수 있는 다른 방법으로 점토가 풍부한 퇴적물 또는 **퀵클레이**(quick clay, 민감점토)의 자연발생적인 액화가 역할을 하는 수가 있다. 교란을 받았을 때 어떤 종류의 점토는 전단력을 잃고 유체처럼 흐르게 된다. 1964년 알래스카 앵커리지 지하에서 발생한 지진에 의한 점토의 진동이 그러하였고, 결과는 막대한 파괴였다. 캐나다의 퀘백에서는 퀵클레이와 관련된 여러 차례의 대형 미끄럼사태가 수없이 많은 집을 파괴하였으며, 약 70명의 사람을 죽이는 결과를 가져왔다. 미끄럼사태는 미끄럼 운동이 시작하면

(a)

(b)

그림 9.12 사면의 말단부를 침식시키는 물은 불안정성을 야기한다 (a) 유수에 의한 제방의 침식이 캘리포니아 샌게이브리얼 산 길을 붕괴시켰다. (*Edward A. Keller*) (b) 사태의 위험에 직면한 오리건 코브해빈 사면에 있는 집.

(a)

(b)

그림 9.13 미끄럼사태의 재활동 (a) 샌타바버라 해안지역을 따라 발생하는 산사태의 사진. 화살표는 미끄럼사태의 위치를 표시하고 있다. (b) 두 채의 집을 파괴한 미끄럼사태의 근접사진. 이 미끄럼사태는 오래된 사면붕괴의 재활동에 의해 발생하였다.

서 처음에 고체였던 물질이 액체로 변하였을 때에 강의 계곡사면에서 발생했다.[8] 이런 미끄럼사태들은 지진에 의한 진동도 없이 점토의 액화가 일어나기 때문에 특히 흥미롭다. 미끄럼사태는 종종 사면의 말단부에서 강의 침식에 의해 시작되고, 비록 작은 지역에서 시작하더라도 큰 사건으로 발전할 수 있다. 미끄럼사태들은 흔히 오래된 사태의 재활동에 의한 것이므로 이러한 지역에서는 개발제한을 통해 미래의 사태문제를 피할 수도 있다.

사례 연구 | 바이온트 댐

1963년 10월 9일, 세계적으로 최악의 재해가 발생했다. 이는 이탈리아 바이온트 댐에서 대략 2,600명의 인명피해를 냈던 사건을 말한다(그림 9.C). 이 재앙은 세계에서 가장 높은 얇은 아치형 댐에서 발생했지만 이상하게도 댐 그 자체에 의한 어떠한 피해도 없었다. 비극은 2억 3,800만m^3 이상의 암석과 쇄설물이 시속 약 95km로 저류지 위쪽 북쪽 산기슭 아래로 흘러내린 거대한 산사태에 의해 발생했다. 미끄럼사태로 발생한 물질이 수면 위로 거의 152m의 높이까지 계곡축을 따라서 1.8km의 저류지 구간을 거의 다 채워버렸다. 빠른 이동은 엄청난 상승기류를 만들었고, 암석과 물을 계곡의 북쪽으로 수면 위 250m 이상까지 뿜어올렸다. 사태와 이에 수반된 공기, 물과 암석의 돌풍이 수km 떨어진 곳에서도 기록이 된 강한 지진을 일으켰다. 이것은 어떤 사람의 집지붕을 뜯어내 저류지 250m 위쪽의 샘까지 날려보내버렸고 이 사람을 암석 · 쇄설물과 함께 내던져 버렸다. 저류지가 채워지면서 발생한 파도는 90m 이상의 높이로 댐의 둑을 넘쳐 쓸고 내려갔다. 이 파도는 하류로 1.5km 이상을 지나서도 70m의 파고를 유지했다. 사실상 하류로 수km에 걸쳐 모든 것들이 완전히 파괴되어 버렸다. 전체의 사건은 — 사태와 홍수 — 7분도 안 되어 끝이 났다.

산사태에 대한 3년간의 감시는 사면에서의 포행률이 주당 1cm 이하에서 시작하여 30cm까지 변해갔고, 1963년 9월에는 하루에 25cm까지 증가하였다. 마지막 사태 직전의 어느 날에는 하루에 약 100cm에 다달았다. 공학자들은 산사태를 예측하였지만 이들은 사태 직전까지 대규모의 지역이 동질의 불안정한 큰 덩어리로 움직인다는 것을 인지하지는 못하

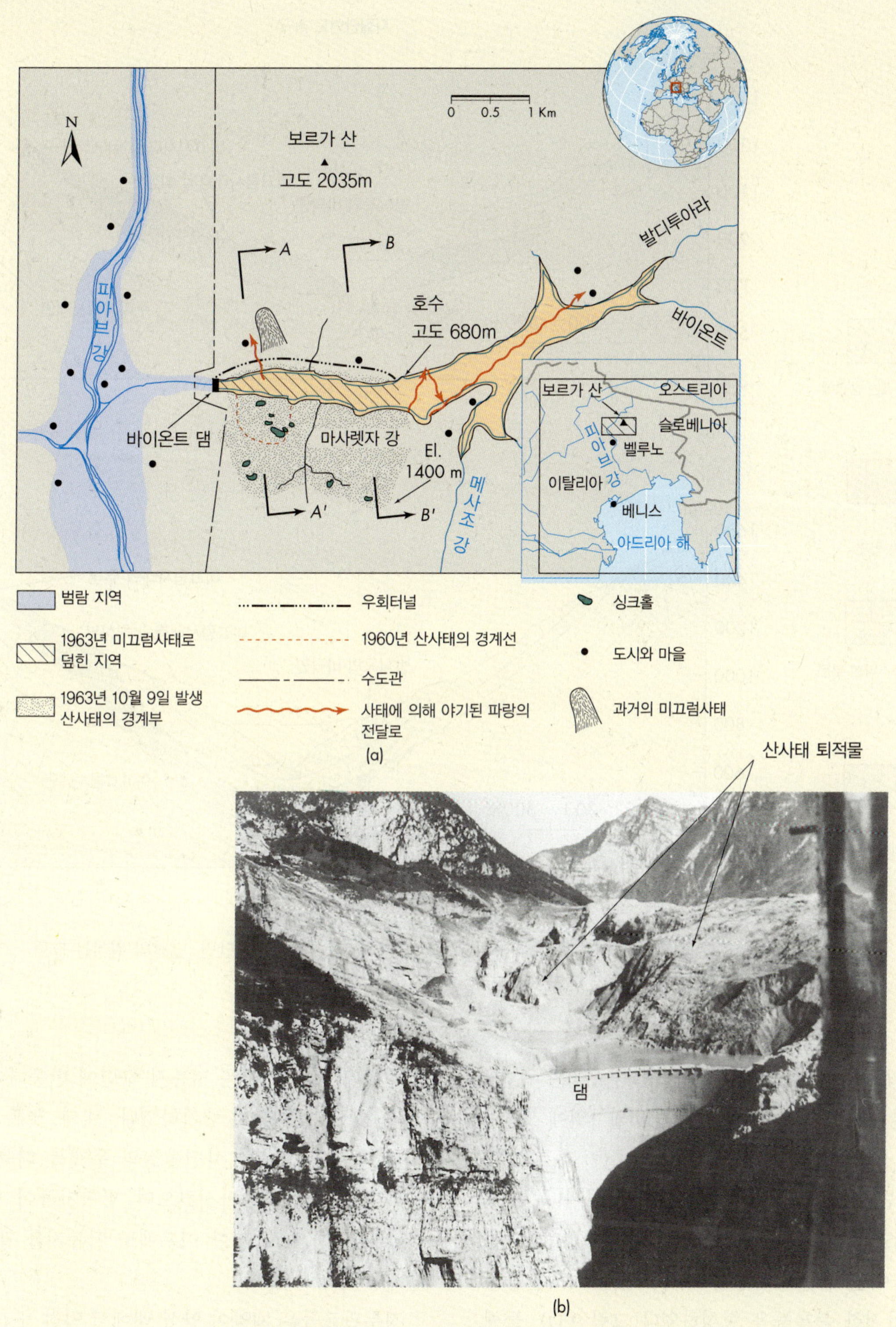

그림 9.C 바이온트 저류지의 요약도 (a) 이것은 1963년의 산사태가 저류지의 물이 댐을 넘치게 하였으며 이로 인한 심각한 범람이 하류의 넓은 지역을 파괴하였던 것을 보여준다. A–A′와 B–B′는 그림 9.D의 단면도를 가리킨다. (b) 산사태가 일어난 이후의 바이온트 댐의 사진. 콘크리트 댐은 아직도 그대로이지만 댐 위의 저류지는 산사태 퇴적물로 거의 완전히 채워져 버렸다.

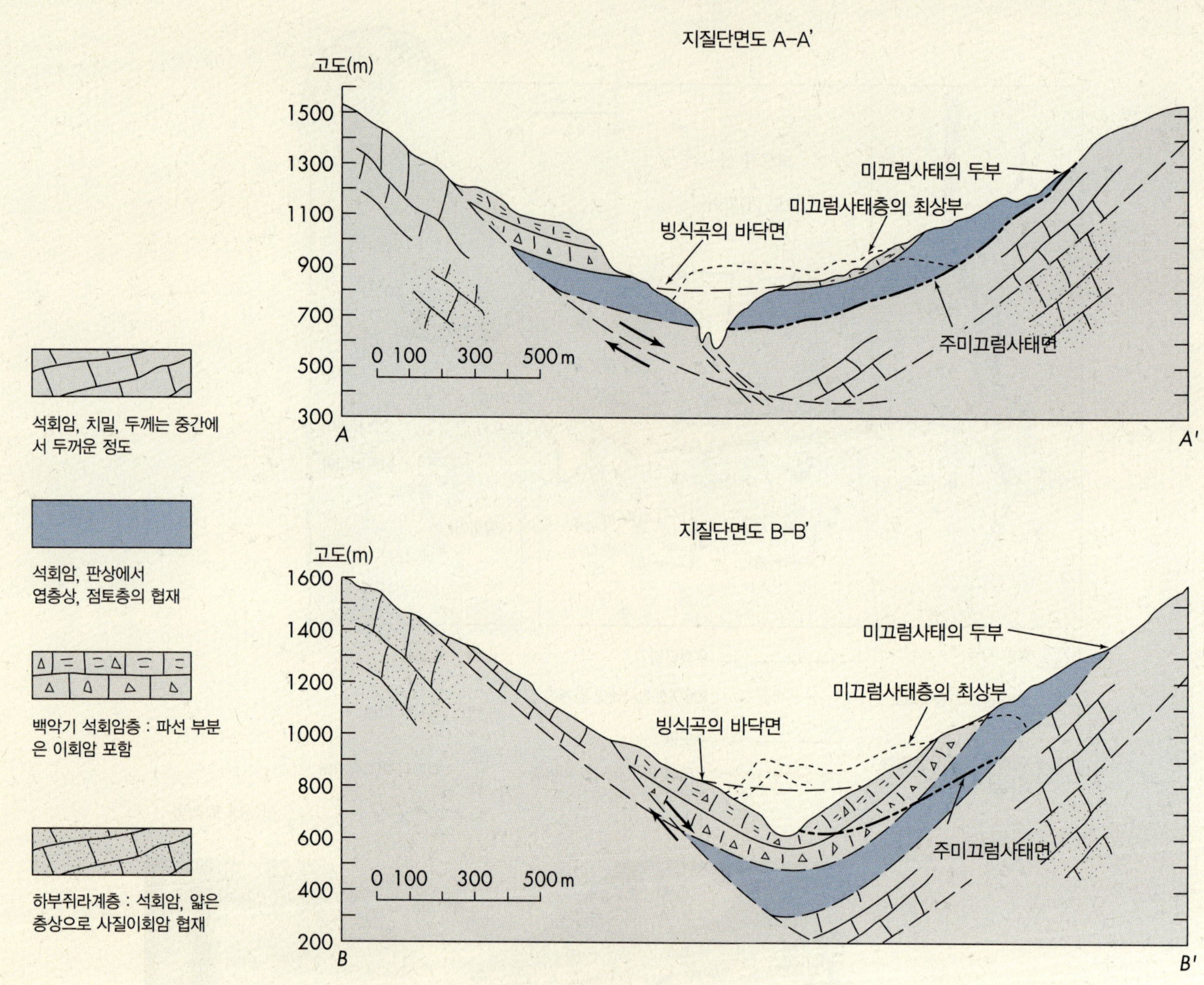

그림 9.D 개략 지질단면도 바이온트 강 계곡의 미끄럼사태 지역을 가로지른 단면. 단면의 위치는 그림 9.C에서 찾을 수 있음. (*Kiersch, G. A. Civil Engineering 34:32–39*)

였다. 흥미롭게도 사면 위에서 풀을 뜯던 동물들은 위험을 감지하였고 산사태 이전 일주일도 넘는 10월 1일에 도망을 가버렸다.

미끄럼사태는 복합적인 요인들에 의해 야기된다. 첫째, 불리한 지질조건들이—약한 암석들과 단열구멍, 싱크홀, 저류지로 기울어진 약한 점토층을 가지고 있는 석회암을 포함하는—불안정한 블록들을 형성하였다(그림 9.D). 둘째, 심한 급경사 지형이 강한 구동력을 제공하였다. 셋째, 저류지의 물 때문에 계곡의 암석층에서 수압이 증가하였다. 미끄럼사태 이전에 높은 저류지 수면에 반응하여 지하수면이 올라가면서 포행률이 증가하였다. 넷째, 늦은 9월부터 재앙의 날까지의 강우는 사면물질의 무게를 더욱 증가시켰고, 암석내의 수압을 증가시켰으며, 공학자들이 저류지의 수면을 내리려는 시도를 한 이후에도 저류지를 계속 채우는 유출수를 공급하였다.

정부관료들은 재앙이 암석 내에서 약한 구간을 따라 사면의 지하수가 증가함에 따라 발생한 저항력의 감소와 동반되는 구동력의 증가에 의해 야기되었다고 결론을 내렸다.[9]

시간의 역할

사면 위에서의 힘들은 흔히 시간에 따라 변한다. 예를 들어, 구동력과 저항력은 수분함량과 지하수면이 변함에 따라 계절적으로 변할 수 있다. 전단력을 천천히 잃어버리는 화학적 풍화를 받는 암석의 대부분은 지표면 근처에서 토양과 암석에 접촉한 물의 화학적 반응이 원인이다. 물(H_2O)은 대기와 토양에 있는 이산화탄소(CO_2)와 반응하여 탄산(H_2CO_3)을 만들기 때문에 일반적으로 산이 된다. 이러한 화학적 풍화는 탄산에 의한 풍화와 분해에 민감한 석회암 지역에서 특히 중요하다. 풍화에 의한 변화들은 특히 강수량이 많은 해에 크게 나타난다. 강수량이 많은 연도나 그 이후에 산사태의 빈도가 증가되는 것은 이런 특성을 반영하는 것이다. 다른 어떤 사면들에서는 사면 물질의 응집력을 감소시키는 풍화작용이나 자연적 또는 인위적 사면에 공극수압의 규칙적인 증가에 의해 시간이 지남에 따라 지속적인 저항력의 감소가 나타난다. 시간이 지남에 따라 점차 안정성을 잃어버리는 사면은 붕괴가 일어날 때까지 포행률이 증가할 수 있다. 이탈리아 바이온트 댐의 사례가 이러한 특징을 보여준다.

9.4 인간에 의한 이용과 산사태

사태의 규모와 빈도에 영향을 주는 인간에 의한 이용은 거의 중요하지 않은 것에서부터 매우 심각한 것까지 다양하다. 인간 활동이 사태의 규모와 빈도에 약간이라도 관련되어 있는 경우에는 재해지역에서의 개발을 피하고, 재해를 최소화하기 위해 산사태가 어디에서, 언제, 왜 발생하는가에 대하여 우리가 할 수 있는 모든 것을 배워야 할 필요가 있다. 인간에 의한 이용이 산사태의 횟수와 심각성을 증가시키는 경우에 우리는 산사태가 가능한 곳은 어디에서나 산사태를 인지하고, 조절하며, 최소화하는 방법을 배워야 할 필요가 있다.

많은 산사태는 불안정한 지질조건, 과도한 수분과 지형 및 사면 물질의 인위적인 변화에 의해 야기되곤 하였다. 이탈리아에서 1963년에 발생한 바이온트 댐과 저류지의 미끄럼사태가 전형적인 예라고 할 수 있다. 다른 예로서, 도심지역에서 발생하는 수많은 미끄럼사태는 물론 과도한 벌목과 관련된 산사태를 들 수 있다.

벌목

캘리포니아 주 북부, 오리건 주와 워싱턴 주에서 벌목과 침식 사이의 가능한 인과관계는 논쟁의 여지가 되는 주제이다. 산사태, 특히 천부 토양 미끌림, 암설사태와 더욱 깊은 곳에서의 토류가 이들 지역에서 발생하는 침식의 많은 경우에 책임이 있다는 가설을 지지하는 증거가 있다. 실제로, 오리건의 서부 캐스케이드 산맥 지역에서의 연구는 천부 미끄럼사태가 이 지역에서 우세한 침식작용이라고 결론을 내리고 있다. 지질학적으로 안정된 지역에서 20여 년간 감시를 실시한 결과, 완전벌채와 임업도로 건설과 같은 벌목 활동은 산사태와 관련된 침식을 증가시키지 않는다는 것이다. 하지만 같은 기간 동안 약하고 불안정한 사면에서의 벌목은 삼림지역에서의 산사태 침식과 비교하여 몇 배의 산사태에 의한 침식을 증가시켰다.[10]

벌목이 행해지는 지역에서의 도로건설은 도로가 지표배수를 방해하고, 물의 지하유동을 바꾸고, 깍아메우기 혹은 땅고르기 작업에 의해 사면 위에서 물질의 분포를 반대로 변화시킬 수 있기 때문에 특히 심각한 문제가 된다.[10] 우리가 삼림지역에서의 침식과정에 대해 더 많은 것을 배우면서 우리는 벌목의 역효과를 최소화할 수 있는 개선된 관리체계를 개발하고 있다. 그럼에도 불구하고 우리는 아직 벌목과 관련된 산사태 침식 문제에 대하여 충분한 해결책을 제시하지 못하고 있다.

도시화

높은 인구밀도를 가지고 있으며, 도로, 집, 산업체와 같은 구조물의 밀집도가 높은 지역인 도시지역에서는 인간 활동이 흔히 산사태의 원인이 되곤한다. 브라질의 리우데자네이루와 캘리포니아의 로스앤젤레스의 예가 이러한 상황을 잘 보여주고 있다.

600만 명 이상의 인구를 가진 리우데자네이루는 같은 크기의 다른 도시보다 더 많은 사면안정성의 문제를 가지고 있는 것 같다. 이 도시는 도시지역을 장엄하게 휘감는 아름다운 화강암 봉우리들로 유명하다(그림 9.14). 급격한 경사면과 얇은 토양층으로 덮여 있는 균열암의 조합이 문제를 일으키고 있다. 많은 이런 경사면에서는 과거에 목재와 연료를 얻기 위해서 또한 농경지 확보를 위하여 벌목을 하였다. 폭우와 관련된 산사태가 벌목활동을 뒤따랐다. 거의 최근까지 평지의 공간부족이 사면 위에 도시개발을 증가시켰다. 식생이 제거되었고, 점차 더 높은 지역에 개발지로 이어지는 도로가 건설되었다. 많은 사면의 기저부가 굴착되었고 임계지점에까지 토양층이 절개되었다. 더 나가서 굴착지 아래쪽에서 사면 충진물에 의한 평탄화가 충진 전에도 이미 불안정한 사면 위에 하중을 증가시키는 결과를 가져왔다. 더군다나 이 지역은 주기적으로 강한 폭우를 경험하는 지역이기 때문에 리우데자네이루가 심각한 문제를 안고 있는 것은 명백하다.

1988년 2월, 리우데자네이루에는 4시간에 120mm 이상의 강한 폭우가 쏟아졌다. 폭우는

그림 9.14 산사태는 리우데자네이루 지역에서는 흔하다 경사가 심한 (원뿔형) 언덕들을 보이는 브라질 리우데자네이루의 파노라마 전경. 심한 경사면, 파쇄된 암석, 얇은 토양과 매우 높은 강수량이 산사태 문제를 야기하며, 이에 도시화, 벌목과 경작과 같은 인간 활동이 산사태를 더욱 북돋워준다. 실제로 모든 벌거벗은 암벽사면은 과거에는 식생으로 덮여 있었으나 식생은 산사태와 다른 침식작용에 의하여 사라졌다. (*Getty Images Inc.*)

홍수와 이류사태를 발생시켜 약 90명의 인명피해와 3,000명의 이재민을 낳았다. 복구비용은 1억 달러를 초과했다. 수많은 산사태가 피복물이 불안정하고 폭우에 의한 유출수의 조절이 안 되어 있는 급경사면에서 시작되었다. 이류사태에 의해 대부분의 사망자가 발생한 곳은 언덕을 둘러싸고 있는 판자촌이었다. 게다가 더 부유한 지역이며, 산중턱에 위치한 요양원에서 25명의 환자와 직원들이 산사태에 의해 건물이 붕괴되면서 사망하였다. 미래의 재난을 피하기 위해서 리우데자네이루에서는 폭풍유출수를 조절하고 사면의 안정성을 증가시키는 방안을 마련하는 것이 시급하다.

로스앤젤레스의 특정지역과 남부 캘리포니아의 대부분 지역은 언덕사면의 개발과 관련된 상당한 빈도의 산사태를 경험하고 있다. 남부 캘리포니아에서의 산사태는 복합적인 물리적 조건들의 결과인데, 부분적으로는 지형, 암석과 토양의 형태, 기후와 식생의 지역적 다양성이 매우 큰 것이 원인이다. 자연환경과 인간 활동의 상호작용은 복잡하고 예측하기가 너무나 어렵다. 이러한 이유로 이 지역은 도시지질학적 연구의 가치가 계속 증가하고 있음을 보여주는 애매한 명성을 가지고 있다.[12] 로스앤젤레스는 개발을 위한 땅고르기와 관련된 축조규약을 개발하는 데에 있어서 미국을 주도해 왔다.

패드(pad)라고도 하는 사면단구는 택지조성을 위해 사면이 절단된 것으로서 이와 같은 땅고르기 과정이 남부 캘리포니아에서 많은 산사태의 원인이 되어 왔다. 계곡, 산등성이와 언덕을 형성하는 것은 수백만 년은 아니지만 수천 년이 걸리는 자연과정이다. 금세기에 우리는 사면에 땅고르기를 위한 장비들을 개발해 왔다. 레이튼은 "현대의 공학기술과 땅고르기 작업, 적당한 재정적 유인책을 가지고 있다면 미래의 개발을 위해서 어떠한 언덕도 울퉁불퉁하게 남아 있지 않을 수 있다."라고 기술하고 있다.[12] 어떠한 토양물질도 현대기술의 지독한 습격을 버텨낼 수가 없다. 그러므로 인간 활동은 빙하와 강이 하는 것처럼 경관을 깎아내는 지질학적 행위자이지만 어마어마하게 빠른 진행속도를 가진 행위자이다. 거의 하룻밤 사이에 우리는 경사진 언덕을 평평한 일련의 부지와 도로로 바꿀 수 있으며, 그러한 변형은 수없이 많은 인위적 산사태를 야기하고 있다. 그림 9.15에서 보는 것처럼 집과 충진물에 의해 추가된 무게는 물론 잔디밭과 부패과정에 기인하여 증가된 물이 복합적

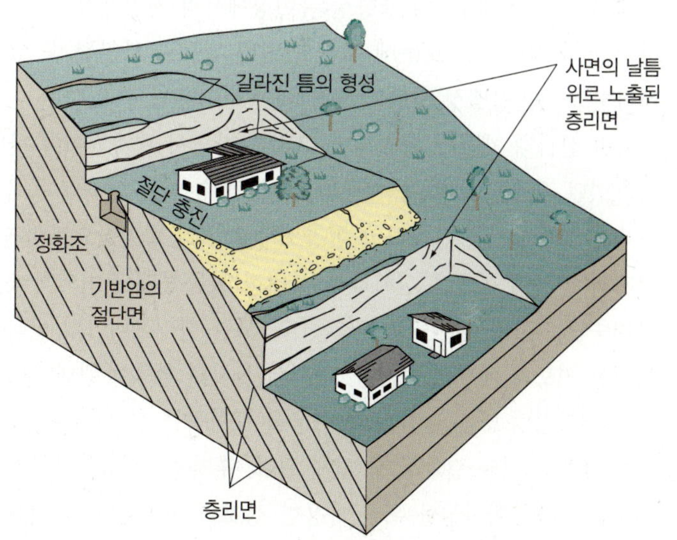

그림 9.15 도시화와 산사태의 가능성 인위적으로 발달된 전이형 산사태. 안정된 사면이 층리면의 지지력 제거, 사면에 물의 부가, 경사도 증가나 사면 위에 충전물을 더하는 등의 다양한 형태의 변형으로 불안정해질 수 있다. 모식도의 상부에 보이는 갈라진 틈들이 산사태가 곧 발생할 것이라는 것을 암시하는 초기현상이다. (*Leighton F.B. 1966, "Landslides and urban development" in Engineering Geology in southern California*)

으로 작용하여 형성된 과도한 경사는 안정하였던 사면을 불안정하게 만든다. 일반적으로 사면을 급하게 하거나 물로 포화시키는, 그 높이를 증가시키거나 혹은 과하중을 부여하는 어떠한 프로젝트도 산사태를 일으킬 수 있다.[12]

오하이오 주 해밀턴 군에 있는 사유지와 공공용지 모두에서 산사태는 심각한 문제가 되어왔다. 미끄럼사태들은 대부분 점토, 호저면 퇴적물과 셰일 위에 형성된 붕적토와 토양은 물론 빙퇴석이라고 부르는 층상구조가 없는 물질로 구성되어 있는 빙하퇴적물에서 발생한다. 평균 피해액은 연간 500만 달러가 넘는다. 오하이오 주 신시내티에서 발생한 주요 산사태들은 고속도로와 몇몇 개인소유의 건물에 피해를 주고 있다.[2]

펜실베이니아 엘러게니 군에서 도시화와 관련된 민감한 사면의 변형은 그 지역 내에서 발생하는 사태의 90%에 대해 책임이 있는 것으로 평가되고 있다. 평균 200만 달러에 이르는 피해가 매년 산사태에 기인하여 발생하고 있다. 대부분의 산사태는 천천히 움직이지만 인접한 군에서 발생한 한 번의 암석낙하가 버스를 덮쳐 22명의 승객을 죽였다. 엘러게니 군에서 발생한 사태의 대부분은 사면의 꼭대기에 하중을 주거나, 사면의 말단부와 같은 민감한 지역을 절단하거나 사면의 표층 위 또는 밑의 수층조건을 변형시킨 결과였다.[13]

9.5 산사태 재해의 최소화

산사태로 인한 재해를 최소화하기 위해서는 사태가 발생할 만한 지역을 파악하고, 산사태를 막기 위해 사면 또는 공학적 구조물을 설계하고, 임박한 사태의 위험지역에 대하여 주민들에 대한 경고의 발령과 사태가 움직이기 시작한 이후 사태에 대한 제어가 요구된다. 산사태 재해를 줄이기 위해 가장 선호되는 방법이며, 최저비용의 방법은 사태가 일어나고 있거나 일어날 가능성이 있는 지역에서의 개발을 막는 것이다.

잠재적 산사태의 인지

산사태의 잠재성이 높은 지역을 확인하는 것이 산사태 재해방지 계획을 수립하는 첫 번째 단계이다. 미끄럼사태의 경향성은 현장에서의 지질학적 조건과 이전의 미끄럼사태를 확인하기 위한 항공사진 모두에 대한 면밀한 검토로 확인될 수 있다. 이러한 정보는 위험성을 평가하고 사면안정성 지도를 제작하는 데 이용될 수 있다.

한번 산사태 재해가 확인되면 그것은 반드시 평가되어야 한다. 사면붕괴를 분명하게 경험하였던 지역을 보여주는 상세지도가 될 수 있는 산사태 목록이 준비되어야 한다. 이러한 목록은 항공사진을 판독하고 현장조사를 거쳐 확인함으로써 만들어질 수 있다. 더 상세한 단계의 산사태 목록은 산사태의 상대적 활동성과 관련되어 있는 한정된 산사태 퇴적물을 보여주는 지도가 될 수 있다. 그림 9.16a는 캘리포니아의 산타클라라 군의 한 부분에 대한 이러한 지도의 예를 보여준다. 과거의 산사태 활동에 관한 정보는 그림 9.16b에서 볼 수 있는 사면안정성 또는 추천 토지 이용을 포함하는 산사태 재해도를 개발하기 위해서 토지 이용에 대한 고려와 결합될 수 있게 된다. 후자의 지도는 정책입안자들에게 매우 유용하지만 전자는 지질공학자들을 위한 유용한 정보를 제공한다. 이러한 지도들은 특정한 지점을 평가하기 위한 상세한 야외조사를 대신하지는 않지만 토지 이용 계획과 더 정밀한 지질학적 평가를 위한 일반적인 지침으로서 역할을 한다. 산사태의 위험성을 결정하여 산사태 위험도를 제작하는 것은 발생 가능성과 잠재적 손해를 사정하는 내용이 포함되기 때문에 더욱 복잡해진다.[14]

산사태 재해를 최소화하기 위한 땅고르기 규약(grading code)은 1963년 이래 로스앤젤레스 지역에서 적용되어 왔다. 이러한 규약은 생명과 재산에 엄청난 손실을 가져왔던 1950년대와 1960년대 산사태의 여파로 제정되었다. 땅고르기 규약이 적용되고 정밀한 지질공학에 대한 연구가 요구된 이래 산사태와 홍수에 의한 산중턱 집들의 피해율이 뚜렷이 감소하고 있다. 엄격한 규약 때문에 비록 초기 건축비용이 상당히 커졌지만 그 비용은 강우가 심한 연도에 얻은 손실 감소로서 균형을 맞추게 되었다. 극히 강우가 심한 연도에 발생하는 산사태 재난은 우리를 계속해서 괴롭힐 것이다. 그러나 언덕사면을 개발하기 전에 지질학

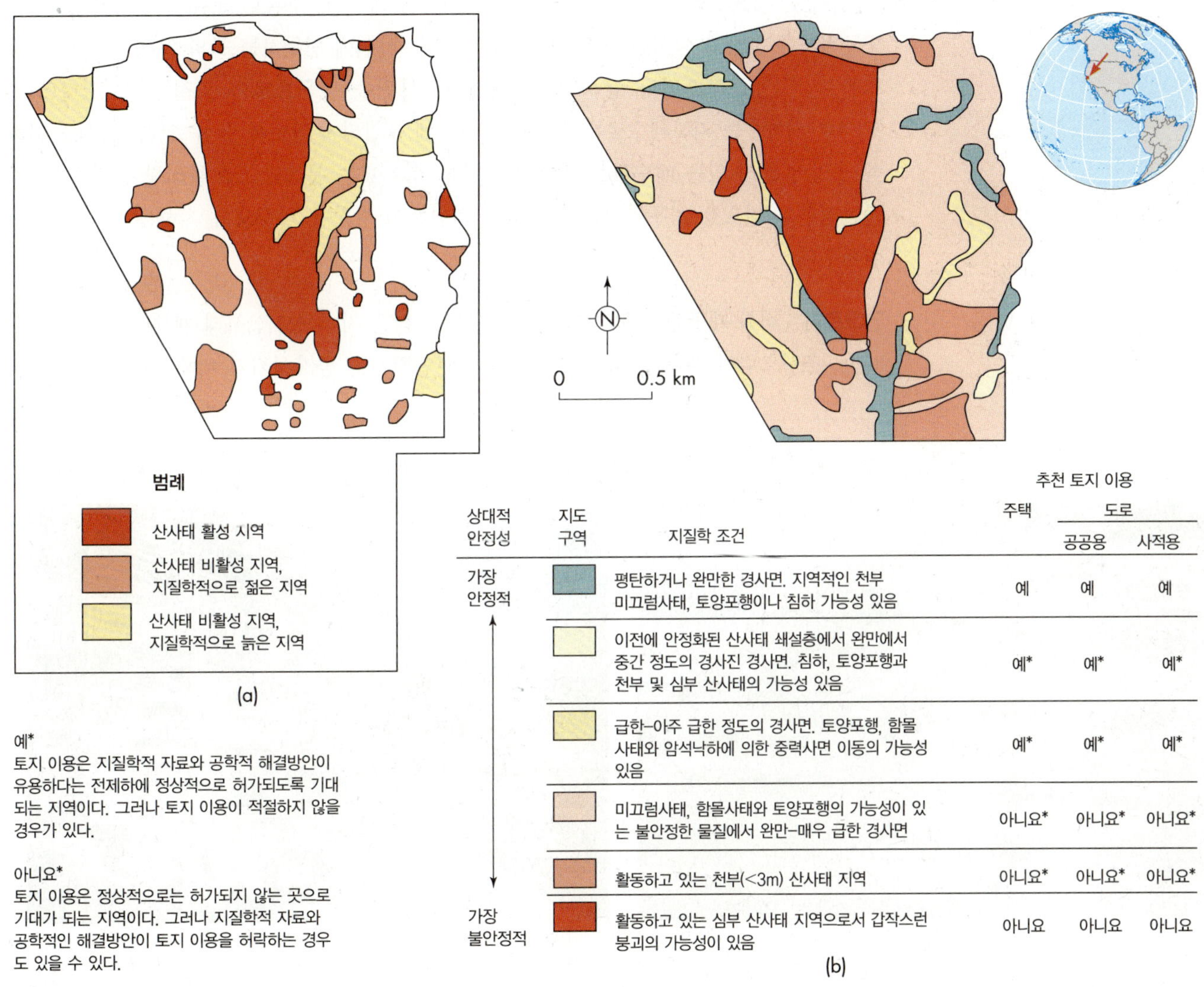

상대적 안정성	지도 구역	지질학 조건	추천 토지 이용: 주택	도로: 공공용	도로: 사적용
가장 안정적	(청회색)	평탄하거나 완만한 경사면. 지역적인 천부 미끄럼사태, 토양포행이나 침하 가능성 있음	예	예	예
	(연황색)	이전에 안정화된 산사태 쇄설층에서 완만에서 중간 정도의 경사진 경사면. 침하, 토양포행과 천부 및 심부 산사태의 가능성 있음	예*	예*	예*
	(황색)	급한–아주 급한 정도의 경사면. 토양포행, 함몰사태와 암석낙하에 의한 중력사면 이동의 가능성 있음	예*	예*	예*
	(연분홍색)	미끄럼사태, 함몰사태와 토양포행의 가능성이 있는 불안정한 물질에서 완만–매우 급한 경사면	아니요*	아니요*	아니요*
	(분홍색)	활동하고 있는 천부(<3m) 산사태 지역	아니요*	아니요*	아니요*
가장 불안정적	(적색)	활동하고 있는 심부 산사태 지역으로서 갑작스런 붕괴의 가능성이 있음	아니요	아니요	아니요

그림 9.16 산사태 재해도 (a) 산사태 기록도면과 (b) 캘리포니아 산타클라라 군의 일부에 대한 산사태 위험지역과 토지 이용을 표시한 도면. (*USGS 1982. Goals and tasks of the landslide part of a ground-failure hazards reduction program. USGS Circular 880*)

적 · 공학적 정보의 적용은 재해를 최소화하는 데 도움을 줄 수 있다.

사태의 방지

대형의 자연적인 산사태를 방지하기란 어려운 일이지만 상식과 적절한 공학적 기술의 적용이 재해를 최소화하는 데에 도움이 된다. 예를 들어, 사면 위에 가한 하중, 민감한 사면의 절개, 사면 위에 충진물 쌓기 또는 사면층에서 물의 조건변화는 피해야만 하거나 매우 신중하게 행해져야 한다.[13] 산사태의 방지를 위한 일반적인 공학기술에는 지표와 지하의 배수시설, 불안정한 사면물질의 제거, 옹벽 또는 다른 지지구조물의 건축 또는 이들의 어떤 조합이 포함된다.[4]

배수조절 지표와 지하 배수의 조절은 사면안정화에 일반적으로 효과적이다. 이 방법의 목적은 사면을 가로질러 흐르거나 사면 안으로 침투하는 것을 막기 위해 물의 방향을 전환하는 것이다. 지표수의 흐름은 일련의 표면배수를 통해 사면 주위로 전환될 수 있다. 이것은 도로절개를 위한 통상적인 방법이다(그림 9.17a). 사면에 침투하는 물의 양은 흙시멘트, 아스팔트 혹은 플라스틱과 같은 불투수층으로 사면을 덮음으로써 조절될 수 있다(그림 9.17b). 지하수는 지하배수로를 만들어서 사면에 유입되지 않도록 할 수 있다. 길이를 따라 쭉 구멍이 뚫려 있는 배수관은 침투성을 가진 자갈 또는 분쇄암으로 둘러쌓아 잠재적으로 불안정한 사면으로 침투하려는 지하수를 차단하여 방향을 바꾸도록 지하에 위치를 잡아 설치된다.[4]

땅고르기 비록 개발을 위한 사면의 땅고르기는 많은 지역에서 산사태 재해를 증가시켜 왔지만, 조심스럽게 계획된 땅고르기가 사면의 안정성을 증가시키기 위해 사용될 수 있다.

(a)

(b)

그림 9.17 사면의 안정성을 증대시키는 두 가지 방법 (a) 사면으로 스며들기 전에 절단면에서 표층수를 제거하기 위해 도로절단면 위에 설치한 배수로. (b) 물의 침투를 감소시키고 사면강도를 유지하기 위해 흙시멘트로 표면처리한 사면(그리스). (*Edward A. Keller*)

그림 9.18 사면단구화 사진의 위쪽 중간에 단구화된 사면은 사면의 전체 경사도를 줄여주어 원활한 배수가 되도록 태평양 해안을 따라 건설된 것이다. (*Edward A. Keller*)

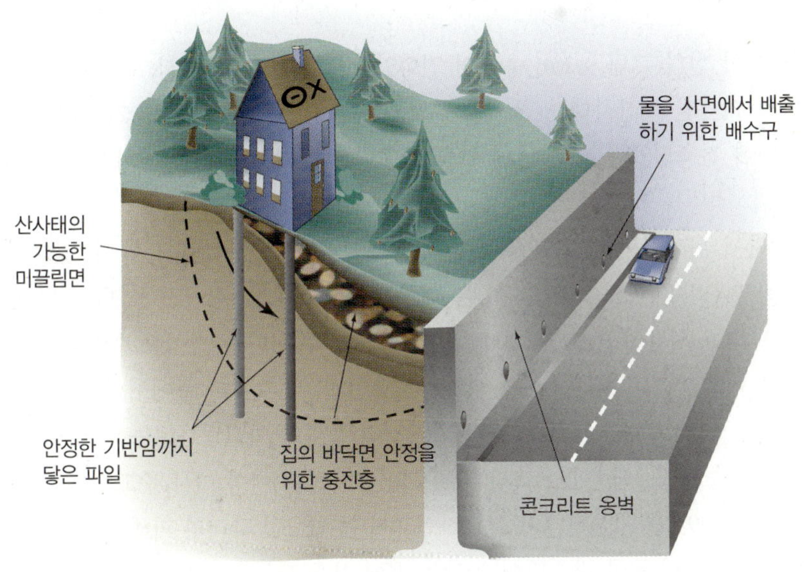

그림 9.19 사면의 지지방법 사면을 지지하는 방법에는 옹벽, 파일과 배수로가 있다.

단일 깎아메우기 작업에서는 사면 상부의 물질이 제거되어 기저부에 쌓이게 된다. 전체적인 경사도는 그렇게 감소하며, 지표 물질은 구동력을 가지고 있던 지점에서 제거되어 사면의 기저부에 놓이게 되어 저항력은 증가하게 된다. 그러나 이러한 방법은 매우 경사가 급한 높은 사면에서는 실질적인 방법이 되지 못한다. 다른 대안으로, 사면은 연속적인 사면단구 또는 계단으로 절개된다. 사면단구는 유출수를 우회시키는 지표배수를 위해 설계된 것이다. 사면단구는 땅의 전체 사면을 줄이고 낙석이나 작은 미끄럼사태 물질을 집적하는 좋은 장소가 된다(그림 9.18).[4]

사면지지 콘크리트로 건설된 옹벽, 암석으로 채워진 와이어바스켓 파일, 파일(지하로 이어진 긴 콘크리트, 금속 또는 나무 빔)은 사면의 기저부에서 사면을 지지하도록 만들어진 것이다(그림 9.19). 이들은 사면의 기저부 아래에 단단히 고정되어야 하며, 투수성을 가진 자갈이나 분쇄암으로 뒤채움을 하고(그림 9.20), 사면에는 수압축적의 기회를 줄이기 위한

그림 9.20 옹벽 (콘크리트 격자목) 도로절삭면을 안정화하기 위해 사용된 뒤채움을 볼 수 있다. (*Edward A. Keller*)

배수구가 설치되어야 한다(그림 9.20). 옹벽의 진화양상을 그림 9.21a에서 보여주고 있다. 도로를 따라 발생하는 천부 산사태는 문제를 일으킨다(그림 9.21a). 그림 9.21b에서 보이는 옹벽이 1999년에 건축되었다. 2001년에 완공된 옹벽은 현재 사면을 안정화시켰다(그림 9.21c).

산사태를 방지하기 위해서는 많은 비용이 들지만 그만한 가치가 있다고 할 수 있다. 산사태 방지에 대한 B/C비율(이익/경비의 비)은 대략 10~2000으로 평가된다. 다시 말해서 산사태 방지에 1달러를 사용하면 10~2,000달러를 절약할 수 있다는 것이다.[15] 사태방지를 하지 않은 대가는 티슬 미끄럼사태(Thistle slide)로 알려진 미국 유타 주에서의 대규모 산사태가 잘 보여주고 있다. 1983년 4월, 협곡을 가로질러 움직인 미끄럼사태는 약 60m 높이의 자연댐이 되어 티슬 마을, 덴버-리오그란데 철도와 조차장에 이어 미국 주고속도로를 홍수로 덮쳐 버렸다(그림 9.22).[15] 산사태와 결과적인 홍수는 약 2억 달러의 피해를 가져왔다.

티슬 미끄럼사태는 몇 년 동안 강수량이 높았을 때에 가끔 활동적이 되는 것으로 알려졌던 오래된 미끄럼사태의 재활동에 동반된 것이다. 그러므로 이 사태는 1983년의 극히 높은 강수량이 사태를 일으켰을 것이라고 추측될 수 있었다. 사실 산사태의 기록에 대한 검토를 통하여 티슬 산사태는 인지할 수도, 예측과 방지도 할 수도 있었다. 관련된 자료의 분석을 통하여 지하배수로의 설치와 표층유출수의 조절에 의해 붕괴를 막을 수 있을 정도로 충분히 사태물질의 지하수면을 낮출 수 있었다는 것을 알 수 있었다. 산사태 방지 비용은 사태에 의해 발생되는 피해와 비교했을 때 아주 작은 규모인 약 30만에서 50만 달러 정도로 추정되었다.[15] 산사태 방지의 B/C비율이 아주 높기 때문에 상당한 피해가 예상되면서 방지 가능성도 있는 지역에서의 활동 또는 활동 가능성이 있는 산사태를 평가하는 것이 경제적인 것으로 보인다.

임박한 산사태의 경고

산사태 경고 시스템은 산사태를 막는 것이 아니라 사람과 재산을 대피시키고, 기차를 멈추

(a)

(b)

(c)

그림 9.21 옹벽이 만들어지는 단계 (a) 1990년대 초에 발생한 천부 미끄럼사태. (b) 문제를 해결하기 위해 1999년에 설치된 옹벽. (c) 2001년 완성된 옹벽. (*Edward A. Keller*)

고 교통로를 바꾸는 시간을 줄 수 있는 것이다. 감시는 가장 간단한 유형의 경고를 제공한다. 위험 지역은 확실한 변화에 대하여 외형적으로 감시될 수 있으며 도로나 기타 지역의 작은 암석낙하는 신속한 제거를 위해 주의를 기울일 수 있다. 재해에 대한 사람의 모니터링은 신뢰도와 융통성의 장점이 있지만 기상악화의 기간에 또는 위험한 지역에서는 불가능하다는 단점이 있다.[16] 다른 경고방법으로는 전기 시스템, 경사계와 움직이는 암석으로부터 진동을 읽어내는 수진기가 있다. 얕은 우물은 사면이 위험할 정도의 물을 포함할 때 신호를 보내도록 모니터 될 수 있다. 어떤 지역에서는 강우량 모니터링이 임계강수량을 초과하여 천부 토양미끌림의 가능성이 있게 되는 시점을 판단하는 데 유용하다.

산사태의 처방

미끄럼사태가 시작된 후에 그것을 멈추게 하는 최고의 방법은 미끄럼을 시작시켰던 과정을 공격하는 것이다. 대부분의 경우에 미끄럼사태의 원인은 수압의 증가이며, 이러한 경우에는 효과적인 배수 프로그램이 시작되어야 한다. 이것에는 추가적인 지표수가 침투하지

그림 9.22 산사태는 계곡을 막기도 한다 미국 유타 주의 티슬 산사태. 1983년에 발생한 이 산사태는 오래된 미끄럼사태의 재활동을 동반하였다. 산사태는 계곡을 막아서 자연적인 댐이 되어 티슬 마을, 덴버-리오그란데를 잇는 도로와 중요한 미국 고속도로가 범람하는 결과를 가져왔다. (*Michael Collier*)

못하도록 표층배수구를 사태의 두부에 설치하는 방법과 물을 제거하여 수압을 낮추기 위해 지하배수관을 설치하는 방법이 포함될 수 있다. 배수는 사면 물질의 저항력을 증가시키는 경향이 있으며 이로 인해 사면을 안정시킨다.[7]

9.6 눈사태

눈사태(snow avalanche)는 눈과 얼음의 급격한 사면 아래로의 운동이며, 때로는 암석, 토양과 나무가 포함되기도 한다. 미국 서부에서는 매년 수천 건의 눈사태가 발생한다. 많은 사람들이 눈사태 위험 지역에서 모험을 즐기고 있으며 많은 개발사업이 이러한 지역에서 추진되고 있기 때문에 눈사태로 인한 생명과 재산의 피해는 증가하고 있다. 가장 큰 피해를 일으키는 눈사태는 수백만 톤에 달하는 대형 판상의 눈과 얼음이 새로 내린 눈에 의한 사면의 과하중 또는 눈더미 내에 발달한 연약대 때문에 무너져 내릴 때에 발생한다. 이러한

(a)

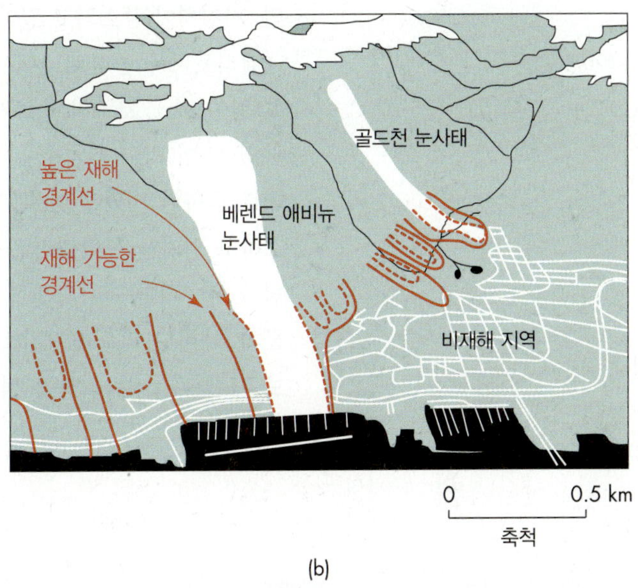

(b)

그림 9.23 눈사태에 의한 재해 (a) 스위스 알프스에서 보는 눈사태 사면로 또는 진로. (b) 눈사태에 의한 재해를 보여주는 알래스카 쥬노 지역의 부분지도. (*Cupp. D. 1982.* National Geographic *162 : 290–305*)

판상의 눈더미는 시속 100km에 이르는 속도로 빠르게 미끄러져 내린다. 눈사태는 이전의 사태가 지나간 경로인 비탈진 사면로를 따라 움직이는 경향이 있다(그림 9.23). 그 결과, 위험을 표시하는 지도들이 개발될 수 있다. 위험 지역을 피하는 것이 분명히 우선되어야 할 가장 저렴한 눈사태에 대한 대비책이다. 그 밖의 대비책으로는 조심스럽게 폭발물을 설치하여 과하중의 눈더미를 제거하거나, 눈사태를 분산시키거나 늦출 수 있는 구조물을 건설하거나 사면에 눈이 더 잘 고착되도록 위험 지역에 식목을 하는 방법들이 있다.

9.7 지반침하

지질학적 조건과 인간 활동 사이의 상호작용이 매우 느린 것에서 빠른 것까지 모든 지표물질이 가라앉거나 침강하는 현상인 지반침하의 다양한 사건에 대한 요인이 되어 왔다(그림 9.4e). 대부분의 지반침하는 지하 저류지에서 유체가 빠져나가거나 지하공간의 상부에 있는 표층이나 표층 근처의 토양과 암석이 붕괴되어 발생한다.

유체 배출

물과 가스를 수반한 기름, 지하수와 지열발전을 위한 물과 증기의 혼합물과 같은 모든 종류의 유체 배출은 지반침하의 원인이 된다.[17] 모든 경우에서 일반적인 원리는 같다 — 지표면 아래 지층물질에 포함되어 있는 유체는 상부의 물질을 지지할 수 있도록 높은 유압을 갖는다. 수영장 바닥에 있는 돌이 가벼운 것처럼 느끼는 이유는 액체에 의한 부력이 돌을 들어올리기 때문이다. 유체가 배출됨으로써 지지력 또는 부력이 지층 물질로부터 제거되면, 지지력이 감소되고 결과적으로 표면의 지반침하가 일어날 수 있는 것이다.

캘리포니아 중앙계곡에서 과도한 지하수의 양수 결과로 수천km의 지반이 가라앉았다(그림 9.24a). 로스바노스-케틀먼 시 지역에서만 5,000km^2 이상의 지역이 0.3m 이상 침하하였다. 이 지역의 내측에서 113km에 달하는 계곡 연장부가 평균 3m 이상 침하했으며, 최대로 침하한 지역은 9m에 달하였다(그림 9.24b). 지하에서 물이 제거되면, 공극압력은 감소하고 입자들은 압밀작용을 받게 된다.[18,19] 그 결과 표층에서는 지반침하가 발생한다(그림 9.25). 지하수의 과도한 양수에 의해 일어난 지반침하의 유사한 예는 애리조나 피닉스 근처, 네바다 라스베이거스, 텍사스의 갈베스톤-휴스톤 지역과 멕시코의 멕시코시티에서 보고되었다. 지반침하는 퇴적물 안에 형성되는 매우 길고 깊은 표면열극의 원인이 될 수 있다.[19]

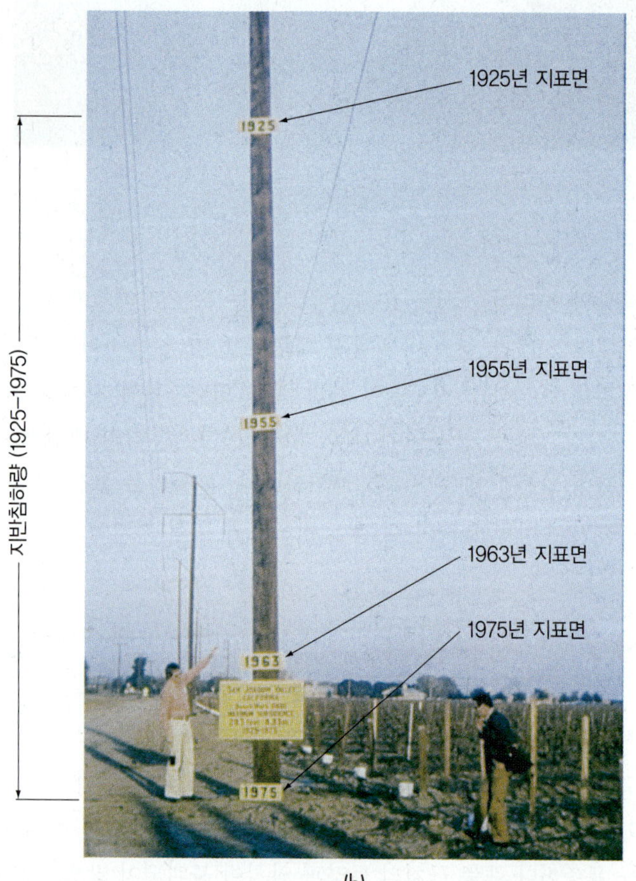

그림 9.24 지하수 유출에 의한 지반침하 (a) 지하수 감소로 지반침하가 발생한 캘리포니아의 주요 지점. (*Bull, W. B. 1973.* Geological Society of America Bulletin 84) (b) 캘리포니아 샌호킨 계곡에서 지반침하의 크기를 보여주는 사진. 전신주의 표식은 최근 수십 년간에 걸친 지표면의 위치를 나타낸다. 사진에 의하면 거의 8m의 지반침하를 보여준다. (*Ray Kenny*)

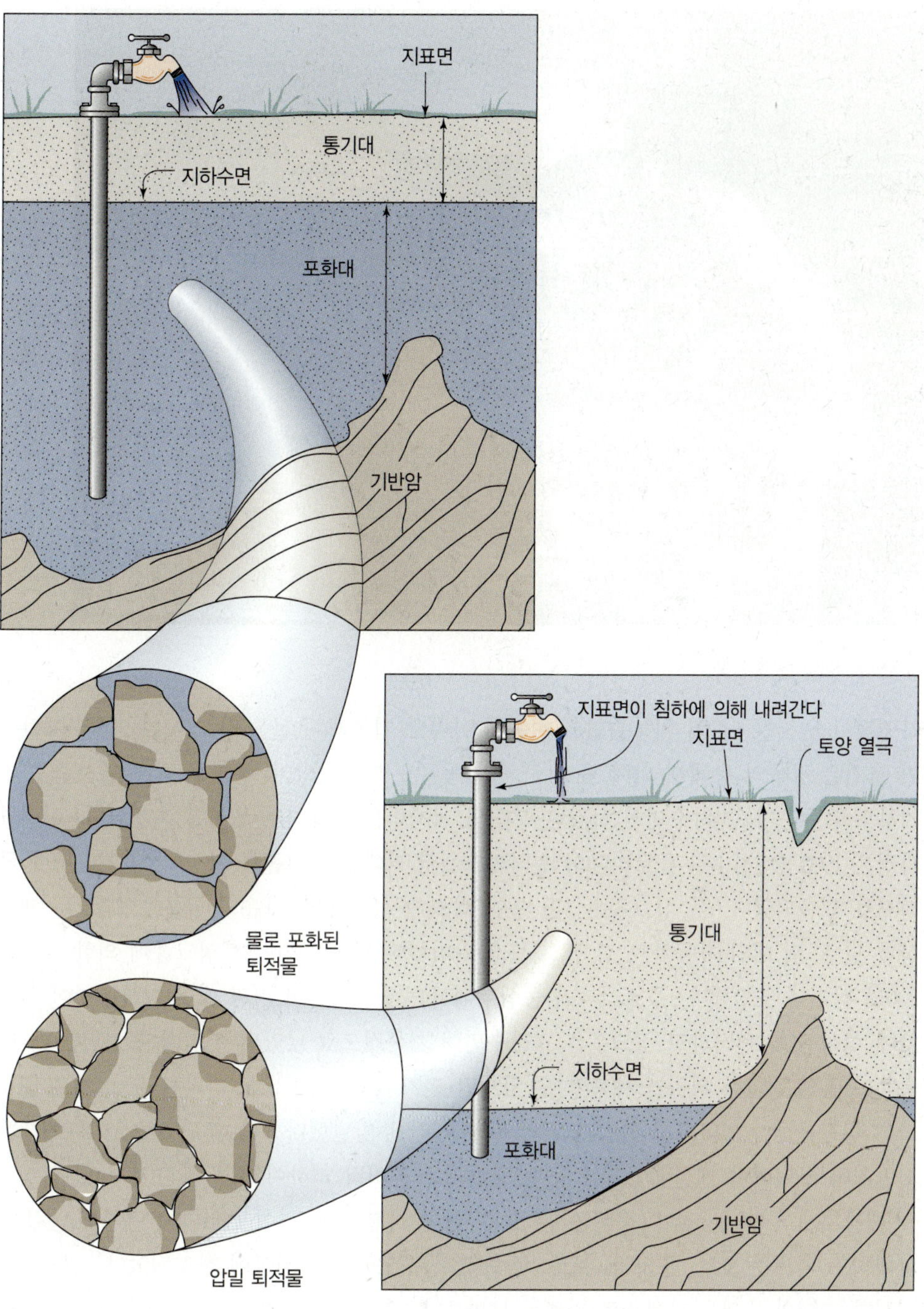

그림 9.25 지반침하의 과정 (a) 지하수의 배출이 어떻게 표층침하를 일으키는가를 보여주는 모식도. 통기대는 지하수면 위 물의 불포화대를 말한다. 입자들 사이의 빈 공간(공극)은 물이 빠진 후에 붕괴한다. (*Kenny, R. 1992. Fissures. Earth 2(3) : 34–41*)

싱크홀

지반침하는 자연적인 과정에 의해 지하의 지각 물질이 제거되어 발생되기도 한다. 동굴과 같은 큰 열린 공간인 공동은 백운암과 석회암과 같은 용해되기 쉬운 암석 내부에서 화학적 풍화에 의해 형성되며, 결과적으로 발생하는 상부층 암석에 대한 지지력의 결핍이 붕괴의 원인이 될 수 있다. 이 결과는 표층 근처의 지하공동이나 동굴 내 석실의 붕괴에 의해 형성된 둥근 지반붕괴지인 **싱크홀**(sinkhole)의 형성이다.

싱크홀은 고속도로, 주택, 하수처리장과 그 밖의 구조물들에 상당한 피해를 입히고 있다.

그림 9.26 싱크홀은 마을의 일부를 삼켜버렸다 3일 만에 빠르게 성장하여 상업용 건물 2동, 집 한 채와 몇 개의 자동차는 물론 공용수영장의 일부까지 삼켜버린 플로리다 윈터파크의 싱크홀. (*Leif Skoogfors/ Woodfin Camp and Associates*)

자연적이거나 인공적인 지하수면의 변동이 아마도 기폭제 구실을 할 것이다. 높은 지하수면 조건은 광물의 용해에 의해 표층 근처의 동굴을 확장시키며, 물의 부력은 과하중을 지지하도록 돕는다. 지하수면의 하강은 부력의 지지력을 약화시켜 붕괴를 촉진한다. 이러한 과정은 1981년 5월 8일 플로리다의 윈터파크에서 거대한 싱크홀의 형성이 시작될 때에 극적으로 연출되었다. 이 싱크홀은 3일 동안 빠르게 성장하여, 마을의 공용수영장, 두 채의 상가 일부, 몇 대의 자동차와 집 한 채를 삼켜버렸다(그림 9.26). 이 싱크홀에 의한 피해는 200만 달러를 초과했다. 플로리다의 중심부에서는 싱크홀들이 거의 매년 지하수면이 낮을 때에 형성된다. 윈터파크 싱크홀은 지하수면이 기록적으로 낮았던 건기에 형성되었다. 비록 싱크홀의 정확한 위치는 예측할 수 없지만 건기 동안에 더 많이 나타난다. 실제로 몇몇 작은 싱크홀들이 윈터파크 사건과 거의 같은 시간에 발달했다.[20] 1986년 6월 23일, 거대한 지반침하 구덩이가 펜실베이니아 동부 앨런타운 근처의 리하이 계곡에 숨겨져 있던 싱크홀 매몰지에서 발달하였다. 붕괴는 단 몇 분 만에 직경 30m, 깊이 14m의 구덩이를 남겼다. 다행히도 피해는 도로, 주차장, 보도, 하수도, 상수도와 공공시설에 한정되었다. 싱크홀에 인접한 17채의 주택은 가까스로 피해를 모면했다. 결과적인 안정화 및 복구비용은 거의 50만 달러에 달하였다. 그림 9.27은 리하이 계곡의 개괄적인 지질을 보여준다. 계곡 북부의 암석층은 셰일로 구성되어 있는 반면에 남부는 석회암으로 구성되어 있다. 계곡의 북쪽에는 강한 사암이, 남쪽에는 선캄브리아 시대의 강한 화성암이 분포하여 계곡의 경계를 이루고 있다(그림 9.27).[21]

1940년대에서 1969년까지의 사진이 싱크홀의 역사를 보여주는 증거자료를 제공한다. 1940년대에 싱크홀은 지름이 약 65m인 연못에 의해 경계되어 있었다. 1958년까지 연못은 바짝 말라버렸고, 싱크홀은 식생으로 덮혔으며 주변 지역은 농경지가 되었다. 1960년의 지표사진은 사람들이 싱크홀을 나무뿌리, 아스팔트 덩어리나 기타 쓰레기를 버리는 장소로

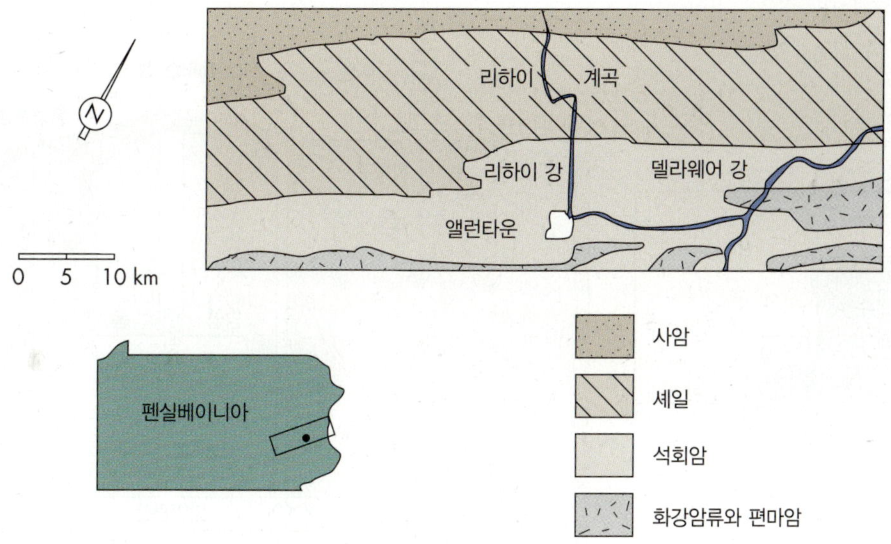

그림 9.27 싱크홀 재해지역 계곡의 지질 대형 싱크홀 붕괴가 발생한 동부 펜실베이니아 리하이 계곡의 개략적 지질도. (*Dougherty, P. H., Perlow, M., Jr. 1987.* Environment Geology and Water Science *12(2) : 89-98*)

사용하고 있었던 것을 보여주고 있다. 1969년에는 싱크홀을 나타내는 어떠한 표면형태도 없었으며, 완전히 채워져 그 위에서 옥수수가 재배되고 있었다.

비록 싱크홀이 쓰레기와 기타 쇄설물로 완전히 채워졌을지라도, 이후의 도시화에 따라 부피가 증가한 지표유출수를 계속해서 받아들였다. 물은 주변 아파트와 연립주택, 거리와 주차장으로부터 공급된 폭풍 유출수로부터 공급되었다. 또한 오래되어 새고 있는 상수도가 싱크홀 지역으로 흘러들어온 유입수에 기여를 했을 것이다. 더구나 도시화는 지역의 지하수 자원에 대한 수요를 증가시켰으며, 결과적으로 지하수면의 하강을 가져왔다. 지질학자들은 수리학적 조건들이 갑작스런 붕괴에 기여한다고 믿고 있다. 증가된 도시 유출수가 싱크홀을 채우고 있는 토양, 점토와 쓰레기들과 같은 충전물을 느슨하게 하거나 지지물을 제거하는 것을 촉진하는 반면에 윈터파크 싱크홀의 사례처럼 지하수면의 하강은 상부의 지지력을 감소시킨다. 싱크홀은 지하수 작용과 함께 제12장에서 더 깊게 논의된다.

암염 퇴적물

심각한 지반침하 사건은 암염광산과 연관되어 왔다. 암염은 종종 용해법에 의해 채굴된다. 관정을 통해 물이 암염층 내부에 주입되면, 암염은 녹게 되므로 소금으로 과포화된 물을 뽑아내는 방법이다. 암염의 채광은 암석에 공동을 남기고 상부층 암석의 지지력을 약화시키기 때문에 대규모의 지반침하를 야기시킬 수 있다.

암염광산과 관련된 기괴한 지반침하는 1980년 11월 21일에 남부 루이지애나에서 발생했다. 평균 수심 1m의 페이그뉴어 호수에서는 밑에 있는 암염광산의 붕괴 후에 물이 빠져나가 버렸다. 붕괴는 지하 약 430m에 위치하고 있는 채광 중인 수백만 달러의 암염광인 제퍼슨 섬 암염돔의 폐갱도 속으로 석유시추공을 뚫고 들어간 후에 발생했다. 광산으로 들어간 물이 시추공을 넓히면서 암염 기둥들이 깎여 나가고 녹아버려 광산의 지붕이 붕괴되고 대규모의 지반침하를 일으키는 결과를 가져왔다.

호수물이 너무나 빠르게 빠져나가 10척의 바지선, 1척의 견인선과 석유시추선 1척이 광

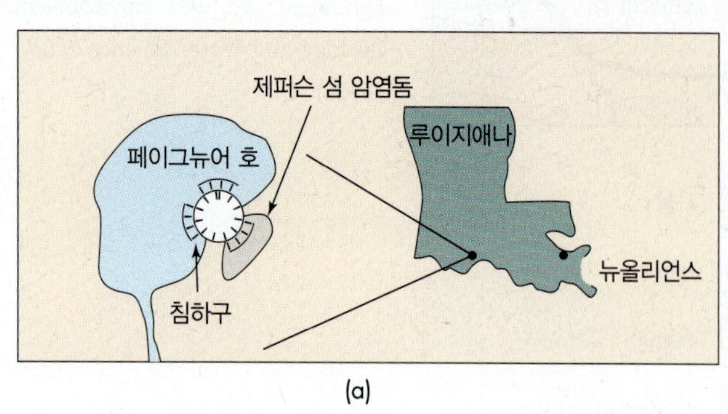

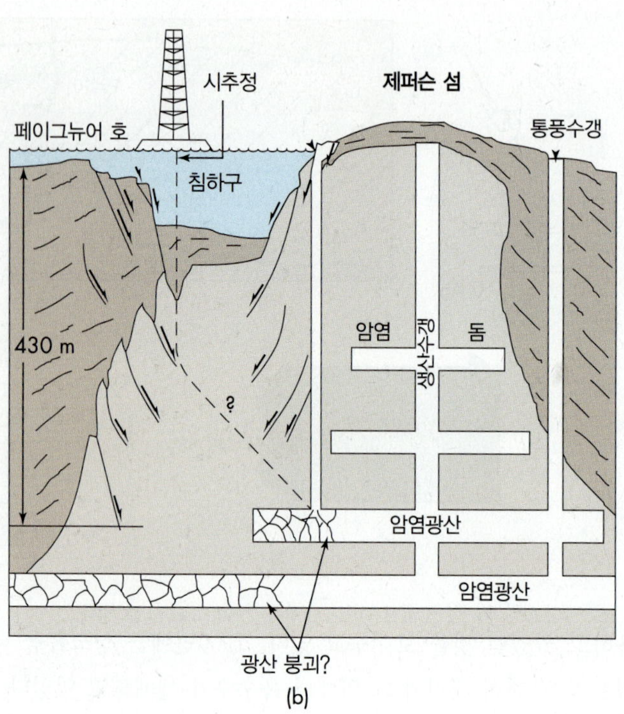

그림 9.28 기괴한 지반침하 사건 (a) 페이그뉴어 호 지역. (b) 루이지애나 페이그뉴어 호의 바닥에 생긴 대형 침하구의 원인이 된 제퍼슨 섬 암염돔의 붕괴를 보여주는 모식도.

산 속으로 빨려 들어가는 소용돌이 속으로 사라졌다. 다행히도 50명의 광부들과 석유시추선 위에 있던 7명은 탈출에 성공했다. 침하는 역사가 깊은 식물원, 온실들과 50만 달러의 집 한 채를 포함한 제퍼슨 섬의 0.25km^2 이상의 지역에 피해를 초래하였다. 식물원의 남은 부분은 새로 생겨난 호수 가장자리에서 땅을 밑으로 가라앉게 한 큰 균열에 의해 붕괴되었다. 이러한 균열들은 땅이 가라앉으면서 만들어진 것이며 대형 지반침하 구덩이의 가장자리에서 흔히 발견되는 것이다.

페이그뉴어 호수는 즉시 멕시코 만으로 연결된 운하로부터 들어온 물로 채워지기 시작했으며, 이틀 후에는 바지선 중의 9척이 표면으로 솟아 올라왔다. 처음에는 암염돔 지붕을 받치고 있던 암염기둥이 녹으면서 더욱 큰 침하가 발생할지도 모른다는 두려움에 떨었다. 그러나 공동은 광산 속으로 밀려들어온 토양과 호성퇴적물의 쇄설물에 의해 막힌 것이 분명하다. 대략 1,500만m^{3}의 물이 암염돔으로 들어갔고 광산은 완전히 훼손되었다. 이전의 얕은 호수가 바닥에 커다란 깊은 구멍을 가진 호수가 되어 의심할 수 없는 수생생태계의 변화가 일어나고 있는 호수가 되었다. 1983년에 법정 밖 화해에 의해 암염광산 회사는 관련된 석유회사로부터 3,000만 달러의 보상을 받은 것으로 보고되었다. 식물원과 주택 소유자들은 석유회사, 시추회사와 광산회사로부터 1,300만 달러의 보상을 받았다.

광산의 범람은 암염광산의 구조적 완전성에 관한 중요한 의문점들이 있음을 뜻하는 것이다. 연방정부의 석유비축 전략 프로그램은 제퍼슨 섬에서 약 19km 떨어진 윅스 섬의 폐암염 광산에 7,500만 배럴의 원유를 저장하는 계획을 진행하고 있었다. 비록 붕괴 시에 배수가 되는 호수의 특성이 매우 중요하기는 하지만, 위쪽에 호수를 가지고 있는 암염돔은 매우 드물다. 그러므로 제퍼슨 섬의 지반침하는 드문 사건에 속한다.

그림 9.29 탄광 위에서의 지반침하 펜실베이니아 폐탄광에서 지하화재가 화도 주변의 눈을 녹히고 있다. 대기로 방출되는 연기에 주목하라. (*National Institute for Occupational Safety & Health*)

석탄 채굴

미국의 서부와 동부에서의 석탄의 지하채굴은 심각한 지반침하 문제를 초래해 왔다. 지반침하는 대부분 지하채굴이 지표면에 가까운 곳에서 행해지는 곳이나 채굴 후에 광산기둥이 약하거나 균열이 심한 암석으로 남아 있는 곳에서 발생한다. 보통 50%의 석탄만 채굴되고 나머지는 광산 위에 놓인 암석지붕을 지지하는 기둥으로 남겨 놓는다. 시간이 지남에 따라 이 기둥은 풍화되고 약화되어 붕괴하여 지반침하를 야기한다.[22] 미국에서는 8,000km^2 이상의 땅이 지하의 석탄 채굴에 기인하여 침하되고 있으며, 지반침하는 채굴이 중단된 지 오랜 시간이 지난 오늘날에도 계속되고 있다. 1995년에 1930년대에 운영이 중단된 탄광이 오하이오의 70번 주간고속도로 600m의 구간 밑에서 붕괴되었다. 복구하는 데 3개월이 걸렸다.[23] 지반침하는 흔히 농지와 목장들에 영향을 주지만 펜실베이니아의 스캐랜톤, 윌키스-바레, 피츠버그와 같은 마을이나 도시의 빌딩과 기타 구조물에도 피해를 주었다(그림 9.29).[22, 23]

9.8 산사태 재해의 인지

산사태에 대하여 주택 소유자의 공통된 반응은 "산사태는 다른 산중턱 위에서는 발생할 수 있지만 여기에서는 결코 아니다."라는 것이다. 홍수 재해도가 홍수취약 지역에서의 개발을 막지 못하는 것과 꼭 마찬가지로 아마도 산사태 재해도가 산사태 위험지역으로 이사하는 모든 사람들을 막지는 못할 것이다. 처음부터 재해에 대해 무지한 산중턱에 거주하려는 사람들은 기술적인 정보에 의해 전혀 동요되지 않을 수 있다. 과거의 사건에 대한 증거를 쉽게 찾아볼 수 없는 곳에서는 대형 사태의 빈도가 낮기 때문에 그 위험성에 대한 자각을 감소시키는 경향이 있다. 불행하게도, 이것이 수많은 값비싼 주택피해를 주는 극적인 사건을 발생시켜 오히려 다시 사람들의 주의를 이끌어 내는 역할을 하기도 한다. 그러는 사이에, 로키 산맥, 애팔래치아 산맥, 캘리포니아와 기타 지역의 많은 지점에서 사람들이 사태의 위험이 상존하는 땅에 집을 짓는 일을 계속하고 있다.

여러분은 산사태 재해를 최소화하기 위해 무엇을 할 수 있는가?

경사지에 건물을 구입했다면 다음의 충고를 고려해야 한다.

- 산사태는 흔히 복잡한 지질을 가지고 있기 때문에 경사지의 건물에 대하여 전문적인 지질학자의 지질학적 평가를 받아야 한다.
- 경사지의 상류에서 기원한 쇄설류나 이류가 계곡을 따라 내려가는 곳에서는, 작은 것이라도, 계곡의 입구에 집을 짓는 것은 피해야 한다.
- 여러분의 지역 안에서 산사태를 인지할 수 있는 시 · 군의 기술부와 같은 지역관청과 상담하도록 한다.
- 소유지의 구석에서 발생하는 작은 산사태에 주의를 기울여야 한다 — 산사태는 보통 시간이 지남에 따라 점점 커진다.
- 만약 집을 구입한다면, 집의 벽에 틈이 간 곳이나 기울어지거나 틈이 있는 옹벽을 찾아본다. 고정되어 있지 않은 문이나 창문 또는 평행하지 않은 바닥을 주의 깊게 살펴보아야 한다. 틈이 있는 곳과 기울어진 곳의 기초를 조사해 본다. 만약 벽이나 기초의 틈이 집 밖의 땅과 이어진다면 산사태가 진행되고 있을 수 있음에 특별히 주의를 기울여야 한다.
- 수영장 안에서의 누수, 경사면 아래로 휘어진 나무, 팽팽하거나 늘어진 전선들에 대하여 경계를 해야 한다.
- 산사태는 물을 새어나가게 하므로 작은 샘이 있다면 주의해서 살펴보아야 한다. 지층수가 충분한 녹지에서는 특히 잘 살펴보아야 한다.
- 땅의 초기 불안정성을 지시할 수 있는 선상 또는 휘어진 틈(작은 것이라도)을 살펴보면서 주택과 주변을 걸어 보라.
- 활동성인 산사태는 흔히 작은 구릉 또는 계단형의 지표면 형태를 보인다.
- 잠재적인 산사태 문제의 방지책은 종종 효과적이지만 이것은 아직도 비싼 방법이고, 당신이 개선 여부를 결코 확인할 수 없는 땅 밑에서 이루어진다. 잠재적인 산사태 재해를 가지고 있는 땅은 구입하지 않는 것이 한층 더 현명한 방법이다.
- 앞에서 말한 형태 중에서 하나 이상 존재한다는 것이 산사태의 존재를 증명하는 것은 아니다. 예를 들어, 벽과 기초의 균열은 토양의 수축과 이완에 의한 것일 수도 있다. 그러나 만약 위의 형태가 존재한다면 더 정밀한 조사를 할 필요가 있다.

요 약

산사태와 그와 관련된 현상들은 실질적인 재산피해와 인명피해를 야기한다. 이러한 것들은 자연적으로 발생하는 사건이지만 인간 활동에 의해 증가 또는 감소될 수 있다.

가장 흔한 지형은 사면이다 — 사면은 지표 물질이 끊임없이 이동하여 내려가거나 인지할 수 없을 정도의 느린 포행에서 번개와 같이 빠른 눈사태까지 변하는 다양한 속도를 가진 중력사면 이동을 보이는 역동적이고 진화하는 시스템이다. 사면붕괴는 지표 물질의 물질류, 함몰사태, 미끄럼사태 혹은 낙하를 포괄할 수 있다. 산사태는 흔히 미끄럼사태와 물질류의 복잡한 조합을 보여준다.

산사태를 발생시키는 힘은 몇몇 변수의 상호작용에 의해 결정된다 — 사면 위 지표 물질의 형태, 지형과 사면의 경사, 기후, 식생, 물과 시간. 대부분 산사태의 원인은 지표 물질을 미끄러지게 하는 구동력과 반대로 작용하는 저항력 사이의 관계를 조사하여 파악될 수 있다. 가장 흔한 구동력은 사면물질의 무게이며 가장 흔한 저항력은 사면 물질의 전단력이다. 사면의 안전율은 구동력에 대한 저항력의 비를 말한다. 1보다 큰 비율은 사면이 안정한 것을 의미하며, 1보다 작은 비율은 사면붕괴의 잠재성을 가지고 있음을 의미한다. 사면 위 암석과 토양의 종류는 산사태의 양상과 빈도 모두에 영향을 미친다.

물은 산사태를 유발하는 데에 특별히 중요한 역할을 한다. 하천, 호수와 바다에서의 물은 사면의 기저부를 침식하여 구동력을 증가시킨다. 과잉공극수는 사면 물질의 무게를 증가시키는 한편 수압을 증가시킨다. 다시 말해서 수압의 증가는 사면 물질의 저항력을 감소시킨다. 산사태의 크기와 빈도에 대한 인간 활동의 효과는 무시될 정도에서 매우 중대한 것까지 다양하다. 산사태들이 인간 활동과 관계없이 발생했을 때에 우리는 위험지역에서 개발을 피하기 위해 또는 방지시설을 설치하기 위해서 이 산사태에 대하여 충분히 배워둬야 할 필요가 있다. 다른 경우로서, 인간에 의한 이용이 산사태의 횟수와 격렬성을 증가시킬 때에 우리는 이러한 발생을 어떻게 하면 최소화할 수 있는지를 배워야 할 필요가 있다. 어떤 경우에는 댐이나 저류지가 사면에서 지하수의 이동을 증가시켜 사면붕괴를 초래하기도 한다. 약하고 불안정한 사면에서의 벌목행위가 산사태에 의한 침식을 증가시키기도 한다. 개발을 위한 사면의 땅고르기는 세계의 많은 도시지역에서 침식문제를 야기하거나 증가시키고 있다.

산사태 재해의 최소화는 사전 인지, 방지와 처방의 과정을 요구한다. 감시와 도면화 기술들이 재해지역의 인지를 용이하게 한다. 잠재성 산사태의 인지는 땅고르기의 규약을 수립하기 위해 사용되며, 이러한 지역에서 산사태의 피해는 감소하게 된다. 대규모의 자연적인 미끄럼사태를 막는 것은 어렵지만 이것을 피할 수 없을 때에 조심스런 공학적 실행은 재해를 최소화하는 데 상당한 기여를 할 수 있다. 산사태 방지를 위한 공학적 기술들은 배수조절, 적절한 땅고르기와 옹벽과 같은 구조물을 축조하는 것들이 있다. 산사태의 처방은 미끄럼을 시작시켰던 과정을 차단해야만 한다는 것이다. 이것은 보통 사면에서 수압을 낮추도록 하는 배수 프로그램을 시작해야 한다는 것을 의미한다.

눈사태는 눈으로 덮힌 경사진 사면에 심각한 재해를 일으킨다. 눈사태에 의한 인명손실은 더 많은 사람들이 겨울철 오락을 위해 산악지역으로 모험을 떠남에 따라 증가하고 있다.

석유와 물 같은 유체의 배출과 암염, 석탄과 기타 광물의 지하채굴이 광범위한 지반침하를 야기한다. 유체배출의 경우에 지반침하의 원인은 상층의 지표 물질을 지지하고 있는 수압의 감소이다. 고형물질 제거의 경우에 지반침하는 상부 물질에 대한 지지력 감소의 결과로 발생한다. 후자의 상황은 석회암과 같이 용해가 쉬운 암석에 공동이 형성될 때와 상부 지표 물질의 붕괴가 싱크홀을 만들 때에 자연적으로 발생할 수 있다.

대부분의 사람들은 사전 경험이 없다면 산사태 재해가 미미한 것으로 생각한다. 더군다나 범람원에 거주하는 사람들과 마찬가지로 산중턱에 살고 있는 사람들은 기술적인 정보를 듣고도 전혀 동요하지 않는다. 그럼에도 불구하고 현명한 사람이라면 사면에 있는 주택을 사기 전에 지질학자에 의한 점검의 기회를 가질 것이다.

기본개념의 재확인

인구 증가

2050년까지 세계 인구는 약 50%까지 증가할 것이다. 30억 명 이상의 사람들이 먹고 살기 위해 환경에 압력을 증가시킬 것이다. 더 많은 사람들이 산사태의 발생 가능성이 있는 경사가 심한 사면에 살게 될 것이다. 그러므로 우리는 인명과 재산의 잠재적 손실을 줄이기 위해 어떻게 산사태 재해를 최소화할 수 있는가에 대해 더 많은 것을 배워야만 한다.

지속 가능성

미래 세대에게 우수한 환경을 상속하기 위해서 우리는 인간활동에 의해 야기되는 산사태의 규모와 빈도를 최소화하기 위한 노력을 해야만 한다. 우리가 산사면에서 나무를 제거하거나 사면을 지나치게 도시화할 때에 산사태의 크기와 횟수는 증가한다. 산사태 발생은 미래 세대가 필요로 하는 가치 있는 토지자원에서 식생과 토양을 제거하는 침식작용인 것이다.

계로서의 지구

언덕사면은 물리적, 화학적, 수리학적, 생물학적 및 인간적인 구성성분으로 이루어진 복합적인 시스템이다. 우리가 토지 이용을 통해 시스템의 한 부분을 바꾸었을 때에 우리는 사면의 안정성에 영향을 줄 수 있는 다른 변화를 야기시키는 것이다. 이것은 환경 일체성 원리의 하나의 예이다. 사면은 수리학적인 변화에 매우 민감하여 나무가 제거되었을 때에 토양을 침투하거나 땅 위를 흘러내리는 물의 양이 변한다. 나무는 잎과 다른 식물조직을 통하여 물을 소모하는 증산작용을 통해서 토양수의 많은 양을 소비한다. 나무와 다른 식생이 제거되었을 때에 이러한 작용은 중단되며 토양 속 물의 양은 증가할 것이다. 젖어 있는 사면이 건조한 사면보다 산사태가 발생하기 더 쉽다. 나무가 벌채되면 뿌리는 죽고 썩는다. 그렇게 되었을 때에 뿌리 시스템이 토양을 함께 감싸고 있기 때문에 토양은 전단응력을 잃게 된다. 젖은 토양의 복합적 효과와 나무뿌리가 썩으면서 감소되는 토양의 응력이 천부 산사태를 촉진하게 된다. 이러한 개념은 벌목 몇 년 후에 발생하는 천부 산사태가 상당히 증가하는 것을 설명해준다.

위험한 지구작용, 위해성 평가 및 인식

사람들은 기본적으로 그들이 살기 원하는 곳에 대해서는 낙관적이며, 산사태의 위험성에 대한 그들의 인식 역시 이러한 낙관주의를 반영한다. 잠재적인 위험성에 대한 교육과 재해도의 구축은 사면개발의 잠재적 재해를 사람들에게 알리는 것을 돕기 위해서 필요하다.

과학지식과 가치

언덕사면에 작용하는 물리적, 화학적 및 생물학적 작용들은 꽤 잘 알려져 있다. 우리는 또한 언덕사면의 개발에 관련된 위험성과 산사태 재해를 감소시키는 방법에 대해 알고 있다. 미래에는 더 많은 사람들이 경제적 가치에 의해 강요받게 되거나 가파른 위험한 언덕사면의 경관으로부터 유혹을 받게 되기 때문에 우리는 우리의 가치를 파악할 필요가 있다. 우리는 증가하는 도시지역에 대비하여 어떻게 안전한 주거공간을 제공할 수 있을까? 이것은 특히 개발도상국에서 더욱 그렇다. 너무나 자주 빈민촌이 삼림을 없애 버리고 조성된 바람직하지 않은 급경사의 토지 위에 개발되고 있다. 강력한 폭풍우가 덮치거나 지진의 진동이 있을 때에 이러한 지역들에서는 수백 수천 명의 인명을 앗아갈 수 있는 산사태가 흔히 발생한다. 우리가 인간생명에 가치를 두고, 도시중심부로 이동하는 사람들을 위하여 건전한 토지 이용 계획의 원칙을 적용한다면 이러한 시나리오는 거듭 반복되어 재현되어서는 안 된다.

주요 용어

눈사태	싱크홀	지반침하
사면붕괴	안전율	회전성 산사태
산사태	전이성 산사태	

복습 문제

1. 산사태는 무엇인가?
2. 사면 위의 물질이 붕괴하는 주요한 과정은 무엇인가?
3. 안전율은 무엇이며 이것은 어떻게 정의되는가?
4. 회전성 사태(함몰사태)와 전이성 사태 및 천부 미끌림을 구분하여 설명하라.
5. 사면각이 산사태의 유발에 어떻게 영향을 주는가?
6. 식생이 사면안정성에 중요한 세 가지 역할은 무엇인가?
7. 자발적인 액화가 어떻게 발생하는가?
8. 왜 시간이 산사태에 중요한 역할을 하는가?
9. 바이온트 댐의 재해로부터 얻은 중요한 교훈은 무엇인가?
10. 어떻게 도시화 과정이 사면안정성을 증가시키고 감소시킬 수 있는가?
11. 우리가 산사태를 방지하기 위해 취할 수 있는 중요 절차는 무엇인가?
12. 지하수나 원유와 같은 유체의 배출에 기인하여 일어나는 지반침하 작용은 무엇인가?
13. 원터파크 싱크홀의 형성에 있어서 지하수의 역할은 무엇인가?

심화 문제

1. 여러분의 자문회사가 산사태로부터 미래의 위험성을 평가하기 위해 여러분의 지역에 있는 국립공원의 과제를 수행하게 되었다. 이러한 목적을 달성하기 위해 무엇이 수행되어야 하는가에 대한 윤곽을 보여주는 착수계획을 개발하라.
2. 여러분은 왜 많은 사람들이 산사태와 같은 재해에 대한 기술정보에 의해 쉽게 동요되지 않는다고 생각하는가? 여러분이 급경사 지역에서 산사태 재해를 시민들에게 더 잘 인지시키도록 하기 위해 지역공동체에 고용되었다고 가정하라. 행동계획의 윤곽을 제시하고 이것에 대한 변호를 해 보라.

제 10 장

해안작용

학습 목표

이 장에서 우리는 지구에서 가장 역동적인 환경 중의 하나인 바다가 육지를 만나는 해안에 초점을 맞춘다. 짠 바다 냄새, 경관, 바람 소리와 육지에 충돌하는 파도 소리와 함께 해안지형의 아름다움은 수천 년 동안 시인들과 예술가에게 영감을 주어왔다. 모래 또는 자갈과 암석 해안선으로 이루어진 해빈은 몇몇 다른 지형들처럼 관광객들을 계속 끌어들인다. 그러나 우리 중 대부분은 어떻게 바다의 파도가 세계의 해안선을 형성하고 변화시키는지에 대해 충분히 이해하지 못하고 있다. 제10장의 주된 목적은 해안 지역들이 어떻게 형성되고 경이로움을 가지고 유지되는지에 대한 신비를 벗겨보는 것이다. 우리는 바람, 파도와 폭풍에 의해 일어나는 재해를 이해하려고 노력하고, 우리가 어떻게 하면 영원히 변화하고 있는 해안 환경에서 아름다움을 유지하면서 사는 방법을 배울 수 있는가를 찾아보고자 한다. 이 장의 학습 목표는 다음과 같다.

- 파도에 관한 기본적인 용어와 파도의 작용에 대해 이해한다.
- 해빈의 기본적인 구성요소들에 대한 정의를 내린다.
- 연안에서 퇴적물의 이동방법에 대해 이해한다.
- 이안류가 무엇이며, 왜 연안류가 수영하는 사람에게 매우 위험한지에 대해 이해한다.
- 해안침식과 관련된 중요한 작용에 대해 이해한다.
- 해안선을 보호하기 위한 다양한 기술적인 접근에 대해 이해한다.
- 인간 활동이 해안침식에 어떤 영향을 주는가에 대해 이해한다.
- 우리가 왜 해안침식의 조절과 관련하여 갈림길에 서 있는가에 대해 이해한다.
- 열대 저기압이 무엇이고 그들이 야기하는 재해에 대해 이해한다.

아웃터뱅크 노스캐롤라이나의 케이프 하테라스 남부와 외곽 보호사주섬의 모습. 외곽 보호사주섬은 대서양에서 멀리 밖으로 뻗어나간다. 보호사주섬은 바람과 파도에 의해 끊임없이 이동하고 변하는, 육지로 이어져 있는 모래 리본과 같은 것으로, 폭풍에 의해 부숴지기도 하며 태양에 의해 달구어지기도 한다. 마술과 같은 땅이다! (*NASA/The Image Bank/Getty Images Inc.*)

사례 연구 | 케이프 하테라스 등대에 대한 논쟁

노스캐롤라이나에서 해안침식과 관련된 여러 견해들의 극단적인 충돌은 지금은 일단락되었다. 역사적으로 노스캐롤라이나에서는 해빈침식은 주민들이 함께 포용해야 하는 자연적인 작용이라는 철학이 유지되어 왔다. 침식에 의해 역사적인 케이프 하테라스 등대가 위협을 받기 시작했을 때에 이 철학은 시험대에 오르게 되었다(그림 10.1a). 등대는 아웃터뱅크로 알려진 노스캐롤라이나의 보호사주섬인 벅스톤 근처에 위치한다. 등대가 최초 19세기 후반에 건설되었을 때는 바다로부터 약 0.5 km 떨어져 있었다. 1990년대 초에 이르러 등대는 바다로부터 단지 100 m 떨어져 있었고, 대형 폭풍에 의해 파괴될 위험에 놓였다. 지역 공무원들은 다음과 같은 선택들에 대해 숙고해야만 했다.

- 현 위치에서 해안침식을 인위적으로 통제하고, 침식을 일으키고 있는 정부정책은 되돌린다. 미 육군의 기술자들은 처음에 등대의 기초 주위에 560만 달러의 호안벽을 건설하여 등대를 보호할 것을 제안했다.[1]
- 아무것도 하지 않아서, 결국 미국 역사의 중요한 상징물인 작은 등대를 잃는다.
- 등대를 안쪽으로 옮긴다. 이 계획은 만약 등대를 옮긴다면 등대가 붕괴될지도 모른다는 두려움에 많은 지역 주민들이 반대했다.[1]

무엇을 할 것인가에 관해서 많은 토론, 주장과 논쟁을 거쳐 국립공원관리청은 약 1,200만 달러의 비용을 들여 등대를 하테라스 섬의 동쪽 해안으로부터 약 500 m 육지 안쪽으로 옮기기로 결정하였다. 등대를 옮기기로 한 결정은 몇 가지 요소들에 기초한 것이었다. 그것은 자연작용을 조절하기 위해 시도라기보다는 위험한 지역을 피해가는 융통성 있는 해안 지역 계획의 철학에 부합하는 것이었다. 이것은 또한 후세대를 위해 등대와 같은 역사적인 대상을 보존하고자 하는 노스캐롤라이나의 정책에 부합하는 것이었다. 등대는 1999년의 여름에 성공적으로 옮겨졌다(그림 10.1b). 현재의 해안침식률을 가정한다면 이 등대는 새 위치에서 21세기 중반 또는 말까지 안전할 것으로 보인다. 허리케인 데니스는 등대를 옮긴 후인 1999년에 그 섬을 강타했고, 이 역사적인 구조물은 큰 피해를 입지 않았다.

또 다른 등대 투쟁은 동부 해안에서 일어나고 있다. 수백 채의 집들과 기타 건물들이 침식이 활발한 뉴욕 주 롱아일랜드의 해안선을 따라 지어져 있다. 이들은 1746년 바다로부터 100m 떨어진 절벽에 건설되었지만 지금은 바다로부터 약 25m 떨어져 있는 유명한 몬턱 등대가 이들에 포함된

(a)

(b)

그림 10.1 등대의 이전 (a) 이전하기 전의 하테라스 곶의 등대. (*Don Smetzer/Getty Images Inc.*) (b) 1999년 여름에 이전된 하테라스 곶의 등대. (*Hart Matthews/Reuters/Getty Images Inc.*)

다. 한 그룹은 침식으로부터 절벽의 기저를 보호하기 위해 280 m 길이의 수백만 달러짜리 암석 호안벽인 단단한 구조물의 건설을 주장하고 있다. 다른 그룹은 등대를 육지 쪽으로 옮길 것을 주장하고 있다. 등대를 옮기는 것은 도전적이며, 암석 호안벽은 해안선을 변형시키고, 인접지역에 문제의 원인이 될 수 있다. 암석 호안벽 해법은 또한 롱아일랜드와 다른 동부 해안 지역에서 해빈침식을 단단한 구조물에 의해 조절을 하는 전례가 될지도 모른다.

10.1 해안재해란

해안 지역은 지형, 기후와 식생의 변화가 매우 심한 역동적인 환경이다. 대륙과 해양의 작용들은 해안을 따라 수렴하여 특징적으로 빠르게 바뀔 수 있는 경관을 만들어 놓는다. 미국의 동부 해안은 수렴하는 판 경계로부터 멀리 떨어진 수동형 대륙주변부의 해안선이다(제2장 참조). 이 해안선은 넓은 사질 해빈을 갖고 있는 보호사주섬(이 장의 표지사진 참조)이 발달하는 넓은 대륙붕에 의해 특징된다. 암석해안선은 대부분 애팔라치아 산맥이 대서양과 만나는 뉴잉글랜드 해안에 한정되어 발달하고 있다. 서부 해안은 북아메리카와 태평양 판 사이(능동형 대륙주변부 해안)의 수렴 경계와 가깝게 위치한다. 이곳에서 산맥의 형성은 해안절벽과 암석 해안을 가지는 해안선을 동반한다. 긴 사질해빈이 생기지만 동부 해안을 따라 형성된 것처럼 풍부하지는 않다.

해안 근처에 인구밀집 지역이 위치하기 때문에 재해를 일으키는 해안작용의 충격은 상당히 크다. 미국에서는 결국 대부분의 인구가 오대호를 포함한 전국 150,000km의 해안선을 따라 집중될 것으로 예측되고 있다. 현재 미국의 가장 큰 도시들은 해안지역에 위치하며, 대략 75%의 주민들이 해안에 위치한 주에 살고 있다. 이렇게 많은 사람들이 재해가 발생하는 해안 지역에서 살게 될 것이기 때문에, 해인의 문제는 따라서 계속 증가할 것이다.[2] 다시 한번 우리의 활동들이 자연의 작용과 싸움을 계속해야 되는가! 해안을 따라 발생하는 재해는 지구온난화와 이에 동반된 해수면의 상승이 해안침식 문제를 증가시키고 있다는 사실에 의해 복잡해질 수 있다(기후 변화와 해수면 상승은 제19장에서 논의한다).

가장 심각한 해안의 재해들은 다음과 같다.

- 쇄파대에서 발생되는 이안류
- 인간의 적응을 필요로 하며, 상당한 재산피해를 지속적으로 야기시키는 해안침식
- 특히 태평양의 해안 지역에 재해를 일으키는 쓰나미 또는 지진해파(제5장에서 논의)
- 대서양에서는 허리케인, 태평양에서는 태풍이라고 부르는 열대성 저기압은 매년 많은 생명을 앗아가고 엄청난 재산피해의 원인이 된다.

10.2 | 해안작용

파도

해안을 강타하는 파도는 외해의 폭풍에 의해 발생되며, 때로는 에너지를 소비하는 연안으로부터 수천 km 떨어진 곳에서 발생한다. 해수 위로 부는 바람은 공기와 해수의 경계를 따라 마찰을 일으킨다. 공기는 해수보다 더 빠르게 이동하기 때문에 이동하는 공기는 에너지의 일부를 해수에 전달하여 파도가 발생한다. 다시 파도는 결국 이들의 에너지를 해안선에서 소비한다. 생성된 파도의 크기는 다음과 같은 것들에 의해 좌우된다.

- 바람의 속도 또는 속력. 바람의 속도가 강할수록 더 큰 파도를 만든다.
- 바람의 지속시간. 보다 긴 지속시간을 가진 폭풍은 해수에 에너지를 전할 수 있는 더 많은 시간을 가지므로 더 큰 파도를 생성한다.
- 취송거리라고 부르는, 바람이 표면을 가로질러 부는 거리. 취송거리가 길수록 더욱 큰 파도를 만든다.

폭풍의 영역 안에서 해양의 파도는 다양한 크기와 모양을 가지지만 파도가 발생지에서 멀리 이동함에 따라 파도는 유사한 파도의 그룹들로 나누어진다. 이런 파도의 그룹들은 해양을 가로질러 먼 거리를 이동할 수 있으며, 매우 적은 에너지 손실만으로도 멀리 떨어진 해안에 도착할 수 있다.

깊은 물을 가로질러 이동하는 파도의 기본 형태 혹은 파형은 그림 10.2a에서 볼 수 있다. 중요한 변수는 파도의 곡부와 정부 사이의 높이 차인 파고와 연속적인 정부 사이의 거리인 파장이다. 파의 주기는 다음의 파도가 기준점을 통과하는 초시간이다. 만약 여러분이 깊은 곳에서 구명기구에 의존해 떠 있고 파도가 지나갈 때 여러분의 움직임을 기록할 수 있다면 위로, 아래로, 앞으로, 다시 뒤로 원형의 궤도를 그리면서 빠르게 움직여 결국에는 거의 같은 자리로 돌아오는 것을 알 것이다. 만약 당신이 호흡장치를 착용하고 수면 아래에 있다면, 당신은 아직까지 원형궤도 속에 있지만 이 원형은 더 작은 것일 것이다. 즉 파도가 이동하는 동안 같은 장소로 다시 돌아오는 원궤도 속에서 당신은 위, 아래, 앞으로, 다시 뒤로 움직이고 있는 것이다. 이 개념은 그림 10.2에서 보여준다. 파도가 파장의 약 1/2보다 얕은 깊이의 해안으로 들어올 때, 파도는 '바닥을 느끼게' 된다. 이때 원궤도는 변형되어 타원이 된다. 바닥에서의 물입자의 움직임은 매우 좁은 타원형 또는 기본적으로 수평이 되어, 즉 앞과 뒤로 움직이게 된다(그림 10.2c). 만약 여러분이 해빈의 비교적 얕은 물속에 서 있거나 수영을 하면서 물이 반복적으로 여러분을 해안으로 밀고 다시 바다로 밀어내는 것을 느낀다면 이런 현상을 경험하고 있는 것이라고 할 수 있다.

먼 바다에서 폭풍에 의해 발생하는 파도를 너울이라고 한다. 너울이 점점 더 얕은 깊이로 이동할 때 파형의 변이가 일어나고 결국에는 해안에서 파도의 깨짐으로 나타나게 된다. 바람이 바다 위로 부는 취송거리, 풍속과 바람의 지속시간을 근거로 하여 심해의 조건에 파고, 파도의 주기와 속도를 예측할 수 있는 방정식을 만들 수 있다. 이러한 정보는 중요한 환경적인 영향력을 가지고 있다. 파도의 속도와 파고를 예측함으로써 우리는 멀리있는 폭

그림 10.2 파도와 해빈 (a) 심해 파형(L이 파장일 때 0.5L보다 큰 수심인 경우). 파장에 대한 파고의 비는 파형경사로 정의된다. 파고가 파장의 약 10%를 초과하면 파도는 불안정해지고 깨지게 된다. 이 그림에서 시각적인 효과를 높이기 위해 파고를 과장하였다. 그림에서는 파형경사가 약 1/3 또는 0.33으로 매우 불안정하여 자연계에는 오래 지속되지 않는 것이다. (b) 심해에서 파랑의 움직임과 관련된 물입자들의 운동양상. (c) 0.25L 이하의 얕은 수심에서 물입자들의 운동양상. 해빈에서 물은 해빈 전면 위의 매우 얕은 세파대에서 밀려 올라갔다가 내려간다.

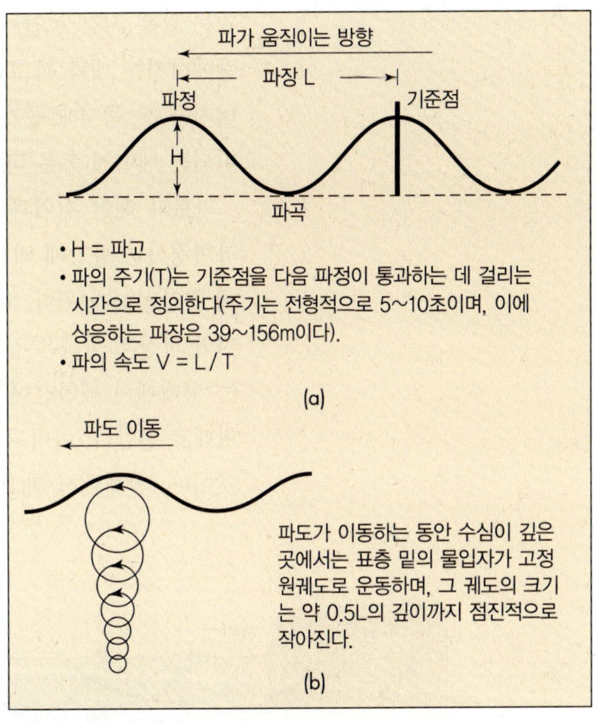

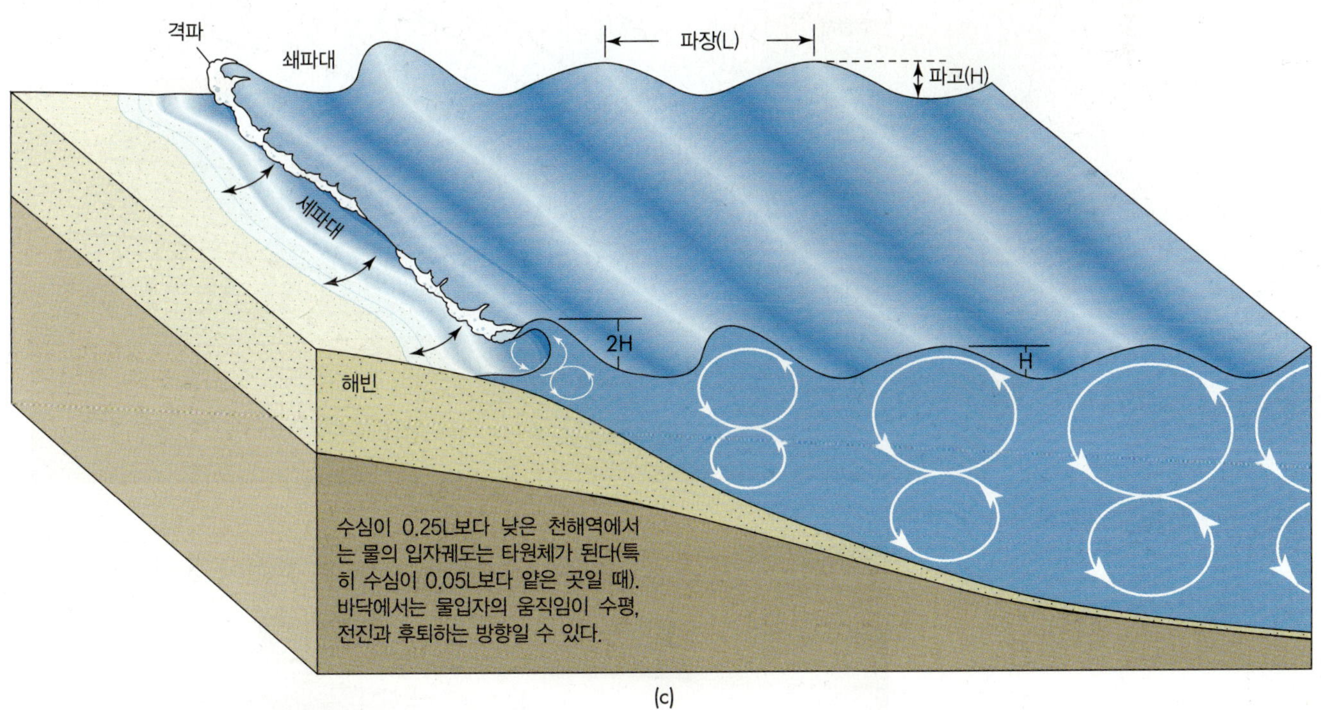

풍에 의해 발생되는 특정의 침식능력을 가진 파도가 언제 해안선을 덮칠 것인지 평가할 수 있다.

우리는 파도가 해안선에 도착할 때 이들의 에너지를 소비한다고 말한다. 그러나 우리가 말하는 많은 에너지는 얼마나 되는 것일까? 이 양은 놀랄 만큼 크다. 예를 들면, 주어진 시간 동안에 약 1m 파고의 파도에 의해 400km의 길이의 개방된 해안선에서 소비되는 에너지는 같은 시간 동안에 평균 크기의 원자력발전소에서 생성되는 에너지와 거의 같다.[3] 파랑에너지는 대략 파고의 제곱에 비례한다. 그러므로 만약 파고가 2m로 증가하면, 파랑에너지는 2^2, 즉 4배 증가한다. 만약 파고가 전형적인 큰 폭풍의 파고인 5m까지 증가하면 소비되는 에너지 혹은 파력은 1m의 파고를 가진 파도의 5^2, 즉 25배로 증가하는 것이다.

파도가 해안 지역과 얕은 수심으로 들어올 때, 이들은 바닥에 부딪혀 가파라지게 된다. 파형경사는 파장에 대한 파고의 비율이다. 파도는 파고가 파장의 약 10% 이상으로 커질 때에 불안정하게 된다. 파도가 얕은 곳으로 이동함에 따라, 파도의 주기는 일정하게 유지되지만 파장과 파속은 감소하고 파고는 증가한다. 파도는 심해에서는 둥근 정부와 곡부를 갖는 형태에서 해안선에 근접한 천해에서는 상대적으로 평탄한 곡부와 뾰족한 정부를 가진 형태로 변한다. 아마 천해로 들어오는 파도의 가장 역동적인 현상은 파고의 급격한 증가일 것이다. 천해에서 파고는 파도가 부서지는 곳에서 심해 파고의 2배까지 될 수 있다(그림

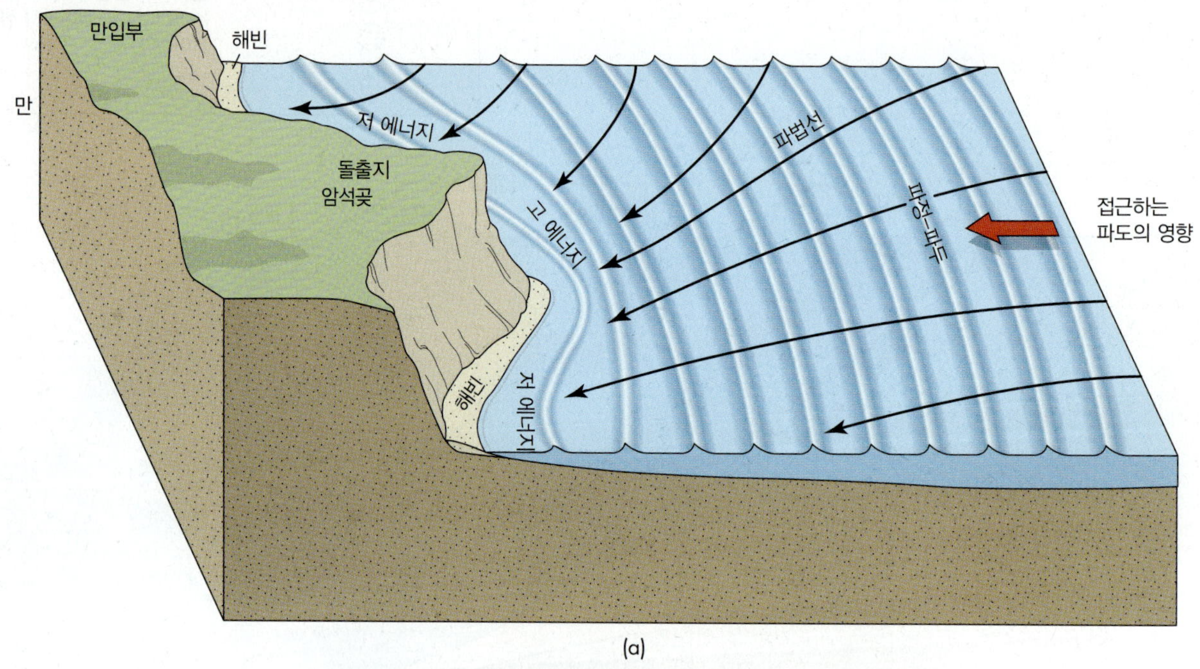

(a)

(b)

그림 10.3 파랑에너지의 수렴과 발산 (a) 파랑굴절의 과정과 암석곶과 돌출지에서 파랑에너지가 집중되는 과정을 보여주는 모식도. 파두의 굴절과 휨이 파법선의 암석곶을 향한 수렴과 만에서의 발산을 야기한다. (b) 암석돌출부를 때리는 대형 파도의 사진. (*Douglas Faulkner/Photo Researchers. Inc.*)

10.2c). 쇄파대의 바로 바깥쪽인 해안선 근처의 파도는 불안정한 파형경사에 이르게 된다. 이 불안정성은 파도를 부서지게 하여 해안선에서 에너지를 소비하게 한다.[4]

비록 외해에서 파고는 상대적으로 일정할지라도 지역적인 파고는 파두(wave front)가 연안 환경에 도달할 때에 증가할 수도 감소할 수도 있다(그림 10.3a). 이런 변화는 외해의 지형이나 해안선 형태의 불규칙성 탓일 수 있다. 그림 10.3a는 2개의 상대적으로 직선형인 해안 사이에 암석곶 또는 돌출지를 보이는 모식도이다. 외해의 지형은 해안선의 지형과 비슷하다. 파두가 해안선에 접근함에 따라 파두의 형태는 변하여 해안선과 점점 더 평행해진다. 이런 변화는 파도가 얕은 곳에 들어올 때에 물이 가장 얕은 곳, 즉 암석곶 바깥에서 처음으로 속도가 느려지기 때문에 발생한다. 이 결과는 파두의 휘어짐 또는 **굴절**로 나타난다. 그림 10.3a에서 해안선을 향해 화살표로 파두에 수직으로 그린 선들은 **파법선**(wave normal)이라고 한다. 굴절에 의해서 파두가 휘어지기 때문에 돌출지나 암석곶에서 파법선은 수렴하고, 해빈 또는 만에서 발산한다. 파법선이 수렴하는 곳에서 파고는 증가한다. 결과적으로, 해안선에서 파도에너지의 소비 또한 증가한다. 그림 10.3b는 암석곶을 때리는 큰 파도의 사진이다.

그림 10.4 격파의 형태 (a) 급경사 해빈에서의 권파와 (b) 완경사 해빈에서의 붕파를 보여주는 모식도와 사진. ([a] *Peter Cade/Getty Images Inc.*; [b] *Penny Tweedie/Getty Images Inc.*)

돌출지역에서 더욱 큰 에너지를 소비시키는 장기적인 영향은 파도의 침식에 의해 해안선이 직선화되는 경향으로 나타난다. 특정한 시간 간격 동안 해안선에 도달하는 파도의 총 에너지는 꽤 일정할 수 있지만 파도가 해안선에서 부서질 때 에너지 소비량에 있어서는 상당한 지역적 다양성이 있을 수 있다. 게다가 격파(breaking wave)는 빠르게 튀어오르고, 돌진하거나 또는 부드럽게 흩어질 수도 있는데, 이것은 멀리 폭풍으로부터 해안선에 도착하는 파도의 파고와 파장, 해안선의 경사와 같은 지역적인 조건에 달려 있다(그림 10.4). 권파(plunging breaker)는 해안선을 심하게 침식시키는 경향이 있는 반면에 붕파(spilling breaker)는 더 완만하여 해빈에 모래의 퇴적을 촉진할 수 있다. 폭풍 시에 발생하는 권파는 우리가 관찰하고 있는 대부분의 해안침식의 원인이 된다.

해빈의 형태와 해빈작용

해빈(beach)은 해안선에서 파랑작용에 의해 집적되는 모래나 자갈 같은 느슨한 물질로 이루어진 지형이다. 해빈들은 해안 지역에서 다양하고 느슨한 물질로 구성되어 있으며, 그 구성물의 성분은 환경에 좌우된다. 예를 들어, 태평양의 많은 섬에서 해빈은 조개껍데기와 산호의 깨진 조각을 포함하고 있다. 하와이의 흑색 모래해빈은 화산암편으로 구성되어 있고, 석영과 장석의 입자들은 남부 캘리포니아의 해빈들에서 발견된다. 그림 10.5는 이상적인 연안 환경의 기본적인 용어를 보여준다. 해빈의 육지쪽 연장부는 해안절벽 또는 사구선과 같은 자연적인 지형과 형태 변화로 경계를 이룬다. 정단(berm)은 파도가 돌진하여 에너지의 마지막까지 소모함에 따라 퇴적물이 집적되어 형성된 해빈의 평탄한 후안 지역으로, 일광욕을 하는 사람들을 볼 수 있는 곳이다. 해빈 전면(beach face)은 정단 아래 해빈의 경사진 부분이고, 파도의 전진세파와 후퇴세파에 의해 노출되는 해빈전면의 부분을 세파대라고 부른다. 쇄파대는 들어오는 파도가 깨진 후 난류성 전이형 파도가 해안을 향하여 전진하는 해안구역을 말한다. 격파대는 들어오는 파도가 불안정해지고, 뾰족해져 깨지는 지역이다. 연안곡과 연안사주는 각기 파랑작용에 의해 생성된 길쭉한 곡부와 주변의 모래언덕이다. 특히 넓고 완만하게 경사진 경우의 특정 해빈에는 일련의 연안사주, 연안곡과 격파대

그림 10.5 해빈과 관련된 용어 해빈과 연안에서의 지형과 파랑의 작용과 관련된 기본 용어.

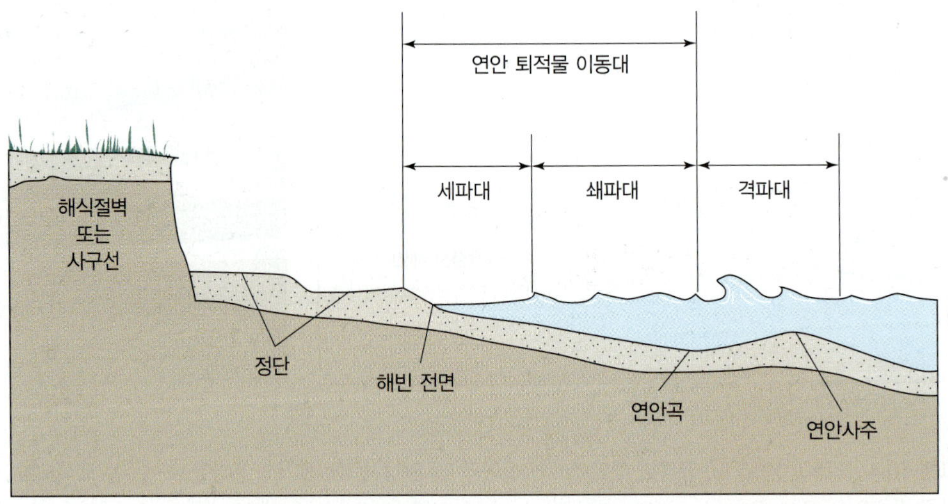

가 발달할 수 있다.[4]

모래의 이동

해빈 위에서 모래는 결코 정적이지 않다. 모래는 파도의 작용에 의해 쇄파대와 세파대에서 해빈을 따라 끊임없이 이동한다. 연안류는 일정 각으로 해안을 부딪치면서 들어오는 파도에 의해 형성된다(그림 10.6). 파도가 일정한 각도로 해안을 부딪치기 때문에 파도에너지의 한 성분은 연안을 따라 향하게 된다. 만약 파도가 완전히 평행하게 해빈에 도착한다면, 더 이상의 연안류는 발생하지 않는다. 연안류는 쇄파대에서 연안에 평행하게 흐르는 물의 흐름이다. 이 해류는 매우 강하게 흐를 수 있다. 만약 당신이 해빈에서 수영을 하면서 쇄파대 안에서 왔다갔다 한다면, 당신이 쇄파대에 머무는 시간이 길면 길수록 해변용 타월과 파라솔을 남겨두었던 출발지점에서 점점 더 멀어지고 있음을 인식할 수 있을 것이다. 당신이 쇄파대와 세파대를 통과하여 움직여 들어오고 나갈 때에 해류는 당신을 해안을 따라 이동시키는 것이며, 모래도 똑같은 방법으로 움직이고 있는 것이다.

해빈을 따라 모래를 이동시키는 작용, 즉 **연안퇴적물 이동**(longshore sediment transport)은 두 가지 성분을 가지고 있다. (1) 모래는 쇄파대에서 연안류와 함께 해안을 따라 이동하고, (2) 세파대에서 해빈모래의 전진-후퇴 이동은 해빈을 따라 모래를 지그재그 경로로 이동시킨다(그림 10.6). 대부분의 모래는 연안류에 의해 쇄파대에서 이동된다.

미국에서 해빈의 모래 이동 방향은 일반적으로 동해안과 서해안의 해안에서 모두 북쪽에서 남쪽이다. 비록 대부분의 이동이 남쪽을 향하고 있지만, 이것은 다양한 양상을 보일 수 있으며, 파도의 작용과 파도가 어떤 방향으로 해안에 접근하느냐에 달려 있다. 뉴욕의 롱아일랜드나 캘리포니아 로스앤젤레스에 관계없이 해빈을 따라 이동되는 모래의 양은 매

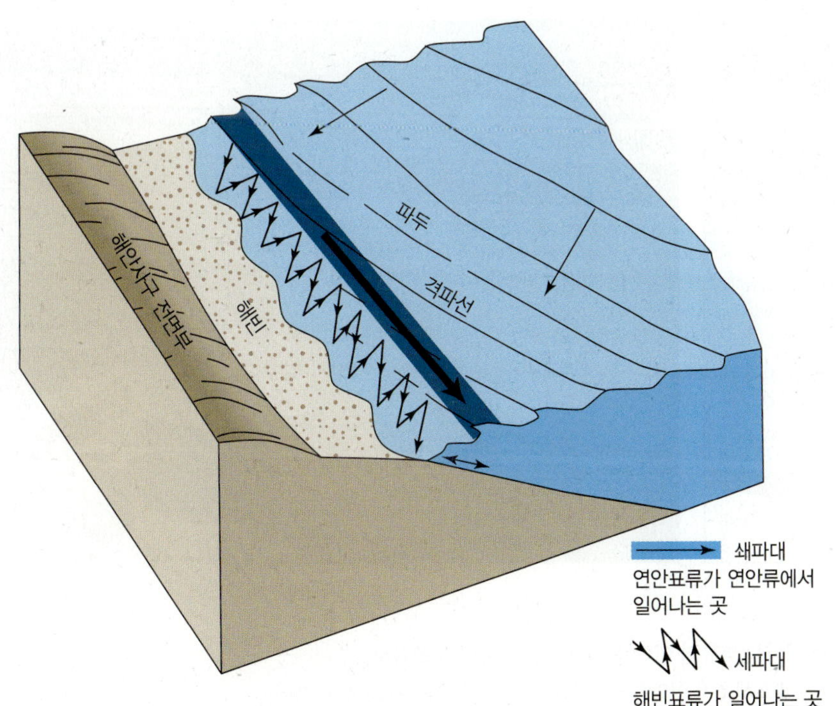

그림 10.6 해안을 따라 일어나는 퇴적물 이동 연안 퇴적물 이동이라 부르고 있는 운반과정 중에서 해안선을 따라 모래를 이동시키는 해빈표류와 연안표류의 과정을 보여주는 입체묘사도.

년 수십만m^3에 달하는 퇴적물로서 놀라울 정도로 많은 양이다. 더군다나 특정한 하루 또는 며칠의 기간에 이동되는 모래의 양은 극도로 변화가 심하다. 오랫동안 모래가 거의 이동하지 않다가 또 다른 날에는 이동량이 매우 커지기도 한다. 퇴적물의 대부분은 더욱 거대한 파도가 발생하는 폭풍 시에 이동한다.

이안류

일련의 큰 파도들이 해안선에 접근하여 해빈에서 부서질 때 바닷물이 해안에 축적되는 경향이 있다. 축적된 이 바닷물은 전체 해안선을 따라 들어온 것처럼 되돌아가지 않고, 좁은 해역에 집중되는 **이안류**(rip current)가 된다(그림 10.7). 해수욕을 즐기는 사람들과 수상안전요원들은 이것을 역조 또는 역잠류라고 부른다. 이 해류는 분명히 조수가 아니며 사람들을 물속으로 잡아당길 수는 없지만 사람들을 외해로 밀어낸다. 미국에서는 매년 200명에 이르는 사람들이 이안류에 의해 희생되며, 20,000명의 사람들이 이안류로부터 구출되고 있다. 그러므로 이안류는 수영을 하는 사람들에게 심각한 해안재해의 요소가 되며, 미국에서 1년 단위로 볼 때에는 허리케인이나 지진의 의한 것보다 더 많은 사람들이 이안류 때문에 죽는다. 이안류에 의한 사망자의 수는 강의 범람에 의한 숫자와 맞먹는다. 사람들은 어떻게 수영을 해야 하는지 모르기 때문이거나, 공포에 빠져 해안으로 바로 되돌아 가기 위해 수영을 하면서 해류와 싸우기 때문에 이안류에 의해 익사한다. 이안류의 속도는 가장 강인한 수영자도 오래 견딜 수 없는 시속 6km를 초과하기 때문에 이안류와의 싸움에서 승리하는 것은 거의 불가능하다. 이안류에 대항하여 싸우려고 하는 수영자는 곧 체력이 소모되어 계속 수영을 할 수 있는 에너지를 상실할 수 있다. 다행히도 이안류는 보통 수m에서 수십 m 정도의 폭으로 상대적으로 좁고, 외해 수십m에서 수백m의 범위 내에서 쇄파대 외측에

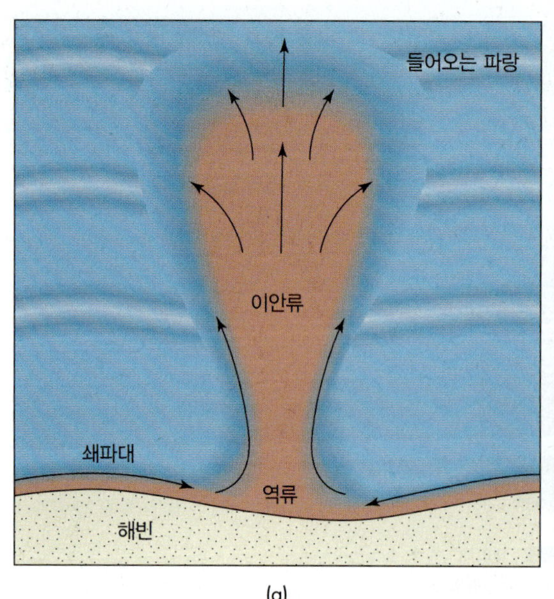

(a)

(b)

그림 10.7 이안류 (a) 들어오는 파도에 의해 형성되는 역류인 이안류가 보이는 쇄파대의 조감도. (b) 캘리포니아 크루즈 섬에서의 이안류. 떠 있는 켈프해초가 이안류의 존재를 보여준다. (*Edward A. Keller*)

서 흩어져 버린다. 이안류에서 안전하게 탈출하기 위해서는 수영자는 먼저 해류를 인지해야만 하고, 해류의 바깥쪽에 도달할 때까지 해안에 나란하게 수영을 해야 한다. 그런 다음에야 비로소 수영자는 해안으로 돌아오기 위한 수영을 시도해야 한다. 살기 위한 해답은 공포에서 벗어나는 것이다. 여러분이 바다에서 수영할 때, 물에 들어가기 전 몇 분 동안 파도를 지켜보고 규칙적으로 도착하는 작거나 큰 파도의 경향인 '쇄파주기'를 인지해야만 한다. 이안류는 일련의 큰 파도가 도착한 후에 빠르게 형성될 수 있다. 그들은 몇몇 밀려오는 파도가 깨어지는 쇄파대에서 상대적으로 조용한 지점으로 인지될 수 있다. 여러분은 쇄파대를 통과하여 밖으로 빠져나가는 수괴로서 이안류를 인지할 수 있을 것이다. 이 해류에서 수괴는 부유퇴적물을 운반하여 더 어두운 색을 띨 수 있다. 만약 여러분이 이안류에 잡히게 된다면 허둥대서는 안 된다는 것을 반드시 기억해야 한다. 해류를 벗어날 때까지 해안에 평행하게 수영하고, 그 후 머리를 해빈으로 돌려야 한다. 만약 그곳에 수상안전요원이 있다면 도와달라고 소리를 질러라!

10.3 해안침식

범지구적인 해수면의 상승과 해안지역에서 부적절한 개발의 결과로 해안침식은 국가 및 세계적으로 심각한 문제로 인식되고 있다. 해안침식은 대체로 지진, 열대성 저기압 또는 홍수와 같은 다른 자연재해보다 더 연속적이고 예상할 수 있는 작용이며, 막대한 금액의 돈이 그것을 조절하기 위해 낭비되고 있다. 만약 인간의 휴가와 휴양을 위해 대규모의 해안 지역 개발이 계속된다면 해안침식은 분명히 더욱 심각한 문제가 될 것이다.

해빈의 물질수지

특정 해빈에서 해빈침식을 시각화하기 쉬운 방법은 **해빈의 물질수지**(beach budget)를 측정하는 것이다. 물질수지는 당신의 은행계좌와 비슷한 것이다. 여러분은 규칙적으로 혹은 다소 불규칙적으로 돈을 적립한다. 여러분은 일부 금액은 적립하여 수지균형을 맞추면서 주기적으로 돈을 인출하게 되는데, 이것은 유출이라고 할 수 있다. 유사하게 우리는 해빈에서 발견되는 모래 또는 많은 퇴적물의 유입, 저장과 유출의 관점으로 해빈을 분석할 수 있다. 해빈으로의 퇴적물 유입은 해안선을 따라 퇴적물을 이동시키거나(그림 10.6), 또는 해빈 상부의 사구나 해안절벽의 침식에 의해 모래를 생성하는 해안작용에 의해 일어난다. 해빈에 저장되어 있는 퇴적물은 여러분이 해빈에 갔을 때에 볼 수 있는 것들이다. 유출되는 퇴적물은 해빈에 퇴적물을 운반해 오는 것과 같은 해안작용에 의해 해빈으로부터 빠져나가는 물질이다. 만약 퇴적물의 유입이 유출을 초과하면, 해빈은 퇴적물이 더 저장되는 만큼 성장할 것이며 해빈은 확장하게 된다. 만약 유입과 유출이 상대적으로 서로 동일하다면, 해빈은 거의 같은 폭으로 개략적인 평형상태를 유지하게 된다. 만약 퇴적물의 유출이 유입을 초과하면, 해빈은 침식될 것이고 해빈퇴적물의 양은 감소한다. 이와 같이 우리는 물질수지가 수년의 기간에 걸쳐 해빈에서 모래의 균형을 나타낸다는 것을 알게 되었다. 폭풍파의 공격에 의해 발생하는 것과 같은 퇴적물 공급의 단기적인 변화들은 해빈에 퇴적물

공급의 계절적 또는 폭풍과 관련한 변화들을 일으킨다. 기후 변화나 인간 활동에 의한 해빈 물질수지의 장기적인 변화는 해빈에 장기간의 성장 또는 침식을 야기한다.

침식 요인

많은 해빈에서 모래는 석영과 장석이 풍부한 암석들의 풍화에 의해 모래가 생성되고 있는 상류 지역에서 강에 의해 해안 지역에 공급된다. 우리는 모래 이동을 막는 댐을 건설하여 내륙에서 해빈으로 모래의 물질흐름을 간섭하고 있다. 결과적으로, 몇몇 해빈들은 퇴적물을 빼앗기며 침식되고 있다.

댐을 건설하는 것이 침식을 야기하는 유일한 이유는 아니다. 예를 들어, 미국 동부 해안을 따라 나타나는 해빈침식의 원인에는 열대성 저기압(허리케인)과 노리스터(Northeaster 또는 Nor' easter)[3]라고 알려진 맹렬한 폭풍, 해수면의 증가, 그리고 자연적인 해안작용에 대한 인간의 간섭이 있다.[5] 해수면은 지구조운동과 관련없이 매년 약 2~3mm의 비율로 전 세계적으로 상승하고 있다. 해수면의 상승 증거 자료는 1940년대 이후 상승률이 증가하고 있다는 것을 말해 준다. 이런 증가는 화석연료의 연소에 의해 발생하는 대기 중 이산화탄소의 증가와 관련된 지구온난화로 극지방 빙하의 용융과 상부해수의 열팽창에 기인한다는 것을 보여준다. 해수면은 21세기 동안에 700mm까지 증가할 수 있으며, 해안침식은 오늘날보다 더욱 큰 문제가 될 것은 확실하다.

해안절벽의 침식

해안절벽(seacliff)이 해안선을 따라서 존재할 때에는 파랑작용과 유출수와 산사태 같은 육지침식 작용에 모두 노출되어 있기 때문에 부가적인 침식문제들이 발생할 수 있다. 이런 작용들은 독립적으로 작용할 때보다 더 큰 비율로 해안절벽의 침식에 동시에 작용할 수 있다. 이러한 문제는 인간이 부적절한 개발을 통해 해안절벽의 환경에 간섭할 때 더욱 더 복잡해진다.

그림 10.8은 간조 시 남부 캘리포니아 해안절벽 환경의 전형을 보여준다. 해안절벽의 암석들은 가파르게 경사지고 습곡되어 있는 셰일이다. 절벽의 기저부 근처에는 얇은 판상의 모래와 역 또는 거력과 같은 조립물질이 파식대지를 덮고 있다. 파식대지는 파랑작용에 의해 기반암이 침식되어 생성된 거의 평탄한 지형을 말한다. 길고 완만한 붕파가 파도의 침식으로부터 해안절벽을 보호하고 넓은 정단을 형성하는 기간인 여름 동안 약 1m 두께의 모래가 해빈의 표층부를 덮는다. 겨울에는 해빈을 침식시키는 강한 권파가 모래표층을 제거하고 해안절벽의 기저를 노출시킨다. 그러므로 남부 캘리포니아에서 대부분 해안절벽의 침식은 겨울에 일어난다는 것이 놀라운 일이 아니다.

다양한 인간 활동은 해안절벽의 침식을 유발할 수 있다. 예를 들면, 도시화는 지표유출수의 증가를 일으킨다. 만약 지표유출수가 통제되어, 조심스럽게 모아지고 해안절벽에서 분산되지 못한다면 심각한 침식을 야기할 수 있다. 도로와 집들에서 나온 도시유출수를 내보내기 위해 해안절벽 위에 직접 설치된 배수관은 침식을 증가시킨다. 해빈 전면부에서 해안절벽의 기저부까지 유출수를 유도하는 배수관은 침식을 감소시킬 수 있다(그림 10.9a). 해안절벽의 꼭대기에서 물을 공급받는 잔디와 정원은 사면에 상당량의 물을 부가시킬 수 있다. 이런 물은 해안절벽을 통하여 기저부를 향하여 아래쪽으로 이동하는 경향이 있다. 물이 해안절벽으로부터 소량 스며나오거나 분출할 때 이것은 해안절벽의 안정성을 심각하게 감소시키고, 산사태를 포함한 침식을 촉진한다(그림 10.9b).[6]

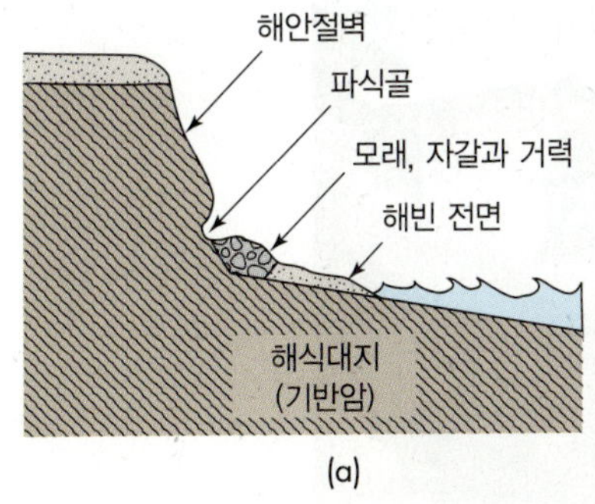

(a)

(b)

그림 10.8 해식절벽과 해빈 (a) 일반적인 단면도와 (b) 캘리포니아 샌타바버라의 해안절벽, 해빈 및 해식대지의 사진. (*Donald Weaver*)

(a)

(b)

산사태 퇴적물

그림 10.9 해안절벽의 침식 (a) 1990년대 초에 찍은 사진으로 배수관은 해안절벽의 위에서 해빈으로 지표유출수를 흘려보내고 있다. 해안절벽의 꼭대기에 있는 집은 절벽 및 일부분에 콘크리트 층을 가지고 있다. 이것의 목적은 침식방지를 위한 것이다. (b) 2001년에 같은 장소의 사진. 산사태가 일어나서 콘크리트 층의 일부와 해안절벽의 암반들이 무너져 버렸다. (*Edward A. Keller*)

그림 10.10 벼랑끝에 살고 있는 학생들 (a) 캘리포니아 이슬라비스타 대학촌의 해안절벽 벼랑에 놓여 있는 아파트 건물. 안내판에는 "문 밖 갑판은 열려 있다"라고 표시되어 있다. 불행하게도 갑판은 최소한 1m 정도 절벽에 걸려 있기 때문에 특히나 안전하지 않다. 집을 받치는 콘크리트 기둥이 해안절벽에 노출되어 있다. 이들 갑판과 아파트 건물은 바다쪽으로 붕괴될 절박한 위험에 처해 있는 것이다. (*Edward A. Keller*)

해안절벽의 모서리 근처에 설치된 옹벽, 건물, 수영장과 테라스 같은 구조물들도 사면에 무게를 더함으로써 사면안정성을 감소시켜, 작고 큰 산사태 모두를 증가시킨다(그림 10.10). 해안 지역의 많은 지역들에서 개발에 대한 엄격한 규제는 오늘날 대부분의 위험한 구조물을 금지하고 있지만 우리는 여전히 과거 우리의 실수들과 함께 살고 있다.

해안절벽의 침식률은 다양하며, 유용한 측정법은 몇 가지밖에 없다. 캘리포니아 샌타바버라 근처에서 해안절벽의 침식률은 평균 매년 15~30cm이다. 이런 침식률은 세계의 다른 지역과 비교하여 중간 정도이다. 예를 들어, 영국의 노포크 해안을 따라 몇몇 지역의 침식률은 매년 약 2m에 이른다. 침식률은 암석의 저항성과 해안절벽의 높이에 달려 있다.[6] 해안 침식의 비율이 새로운 원격기술에 의해 측정될 수 있다(자세히 살펴보기 '해안변화의 측정' 참조).

해안절벽의 침식은 많은 시간과 돈이 투자되지 않는다면 완벽하게 통제할 수 없는 자연적인 작용이며, 또한 그런다고 하더라도 침식이 중지될 것이라는 보장도 없다. 그러므로 우리는 약간의 침식과 함께 살아야만 한다는 것을 배워야 할 것처럼 보인다. 침식은 절벽

자세히 살펴보기 | 해안변화의 측정

최근 해안 환경에서의 변화들을 측정하고 감시하는 원격기술이 개발되어 있다. LIDAR(Light Detection and Ranging)는 비행기에 탑재된 레이저 시스템으로 15cm 이상의 수직 분해능을 가진 초당 수천 개의 고도측정치를 기록할 수 있다. 한번 고도의 기준선 세트가 기록되고 나면 이후의 비행은 해빈 연안사구 또는 해안절벽의 형태변화와 같은 연안 지역에서의 변화들을 탐지할 수 있다. 그림 10.A는 역동적인 해빈에 매우 가까이 위치하는 한 호텔 근처의 해안 지역인 사우스캐롤라이나의 힐튼헤드에 대해 LIDAR에 의해 측정된 디지털 고도모델을 보여준다. 그림 10.B는 1998년 초 닥쳐올 겨울폭풍에 12채의 집들이 안전하지 않은 것으로 판정이 된 캘리포니아 퍼시피카 근처의 해안절벽 환경을 보여준다. 1997년 10월부터 1998년 4월까지 LIDAR로부터 얻은 해안절벽 침식의 정도를 그림 10.C에서 보여준다. 총 침식은 육지쪽으로 약 10m이며, 해빈 위에서는 깊이 1~2m 정도 된다.

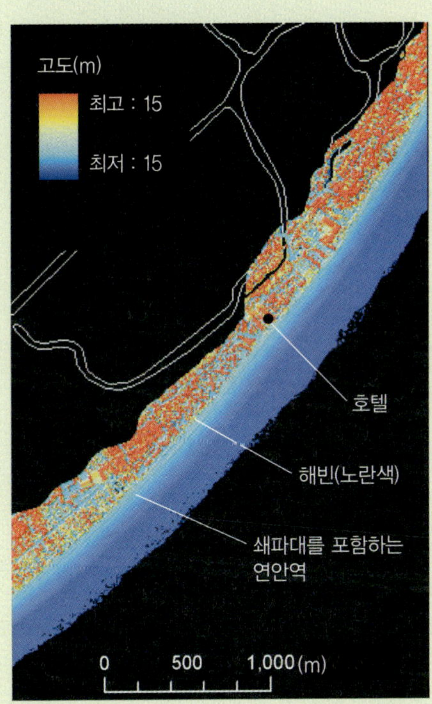

그림 10.A 해안지형 남캘리포니아 힐튼헤드의 일부 디지털고도 지도. 항공 레이저센서 기술인 LIDAR(Light Detection and Ranging) 자료에 의한 것임. 호텔은 해빈과 매우 가까이 놓여 있다(NOAA 자료로부터 수정한 것임). (*http://www.csc.noaa.gov/products/sccoasts/html/tutlid.htm*)

그림 10.B 극심한 해안침식 캘리포니아 퍼시피카 근처(1998년 초). (*Monty Hampton, USGS http://coastal.er.usgs.gov/lidar/AGU_fall98/*)

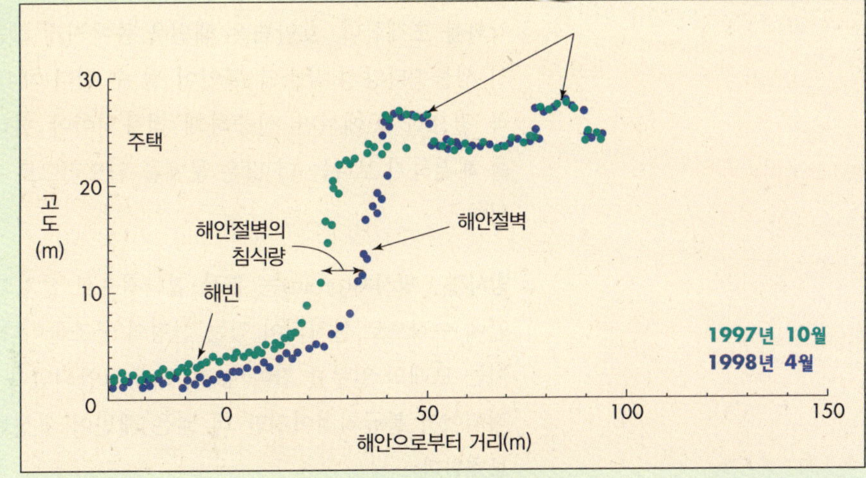

그림 10.C 약 10m에 이르는 해식절벽의 해안침식 캘리포니아 퍼시피카 근처(LIDAR 자료). 여러 채의 주택이 파괴되었고, 일곱 채는 이미 사라져 버렸다. (*USGS 1998 http://coastal.er.usgs.gov/lidar/AGU_fall98*)

의 상부 모서리 근처에서 구동력을 증가시킬 수 있는 집, 옹벽, 큰 나무 또는 다른 구조물들을 설치하지 않고, 절벽 안과 위의 물을 조절하는 것 같은 적절한 보존 실행방안을 적용하여 최소화 할 수는 있다.

10.4 해안재해와 공학적 구조물

해빈을 안정화하기 위한 노력들은 다음의 세 가지 접근방안으로 일반화할 수 있다.

- 강성 안정화 : 파도로부터 해안선을 보호하기 위한 공학적인 구조물들
- 연성 안정화 : 해빈에 모래를 더한다(해빈양빈)
- 관리적 후퇴 : 강성과 연성 안정화의 노력과 함께 해빈침식을 포용하는 삶

강성 안정화

호안벽, 방사제, 방파제와 돌제를 포함하는 연안 환경의 공학적인 구조물들은 원래 항해술을 증진시키거나 침식을 줄이기 위해 고안되었다. 그러나 이러한 구조물들은 해빈을 따라 퇴적물의 연안 이동을 간섭하는 경향이 있기 때문에 주변 지역에 바람직하지 않은 퇴적과 침식문제를 너무나 흔히 일으킨다.

호안벽 **호안벽**(seawall)은 침식을 줄이는 것을 돕기 위해 해안선에 평행하게 건설된 구조물이다. 이들은 콘크리트, 큰 돌, 나무 또는 기타 다른 재질로 건설될 수 있다. 해안절벽의 기저부에 건설된 호안벽은 특별히 효과적이지 않을 수 있다. 해안절벽의 상당한 침식은 기저부에서 파도에 의한 침식뿐만 아니라 해안절벽 그 자체에서 발생하는 사면붕괴의 결과이다(그림 10.9b). 호안벽은 대부분 수직구조물이어서 들어오는 파도를 반사하거나 해안으로 다시 튀어내기 때문에 호안벽의 사용은 비난받아 왔다. 파도의 반사는 해빈침식을 증가시켜서 수십 년에 걸쳐 모래가 적은 좁은 해빈을 만들어 놓는다. 현재의 토지 이용을 보완하기 위해 주의 깊게 고안되지 않으면 호안벽들은 대부분 환경적으로 또 심미적으로 오히려 악화를 초래한다. 호안벽은 해빈을 좁아지게 하는 원인이 되고 더 나아가서 해빈생태계에서 생물종다양성 감소의 원인이 될 수 있다(제4장 참조). 호안벽의 설계와 건설은 특별히 꼭 필요한 곳에서만 신중하게 적용되어야 한다. 대부분 지질학자들은 호안벽이 문제를 해결하기 보다는 더 많은 문제를 일으키므로 가능한 한 사용되지 않아야만 한다고 믿고 있다.[7]

방사제 **방사제**(groin)는 통상 집단적으로 설치되어 방사제구역으로 부르는(그림 10.11) 연안에 수직으로 설치되어 있는 선형의 구조물이다. 각 방사제는 연안 이동 시스템으로 움직이는 모래의 일부를 잡아 놓기 위해 고안되었다. 소량의 모래가 각 방사제의 상류쪽에 집적되어서 불규칙적이지만 더 넓은 해빈이 형성된다. 넓은 해빈은 침식으로부터 해안선을 보호한다.

그러나 방사제에는 하나의 본질적인 문제점이 있다. 비록 방사제의 상류쪽은 퇴적이 일어나지만 하류쪽 이동방향에서는 침식이 일어나는 경향이 있다. 따라서 하나의 방사제 또

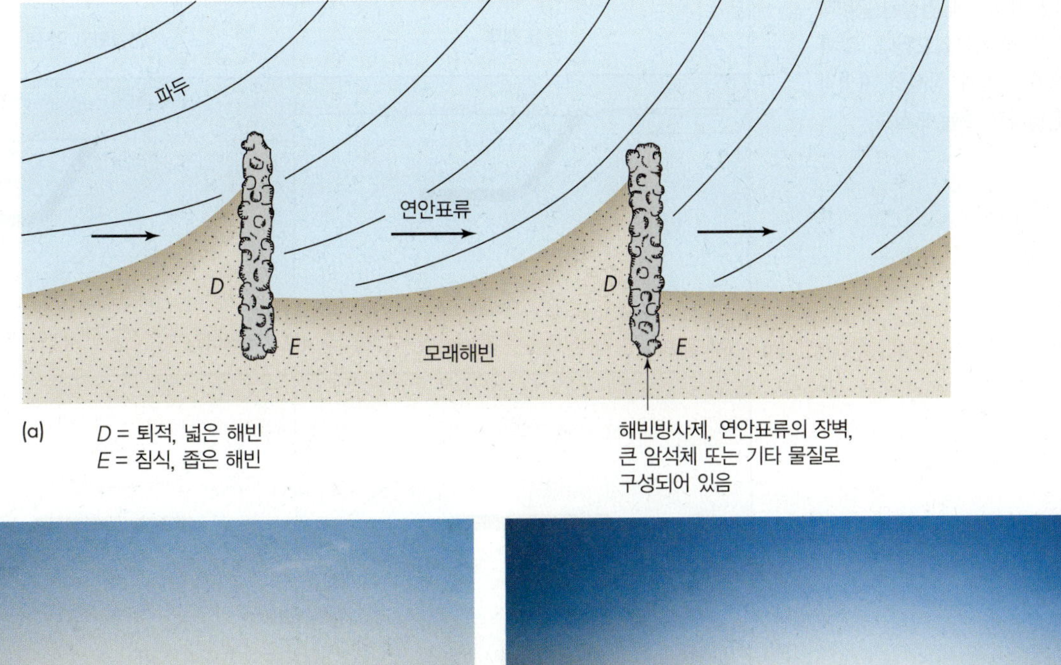

그림 10.11 해빈방사제 (a) 2개의 해빈방사제 모식도. (b) 침식이 일어나는 방사제 하류역의 근접 사진. (c) 상류역의 퇴적(오른쪽)과 하류역의 침식(왼쪽). 방사제의 상류역에서는 퇴적물이 넓은 해빈을 형성하는 반면에 하류역에서는 운반되는 퇴적물이 거의 없어 침식이 일어날 수 있다. (*Edward A. Keller*)

는 방사제구역은 원하는 지역에 넓고 보다 잘 보호되는 해빈을 얻지만 인접한 하류쪽 해안선에 침식지역의 발달을 가져온다. 침식은 방사제가 상류쪽의 퇴적물을 막아서 하류쪽 지역은 퇴적물을 빼앗기기 때문에 발생한다. 하나의 방사제가 잡을 수 있는 모든 퇴적물을 잡으면 방사제의 모래는 방사제의 외측 끝을 돌아서 해빈을 따라서 여행을 계속한다. 그러므로 침식은 인위적으로 각 방사제를 채워서 최소화될 수 있다. **해빈양빈**(beach nourishment)으로 알려진 이러한 과정은 외해 또는 다른 곳에서 모래를 가져다가 원하는 해빈 위에 부어넣는 것이다. 양빈을 했을 때에 방사제는 자연적인 연안 이동 시스템으로부터 더 적은 양의 모래를 끌어낼 것이고, 하류쪽의 침식은 감소하게 될 것이다. 해빈양빈과 다른 예방조치에도 불구하고 방사제는 아직까지 바람직하지 못한 침식의 원인이 될 수 있다. 그러므로 방사제의 사용은 조심스럽게 평가되어야만 한다.

방파제 방파제와 돌제는 해안선의 제한적인 연장부를 파도로부터 보호한다. **방파제**

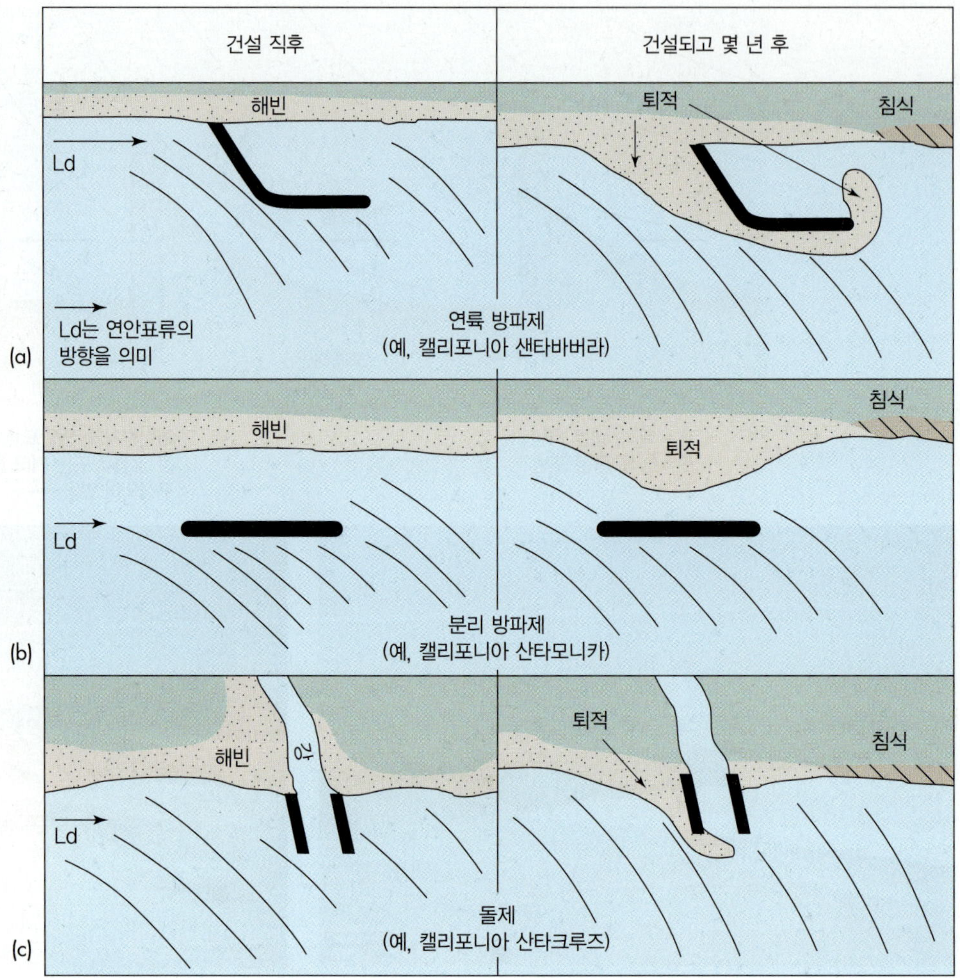

그림 10.12 쇄파대에 건설된 공학적인 구조물은 변화를 일으킨다 방파제와 돌제가 퇴적과 침식의 지역적인 양상에 영향을 주는 모식도.

(breakwater)는 파도를 가로막아 보호지역 혹은 선박의 정박을 위한 항구를 제공하기 위해 고안되었다. 방파제는 해빈에 붙어 있을 수도 또는 분리되어 있을 수도 있다(그림 10.12a, b). 다른 경우로 방파제는 해빈퇴적물의 자연적인 연안 이동을 차단하여 새로운 퇴적지와 침식지를 형성하는 것과 같은 해안형태의 지역적 변화를 야기하는 요인이 되기도 한다. 방파제는 하류쪽 방향에 심각한 침식문제의 원인이 될 뿐만 아니라 상류쪽 방향에 모래를 집적시키는 모래차단막 작용을 한다. 결국 차단된 모래는 사취 또는 사주라 부르는 퇴적체를 형성하여 항구의 입구를 막거나 채울 수 있다. 결과적으로, 퇴적물 이동을 인위적으로 우회시키는 방안과 함께, 항구의 입구를 유지하고 퇴적물을 치우기 위한 준설계획이 자주 필요하게 된다. 준설에 의해 제거된 모래는 오염되어 있지 않았다면, 물과 함께 관을 통해 자연적인 연안 이동 시스템에 복귀하도록 방파제의 하류쪽 해빈에 흘려보냄으로써 침식문제를 완화할 수 있다. 준설지에서 하류쪽으로 모래를 운반하는 것은 하나의 인공측로라고 할 수 있다.

돌제 **돌제**(jetties)는 흔히 강의 입구 또는 석호의 조수로, 하구 또는 만의 입구에 쌍으로 축조된다(그림 10.12c). 돌제는 하도를 안정화시키기 위해, 하도에 퇴적물 집적을 막거나 최소화하기 위해, 그리고 일반적으로 큰 파도로부터 하도를 보호하기 위해 고안된 것이다.

돌제는 해빈퇴적물의 연안 이동을 막는 경향이 있으므로 하류 해빈이 침식되는 동안 돌제에 인접한 상류 해빈은 넓어지게 된다. 돌제에서의 퇴적은 결과적으로 하류침식이 해안발달에 피해를 입히는 동안 하도를 메워서 하도를 쓸모없게 만들 수 있다. 퇴적물 준설은 바람직하지 않은 퇴적과 침식을 최소화하기는 하지만 모두를 제거하지는 못한다.

불행하게도 해빈퇴적물의 연안 이동을 방해하지 않도록 방파제나 돌제를 건설하는 것은 불가능하다. 이러한 구조물들은 주의 깊게 계획되어야 하고, 역효과들을 제거하거나 적어도 최소화할 수 있는 보호적인 방안을 포함해야 한다. 이런 보호적인 방안들은 준설장비와 인위적인 퇴적물 우회시스템, 해빈양빈 프로그램, 호안벽, 사석(큰 암석), 또는 이들의 조합적 방안을 포함할 수 있다.[4]

연성 안정화

해빈양빈 : 공학적 구조물들의 대안 앞에서 논의하는 중에 우리는 해안 지역에서 공학적 구조물들에 부가하여 해빈양빈에 대한 논제를 소개했다. 해빈양빈은 또한 공학적인 구조물들의 대안이 될 수 있다. 가장 순수한 형태로 해빈양빈은 양(+)의 해빈 물질수지 구축하기를 희망하는 해빈에 인위적으로 모래를 가져다 놓는 것이다. 당신은 자신의 돈으로 예산을 세울 때 아마도 흑자예산을 희망할 것이며, 그렇게 하기 위해서 약간의 여유자금을 허락하게 될 것이다. 마찬가지로 양(+)의 해빈 물질수지는 해빈에 들어오고 남는 모든 모래를 계산할 때 해빈을 유지하기에 충분한 모래가 남는 것을 의미한다. 해빈양빈은 때때로 방사제 또는 호안벽을 건설하는 것과 같은 '강성' 안정화와 대조적으로 해빈침식을 조절하기 위한 '연성' 안정화로 언급된다. 이론적으로 양빈된 해빈의 존재는 파도의 공격으로부터 해안의

(a)

(b)

그림 10.13 해빈양빈 마이애미 해빈 (a) 양빈 이전. (b) 양빈 이후. (*U.S. Army Corps of Engineers*)

자산을 보호한다.[4] 진행과정은 분명한 이점을 가지고 있다. 그것은 많은 공학적인 구조물들보다 심미적으로 더 바람직하고, 해안선 침식으로부터 어느 정도 보호될 뿐만 아니라 휴양기능을 제공한다.

1970년대 중반에 플로리다 마이애미 해빈의 도시와 미국 공병단이 함께 1950년대 이래 이 지역의 재앙을 가져온 심각한 해빈침식을 해결하기 위해 야심찬 해빈양빈 프로그램을 시작했다. 또한 이 계획은 폭풍으로부터 해빈을 보호하기 위해 의도되었다. 자연적인 해빈은 1950년대에는 거의 사라졌으며, 단지 작은 모래둥치들만이 호안벽과 방사제를 포함한 다양한 해안선 보호구조물들과 연관되어 발견될 수 있었다. 해빈이 사라짐에 따라 고층 호텔들을 포함한 해안의 휴양지역들은 폭풍에 의한 침식에 취약하게 되었다.[8] 양빈 계획은 양(+)의 해빈 물질수지를 생성하기 위해 계획되었다. 그것은 또한 해빈을 넓어지게 하고 폭풍의 피해로부터 부가적인 보호를 제공하도록 계획되었다. 계획은 10년 동안 대략 6,200만 달러의 비용이 들었고, 침식으로 손실된 것을 보충하기 위해 매년 약 160,000 m^3의 양빈이 포함되었다. 1980년까지 약 1,800만m^3의 모래가 준설되어 외해로부터 해빈 위에 공급되었고, 200m 폭의 해빈을 만들었다.[8] 그림 10.13은 양빈 전과 후의 마이애미 해빈을 보여준다. 변화는 극적이었다.

이 계획의 횡단면 설계도는 넓은 정단과 전면사구 시스템을 보여주는데, 이것은 파도침식과 폭풍해일에 대한 완충기능을 하는 고조선 바로 위에 발달하는 선상의 사구 시스템이다(그림 10.14). 마이애미 계획은 1980년대의 중반과 후반에는 사구에 토착식생이 정착하는 것을 수반한 사구복원을 포함하도록 확대되었다. 특별히 고안된 목재 산책로만을 이용하여 사구를 통해 일반인의 접근이 허락되었으며 그외의 다른 사구지역들은 보호되었다. 성공적인 마이애미 해빈양빈 프로그램은 20년이 넘도록 기능을 하고 있으며, 1979년과 1992년 대형 허리케인에도 살아남아 이전에 시행되었던 단편적인 침식통제 방법들보다 분명히 성공적이었음을 보여줬다.[4]

미국에서는 해안선의 600km 이상에 걸쳐 어떤 종류의 해빈양빈을 받고 있다. 이러한 모든 양빈이 마이애미 해빈에서 보고된 긍정적인 효과를 가졌던 것은 아니다. 예를 들어, 1982년 뉴저지 오션시티는 거의 500만 달러를 넘는 비용으로 해빈확대를 위해 모래를 충전하였다. 폭풍이 해빈을 연속적으로 강타한 후 그 모래는 두 달 반 만에 침식되어 버렸다. 마이애미에서 해빈모래는 훨씬 더 많은 비용이 필요할 정도로 침식될 수도 있다. 해빈양빈은 논의의 여지를 가지고 있고, 어떤 사람들은 해빈양빈을 결국은 해안침식에 의해 씻겨져 사라지게 될 '희생용 모래' 이상의 아무것도 아니라고 생각한다.[7] 마이애미 해빈충전의 명백한 성공은 하나의 예외일 수 있고, 우리의 토론은 양빈의 긍정적인 관점을 지나치게 단순화한 것일 수 있다. 마이애미 해빈의 충전을 위한 연간 비용은 약 300만 달러이다. 2,000만 이상의 관광객들이 매년 해빈을 방문한다. 외국인 관광객만 해도 매년 약 20억 달러를 소비하고 있으므로 양빈 비용의 650배가 넘는다.

양빈지에 적절한 모래를 찾는 것, 어떻게 양빈 비용을 장만할 것인가, 그리고 해빈생태계 파괴의 가능성과 같은 중요한 문제들이 양빈 프로젝트에 앞서 매우 조심스럽게 평가되어야 한다. 그럼에도 불구하고 해빈양빈은 휴양을 위한 해빈을 복원하고 새로 만들기까지 하며, 전 세계에서 발생하는 해안침식으로부터 해안선을 보호하는 우선적인 방안이 되어 왔

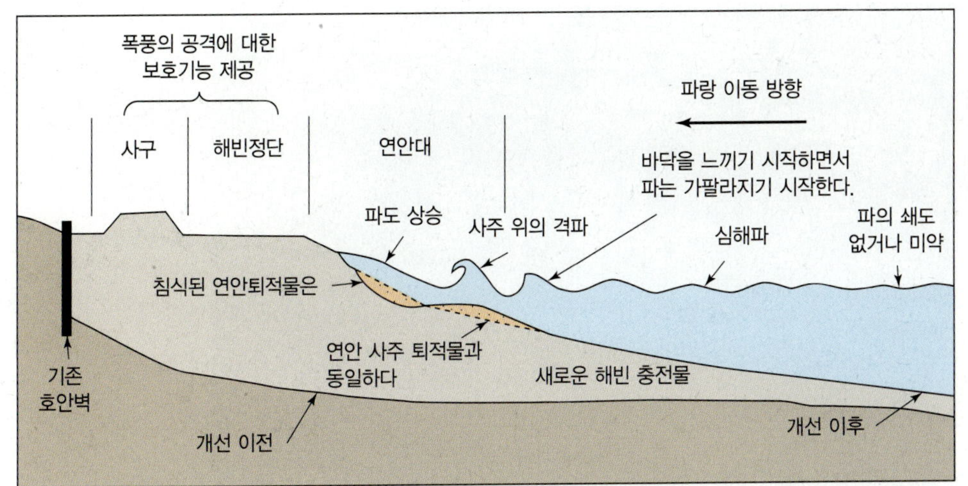

그림 10.14 양빈 후의 마이애미 해빈형태 마이애미 해빈양빈 프로젝트의 단면도. 사구와 해빈정단 시스템은 폭풍의 공격에 대한 보호기능을 가진다. (*U.S.Army Corps of Engineers*)

다. 이러한 프로젝트의 성공 또는 실패를 기술하기 위해서는 추가적인 실례에 대한 검토가 필요하다. 또한 양빈으로부터 무엇을 기대할 수 있는가를 사람들에게 알리기 위해서는 더 대중적인 교육이 요구된다.[4]

10.5 | 인간 활동과 해안침식의 몇 가지 예

자연적인 연안작용에 대한 인간의 간섭은 상당한 해안침식의 원인이 되어 왔다. 대부분의 문제는 인구밀도가 높고 많이 개발된 지역들에서 발생한다. 우리가 토론해 왔던 것처럼, 인공적으로 축조된 제방은 자주 모래의 이동을 지연시켜 어떤 장소에서는 해빈을 성장하게 하며 다른 장소에서는 해빈을 침식하여 결과적으로 가치 있는 해변자산에 손상을 가져온다.

대서양 연안

플로리다 북부에서 뉴욕에 이르는 대서양 해안은 수괴(석호)에 의해 육지에서 분리된 길고 좁은 **보호사주섬**이 특징적이다(그림 10.15). 많은 보호사주섬들이 인간의 사용이나 흥미에 의해 적게 또는 많이 변형되어져 왔다.

매릴랜드의 보호사주섬 해안은 해안작용에서 인간 활동에 의한 어떤 영향을 잘 보여준다. 매릴랜드의 대서양쪽 해빈 50km에 대한 수요는 매우 높으며, 이 제한된 자원은 워싱톤 D.C, 볼티모어와 매릴랜드의 주민들에 의해 계절적으로 사용되고 있다(그림 10.16). 1970년대 초 이후로 펜위크 섬의 오션 시는 해안가에 고층의 콘도와 호텔의 개발을 추진해 왔다. 이렇게 폭이 좁은 섬에 발달한 자연적인 사구의 전면부는 많은 곳에서 사라졌고, 결과적으로 심각한 해빈침식의 문제를 가져왔다. 심지어 더욱 불길한 것은 미래의 허리케인이 펜위크 섬에 심각한 피해를 가져올 것이라는 거의 확실한 가능성이다. 오션 시 남쪽에 있는 오션 시 조수로는 1933년의 허리케인 동안에 만들어진 것이다. 이 조수로를 안정화시키기 위한 해안공학적 시도에도 불구하고 미래에 오션 시의 일부분을 파괴하는 새로운 조수

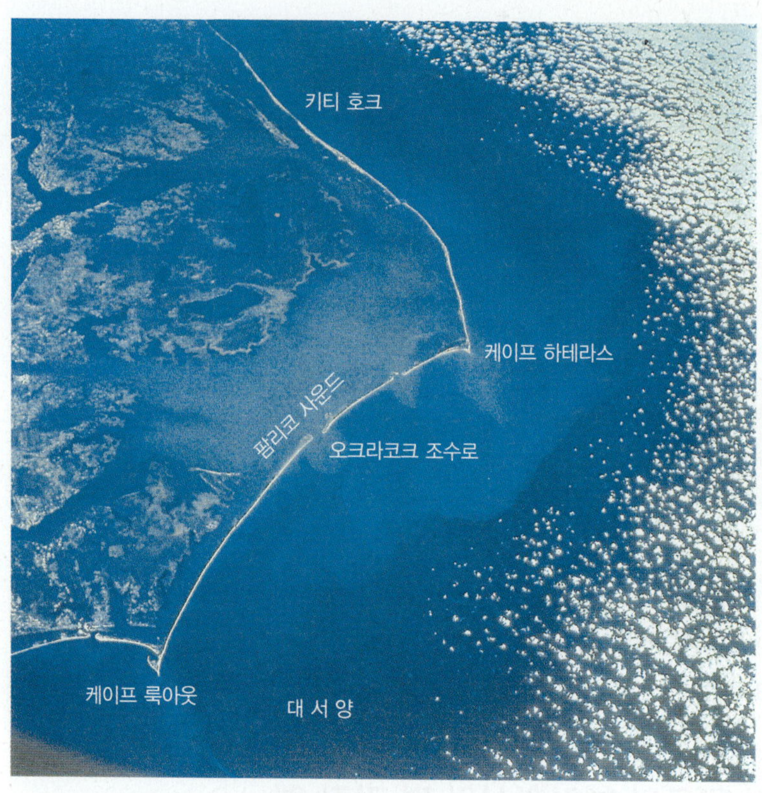

그림 10.15 외곽 제방 아폴로 9호의 영상에서는 얇은 하얀 모래 리본처럼 보이는 노스캐롤라이나 외해의 제방(보호사주섬). 보호사주섬은 팜리코 사운드에 의해 육지로부터 분리되어 있다. 물에서 갈색은 연안시스템 내에서 이동하는 수괴의 부유물질 때문이다. 오크라코크 조수로의 바다쪽에 나타나는 부채꼴 부유퇴적물의 플륨을 잘 보라. 케이프 룩아웃에서 케이프 하테라스까지의 거리는 약 100km이다. (National Aeronautics and Space Administration)

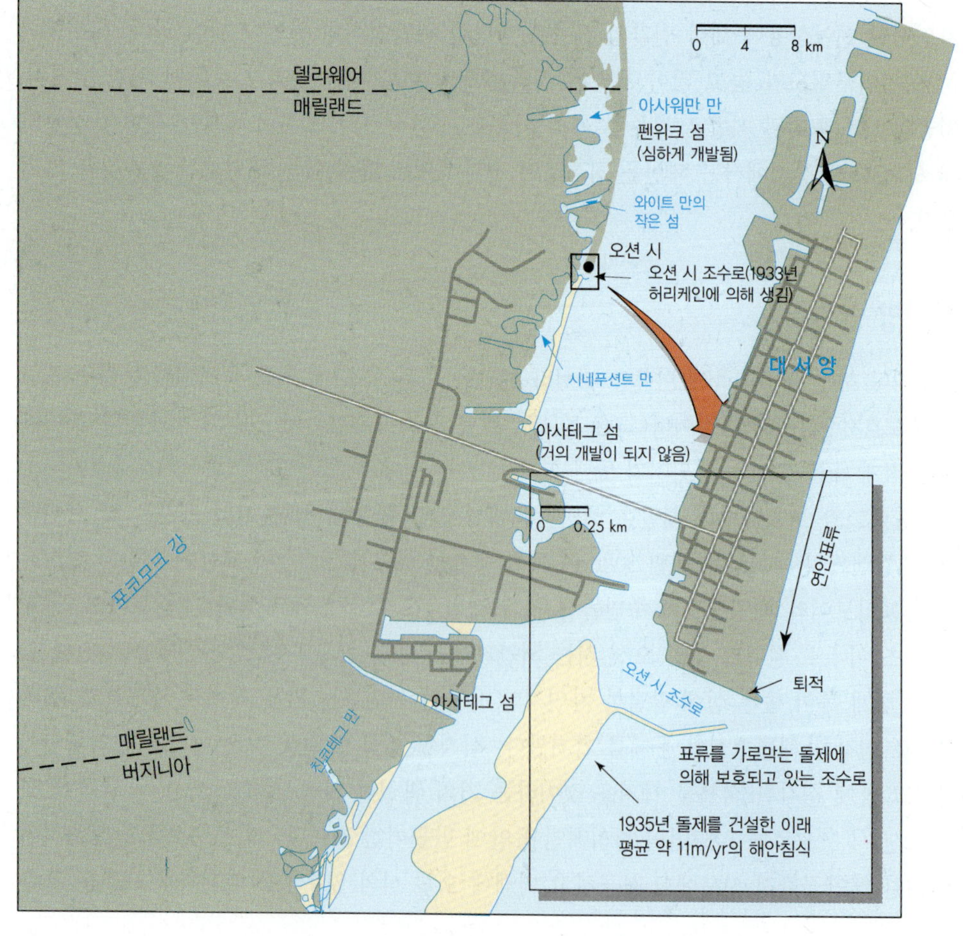

그림 10.16 돌제의 건설을 통한 도시개발은 해빈의 침식을 증대시킨다 매릴랜드의 사주섬 해안. 펜위크 섬은 빠른 도시개발을 겪고 있으며 허리케인에 의한 피해 가능성에 노출되어 있다. 만약에 오션 시 지역에서 허리케인이 새로운 조수로를 만든다면 어떤 일이 벌어질까? 삽입그림은 오션 시 조수로의 모습과 돌제건설의 효과를 보여준다.

로가 형성되지 않을 것이라는 어떠한 보장도 없다.[9]

아사테그 섬은 오션 시 조수로 너머 남쪽에 있는 섬이다. 이 섬은 매릴랜드 해안선의 2/3를 차지하고 있다. 고도로 도시화된 펜위크 섬과는 대조적으로 아사테그 섬은 훨씬 더 자연상태를 유지하고 있다. 이 섬은 일광욕, 수영, 산책과 야생생물 관찰 같은 수동적인 휴식공간으로 사용되고 있다. 그러나 이 두 섬은 모래공급을 공유하고 있다는 것을 의미하는 같은 연안공간에 위치한다. 적어도 두 섬은 돌제가 오션 시 조수로의 안정화를 위해 건설된 1935년까지는 그와 같은 경우였다. 돌제가 건설된 이후 아사테그 섬의 북쪽 수km에서 연안침식은 평균 약 11m/yr씩 진행되었다. 이것은 매릴랜드 해안선에서 발생하고 있는 장기 해안후퇴율의 거의 20배에 이르는 수치이다. 같은 기간 동안 조수로의 바로 북쪽에 위치하는 해빈은 휴양용 잔교의 확장이 요구될 정도로 상당히 넓어졌다.[10]

매릴랜드의 대서양 연안에서 관찰된 변화는 모래의 연안표류와 인간간섭의 양상과 명백하게 관련되어 있다. 연안표류는 연평균 약 150,000m^3의 모래를 남쪽으로 이동시킨다. 오션 시 조수로 돌제의 건설은 모래의 자연적인 남향 흐름을 간섭하였고, 아사테그 섬의 해빈에 모래를 공급하는 남향 이동을 계속하기보다는 바다방향으로 이동을 전환시켰다. 모래부족으로 인해 섬의 북쪽지역은 지난 50년 동안 심각한 연안침식을 겪고 있다. 퇴적물의 연안 이동을 차단하는 공학적 구조물과 관련된 이러한 해빈침식의 예는 미국에서 발견될 수 있는 가장 심각한 예로서 인용되어 왔다. 결국 환경적 동일성을 포함하는 기본적인 원리는 다음과 같은 의미를 갖는다. 지구는 전체적으로 함께 기능하는 구성물의 단위인 하나의 계이다. 즉 계 내의 한 부분에서의 변화는 모든 다른 부분에 영향을 미친다.

걸프연안

해안침식은 또한 멕시코 만을 따라 발생하는 심각한 문제이다. 텍사스 해안에서의 한 연구결과는 지난 100년 동안에 해안 지역에서 인간에 의한 변형은 역사 이전에 비하여 30~40%까지 연안침식을 가속시켰다고 보고하였다.[11] 가속화된 침식에 가장 책임이 있는 인간의 변형은 해안공학적 구조물, 지하수와 석유의 유출에 의한 지반침하와 해빈에 모래의 공급을 막는 강에 건설된 댐이었다.

오대호

침식은 오대호의 연안을 따라 발생하는 하나의 주기적인 문제이며, 특히 미시간 호 연안을 따라 발생하는 골치 아픈 문제였다. 피해는 정상적인 강우량을 넘는 강우기간이 길어져 호수의 고수위가 장기간 동안 지속될 때 가장 심하다. 강우량과 호수수위 사이의 관계는 미군공병단에 의해 1860년 이후 보고되어 왔다. 자료는 호수수위가 이 기간 동안 약 2m 오르내렸음을 보여준다. 고수위 동안 심각한 연안침식이 발생하였고, 많은 건물, 도로, 옹벽과 다른 구조물들이 파랑침식에 의해 파괴되었다(그림 10.17).[12] 예를 들어, 1985년 가을 폭풍에 기인한 고수위가 1,500~2,000만 달러에 이르는 피해를 야기했다.

호수의 수위가 평균보다 낮은 기간 동안에는 넓은 해빈이 발달하여 폭풍파의 에너지를 분산시켜 연안을 보호한다. 그러나 호수의 수위가 상승하면 해빈은 좁아지게 되고, 폭풍파

그림 10.17 호수는 연안침식 문제를 안고 있다 미시간 호의 호안선을 따라 발생한 호안침식은 이 집을 파괴하였다. (*Steve Leonard/Getty Images, Inc.*)

는 연안에 상당한 에너지를 가하게 된다. 완만한 경사를 갖는 해빈에서는 아주 적은 수위의 상승에도 놀랄 만큼 넓은 면적의 해빈이 범람하게 된다.[12]

호수연안을 따라 발달한 절벽은 호안절벽이라고 부르기도 하며, 해안에 발달한 해안절벽과 유사한 특성을 가지고 있다. 많은 미시간 호 지역에서 장기적인 호안절벽 침식률은 평균 약 0.4m/yr이었다.[13] 특정 지역에서 침식의 심각성은 다음과 같은 많은 요소들에 달려 있다.

- **전면 사구 시스템의 존재 유무.** 사구에 의해 보호된 호안절벽은 더 낮은 침식률을 가지고 침식된다.
- **호안선의 방향.** 강한 폭풍이나 파도에 노출된 장소는 더 빠르게 침식된다.
- **지하수의 누출량.** 호안절벽의 기저부를 따라 발생하는 지하수의 누출은 사면의 불안정성을 야기시키고 침식률을 증가시킨다.
- **보호를 위한 구조물의 존재.** 구조물들은 지역적으로는 연안을 보호해 주지만, 인접한 지역에서는 자주 침식을 가속시킨다.[12,13]

최근 몇 년 사이에 해빈양빈은 오대호 몇몇 해빈에서 시도되었다. 어떤 경우에는 입자가 크고 무거운 모래가 침식 가능성을 낮출 것이라는 기대를 가지고 침식된 자연상태의 모래보다 굵은 모래가 충전되어 왔다.

10.6 열대성 저기압

열대성 저기압(tropical cyclone)은 태평양의 대부분 지역에서는 태풍으로, 대서양에서는 **허리케인**(hurricane)으로 알려져 있다. 열대성 저기압들은 단 한 번의 폭풍에 수십만의 인명을 앗아 가곤 했다. 1970년 11월에 열대성 저기압은 해수면이 6m 정도 상승한 채 방글라데시의 뱅갈만 북쪽에 상륙했다. 이로 인해 야기된 홍수는 대략 30만 명의 생명을 앗아갔으며, 6,300만 달러의 농작물 피해와 해안 지역 전체 어업기능의 65%를 파괴했다.[14] 또 다른 파괴적인 태풍이 1991년 봄에 방글라데시를 덮쳤으며, 10만 명 이상의 인명피해와 10억 달러 이상의 재산피해를 가져왔다. 1780년 이래 가장 치명적인 대서양 허리케인으로 알려진 허리케인 '미치(Mitch)'는 1998년에 온두라스와 니카라구아에서 11,000명 이상의 생명을 앗아갔으며, 2005년의 허리케인 '카타리나'는 뉴올리언스와 걸프 만 해안에서 약 1,000억 달러의 피해와 함께 거의 2,000명에 달하는 사망자를 낳았다.

허리케인의 형태와 형성과정

허리케인의 어원은 아마도 '큰 바람'이나 '악마의 영혼'을 뜻하는 카리브 인디언의 말에서 유래된 것으로 보인다. 허리케인들은 틀림없이 큰 바람에 대한 계산서와 걸맞는다! 허리케인이라고 부르기 위해서는 폭풍은 적어도 시속 119km의 풍속을 유지해야만 한다. 허리케인은 따뜻한 열대 해수 위에 형성된 저기압대의 주변을 회전하는 거대한 뇌우와 폭풍의 복합체에 대한 일반적 용어인 열대성 저기압의 한 형태이다.

허리케인은 불안정한 기상을 갖는 직경이 600km에 달하는 넓은 지역의 열대성 교란으로 시작한다. 이 지역 안에 저기압 상태의 뇌우와 폭풍 조합체가 존재하며, 이곳에서 폭풍의 운동과 지구의 자전에 의해 최초의 회전이 시작된다. 열대성 저기압은 따뜻하고 습한 공기를 흡수하여 그 크기나 강도가 성장할 수 있으며, 북반구에서는 반시계방향으로, 남반구에서는 시계방향으로 회전하기 시작한다. 폭풍의 힘은 바다로부터 증발되어 폭풍 안으로 들어가는 따뜻한 물에 의해 증가하게 된다. 이러한 과정에 의해 폭풍의 에너지는 증가한다. 따뜻한 해수가 증발하면서 바다에서의 액체가 폭풍의 공기덩어리 내에서 수증기로 전환된다. 이런 과정이 발생할 때 잠열의 형태로 위치에너지는 폭풍에 공급된다. 물의 잠열은 액체상태의 물을 수증기로 변하게 하는 데 필요한 열이다. 잠열은 허리케인의 힘(시간당 에너지 소모율)의 주요 원천 중에 하나이다. 습한 공기가 상승하면서 잠열이 방출되어 공기를 데우고, 공기를 더 가볍게 만들 때에 응축(비)은 발생한다. 가벼워진 공기가 상승할 때에 따뜻한 물로부터 더 많은 에너지를 끌어당겨 폭풍은 크기, 힘과 강도가 증가할 수 있다. 만약 폭풍 안에서 풍속이 시속 63km에 이르면, 저기압은 열대성 폭풍으로 불리게 되며 하나의 이름을 부여받게 된다.

허리케인은 매우 큰 에너지 폭풍이다. 그들의 크기는 인간의 기준에서는 매우 거대한 것일 수 있다. 플로리다에서 텍사스를 넘는 곳까지 펼쳐져 거의 멕시코 걸프 만 만한 넓이로 미국을 향해 이동하는 허리케인을 인공위성 이미지에서 관찰하는 것은 그리 어렵지 않다.

허리케인의 일반적인 모양과 내부에서 일어나는 작용은 그림 10.18에서 볼 수 있다. 허리케인은 눈벽으로 둘러싸여 있는 중심부로 공기가 하강하는 눈을 가진 회전하는 폭풍과 뇌우셀의 띠를 가진다. 습한 공기가 폭풍 내부에서 회전할 때, 강력한 강우대가 형성된다. 허리케인이 하나의 섬을 가로질러 이동할 때 허리케인은 에너지의 일부를 잃게 되며 약해지는 것이 일반적이다. 허리케인은 대륙에 상륙하여 내륙으로 이동할 때에 약해지면서 결국에는 소멸되지만 폭풍이나 강우는 흔히 내륙지역에 심각한 홍수를 야기할 수 있다. 강한 강우는 사면에서 당연히 수많은 산사태를 발생시키고 추가적인 재해를 야기한다.

허리케인은 크기와 강도에 따라 분류된다. 표 10.1은 사피어-심슨 허리케인 규모이다. 이

그림 10.18 허리케인의 모양과 작용 따뜻한 해수로부터 얻은 에너지가 600km의 지름을 가질 수 있는 폭풍으로 변한다. 뇌우의 회전대, 하강하는 대기와 맑은 하늘의 눈과 그 주위로 상승하는 따뜻한 대기, 회전하는 강우대와 눈 사이의 경계부인 눈벽이 허리케인의 중요 구성요소이다.

것은 잠재적인 바람과 홍수에 의한 재해를 평가하는 데 사용된다. 허리케인은 5개의 범주로 구분되며, 등급 1이 가장 작은 것이고, 등급 5가 가장 큰 것이다. 등급 5 허리케인은 대재앙적인 피해를 야기할 수 있지만 등급 1의 폭풍도 매우 심각하고 위험한 사건이다.

우리는 허리케인이 올 때를 알 수 있다. 우리는 위성영상과 고공 항공사진으로 허리케인으로 발달할 가능성이 있는 열대성 저기압과 폭풍의 위치를 확인할 수 있다. 위성자료를 검증할 목적으로 특수 비행기가 풍속, 기온과 기압을 기록하면서 폭풍을 통과하여 비행한다. 허리케인이 한번 형성되면 이것의 연속적인 이동(진로라 부름)을 감시하게 된다. 그림 10.19는 2005년에 미국에서 발생한 4개 폭풍의 진로를 보여준다.

허리케인이 천해역을 넘어 이동하면서 육지에 상륙할 때에는 허리케인은 일반적으로 느려진다. 그러나 허리케인이 따뜻한 해수와 만난다면, 허리케인의 강도는 실제로 증가할 수 있다.

격렬한 바람이 치명적일 수 있지만 허리케인의 가장 위험한 양상은 바람 그 자체가 아니다. 대부분의 홍수와 인명피해를 야기하는 것은 폭풍과 함께 도착하는 **폭풍해일**(storm surge)이다(그림 10.20). 폭풍해일은 허리케인에 의한 바람이 해안으로 물을 밀어올린 결과 해수면이 지역적으로 상승한 것이다. 폭풍해일은 해안 근처의 수심을 수m에서 10m 이상까지 증가시킬 수 있는 해수면의 급격한 상승이나 연속적인 파의 형태로 해안에 도착한다. 일반적으로 폭풍해일은 육지를 향하여 밀어올리는 회전하는 폭풍의 부분 중에서 가장 높은 부분이다. 예를 들어, 허리케인이 반시계방향으로 회전하기 때문에 걸프 만 해안을 따라 발생하는 폭풍해일과 풍속은 서쪽보다 동쪽에서 더 높다(폭풍의 사분면에서 오른쪽 전면). 허리케인 카타리나의 경우(제5장 서두의 사례 연구 참조), 뉴올리언스 동쪽의 폭풍해일이 중앙부나 서쪽보다 상당히 높았다. 폭풍이 고조시에 도착하게 되면, 더욱 더 큰 폭풍해일이 발생하게 된다. 허리케인에 의한 인명피해의 대부분은 폭풍해일에 의해 익사하거

표 10.1 사피어-심슨 허리케인 규모

사피어-심슨의 허리케인 규모는 허리케인의 현재 강도에 의해 1에서 5의 등급으로 나눈 것이다. 이것은 허리케인의 상륙으로 연안을 따라 예측할 수 있는 잠재적인 재산피해와 홍수를 평가하기 위해 사용된다. 폭풍해일은 허리케인의 상륙이 예상되는 지역의 대륙붕의 경사도에 따라 크게 좌우되므로 풍속이 등급을 결정하는 요소가 된다.

등급 1 허리케인	풍속 119~153km/h. 폭풍해일은 일반적으로 정상적인 파고보다 1.2~1.5m 높다. 건물에 실질적인 피해가 거의 없음. 고착되지 않은 조립식 가옥, 숲과 나무들에 우선적인 피해. 부실하게 설치된 간판에 어느 정도의 피해. 또한 일부 연안도로 침수와 작은 선착장 피해. 1995년의 허리케인 앨리슨과 1997년의 허리케인 대니는 최대강도에서 등급 1 허리케인이었다.
등급 2 허리케인	풍속 154~177km/h. 폭풍해일은 일반적으로 정상적인 파고보다 1.8~2.4m 높다. 일부 지붕, 문과 창문의 피해. 숲과 나무의 상당한 피해와 일부 나무는 부러져 넘어짐. 이동식 가옥, 부실한 간판과 선착장에 상당한 피해. 연안과 저지대의 대피로가 허리케인의 중심이 도착하기 2~4 시간 전에 침수. 비보호 정박지에 있는 작은 배는 계류시설이 파손. 1998년 허리케인 보니는 캐롤라이나 북부 해안에 상륙했을 때 등급 2 허리케인이었음. 1998년 허리케인 조지는 플로리다 모래톱과 미시시피 걸프해안에 상륙했을 때 등급 2 허리케인이었음.
등급 3 허리케인	풍속 178~209km/h. 폭풍해일은 일반적으로 정상적인 파고보다 2.7~3.7m 높다. 작은 주택과 공공설비용 건물에 부분적 구조적 피해와 약간의 건물벽 붕괴. 숲과 나무는 잎이 다 떨어져 날려버리고, 큰 나무가 부러지는 피해. 이동식 가옥과 부실한 간판이 파괴됨. 저지대의 탈출로가 허리케인의 중심이 도착하기 3~5시간 전에 범람하여 차단. 해안 근처의 범람이 작은 구조물을 파괴하고, 대형 구조물이 부유물 충돌에 의해 피해. 평균해수면 위 1.5m보다 낮은 연속적 지역이 육지로 13km 또는 그 이상 침수. 해안선에서 몇 블럭 내의 저지대 거주자의 탈출이 요구됨. 1995년 허리케인 록산느는 멕시코 유카탄 반도에 상륙할 때 등급 3 허리케인이었음. 1996년 허리케인 프란은 노스캐롤라이나에 상륙할 때 등급 3 허리케인이었음.
등급 4 허리케인	풍속 210~249 km/h. 폭풍해일은 일반적으로 정상적인 파고보다 4~5.5m 높다. 작은 주택 지붕구조물의 완전한 붕괴와 함께 더 광범위한 벽의 붕괴. 관목숲, 나무와 모든 간판들이 날려서 부서짐. 이동식 가옥이 완전히 파괴됨. 문과 창에 광범위한 피해. 저지대의 탈출로가 허리케인의 중심이 도착하기 3~5시간 전에 범람하여 차단. 해안 근처 구조물의 저층에 중대한 피해. 평균해수면 위 3.1m보다 낮은 지역이 침수되어 육지로 10km 이내 거주지역 전체의 이주가 요구됨. 1995년 허리케인 루이스가 리워드 섬을 넘어 이동하는 동안 등급 4 허리케인이었음. 1995년 허리케인 펠릭스와 오팔이 최대 강도에서 등급 4 허리케인에 도달했음.
등급 5 허리케인	풍속 249km/h 이상. 폭풍해일은 일반적으로 정상적인 파고보다 5.5m 이상 높음. 많은 주택들과 산업용 건물들의 지붕 전체가 붕괴. 작은 상업용 건물들이 날아가는 것과 함께 일부 건물 전체가 파괴됨. 모든 관목림 및 나무와 간판이 바람에 의해 떨어짐. 이동식 가옥의 완전한 파괴. 창문과 문들이 심각하고 광범위한 피해를 받음. 저지대의 탈출 경로가 허리케인의 중심이 도착하기 3~5시간 전에 홍수에 의해 차단된다. 해안선으로부터 458m 안쪽이면서 해수면 위로 4.6m보다 낮은 곳에 위치한 모든 건물의 저층에 심각한 피해. 해안으로부터 8~16km 내의 저지대 거주지역의 집중적인 피난이 요구됨. 1998년 허리케인 미치가 서부 카리브 해를 넘어갈 때 최대강도에서 등급 5 허리케인이었다. 1988년 허리케인 길버트가 최대 강도에서 등급 5 허리케인이었고, 기록에 남은 대서양에서 가장 강한 열대성 저기압이었다.

출처 : Spindler, T., and Beven, J. (1999). Saffir-Simpson Hurricane Center, National Oceanic and Atmospheric Administration. www.nhc.noaa.gov.aboutsshs.html. Accessed 5/23/01

나 쓸려온 고형물체에 맞아서 발생하게 된다. 폭풍해일이 해변으로 이동할 때 폭풍해일은 고수위선의 전진뿐만 아니라 허리케인이 육지에 접근하여 상륙함에 따라 해수면의 상승이 연속적으로 증가하는 것과 같은 형태를 보인다. 말하자면 실제적인 폭풍해일은 육지를 연속적으로 덮치는 파의 연속과 같은 형태로 나타난다는 것이다.

대부분의 허리케인과 태풍은 해수표면의 온도가 27°C를 초과하는 곳인 *N* 8°와 *S* 15° 사이에서 발생한다. 연 평균 5개의 허리케인이 발생하여 대서양과 걸프 만 해안을 위협하고 있다. 3개의 가능한 폭풍진로가 제시될 수 있다(그림 10.21).

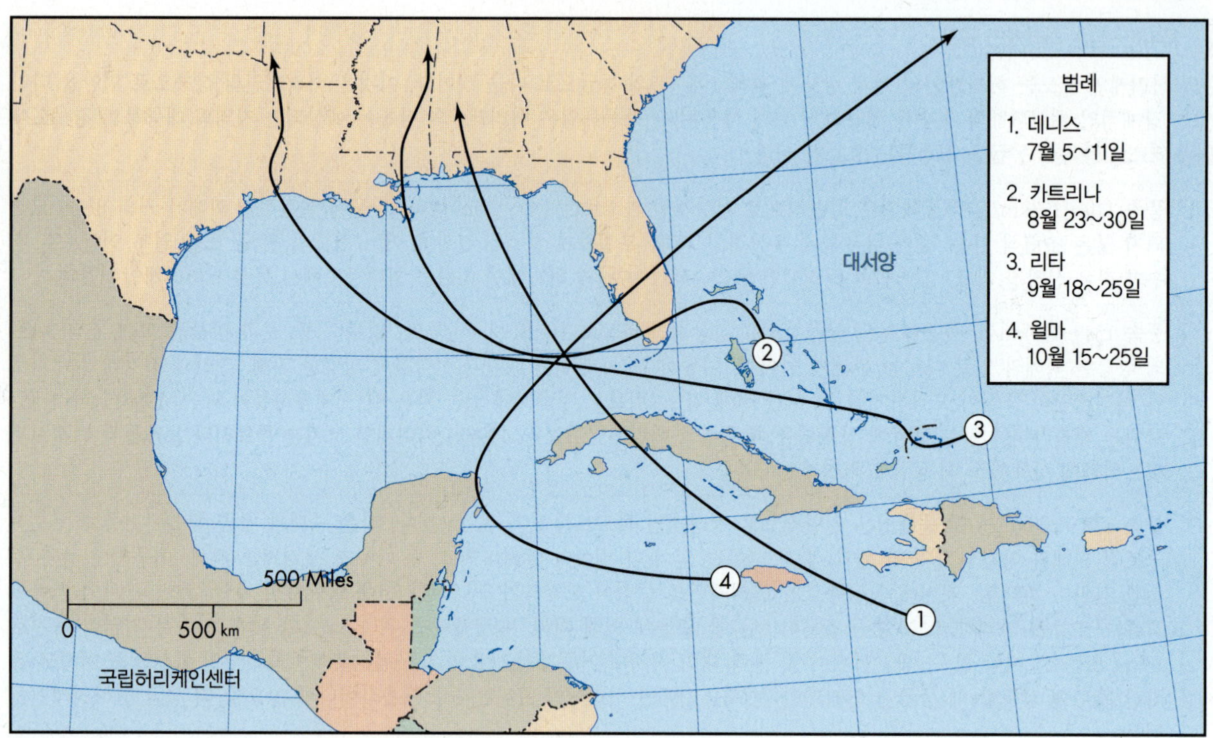

그림 10.19 2005년 발생한 4개의 허리케인 진로 (*National Hurricane Center*)

그림 10.20 폭풍해일과 높은 파도 뉴저지에서 1985년 9월 27일 허리케인 글로리아에 의해 발생. (*Ryan Williams/International Stock Photography Ltd.*)

1. 플로리다 동부 해안을 향한 폭풍으로 때때로 푸에르토리코와 같은 섬들을 통과하여 지나가며, 육지에 상륙하기 전에 북동쪽에서 대서양으로 빠져나간다.
2. 쿠바를 넘어서 이동하는 폭풍으로 멕시코 만으로 들어가 걸프 만을 덮친다.
3. 동부 해안을 따라 해안 언저리를 지나가는 폭풍으로 플로리다 중심에서 뉴욕까지 육지를 덮친다. 허리케인으로 발전할 수 있는 폭풍은 인공위성과 폭풍을 통과하여 비행하는 특별히 제작된 비행기로 정밀하게 감시된다.

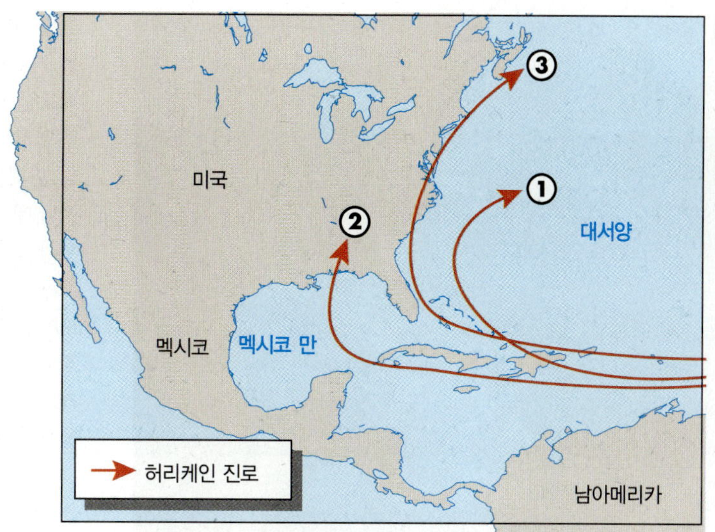

그림 10.21 허리케인의 진로 대서양에서 발생한 허리케인의 세 가지 공통적인 진로.

허리케인에 의해 발생하는 재해의 요소는 지붕에서 지붕널과 서까래를 뜯어내고, 큰 나무와 전선을 날려보내고, 인공구조물을 파괴할 수 있는 강한 바람을 포함한다. 그러나 대부분의 인명피해를 일으키고 큰 피해를 야기하는 작용은 심한 강우와 바람에 의해 생성된 해양의 파도가 육지를 향해 이동한 결과로 발생하는 (1) 홍수와 앞에서 설명한 것과 같은 (2) 폭풍해일이다.[15]

그림 10.22는 허리케인이 주어진 년도에 대서양과 걸프 만 해안 80km의 단위지역을 덮칠 가능성을 나타낸다. 플로리다 남부와 루이지애나 해안선에서 특히 그 가능성이 높게 나

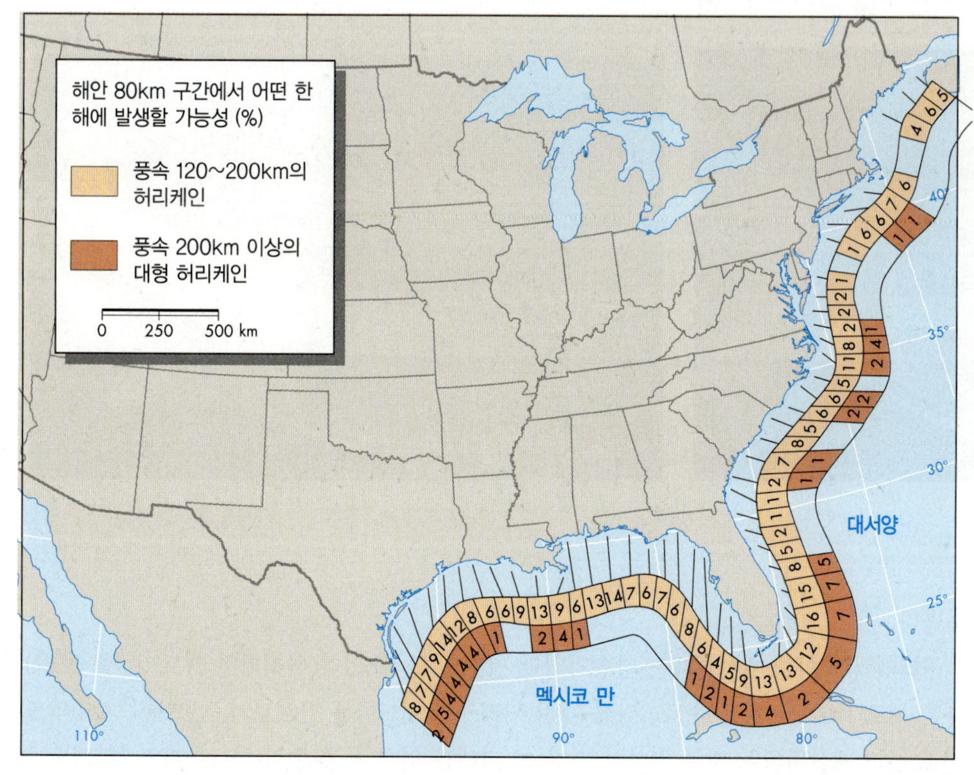

그림 10.22 허리케인 재해도 허리케인이 당해년에 남대서양 해안구간의 특정 80km를 공격할 가능성을 표시. (*Council on Environmental Quality, 1981. Environmental trends*)

(a)

(b)

(c)

그림 10.23 플로리다와 멕시코 만을 가로지르는 허리케인 (a) 다중스펙트럼 영상으로 나타낸 1992년 8월 25일 허리케인 엔드류. 폭풍은 엄청난 피해를 주었던 남부 플로리다를 지나 루이지애나를 향하여 이동하고 있다. (*Hasler, Pierce, Palaniappan, Manyln/NASA Goddard Laboratory for Atmospheres*) (b) 허리케인이 도착하기 전 플로리다 마이애미 비스케인 만의 케이프 플로리다에 있는 등대 주변의 모습. (*Wingstock/Comstock Images*) (c) 허리케인이 지나고 난 후 같은 해안의 모습. (*Cameron Davidson/Comstock Images*)

타난다.

허리케인에 의한 재산피해는 망연자실할 정도로 클 수 있다(허리케인 카트리나를 보라). 다른 예로 1992년 8월에 플로리다를 덮친 허리케인 엔드류를 살펴보자. 엔드류는 250억 달러를 넘는 재산피해로 미국 역사상 가장 큰 피해를 입힌 폭풍 중의 하나이다. 대피에도 불구하고 폭풍의 직접적 영향으로 23명의 사망자와 250,000명의 이재민이 발생하였다. 주택과 기타 건물들에 대한 피해는 매우 심각했다. 플로리다 주변 전지역을 휩쓸어 25,000여 채의 주택이 파괴되었다(그림 10.23). 보호돔에 설치된 레이더 안테나가 지붕에서 찢겨나간 플로리다 국립허리케인센터를 포함하여 100,000채 이상의 건물이 파괴되었다. 1996년 여름에 2개의 허리케인이 캐롤라이나 북부 해안을 덮쳤다. 8월에 상륙한 두 번째 폭풍은 약 30억 달러의 재산피해와 20명 이상의 희생자를 낳았다. 대서양과 걸프 만 연안의 인구는 증가하였지만 허리케인에 의한 인명피해는 더 효과적인 탐지와 경고 체계 덕분에 상당히 감소해 왔다. 그러나 재산피해의 규모는 크게 증가하였다.

마이애미와 뉴올리언스와 같은 큰 도시에 대하여 허리케인 피해의 우려가 깊다(특히 2005년 카트리나를 경험한 이후에). 만족스럽지 못한 대피통로, 건물규약, 재해대비가 대서양 또는 걸프만 해안을 따라 또 다른 비극적인 허리케인의 패해를 낳을 수 있다.

10.7 | 해안재해에 대한 인지와 적응

해안침식에 대한 인지

개인적인 과거의 경험, 해안선에 대한 근접성과 재산피해의 고통을 받을 가능성, 모두가 자연재해로서 해안침식을 인지하는 데 일차적인 역할을 한다. 샌프란시스코 만 입구에서 북쪽으로 24km 지점의 캘리포니아 볼리나스 근처 해안절벽에서의 해안침식에 대한 한 연구는 가까운 미래에 피해를 경험할 것 같은 해안에 가까이 살고 있는 사람들이 해안침식을 직접적이고 심각한 피해로 잘 파악하고 인지하도록 하는 역할을 했다. 비록 재해에 대하여 알고 있더라도, 재해가능 지역에서 수백m 떨어진 곳에 살고 있는 사람들은 해안침식 발생의 빈도, 심각성과 예측성에 대하여 거의 인식하지 못한다. 내륙 쪽으로 더 멀리 들어가게 되면 사람들은 해안침식은 존재하지만 재해로서 거의 인지하지 못하는 것으로 알고 있다.

해안침식에 대한 대응

열대성 저기압 사람들은 아무것도 하지 않고 피해를 참거나, 잠재적 손실을 줄이기 위한 어떤 행동을 하는 것으로 열대성 저기압 재해에 대응할 수 있다. 예를 들어, 허리케인이 빈번한 지역에서 주택은 집 아래로 폭풍해일이 지나갈 수 있도록 건설될 수 있다(그림 10.24). 공동체적인 대응은 보호용 구조물과 땅의 안정화로 환경조건을 강화하거나 더 나은 토지 이용 구획, 대피절차와 경고절차를 적용하여 잠재적인 손실을 줄이기 위한 시도를 포함한다.[18] 허리케인이 발생하기 이전, 중간과 이후에 무엇을 해야 하는지에 대한 일반적인 지침은 표 10.2에 기술되어 있다.

해안침식 해안침식에 대한 대응은 일반적으로 3개의 범주 중 하나에 해당된다.

- 자연적인 작용을 모방한 해빈양빈으로 연성적인 해법
- 방사제나 호안벽과 같은 구조물들에 의한 해안선의 안정화로 강성적인 해법

그림 10.24 허리케인 내성 주택 플로리다 키스에 강한 블록으로 건축된 집으로서 허리케인의 강한 바람을 견딜 수 있고 빌딩 아래로 폭풍해일에 의한 해류가 지나갈 수 있도록 공간을 두었다. (*Edward A. Keller*)

- 위험한 지역에는 빌딩을 건설하지 않거나 위험한 건물의 위치를 바꾸어 문제를 피해 가는 시도로서 토지 이용의 변화

해안침식의 관리를 위한 접근방법 중에서 사전에 행하는 과정은 침식률을 추정하는 것이다. 미래의 침식률에 대한 예측은 역사적인 해안선 변화와 해안침식에 영향을 주는 파도, 바람과 퇴적물의 공급과 같은 해양학적 환경의 통계적 분석에 근거한다. 우선적인 일은 지역적 해안침식 관리 프로그램을 위한 최소기준으로 간주될 수 있는 건축선후퇴(setback)에 관련한 것이다. 건축선후퇴는 해안선과 주택건설과 같은 개발이 허가되는 지점까지의 거리를 말한다. 몇몇 주(플로리다, 뉴저지, 뉴욕, 노스캐롤라이나)는 해안침식률을 고려하여 건축물에 대한 건축선후퇴를 사용하고 있다(자세히 보기 'E-선과 E-구역' 참조).[19] 건축선후퇴의 개념은 해안침식관리에 있어 실질적인 장점을 가지며 해안침식으로부터 피해를 최소화하기 위한 토지 이용 계획의 핵심이다.

우리는 해안침식에 대한 대응과 관련하여 갈림길에 놓여 있다. 첫 번째 길은 침식작용을 조절하기 위한 시도로 해안보호를 위한 구조물을 지속적으로 증가시키는 것이다. 두 번째 길은 해안역에서 유연한 환경계획과 현명한 토지 이용을 통하여 해안침식과 함께 살아가

표 10.2 허리케인의 전과 중간, 그리고 후에 해야 하는 것은 무엇인가?

허리케인 전	• 당신이 허리케인 전에 해야 할 가장 중요한 것은 대피를 위한 계획일 것이다. 계획은 근접 대피소의 위치는 물론 가장 안전한 대피로와 관계된 정보를 포함해야만 한다. 13~31km의 안전한 내륙으로 운전을 하기 위한 준비를 해라.
	• 건전지와 손전등, 건전지로 작동하는 휴대용 라디오, 비상용 식품과 식수, 깡통 따개, 필수 의약품, 현금과 신용카드, 튼튼한 신발과 갈아입을 옷을 포함한 재난대비 장비상자를 준비해라.
	• 당신의 애완동물을 돌보기 위한 준비를 해라. 애완동물의 동반은 비상대피소에서 허락되지 않을 수 있다.
	• 허리케인이 지나간 후에 대응할 방법에 대한 가족의 계획을 만들어라. 가족 구성원이 가정용 가스, 전기와 수도를 차단하는 방법을 알고 있는지 확인해라.
	• 경찰서와 소방서에 응급구조를 요청하는 때와 방법과 비상정보를 듣기 위한 라디오 수신처를 아이들에게 가르쳐라.
	• 영구적인 셔터로 창문을 보호하거나 각 창문에 맞게 잘라진 창문차단용 합판을 준비해라. 폭풍이 도착하기 오래 전에 창문보호를 미리 하는 것이 중요하다.

표 10.2 허리케인의 전과 중간, 그리고 후에 해야 하는 것은 무엇인가? (계속)

허리케인 전	• 주택보험의 정책은 허리케인에 동반된 홍수의 피해를 보상해 주지 않으므로 홍수보험을 들어놓아라.
	• 가족의 비상연락 계획을 개발해라. 가족 구성원은 재해기간에 헤어질 수 있다. 당신의 계획은 가족이 함께 돌아오는 방법을 포함해야 한다.
	• 다른 주의 친척과 친구에게 당신의 가족연락처로 역할을 해 줄 것을 부탁해라. 허리케인 후에는 흔히 지역전화보다 장거리 전화가 잘 연결된다. 가족연락처의 이름, 주소와 전화번호를 당신의 가족 모두가 알고 있는지 확인해라.
	• 허리케인은 일반적으로 육지에 상륙하기 며칠 전 먼 바다에서 위치가 알려진다. 허리케인 주의보는 24~36시간 내에 허리케인 조건이 될 위협이 있을 때에 발령된다. 허리케인 경보는 24시간 이내에 허리케인 조건이 될 때 발령한다.
허리케인 주의보 중	• 허리케인 진행보도를 위해 텔레비전이나 라디오 보도를 들어라.
	• 비상용 물품을 확인해라.
	• 차에 연료가 있는지 확인해라.
	• 잔디밭용 가구, 장난감과 정원용 도구 같은 집밖의 물건을 집안으로 옮겨라. 집안으로 옮길 수 없는 물건은 고정시켜야만 한다.
	• 창문은 잠그고 판자로 둘러싸서 여러분의 집과 다른 건물을 안전하게 해라.
	• 야외의 수신기와 위성안테나를 철거해라.
	• 폭풍동안 정전될 수 있기 때문에 냉장고와 냉동고를 가능한 가장 낮은 온도로 설정하고 꼭 필요할 때만 이들을 열어라.
	• 깨끗한 목욕통, 병과 가정용구에 식수를 저장해라.
	• 여러분의 대피계획을 가족과 함께 다시 검토해라.
	• 배를 가지고 있다면 안전한지 또는 지정된 안전한 장소로 옮겼는지 확인해라.
허리케인 경보 중	• 공식적인 안내를 받기 위하여 텔레비전이나 라디오 방송에 계속 주의를 기울여라.
	• 이동식 가옥에 살고 있다면, 고정용 장치를 확인하고 즉시 대피해라.
	• 여러분의 귀중품과 개인적인 서류를 방수용 상자에 넣어 집안 가장 높은 곳에 보관해라.
	• 승강기 사용을 피해라.
	• 집안에 머물되 창문, 채광창과 유리문에서 멀리 떨어져 있어라.
	• 손전등과 여분의 건전지를 아주 가까이 두어라. 촛불과 석유램프와 같은 개방된 불의 사용을 피해라.
	• 정전이 발생하면, 전기가 돌아 왔을 때 과전압 방지를 위해 주요 전기기구의 전원을 내려라.
	• 대피가 필요하다는 정부의 지시가 있으면, 침수된 도로와 쓸려나간 교각을 피하여 가능한 빨리 떠나라. 전기기구의 전기플러그를 빼고, 전기와 주수도관을 차단하여 집을 보호하라. 여러분이 어디로 이동할지 폭풍지역 바깥의 누군가에게 알려라. 시간이 허락된다면 홍수로부터 가구를 보호하기 위해 옮겨 놓아라(가능하면, 높은 층으로 옮겨라). 미리 준비된 비상물품과 침낭과 담요를 포함한 따뜻한 보호용 옷을 차에 실어라. 마지막으로 여러분의 집을 살펴보고 떠나라!
허리케인 후	• 정보를 위해 지역라디오와 텔레비전과 주파수에 맞추어 유지해라.
	• 부상을 입거나 어려움에 빠진 사람들을 도와라. 즉각적인 위험에 처하지 않았다면 심하게 부상을 입은 사람을 이동하지 말라. 도움을 요청해라.
	• 당국에서 당신에게 안전하다고 한 다음에 집으로 돌아와라.
	• 당신이 집으로 돌아왔을 때, 매달려 있는 전선의 가능성이 있음을 인식하고, 조심해서 집으로 들어가라. 홍수에 의해 더 높은 곳으로 이동했을 수 있는 뱀, 곤충과 동물을 주의해라. 환기와 건조를 위해 문과 창문을 열어라. 상했을지도 모르는 음식이 있는지 냉장고를 확인해라. 마지막으로, 보험에 대비하여 집과 집의 내용물의 피해에 대한 사진을 찍어라.

출처 : Federal Emergency Management Agency Fact Sheet : Hurricanes. www.fema.gov/library/hurricaf.htm. Assessed 5/10/2001.

자세히 살펴보기 | E-선과 E-구역

최근에 연방비상재난관리국(Federal Emergency Management Agency : FEMA)의 요청에 의해 국가연구평의회(National Research Council : NRC)의 특별위원회가 해안역 관리 권고안을 개발하였는데, 그중의 몇 개 안은 다음과 같다.

- 미래의 침식률은 과거의 해안선 변화와 해양환경(즉 해안침식에 영향을 주는 파도, 바람과 퇴적물 공급)의 통계적 분석에 기초하여 평가되어야 한다.
- 침식률에 근거한 E-선과 E-구역은 도면화되어야 한다(그림 10.D). E는 침식을 나타낸다. 예를 들어, E-10선은 10년에 침식될 것으로 예측되는 위치이다. E-10구역은 어떠한 새로운 거주용 구조물도 허락되지 않는 급박한 재해지역으로 간주되는 구역이다. 건축선후퇴 거리는 침식률에 좌우된다. 예를 들어, 침식률이 연 1m이라면 E-10 건축선후퇴는 10m이다.
- 이동성 구조물은 중기와 장기 재해구역(E-10에서 E-60)에 허락된다(그림 10.D).
- 영구 대형구조물은 E-60선보다 더 큰 건축선후퇴에서 허락된다.
- E-60선의 바다쪽에 건축되는 새로운 구조물은 높은 호안절벽과 해안절벽을 제외하고 100년의 확률연수를 가진 대형폭풍에 의한 침식에 견딜 수 있도록 파일링 위에 건축되어야 한다.

건축선후퇴와 관련한 국가연구평의회의 권고안은 주와 지역의 해안침식관리 프로그램에 대한 최소한의 기준으로 간주된다. 플로리다, 뉴저지, 뉴욕과 노스캐롤라이나 주를 포함한 몇몇 주는 침식률을 근거로 하는 건축선후퇴를 사용하고 있다. 그러나 대부분의 주는 이러한 형태의 건축선후퇴를 요구하지는 않는다. 그럼에도 불구하고, 침식률로 표시된 건축선후퇴에 근거한 E-선, E-구역과 건축물의 허가 개념은 해안지역의 관리에 실질적인 장점이 있다.

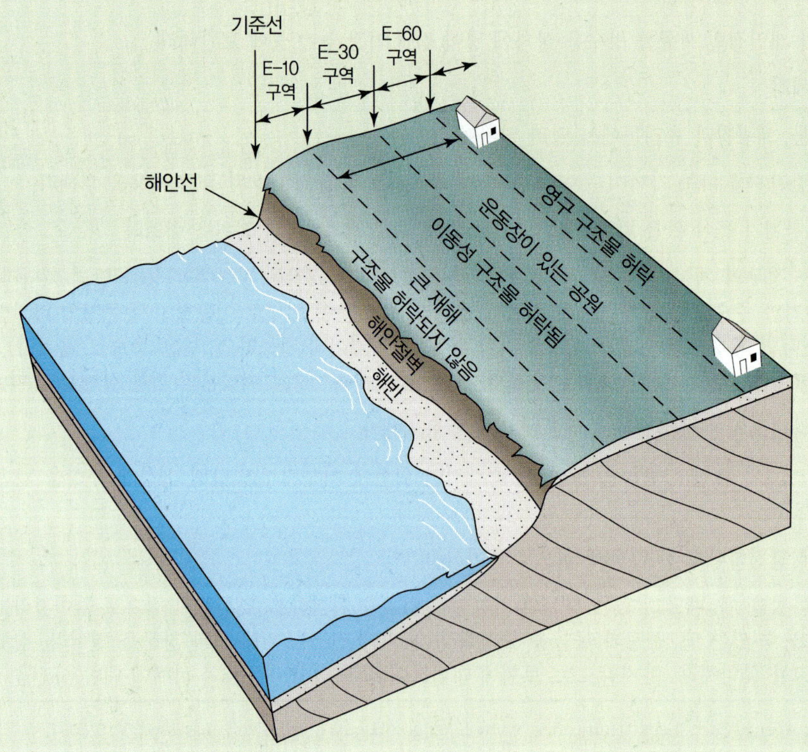

그림 10.D 침식재해 구역 해식절벽 또는 사구선 같은 기준점으로부터 해안침식률에 근거하여 E-선(침식선)과 E-구역(침식구역)의 개념을 도면화한 모식도. 구역의 폭은 침식률에 따라 다르며, 후퇴거리를 정해 준다. 물론 60년의 침식예측(E-60선)에 근거하여 후퇴했다고 하더라도 결국에는 도로 아래에서 60년 기준으로 후퇴할 수밖에 없으므로 구조물들은 해안선에 더 가까워질 수 있게 되어 침식에 취약하게 될 것이다. 이것은 계획적 구식화의 형태이다. (*National Research Council, 1990. Managing coastal erosion. Washington, DC: National Academy Press*)

는 것을 배우는 것이다.[20,21] 첫 번째 길은 호안벽과 같은 공학적 구조물의 설치를 통하여 해안침식을 조절하기 위한 시도로 과거와 같은 길을 따르는 것이다. 두 번째 길에서는 특정한 지역에서 결정적으로 중요한 설비와 같은 예외를 인정하면서 해안역에서의 구조물들을 일시적이고 소모성으로 간주하는 것이다. 해안지역에서의 개발은 해안가를 개발하여 이득을 보는 몇 사람보다 일반적인 공공의 이익에 가장 관심을 두어야 한다. 이러한 철학은 해안지역은 "너무 가치가 있어 개발하지 않을 수 없다."고 생각하는 개발업자들의 관점에서는 이상한 것이다. 사실 해안지역에서의 개발은 문제가 되지 않는다. 오히려, 문제는 재해에 민감한 지역과 건물을 세우는 것보다 다른 용도로 사용하기에 더 적합한 지역에서의 부적합한 개발에서 나타난다. 바꿔 말하면, 해빈은 해변부동산을 구입할 수 있을 만큼 운이 좋은 사람뿐만 아니라 이것을 즐기기 위한 모든 사람들에게 속한 것이라는 것이다. 하와이 주는 이런 생각을 핵심적인 것으로 받아들였다. 모든 해빈은 공공의 재산이고, 지역의 해빈 소유자들은 다른 사람들의 접근을 거부할 수 없다.

약간의 예외가 있지만 해안지역의 개발은 일시적이고 소모성이며, 일반적인 공공성이 가장 먼저 고려되어야 한다는 철학을 받아들이기 위해서는 다음의 다섯 가지 원칙에 대한 인식이 필요하다.[20]

1. 해안침식은 자연재해라기보다는 자연적인 작용이다. 침식문제는 사람들이 해안역에 구조물을 설치했을 때에 발생한다. 해안역은 파도와 이동하는 퇴적물과 관련된 자연적인 작용들이 발생하는 지역이다. 이와 같은 환경은 어떤 자연적 침식량을 갖기 때문에 최상의 토지 이용은 변화와 조화를 이루는 것이다. 이들에는 수영이나 낚시 같은 여가 활동을 포함된다.
2. 어떤 해안구조물도 변화를 야기한다. 해빈 환경은 매우 역동적이다. 자연적인 작용에 대한 어떤 간섭도 다양한 2차적, 3차적인 변화를 가져오고, 이들 중의 많은 것들이 부정적인 결과를 가져올 수 있다. 부정적인 결과는 해안지역을 따라서 퇴적물의 집적지와 흐름에 영향을 주는 방사제와 호안벽과 같은 공학적 구조물이 사용되었을 때에 특히 발생하는 것으로 보인다.
3. 공학적 구조물을 통한 해안지역의 안정화는 공공적인 큰 비용으로 몇몇 사람의 재산을 보호하는 것이다. 해안선을 따라 설치된 공학적 구조물은 흔히 해빈 그 자체가 아니라 개발된 재산을 보호하기 위한 것이다. 해안의 재산을 소유하고 있는 사람들의 관심과 공공의 관심은 서로 일치하지 않으며, 몇몇 사람의 재산을 보호하기 위하여 많은 공적 자금을 사용하는 것은 현명하지 못하다는 것이 주창되어 왔다.
4. 해빈을 보호하기 위하여 설계된 공학적 구조물은 결국에는 해빈을 파괴할 수 있다. 공학적 구조물은 종종 해빈과는 거의 같은 것이 없을 정도로 해빈 환경을 변형시킨다. 예를 들어, 대형 호안벽의 설치는 결국에는 해빈을 좁게 만드는 파도의 회절과 난류를 야기한다.
5. 연안의 공학적 구조물은 한번 건설되면 불가능하지는 않지만 되돌리기 어려운 해안개발의 추세를 만들어 놓는다. 공학적 구조물은 종종 추가적인 개선책과 더 큰 구조물을 필요로 함으로써 비용의 악순환적인 추가를 가져온다. 어떤 지역에서는 구조물의 비용이 결국 해빈 그 자체의 가치를 넘어버리게 된다. 이런 저런 이유 때문에 몇몇

주에서는 최근 해안선을 안정화시키기 위해 계획된 이상의 공학적 구조물을 심각하게 제한하고 있다. 해수면이 지속적으로 상승하고 해안침식이 더욱 광범위하게 진행됨에 따라 문제해결을 위한 비구조적 대안이 호의적인 주목을 지속적으로 받고 있다. 이것은 재정적 필요성과 함께 해안역의 쾌적성이 미래 세대가 향유할 수 있도록 원래 상태로 유지되어야 한다는 인식 때문이다.

만약에 당신이 해안 지역에 땅을 구입하고자 한다면, 다음과 같은 지침을 기억하기 바란다.[21] (1) 해빈과 해안절벽으로부터 적절한 건축선후퇴를 허용해라. (2) 침수를 피하기 위해 해수면 위로 충분히 높은 곳을 선택해라. (3) 악천후, 특히 강한 바람에도 견딜 수 있는 건물을 지어라. (4) 허리케인의 가능성이 있다면 적당한 대피경로가 있는지 확인해라. 땅과 물이 만나는 곳에 부동산을 사는 것은 항상 위험부담이 있음을 기억하라.

요 약

해안 환경은 지구상에서 가장 역동적인 지역이며, 빠른 변화가 규칙적으로 일어나는 곳이다. 사람들은 해안 지역으로 계속 이주하는 경향을 보이고 있어 미국에서는 지금 대략 75%의 인구가 해안에 위치하는 주에 거주하고 있다.

대양의 파도는 바다에서 폭풍에 의해 발생되어 그 에너지를 해안선 위에서 소비한다. 해안선의 불규칙성은 파도에 의한 침식의 지역적 차이를 설명해 준다. 이러한 불규칙성이 해안의 형태를 결정해 주는 대체적인 요인이 된다. 해빈은 대부분 강에 의해 공급되어 해안에 퇴적된 모래와 자갈이 쌓여 형성된 환경이며, 파도의 작용에 의하여 형태를 이룬다. 실제로 해빈은 연안역에 쌓여 있는 부서진 조개껍데기, 산호 또는 화산암편과 같은 느슨한 물질에 의해 형성된다. 어떤 각도를 가지고 해빈에 접근하는 파도는 결과적으로 해빈퇴적물의 연안 이동을 가져온다.

이안류는 수영하는 사람들에게 심각한 재해의 하나로서 미국에서 매년 약 200명이 희생되고 있다. 이안류는 인지되고 피할 수 있는 것으로, 여러분이 공포상태에 빠지지만 않는다면 이안류로부터 빠져나오는 것이 가능하다.

해안침식은 홍수, 지진과 열대성 저기압과 같은 다른 자연재해와 비교해서 상대적으로 적은 재산피해를 입히지만 오대호의 호안을 포함한 미국의 모든 해안을 따라 심각한 문제가 되고 있다. 해안침식에 역할을 하는 요소에는 강의 댐, 대형의 폭풍과 범지구적 해수면의 상승이 포함되어 있다.

호안벽, 방사제, 방파제와 돌제의 건설과 같은 자연적인 해안작용에 대한 인간의 간섭은 때때로 성공적이기도 하지만 많은 경우에 상당한 해안침식을 야기해 왔다. 모래는 구조물의 상류측에 쌓이는 경향이 있으며 하류측에서는 침식되는 경향이 있다. 대부분의 문제는 인구밀도가 높은 지역에서 발생하지만 노스캐롤라이나의 아웃터뱅크를 따라 사람이 거의 살지 않는 지역도 해안침식의 문제를 겪고 있다. 해빈양빈이 해빈을 복원하거나 확장할 목적에는 한정적으로 성공하긴 하였지만 그것이 장기적으로 효과가 있을 것인지는 의문으로 남아 있다.

가장 재앙적인 해안재해를 일으키는 것은 열대성 저기압이다. 태풍이나 허리케인이라고 부르는 열대성 저기압은 강한 바람, 폭풍해일과 홍수를 일으키는 맹렬한 폭풍이다. 이것은 수천의 생명을 계속 앗아가기도 하며 수십억 달러의 재산피해를 야기한다.

해안침식에 의한 재해의 인지는 주로 재해에 대한 개인의 경험과 근접성에 좌우된다. 열대성 저기압에 대한 공동체와 개인의 대응방법은 일반적으로 잠재적 재해를 완화하도록 설계된 보호용 구조물을 설치하여 환경을 변형하는 시도를 하거나 현명한 토지 이용 구획, 대피와 경고체계를 통해 인간 행동의 변화를 유도하는 시도를 하는 것이 있다.

개발지역에서 해안침식에 대응하여 흔히 쓰는 방안은 '기술적인 안정'으로 호안벽, 방사제와 기타 구조물을 설치하거나 또는 최근의 방안으로 해빈양빈을 활용한다. 해빈을 안정화시키기 위한 이러한 접근방법은 '혼성적인 성공'으로 주변 지역에 추가적인 문제를 야기할 수 있다. 공학적 구조물은 매우 비싸며, 유지비가 필요하고 한번 설치하면 제거하기 어렵다. 공학적 구조물의 비용은 결국 보호하려는 재산의 가치를 초과하게 되며, 이러한 구조물은 구하려고 시도되었던 해빈을 파괴하기까지 할 수 있다. 지정된 건축 선후퇴선의 확립과 예측침식률에 의해 결정된 건축허가를 강조하는 신중한 토지 이용 계획이 해안침식의 관리에 결정적 도움이 될 것이다.

기본개념의 재확인

인구 증가

인구밀도가 높은 지역은 대부분 해안 근처에 위치하며 해안 지역에서 인구는 계속 증가할 것으로 예측된다. 결과적으로 해안재해의 잠재적 영향력은 계속 증가할 것이다.

지속 가능성

해안지역은 지구상에서 가장 경관이 우수하고 가치 있는 재산의 일부를 보유하고 있다. 해안역에서 높은 질의 환경을 유지하기 위해서 우리는 미래세대를 위한 해안의 지속가능한 구상안을 개발해야만 한다. 해안을 지속가능하게 유지하는 것은 해안재해와 함께 사는 것을 배우는 것이며, 해안환경의 온전성을 유지하는 토지이용계획을 통하여 해안재해에 대응하는 것이다.

계로서의 지구

해안환경은 급격한 변화가 전형적인 복합시스템이다. 해안환경에서 변화와 함께 사는 것은 필수불가결한 것이다.

위험한 지구작용, 위해성 평가 및 인식

해안 환경에서 가장 흔한 재해는 해안침식과 열대성 저기압과 관련한 침식과 홍수이다. 이러한 재해의 영향력은 해안지대에서 증가하고 있는 개발과 해수면 상승을 일으키는 범지구 기후 변화의 결과로 증대되고 있다. 일반적으로 해안지대에 살고 있는 사람들은 잠재적인 재해에 대해 인식을 하고 있으며, 해안 지역에서 위해성을 평가하고, 인명과 재산피해를 최소화하는 적절한 대응방법에 대해 많은 연구를 하고 있다.

과학지식과 가치

사람들이 해안 환경을 가치 있게 생각하는 것은 명백하다. 해안작용에 관한 과학지식은 상당한 수준에 있으며, 일반적으로 우리는 재해가 어디에서 자주 발생하는지, 잠재적 영향력이 무엇인지 알고 있다. 해안재해를 줄이는 해법은 공학적 구조물을 건설하는 강성적인 것에서부터 피해를 저감하여 해안역에서 함께 살거나 또는 재해에 적응하는 한층 연성적인 방법까지 다양하다. 한편 특정한 지역에서 우리가 선택하는 해법은 우리가 해안지대의 가치를 어떻게 평가하는가에 달려 있다. 예를 들어, 해빈의 주택가가 침식의 위기에 놓여 있다고 할 때에 결국에는 해빈의 손실을 야기하는 호안벽을 건설할 것인가 또는 위험지역에서 육지쪽으로 주택들을 옮기는 선택이 있을 수 있다.

주요 용어

돌제
방사제
방파제
연안퇴적물 이동
열대성 저기압(태풍)
이안류
전이성 산사태
폭풍해일
해빈
해빈 물질수지
해빈양빈
해안절벽
허리케인
호안벽

복습 문제

1. 암석곶에서 파랑의 굴절이 어떻게 한 점으로 파랑에너지가 집중되도록 하는가?
2. 권파와 붕파의 차이점은 무엇인가?
3. 모래의 연안퇴적물 이동작용은 무엇인가?
4. 해안절벽의 침식을 증가시킬 수 있는 인간 활동에는 어떠한 것들이 있는가?
5. 미국의 동부와 서부 해안에서 해안작용과 해빈침식의 중요한 차이점은 어떠한 것들이 있는가?
6. 해안을 안정화시키기 위한 중요한 대책들은 무엇인가? 특정한 상황에서 더 적합한 것은 어떤 것이 있으며, 왜 그러한가?
7. 호안벽과 방사제는 무엇을 말하는가? 또 이들은 왜 설치되는가? 침식과 해안작용에 대한 이들의 효과는 무엇인가?
8. 허리케인의 형성에 중요한 작용은 무엇인가?
9. 해빈양빈의 과정은 무엇이며, 그 목적은 무엇인가?
10. 오대호에서 침식문제를 야기하는 중요한 요인은 무엇인가?
11. 폭풍해일은 무엇이며, 어떻게 발생하는가?
12. 해안침식에 대한 세 가지 중요한 적응방안은 무엇인가?
13. 우리가 해안침식을 조절하기 보다는 함께 살기로 선택하였다면 받아들여야 하는 다섯 가지 일반원칙은 무엇인가?

심화 문제

1. 여러분은 인간 활동이 해안침식 문제를 증가시킨다고 생각하는가? 여러분의 가설을 시험할 수 있는 연구프로그램의 윤곽을 구성해 보라.
2. 예외적으로 필수적인 것을 제외하고 해안지역에 있는 모든 구조물은 임시적이며 소모성인 것으로 간주되어야 하며, 해안지역에서 어떠한 개발도 해안가를 개발하였던 몇 사람보다는 공공의 이익에 최고의 가치를 두어야만 한다는 성명에 대하여 당신은 동의하는가 또는 동의하지 않는가? 당신의 입장에 대해 설명하라.
3. 해빈공원에서 해안침식이 일어나고 있다. 어떤 사람들은 식당, 주차장, 옥외 화장실과 잔디를 가지고 있는 공원을 조금도 잃지 않기 위해서 엄청난 경비를 들여서라도 보호하기를 원한다. 그것은 호안벽과 같은 강성안정화를 요구하는 것이다. 다른 사람들은 모래해빈을 유지하면서 침식에 대하여 보다 유연한 방안을 모색하기를 원한다. 그들은 모래양빈과 계획적인 해안선 후퇴에 대하여 논란을 벌린다. 각 입장에 대한 찬반양론을 제시해 보라. 두 입장을 동시에 고려할 수 있겠는가?

제 11 장

외계 천체의 충돌

Frank Spera의 도움으로

학습 목표

우주 물체와 지구의 충돌 사건은 지구의 탄생 이후 계속되어 왔다. 이러한 충돌 사건은 공룡과 같은 많은 종의 생물들을 멸종시켰다. 소행성과 혜성 그리고 유성체의 충돌 위험은 오늘날에도 계속되고 있다. 이 장의 학습 목표는 다음과 같다.

- 소행성, 유성체 그리고 혜성의 차이점을 안다.
- 공중 폭발과 충돌 구덩이의 물리적 생성 과정을 이해한다.
- 여러 가지 대량 멸종의 원인을 이해한다.
- 후기 백악기의 대량 멸종과 관련한 외계 천체의 충돌이론의 증거를 안다.
- 대형 소행성 또는 혜성 충돌로 발생하는 물리적, 화학적, 생물학적 결과를 안다.
- 외계 천체의 충돌 또는 공중 폭발의 위험성과 이를 최소화시키는 방법을 이해한다.

시베리아의 충돌 사건 시베리아 상공 수km에서 지름 약 30m 소행성이 공중 폭발(TNT 10메가톤급)한 퉁구스카 사건의 상상도. 이 폭발로 2,000km^2 이상의 산림지대가 불타고 황폐화되었다. (© *Joe Tucciarone*)

사례 연구 | 퉁구스카 사건

1908년 6월 30일 오전 7시가 막 지날 무렵, 시베리아 하늘에 벌겋게 타는 꼬리를 가진 청백색의 화구가 떨어지는 모습이 목격되었다. 이 불덩어리는 사람이 거의 살지 않는 숲으로 덮힌 퉁구스카 강의 상공에서 폭발하였다. 이 폭발의 위력은 이후에 10개의 수소폭탄과 동일한 TNT 10메가톤 급의 폭발로 계산되었다. 비록 이 사건을 가까이에서 목격한 사람은 극소수이나, 폭발소리는 수백km로 퍼져나갔으며, 전 유럽의 기상관측소에서 폭풍파가 기록되었다. 이 어마어마한 폭풍은 2,000km^{2}가 넘는 지역의 산림지대를 태우고 파괴시켰다(그림 11.1).

소수의 목격자 중 한 사람인 폭풍 지역의 한 목축업자는 지상이 완전히 황폐화되는 모습을 목격하였으며, 자신의 오두막이 쓰러지고 지붕이 날아가 버리는 것을 경험하였다. 폭발 지점에서 수십km 떨어진 곳에 있던 또 다른 목격자들은 강한 바람에 공중으로 날아가 정신을 잃었으며, 이들이 정신을 차렸을 때는 지상으로 불어닥친 폭풍에 의해 숲은 불타 연기로 가득 차 있었음을 증언하였다.

이 폭발이 일어난 시기의 러시아는 정치상황이 격변기였기 때문에 퉁구스카 사건에 대한 즉각적인 조사는 실시되지 못하였으며, 1924년에 와서야 그 지역 지질학자들에 의해 생존 목격자들과의 면담조사가 이루어져 최소한 100만km^2 지역의 사람들이 폭발소리를 들었으며, 수백 명의 사람들이 화구를 목격하였음을 밝혀내었다. 1927년에는 러시아 과학자들이 현장에 도착하여 소행성의 충돌에 의한 충돌 구덩이를 찾기 시작하였다. 그러나 그들은 구덩이를 찾지 못하였으며, 지상 약 7km 상공에서 소행성이 공중폭발하여 재앙이 발생한 것으로 결론지었다. 이후 폭발한 소행성의 지름은 약 25~50m인 것으로 계산되었으며, 상대적으로 부서지기 쉬운 석질 물질로 구성되었을 것으로 결론지었다.[1,2]

퉁구스카 사건이 사람이 거의 살지 않는 수풀지역에서 발생하였음은 인간에게는 행운이었다. 만약 이 폭발이 런던, 파리 또는 도쿄와 같은 대도시에 발생하였다면, 수백만 명

그림 11.1 1908년 시베리아의 퉁구스카 사건 소행성의 공중폭발로 약 2,000km^{2}가 넘는 산림지대의 나무들이 쓰러진 장면. (© *AP/Wide World Photos*)

의 사람들이 목숨을 잃었을 것이다. 퉁구스카와 같은 사건은 수천 년 단위로 한 번씩 발생하는 것으로 알려져 있다.[3] 한편, 소행성과 지구가 충돌할 뻔하였던 위험천만한 사건은 2004년 3월에도 발생하였다. 이 사건은 세계적으로 널리 기사화된 사건으로 직경이 30m인 소행성이 지구와 약 43,000m의 거리를 두고 지구와 달 사이로 지나간 사건이다.*

* 지구 근접 천체에 관하여 자세히 알고 싶으면 대화형 웹사이트인 http://neo.jpl.nasa.gov를 참고하라.

11.1 우주에서 지구의 위치

제1장에서는 우주와 지구의 기원에 대한 역사를 간단히 소개한 바 있으며, 독자들은 그 내용을 복습해 주길 바란다. 우주와 지구의 초기 역사는 장대한 것으로 오늘날 신비로움의 실체가 많이 밝혀졌으나 그 경이로움은 여전히 남아 있다. 우리 삶의 터전인 지구가 불모지의 무생물 행성에서 어떻게 생명체가 충만한 행성(그림 11.2)으로 진화해 왔는가에 대한 이야기는 계속적으로 반복된 우주 천체의 충돌로 인한 하나의 드라마 같은 변화의 이야기이다.[4,5]

소행성, 유성체 그리고 혜성

태양계에는 지름이 1mm가 안 되는 먼지에서 10m에서부터 1,000km까지의 지름을 가지는

그림 11.2 달에서 본 지구 지구는 무생물의 달과 비교되는 살아 있는 푸른 행성이다. (© *World Perspectives/Stone/Getty Images*)

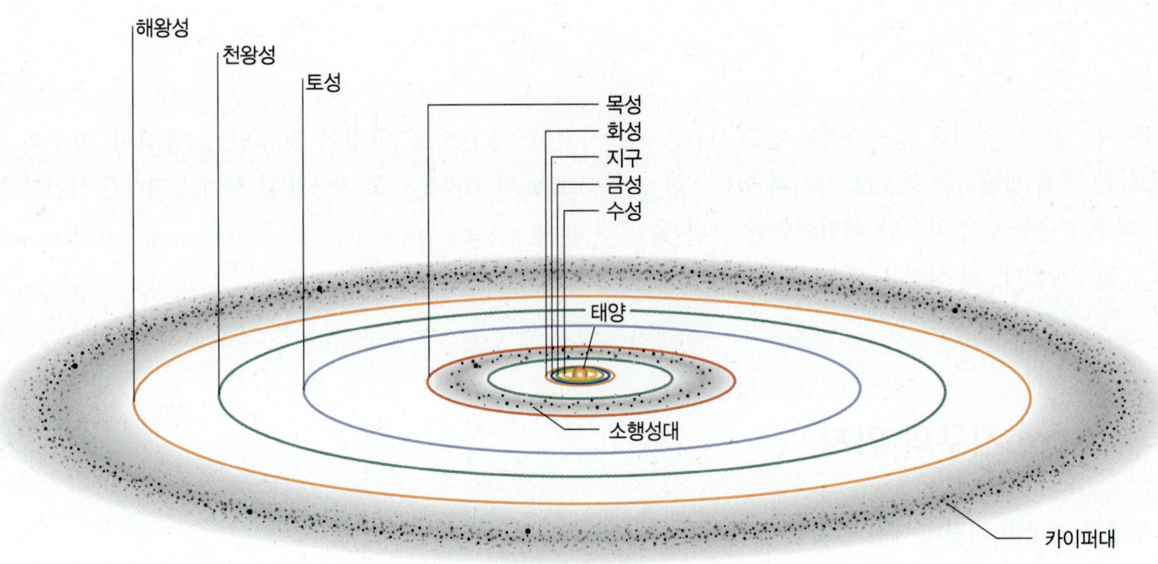

그림 11.3 태양계. 카이퍼대와 소행성대를 보여주는 태양 행성계의 모식도. 오르트 구름은 너무 멀리 있어 그림에 나타나지 않는다. 행성궤도는 실제 축척이 아님. (*Marshak, S. 2001.* Earth. *W.W. Norton & Co. New York*)

소행성과 같은 거대 덩어리까지 수조 개의 입자들이 존재하고 있다. 대부분의 **소행성**(asteroid)들은 화성과 목성 사이의 소행성대에서 발견된다(그림 11.3). 소행성은 석질, 금속질 또는 석질과 금속질의 혼합체로 구성되며, 소행성대를 벗어나지 않으면 지구를 위협하지 않는다. 그러나 불행하게도 소행성들이 운동하다 서로 충동하게 되면, 일부 소행성의 궤도는 지구의 궤도와 교차되게 된다. 소행성이 충돌하여 더 작은 크기로 깨어진 것을 **유성체**(meteoroid)라 하며(표 11.1), 그 크기는 먼지 크기에서 지름 수m의 것도 있다. 유성체가 지구 대기권으로 진입하면 유성이라 하며, 대기권을 통과하면 마찰열로 대기가 가열되어 별똥별이라 불리는 밝은 빛줄기를 발산한다. 또한 때때로 수많은 유성들이 떨어져 유성우를 만들기도 한다.

지름 수m에서 수백km의 크기를 가지는 **혜성**(comet) 또한 때때로 지구궤도와 교차한다. 혜성은 석질 핵과 이를 둘러싸고 덮고 있는 얼음과 탄소질 먼지로 구성되는 것으로 알려져 있다. 혜성은 태양과 지구 사이 거리의 50,000배가 넘는 거리에 위치하고 있는 태양계의 바깥 부분인 해왕성 너머 카이퍼대 또는 오르트 구름에서 기원된 것으로 알려져 있다(그림 11.3). 그림 11.4는 1997년 지구에서 관측된 헤일-밥 혜성으로서, 태양으로 접근해 옴에 따라 가열되어 가스와 먼지가 방출되어 특징적인 꼬리를 뿜어내고 있다.

지구의 진화 초기에는 수많은 소행성과 혜성의 충돌이 일어났으며, 이를 통하여 지구는 오늘날의 크기로 성장하였다. 소행성과 혜성 속에 포함된 물은 지질시대 동안 계속된 충돌로 인해 지구로 운반되었으며, 이후 화산 활동에 의한 탈가스 현상으로 해양이 만들어지게 되었다.

11.2 공중폭발과 충돌

소행성, 혜성 및 유성체가 지구 대기권으로 진입할 때, 약 12~72km/sec의 속도를 가진다.[1] 라이플 소총에서 발사된 총알이 초속 약 1.5km/sec의 속도를 가짐을 감안하면 엄청나게 빠른 속도이다. 소행성과 유성체의 조성은 다양하다(표 11.1). 일부는 탄소질 물질을 포함하며 철과 니켈과 같은 자연금속으로만 구성되기도 한다. 또한 화성암에서 흔히 나타나는 감람석, 휘석과 같은 규산염 광물로 구성된 석질의 소행성과 유성체도 있다. 석질 소행성과 유성체는 분화된 것으로 취급되며, 이는 지질학적 변화과정인 화성작용 그리고 일부 변성작용을 받았음을 의미한다. 앞서 언급한 바와 같이, 유성체와 소행성은 화성과 목성 사이의 소행성대에서 유래된 반면, 혜성은 카이퍼대 또는 오르트 구름에서 유래되었다. 그러나 기원지와 무관하게 대기권에 진입하는 모든 유성체, 소행성 그리고 혜성은 하강하면서 마찰열에 의해 가열되어 변화를 겪으며 밝은 빛을 발산한다. 만약 이들이 지구와 실제로 충돌하면, 이를 **운석**(meteorite)이라 하며, 특히 남극을 비롯하여 전 세계에서 많은 운석들이 채취되었다. 그림 11.5는 지표 약 85km 상공의 대기권으로 진입하는 유성체에 대한 가상의 상황을 도시하였다. 먼저, 유성체는 대기권에 진입하면 유성으로 바뀌며 빛을 발산한다. 그리고 약 12~50km 사이 고도의 대기권에서 공중폭발하거나 또는 지구와 충돌하여 운석이 될 것이다. 이 장의 사례에서 살펴본 퉁구스카 사건은 하나의 거대한 공중폭발의 사례이나, 운석 충돌 구덩이도 지표에서 많이 확인되고 있으며, 그 수는 100개 이상이다.

표 11.1 소행성과 이와 관련한 외계 천체

종류	지름	구성 물질	비고
소행성	10m~1,000km	금속질 또는 석질	금속질 또는 석질이면, 지구와 충돌할 수 있음. 만약 약하거나 부서지기 쉬운 것은 수km에서 수백km 상공에서 폭발함. 대부분 화성과 목성 사이의 소행성대에서 유래됨
혜성	수m~수백km	물 또는/그리고 이산화탄소의 동결체 그리고 작은 암편과 먼지, 함진 눈덩이(dirty snow-ball), 핵은 암편으로 둘러싸인 얼음	약하고 기공이 많은 경우에는 대부분 수km에서 수백km 상공에서 폭발함. 태양으로부터 50,000AU[1] 거리에 있는 태양계 외곽의 오르트 구름 또는 카이퍼대에서 대부분 유래됨. 혜성꼬리는 얼음이 가스와 먼지로 승화된 것임
유성체	먼지 크기~10m 이하	석질, 금속질 또는 탄소질 (탄소를 포함)	대부분 소행성 또는 혜성들의 충돌에 의해 기원됨. 단단하거나 매우 약한 다양한 물성을 가짐
유성	먼지 크기~수cm	석질, 금속질, 탄소질 또는 얼음	대기권에서 파괴되며 마찰열로 가열되어 별똥별과 같은 밝은 빛줄기를 만듦
운석	먼지 크기~소행성 크기	석질 또는 금속질	실제로 지구표면에 충돌한 외계 천체. 가장 흔히 나타나는 석질운석을 구립운석(chondrite)이라 함[2]

1 1AU는 지구와 태양 사이의 거리로서 약 1억 5,000만km에 해당됨

2 다양한 콘트라이트 운석이 존재하며 구상체를 함유함. 구상체는 유리질 또는 결정질의 소형(1mm 이하) 구형 포획체로 행성이 만들어질 때 생성됨

출처: Rubin, A. F. 2002. *Disturbing the solar system*. Princeton, NJ: Princeton University Press.

그림 11.4 1997년 헤일-밥 혜성
(© *Aaron Horowitz/Corbis*)

충돌 구덩이

외계 천체가 지표와 충돌한 가장 직접적이며 확실한 증거는 충돌 구덩이의 연구에서 얻을 수 있다. 미국에서 가장 유명한 약 50,000년의 연령을 가지는 애리조나 주의 베링거 운석구(그림 11.6a)는 사발모양의 함몰지와 가장자리의 융기부가 매우 잘 보존되어 있는 전형적인 충돌 구덩이이다. 충돌로 인해 구덩이 외곽으로 분출된 암설층이 구덩이의 가장자리에 피복됨으로써 오늘날 이곳에는 낮은 구릉지가 관찰된다. 그림 11.6b는 구덩이가 충돌 이후 부분적으로 함몰되고 구덩이 내부에 퇴적물이 쌓여 최초 충돌 구덩이에 비해 얕은 깊이를 가지는 현재의 구덩이 단면을 보여준다. 소행성과 충돌한 암석은 분쇄되고 변형되어 충돌 시 만들어진 각진 암석조각들의 각력암으로 변화된다. 베링거 운석구는 약 1.2km의 반지름과 180m의 깊이를 가지며, 가장자리는 주변 지형에 비해 약 260m 솟아 있다. 19세기 후반에 미국인들이 베링거 운석구를 처음 발견하였을 때는 그 기원에 대하여 격렬한 논쟁이 있었다. 아이러니하게도, 달에서 관찰된 구덩이들의 대부분이 충돌에 의한 구덩이임을 주장한 당시의 유명한 지질학자 길버트는 정작 베링거 운석구는 운석충돌의 결과임을 믿지 않았다. 이후 상세한 조사와 연구를 통해 결국 베링거 운석구는 지름이 약 25~50m인 소규모 소행성이 충돌한 결과임이 확인되었다.[6]

충돌에 의해 만들어지는 구덩이는 화산 활동과 같은 다른 과정에 의해 만들어지는 구덩이, 즉 분화구와는 차이가 있다. 운석충돌은 극단적으로 높은 속도, 에너지, 압력 그리고 온도를 발생시키기 때문에 일반적인 지질학적 사건에서는 이러한 현상이 만들어지지 않는다. 충돌로 발생하는 에너지의 대부분은 운동에너지로서, 지구와 충돌할 때 지하로 퍼져가

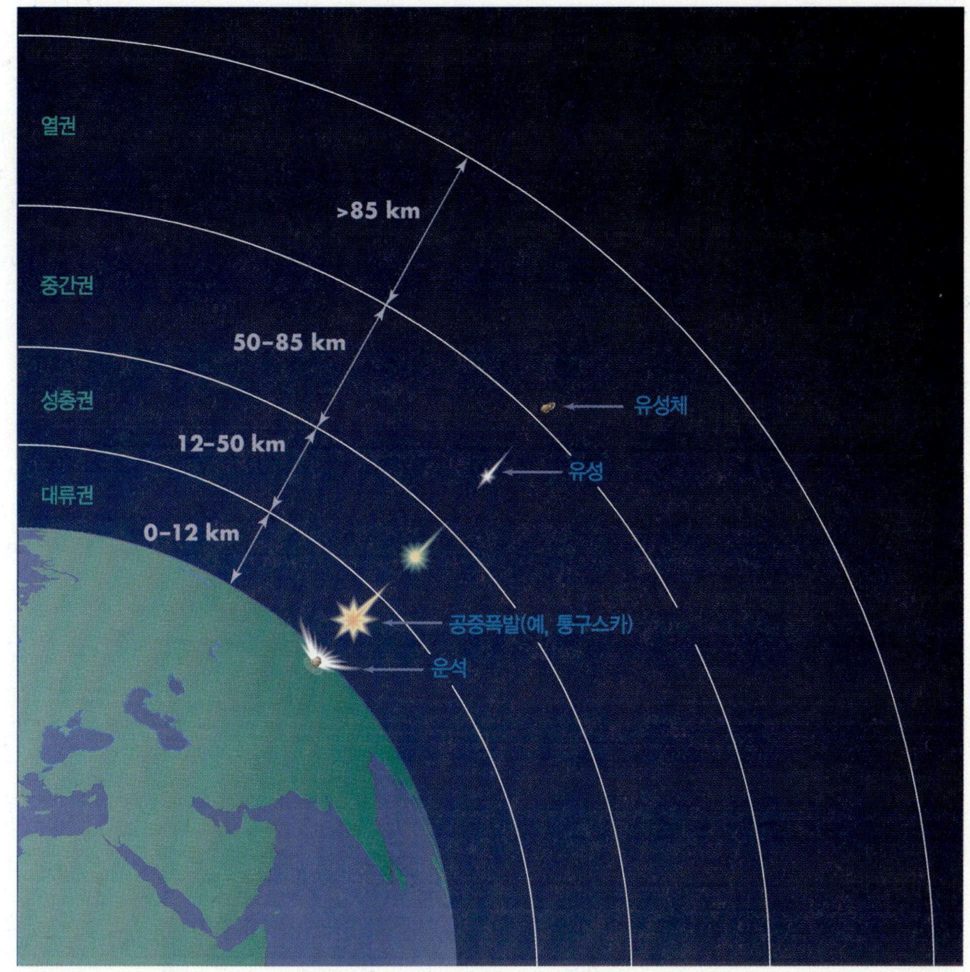

그림 11.5 유성체 지구 대기권으로 진입하는 유성체를 보여주는 모식도. 유성체는 유성이 되어 공중폭발하거나 지구 표면과 직접 충돌할 수도 있다. (*R. Baldini:http://www-th.bo.infn.it/tunguska/impact/fig1_2.jpg*)

는 충격파로 바뀐다. 충격파는 지표 물질에 압력을 가하고 온도를 높이며 용융시키고 구멍을 뚫는다. 이를 통해 운동에너지는 지표에 구덩이를 형성한다. 충격에너지는 충돌지점의 일부 암석을 변성시킬 수도 있으며, 경우에 따라서는 암석이 용융되거나 기화되어 충돌한 물질과 섞이기도 한다. 충돌에 의한 변성작용으로 석영과 같은 광물들은 대부분 고압형 광물로 변화된다. 이러한 광물의 변화는 운석충돌의 특징으로서 그 기원을 확인하는 데 있어 매우 중요한 지시자가 된다. 수km 지름의 전형적인 소규모 구덩이의 형성과정을 그림 11.7a에 도시하였다. 기화, 용융, 분쇄물의 분사와 퇴적 그리고 구덩이 내부로 퇴적물이 다시 채워지는 과정은 더 크고 복잡한 구덩이에서도 동일하게 발생할 수 있으나, 큰 구덩이의 경우에는 구덩이의 모양이 상당히 달라질 수도 있다(그림 11.7b). 규모가 큰 구덩이는 충돌 이후 수 초에서 수 분 만에 수십km에서 100km 이상의 지름으로 복잡하게 성장할 수 있다. 즉 가장자리는 거의 완전히 붕괴되고 구덩이의 중앙부가 융기될 수도 있다. 일반적으로 지름이 약 6km 이상인 구덩이는 복잡한 양상을 보이는 반면, 보다 작을 경우에는 비교적 단순한 것이 특징이다.

지질학적으로 오래된 구덩이는 충돌 이후에 침식되고 퇴적물이 다시 채워지기 때문에 그 존재를 확인하는 데 어려움이 있다. 예를 들어, 시추와 지하영상 자료들은 체스피크 만 아래에 지름이 약 85km인 충돌 구덩이가 존재하고 있음을 알려준다(그림 11.8). 그러나 현

(a)

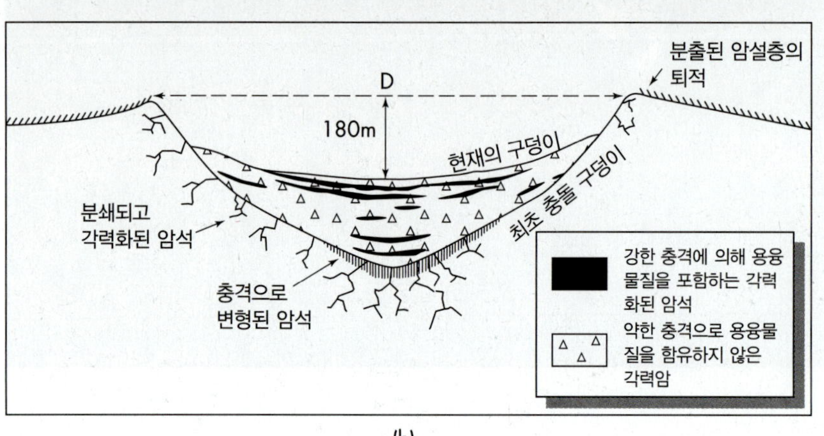

(b)

그림 11.6 애리조나의 구덩이 (a) 애리조나 주의 베링거 운석구(약 50,000년 연령). 이 구덩이는 약 1.2km 지름과 180m 깊이를 가진다. (*© Charles O'Rear/Corbis*) (b) 베링거 구덩이의 지질학적 특징을 보여주는 그림. (*Grieve, R., and Cintala, M. 1999. Planetary impacts. In Weissman, P. R., McFaddden L., and Johnson, T. V. (eds.) Encyclopedia of the solar system, San Diego, CA: Academic Press*)

재 약 1km 두께의 퇴적물이 이를 피복하고 있다. 이 구덩이는 지름 약 3~5km인 혜성 또는 소행성이 약 3,500만 년 전에 충돌한 결과로서,[7] 이곳에 만이 형성된 이유도 매몰된 구덩이 위의 퇴적물 하중에 의한 압축작용과 단층운동과 부분적으로 관련된다.

침식된 과거 충돌 구덩이의 좋은 사례는 캐나다 퀘벡 근처에서 발견된다. 약 70km를 가로지르는 고리형의 호수는 충돌에 의해 만들어진 각력암의 침식에 의해 만들어졌다(그림 11.9). 이 구덩이의 총 지름은 약 100km이다.[8]

원격탐사를 통한 충돌 구덩이에 관한 자세한 연구는 주로 달과 화성에 나타나는 구덩이의 특징을 연구하는 데 수행되고 있다. 충돌 구덩이는 지구에 비해 달에서 아주 흔하게 관찰되는데, 이는 소규모 외계 천체들이 지구 대기권에 진입할 경우에는 지표에 도달하기 전에 대부분 가열되어 분해되기 때문이다. 달과 화성을 대상으로 실시된 충돌 특징에 관한 연구들은 오늘날 외계 천체의 충돌과정과 충돌로 인해 나타나는 지표면의 특징을 이해하는 우리의 지식을 매우 폭넓게 하고 있다.

1993년 처음 발견된 슈메이커-레비 혜성은 지금까지 인간이 목격한 것 중 가장 엄청난 충돌장면을 1994년 초에 생생하게 보여주었다. 이 혜성은 보기 드물게 밝게 빛나는 꼬리를

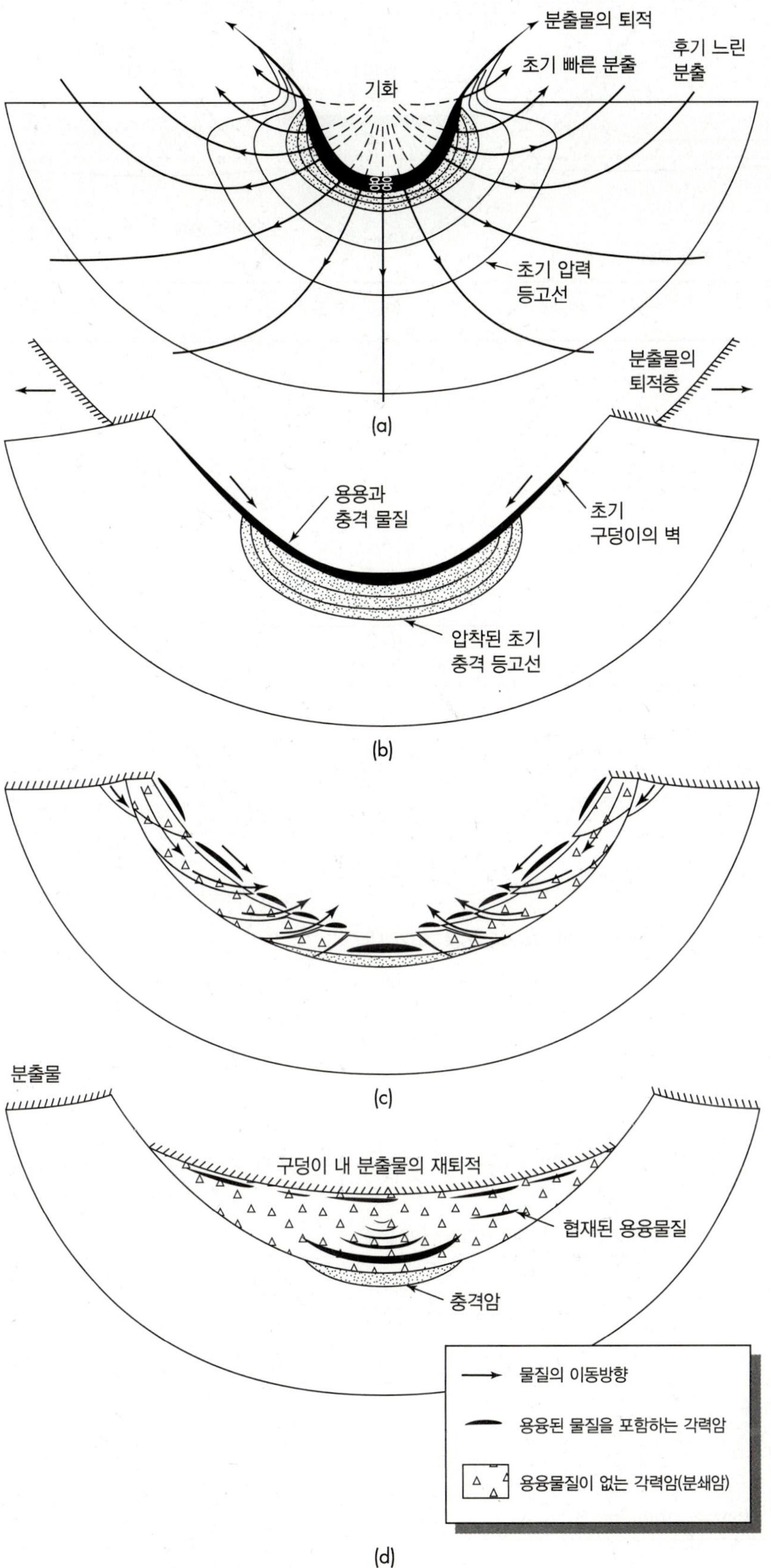

그림 11.7a 소규모 단순 구덩이 수 초에서 수 분 내에 생성되는 소규모 구덩이의 발달과정을 보여주는 모식도. (*Grieve, R., and Cintala, M. 1999.* Planetary impacts. *In Weissman, P. R., McFaddden, L., and Johnson, T. V. (eds.)* Encyclopedia of the solar system. *San Diego, CA: Academic Press*)

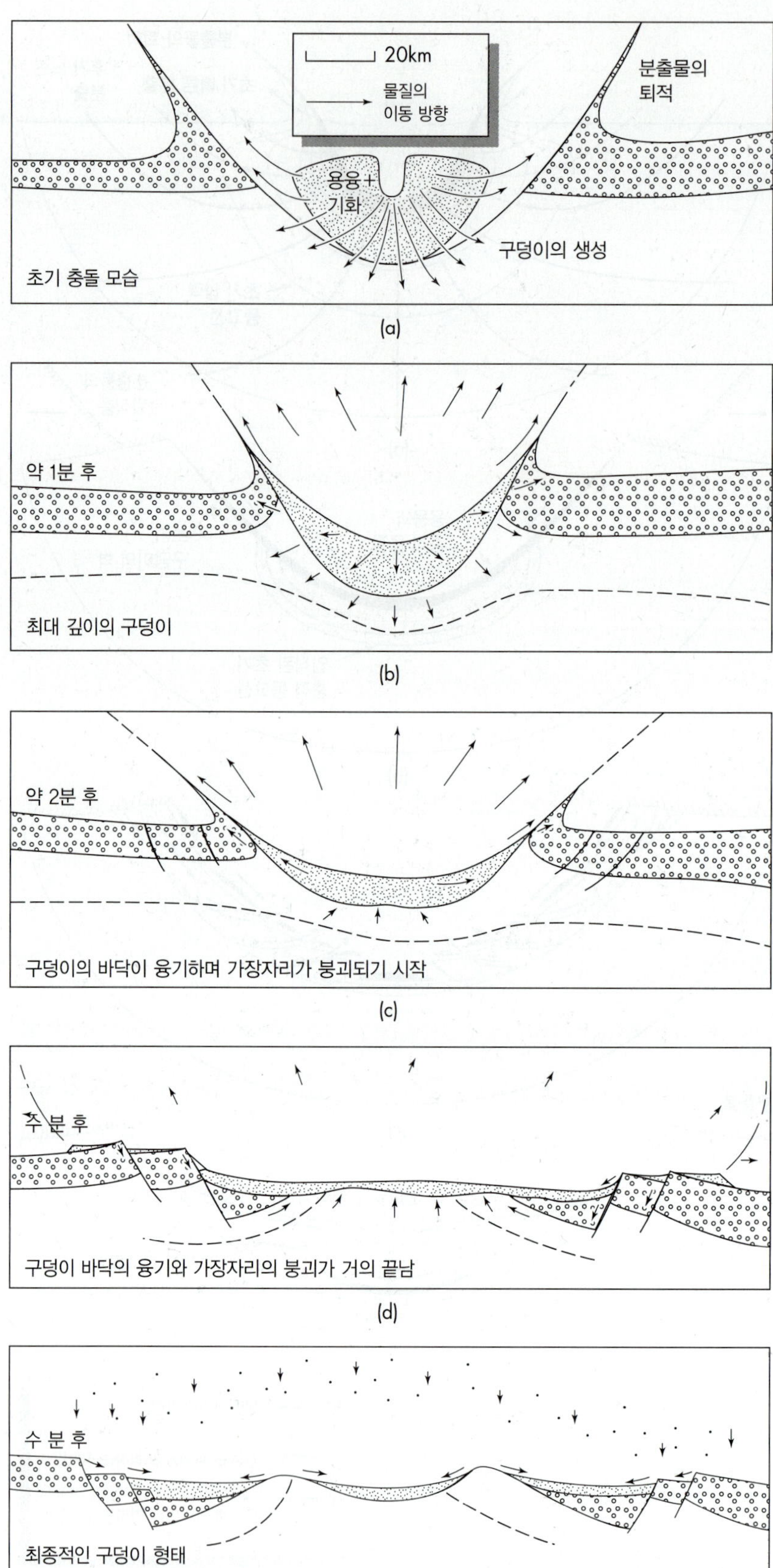

그림 11.7b 대규모 복합 구덩이 수 분 동안에 생성되는 대규모 복합 구덩이의 발달과정을 보여주는 모식도. (*Grieve, R., and Cintala, M. 1999.* Planetary impacts. *In Weissman, P. R., McFaddden, L., and Johnson, T. V. (eds.)* Encyclopedia of the solar system. *San Diego, CA: Academic Press*)

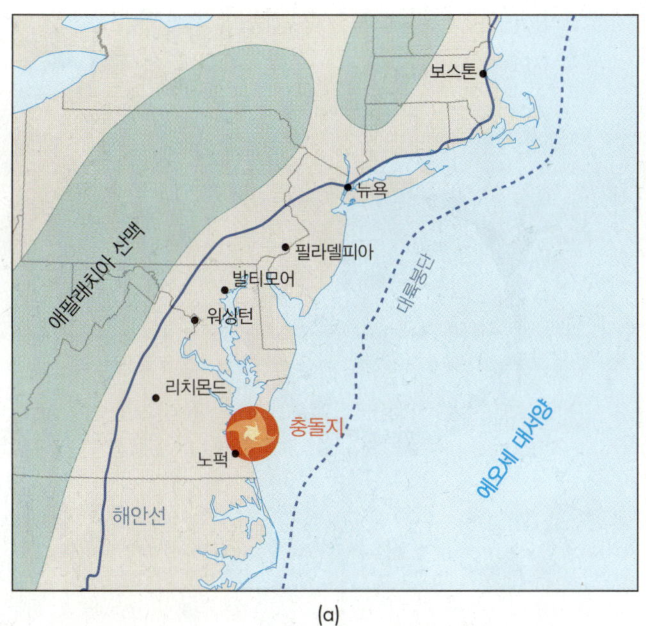

(a)

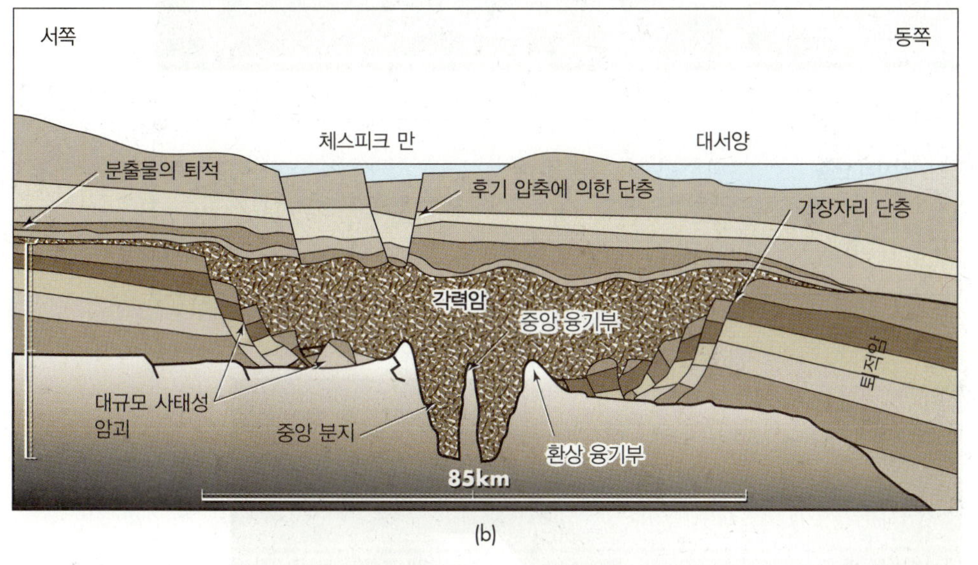

(b)

그림 11.8 체스피크 만 약 3,500만 년 전에 만들어진 체스피크 만의 운석충돌 구조를 보여주는 지도와 모식도. (*Williams, S., Barnes, P., and Prager, E. J. 2000. USGS Circular 1199*)

가진 여러 조각의 혜성들로 나누어지는 양상을 보여줘 하나의 기형적인 혜성으로 기록되고 있다. 이 혜성은 목성과 태양 사이를 선회하는 약 50개의 목성족 혜성 중 하나로서, 목성 근처를 지나다가 조석력에 의해 한 줄로 꿰어 놓은 진주 같이 21개 조각으로 나누어졌다. 이 혜성 조각들은 약 60km/sec의 속도로 목성의 대기권에 진입하며 폭발하면서, 작은 것은 10,000메가톤 단위의, 그리고 큰 것은 100,000메가톤 단위의 에너지를 발산하였다(그림 11.10). 방출된 전체 에너지양은 지구 전체의 핵무기를 한꺼번에 폭발할 때 방출되는 에너지보다 더 큰 것으로 계산되었다. 뜨겁고 응축된 가스는 폭발하여 목성 대기권의 상층부를 향하여 약 10km/sec의 속도로 격렬하게 방출되어 퍼져나갔다. 큰 혜성 조각의 충돌의 경우 방출되는 가스 기둥은 3,000km 이상 치솟았으며, 충돌지점에는 지구의 지름보다 큰 엄청난 불꽃 고리가 만들어졌다. 이는 천문학자들에게는 진정 잊지 못할 사건이었으며, 언젠가 지구에도 일어날 수 있는 외계 천체의 충돌을 고심하고 있는 사람들에게는 정신이 번

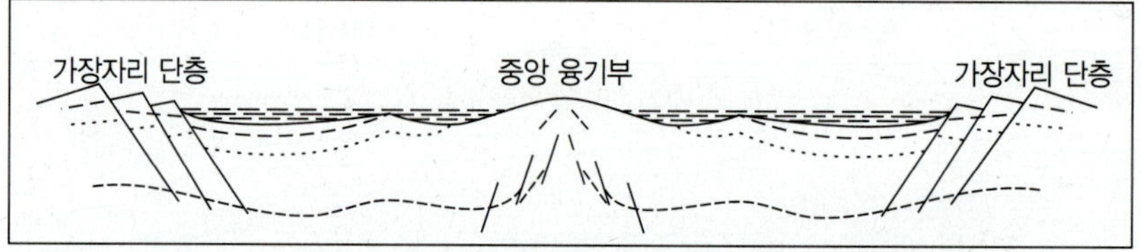

그림 11.9 캐나다의 운석충돌 구조 캐나다 퀘벡의 매니코건 운석충돌 구조를 보여주는 위성사진과 모식단면도. (*NASA*)

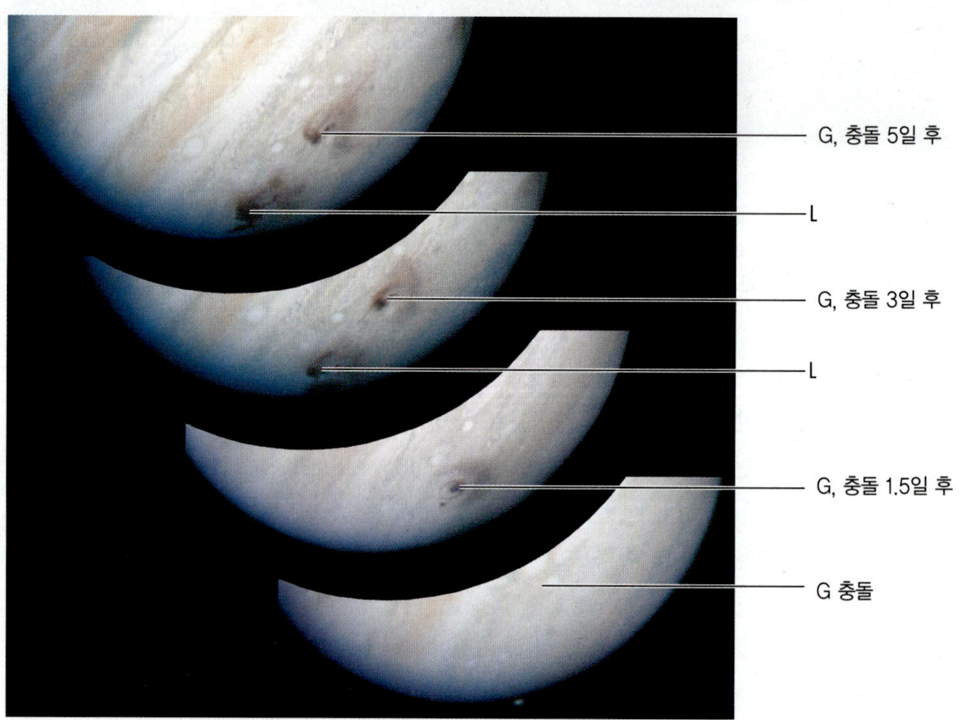

그림 11.10 목성에서의 혜성 충돌 모습 '진주 목걸이' 형태로 목성에 충돌하는 슈메이커-레비 9G 혜성. (*R. Evans, J. Trauger, H. Hammel and the HST Comet Science Team/NASA*)

적 들게 하는 대사건이었다.[2]

이와 같이 목성과 조각난 혜성의 충돌사건을 목격하고 애리조나 주의 베링거 구덩이 등 지구에 존재하는 몇 개의 구덩이들을 연구하면서, 우리는 외계 천체의 충돌에 의해 지구에 대재앙이 발생할 수 있음을 지금은 받아들이고 있다. 퉁구스카 사건이 발생했을 때, 이를 설명하기 위해 핵폭발이나 외계인의 침공과 같은 괴상한 생각을 한 적도 있다. 지구에 소행성이나 혜성이 충돌하면 지구 생명체의 멸종과 같은 대재앙이 발생할 수 있다는 생각은 아주 최근까지지도 과학자들에 의해 강력히 부인되었다.

11.3 대량멸종

대량멸종은 새로이 출현하는 종의 수에 비해 상대적으로 매우 많은 수의 동식물 종이 갑작스럽게 사라지는 사건으로 특징된다.[9] 지질계통표는 기본적으로 화석과 서로 다른 종의 출현과 소멸을 근거로 만들어졌기 때문에, 그림 1.A와 표 1.1에서 나타나는 지질계통표의 지질시대 경계는 대량멸종 사건들의 시기와 대비될 수 있다. 대량멸종 사건의 원인을 설명하기 위해 여러 가지의 가설들이 제시되었다. 즉 (1) 상대적으로 빠른 기후 변화, (2) 판구조운동, 즉 대륙들의 분포를 좌우하는 상대적으로 느린 판의 운동에 의한 대륙의 위치에 따른 환경 변화, (3) 초대형 화산 활동으로 방출되는 엄청난 양의 화산재에 의한 기후 변화, (4) 대형 외계 천체의 충돌사건 등.

지구역사에서 지난 5억 5,000만 년 동안 6번의 주요 대량멸종 사건이 발생하였다. 이 중 앞의 네 번의 경우는 원인이 소행성 또는 혜성의 충돌인가를 밝히기 위해 현재 연구가 활발히 진행되고 있으며, 멸종 사건의 시기를 알아내는 방법(연령측정법)이 개선되면 이러한 사건이 얼마나 빠른 시간에 진행되었는지를 더욱 정확히 알아낼 수 있을 것이다. 짧은 시간 동안의 멸종 사건은 그 원인이 외계 천체의 충돌일 가능성이 높다.

첫 번째 멸종 사건은 오르도비스기 말경인 약 4억 4,300만 년 전에 발생하였다. 이 멸종 사건의 원인에 관해서는 비록 알려진 사실이 많지는 않지만, 전 지구적인 냉각과 관련될 가능성이 높다. 이 기간 중에 약 100과(科)와 이와 수반된 생물 종들이 사라졌다. 다음의 멸종 사건은 약 9,000만 년 이후 데본기 말경에 발생하였으며, 해양 무척추동물 종의 약 70%가 지구상에서 사라졌다. 이 또한 전 지구적인 기후 변화 및 냉각과 관련되는 것으로 여겨진다. 세 번째 멸종사건은 페름기 말경 약 2억 4,500만 년 전에 발생하였으며, 해양 생물종의 약 95%가 사라졌다. 페름기와 트라이아스기 사이에 충돌 사건이 발생했는가에 대해서는 현재 논쟁이 되고 있고, 약 700만 년에 걸쳐 이 대량멸종 사건이 진행된 것으로 믿고 있으며, 극심한 기후 변화를 동반한 전 지구적인 냉각과 뒤이은 빠른 온도 상승이 원인인 것으로 생각되고 있다. 또한 이 기간에는 화산 활동이 매우 활발했기 때문에, 이로 인해 엄청난 양의 화산재와 가스가 대기권을 감싸 지구가 냉각되었을 수도 있다. 백악기 말(K-T 경계)에는 또 다른 대량멸종 사건이 발생하였다. 이 사건은 매우 갑작스럽게 발생하였으며, 거대한 소행성의 충돌이 원인이라는 많은 증거들이 제시되어 있다. 약 3,500만 년 전 에오세 말경에도 멸종 사건이 발생하였다. 당시에 소행성 혹은 혜성이 충돌하였다는 일부 제한된 증거가 있으나, 많은 과학자들은 이 사건은 약 4,000만 년에서 3,000만 년 전 사이에 발생한 지구냉각과 빙하작용이 원인인 것으로 생각하고 있다. 마지막으로 플라이스토세 말경에서 현재에 이르기까지 포유동물, 파충류, 조류, 어류 그리고 식물 등의 멸종이 진행되고 있다. 이 사건은 석기시대 이후의 과도한 사냥이 부분적인 원인이 될 수 있다. 그러나 북아메리카 대륙에 서식하던 거대 포유류가 많이 사라진 경우는 과도한 사냥보다는 자연재앙인 후기 플라이스토세의 충돌사건이 보다 중요한 원인일 수 있다. 최근 약 200년 동안은 과도한 개발과 산림벌채 그리고 화학물질의 사용으로 생물의 생존환경이 파괴되고 있으며 이는 오늘날 진행되는 멸종의 원인이 되고 있다.[9]

이들 멸종 사건 중 일부는 기후 변화와 관련되는 것으로 여겨지지만, K-T 경계인 약 6,500만 년 전에 발생한 대량멸종 사건은 그 원인이 외계 천체의 충돌임이 잘 정립되어 있다. K-T 멸종 사건은 약 1억 년 이상 지구 먹이사슬의 정점에 있었던 공룡들을 멸종시켰으며, 이들의 종말은 작은 크기의 포유류가 인간을 포함한 다양한 종들로 진화하고 영역을 확장하는 계기가 되었다. 오늘날 인간은 거의 모든 육지에서 살아가고 있으며, 이와 유사한 진화과정은 전 세계 해양에서도 진행되고 있다. 다음은 K-T 멸종과 원인이 되는 운석충돌설에 대하여 더욱 자세히 소개하기로 한다.

백악기 후기 : K-T 경계의 대멸종 사건

지난 50년 동안의 중요한 지질학적 탐구 내용 중 하나는 K-T 대량멸종 사건에 대한 연구 결과이다. 오늘날 과학자들은 6,500만 년 전에 지름 약 10km의 혜성 또는 소행성이 현재의 유카탄 반도 근처에서 지구와 충돌하였다고 믿고 있다. 이 사건은 지구역사를 완전히 바꾸어 버렸다. 지구의 지형변화는 거의 발생하지 않았으나, 충돌 사건 이후 서식생물군은 판이하게 바뀌었다. 공룡이 지구상에서 사라졌으며, 해양과 육지 모두에서 많은 동식물 종이 사라졌다. 전체 식물들 중 약 70%의 속과 이에 수반된 종이 멸종하였다. 그러나 거북, 악어류와 같은 동물들 그리고 일부 조류와 식물 그리고 덩치가 작은 포유류들은 그 가운데에서도 끝까지 살아남았다. 왜 어떤 생물은 생존하였으며 또 멸종하였는지 우리는 정확히 알지 못한다. 우리가 아는 것은 육지의 공룡들은 멸종하였으며, 해양의 파충류와 일부 공룡은 포유류로 진화할 만반의 준비를 갖추고 있다가 결국 영장목과 인간으로 진화하였다는 것이다. 만약 K-T 대멸종이 없었다면 현재 지구의 모습은 어떠할까? 어쩌면 인간은 결코 진화되지 않았을 수도 있다.

지금부터는 'K-T 대량멸종 사건의 원인은 대규모 혜성 또는 소행성의 충돌이다'는 이론이 어떻게 발전되어 왔는지 살펴보기로 한다. 이 이론의 발전과정은 다른 전형적인 위대한 과학적 발견과 같이 호기심과 긴장감 그리고 도전과 협력으로 가득찬 이야기이다.[10] 외계 천체의 충돌이 K-T 대량멸종을 일으켰다는 이론을 검증하고 발전시키기 위해 지질학, 물리학, 화학, 생물학, 지구물리학 그리고 천문학의 여러 전문가들이 공동으로 연구에 참여하였다. 알바레스가 "6,500만 년 전 백악기와 제3기 암석의 경계는 근본적으로 어떤 특성을 가지고 있는가?"라는 질문을 던지면서 이 연구는 시작되었다.*

* 알바레스는 1997년 『T. Rex and the Crater of Doom』이라는 제목으로 저서를 출판하였다. 우리는 이 책의 요점 일부를 소개하고자 한다. 더 자세한 내용은 알바레스의 저서를 참고하기 바란다.

그림 11.11 충돌 사건의 증거 이탈리아에서 발견된 K-T 경계의 암석 내 얇은 점토층에는 금속물질인 이리듐의 함량이 매우 높아 소행성의 충돌의 증거로 제시되고 있다.
(*Walter Alvarez*)

알바레스는 지구의 역사에 흥미를 가지고 있었으며, 특히 암석 속에 기록된 역사를 공부하는 데 관심이 많았다. K-T 경계에 대한 연구 초기에 그는 아버지인 물리학자 루이스, 그리고 핵화학자인 아사로와 마이클과 팀을 이루었다. 그들은 이탈리아에서 발견된 K-T 경계인 얇은 점토층에서 백금족 원소인 이리듐(Ir)의 함량을 측정하고자 하였다. 알바레스와 공동 연구자들은 처음에는 과거 지구자기장을 연구하기 위해 이탈리아를 방문하였으며, 그곳에서 매우 얇은 점토층을 발견하게 되었다(그림 11.11). 이 점토층 아래의 암석에서 발견되는 화석들은 상위의 암석에서는 출현하지 않는다. 이는 점토층이 퇴적될 당시 많은 종의 생물이 갑작스럽게 멸종하였음을 의미한다. 따라서 그들은 질문을 던졌다. "이 점토층이 퇴적되는 데 얼마나 오랜 시간이 소요되었을까? 몇 년, 몇천 년 혹은 몇백만 년?"

그들은 점토층에 존재하는 이리듐의 양을 측정하여 점토의 퇴적시간을 결정하기로 하였다. 이리듐은 운석에서 매우 소량 발견된다. 만약 지구에 운석진이 축적되는 속도가 느리지만 일정하다고 가정하면, 점토층 내 이리듐의 총량을 구하면 퇴적시간을 결정할 수 있다. 그러나 그들이 발견한 것은 완전히 예상 밖의 결과였다. 처음에 그들은 이리듐의 누적속도가 매우 느리기 때문에, 점토층의 이리듐 함량은 100만 분의 0.1 정도일 것으로 예상하였다. 만약 점토층이 퇴적되는 속도가 빨랐다면, 점토층에 포함된 이리듐의 함량은 더 낮아야 한다. 그러나 그들이 실제 측정한 함량은 기대치보다 약 30배가 높은 100만 분의 3 정도였다. 100만 분의 3은 절대적으로는 낮은 수치지만, 이리듐은 매우 천천히 축적된다는 그들이 세운 가정에 근거하면 너무나도 높은 수치이다. 그들은 자료를 재계산하였다. 이번에는 측정에서 제외되었던 시료들을 포함하여 계산한 결과, 예상 값에 비해 거의 100배에 달하는 약 100만 분의 9의 함량이 계산되었다. 이러한 발견은 새로운 가설, 즉 이리듐이 소행성의 충돌에 의해 유래되었다는 생각을 가지게 되는 계기가 되었다.

1980년에 그들은 비정상적으로 높은 이리듐 함량을 보고하면서 K-T 경계의 대량멸종 사

그림 11.12 멕시코의 구덩이 K-T 대량멸종의 원인이 된 소행성의 충돌에 의해 만들어진 지하 구덩이의 위치를 보여주는 지도. (© *D. Van Ravenaswaay/Science Photo Library/Photo Researchers, Inc.*)

건의 원인이 외계 천체의 충돌이다는 새로운 가설을 논문으로 발표하였다.[11] 또한 이 논문에서 덴마크와 뉴질랜드의 심해 퇴적물의 K-T 경계에서도 이리듐 함량이 이탈리아의 것과 같이 매우 높음을 보고하였다. 전 세계 여러 지역에서 이러한 이리듐 이상대가 발견됨으로써 그들은 자신들이 제안한 소행성 충돌설을 더욱 신뢰하게 되었지만, 정작 당시의 충돌로 형성된 구덩이는 찾지 못했다. 그러나 이 연구 결과는 다른 과학자들이 6,500만 년 전에 만들어진 구덩이를 찾는 연구를 수행하게 하는 발판을 마련하였다. 불행하게도 당시의 구덩이는 과학자들이 인지할 수 없을 정도로 퇴적물에 의해 완전히 덮여버렸을 수도 있으며, 해저 바닥에 형성되어 있어 판구조 운동에 의해 사라져 버렸을 수도 있다. 그러나 운이 좋게도 1991년에 6,500만 년 전에 만들어진 구덩이의 위치가 확인되었다.[12]

유카탄 반도의 지질구조를 연구하고 있던 멕시코의 지질학자들은 이곳에 지름이 약 180km인 구덩이가 매몰되어 있음을 발견하였다. 거의 원형에 가까운 이 구덩이는 외곽의 파쇄된 암석과 내부의 파쇄되지 않은 암석의 경계를 명확히 보여준다. 구덩이의 약 반은 멕시코 만에 위치하며, 나머지 반은 유카탄 반도의 북쪽 말단에 놓여 있다(그림 11.12). 이와 함께 지질학자들은 마야 인들이 세노테스라 부르는 싱크홀들이 육지에 거의 원형으로 배열되어 있음을 발견하였다. 싱크홀들은 정확히 구덩이의 테두리를 따라 나타난다. 이곳 싱크홀들은 약 50~500m의 지름을 가지며 구덩이 외곽의 파쇄된 암석 내로 흐르는 지하수에 의해 석회암이 화학적 풍화작용을 받아 형성된 것으로 판단된다. 이곳에는 싱크홀들이 둥글게 배열될 수 있는 다른 어떠한 지질구조도 없기 때문에, 그 성인은 운석충돌에 의해 만들어진 둥근 구덩이 외곽의 파쇄작용임이 거의 확실하다. 이 구덩이는 현재 후기 암석들에 의해 피복되어 있으나, 충돌될 당시에는 30~40km의 깊이를 가졌을 것으로 판단된다. 충돌 이후 외곽에서 쏟아지는 사태성 암설류가 구덩이의 대부분을 채웠으며, 지난 6,500만 년 동안의 퇴적작용에 의해 이 구조는 현재 완전히 매몰되어 있다.

구덩이 내부에 대한 시추조사가 실시되어 충돌각력암으로 해석되는 괴상의 지층 아래에서 유리질의 용융암석 시료가 채취되었다. 충돌로 인한 에너지는 깊은 구덩이를 만들었으며, 외곽의 암석을 파쇄시켜 각진 암편들이 교결된 각력암이 만들어졌다. 유리질의 용융암석의 출현은 충돌에 의한 온도 상승이 암석을 용융시킬 수 있을 정도로 매우 높았음을 의미한다.[13] 또 다른 연구에서는 각력암에 혼재되거나 피복되는 유리질 암석과 함께 소행성 충돌의 흔한 특징인 충격에 의한 변성작용의 증거가 확보되었다.[14] 이러한 연구 결과들은 유카탄 반도 북단에 충돌 구덩이가 존재한다는 사실과 이 구덩이가 6,500만 년 전 K-T 경계에서 발생한 대량멸종의 원인이 되는 소행성 충돌의 결과임을 과학자들이 믿게 되는 계기가 되었다.

구덩이의 위치가 밝혀지고 이를 뒷받침하는 증거들이 제시된 후, 과학자들은 자연스럽게 이러한 충돌 사건이 어떻게 전 지구적인 대량멸종을 발생시켰는가에 대한 의문을 가지게 되었다.[10] 6,500만 년 전 유카탄 반도에 충돌한 소행성은 지름이 약 10km의 크기로 매우 큰 것이었다. 제트 비행기가 10km 상공을 운행한다는 사실을 상기하면, 이 소행성이 얼마나 큰지를 알 수 있다. 또한 에베레스트 산 정상의 높이가 거의 10km에 달하지만 이보다는 높지 않다. 그리고 초속 약 30km/sec의 속도로 지구 대기권을 가로지르는 소행성을 상상해 보자. 이 속도는 제트 비행기보다 약 150배 빠른 속도이다. 방출된 에너지양을 계산해 보면, 약 TNT 1억 메가톤으로서 전 지구의 핵무기를 폭발시켜 발생하는 에너지양의 약 10,000배이다. 그림 11.13은 충돌 직후 순차적으로 발생하였을 것으로 예측되는 사건들을 도시하였다. 지각에 만들어진 충돌 구덩이는 깊이가 약 40km이며 지름은 약 200km 정도였다. 고도 10km 상공의 상부 대기권에서 초속 30km로 진입하면, 소행성은 0.5초 이내로 지구와 충돌하게 되며 순간적으로 거대한 구덩이가 만들어진다. 이 속도라면 소행성이 대기권 전체를 통과하는 데도 단지 1~2초밖에 걸리지 않는다. 충돌이 일어날 때, 충격에너지에 의해 지하 암석은 빠르게 분쇄되며 모든 균열은 압착되고 암석은 부분 용융되어 각력암이 만들어진다. 또한 폭발에 의해 암석 조각들은 대기권으로 높이 비산된다. 이러한 일들이 모두 발생하는 데 약 2초가 소요되었을 것이며, 충격파와 열은 충돌지점 주변 암석들을 기화시킬 것이다. 구덩이 주변은 엄청난 양의 암설류로 뒤덮이게 되며, 불덩어리를 동반한 기화된 암석과 가스에 의한 먼지 구름은 상승하여 거대한 버섯구름을 만든다. 폭발과 함께 비산되는 물질들은 매우 높은 가속도를 가지고 있어 지표로부터 엄청난 높이까지 분출되고 암석 조각들은 탄도같이 포물선을 그리며 아주 먼 거리로 날아갈 것이다. 불덩어리는 지구에 대화재를 일으킬 것이며, 석회암에 일부 함유된 황은 기화되어 대기 중에 황산 농도를 증가시킬 것이다. 이렇게 유입되는 황산성분은 대기 중의 질소를 연소시키고 지구에는 오랜 기간 산성비가 내리게 된다. 지구를 몇 달 동안 뒤덮은 대기권의 먼지는 태양빛을 차단하게 되어 결국 육지와 해양 식물들의 광합성 활동을 치명적으로 방해하게 된다.

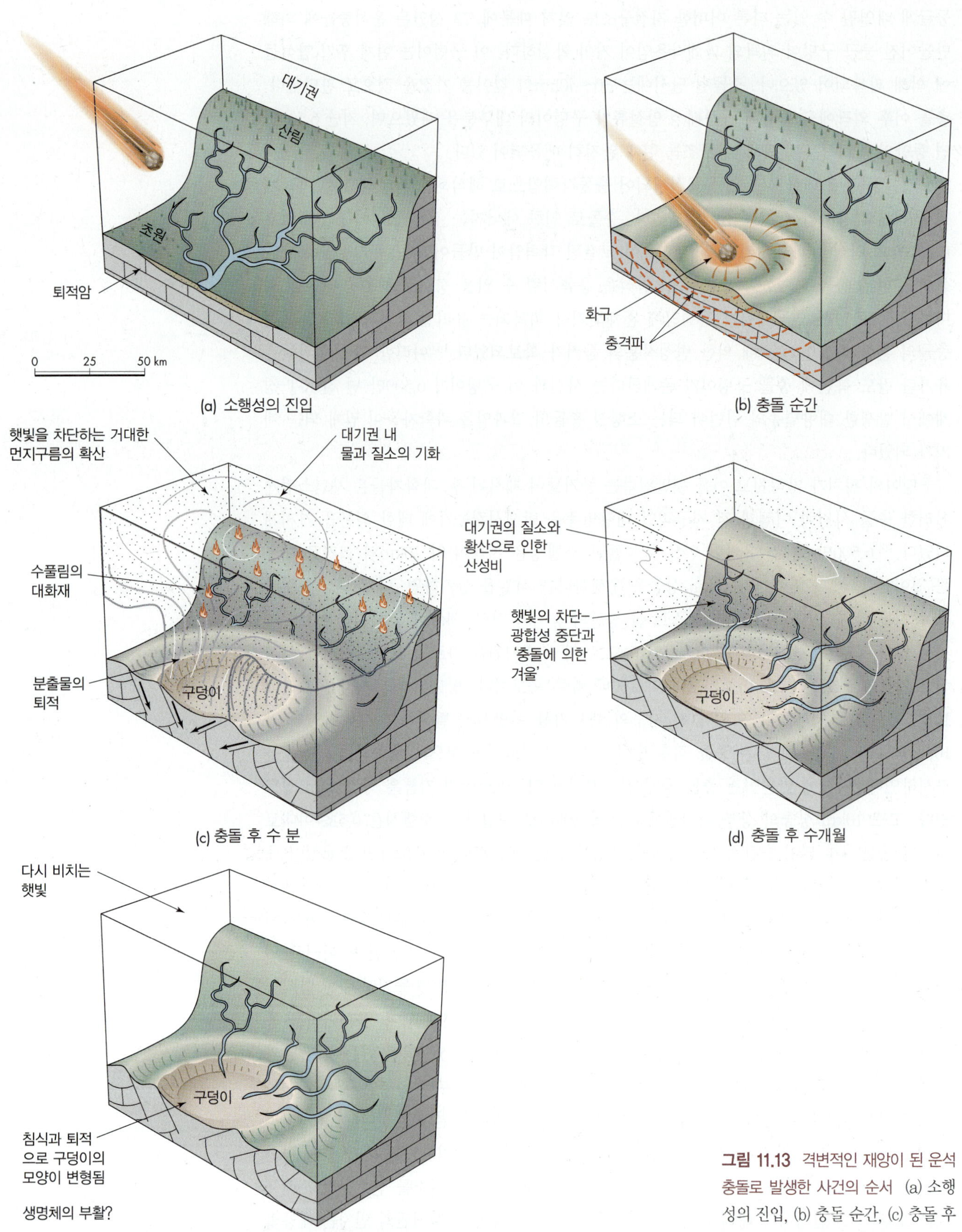

그림 11.13 격변적인 재앙이 된 운석 충돌로 발생한 사건의 순서 (a) 소행성의 진입, (b) 충돌 순간, (c) 충돌 후 수 분, (d~e) 충돌 후 수개월.

계속되는 산성비는 특히 육지와 천해의 식물과 동물들에게는 치명적인 독이 되어, 결국은 먹이사슬의 하층부가 심각하게 파괴되어 먹이사슬의 기능이 마비되게 된다. 이러한 여파는 부분적으로 깊은 해양 환경에서도 발생하게 되며, 해저바닥을 요동치게 하여 어쩌면 1km에 달하는 높이의 쓰나미를 발생시킬 것이다. 쓰나미에 의한 거대한 해파는 멕시코만을 가로질러 전달되어 북아메리카 대륙의 여러 곳을 물에 잠기게 할 것이다.[10]

요약하면, 소행성의 충돌이 대량멸종이라 말하는 하나의 전 지구적인 재앙의 원인이었다. 공룡의 일부 종은 충돌 사건 이전에 이미 사라져갔다는 증거가 간혹 제시되기도 했지만, K-T 경계의 충돌 사건은 나머지 공룡들을 전멸시키는 원인임이 확실한 것 같다. 또한 해양과 대륙의 다른 많은 동식물 종들도 동시에 멸종되었다는 점은 대량멸종의 원인이 소행성의 충돌이었음을 확신하게 한다. 만약 이러한 사건이 다시 발생한다면, 지구의 수많은 생명체들은 사라질 것이다. 이는 지구상의 인간을 비롯한 수많은 포유동물과 조류 등이 멸종할 수 있음을 의미하며, 이로 인해 지구 생명체는 우리가 경험하지 못한 방식의 새로운 진화를 겪게 될 것이다.

우리가 공부한 K-T 경계의 대량멸종은 정말 공포스러운 이야기이다. 다행스럽게도 직경 10km의 큰 외계 천체가 지구와 충돌할 가능성은 아마도 4,000만 년에서 1억 년에 한 번 정도로 매우 낮다. 그러나 이렇게 큰 혜성, 소행성 그리고 유성체만이 위험한 것은 아니다. 이보다도 더 작은 크기의 외계 천체가 지구와 충돌할 가능성은 훨씬 높으며, 작은 충돌사건도 특정 지역에 많은 생명체가 죽거나 불구가 되는 참혹한 피해를 발생시킬 수도 있다.

11.4 충돌 위험의 최소화

충돌 위험성

어떤 사건의 위험도를 평가할 때는 사건이 발생할 확률과 결과를 고려해야 한다. 수km의 지름을 가진 외계 천체가 공중에서 폭발하거나 지표와 직접 충돌할 경우에 발생하는 결과는 그야말로 격변적인 대참사가 될 것이다. 이러한 사건의 피해 정도는 충돌하는 지점에 따라서 분명히 큰 차이가 날 것이며, 10번 중 7번은 아마도 바다에서 발생할 것이다. 그러나 충돌체의 크기가 매우 크기 때문에 결과는 대부분 대량멸종을 동반한 전 지구적인 대재앙이 될 것이다. 이러한 대형 충돌 사건은 지구에서는 수천만 년에서 수억 년의 주기로 발생할 가능성이 높다(그림 11.14). 한편, 수십m의 지름을 가진 더 작은 외계 천체도 인구밀도가 높은 지역 또는 인근에서 공중폭발하거나 지표와 충돌한다면 지역적인 대재앙을 일으킬 수 있다. 황폐화되는 지역의 크기는 수천km^2 단위가 될 것이며, 이러한 사건이 도심지에서 발생하면 수백만 명이 목숨을 잃을 수도 있다. 이와 같이 충돌체의 크기는 소규모이나 지역적으로는 큰 재앙이 될 수 있는 사건을 '퉁구스카형' 사건이라 한다.

지역적인 재앙을 일으키는 지름 50~100m급 소행성의 공중폭발에 대한 최근 연구는 이러한 사건이 약 1,000년의 주기로 발생할 수 있음을 보여준다(그림 11.14). 전형적인 사례인 퉁구스카 사건이 1,000년에 한 번씩 지구 곳곳에서 무작위로 발생한다는 가정으로 모의시험을 하면, 수만 년에 한 번은 도심지가 파괴된다는 결과를 얻을 수 있다. 이 분석은 대

그림 11.14 충돌 에너지와 가능성 다양한 크기의 소행성 또는 혜성의 충돌 사건의 발생 가능한 시간 간격과 충돌 시 방출될 에너지 크기와의 상관성을 예측한 그림. 실제 충돌 사건들과 발생시기를 함께 나타내었다. (*Weissman, P. R., McFadden, L., and Johnson, T. V. (eds.) 1999.* Encyclopedia of the solar system, *San Diego, CA: Academic Press; and Brown, P., Spalding, R. E., ReVelle, D. O., Tagliaferri, E., and Worden, S. P. 2002. The flux of near-Earth objects colliding with the Earth. Nature 420:294-296*)

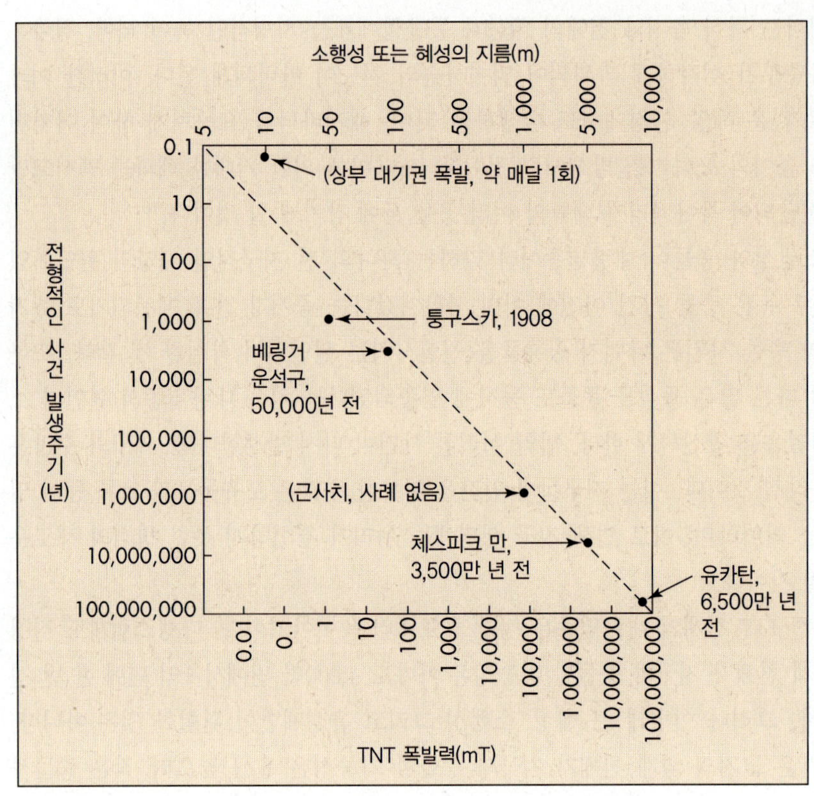

기권에서 폭발하는 300개의 소행성을 자료로 사용하였으며, 이러한 모의시험은 더욱 크기가 크고 파괴력이 높은 충돌 사건의 결과를 예측하는 데도 이용되고 있다.[3]

미래에 발생할 충돌 사건의 형태와 가능성을 예측하는 데는 엄청난 통계학적 가변성이 존재한다. 외계 천체의 충돌에 의해 발생할 수 있는 한 세기 동안의 사망자 수를 평가하면 0명에서 수십만 명에 이르기까지 다양한 수가 예측될 수 있다. 컴퓨터에 의한 모의시험 결과는 충돌 사건에 의해 주어진 한 세기 동안 매년 평균 약 450명이 사망하는 것으로 예측하고 있다. 실제로는 이러한 재앙은 한 번에 수백만 명의 인명피해를 발생시킬 것이다. 발생 가능성을 수천 년에 한 번으로 가정하고 연 평균을 구하면, 상대적으로 높은 연 평균 사망자 수가 계산된다. 예를 들어 충돌사건이 천만 명의 인구를 가진 대도시 지역에서 30,000년의 주기로 발생한다고 가정한다면, 충돌 사건으로 발생하는 연 사망자 수는 300명이 넘는 것으로 평가된다. 그러나 이러한 예측방법은 외계 천체 충돌 사건의 위험도가 상대적으로 높이 평가되는 측면이 있다. 예를 들어, 전 지구적인 관점에서 우리가 외계 천체의 충돌에 의한 재앙으로 사망할 확률은 대체로 0.01%에서 0.1% 정도이다. 교통사고로 사망할 가능성인 0.008%와 익사하여 사망할 가능성인 0.001%와 비교해 보면, 혜성과 소행성의 공중폭발 혹은 충돌 사건으로 인간이 사망할 위험성이 우리가 일반적으로 겪을 수 있는 위험성에 비해 상당히 높음을 알 수 있다. 그러나 다시 한번 강조하지만 충돌 사건이 발생할 가능성은 수천 년에 한 번 정도이다. 따라서 연 평균 사망자 수는 높을 수 있으나 그것은 단지 평균일 뿐이다. 이러한 사건의 발생은 실제로는 희귀한 일이다. 분명 위험성이 있지만, 이러한 사건과 사건 사이의 시간 간격이 매우 길기 때문에 외계물질에 의한 전 지구적인 대재앙을 걱정하여 잠을 이루지 못할 필요까지는 없다.

충돌 위험의 최소화

지금까지 우리는 소행성이나 혜성이 지구와 충돌할 확률에 관하여 간략히 공부하였다. 그렇다면 우리는 이러한 위험도를 어떻게 최소화시킬 수 있을까? 무엇보다도 우리는 먼저 지구를 위협할 수 있는 지구 주변의 외계 천체들을 탐색하고 감시해야 한다(자세히 살펴보기 '지구근접천체' 참조). 지구궤도와 교차할 수 있는 소행성과 혜성을 감시하고 분류하는 작업은 이미 진행 중에 있으며, 지름이 50m 이하 급, 50m에서 수백m 급 그리고 수km 급 등으로 크기에 따라 분류하고 있다. 1981년에 시작된 우주감시(Spacewatch) 프로그램을 통해 지구 주변 지역의 소행성과 혜성들의 목록을 작성하고 있으며, 점점 감시영역을 전체 태양계로 확대하고 있다. 이 프로그램으로 작성된 목록에 의해 과학자들은 100m 이하의 지름을 가지며 지구궤도와 교차할 수 있는 소행성은 약 135,000개임을 알게 되었다. 미국 항공우주국(NASA)이 지원하는 NEAT(Near-Earth Asteroid Tracking)라는 또 다른 우주 감시 시스템이 1996년에 수립되었다. 이 시스템에서는 지구 주변 외계 천체의 크기 분포와 운행경로를 연구하고 있으며, 특히 지름 약 1km 급의 소행성과 혜성들을 감시하는 데 목적이 있다. 이 두 프로그램은 고성능 천체망원경과 카메라를 이용하고 있으며, 빠르게 움직이는 것들도 식별하기 위해 정밀한 영상 분석을 실시하고 있다.[8] 미래에는 이러한 지구 주변 감시시스템이 더욱 강화되어 더 많은 외계 천체가 식별되고 분류될 것이다. 감시시스템의 운영은 지구 주변 우주 천체에 의한 잠재 위험도를 평가하는 데 있어 가장 기초가 되는 작업이다. 그러나 많은 수의 외계 천체는 지구에 근접해 오는 데 수십 년의 시간이 걸리는 궤도를 가지고 있고, 아주 작은 것도 지구와 충돌할 가능성은 평균 수천 년에 한 번 정도이기 때문에 정확한 위험성 평가를 위해서는 매우 긴 시간의 노력이 필요하다. 다행스러운 점은 지금까지 발견된 외계 천체들의 대부분은 발견 이후 수천 년 동안 지구와 충돌할 가능성이 거의 없는 것으로 알려졌다. 그러나 우리는 앞으로도 외계 천체 하나하나의 특성을 알아내는 데 많은 시간을 할애해야 하며, 위험도를 최소화시키는 적절한 기술개발을 위해서도 꾸준한 노력과 투자가 필요하다.[1]

한 연구 결과에 의하면, 지구궤도 근처에는 충돌의 잠재성이 있는 약 2,000만 개의 외계 천체가 있는 것으로 보고되었다.[1] 이중 대략 4%만 지구 대기권을 통과하여 지구에 충돌 구덩이를 만들 수 있다. 50% 이상의 것은 구조적으로 약하여 지표면 약 30km의 높이에서 폭발하기 쉬운 성질을 가지고 있다. 이러한 것들은 커다란 폭발을 일으키지만, 지표에 치명적인 재앙을 발생시키지는 않는다. 한편, 전체 천체 중 나머지 약 40%는 강도가 중간 정도인 콘트라이트 운석질 소행성들이다(표 11.1). 이 소행성은 상대적으로 느리게 움직이며 지구 대기권을 통과할 수 있어 지표에 '퉁구스카형'의 중대한 피해를 일으킬 수 있다. 이들 소행성은 대략 1,000만 개가 존재하고 있는 것으로 알려져 있어, 이들을 모두 감시한다는 것은 매우 어렵다. 특히 상대적으로 작은 크기를 가지는 지름 25m 내외의 것들을 찾아내고 이동 경로를 추적하다는 것은 정말로 어려운 작업이다. 사실상 1,000만 개의 작은 소행성과 혜성을 다 감시한다는 것을 불가능하다고 할 수 있다. 따라서 우리는 수백m에서 수km의 지름을 갖는 비교적 큰 것들만이라도 정확히 탐색하고 추적하는 것이 현실적으로 훨씬 효과적이다.

현재로선 지구 가까이에 지구와 충돌할 커다란 외계 천체를 발견하여도, 공중폭발이나

자세히 살펴보기 | 지구근접천체

지구근접천체(near-Earth objects : NEOs)는 지구와 태양 사이에 위치 또는 선회하거나 지구의 궤도와 교차할 수 있는 궤도를 가진 외계 천체들로 구성된다. 이러한 외계 천체로는 수백만 개의 유성체와 이보다 큰 수백m에서 수km의 다양한 지름의 소행성과 혜성이 해당된다. 한편, 우리에게는 수십m 크기 이하의 작은 것들보다는 수백m에서 수km 지름의 비교적 크기가 큰 천체가 중요한 관심의 대상이다. 수백m 단위의 지름을 가진 지구근접천체가 지구 대기권이나 지표와 충돌하게 되면, 우리는 퉁구스카형의 사건을 경험하게 된다. 한편, 지름이 수km인 천체의 경우에는 전 지구적인 대재앙을 일으킨다. 앞서 언급된 그림 11.3에서 보여주는 바와 같이 대부분의 소행성은 화성과 목성 사이에 위치한 소행성대에서 유래된다. 만약 소행성이 소행성대에 계속 머무르면 지구근접천체의 구성원이 아니다. 그러나 소행성이 서로 충돌하거나 스치고 지나가면서 궤도를 이탈할 수 있으며, 이로 인해 소행성들의 궤도가 더욱 타원형으로 변하게 되어 지구와 태양 사이의 공간 혹은 지구의 궤도를 지나가게 된다. 지구의 궤도를 지나가는 지름 100m 이상의 소행성 수는 약 135,000개가 되는 것으로 알려져 있다. 이 보다도 더 큰 소행성의 수는 훨씬 적으나, 지름 1km 이상의 것이 약 1,500개 그리고 5km 이상인 것도 약 20개가 존재하고 있다.[8]

혜성은 일반적으로 수km의 지름을 가지며, 암석과 얼음의 혼합체(암석에 비해 얼음의 부피가 큼)인 하나의 거대한 얼음덩어리라고 말할 수 있다. 암석 파편과 먼지는 혜성의 바깥을 덮고 있다. 대부분의 혜성은 약 50,000AU(1AU는 태양과 지구 사이의 거리로 약 1억 5,000만km에 해당함) 거리로 떨어져 있는 오르트 구름이라 불리는 태양계 외곽의 원형 구름대로부터 유래된다. 혜성은 밤하늘에 빛나는 아름다운 불빛으로 잘 알려져 있으며, 이 아름다운 불빛은 얼음 표면으로부터 증발되는 입자와 기체에 의해 만들어진다. 팽창되는 가스와 먼지는 혜성을 둘러싸는 밝은 구형의 구름을 형성하며, 때때로 아주 긴 꼬리를 만들며 비행한다. 혜성이 지구 대기권으로 진입하면, 증발로 인해 빠져나온 입자와 기체는 유성들의 빛줄기를 만들어 밤하늘을 밝히며 아름다운 유성우를 만들기도 한다. 세상에 가장 널리 알려져 있는 혜성은 핼리 혜성으로 1986년에 우주선의 카메라에 의해 촬영됨으로써 가장 많은 연구가 이루어진 혜성이다. 당시의 관찰에 의해 핼리 혜성은 기공이 많고 깃털같이 가벼운 매우 낮은 강도를 가진 천체임이 밝혀졌다. 실제로 핼리 혜성의 중심부는 단지 약 20%만 물로 구성되고, 구성물질들이 느슨하게 결합되어 있고 나머지 80%는 균열과 빈 공간으로 이루어져 있다.[1] 핼리 혜성은 약 76년의 주기로 지구 상공에 나타나기 때문에 인간은 한 세대에 한 번만 이 혜성을 관찰할 기회가 있다(그림 11.A).

지구근접천체인 소행성과 혜성은 모두 존속 수명이 상대적으로 짧다. 그러나 소행성은 소행성대에서 계속적으로 튀어나와 끊임없이 지구근접천체로 진입되고 있다. 또한 태양계의 외곽부에서 유래되는 혜성도 행성들이나 다른 외계 천체들에 의해 궤도가 달라지면서 결국 지구근접천체 내로 계속 진입하게 된다.

그림 11.A 핼리 혜성 (© *AP/Wide World Photos*)

충돌에 의한 재앙을 피하거나 최소화하기 위해 우리가 선택할 수 있는 방법은 매우 제한적이다. 커다란 혜성이나 소행성이 지구와 충돌하면, 우리가 피해 달아날 수 있는 곳은 사실상 없다. 충돌 지역과 주변의 인간을 포함한 많은 생명체들은 순식간에 목숨을 잃을 것이며, 더욱이 뒤따르는 수개월 동안의 추위와 먹이사슬의 파괴에 의해 아마도 더 많은 피해가 발생할 것이다. 만약 우리가 외계 천체의 존재를 확인하고 파괴시킬 수 있다 하더라도, 파괴된 작은 조각들이 지구에 비처럼 떨어져 한 번의 큰 충돌로 발생하는 피해보다도 더 큰 피해가 발생할 수 있다. 이보다는 충돌체의 운행경로를 살짝 바꿔 지구를 비껴가게 하는 것이 훨씬 사려 깊은 선택이 될 것이다. 앞으로 약 100년 후에 지구와 충돌할 400m 크기의 소행성이 있다고 가정해 보자. 아마도 이 소행성은 수백만 년 동안 지구와 충돌 없이 지구궤도를 지나다녔음이 틀림없다. 만약에 이 소행성을 살짝 밀어 운행궤도를 바꿀 수 있다면, 지구와 충돌하지 않고 비껴가게 할 수 있다. 이러한 생각은 불가능한 생각이 아니다. 소행성이 지구와 충돌하기 최소한 100년 전에 우리가 소행성의 존재를 확인할 수 있다면, 아마도 이러한 구상은 99%의 확률로 가능할 것이다. 우리는 소규모 핵폭발을 이용하여 지구를 위협하는 소행성의 궤도를 살짝 변화시킬 수 있는 기술적 잠재력을 가지고 있다. 소행성 가까이에서 소규모 핵을 폭발시켜 소행성이 파괴되지 않은 상태에서 궤도만 살짝 변화시킬 수 있다. 그러나 핵폭발의 규모가 너무 클 때에는 소행성이 파괴되어 조각날 수 있으므로 주의가 필요하다. 이러한 임무를 완수하기 위해서는 전 세계의 군사력과 우주기술이 필요하며, 1조 달러 이상의 경비가 소요될 것이다. 그러나 도심지에서 퉁구스카 사건과 같은 일이 발생할 때 입을 막대한 피해를 생각해 보면, 그 정도의 경비는 그렇게 많은 것은 아니다.

비교적 작은 충돌이 일어날 경우에는 우리의 또 다른 선택 중 하나는 재난지역으로부터 모두 피난하는 것이다. 만약 앞으로 몇 달 후에 일어날 충돌 지역을 정확히 예측할 수 있다면, 이 방법은 이론적으로 가능하다. 그러나 피해지역이 수천 평방 km로 엄청나게 넓기 때문에, 이처럼 엄청난 피난은 현실적으로 쉽지 않은 일이다.[1]

요약하면, 우리는 현재 지구궤도와 교차할 수 있는 외계 천체들을 감시하고 분류하는 작업을 계속하고 있다. 그러나 충돌로 발생하는 피해를 최소화하기 위한 어떠한 선택을 할 것인가에 대한 고민은 이제 시작 단계이다. 외계 천체가 지구와 실제로 충돌하기 전에 가능한 긴 시간이 주어진다면, 인간은 외계 천체의 운행궤도를 바꾸어 충돌 없이 지구를 비껴가게 하거나 피해를 최소화시키는 어떠한 방법을 반드시 고안할 수 있을 것이다.

요 약

소행성, 유성체 그리고 혜성 등의 외계 천체는 지구의 궤도와 교차될 수 있다. 작은 외계 천체는 대기권에서 타면서 밤하늘에 유성으로 관찰된다. 외계 천체의 크기, 속도 그리고 조성에 따라, 수m에서 1,000km의 다양한 크기의 외계 천체가 공중폭발에 의해 대기권의 상부 또는 하부에서 파괴되거나 지표와 직접 충돌할 수 있다. 큰 외계 천체는 국지적 혹은 전 지구적인 재앙을 일으킬 수 있으며 지구 생명체의 대량멸종을 야기할 수도 있다. 지구역사에서 가장 잘 정립된 충돌 사건은 6,500만 년 전의 K-T 경계에서 발생하였으며, 암석 기록에 의하면 이 사건으로 공룡을 포함한 많은 생물종들이 멸종하였음을 알 수 있다.

외계 천체의 공중폭발이나 직접적인 충돌에 의한 위험도

는 사건이 발생할 확률과 사건에 의해 초래되는 결과와의 함수로 평가될 수 있다. 1908년의 퉁구스카 사건과 같은 상대적으로 작은 규모의 사건은 약 1,000년에 한 번 주기로 지구 어디에선가에서 발생할 것이다. 이러한 사건은 70%는 바다에서 발생할 것이나, 수만 년에 한 번은 도심지에서 발생해 대재앙의 원인이 될 것이다. 우주감시와 NEAT와 같은 우주관측 프로그램은 수백m 이상의 지름을 가진 외계 천체의 경우에는 높은 신뢰도 하에서 최소한 100년 전에 지구와 충돌할 것을 예측할 수 있다. 이러한 예측은 우리가 핵폭발을 이용하여 외계 천체의 운행궤도를 바꾸어 지구를 비껴가게 할 수 있는 충분한 시간을 제공할 것이다. 그러나 도심지를 파괴하여 지역적인 재앙을 발생시킬 수 있는 더 작은 외계 천체(퉁구스카형 천체)는 약 1,000만 개가 존재한다. 이들 천체를 모두 감시한다는 것은 거의 불가능한 일이기 때문에, 우리는 특히 이와 같이 상대적으로 작은 외계 천체에 의해 피해를 받을 가능성이 높다.

기본개념의 재확인

인구 증가

인구가 증가함으로써 외계 천체의 충돌에 의해 발생하는 피해의 가능성도 증가한다.

지속 가능성

우리의 영속성은 거대한 소행성의 충돌에 의해 파괴될 수 있다.

계로서의 지구

지구는 태양계의 한 부분으로, 외계로부터의 소행성과 혜성의 충돌로 물이 공급되며 생명체가 멸종되고 지형이 변화되는 등의 일련의 과정에 의해 지구는 지속적으로 변화된다.

위험한 지구작용, 위해성 평가 및 인식

규모가 큰 소행성이나 혜성의 충돌은 인류를 포함한 생명체의 대 멸종과 같은 지구 대재앙의 원인이 될 수 있다. 이러한 긴 시간개념의 위험성을 우리는 잘 알고 있으나, 이들 사건이 수백만 년의 아주 긴 주기를 가지고 있어 우리는 이에 관해 깊이 고민하지는 않고 있다.

과학지식과 가치

태양계와 외계 천체 충돌과정에 관한 우리의 지식은 과거 어느 때보다도 잘 정립되어 있다. 이러한 지식은 우주를 꾸준히 감시하여 위험을 인지하고 재앙의 가능성을 감소시키는 데 사용될 때 그 가치가 높아진다.

주요 용어

소행성
유성
혜성
운석
유성체

복습 문제

1. 소행성, 유성, 혜성, 유성체의 차이점은 무엇인가?
2. 충돌 구덩이의 특징을 설명하라.
3. 소규모의 단순 구덩이와 대규모 복합 구덩이의 차이를 설명하라.
4. K-T 경계에 소행성이 충돌하였다는 이론을 지지하는 증거들을 설명하라.
5. 외계 천체의 충돌 위험도는 어떻게 결정되는가?
6. 어떠한 점에서 우리는 퉁구스카 사건에 대해 각별한 관심을 가져야 하는가?

심화 문제

1. 퉁구스카 사건이 북아메리카 중앙부에서 일어났다면, 발생할 수 있는 결과를 설명하라. 이러한 사건을 100년 전에 예견하였다면, 외계 천체의 궤도를 변화시키는 것 외에 어떠한 방법으로 피해를 줄일 수 있겠는가? 인명피해와 파괴를 최소화시키는 계획을 구상해 보라.

제 3 부

자원과 오염

지구상의 인류는 물(제12장, 제13장), 광물(제14장), 에너지(제15장), 토양(제16장), 폐기물 관리(제17장) 및 공기(제18장) 등 지질환경에 수반되는 천연자원에 전적으로 의존하고 있다. 제3부의 주요 목적은 우리가 가지고 있는 천연자원에 대한 기본적인 정보를 제시하고, 이들 자원의 사용 중에 나타날 수 있는 예상되는 환경문제들과 이에 대한 해결책에 관해 논의하는 것이다. 여기서 두 가지 원론적으로 확실한 것이 있는데, (1) 지구는 우리가 생존할 수 있는 유일한 환경이고, (2) 우리가 가진 자원은 한정되어 있다는 것이다. 자원이 한정되어 있다는 것은 단지 광물이나 화석연료와 같이 재생불가능한 자원뿐만 아니라 물, 나무, 특정한 에너지 같은 재생 가능한 자원으로 인식되고 있는 것들도 포함한다. 재생 가능한가 아니면 불가능한가의 여부는 그 자원에 대한 시간적 개념과 분배 및 활용 형태 등에 좌우된다. 예를 들어, 물과 같이 완전히 재생 가능하다고 생각하는 자원도 오염되거나, 제대로 관리되지 못하거나 또는 정말 필요한 곳에서 찾을 수가 없다면, 이는 재생 가능하지 않은 것이다. 수자원의 재생 가능/불가능한 특성은 특히 자연적으로 교체되는 기간이 수천 년 이상 걸리는 지하수의 경우에 더욱 분명하다.

우리의 자원을 미래 세대들도 지속적으로 사용할 수 있도록 광물 자원의 활용 및 관리정책을 수립하는 것이 중요하다. 그러므로 지속 가능성이란 환경적인 해결책이지만, 모든 상황에 적용될 수 있는 것은 아니다. 즉 수자원의 지속 가능성을 위해 필요한 조건들이 에너지 자원이나 광물 또는 토양의 지속 가능성을 위한 조건들과는 아주 다르다는 것이다. 금속이나 석유와 같은 재생 불가능한 자원은 그 공급이 한정되어 있으므로 지속 가능성 자체가 불가능하다. 그러므로 우리가 할 수 있는 최선책은 이러한 재생 불가능한 자원들을 보전하고 재활용해서 가능하다면 미래 세대들도 이들 자원을 사용할 수 있도록 하는 것이다.

제 12 장

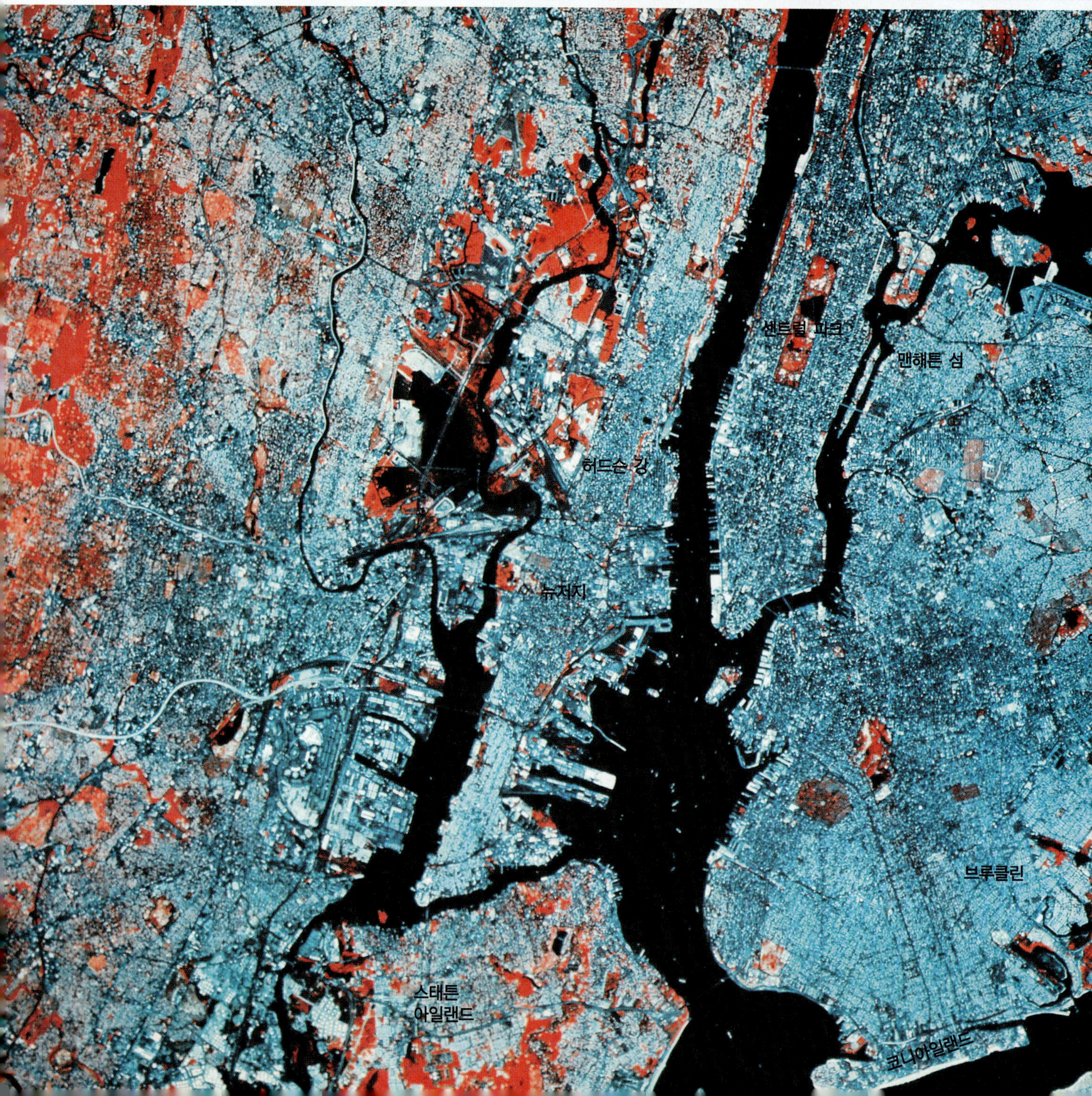

수자원

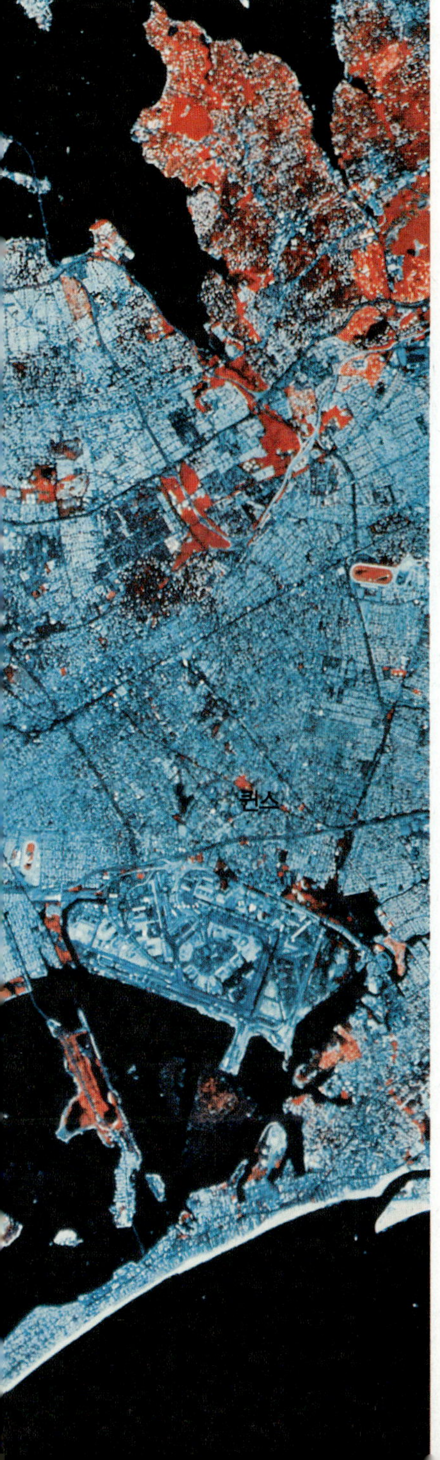

학습 목표

물은 인류의 가장 필수적인 자원 중 하나이다. 이러한 물을 안전하고 적절하며 지속적으로 공급이 가능하도록 유지하는 것이 환경보전의 가장 중요한 목적 중의 하나이다. 이 장에서는 물의 공급, 사용 및 관리에 대해 고찰하고자 다음과 같은 학습 목표에 중점을 둔다.

- 지진과 단층 활동의 관계를 이해한다.
- 물 순환 체계와 인류의 물 공급 체계의 기본 개념에 대해 이해한다.
- 물 이용 방법에 대해 이해한다.
- 지표수와 지하수의 기본적 메커니즘에 대해 이해한다.
- 물 관리에 관련된 주요 원리에 대해 토론한다.
- 습지와 이들의 환경적 중요성에 대해 인식한다.
- 인류가 직면하고 있는 식량 공급과 연계된 전 지구적인 물 부족의 원인에 대해 이해한다.

뉴욕 주 롱아일랜드의 고위도 영상 브루클린과 퀸즈 일부 지역의 영상. 빨간색은 건강한 식생을 의미함. 맨해튼 섬의 빨간색 사각형이 센트럴파크임. (*Science Source/Photo Researchers, Inc.*)

사례 연구 | 뉴욕 롱아일랜드

롱아일랜드의 서쪽 끝에 수백만의 인구가 거주하는 브루클린과 퀸즈가 있다(그림 12.1). 이 섬의 서쪽 지역에서는 20세기 이후로 심각한 지하수 오염현상이 발생하여, 이 지역의 주민들은 뉴욕 주 북부 지역으로부터 공급받는 물에 의존하고 있다. 롱아일랜드 동부의 낫소와 써포크 지방에서는 물을 수입하지 않는다. 이들 지방에서는 수자원을 치밀하게 관측하고 있다. 그러나 역시 이곳에서도 수질 오염 문제가 나타나고 있다.[1]

낫소 지방의 지하수는 엄청난 양으로 존재함에도 불구하고, 최근에 들어서 집중적인 양수로 인해 어떤 지역에서는 지하수면이 15m나 낮아졌다. 지하수가 유입되어 1년 내내 물이 흐르던 하천들이 이제는 유량이 줄거나 아예 말라 버리고 혹은 비가 올 때에만 잠시 물이 흐르게 되었다.[2] 수위의 하강은 염분이 높은 지하수의 침입을 발생시켰으며, 이러한 현상을 해수 침입이라고 한다. 하지만 낫소 지방에서 가장 심각한 수질 오염 문제는 도시화와 관련된다. 도시에는 도시 지표유출, 정화조를 통한 가정 생활하수, 고속도로에서 사용되는 제설용 소금, 산업용 및 기타 고체 폐기물 등 다양한 오염원이 존재한다. 이 오염물질들은 일단 지표수로 유출된 후, 지하수자원으로 이동하는 경향을 보인다. 오염

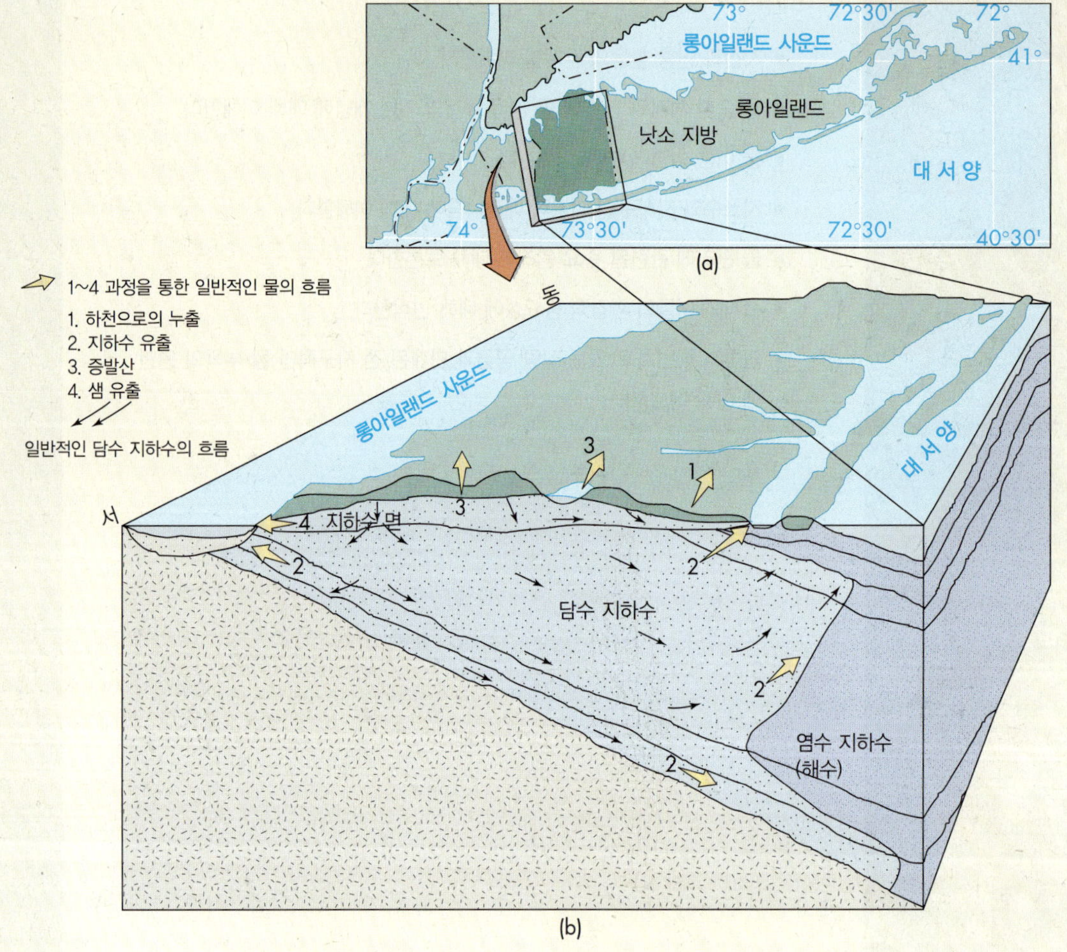

그림 12.1 롱아일랜드의 지하수 흐름 뉴욕 주 롱아일랜드 낫소 지방의 지표수와 지하수의 일반적인 흐름.
(Alley, W. M., Reilly, T. E., and Franke, O. L., 1999. USGS Circular 1186)

물질들은 인구가 밀집된 도시지역에서 가장 높게 나타나는 것으로 밝혀졌다. 이들 지역에서 지하수위는 급격히 낮아졌고, 정화조나 비료와 같은 오염원으로부터 질산염이 지하 환경으로 지속적으로 유입되고 있다.[1,2] 마지막으로 지표면의 얕은 환경에 설치되는 도시 폐기물 매립지들은 폐기물에 포함된 수많은 오염물질들로 인해 특별한 관심의 대상이 되어 왔다. 이들로 인한 지하수의 오염은 피할 수 없었으며, 결과적으로 롱아일랜드의 대부분 매립지는 폐쇄되었다.

롱아일랜드의 지하수 문제에서 배운 교훈은 수자원에 대한 수요는 수질오염과 함께 나타난다는 것이다. 도시 지역은 대체로 지하수자원을 필요로 한다. 그와 동시에 도시화의 과정들은 이들 수자원을 쉽게 오염시킬 수 있다. 수질 오염에 대해서는 제13장에서 자세히 논의될 것이다.

12.1 물 : 전 지구적 관점

전 지구적 **물 순환**(water cycle), 또는 수문 순환은 바다나 호수, 또는 대기와 같은 지구상의 물 저장소들 간의 물의 이동과 흐름에 관계된다. 간단히 말하면, 물 순환은 물이 바다로부

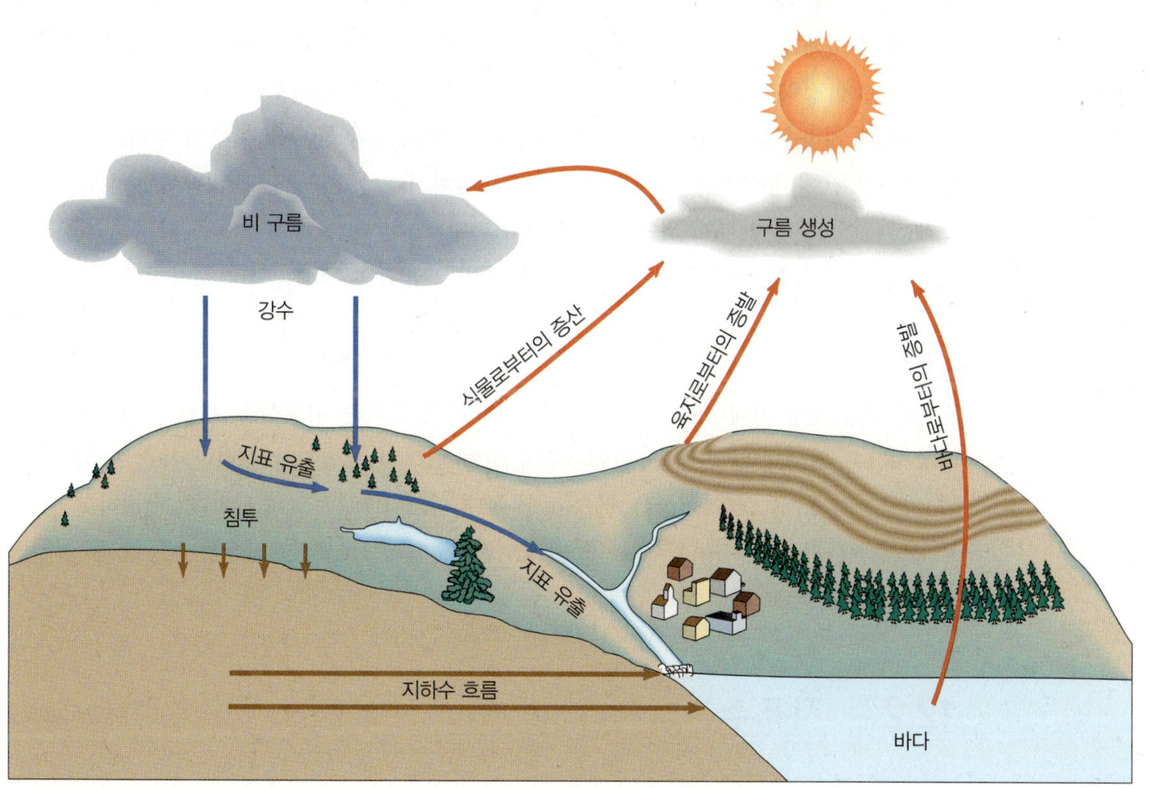

그림 12.2 수문 순환 수문 순환의 주요 과정과 물의 이동을 보여주는 모식도. 많은 지역에서 겨울 강수는 눈의 형태를 지니며, 봄과 여름철의 눈 녹은 물이 지표 유출과 물의 침투에 기여하며 이들은 지하수계로 유입된다. (*Council on Environmental Quality and Department of State, 1980.* The Global 2000 Report to the President, *Vol. 2*)

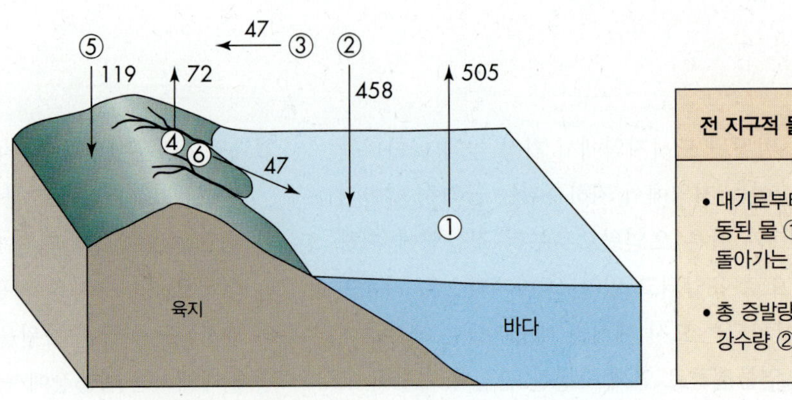

그림 12.3 물의 전 지구적 이동 전 지구적 물 순환에서의 물의 흐름. 단위는 $1000km^3/yr$ (*Gleick, P.H., 1933. An introduction to global fresh water issues. In Water in Crisis, ed. P. H. Gleick, pp.3-12. New York: Oxford University Press*)

터 대기로 이동하고, 대기로부터 비나 눈으로 내리고, 이들이 다시 지표 유출이나 지하수 흐름으로 바다로 돌아가거나 증발하여 대기로 돌아가는 것으로 볼 수 있다. 이러한 전 지구적인 물 흐름의 순환 특성을 그림 12.2에 제시하였으며, 주요 과정으로는 증발, 강수, 증산(식물에 의해 물이 대기로 이동하는 현상), 지표 유출 및 지하수 흐름 등이 있다. 이들은 그림 12.3에 정량적으로 표시하였다. 1년간 해양으로부터 육지로 이동하는 물의 양(체적)은 하천과 지하수를 통해 육지에서 바다로 돌아가는 양과 균형을 이루게 되며, 총 증발량과 강수량 간에 균형이 이루어진다.[2] 바다로 돌아가는 물은 육지에서 침식된 점토, 실트, 모래, 자갈 등을 운반하게 되어 그 성질이 변한다. 또한 이 물속에는 많은 화학물질도 포함된다. 대부분의 화학물질들은 자연적 물질이지만, 유기질 폐기물이나 영양염류 뿐만 아니라 농업, 산업 및 도시화 과정에서 사용되는 수천 종의 인위적 활동에 의한 물질들도 함께 포함된다.

물은 지표에서 기체나 액체 또는 고체 상태로 발견되는 이질성을 가진 자원이다. 물의 체류시간은 위치에 따라서 수 일에서부터 수천 년까지 광범위하게 변한다(표 12.1). 더구나 지구상의 물 중 99% 이상은 염수(해수 상태)이거나 또는 그 형태와 위치(빙하의 형태)로 인해 인류가 즉시 사용할 수는 없는 상태이다. 그러므로 모든 인류는 지구상 물 공급량의 1% 이하를 놓고 경쟁하고 있다!

12.2 지표수

지표 유출과 퇴적물 생산량

지표 유출은 물질의 침식과 운반 모두에 중요한 영향을 미친다. 지표수는 토양이나 암석입자들과 부딪히는 충격으로 이들을 움직일 수 있다(그림 12.4). 물은 이런 물질들을 용해된

표 12.1 전 세계의 물 공급 현황

위치	표면적(km²)	물의 양(km³)	비율	평균 체류시간
해양	361,000,000	1,230,000,000	97.2	수천 년
대기	510,000,000	12,700	0.001	9일
강과 하천	—	1,200	0.0001	2주
지하수, 심도 0.8km	130,000,000	4,000,000	0.31	수백 년 ~ 수천 년
호수(담수)	855,000	123,000	0.009	수십 년
빙하 및 극빙하	28,200,000	28,600,000	2.15	수만 년 이상

출처 : USGS

상태나 뜬 입자로 이동시킬 수 있다. 지표수에 의해 이동되는 뜬 입자들의 양과 크기는 물의 속도와 깊이, 유량에 좌우된다. 하천이나 강의 흐름이 빠르면 빠를수록 운반할 수 있는 입자의 크기는 커지고, 결과적으로 더 많은 물질이 운반된다. 따라서 유출량에 영향을 미치는 요인들은 퇴적물의 침식과 운반 및 퇴적에도 영향을 미친다.

육지에서의 물의 흐름은 유역으로 분리된다. 유역(watershed) 또는 **유역 분지**(drainage basin)란 물이 어떤 특정 하천이나 강으로 모여드는 육지의 일부 지역을 말한다. 유역은 지형을 구분하는 기본 단위 중 하나이다. 그림 12.5는 유사한 지질 특성을 보이며 인접한 2개의 유역(A와 B)을 보여준다. 이들의 경계는 분수령이라고 부른다.

거대한 유역 분지는 여러 개의 작은 분지들로 세분할 수 있다. 예를 들어, 미시시피 강 분지는 미국의 약 40% 지역이 포함되며, 오하이오 분지와 미주리 분지 등과 같은 수많은 작은 분지들로 구성된다.

(a)

(b)

그림 12.4 토양 침식 (a) 옥수수 밭에 떨어진 빗방울이 토양입자를 공기 중으로 들어올리면서 침식 작용이 시작된다. (*Runk-Schoenberger/Grant Heilman Photography, Inc.*) (b) 지표 유출수는 그림에 보이는 작은 도랑들을 만들기도 한다. (*U.S. Department of Agriculture*)

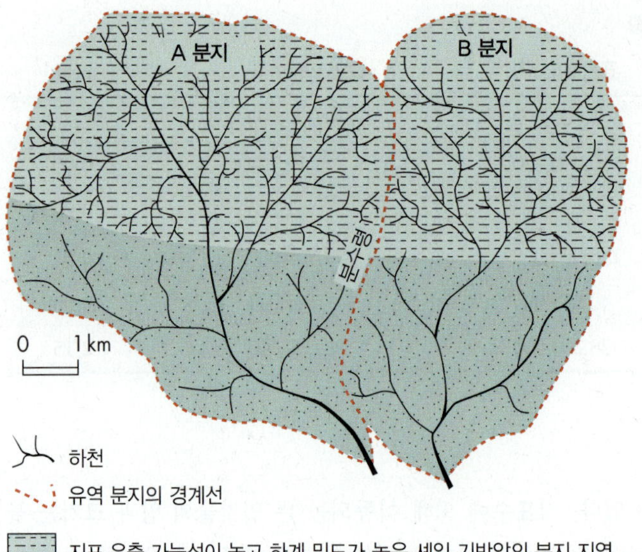

그림 12.5 2개의 유역 중앙 경계선(분수령)의 한쪽에 떨어진 물은 A유역으로 배출된다. 반면에 다른 쪽에 떨어진 물은 B유역으로 배출된다. 두 유역은 셰일과 사암으로 구성된 유사한 지질 특성을 보인다.

대륙 분수령은 거대 규모의 분수령으로 각 분지의 하천은 다른 방향으로 흐른다. 이 대륙 분수령의 양쪽으로 수cm 떨어져 내린 빗물 두 방울은 몇 주 후에는 수천km 떨어진 서로 다른 바다에 이르게 된다. 유역은 또한 지표 유출이 특정한 하계망(drainage net)으로 모이게 하는 지역으로 생각할 수도 있다. 하계망이란 유역 분지를 구성하는 일련의 하천들을 말한다. 그러므로 유역 분지란 용어는 일정한 지역을 의미하며, 하계망은 유역 분지 내에 발달된 실제 하천과 강을 의미한다.

지표 유출과 퇴적물 산출량에 영향을 미치는 요소

지표 유출량과 유출에 의해 운반되는 퇴적물의 양은 유역 분지와 하천에 따라서도 크게 다르다. 이러한 변화는 유역 분지의 지질, 지형, 기후, 식생, 토지 이용 특성과 시간에 따른 이들 요인의 변화에 기인한다. 일반인들도 한 하천이 홍수 때와 수위가 낮았을 때 운반하는 퇴적물의 양이 다르다는 것을 홍수 시 하천이 대체로 혼탁한 것으로부터 쉽게 관찰할 수 있다.

지질 요소 지표 유출과 퇴적작용에 영향을 미치는 주요 지질 요소로는 암석과 토양의 유형과 구조적 특성, 광물 및 풍화도 등이 있다. 세립질 점토성분의 토양하부에 셰일이 있거나 또는 균열이 거의 없는 암석이 지표면에 노출된 경우에는 물이 지하로 스며들어 지하수가 되는 경우가 거의 없다. 이런 지역에 내린 강수에 의해 발생한 지표 유출은 비교적 빠르며, 항상 많은 하천들이 존재한다. 이와 반대로, 사질토양이 발달된 사암 지역이나 균열이 많이 발달한 암석들로 이루어진 지표면은 강수의 많은 부분을 흡수하게 되고, 결과적으로 유출이 적어지며 하천의 발달도 적어진다. 이러한 원리들을 그림 12.5에 도시하였다. 분지 A와 B의 상류 지역의 기반암은 셰일이며, 하류 지역은 사암이다. 셰일이 다공질 사암보다는 지표 유출 발생 가능성이 더 높으므로, 하계 밀도(drainage density)—즉 단위면적당 하천의 길이—가 사암 지역보다는 셰일 지역에서 훨씬 크다. 특정 지역에서의 하계 밀도는 그 지역에 있는 모든 하천 길이를 총합하고, 이를 그 지역의 면적으로 나눈 값으로 계산한다.

지형 요소 지형의 기복은 특정 지역에서 최고점과 최저점의 고도 차이를 말한다. 유역 분지의 기복이 클수록 분지 내 하천의 경사도는 더욱 커지고, 하천을 따라서 급경사 지역이 발달할 가능성이 높아진다. 기복과 경사는, 이들이 하천의 유속과 토양 및 암석으로의 침투율, 지표 유출률 등에 영향을 미치게 되므로 대단히 중요하다. 이러한 특성은 결국 지표수와 지하수가 하천으로 유입되는 속도에 영향을 미치게 된다.

기후 요소 지표 유출과 퇴적물의 운반에 영향을 미치는 기후 요소로는 강수의 특성, 강수 강도, 연간 기후 변화 대비 강수 기간 및 호우의 유형 등이 있다. 일반적으로 침식 가능성이 높은 토양과 기반암이 있는 불안정한 급경사 지역에 간헐적으로 발생하는 집중호우에 의해 다량의 물과 퇴적물의 운반이 발생한다.

식생 요소 식생도 지표 유출과 퇴적물의 운반에 영향을 미칠 수 있다. 식생은 하천의 흐름에 다음과 같은 몇 가지 방법으로 영향을 미치게 된다.

- 식생은 강수의 차단량을 증가시키고 이를 증발시킴으로써 지표 유출량을 감소시킬 수 있다.
- 기후 변화, 산불 또는 방목 등의 토지 이용에 의한 식생의 손실 내지 감소는 지표 유출을 증가시키거나 퇴적물의 운반을 증가시킬 수 있다.
- 하천변의 식생은, 이들의 뿌리가 토양 입자들을 고착시키기 때문에 하천 제방의 침식을 감소시킨다.
- 산림 유역에서는 나뭇가지나 조각 등 다량의 나무 파편들이 하천의 생성 과정에 중요

(a)

(b)

그림 12.6 산불과 과다 방목은 토양 침식을 증대시킴 (a) 1995년 캐나다 유콘 지역의 산불에 의한 식생의 손실. (*Stephen J. Krasemann/Photo Researchers, Inc.*) (b) 남아프리카에서는 양들의 방목이 지표 유출을 증대시키고 결과적으로 토양 침식을 일으킨다. (*Nigel J. Dennis/Photo Researchers, Inc.*)

한 영향을 미칠 수 있다. 경사가 급한 산악 유역에서는 어류 생태계에 중요한 웅덩이와 같은 환경들이 많은 나무 파편들에 의해 생성될 수 있다(그림 12.7).

토지 이용 요소 농업활동과 도시개발은 지표 유출과 퇴적물의 운반에 영향을 미치는 토지 이용 형태이다. 농업활동은 경작을 위해 땅을 가는 과정(제16장 참조) 중에 지표 유출과 퇴적물의 양을 증대시키게 된다. 도로, 주차장, 거주지와 산업용 건물 등을 건축하는 도시화 과정은 지표면에 많은 불투수성 표면을 만들게 되어 지표 유출을 급격히 증대시킨다(제8장과 16장 참조).

12.3 지하수

지하수의 주 기원은 지표면을 통과해서 토양과 암석 내로 유입된 강수이다. 지하수의 2개 주요 흐름대는 **통기대**(vadose zone)와 **포화대**(zone of saturation)(그림 12.8)이다.

통기대는 두 흐름대의 경계인 **지하수면**(water table)의 상부로 토양, 충적층 및 암석들을 포함한다. 통기대는 거의 포화되지 않는다. 따라서 최근까지 통기대는 비포화대라고 불렸다. 하지만 비가 온 후 통기대 일부에서는 포화상태가 이루어지기도 한다. 통기대는 지표면의 잠재 오염물질이 지하수로 유입되기 위해서는 반드시 통과해야 하는 부분으로 특별히 중요하다. 그러므로 지하 환경의 관측에서, 통기대는 지하수자원의 오염 가능성을 조기에 알려주는 부분이 된다.

포화대에 도달하게 되는 물은 처음에는 강수의 침투에서 시작된다. 강수의 침투율에 영

그림 12.7 하천에 쌓인 다량의 나무 파편들 캘리포니아의 프레리 크릭에서는 거대한 삼나무 가지들에 의해 파여진 도랑들이 하천 생태계에 어류의 서식처를 제공하는 중요한 역할을 한다. 이러한 거대한 나무 파편들은 하천에 수세기 이상 잔류될 수도 있다. (*Charles A. Lauzy/Getty Images Inc.*)

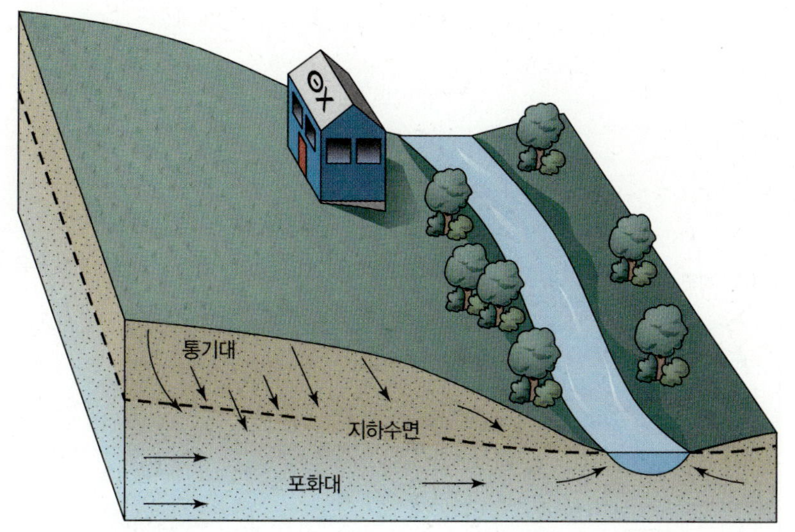

그림 12.8 지하수 흐름대 2개의 주요 지하수 흐름대인 통기대와 포화대의 모식도. 지하수면과 지하수 흐름방향을 볼 수 있다.

향을 미치는 인자는 다음과 같다.

- **지형** : 경사가 급한 지형에서는 더 많은 물이 지표로 흐르게 되고, 결과적으로 침투량은 감소한다.
- **토양과 암석의 특성** : 균열이나 공극 등의 공동이 많은 토양이나 암석은 더 높은 침투율을 보인다.
- **강수량과 강도** : 강도가 낮은 강수나 눈이 녹는 현상은 더 많은 침투를 초래하고, 강도가 높은 강수현상은 더 많은 양을 지표로 흐르게 한다.
- **식생** : 나뭇잎과 줄기는 강수를 차단하며, 이 물은 천천히 땅에 떨어져 침투량이 증가한다.
- **토지이용도** : 포장도로와 지붕이 많은 도시지역에서는 침투량이 감소한다. 농업활동은 일반적으로 지표 유출량과 토양 침식량을 증가시키며, 침투량은 감소한다. 산림의 벌목은 지표의 식물피복을 감소시키고, 이는 토양 침식과 지표 유출량을 증대시키며, 반면에 침투량은 감소한다.

통기대를 통과한 물은 포화대로 유입되어, 지하수의 흐름이 시작된다. 명칭 자체에서 알 수 있듯이, 포화대에서는 토양과 암석 내에 존재하는 모든 공극이 물로 가득 차 있으며, 이것이 포화상태의 정의이다.

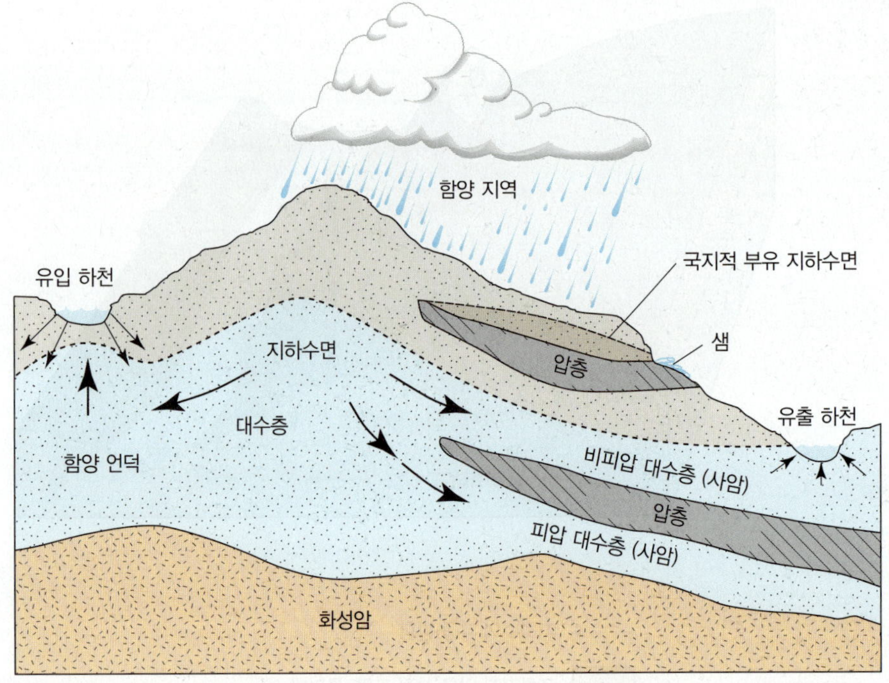

그림 12.9 비피압 대수층 부유 지하수면, 충진 하천과 유출 하천

대수층

우물을 통해 활용할 수 있을 정도의 지하수를 공급할 수 있는 지질 매체를 **대수층**(aquifer)이라고 부른다(그림 12.9). 자갈, 모래, 토양, 균열이 있는 사암, 균열을 통해 충분한 물이 공급될 수 있는 화강암이나 변성암 등은 이들 공극에 지하수가 있다면 좋은 대수층이 될 수 있다. **압층**(confining layer, 점토층이나 셰일층 같은)은 지하수의 흐름을 막거나 제한하는 층을 말한다.

포화대의 최상부면은 지하수면이며, 압층에 의해 포화대가 제한되지 않은 대수층을 **비피압 대수층**(unconfined aquifer)이라고 부른다(그림 12.9). 만약 대수층의 상부에 압층이 존재한다면 이러한 경우는 **피압 대수층**(confined aquifer)이라고 부른다. 한 지역에서 피압 대수층과 비피압 대수층이 모두 나타날 수도 있다. 광역적인 지하수면 상부에 있는 국지적인 포화대를 부유 대수층(perched aquifer)이라고 한다.

피압 대수층 내의 지하수는 압력을 받고 있는 상태이며, **자분**(artesian) 상태에 있을 수도 있다. 자분 상태는 가정집에 물을 보내 주는 송수탑과 유사한 효과를 보인다(그림 12.10a) 자분 상태의 지하수(그림 12.10b)는 하향 유동과 횡적 흐름을 하게 된다. 이 지하수는 압력을 받고 있는 피압상태라서, 암반 내 균열을 따라서 솟아올라 자연분출 샘을 이루기도 하며, **자분정**(artesian well)을 이루기도 한다(그림 12.10b).

지하수 함양이란 대수층에 물을 증가시키는 모든 현상을 말한다. 지하수 함양은 가장 일반적으로는 강수가 지표를 통해 침투하는 자연적인 현상(그림 12.9)으로 일어난다. 또한 인위적으로 발생하기도 하는데, 예를 들면 송수관이 파열되어 물이 지하로 스며들거나 운하로부터 유입되거나 관개용수로부터 유입되기도 한다. **지하수 배출**은 대수층에서 지하수를 뽑아내는 모든 과정을 의미한다. 샘을 통해서 자연적으로 배출되는 물은 지하수 배출의

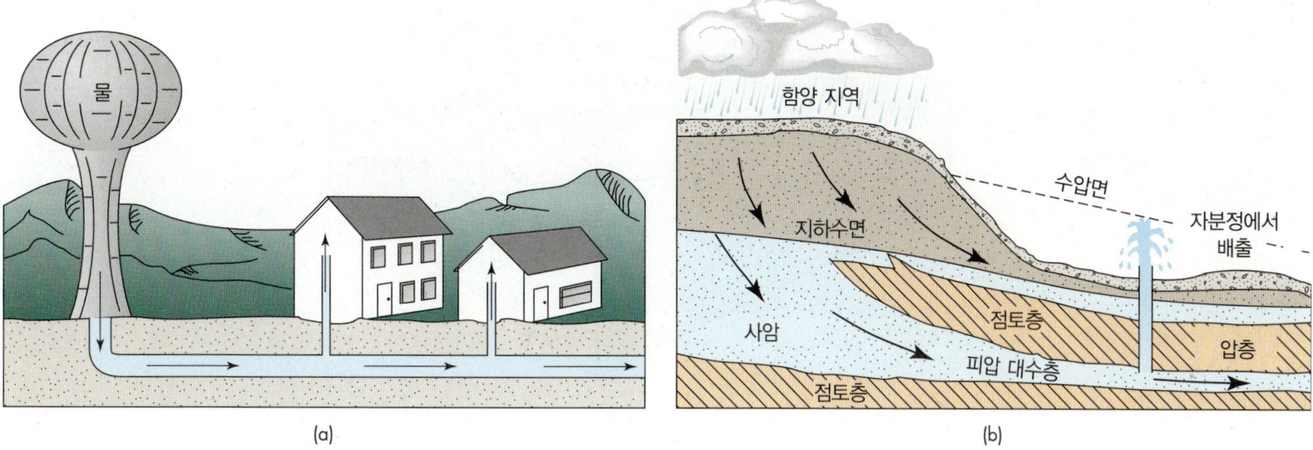

그림 12.10 자분정의 개발 (a) 송수탑의 수위에 따른 압력으로 가정에서 물이 나오게 됨. 배관 내의 마찰이 작다면, 수압의 감소도 작을 것이다. (b) 자연계에서의 수압면 또는 지하수면은 유동계에서의 마찰에 따라 수원으로부터 멀어지면서 낮아진다. 그러나 점토와 같은 불투수성 물질이 압층을 이루거나 지하수를 덮고 있다면, 지하수는 지표면 위로 상승할 수도 있다.

그림 12.11 샘 캘리포니아 요세미티 계곡 남단의 펀스프링에서의 지하수 배출. 이 샘은 다른 샘들처럼 산사면의 하단부에 위치한다. 이 샘으로부터 생성된 시내는 폭이 약 2m 정도이며 작은 낙수를 이루며 흐른다. (*Edward A. Keller*)

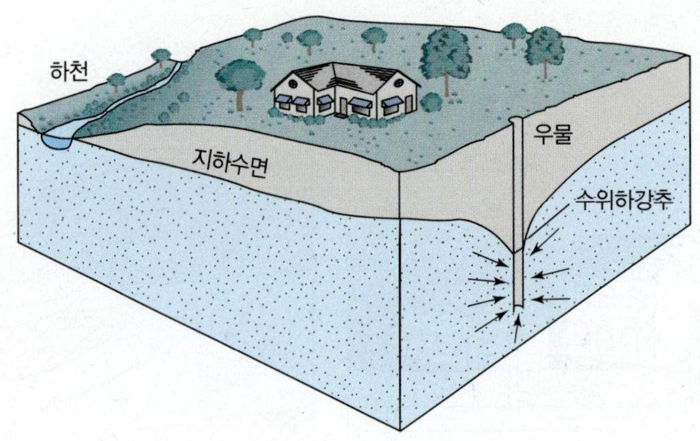

그림 12.12 지하수의 양수 우물에서 지하수를 양수함으로 생기는 지하수면의 수위하강추

한 예이다. 샘은 대수층을 통해 흐르는 지하수가 지표면을 만날 때 생성된다. 샘으로부터의 유출은 하천이나 강의 시발점이 될 수 있다(그림 12.11). 우물로부터 물을 뽑아내는 경우에도 지하수의 배출이 일어난다.

우물에서 지하수를 뽑아내면 지하수면 또는 정수압면(artesian pressure surface)에 수위하강추(cone of depression)가 형성된다(그림 12.12). 거대한 수위하강추는 한 지역에서 지하수 흐름의 방향을 바꿀 수도 있다. 대수층에서 지하수의 과잉채수는 지하수면을 더욱 깊이 하강시킨다. 지하수면이 하강함에 따라서 펌프의 위치가 깊어지거나 우물 자체를 더욱 깊게 파는 결과를 초래한다. 이러한 시설변경은 비용이 많이 들며, 지역적인 수문 조건에 따라서는 적용이 불가능하기도 하다. 예를 들어, 화강암이나 변성암에 설치된 우물의 경우 과잉채수에 의해 수위가 낮아지면 이를 보정하기 위해 우물을 더 깊게 파는 것이 제한된다. 왜냐하면 이들 관정의 물은 암반의 열린 균열을 따라서 채수되는데, 이 균열들은 깊이가 깊어짐에 따라서 닫히거나 막히기도 한다. 또한 물이 용존 광물질을 많이 포함하고 있는 심부에서 나온다면 지하수의 수질이 악화될 수도 있다.

지하수 유동

대수층을 통한 지하수의 유동속도와 방향은 부분적으로 지하수위의 경사도, 또는 수리경사도와 대수층의 구성물질에 따라 좌우된다. 일반적으로 비피압 대수층의 수리경사도는 지하수면의 경사도를 의미한다. 어떤 물질이 물을 통과시킬 수 있는 성질을 수리전도도라고 부르며, 이는 $1m^3$의 물이 1일 동안 $1m^2$의 단면적을 통해서 흐르는 단위, 즉 (m^3/일/m^2)로서 간단하게는 m/일로 표시된다. 수리전도도는 대수층 내 입자 간 공극의 크기와 이들의 연결 정도에 의해 좌우된다. 입자나 암석에서 빈 공간, 즉 공극의 비율을 공극률이라고 하며, 이는 균열이 거의 없는 화강암의 약 1% 정도부터 점토의 50% 정도까지 다양하다. 몇몇 지구 물질들의 공극률과 수리전도도 값이 표 12.2에 제시되어 있다. 점토와 같이 공극률이 높은 물질들이 낮은 수리전도도를 갖는 것을 볼 수 있다. 그 이유는 점토 입자들 사이의 공극이 매우 작으며, 결과적으로 물 입자를 강하게 붙잡고 있기 때문이다. 모래와 자갈은 높은 공극률을 보이며, 큰 입자들 사이의 공극의 크기는 상대적으로 커서 수리전도도가 높다. 따라서 모래와 자갈은 좋은 대수층을 구성하며, 점토는 비대수층(aquitards)을 형성한

표 12.2 지구 물질들의 공극률과 수리전도도

	물질	공극률(%)	수리전도도[1](m/일)
미고결층	점토	50	0.041
	모래	35	32.8
	자갈	25	205.0
	사력	20	82.0
암석	사암	15	28.7
	치밀한 석회암 또는 셰일	5	0.041
	화강암	1	0.0041

[1] 과거 자료들에서는 투수계수라고 부르기도 한다.

Linsley, Kohler and Paulhus, 1958. *Hydrology for Engineers.* New York: McGraw-Hill. Copyright © 1958 by McGraw-Hill Book Company. Used by permission of McGraw-Hill Book Company.

다. 지하수는 모래층에서 빠르게 유동하며, 점토층에서는 대단히 느리게 움직인다. 지하수 유동속도는 **다르시의 법칙**(Darcy's law)에 의하면 수리경사도와 수리전도도의 곱에 비례한다. 다르시의 법칙을 이용해서 지하수의 유동에 대한 수리경사도와 수리전도도의 정량적 관계를 표현한다면, 지하수의 유동속도, 지하수가 얼마나 빠르게 이용되는가, 또는 재충전되는가 등의 다양한 문제들을 풀 수 있다. 다르시의 법칙은 부록 E에서 자세히 논의되며, 지하수 유동의 실례도 제시하고 있다.

지하수 공급

미국 인구의 절반 정도가 지하수를 일차적인 상수원으로 사용하고 있다. 그러므로 지하수 자원의 보호는 특별히 국민들의 관심을 끄는 환경문제이다. 다행히 미국에서 가용한 지하수 총량은 막대하다. 미국에서 깊이 0.8km 이내의 땅에 있는 지하수는 125,000~224,000km^3 정도로 평가된다. 쉽게 생각하자면, 앞의 최소값이 지난 200년 동안 미시시피 강을 흐른 물의 총량과 비슷하다. 그러나 물을 양수하고 개발하는 비용으로 인해 실제로 가용한 지하수의 양은 그보다 적다.[3]

미국의 많은 지역에서, 우물에서 양수하는 지하수 양이 자연적으로 유입되거나 함양되는 양을 초과하고 있다. 이런 경우 물 자체가 '채굴되는' 것으로서, 지하수는 재생 불가능한 자원이 된다. 지하수의 과잉양수는 텍사스-오클라호마-하이 플레인즈 지역, 캘리포니아, 애리조나, 네바다, 뉴멕시코와 루이지애나, 미시시피, 아칸소의 몇몇 지역과 남부 대서양-걸프 지역에서 심각한 문제이다(그림 12.13a). 텍사스-오클라호마-하이 플레인즈 지역 하나에서만도 과잉양수된 지하수량이 콜로라도 강의 유량만큼이나 된다. 지하수를 함유하고 있는 모래와 자갈층으로 구성된 오갈랄라 대수층은 사우스 다코타에서부터 텍사스까지 이 지역의 지하에 놓여 있다(그림 12.13b). 비록 이 대수층이 막대한 양의 지하수를 함유하고 있다 하더라도, 일부 지역에서는 강수의 침투에 의한 자연적인 함양량보다 20배 이상 사용되고 있다. 최근에는 이 대수층이 포함되는 많은 지역에서 지하수면이 낮아지고 있으며,

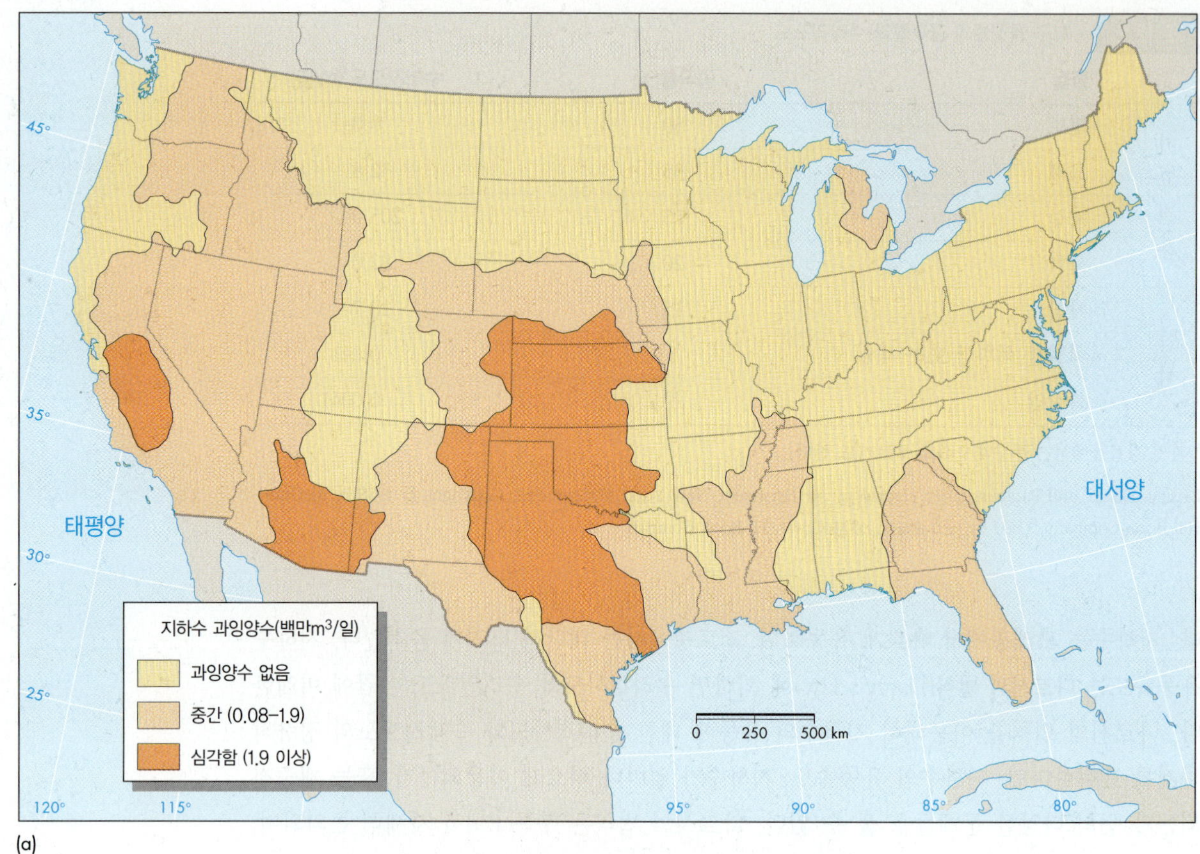

(a)

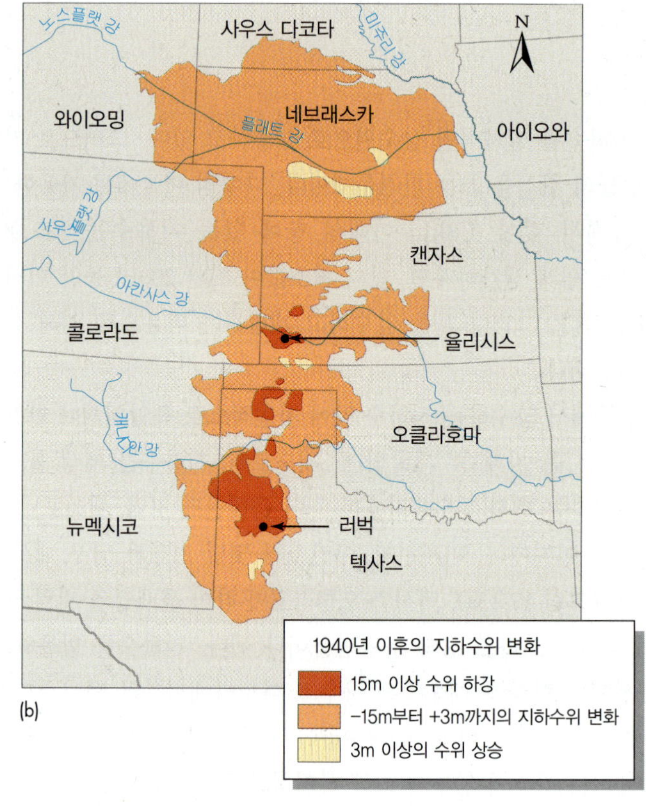

(b)

그림 12.13 지하수의 채굴 (a) 미국 내 지하수 과잉양수 현황. (b) 텍사스–오클라호마–하이플레인즈 지역 오갈랄라 대수층의 지하수위 변화도. 캔자스 주의 율리시스와 텍사스 주의 러벅이 지하수위 하강이 가장 심각한 지역이다. 두 지역 모두 도시의 용수공급 문제를 겪고 있다. (*USGS*)

결국 현재 관개농업을 하고 있는 많은 지역은 수자원 고갈로 인해 말라 버릴 수도 있다.

하이 플레인즈 지역의 몇몇 도시와 마을들도 물 공급에 문제를 보이고 있다. 캔자스 북부의 프랫 강을 따라서 지하수위는 아직 높게 나타나며, 현재는 충분한 물이 있는 상태이다(그림 12.13). 캔자스 남서부와 서부 텍사스의 남쪽 지역에서는 수위 하강이 가장 심하게 일어나고 있으며, 물 공급은 앞으로 10년 정도 더 가능할지 모르겠다. 인구 6,000명의 캔자스 주 율리시스 시와 인구 200,00명의 텍사스 주 러벅 시의 물 사정은 점점 더 문제가 되고 있다. 율리시스 남쪽의 시메론 스프링즈는 과거에는 건조한 산타페 트레일즈 지역에서 물이 모이는 곳으로 유명했었으나, 이미 10여 년 전에 지하수의 과잉양수로 인해 말라 버렸다. 율리시스 시와 러벅 시 모두 물 고갈의 문제에 직면해 있으며, 대체수원을 찾기 위해서 수백만 달러의 비용을 소비해야 할 것이다.

현재까지는 단지 미국 내 총 지하수 자원의 몇 퍼센트만이 고갈되었지만 캔자스, 오클라호마, 뉴멕시코, 텍사스 주에서는 지하수위가 낮아지고 있다. 지하수면이 하강함에 따라 우물에서 취수되는 양도 줄어들고, 물을 양수하기 위한 에너지의 사용도 증가한다. 하이 플레인즈 지역과 오갈랄라 대수층에서 양수에 의한 관개농업이 반세기를 넘어서면서 이 지역에 물 문제를 일으키고 있다.

12.4 지표수와 지하수의 상호작용

지표수와 지하수

지표수와 지하수는 서로 밀접하게 연계되어 있어서 이들 둘은 하나의 동일한 수자원으로 고려해야 한다.[5] 지표수와 지하수의 몇몇 연계된 부분이 그림 12.14에 표현되어 있다. 지표수는 호수에서 지하수로 침투하고, 하천은 지하수가 스며 나와 형성되고, 해안지역에서 지하수는 해안습지로 배출되어 지표수가 되거나 대양으로 스며 나온다.

하천, 호수, 습지 등의 자연적인 지표수 환경 및 저수지와 같은 인위적인 수환경이 모두 지하수와 직접적으로 연계되어 있다. 우물을 통한 지하수의 채수는 하천 유량을 줄이고, 호수 수위를 낮추며, 습지의 물을 감소시킨다. 반대로, 지표수의 취수는 지하수 자원을 고갈시킬 수 있다. 결과적으로, 지하수의 관리에는 지표수와 지하수의 연계성에 대한 충분한 지식과 이해가 필요하다.[5]

그림 12.9에서도 지표수와 지하수의 상호관계를 볼 수 있으며, 특별히 두 가지 유형의 하천을 볼 수 있다. 유출 하천은 연중 내내 흐르는 영구하천인 경우가 많다. 건조한 기간에는 지하수가 하천으로 유출되어 하천의 흐름을 유지한다(그림 12. 9, 오른쪽). 유입 하천은 하천이 지하수면 위에 위치하고, 직접적인 강수가 있는 경우에만 흐름이 발생한다. 유입 하천의 물은 통기대를 통해 지하수면으로 유입되어 지하수 함양을 유발하게 된다(그림 12.9, 왼쪽). 유입 하천은 연중 일시적으로 생성되거나 간헐적으로 나타난다.

환경적인 측면에서 볼 때, 유입 하천은 특별히 중요한 의미를 갖는다. 왜냐하면 오염된 하천수가 하천 바닥을 통해 스며들어 궁극적으로 지하수를 오염시킬 수 있기 때문이다. 건조한 하천 바닥은 이와 같은 경우를 겪었을 가능성이 있다. 예를 들면, 캘리포니아 남부 사

그림 12.14 지표수와 지하수의 상호작용 산악지역부터 바다까지 지형을 따라서 나타날 수 있는 지표수와 지하수의 상호작용에 대한 모식도. 예를 들면, 지하수는 단층을 따라 상승하여 샘으로 배출되거나, 평원지역의 강과 호수로 유출되거나, 삼각주, 해변, 해안지역의 하부를 통해 바다로 배출된다.

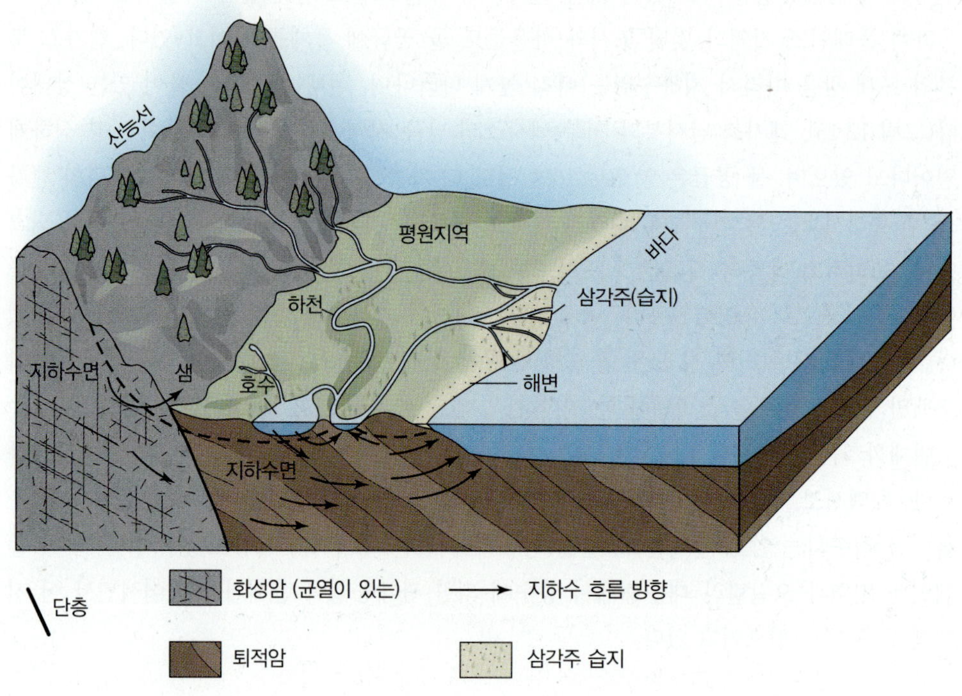

막지역의 모하비 강은 바스토우 인근 지역에서 연중 대부분 말라 있다. 이 하천 바닥은 이전에 열차와 관련 장비들을 용매로 세척하던 철도정비 부지였다. 이 용매들이 통기대를 통해 침투하여 먹는 물과 공공용수로 사용되던 지하수를 오염시켰다.

카르스트 지표수와 지하수의 아주 흥미 있는 관계를 용해될 수 있는 암석, 즉 석회암 같은 암석이 지하에 있는 지역에서 볼 수 있다. 대체로 석회암은 치밀하고, 얇은 층리와 많은 균열을 보인다. 이런 형태의 석회암 지역에서는 지표수가 지하로 스며들면서 형성된 특별한 지형이 보인다. **카르스트 지형**(karst topography)이라고 부르는 이 지형은 미국에서는 전체의 25% 지역에서 나타날 정도로 흔하다. 카르스트 지역의 지표면은 보통 화학적 풍화에 의해 형성된 **싱크홀**(sink hole)이라고 부르는 구덩이들이 점점이 나타나며, 이들의 직경은 수m에서 수백m까지 이른다. 싱크홀은 다음 둘 중의 한 가지 메커니즘에 의해 형성된다. (1) 석회암 표면의 풍화(용해작용)로 물이 싱크홀 지하로 유입, 또는 (2) 지표 물질이 지하 동굴의 일부 지점으로 붕괴되어 엄청난 규모의 구덩이를 생성(그림 12.15). 석회암의 용해는 화학적 풍화작용이며, 석회암은 자연환경에서 쉽게 볼 수 있는 산(acids)에 의한 용해에 대단히 취약하다(제3장, 자세히 살펴보기 '풍화작용' 참조). 용해된 구덩이가 확대되고 물이 석회암을 통해 지하로 유동하면서 일련의 동굴들이 생성될 수도 있다. 이렇게 싱크홀에 의해 생성된 구덩이가 많은 카르스트 지역의 지표면은 **카르스트 평원**을 형성한다. 그림 12.16에 보이는 인디애나 남부의 미셸 플레인은 카르스트 평원의 한 예이다.

미국에서는 석회암이 흔하기 때문에 거의 모든 주에서 어느 정도의 카르스트 지형 특성을 볼 수 있다. 뉴멕시코 남부의 칼스바드 동굴이 좋은 예이며, 이 외에도 미국에서 주요 카르스트 지형을 보이는 지역들은 다음과 같다—(1) 테네시, 버지니아, 매릴랜드, 펜실베

그림 12.15 붕괴된 싱크홀 앨라배마 주의 골리 홀. (*Geological Survey of Alabama*)

이니아를 잇는 지역, (2) 인디애나의 중앙 남부지역과 켄터키의 중앙 서부지역, (3) 미주리의 살렘-스프링필드 플래토 지역, (4) 텍사스 중부지역, (5) 플로리다 중부지역. 미국에서 가장 유명한 동굴 중의 하나가 켄터키 주의 맘모스 동굴이다. 이 동굴의 성인과 형성 과정에 관해 수많은 연구가 수행되었다. 동굴은 현재의 지하수면이나 이에 가까운 위치에서 형성되는 경향이 있다. 이는 석회암의 화학적 풍화 산물이 포화되지 않은 신선한 물이 지속적으로 공급되어야 하기 때문이다. 하지만 많은 동굴들이 여러 개의 층을 보인다. 이는 각 층이 서로 다른 동굴 형성 시기를 나타내는 것으로 보이며, 결과적으로 지하수면의 변동과 관련이 있는 것으로 판단된다. 근본적으로 동굴은 지하수가 층리면이나 균열을 따라서 이동함에 따라서 확대되고 형성된다. 그 이후에 지하수면이 낮아지게 되면, 동굴로 스며든 물이 벽과 바닥, 천정에 탄산칼슘 광물질을 침전시켜 유동암, 석순, 종유석 등의 아름다운 형태를 만들어 낸다(그림 12.17).

환경적인 측면에서 보면, 카르스트 지형은 다음과 같은 많은 문제들을 일으킬 수 있다.

- 싱크홀을 폐기물 매립지로 사용했던 지역에서 수질 오염이 발생한다. 많은 싱크홀의

그림 12.16 인디애나 남부의 미셸 카르스트 지대 많은 싱크홀이 보임. (*Samuel S. Frushour, Indiana Geological Survey*)

그림 12.17 뉴멕시코의 칼스바드 동굴 동굴의 천정으로부터 생성된 종유석과 바닥에서부터 자라나는 석순, 벽을 따라 물이 서서히 흐르면서 생성된 유동암 등이 보인다. (*Bruce Roberts/Photo Researchers, Inc.*)

바닥이 지하수면에 근접해 있다. 따라서 수질 오염 물질들이 지하수계로 직접 유입될 수 있다.

- 동굴들은 쉽게 붕괴되어 싱크홀을 생성할 수 있다. 이들은 주변 지역의 건물들과 도로, 기타 시설물을 파손시킬 수 있다.
- 텍사스 주의 에드워즈 대지 지역과 같이 석회암이 기반암인 많은 지역에서는 지하수가 채굴되고 있다. 이러한 채굴의 결과로 물이 배출되던 많은 샘들이 변화되고 있다. 샘의 물이 줄어들거나 완전히 말라 버린다. 이러한 변화들은 생태학적으로 중요한 결과를 발생하게 되며, 이는 많은 샘들이 샘물 환경에서 고유한 생물체들을 유지하고 있기 때문이다. 이들 생물체들의 손실은 생물 다양성의 감소를 초래하고 결과적으로 더 많은 종들이 멸종위기에 몰리게 된다(사례 연구 '텍사스 주 에드워즈 대수층—분쟁에 싸인 수자원' 참조).

사례 연구 텍사스 주 에드워즈 대수층 – 분쟁에 싸인 수자원

마크 트웨인은 "위스키는 마시기 위한 것이고, 물은 쟁취하기 위한 것"이라고 말했다. 텍사스 중부의 에드워즈 대수층은 석회암에 발달된 카르스트 시스템으로 물에 대해서 심각한 분쟁에 싸여 있다. 이 분쟁은 법적, 정치적, 경제적 관점에서 거의 공개적인 전쟁의 성격으로 비화되고 있다.[7]

에드워즈 대수층의 지질 특성은 흥미롭다. 이 대수층에 함양되는 물은, 이 층이 점토층과 셰일로 피압되는 부분을 제외하고는, 대수층 상부의 하천에서 유입된다. 카르스트 시스템을 따라 발달된 습곡과 정단층의 지질구조의 조합은 카르스트 샘들의 자연적인 배출 지점 등과 관련되어 복잡한 대수층의 특성을 보인다(그림 12.A). 이 샘들이 수자원에 대한 분쟁을 보여준다. 예를 들어, 텍사스 주 오스틴의 바톤 스프링즈 수영장은, 그림 12.B의 우측 제방에 보이듯이, 수면 하부의 균열 석회암의 틈으로부터 배출되는 물을 공급받고 있다. 바톤 스프링즈는 휴양/레저에만 중요할 뿐 아니라, 멸종위기에 있는 바톤 스프링즈 도롱뇽의 유일한 서식처이다. 오스틴 시에서는 도시화의 확대와 수자원 간의 논쟁이 극적으로 묘사되고 있다. 오스틴 시와 샌안토니오 시와 같은 도시들의 급증하는 물 수요에 직면하여 텍사스 주민들이 어떻게 해야 환경의 질을 지속적으로 유지할 수 있는가? 에드워즈 대수층과 그 안에 포함된 풍부한 수자원의 활용에 대한 앞으로의 결정은 사회적, 경제적, 환경적으로 중요한 결과를 초래하게 될 것임이 분명하다. 이러한 결정을 내리기 위해서는 정책결정자들이 대수층 전체와 환경을 훼손하지 않으면서 그 물을 다양한 수요자에게 공급할 수 있는가에 대한 정확한 수리지질학적 평가를 수행해야 할 것이다.

에드워즈 대수층은 북아메리카 대륙에서 가장 풍부한 대수층의 하나이다. 이 대수층에서 나오는 물로 샌안토니오 시 모든 용수와 인근의 작은 마을들과 산업체들, 농업용수를 포함해서 약 200만 명 이상의 인구에게 물을 공급한다.

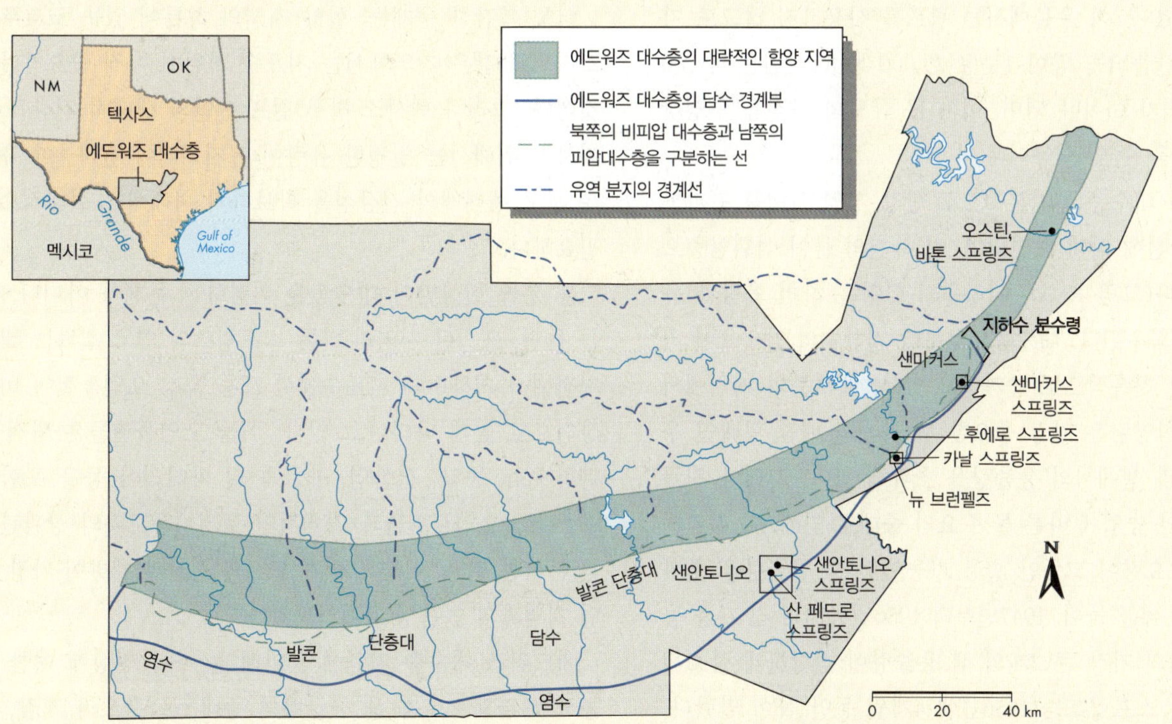

그림 12.A 텍사스 주의 에드워즈 대수층 함양 지역과 주요 샘의 위치를 보여줌. (*Loaiciga, H. A., Maidment, D. R., and Valdes, J. B., 1999. Climate-change impacts in a regional karst aquifer, Texas, USA.* Journal of Hydrology *227:173-94*)

그림 12.B 텍사스 주 오스틴 인근의 (카르스트) 바톤 스프링즈 (Marshall Frech/TEC)

이 대수층에 설치된 하나의 우물에서 산출되는 물의 양이 엄청나게 많을 수도 있다. 세계에서 가장 큰 우물이 1991년에 설치되었다. 이 우물에서는 펌프를 사용하지 않고도 자연적으로 산출되는 양이 1분당 25,000갤런(1갤런은 약 3.8리터임 : 역자주)이나 되며, 이는 큰 규모의 가정용 수영장을 가득 채울 수 있는 양이다.

에드워즈 대수층은 기본적으로 함양 지역 일대를 통과하는 유입 하천에 의해 충진되며, 이 하천의 물이 석회암층으로 유입된다(그림 12.A). 지하수의 함양은 하천 유량과 유입 기간에 좌우된다. 대수층으로부터 지하수의 양수율이 최근 몇 년간 지속적으로 증가하고 있다. 대부분의 지역에서 자연적인 함양량은 가장 중요한 두 가지의 배출 형태인 우물 양수량과 샘에서의 용출량을 초과해 왔다. 그러나 지금은 도시화와 농업에 따른 물 수요의 증대로 인해, 이 지역에서의 물 수요량이 그동안 활용 가능했던 물 공급량을 초과하고 있다. 예를 들어, 1947년부터 1956년까지의 긴 가뭄 동안 이 지역의 가장 큰 2개의 샘 용출량이 심각하게 감소되었다. 카날 스프링즈는 1956년에 4개월 동안 물이 말랐다. 샌마커스 스프링즈에서의 용출량은 샘물 환경에 의지하는 생태환경을 위협할 정도로 그 용출량이 감소되었다. 이때의 가뭄 이후로 몇 종의 생물이 1973년 멸종위기의 생물종 목록에 등록되기도 하였다. 샌마커스 스프링즈의 샌마커스 도롱뇽과 샘에 서식하는 담수어, 텍사스 야생 쥐 등이 멸종위기 생물로 등록되었다.

이들 멸종위기 생물종에 대한 관심으로 인해, 1991년에 시에라 클럽은 미국 야생동물국과 다른 기관들을 상대로 이들 생태환경을 유지하기 위한 적정량의 샘 용출량을 확보하도록 법정소송을 제기하였다. 소송 결과로 샘의 환경을 유지하기 위해 필요한 최소한의 하천유량이 결정되었다. 불행하게도, 역사적인 자료는 샘물이 심각한 가뭄기간에는 유지될 수 없음을 명확히 보여주었고, 그 결과 이에 대한 논쟁은 아직도 계속되고 있다. 이에 더하여, 인구성장률의 증가는 물 수요를 심각하게 만들었으며, 에드워즈 대수층과 비교해서 더 풍부하고 값싸고 수질이 좋은 다른 대체용수원은 없는 상황이다. 이러한 에드워즈 대수층에 대한 물 분쟁의 해결책은 비용이 많이 들 것이며, 당장 뚜렷한 방안도 없으며, 더구나 관련된 모든 당사자가 수용할 수 없을 수도 있다.

더욱 복잡한 문제는, 함양 지역의 하류에 있는 코르푸스 크리스티 같은 지역에서는 지표수 자원이 아직 중요하다는 것이다. 그러나 텍사스 하구 걸프 연안의 생태적 건강을 유지하기 위해서는 일정한 유량이 유지되어야 한다. 이 유량은 하구 생태계의 건강성을 확보하기 위해서는 절대적으로 필요하다.[8]

물 부족 현상만이 대수층을 위협하는 문제가 아니다. 예를 들면, 오스틴 지역의 바톤 스프링즈의 연구 결과는 몇몇 지점에서 지하수와 지표수에서 모두 특정 오염물질이 비정상적으로 높게 나타나고 있다. 이들 오염물질들은 퇴적물, 탄화수소, 농약, 질산염, 중금속 및 박테리아 등을 포함한다. 이들 오염물질들과 지역적인 토지이용도와의 상관관계를 분석한 결과, 이들 오염과 도시의 성장과 개발이 가장 컸던 지역과의 연관성이 제기되었다.[7]

에드워즈 대수층 지역에서 미래 물 부족 현상에 대한 가능한 해결책으로는 물 공급량의 증대, 물 수요의 저감, 물 보전정책 등을 통한 현재 수자원의 보다 효율적인 관리 등을 들 수 있다. 가장 마지막 방법이 아마도 가장 가능성 있는 해결책으로 보인다. 현재, 대수층의 물 사용의 1/2 이상이 도시지역의 물 공급을 위한 것이며, 나머지는 농업용과 시외지역에서 사용된다.[7] 이러한 물 분배는 일반적이지 않다. 일반적으로는 농업용수 수요가 도시의 물 수요보다 훨씬 크다. 물의 재사용과 가뭄기간에 샘 용출량의 증대 등의 물 보전관리 정책은 에드워즈 대수층 지역의 물 부족 문제를 완화시키는 데 도움이 될 것이다.

에드워즈 대수층은 수자원 관리에서 중요한 사례를 보여준다. 이 사례는 지질학적, 수문학적, 생물학적, 정치적, 법적, 사회적, 경제적 요소들이 모두 작용하는 수자원 관리가 핵심임을 보여준다. 명백한 것은, 텍사스 주의 이 지역에서는 앞으로도 이 대수층이 귀중한 수자원으로서 지속적으로 분쟁의 근원이 될 것이라는 것이다. 물 관리자들은 2050년까지 이 대수층에서 취수하는 총 수량이 약 50% 정도 증가할 것으로 예측하였다. 그러나 생태계와 환경을 적정하게 유지하기 위해 필요한 양은 현재 취수량의 약 10% 정도라고 여겨진다. 물론 하천 유량의 변화에 따라서는 자연적인 증감이 있을 것이다. 어떤 해에는 다른 해에 비하여 우물에서의 채수량이 더 많을 수도 있다. 그러므로 장기적으로는 물 공급량이 점차적으로 감소되리라는 가정하에 에드워즈 대수층에 대한 지하수 관리 계획이 개발되고 있다.

12.5 탈염

해수의 **탈염**(desalination) 과정을 통해 전 세계 15,000여 개의 공장에서 물을 만들어 내고 있다. 이 물을 먹는 물로 사용하기 위해서는 물의 염분 함량을 상당히 감소시켜야 하며, 물을 공급하기 위한 전통적인 비용보다 수 배를 들여서 거대한 탈염시설들로부터 물이 생산되고 있다. 그러나 염분을 제거하기 위한 다양한 과정들이 에너지를 사용하기 때문에, 물값은 에너지 비용과 함께 증가한다. 최신 기술은 탈염 과정에 필요한 에너지 수요를 상당히 감소시켰다. 그 결과 탈염된 물의 사용이 증대될 것이며, 특히 전통적 의미의 수원이 스트레스를 받게 됨에 따라서 더욱 증가할 것이다.

12.6 물 사용

물 사용에 관해 논의하려면 먼저 하천 밖에서의 이용과 하천 안에서의 이용을 구분해야 한다. **하천 밖의 이용**(offstream use)이란 물을 그 근원지로부터 취수하거나 유로를 변경해서 이용하는 것을 말한다. 예를 들면, 관개용수, 열병합 발전소, 산업활동, 또는 공공용수 등으로 이용하는 것이다. **소모적 사용**(consumptive use)은 하천 밖에서 물을 이용하는 하나의 유형으로, 사용된 물이 사용 후에 다시 하천이나 지하수로 환원되지 않는 것을 말한다. 이 경우 물은 직접 증발하거나, 곡물에 흡수되거나, 또는 동물 내지 사람에게 흡수된다.[4,6] **하천 안의 이용**(instream use)은 사용하는 물을 그 근원지에서 뽑아내지 않고 사용하는 것이다. 예를 들면, 하천수가 선박의 이동에 사용되거나, 수력발전, 어류와 야생동물의 서식처, 레저/휴양 등으로 활용되는 것을 말한다.

하천과 강을 다양한 용도로 직접 사용하는 경우에는 대체로 각 용도에 따라 이용조건과

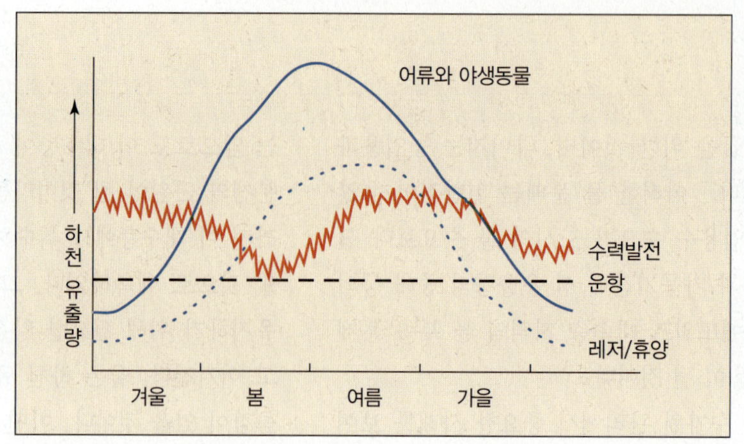

그림 12.18 하천수의 다양한 이용도와 분쟁 하천 내 물 이용도와 각각의 이용도를 위한 물 유출량의 모식도. 유출량은 특정한 위치에서 흐르는 물의 양을 의미하며, 측정단위는 m^3/s이다. 수력발전용에서 보이는 지그재그 형태는 댐에서 발전을 하기 위해 물을 방출함에 따른 급격한 (대체로 매일 보이는) 변화이다. 이보다 큰 계절 변화는 겨울과 여름에 난방과 냉방을 위한 전력수요를 반영한다. 수문곡선의 '평평한 선'은 보트나 화물선 이용에 선호되는 유출량이다.

피해방지를 위한 여건 등이 다르므로 논쟁이 일어날 수 있다. 어류와 야생동물의 다양성을 최대로 유지하기 위해서는 수위와 유속의 계절별 변화가 필요하다. 그러나 이러한 수위와 유속은 전력수요를 충족시키기 위해 유량의 최대 일변화를 필요로 하는 수력발전의 경우와는 다르다. 마찬가지로, 이 두 가지 경우 모두 보트를 타거나 낚시를 하는 경우에 요구되는 조건과는 또 다르다. 강에서 퇴적물을 운반하는 데 필요한 유량은 이와는 또 다른 패턴이다. 그림 12.18에 이러한 하천의 이용 유형과 계절별 유량 변화를 도시하였다.

사람들의 물 이동

현대 문명사회에서 물은 강수가 풍부한 지역에서 사용량이 많은 지역으로 먼 거리를 이동하기도 한다. 캘리포니아에서는 주의 남부 도시들에게 물을 공급하기 위한 저수지 활용을 위해 북부 지역의 강에 물 수요가 발생한다. 캘리포니아 주 물 유출량의 2/3 이상이 물의 과잉이 일어나는 샌프란시스코 북부에서 발생하며, 반면에 2/3 이상의 물 사용은 물 부족이 일어나는 샌프란시스코 남부에서 발생한다. 최근에는 캘리포니아 물 사업과 중앙 계곡 사업에 의해 운하들이 건설되어 북부 지역으로부터 남부로 엄청난 양의 물이 이동되고 있다(그림 12.19). 이러한 수로의 변경은 이미 생태계에 악영향을 나타내기 시작했으며, 특히 북부 캘리포니아 지역의 몇몇 하천들의 수산업에 영향을 미치고 있다.

로스앤젤레스가 특이한 것은 아니다. 전 세계의 많은 도시들이 점점 더 먼 지역에서 물을 찾고 있다. 예를 들면, 뉴욕 시는 이미 100여 년 전부터 인근지역으로부터 물을 수입하고 있다. 뉴욕 시에서의 물의 공급과 사용은 반복적인 패턴을 보인다. 처음에는 그 지역의 지하수, 하천수와 허드슨 강물을 이용했었다. 그러나 물 수요가 공급을 초과하게 되자, 1842년에 시로부터 48km 북쪽에 첫 번째 대형 댐을 건설하였다. 뉴욕 시가 맨해튼에서 롱아일랜드까지 급격히 확장되면서 물 수요 역시 증가하였다. 롱아일랜드의 사질 대수층이 첫 번째 먹는 물의 수원이었으나, 이 물은 강수에 의해 함양되는 속도보다 더 빨리 양수되었다. 국지적인 시궁창이 지하수를 오염시켰고, 해수(염수)가 침투하였다(사례 연구 '뉴욕 롱아일랜드' 참조). 1900년에 더욱 큰 댐이 건설되었지만, 지속적인 인구의 급증은 이와 동일한 패턴, 즉 지하수의 이용–오염–염수화–수원의 고갈–더 북쪽지역에 더 크고 새로운 댐의 건설로 이어지는 패턴을 초래하였다.

(a)

(b)

그림 12.19 사람들에게 물을 공급함 (a) 캘리포니아 수로. (b) 샌 요아킨 계곡의 캘리포니아 수로.
(Allan Pitcairn/Grant Heilman Photography Inc.)

도시들이 물을 수입하는 경향이 지속되고 있다. 예를 들면, 캘리포니아의 샌디에이고는 동쪽의 코첼라 계곡의 농업용수 지역과 물을 수입하기 위한 협상을 하고 있다. 이 도시는 자체적인 도시개발과 현재 물을 공급받고 있는 북쪽의 로스앤젤레스로부터 독립된 물 공급원을 확보하기 위해 추가적인 수원을 필요로 하고 있다. 지역적으로 적절한 수원이 없는 도시 중심의 개발은 현재 혹은 미래에 애틀랜타, 뉴욕, 마이애미, 시카고, 오스틴, 덴버, 로스앤젤레스, 샌디에이고 등 많은 도시들의 문제가 될 수 있다. 이들 지역의 개발과 인구 증가는 제한되어야 할 것이며, 더 많은 사람들이 수원 근처로 이동해야 할 것이다. 물의 이동은 줄일 수 있으므로 이러한 해결책이 환경적인 측면에서는 더욱 바람직할 수 있다. 더욱 많은 물이 그 근원지 인근에서 사용될 수 있다. 수원지 인근지역의 개발은 물 사용에 더 많은 유연성을 주며, 수로를 통해 이동 중에 증발과 누수로 인해 손실되는 양을 줄이므로 결과적으로 생태계에 더 많은 물을 남겨 주게 된다.

물 사용의 경향

전 지구적인 물 사용은 농업활동에 70%, 산업활동에 20%, 도시와 가정용으로 10% 정도가 된다. 미국에서 물의 취수 경향은 수자원 관리에 아주 흥미롭고도 의미 있는 특성을 보여준다. 그림 12.20a는 1950년에서 1995년(가장 최근의 정부 자료)까지 담수 취수량의 변동 경향을 보여준다. 이 자료는 다음의 특성을 제시한다.

- 지표수의 취수량이 지하수의 취수량보다 훨씬 많다.

■ 물의 취수량은 1980년까지 증가하다가 그 이후로는 감소하여 일정하게 되었다. 미국의 인구는 1950년에 1억 5,100만 명이었으며, 1995년까지 지속적으로 증가하여 2억 6,700만 명이 되었다. 그러므로 물의 취수량이 감소되어 안정화되던 시기인 1980~1995년 기간 동안 인구는 계속 증가했다. 이러한 경향은 이 15년 동안 물의 관리와 보

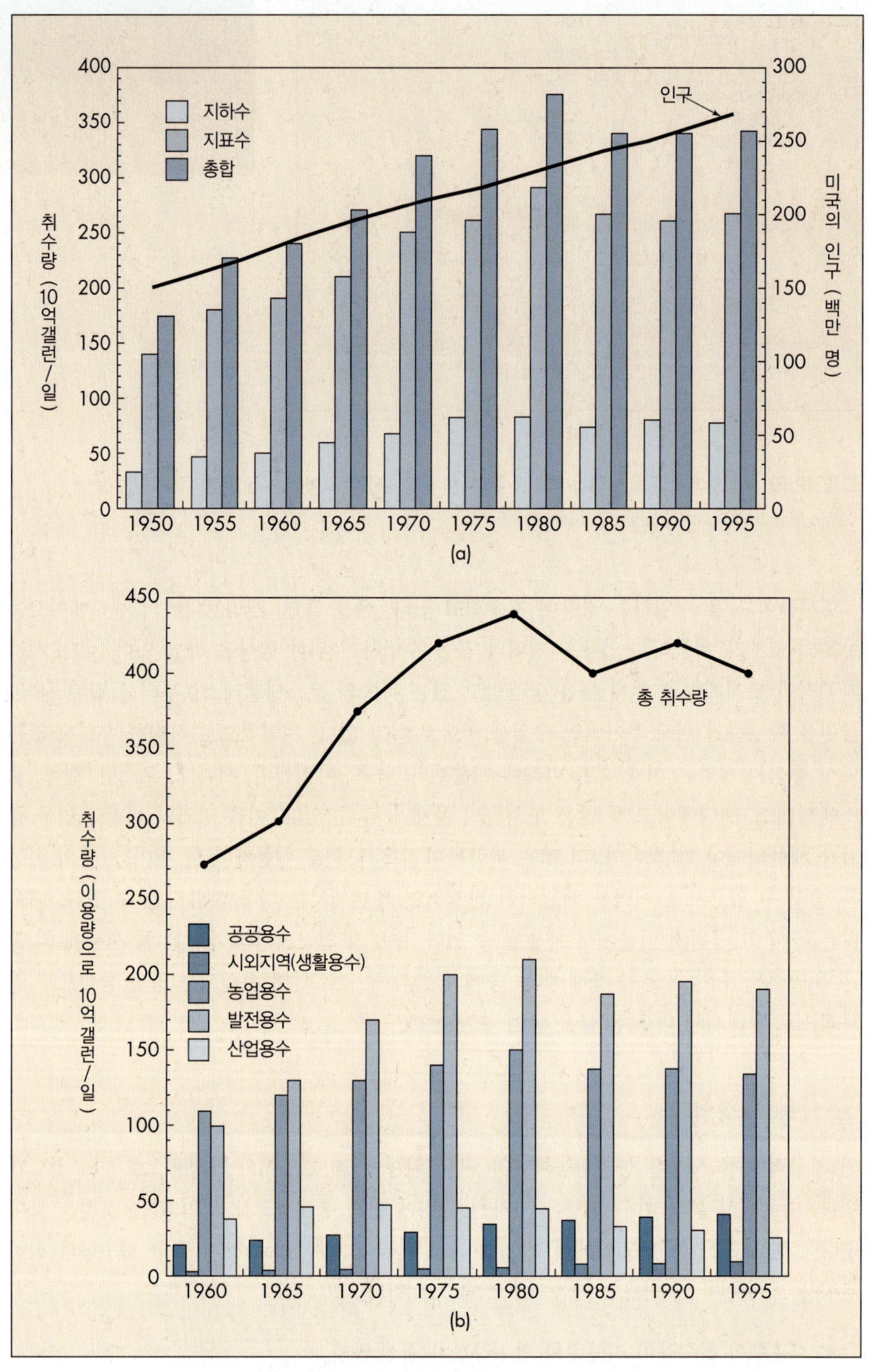

그림 12.20 미국의 물 취수 경향 (a) 수원에 따른 담수 취수 경향(1950~1995), (b) 물 이용도에 따른 (담수와 염수의) 취수량 총합 (1960~1995). (*Solley, W. B., Pierce, R. P., and Perlman, H. A.* 1998, Estimated use of water in the United States in 1995. *USGS Circular 1200*)

전이 더욱 효율적이었음을 지시한다.

그림 12.20b는 1960년부터 1995년까지 물 사용도에 따른 담수와 염수의 취수량의 변화를 보여준다. 이 자료는 다음의 특성을 지시한다.[6]

- 관개용수와 화력발전소가 주된 물 사용처이다.
- 이 기간 동안 도시와 시외지역 모두 공공용수의 사용이 증가되었다. 이는 이 기간 중 국내 인구의 증가와 관계된 것으로 보인다.
- 1980년 이후 관개농업에 사용된 물 사용량이 감소-안정화되었다. 이러한 변화는 물 보전정책의 효과로 보인다.
- 수많은 발전소가 작동되면서 화력발전소에 사용된 물은 1960년부터 1980년까지 급격히 증가했다. 그 이후로 효율적인 물 사용에 의해 사용량은 감소되어 왔다.
- 1980년 이후 산업계에서는 상당히 적은 양의 담수를 사용하고 있다. 이러한 감소는 부분적으로는 적은 양의 물을 요구하는 신기술의 개발과 함께 공장의 효율성 증가와 물 재활용 증가에 의한 것이다.

수자원의 중요성과 이를 보전해야 할 필요성에 대한 일반 국민들의 인식이 깊어지고 있다는 긍정적인 징조들이 보인다. 결과적으로 많은 주에서 물 수요는 감소하고 있다. 또 다른 긍정적 징조는 재활용된 폐수가 더욱 흔하게 보인다는 것이다. 매일 약 10억 갤런 정도로 이는 50년 전보다 약 5배나 증가한 양이다. 더욱 중요한 것은 물을 재사용하고 폐수를 재활용하는 혁신적인 방법들이 개발되면서 이러한 경향이 지속성을 갖는다는 것이다.

물의 보전

물을 더욱 효율적으로 사용하고, 취수량과 소비를 줄이기 위해서는 어떻게 해야 하는가? 관개농업이 가장 많은 소모적인 물 사용 중의 하나이므로 관개농업의 개선은 취수량을 약 20~30%가량 줄일 수 있다. 비효율적인 관개농업은 엄청난 양의 물을 낭비하게 된다. 경우에 따라서는 관개수의 아주 적은 부분만이 농작물로 간다. 관개농업에서 물 보전의 기술로는 누수와 증발을 감소시키기 위해 피복된 선형 배관을 사용하는 기술, 배관에서 물을 공급하는 것을 컴퓨터를 이용해 시간 조절과 감시하는 기술, 지표수와 지하수를 연계하여 관리하는 기술, 증발량을 줄이기 위해 야간에 관개하는 기술, 스프링클러나 물방울 관개와 같은 개선된 관개기술, 물을 뿌리기 전의 토지 개량 기술 등이 있다.

도시와 교외지역의 생활용수 사용은 총 국가 취수량의 단지 10% 정도이다. 그러나 생활용수는 집중적인 특성이 있어서 국지적인 문제를 유발할 수 있다. 생활용수로 취수되는 물은 보다 효율적인 욕실과 배수구의 시설, 야간에 잔디와 정원에 물 주기, 가정용 화초를 위한 물방울 관개 등을 통해 그 양을 감소시킬 수 있다.

화력발전을 위해 취수되는 물은 더 적은 양이거나 아예 물을 사용하지 않는 냉각탑을 사용함으로써 20~30% 정도 줄일 수 있다. 제조업체와 산업계는 공장 내에서의 물 처리와 재활용, 물을 적게 사용하는 공정의 개발 및 장비의 활용 등을 통해 취수량을 감소시킬 수 있다. 물 보전 분야는 급격히 변하고 있으며, 소비량의 증가에도 불구하고 더 많은 개선방안

들을 통해 총 취수량을 감소시킬 수 있을 것으로 기대된다.[4]

12.7 미래의 물 관리

수자원 관리는 물 수요가 증가할수록 더욱 어려워지는 복잡한 문제이다(자세히 살펴보기 '콜로라도 강의 관리' 참조). 미국의 남서부 지역과 세계의 건조 및 아건조 지역에서 물 공급은 가장 심각한 문제이지만, 이들보다 훨씬 습윤한 지역인 뉴욕과 애틀랜타 같은 대도시들도 역시 동일한 문제에 직면하고 있다. 하지만 이들은 대체수원을 찾는다든가, 기존 수원을 잘 보호하고 관리한다든가 혹은 인구성장을 조절하는 등의 선택의 여지가 있다.

물이 필요한 도시들은 물을 기름이나 가스처럼 시장에서 사고 팔 수 있는 자산으로 여기기 시작했다. 만약 도시들이 물 값을 지불할 의향이 있고 지금과 같은 물 규제를 피할 수 있다면 물의 배분과 가격은 아마 변화될 것이다. 물 값이 충분히 오르게 되면 다른 여러 수원으로부터 '새로운 물'들이 등장하게 될 것이다. 예를 들면, 농촌지역에서는 도시에 물을 공급하기 위해 도시들과 계약을 하게 된다. 이러한 방식은 증발과 지하 누수에 의한 물의 손실을 최소화하기 위한 보전적인 방법을 사용하므로 농작물에는 악영향을 미치지 않을 수도 있다. 지금 보면, 대부분의 농업지역들은 비용이 많이 드는 물 보전방법을 시행하기 위한 재정이 없는 상태이다. 그러나 물이 필요한 도시들은 이러한 사업을 지원할 수도 있다. 분명한 것은 미래에는 물이 훨씬 더 비싸질 것이고, 만약 가격만 적정하다면, 다양한 개선책들이 적용될 수 있을 것이다.

하천과 수자원 연구의 선도자인 루나 레퍼드는 **물 관리**(water management)에 대한 새로운 철학을 제시하였다. 이 철학은 전통적인 경제적, 사회적, 정치적 요소들을 고려할 뿐만 아니라, 지질학적, 지리학적 및 기후적 요인들까지도 고려하고 있다. 물 관리는 더 이상 단순히 경제적, 정치적 관점에서만 고려해서는 성공할 수 없다. 우리는 실제로는 물을 거의 관리하지 않았기 때문에 오히려 물 이용이라는 용어가 더욱 합당할 것이다.[9] 레퍼드의 물 관리 철학의 핵심은 지표수와 지하수가 모두 자연적인 물의 유동량에 좌우된다는 것이다. 강우량이 많았던 해에는 지표수가 풍부하며, 천부 지하수가 재충전된다. 이러한 해에 사람들은 자신들이 만든 홍수조절 구조물, 다리, 호우 배수시설 등이 과다한 물을 잘 견뎌주기를 바랄 뿐이다. 이러한 시설들은 특정한 물의 유동량을 견뎌내도록 설계되었다. 따라서 그 유량보다 많은 물은 시설을 파손시키거나 홍수를 유발하게 된다. 레퍼드는 사람들이 물의 부족보다는 홍수를 조절하는 데 훨씬 더 준비가 잘되어 있다고 결론짓는다. 그러나 건조한 해에 물 부족에 대응하기 위한 특별한 전략들도 준비되어야 한다. 예를 들면, 미국 서부의 여러 지역에서는 지하수를 경제적으로 개발하기에는 심도가 너무 깊거나 수질이 좋지 않다. 더구나 이러한 물들은 현재의 물 순환 과정에서는 격리되어 있어, 자연적인 함양이 되지 않을 수도 있다. 하지만 이러한 수원에서 나오는 물도 양수정과 기존의 관로를 연계한다면 활용이 가능할 것이다. 물의 재활용을 위한 폐수 처리는 비상 시에 적용할 수 있는 방법이다. 정기적으로 물을 재활용하는 것은 비용이 너무 비싸거나 또는 다른 이유에서 반발이 일어날 수 있다. 하지만 비상 시에는 재활용한 물도 사용할 수 있도록 미리 계획을 세워놓는 것도 현명한 방법이다.[9]

자세히 살펴보기 | 콜로라도 강의 관리

콜로라도 강은 미국 남서부 지역에서는 가장 중요한 강이며, 강물 역시 중요한 수자원이다. 콜로라도 강의 관리는 두 가지 측면을 갖는다—(1) 주민들을 위한 수자원의 관리와 (2) 그랜드캐니언의 하천 환경을 유지하는 것이다. 이들 각각에 대해서 순서대로 논의하고자 한다.

물 관리

수자원과 물 관리에 대해 논의하기 위해서는 먼저 콜로라도 강 유역과 이 지역의 물을 둘러싼 논쟁에 대해 먼저 알아야 한다. 주민들은 콜로라도 강의 물을 800년 이상 사용하여 왔다. 이 유역에 거주하던 초기의 미국 원주민들은 잘 구축된 물 배분체계를 가진 고도로 발달된 문명을 가지고 있었다. 1860년대의 이주자들은 그때의 많은 운하들을 청소하여 사용하였다.[10] 이러한 초기 역사를 보면, 훗날 미국 지질조사소 소장이 된 존 웨슬리 파월이 목선을 이용해서 그랜드캐니언을 조사한 1869년까지 콜로라도 강이 완전히 조사되지 않았다는 것도 놀랄 만하다.

비록 콜로라도 강 유역이 많은 운하와 수로로 연결되어 수백만의 도시민들과 캘리포니아의 임페리얼 계곡 같은 농업지역에 물을 공급하고 있지만, 약 632,000km²의 면적을 지니는 유역 자체는 사람들이 많이 살지 않는다. 애리조나 주의 유마는 42,000명의 인구를 지닌 콜로라도 강의 가장 큰 도시이며, 유역 내에서 50,000명 이상의 거주인구를 보이는 도시는 라스베이거스, 피닉스, 투싼 등이다. 더구나 이들 총 인구의 약 20% 정도만이 농경지역에서 거주하고 있다. 이 유역의 광활한 지역의 인구밀도는 지극히 낮으며, 어떤 지역은 수천km²의 면적에 거주자가 전혀 없는 곳도 있다.[10] 미개척된 하천의 가치에 대해 글을 썼던 로드 내쉬에 따르면 콜로라도 강과 그린 강의 합류지점에서 비디오 게임을 할 수 있는 가장 가까운 곳까지가 80km나 되며, 거기도 국립공원 한 복판이다.[11]

콜로라도 강의 상류는 와이오밍 주의 윈드리버 산맥이며, 이 강이 바다로 연결되기까지 2,300km를 흐르는 동안 7개 주—와이오밍, 콜로라도, 유타, 뉴멕시코, 네바다, 애리조나, 캘리포니아—와 멕시코를 거치게 된다(그림 12.C). 콜로라도 강은 유역 분지가 미국 남서부의 넓은 지역을 포함

그림 12.C 콜로라도 강 유역 주요 저수지와 관리를 위한 분지의 구분이 보임. 멕시코 만 하구에 위치하며 전에는 대규모의 습지였던 삼각주는 다양한 용도로 수로를 변경함에 따라 심각하게 훼손되었다.

할 정도로 거대하지만, 연평균 유출량은 미시시피 강의 3%에 불과하고, 콜럼비아 강의 1/10에도 못 미친다. 그러므로 콜로라도 강은 그 크기에 비하여 적은 양의 유량을 보이는데, 그럼에도 불구하고 전 세계에서 가장 통제되고, 논란이 되는 수자원이 되었다. 콜로라도 강 유역에 대한 수십 년 이상의 논란은 유역 그 자체를 넘어 캘리포니아, 콜로라도, 뉴멕시코, 애리조나 주의 농업지역과 대도시 개발 등과 관계되어 있다. 이들 아건조 지역의 물 수요는 한정된 수자원의 과잉사용과 수질악화를 초래하였다. 각 주 간의 협약, 법원의 결정, 국제적 조약 등은 이 강의 수자원을 사용하고 있는 사람들의 긴장을 완화시켜 주곤 했다. 물 사용 패턴의 변화에 따라 제도와 법원의 결정은 지속적으로 멕시코와 미국에 거주하는 수백만 인구의 삶에 영향을 미치고 있다.[12]

콜로라도 강의 물은 미국 7개 주와 멕시코의 다양한 수요자들에게 배분되어 왔다. 이러한 배분은 수년간의 협상과 국제조약, 주와 주 사이의 협약, 계약, 연방법의 제정, 법원의 결정 등을 통해서 이루어졌다. 전체적으로 이러한 통제는 하천법이라고 부른다. 이 법의 초기에 중요했던 두 가지 문헌은, 물에 대한 권리를 상류와 하류 지역으로 구분했던 1922년의 콜로라도 하천 조약과 1년에 최소한 1.85km^{3}의 콜로라도 강의 유량을 멕시코로 보내기로 약속한 1944년 멕시코와의 조약이다. 최근에는 1963년 대법원의 결정으로 애리조나와 캘리포니아가 관련된 것이 있다. 애리조나는 물의 배분에 대해서 1922년의 조약에 합의하지 않고 오랫동안 캘리포니아와 충돌하고 있었다. 법원에서는 캘리포니아 남부에서 약 0.74 km^{3}의 콜로라도 강의 물을 포기하도록 결정하였다. 최종적으로 1974년 콜로라도 강유역 염분 조절 조례가 의회에서 승인되었다. 이 조례는 수질개선을 위해 탈염시설을 건설하는 것을 포함하여, 콜로라도 강물의 염도를 악화시키는 활동을 규제하도록 하고 있다.

콜로라도에서의 수자원 관리는 아직도 복잡하게 남아 있으며, 이는 물 수요가 증가하고 있기 때문이다. 콜로라도에서 수자원 관리의 역사는 미국 남서부의 다른 지역에서 앞으로 발생할 수 있는 몇 가지 주요한 문제를 보여준다.

- 어떻게 하면 한정된 수자원을 적절하게 배분할 수 있는가?
- 어떻게 하면 적절한 수질을 유지할 수 있는가?

이러한 복잡한 물 논쟁의 예로서 올 아메리칸 운하의 경우를 생각해 보자. 이 운하는 멕시코와의 국경에서 미국 쪽에 위치한다(그림 12.19a 참조). 이 운하는 토사로 건설되어 있으며, 따라서 이 운하로 흐르는 콜로라도 강물은 지하로 스며들게 된다. 바로 이 물이 논쟁의 근원이 되며 정치적인 물 전쟁을 일으키고 있다. 이 운하 중 미국의 샌디에이고로 물을 유도하는 36km 구간은 콘크리트 방수벽이 설치되어 있으며, 이는 운하로부터 물이 지하로 스며드는 것을 방지하기 위한 것이다. 하지만 이는 멕시코의 농부들에게는 불리하게 작용할 것이다. 지하를 통해 스며든 수십억 갤런의 물은 지난 60여 년 동안 멕시코 농부들이 관개농업에 사용하던 지하수를 보충하게 된다. 1944년의 멕시코와의 조약은 운하에 방수벽 설치를 금지하고 있지는 않으나, 멕시코 인들은 수십 년 동안 그들이 사용해 오던 물을 빼어가는 것은 비윤리적이라고 항의하고 있다. 멕시코 농부들은 그들이 만일 물을 사용할 수 없게 된다면, 농장은 망하게 될 것이고, 결국 미국으로의 불법이민자들이 증가하게 될 것이라고 말한다. 멕시코에서의 취업기회를 감소시키는 어떠한 행동도 이민자를 증대시키는 결과를 초래할 수 있지만, 그러나 이보다는 윤리성에 대한 항의가 더욱 중요하다. 운하를 건설하였을 당시에 미처 예상하지 못했다 하더라도, 멕시코에서 수십 년간 사용되어 오던 물은 우리가 존중해야 할 선례를 제시하고 있다.

그랜드캐니언에서의 콜로라도 강의 관리

콜로라도 강의 그랜드캐니언(그림 12.D)은 대형 댐에 대한 하천의 적응을 잘 보여준다. 1963년 그랜드캐니언의 상류에 글렌캐니언 댐이 건설되었다(그림 12.C). 댐의 건설로 유량과 하류에서의 하천발달 패턴이 급격히 변화되었다. 수문학적 관점에서, 콜로라도 강이 단조롭게 된 것이다. 글렌캐니언 댐이 건설되기 전에는, 이 강의 최대 유량은 5월이나 6월의 봄철 눈 녹는 시기에 발생했으며, 그 이후로 가끔 상류에서 발생하는 돌발홍수를 제외하고는 남은 기간 동안 서서히 감소되었다. 유량이 많은 기간에는 엄청난 양의 퇴적물(대부분이 모래와 실트입자)을 운반하며 하천을 강하게 깎아나갔다. 높은 홍수 수위는, 선상지나 충적층 물질들 위로 흐르는 하천들이 협곡의 지류에서 주 하천으로 퇴적물을 운반하는 도중에 절벽으로부터 거대한 바위들을 뜯어냈다. 여름철 유량이 적어지면서 하천이 운반할 수 있는 퇴적물의 양이 작아지고, 사람들이 '해변' 이라고 부르며 래프팅을 즐기는 사주와 테라스 등의 퇴적층들이 하천을 따라 쌓여 왔다.

그러나 댐이 건설된 이후에는, 연평균 홍수유출량(각 연도의 최고유량의 평균값)이 약 66% 감소하였으며, 10년 주기 홍수유출량은 약 75% 감소하였다. 반면에, 댐은 유출량을 조절함으로써, 결과적으로 유출량의 중앙값은 오히려 약 66% 증가하였다. 하지만 발전용수량의 변동과 강 수위가 5m 이상 일 변동을 보이는 관계로, 유출량은 아직도 상당히 불안정하다. 댐과 저수지는 하류로 이동하는 퇴적물을 막게 되고, 댐 직하류에서는 운반되는 퇴적물이 급격히 감소된다. 결과적으로 중요한 생태서식처로 활용되던 몇몇 대규모 사주들은 더 이상 모래가 유입되지 않고 계속해서 침식되고 있다. 이보다 더 하류에서는 주변의 지류로부터 지속적으로 퇴적물이 유입되고 있어 상류보다는 퇴적물 공급감소가 약하게 나타난다.[13]

그림 12.D 그랜드캐니언의 콜로라도 강 사진의 왼쪽 하부에 보이는 사주 모래사장은 래프팅하는 사람들이 사용하고 있는데, 이들의 숫자는 지속적으로 증가해 왔으며, 계곡에 영향을 미치고 있다. 현재는 이 계곡에서 래프팅을 할 수 있는 사람의 숫자를 한정하고 있다. (*Larry Minden/Minden Pictures*)

그랜드캐니언에서 콜로라도 강의 수문학적 변화는 강의 형태를 크게 바꾸었다. 이전에 하류로 거대한 암석들을 운반하던 대형 홍수가 더 이상 발생하지 않게 되면서 급류들이 더욱 위험하게 되었다.

이러한 하천흐름의 변화로 수위가 높은 흐름들이 주로 없어졌으며, 결과적으로 식생의 변화도 초래되었다. 댐이 건설되기 전에는, 하천 위의 사면에 적어도 3개의 평행한 식생 벨트가 존재했었다. 하천의 옆과 사주에서는 매년 봄 홍수에 의해 쓸려나가는 생존기간이 짧은 식생들이 있었다. 하천의 홍수수위 위로는 메스키트(mesquit)와 캣클로 아카시아(catclaw acacia)와 같은 가시덤불들이 선인장 및 아파치 플룸과 같은 종들과 섞여 있었다. 그 위로는 잡목들과 공선인장(barrel cactus)들이 주를 이룬 또 하나의 벨트가 형성되어 있었다.[14] 1963년 댐이 완공되면서 20년간 봄철 홍수가 사라졌고, 이전에는 계곡에서 잘 보이지 않던 능수버들이나 자생 버드나무들이 하천제방을 따라서 형성되기 시작했다.

1983년 6월 로키 산맥으로부터 내려온 기록적인 융설로 인해 평상시 배출되는 물의 약 3배가 유출되었으며, 이는 댐 건설 이전의 평균 봄철 홍수와 유사했다. 이로 인한 홍수는 하상과 하천제방을 쓸어 내렸으며, 사주에 쌓여 있던 퇴적물들과 능수버들과 버드나무 둥치들을 쓸어버렸다. 대규모 물의 방출 효과는 하천환경에 유익하며, 하천유역을 보다 자연적인 상태로 유지하는 데 큰 홍수들의 중요성을 보여준다. 이후 1996년 3월 26일부터 4월 2일까지 일종의 실험으로서 하천의 모래를 재분배시키기 위해서 글렌캐니언 댐의 방류에 의한 '실험 홍수' 가 진행되었다. 이 홍수는 55개의 새로운 모래톱을 만들어 냈으며, 기존의 모래톱의 약

75%에 모래가 더해지는 결과를 보여 주었다. 이는 또한 이 지역의 토종 어류와 위기에 처한 종(species)들에 중요한 서식처인 배수지와 습지를 재생시켰다. 댐으로부터 방출된 물은 온도가 낮아서 트로피송어(trophy trout)의 어장이 형성되었었다. 따라서 따뜻한 물을 선호하는 길이가 1.8m나 되는 토종 어류들은 서식처의 변화와 송어의 유입으로 인해 멸종위기에 처하게 되었다. '실험 홍수'는, 새롭게 형성된 모래톱이 결국 침식되기는 했지만,[16] 결과적으로는 대단히 성공적이었다.[15]

1996년의 실험 홍수는 콜로라도 강의 하상과 하천 제방의 모래를 글렌캐니언 댐 하부로 이동시켜서 사주에 퇴적시켰다. 하지만 이러한 실험 홍수가 주변의 지류에는 영향을 미치지 못했으므로, 주변 지류로부터 주 하천인 콜로라도 강으로 새로운 모래의 유입은 거의 없었다. 결과적으로 모래는 댐 하류의 하천에서 침식되었지만, 이는 사주에 지속적으로 모래를 공급할 수는 없는, 한정된 재생 불가능한 자원이다. 최근에는 보다 창의적인 생각이 제안된 바 있다.[16] 이 계획은 67,340km^2 (그림 12.C)의 비교적 넓은 유역면적을 가지고 있으며 계곡을 따라 콜로라도 강의 리스페리 하류에서 만나게 되는 리틀콜로라도 강으로부터 그랜드캐니언으로 운반된 모래를 이용하는 것이다. 1993년 리틀콜로라도 강의 홍수로 다량의 모래가 그랜드캐니언의 콜로라도 강으로 유입되어 많은 모래톱을 생성한 바 있다. 하지만 1년 뒤에 그 모든 모래톱이 콜로라도 강에 의해 거의 모두 침식되었다. 문제는 이들 모래톱이 콜로라도 강의 바닥에 충분히 높게 퇴적되지 않았으며, 결과적으로 정상적인 댐 하류의 흐름에도 취약한 상태였다는 것이다. 새로운 연구에서 제안된 아이디어는 글랜캐니언 댐으로부터의 방류시기를 모래를 많이 운반하는 리틀콜로라도 강의 봄철 홍수와 맞추자는 것이다. 결과적으로 두 강으로부터 합쳐진 홍수는 더욱 크게 나타날 것이고, 리틀콜로라도 강(그림 12.E)으로부터 운반된 모래는 하상보다 훨씬 높게 퇴적되어, 결과적으로 콜로라도 강의 낮은 흐름에는 잘 침식되지 않을 것이다. 리틀 콜로라도 강의 수문학적 특성을 평가한 결과 모래톱에 새로운 모래가 충전되는 데 걸리는 시간은 평균 8년 정도였다. 이러한 계획은 계곡의 자연생태계를 형성하고 유지하는 하천의 흐름과 퇴적물의 운반 이동 환경을 글렌캐니언 댐 건설 이전의 상태로 복원하고 재생하는 데 도움을 줄 것이다.[16]

글렌캐니언 댐의 또 다른 영향은 그랜드캐니언을 통해 래프팅하는 사람들의 증가로 나타난다. 비록 지금은 래프팅하는 사람의 숫자를 연 15,000명으로 제한하고 있지만, 캐니언이 지니고 있는 자원에 대한 장기적인 영향은 충분히 고려할만 하다. 1950년 이전에는 단지 100명 이하의 탐험가들만이 이 협곡을 따라 탐사를 했었다.

우리는 1970년대와 1980년대의 콜로라도 강은 이미 변화된 상태의 강이란 것을 인정해야 한다. 비록 1983년과 1996년의 홍수들이 이러한 변화들을 약간 거꾸로 돌려놓기는 했지만, 하천 복원의 노력이 댐을 건설하기 이전의 상태로 돌려놓을 수는 없을 것이다.[13,14,16] 반면에, 물의 흐름과 퇴적물의 이동을 보다 효율적으로 관리하는 것이 하천생태계를 개선하고 유지하는 데 도움이 될 것이다.

마지막으로, 상류지역의 물을 사용함으로써 한때는 주요한 습지였던 콜로라도 강의 삼각주가 황폐화되고 있다. 몇 년째 물이 바다로 유출되지 않고 있다.

그림 12.E 리틀콜로라도 강 하천에는 다량의 모래가 포함되어 있어 콜로라도 강의 사주를 유지하는 데 도움을 준다. (*Edward A. Keller*)

강우량이 많은 해에는 대체로 지하수가 재충전된다. 지표수가 충분할 때에는 그것을 사용해야 하고, 지하수는 건조한 해를 대비하여 보존해야 한다. 다시 말하자면, 건조한 해에 지하수는 재충전되는 속도를 초과해서 양수될 수 있으며, 강우가 많은 해에는 자연적, 인위적으로 함양될 수 있다. 이러한 관리 계획은 물의 과잉과 부족이 자연적인 현상임을 인식하고 있으며, 따라서 이에 대비한 계획을 세울 수도 있는 것이다.

12.8 물과 생태계

지구상의 주요 생태계는 기후, 양분의 유입, 토양, 수문조건 등의 물리적 환경에 의해서 형성되어 왔다. 이러한 요인들의 변화는 결국 생태계에 영향을 미친다. 특히 인간의 활동에 의한 변화는 그 영향이 훨씬 크다. 거의 예외 없이, 전 세계적으로 자연생태계를 황폐화시키고 있는 것은 사람들이다. 수문학적인 조건들, 특히 지표수의 흐름과 수질문제는 습지와 같은 특정한 생태계의 지속성을 제한하는 요소가 되어버렸다[17](자세히 살펴보기 '습지' 참조).

댐, 저수지, 운하, 수로 등의 건설과 같은 수자원 개발은 다양한 규모에서 환경에 영향을 미친다. 댐과 그로 인한 저수지는 보통 농업용수용, 홍수 조절용, 또는 레저/휴양용 등의 다목적으로 설계된다. 한 저수지에서 이런 다양한 용도를 조화시키는 것도 쉽지 않다. 예를 들면, 농업용 물 수요는 대체로 여름에 가장 높아서, 결과적으로 저수지의 수위를 낮추게 되고 넓은 지역에 개펄을 만들게 된다. 레저/휴양에 관심이 있는 사람들은 낮은 수위와 개펄로 인해 미적으로 불쾌감을 갖게 된다. 나아가 높은 물 수요와 저수량의 감소는 야생동물에게 피해를 주거나 또는 물고기들의 산란을 제한하는 요인으로 작용할 수도 있다(제15장의 수력과 관련된 댐과 저수지에 대한 논의 참조). 댐과 저수지는 또한 이들 시설의 하류지역에 거주하는 사람들에게 그들이 홍수로부터 보호받고 있다는 안전성에 대한 그릇된 생각을 갖게 한다. 댐이 환경에 미치는 세 가지 영향은 다음과 같다.

- 저수지 수몰로 인해 문화적, 생물학적 자원을 지니고 있는 땅을 잃게 된다.
- 저수지에는 이곳으로 유입되는 상류의 강과 하천의 퇴적물들이 쌓이게 된다. 이렇게 쌓인 퇴적물은 저수지의 저수용량을 감소시킨다. 더욱 중요한 것은, 이 저수지는 보통 하류로 이동되어 강과 연안 환경에 자양분을 제공하던 퇴적물들을 가로막게 된다. 강과 연안에 퇴적물이 고갈되면, 댐의 하류에서 하천 침식이 일어나며, 연안지역에서는 해변의 침식이 발생한다.
- 하류지역의 수문학적 특성과 퇴적물의 이동체계는 하천 환경 전체를 변화시키게 되고, 이 지역에 살고 있는 생물들에게도 영향을 미치게 된다(자세히 살펴보기 '콜로라도 강의 관리' 참조).

자세히 살펴보기 | 습지

습지(wetlands)[18]라는 용어는 다음과 같은 다양한 지표형태에 사용된다.

- 늪지 : 물에 의해서 항상 또는 자주 침수되는 습지
- 늪 : 물에 의해서 항상 또는 자주 침수되는 습지
- 수렁 : 토탄층이 쌓이는 습지
- 돌개구멍 : 작은 늪과 비슷한 못
- 간헐습지 : 가끔 물이 차 있는 작은 함몰지

이들 중 몇 형태가 그림 12.F에 제시되어 있다. 습지의 공통적인 특성과 실질적인 정의는 1년 중 적어도 며칠 이상 이들 지역이 물에 의해 침수되거나 아니면 적어도 지표에서 몇 cm 이하까지는 완전히 포화된 상태가 되어야 한다는 것이다. 수문학적 특성 또는 습한 정도와 식생과 토양의 유형 등

(a)

(b)

(c)

그림 12.F 습지의 몇 가지 유형 (a) 체사피크 만의 염 습지. (*Comstock Images*) (b) 노스캐롤라이나의 삼나무 늪지. (*Carr Clifton/Minden Pictures*) (c) 다코타 주 초원의 돌개구멍. (*Jim Brandenburg/ Minden Pictures*)

이 습지의 존재 여부를 결정하게 된다. 이들 세 가지 요인 중에서는 수문학적 특성이 가장 정의하기가 어렵다. 왜냐면 어떤 습지는 1년 중 아주 짧은 시기에만 습한 상태로 있기 때문이다. 하지만 비록 짧은 기간이지만 규칙적으로 물이 존재한다는 것은 습지에 전형적인 토양과 식생을 형성한다. 습지의 전형적 토양과 식생을 인지하게 되면 다양한 경우에 습지 자체를 규명하는 데 큰 도움이 된다.[19,20]

습지와 이들과 관련된 생태계는 환경적으로 중요한 특성을 많이 지니고 있다.

- 염 습지와 같은 연안 습지는 폭풍과 높은 파도에 의한 해안 지역 육지의 침식을 완화시킨다.
- 습지는 자연이 만들어 준 자연적인 여과지이다. 습지의 식물들은 효과적으로 퇴적물과 영양염류, 오염물질들을 고정시킬 수 있다.
- 담수 습지는 자연적인 스펀지와 같다. 홍수 시기에 이들은 물을 담아두어 하류 지역의 홍수를 낮추는 데 도움을 준다. 이때 저장된 물은 홍수가 끝난 후에는 서서히 배출되어 하천의 낮은 유량에 도움을 준다.
- 습지는 많은 경우 생산성이 높은 땅이다. 여기에서는 수많은 영양염류외 화학물질들이 자연적으로 순환되며, 다양한 식물과 동물들에게 서식처를 제공한다.
- 담수 습지는 때로는 지하수를 대수층으로 함양시키는 지역이기도 하다. 또한 그중에서 샘으로 유지되는 습지는, 지하수가 배출되는 지점이기도 하다.

현재 미국에서 대부분의 연안 습지가 보호되고 있기는 하지만, 담수 습지는 아직도 많은 지역에서 위험에 처해 있다. 매 2년마다 미국의 총 습지 중 약 1%씩 없어지는 것으로 평가된 바 있다. 이들 모두가 대부분 담수 습지이다. 지난 200년 동안, 미국 내 총 습지의 약 절반 정도가 도시 개발과 농업용 관개로 인해 사라졌으며, 여기에는 담수 습지의 약 90%가 포함된다.

습지의 황폐화와 피해는 이들을 복구하려는 노력들을 불러일으켰다. 하지만 불행하게도 복구란 언제나 쉽지 않은 작업이다. 왜냐하면 습지는 복잡한 수문학적 환경의 결과물로 만들어지는데, 만약 물이 고갈되었거나 다른 목적으로 사용되고 있다면 이러한 환경을 복원하기는 어렵기 때문이다. 연구자들은 습지의 수문학적 특성과 퇴적물질 및 영양염류의 이동 등에 주의를 기울이면서 관측하고 있다. 습지가 어떻게 형성되고 움직이는지에 대한 정보가 더 많으면 많을수록 더욱 성공적인 복원이 가능할 것이다.

12.9 전 지구적 물 부족 현상의 발생

최근에 들어서야 비로소 우리는 개별적인 물 부족 현상들이 전 지구적인 자원고갈을 지시하는 것임을 알게 되었다.[21] 전 세계적으로 지하수가 고갈되고 있으며, 대부분 농업용수를 위해 대수층이 개발되고 있다. 제1장의 아랄 해의 예에서 보이듯이 거대한 호수들이 마르고 있다. 또한 미국의 콜로라도 강과 중국의 황하 같은 대하천들도 어떤 해에는 말라서 바다까지 이르지도 못하며, 아프리카의 나일 강과 같은 하천은 바다로의 유출량이 90% 이상 감소하였다. 지난 50년간 인류를 먹여 살리기 위한 곡물(주로 밀) 생산량이 3배로 증가하면서 물 수요도 역시 3배나 증가하였다. 앞으로 50년간 인류는 20억~30억 명의 인구 증가가 예상되며, 따라서 수자원을 대단히 조심스럽게 관리하지 않는다면, 2050년에 예상되는 80억~90억 명의 인구를 먹이기 위한 곡물생산에 필요한 물이 충분하지 않을 것이다. 그러므로 우리는 물 부족 현상의 발생을 잠재적인 곡물 부족현상과 연계하여 보게 된다. 문제는 바로 곡물 생산의 엄청난 증가가 대부분 지하수에서 공급되는 농업용수 의해 좌우된다는 것이다. 예를 들면 바로 이 수자원이 미국, 중국, 인도, 파키스탄, 멕시코 등 곡물이 자라는 거의 모든 지역에서 고갈되고 있다.[21] 물 부족이 발생함에 따라 곡물의 부족이 발생하게 될 것이다. 해답은 명확하다. 인구의 성장을 조절하고 물을 보전해야 한다. 이 장에서는 적게 사용하고 더 많이 복원함으로써 수자원을 보전하는 여러 가지 방법들에 대해 제시하였다. 곡물 위기를 피하기 위해서는 더 많은 노력이 필요하다. 그나마 다행인 것은 가능한 해답이 있다는 것이다. 하지만 그 해답은 더 많은 적극적인 활동을 필요로 한다.

요 약

전 지구적인 물 순환은 물 순환 과정의 한 부분에서 다른 부분으로의 물의 이동, 저장, 전달 등을 포함한다. 육지에서의 물의 이동, 즉 지표 유출과 지하 흐름은 물 순환 과정에서 사람들에게 가장 직접적인 관심의 대상이 되는 부분이다.

유역 분지, 또는 유역은 지형의 가장 기본 단위이다. 지표수의 유출현상은 유역 분지에 따라 변화가 매우 크며, 이는 지리적, 기후적, 생물학적 요인들에 의해 영향을 받는다.

지하수의 주요 수원은 강수로서, 강수는 지표면의 함양지역을 통해 침투해서 통기대를 통과하여 포화대에 이르게 된다. 대수층이란 우물을 통해서 사용할 수 있을 정도의 물을 공급할 수 있는 지질매체의 구간을 말한다. 지표수의 오염이 결국 지하수의 오염을 유발시킬 수도 있으므로, 지표수와 지하수의 상호반응과 연계성은 환경적으로 대단히 중요하다. 특히 카르스트 지역은 오염에 대단히 취약하다.

모든 유출량을 저장하지 못하는 인간의 한계와 하천 유량의 극심한 연간 변화로 인해 강수량과 유출량이 많은 지역에서조차도 물의 공급에는 한계가 있다. 많은 지역에서 지하수가 개발되고 있으며, 자연적인 재충전 속도를 초과한 수위 하강이 발생하고 있다. 어떤 지역에서는 지하수의 개발로 인해 그 지역의 특성이 영구적으로 변화되었다.

물 이용은 소모적인 이용을 포함하는 하천 외 이용과 하천 내 이용으로 구분할 수 있다. 수력발전, 휴양, 어류와 야생동물의 서식처 등으로 이용되는 다양한 하천 내 이용은 많은 경우 서로 상충되는 조건을 필요로 한다. 따라서 다양한 용도에 적합하도록 수자원을 배분하는 일은 항상 논쟁의 대상이 된다.

물은 생태계의 필수적 요소이며, 사람들에 의한 이용 증가는 생태계 파괴의 주요 인자가 되고 있다. 습지의 파괴와 손실은 미국에서 특별한 환경문제가 되고 있다. 왜냐하면 이미 담수 습지의 90%를 포함하여 이들 습지 생태계의 상당한 부분이 유실되었기 때문이다.

인류는 곡물의 공급과 연계되어 전 지구적인 물 부족현상에 직면하고 있다. 앞으로 50년 내에 인류의 인구 증가로 20억~30억 명 정도의 새로운 인구를 먹이기 위한 곡물을 생산하기 위해서는 예방차원의 물 관리가 필요하다.

기본개념의 재확인

인구 증가

현재 인구에 대해서는 지구상에 있는 물이 충분하다. 그러나 사람들은 수자원이 한정되어 있는 지역들에 편중되어 거주하기 때문에 지금도 물 부족 현상이 일어난다. 인구의 중심지가 담수 수자원이 가장 풍부한 지역과 일치하지 않는다. 결과적으로, 인류의 인구가 계속 증가함에 따라, 물 부족 현상은 더욱 심화되며, 이는 지구상의 건조지역에서 더욱 심각하게 나타날 것이다. 21세기에는 몇몇 지역에서 대단히 심각한 물 부족 문제가 발생할 것으로 예상되며, 이러한 문제들은 국가 간의 분쟁을 일으킬 소지가 다분하다.

지속 가능성

미래에 물 부족을 피하기 위한 한가지 방법은 우리가 현재의 자원을 확실하게 유지관리하는 것이다. 지속 가능성이란 우리가 다음 세대에게 인류의 활동으로 인해 황폐화되지 않은 수자원을 남겨 준다는 것을 의미한다. 우리는 또한 전 세계의 생태계가 미래에도 건강한 상태로 유지될 수 있도록 충분한 물을 확보할 수 있기를 원한다. 그러므로 수자원 관리를 책임지고 있는 사람들에게는 지속 가능한 수자원 관리가 가장 중요한 관심거리이다. 지속 가능한 수자원 관리 프로그램에는 현재 수자원 활용의 효율성 제고, 물의 보전, 유역 분지의 보호를 통한 양질의 지표수와 지하수의 지속적인 생산 등이 포함된다.

계로서의 지구

전 지구적, 광역적 내지는 국지적 규모에서 보는 우리의 수자원은 지표수와 지하수의 상호반응에 관계되는 복잡한 수문학적 시스템으로 유지된다. 이때 지표수와 지하수는 모두 다양한 시간 규모, 즉 수 년에서 수백 년 내지는 이보다 훨씬 더 긴 시간 규모에 따라서 변화한다. 따라서 수자원을 효율적으로 관리하기 위해서는 기후, 지질, 토지 이용 등을 포함하는 수문학적 시스템의 다양한 부분들에 대한 이해가 필수적이다. 인류가 강과 하천의 수로를 변경시키면, 이전에 이 물이 조성하였던 생태계들이 황폐화된다. 결과적으로, 우리의 수자원을 효율적으로 이용하기 위해서는 그러한 수문학적 시스템과 생물학적 시스템이 어떻게 상호 반응하는가에 대해서도 특별한 주의를 기울여야 한다.

위험한 지구작용, 위해성 평가 및 인식

물 부족과 관련된 심각한 위해성과 위험성이 존재한다. 예를 들면, 우리가 먹는 대부분의 곡물이 농경지로부터 생산되며, 우리의 수자원은 장기적으로 충분한 물을 공급할 수 있도록 관리된다. 수자원의 이용은 몇 가지 자연적 위험성에 영향을 미치며, 그중에 가장 큰 것이 바로 홍수로서, 가장 널리 경험되고 있는 자연재해이다.

과학지식과 가치

물 순환과 이것의 생물학적 시스템과의 상호작용에 대한 연구는 종합적인 과학이다. 우리는 사람들의 편의를 위해서 어떻게 물을 이용할 것인가에 대해 꾸준히 배워왔다. 하지만 동시에 다른 생물들도 역시 물을 필요로 하고 있음을 알고 있다. 습지와 같이 수자원을 필요로 하는 생태계를 지속시키기 위해서는 우리 주변의 환경에 대한 가치평가를 어떻게 할 것인가에 대해서도 생각해 봐야 한다. 우리가 댐을 건설하거나 대수층을 과도하게 사용한다면, 수문학적 환경과 수자원에 의존하고 있는 생명체들을 변화시키게 된다. 따라서 우리는 수자원을 더 개발할 것인가 아니면 물에 의존하고 있는 생태계—예를 들면, 에드워즈 대수층에서 유출되는 큰 샘물들에만 생존하는 고유의 생명체들—를 더 잘 보호할 것인가에 대한 가치평가에 직면하게 된다.

주요 용어

다르시의 법칙
대수층
물관리
물 순환
소모적 사용
습지
싱크홀
유역 분지
지하수면
카르스트 지형
탈염
통기대
포화대
하천 밖에서의 이용
하천 안에서의 사용

복습 문제

1. 유역 분지 또는 유역이란 무엇인가?
2. 통기대, 포화대, 지하수면을 정의하라.
3. 대수층이란 무엇인가?
4. 지하수의 유동을 조절하는 인자는 무엇들인가?
5. 다르시의 법칙이란 무엇인가?
6. 지표수와 지하수의 상호작용 중에서 중요한 것은 무엇인가?
7. 물의 하천 안에서의 이용과 하천 밖에서의 이용의 차이를 구분하라.
8. 소모적 이용이란 무엇인가?
9. 담수를 가장 많이 사용하는 이용자는 누구인가?
10. 우리가 물을 보전할 수 있는 방법에는 어떤 것들이 있는가?
11. 물 관리에 대한 루나 레퍼드의 관점을 정의하라.
12. 습지를 정의하라.
13. 습지와 관련된 몇몇 중요한 환경적 특징을 제시하라.
14. 우리의 물 이용으로 인해 전 지구적인 곡식 부족현상이 어떻게 나타날 수 있는가?

심화 문제

1. 여러분 지역에는 어떠한 유형의 습지가 있는가? 습지의 현황조사와 그 자원 중 어느 정도가 손실되었고 훼손되었는지 평가하기 위한 계획을 세워라. 여러분 지역에서 습지 복원이 가능한가? 그리고 이를 성공시키기 위해서는 무엇을 해야 하는가?
2. 텍사스 주의 에드워즈 대수층에 나타나는 지하수의 위기를 평가하라. 사회적, 경제적, 환경적 측면을 모두 고려하라.
3. 여러분은 현재 인류가 다음 수 세대 내에 붕괴될 수 있는 식량거품(food-bubble)에 살고 있다고 생각하는가? 즉 곡물과 물의 연관관계가 곡물의 생산량을 급락시키고 결과적으로 인류의 재난이 증가되리라 생각하는가?

제 13 장

수질 오염

학습 목표

제12장에서 수자원의 활용은 대체로 수질 오염과 함께 진행됨을 배웠다. 예를 들면, 뉴욕 주 롱아일랜드의 도시화를 위한 토지 이용이 지하수의 오염을 초래하였음을 알게 되었다. 그러나 더욱 심각한 수자원의 문제는 세계 많은 지역의 수십 억 인구에게 공급할 수 있는 오염되지 않은 깨끗한 물이 부족하다는 것이다. 이 장의 학습 목표는 다음과 같다.

- 수질 오염을 정의하고, 흔히 보이는 수질 오염물질에 대해 논의한다.
- 지하수 오염을 처리하는 방법들을 이해한다.
- 폐수처리와 개선에 관련된 주요 메커니즘들에 대해 이해한다.

노스캐롤라이나의 돼지농장 1999년 허리케인 플로이드로 인해 침수됨. (*Rick Dove*)

사례 연구 | 노스캐롤라이나 만의 돼지들

1999년 가을 허리케인 플로이드는 노스캐롤라이나 양돈지역의 심장부를 쓸고 지나갔다. 이 허리케인으로 약 50명이 사망하고, 수천 채의 집이 침수되어 48,000명의 주민들이 대피소로 피했으며, 570만 헥타르의 곡창이 파괴되었다. 이 폭풍은 주의 동부 지역에 약 50cm의 강우를 퍼부었으며, 이보다 약 2주 전에 이 지역을 강타했던 허리케인 데니스로부터 겨우 복구를 시작하던 지역을 침수시켰다.[1]

수질 오염에 의한 재난은 허리케인 플로이드에 의한 홍수로부터 시작되었다. 그러나 이는 환경주의자들이 예상했던 예방할 수 있었던 재난이었다. 비록 노스캐롤라이나가 돼지 사육에 오랜 역사를 지니고 있지만, 사육두수는 1990년의 약 200만 마리에서 1997년에는 약 1,000만 마리로 급증하여, 미국 내에서 두 번째로 큰 양돈지역이 되었다(그림 13.1). 1990년대 초기 주에서는 대규모 양돈농장의 증설을 허락하였고, 수백 내지 수천 마리의 돼지를 사육하는 자동화된 사육농장들이 건설되었다. 노스캐롤라이나는 그 위치에 대해서 어떠한 규제도 하지 않았으며, 많은 '집단 사육농장' 들이 범람원이나 복원된 습지 지역에 건설되었다. 돼지 한 마리당 1년에 약 2톤 정도의 폐기물을 산출하므로, 결과적으로 노스캐롤라이나는 매년 약 2,000만 톤의 폐기물을 처리했다. 분(똥)과 뇨(오줌)로 구성된 폐기물은 농장에서 쓸어내어 차수막도 설치하지 않은 축구장 크기의 약 4m 깊이의 구덩이에 버려졌다. 이 구덩이에서 유일한 폐기물 처리 메커니즘은 자연적인 박테리아에 의한 분해가 전부였다. 농부들은 이 폐기물들이 구덩이에서 모두 분해가 된 다음에 그 액체는 비료로 곡식에 뿌릴 수 있다고 했다. 하지만 실제로는, 그 지역에서는 거의 곡물이 자라고 있지 않았다. 더구나 가끔 폭우가 내리면 이 구덩이가 넘쳐서 분뇨 폐기물이 하천으로 흘러들기도 했다. 홍수에 의한 위험성에 대해서는 어떠한 사전 주의도 없었으며, 결과적으로 노스캐롤라이나 동부의 많은 지역들이 구덩이로 이루어진 침출조가 되어 버렸다. 1995년 6월 초기 경고가 발생했다. 노스캐롤라이나 해안가의 온슬로우 지역 주민들이 대단히 불쾌한 광경에 놀라게 되었다. 돼지 배설물을 담고 있던 침출조가 붕괴되면서 약 9,500만 리터의 농축된 돼지 분뇨가 도로와 들판을 넘어서 뉴리버로 유입되고 있었다. 그 후 약 24시간 동안 악취를 동반한 폐기물 덩어리들이 하천 하류로 약 35km를 이동

그림 13.1 수천 개의 공장식 돼지 농장들 노스캐롤라이나의 돼지 농장이 있는 지역의 지도. (*Mallin, M.A. 2000, Impacts of industrial animal production on rivers and esturies.* American Scientist 88*(1): 26-27*)

그림 13.2 파손된 돼지 폐기물 침출조 노스캐롤라이나 주 피트 지역에 있는 이 침출조는 허리케인 플로이드에 의해 파손되었다. (*USGS/U.S. Department of Interior*)

그림 13.3 홍수에 의해 죽은 돼지들 허리케인 플로이드에 따른 홍수로 많은 돼지 농장들이 침수되었으며, 돼지 사체들은 얕은 구덩이에 매몰되었다. (*Chris Seward/News & Observer Publishing Co., Raleigh, North Carolina*)

하여 잭슨빌 시 근처에서 속도를 늦추었다. 일부 폐기물은 뉴리버 하구로 들어가는 부분에서 발견되었고, 이로 인한 해양생물들에 대한 악영향은 약 3개월간 지속되었다. 뉴리버 누출사고에 대한 조사 결과 셀 수 없이 많은 물고기의 사체들이 제방과 하천 옆의 덤불에서 발견되었다. 물은 탁한 갈색으로 변했고, 역한 악취를 풍기고 있었다.[2]

우호적인 제도적 환경과 값싼 폐기물 처분 시스템으로 인해 1990년대 노스캐롤라이나의 돼지 사육두수는 급증하였다. 대부분의 공장식 사육농장들은 케이프피어와 뉴리버 수역의 하단부에 위치하고 있다(그림 13.1). 이 지역에 집중된 돼지 사육농장의 규모는 이 지역을 산업 규모의 동물사육과 이들의 폐기물이 하천과 하구 생태계에 미치는 영향을 시험해 보는 자연적인 실험실로 변화시켰다. 1999년 허리케인 플로이드가 닥쳤을 때, 38개 이상의 돼지 침출조가 쓸려 나갔고, 약 95,000m^{3}의 배설물이 개천, 강, 습지를 뒤덮었다(그림 13.2). 허리케인이 지난 후, 약 250곳의 돈사가 침수되었거나 침출조가 범람하였다. 범람한 침출조 중 상당수가 마을의 상류지역에 위치하였었고, 그 폐기물들은 범람한 물과 함께 학교, 교회, 가정집과 상가 등으로 밀려들어 왔다. 강 인근에 살던 주민들은 그 악취가 지독함을 보고하였다. 주 농업국에서는 약 30,000마리의 돼지와 200만 마리의 닭, 735,000마리의 칠면조 등이 죽었다고 어림잡았다. 가금류의 사체들은 대부분 한쪽에 쌓아서 썩도록 방치되었다. 물에 떠다니는 돼지의 사체들을 태워 없애기 위해 이 지역에 도입된 이동식 소각로는 용량이 초과되어 농부들은 그 사체들을 얕은 구덩이에 그냥 매몰하였다(그림 13.3). 그 구덩이는 건조한 상태로 약 1m 깊이를 유지해야만 했다. 하지만 불행하게도 건조한 땅을 찾는데 시간이 넉넉하지 않았다. 그래서 대부분의 경우에 구덩이를 자세히 보지 않은 채 그냥 파묻어버렸다. 이런 매몰 작업이 범람원 지역에서 많이 일어났으며, 돼지의 사체가 부패함에 따라서 일정 시간이 지난 후에는 박테리아가 지하수와 지표수로 유입될 것을 예상할 수 있었다.[1]

1995년의 유출사건 이후 돼지 농장의 위치에 대해 환경론자들이 경고를 높였다. 그들은 허리케인과 홍수가 노스캐롤라이나의 해안지역에 자주 발생함을 지적했다. 그러나 돼지 농장의 기업체들은 부유했고 정치적으로 힘이 있었다. 그들은 그 산업에 대한 어떠한 변경에도 반대하는 길고 험한 투쟁을 하였다. 믿을 수 없게도, 그들은 1995년에 손실된 농업 시설물들을 이전하거나 복원하는 데 약 10억 달러의 지원금까지 요청하였다. 또한 침출조에서 배출된 폐기물들이 하천으로 직접 배출될 수 있도록 하기 위해, '맑은 물 조례(Clean Water Act)' 로부터 6개월간의 예외 조치도 요청하였다. 다행히 이러한 요구는 허락되지 않았다.[1]

허리케인 플로이드에 의한 재앙이 있기 전에도 노스캐롤라이나의 돼지 농장은 이미 신문과 지역 방송매체, 나아가 전국의 뉴스방송인 '60 Minutes' 에까지 방송되었다. 마침내 1997년 새로운 폐기물 침출조와 오수 처리시설을 범람원 지역에 설치하는 것이 주 법으로 금지되었다. 1999년 봄에 노스캐롤라이나 주지사는 주의 4,000여 폐기물 침출조를 없애고 새로운 폐기물 처분기술을 도입하는 10개년 계획을 제시하였다. 불행하게도 허리케인 플로이드는 이러한 변화들이 실행에 옮겨지기 전에 발생하였다. 돼지 농장들은 허리케인을 희생양으로 삼아 이러한 환경적 재앙이 허리케인 때문이라고 하였다. 하지만 이건 분명히 사람이 유도한 재난이었다. 아이오와 주와 같은 곳에서는 대규모 농장들이 있지만, 이들 지역에는 훨씬 엄격한 환경 규제가 시행되고 있다. 노스캐롤라이나에서의 빈번한 허리케인을 고려한다면 범람원 지역에 공장식 농장을 금지해야 한다는 것은 어린아이도 알 만한 일이다. 하지만 이것은 노스캐롤라이나의 돼지 농장들이 제시한 폐기물 문제를 조절하기 위한 단지 첫 번째 단계일 뿐이다. 앞으로 이와 유사한 재난을 예방하기 위해서는 돼지 농장 농부들은 폐기물 침출조의 사용을 새로운 폐기물 관리기술로 대체해야 할 것이다.[1,2] 몇 년 전에는 시민들이 양돈 농장들을 규제하기 위해 보건, 시민 활동, 환경 그룹들로 구성된 '양돈 원탁회의'를 조직하였다. 이 회의 결과 다음 사항들을 의무화시켰다—양돈 침출조의 제거, 사람들의 용수공급용 우물과 양돈 농장 간의 완충지대의 확대, 돼지 폐기물을 뿌리는 논밭과 지표수와의 완충지역 확대, 더 많은 양돈 농장들의 건축을 부추기는 도축시설의 건축 중지.

허리케인 플로이드는 대규모의 농업이 환경재난에는 취약함을 증명하였다. 경제 성장과 가축생산은 발생 가능한 문제점들을 예상할 수 있도록 주의를 기울여 계획을 세워야 한다. 폐기물 관리시설은 환경을 훼손하지 않도록 설계되어야 한다. 물론 돼지생산과 관련해서 환경문제를 일으킨 곳이 노스캐롤라이나만 있는 것은 아니다. 미주리 주와 아이오와 주에서는 물고기들이 죽는 사태가 발생한 바 있다. 이러한 모든 사례들은 산업화된 농업활동들이 반드시 환경적으로도 안전한 설계가 필요함을 잘 보여주고 있다.

13.1 수질 오염 개론

수질 오염(water pollution)이란 관측하였을 때 생물학적, 물리적, 화학적으로 수질이 악화된 현상을 말한다. 이때 악화란 물의 특정한 용도, 정상적인 값으로부터의 변화, 공중보건과 생태적 영향 등에 따라서 판단된다. 공중위생과 생태적 관점에서 보면, **오염**(pollution)이란 유익한 생명체에 대해 해를 끼치는 물질이 지나치게 많은 경우를 의미한다. 실제로, 오늘날 수십억의 인류가 직면하고 있는 근본적인 수질 오염의 문제는 특별히 개발도상국가 지역에서 질병을 일으키는 유기물이나 물질들이 없는 깨끗한 마실 물이 부족하다는 것이다. 어떤 물질이 생물에게 해롭게 작용하는 농도는 제20장에서 논의하는 독성학의 연구 주제이다.

오늘날 전 세계에서 가장 심각한 수질 오염 문제는 전 세계 인구의 약 20%에게 질병을 일으키지 않는 맑은 물이 부족하다는 것이다. 이 외에 또 다른 20%는 열악한 위생환경에 노출되어 있어 해마다 약 200만 명 정도가 수인성 질병으로 사망하고 있다. 대부분의 죽음은 5세 이하의 어린아이들이다. 화학적 오염현상 역시 또 하나의 떠오르는 문제로서 사람들이 살고 있는 곳이라면 어디든지 발생하는 전 지구적인 문제이다. 농업, 산업 및 기타 도시의 활동들은 다양한 화학물질을 배출하며, 이들이 환경과 인류의 건강에 미치는 장기적인 영향은 거의 알려진 바 없다.[3] 표 13.1은 수질 오염을 일으키는 물질들의 1년 배출량을 보여준다. 수질 오염물질들이 환경에서 보이는 몇 가지 이동 경로는 그림 13.4에서 볼 수 있다.

표 13.1 농업, 산업 및 도시의 활동에 의해 생산, 사용, 배출되어 수질에 영향을 미치는 화학물질의 예 (단위 : 10^6톤/년)

▪ 전 세계 하천의 영양염류	
무기 질소	16
인	3.4
▪ 수계 내의 중금속	
수은, 납, 아연, 구리, 카드뮴, 니켈, 크롬	0.1 ~ 1
▪ 수질에 영향을 미치는 다른 화학물질들의 세계적 생산량	
비료	140
합성 유기화합물	300
기름 유출	0.4

출처 : Schwarzenbach, R. P., and six others. 2006. The challenge of micropollutants in aquatic systems. *Science* 313: 1072-77.

13.2 대표적 수질 오염물질

많은 물질들이 지표수와 지하수를 오염시킬 수 있다. 여기서는 다음에 대해서 초점을 맞추고자 한다. 산소를 필요로 하는 폐기물, 병원균, 또는 질병을 유발하는 미생물, 영양염류, 기름, 합성 유기화합물, 중금속, 방사성 물질, 퇴적물 등이다. 또한 물질적인 형태가 아닌 다른 형태의 오염인 열적 오염에 대해서도 논의하고자 한다.

산소를 요구하는 폐기물

유기물이라 부르는 죽은 식물이나 동물 사체들은 하천에서 시간이 지남에 따라 부패되는데, 이는 박테리아가 소모하는 과정으로, 이때 산소가 필요하다. 이들을 호기성 박테리아라고 하며, 이들의 생존에 산소가 필요함을 의미한다. 만약 박테리아의 활동이 아주 많다면, 물 속의 산소는 점점 낮아져서 물고기와 다른 생물들이 죽게 될 것이다. 박테리아에 의한 분해작용에 사용되는 산소의 양을 **생화학적 산소요구량**(biochemical oxygen demand : BOD)라고 하며, 수질 관리에서 일반적으로 사용되는 지시자이다. 높은 BOD는 물 속에 부패를 일으키는 박테리아가 많음을 지시한다.

하천과 강에 있는 죽은 유기물들은 낙엽과 같은 자연적인 원인 아니라, 농업활동이나 도시 하수 등으로부터도 유입된다. 총 BOD의 약 33% 정도가 농업활동으로부터 기인하며, 도시지역 특히 하수도와 호우 배수시설이 결합된 하수도 체계를 가진 지역에서는 홍수기간에 상당한 양의 BOD가 하천에 유입되기도 한다. 처리시설로 유입되는 하수는 처리 용량이 초과되면 하천으로 넘쳐흘러 오염을 유발할 수도 있다.

병원성 미생물

현미경으로만 보이는 병원성 미생물들은 중요한 생물학적 오염물질이다. 콜레라, 장티푸스, 간염, 이질 등은 병원성 미생물에 의해 발생하는 수인성 질병이다. 병원균을 직접 관측하는 것은 쉽지 않다. 그 대신 사람들의 분변성 대장균 박테리아의 정도가 생물학적 오염과 미생물에 의한 오염정도를 나타내는 지시자로 보통 사용된다. **분변성 대장균 박테리아**(fecal coliform bacteria)는 보통 위험성이 없으며, 인체의 장기에 정상적으로 존재하는 일부분으로 모든 인간의 폐기물(분변)에서 발견된다.

그림 13.4 환경의 물 순환 과정 중에서 화학적 오염물질의 이동 경로 (*Delzer, G. C., Zogorski, J. S., Lopes, T. J., and Basshart, R. S. 1996.* Occurrence of gasoline oxygenate MTBE and BTEX compounds in urban storm water in the United States, 1991–95. *USGS Water Resources Investigation Report 96–4145*)

하지만 모든 종류의 분변성 대장균 박테리아가 무해한 것은 아니다. *Escherichia coli* (또는 보통 *E. coli* 0157로 알려진) 박테리아는 *E. coli* 박테리아의 변종으로, 1990년대 많은 사람들의 질병과 죽음을 초래하였다. *E. coli* 0157은 인체 내에서 강한 독소를 배출하여 피가 섞인 설사, 탈수, 신장 기능 이상과 사망까지 초래한다. 1993년 이 질병은 *E. coli* 0157에 의해 발병하였으며, 사람들이 잘 알고 있는 패스트푸드 음식점에서 오염된 고기를 먹은 결과 발생하였다. 1998년에는 조지아의 저수 공원과 와이오밍 지역 급수원의 물이 *E. coli* 0157에 의해 오염되어 질병이 발생하였고 한 명이 사망하였다.

캐나다 역사에서 최악의 *E. coli* 박테리아 감염 사건이 2000년 5월 온타리오 주의 워커톤 지역에서 발생했다. 워커톤 지역에서의 오염 원인은 소의 분뇨에 있던 *E. coli* 박테리아가 2000년 5월 12일의 폭우와 홍수로 인해 공공용수 수원으로 쓸려 들어간 것으로 알려졌다. 이 지역의 공공자원위원회에서는 5월 18일에 그 지역에 용수를 공급하는 우물이 오염되었음을 알고 있었지만, 이러한 사실을 보건당국에 즉시 보고하지 않았다. 결과적으로 주민들은 질병이 발생하기 전까지는 물을 끓여 마셔야 한다는 경고를 듣지 못했다. 5월 26일까지 5명이 사망했고, 20명 이상이 지역 병원의 중환자실에 실려 갔으며, 700명 이상의 주민이 경련, 구토, 설사 등의 유사한 증세로 고통 받았다. 신장을 공격하는 이 질병의 횡포에 가장 취약한 대상은 노인들과 어린아이들로, 처음에 사망한 사람들 중 2명은 두 살 된 어린아이와 82세의 할머니였다. 결국 정부 관리들이 공용수원에 대한 관리권을 압수한 후 병입수를 나누어 주었다. 비참하게도 이 질병이 끝나기 전에 7명이 사망하였고, 1000명 이상이 감염되었다.

정부에서는 이와 같은 잠재적인 문제를 발견하고 주민들에게 경보를 보내는 사이에 시간이 오래 걸린 이유에 대해 조사를 시작하였다. 이 사이에 그렇게 오랜 시간이 걸리지 않았다면 질병은 피할 수 있었을 것이다. 워커톤의 사례에서 배운 실제적인 교훈은 우리는 물 공급원(수원)의 오염에 대해서는 아직도 취약한 상태에 있다는 것이다. 사용하는 물에 대해서는 주의 깊게 시험해야 하고, 혹시라도 무슨 문제가 있으면 즉시 보건당국에 보고해야 한다.

2006년 가을 *E. coli* 0157이 캘리포니아 북부의 농장들에서 발견되었다. 오염된 시금치가 23개 주로 배송되었다. 약 150명이 병에 걸렸고, 한 명이 사망했다.

과거에는 수인성 전염병들이 미국의 도시에서 수천 명의 인구를 희생시키기도 하였다. 이러한 전염병들은 하수와 먹는 물을 분리하고, 먹는 물을 사용하기 전에 처리함으로써 거의 제거되었다. 그러나 불행하게도 전 세계적으로 모두 그렇지는 않아서, 특히 빈곤한 나라들에서는 매년 수십 억의 인구들이 수인성 질병에 노출되어 있는 형편이다. 예를 들면, 콜레라 전염병이 1990년대 남아메리카에서 발생하였다. 비록 개발도상국들이 상대적으로 더욱 취약하지만, 모든 나라가 수인성 전염병의 잠재적 위해를 받고 있는 것이다.

수인성 질병 발생에 대한 위협은 지진이나 홍수, 허리케인 등과 같은 재난으로 더욱 심화된다. 이러한 재난들은 하수관을 파괴하거나 이들을 역류시켜 결과적으로 수자원을 오염시킨다. 예를 들면, 1994년 노스리지 지진 이후에 로스앤젤레스 분지의 산페르난도 계곡에 거주하던 주민들은 박테리아 오염 가능성으로 인해 공공용수를 끓여서 마시라는 주의보를 받았다.

영양염류

사람들의 활동에 의해 배출된 영양염류도 수질 오염을 일으킬 수 있다. 이런 문제를 일으키는 가장 중요한 영양염류는 인과 질소이며, 이들은 비료, 세제, 하수처리 시설의 부산물로부터 배출된다. 하천에서 인과 질소의 농도는 토지이용도에 관계된다. 산림지역에서는 이들의 농도가 낮게 나타나며, 비료를 뿌린 농경지나 가축 사육장이 있는 지역에서는 가장 높게 나타난다. 도시 지역에서도 인과 질소가 추가될 수 있으며, 이들은 특히 하수처리 시설로부터 처리된 물이 강이나 호수, 바다 등으로 배출되는 경우에 발생한다. 이들 처리 시설은 유기오염물질과 병원균 등을 감소시키는 데에는 효과적이지만, 고도처리를 하지 않는다면 영양염류는 이 시스템을 그냥 통과한다.

사람들의 활동에 의한 높은 농도의 인과 질소는 물에서 **인위적 부영양화**(cultural eutrophication)라는 현상을 발생시킨다. 부영양화('잘 먹었다' 는 그리이스 어원을 가짐)는 자연적인 현상으로, 식생 특히 조류가 급격히 증가하는 특성을 보인다. 조류의 증가는 두터운 덩어리를 형성하고, 때로는 웅덩이나 호수 수면의 거의 전체를 뒤덮기도 한다. 이 조류는 햇빛이 물속으로 투과하는 것을 막아서, 궁극적으로 물속의 식물을 죽게 만든다. 더구나 이들 조류도 분해되면서 산소를 소모하여 수중 산소의 함량을 감소시키므로, 결국에

(a)

(b)

(c)

그림 13.5 조류로 오염된 하와이의 해변가 (a) 하와이 열도 마우이 섬의 해안가에 있는 콘도미니엄. 해안가를 따라서 보이는 갈색선이 해조류가 축적된 것이다. (b) 해안가에 조류가 쌓여 있는 모습. 때로는 두께가 0.5m 정도 되며, 해변에 오는 사람들은 조류가 쌓인 곳은 피하게 된다. (c) 콘도미니엄 단지도 그림에서 보이는 바와 같은 나무로 둘러싸인 부분에 소규모의 폐수 처리시설을 가지고 있으면서 1차, 2차 처리를 하고 있다. 이렇게 처리한 후, 처리된 물은 비교적 얕은 심도의 지하로 주입된다. 이 처리 과정에서 영양염류인 질소와 인은 제거되지 않으며, 이들은 결과적으로 근처의 해안 지역에서 해조류의 가속화된 성장을 유도한다. (*Edward A. Keller*)

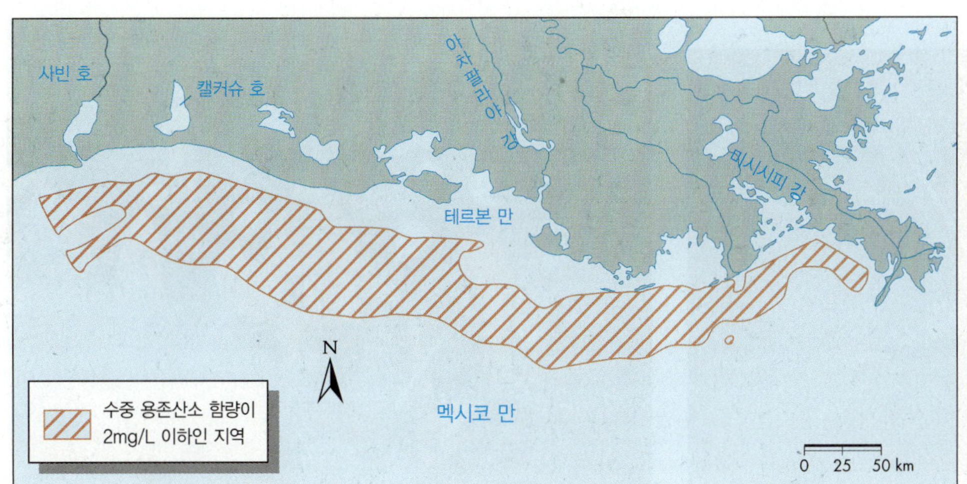

그림 13.6 멕시코 만의 죽음의 지역 2001년 7월 멕시코 만의 물에 용존 산소 함량이 2mg/L 이하인 지역. (*Rabalais, Turner, and Wiseman, 2001. Hypoxia studies*)

는 물고기와 수중 생물도 죽게 된다.

연안의 영양염류는 해조류의 급증을 초래한다. 이들 해조류가 풀어져서 해안가로 쌓이게 되면 아주 골치 아픈 존재가 된다. 열대 지역에서는 이들 조류가 산호를 죽이거나 훼손시키기도 한다. 예를 들면, 하와이 열도 중 마우이 섬에서는 폐기물 처분과 농작지의 지표 유출을 통해서 영양염류가 주변 해안 환경으로 유입된다. 이로 인해 어떤 해변에서는, 해조류가 밀려 올라와 그 자리에서 썩으면서 악취를 발생시키고, 이는 또한 불쾌한 해충들까지 불러들여 결국에는 관광객들을 쫓아내는 결과를 초래한다(그림 13.5).

현재 진행 중이면서도 심각한 인위적 부영양화 현상이 루이지애나 앞 바다의 멕시코 만에서 발생하고 있다. 여름이면 뉴저지 주 크기의 넓은 지역에 '죽음의 지역' (그림 13.6)이라고 부르는 영역이 형성된다. 이 지역의 물은 산소 농도가 낮아서 조개와 게 등이 죽게 되며, 조류가 급격히 증가한다. 인위적 부영양화의 원인은 미시시피 강으로 생각된다. 미시시피 강은 미국 48개 주에서 배수되며, 이 유역에 포함된 대부분 지역이 농경지이다. 여기서 문제를 일으키는 영양염류는 농경지에 비료로 많이 사용되는 질소라고 생각된다. 농업에서 막대한 양의 비료를 지속적으로 사용하는 한, 이 문제를 쉽게 풀 수 있는 방법은 없다. 이 문제를 해결하기 위한 부분적인 해법은 질소 사용을 더욱 효과적으로 하여 실제 사용량을 감소시킴으로써 지표면에서 강으로 유출되는 영양염류의 양을 줄이는 것이다.[4]

기름

지표수체(강, 호수, 바다)로 배출된 기름은 주요한 오염 문제를 일으킨다. 가장 큰 규모의 기름 유출 사건은 해양 유조선 사고와 관련된다. 예를 들면, 1989년 3월 24일 자정이 막 지나서 유조선 엑손 발데즈 호가 프린스 윌리엄스 사운드 지역의 알래스카 주 발데즈 남쪽 40km 지점의 블라이 해초에 좌초되었다. 유조선 탱크의 깨진 부분을 통해 원유가 시간당 20,000배럴의 속도로 뿜어져 나왔다(그림 13.7). 엑손 발데즈 호는 약 120만 배럴의 원유를 싣고 있었는데, 이 중 25만 배럴 이상이 300m 길이의 유조탱크로부터 흘러 나왔으며, 남아 있던 원유는 다른 유조선으로 옮겨 실었다.[5]

(a)

(b)

그림 13.7 1989년 알래스카에서의 엑손 발데즈 호의 기름 유출 (a) 좌측의 기름 유출 중인 유조선 엑손 발데즈 호로부터 우측의 소형 유조선 엑손 바톤 루즈 호로 기름을 옮겨 싣는 장면. 물에 기름이 떠 있는 것이 명확히 보인다. (*Michelle Barns/Getty Images Inc.*) (b) 뜨거운 물을 뿌리고 닦아내는 방법으로 해안 환경의 기름을 제거하는 장면.(*I. L. Atlan/Corbis/Sygma*)

세계에서 가장 원시상태로 잘 보존되고 생태적으로 풍부했던 해양 환경으로 기름이 유출되었고, 이 사고는 이제 미국 역사에서 최악의 기름 유출사고로 기억된다. 단기적인 영향은 대단히 심각했다. 상업적 수산업과 스포츠 수산업, 관광산업이 붕괴되었다. 또한 수많은 바닷새들과 동물들이 사라졌다. 엑손 발데즈 유출사고로부터 원유 수송과 환경파괴를 최소화하기 위한 비상계획에 대해 더욱 철저한 관리정책을 수립해야 함을 배웠다.

2006년 레바논에서의 전쟁으로 인해 해안지역의 발전소가 폭격을 받아 10만 배럴 이상의 연료용 기름이 지중해로 유입되는 대규모 기름 유출사건이 발생하였다. 레바논 관광지 해변가의 절반 이상이 오염되었으며, 이 중에는 수도인 베이루트 시의 시민들이 즐겨 찾던 해변도 포함되었다.

독성물질

지표수와 지하수로 유입되는 많은 물질들이 생물체에 독성을 보인다. 여기서는 세 종류의 독성물질 — 합성 유기화학물질, 중금속, 방사성 폐기물 — 에 대해서 논의하고자 한다.

합성 유기화학물질 유기화합물은 살아 있는 생물체에 의해 자연적으로 생성되거나 산업 공정에 의해 합성된 탄소화합물을 말한다. 과거부터 현재까지 약 100,000종 이상의 새로운 화학물질들이 사용되어 왔고, 지금도 사용되고 있다. 이러한 합성 화학물질들에 의한 환경과 건강에 대한 영향과 이에 대한 염려를 일반적으로 말하기는 어렵다. 왜냐하면 너무나 많은 물질들이 사용되고 있으며, 이들이 다양한 영향을 미치고 있기 때문이다.

합성 유기화합물은 산업 공정이나 해충 구제, 제약 산업, 음식 첨가제 등 다양한 용도로 사용된다. 이들 중 어떤 물질들은 잔류성 유기오염물질(persistent organic pollutants :

표 13.2 몇 가지 잔류성 유기오염물질 (POPs)

화학물질	사용도
알드린(Aldrin)[a]	살충제
아트라진(Atrazine)	제초제
DDT[a]	살충제
디엘드린(Dieldrin)[a]	살충제
엔드린(Endrin)[b]	살충제
PCBs[a]	전도체에서의 액체 절연물질
다이옥신(Dioxines)	제초제 생산 과정의 부산물

[a] 미국과 다른 여러 나라에서 사용 금지되었음

[b] 많은 나라에서 사용이 제한되거나 금지되었음

출처: McGinn, Anne Platt, "Phasing Out Persistent Organic Pollutants." in Lester R. Brown et al., *State of the world 2000* (New York: Norton, 2000).

POPs)이라고 부른다. 이에 속하는 많은 물질들은, 이들이 환경에 미치는 위해성이 알려지기 수십 년 전에 생산되었고, 현재는 많은 종들이 사용 금지 또는 제한되고 있다. 표 13.2에는 흔히 보이는 잔류성 유기오염물질들과 이들의 사용도를 제시하였다. POPs는 이들을 쉽게 구분할 수 있는 몇 가지 특징을 보인다.[6] 첫째는, 이들이 일반적으로 탄소 고리의 기반구조에 반응성 염소를 지니고 있다. 둘째는, 대부분이 인위적인 활동에 의해 생성된다. 그래서 합성 화학물질인 것이다. 셋째는, 이들이 쉽게 분해되지 않고 환경에 오랫동안 잔류하여 오염과 독성을 배출하며, 생물체의 조직에 축적되는 경향이 있다. 넷째는, 이들은 다양한 형태로 존재해서 물이나 바람에 의해 퇴적물과 함께 장거리를 쉽게 이동한다.

수질 오염물질의 중요한 예로 MTBE(methyl tertbutyl ether)를 들 수 있다. 1990년 미국 의회에서 통과된 '맑은 물 법 수정안'에 의하면, 대기오염 문제가 있는 도시들은 '산소 첨가제'라고 알려진 물질을 휘발유에 사용해야 한다. MTBE는 휘발유의 산소 함량을 높이고, 휘발유 사용 자동차들로부터 일산화탄소의 배출량을 낮추기 위해 휘발유에 첨가된다. MTBE는 알코올 같은 다른 물질들보다도 더욱 경제적이기 때문에 많이 사용되고 있다. MTBE는 물에 쉽게 용해되며, 따라서 도시지역의 지하수에서 흔히 검출되는 휘발성 유기화합물(volatile organic compound : VOC)이다. 천부 지하수에서 발견되는 MTBE는 다음과 같은 세 가지의 근원에서 기원되는 것으로 생각할 수 있다—도시의 호우 유출수, 지하 기름 저장탱크의 유출, 주유소에서 기름 주입 시의 유출.

대기의 질을 개선하기 위한 목적의 휘발유 첨가물이 이제는 캘리포니아 지역 1500만 주민의 식수로 사용되는 지하수를 오염시키고 있다는 것은 알궂다. 1997년 캘리포니아 주 산타모니카에서는 지하수가 MTBE로 오염되어, 이 시의 총 먹는 물 중 약 50%를 공급하는 지하수의 취수를 중단하게 되었다. 산타모니카 지하수 중의 MTBE의 농도는 약 8~600μg/L 정도였다. 미국 환경청에서는 MTBE의 농도가 20~40μg/L 정도이면 먹는 물의 냄새와 맛으로 인해 음용이 어렵다고 발표한 바 있다. 이 정도 농도의 MTBE는 송진이나 금방 칠한 페인트와 같은 냄새가 나며, 사람에 따라서는 구토를 유발할 수도 있다. MTBE의 독성에 관한 연구는 현재 진행 중이지만, 몇몇 연구자들은 이 물질이 발암성 물질일 가능성을 염려하고 있다. 이러한 오염 결과 캘리포니아 같은 몇몇 주에서는 MTBE의 사용을 금지하였다. 그림 13.4는 MTBE와 다른 휘발성 유기화합물들이 도시지역의 물 순환 과정에서 이동되는 경로를 보여준다.[7]

중금속 납, 수은, 아연, 카드뮴, 비소 등의 중금속들은 하천 바닥의 자연적인 퇴적물에 쌓일 수 있는 위험한 오염물질이다. 이 금속들이 만약 범람원 지역에 퇴적된다면, 곡식을 포함하는 여러 식물들이나 동물들에 흡수될 수도 있다. 이 금속들이 농업용이나 생활용으로 사용하는 물에 용해된다면, 이들은 중금속 중독을 유발할 수 있다.

예를 들어, 수생태계의 수은에 의한 오염을 생각해 보자. 이미 수십 년 동안 수은은 호소, 호수, 하천, 해양 등 수생태계의 중요한 오염물질로 알려져 왔다.[7]

수은 중독에 대해 가장 잘 알려진 사건은 일본의 미나마타 사건이다. 미나마타는 큐슈섬의 해안 마을로, 20세기 중반 그 심각한 질병으로 인해 처음 알려지게 되었다. 그 병은 처음에는 춤추는 고양이(dancing cats) 병이라고 알려졌는데, 왜냐하면 고양이들이 거품을 물고 미친 듯이 원을 그리며 맴도는 모습에서 처음 발견되었기 때문이다. 또한 새들도 날아가다가 건물에 부딪치거나 땅에 떨어지는 것도 발견되었다. 주민들도 이에 영향을 받았으며, 대부분이 어민들이었다. 피로, 과민반응, 팔과 다리의 마비, 두통과 음식을 삼키기 곤란한 증세 등이 처음에 확인되었다. 이들보다 더욱 심각한 증세는 시력이 흐려지고, 청력 손실, 근육조절력의 상실 등으로 나타났다. 어떤 사람들은 자신들의 입에서 금속성 맛이 느껴진다고 하였고, 설사로 고통을 당하였다. 이 질병이 확산되었을 때에는 이미 40여 명이 사망하였고, 100여 명이 심각한 장애를 겪고 있었다. 이 질병으로 고통 받던 사람들은 비교적 작은 마을에 모여 살고 있었으며, 이들은 주로 미나마타 만에서 잡은 생선들이 주식이었다.

이 질병은 결국 생산 공정에서 수은을 사용하던 미나마타 만에 있는 염화비닐 공장으로부터 유래된 것임이 밝혀졌다. 무기 수은은 폐기물로서 만으로 유출되었고, 수은이 먹이사슬로 연계되지는 않을 것으로 예상되었다. 하지만 이 무기 수은이 미나마타 만의 박테리아 활동에 의해 메틸 수은으로 변형되었다(더욱 자세한 내용은 아래에서 논의한다). 메틸 수은은 세포벽을 쉽게 통과하고 적혈구를 통해 인체에서 쉽게 이동할 수 있다. 이는 뇌세포에 침입하여 파괴할 수도 있다. 메틸 수은의 위해성은 노출된 양과 섭취된 양, 노출된 기간, 영향을 받은 생물종 등 여러 가지의 요인에 의해 좌우된다. 사람에 대한 수은의 영향은 섭취된 후에 보통 몇 주에서 몇 달 정도 지연되기도 한다. 더구나 수은의 섭취가 중단된다면, 어떤 증상들은 없어지기도 한다. 그러나 어떤 증상들은 회복이 어렵기도 하다.[8]

춤추는 고양이 질병은 결국 미나마타 병으로 알려지게 되었고, 공식적으로는 거의 800명 정도의 주민들이 이 질병을 앓고 있는 것으로 확인되었으나, 실제로는 수천 명 이상이 관련되어 있다. 미나마타 만에서의 수은 오염은 1968년 종료되었다. 하지만 몇몇 주민들은 1990년대까지도 이 질병의 고통과 손상으로 인해 보상을 받고 있었다.

수은은 화산으로부터의 유입과 자연적 수은 퇴적층의 침식 등 자연적인 몇 가지 근원에서도 기인된다. 그러나 대부분의 경우 우리가 가장 염려하는 것은 석탄의 연소, 쓰레기 소각, 금속 가공 등을 통해 환경으로 유입되는 수은이다. 비록 인류활동에 의해 환경으로 유입되는 수은의 양은 잘 알려져 있지 않지만, 인류활동은 대기 중 수은의 양을 2배에서 3배 정도 증가시켜 왔으며, 매년 1.5% 정도씩 증가하고 있다.[9] 대부분의 수생태계에서 수은의 주요 기원은 강수를 통해 대기 중의 수은이 침전되는 것이다. 일단 수은 이온(Hg^{2+})이 지표수에 있으면 이는 복잡한 순환체계를 돌게 되며, 이 과정 중에 메틸화(methylation) 반응이 일어날 수 있다. 박테리아의 활동이 무기 수은을 메틸수은(CH_3Hg^+)으로 변형시킨다. 메틸수은이 일반 수은 이온보다는 훨씬 독성이 강하기 때문에, 이 과정이 환경적인 측면에서 중요하다. 더구나 생물체들은 생체 시스템에서 메틸수은을 제거하는 데 무기 수은을 제거하는 것보다 더 오랜 시간이 걸린다. 메틸수은이 먹이사슬을 통해서 확산됨에 따라, 먹이사슬의 위로 올라갈수록 메틸수은의 농도가 높아지는 **생물학적 농축** 현상이 발생한다. 그러므로 호수에 있는 큰 물고기들이 이들의 먹이가 되는 작은 물고기나 곤충류보다 상대적으로 더 높은 농도의 수은을 함유하고 있다. 그림 13.8은 수생태계에서 수은의 순환 과정의 일부를 보여준다. 수은 순환의 유입부는 무기 수은이 퇴적되어 메틸수은으로 변형되는 것을 보여준다. 순환계의 유출부는 먹이사슬을 통해 물고기로 들어간 수은이 물고기를 먹이로 하는 다른 생물체로 들어가는 것이다(그림 13.9). 물에서의 재부유 등의 과정을 통해 퇴적물에서도 수은이 배출될 수 있다. 이 과정은 결국 수은을 먹이사슬로 유입시키거나, 고체나 액체가 증기로 변환되는 휘발 과정을 통해 다시 대기 중으로 배출하게 된다.

비소는 토양, 암석, 물 등에서 발견되는 독성이 높은 자연적인 금속이다. 비소화합물은 산업활동과 상업적으로 다양한 용도로 사용되며, 대표적으로 유리, 농약, 목재 보존제의 제조 등을 들 수 있다. 비소는 수원(水源)에 자연적 강수, 눈 녹음, 지하수 유동 등 다양한 경로로 유입될 수 있다. 또한 산업폐수와 농업용수를 통해서도 유입되며, 농약 생산, 화석연

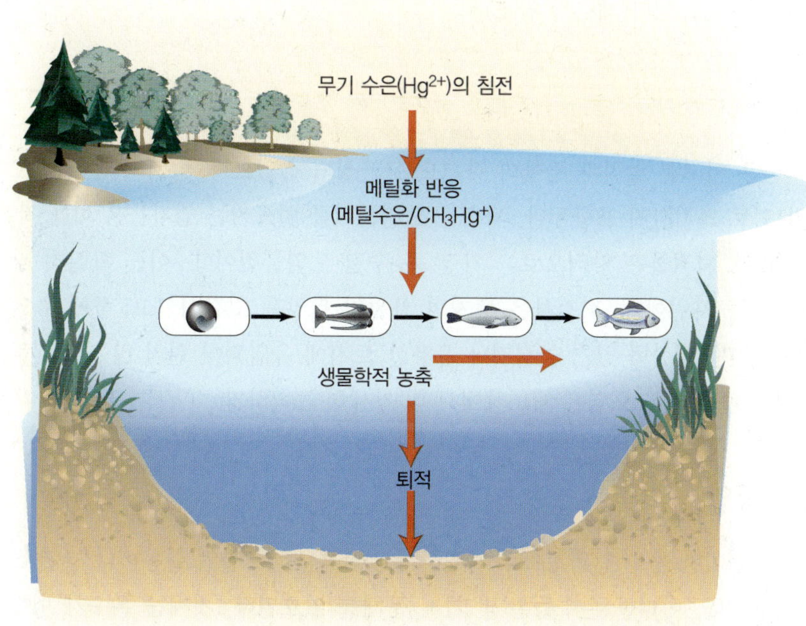

그림 13.8 환경 중의 수은 수생태계에서 수은의 유입과 변화. (*USGS*, 1995. Mercury contamination of aquatic ecosystems. *USGS* FS-216-95)

그림 13.9 물고기가 독성물질을 함유하고 있을지도 모른다 여기 피지 섬에서는 주민들이 생선을 요리해 먹으며 물고기의 세포에 함유된 금속들을 포함하는 화학물질들을 먹고 있다. 수은은 참치와 황새치 등의 물고기에 대하여 문제의 가능성을 보인다. (*Peter Arnold Inc.*)

료의 연소, 광산 활동의 부산물로도 배출될 수 있다.

비소는 고대로부터 치명적인 독으로 알려져 왔고, 최근에는 먹는 물 중의 높은 비소 농도가 방광, 허파, 콩팥 등의 신체 기관을 손상시킨다는 것이 알려졌다. 나아가 중추신경계에 문제를 일으킬 수도 있으며, 발암성 물질로도 알려졌다.

먹는 물에서 발견되는 비소가 이제는 전 지구적인 문제로 인식되고 있다. 물론 모든 수원에서 발견되는 것은 아니지만, 세계적으로 여러 곳에서 발견되고 있음이 사실이다. 예를 들면, 방글라데시의 지하수 중의 비소는 지구상에서 가장 가난한 수백만의 인구에게 영향을 미쳐왔다. 현재 진행 중인 연구들은 비소 오염이 발생하는 지역을 확인하고, 비소에 노출되는 것을 막기 위한 방법이나 위해성을 낮추기 위한 기술개발을 목표로 하고 있다.[10]

방사성 폐기물 물속의 방사성 폐기물은 위험한 오염물질이 될 수도 있다. 환경주의자들은 적은 방사능이지만 장기적인 노출이 인간과 다른 동물, 식물들에 미치는 잠재적인 영향에 대해 염려하고 있다(제15장 참조).

퇴적물

퇴적물은 미고결 암석과 광물의 파편으로 구성되어 있으며, 입자의 크기는 모래로부터 실트와 점토 크기까지 포함된다. 퇴적물 오염문제를 일으키는 입자들은 이들 작은 크기의 입자들이다. 퇴적물은 양적으로는 가장 큰 수질 오염물질이다. 이는 확실히 잘못된 위치에 놓여 있는 자원이다. 퇴적물은 토지의 자원인 토양을 고갈시키고, 물에 유입되어 수질을 악화시키며, 생산력 있는 농경지나 유용한 토지에 유입되어 원치 않는 물질들을 퇴적시킨다. 퇴적물에 의한 오염은 제16장에서 더 자세히 논의하자.

열적 오염

열적 오염이란 물을 인위적으로 가열하는 것으로, 주로 산업 활동이나 발전소의 온수 배출과 관련된다. 이러한 온수들은 몇 가지 문제를 일으킨다. 첫째는 온수가 냉수보다 용존산소 함량이 작다. 주변의 물보다 단지 몇 도 정도 따뜻한 물도 적은 양의 산소를 포함하게 된다. 둘째는 온수에는 냉수와 다른 종들, 즉 특정한 수생식물들과 어류들이 생존하게 된다. 하지만 경우에 따라서는, 특히 겨울 동안에는 온수가 특정 종들에게는 더 나은 생존환경을 제공할 수도 있다.

13.3 지표수 오염과 처리

지표수 **오염**(pollution)은 원치 않거나 위해한 물질들이 과량으로 수체에 유입되어 그 유역이 오염물질들을 무해한 물질로 활용, 제거, 변환시킬 수 있는 능력을 초과하게 되는 경우에 발생한다. 수질 오염물질들은 점 오염원이라고 하는 지역적 기원과 비점 오염원이라고 하는 분산 오염원에서 배출된다.

지표수 오염의 점 오염원

점 오염원(point sources)은 분리되고 제한된 영역의 오염원으로, 산업부지나 도시지역에서 하천이나 강으로 배수하는 배출구를 예로 들 수 있다(그림 13.10). 일반적으로 산업체의 점 오염원에서 나오는 오염물질들은 현장 처리 또는 처분 등의 방법으로 제어되며, 허가 제도를 통해 규제된다. 도시에서의 점 오염원들도 마찬가지로 허가제도에 의해 규제된다.

지표수 오염의 비점 오염원

비점 오염원(nonpoint sources)은 분산되어 있으며 간헐적인 특성을 보인다. 이들은 토지이용도, 기후, 수문특성, 지표 지형, 자연 식생, 지질학적 특성 등에 의해 영향을 받는다. 일반

그림 13.10 점 오염원 콜로라도 클라이맥스 몰리브데늄 광산에서 부분적으로 처리되고 방출되는 폐수 배출구. 미국에서 점 오염원은 법으로 규제되고 제한된다. *(Jim Richardson/Richardson Photography)*

자세히 살펴보기 | 산성광산배수

산성광산배수(acid mine drainage)란 탄광이나 금속광산에서 배수되는 높은 용존 금속 농도를 보이는 산성수를 의미한다. 특히, 산성광산배수는 높은 농도의 황산(H_2SO_4)을 함유한 물로서 광산지역에서 배출되어 지표수 자원을 오염시키는 물을 말한다. 산성광산배수는 석탄이나 아연, 납, 구리 등과 관련된 황화광물들이 지표 근처의 용존산소가 많은 물과 만나게 되면서 발생하는 복잡한 지구화학적 반응과 미생물 작용에 의해 생성된다. 예를 들어, 황철석(FeS_2)은 석탄과 함께 산출되는 가장 흔한 황화광물이다. 물과 미생물이 있는 조건에서 황철석이 산화되면 황산이 생성된다. 이때 물의 기원은 광산으로 침투한 지표수이거나 광산을 통해서 유입된 천부 지하수가 될 수 있다. 이와 유사하게, 지표수나 천부 지하수가 광미라고 부르는 광산 폐기물과 접촉하게 되면 역시 황화광물들과 반응하여 산성수를 생성하게 된다.

황산과 용존 금속농도가 높은 물이 생성되면 이 물은 광산지역으로부터 주변으로 이동해 나가며 지표수와 지하수 자원을 오염시킬 수 있다. 만약 산성도가 높은 물이 자연 하천이나 호수로 유입되면 심각한 생태계의 파괴가 발생될 수 있다. 산성수는 수생태계의 식물이나 동물에 치명적인 독성을 보인다. 또한 산성수는 또 다른 잠재적으로 위험한 화학물질들을 유동시킬 수도 있다. 산성광산배수는 와이오밍의 일부 지역과 일리노이, 인디애나, 켄터키, 테네시, 미주리, 캔자스, 오클라호마, 서부 버지니아, 매릴랜드, 펜실베이니아, 오하이오, 콜로라도 등을 포함하는 미국의 여러 지역에서 아주 심각한 수질 오염 문제이다. 산성광산배수의 종합적인 영향은 아주 심각하여, 수천km의 하천들이 오염되어 있다(그림 13.A).

오클라호마 주의 타르천은 한때 미국 환경청이 미국 내 최악의 산성광산배수에 의해 오염된 하천의 예로 지정한 적도 있다. 이 지역의 작은 하천들은 캔자스-오클라호마-미주리 주의 3개주 광업지역에 속한 폐광들에서 발생한 산성수들로 심각하게 오염된 바 있다. 19세기 후반 납과 아연을 함유하고 있는 황화광물 광체들이 처음에 개발되었고, 이 광산 활동이 어떤 지역에서는 1960년대에 종료되었다. 그러나 광산이 가행되고 있는 중에는 광산으로 스며드는 지하수를 지속적으로 양수해서 지하를 항상 건조한 상태로 유지하고 있었다. 그러나 광산 활동이 끝난 다음에는, 지하수면이 자연적으로 다시 상승하였다. 결과적으로 어떤 광산들은 범람하여 물이 넘쳐나게 되고, 주변의 하천을 오염시키게 되었다. 3개주 광업지역은 아직도 문제 지역으로 남아 있으며, 광산의 영향을 감소시키기 위한 많은 노력들이 수행되어 왔다. 타르천이나 다른 곳에서 산성광산배수를 줄이기 위해 가능성 있는 해결책으로는 자연적으로 생성되는 화학물질을 이용하여 처리하는 수동적 방법이나 또는 산성광산배수를 처리할 수 있는 제어된 환경에서 생물학적인 반응을 이용하는 것이 있다. 가장 간단하게 제어된 환경은 석회암 수로이다. 산이 풍부한 물은 유동 중에 파쇄된 석회암과 반응하여 중화된다.

그림 13.A 산성광산배수 이 콜로라도 광산에서 배출되는 물은 산성광산배수의 한 예이다. 이 물은 중금속으로 오염되어 있으며, 철 화합물에 의해 주황색을 띤다. (*Tim Haske/Profiles West/Index Stock Photography, Inc.*)

적인 도시지역의 비점 오염원은 거리나 공원에서의 지표 유출 등을 포함한다. 농촌지역의 비점 오염원은 보통 농업, 임업, 광산 활동 등과 관련된다(자세히 살펴보기 '산성 광산배수' 참조).

비점 오염원으로부터의 오염 또는 오염된 유출수는 제어하기가 쉽지 않고, 중금속부터 화학물질과 퇴적물까지 온갖 종류의 오염물질들을 포함하고 있다(그림 13.11). 우리가 차고에서 세차하는 그 순간에도 세제와 기름 성분이 하수관을 통해 하천으로 들어가게 되고, 결과적으로 우리 자신도 오염된 유출수에 기여하게 된다. 오염된 유출수는 빗물이 정원의 식물에 뿌려진 살충제 성분을 씻어내면서 발생하기도 하고, 이는 하천으로 흘러들거나 지하로 침투하여 지하수를 오염시키기도 한다. 이와 유사하게, 공장이나 저장시설 등에서 나온 강수와 유출수도 비점 오염원이 된다.[11]

지표수 오염의 감소 : 쿠야호가 강의 성공 사례

미국에서는 수질 오염을 낮추고 결과적으로 수질을 개선하기 위한 다양한 노력들이 경주되고 있다. 이는 국민에게 먹는 물, 수영, 농업활동, 산업활동 등에 안전한 물을 공급받을 권리가 있다는 것을 기본 전제로 한다. 한때 주요 도시들의 중심부에서 수질은 오늘날보다 훨씬 나쁜 상태였다. 쿠야호가 강의 사례를 들어 보자. 미국 5대호를 이룬 대륙빙하의 얼음판이 약 10,000년 전에 후퇴하였다. 이 과정에서 현재 오하이오 주 북부지역의 강이 만들어졌고, 훗날 이리 호라고 이름 붙여진 호수로 유입되었다. 2,000년도 전에 오하이오 계곡에

(a)

(b)

그림 13.11 수질 오염의 예 (a) 심각한 수질 오염은 건강에 위험을 가하게 된다. 이 개천은 하수와 독성 폐기물을 멕시코의 리오그란데로 운반한다. (*Jim Richardson/Richardson Photography*) (b) 1995년 캘리포니아 골레타 지역의 홍수 이후에 중장비에 의해 이동되는 퇴적물(배경으로 보임). 이 퇴적물은 인근의 하천이 범람함에 따라 쓸려와 신차 판매상의 주차장에 쌓였다. (*Rafael Moldanado/Santa Barbara News-Press*)

이르렀던 아메리칸 원주민들은 그 강을 쿠야호가라고 불렀으며, 그들의 말로는 구불구불 사행하는 하천이라는 의미였다. 강을 따라서 생활하던 초기 아메리칸 원주민들에게 이 강은 대단히 활용도가 많았고, 그들이 사용하던 물품들을 수송하고 다른 지역 사람들과 교역하는 데 이 강에 의존하였다. 17~18세기에 들어 아메리칸 원주민들과 교역을 위해서 유럽의 모피상들이 도착하였고, 1812년의 전쟁으로 아메리칸 원주민들은 쿠야호가 계곡으로부터 이사하게 되었다. 수십 년 후, 이 계곡에도 산업화 물결이 도착했으며, 이 하천을 이리 호수에 연결시키는 운하가 건설되어 엄청난 물량의 짐들이 수송되었다. 이 강 계곡의 산업 발달과 더불어 특히 오하이오 주 클리블랜드 시에서는 하천의 오염이 더욱 흔한 현상이 되어 버렸다. 그 당시에는 하천에 쓰레기를 버리는 행위를 규제하는 법도 없었고, 클리블랜드에 석유산업이 들어오게 됨에 따라 하천은 더욱 더 오염되어 갔다. 이러한 오염 결과, 하천의 물고기와 다른 생물들이 죽어 버렸고, 이 강은 미국에서 가장 오염이 심각한 강 중의 하나가 되었다. 1969년 쿠야호가 강에서는 환경적으로 역사적인 사건이 있었으며, 이는 기름으로 절어 있던 하천에 기차에서 발생한 불꽃이 점화를 일으켜 강 표면에 화재가 발생하는 사건이 있었다! 미국의 강이 불에 타는 모습은 환경에 대한 양심을 다시금 불러일으키는 순간이 되었다.

오늘날의 쿠야호가 강은 더 이상 폭발성도 없으며 깨끗해졌다.[12] 강의 일부는 그린벨트로 변환되어, 이전에는 공용 하수도로 사용하던 하천이 이제는 귀중한 공적 재산과 경제와 환경의 회복을 보여주는 상징으로 변화되었다. 하지만 클리블랜드와 에이크론의 도심지에 있는 하천은 아직도 산업지역의 하천으로 남아 있으며, 수질도 오염된 상태이다. 이 강 상류의 대부분의 지역이 오하이오 주 관광하천으로 지정되었으며, 쿠야호가 계곡 국립유원지가 클리블랜드 시와 에이크론 시의 중간에 위치하고 있다. 마침내 하천 계곡의 중류와 하류 일부 지역들도 국립유산보존 지역으로 지정되었다. 쿠야호가 강과 관광 계곡 그리고 도심지역들의 최종 성과는 어떻게 될까? 이 하천 수계는 오하이오 주민들에게 많은 사랑을 받고 있으며, 앞으로도 이 강이 아무리 심각하게 오염된 하천이라 하더라도 회복이 가능함을 알려주는 긍정적인 하천 회복의 선례가 되기를 바란다.

13.4 지하수 오염과 처리

대략 미국 국민들의 절반 정도가 먹는 물을 지하수에 의존하고 있다. 따라서 화학물질이나 화합물, 물속에서 자연적으로 발생하지 않는 미생물들이 대수층으로 유입되는 것을 염려하고 있다. 특정한 지하수 오염물질이 나타내는 위험도는 배출된 오염물질의 양, 환경에서 오염물질의 농도 또는 독성, 그리고 사람이나 다른 유기물들의 노출 정도 등을 포함하는 여러 가지 요인에 의해 좌우된다.

사람들은 대부분 지하수는 깨끗하고 먹는 물로 안전하다는 오랜 믿음을 가지고 있어서, 이러한 지하수가 다양한 오염원 중 어느 하나에 의해서라도 아주 쉽게 오염될 수 있다는 것을 알게 될 때 경각심을 갖게 된다(표 13.3). 더구나, 아주 독성이 심한 오염물질들은 인지하기 어려울 수도 있다.

현재 미국에서의 지하수 오염 문제는 수질 분석이 보편화됨에 따라서 더욱 분명하게 드

표 13.3 지하수 오염의 일반적인 오염원
저장탱크와 배관으로부터의 누출
매립지와 같은 폐기물 처분시설로부터의 누출
정화조와 침출조로부터의 누출
사고에 의한 유출(예 : 기차나 차량 사고)
농업활동으로부터의 누출(예 : 가축 사육시설)
해안지역 대수층으로 해수의 침입
광산 폐기물과 광미로부터의 누출과 누수
분무기를 통한 관개 중의 누수
주입관정의 부적절한 운용
광산에서 산성수의 배출
농경지 회귀수의 누수
도시, 산업, 농경지 유출수의 침투

러나고 있다. 예를 들면, 뉴저지 주의 애틀랜타 시와 플로리다 주의 마이애미는 오염된 지하수가 서서히 취수정으로 유입됨에 따라 위협을 받고 있는 대표적인 동부지역의 2개 도시이다. 미국 내 175,000 곳의 폐기물 처분 부지 중 약 75%에서 오염운 또는 오염된 지하수체가 발생하고 있는 것으로 평가되었다. 지하수에서 발견되는 많은 화학물질들이 독성이 있거나 발암성으로 의심된다. 따라서 우리는 잠재적 위해 물질에 대해 낮은 농도로 오랜 기간 노출되었을 경우의 만성적 영향에 대해 국가 전체 규모의 실험을 수행하고 있었던 것으로 보인다! 불행하게도 이 실험의 결과는 아직도 많은 시간을 필요로 한다.[13] 그러나 예비적인 결과는 숨겨진 시한폭탄이 터지기 전에 지금 당장 행동을 취해야 한다고 제시하고 있다.

국가 수질평가 프로그램

지난 25년간 우리는 수자원에 방출되는 오염물질을 줄이기 위해 엄청난 경제적 투자와 함께 제조, 생산, 폐수 처리시설 등을 많이 개선시켜 왔다. 이 프로그램들은 미국 전역에서 확실한 수질개선 효과를 보여주었다. 하지만 영양염류, 독성물질, 병원균 등이 인간의 건강과 수생태계의 건전성에 미치는 영향에 대한 염려는 아직도 지속되고 있다. 이러한 요구에 부응하여, 1991년 미국 지질조사소는 국가 전역에 대한 수질평가 프로그램을 시작하였다. 이 프로그램에서는 지표수와 지하수를 함께 관측하고 수생태계를 연구한다. 이 프로그램의 목표는 다음과 같다. (1) 미국 내 많은 하천과 대수층 담수의 수질 현황과 상태의 정확한 기술, (2) 시간에 따른 수질 변화의 관측 및 기술, (3) 국가적인 수질에 대해 영향을 미치는 인위적, 자연적 요인들에 대한 이해 제고이다.

현재 조사되고 있는 대규모 수계 중의 하나가 펜실베이니아, 뉴저지, 뉴욕, 델라웨어 주 등의 일부가 포함된 델라웨어 하천 유역이다(그림 13.12). 이 유역 분지는 지형과 암석, 지질 역사 등이 유사한 몇 개의 지리적 권역들로 이루어져 있다. 이 권역들은 비교적 평탄한 해안 대지부터 이보다 넓고 높은 지역으로 하천 유역 인구의 약 80%가 거주하고 있는 피드몬트, 이보다 더욱 굴곡이 심한 지형을 보이는 밸리 앤 리지 권역과 유역의 북부에 위치하는 애팔래치아 대지 등으로 구성된다. 델라웨어 하천 유역은 산림지역(60%), 농업지역(24%), 도시 및 거주 지역(9%)과 지표수 및 기타 토지유형(7%)을 포함한다.

그림 13.12 수질을 관측하고 기술하기 위해 조사된 하천 유역 지리적 권역이 표시된 델라웨어 하천 유역. (*USGS, 1999.* National water-quality assessment program, Delaware River basin, *USGS FS-056-99*)

델라웨어 하천 유역 조사[14]에서 언급되는 내용 중에는 다음과 같은 사항들이 포함된다.

- 물, 퇴적물, 생물체에서 오염물질의 분포, 거동 및 영향에 미치는 자연 하천계의 영향
- 영양염류, 오염물질, 병원균 등의 농도와 물의 흐름 사이의 관계
- 먹는 물을 공급하는 수원과 여가 활동에 사용되는 물속의 병원균 및 농약 등 오염물질의 존재
- 청정 하천 유역의 보호를 위한 물 관리 계획 및 정책의 개발
- 단독 주택의 하수 처리를 위한 정화조 시스템이 수질과 하천 생태계에 미치는 영향
- 지하수 양수가 수질에 미치는 영향
- 석탄 광산의 배출수가 수질과 하천 생태계에 미치는 영향

이 외에도 델라웨어 하천 유역에서는 기후변화의 영향을 예측하기 위해 어떠한 자료가 필요한지를 결정하기 위한 연구도 진행 중이다.[15] 이 계획은 뉴욕 시의 물 저장과 관련하여 지구온난화에 따른 하천의 변화를 관측하는 계획으로, 유역 내에서의 다양한 물 이용을 위해 하천 유량을 유지하며, 해수면 상승에 따라 델라웨어 하구로 해수가 이동하는 것을 제어하기 위한 것이다.[15]

염수 침입

대수층의 오염이 단지 지표면이나 지하에서의 폐기물 처분으로만 발생하는 것은 아니다. 과잉양수나 지하수의 채굴 등은 주변 대수층이나 바다로부터 상대적으로 수질이 나쁜 물들이 이동하도록 유도하여, 결과적으로 오염 문제를 유발한다. 그러므로 공용 또는 개인 우물을 이용하는 것도 어떤 경우에는 대수층의 오염을 유발할 수 있다. 뉴욕, 플로리다, 캘리포니아 등 많은 지역에서 염수가 담수 수원으로 침입하여 문제를 일으킨 적이 있다.

그림 13.13은 염수 침입의 일반적인 원리를 보여준다. 지하수면은 일반적으로 바다를 향해서 경사져 있고, 염수 쐐기는 육지 쪽으로 경사를 이룬다. 그러므로 염수의 이동을 제한하는 층이 없다면, 해안에 가까운 곳에 나타나는 염수성 지하수를 육지 하부에서 만날 수도 있다. 담수가 염수보다 밀도가 약간 낮아서 담수가 염수의 상부에 뜨게 될 것이다. 이러한 밀도의 차이는 때때로 하천의 삼각주로부터 해양으로 발달된 바닷가 지역에서 담수층이 발견되는 것을 설명해 주기도 한다. 우물을 판다면 담수면에서는 수위하강추(cone of depression)가 형성될 것이고 (그림 13.13b), 이로 인해 담수와 염수의 경계면이 상승하고 담수의 고갈에 따른 수위상승추(cone of ascension)가 생성되면서 염수가 침입할 수도 있다.

지하수의 처리

지하수 오염 검출의 어려움, 지하수의 긴 체류시간, 오염된 대수층의 분해, 대수층 복원의 난이도와 고비용 등이 다음과 같은 논지를 강하게 뒷받침한다. 어떠한 폐기물이나 잠재적인 오염물질이 지하수계의 어떤 부분으로도 유입되는 것을 허락해서는 안 된다. 하지만 오염물질의 유입을 방지하기 위해서는 함양지역에 대한 주의 깊은 보호 및 관리를 요구하며, 이는 실제로 거의 불가능하다. 배관이 파손되는 것과 같은 우연한 사고도 발생할 수 있다.

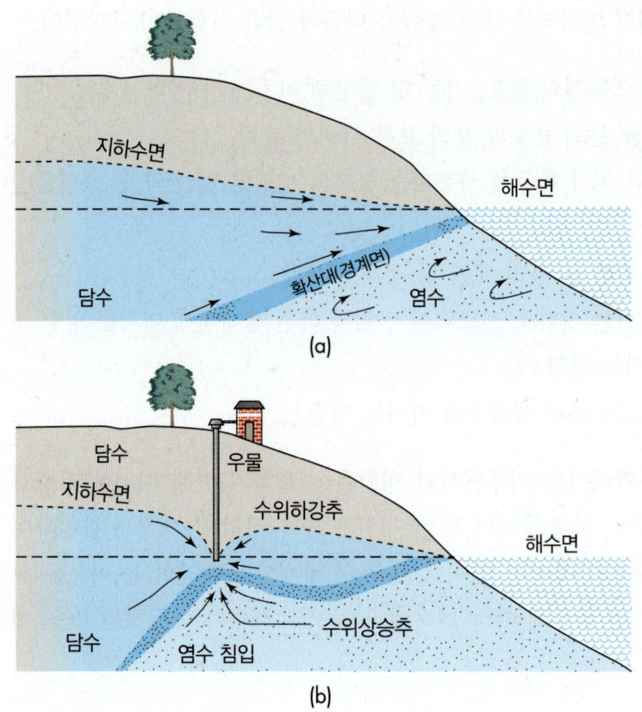

그림 13.13 염수 침입 (a) 자연 상태에서 해안 지역의 지하 유역. (b) 수위하강추와 수위상승추를 보이는 우물. 양수를 많이 한다면, 수위상승추가 더욱 위로 상승해서 우물에서 염수가 나올 수도 있다.

표 13.4 지하수와 통기대 물의 처리방법

우물 추출	증기 추출	생지화학적 복원	투수성 처리층
오염된 물을 양수하여 처리함. 여과, 산화, 공기 제거(공기 주상 내에서 오염물질의 휘발), 생물학적 공정	증기 추출 관정을 이용하고 처리함	지하수에서 오염물질을 분해하는 유기물의 활성화를 위해 자양분과 산소를 주입함	오염체가 지하수의 유동경로에 설치된 처리층을 통과함에 따라 접촉하는 과정 중에 처리. 화학적, 물리적, 생물학적 공정을 통한 오염물질의 중화

지하수 오염을 감소시키기 위해서는 폐기물을 처리하는 자연적인 메커니즘에 대해서 더 많이 배워야 한다. 그렇게 함으로 토양과 암석이 폐기물들을 자연적으로 처리, 저장, 재활용할 수 없는 경우에, 우리는 그 오염물질들을 처리할 수 있고, 저장할 수 있고, 재활용할 수 있도록 하는 공정들을 개발할 수 있다. 표 13.4는 지하수를 처리하는 몇 가지의 방법들을 간략히 기술하였다. 실제로 선정되는 구체적인 방법들은 오염물질의 종류, 이동 방법, 지하수면의 깊이나 지질학적 특성과 같은 지역적 환경 특성 등 몇 가지 요인들에 의해 좌우된다.

13.5 수질 기준

사람들은 흔히 이런 질문을 한다. "우리가 마시는 물은 얼마나 안전할까?" 미국민들은 자신들이 마시는 물이 세계에서 가장 좋은 물에 속한다고 믿는다. 대부분의 경우 우리는 좋은 먹는 물을 가지고 있다. 하지만 최근 들어 물속의 특정 오염물질 농도를 수십억 분의

1(ppb, parts per billion) 또는 경우에 따라서는 수조 분의 1(ppt, parts per trillion) 단위까지 검출할 수 있는 기술력을 갖게 되었으며, 이후에는 이런 질문이 나오기 시작했다. "도대체 이런 화학물질들이 어느 정도나 위험한 것인가?" 어쩌면 우리는 이렇게 아주 적은 농도가 위험하기나 할까 하고 생각할 수도 있다. 그러나 미국 환경청에서는 단 하나의 현미경적인 바이러스도 질병을 일으킬 수 있다고 경고하고 있다. 의사들은 특정 바이러스들에 의해 어떤 질병들이 발생할 수 있는지 설명할 수 있지만, 우리는 아직 이런 아주 적은 양의 화학물질들에 장기간 노출된 경우에 대한 영향을 확실히 알지 못한다.

이러한 문제에 대해서, 미국 의회는 환경청(EPA)이 다양한 화학물질과 여러 물질들에 대해서 최소한의 국가 먹는 물 기준을 마련하도록 지시하였다. 1986년, 의회는 1974년에 제정된 '안전한 먹는 물 법'에 83종의 오염물질을 추가하였다. 여러 제도적 규제 중에서도, 이 새 법은 먹는 물과 연계된 배수 시스템을 설치하거나 보수할 때 납의 사용을 금지하였다. 납의 독성에 의한 건강 위해성은 이미 잘 알려져 있다. 납의 농도가 높은 경우에는 신경계와 콩팥을 손상시키고, 특히 유아들과 임신한 여성들에게 치명적이다.[16]

미국 환경청은 먹는 물에서 발견될 수 있는 다양한 오염물질들에 대한 기준을 설정하였

표 13.5 국가 먹는 물 기준 : 대표적 예

오염물질	오염 최대 허용 농도(mg/L)	비고/문제점
무기물		
비소	0.05	독성이 높음
카드뮴	0.01	콩팥
납	0.015[1]	독성이 높음
수은	0.002	콩팥, 신경계통
셀레늄	0.01	신경계통
석면	7 MFL[2]	양성 종양
불소	4	골격 손상
유기화학물질		
농약류		
엔드린	0.0002	신경계통, 콩팥
린데인	0.004	신경계통, 콩팥, 간
메톡시클로르	0.1	신경계통, 콩팥, 간
제초제류		
2,4D	0.07	간, 콩팥, 신경계통
실벡스	0.05	신경계통, 간, 콩팥
휘발성 유기화학물질		
벤젠	0.005	암
사염화탄소	0.005	암 가능성
트리클로로에틸렌	0.005	암 개연성
염화비닐	0.002	암 위험성
미생물		
분변성 대장균 박테리아	1cell/100mL	병원성 유기물의 지시자

[1] 이 기준은 물속의 납의 농도를 안전한 정도까지 낮추기 위한 수처리에 관련된 시행 기준임

[2] 길이가 10μm 이상인 섬유질이 1리터당 100만 개. Million Fibers per Liter

출처 : U. S. Environmental Protection Agency

다. 하지만 이들 중 단지 두 가지만이 기준치를 초과한 경우에 직접적으로 건강에 위협을 일으키는 것으로 생각된다. 이들은[16]

- 대장균 박테리아. 물이 유해한 질병을 일으킬 수 있는 유기물에 의해 오염되었을 가능성을 지시한다.
- 질산염. 기준치를 초과하는 오염은 유아들에게 직접적인 위협이 된다. 한 살 이하의 어린 유아들에게 높은 질산염 농도는 '청색아(blue baby)' 라고 부르는 무산소증을 유발할 수 있다.

표 13.5는 환경청이 설정한 국가 1차 먹는 물 기준에 제시된 몇 가지 오염물질들과 이들과 관련된 보건상의 문제들을 요약하였다.[16] 이러한 기준과 규제는 다음과 같은 목적을 가지고 있다.

- 위험한 오염물질들을 제거하기 위해 상수원이 처리되고 있음을 확인하고,
- 공급되는 물에 대해 정기적으로 시험과 관측을 수행하며,
- 공급되고 있는 물의 수질과 시험에 대하여 국민들에게 더 나은 정보를 제공한다.

13.6 폐수 처리

공공용 내지 산업용 목적으로 일단 사용된 물은 산소를 요구하는 물질, 박테리아, 영양염류, 염분, 부유성 물질, 다른 화학물질 등등 다양한 오염물질들이 포함되어 수질이 악화된다. 미국에서는 이렇게 오염된 물은 환경으로 배출되기 전에 반드시 처리를 하여야 한다고 법으로 규제하고 있다. 미국에서 폐수 처리는 매년 수백억 달러가 소요되는 거대한 산업이다. 농촌지역에서는 전통적 처리방법인 정화조 폐기 시스템을 사용하고 있다. 이보다 큰 지역에서는 하수도 체계를 통해서 폐수들을 모아 중앙에서 처리하는 시스템을 사용하고 있다.

미국의 많은 지역에서 수자원은 스트레스를 받고 있다. 결과적으로 폐수를 처리해서 주변의 수체에 그냥 방출하기보다는, 처리한 후 농경지나 공원, 골프장 등에서 재활용하기 위한 보다 혁신적인 시스템들이 개발되고 있다. 폐수를 다시 사용할 수 있는 자원으로 환원시키는 신기술들도 개발 중에 있다. 이렇게 기술을 개발하고 있는 연구자들은 이와 같은 하수처리 시스템이 일반 주민들의 눈에서 감추어지면 안 된다고 말한다. 오히려 하수를 적은 비용으로 복원하여 정원 같은 환경에서 꽃과 풀을 키우도록 해야 한다.[17]

정화조 하수 배출

미국에서는 인구가 농촌으로부터 도시 내지 도시화되는 지역으로 지속적으로 이동하고 있다. 비록 마을 공용 하수도와 하수 처리 시스템이 가장 효율적인 하수처리 방법임에도 불구하고, 도시의 성장에 맞추어 이런 하수관 시스템을 제대로 갖추지 못하는 경우도 있다. 결과적으로 단독주택의 정화조 배출 시스템이 하수 처리의 중요한 방법으로 계속해서 이용되고 있다. 현재 미국 전국에 약 2,200만 개 이상의 정화조 시스템이 작동 중에 있으며, 매년 약 50만 개 정도가 새로 설치되고 있다. 미국 국민의 약 30% 정도가 정화조를 사용하고

있는 셈이다.[18] 하지만 모든 토지가 정화조 시스템을 설치하기에 적합한 것은 아니다. 따라서 설치허가를 받기 전에 각각의 부지에 대한 평가가 필요하며 법적으로 요구되기도 한다.

정화조(septic tank) 배출 시스템의 기본 구조는 그림 13.4에서 볼 수 있다. 주택이나 작은 사업체에서 나온 하수관이 마당의 지하에 묻혀 있는 정화조로 연결된다. 고체 유기물질들은 탱크의 바닥에 가라앉고, 거기서 박테리아의 활동에 의해 분해되고 액상으로 변화된다. 이 과정이 처리를 통해 고체 유기물질을 감소시키고 액상으로 변화/처리하는 부분이다. 액상의 폐수는 배수 부지 또는 흡수 부지로 배출되며, 이것은 구멍이 있는 파이프를 지면에서 얕게 묻거나, 직경이 크고 깊이가 깊고 자갈로 가득찬 '마른 우물'을 통해서 폐수를 서서히 주변의 토양으로 흘려보내는 시스템이다. 폐수가 토양을 통해 이동하는 중에 자연적인 여과와 산화 과정을 통해서 더욱 처리되고 정화된다.

특정한 지역에서 정화조 배출 시스템 설치의 적합성 여부에 영향을 미치는 지질학적인 요인으로는 토양의 종류, 지하수면의 깊이, 기반암의 심도, 지형 등을 들 수 있다. 이러한 요인들은 일반적으로 그 지역의 토양조사서에 토양에 대한 설명과 함께 나와 있다. 토양조사서는 토양보전국에서 발간하며, 잠재적인 토지이용도와 정화조 시스템의 설치 적합성을 평가하는 데 대단히 중요하다. 하지만 그 토양의 한계를 예측하기 위한 토양도의 신뢰성은 수천m^2 정도의 지역에 한정되며, 토양의 종류도 몇 m 내에서 바뀔 수도 있다. 따라서 어떤 경우에는 토양과학자나 토양 기사에 의해 현장에서 직접 평가를 받는 것이 필요하다. 필요한 배수 부지의 크기를 결정하기 위해서는 물이 토양을 통해서 얼마나 빨리 침투하는 가를

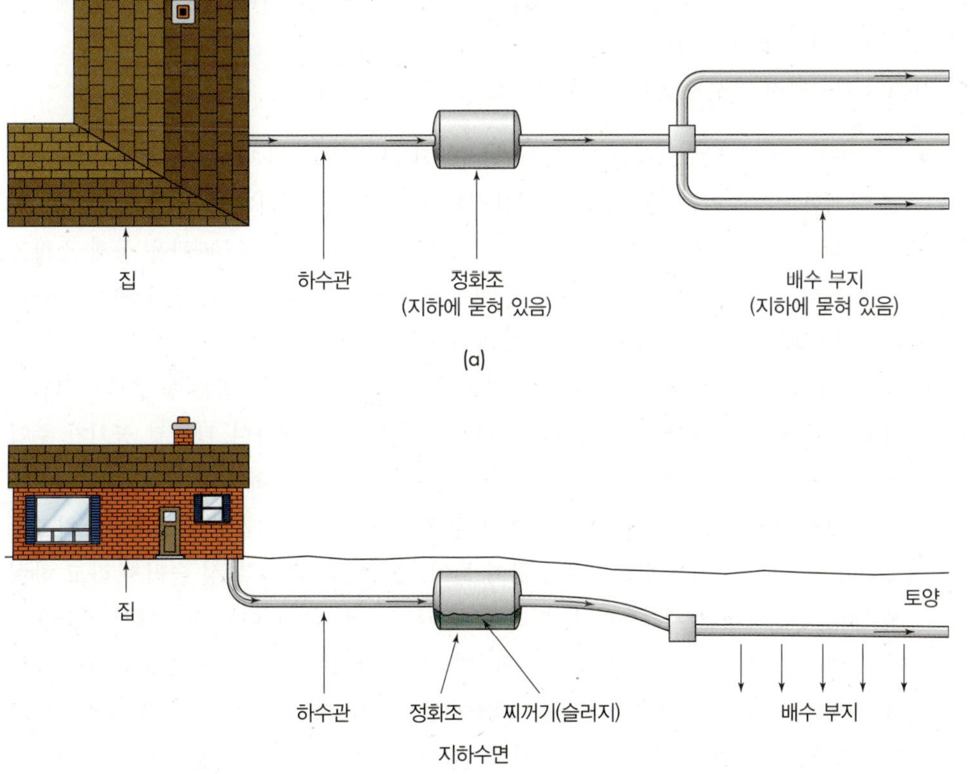

그림 13.14 정화조 가정에서 사용되는 하수처리 시설. (a) 평면도, (b) 단면도.

알아야 하며, 이는 토양시험을 통해서 결정하는 것이 가장 확실하다.

배수 부지를 통한 하수 처리는 다음과 같은 몇 가지 원인으로 인해 실패할 수도 있다. 가장 흔한 원인은 토양에서의 배수 불량이며, 이 경우 비가 오는 날이면 하수가 지표면으로 상승하게 된다. 배수 불량은 토양 내에 점토가 많거나 수리전도도가 낮은 셰일과 같은 암석이 분포한 지역(제12장), 지하수면이 지표면에 가까이 위치한 지역 또는 범람이 자주 일어나는 지역 등에서 예상할 수 있다.

정화조 시스템이 실패하게 되면, 폐기물들이 배수 부지의 지표면 위로 나오게 되면서 보건상의 위해성을 보이게 된다. 이런 종류의 실패는 쉽게 눈에 보인다. 그러나 불행하게도 지하에서 일어나는 현상은 쉽게 보이지 않고, 지하수면으로 광범위하게 폐기물의 누출이 일어난다면, 지하수자원이 오염될 수 있다. 작은 사업체나 산업활동에 사용되는 정화조들은 특별한 주의 대상이 된다. 이 시스템에서 배출되는 폐기물들의 잠재적인 위험성으로 인해 심각한 지하수 오염을 유발하는 경향을 보인다. 여기에 포함되는 잠재적인 오염물질로는 질산염과 같은 영양염류, 아연, 구리, 납 등과 같은 중금속, 벤젠, 사염화탄소, 염화 비닐과 같은 합성 유기화학물질 등이 있다. 최근 미국 환경청은 심각한 수질 오염을 초래하여 정화처리가 필요한 수많은 산업 및 상업 시설의 정화조 시스템을 발표한 바 있다.[18]

폐수 처리시설

주택과 산업체로부터 나온 공공 하수의 폐수 처리의 주된 목적은 이들의 유기질 고체성분의 함량과 생물학적 산소요구량(BOD)을 분해/감소시키고 폐수 중의 박테리아를 죽이는 데 있다. 나아가 혹시 함유되어 있을 수도 있는 위험한 용존 무기물과 영양염류를 제거하는 신기술들이 개발되고 있다.

기존의 폐수처리 과정은 둘 내지 세 단계로 나뉜다(그림 13.15).

- 1차 처리　이 단계는 모래나 암편, 기타 비교적 큰 물질로 된 덩어리들을 제거하는 선별 단계와, 남아 있는 세립질의 유기물질들이 침전되어 찌꺼기(슬러지)라 부르는 진흙과 같은 덩어리를 이루는 침전 단계가 포함된다. 이 찌꺼기는 배관을 통해 소화조로 이동되고, 부분적으로 깨끗하게 된 폐수는 처리시설의 2단계로 진행된다. 1차 처리에서는 폐수로부터 약 30~40% 정도의 오염물질을 제거한다.
- 2차 처리　몇 가지 방법들이 있지만 가장 일반적인 2차 처리방법은 활성 슬러지법이라고 부른다. 1차 처리 후 유입된 폐수는 폭기 탱크로 들어가며, 탱크로 공기가 주입되어 호기성 박테리아가 폐기물에 남아 있는 유기물들을 분해하게 된다. 이 후에 폐수는 최종 침전 탱크로 보내져서 찌꺼기(슬러지)들을 가라앉게 한 후, 다시 소화조로 보낸다. 슬러지 중에서 박테리아가 많이 들어 있는 슬러지는 '활성 슬러지' 라고 하여 폭기 탱크로 보내어 재활용한다. 따라서 이 과정에서 박테리아는 계속해서 재활용된다. 소화조는 혐기성 박테리아가 1차와 2차 침전 탱크에서 온 슬러지 중의 유기물들을 분해할 수 있도록 무산소 환경을 만들어 준다. 이러한 혐기성 소화 과정에서는 메탄가스가 부산물로 생성되며, 이는 처리시설의 냉난방이나 장비운용에 연료로 사용할 수도 있다. 2차 처리 후에는 폐기물에서 약 90% 이상의 유기물(BOD)이 제거된다. 하

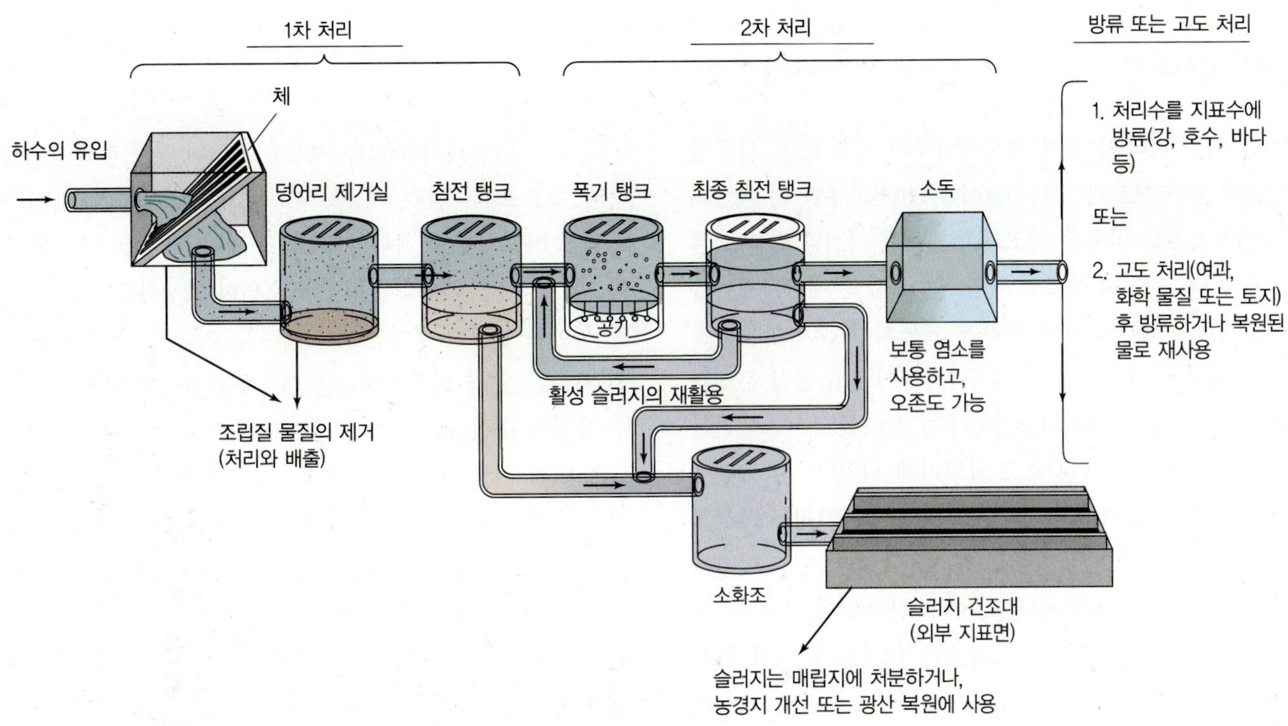

그림 13.15 하수 처리 고도 처리 단계를 포함하는 활성 슬러지 하수 처리 시스템의 모식도.

지만 이러한 처리 과정에서도 질소, 인, 중금속, 그리고 용매나 농약과 같이 인공적으로 합성된 몇몇 화학물질들은 제거되지 않는다.[19] 2차 처리의 최종 단계는 폐수의 소독이다. 이 단계는 보통 염소를 사용하지만, 때로는 오존도 사용된다. 이렇게 처리된 폐수는 보통 지표수체(수질 오염 문제가 발생하고 있는 강, 호수, 바다 등, 자세히 살펴보기 '보스턴 항구—국가적 보물의 정화' 참조)로 방류된다. 그러나 어떤 지역에서는, 예를 들어 하와이 군도의 마우이에서는, 배출 관정을 통해서 방류한다.

- 고도 처리 이 단계는 보통 영양염류나 중금속, 특정 화학물질들을 제거하기 위한 것으로, 야생동물의 서식처나 골프장의 관개, 공원 또는 농업 등과 같은 특정한 목적을 위해 높은 정도의 폐수 처리가 필요한 경우에 추가적으로 사용된다. 이러한 용도로 처리된 폐수는 보통 **재생수**(reclaimed water)라고 부른다. 고도 처리의 방법에는 화학물질의 사용, 모래 여과, 탄소 여과 등이 포함된다. 고도 처리 후에는 폐수 중의 95% 이상의 오염물질이 제거된다.

폐수 처리에서 문제가 되는 점은 슬러지의 처분과 배출이다. 산업폐수에서 생성된 슬러지는 중금속뿐만 아니라 독성물질도 포함하고 있으며, 따라서 유해 폐기물에 속한다. 이제는 많은 지자체에서 산업체들이 지자체의 공용 처리시설로 폐수를 보내기 전에 중금속들을 미리 제거하는 사전 처리를 하도록 요구하고 있다.

폐수 처리 과정에서 생성되는 슬러지는 적게 잡아도 1인당 약 54~112g/일 정도이며, 이러한 슬러지 처분에 처리 시설 운영비의 약 25~50% 정도가 소요된다.

자세히 살펴보기 | 보스턴 항구 – 국가적 보물의 정화

보스턴 시는 미국의 초기 역사에서부터 시작된다. 사무엘 애덤스와 폴 르브르라는 이름들이 1700년대 후반 이 식민지가 영국으로부터 자유를 얻고자 투쟁하던 시기와 더불어 금방 떠오른다. 1773년 사무엘 애덤스는 일단의 애국단원들을 이끌고 3척의 영국함선에 올라가 그들의 차(茶) 화물들을 보스턴 항구에 던져버렸다. 애국단원들이 강조했던 문제는 차에 부과되는 세금이 불공정하다는 것이었고, 이 사건은 이후로 '보스턴 차 사건'으로 알려지게 되었다. 이 사건에서 보스턴 항구에 버려진 차가 항구를 오염시키지는 않았지만, 도시가 성장하면서 온갖 쓰레기들을 항구에 버리면서 결국은 그렇게 되었다. 지난 300여 년간 보스턴 항구는 하수와 처리된 폐수를 배출하는 장소가 되었으며, 또한 폭우로 인해 하수도가 넘쳐서 오염된 물이 만으로 유입되어 왔다. 20세기 말, 법원에서는 이 만을 정화하도록 명령하였다.

보스턴 항구와 멀리 매사추세츠 만까지 조사한 후, 유출구라고 부르는 폐기물 방출 지점을 보스턴 항구 해안선에서 바다 쪽으로 더 멀리 이동하기로 결정하였다(그림 13.B). 그곳에 버려지던 폐기물이 더 작고 낮은 매사추세츠 만 지역으로 이동함에 따라서 항구의 오염이 발생하였다. 항구와 만 사이에 활발한 조석운동이 있지만, 이를 씻어내는 데 걸리는 시간은 약 일주일이 걸린다. 하수 유출구로부터의 폐수 유입은 수질 오염을 일으키기에 충분하였다. 매사추세츠 만에 대한 연구 결과는 그 유출구가 해안가에서 더 멀리 더 깊은 곳에, 그리고 조류가 더 강한 곳에 있었다면 보스턴 항구의 오염도를 낮출 수 있었을 것이라고 제시하였다.[20]

폐수 유출구를 바다 쪽으로 더 멀리 옮기는 것은 분명히 올바른 방향이었다. 하지만 해양 생태계로 유입되는 오염에 대한 장기적인 해결책은 추가적인 방법을 고려해야 한다. 물 속에 있는 오염물질은 비록 그들이 해안가에서 더 멀리 떨어져서 더 깊은 심도에서 더 강한 순환이 이루어진다고

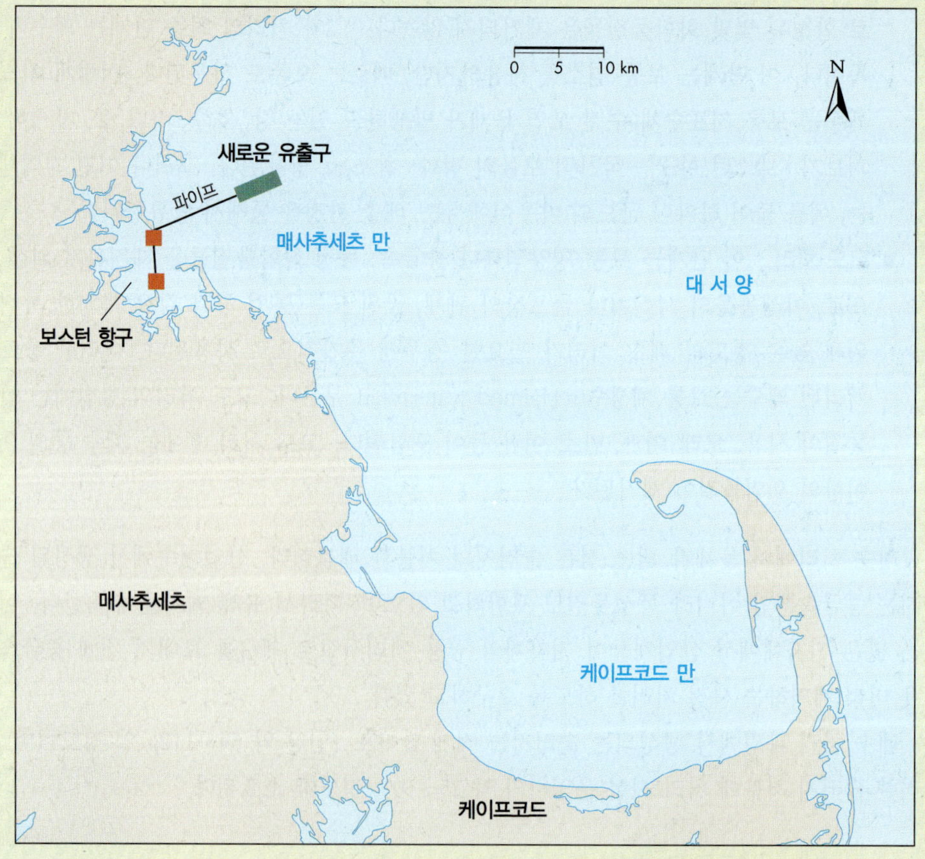

그림 13.B 보스턴 항구와 매사추세츠 만 과거의 하수 유출구(빨간색 사각형)와 해안선에서 15km 떨어진 새로운 유출구(초록색 사각형). (*USGS FS-185-97, 1997*)

하더라도, 결국에는 축적될 것이고 환경 파괴의 원인이 될 것이다. 따라서 무엇이 되든지 장기적인 해결책에는 반드시 오염물질의 근원적 감소가 포함되어야 한다. 이러한 관점에서 보스턴 광역 하수처리 계획에서는 만으로 배출되는 오염물질의 정도를 상당히 낮출 수 있도록 설계된 새로운 처리시설을 요구하였다. 이러한 사실은 희석 자체만으로는 도시 폐기물의 관리 문제를 해결할 수 없음을 인정하는 것이다. 오늘날 새로운 380억 달러짜리 디어 아일랜드 하수 처리시설에서 보스턴 지역의 43개 지자체로부터 하수를 모아 처리하고 있다. 하수 유출구를 해안가에서 더 멀리 이동하는 것과 근본적인 오염원을 감소하는 노력이 조화를 이루는 것은, 폐기물을 더욱 효과적으로 관리하고 환경 문제를 감소시키는 긍정적인 예가 될 수 있다.

슬러지를 다루고 처분하는 데 있어서 네 가지의 주요 목적은 다음과 같다.[21]

- 유기물질을 상대적으로 안정된 형태로 전환시키기 위함이다.
- 액체를 제거함으로 슬러지의 부피를 감소시킨다.
- 유해한 유기물을 억제하거나 파괴한다.
- 부산물을 생산하여, 슬러지 처분에 소요되는 비용을 감소시키거나 판매하는 데 사용한다.

슬러지의 최종적인 처분방법은 소각, 매립, 토양복원에 사용, 또는 바다에 투기 등이 된다. 환경적인 관점에서 슬러지를 가장 잘 활용하는 방안은 노천 광산이나 토양 보전이 엉망으로 된 지역에 토양의 조직과 비옥도를 개선하는 데 사용하는 것이다. 비록 대도시들에서 생산되는 엄청난 양의 슬러지들을 모두 유익한 목적으로 사용하는 것이 불가능해 보이지만, 도시와 동물의 폐기물을 자원으로 전환시킴으로써 많은 산업체들과 공공시설 및 농업활동들도 이익을 얻을 수 있다.

폐수 처리 부지로서의 습지

자연적 또는 인공적으로 만들어진 습지들은 부분적으로 처리된 폐수나 수질이 좋지 않은 물을 처리하기 위한 좋은 부지가 될 수 있다. 습지 처분은 비용이 많이 드는 전통적인 폐수 처리시설을 구입하기 어렵거나 기존의 시설을 대체하고자 하는 지자체에게는 아주 매력적인 방법이다. 온난 습윤한 기후와 뜨겁고 건조한 기후의 전혀 다른 특성을 보이는 루이지애나 주와 애리조나 주는 모두 습지를 이용해 폐수를 처리하는 데 성공하였다.

루이지애나에서 질소와 인이 많은 폐수를 연안 습지에 방출하는 방법을 통한 폐수의 고도 처리는 습지의 식물들이 영양염류를 그들의 라이프사이클에 사용함으로써 수질을 개선하게 되었다. 루이지애나에서는 영양염류를 제거하기 위해 연안 습지를 사용함으로 기존의 고도폐수 처리 시설을 사용하는 것에 비하여 상당한 경제적인 절감효과를 가져왔다.[22]

애리조나 주의 피닉스 인근에서는 인공적으로 조성한 습지를 질소 농도가 높은 농업용 폐수의 수질을 개선하는 데 사용하였다. 인공 습지는 거주 지역 근처에 위치하고, 습지 식물과 박테리아 등이 살고 있는 연못들로 구성된다. 여기서 질소 농도를 수용 가능한 정도로 낮추어 인근의 하천이나 지표수에 배출하게 되고, 이들은 다시 지하로 스며들어 지하수 자원이 된다.

폐수의 개선

액체 폐기물을 재활용하는 공정은 **폐수 개선 및 보전 주기**(wastewater renovation and conservation cycle)라고 부르며, 그림 13.16에서 모식도를 볼 수 있다. 이 주기(그림 13.16)에서 1차 공정에는 다음이 포함된다—처리된 폐수를 분무기나 기타 관개시설을 이용해서 농작물로 돌려보내기, 폐수가 토양을 통해 서서히 지하로 침투하는 과정에서 자연적으로 정화되어 결국 깨끗한 상태로 지하수자원을 함양시키는 개선 과정, 지하에서 물을 양수하여 도시, 산업, 공공시설 또는 농업용으로 물을 재사용하는 보전 과정.[23] 물론 이 주기의 모든 면들이 특정한 폐수 문제에 대하여 동일하게 적용할 수 있는 것은 아니다.

가축 사육장에서 나온 폐수의 개선방법은 산업체나 도시에서 나온 폐수의 개선 과정과는 상당히 다를 것이다. 그러나 개선에 관한 일반적인 원리는 타당하며, 이론적으로는 그 과정도 유사하다.

폐수의 재사용에서 회수와 개선 과정은 대단히 중요하며, 토양과 암석의 종류, 지형, 기후와 식생 등이 중요한 역할을 한다. 회수와 개선 과정을 계획할 때 중요한 것으로, 토양이 안전하게 폐기물을 동화시킬 수 있어야 하고, 또한 선정된 식물들이 폐수 내에 있는 영양염류를 사용할 수 있어야 하며, 그 해당 지역에 안전하게 배수될 수 있는 폐수의 양도 잘 알고 있어야 한다.[23]

조지아 주 애틀랜타 남쪽의 클레이튼 지역에서는 최근에 대규모의 물 개선 및 보전 주기 프로젝트를 시작하였다. 이 프로젝트에서는 소나무 숲에 뿌려질 폐수를 다루고 있다. 이 나무들은 20년 주기로 벌목될 것이다. 이 숲은 이 지역에 물을 공급하는 유역의 한 부분에 속한다. 그러므로 폐수는 먹는 물 공급원의 일부가 되도록 재활용되는 것이다.[24]

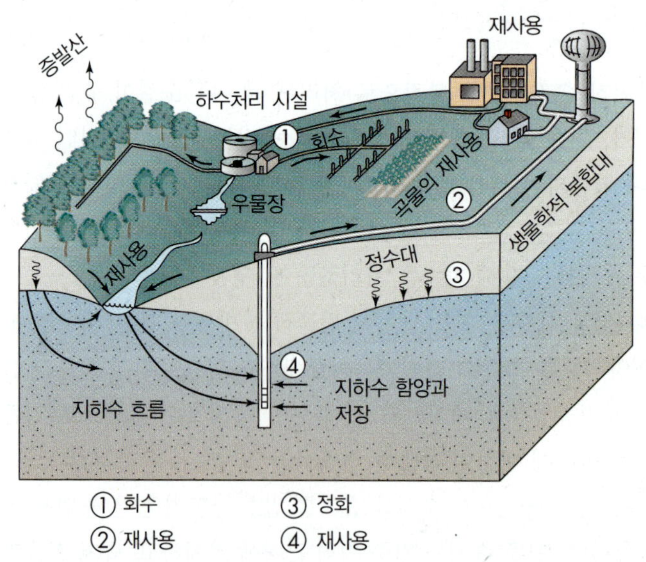

그림 13.16 폐수 개선 및 보전 주기 (*Pasizek, R. R., and Myers, E.A. 1968.* Proceedings of the Fourth American Water Resources Conference)

13.7 연방 법규

미국에서 1990년대 중반은 수질 오염에 대해 논란과 논쟁의 시기였다. 1994년 이후 상원과 하원을 모두 지배하고 있는 공화당은 1972년에 제정된 '맑은 물 법'(1977년에 개정됨)을 포함한 주요 환경관련법들을 개정하려고 시도하였다. 이들의 목적은 산업체들에게 수질 오염을 염려한 환경 규제들을 더 유연하게 대응할 수 있도록 해 주기 위한 것이었다. 산업계에서는 자신들의 평가에 의하면 환경문제를 더 악화시키지 않으면서도 비용 효율적인 것으로 나타나, 이러한 새로운 제도를 선호하였다. 환경주의자들은 이러한 시도를 '맑은 물 법'을 개정하여 수자원을 정화하고자 한 20여 년간의 노력을 후퇴시키는 것으로 보았다. 공화당의 다수는 이러한 문제에 대한 국민들의 생각을 확실히 잘못 해석하고 있었다. 조사에 조사를 거듭한 결과, 오늘날 미국에서는 깨끗한 환경에 대한 강한 지지가 있음을 알게 되었다. 국민들은 현재와 미래 세대를 위해서 맑은 물과 맑은 공기를 유지하는 데 비용을 지불할 의지가 있었다. 특히 중요한 자원인 물에 관해서는 환경법들을 약화시키려는 시도에 대한 강한 비난과 반발이 있었다. 이런 논쟁은 지속되었고, 1987년 '수질법'에서 수질 오염의 비점 오염원을 규제하는 국가 정책이 수립되었다. 그러나 수자원을 보호하는 정도까지는 이르지 못했다.[25]

2000년 7월, 클린턴 대통령은, 하원의 반대를 무시하고, 농업, 산업 및 도시지역의 비점 오염원으로부터 수천의 하천들과 호수들을 보호하기 위한 새로운 수질 오염 규제제도를 강행하였다. 이 조례는 환경청이 주관하며, 각 주와 지자체들이 환경청과 협조하여 현재 수질의 최저 기준에 미치지 못하고 있는 하천, 강, 호수, 만 등에 대한 오염 저감을 목적으로 구체적인 계획을 수립하도록 하고 있다. 이 조례들은 수질 오염의 비점 오염원을 규제하기 어려운 심각한 문제로 인식하고 있다. 이 계획들이 완전히 시행되기까지는 적어도 15년 이상이 걸릴 것이다. 이 조례는 하원과 몇몇 농업 단체들, 그리고 미국 상공회의소에서도 반대되어 왔다. 2001년 신임 대통령으로 선출된 부시 대통령은, 어떤 주민들은 오염된 물을 마시고 있다는 염려로 인해 많은 국민들이 반대하였음에도 불구하고, 수중 비소의 규제를 포함하는 몇 조항을 일시적으로 정지시켰다. 이러한 규제를 반대하는 사람들의 근본적인 반론은 다음과 같다—(1) 이러한 규제에 비용이 너무 많이 든다(수십억 달러), (2) 지자체와 주 정부가 수질 관련 규제를 더 잘 시행할 수 있다. 그럼에도 불구하고, 이 법규는 현재 시행 중에 있으며, 미국에서는 몇 년 전부터 또 다른 수질 오염 규제방안을 실시하기 시작했다.

13.8 수질 오염의 영향을 줄이기 위해 무엇을 할 수 있는가?

이 장에서는 병원성 미생물로부터 화학적 오염물질까지 여러 가지의 수질 오염물질들에 대해 정리하였다. 이제는 수질 오염 문제를 더 잘 이해하기 위해서는 어떻게 해야 하는지 생각해 보자. 몇 가지 제안을 한다면 다음과 같다.[3]

- 수질 오염 문제와 이로 인한 수생태계와 인류의 건강에 대한 영향을 평가하기 위한

더 나은 방법의 개발과 개선

- 새롭고 혁신적이며 비용-효율적인 수처리 기술의 개발과 시행
- 수질 오염물질의 생산과 환경으로의 배출을 최소화할 수 있는 공정과 제품의 개발

요 약

수질 오염이란 물리적, 화학적, 생물학적 기준으로 측정하였을 때 물의 질이 악화된 것을 말한다. 이러한 기준들은 물의 사용도, 평균치로부터의 차이, 공중보건에 대한 영향, 생태학적인 영향 등을 고려하여 설정된다. 오늘날의 가장 심각한 수질 오염 문제는 수십억 인구들에게 오염되지 않은 '먹는 물'이 없다는 것이다.

지표수 오염물질은 점 오염원과 비점 오염원에서 기인한다. 주요 오염물질들은 생물학적 산소요구량(BOD)으로 측정되는 산소 요구 폐기물, 분변성 대장균 박테리아로 측정되는 병원균, 부영양화로 인한 조류의 급속한 증가로 산소와 햇빛의 결핍을 초래하는 영양염류, 기름, 합성 유기 및 무기 화합물, 중금속, 방사성 물질을 포함하는 독성물질, 열, 그리고 퇴적물 등이다. 산성광산배수는 석탄이나 금속 광산 주변지역에서 나오는 황산 농도가 높은 물로서, 지표수와 지하수의 오염을 초래한다.

미국에서 수질 기준의 발달은 연방법규로 강제되었으며, 먹는 물에서 발견될 수 있는 오염물질들에 대해 최대 허용 오염기준(Maximum Contaminant Levels: MCLs)을 정하고 있다. 이 기준의 주요 목적은 물 공급원이 위험한 물질들을 제거하기 위해 처리되고, 수질이 정기적으로 시험되고 감시되고 있음을 확인하는 것이다.

폐수 처리시설은 정화조 배출 시스템과 폐수 처리시설을 포함한다. 주택이나 작은 사업체 및 산업활동에서 사용되는 정화조 시스템은 오늘날 미국에서 아주 흔하다. 이 시스템이 고장난다면 지하수자원에 심각한 오염을 유발할 수 있다. 폐수 처리시설은 도시 하수 시스템으로부터 하수를 모아서 처리한다. 오늘날 미국에서는 재생수를 사용하는 것이 빠르게 증가하고 있으며, 특히 물 부족이 발생한 지역에서 더욱 활발하다.

기본개념의 재확인

인구 증가

인구가 증가함에 따라, 특히 대도시 지역에서는 지표수와 지하수의 오염이 빈번히 발생한다. 오염은 사용 가능한 수자원의 양을 감소시키고, 어떤 도시에서는 멀리서부터 물을 수입해 와야 하는 경우도 발생한다. 다음 수십 년 동안 인류의 인구가 지속적으로 증가한다면, 인류가 의지하고 있는 수자원의 지속적인 오염을 피하기 위한 창의적인 발상이 필요하다. 지하수는 오염에 특히 취약하며, 일단 오염된 후에는 처리하기가 어렵다.

지속 가능성

지속 가능성의 중심에는 다음 세대에 좋은 환경을 물려주고자 하는 바람이 자리하고 있다. 좋은 환경에는 분명히 우리가 마시고 작물생산에 사용하고 있는 물도 포함된다. 좋은 수질을 유지하기 위해 현재 시행하고 있는 관리방법이 지속 가능하지 않다는 것은 명백하다. 이것은 즉 우리가 계속 지금처럼 관리한다면 점점 더 수자원은 오염될 것이고, 사용하기에는 부적합하게 될 것이다. 따라서 수자원을 지속 가능한 방법으로 책임 있게 사용하는 방법을 찾는 것이 시급한 일이다. 최근의 수질오염 물질을 제한하는 법과 제도적 규제는 올바른 방향으로 나가는 것이다.

계로서의 지구

수자원은 복잡한 수문학적, 물리적, 화학적, 생물학적 시스

템의 일부로서 쉽게 변하고 교란될 수 있다. 우리가 오염물질을 지표수나 지하수자원에 유입시킨다면, 사람들과 다른 생물들을 지지하고 있는 생태계에 또 다른 변화를 유발하게 된다. 우리는 스스로 어떤 한 가지만을 할 수 없다는 것을 배웠다. 예를 들면, 우리가 MTBE 같은 독성물질을 지하수에 유입되게 하였을 때, 우리는 환경에 이보다 훨씬 더 심각한 변화를 일으킨다는 것이다. 이러한 변화들은 나아가 더 큰 변화를 초래한다.

위험한 지구작용, 위해성 평가 및 인식

가장 크고 심각한 수질 오염의 위험성은 지구상의 수십억 인구들에게는 오염되지 않은 물이 없다는 것이다. 오염된 수질과 병원성 미생물에 의해 발생되는 전염병들은 선진국에서는 이미 완전히 제거되었다. 하지만 이들은 아직도 전 세계에 걸쳐, 특히 물을 마시기 전에 처리할 수 있는 경제력을 가지지 못한 나라들에서 심각한 문제로 남아 있다. 미국에서는 대체로 수원이 깨끗하고 병원성 매체가 없을 거라는 인식을 갖고 있다. 하지만 때때로 그렇지 않다는 것을 배우게 되고, 나아가 비록 질병의 발생은 격리되어 왔지만, 미래의 맑은 먹는 물에 대해서는 우려가 있음도 사실이다.

과학지식과 가치

수자원에 대한 특정한 독소와 오염물질의 기능에 대한 과학은 아직 초보 단계에 있다. 특별히 어떤 특정한 화학물질의 유독한 정도가 어느 정도인지, 그리고 앞으로 어떠한 영향을 미치게 될지에 대해서 아직도 결정을 내리기 어려운 상태이다. 우리가 살아감에 있어서 이러한 불확실성을 어떻게 받아들이는가 하는 문제는 우리의 가치관과도 일부 연관된다. 우리는 보수적인 관점에서 잠재적 독성 화학물질의 사용을 제한할 수도 있으며, 아니면 현재 사용하는 방법들이 미래 세대에도 다른 문제를 일으키지 않을 것이라고 가정할 수도 있다. 우리는 과거의 실례로부터, 특별한 행위로부터 어떠한 문제도 생기지 않을 것이라고 가정을 하는 게 얼마나 많은 비용을 소모케 하는지 배워왔다. 예를 들면, 최근에 캘리포니아의 일부 지역과 다른 지역에서 사람들이 사용하고 있는 지하수 중의 비소 농도를 제어하지 않도록 하는 결정을 한 적이 있다. 이러한 결정은 비소가 대단히 독성이 높다는 사실을 알면서도 내려졌다. 먹는 물 속의 비소 농도를 규제하지 않도록 하는 이유 중 하나는 비소를 물에서 처리하는 데 사회적 비용이 너무 많이 든다는 것이다. 비소를 제거하지 않기로 한 결정으로 인해 환경 중의 비소가 사람과 생태계에 어떠한 영향을 미칠 것인가에 대한 실험을 하게 만들었다.

주요 용어

고도 처리
분변성 대장균 박테리아
비점 오염원
산성광산배수
생화학적 산소요구량
수질오염
오염
오염물질
2차 처리
인위적 부영양화
1차 처리
재생수
정화조
점 오염원
폐수 개선 및 보전 주기

복습 문제

1. 수질 오염을 정의하라.
2. 생화학적 산소요구량을 정의하라.
3. 수질 오염을 평가하는 데 분변성 대장균 박테리아의 역할은 무엇인가?
4. 인위적 부영양화를 정의하라.
5. 수질 오염의 점 오염원과 비점 오염원을 구분하라.

6. 산성광산배수란 무엇인가?
7. 염수 침입은 무엇인가?
8. 일차, 이차 및 고도 폐수처리를 구분하라.
9. 정화조 처분시설이 실패할 수 있는 이유는 어떤 것들이 있는가?
10. 폐수 개선 및 보전 주기를 정의하라.

심화 문제

1. 여러분이 살고 있는 지자체에서 수질 오염의 점 오염원과 비점 오염원의 목록을 작성하라. 오염저감 정책이 시행됨에 따라 이러한 오염원들이 어떻게 제거될 수 있는지 주의해서 고찰해 보라.
2. 폐수 처리시설을 방문해 보라. 그 시설에서 어떠한 공정들이 사용되고 있는가, 그리고 자원 회수 또는 폐수 개선과 보전 개념들이 적용되고 있는가? 식물을 폐수 처리공정의 일부분으로 사용하는 생물학적 시스템을 적용한다면 어떠한 장점과 단점이 있을까?
3. 여러분이 사용하고 있는 물의 공급원은 얼마나 안전하다고 생각하는가? 어떠한 근거로 그렇게 판단하는가? 정확한 답변을 하기 위해 여러분은 어떠한 것들을 알아야 하는가?

제 14 장

광물 자원

학습 목표

현대 사회는 광물 자원의 이용에 전적으로 의존하고 있다. 전 세계 인구가 증가함에 따라, 우리는 자원위기에 직면하고 있다. 지구가 광물 자원의 추출, 처리 및 사용에 따른 환경악화를 흡수할 만한 능력의 한계에 다다르고 있다는 것은 공포이다. 이 장의 학습 목표는 다음과 같다.

- 인구와 자원 이용의 상관관계를 이해한다.
- 현대 사회에서 광물 자원이 왜 이렇게 중요한가?
- 자원과 보존 사이의 차이와 그 차이는 왜 중요한가?
- 광물 자원의 활용성을 조절하는 주요 요소들에 대해 이해한다.
- 광물 자원 개발에 따라 환경에 미치는 영향을 이해한다.
- 광물 추출과 생산에 관련된 환경문제의 정화에 대한 생물공학 이용의 잠재적 가능성에 대해 알아본다.
- 광물 자원의 재활용에 의한 경제적 · 환경적인 역할을 이해한다.
- 광물 자원의 이용과 보존(유지) 사이의 상관관계를 이해한다.

퍼실트레이스(Fossil Trace) 골프장 최근까지 점토를 채굴하던 광산 지역이었다.

사례 연구 | 골프장으로 변한 콜로라도 주 골든 시 인근의 광산

콜로라도 주 골든 시 근교에는 훌륭한 골프 코스상을 수상한 골프장이 있다. 이 골프장은 약 100년 동안 노천채굴이 진행된 석회암이 주로 분포하는 광산 지역에 위치하고 있다. 이 광산은 석회암층 사이의 점토를 채광하여 벽돌을 만들었다. 여기서 만들어진 벽돌은 콜로라도 주의 주지사 관저를 포함하여 덴버 지역 건물들의 건축자재로 사용되었다. 광산 현장은 수직 석회암 절벽과 폐기물 매립 등이 진행된 보기 흉한 구덩이들이 널려 있었다. 이 지역은 산기슭과 로키 산맥의 비경을 갖고 있었다. 오늘날 채광 후 남겨진 석회암 절벽들은 노후된 시설 및 공룡 화석들과 함께 골프장의 그린들을 포함하는 골프 코스로 변화되었다. 골프장의 이름은 지질학적인 유산임을 반영하여 퍼실트레이스(Fossil trace : 화석유적)이다. 소로들은 이 지역 방문 시 추가적인 혜택인 화석을 관찰하는 데 가장 좋은 장소로 이끌어 준다. 조성된 습지와 3개의 호수는 범람하는 물을 저장하고 골든 시를 갑작스런 홍수로부터 보호해 준다. 이러한 광산 지역에 대한 복원 프로젝트는 퍼블릭 골프 코스에 대한 요구와 맞아 들어갔다. 이 광산에 대한 복원 프로젝트의 성공은 폐광산이 복원될 수 있으며, 가치 있는 자산으로 바뀔 수 있다는 것을 증명한다.

퍼실트레이스 골프클럽은 광산지역 복원의 독특한 예이다. 하지만 복원되어야 할 각 지역들은 개별적으로 그 지역의 물리적, 수문학적, 생물학적 조건에 따라 다른 기회가 주어진다. 이 장에서는 광상의 기원, 광물 자원 개발에 따른 환경에의 영향 그리고 지속 가능한 광물의 이용에 대해 논의해 본다.

14.1 광물과 이용

우리 사회는 광물 자원의 이용에 의존하고 있다.[1] 전형적인 미국 가정에서 찾아볼 수 있는 광물 자원을 사용하여 만든 제품들을 알아보자(표 14.1). 여러분의 오늘 아침 식사를 생각해 보자. 아마 석영 모래를 원료로 하여 만든 유리잔으로 물이나 주스 등을 마셨을 것이고, 점토로 만든 접시에 담긴 음식을 먹었을 것이며, 지하의 암염광산에서 채취된 소금으로 음식의 맛을 간하였을 것이고, 탄산칼륨과 인산을 비료로 준 과일을 먹고, 철과 다른 광물들을 섞어 만든 스테인리스 스틸 식기를 사용하였을 것이다. 식사 중에 신문이나 잡지를 읽었다면, 그 종이 역시 점토 충전재를 사용하여 만들어졌다. 만일 전화가 와서 받는다면, 여러분은 전화기를 만드는 데 사용된 40종류 이상의 광물 자원들을 사용한 것이다. 여러분이 학교에 가거나 직장에 간다면, 더 많은 광물을 이용하여 만든 컴퓨터나 다른 장치들을 사용할 것이다.[2,3]

광물은 사람들에게 매우 중요하다. 모든 다른 것들이 동일하다면, 인간의 삶의 질은 광물의 유용한 형태로의 활용도가 증가함에 따라 증가할 것이다. 더욱이 광물 자원의 활용도는 현대 사회에서 부의 한 척도이다. 광물자원의 보유와 채취 또는 수입과 사용 등에 있어서 성공적인 사회는 성장하고 번영하였다. 우리는 광물 자원 없이 현대 기술 문명은 불가능하다는 것을 잘 알고 있다.

미국 경제에서 비연료 광물의 중요한 역할은 그림 14.1과 같다. 이 도표의 자료는 다음과 같다.[4]

- 광물로부터 처리되어 만들어진 물질들은 연간 수조 달러에 달하며, 이는 미국 GDP의

표 14.1 일반적인 미국 가정에서 사용하는 광물을 이용하여 만든 제품

건축 재료	모래, 자갈, 벽돌(점토), 시멘트, 강철, 알루미늄, 아스팔트, 유리
배관 및 전선 재료	철과 강철, 구리 놋쇠, 납, 시멘트, 석면, 유리, 타일, 플라스틱
절연물질	암석, 섬유, 섬유유리, 석고(플라스터와 인조벽판)
페인트와 벽지	광물안료(예 : 철, 아연 및 티타늄), 충전제(활석과 석면)
플라스틱 바닥타일, 기타 플라스틱	광물 충전제와 안료, 석유제품
기계류	철, 구리 및 다수의 희유 금속
컴퓨터, 전화기, 비디오	석유제품 및 다수의 광물
가구	광물로 만든 합성 섬유(주로 석탄과 석유 생산품), 강철 스프링, 광물유약으로 마감된 목재
의류	광물을 이용한 비료로 재배된 천연섬유, 광물로 만든 합성섬유(주로 석탄과 석유 생산품)
음식	광물을 이용한 비료로 재배된 것, 금속으로 만든 기계로 가공하고 포장한 것
의약품과 화장품	광물 화학제품
기타	창, 스크린, 전구, 자기류, 도자기, 식기, 보석

출처 : USGS Professiona Paper 940, 1975.

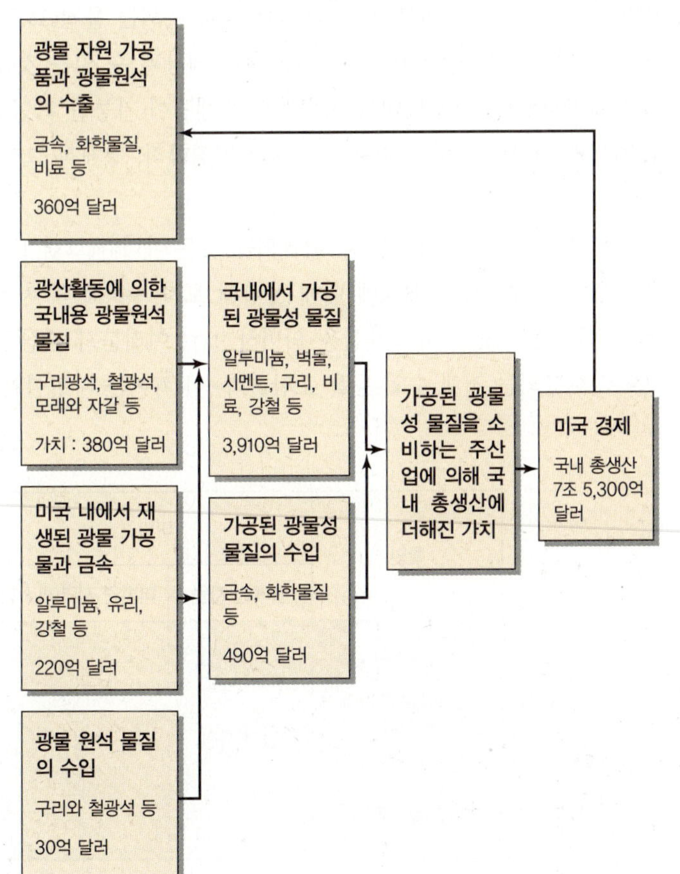

그림 14.1 미국 경제에서 비연료 광물 자원의 역할(1996) 중국, 인도와 같은 국가로부터 처리된 광물 생산품의 수입은 1996년 이후 급속하게 증가했다. (*USGS 1997. Accessed on 1/15/07@min-erals.usgs.gov*)

5%에 해당한다.

- 금속과 광물 생산물의 재생 가치는 미국 내 광물 원료물질의 약 절반을 차지하며 이는 매우 중요한 양이다.

광물 자원은 오랜 지질시대로부터 내려온 비재생성 유산으로 간주될 수 있다. 비록 새로운 광상이 현재의 지구의 작용으로 형성되지만, 이 과정은 오늘날 우리가 광물 자원을 사용하는 속도에 비해 너무나 느리다. 광물 광상은 일반적으로 어느 한 작은 지역에 숨겨져 있는 경향이 있다. 따라서 우리는 광상을 탐사하여 발견해야 하지만, 불행하게도 찾기 쉬운 광상들의 대부분은 이미 개발되었다. 만일 현재 우리의 문명이 그 기반인 과학 및 기술과 함께 사라진다면, 미래의 문명인들은 우리의 선조가 했던 것보다 광물 자원을 찾는 데 더욱 큰 어려움을 겪을 것이다. 재생성인 생물 자원과는 달리, 광물 자원은 소비된 후 지구 작용이 필요한 기간 이내에 그 자원을 대체해 줄 것이라는 가정으로 관리될 수는 없다. 재활용과 보존은 광물 자원의 수명 연장에 도움이 될 것이지만, 결과적으로 그 공급은 고갈될 것이다.

자원과 매장량

광물 자원은 넓은 의미에서 유용한 물질이 추출될 수 있는 형태로 농집되어 있는 원소, 화합물, 광물 또는 암석 등을 말한다. 그러나 실제로, 이 정의는 채광이 수익을 내지 못한다면 자원은 일반적으로 채광되지 않기 때문에 적절하지 않다. 보다 실질적인 정의로서 광물 자원은 지각 또는 그 내부에서 자연적으로 산출되는 물질(고체, 액체 또는 가스)이 농축되어 있어 현재 또는 잠재적으로 이익을 내며 채광될 수 있는 것을 의미한다. **매장량**(reserve)이란 합법적으로 이익을 내며 지속적으로 채광이 가능한 확인된 자원을 의미한다. 그러므로 자원과 매장량 사이의 구분은 현재의 지질학적, 경제적 그리고 법률적인 요소를 기초로 이루어진다(그림 14.2).[5]

모든 광물 자원이 매장량으로 취급되는 것은 아니다(그림 14.2). 이 점을 분명히 하기 위하여 당신의 개인적인 재정에 대해 생각해 보자. 여러분의 자본은 주머니 속의 돈이나 은행에 있는 돈과 같은 유동자산을 의미하지만, 여러분의 재산은 생애 전체 동안 벌어들일 것으로 예상되는 전체 수입 등을 포함한다. 이 차이는 자원이란 고정 자산이거나 차후년도

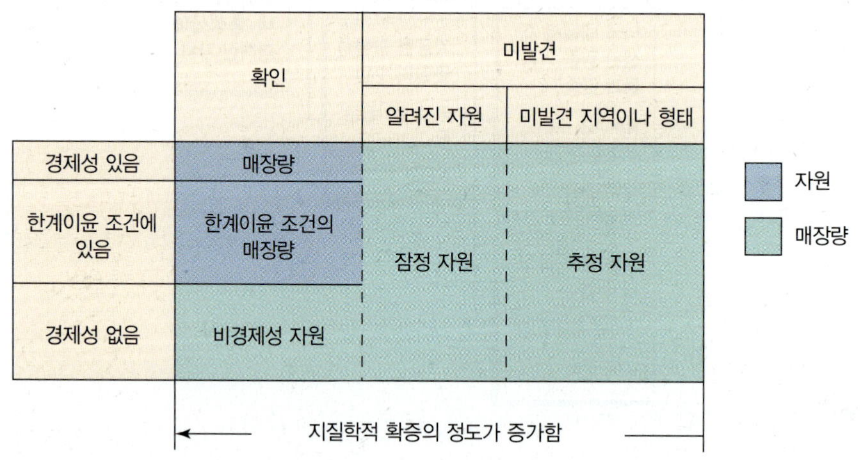

그림 14.2 자원과 매장량 미국 지질조사소와 미국 광산국에서 사용하는 광물 자원의 분류. (*USGS Circular 831, 1980*)

의 수입이기 때문에 이번 달 청구서에 대하여 지급하는 데 사용할 수 없다는 의미로 이해할 수 있다.[5]

매장량으로서의 은의 가치는 자원과 매장량에 대한 중요한 점을 설명해 줄 수 있다. 지구의 지각에는 거의 2조 톤의 은이 함유되어 있다. 이것이 지구의 지각에 있는 자원으로서의 은이다. 이는 전 세계의 연간 사용량인 약 1만 톤보다도 매우 많은 양이다. 만일 이 모든 은이 하나의 거대한 광산에 순수한 금속의 형태로 농집되어 있다면, 지금 같은 수준으로 사용할 경우 수억 년 동안 사용할 정도로 충분한 공급이 될 것이다. 그러나 이 은의 대부분은 극히 낮은 농도로 존재하며, 너무 농도가 낮아서 지금의 기술로는 경제적으로 채광하기 어렵다. 현재 알려진 기술로 즉시 채광할 수 있는 양으로서 은의 알려진 매장량은 약 20만 톤 또는 현재 사용 수준으로 약 20년간 공급될 수 있는 양이다.

광물 자원의 활용성과 이용

특정 형태의 특정 농도 및 양 등의 관점에서 광물의 활용성은 지구역사에 의해 결정된다. 이는 14.2절에서 다룰 지질학적인 문제이다. 광물 자원의 종류와 활용성의 한계는 우리가 여기서 다룰 지질학적이고 사회적인 질문이다.

광물 자원의 종류 몇몇 광물 자원은 우리의 생명을 영위하는 데 필수적이다. 그 대표적인 예는 소금 또는 암염(NaCl)이다. 원시인들은 그들 지역에서 소금을 얻지 못했을 때 먼 거리를 이동했다. 다이아몬드와 같은 광물 자원은 그 아름다움 때문에 요구되며, 또 다른 많은 광물 자원들은 일정 수준의 기술을 개발하고 유지하기 위해 필수적이다.

지구의 광물 자원은 어떻게 사용되느냐에 따라 다음의 몇 가지로 분류된다.

- 금속생산과 금속기술을 위한 원소로 존재량에 의하여 구분된다. 철, 알루미늄, 크롬, 망간, 티타늄, 마그네슘 등은 풍부한 금속원소들이다. 구리, 납, 아연, 주석, 금, 은, 백금, 우라늄, 수은, 몰리브덴 등은 희소원소에 해당한다.
- 건축자재 원료 물질들 : 집적된 모래, 자갈 그리고 콘크리트를 위한 분쇄암, 타일을 만드는 데 사용되는 점토, 건물의 벽을 쌓기 위한 콘크리트 블록을 만드는 화산재 등이다.
- 화학산업에서의 광물 자원 : 플라스틱과 같이 천연가스나 원유로 가공된 물질인 석유화학제품에 사용되는 많은 광물
- 비료와 같이 농업에 사용되는 광물

우리가 광물 자원을 생각할 때, 대부분 구조적인 물질을 만드는 데 사용되는 금속을 생각하게 되는데, 사실은 철을 제외하고는 가장 많이 사용되는 광물 자원은 금속이 아니다. 몇 가지 선택된 원소의 연간 전 세계 소비량을 살펴보자. 나트륨(Na)과 철은 1년에 약 1억에서 10억 톤 정도 사용된다. 질소, 황, 칼륨, 칼슘은 연간 약 1,000만에서 1억 톤 정도 사용된다. 이러한 네 가지 원소는 주로 토양 조절제나 비료로 사용된다. 아연, 구리, 알루미늄, 납은 연간 약 300만에서 1,000만 톤 정도 사용되고, 반면 금과 은은 연간 1만 톤이나 그 이하로 사용된다. 금속 광물 소비량 중 철이 전체의 95%를 차지한다. 니켈, 크롬, 코발트, 망간은 철과 다른 원소의 혼합물인 스테인리스 스틸과 같은 철의 합금에 주로 사용된다. 그러

므로 우리는 철을 제외하면 비금속 광물 자원들이 금속성 특성을 갖는 원소들보다 더 많은 비율로 사용되고 있음을 알 수 있다.

제한적인 활용성에 대한 해결책 광물 자원의 활용성과 관련된 근본적인 문제는 실제 고갈이나 소멸이 아니라 채광과 재활용을 통하여 경제적 측면에서 적절한 매장량과 비축을 유지하는 데 드는 비용이다. 어떤 시점에서 채광의 원가는 그 물질의 가치를 넘어선다. 특정 광물의 활용성이 제한되게 될 때 몇몇 해결책이 가능하다.

- 자원을 더 찾는다.
- 대체물질을 찾는다.
- 이미 획득된 자원을 재활용한다.
- 덜 사용하고 보다 효율적인 사용방법을 개발한다.
- 사용하지 않고 살아간다.

우리는 개별 광물 자원을 여러 가지 형태로 사용할 수 있다. 급속한 소비, 보존하면서 소비 또는 소비하며 재활용을 통한 보존 등의 형태로 그 선택은 경제적, 정치적, 사회적 기준 등이 복합적으로 고려되어 이루어진다. 그림 14.3은 이들 세 가지 선택에 따른 각각의 예상되는 고갈 곡선을 보여준다. 역사적으로 자원은 귀금속을 제외하고 빠르게 소비되었다. 그러나 더 많은 자원이 한계에 이르면서 보존과 재활용의 증가가 예상된다. 재활용에 대한 추세는 구리, 납, 알루미늄과 같은 금속들에 대하여 잘 정착되었다.

전 세계 인구 증가와 높은 삶의 질에 대한 욕구의 상승은 광물 자원의 수요를 더욱 더 빠르게 확대시켰다. 선진국들은 지구 인구의 단지 16%만을 차지하면서, 부적절한 양의 광물 자원을 소비한다. 예를 들어, 알루미늄, 구리, 니켈의 대부분이 미국, 일본, 중국 및 서유럽에서 사용되었다.[6] 만일 이들 자원들의 일인당 소비가 미국의 수준으로 상승한다면, 생산은 현재보다 몇 배는 더 증가해야 할 것이다. 이러한 생산의 증가는 불가능할 것이기 때문에, 부유한 국가들은 이들 광물에 대한 대체물질을 찾아야만 하거나, 전 세계 연간 생산량보다 작은 비율만을 이용해야 할 것이다. 다행스럽게도, 이러한 대안들은 잘 진행되고 있

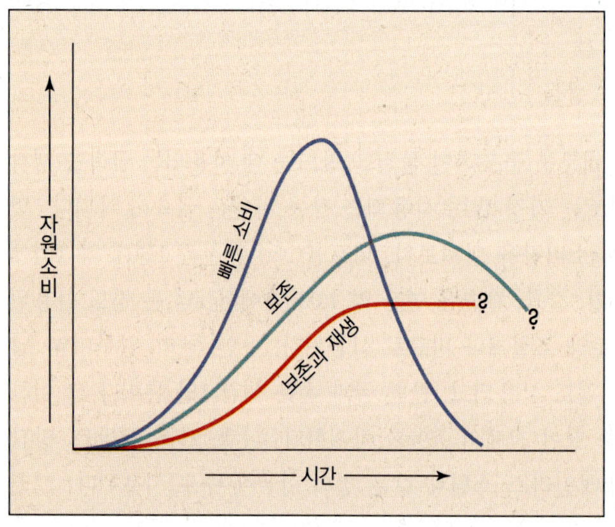

그림 14.3 고갈 곡선 광물 자원의 활용에 대한 세 가지 예상되는 고갈 곡선 그래프.

표 14.2 비연료 광물 자원에 대한 미국의 수입 의존도(%), 2001

광물	해외 의존도(%)	주요 수입국(1996~1999)[1]
비상	100	중국, 칠레, 멕시코
석면	100	캐나다
보크사이트와 알루미나	100	오스트레일리아, 기니아, 자메이카, 브라질
컬럼븀(니오븀)	100	브라질, 캐나다, 독일, 러시아
형석	100	중국, 남아프리카공화국, 멕시코
흑연(천연)	100	중국, 멕시코, 캐나다
망간(Mn)	100	남아프리카공화국, 가봉, 오스트레일리아, 프랑스
운모, 판상(천연)	100	인도, 벨기에, 독일, 중국
석영 결정	100	브라질, 독일, 마다가스카르
스트론튬(Sr)	100	멕시코, 독일
티타늄(Ti)	100	벨기에, 캐나다, 독일, 영국
토륨(Th)	100	프랑스
이트륨(Y)	100	중국, 홍콩, 프랑스, 영국
보석	99	이스라엘, 인도, 벨기에
비스무스(Bi)	95	벨기에, 멕시코, 영국, 중국
안티몬(Sb)	94	중국, 멕시코, 남아프리카공화국, 볼리비아
주석(Sn)	86	중국, 브라질, 페루, 볼리비아
백금(Pt)	83	남아프리카공화국, 영국, 러시아, 중국
석재	80	이탈리아, 캐나다, 스페인, 인도
탄탈륨(Ta)	80	오스트레일리아, 중국, 태국, 일본
크롬(Cr)	78	남아프리카공화국, 카자흐스탄, 러시아, 짐바브웨
티타늄 정광	76	남아프리카공화국, 오스트레일리아, 캐나다, 인도
코발트(Co)	74	노르웨이, 필란드, 짐바브웨, 캐나다
희유 원소	72	중국, 프랑스, 일본, 영국
중정석	71	중국, 인도, 멕시코, 모로코
칼륨(K)	70	캐나다, 러시아, 벨로루시
요오드(I)	69	칠레, 일본, 러시아
텅스텐(W)	68	중국, 러시아, 볼리비아
티타늄(sponge)	62	러시아, 일본, 카자흐스탄, 중국
아연(Zn)	60	캐나다, 멕시코, 페루
니켈	58	캐나다, 노르웨이, 러시아, 오스트레일리아
토탄	52	캐나다
은	52	캐나다, 멕시코, 페루
실리콘	48	노르웨이, 남아프리카공화국, 러시아, 캐나다
다이아몬드 (미세가루, 입자와 분말)	47	아일랜드, 중국, 러시아
망간 화합물	45	중국, 캐나다, 오스트리아, 오스트레일리아
마그네슘, 금속	40	캐나다, 러시아, 중국, 이스라엘

표 14.2 비연료 광물 자원에 대한 미국의 수입의존도(%), 2001 (계속)

동	37	캐나다, 칠레, 멕시코
베릴륨	35	러시아, 캐나다, 카자흐스탄, 독일
알루미늄	33	캐나다, 러시아, 베네수엘라, 멕시코
부석	33	그리스, 터키, 에콰도르, 이탈리아
납	24	캐나다, 멕시코, 페루, 오스트레일리아
석고	22	캐나다, 멕시코, 스페인
황	22	캐나다, 멕시코, 베네수엘라
고정된 질소, 암모니아	21	트리니다드 섬과 토바고 섬, 캐나다, 멕시코, 베네수엘라
시멘트	20	캐나다, 중국, 스페인, 베네수엘라
철광석	19	캐나다, 브라질, 베네수엘라, 오스트레일리아
철과 강철	17	유럽연합, 캐나다, 일본, 멕시코
운모, 조각과 측면(천연)	17	캐나다, 인도, 필란드, 일본
펄라이트(진주암)	15	그리스, 터키, 에콰도르
소금	15	캐나다, 칠레, 멕시코, 바하마
활석	12	중국, 캐나다, 프랑스, 일본
카드뮴	6	캐나다, 벨기에, 오스트레일리아
인산염 암석	1	모르코

[1] 수입점유율에 따른 내림차순 정렬

출처 : USGS *Mineral Information, 2001.* Mineral Commodity Summaries 2001

다. 그 예로서, 미국의 인구당 비연료 광물 자원 소비는 1980년에서 2000년 사이에 눈에 띄게 줄었다.

미국 및 다른 풍족한 나라에서는 많은 광물 자원의 자급이 현재 사용량에 대해 충분하지 않아서 다른 나라로부터 수입을 통해 보충되어야만 한다. 표 14.2는 선택된 비연료 광물 자원에 대한 미국의 수입의존도와 필요한 광물 자원에 대한 주요한 외국 공급지를 보여준다. 산업국가들은 크게 요구되거나 필요한 광물 자원의 공급이 공급국의 정치적, 경제적 또는 군사적인 불안정으로 인해 방해될 수 있는 가능성이 큰 걱정이다. 다른 나라들과 함께 미국은 산업에 대한 광물 자원 수요를 만족시키기 위해 오늘날 수입을 통한 안정된 공급에 의존한다. 물론 한 국가에 광물 자원이 어느 다른 나라로부터 수입된다는 사실은 그 국가 내에 채광될 수 있는 많은 양이 존재하지 않는다는 것을 의미하는 것은 아니다. 오히려, 자원을 수입하는 것이 더 쉽고, 더 실용적이거나 더 바람직하게 만드는 경제적, 정치적 또는 환경적인 이유가 있음을 시사한다.

14.2 광물 자원과 지질작용

광물 자원 생성과 관련된 지질현상은 암석 순환과 밀접하게 관련되어 있다(제3장 참조). 생지화학 과정뿐만 아니라 암석 순환의 거의 모든 측면과 과정이 적게 또는 상당한 부분 유용한 광물을 농집시키는 데 관여한다.

자세히 살펴보기 | 판구조론과 광물 생성

광물 자원이 산출되는 지질 특성을 넓게 살펴보면, 움직이는 판의 경계부가 철, 금, 동 및 수은 등이 산출되는 광상의 기원과 관련되어 있다. 광석은 판의 경계에서 발생하는 지질작용들에 의해 생성된다(제2장 참조).

확장하는 판의 경계(발산 경계)부에서 형성되는 금속 광상의 기원은 해수의 순환과 관계된다. 차갑고 밀도가 높은 해수는 해령의 현무암질 암석의 균열을 따라 아래로 내려가고 용융된 암석 부근에 도달하면 높은 온도에 의해 데워진다(그림 14.Aa). 데워진 물은 차가운 물보다 가볍고 화학적으로 더 활성화된다. 데워진 물은 암석의 균열을 따라 움직이고 금속을 용출해 내어 용액상태로 이동하다가 어두운 색 때문에 이름 붙여진 흑색 열수구(black smokers)에서 금속 황화물로 침전된다(그림 14.Ab, c).[7] 괴상 황화 광상에 수반되는 다수의 열수구(hot-water vent)는 해령을 따라 발견된다. 해저의 이러한 광상들은 비정상적으로 높은 철과 구리를 함유하는 황화물로 구성되었기 때문에 괴상 황화 광상(massive sulfide deposits)으로 알려졌다. 오늘날까지 알려진 확장하는 판의 경계에 있는 해저 광상은 그 규모가 너무 작기 때문에 경제성 있는 채광이 이뤄질 수 없었다. 하지만 해양 지각과 맨틀 암석과 관련된 유체의 상승 작용으로 만들어진 괴상 황화 광상은 사이프러스 섬에서 수천 년 전부터 채광되었다. 흥미롭게도 구리(*copper*)라는 말은 그리스

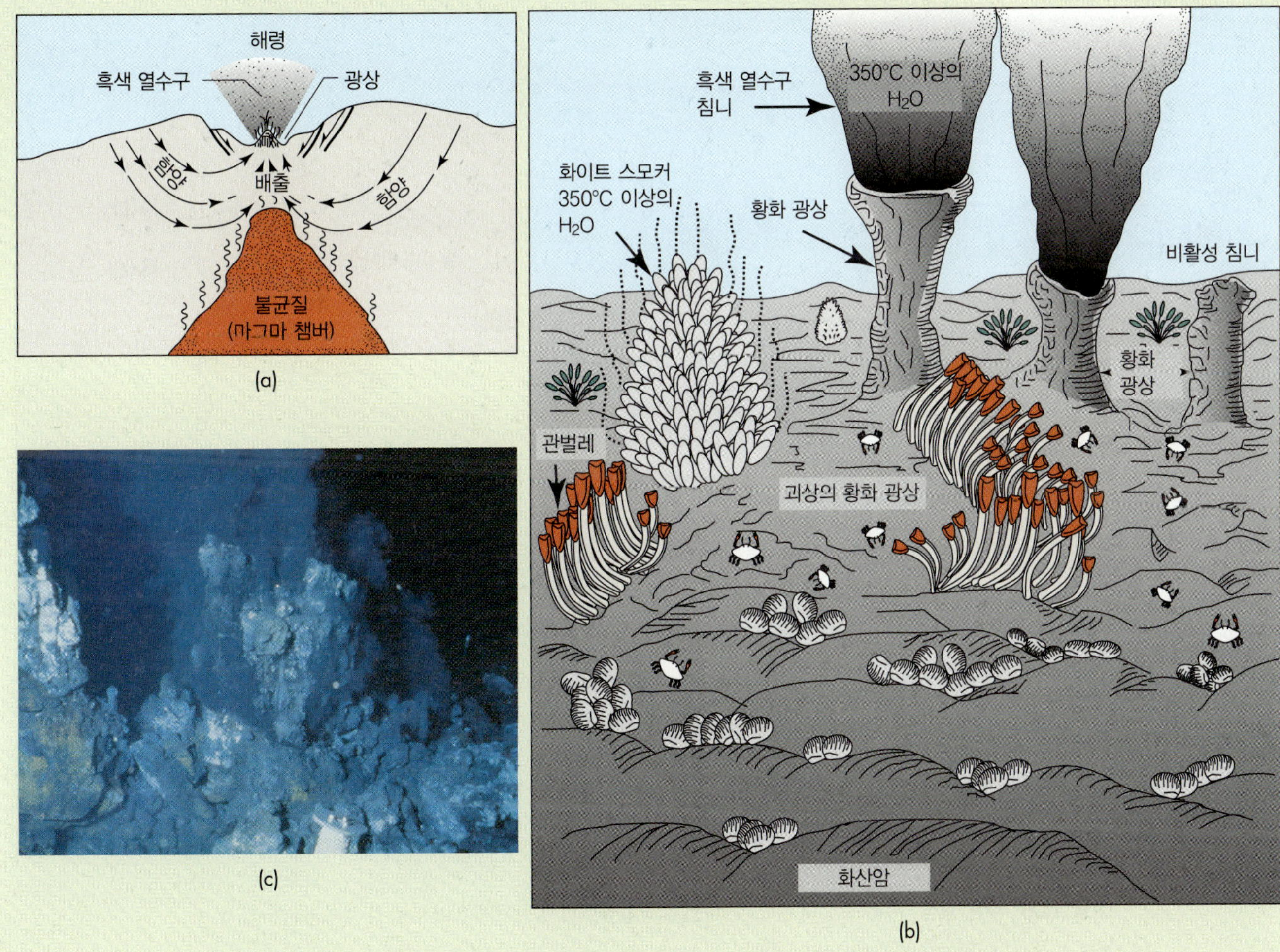

그림 14.A 발산 경계의 광상 (a) 해령의 열수계. (b) 황화 광상 형태의 흑색 열수구에 대한 상세도. (c) 흑색 열수구 사진. (*R, Haymon*)

어인 사이프러스(*cyprus*)에서 유래됐다.[8]

수렴하는 판의 경계(섭입대, 제2장 참조)에서의 금속 광상은 섭입대에서 해양 암석권의 해수로 포화된 암석들이 부분 용융된 결과로 형성된다고 그 기원이 가설화되어 있다. 암석을 녹이는 원인이 되는 고온과 고압조건은 또한 부분적으로 용융된 암석에서 금속을 녹여내고 이동시키는 작용을 용이하게 한다. 금속은 마그마 내의 금속이 풍부한 유체 내에 농집되어 상승한다. 금속이 풍부한 유체는 마그마로부터 결국 분리되고 금속은 모암 내에 침전된다.[7]

섭입대나 화산 지역에서 산출된 금속 광상의 대표적인 예는 전 세계적으로 분포하고 있는 수은 광상이다(그림 14.B). 생산성 있는 수은 광상의 분포는 판구조론적 수렴 경계 부근에 위치하는 화산대와 관련되어 있다. 근본적으로 지각의 해양 퇴적물 안에서 발견되는 수은은 섭입되어 아래로 밀려 내려가는 판에서 증류되어 나오고 섭입대 상부 지점에 침전된다. 수렴하는 판의 교차점은 화산작용으로 특징되며, 따라서 이러한 판의 활동은 수은 광상을 형성시킨다. 유사한 논의가 다른 광상의 생성에도 적용될 수 있다. 하지만 많은 광상들이 판의 경계와 직접적으로 연관되어 있지 않기 때문에 지나친 단순화는 위험성을 내포하고 있다.

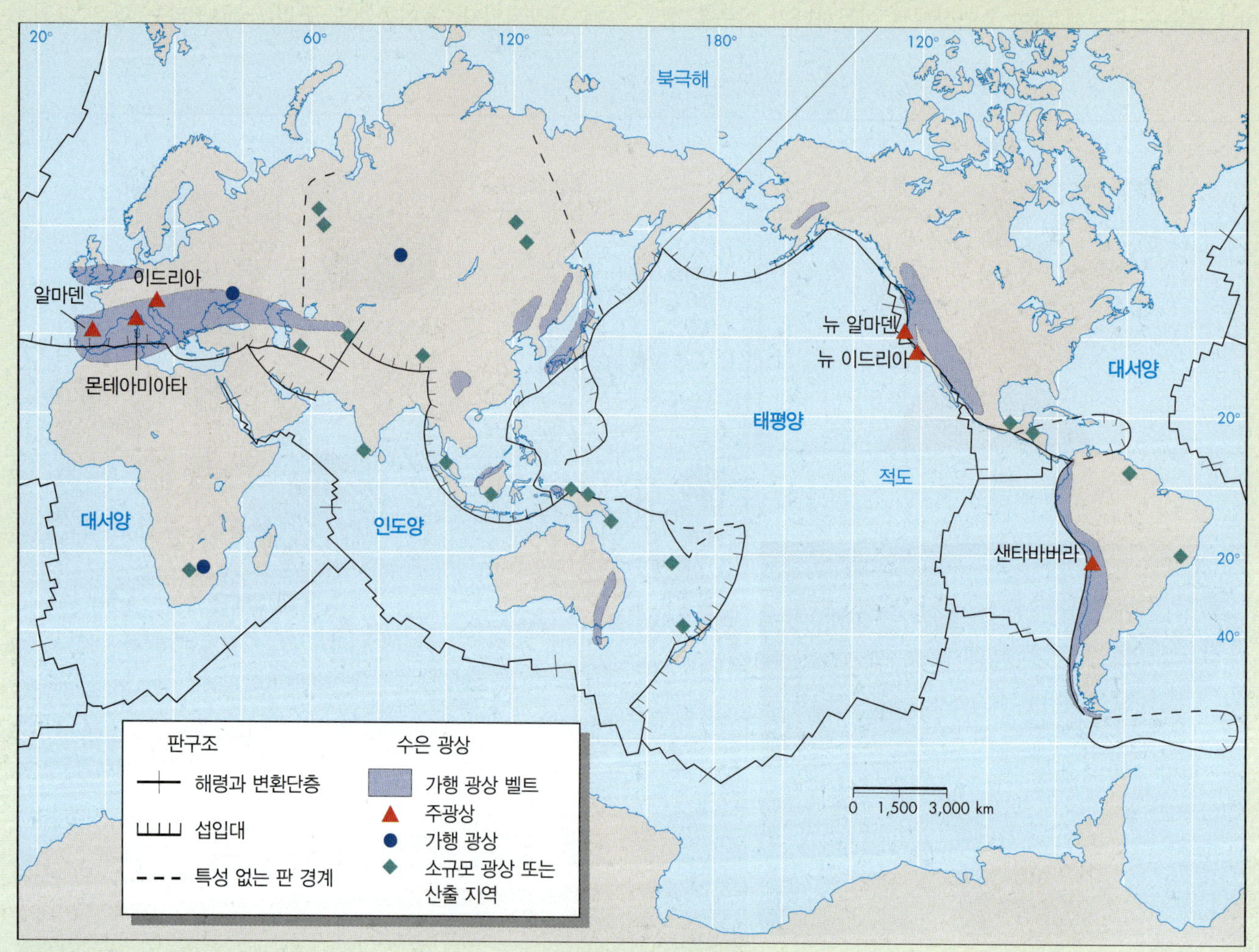

그림 14.B 수은 광상 수은 광상의 분포와 최근 활성섭입대의 상관관계. (*Brobst, D. A., and Pratt, W. P., eds. 1973. USGS Professional Paper 820*)

금속광물의 농집

광석(ore)이라는 말은 수익을 내며 채광이 가능한 유용한 금속 광물을 의미하는 말로 사용되어 왔다. 이렇게 채광이 이루어지는 지역은 이들 광물들이 이상할 정도로 많이 농집된 곳이다. 광석으로 분류되기 위하여 개별 광물에 필요한 금속의 농집 정도는 기술적, 경제적, 정치적 요인에 의하여 변화한다. 열에 의해 금속을 추출하는 용융법이 개발되기 전에는 순수한 형태로 나타나는 광물만이 금속 광석으로 이용되었다. 예를 들어 금은 과거에는 순수한 자연금 형태의 것을 채굴하여 사용하였다. 현재 금광산은 지표로부터 지하 깊숙하게 연장되어 있으며, 회수과정은 1온스의 금을 얻기 위해 수톤의 암석을 분쇄한다. 비록 암석은 미량의 금을 포함하지만, 금을 경제성 있게 추출할 수 있기 때문에 우리는 이 암석을 광석이라고 한다.

광물의 농집도(concentration factor)는 경제적인 채광에 필요한 농집의 정도를 표현한다. 즉 채광에 의한 경제성이 증가하려면 한 금속이 지각 내의 평균 농도보다 몇 배가 농집되어 있어야 한다. 예를 들어, 알루미늄의 지각 평균치는 8%인데, 경제적인 채광을 위해서는 약 30%가 농집되어야 하기 때문에 농집도는 4이다. 반면, 수은은 지각 평균치가 0.00001%이기 때문에 경제적인 농집도는 10,000이다. 그럼에도 불구하고 수은이 적어도 0.1% 이상 포함된 수은 광석이 특정 지역에서는 일반적으로 산출되기도 한다. 그 이유는 수은과 많은 금속광석들이 판구조 운동에 의해 침전되기 때문이다(자세히 보기 '판구조론과 광물 자원' 참조). 결론적으로, 금은 자연 상태에서 수은의 200분의 1 정도가 지각에 농집되어 있다. 하지만 금은 가격이 높기 때문에(2006년에 온스당 600달러 이상), 단지 0.001%만 금이 함유된 광석도 수익성을 가지며 채광된다. 따라서 금의 농집도는 수은의 절반인 5,000이다. 경제적인 채광을 위해 필수적인 고려사항인 암석 속의 금속의 함량, 즉 금속의 농집도는 금속 수요의 변화에 의하여 변하는 대상이 된다. 예를 들어, 만일 특별한 금속의 수요와 가격이 모두 오르면, 금속 함량이 더 적은 암석들이 채광될 것이다.

일반적인 광물 자원의 성인

경제적으로 유용한 광물 및 암석 물질들의 자연 환경에서의 생성이나 집적 과정은 지질학적으로 매우 다양하고 복잡하다. 하지만 대부분의 광상은 판구조론적, 지화학적 그리고 수문학적 순환의 영향 하에서 암석 순환의 여러 부분과 관련되어 있다. 상업적인 가치를 갖는 광물 자원은 그들의 형성 과정에 따라 화성, 변성, 퇴적, 생물학적 그리고 풍화작용 등을 포함하는 여러 유형으로 나눌 수 있다. 표 14.3은 분류된 각 유형에 속하는 광상들의 예이다.

화성작용 전 세계 대부분의 광상들은 화성암의 형성 결과에 따라 생성되었다. 즉 화성작용에 의하여 구리, 니켈, 금 등과 같이 경제성 있는 금속의 부화작용이 일어나게 된다. 몇몇 경우에 화성암체 전체에 결정들이 분산되어 산출하기도 한다. 예를 들어, 다이아몬드는 킴벌라이트라는 조립질 화성암에서 발견되며, 다이아몬드는 암석에 분산되거나 흩어져 산출된다(그림 14.4). 아마도 화성작용과 관련된 가장 일반적인 형태의 광상은 열수광상일 것이다. 열수는 마그마와 관련하여 뜨겁고, 화학적으로 활성화된 유체로서 금, 은, 구리, 수은, 납, 아연을 포함하는 다양한 광물을 생성한다. 광상을 생성하는 열수 유체는 모암을 통

표 14.3 광상의 유형

유형	예	위치
화성 광상		
분산형	다이아몬드	남아프리카공화국
정출[1]	크롬철광	몬태나 주 스틸워터
후기 마그마	자철석	뉴욕 주 애디론댁 산맥
페그마타이트[2]	베릴과 리튬	사우스다코타 주 블랙힐즈
열수	구리	몬태나 주 뷰트
변성 광상		
접촉변성작용	납, 은	콜로라도 주 레드빌
광역변성작용	석면	캐나다 퀘백
퇴적 광상		
증발암(호수나 해양)	칼륨	뉴멕시코 주 칼즈베드
사광상(하천)	금	캘리포니아 주 시에라네바다
빙하	모래와 자갈	인디애나 주 북부
심해저	산화망간단괴	중앙 태평양의 중앙과 남태평양
생물학적 작용	인	플로리다
풍화 작용		
잔류토양	보크사이트	아칸소 주
2차 부화	구리	유타 주

[1] 초기에 정출된 밀도가 큰 결정은 마그마 바닥에 가라앉음
[2] 거정질화강암

출처 : Foster, R. J. 1983. *General geology*, 4th ed. Columbus, OH: Charies E. Merrill

하여 이동한 광물질이 풍부한 유체이고, 맥이나 작은 관입암체로 알려진 암맥 내에 광석광물을 재결정화한다(제3장 참조). 지하 깊은 곳에 있는 마그마와 접촉하여 가열되고 광물성분들이 농축된 순환하는 지하수가 이들 화성 광상 중 일부 광상들의 형성과 관계 있는 것으로 생각된다(그림 14.5).[6]

변성작용 주변 암석과 반응하며 식어가는 마그마가 관입됨으로써 온도와 압력을 높이고 화학적으로 활성화된 유체를 만들어 내곤 한다. 이런 과정은 주변 암석에 변화(변성작용)를 유발한다. 마그마의 접촉부근부터 수m에서 수백m에 이르는 규모로 지역적으로 발생하는 변성작용을 **접촉변성작용**이라고 한다. 광역적인 규모로 수천km^2에 걸쳐 일어나는 변성작용을 **광역변성작용**이라고 한다. 이러한 두 가지 형태의 변성작용은 금속 광상과 석면, 활석 같은 비금속 광상 등 다양한 광상들을 형성할 수 있다.

퇴적작용 물리적 또는 화학적 과정에 의하여 형성된 퇴적 광상들은 미국에서 여러 가지의 중요한 광물 자원을 획득하는 주요한 광상들이다. 모래와 자갈 광상은 하천의 작용에 의해 만들어지며 수십만 달러의 산업을 이룬다. 대부분의 모래와 자갈은 하천 퇴적물과 빙하퇴적물로부터 얻는다. 또 다른 중요한 퇴적 자원은 얕은 해양 분지나 호수의 증발로 생성된 **증발 광상**(evaporite deposits)이다. 증발이 진행됨에 따라 해양이나 호수에 용해된 물질들

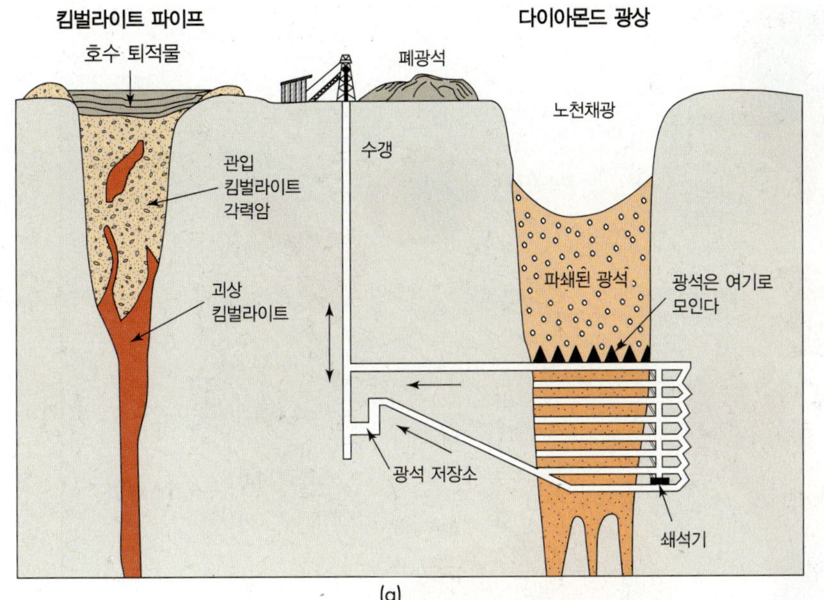

(a)

(b)

그림 14.4 다이아몬드 파이프 (a) 전형적인 남아프리카공화국의 다이아몬드 파이프형 광산을 보여주는 이상화된 그림. 다이아몬드는 형통형의 화성암인 킴벌라이트 내에 산재되어 산출된다. (*Kesler, S, E. 1994.* Mineral resource, economics and the environment. *New York: Macmillan*) (b) 다이아몬드 광산의 항공사진, 남아프리카공화국, 킴벌리. 세계에서 가장 큰 hand-dug 채굴이다.(*Helen Thompson/Animals Animals/Earth Scenes*)

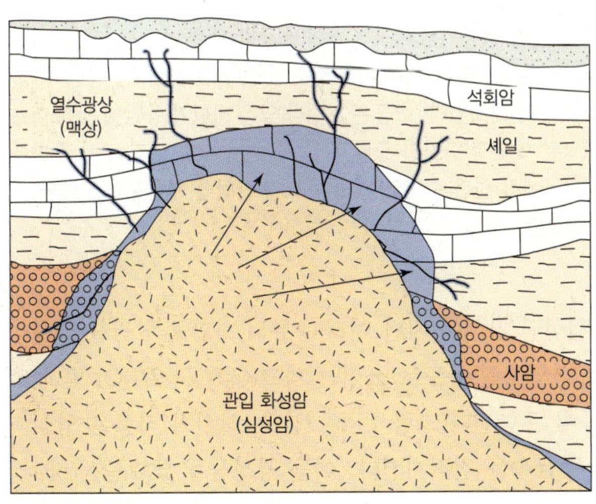

그림 14.5 화성과 변성 광상 열수 광상은 일반적으로 열수용액 내의 원소들이 광물로 정출될 때 형성된 맥으로 나타난다. 접촉변성 광상은 심성암으로 알려진 관입암체를 생성시키는 뜨거운 마그마와의 접촉대에서 화학적으로 활성화된 암석의 온도상승 결과로 형성된다.

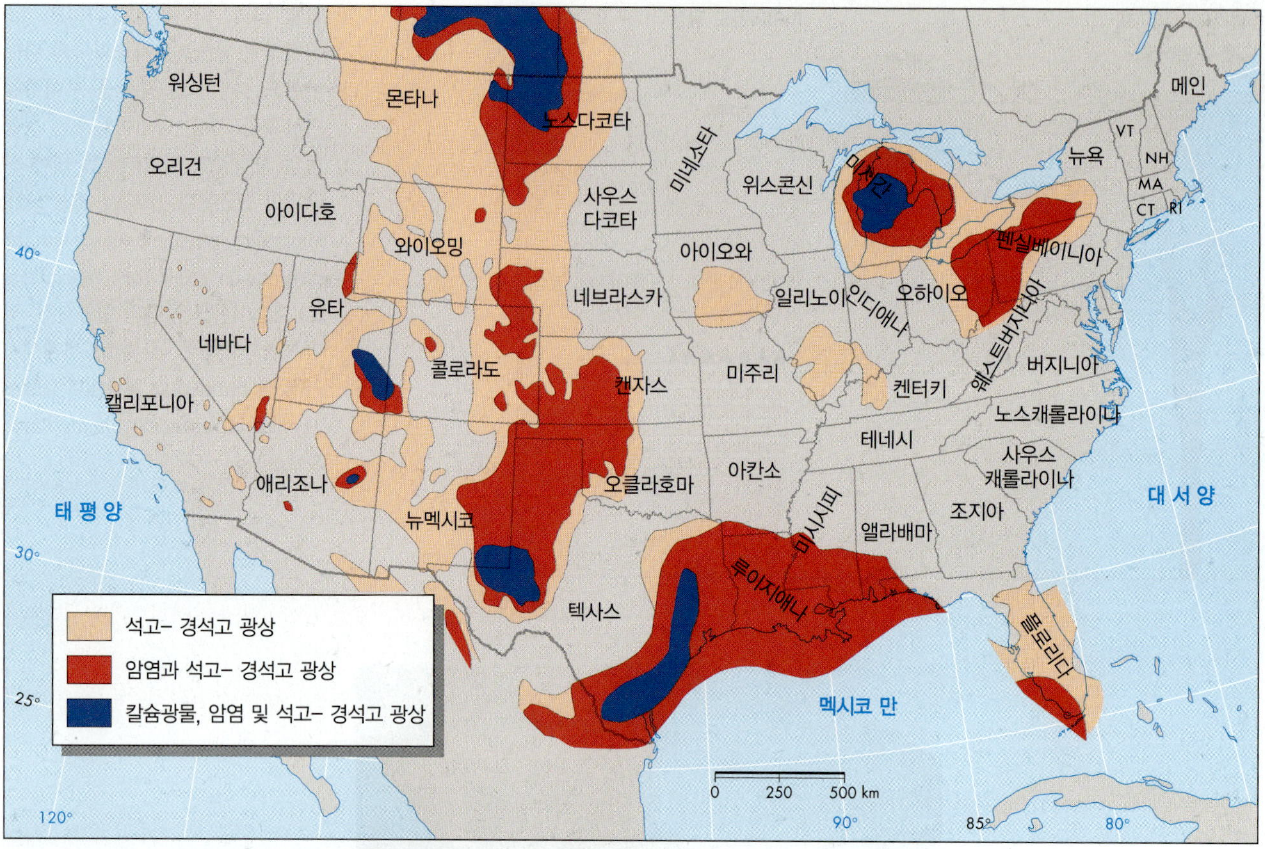

석고– 경석고 광상
암염과 석고– 경석고 광상
칼슘광물, 암염 및 석고– 경석고 광상

(a)

(b)

그림 14.6 증발 광상 (a) 미국의 해양성 증발 광상. (*Brobst, D. A., and Pratt, W. P., eds., 1973. USGS Professional Paper 820*) (b) 암염 광상, 캘리포니아 주, 데스밸리. 소금은 호수나 얕은 바다가 증발에 의해 마르면서 퇴적된 몇몇 일반적인 증발 광물 중 하나이다. 퇴적 광상의 다른 형태는 미국에서 연간 수십억 달러 규모의 산업인 채석장의 모래와 자갈을 포함한다.

은 침전되어 고체가 되고 중요한 상업적인 가치를 지닌 여러 종류의 화합물과 광물을 형성한다. 여기에는 암염이나 일반 소금, 산업적인 용도로 쓰이는 석고($CaSO_4 \cdot 2H_2O$) 및 산업과 농업에서 사용되는 칼륨 광물 등이 포함된다(그림 14.6). 결국, 하천의 작용은 암석이 풍화된 금을 포함한 다양한 종류의 중금속을 집적시킨다. 이들 광상들을 표사 광상(placer deposits)이라 한다(그림 14.7).

생물학적 과정 조개껍데기로 탄산 칼슘 및 마그네슘과 어류와 다른 유기물의 뼈로 인산칼슘 같은 여러 종류의 유용한 광물을 유기물은 형성할 수 있다. 인산염이 많은 어류의 뼈와

이빨의 집적은 전 세계에서 가장 풍부한 인산염 광상들을 일부 형성하였다(그림 14.8). 어류와 다른 해양 유기물들은 해수에서 인산염을 추출하고, 광상은 해양 바닥에 다른 퇴적물과 함께 퇴적된 인산염이 풍부한 어류 잔해의 퇴적물로 생성된다. 이러한 퇴적물들은 결국 오늘날 채광되는 인산염 광상 중 퇴적기원의 광상들을 형성하였다.

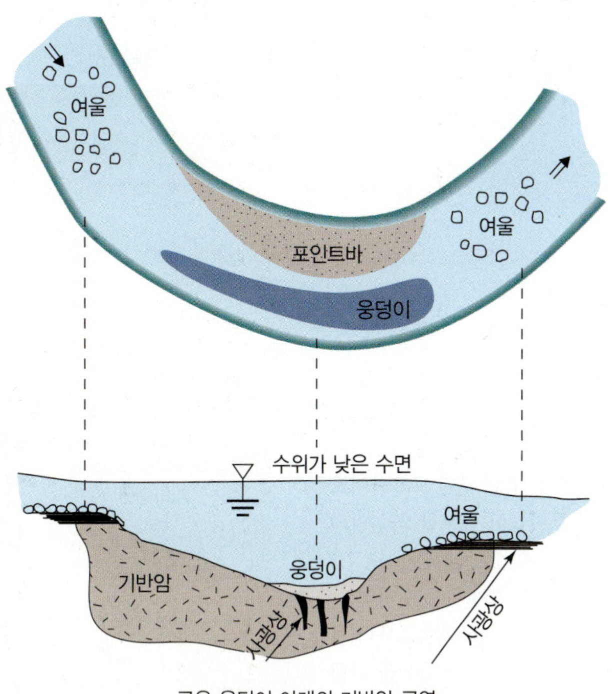

그림 14.7 사금 광상 사금 광상이 형성될 수 있는 지역을 보여주는 하천의 하도와 바닥 단면도. 사금 광상의 채광은 모든 광부에게 삽과 선광접시(냄비)만이 필요하기 때문에 'poor man's' 법이라고 불린다.

그림 14.8 플로리다의 대규모 인산염 광산 본 광상의 인산염 광물은 어류와 해양 생물에 의해 바닷물로부터 추출되어, 다른 해양퇴적물과 함께 뼈와 껍데기 부분에 축적된다. 고여 있는 물을 포함하는 광산 폐기물 더미가 여기에 보여진 경치의 주가 된다. 사진의 윗부분처럼 약간의 땅은 목초지의 사용을 위해 복원된다. *(William Felger/Grant Heilman Photography, Inc.)*

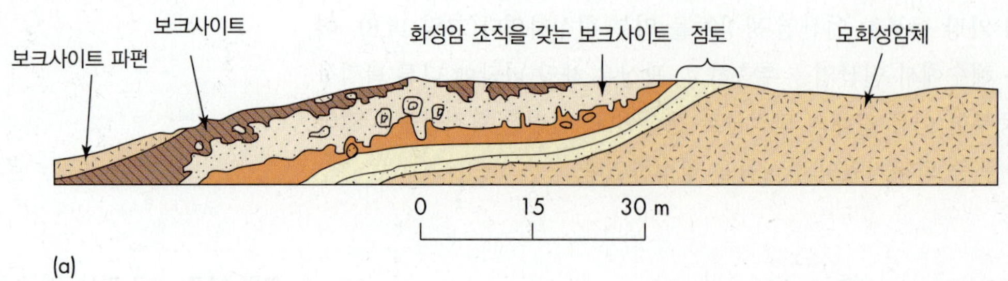

(a)

지표면
철산화물 캡
용출지역
산화대
지하수면
부화대
1차 광석

(b)

그림 14.9 풍화에 의해 부화된 광상 (a) 아칸소 주 프루덴 보크사이트(알루미늄) 광산의 단면도. 보크사이트는 알루미늄이 풍부한 화성암의 강력한 풍화작용에 의해 형성된다. (*Mackenzie, G., Jr., et al. 1958. US GS Professional Paper 299*) (b) 2차 부화작용 동안 형성된 전형적인 누대구조. 1차 광석 맥에서 황화광물은 산화, 변질된 후 산화대로부터 용출되고 부화대에서 재침전된다. 철산화캡은 일반적으로 붉은색을 띠며 부화된 광상의 위치를 찾는 데 도움을 줄 수 있다.

풍화 작용 물리적, 화학적, 생화학적 풍화작용은 경제적으로 채광할 수 있는 어떤 광물들을 농집시킨다. 이러한 작용들은 풍화된 물질 내에서 잔류 광상을 형성할 수 있다. **잔류 광상**(residual deposits)은 암석과 토양의 강한 풍화작용에 의한 결과이며, 침식과정을 거치면서 경제적인 가치가 있는 용해성 작은 물질을 잔류시킴으로써 형성된다. 열대 기후에서 어떤 암석에 대한 강한 풍화작용은 알루미늄이나 철이 풍부한 화성암들로부터 생성되는 라테라이트라고 알려진 특별한 종류의 토양을 형성한다. 풍화작용은 알루미늄과 철의 산화물을 집적시킨다. 잔류되는 알루미늄 산화물은 보크사이트라고 알려진 알루미늄 광석을 형성한다(그림 14.9a). 풍화작용은 부화대에 구리 같은 금속의 농집을 더 증가시키는 2차 부화작용(secondary enrichment process)을 일으키기도 한다(그림 14.9b).

14.3 광물 개발의 환경적인 영향

많은 과학자들과 관찰자들은 인구가 증가함에 따라 광물 자원에 대한 수요가 증가하고 세계가 자원 위기에 직면할 것을 두려워한다. 게다가 이 위기는 지구가 광물과 관련된 대기, 수질, 토양 그리고 생물자원의 오염을 흡수할 능력의 한계에 가까워질 때 올 것이다.[6] 이러한 가능성을 마음에 담아두고, 이제 비에너지 광물 자원의 개발에 따른 환경적인 영향을 논의해 보자. 에너지 자원으로의 광물 개발은 제15장에서 논의된다.

광물 개발의 환경적인 영향은 채굴방법, 그 지역의 수문학적 조건, 기후, 암석의 종류, 채굴 규모, 지형 및 다수의 상관 요인들에 의존한다. 게다가 그 영향은 자원의 개발 단계에 따라 다르다. 탐사와 시험 단계는 채광과 선광, 제련 처리과정에 비해 환경적인 영향이 덜한 편이다. 미국에서 발견부터 생산까지 소요기간은 수년 내지는 그 이상이 걸리며, 이는 어느 정도 환경적인 고려 때문이기도 하다. 환경 규제가 덜한 국가의 경우, 발견에서 생산까지의 기간은 훨씬 짧을 것이다. 그러나 환경적인 통제를 무시한다면 대기, 수질, 대지와 생태계에 심각한 손상을 줄 것이다.

광물 탐사와 시험에 의한 영향

광상을 찾기 위한 탐사와 시험활동은 원격탐사를 통해 자료를 모으고 분석하는 것에서부터 지표 지질도작성, 시추, 지화학적 및 지구물리학적 자료 수집을 위한 현장 야외조사 작업까지 다양하다. 일반적으로 탐사는 건조한 지역, 습지대, 영구동토층과 같이 민감한 지역에서는 환경에 최소한의 영향 미치도록 이루어져야 한다. 어떤 건조한 지역에서는 수cm 두께의 세립 실트층 위에 얇은 자갈층이 덮여 있다. 사막 포장이라고 부르는 자갈층은 바람의 풍화로부터 입자가 작은 물질들을 보호해 준다. 도로건설이나 다른 활동으로 이 포장층이 손상되면 세립의 실트는 침식되고 토양의 물리적, 화학적 그리고 생물학적 특성들을 즉각적으로 손상시켜 대지에 오랫동안 상처를 남긴다. 한편, 습지대나 북쪽의 툰드라 같이 습하고 유기물질이 풍부한 토양은 가벼운 교통량에도 민감하여 손상된다.

광물의 추출과 처리과정에 의한 영향

채광과 광물 자원의 처리는 토양, 물, 공기 및 생물 자원 등에 상당히 나쁜 영향을 주게 된다. 직접적인 환경 영향에 더하여, 이런 활동들은 광산 지역에서 주택과 서비스의 수요 증가로 인해 환경에 대한 사회적인 나쁜 작용을 유발할 수 있다. 이런 영향들은 우리가 광물 자원의 소비로 누리게 되는 이익에 대해 지불해야 하는 대가의 일부이다. 주변 지역 환경에 어떤 면에서든 영향 없이 우리가 자원을 채굴하는 것을 기대하는 것은 비현실적이고, 환경의 피해를 최소화해야 한다. 최소화하는 것은 광물 자원의 수요가 계속 증가하고, 높은 품위의 광물 자원이 감소하기 때문에 매우 어려운 일이다. 그러므로 보다 많은 광물을 생산하기 위해, 품위가 낮은 광상조차도 더욱 대규모로 개발하고 있다. 2000년까지 지구상에서 채광에 사용된 대지의 누적면적은 전체 대지의 약 0.2%로서 약 30만km^3이다.

최근까지 미국에서는 미국 전체 면적의 0.3%, 즉 29,000km^3가 채석이나 노천채굴에 사용되었다. 미국 전 국토에서 황무지, 야생 서식지 및 국립공원의 면적이 약 500,000km^3에 달한다. 그러나 환경의 피해는 노천이건 지하이건 채굴이 이루어진 공동으로부터 지표면 지역으로 확대되는 경향을 보인다. 대규모 채광 작업은 일부 지역의 암석 등 물질들을 깎아내고 또 다른 지역에 폐기물을 쌓아서 지형을 변화시킨다. 최선을 다한다고 해도 이러한 행동은 심한 미관상의 문제를 일으키며 종종 심각한 환경피해를 일으키기도 한다. 어느 한

그림 14.10 유타 주의 솔트레이크 시 인근의 빙함캐니언 동광산 사진의 왼쪽 하부에 밝은 계열의 색깔을 띤 물질들은 대규모 야적장에 폐기된 상당한 부피의 광산폐기물들이다. (*Michael Collier*)

곳에서의 채광 작업의 영향은 인근 지역에 한정되는 지역적 현상이지만, 여러 지역에서 진행될 경우 결국에는 큰 문제를 일으킨다.

광산의 폐기물 미국에서 광산활동에 소요되는 대지의 약 60%가 광물 채굴에 이용된다. 남은 약 40%의 면적은 폐기물 처분지로 사용된다. 대부분의 폐기물은 광석을 선광하기 위해 채굴된 암석들이다. 이는 막대한 양의 폐기물 처리 문제로 미국 전체에서 발생하는 고체 폐기물의 40%에 달한다.[6] 미국의 경우 과거 100여 년 동안 약 500억 톤의 광산 폐기물이 쌓여 왔고, 연간 10~20억 톤이 발생한다.[9]

채광의 형태와 그 영향 채광에 있어 주된 실질적인 쟁점은 그 지역에 발달된 광산을 노천채굴이나 지하채굴 중 어느 방법을 이용할 것인가를 결정하는 것이다. 노천채굴은 더 경제적이지만 보다 직접적인 환경피해를 일으키게 된다. 최근의 경향은 지하채굴로부터 유타 주 빙함캐니언 구리광산(그림 14.10)과 같은 대규모 노천채굴로 옮겨가고 있다. 이 광산은 인간이 만든 가장 큰 채굴적의 하나로 넓이는 약 8km^2, 최대 깊이는 약 800m이다.

종종 침출법이 채광기술로 이용되기도 한다. 침출은 광상 내에 스며드는 액체를 이용하여 물질들을 녹여내는 방법이다. 예를 들어, 어떤 금광상은 세립의 금이 산포상으로 산출되는데, 전통적인 방법으로 채굴할 경우 경제성이 없다. 몇몇 이러한 광상들에서 암석더미 침출(heap leaching)이라고 불리는 방법을 사용했다. 분쇄된 금광석의 더미에 희석된 시안화물(cyanide) 용액을 뿌려서 광석으로부터 금을 녹여내는 것이다. 이렇게 녹은 금을 함유한 용액을 플라스틱으로 마감한 연못에 모아 금을 회수한다. 시안화물이 맹독성이므로 광산작업은 엄격한 관리와 감시 · 관찰하에 이루어져야 한다. 사고가 일어난다면, 이 작업과정은 심각한 지하수 오염문제를 일으킬 잠재성을 갖고 있다. 땅으로부터 광석을 채굴하는 필요성을 없애기 위한 현장 시안화물 침출법에 대한 연구는 계속하여 진행 중이다. 그러나

침출 용액의 통제와 감시 · 관찰은 아직까지 어려운 문제로 남아 있다.[10]

수질오염 수자원은 채광활동에 의하여 오염되기 쉽다. 지표수는 종종 광산 지역에서 변질된다. 강수로 인하여 지표에서 이동하게 되는 물은 광산폐기물을 통과할 것이고 미량원소와 광물을 녹여 침출시킬 것이다. 폐석더미나 광미를 통과하여 넘쳐 흐르는 물은 폐기물과 반응하여 미량원소들과 광물들을 녹여 침출시킨다. 광산폐기물에서 용해되어 물, 토양, 식물에 농축된 미량원소는 독성을 띠며, 물을 마시고, 식물을 먹거나, 토양을 사용하는 동물이나 인간에게 질병을 유발할 것이다. 이러한 잠재적인 위험성이 있는 미량원소에는 카드뮴, 코발트, 구리, 납, 몰리브덴 및 아연 등이 있다. 그림 14.11의 흰색 줄무늬 흔적들은 콜로라도에 있는 어느 아연 광산의 폐석으로부터 침출되어 재침전된 광물이다. 유사한 광물의 침전현상은 일부 광산 지역으로부터 수km 떨어진 하류지역의 암석들을 피복할 수 있다. 광산에서 유출되는 오염물을 수집하는 특별히 건설된 조정지는 이러한 문제들을 해결

그림 14.11 광미로부터 유출 콜로라도 주의 아연광산. 흰 줄무늬는 광물로부터 용출된 침전물이다. 미국 내에 많은 지역이 이와 같은 과거 광산활동의 결과를 보여주고 있다. 현재는 이렇게 광미 등을 방치하여 나타나는 용출 결과를 허락하지 않는다. (*Edward A. Keller*)

하는 데 도움이 될 것이지만 모든 문제를 제거하리라고 기대할 수는 없다.

광산폐기물이 느리게 움직이는 지하의 물과 접촉하면 광산활동에 의한 지하수의 오염이 진행된다. 광산폐기물 더미를 통한 지표수의 침투나 지하수의 유동은 황화광물의 용출이 발생하고 지하수를 오염시킬 것이다. 오염된 지하수는 결국 하천으로 스며나오고 지표수를 오염시킨다. 지하수의 경우 오염되면 정화가 매우 어렵고, 비용이 많이 들기 때문에 특히 문제가 된다.

폐광산이라도 심각한 문제를 발생시킬 수 있다. 예를 들어, 캔자스 주와 미주리 주 및 오클라호마 주의 접경 지역에 위치한 납과 아연 광산은 19세기 후반에 지하채굴로 가행되기 시작했다. 비록 몇몇 지역에서는 1960년대에 가행이 끝났지만, 아직까지 심각한 수질 오염의 원인이 되고 있다. 지하수면 하부 100m 심도까지 채광이 진행된 광산은 가행을 위하여 물을 퍼냈다. 하지만 광산 폐쇄 후, 일부 광산은 물이 차서 넘치고 가까운 하천으로 흘러들었다. 이 물은 강한 산성을 띤다. 광산의 황화광물이 산소 및 지하수와 반응하여 황산염을 생성하게 되어 산성광산배수(acid mine drainage)로 알려진 문제를 야기시킨다(제13장 자세히 살펴보기 '산성광산배수' 참조). 오클라호마 주 타르천 지역의 문제가 너무 심각하여 환경보호국은 이 지역을 국가에서 가장 위험한 폐기물 지역으로 지정하게 되었다. 또 다른 산성광산배수와 관련된 예는 몬타나 주 뷰트에 있는 버클리 광산의 깊이 200m 이상 노천채굴된 구리 광산으로 산성이며, 독성을 띤 물로 채워져 호수를 형성하였다(그림 14.12). 노천채굴을 위하여 웅덩이의 물을 퍼올리던 펌프는 광산이 폐광된 1982년에 멈추었다. 몇몇 사람들은 호수가 관광지가 될 것으로 확신했지만, 또 다른 사람들은 환경에 대한 위협으로 성장할 것이라고 생각했다. 호수 주변에 살던 조류는 호수의 물을 마시고 죽어 이 지역의 야생조류가 사라졌다. 이 호수의 물이 누수되어, 뷰트 지역의 지하수를 오염시킬 것이라는 걱정이 커져만 갔다. 이 지역을 정화할 계획이 1990년대에 세워졌다. 오염된 물을 처리할 시설이 포함되었고 2003년에 가동이 시작되었다.

그림 14.12 독성을 띤 물로 채워진 폐광산 몬타나 주 뷰트 인근의 버클리 광산. 폐동광산 내의 오염된 호수. (*Calvin Larsen/Photo Researchers, Inc.*)

몇몇 또 다른 산성광산배수 문제는 관광 및 스키와 관련되어 있다. 즉 콜로라도 내 광산 지역에 있는 스키 리조트들은 자연 눈의 양이 부족한 스키 시즌 초기와 말기에 인공 눈을 만들기 때문에 문제가 일어난다. 눈을 만들기 위하여 산성광산배수로 오염된 강물을 끌어올려 눈을 만들어 스키 슬로프에 뿌리고 이 눈은 다시 녹아 오염물질을 넓은 대지에 분산시킨다. 스키 리조트는 위기 상황에 직면하게 될 것이다. 만일 스키장을 계속 열기 위해 눈을 만들려고 강에서 산성이 강한 물을 끌어들여 사용하게 되면, 대지가 오염되는 위험이 생기게 된다. 이들 스키장이 인공 눈을 만들지 않는 선택을 하면, 리조트 이용이 제한되어 재무적인 손실이 발생한다. 스키장이 오염되지 않는 강물로 인공 눈을 만들어도 또한 문제가 발생한다. 리조트에서 눈을 만들기 위해 깨끗한 물을 강에서 끌어들여 사용하게 되면, 하류지역에서의 깨끗한 물에 의한 오염물질의 희석이 감소하게 된다.

광산 지역의 수질 오염의 마지막 예로 1998년 봄 스페인에서 일어난 사건을 살펴보자. 사건은 세빌 인근의 나즈날콜라 마을과 광산 접경 지역에서 시작되었다. 카드뮴, 아연, 납, 비소, 시안 그리고 다른 중금속들의 독성혼합체을 포함한 산성광산배수가 폐기물을 포함한 지력댐(earth dam) 중 폭 50m 너비의 일부 구간이 무너지면서 갑자기 유출되었다. 약 700만m^{3}의 독성 폐수가 하류지역의 구아디아마 강으로 방출되었다. 이 강은 유럽에서 생태학적으로 가장 훌륭한 습지대 중 하나로 흘러든다. 다행스럽게도 이 유출은 지하수가 도나나 대수층으로의 함양보다는 강으로 자연적으로 배출되는 곳에서 발생하였다. 결과적으로 지하수 오염은 독성 폐수가 대수층으로 유입되었을 경우 발생했을 것처럼 심각하게 일어나지는 않았다.

잠재적으로 영향을 받는 지역은 유럽에서 가장 큰 자연저수지이며, 75,000ha에 달하는 관광지인 도나나 국립공원을 포함한다. 공원은 희귀한 새들, 이베리아 스라소니(야생고양이), 거북이와 다른 많은 종들의 서식지이다. 기술자들이 서둘러 독성 유출을 막고 수집할 수 있는 장벽을 건설하였고, 댐 근처 현장의 독성 진흙이 국립공원으로 유입되는 것을 막는 조치를 하였다.

이 독성물질 유출은 독성 유수와 진흙의 범람으로 과일나무와 다른 작물 등에 피해를 주었다고 한다(E. P. Martincz, 개인 교신, 1998). 독성 화학물질의 유출은 독성의 연쇄작용을 일으킨다. 아마도 독성 강물을 마셨거나 오염된 독성 진흙과 접촉해서 죽은 여러 마리의 말을 포함하여, 죽은 게와 물고기 및 다른 동물들은 생태계를 통하여 독성을 더욱 넓게 퍼뜨릴 수 있는 새와 다른 청소동물들을 유인했다. 청소동물들에 의해 독성이 더욱 퍼져 나가는 것을 최소화하기 위해 작업자들은 폭약을 사용했고, 독성 지역에서 새들을 쫓아버리기 위해 총을 사용했고, 수백 명의 작업자와 자원봉사자들이 사건 이후에 많은 양의 죽은 뱀장어, 물고기, 게, 개구리 등을 수거했다.

사고는 갑자기 일어났고 완전히 예상 밖이었다. 수년 동안 독성물질이 국립공원에 아주 가까이 있다는 내용을 포함한 조기 경보 신호가 있었다. 또한 광산을 운영하는 외국 회사가 남아메리카에서 유사한 환경문제를 경험했었다고 보고되었다(J. Chacon, 개인 교신, 1998). 확실히 이 사건은 스페인과 미국의 서부 광산 지역을 포함하는 독성 광산폐기물 관리와 관련된 심각한 환경적 위험이 잠재되어 있는 전 세계의 다른 지역의 환경에 대한 인식을 불러일으켰다.

대기 오염 광물의 채굴, 선광 및 제련과정 모두는 대기의 질에 나쁜 영향을 준다. 제련은 산성비와 눈(산성 강우)의 주범인 이산화황을 포함한 상당한 양의 오염물질을 대기 중에 방출한다. 산성 강우는 제13장에서 이미 설명되었다. 광산의 먼지는 도로나 다른 먼지가 유발되는 장소에 물을 뿌려 먼지를 감소시키려는 노력을 하지만 그럼에도 불구하고 대기에 영향을 준다.

수질 오염과 마찬가지로 광산은 가행이 종료되어도 대기 오염 문제를 일으킬 수 있다. 예를 들어, 러시아의 탄광 지역의 폐광산에서 유출된 독성 가스가 지반으로부터 스며나와 집안에 침투한 적이 있다. 세계 전역에는 수익성이 나빠져서 결국 폐쇄될 광산들이 많이 있다. 따라서 과거의 광산활동의 결과로 나타나는 미래의 대기와 수질의 오염을 막기 위한 계획의 중요한 목적은 광산활동이 진행되었던 곳이거나 아직 광범위하게 대지가 이용되는 지역에 사는 사람들의 삶의 질을 위한 것이다.

생물환경에 대한 영향 광산활동과 관련된 대지, 토양, 수질 및 대기의 물리적 변화는 직간접적으로 생물환경에 영향을 준다. 직접적인 영향에는 광산활동에 의하여 또는 광산으로부터 생성되는 독성 토양 또는 물과 접촉하여 식물, 동물 또는 사람이 죽는 것이다(자세히 살펴보기 '광산활동과 이타이이타이병' 참조). 간접적인 영향은 영양분 순환, 생물체 총량(biomass)이라고 하는 살아 있는 물질의 총량, 종의 다양성 그리고 생태계의 안정성 등의 변화를 포함한다. 이런 간접적인 영향은 지하수나 지표수의 특성 변화에 기인한다. 하천의 제방이나 연못의 붕괴 또는 수로의 변화에 의하거나 홍수, 지진 또는 화산 분출에 의하여

자세히 살펴보기 | 광산활동과 이타이이타이병

이타이이타이병으로 알려진 심각한 만성질병은 일본의 진즈 강 분지에 살던 많은 사람들에게서 확인되었다. 이 매우 고통스러운 질병(이타이이타이는 '아프다아프다'는 뜻)은 뼈를 공격하여 뼈가 가늘어지고 부서지기 쉬워 쉽게 골절을 일으키는 원인이 된다. 이 질병은 제2차 세계대전 말에 발병하였다. 이때는 일본의 산업체들이 피해를 입고 산업폐기물을 아무 생각 없이 폐기하던 시기였다. 아연과 납, 카드뮴을 채광하던 광산은 폐기물을 강에 투기했고 하류의 농부들은 오염된 물을 가정용과 농업용으로 이용하였다. 병의 원인은 오랫동안 밝혀지지 않았으나, 1960년 희생자의 뼈와 조직을 조사해 본 결과 매우 높은 농도의 아연, 납, 카드뮴이 축적된 것으로 확인되었다.[12]

진즈 강 분지지역 물 시료의 중금속 농도는 일반적으로 1ppm 미만의 카드뮴과 50ppm 미만의 아연을 함유한 것으로 밝혀졌다. 이들 금속은 선택적으로 하천퇴적물에 농집되었고, 식물에 더욱 높게 농축되었다. 물로부터 퇴적물과 식물로의 농축 증가는 생물학적 농축의 예이다. 5개 시료로부터 얻어진 일련의 자료는 오염된 토양에서 카드뮴의 농도는 평균 6ppm이었다. 식물의 뿌리에서는 평균 1,250ppm, 추수된 쌀에서는 125ppm이었다. 이와 관련된 시험의 결과, 100ppm의 카드뮴이 든 먹이를 먹은 쥐는 전체 뼈조직의 약 3%가 손실됨이 밝혀졌다. 그리고 30ppm의 카드뮴과 300ppm의 아연, 150ppm의 납 그리고 150ppm의 구리가 함유된 먹이를 먹은 쥐는 전체 뼈조직의 약 33%가 손실되었다.[13]

비록 진즈 강 분지의 물, 토양, 식물에 농축된 중금속의 측정치는 다양한 결과를 보여주고 있지만, 일반적인 경향성은 분명하다. 과학자들은 중금속, 특히 카드뮴이 수ppm만 토양과 쌀에 들어 있어도 이타이이타이병을 발생시킨다는 것을 상당히 확신하고 있다.[13]

붕괴된 제방의 틈을 통하여 주기적 또는 갑작스러운 오염물질의 유입은 지역 생태계에 역시 피해를 준다.

사회적 영향 대규모 광산활동에 의해 발생하는 사회적 영향은 개발이 이루어지지 않은 지역에의 노동자들의 빠른 유입에서 비롯된다. 물의 공급, 하수와 고형 폐기물의 처리 시스템, 교육과 주거 문제를 포함한 지역사회 기반 서비스 문제가 우선적으로 발생한다. 지역 토지의 이용은 공터, 숲, 농업 등의 용도에서 빠르게 도시 형태로 변화한다. 더욱 많은 사람들이 유입되면 근처의 휴식 및 야생의 초목지 등에 압박을 증가시키며, 이 중 일부는 아마도 파괴되기 쉬운 생태계의 균형에 영향을 미칠 것이다. 건설활동과 도시화는 퇴적물의 오염, 수질의 악화, 유출수의 증가를 통해 지역 하천에 영향을 미친다. 공기의 질도 차량의 증가, 건설활동으로 발생하는 먼지, 기계와 여러 시설장치 등을 작동시키는 동력의 발전 등의 결과로 악화된다.

나쁜 사회적 영향은 광산업자가 광산을 폐쇄하거나 자동화할 때 나타나게 되며, 이는 대규모 광산 주변의 마을들이 광산 고용자들의 수입에 의존하기 때문이다. 과거 미국의 서부 지역은 광산이 폐쇄되면서 잘 알려진 유령도시를 만들어 냈다. 오늘날 석탄과 다른 여러 광물 자원들의 가격이 많은 소도시의 거주자들에게 직접적인 영향을 미치며, 특히 석탄 광산의 폐쇄가 많은 희생자를 낸 미국의 애팔래치아 산맥 지역이 그렇다. 이들 광산의 폐쇄는 석탄의 낮은 가격과 상승하는 채광비용 모두에 부분적으로 원인이 있다.

채광비용이 증가하는 이유 중의 하나는 광산업에 대한 환경 규제가 증가하기 때문이다. 광산업자와 채광되는 국토의 남용으로 인하여 노동조합과 광산정책이 확립되는 상황을 유발했다. 그러나 몇몇 광산회사들은 이 규제가 충분히 유연하지 않다고 믿고 있으며, 이러한 주장도 얼마간은 타당하다. 예를 들어 광산활동 후 농장으로 사용하기 위해 개간되어 언덕이 평탄화될 수 있는 경우가 있다. 그러나 환경 규제는 비록 언덕이 평탄한 농장으로 된다 해도 처음의 언덕 상태로 대지가 보존되는 것을 요구한다.

광물 자원 개발에 의한 영향의 최소화 기술적으로 발달한 나라들은 과거의 광물 채광에 의해 이루어진 환경적인 손상을 복구하고 새로운 선광과 제련 등의 처리과정에 의한 영향을 최소화하기 위한 노력에 좋은 결과를 가져왔다. 선진국들은 이 지식을 더 많은 채광이 이루어지고 있는 개발도상국에 이전해야 할 의무가 있다. 환경법은 폐기물 방출과 폐기를 규제하고 이어지는 채광에 따른 지층의 복구를 요구한다. 더하여, 혁신적인 기술, 특히 생물공학기술은 한층 더 환경친화적인 채광 방법을 제공한다.

환경 규제 선진국에서 발생한 채광과 관련된 가장 심각한 환경문제는 지금은 환경법으로 금지되거나 제한된 과거 광산활동의 유물들이다(제1장의 테네시 주 덕타운의 역사를 기억하라). 또 다른 예는 온타리오 주의 서드베리 지역에서 발생한 심각한 환경훼손이다. 이 지역에서 이루어진 약 100년간의 니켈 광석의 제련은 약 100km^{2}의 지역을 불모지로 만들었다. 또 다른 350km^{2}의 땅은 제련소의 대기 오염물질로 인해 심하게 손상을 입었다(그림 14.13). 다른 금속들과 함께 수은, 비소, 카드뮴의 침전은 인근의 대지, 물, 생물학적인 자원들을 황폐화시키는 데 영향을 끼쳤다. 제련소에서 방출된 가스에는 많은 양의 이산화황이 함유되어 있었고, 이는 산성 강우의 주요한 원인이 되었다.[6]

그림 14.13 제련소의 영향 북아메리카에서 산성비의 가장 큰 발원지 중 하나인 온타리오 서드베리의 세인트찰스 호수 주변의 나대지. 식물은 제련소의 배출물로 인한 독성 중금속의 침전과 산성비에 의해 죽었다. 많은 식물들이 이 사진 촬영 이후에 복원되었다. (*Bill Brooks/Masterfile Corporation*)

오늘날 미국에서 제련소는 대기오염방지법(Clean Air Act)의 방출 기준을 준수해야 한다. 그 결과 미국의 제련소는 방출되어 나오는 이산화황을 거의 대부분 회수하고 있다. 캐나다도 유사한 대기오염방지법을 제정했다. 서드베리 지역의 제련소는 이산화황 방출량의 50%를 감축하였고, 앞으로 추가적인 감축이 예정되어 있다. 제련소에서 나오는 오염물질의 감소 결과, 일부가 자연스럽게 회복되었다. 이는 나무를 심는 것과 산 중화에 도움을 주기 위해 호수에 석회를 투여하는 것까지 확대되어 가고 있다. 자연적인 회복과 함께 이러한 복구 방법은 제련소 주변의 볼모지의 약 40%에 다시 식생이 형성되는 결과를 얻었다.[6]

만일 채광활동이 대지 손상을 일으켰고, 그 대지가 다른 목적으로 사용된다면, 채광활동이 종료된 후 대지의 차후 이용을 준비하는 대지 복구는 이루어져야 한다. 채광에 이용됐던 땅의 복구는 오늘날 법에 의해서 요구되고 있으며, 미국의 경우 광산업에 이용되던 땅의 약 50%가 복구되었다. 광산 지역 복구를 위한 방법은 제15장에서 석탄 채광이 환경에 미치는 영향에 대하여 이야기할 때 논의할 것이다.

생물공학 금속을 추출하고 처리할 때 사용하는 여러 가지 생물학적인 과정이 중요한 경제적 그리고 환경적인 결과를 가져오는 것 같다. 생물에 의한 작용, 산화작용, 생침출 작용, 생흡착 작용 및 미생물의 유전공학 같은 과정 등이 사용되는 **생물공학**(biotechnology)은 금속의 추출과 환경피해를 최소화하는 데 있어 모두에게 막대한 잠재력을 지니고 있다(자세히 살펴보기 '사우스다코타의 홈스테이크 광산' 참조). 생물공학은 아직 초창기이고, 이의 잠재적 활용은 광산업계 및 금속산업계에 막 알려지기 시작했다.[14,15]

앞으로 활용성이 기대되는 생물공학기술은 금속들을 회수하는 데 미생물체를 이용하는 방법들로서 침출에 생물체를 보조적으로 사용하는 방법과 직접적인 바이오리칭 방법 등이 있다. 이 기술에서 박테리아는 탱크 안에 있는 분쇄된 금광석을 산화시켜서 가늘게 산포되어 있는 금을 시안화물에 의하여 침출할 수 있도록 한 것이다. 비록 시안화물이 채광 도중

자세히 살펴보기 | **사우스다코타의 홈스테이크 광산**

사우스다코타의 홈스테이크 금광산은 125년 동안 가행된 후 2001년에 폐광되었다. 광산활동에 의한 환경문제를 생명공학을 이용하여 해결한 최근의 예이다. 홈스테이크 광산 연구의 목적은 주변 유역의 물에서 오염물질을 환경에 안전한 물질로 변환시키는 데 박테리아를 이용한 생물에 의한 산화작용을 이용하는 방법을 실험하는 것이다.[15]

홈스테이크 광산의 광산활동에 의하여 배출되는 물을 광산에서 인근 송어가 살고 있는 하천으로 방출했는데, 처리되지 않은 물에는 송어에게 해가 되는 정도의 시안화물을 함유한다. 홈스테이크 광산에서 개발된 처리과정은 시안화물을 산화하여 안전한 질산염으로 만드는 자연적인 능력을 가진 박테리아를 이용하는 것이다.[14] 박테리아는 광산의 폐석더미 및 광미 등이 쌓여 있는 저류지에서 수집되었고 높은 시안화물 농도에서 생물학적인 활동이 가능하도록 배양되었다. 이 박테리아들은 강으로 방류되기 전에 물의 흐름이 회전하도록 만들어진 장치를 통과하는 오염된 물의 표면으로 옮겨진다. 박테리아는 또한 다음 처리과정에서 귀금속과 함께 회수될 수 있도록 하였다.[14] 홈스테이크의 시스템은 폐수의 시안화물 농도를 약 10ppm에서 0.2ppm 이하로 낮췄으며, 이는 송어 하천에 방류 시 요구되는 수질기준보다 더 낮은 수치이다. 시안화물을 줄이는 과정은 물속에 암모니아를 상당량 발생시키기 때문에, 이차적인 박테리아 처리로 암모니아를 해가 없는 질산염 화합물로 전환하는 과정을 추가하였다. 그 결과 현재 방출되는 물은 하천 수질기준에 적합하다.[15]

에 회수되지만 독성이 매우 크고 만일의 사고로 환경에 노출되면 지하수 자원을 오염시킬 수 있다. 네바다의 산업시설은 침출에 생물체를 보조적으로 사용하는 방법을 통해 연간 5만 트로이 온즈(금을 측정하는 전통적인 단위)의 금을 생산할 수 있도록 설계되었다. 경제적 및 환경적 관점에서 이 방법은 금을 추출하기 위한 시안화침출 처리법의 매력적인 대안이다.[14]

미국광업국에 의해 개발되고 평가된 생물공학기술은 산성광산배수의 처리에 이용된다. 공학적으로 설계되어 건설된 수백 곳의 습지에서는 생물학적 활동에 의해 산성이 중화되고 금속을 제거하기 위하여 산성에 내성이 있는 식물이 응용되고 있다(그림 14.14). 산화 및 황산염-환원 박테리아는 이러한 공학적 습지에서 중요한 역할을 한다. 이러한 습지에 대한 유지관리가 필요 없는 디자인을 개발하는 연구가 계속 진행되고 있다.[14]

요약하자면, 광물개발과 관련된 환경의 영향을 최소화하는 것에는 다음과 같은 몇 가지 방법이 있다.

- 광물 순환의 모든 과정으로부터 야기되는 퇴적물, 대기 그리고 수질 오염의 문제를 다루는 환경규제. 채광에 이용된 대지의 복구에 대하여 추가적인 규제가 요구된다.
- 폐기물의 현장 내외에서의 처리. 훌륭한 공학적 접근과 보존방법의 실천을 통해 퇴적물, 물 그리고 대기 오염을 통제하여 현장 내 · 외의 광산활동에 의한 문제를 최소화하는 것이 중요한 목표이다.
- 폐기물관리의 세 가지 방법(three Rs)의 실천. 이 방법들은 첫째, 만들어지는 폐기물의 양을 줄이는 것(Reduce), 둘째, 가능한 한 폐기물을 재사용(Reuse)하는 것, 그리고 재활용(Recycling) 기회를 극대화하는 것이다.

(a)

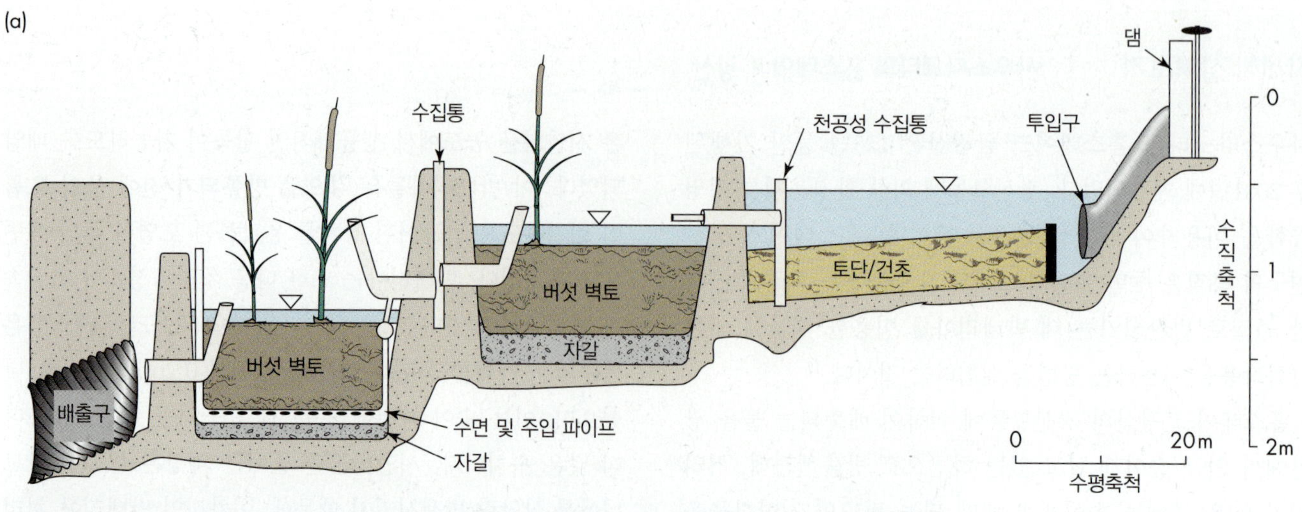

(b)

그림 14.14 생물공학기술과 광산 폐기물 (a) 광산으로부터 배출되는 폐수의 환경적인 정화를 위해 생명공학기술을 이용하여 설계된 습지대의 이상적인 모식도. 이 설비는 벽토(석회와 점토 혼합물), 표토 또는 분쇄된 석회암으로 마감한 여러 개의 낮은 연못을 필요로 한다. 보이는 식물들은 부들개지이다. 박테리아는 연못 바닥의 벽토에 서식한다. (b) 인공적으로 건설되어진 습지 사진. (*U.S. Bureau of Mines, Pittsburgh Research Center*)

14.4 광물 자원의 재활용

광물 자원의 순환 도표는 그 순환과정의 많은 요소들이 폐기물 처리와 관련되어 있다는 것을 보여준다(그림 14.15). 사실, 광물 자원 이용과 관련된 가장 중요한 환경적인 영향은 광

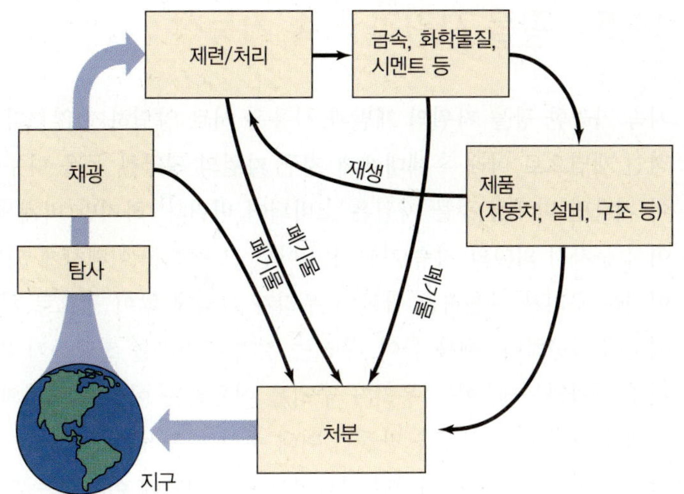

그림 14.15 폐기물은 광물 순환의 여러 단계에서 발생된다 단순화된 광물 자원 순환도.

물 자원 이용에 의해 발생되는 폐기물과 관련되어 있다. 인간에게 독성이 있을 것으로 생각되는 폐기물은 자연생태계와 생물권에 위해가 되고, 자연경관을 해치며, 대기, 물 그리고 토양을 손상시킬 것이다. 재활용되지 않는 폐기물과 다른 잔류 광물들은 인간 사회에 이들을 제공하지는 않고 비재생성 광물 자원을 고갈시키게 될 것이다. 자원의 재활용은 이들 폐기물의 양을 감소시키는 한 방법이다.

광물 순환과정의 일부분으로부터 나오는 폐기물은 광석으로 활용될 것이다. 즉 이 폐기물들은 재활용될 수도 있고, 다시 에너지나 유용한 물질로 활용될 수 있는 물질을 포함하기 때문이다.[16,17] 폐기물을 다시 이용하는 개념은 새로운 것이 아니며, 철, 알루미늄, 구리 및 납과 같은 금속들은 오래전부터 재활용되어 왔다. 예를 들어 2004년 미국에서 재활용된 금속의 총 가치는 약 240억 달러이다. 철과 강철의 재활용과 재이용은 전체 재활용 금속에서 무게로는 90%, 총 가치로는 50%에 달한다. 철과 강철이 이렇게 큰 비중으로 재활용되는 이유는 다음의 세 가지이다.[18] 첫째, 철과 강철의 시장이 크고 따라서 대규모 고철 수집과 처리 산업이 존재한다. 둘째, 만일 재활용되지 않으면 막대한 경제적인 부담이 생긴다. 그리고 셋째, 재활용되지 않으면, 5,000만 톤이 넘는 철과 강철 폐기물과 이와 관련된 심각한 환경적인 영향이 있다는 것이다.

전체 금속 사용량 중 재활용되는 양이 많은 또 다른 금속들로는 납(84%), 알루미늄(36%) 그리고 구리(29%) 등이 있다.[18] 알루미늄의 재활용은 원재료 알루미늄 광석의 수입에 대한 수요를 줄이고, 보크사이트로부터 새로운 알루미늄을 만드는 데 소비되는 에너지의 약 95%를 절약하게 해 준다. 1톤의 강철을 재활용하면, 철광석 1,136kg, 석탄 445kg, 석회석 18kg을 절약하게 해 준다. 게다가 고철을 재활용하여 강철을 생산하면 철광석에서 강철을 만드는 데 드는 에너지의 1/3만이 소모된다. 미국에서 매년 폐기되는 수백만 대의 자동차로부터 회수되는 금속은 대부분 재활용되고 있다.

14.5 광물 자원과 지속 가능성

지속 가능한 광물 자원의 개발과 사용은 서로 양립하지 않는다. 즉 지속 가능성이란 장기적인 개념으로 미래 후세대에게 지구 자원의 정당한 몫을 나누어 주는 것이고, 결국 시간이 지나면 비재생 광물 자원은 소비되어 버린다. 하지만 비재생성 광물 자원의 이용에 있어서 문자적 의미의 지속 가능성이 아닌 그 정신을 이해하게 되면 그 해법을 찾을 수 있다. 이것은 우리가 사용하는 광물이 우리가 그렇게 많이 필요로 하는 광물 그 자체가 아니기 때문에 가능하다. 예를 들어, 우리는 전기나 전파를 전달하기 위한 전선을 만들기 위해 구리를 채광하는데, 이는 우리가 구리를 이용하는 이유가 구리의 특성에 있는 것이지 구리 자체가 아니다. 전화선을 만들기 위해 우리는 유리섬유 전선을 사용하여 구리의 수요를 줄이고 있다. 유사하게, 디지털 카메라는 필름제조에 이용되는 은의 수요를 없애고 있다. 사진산업은 은에 관심이 있는 것이 아니라, 사진에서의 은의 특별한 기능에 관심이 있는 것이다. 그러므로 비재생 광물에 대해서는 그 역할을 하는 새롭고 혁신적인 방법을 찾아내면 대체가 가능하다. 우리는 또한 원재료를 더 효율적으로 사용하는 것을 배우고 있다. 예를 들어, 1800년대 후반에 지은 에펠 탑을 오늘날 다시 건설한다면 그 당시 사용되었던 강철 양의 1/4만이 필요할 것이다.[20]

대체물질을 찾거나 비재생 자원을 좀 더 효율적으로 사용하기 위한 방법의 연구와 개발에 수십 년이 걸렸다. 비재생 자원의 고갈에 대한 해법을 찾는 데 활용될 수 있는 시간은 R과 C의 비(R÷C)에 의하여 알 수 있는데, R은 확인된 매장량이며 C는 소비 속도이다. 하지만 매장량의 규모는 기술적인 측면과 경제적인 측면에 의하여 변하기 때문에 일정한 상수가 아니다. 그러므로 R과 C의 비는 현재의 소비 속도로 매장량이 소비되어 끝나는 시간의 개념이다. 예를 들어 과거 50년 동안 아연과 구리에 대한 RC비는 약 30년간 변동되었고, 이 기간 동안 이들 금속의 소비는 3배가 증가하였다. 이는 해당 금속의 새로운 광상을 찾았기 때문에 가능하였다. 이 비율은 특정 광물 자원이 어떻게 부족하게 되는가에 대한 시각을 제공한다. 상대적으로 작은 비율을 갖는 금속들은 공급부족으로 보이고, 우리가 대체물을 찾아야 하는 그런 자원들인 것이다.[20]

정리하자면, 비재생 광물 자원의 지속 가능한 개발과 사용을 조화시키기 위해 우리는 자원을 보다 현명하게 사용할 방법을 찾아야 한다. 여기에는 보다 효율적으로 광물 자원을 탐사하고, 사용 가능한 자원을 이용하고, 재활용하며, 공급이 부족한 광물의 대체물질을 찾는 데 인류의 독창력을 발휘하는 등 한층 더 효율적인 방법을 개발하는 것을 포함한다.

요 약

광물 자원의 이용 정도는 한 사회의 부를 나타내는 척도 중 하나이다. 우리가 아는 바와 같이 현대 기술문명은 이들 자원의 탐사 없이는 불가능하다. 하지만 우리는 유한한 자원을 기초로 기하급수적인 인구 증가를 따라갈 수는 없다. 느리게 진행되는 지질작용 때문에 광물 자원은 비재생성 광물 자원으로 고려되어야 하기 때문이다.

광물 자원은 현재 추출이 가능하거나 잠재적으로 추출될 수 있는 형태의 지구 물질이 자연적으로 생성되어 집적된 것이다. 광물 매장량은 현재 이용 가능하고 합법적이고 경제적으로 추출될 수 있는 광물 자원의 일부분이다. 모든 부존하는 광물 자원이 매장량으로 계산될 수 없다는 것을 기억하는 것이 중요하다. 새롭게 발견되거나 획득되지 않는 한 현재의 자원 부족현상을 해결할 수 없다.

광물 자원은 그 용도에 따라 금속, 건축자재, 산업용 화학물질, 농업용 광물들로 분류된다. 비금속 광물들은 철을 제외한 다른 어느 금속보다 많은 비율로 소비된다. 광물이 부족해질 때, 선택할 수 있는 방안은 새로운 더 많은 자원을 찾거나, 이미 얻은 자원을 재활용하거나, 대체물질을 찾거나, 덜 사용하거나 또는 사용하지 않고 살아가는 길뿐이다. 미국과 다른 부유한 국가들에서는 현재 사용하는 많은 광물 자원의 국내 공급이 부족하기 때문에 다른 나라로부터 수입하여 공급해야 한다. 이러한 산업화되고 개발된 국가들에게 수입은 점점 더 어려워지기 때문에 부유한 나라들은 일부 광물의 대체물질을 찾거나 또는 전 세계 연간 생산량 중 보다 적은 양을 사용해야만 한다. 이러한 조정은 미국에서 이미 이루어지고 있으며, 개인당 비연료 광물 자원의 소비가 1980년대 이후 줄어들고 있다.

광물 자원 지질은 복잡하고 지질 순환의 다양한 요인들과 직접적으로 관련되어 있다. 일반적으로 광석에서 추출되는 광물 자원은 경제성 있게 추출할 수 있도록 특정한 지구 물질이 자연적이며, 비정상적으로 많이 집석되어 있어야 한다. 광석으로 분류되기 위하여 광물을 함유한 광상은 특별한 농집도를 가져야 하며, 이는 지각에서의 일반적인 평균농집도에 비하여 그 광물의 광석에서의 농집 비율이다. 주어진 광물의 농집도는 지질학적이고 경제학적인 상황을 모두 반영한다.

광물탐사에 있어 환경적인 영향은 채광의 방법과 과정, 지역의 수문학적 조건, 기후, 암석의 종류, 광산의 규모, 지형 그리고 서로 밀접하게 연관된 많은 요인에 의하여 결정된다. 게다가, 이 영향은 자원의 개발 단계에 따라 변화한다. 일반적으로 광물 탐사와 시험은 특별한 문제가 있는 지역을 제외하고는 그 피해가 적다. 반면, 광물 채광활동은 대지, 물, 공기 및 생물학적 자원에 주요한 부작용을 끼칠 것이며, 광산 지역 주택과 서비스 수요의 증가로 사회적인 영향에 의한 환경문제를 유발할 것이다.

광물 자원의 수요가 증가하기 때문에, 우리는 광물 자원 개발에 의해 야기되는 현장과 현장 주변 외의 문제 모두를 최소화하기 위해 좋은 기술과 보존정책을 개발하도록 노력해야 한다. 최근에 금속의 추출과 오염의 감소에 생물공학을 이용하는 것은 실질적으로 미래에 대한 약속인 것이다. 최근 선진국가들에서의 채광과 광물처리와 관련된 환경문제의 감소는 오염통제와 대지의 복구를 증진시키도록 요구하는 오염감소를 위한 정책과 입법에 기인하고 있다. 이러한 기술들과 규제들은 종종 자원을 개발하느라 노력하는 개발도상국에서는 실행되지 않고 있다. 광산활동과 관련된 환경문제의 해결을 위한 기술을 이전하여 지역적이고 광역적으로 그리고 지구적 수준에서 환경문제를 최소화하는 것이 선진국가들의 의무인 것이다.

광물 자원의 재활용은 급격히 증가하는 인구와 한정된 자원기반이 수렴하여 발생시키는 위기를 없애거나 경감하는 하나의 방법이다.

지속 가능한 개발과 비재생성 광물 자원의 사용은 처음에 기대하였던 것처럼 양립될 수 없다. 우리는 대체물질을 찾고, 재활용하고 보존함으로써 우리의 자원을 더욱 현명하게 사용할 방법을 찾아야만 할 것이다.

기본개념의 재확인

인구 증가

인류의 인구가 증가함에 따라 광물 자원의 이용도 증가한다. 선진국들은 전체 인구의 20% 미만을 차지하지만, 현재 대부분의 광물 자원을 소비하고 있다. 개발도상국들은 그들의 삶의 질을 높이고, 미래에 증가할 이들이 이용할 광물의 양을 확보하기 위해 노력한다. 선진국가에 사는 우리는 전 세계 광물 자원의 보다 적은 부분을 사용할 수 있는 방법을 계속 찾아야만 한다.

지속 가능성

광물 자원은 과거 지질시대로부터 내려온 비재생성 유산의 일부이다. 비재생성이기 때문에, 광물 자원은 오랫동안 지속하여 사용할 수 없다. 한계가 있으며, 궁극적으로는 고갈될 것이다. 자원의 재활용과 보존의 목적은 우리의 자원기반을 가능한 한 연장시키는 것이다.

계로서의 지구

시간이 흐름에 따라, 암석, 물, 생화학적 순환 같은 전 지구적 지질시스템은 전 세계의 광물 자원을 만들어 냈다. 사회는 광물 자원의 탐사와 이용을 위한 기술적, 경제적, 정치적 시스템을 만들었다. 우리의 광물 자원을 현명하게 사용하게 하려면, 이러한 시스템이 계속적으로 바뀌어야 한다. 목적은 광물 자원의 공급을 연장시키는 방법을 찾는 것이다.

위험한 지구작용, 위해성 평가 및 인식

광물 추출과 이용은 사람들에게 여러 가지 위험을 가져다준다. 지하채굴이 이루어진 상부의 지표는 침강하고, 광부들이 작업 중에 사망하거나 부상당하고 광물의 채광과 처리과정에서 나오는 독극물이 환경에 유입되기도 한다. 채광의 위험이 잘 알려져 있기 때문에 채광활동은 미국에서는 잘 규제되고 있다. 독성물질이 공기, 물 및 토양에 유입되어 일어나는 장기적인 결과에 대해서는 잘 알려져 있지 않다. 산성광산배수와 같은 주요한 문제는 일반적으로 많이 연구되었지만 전체 광물산업의 환경적인 영향은 잘 알려져 있지 않다.

과학지식과 가치

인간이 광물을 필요로 하는 것과 건강한 환경을 보전하고자 하는 욕구 사이에는 본질적인 모순이 내재되어 있다. 우리는 광물과 광물의 활용에 대하여 가치를 부여한다. 광물들이 활용되지 않는 삶의 기준은 매우 다를 것이다. 그러나 우리는 깨끗한 공기, 물, 토양에도 가치를 부여하고, 광물의 채광과 처리 과정이 이러한 자원들을 오염시킨다는 점을 알고 있다. 여기에서 중요한 의문점은 우리가 광물을 사용함으로 발생하는 환경적인 붕괴를 최소화하는 데 얼마나 많은 대가를 지불해야 하는가 이다.

주요 용어

광석
농집 요인
매장량
생물 공학
자원
잔류 광상
증발 광상

복습 문제

1. 자원과 매장량 사이의 차이는 무엇인가?
2. 광석을 정의하라.
3. 농집 요인을 정의하라.
4. 발산 경계에서 생성되는 금속 광상의 형성에 대하여 설명하라.
5. 채광과 관련된 주요 환경적인 영향을 열거하라.
6. 광산업에 있어 생물공학의 역할은 무엇인가?
7. 매우 많은 양의 철의 재활용에 대하여 설명하라.

심화 문제

1. 오늘날 기술적인 변화는 모든 분야에서 일어난다. 이메일의 이용 증가는 우리를 종이 없는 세상으로 이끌고 있다. 우리는 이제 전자화폐를 갖고 있으며, 우리는 개인의 컴퓨터를 청구서에 대한 지불을 할 수 있게 되었다. 신문

과 잡지를 인터넷을 통해 구독할 수 있고, 우리가 보관을 원하는 것만을 출력할 수 있다. 이러한 기술의 영향이 자원의 이용에 미치는 영향은 무엇인가? 이 질문에 대답하기 위해, 종이가 지배하는 사회를 유지하는 데 필요한 광물 자원의 종류들을 작성해 보라. 그리고 한층 더 종이 없는 세상으로의 변화가 자연자원에 주는 영향을 줄이는 방법을 생각해 보라.

2. 우리가 광물 자원이 한계가 있다는 것을 안 이후로 광물 자원에 대한 현재와 미래 소비를 보는 두 가지 시각이 있다. 하나의 시각은 인구가 증가함에 따라 광물 위기가 다가오는 것이다. 다른 시각은 인구 증가로 인해 혁신의 가능성이 증가함에 따라 광물 소비를 증가하는 인구에 맞추는 방법을 찾을 것이다. 이 두 가지 가정을 어떻게 평가하겠는가?

3. 생물공학과 유전공학은 환경을 정화하는 데 사용될 수 있는 잠재적인 도구이다. 우리는 몇 가지 생물공학기술을 이 장에서 논의해 보았다. 박테리아는 광산에서 유출되는 산성 배출물을 중화하기 위해 배양될 수 있고, 인공적인 습지는 자체의 생물학적 과정으로 광물의 처리와 채광으로 오염된 물을 정화하도록 조성되었다. 생물공학과 유전공학에 대한 당신의 생각은 무엇인가? 미국과 다른 나라들에서 이 기술이 어떻게 광물산업을 변화시킬 것인가?

제 15 장

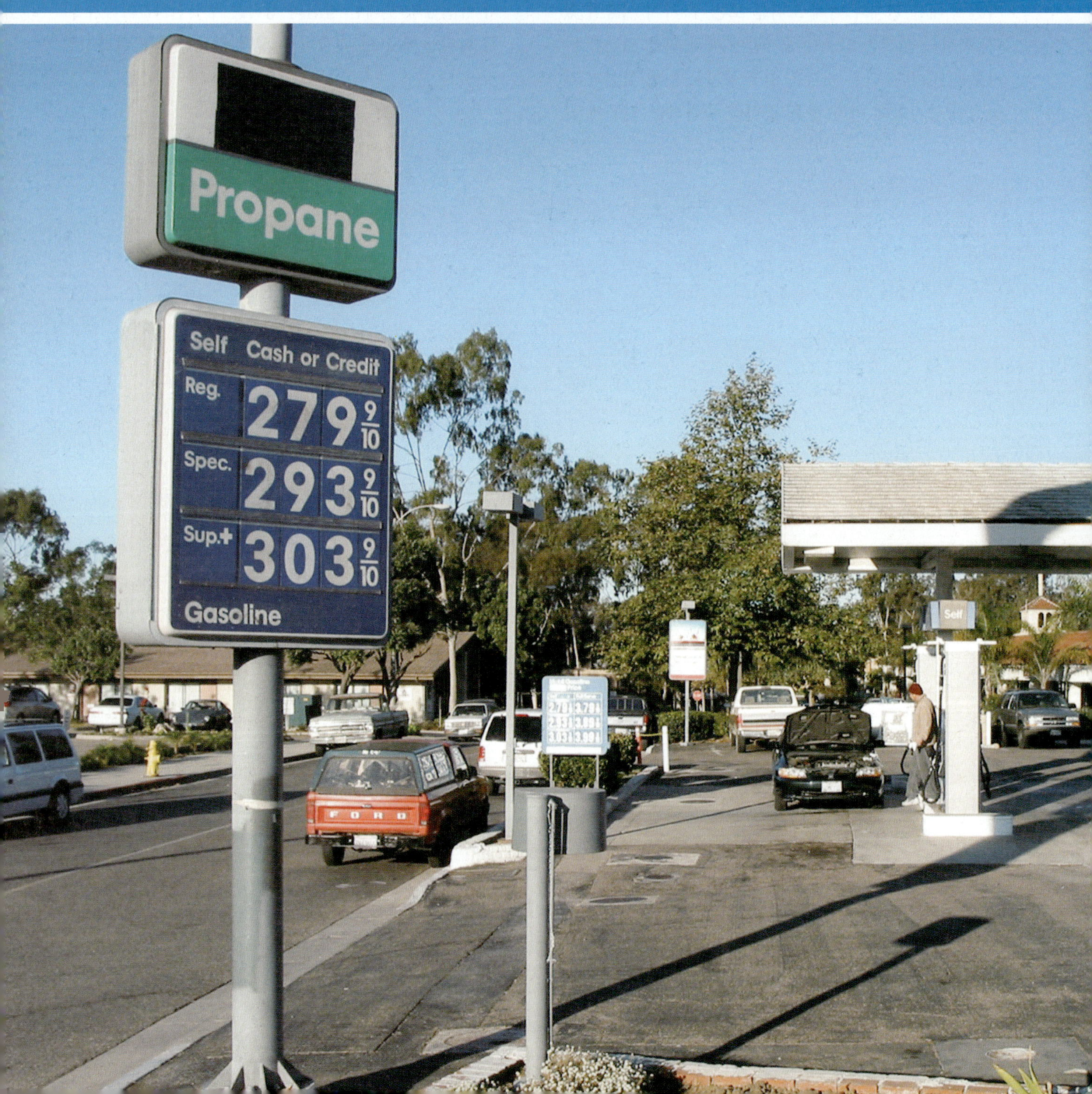
Propane
Self Cash or Credit
Reg. 279 9/10
Spec. 293 9/10
Sup.+ 303 9/10
Gasoline
Self

에너지 자원

학습 목표

고도기술 사회인 미국은 전 세계에서 생산하는 에너지를 불균형적으로 많이 소비하고 있다. 전 세계 인구의 5%만을 차지하는 미국이 전 세계 에너지의 약 25%를 소비하고 있다. 어떻게 하면 삶의 질을 손상시키지 않고 석탄과 석유 같은 에너지원의 의존에서 벗어날 수 있을까? 이 장에서는 이 중요한 문제에 대한 가능한 대답을 찾아본다. 이 장의 학습 목표는 다음과 같다.

- 피크오일의 개념을 이해하고, 이것이 우리 경제와 사회 환경에 어떻게 영향을 미치는가를 알아본다.
- 미국의 일반적인 에너지 소비 패턴에 대해 알아본다.
- 주요 화석 원료의 종류와 이들의 개발에 따른 환경에 대한 영향을 알아본다.
- 핵 에너지와 이와 관련된 중요한 환경적 이슈에 대해 알아본다.
- 지열에너지와 이의 개발, 에너지원으로서의 미래에 대해 알아본다.
- 대체에너지와 재생성 에너지의 주요 종류와 환경적 중요성에 대해 알아본다.
- 에너지 정책과 관련된 중요한 이슈와 지속 가능한 에너지 개발에 대한 각각의 강경 정책과 유화 정책 사이의 차이에 대해 이해한다.

석유파동 갑작스러운 유가의 상승으로 많은 소비자들이 충격을 받았다. 유가는 변동을 계속하지만 21세기 초 일반적으로 상승하고 있다. (*Edward A. Keller*)

사례 연구 | 피크오일 : 언제 일어나며 그 중요성은 무엇인가?

미국은 풍부한 저가 에너지인 원유에 의하여 번영하고 있으며 사람들의 수명은 길어지고 있다. 석유의 혜택을 부인할 수 없지만 대기, 수질 오염에서 지구온난화에 이르는 환경 문제도 역시 부인할 수 없다. 이러한 변화는 진행되고 있으며, 우리는 더욱 비싸지는 석유를 덜 사용하는 삶에 대해 배워야 한다. 문제는 석유 생산의 피크가 다가오느냐가 아니라 언제인가 그리고 사회에 미칠 경제적 · 정치적 결과가 무엇이냐 하는 것이다.[1] **피크오일**(peak oil)이란 지구상의 석유의 절반이 채굴되어 사용되는 시간에 관한 용어이다.

발견과 소비의 비율(그림 15.1)로 본 석유의 전 세계적인 역사는 피크오일의 중요한 요인이다. 1960년에는 소비되는 양의 거의 5배 이상 발견되었다. 그러나 1980년에는 발견된 양이 소비되는 양과 동일했으며, 2000년에는 석유의 소비가 발견량의 3배에 이르렀다. 이러한 추세는 석유의 지속 가능성에 문제점이 있다. 불행한 사실은 새롭게 발견되는 석유의 양과 비교하여 빠르게 소비된다는 것이다. 2006년에 석유회사들은 미국에서 이제까지 발견된 어느 것보다 큰 대규모의 유전 발견을 보고하였다. 150억 배럴이 채굴되어 공급된다면 전 세계 시장에 공급된다면 6개월 정도의 소비량이 될 것이다. 이는 미국의 약 2년치 사용량에 불과하다.

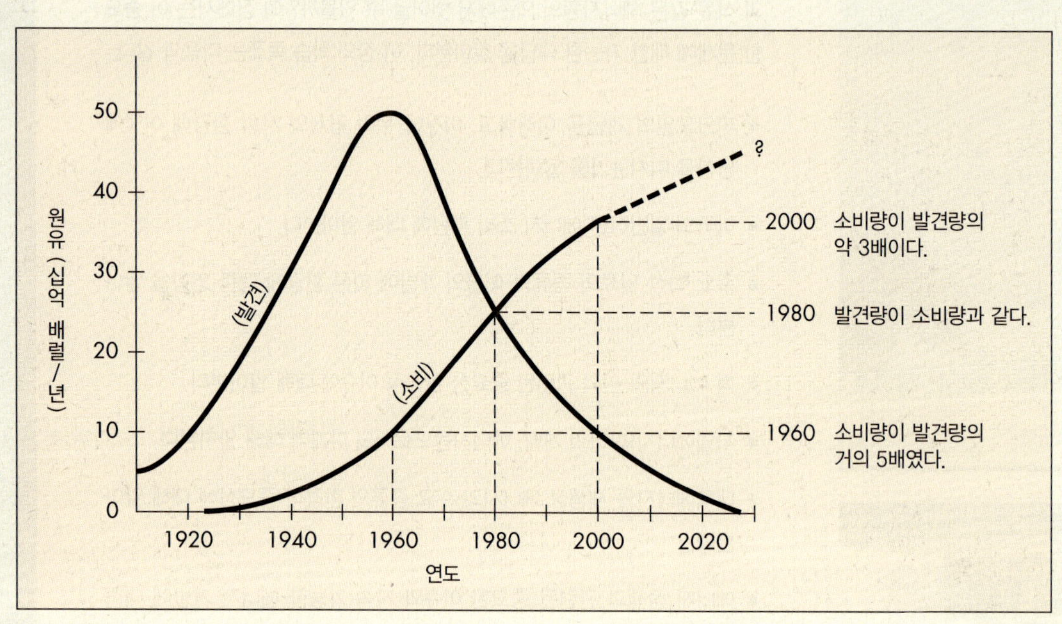

그림 15.1 미국에서 원유의 발견과 소비의 역사 대략 1960년에 발견이 피크에 이르렀고, 1980년 이후 소비량이 발견량을 앞질렀다. (*Aleklett, K. 2006, Oil: A bumpy road ahead. World Watch 19(1): 10–12*)

15.1 에너지원에 대한 문제는 새로운 것이 아니다 : 과거와 현재의 에너지 쇼크

2,000년 전 부유한 로마 시민은 막대한 양의 나무를 사용하여 중앙난방을 하였다. 아마도 시간당 125kg을 사용했을 것이다. 그 당시의 나무는 오늘날 미국에서 석유와 가스를 사용

피크오일의 개념은 그림 15.2에 나타나 있다. 기술, 보존 그리고 에탄올(바이오 연료) 같은 대체 연료의 사용으로 인하여 언제 생산 피크가 될지는 확실하게 말할 수 없다. 이 논의를 위해 연간 생산량이 500억 배럴이라고 가정해 보면, 피크 생산은 2020년과 2050년 사이에 올 것이다. 2004년의 석유의 생산증가율은 3.4%였다. 현 증가율이라면 현재의 300억 배럴에서 500억 배럴로의 증가는 수십 년 내에 가능할 것이다. 피크 생산이 되고 수요가 증가하면 생산과 수요 사이의 격차가 확실하게 나타날 것이다. 원가는 증가하고, 우리가 피크 생산에 대비하지 않는다면 우리 사회의 경제적·정치적 혼란은 불가피할 것이다. 우리에게는 아직 생산 피크에 대비할 시간이 있으며, 남아 있는 화석연료는 다른 에너지원으로 전환하는 데 사용해야 할 것이다. 가장 낙관적인 시나리오에는 석유에서 대체 연료로의 전환이 장소에 따른 원가 경쟁력 있는 선택을 할 때까지 이루어지지 않는다는 것이다.[2]

석유 생산의 피크가 발생할 때, 우리는 석유를 다 소비해 버리지는 않겠지만, 석유는 더욱 더 비싸질 것이다. 만일 이러한 일이 일어난다면, 이 피크는 우리가 과거에 직면했던 어떤 문제와도 다른 것이 될 것이다. 세계 인구는 경제 성장과 함께 석유 소비량이 증가하는 중국, 인도와 같은 국가로 인해 수십 년 사이에 수십억 명 증가할 것이다. 중국은 아마 다음 5년 동안 석유 수입이 배로 증가할 것이다! 공급이 원활해지지 않음에 따라 석유를 얻기 위해 경제적, 사회적, 정치적 분쟁은 더욱 심화될 것이다. 석유 절약을 위한 계획과 대체 에너지원로의 전환은 다가올 수십 년 동안 더 중대해질 것이다. 우리는 대체 에너지가 자리를 잡을 때까지 석유 없이는 살 수 없다. 이 장에서는 에너지원, 에너지의 개발과 사용의 환경적인 중요성과 대체에너지의 개발에 대해 논의할 것이다.

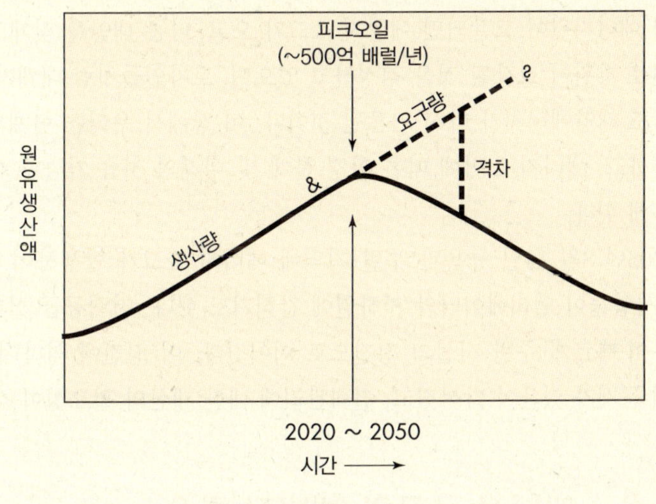

그림 15.2 피크오일의 개념을 묘사하여 이상화한 그림 세계 원유의 1/2이 생산되었을 때를 의미한다. 수요가 생산량보다 많을 때는 격차(부족량)가 증가한다. 이 현상은 2020년과 2050년 사이에 발생할 것이다.

하는 것과 같은 연료였다. 인근 지역의 나무공급이 부족해짐에 따라 로마 사회는 충격을 받았다. 공급부족에 대처하기 위해, 로마인들은 1,600km 떨어진 곳에서까지 나무를 수입해야만 했다. 원거리의 나무공급이 힘들어짐에 따라 로마인들은 두 번째 에너지 충격을 맞이하였다. 그들은 대체에너지로 태양에너지를 사용하여 좋은 성과를 거두었다. 고대 로마인들은 각 개인의 태양에너지에 대한 권리를 보호할 법을 만들 만큼 태양에너지의 사용에 대하여 노력하였다. 예를 들어 다른 사람의 태양에너지 사용을 위하여 옆 건물에 그늘이 드리우는 건물의 건축이 불법화되기도 했다.[3]

2006년 여름, 미국 시민들은 불과 몇 달 동안의 급격한 휘발유 가격 인상에 따른 충격을 받았다. 급격한 가격 상승은 석유와 휘발유의 공급과잉에 따른 몇 년간(특히 1990년대)의 저유가 뒤에 닥쳤다. 가격 상승의 원인은 복잡하였고 여러 가지 요인에 기인하였다. 여기에는 정치적인 불안과 중동 전쟁 등의 요인에 의한 석유 생산국들의 감산과 깨끗하게 연소되는 연료를 생산하기 위한 첨가물을 추가하는 휘발유의 조성 조정을 통해 대기 오염을 줄이고자 하는 미국 정부의 규제 도입 등이 있었다. 부당하게 생각되는 석유회사들의 가격인상과 함께 이러한 요인들이 공급부족으로 연결되었다. 이러한 급격한 가격인상은 처음이 아니었다. 지난 30년간 몇 번의 유사한 오일 파동이 있었다.

유가 상승은 2001년의 전면적인 정전을 피하기 위한 일부 지역의 정전과 함께 시작된 캘리포니아 에너지 위기에 의하여 촉발되었다. 이 위기는 전체 국가에 경종을 울렸다. 그 위기는 번창하고 인구가 증가하는 캘리포니아의 에너지 수요 증가가 한 요인이었다. 캘리포니아는 사용하는 전기 에너지의 많은 부분을 수입했는데, 새로운 에너지원을 충분하게 가져오는 데 실패했다. 몇 년 동안 규제를 받지 않던 전기 회사들은 평상 요금의 900%에 달하는 가격으로 비상 전력을 구입해야 했다. 주의 가장 큰 전력회사 중 하나는 도산했고, 캘리포니아 주정부는 에너지 공급자의 비정상적인 가격 인상과 비합법적인 시장지배에 대하여 조사를 시작하였다. 추가적인 발전소가 건설되었으나 미래의 공급부족에 대하여 확신할 수 없다.

로마인들의 태양에너지 사용은 에너지 문제가 새로운 것이 아니라는 점을 알려준다. 하나의 에너지원이 고갈되면 에너지 쇼크가 오고, 다른 대안을 찾게 된다. 오늘날, 우리는 화석연료 자원이 고갈될 것을 걱정하고 있으며, 로마인들처럼 대체자원을 원하게 될 것이다. 아마도 태양에너지가 다시 거론될 것이다. 이 장에서 우리는 현재의 에너지 사용에 대하여 파악하고, 에너지 소비에 따른 환경 문제 및 미래의 지속 가능한 에너지 개발에 대하여 탐구하게 된다.

2003년 8월 14일 뉴욕과 주변 지역에 에너지 쇼크가 발생하여 8개 주의 정전이 발생했다. 사람들이 엘리베이터와 지하철에 갇히기도 했다. 전력공급 실패는 미국 발전소에서 발생하여 빠르게 주변 시설의 정전으로 이어졌다. 이 정전에 의하여 노후된 전력 배분 시스템에 문제가 있음이 밝혀졌고, 전력관리에 대한 개선의 필요성이 강조되었다.

15.2 에너지 공급과 에너지 수요

그림 15.3a는 오늘날 미국에서 소비되는 에너지의 거의 90%가 석탄, 천연가스, 석유 등에서 만들어짐을 보여준다. 이러한 에너지 자원들은 그 기원이 유기물이기 때문에 **화석연료**(fossil fuel)로 불린다. 이러한 연료 자원들은 비재생성 자원이다. 나머지 10%의 에너지는 수력과 원자력에서 얻어진다. 우리는 여전히 대단히 많은 양의 석탄을 보유하고 있으나 새로운 가스와 석유자원은 점점 고갈되어 가고 있다. 사실 우리는 미국에서 생산되는 양과

자세히 살펴보기 | 에너지 단위

에너지 소비의 기본 단위는 줄(Joule, J)이다. 1줄은 1m 거리에 작용하는 1뉴톤의 힘으로 정의된다. 1뉴톤(N)은 1kg의 물체를 초당 1m/s로 가속하는 데 필요한 힘으로 정의된다. 1950년에서 1974년까지 미국의 에너지 소비는 30엑사줄(exajoule, EJ)에서 75엑사줄[1엑사줄은 10^{18} 줄과 같고 1쿼드(quad) 또는 10^{15}영국열량단위(British thermal unit, Btu : 1파운드의 물을 1°F 올리는 데 필요한 열량)와 같다]까지 증가되었다. 힘의 단위는 초당 에너지나 줄의 시간에 대한 비율이다; 1J/sec는 1와트(W)이다. 대형 발전소는 약 1,000메가와트(MW)의 전력을 생산하며, 이는 10억 와트[1기가와트(GW)]이다. 전기에너지는 일반적으로 시간당 킬로와트(kWh)로 판매된다. 이는 한 시간(3,600초)에 1,000와트의 전기에 해당된다. 그래서 1킬로와트는 3,600,000줄 또는 3.6메가줄이다.

맞먹는 양의 석유를 수입하고 있는데, 이는 원유의 공급에 영향을 미치는 국제 정세 변화에 취약하게 만든다. 대규모의 새로운 수력발전소를 건설하는 것이 기대되기 어렵고 여러 가지 이유로 새로운 원자력 발전소의 계획과 건설이 점점 불확실해지고 있다. 더욱이 최근에는 가정, 농장, 사무실을 위한 태양열이라는 대체 에너지가 더욱 경제적이고 일반화되고 있다.

그림 15.3은 미국에서의 에너지 소비 변화를 보여주고 있다. 1950년부터 1974년까지 에너지 소비가 급격히 증가했다. 증가율은 1970년대 중반과 1980년대의 에너지 부족 이후 감소하였다. 에너지 소비의 증가는 다시 저유가에 기인하여 20세기 마지막 10년 동안 증가하였다. 전체 미국 에너지 소비는 1985년 이래 약 25 엑사줄 증가하였다(자세히 살펴보기 '에너지 단위 중 엑사줄 설명' 참조). 연료 효율이 높은 새로운 자동차와 더욱 나은 단열시설이 된 건축물을 요구하는 에너지 보존 정책은 적어도 부분적으로 성공했었다. 그럼에도 불구하고 20세기 말 아직도 화석연료에 의존하고 있다. 2005년 미국의 대통령은 에너지 정책법(Energy Policy Act of 2005)에 서명했으며, 석유, 석탄 및 천연가스 등의 화석연료에 대하여 강조하고 있다(표 15.1 참조).

에너지 공급과 수요에 대한 전망은 매우 어렵다. 이는 그 전망에 바탕이 되는 기술적, 경제적, 정치적 그리고 사회적인 전제조건들이 계속하여 변화하기 때문이다. 그러나 환경 문제를 고려하며 우리 산업 사회를 유지하는 데 충분한 에너지를 확보하기 위한 보존정책과 잠재 에너지 자원의 평가 및 연구 개발을 계속해야 한다는 것은 분명하다. 미국에서, 난방을 위한 300°C 이하의 장치들을 위해 소비되는 에너지가 주된 소비원이다(그림 15.4). 이 아이디어를 염두에 두면서, 석탄, 석유 그리고 핵에너지를 포함한 이미 알려진 에너지 자원과 오일세일, 타르샌드, 지열자원 같은 잠재적으로 중요한 에너지 자원의 환경적, 지질학적인 주요 측면을 살펴보아야 한다. 또한 수력이나, 풍력, 태양열과 같이 재생성 에너지에 대해서도 알아보자.

그림 15.3 미국의 에너지 (a) 1950~2004년 미국 내 에너지 소비 변화. (b) 2004년 미국 에너지 소비. (Energy Information Admin. Annual Energy Review, 2004)

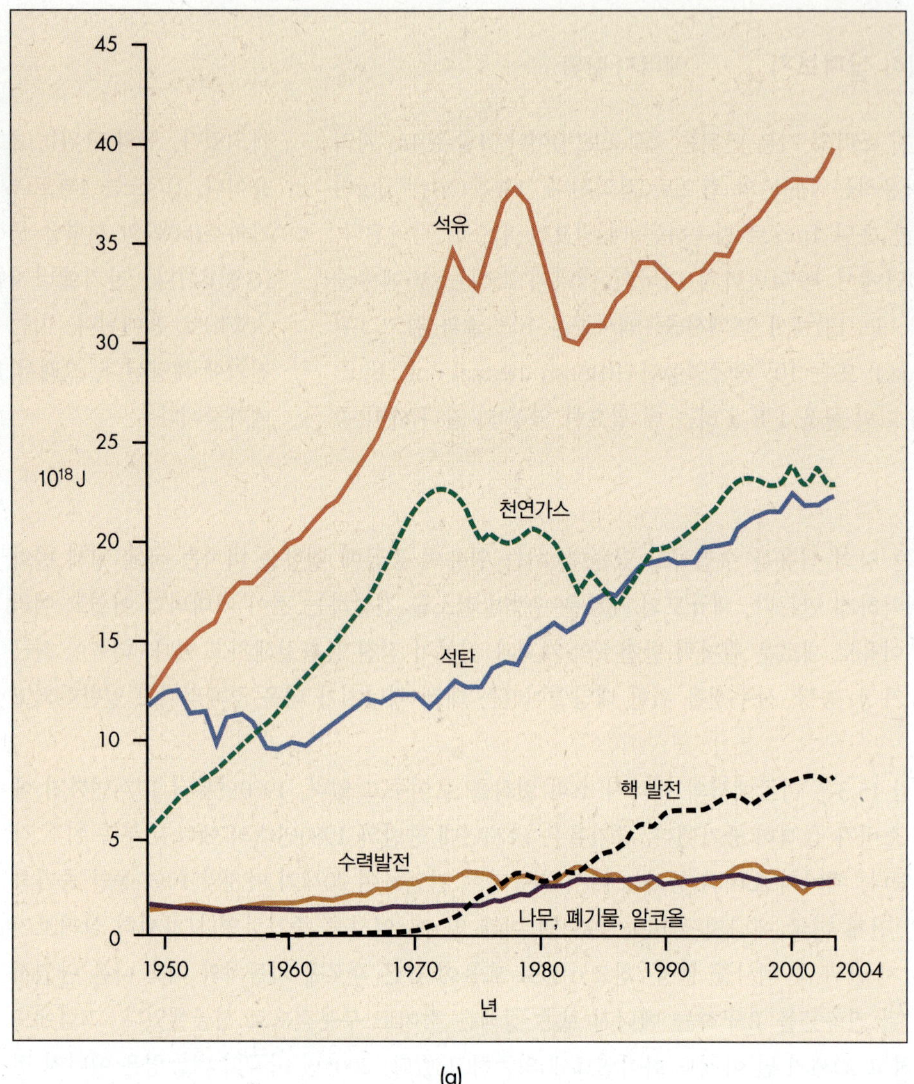

(a)

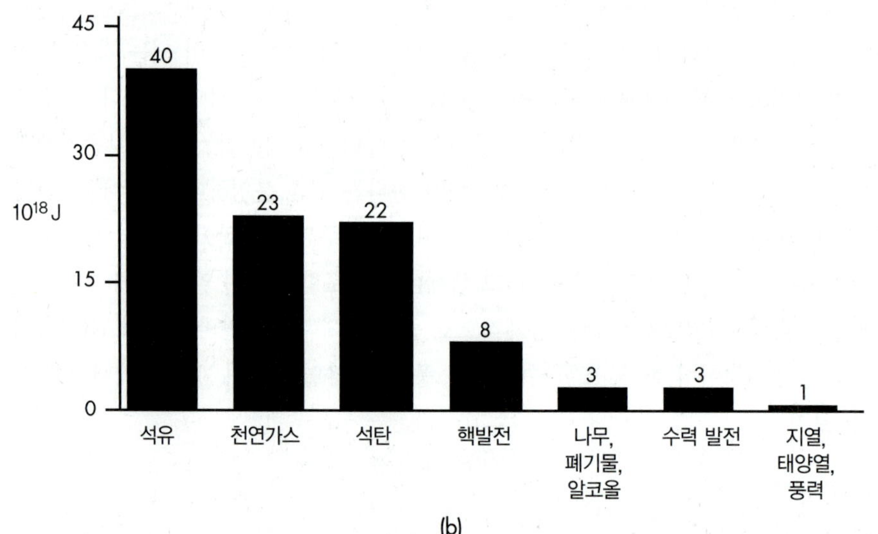

(b)

표 15.1 2005년 에너지 정책법의 몇 가지 조항[a]

진도	효과
1	**전통적인 에너지원의 증진 :** 에너지의 해외 의존도를 줄이기 위한 목적으로 더 많은 석탄과 천연가스의 사용에 대한 권고와 지원
2	**핵에너지 증진 :** 2010년까지 핵발전소 건설을 권장. 핵발전소는 대기 오염물질이나 온실가스의 방출 없이 많은 양의 에너지를 생산할 수 있다는 것에 대한 인식
3	**대체에너지 사용 장려 :** 풍력과 지열, 수소연료, 생물연료(에탄올과 바이오디젤)와 같은 다른 대체에너지에 대한 장려금이나 지원을 허가. 법률은 미국 에너지 정책에서 최초로 재생 에너지 기술로서 파력과 조력을 인정했음. 법령은 전기를 생산하는 화석 연료보다 경제력이 좋은 지열 에너지 생산과 미국에서 판매된 휘발유에 혼합되어야만 하는 생물 연료(에탄올)의 양을 증가시키도록 도와주는 조항들을 포함
4	**보존 방법의 증진 :** 연방정부의 건물과 가전제품에 대한 더 높은 효율 기준을 설정. 자동차, 트럭과 SUV에 대한 연료 효율 기준을 정하도록 지시. 자택 소유자는 에너지 효율이 높은 창문과 설비의 설치에 대한 새로운 세금공제를 요구할 수 있음. 법률은 연료 효율이 좋은 하이브리드나 깨끗한 디젤 자동차를 구매하는 것에 대한 세금 공제를 제공
5	**연구 증진 :** 법령은 화력발전을 향상시킬 수 있고, 좀 더 깨끗한 화력발전을 건설하는 데 기여하는 혁신적인 방법을 찾는 연구를 인정. 공해물질을 내지 않는 석탄 연소 발전소 개발, 오일 셰일과 타르샌드에 포함된 많은 양의 원유를 개발할 수 있는 방법 개발, 수소연료와 오염물 생성이 없는 자동차 개발
6	**에너지 기반에 대한 규정 :** 정유공장의 생산능력을 확장하도록 유도. 법률은 전기가 현대의 기반시설로 수용되는 것을 의무화하도록 돕고, 전기 신뢰성 기준을 강제하고 있음. 법률제정은 연방정부기관에게 지역적 압력요인에 관계없이, 새로운 발전소의 장소를 선택하는 권한을 줌

[a] 법령은 에너지 보존과 대체에너지의 비용에 있어서 화석연료, 특히 석탄과 핵에너지에 대해 상당한 격려금과 장려금의 대부분을 소모하는 것에 대해 비난받았다. 잘 알고 있는 필요성과 정책을 고려하지 않거나, 에너지 위기의 깊이 있는 이해 부족은 2005년의 에너지 정책법령이 미국 에너지 정책의 미래에 대한 논쟁에 대하여 새로운 장을 열었다.

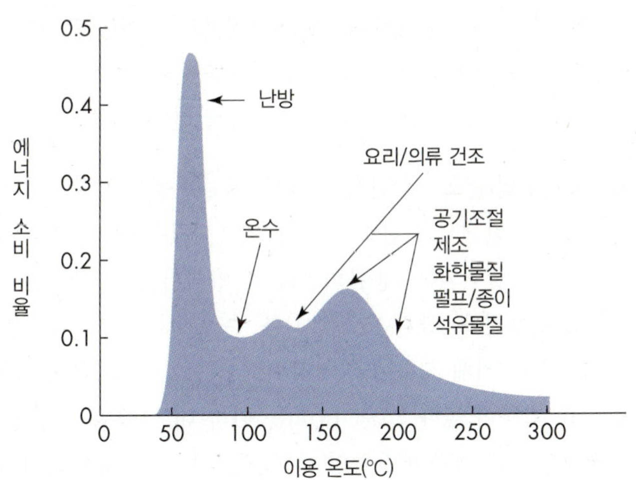

그림 15.4 미국에서 300°C 이하의 에너지 사용 (*Los Alamos Scientific Laboratory. L.A.S.L. 78-24, 1978*)

15.3 화석연료

석탄, 석유 및 가스와 같은 화석연료의 기원은 지질학적 순환과 직접적으로 관계가 있다. 이들 연료들은 태양열이 생물체 내에 축적되어 매몰된 이후 물리적, 생물학적인 과정에 의해 변형되어 만들어진 것이다. 미국에서 소비되는 거의 모든 에너지는 화석연료에 의존하고 있다. 이 상황은 변하고 있지만 그 속도는 느리다.

화석연료의 탐사와 개발에 관련된 환경파괴는 에너지에서 얻어지는 혜택과 비교하여 평가되어야 하는데, 양자택일의 조건은 아니다. 오염통제와 복원을 결합시킨 좋은 보존 정책은 화석연료와 연관된 환경파괴를 최소화하는 데 도움이 된다.

석탄

석탄(coal)은 중요한 화석 원료 중에 하나이다. 미국에서 소비되는 총 에너지의 20%는 석탄을 태워서 얻는다. 우리가 앞으로 논의할 것이지만, 석탄 소비에 의한 환경 문제는 상당히 심각하다.

석탄과 지질 다른 화석연료와 마찬가지로, 석탄은 탄소 순환에서 산화되지 않은 유기물로 구성되어 있다. 본질적으로 석탄은 조수가 교차하는 강어귀, 근해의 산호초 그리고 지대가 낮은 근해 평원이나 삼각주 등과 같은 소금기를 머금은 늪이나 과거의 담수늪에서 번성된 식물의 잔해가 변화한 것이다.

석탄의 생성과정은 식물이 많이 자라는 늪지에서 시작되며, 이러한 늪지에 있는 물로 포화된 토양은 토양 내에 일반적으로 존재하는 대부분의 산소를 빠져나가게 한다(그림 15.5). 식물들은 산소가 결핍된 환경에서 부분적으로 분해되고 천천히 토탄이라고 부르는 물질이 두꺼운 층으로 집적된다. 그 후 늪지와 이탄 집적층은 실제 해수면이 상승하거나 지층이 침강하여 연장되고 천천히 상승하는 해수면에 의해 물에 잠긴다. 그러면 모래, 실트, 점토와 탄소가 풍부한 물질의 퇴적물들이 토탄 위에 쌓이게 된다. 이러한 퇴적물들이 더욱 증가하게 되면, 압축되는 토탄 내에는 물과 유기가스 또는 휘발성 물질들이 빠져나가고 탄소의 함량이 증가하게 된다. 이러한 과정이 반복됨에 따라 토탄은 결국 석탄으로 변형된다. 같은 지역에서 여러 개의 석탄층이 존재하기도 하기 때문에 과학자들은 해수면이 융기와 침강을 반복하여 석탄 늪들이 발달한다고 믿고 있다.

석탄의 분류와 분포 석탄은 일반적으로 그 종류와 황의 함량에 따라 구분된다. 종류는 일반적으로 석탄에서의 탄소 함량과 연소시켰을 때 발생하는 발열량을 기준으로 구분한다. 지구상에서 발견되는 4종류의 석탄에 있어서 탄소 함량은 갈탄, 아역청탄, 역청탄, 무연탄 순으로 높아진다. 그림 15.6에서 볼 수 있듯이, 역청탄이 발열량이 가장 크고 산소, 수소, 질소와 같은 기체 성분이 상대적으로 적으며 수분 함량이 적다. 갈탄은 발열량이 가장 작고 수분 함량이 높다. 그림 15.7a는 미국 내 석탄의 종류별 분포를 보여준다. 약 1조 톤에 해당하는 세계 석탄 매장량의 분포는 그림 15.7b에 나타나 있다. 미국의 매장량은 전 세계 매장량의 25%이다. 연간 50억 톤의 석탄이 소비되는 것으로 추정되며 현재의 소비 속도로 보면, 알려진 매장량으로 200년 이상은 충분하다.[4] 그러나 중국 같은 나라들이 급격하게 산업화를 진행시키기 때문에 석탄자원의 고갈은 더욱 앞당겨질 것이다.[5]

석탄의 황 함유량은 일반적으로 저함량(0~1%), 중함량(1.1~3%), 고함량(3%~)으로 구별된다. 다른 성분들과 마찬가지로 저 황함유 석탄을 사용하는 발전소가 이산화황을 덜 배출하고, 대기 오염을 최소화한다. 미국에서 산출되는 석탄의 대부분은 저황 석탄에 해당한다. 그러나 저황 석탄의 대부분은 상대적으로 낮은 품질이고, 아역청탄 종류의 석탄이 미시시피 강 서부에 분포되어 있다(표 15.2).[6] 대기 오염을 피하기 위해서, 인구가 많은 동부

(a) 석탄 늪 형성

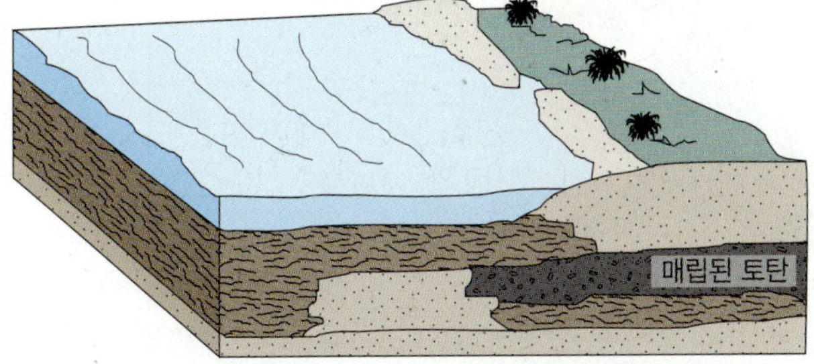

(b) 해수면 상승은 퇴적물 늪을 매립한다.

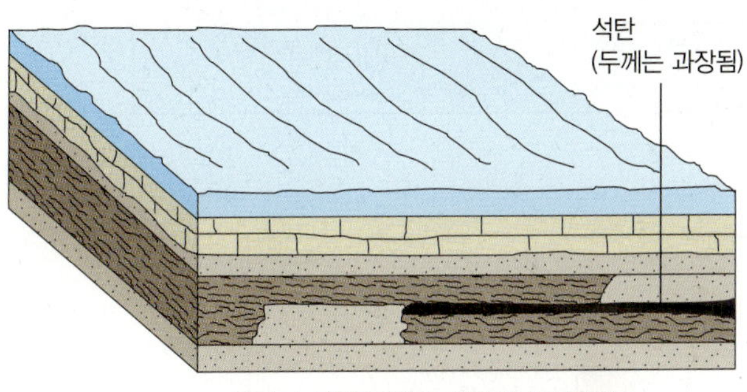

(c) 토탄이 압력을 받아 석탄이 생성된다.

그림 15.5 석탄의 생성 과정 매립된 식물 잔해 또는 토탄을 변환시키는 과정. 변형이 완성되기 이전까지 지질시대의 상당히 긴 시간이 지나야만 한다.

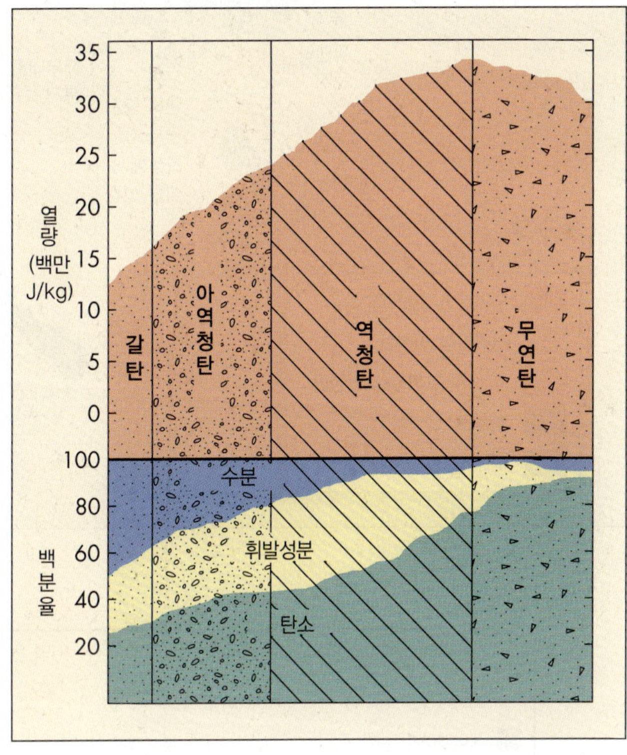

그림 15.6 석탄의 종류 수분, 휘발성분과 탄소의 상대적인 함량을 기준으로 한 석탄 종류의 일반화된 분류. 석탄의 종류에 따른 발열량의 차이를 보여준다. (*Brobst, D. A., and Pratt, W. P., eds. 1973. USGS Professional Paper 820*)

해안 지역의 화력발전소는 그 지역의 석탄을 사용하기 전에 황 함량을 줄이거나 연소 후 발생하는 황을 포집하는 일을 계속해야 한다. 이러한 처리가 화력발전소의 비용을 증가시키기는 하지만 미시시피 강 서부에서 저황 석탄을 가져오는 것보다 경제적으로 유리하다.

석탄 채굴의 영향 미국 내 대부분의 석탄 채굴은 노천채굴(open-pit mining , strip mining)로 이루어진다. 노천채굴은 19세기 후반부터 시작되었으며, 점차 증가되고 있는 반면, 갱내채굴은 정체상태이다. 결과적으로 오늘날 우리가 얻는 대부분의 석탄은 미시시피 강의 서부의 표층부 광산에서 얻어진다. 근래에는 산을 정상에서부터 제거하는 방식으로 알려진 기술을 이용하는 애팔래치아 산맥에서의 노천채굴법이 더욱 일반화되었다. 석탄은 산의 정상부에서부터 채굴되기 시작하고 광산에서 나온 폐석은 계곡에 처리되며, 석탄 처리 과정에서 발생하는 광미는 폐석광미댐에 쌓이게 된다. 노천채굴은 많은 경우 갱내채굴보

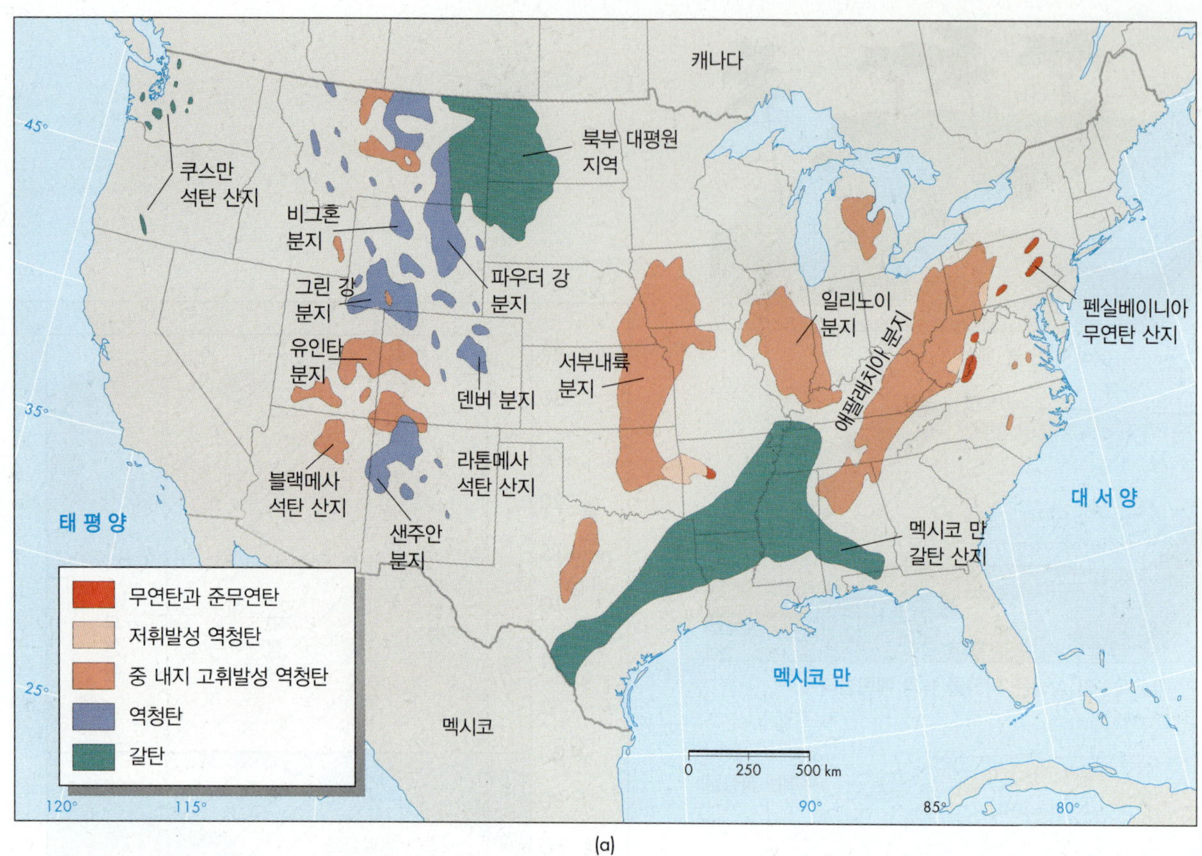

(a)

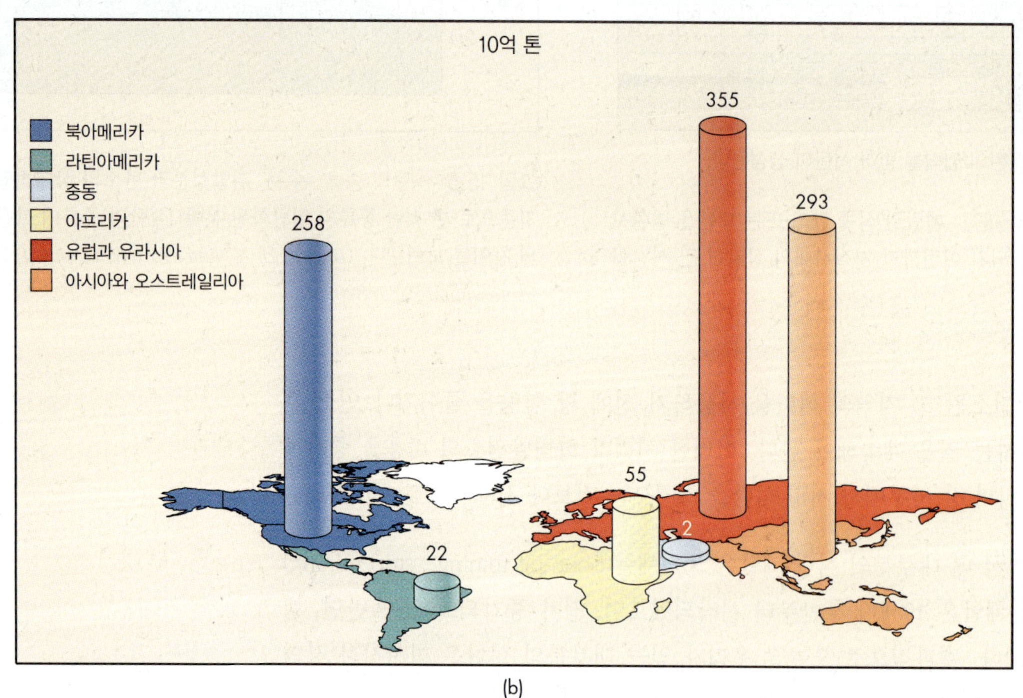

(b)

그림 15.7 전 세계의 석탄 매장량 (a) 미국 내 석탄 산출 지역. (*Carbini, S., and Schweinfurth, S. P. 1986. USGS Circular 979*) (b) 2002년 세계 석탄 매장량(십억 톤). 미국은 전체 매장량의 25%를 차지하고 있다. 원유와 달리 석탄 매장량은 전 세계적으로 비교적 고르게 분포한다. (*British Petroleum Company. 2003. BP* statistical review of world energy)

표 15.2 미국 내 석탄의 종류와 황 함량에 따른 분포(저, 중, 고)

예를 들어 97% 무연탄은 황의 함량이 낮고, 43% 역청탄은 황 함량이 높다.

	황 함량[1]		
종류	저함량	중함량	고함량
무연탄	97.1	2.9	—
역청탄	29.8	26.8	43.4
아역청탄	99.6	0.4	—
갈탄	90.7	9.3	—
전체	95.0	15.0	20.

[1] 저함량 = 황 함량 0~1%, 중함량 = 황 함량 1~3%, 고함량 = 황 함량 > 3%

출처 : U.S. Bureau of Mines Circular 8312, 1966.

다는 기술적 · 경제적으로 유리하다. 점점 증가하는 석탄의 수요로 인해 노천채굴은 더욱 많이 그리고 대규모로 진행되어 현재 우리가 지표채굴로 접근 가능한 약 400억 톤으로 추산되는 석탄 매장량을 채굴하게 될 것이다. 게다가 지표면에서 50m 내에 매장되어 있는 약 900억 톤의 석탄도 수요가 있을 경우 노천채굴로 개발할 수 있다. 이러한 전망에 의하면, 미국의 연간 석탄 생산량은 10억 톤이고 세계 전체의 생산량은 연간 약 50억 톤에 이를 것으로 판단된다.[4]

대규모 노천채굴의 영향은 지역, 지형, 기후 및 가장 중요한 요소인 복구 방법에 따라 다양하게 나타난다. 강수가 잦은 습윤한 지역에서는 산성광산배수가 심각한 문제이다(그림 15.8). 지표수가 폐석 더미(석탄이나 다른 광물들을 채취하고 남은 암석)에 침투하게 되고, 황철석(FeS_2)과 같은 황화광물과 반응해서 황산을 만든다. 그 다음에 이 황산은 하천과 지

그림 15.8 산성광산배수 노출된 석탄층으로부터 배출되는 산성을 띤 물은 오하이오 강을 오염시키고 있다. (*Kent & Donna Dannen/Photo Researchers, Inc.*)

그림 15.9 석탄 채광 석탄을 이동시켜 광산에서 조금 먼 거리의 발전소로 운반하기 위해 큰 트럭에 싣고 있는 콜로라도의 트래퍼 광산의 큰 굴착기. (*Edward A. Keller*)

하수에 유입되어 이들 수자원을 오염시키게 된다. 비록 산성수가 광산지하갱도, 도로를 위한 절단면, 석탄과 황철석이 많은 지역에서 제한되어 흘러나오지만, 분해된 물질이 유입된 지표수에 의하여 넓은 지역에 분산될 때 문제성이 증가한다. 산성배수는 지표수와 지하수가 광산 지역으로 유입되기 전에 모아서 잠재적으로 오염 가능성을 가진 물질이 있는 지역을 우회하여 흐르게 하는 분수(分水) 방법을 적절히 사용하면 최소화할 수 있다. 이러한 방법은 침식과 오염 및 물처리 비용을 줄인다.[7]

건조하거나 반건조한 지역에서는, 채광과 관련된 물 문제가 습윤한 지역과는 다르게 나타난다. 그러나 땅은 탐사나 도로 건설 같은 활동에 더욱 취약하다. 몇몇 건조 지역에서는 땅이 너무 약해서 타이어 자국이 몇 년 동안 지표에 남아 있기도 하다. 토양 또한 얇고 물이 부족하며, 복구작업도 어렵다.

모든 방법의 노천채광은 오염의 잠재성을 가지고 있지만, 복구작업에 의하여 노천채광의 환경 피해를 최소화해 준다(그림 15.9). 복구는 토양과 석탄 위 암석, 표토의 분리에서 시작한다. 채광 후에 제거되었던 최상부 토양은 복원된다. 광범위하게 사용되는 이 방법이 재조림 · 재식생 방법 등과 함께 진행되면, 수질 오염을 최소화시킬 수 있는 좋은 방법이다.[7]

연방정부의 가이드라인은 미국 내의 석탄 노천채광을 규제하고 있다. 채광된 땅은 채광이 진행되기 전의 용도로 복구되어야 한다고 요구한다. 쓰레기를 처리하고 땅의 구배를 잡고 식물을 다시 심는 것이 복구에 포함된다(그림 15.10). 궁극적으로 채광된 지역이 복구된 후에 채광이 진행되기 전의 모습과 기능을 그대로 하는 것이다. 그러나 이러한 것은 어려운 작업이며, 일반적으로 완전하게 이루어지지 못한다. 규제는 또한 본래의 경작지역에서는 노천채굴이 금지되고, 목장주와 농장주에게는 비록 그들이 광업권을 가지고 있지 않더라도 그들의 땅에서의 채광을 제한하거나 거부할 수 있는 기회를 주고 있다.

석탄이나 다른 자원들의 지하갱내채굴 또한 재해가 발생하고 상당한 환경 피해가 발생한다. 예를 들어 (1) 광산의 산성배수가 하천을 오염시키고, (2) 갱도의 상부 지표부가 침하하거나 붕괴하여 건물이나 길, 다른 건축물에 피해를 주며, (3) 광산에서 시작된 석탄에 붙은 불이 꺼지지 않고 수년 동안 연소하고 연기를 낼 수도 있다.

앞으로의 석탄 사용과 환경에의 영향 석유 및 천연가스의 한정된 양과 캘리포니아를 비롯한 미국의 에너지 공급에 대한 관심은 석탄의 수요를 증가시키고 있고, 석탄 산업계는 채광 활동의 확대를 계획하고 있다. 석유와 가스의 공급 위기가 아직 남아 있지만, 만일 그때가 오면, 미국의 동부와 서부 석탄층들에 대한 더 많은 그리고 대규모의 광산들을 가동시키는 압력이 석탄산업계에 가해질 것이다. 석유와 가스의 공급 부족에 대한 이 해결책은 몇 가지 이유 때문에 심각한 환경문제를 야기할 것이다.[8]

- 더욱 많은 지역에서 노천채광이 이루어질 것이며, 따라서 신중한 복구가 요구될 것이다.
- 석유와 가스와는 달리 연소된 석탄은 재를 남기며(석탄 본래 양의 5~20%), 이는 수거되고 매립되어야 한다. 일부 재는 개발지역을 매립하거나 다른 용도로 사용될 수 있지만, 약 85%는 현재로서는 쓸모가 없다.
- 어마어마한 양의 석탄을 취급하는 모든 단계—채광, 폐석의 매립, 운반, 연소 및 재의 매립—에서 수질 오염(자세히 살펴보기 '애팔래치아 산맥의 석탄 슬러지' 참조), 대기 오염, 물, 토양, 대기 중으로 심각한 건강상의 문제를 일으킬 수 있는 미량원소의 방출, 광산, 발전소 그리고 석탄산업과 관련된 시설의 증가에서 오는 심미적인 가치하락 등을 포함한 잠재적인 환경 부작용이 발생한다.
- 전 세계적으로 수십억 톤의 석탄이 연소되면서 막대한 양의 이산화탄소가 대기 중으로 방출된다. 중국, 미국, 러시아가 이산화탄소의 주요 방출국으로 꼽힌다. 이산화탄

그림 15.10 복원된 대지 콜로라도주 트레퍼 광산. 앞쪽의 장소는 광업활동 이후, 단지 토양으로만 채워졌지만, 식불이 사라는 곳은 완벽하게 복원되었다. (*Edward A. Keller*)

소는 온실가스로 불리며 지구온난화에 심각한 악영향을 초래하는 것으로 간주된다(자구온난화는 제19장에서 논의).

석탄과 관련된 환경문제는 매우 심각하지만, 극복할 수 없는 문제는 아니며, 주의 깊은 계획을 세우면 최소화할 수 있다. 전 세계 무역이 증가함에 따라 새로운 광산에서 깨끗한 석탄의 채광이 더욱 가능해질 것이다. 예를 들어, 보르네오에서 개발되는 석탄 광산은 낮은 품질이지만, 황 함량이 낮은 석탄을 생산하고 있다. 이 석탄은 에너지원으로서 청정하기 때문에 '고체 천연가스'로 불린다. 보르네오의 이 청정 석탄층은 두껍고 지표에서 단지 수m 아래에 매장되어 있다.[10] 기원과 품질에 대한 문제점을 무시하고 막대한 양의 석탄을 채광하는 것 이외의 다른 대안은 거의 없을 것이다. 미래에는 많은 양의 석탄이 화력발전소에 대한 연료공급과 석탄의 가스화 및 액화를 통한 석유와 가스를 생산하기 위해 필요할 것이다. 중요한 목적은 환경 혼란을 최소화하는 석탄의 사용방법을 찾는 것이다.

탄화수소화합물 : 석유와 천연가스

원유(crude oil)로 불리는 석유(oil)와 천연가스는 탄화수소화합물로 탄소, 수소, 산소로 구성된다. **천연가스**(natural gas)는 대부분이 메탄(CH_4)이다. 메탄은 보통 한 장소에서 부존하는 가스 에너지의 80% 이상을 차지한다. 기타 천연가스 에너지에는 에탄, 프로판, 부탄 및 수소가 있다.[11] 석탄과 마찬가지로 탄화수소화합물 역시 대부분이 유기물 기원으로 매몰된 뒤 완전히 분해되어 재합성된 화석연료이다. 석유와 가스는 집적된 광상에서 발견된다. 또한 바로 사용하기 어려운 오일셰일이나 타르샌드의 내에서 산출되기도 한다.

석유와 가스 광상의 지질 석유는 물 다음으로 지각에서 가장 풍부한 액체이다. 하지만 그 형성 과정은 부분적으로만 이해되었을 뿐이다. 대부분의 지구과학자들은 석유와 가스가 해양 또는 호수 퇴적물과 함께 퇴적된 유기물질에서 유래되었다고 받아들인다. 유기물 잔해의 산화작용이 일어나지 않는 가장 좋은 환경은 유기물이 재빨리 매몰되는 빠른 퇴적이 특징인 해안가 근처나 산소가 결핍되어 호기성 세균의 분해작용이 제한되는 수심이 깊은 지역의 바닥 부분이다. 게다가, 석유와 가스가 형성되는 위치는 일반적으로 오래된 퇴적물이 새 퇴적물에 의해 지속적으로 덮이는 침강하는 퇴적분지로 분류되는 곳이다. 즉 이러한 과정에 의하여 오래되고 깊이 묻힌 물질들은 점차적으로 고온, 고압에 접하게 된다.[12]

석유와 가스는 일차적으로 근원암으로 불리는 세립의 유기물이 풍부한 퇴적물에서 유래된다. 이 근원암은 1~3 km 깊이에 위치하여 압력과 열에 접하게 되어 물리적인 압력을 받게 된다. 수반되는 다른 과정과 함께 상승하는 온도와 압력은 유기물 잔해를 화학적으로 변화시켜 열분해된 석유와 가스로 변화시킨다(그림 15.11). 생물학적인 과정에 의해 지구 표면 가까이에서 생성되는 천연가스를 생물기원 가스라고 한다. 그 한 가지 예가 매립지 쓰레기의 부패에 의하여 발생하는 메탄이다. 열분해 탄화수소화합물은 생성된 후에 증가된 공극률에 의해 저압 환경을 찾아 상부로 상승 이동하게 된다. 근원암을 통과하는 1차 이동이 끝나면 입자가 굵고, 투수성이 더 좋은 암석으로 이동하고, 그 암석 내에서 자유롭게 움직이는 2차 이동이 진행된다. 사암이나 파쇄된 대리암 같이 공극이 많고 투수성이 큰 암석들은 저류암이 될 수 있다. 만일 이런 경로가 지표면까지 잘 연결되면 석유와 가스

자세히 살펴보기 | 애팔래치아 산맥의 석탄 슬러지

애팔래치아 산맥의 석탄을 채광하고 처리하는 데에는 많은 양의 폐기물이 발생한다. 석탄을 처리하는 과정에서 발생하는 석탄 슬러지나 슬러리로 알려진 폐기물은 석탄, 암석 및 점토 입자가 물과 혼합된 두꺼운 슬러지이다. 석탄 슬러지는 종종 댐 뒤편 저류조 내에 저장되기도 한다. 웨스트 버지니아, 펜실베이니아, 켄터키에는 수백 개의 석탄 슬러지 충적물 저류조들이 있다. 과거 30년 동안 그중 9개의 석탄 슬러지 저류조가 붕괴되었다. 웨스트 버지니아의 버팔로 천에 있는 석탄 슬러지를 포함하는 석탄폐기물 댐은 1972년에 붕괴되었다. 이로 유발된 홍수로 500여 채의 가옥이 파괴되고, 118명이 사망하는 인명피해가 있었다. 버팔로 천 사고로 미래의 사고를 최소화하는 규제와 제안, 권고 등이 이어졌다. 그럼에도 불구하고 다른 사고들이 이어져 일어났다. 2000년 10월11일 100만m^3(2.5억 겔론)의 석탄 슬러지가 켄터키 주 남동부에 위치한 빅 샌디 강 수계 유역으로 흘러들어갔다. 그 슬러지들은 폐광된 석탄광산 위쪽의 저류조에 보관되어 있었다. 저류조의 바닥이 붕괴되어 광산으로 흘러들어간 슬러지는 광산을 통하여 흘러 주민들이 사는 지역과 길로 흘러갔고 빅 샌디 강 지류로 유입됐다. 100km 이상의 강이 슬러지로 심하게 오염되었다. 수많은 물고기를 비롯해 많은 생물체가 죽었다. 이 유출사건은 미국 남부에서 지금까지 가장 최악의 환경재해 중의 하나였다. 이 저류조는 1994년에도 소규모로 유사한 유출이 있었고, 2001년 10월의 유출 사건 3주 전에도 점검을 받았다. 1994년 유출 이후의 권고는 이행되지 않았을 것이고 무거운 슬러지를 지지할 단단한 암석들을 폐광산 위에 충분하게 보충하지 않았을 것이다(그림15.A).[9]

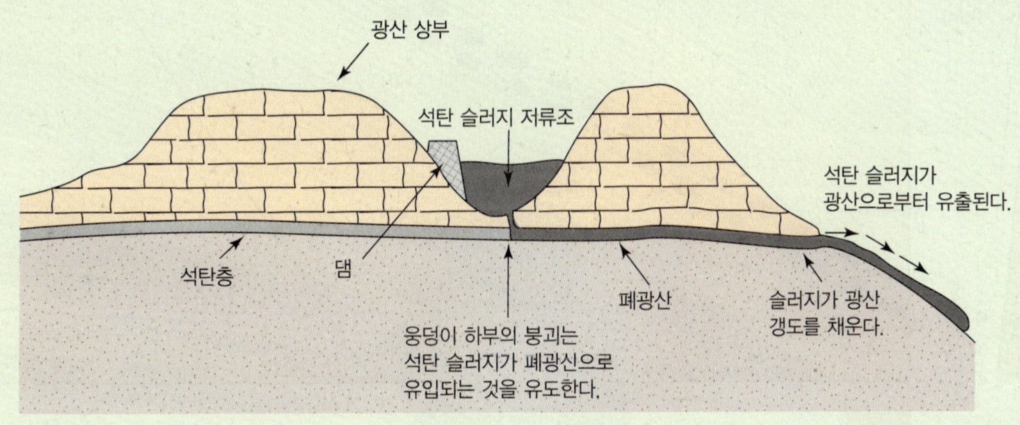

그림 15.A 석탄 슬러지에 의한 오염 석탄 슬러지의 저장소로부터 누수가 발생할 수 있는 이상화된 그림. 폐석탄광산의 붕괴는 슬러지로부터 누수가 발생하는 것을 유도한다.

는 지표면으로 이동하여 누출되며, 이는 대부분의 석유와 가스가 지질학적으로 젊은 암석(1억 년보다 이내) 내에서 발견되는 이유를 설명해 준다. 오래된 암석의 탄화수소화합물은 표면에 도달하여 세어 나오는 데 더 오랜 시간이 걸릴 것이다.[12] 퇴적이 시작되어 깊이 매몰될 때까지의 전 과정은 종종 수백만 년의 시간이 걸린다.[11] 상대적으로 불투수성 장벽 때문에 석유와 가스의 상승 이동이 방해를 받게 되면 저류암에 집적된다. 만일 덮개암이 돔이나 배사구조 같은 유리한 기하학적 형태를 갖는다면, 석유와 가스는 덮개암 아래의 돔이나 배사구조의 정상부분에 모여 갇히게 된다(그림15.11).[12] 그림 15.12는 배사구조 트랩과

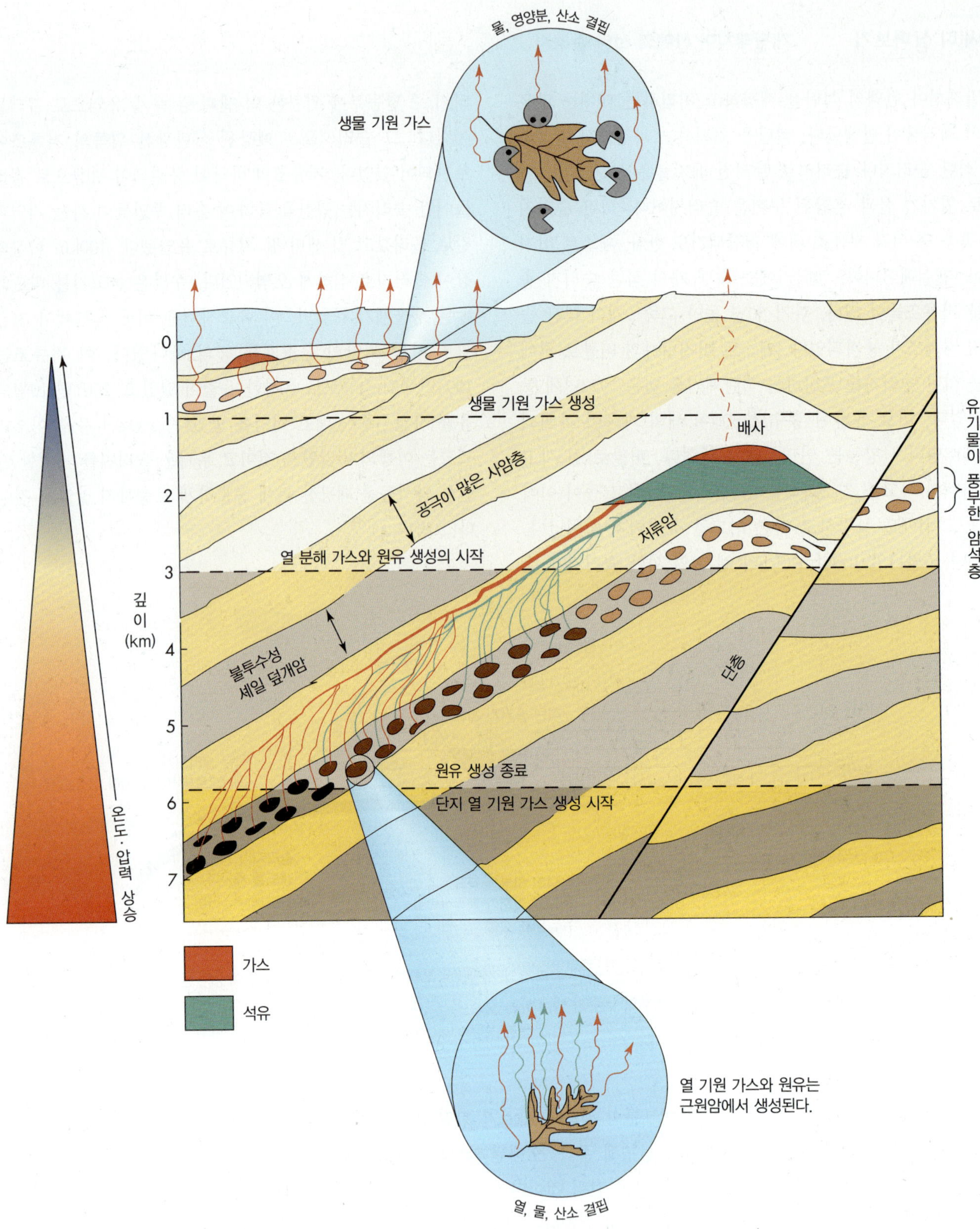

그림 15.11 석유와 가스의 생성 생물 기원의 가스와 열 기원의 가스 및 석유 생성의 깊이를 보여주는 모식도. (*USGS Circular 1115*)

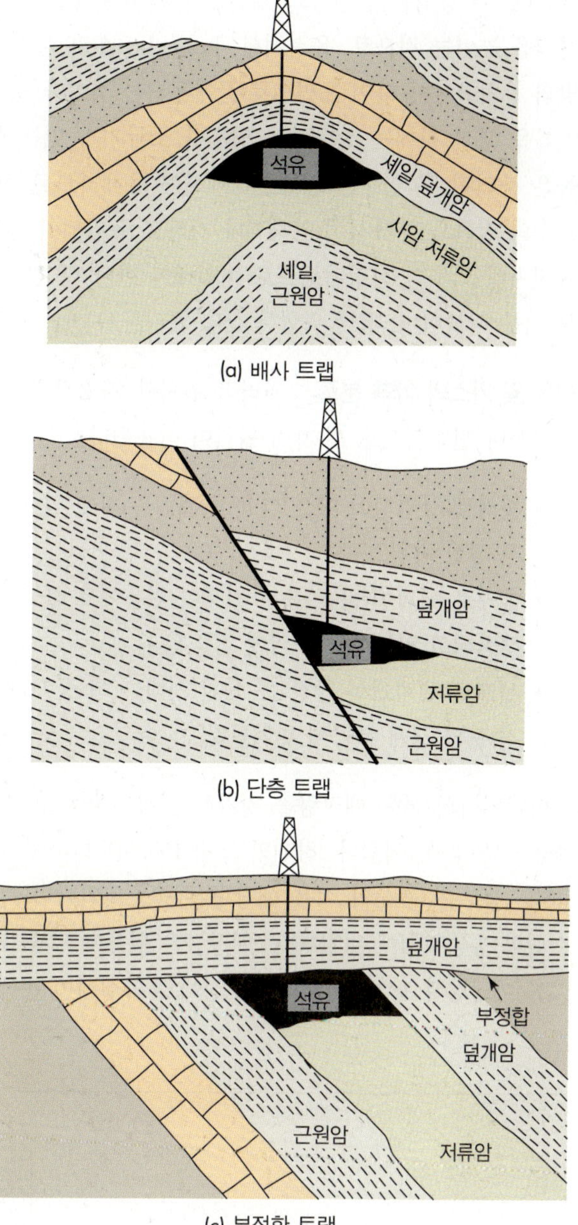

그림 15.12 석유 트랩의 유형
(a) 배사. (b) 단층. (c) 부정합.

함께 단층과 침식이 진행된 표면에 피복된 부정합면에 의하여 생긴 2개의 다른 가능한 트랩을 보여준다. 이것들만이 가능한 트랩의 종류가 아니다. 탄화수소화합물을 포함한 근원암과 인접한 상대적으로 높은 공극률과 투수율을 갖는 어떠한 암석도 저류암이 될 수 있다. 중앙의 높은 부분에 탄화수소를 모을 수 있도록 덮개암에 의해 석유와 가스의 상향 이동이 지장을 받게 되면 저류암이 될 것이다.[10]

석유의 생산 유전지대의 유정에서 석유를 회수하는 방법에는 1차 회수와 2차 회수가 있다. 1차 회수는 저류암의 자연적인 압력을 이용하여 유정으로 석유를 이동시켜 이를 지표면으로 끌어올리는 방법이다. 일반적으로 1차 회수는 저류암의 전체 석유의 25% 이상을 회수할 수 없다. 회수율을 50~60% 또는 그 이상으로 올리기 위해서는 2차 회수 방법을 사용한다. 이 방법은 천연가스, 물, 증기, 화학물질 또는 이들의 혼합물을 저류암에 주입하여 압력을 높이는 것으로, 유정에서 'horse head'라 불리는 봅빙 펌프나 잔잠수 펌프 또는 그 밖의 장치를 사용하여 표면으로 끌어올리는 것이다.

석유 생산 시에는 상당량의 염수나 소금기가 있는 물이 석유와 함께 따라온다. 석유와 물은 분리된 후 염수는 지표환경에서는 유해하므로 처리되어야만 한다. 이의 처분은 2차 회수의 일환으로 다시 주입하거나 지하로 유입되지 않도록 준비된 노천에서 증발시키거나 유전지대 외부의 심정처분으로 처리해야 한다. 유전지역의 처분 장소는 제일 위험한 폐기물 처분 시설이며, 결국 위험한 산업 폐기물처분을 위한 장소가 된다.

석유 및 가스의 양과 분포 지리적 위치와 지질시대에 따른 석유와 가스의 분포는 상당히 복잡하나 일반적으로 세 가지 원칙이 적용된다.

- 첫째로 상업성이 있는 석유 대부분은 지구 역사의 최근 5억 년 동안 생성된 퇴적암에서 생산된다.
- 둘째로 세계에 많은 유전 지역이 있음에도 불구하고, 대부분의 매장량과 생산은 몇몇 생산되고 있는 유전지역에 집중된다.
- 셋째로 세계에서 가장 큰 유전 지대는 최근 7,000만 년 이내에 활동했던 것으로 알려진 판의 경계 부근에 위치한다.

미국에서의 석유 매장량을 평가하는 것도 어렵고 더구나 전 세계 전체의 매장량을 평가하는 것은 더욱 어렵다. 하지만 그림 15.13은 최근에 추정된 원유의 전 세계 매장량을 보여준다. 대부분(63%)의 석유 매장량은 중동지역이며, 천연가스 매장량의 70%는 이전의 옛 소련과 중동지역에 위치한다. 매장량은 원유가 당장 고갈될 것을 나타내지 않는다. 그러나 석유 매장량과 잠재 매장량의 추정에 불확실성이 존재하고, 원유 생산의 피크가 2020년에

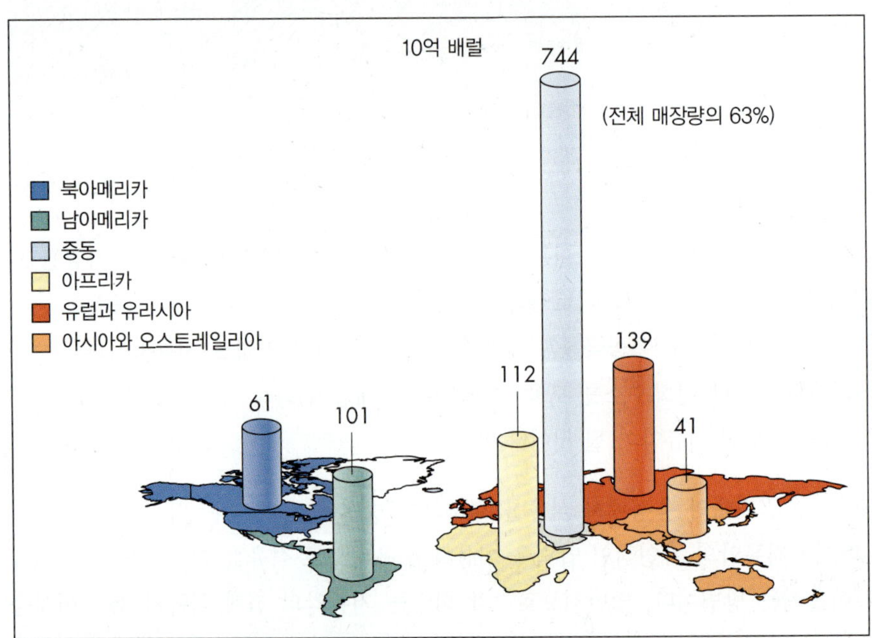

그림 15.13 석유 매장량 2004년까지 확인된 세계의 석유 매장량(수십억 배럴). 중동이 전체 매장량의 3/2를 차지한다. (*British Petroleum Company, 2005. BP statistical review of world energy*)

서 2050년 사이에 올 것으로 예측된다(이 장 처음에 소개된 사례 연구 참조).

천연가스는 석유와 석탄에 비해 상대적으로 청정 연료에 해당되고, 화석연료에서 다른 대체 연료로 전환되는 기간 동안 석탄과 석유를 대체할 수 있는 잠재력을 가지고 있다. 전 세계적으로 천연가스의 매장량은 매우 많고 현재의 소비율대로 사용해도 1세기를 사용할 정도로 충분하다. 미국에서의 천연가스 탐사는 계속 진행되고 있으며, 상당한 양의 새로운 천연가스가 발견되어 개발되고 있다. 최근에 개발된 두 가지 사례로 석탄층의 메탄과 메탄 하이드레이트를 살펴보자.

탄층 메탄 '에너지 러쉬'는 미국의 서부 석탄지대에서 일어났다. 석탄은 석탄의 유기물질 표면에 많은 양의 메탄을 함유하고 있다. 와사치와 파워 강 분지를 포함하는 와이오밍 주의 메탄 매장량은 전체 미국에서 5년간 사용하는 데 충분한 천연가스를 제공할 만큼 풍부하다. 이미 1만 개가 넘는 회수시설이 메탄을 회수하기 위하여 굴착되었고, 나중에는 10배로 늘어날 것이다. **탄층 메탄**(coal-bed mathane) 유정은 심도가 낮고, 전형적인 석유 유정을 굴착하는 것보다 경제적이다. 상대적으로 새로운 이 메탄의 매장은 미국이 수입해야만 하는 에너지의 양을 줄여줄 것이다. 그러나 석탄층 메탄의 강력한 개발과 관련하여 다음과 같은 환경적인 문제들을 고려해야 한다.[13]

- 메탄과 함께 채굴되는 염수의 처분
- 메탄 채취와 관련된 지하수의 채굴(수자원 축소)
- 유정지역에서 나오는 메탄의 이동(가연성이고 폭발성이 있음)
- 염수가 관계농업에 사용된다면 수확량 감소
- 하천수의 오염과 지하수의 채취로 인한 샘물의 감소 및 광산배수가 하천과 강으로 유입
- 메탄의 운반, 처리, 채굴 현장, 도로 등에 의해 훼손된 대지의 침식과 유실

정리하자면 탄층 메탄은 중요한 에너지원이다. 그러나 사용을 위해 채굴하고 처리하여 운반하는 과정에서 환경에 대한 부작용을 줄이거나 제거하는 방법을 면밀히 검토해야 한다. 그 나음에 다른 종류의 에니지 탐사와 이용을 위히여 우리가 시도할 환경을 보호하기 위한 제도를 법률과 정책으로 차근차근 정립해야 한다. 원래 어떤 종류의 화석 연료라도 채굴은 환경에 해가 될 수 있는 잠재성이 있으며 석탄층 메탄 역시 예외가 아니다.

메탄 하이드레이트 미래에 사용할 수 있는 천연가스원으로 메탄 하이드레이트가 알려져 있다. 메탄은 화석연료를 대체 재생성 에너지원으로 전환할 때까지 석유를 대신하는 대체 에너지원이 될 것이다. 전기를 생산하기 위해 그리고 사람들을 이동시키는 운송 수단을 위하여 연소시키는 천연가스는 환경적인 시각에서 다른 화석연료보다 우월하다. 가스를 연소시킬 때, 특히 메탄의 경우 다른 화석 연료보다 황, 이산화탄소 및 분진을 적게 발생시키기 때문에 선호된다.

몇 년 사이에 메탄 하이드레이트가 해수면 아래 약 1,000m 수심의 해양저에 묻혀 있다는 것이 알려졌다. 메탄 하이드레이트는 응결된 물을 보호막으로 삼아 둘러싸인 메탄 가스 분자로 구성된 백색의 얼음 같은 물질이다. 응결된 물보호막은 퇴적물 내 유기물질의 미생물

동화작용의 결과로 생성된 것이다. 메탄 하이드레이트 광상은 육지에서도 발견된다. 최초에 육지에서 발견된 광상은 시베리아와 북아메리카의 영구 동토층 지역에서 발견되었으며, 늪 가스라고 불렸다.

메탄 하이드레이트 광상은 태평양과 대서양에서 모두 발견된다. 해양 환경에서 생성된 메탄 하이드레이트는 지금까지 지구상에서 알려진 천연가스, 석유, 석탄 등 모든 것의 탄소의 약 2배에 이르는 잠재적인 에너지 자원이다. 만일 메탄 하이드레이트가 채굴될 수 있다면 미래에 세계의 에너지 수요를 공급하는 데 충분한 잠재력을 가지고 있다. 하지만 이것은 큰 가정이다. 메탄 하이드레이트는 일본과 같이 석유, 석탄 등 화석연료를 전적으로 외국에 의존하는 나라에 유리할 것으로 보인다.

메탄 하이드레이트를 채굴하는 것은 어려운 과업이다. 하이드레이트는 대륙사면의 낮은 부분을 따라 발견되는 경향이 있는데, 깊이가 1km를 넘기도 하여 대부분 굴착작업이 안전하게 수행될 수 있는 깊이를 초과한다. 광상 자체도 수백m에 이르는 다른 해양 저면 퇴적물 밑으로 연장되어 있다. 가스를 생산하는 방법과 육지로 운반하는 방법을 개발하는 것 또한 복잡하다. 메탄 하이드레이트는 심도가 깊기 때문에 압력도 높고 저온인 지역에서 발견된다. 더 낮은 압력과 높은 온도의 바다에서는 불안정하다. 수심 약 500m에서 하이드레이트는 빠르게 분리되어 해수면으로 방울져 올라와 대기 중으로 희석되어 버린다. 이러한 특징은 메탄이 지구온난화를 가속시키는 강력한 온실가스이기 때문에 환경 위협으로 여겨진다(제19장 참조). 일부 과학자들은 과거의 메탄 하이드레이트의 분리가 지구온난화에 원인이 되었을 것이라고 믿고 있다. 게다가 가스는 지금도 유출되고 있다. 1998년 여름, 러시아의 과학자들은 노르웨이 해안에서 분리되어 유출되는 메탄 하이드레이트를 발견하였다. 그들은 이것이 지금까지 알려진 가장 큰 메탄의 분리 유출이라고 믿었다. 유출되는 동안, 해저의 광상으로부터 대기 중으로 약 0.5km 높이의 큰 메탄 가스 기둥이 솟아 올랐다.

일부 과학자들은 하나의 커다란 원천으로부터 빠르게 분리되는 하이드레이트에서 나오는 메탄이 짧은 시간 동안의 기후 변화를 일으킬 수 있는 잠재력이 있다고 한다. 이러한 메탄의 방출은 대략 1만 5천 년 전의 최후의 빙하기 동안의 수십 년간 일어난 온도의 급격한 상승의 원인이 되었다고 믿는다. 해저에서부터 많은 양의 메탄이 방출되었다는 증거가 있다. 메탄 하이드레이트 광상 주변의 해저에는 폭탄이 터진 것 같이 얽은 자국의 대규모 함몰지형이 있다. 어떤 구덩이는 그 깊이가 30m 너비가 700m에 이르며, 메탄이 폭발적으로 분출하여 만들어진 것으로 보인다.

우리는 석유의 가격이 너무 올라 다른 대체자원을 찾을 수밖에 없는 상황이 오기 전까지는 아마도 메탄 하이드레이트를 탐사하지 않을 것이다. 그러나 이는 빨리 도래할 것이다. 하이드레이트의 탐사를 위한 몇 가지의 계획들이 고려되고 있으며 향후 몇 년 내에 진행될 것으로 보인다.[14]

탐사와 개발의 영향 석유와 가스의 탐사와 개발에 따른 환경적인 영향은 무시할 만한 것(탐사에서 원격조사 기법을 이용하는 것)에서 중요한 것(알래스카 관통 파이프라인 같이 영향을 피할 수 없는 프로젝트)까지 다양하다. 석유와 가스를 탐사할 때 발생하는 영향에는 도로건설, 탐사시추, 원격지역까지의 송유관 건설 등이 포함된다. 반건조 내지는 건조지역과 몇몇 영구동토지역을 포함하는 민감한 지역을 제외하면 이러한 활동은 자연 경관과 자원에 악영향을 끼치지는 않는다.

석유와 가스를 개발하는 과정에는 지상과 지하에서 시추정을 뚫는 것이 포함된다—폐수를 석유와 함께 지표에서 처리하는 것, 탱커나 송유관 또는 다른 방법으로 정유시설로 운반하는 것, 그리고 원유를 유용한 제품으로 변환하는 것. 모든 단계에서 폐수처리, 석유유출 사고, 유전지역 송유관으로부터의 유출, 유조선의 난파, 정유소의 대기 오염 등을 포함하는 환경을 파괴시키는 잘 알려진 일들이 있다. 예를 들어, 유럽과 북아메리카의 해안선을 따라 심각한 유류 유출사고가 발생하면 해변, 강어귀와 항구가 오염되고, 바다생물과 새들이 죽을 것이며 지하수와 지표수가 오염되며, 관광사업에 의존하는 해안지역에 경제적인 문제를 야기한다.

현재와 같은 에너지 부족의 결과, 해안지방과 수십억 배럴이 매장되어 있는 알래스카의 북극권 야생동물보호구역(ANWR) 같은 곳에서까지 새로운 유전의 개발 압력이 증가하고 있다(그림 15.14)

북극권 야생동물보호구역 내의 석유 탐사와 개발을 지지하는 논의는 세 가지이다. 첫째, 미국은 더 많은 석유가 필요하고, 북극권 야생동물보호구역 내의 석유는 수입하는 양을 줄

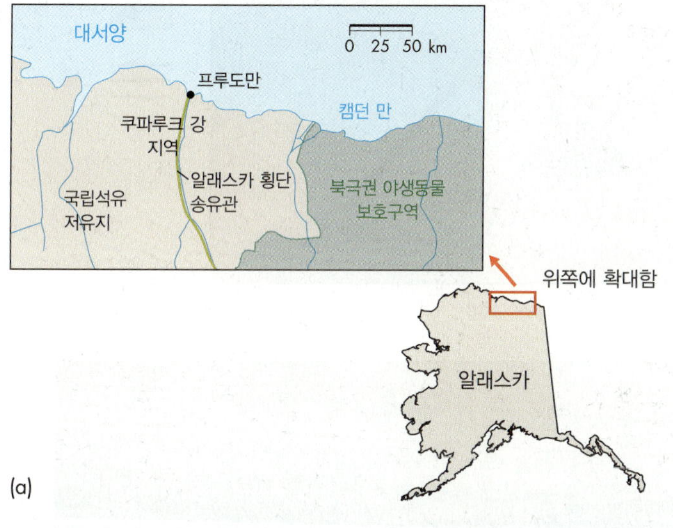

(b)

그림 15.14 북극권 야생동물보호구역 (a) 북극권 야생동물보호구역의 지리적 위치. (b) 이 지역은 산맥과 평원으로 이루어져 있는 야생동물 서식지역이다. (*Ted Kerasote/Photo Researchers, Inc.*)

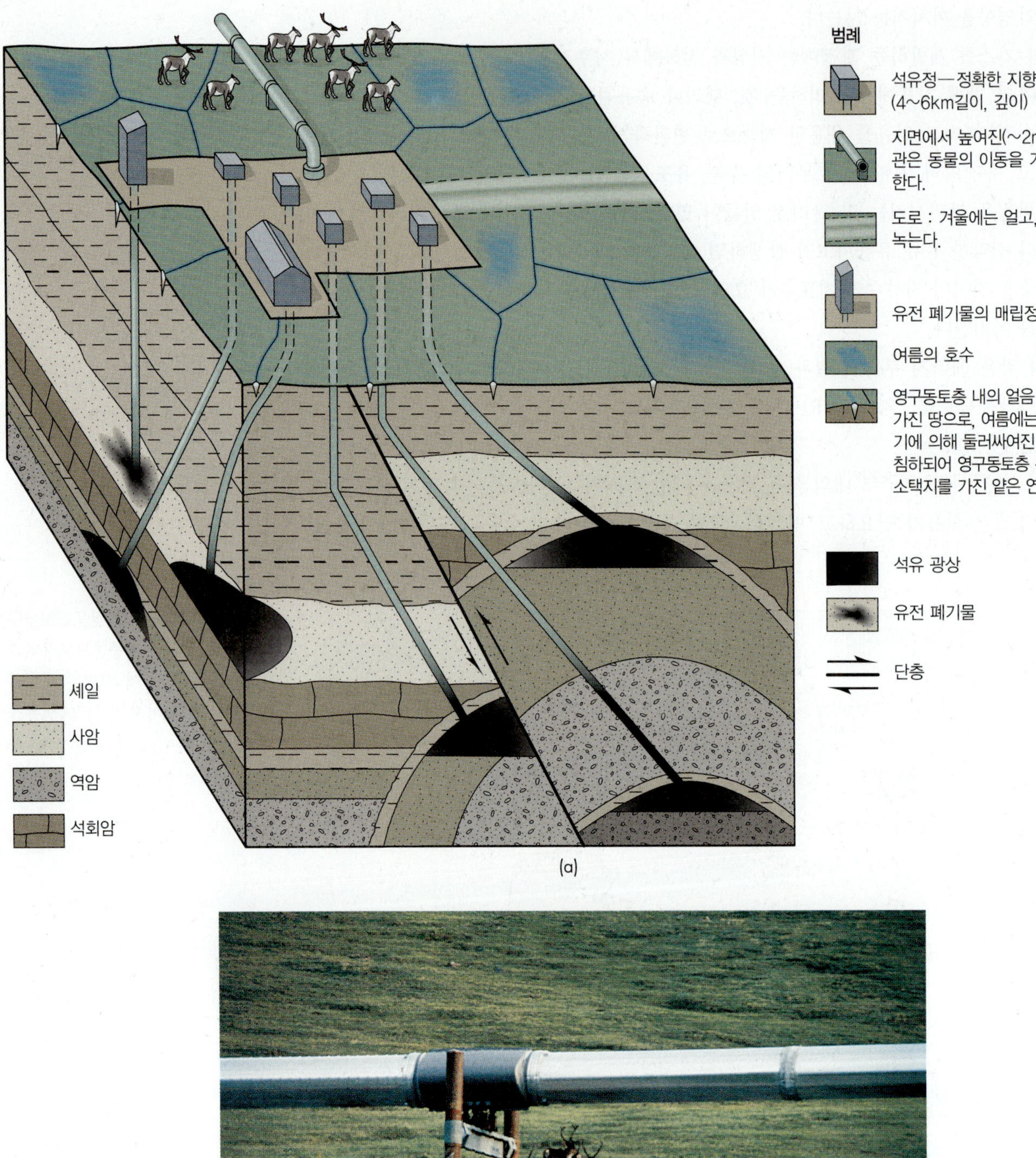

그림 15.15 새로운 석유 관정과 운송 기술 (a) 북극권 야생동물보호구역에서 개발된 석유의 영향을 줄일 수 있는 새로운 몇몇 기술. (b) 지면에서 높여진 송유관 아래를 이동하는 순록들. (*U.S. Fish and Wildlife Service/Getty Images Inc.*)

일 것이다. 둘째, 새로운 석유의 개발은 알래스카에 일자리를 늘리고 경제성장에 도움을 줄 것이다. 셋째, 탐사와 유전 개발에 대한 새로운 기술이 이전의 개발에 비해 환경에 대한 부작용을 감소시킨다는 것이다(그림 15.15a).

이러한 기술들에는 다음과 같은 것이 포함된다.

- 중앙의 한 곳에서 시추를 하여 지하에서 자전거 바퀴살 같이 퍼져나가는 직접적인 시추방식(그림 15.15a). 이 기술은 시추에 사용되는 면적을 약 40ha(100acres) 정도 줄인다.
- 야생동물의 이동이 가능하도록 송유관을 지표면 위로 높게 설치(그림 15.15b).
- 영구적인 도로 건설의 회피. 겨울에 얼음으로 도로를 건설하면 여름에는 녹는다(그림 15.15a).

북극권 야생동물보호구역의 석유 시추와 개발에 대한 반대 의견은

- 가장 우호적인 기술일지라도 연방야생동물보호구역에 나쁜 영향을 미친다.
- 어떤 야생지역은 야생지역으로 남아 있어야 한다. 시추는 북극권 야생동물보호구역을 영구적으로 변화시킬 것이다.
- 유전지역의 개발은 기계, 운송기구, 송유관과 사람들이 포함되는 강력한 복합 산업에 의해 원천적으로 피해를 일으킨다.
- 북극권 야생동물보호구역 밑의 석유는 미국 석유 공급에 중요하게 공헌하는 것이 아니다. 비록 수십 년 이상 석유생산이 진행되겠지만, 그 당시 전체 석유 소비량의 단지 몇 퍼센트일 것이고, 북극권 야생동물보호구역 내의 석유는 단지 6개월에서 2년 정도의 석유 공급량에 그칠 것이다.

북극권 야생동물보호구역에서의 석유 개발에 관한 결정은 과학과 가치 사이의 관계를 반영한다. 과학은 우리에게 과거보다 환경적인 피해를 적게 주며 석유를 개발할 수 있다고 말한다. 하지만 과거보다 적게라고 해도 너무 많다. 우리의 가치는 석유에 대한 경제적인 필요와 본래의 야생지역을 보존하고자 하는 욕망에 대한 균형에 의해 측정된다.

사용의 영향 석유에 관련된 잘 알려져 있는 심각한 영향은 전기나 열, 자동차를 위한 에너지를 얻기 위해 화석 연료를 연소시킬 때 발생하는 도시 지역의 대기 오염이다. 또한 석탄, 석유, 가스의 연소는 인간이 만들어 내는 주요한 온실가스인 이산화탄소를 배출하게 된다(제19장 참조).

오일셰일과 타르샌드 지표나 지표 근처에 산출 분포하는 오일셰일과 타르샌드로부터 석유를 회수하는 데에는 잘 확립된 기술을 필요로 한다. 오일셰일 자원을 개발하는 데 필요한 경제적인 방법은 환경 파괴를 최소로 하는 것이다.

오일셰일은 케로겐을 함유한 세립질의 퇴적암으로 고체 또는 반고체 상태의 탄화수소화합물 광물질로서 유기물로부터 만들어진다. 오일셰일 속의 케로겐은 열을 받으면 많은 양의 탄화수소화합물을 배출하며, 열을 받지 않으면 일반적인 석유 용매에 용해되지 않는다.[15] 이러한 과정을 파괴증류법이라 한다. 미국에서 가장 잘 알려진 오일셰일은 콜로라도,

유타, 와이오밍의 기반암층인 5,000만 년 된 그런 리버층에서 발견되었다. 그린 리버층은 다양한 양의 사암, 실트스톤, 점토암 그리고 다져진 화산재 등과 교호되는 오일셰일 층으로 구성된다. 오일셰일의 매장량은 막대하다. 약 1,000억 배럴의 석유가 잠재적으로 회수될 수 있다. 알려진 기술을 통한 오일셰일의 채광은 비용이 많이 든다. 그럼에도 불구하고 석유 가격이 상승하면, 오일셰일의 채광을 고려하게 될 것이다.

타르샌드는 타르 오일, 아스팔트나 또 다른 석유 물질을 배태한 암석이다. 전통적인 방법으로 이들 석유 물질의 어떤 것이라도 회수하는 것은 상업적으로 가능하지 않다. 타르샌드라는 말은 고화되거나 고화되지 않은 사암뿐만 아니라 셰일과 석회암 같은 몇 종류의 암석들을 포함하기 때문에 다소 혼동스럽다. 그러나 이들 암석은 모두 반액체, 반고체, 고체 상태의 석유 물질들을 포함하고 있다. 이들 물질 중 어떤 것은 암석에서 스며 나오고, 어떤 것은 끓는 물에 넣어도 제거하기 어렵다.[16]

비록 유정에서 퍼올리는 석유와 유사하지만, 타르샌드 내의 석유는 점성이 더 크기 때문에 회수가 더욱 어렵다. 타르샌드에 대한 지질학적으로 가능한 결론은 더 유동적인 석유 형태로 동일한 과정에 의하여 만들어졌으나, 더 많은 휘발성 물질과 수반된 액체 형태가 저류암에서 빠져나갔기 때문에 더욱 점성이 높은 성분만 남아 타르샌드로 되었다는 것이다.

타르샌드의 대규모 집적은 예전부터 인지되어 왔다. 예를 들어, 캐나다 앨버타의 애서배스카 타르샌드는 78,000km^{2}에 걸쳐 있고, 회수된다고 했을 때 추정되는 석유 매장량은 약 350억 배럴이다.[10,17] 현재 두 군데의 노천광산에서 하루에 약 100만 배럴의 합성 원유를 생산하고 있다.[10] 보다 소규모의 타르샌드 매장량은 유타(18억 배럴), 베네수엘라(9억 배럴), 캘리포니아(1억 배럴)에서 확인된다.[10,17]

15.4 석유의 미래

전 세계에서 검증된 석유 매장량에 대한 최근의 추산에 의하면, 현재의 소비 속도라면 석유와 천연가스의 경우 수십 년은 공급이 지속될 것이라고 한다. 그러나 중요한 의문점은 얼마나 오래 현재와 미래의 석유 생산율을 지속시킬 것인가가 아니고 어느 시점에 피크 생산이 이루어질 것인가이다. 이 의문은 우리가 피크 생산에 도달했을 때, 석유를 덜 소비할 수밖에 없고 공급부족이 오고 가격 쇼크가 올 것이기 때문에 중요하다. 세계의 석유 생산 피크는 일반적으로 많은 사람들이 예상한 것보다 빠르고, 현재 살고 있는 사람들이 생존하는 동안에 발생할 것 같다.[19] 결과적으로, 석유시대 이후에 맞는 라이프스타일과 경제규모로 가능한 변화를 하는 데에는 시간이 그리 많지 않다. 에너지 전문가인 월터 영퀴스트는 석유가 생성되는 5억 년이라는 기간의 유산으로 가능했던 인간 역사의 가장 번영했던 시기에 살았던 것은 행운이라고 했다.[19] 우리는 결코 전체 원유를 모두 써버리지는 못할 것이지만, 세계의 사람들은 에너지의 거의 40%를 석유에 의존하고 있고, 심각한 부족에 의하여 주요한 문제들을 발생시킬 것이다.[20]

다음의 요인들이 우리가 잠재적인 원유 위기로 향하고 있다는 증거들이다.

- 우리는 지구상에 있는 전통적인 유전에 매장된 원유 중 거의 반이 소모된 시기에 다

다랐다. 이 장의 첫머리에 있는 피크 오일에 대한 역사적 사례를 다시 보라. 최근의 통계에 의하면 세계는 수년 전에 예상했던 석유 발견량보다 20%를 더 발견하고 있다고 한다.[21] 게다가, 기존의 유전지대에 처음 생각했던 것보다 더 많은 석유가 존재한다. 그러나 미국은 이미 자체 석유 매장량의 1/2을 소비하였고, 미래에는 추가적인 석유 수입이 필수불가결하게 됐다.[18]

- 검증된 세계 매장량은 대략 1조 배럴이다.[1,20] 남아 있는 석유 자원으로부터 궁극적으로 회수될 수 있는 원유는 3조 배럴로 추정된다.
- 오늘날 세계의 소비량은 연간 300억 배럴(하루에 8,200만 배럴)이며, 매 3배럴의 석유가 소모되는 동안 단지 1배럴의 석유만이 발견되고 있다.[20]
- 예상되는 석유 생산 감소는 새로운 발견과 미래 소비 속도뿐만 아니라, 궁극적으로 회수 가능한 석유의 양을 추정한 것을 기초로 한다. 세계 원유 생산 피크(5,000만 배럴/년)는 여러분이 낙관론자인지 비관론자인지에 따라 2020년에서 2050년 사이에 발생할 것이다.[18,19] 연간 5,000억 배럴의 생산은 오늘날 생산되는 양의 50%가 추가되는 양이다. 당신이 생산의 증가를 믿든 믿지 않든 원유 소비의 과거 역사로부터 예상된 부족에 대한 당신의 생각에 의존할 문제일 것이다. 우리는 과거에 여러 번의 예측되었던 부족에서도 살아왔다. 그러나 대부분의 석유 전문가들은 피크 오일이 수십 년 내에 올 것이라고 믿고 있다.[1,2]
- 미국의 석유 생산은 2090년을 넘지 못할 것으로 예상된다. 전 세계 석유 생산은 2100년까지 종료될 것이다.[20]

위 주장에 대한 적절한 대답은 무엇인가? 우리는 주요 교육 프로그램으로 21세기 내에 석유 고갈의 가능성이 있음을 사람들과 정부 모두에게 알려야 한다. 우리는 현재 잠재적인 심각한 상태에 대해 무시하거나 부정하며 살고 있다. 계획과 교육은 걸프 전과 같은 미래의 군사적 대결이나 농업용 비료를 생산하는 석유의 사용량 감소에 따른 식량 부족을 피하기 위해 매우 중요하다. 심각한 석유 부족이 발생하기 전에, 우리가 가지고 있는 막대한 양의 석탄을 대규모로 가스화하고 액화하여 에너지원으로 개발해야 한다. 다른 에너지원에는 오일셰일에서 얻는 석유와 가스, 핵에너지도 포함된다. 우리는 태양열에너지, 풍력 그리고 수소와 같은 대체 에너지원에 더 의존해야 한다는 것은 확실하다. 이러한 변화는 현재 석유가 기반인 사회에 강한 충격이 될 것이다. 하지만 우리가 석유를 떠나 천연가스로 이동하고 대체에너지를 사용하게 되는 장단기의 계획을 동시에 실행한다면 못 이루어낼 것도 없다.

화석연료의 특성과 부존량에 대한 더 많은 이해를 가지고, 화석연료의 연소에서 발생하는 주요 환경적 결과인 산성비에 대해 알아보자.

15.5 화석원료와 산성비

산성비(acid rain)는 화석연료의 연소에 의하여 유발되는 지역적 내지 전 지구적 환경문제로 생각된다. 비록 산성비는 석탄의 연소가 일차적인 원인이지만, 가솔린의 연소 또한 문

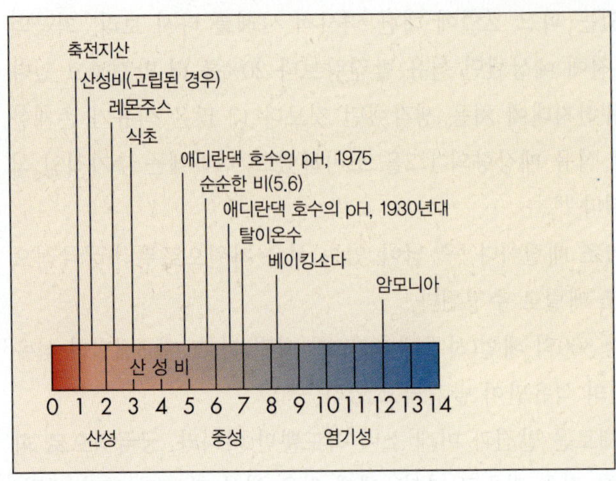

그림 15.16 pH 범위 다양한 물질에 대한 pH 수치를 보여준다. (*U.S. Environmental Protection Agency, 1980*)

제의 원인이 된다. 산성비는 습성 산성침착과 건성 산성침착으로 구분된다. 습성 산성침착은 오염물질, 이산화황(SO_2)이나 질소산화물(NO_x) 등과 같은 산성 선도물질이 대기 중에서 수증기와 만나 반응하여 산을 만든다. 건성 산성침착은 산성 선도물질을 포함하는 입자들이 지구 지표에 떨어져 물과 반응하여 산을 형성하는 것이다. 그러므로 산성비가 더 일반적으로 쓰이지만, 산성침착이 더 정확한 표현이다. 산성비는 pH 5.6 이하의 강수로 정의된다. pH는 용액 내의 수소이온(H^+)의 상대적인 농도값으로, 용액의 산성도를 나타내는 데 쓰인다. pH 7은 용액이 중성이며 산성을 띠지 않는다. 자연의 비는 약한 산성이며, 대략 pH 5.6 정도의 수치를 보이는데, 이는 대기 중의 물이 이산화탄소를 만나 약한 탄산을 만들기 때문이다($H_2O + CO_2 \rightarrow H_2CO_3$). pH 값은 음의 로그값으로, pH 3은 pH 4보다 10

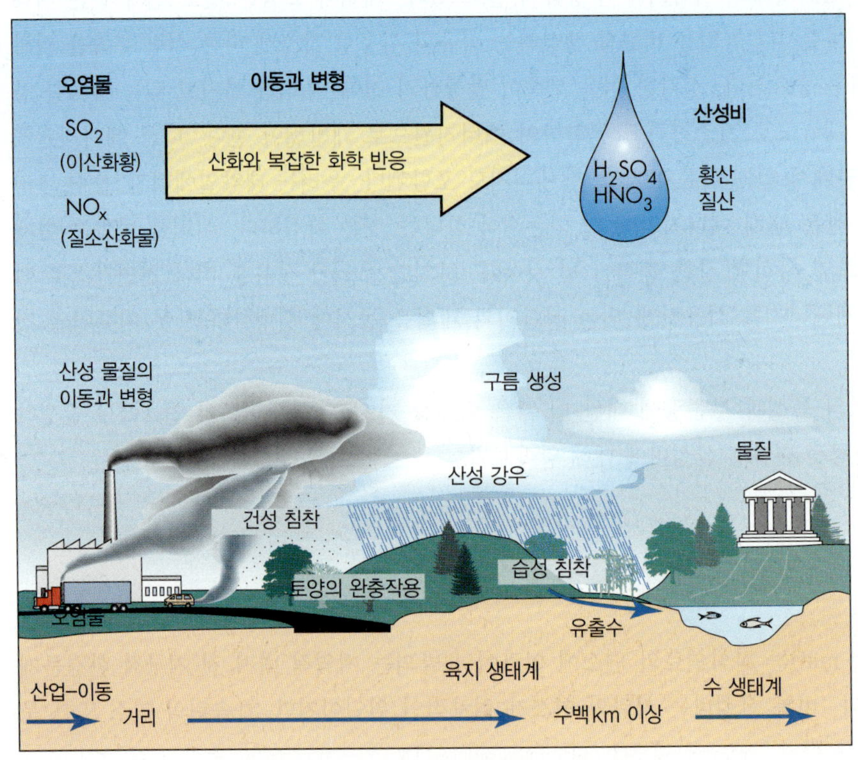

그림 15.17 산성비의 생성 산성비와 관련된 경로와 생성과정. (*Albritton, D. L., as presented in Miller, J.M.*)

배 더 산성을 띠며, pH 5보다 100배 더 산성을 띤다. 서부 버지니아의 윌링에 내린 비의 pH가 1.5로 측정되었는데, 이는 거의 위산과 같은 정도의 산성도이다. pH 3 이하의 값은 다른 지역에서도 기록되곤 했다.

오늘날 미국에서 화석연료의 연소는 질소산화물과 이산화황을 각각 연간 약 2,000만 톤씩 대기 중에 방출한다. 대기로 방출된 후, 이 산화물들은 황산염(SO_4)과 질산염(NO_3) 입자로 변화되어 대기 중의 수증기와 결합해서 최종적으로 황산(H_2SO_4)과 질산(HNO_3)이 된다. 이들 산은 지역적 · 계절적으로 가장 우세한 바람을 타고 먼 거리를 이동하여 산성비가 되어 내린다(그림 15.17). 산성비 문제는 미국 동부에서 전력을 생산하는 발전소의 석탄 연소로부터 주로 방출된 이산화황에서 기인된 것이 가장 일반적이다.

산성비가 환경에 미치는 영향

지질, 기후 패턴, 식생의 종류, 토양의 조성 등은 산성비에 의해 잠재적으로 영향을 받는다. 그림 15.18은 미국 내 산성비에 민감한 지역을 보여주며, 이들 지역의 선정은 위에서 언급한 요소들에 기초한 것이다. 특히 민감한 지역은 기반암, 토양, 유수 등이 산의 유입을 완충시킬 수 없는 곳이다. 예를 들어, 화강암이 우세한 지역은 완충작용이 미약하다. 완충작용은 어떤 물질이 산을 중화시키는 능력으로 나타낸다. 완충제로 알려진 물질은 탄산칼슘이나 방해석($CaCO_3$)인데, 많은 종류의 토양이나 석회암과 같은 암석에 포함되어 있다. 탄산칼슘은 산성의 물속에 존재하는 수소이온과 반응하여 이를 제거하고 중탄산염 이온(HCO_3^-)을 만들어 산을 중화한다.

산성비의 환경에 대한 주요 영향은 다음과 같다.

- 식생에 피해를 준다. 특히 독일의 상록수와 버몬트의 가문비 나무와 같은 삼림자원에 해를 끼친다. 산 때문에 토양에서 영양분이 빠져나가게 되거나 또는 산이 토양 속으로 독성 물질을 방출하기 때문에 토양의 비옥도가 떨어진다. 이것이 산성비가 식생에

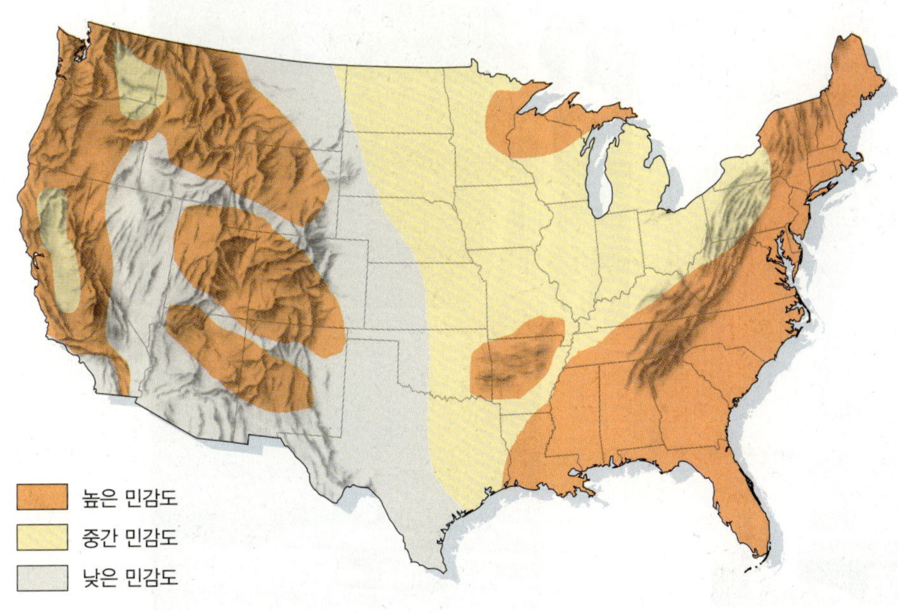

그림 15.18 미국에서 산성비에 민감한 지역 (*U.S. Environmental Protection Agency, 1980*)

영향을 미치는 주요 요소이다.

- 호수 생태계에 피해를 준다. 산성비는 호수 생태계에 다음과 같이 피해를 준다. (1) 물고기, 개구리 및 가재 등의 라이프사이클 붕괴, (2) 생물에 필수적인 영양분이나 다른 화학물질의 자연 순환과정을 방해한다. 산성비는 영양분을 그 용액 내에 보관하려는 경향이 있기 때문에 영양분이 시스템의 자연 순환과정에서 빠져나가게 된다. 결과적으로 수생식물은 성장하지 못하고, 이 식물을 먹는 동물들은 먹이가 부족하게 된다. 이러한 피해는 물고기나 다른 큰 생물체에 영향을 미친다. 호수 시스템에서 산성비의 역작용의 예는 캐나다와 스칸디나비아에서 찾아볼 수 있다.
- 인간이 만든 구조물이 손상된다. 산성비는 건축자재, 플라스틱, 벽돌, 아연도금 강판, 그리고 석회암, 사암, 대리암 같은 암석에 피해를 준다(그림 15.19). 전 세계 도시에 있는 바꿀 수 없는 동상과 건축물에 대한 심각한 피해가 발생하여 연간 수백만 달러의 손실을 야기한다.

산성비 문제의 해결책

호수의 산성화는 탄산칼슘과 같은 완충제를 주기적으로 투입하여 상쇄시킬 수 있다. 비록 이 처방이 이미 뉴욕 주, 스웨덴, 캐나다의 여러 지역에서 사용되었으나, 호수에 투입하는

그림 15.19 산성비는 암석에 피해를 준다 대기 오염과 산성비는 많은 도시 지역에서 건물과 조각상에 피해를 주고 있다. 여기에 보여지는 것은 그리스 아테네의 아크로폴리스이다. 조각상들의 원형들은 특별하게 고안된 유리 콘테이너 내부에 보관되어질 정도까지 훼손되었다. (*Peter Christopher/Masterfile Corporation*)

완충제가 호수 산성화에 대한 대책으로는 단기적이고 너무 비싸다. 산성비 문제에 대한 유일한 실질적이고 장기적인 해결책은 문제를 일으키는 화학물질의 방출을 줄이는 것이다. 환경적인 측면에서 이러한 방출을 줄이는 가장 최선의 방법은 강력한 에너지 관리 정책으로, 결과적으로 오염물질의 방출을 줄이는 것이다. 두 번째 좋은 방법은 이산화황이 대기 중으로 방출되기 전에 이산화황을 제거하기 위하여 연소 전, 연소 중, 그리고 연소 후에 석탄을 처리하는 것이다. 질소산화물의 감소는 주로 자동차에서 가솔린을 연소시킬 때 발생하기 때문에 더욱 어렵다. 그럼에도 불구하고, SO_2와 NO_x의 방출을 줄이는 통제정책은 존재한다(제18장 참조). 산성비의 원인이 되는 오염물질 감소가 국가적이고 전 세계적 목표이며, 이는 장려되어야 한다. 불행하게도, 산성비 문제는 산 유발물질의 방출이 줄어들어도 빠른 기간 내에 사라지지 않을 것이다. 산성침착은 수십 년 동안 토양에 축적되어 그 영향은 앞으로 수십 년간 지속될 것이다.[22]

15.6 핵 에너지

핵분열에 의한 에너지

핵에너지(nuclear energy)는 **핵분열**에 의해 발생한다. 핵분열은 중성자 충돌에 의하여 원자핵이 쪼개지는 것이다. 예를 들어, 우라늄-235 원자의 핵분열은 3개의 중성자, 우라늄보다 가벼운 방사성 원소의 핵으로 구성된 분열파편과 열 형태의 에너지를 방출한다(자세히 살펴보기 '방사능' 참조). 방출된 중성자는 다른 우라늄-235에 충돌하여 더 많은 중성자, 핵분열 물질과 열을 방출한다. 이 과정은 연쇄반응으로 계속되고, 더욱 더 많은 우라늄이 쪼개지면 더 많은 중성자가 방출된다(그림 15.20). 통제되지 않는 연쇄반응은 빠른 폭발을 일으키며 핵무기 등에 이용된다. 그러나 원자로 내의 지속적이고 안정한 핵반응은 전기를 생산하는 열을 제공하는 데 이용된다.

최초의 통제된 핵분열은 1942년에 실험되었고, 폭발물에 우라늄을 이용하는 길을 열었으며, 전기를 생산하는 증기를 만들어 내는 열의 원천으로 사용되었다. 1kg의 우라늄의 핵분열은 16톤의 석탄을 연소시킬 때와 같은 에너지를 방출한다.

자연상태에서는 3종류의 우라늄 동위원소가 발견되며, 자연상태에서 우라늄은 우라늄-238이 99.3%, 우라늄-235는 0.7% 이하, 그리고 우라늄-234는 0.005% 정도 존재한다. 우라늄-235만이 자연상태에서 핵분열이 가능하기 때문에 핵분열 에너지를 얻는 데 필수적이다. 자연적으로 산출되는 우라늄은 원자로에 사용하기 전에 우라늄-235의 양이 0.7%에서 3%까지 높이는 과정을 거친다. 이렇게 처리된 연료를 농축 우라늄이라고 한다. 우라늄-238은 자연상태에서 핵분열을 하지 않으나, 중성자의 충돌에 의해 핵분열이 가능한 플루토늄-239로 바뀌기 때문에 '핵연료의 원료 물질' 이다.[23]

우라늄의 분포와 지질

지각 내 천연 우라늄의 농도는 평균 약 2ppm이다. 우라늄은 마그마에서 유래되고 화강암

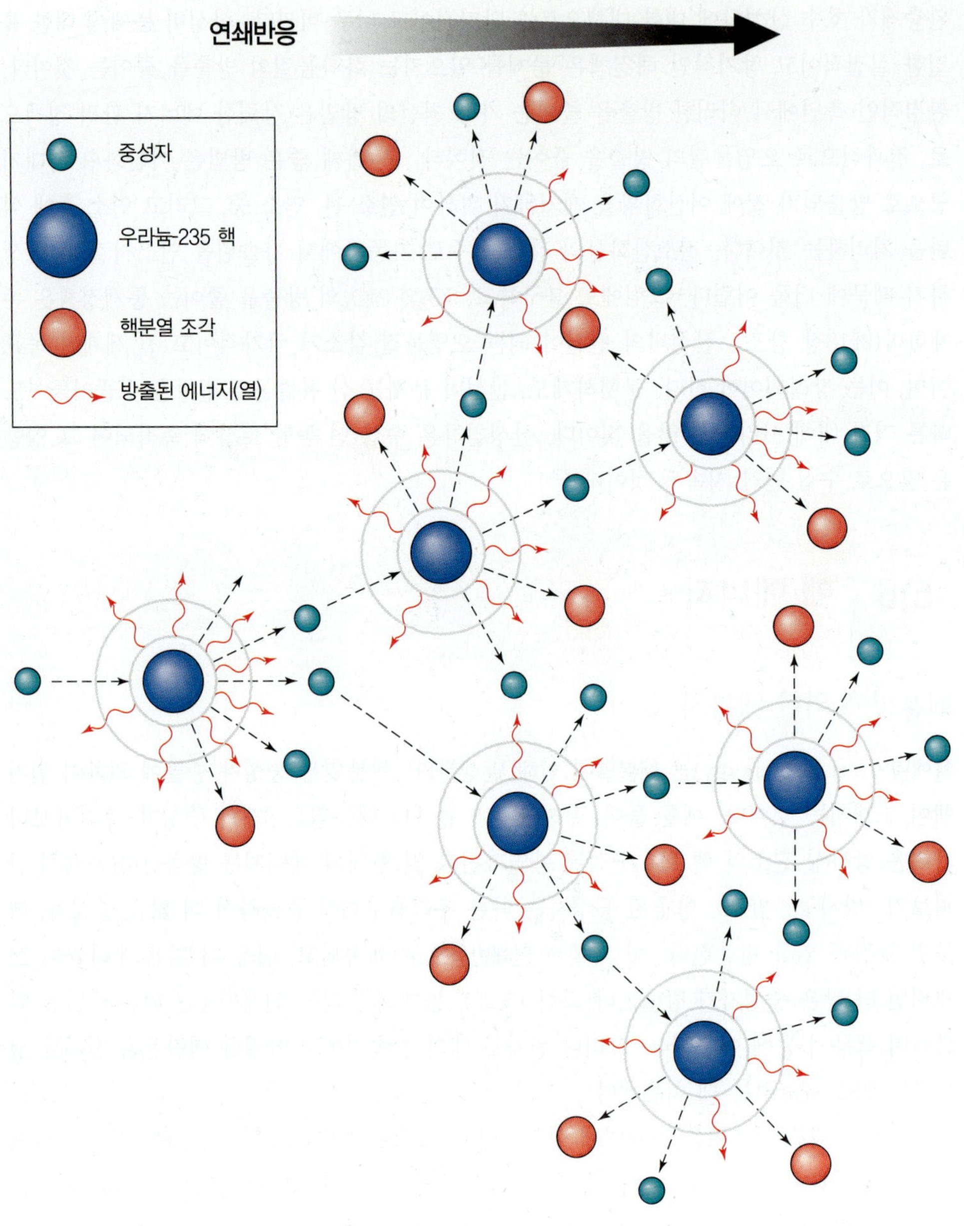

그림 15.20 핵분열, 연쇄반응 우라늄-235의 분열. 중성자가 우라늄-235의 원자핵을 공격하면 핵분열 조각들과 자유 중성자를 생성하고 열을 방출한다. 방출된 중성자들은 각각 다른 우라늄-235 원자를 공격하고, 더 많은 중성자와 핵분열 조각들과 에너지를 방출한다. 이런 과정이 계속되는 연쇄반응으로 발전을 한다.

질암석에는 4ppm이 농축되며, 여러 종류의 광물 내에서 산출된다. 우라늄은 또한 페그마타이트와 같이 후기 분별과정에서 생성되는 화성암체에서도 발견된다. 채광되는 우라늄이 경제성을 갖기 위해서는 자연상태보다 400에서 2,500배 이상 농집되어 있어야 한다.[23]

다행스럽게 우라늄은 여러 종류의 광물을 만들고, 이들 중 많은 광물들이 발견되고 채광된다. 세 가지 종류의 광상이 최근 몇 년 동안 대부분의 우라늄을 생산하였다 — 1) 우라늄 광물을 함유한 사암, 2) 암석의 균열을 충전한 함우라늄광물 맥, 3) 약 22억 년 된 퇴적 광상에서 형성된 굵은 입자의 함우라늄 퇴적암.[24]

원자로 디자인과 운영

오늘날 대부분의 원자로는 이들이 생산하는 물질보다 더 많은 핵분열 물질을 소비하는 연소원자로이다. 원자로 자체는 전기를 생산하는 터빈발전기를 작동시키는 증기를 만드는 핵스팀 공급시스템의 일부분이다(그림 15.21).[25]

원자로의 주요 구성요소는 그림 15.22에 나타나 있으며, 노심(core), 제어봉, 냉각제와 원자로 용기로 구성된다. 연쇄반응이 일어나는 원자로의 노심은 무거운 스테인리스로 만든 원

자세히 살펴보기 | 방사능

동일한 원소의 모든 원자들은 동일한 원자번호를 갖는다. 즉 이들은 핵 내에 같은 수의 양성자를 갖는다. 동위원소는 다른 수의 중성자를 갖는 원소로, 다른 질량수를 갖는다. 원자의 질량수란 핵 내의 양성자와 중성자의 합으로 정의된다 (제3장 참조). 예를 들어, 우라늄 $^{235}U_{92}$와 $^{238}U_{92}$를 보자. 두 동위원소의 원자수는 92이지만, 질량수는 각각 235, 238이다. 이들 동위원소는 각각 우라늄-235, 우라늄-238 또는 U-235, U-238로 쓴다. 방사성 동위원소라고 부르는 일부 동위원소는 방사성을 가지며, 자연적으로 핵의 붕괴가 일어난다. 방사성 물질의 핵붕괴는 하나나 그 이상의 방사선을 방출할 때, 원자핵이 바뀌면서 진행된다. 핵 붕괴 시 방출되는 중요한 세 가지 방사선은 알파입자(α), 베타입자(β), 감마입자(γ)이다. 각각의 방사성 동위원소는 특징적인 방출형태를 가진다. 어떤 동위원소는 한 가지 종류의 붕괴만을 하고 다른 종류는 혼합된 붕괴형태를 갖는다.

원자량 235
U
원자번호 92

알파입자는 2개의 양성자와 2개의 중성자로 구성되며, 다른 종류의 방사성 방출보다 더 무겁다. 알파 붕괴에 의하여 알파입자가 방출되면 원자핵의 양성자와 중성자의 수가 달라진다. 이에 따라 그 동위원소는 다른 원소의 동위원소로 변하게 된다. 예를 들어, 86개의 양성자를 갖는 라돈-222 원자는 알파입자를 방출하고 양성자가 84개인 폴로늄-218로 바뀐다. 큰 무게 때문에 알파입자는 이동 속도가 느리고 에너지가 가장 낮다. 알파입자들은 공기 중에서 가장 짧은 거리(대략 5~8cm)를 움직이고, 고체 물질을 투과하는 데 베타입자나 감마선보다는 덜 깊게 투과한다.

베타입자는 알파입자와 비교하여 무게가 적으며, 에너지는 높은 전자이다. 베타 붕괴는 동위원소 핵 내의 중성자가 자연적으로 방출될 때 일어난다.[26] 방출된 전자는 변환의 산물이다. 전자들은 핵의 내부가 아닌 주변에서 발견됨을 기억하라(제3장 참조).

감마 붕괴는 동위원소에서 감마선이 방출되는 것인데, 핵의 양성자의 수와 중성자의 수는 변하지 않는다. 감마선은 X-선과 유사하지만, 한층 더 에너지가 높고 투과력이 좋다. 감마선은 모든 방사선 방출 중에서 에너지가 가장 높다. 감마선은 더 빨리 멀리 이동하고 알파나 베타 입자보다 더 깊이 투과한다.

방사성 동위원소의 중요한 특징은 반감기이며 동위원소의 주어진 양의 반이 다른 형태의 동위원소로 붕괴되는 데 걸리는 시간을 말한다. 모든 방사성 동위원소는 독특한 반감기를 갖는다. 예를 들어, 라돈-222는 상대적으로 짧은 반감기인 3.8일을 갖는다. 탄소-14는 5,570년, 우라늄-235는 7억 년, 우라늄-238은 45억 년의 반감기를 갖는다.

아주 무거운 원소의 일부 방사성 동위원소는 안정해져서 더 이상의 방사성이 없어질 때까지 일련의 방사성 붕괴 단계를 거친다. 그림 15.B는 우라늄-238이 라돈-226, 라돈-222, 폴로늄-218을 거쳐 안정 동위원소인 납-206으로 붕괴되는 과정을 보여준다. 각 변환의 가장 중요한 두 가지 요인은 방출되는 방사선의 종류와 변화되는 동위원소의 반감기이다(그림 15.B). 하나의 방사성동위원소에서 다른 동위원소로의 붕괴는 종종 모원자와 딸원자라는 용어를 이용하여 표현한다. 예를 들어, 가스 상태이며 반감기가 3.8일인 모원자 라돈-222는 알파 입자를 방출하여 고체상태인 반감기가 187초인 딸원자 폴로늄-218로 붕괴된다.

방사선			방사성 원소	반감기		
α	β	γ		분	일	년
☢		☢	← U-238 ↓			4.5억
	☢	☢	← Th-234 ↓		24.1	
	☢	☢	← Pa-234 ↓	1.2		
☢		☢	← U-234 ↓			247,000
☢		☢	← Th-230 ↓			80,000
☢		☢	← Ra-226 ↓			1,622
☢			← Rn-222 ↓		3.8	
☢	☢		← Po-218 ↓	3.0		
	☢	☢	← Pb-214 ↓	26.8		
	☢	☢	← Bi-214 ↓	19.7		
☢			← Po-214 ↓	0.00016 (sec.)		
	☢	☢	← Pb-210 ↓			22
	☢		← Bi-210 ↓		5.0	
☢		☢	← Po-210 ↓		138.3	
없음			← Pb-206	안정		

그림 15.B 방사성 우라늄-238이 안정한 납-206으로 변화하는 연쇄 붕괴와 반감기. (Schroyer, F., ed. 1985. Radioactive waste, *2nd ed. American Institute of Professional Geologists*)

자로 용기 내에 위치한다. 안전과 보안을 위하여 원자로 전체는 안전격납구조(containment structure)라고 불리는 철근 콘크리트 건물 내에 위치한다. 지름 1cm보다 작은 속이 빈 관에 농축 우라늄 펠릿(알갱이)을 채운 연료봉들은 함께 묶여(40,000개 또는 그 이상) 노심의 연료 부품에 삽입된다. 안정된 분열 연쇄반응은 연료의 농도와 핵분열을 일으키는 중성자의 방출 수를 조정하여 유지한다. 최소 연료 농도는 연쇄반응을 스스로 유지하는 데 필요하며 중대하다. 중성자수의 조절은 반응률을 조정하는 데 필수적이다. 중성자의 수는 제어봉으로 통제되는데, 제어봉은 중성자를 가로채 다른 핵과 충돌하는 것을 막아주는 물질을

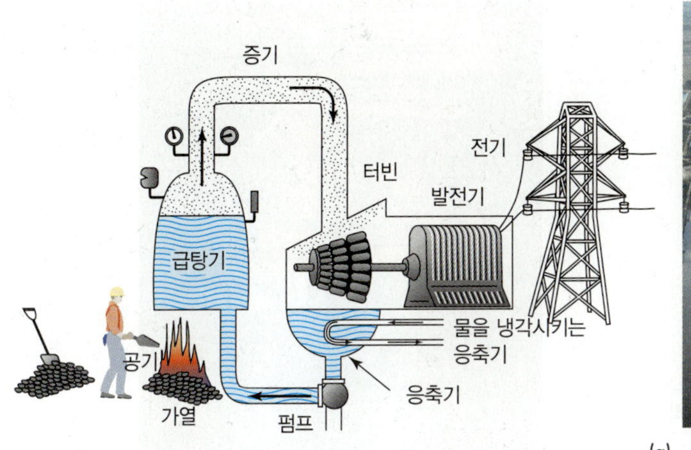

(a)

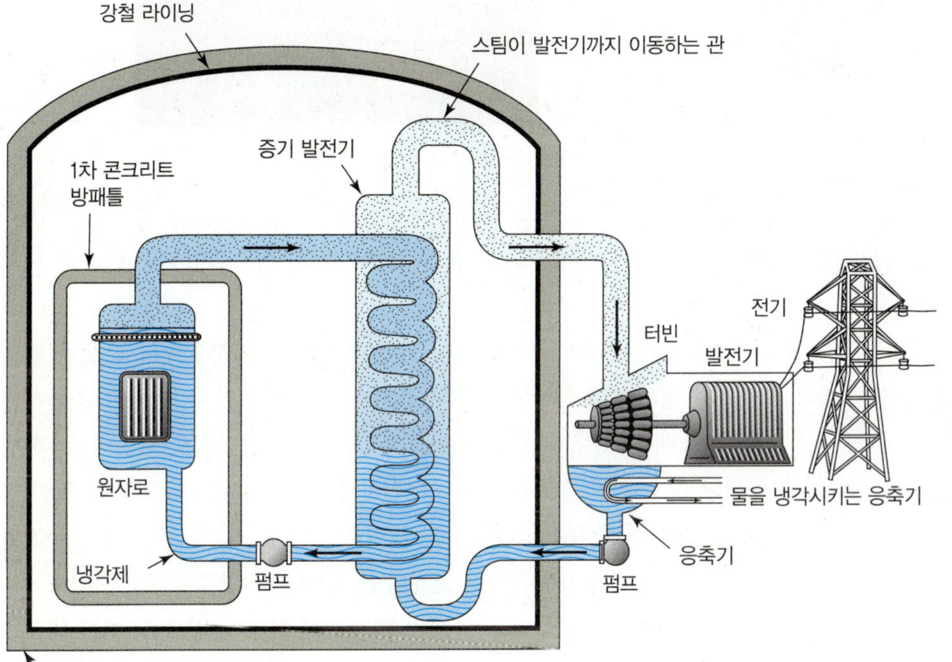

(b)

그림 15.21 화력발전소와 원자력 발전소의 비교 (a) 화력발전소. (b) 물을 끓이는 원자로를 가진 원자력 발전소. 핵 원자로는 화력발전소에서의 급탕기와 같은 기능을 가지고 있다. (Nuclear power and the environment, *American Nuclear Society, 1973*) 사진 : (a) 플로리다의 탐파베이의 스카이텔 브리지의 화력발전소는 석탄을 이용한다. 시설은 하부 오른쪽 구석의 석탄 저장소와 중앙의 자체발전소, 왼쪽의 발전소에서 배출되는 냉각수, 전력이 발전소로부터 멀리까지 이동되는 일련의 모습들이다. (*Wingstock/Comstock Images*) (b) 캘리포니아의 산루이스 오비스포 인근의 디아블로 캐니언 원자력 발전소는 돔모양의 건축물이며, 냉각수가 해양으로 배출되고 있다. 이 발전소의 부지는 물의를 일으켰고 많은 논쟁이 남아 있다. 왜냐하면 원자력 발전소가 시설에 피해를 입힐 수 있는 지진을 일으킬 단층에 가깝기 때문이다. (*Comstock Images*)

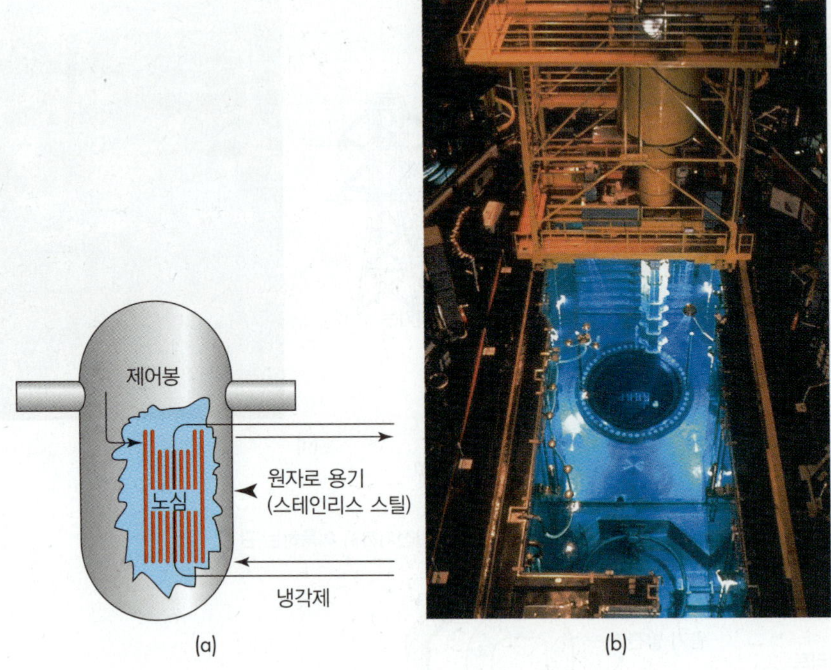

그림 15.22 원자로 (a) 원자로의 주요 부분의 그림. (b) 원자로 내부를 보여준다. 이 지역은 프랑스 플라밍빌 핵 발전소이다. 반응로의 노심은 중간의 푸른 물 웅덩이 내에 있다. 크레인은 반응로가 작동되기 전에 연료를 변환하여 연료봉을 이동하는 데 사용된다. 이 발전소는 가압수형원자로이다. 원자력 발전은 프랑스 전력의 약 75%를 생산한다.

포함하고 있다. 제어봉이 노심에서 제거되면 연쇄반응이 빨라지고, 삽입되면 반응은 느려진다.

펌프는 원자로를 통해 보통 물이 사용되는 냉각제를 순환시켜 핵분열에서 발생한 열을 뽑아낸다. 열의 발생률과 냉각제에 의한 흡수율이 조화를 이루어야 한다. 비율을 조화시키는 것은 일반적으로 어렵지 않으며, 원자로는 서서히 그리고 안정적으로 작동하게 된다. 그러나 지금까지 일어난 주요 핵발전소 사고는 무엇인가 고장이 나 원자로 노심의 열이 상승할 때 일어났다. 원자로 노심 용융(meltdown)은 핵연료가 너무 뜨거워져 용해된 물질로 변하는 것을 말한다. 원자로의 노심안전격납이 고장나면, 방사능은 환경을 오염시킨다.[27]

원자력 발전 시스템의 또 다른 부분들은 일차적인 냉각제 순환로와 펌프로, 이는 냉각제를 원자로 및 열교환기나 핵분열 시 발생하는 열로 가열하여 냉각제를 스팀으로 만드는 스팀발생기에 냉각제를 순환시킨다(그림 15.21b).

핵산업에서 최근의 경향은 덜 복잡하고 작으면서 안전한 원자로를 설계하는 것이다. 약 1,000MW의 전기를 생산하는 큰 원자력 발전소는 원자로에 적절한 냉각제를 제공하기 위한 펌프 세트와 보완 장치가 요구된다. 작은 원자로는 중력에 의해 작동하는 냉각 시스템으로 만들 수 있고, 이러한 디자인은 전기공급 차단이나 펌프의 고장에도 안전하게 작동하게 된다. 이러한 시스템을 **수동적 안정 시스템**(passive stability)이라고 하며, 이러한 원자로를 **수동적으로 안정**(passively safe)하다고 일컫는다.[28] 다른 접근방법은 헬륨 가스를 냉각제로 이용하는 것이다. 이 원자로는 1,800°C까지 견딜 수 있는 연료캡슐을 특별하게 만들어야 한다. 연료장치는 노심 용융의 가능성을 방지하기 위하여 이 온도에 도달하면 연료를 잡고 있지 못하도록 설계되어야 한다. '페블베드 반응로(Pebble-bed reactor)' 라고 알려진 기체 냉각 반응로는 몇 년 후에 실용화될 것이다. 이 원자로는 대략 볼필(ball-peel)의 볼 크기의 페블이라고 부르는 연료물질을 사용한다. 페블들은 하나의 볼이 다른 볼의 위치를 대체하는 껌볼 기계(gum ball machine)와 유사한 방법으로 원자로에 연료를 삽입한다. 이는 최적의 에너지 생산을 위하여 필요한 어떤 시간에도 충분한 연료를 가진 원자로로서 안전한 형태이다.[29]

핵분열 원자로와 관련된 위험

핵에너지 및 이와 관련된 가능한 악영향은 격렬한 논쟁의 대상이었다. 그 논쟁은 원자력발전의 결과에 대해 지속적으로 조심스럽게 조사해야 하기 때문에 유용하다.

핵분열은 방사성동위원소를 이용하고 발생시킨다. 다양한 방사능이 우라늄의 채광과 처리, 원자로에서 통제된 핵분열, 핵연료의 재처리 그리고 핵폐기물의 최종 처리까지 핵순환의 매 단계마다 환경으로 방출된다. 심각한 재해는 핵물질의 이동과 처분 및 다른 나라에 원자로를 공급하는 과정에 수반되어 일어난다. 게다가, 핵반응에 의하여 만들어지는 플루토늄은 핵무기를 만드는 데 사용될 수 있기 때문에, 테러리스트의 활동과 정부의 무책임한 행동의 가능성은 어떤 형태의 에너지 생성에도 없는 위험을 가중시킬 수 있다.

통제되지 않은 연쇄반응인 핵폭발은 핵 연료 물질이 폭발할 만큼 충분히 농집되어 있지 않기 때문에 원자로에서는 일어날 가능성은 없다. 그러나 원자로 내에서 예상치 않은 연쇄반응이 일어날 수 있어 대기 중으로 방사능 물질이 유출될 수 있다. 비록 재해로 이어지는 사고는 매우 적지만, 가동되는 모든 원자로에서 사고가 증가하고 있다. 이미 발생한 주요 사고로는 1979년 펜실베이니아의 하리스버그 인근의 쓰리마일 섬, 1986년 옛 소련의 우크라이나의 체르노빌 사건이 있다.

쓰리마일 섬 미국 핵발전 사상 가장 심각한 사고 중의 하나가 1979년 3월 28일에 일어났다. 쓰리마일 섬 핵발전소는 펜실베이니아 주 레리스버그 근처에 있다. 원자력 발전소의 벨브 오작동과 사람의 실수로 부분적인 노심 용융이 일어나 방사능 물질이 대기 중으로 유출되었다. 강한 방사능은 디자인한 대로 노심을 둘러싸고 있는 격납 구간 안에만 노출되고, 단지 작은 양의 방사능만이 대기 중으로 누출되었다.

쓰리마일 섬 사고는 핵발전에 잠재적인 문제가 있다는 것을 명확히 보여주었다. 역사적으로 핵발전은 그때까지 상대적으로 안전하였고 펜실베이니아 주는 이런 사고에 대해 준비가 되어 있지 않았다. 놀랍게도 사고의 심각한 영향 중 하나는 공포였으나, 놀랍게도 보건부에서 나온 어떤 직원도 보고 석상의 참석이 허용되지 않았다.

저준위 방사능의 노출에 의한 장기적인 영향에 대해 잘 알려져 있지 않았기 때문에, 분명히 적은 양이었지만, 쓰리마일 섬의 누출에 의한 영향은 평가하기 쉽지 않다. 쓰리마일 섬 사고는 현대기술에서 발생되는 오염물질의 누출로부터 초래되는 위기를 처리하는 방법을 개선시킬 필요가 있다는 것을 보여준다.[30]

체르노빌 1986년 4월 28일 월요일 아침에 발생한 사건은 준비 부족에 대하여 잘 설명해 주고 있다. 스웨덴의 핵시설에 근무하는 노동자들이 그들의 발전소 인근에서 방사능 수치가 증가되는 원인을 미친 듯이 찾고 있었다. 하지만 결론적으로 그들의 시설에서는 방사능의 누출이 없었으며, 그 방사능은 옛 소련에서 바람을 타고 오고 있었다. 증거를 들이대자 옛 소련은 4월 26일 체르노빌의 원자력발전소에서 사고가 난 것을 인정했다. 이것은 핵발전 역사상 발생한 세계에서 가장 최악의 사고에 대한 첫 통지였다.

이 사고는 사람의 실수로 체르노빌 원자로의 냉각시스템이 작동하지 못하여 일어난 것으로 믿어지고 있다. 이 때문에 원자로 노심 온도가 3,000℃ 이상 올라 우라늄 연료를 녹였다. 폭발로 원자로 윗부분이 날아가버렸고, 연료봉을 감싸고 있던 흑연에 불이 붙었다. 이 화재는 방사능물질의 구름을 만들어 대기권으로 높이 날려버렸다. 237건의 심각한 방사능과 관련된 병이 보고되었고, 이러한 병으로 31명이 목숨을 잃었다.[31] 사고 이후에 북반구의 30억 명의 인구는 체르노빌로부터 야기된 다양한 양의 방사능에 노출되었다. 체르노빌 주변 30km의 지역을 제외하면, 인간의 방사능 노출은 상대적으로 적었다. 가장 노출이 심했던, 유럽의 경우도 1년 동안 받는 자연방사능의 양보다도 적었다.[31]

30km 이내의 약 115,000명의 사람들이 주변으로 소개되었고, 약 24,000명으로 추정되는 사람들이 연간 자연량보다 수백 배 많은 방사능량에 노출되었다. 이 그룹의 사람들은 조심스럽게 연구되었다. 연구 결과, 사고 이후 벨라루스, 우크라이나, 러시아 연방(대부분이 체르노빌의 영향을 받음) 지역에서 연간 어린이 갑상선암 환자가 꾸준히 늘고 있다. 1994년 132명의 새로운 갑상선암 환자가 발생하였고, 사고 이후 총 653명의 갑상선암이 어린이와 청소년층에서 발병되었다. 비록 환경오염과 같은 다른 요인들의 영향도 있었겠지만, 이 암 환자들은 이들 사고와 연관이 있다고 판단되었다. 방사능에 노출된 100만 명의 어린이 중 수 퍼센트가 결국 갑상선암에 걸릴 것으로 예상된다.[32] 30km 밖의 구역에서는 암에 걸릴 확률이 적다. 그러나 향후 50년 동안 체르노빌 사고 때문에 전 세계에서 약 16,000명이 사망할 것으로 추정되기도 한다.[28]

체르노빌을 둘러싼 지역에서 방사능 물질은 토양, 식물, 지표수, 지하수를 계속 오염시켜 식물과 동물에게 위험을 줄 것이다. 소개된 지역은 방사능을 제거하는 방법이 개발되기 전까지는 오랜 세월 동안 사람이 살기 부적절한 지역으로 남을 것이다.[31] 체르노빌 사고의 총 피해액 추산은 다양하며 아마도 2,000억 달러는 넘을 것이다.

비록 옛 소련이 원자로 안전에 충분한 주의를 기울이지 않은 것과 노후화된 기계를 사용한 것에 대해 사과했지만, 사람들은 아직도 그러한 사고가 어디서든 발생할 수 있다고 걱정하고 있다. 세계적으로 수백 개의 원자로가 가동되고 있기 때문에 그렇다는 것이다. 체르노빌 사고 이전 1967년과 2001년 사이 10번의 방사능 물질 유출 사고가 있었다. 그러므로 체르노빌이 오늘날까지 가장 심각한 핵 사고라고 할지라도, 가장 먼저 발생한 사고도 아니고 가장 마지막에 발생한 사고도 아니다. 체르노빌 사고의 결과로, 원자력에너지의 위험분석이 컴퓨터 시뮬레이션이 아닌 실제 생명에 대한 경험으로 이루어졌다.

체르노빌은 원자로 4호기의 사고 이후 14년이 지난 2000년 12월 15일에 완전히 정지되었다. 원자로 2호기는 화재가 난 후인 1991년에, 1호기는 1996년에 정지되었다. 전 세계적인 압력으로 폐쇄가 이루어졌으며, 서방세계는 정리작업과 우크라이나의 다른 지역에 2개의 새로운 원자력 발전소를 건설하는 비용을 지불하기로 합의했다.

사고 주변지역은 수백 년 동안 거주가 불가능한 지역이 될 것이다. 체르노빌로부터 5km 떨어진 프리피아트는 유령도시가 되었다. 사고 당시, 프리피아트의 인구는 48,000명이었다. 현재 도시는 녹슨 자동차와 빈 아파트만 있는 버려진 도시가 되었다. 길은 갈라졌고 한때 도시 경관을 파랗게 만들던 나무와 다른 식물들은 변형됐다. 프리피아트는 사고가 난지 이틀 만에 소개되었다. 이 날은 옛 소련이 정권을 경축하는 노동절 3일 전이었다. 오늘날, 갑상선암 환자는 계속 증가하고 있다. 세계적으로 가장 심각한 원자력 사고의 영향은 아직도 완전히 끝나지 않았다.[33]

핵분열 에너지의 미래

오늘날 원자력 발전은 미국에서 소요되는 전기의 약 20%를 생산하고 있다. 약 103개의 원자로가 가동되고 있으며, 이 중 80% 이상이 미국 동부에 있다. 우라늄의 잠재적 에너지 기여도를 현실화시키려면 더 많은 원자로가 필요하다.

최근 미국의 정부 정책은 원자력 발전을 장래에 더 확대시키고자 하고 있다. 확실히 많은 사람들이 이전보다 더 이러한 정책을 지지하고 있다. 하지만 이 생각에 중요한 반대 의견도 있다. 동시에 몇몇 유럽국가들은 반대 방향으로 돌아섰다. 예를 들어, 전체 전력의 1/3을 원자력으로 생산하는 독일은 원자력 발전소들이 노후되어 감에 따라 2025년까지 모든 원자력 발전소를 중단시키기로 했다. 환경론자들은 가동정지 시점이 너무 늦다고 주장한다. 원자력 발전을 선호하는 다른 사람들은 미래의 정부에서 이 결정을 바꾸기를 바란다. 이들은 독일이 대기를 오염시키고 잠재적으로 지구온난화를 유발할 수 있는 이산화탄소 방출을 증가시키는 화석연료에 더욱 심하게 의존할 것을 걱정하고 있다(제19장 참조).

핵분열은 에너지 문제의 하나의 해결책임은 분명하다. 핵분열의 이용은 대기 중으로 이산화탄소를 방출하지 않고 산성비를 유발하는 물질을 만들지 않는 화석연료의 대체자원으로 미래의 사용 증가에 대하여 진지하게 평가되어야 한다. 그러나 원자력 발전의 사용은 사람들에게 해가 되지 않고, 또한 미래의 세대에게 위험한 원자력 폐기물로부터 자유로운 양질의 환경을 넘겨줘야 한다는 안전의 의무가 있다. 또한 원자력 발전소가 노후되어 감에 따라 결국 폐쇄되어야 할 것인데, 상당한 새로운 비용이 발생할 것이다. 원자로의 폐로, 원자로의 분해, 폐기물의 처분, 부지 정화에 따른 실제 비용은 수억 달러에 이를 것이다. 결국, 핵분열 원자력에너지의 이용은 폐기물 관리의 문제를 수반한다. 이는 다음 논의의 주제이다.

방사성 폐기물 관리

방사성 폐기물의 안전한 처분에 대한 방사성 폐기물 관리는 미국과 전 세계의 중요한 환경 이슈이다. 방사성 폐기물은 원자로에서 전기를 얻거나 플루토늄으로 핵무기를 만들 때 수반되는 부산물이다. 방사능 폐기물은 세 가지 카테고리로 나뉜다. 저준위 폐기물(low level waste), 초우라늄 폐기물(transuranic waste), 고준위 폐기물(high-level waste)이 그것이다.

저준위 방사능 폐기물 저준위 방사능 폐기물은 단지 적은 양의 방사능 물질을 함유한다. 저준위 폐기물은 고체나 액체의 발전소 폐기물, 슬러지, 산과 같은 화학반응의 잔유물이나 화학물질, 가볍게 오염된 장비, 도구, 플라스틱, 유리, 나무, 헝겊 등의 물질과 같은 다양한 품목들을 포함한다.[34] 폐기 전에 액상의 저준위 폐기물은 고체화시키거나 현재 부피의 적어도 2배에 달하는 물질로 포장한다.[35]

저준위 폐기물의 방사능 붕괴는 많은 양의 열을 발생시키지 않기 때문에 일반적으로 방사능 수준이 위험하지 않다고 확신하는 약 500년 동안 환경으로부터 격리시켜 놓는다. 미국에서 저준위 폐기물을 관리하는 기본원칙은 희석과 분산이다. 경험적으로 저준위 폐기물은 방사능의 이동을 제한하는 수문학적이고 지질학적인 조건에 부합되는 지표 근처의 매립지를 선정하여 잘 통제하고 모니터링하면 안전하게 매립할 수 있다.[35] 이러한 폐기물은 워싱턴, 네바다, 뉴멕시코, 미주리, 일리노이, 오하이오, 테네시, 켄터키, 캘리포니아 남부와 뉴욕 등의 주에 있는 주요 15개 처리장에 매립되어 있다.

사전 주의에도 불구하고, 테네시와 워싱턴을 포함한 몇몇 저준위 방사능 폐기물 매립지는 환경에 대한 적절한 보호책을 제공하지 못하고 있다. 이는 적어도 부분적으로 수문학적, 지질학적 환경에 대한 이해의 부족에 기인하다. 예를 들어, 오크리지 국립연구소의 연구에 따르면 테네시에 있는 매립지는 지하수면이 지표에서 7m 이내에 있는 것으로 되어 있다. 조사에 따르면 매립지 중의 한 곳에서 방사능 물질이 유출된 것을 발견하였고, 지하수면보다 높이 있는 지하수의 잔류시간이 짧기 때문에 그 지역에 폐기물의 처리가 어렵다는 결론을 내렸다. 다시 말하면, 폐기 지역에서 유출된 액체 방사능 물질이 지하수면 윗부분의 지하수에서 충분히 걸러질 수 없어 지하수면 하부로 침투하게 된다는 것이다.[35] 그러나 네바다에 있는 배티 주변에는 지하수면이 지표에서 100m에 달한다. 이 저준위 방사능 폐기물 시설은 확실히 안정적으로 보인다. 이러한 성과는 생성되는 어떠한 오염물질이 지하수 환경으로 들어가는 데 얼마나 오랜 시간이 걸리느냐에 의하여 부분적으로 결정된다.[35]

초우라늄 폐기물 초우라늄 폐기물은 우라늄보다 무거운 인간이 만들어 낸 방사능 원소로 구성된다. 대부분의 초우라늄 폐기물은 오염된 옷, 헝겊, 연장, 장비 등의 산업폐기물이다. 방사능의 강도로 보면 저준위 폐기물이라고 할 수 있지만, 플루토늄은 긴 반감기를 갖기 때문에 환경으로부터 250,000년을 격리시켜야 한다. 대부분의 초우라늄 폐기물은 핵폭탄의 생산과 이전에 만든 핵폭탄 시설을 청소할 때 나온 것이다. 1999년 현재 이들 폐기물은 뉴멕시코의 칼즈배드 인근의 매립지에 운반되어 처리되었다. 폐기물은 수백 미터 두께의 암염층 내의 655m 깊이에 격리되어 있다. 뉴멕시코 매립장의 암염층은 몇 가지 장점이 있다.[36,37]

- 암염층은 2억 2,500만 년 된 층으로, 지진활동이 거의 없어 지질학적으로 안정하다.
- 암염층은 채굴하기 쉽고 지하수가 흐르지 않는다. 암염층 내에 굴착된 너비 10m, 높이 4m 정도의 공간이 폐기에 사용되고 있다.
- 암염이 채굴 입구로 천천히 흐른다. 따라서 천천히 흐르는 암염은 100~200년 동안 자연적으로 저장시설의 폐기 공간을 막아 밀폐시킨다.

뉴멕시코의 폐기시설은 미국 내에서 첫 지질학적인 폐기장소로서 중요하다. 이는 파일럿 프로젝트로 매우 조심스럽게 평가되고 있다. 안전이 주된 관심사이다. 가능한 안전하게 폐기물을 매립지에 운반하고 지하의 폐기 시설에 저장하는 절차가 확립되었다. 원전폐기물은 수천 년 동안 재해가 될 수 있다. 그러므로 그 장소의 미래 언어와 문화에 관한 불확실성이 있다. 부지의 지상과 지하에 대한 분명히 경고가 이루어지며, 그 지역은 미래에 인간이 침입하지 못하도록 확실히 표시를 해 놓아야 한다.[37]

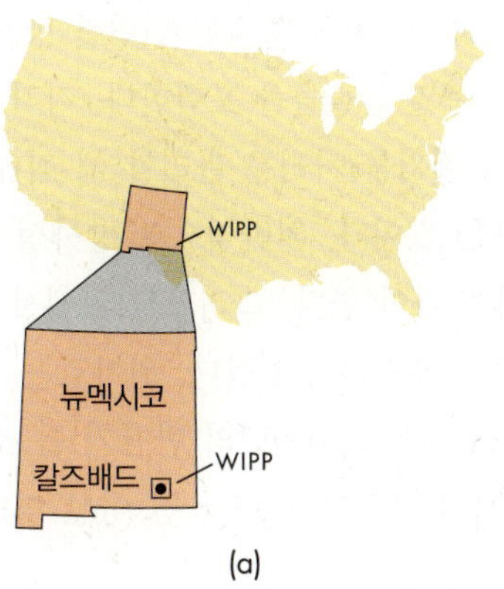

(a)

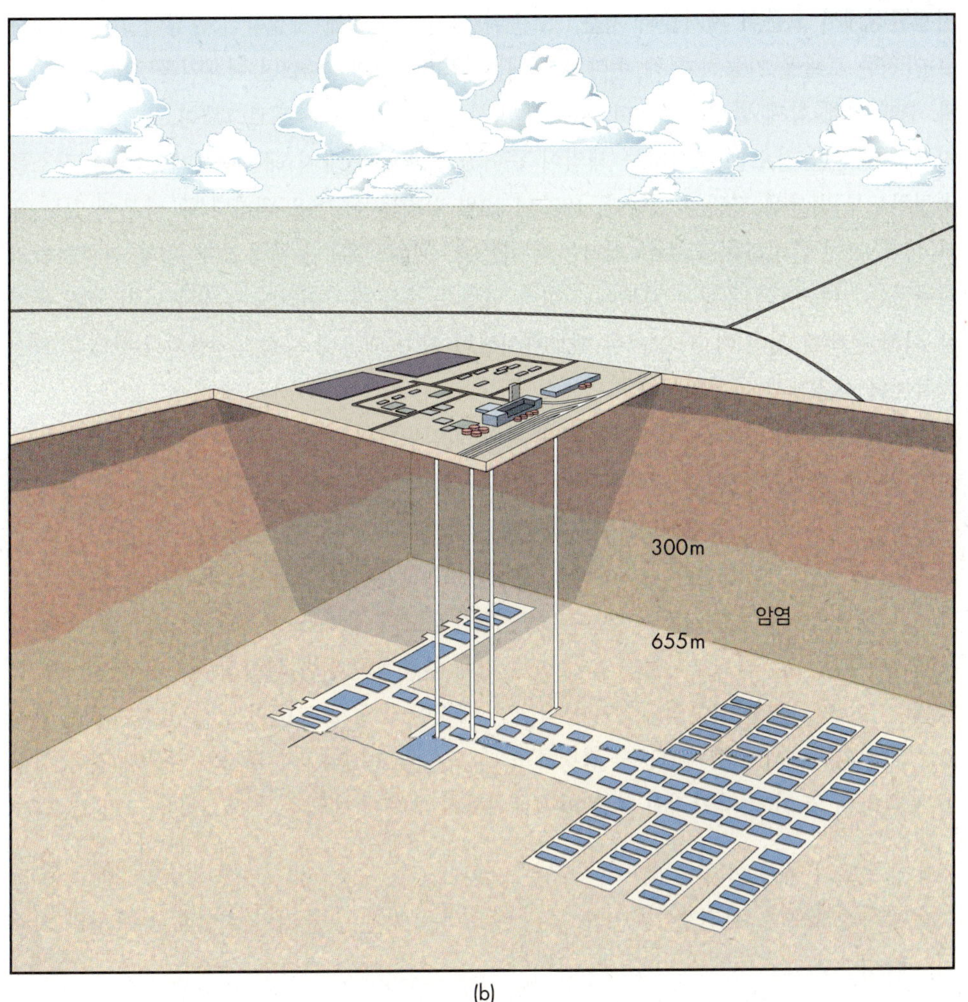

(b)

그림 15.23 뉴멕시코 핵폐기물 매립장 초우라늄 핵폐기물에 대한 뉴멕시코의 WIPP(waste isolation pilot plant) 처분에 대한 이상화된 그림. (*U.S. Department of Energy*)

고준위 방사능 폐기물 고준위 방사능 폐기물은 다량의 핵분열 물질을 갖는 고장나거나 오염된 핵 원자로의 연료 재료들을 말한다. 이 사용된 연료는 정기적으로 제거되며, 재처리되거나 폐기된다. 연료 재료를 재처리하는 비용이 새로운 우라늄을 채광하고 처리하는 비용보다 비싸기 때문에 가까운 장래에 미국에서는 재처리되지 않을 것이다. 그러므로 현재의 폐기물 관리 문제에는 제거, 운반, 보관 그리고 폐연료 재료의 최종적인 폐기가 포함된다.[38]

고준위 폐기물 처분 문제 원자로로부터 생성된 위험한 방사능 물질은 클립톤-85, 스트론튬-90과 세슘-137 등과 같은 핵분열 산물들을 포함한다. 각각의 이러한 방사성 원소는 서로 다른 반감기를 갖는다. 방사성 폐기물 처리를 관리할 때 직면한 가장 큰 문제는 방사성 물질들의 반감기가 서로 다르다는 것이다. 일반적으로 방사성 물질이 건강에 유해성이 없으려면 적어도 10번의 반감기가 지나야 한다. 그러므로 위에서 언급한 방사성 폐기물의 혼합물은 생물권으로부터 수백 년은 고립되어야 한다. 원자로는 자연적으로 생성되지 않고, 인간이 만든 동위원소인 플루토늄-239(24,000년의 반감기)를 소량 생성시킨다. 따라서 플루토늄과 그 분열 산물은 생물권에서 적어도 25만 년 이상 격리되어야 하며, 이의 영구적인 처분은 지질학적인 문제이다.

지질환경에서 고준위 폐기물의 처분 고준위 폐기물에 대해 지질학적 환경이 가장 확실하고 안전한 보관을 가능하게 해 준다는 데에는 이의가 없다. 1982년 핵폐기물정책법이 연방과 주에 의해 함께 발의되었으며, 고준위 방사능 폐기물 처분 프로그램이 포함된다. 에너지부에 적절한 장소를 조사하는 책임이 주어졌고, 1987년까지 대통령에게 적절한 장소를 추천하도록 법률에 정해져 있었다. 1987년 12월 의회는 이 법을 네바다 주 남부에 있는 유카 산 부지에 한정하여 고준위 폐기물의 처분을 검토하도록 수정하였다. 일부 과학자들과 사람들은 비록 암석 유형이 처분에 적합한 몇몇 특성을 가지더라도 부지가 이런 지질 특성에 의해 선택된 것이 아니라, 기존 핵보관시설이 있기 때문에 사회적 · 정치적 반대를 최소화하자는 이유에서 선택되었다고 믿는다.

유카 산 부지의 암석은 조밀하게 압축된 응회암(압축된 화산재로 이루어진 암석)이다. 다행스럽게 부지가 위치한 지역은 매우 건조한 지역이다. 연간 강수량은 약 15cm이고, 대부분이 흘러내리거나 증발한다. 수문학자들은 강수의 5% 이하가 지표를 통하여 지표면 수백 미터 아래의 지하수면에 다다른다고 추정한다. 잠재적인 보관장소의 깊이는 산의 표면에서 약 300m 지하이고, 지하수가 흐르는 지하수면보다 상부에 건설될 수 있다.[41]

에너지부와 미국 지질조사소는 유카 산 부지에 대한 광범위한 과학적 평가를 완벽하게 진행했다. 이 연구는 지질학적이고 수문학적인 배경이 어떻게 고준위 방사성 폐기물을 환경으로부터 완벽하게 고립시키는지 결정하는 데 도움을 주었다. 이 부지는 다음과 같은 사항을 포함하여 몇 가지 자연적인 보존벽이 존재하기 때문에 매력적인 장소였다(그림 15.24).

- 하부로의 물의 이동이 제한된 건조한 기후
- 방사성 물질을 보관할 수 있는 높은 수용력을 가진 용결된 응회암으로 구성된 지질 특성
- 깊은 지하수면을 나타내는 두꺼운 통기대

공학적인 방법들은 보관 시설로부터 폐기물이 누출되는 것을 막는 추가적인 장벽을 제공할 것이다.

만일 유카 산 부지가 방사성 폐기물의 격리에 안전하다고 결론이 나오면, 에너지부는 미국핵규제위원회에 처분시설의 설치에 대한 허가를 신청할 것이다. 만일 반대하는 네바다 주와 협상이 이루어지고, 환경적으로 안정한 요인들이 일치한다면, 보관시설은 2010년까지 고준위 폐기물을 맞을 준비가 될 것이다.

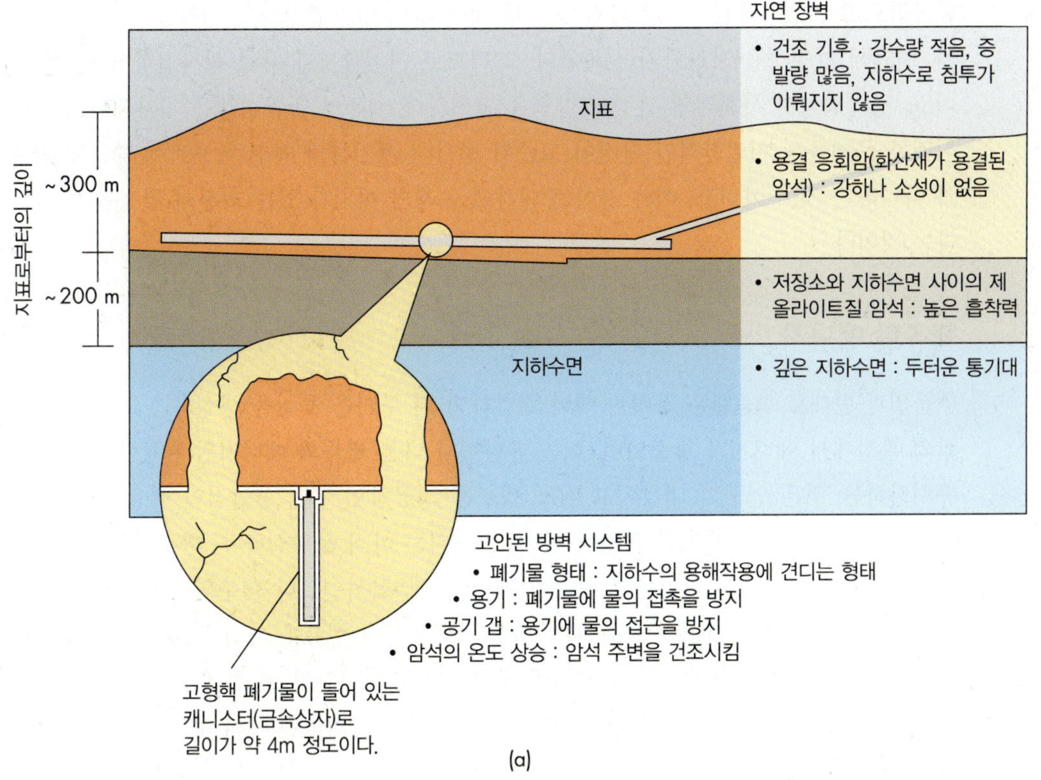

(b)

그림 15.24 유카 산 지역 (a) 유카 산 저장소를 보여주는 단면도. 자연적이고 공학적으로 설계된 방벽이 나열되어 있다. 폐기물은 50년 동안 보관할 수 있다. (*Lawrence Livermore Laboratory. 1988. LLL-TB-92*) (b) 고준위 방사성 폐기물의 매립장이 관찰되는 유카 산 지역의 항공사진. 이 지역은 미국의 지하 핵실험이 수행되고 있는 네바다 실험지역과 경계이다. (*Mark Marten/U.S. Department of Energy/Photo Researchers, Inc.*)

장기적인 안전 고준위 폐기물의 처분에 대한 가장 중요한 문제가 아직 남았다. 어떻게 장래 수천 내지 수억 년 동안 지질학적인 조건을 예언할 수 있느냐는 것이다.[42] 지질학적인 과정은 시간과 공간을 넘어 다양하게 변하는 것이기 때문에 이 질문에 대한 답은 쉽지 않다. 장기간의 기후 변화는 그 지역을 침식시키고 퇴적시키고 또 지하수 활동을 변화시킬 것이다. 예를 들어, 그 부지로부터 수백 또는 심지어 수천km 떨어진 장소에서 발생한 지진은 영구적으로 지하수면의 높이를 변화시킬 수 있다. 과거 100년간 미국 서부지역의 지진 자료에서 알 수 있듯이, 미래의 지진활동을 예측하는 것은 최선을 다해도 빈약할 뿐이다.

궁극적으로 지질학자들은 지질학적 과거에 대한 상대적인 안정성을 평가할 수 있을 뿐이며, 미래의 안정성을 보장하지는 못한다. 그러므로 지질학자가 아닌 의사결정자가 정치적이고, 경제적이며 사회적인 관심의 압력을 고려하여 예측의 불확실성을 평가해야 한다.[42] 이러한 문제들은 지질학적인 환경이 고준위 방사성 폐기물의 안전한 보관에 중요한 요소가 아니라는 것이 아니고, 이와 같이 중대하고 논쟁의 여지가 있는 최선의 결정을 해야 한다는 것이다.

핵융합 에너지

핵분열과 반대로 **핵융합**은 가벼운 핵이 결합하여 더 무거운 물질을 생성하는 것이다. 핵융합의 과정에서 에너지가 방출되며, 이는 태양이나 다른 별들의 에너지원과 같다. 핵융합을 동력화하는 것은 연구의 대상이고 어느 정도는 성공하였지만, 상업적인 핵융합발전소가 다른 에너지원과의 경제적인 경쟁이 될 수 있는지는 아직 불확실하다. 환경적인 측면에서 보면, 핵융합은 방사성 폐기물의 배출이 거의 없고, 화석연료나 핵분열을 이용하는 것에 비하여 채광이나 운반측면에서 훨씬 유리하다. 핵융합의 연료는 거의 무한대로 공급될 수 있는 수소이다. 따라서 핵융합은 미래의 궁극적인 에너지원이 될 잠재성이 있다. 그러나 우리는 필요로 하는 에너지에 대하여 수소를 동력화하는 기술을 아직 갖고 있지 못하다.

15.7 지열에너지

지구 내부로부터의 자연적인 열인 **지열에너지**(geothermal energy)의 이용은 지질학 지식과 공학기술의 흥미로운 응용이다. 지구 내부의 열을 동력화하는 것은 최근의 일이 아니다. 지열의 이용은 1904년 이탈리아에서 건조한 증기를 이용하였고, 미국 서부와 하와이의 일부 등 세계 일부 지역에서 전기를 발전하는 데 사용하고 있다. 전기를 발전할 만큼 열에너지가 충분하지 않은 다른 장소에서는 건물의 난방이나 산업적인 목적으로 사용된다. 현재 존재하는 지열 시설은 지구 내부에 저장된 전체 에너지의 매우 적은 부분에 불과하다. 지열에너지는 막대하다. 지각 10km 내 지열에너지의 1%만 해도, 전 세계 전체 석유와 가스 매장량의 500배에 달하는 양이다.

지열에너지의 지질 특성

지구 내의 자연적인 열 생산은 단지 부분적으로만 이해되고 있다. 우리는 어떤 지역이 다른 지역보다 지하에 더 많은 열류량이 존재한다고 알고 있으며, 대부분의 경우 이 장소는 지구조 활동과 관련되어 있다. 확장하거나 수렴하는 판의 경계가 지구로부터의 자연스러운 열 흐름이 이상적으로 높은 장소이다. 지열발전소의 위치와 화산활동이 알려진 장소의 일치는 우연이 아니다.

온도는 지표 밑으로 깊이가 증가함에 따라 상승한다. 이는 km당 증가 정도로 측정되며 이를 **지하증온율**이라고 한다. 미국의 경우 지하증온율은 km당 12°C에서 47°C로 다양하다. 일반적으로 지하증온율이 급할수록, 지표에 더 큰 열의 이동이 나타난다. 급한 지하증온율은 뜨거운 암석이 일반적인 상황보다 지표에 더 가깝게 위치한다는 것을 의미한다. 중간 정도의 지하증온율인 km당 30°C에서 45°C는 서부 미국 분지와 산맥, 특히 배틀 산맥 부근에서 널리 나타난다(그림 15.25a). 이 지역은 몇몇 예외는 있지만 지열탐사에 대해 분명히 좋은 유망지이다. 그림 15.25b는 현재 존재하는 지열 발전소를 따라 미국 서부 지역의 열 흐름을 보여준다. 전체 발전량은 3,000MW로 캘리포니아 발전량의 90%보다 많다. 전체 발전량의 3분의 1이 캘리포니아 주, 샌프란시스코 북쪽 145km에 위치한 간헐천 발전소에서 생산되며, 이 곳은 오랜 기간 동안 증기로 발전을 해왔다(그림 15.25b의 G, 그림 15.26). 전형적인 상업화된 지열정은 5~8MW의 전기를 생산한다[43](1와트는 초당 1J이다. 자세히 살펴보기 '에너지 단위' 참조).

여러 지열시스템은 지질학적 기준에 의하여 정의된다. 우리는 여기서 두 가지 시스템을 설명할 것이다. 즉 열수 대류 시스템과 지하수 시스템이다.[44,45,46] 각 시스템은 에너지원으로서 서로 다른 기원과 잠재력을 가지고 있다.

열수 대류 시스템 열수 대류 시스템은 다양한 양의 뜨거운 물이 순환하는 지열 분지에서 주로 존재한다. 여기에는 두 가지 유형이 있다. 기체가 우세한 시스템과 뜨거운 물로 이루어진 시스템이다. 기체가 우세한 열수 순환 시스템은 물과 증기가 모두 존재하는 지열 저장소이다(그림 15.27). 지표 근처에서 압력은 심부보다 낮고, 물은 빠르게 과열된 증기로 변하며 이를 개발하여 파이프를 통해 전기를 생산하는 터빈으로 연결한다. 이 시스템은 지하수의 느린 함양이 특징이며, 이는 뜨거운 암석이 대체되는 물보다 많은 양의 물을 끓이며, 자연적인 함양이나 발전 후 응축기의 물을 재주입까지 똑같은 시간에 대체될 수 있음을 의미한다. 증기가 우세한 시스템은 일반적이지 않다. 미국에서 세 곳만이 존재하며, 캘리포니아의 간헐천, 캘리포니아의 라센 산 국립공원, 와이오밍의 옐로스톤 국립공원이다.

미국에서 뜨거운 물의 열수 순환 시스템은 증기가 우세한 시스템의 약 20배가 넘는다. 온도가 150°C보다 높은 고온의 열수 시스템들은 뜨거운 물이 순환하는 지대를 가지고 있으며, 순환하는 뜨거운 물은 압력이 낮은 지대로 이동하여 지표에서 증기와 물의 혼합체가 만들어진다. 터빈을 작동시키기 전에 증기에서 물을 반드시 제거해야 한다.[45] 그림 15.28a에서 보는 바와 같이 재가열하기 위해 외부에서 물을 주입할 수도 있다.

지하수 시스템 보통의 낮은 온도의 지하수를 이용하는 아이디어는 상대적으로 최근의 것이다. 지하 100m 깊이에서, 지하수는 전형적으로 약 13°C의 온도를 갖는다. 이는 목욕을 하기 위해서는 차갑지만, 미국 동부 지역 겨울의 실외공기에 비하면 따뜻하고, 여름 온도와 비교하여 시원하다. 공기나 물의 온도를 높이거나 낮추는 장치인 열펌프는 이 온도차를 이용하여 겨울에는 건물의 난방을, 여름에는 건물의 냉방을 할 수 있다. 비록 관정을 뚫는 데 초기에 비용이 많이 들지만, 온도가 일정한 지하수를 이용하는 지열 시스템은 미국 중서부와 동부의 여러 곳에서 사용되고 있다. 이들 시스템을 위한 기술은 잘 알려져 있으며, 장치 또한 쉽게 구할 수 있다. 에너지 원가가 올라감에 따라 이런 시스템은 보다 매력적이 될 것이다.

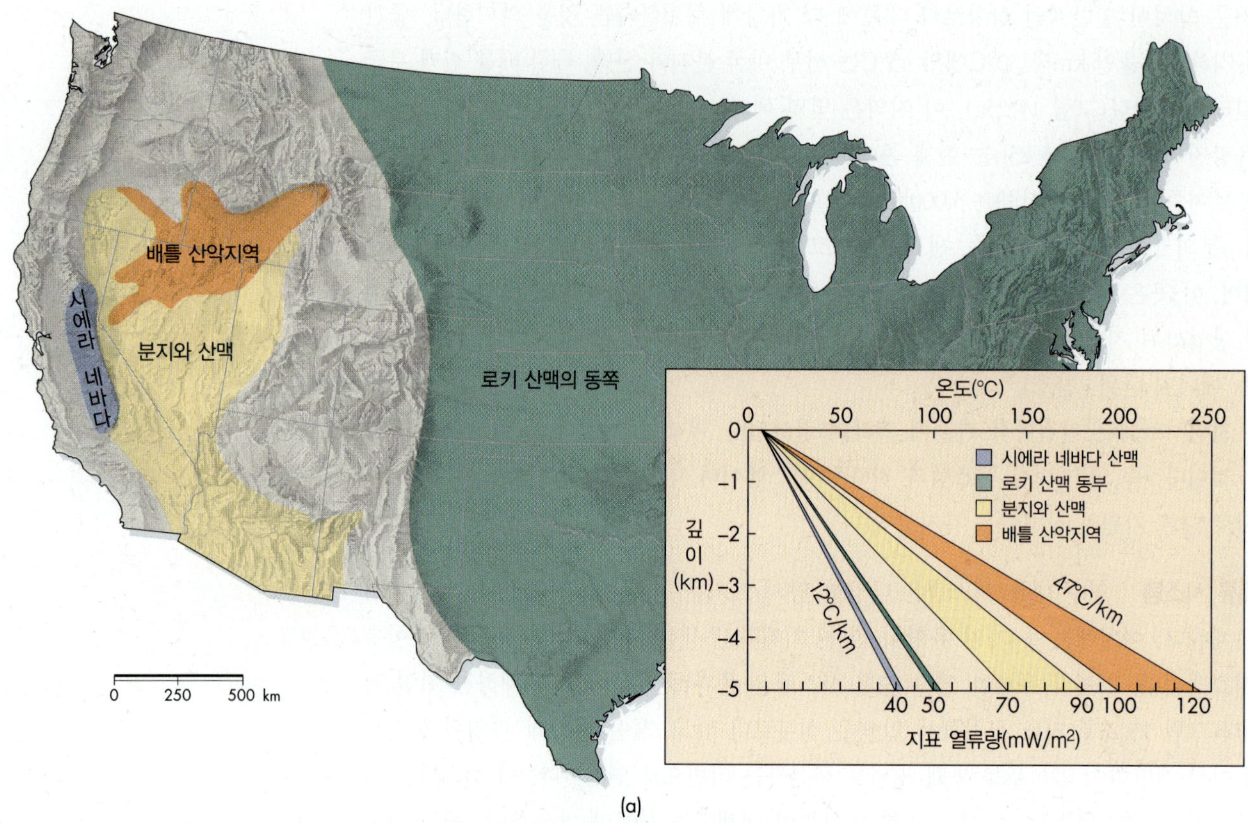

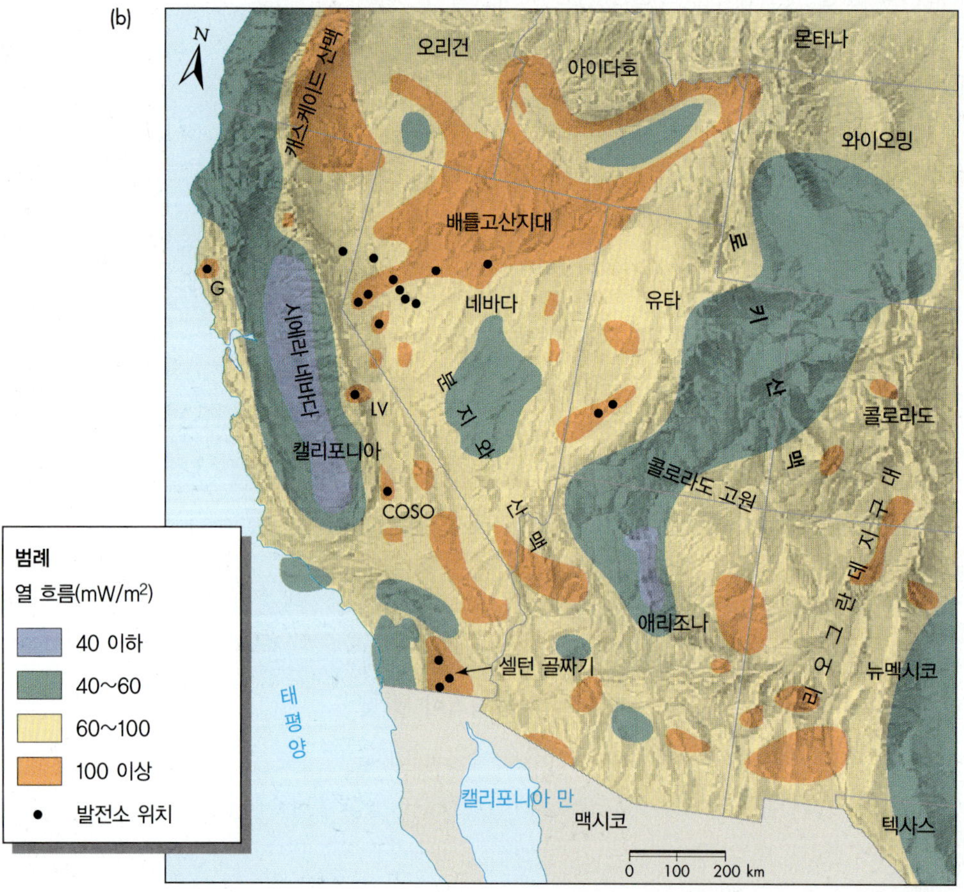

그림 15.25 미국의 열류량 (a) 지온증온율(12~47℃)과 미국 내의 일반적인 열 이동. (b) 미국 서부의 열이동에 대한 좀 더 자세한 지도와 지열 발전소의 위치. $1m^2$당 1mW는 km^2당 10,000W와 같다. (*Duffield, W. A., Sass, J. H., and Sorey, M. L. 1994.* Tapping Earth's natural heat. *USGS Circular 1125*)

그림 15.26 지열 발전소 캘리포니아 샌프란시스코 북부의 간헐천 발전소의 항공사진. 이 발전소는 세계에서 가장 큰 지열 전기 발전소이다. (*Pacific Gas and Electricity*)

지열에너지 개발에 따른 환경적인 영향

집중적인 지열에너지의 개발에 따른 부정적인 환경 영향은 다른 에너지 자원의 경우에 비해 심하지 않다. 하지만 그럼에도 불구하고 무시할 수는 없다. 지열에너지와 관련된 환경적인 영향에는 개발 지역 내 소음, 가스 방출, 대지의 손상 등이 포함된다. 다행스럽게 지열에너지의 개발은 원료물질의 운반이나 화석연료에서 전형적인 정제와 같은 것을 필요로 하지 않는다. 지열 발전소는 같은 양의 전력을 생산하는 석탄 화력발전소에 비해 1% 미만

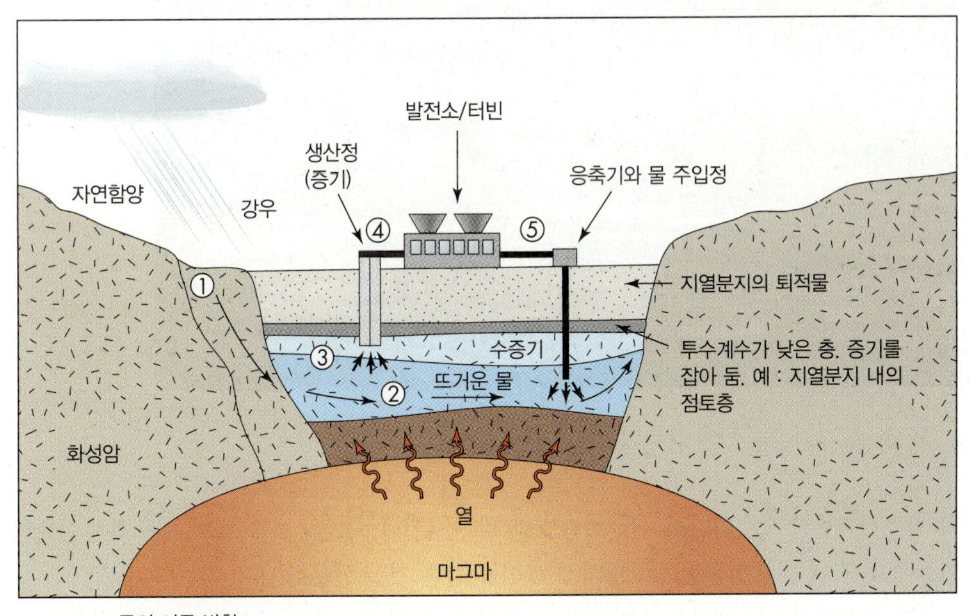

그림 15.27 증기가 주를 이루는 지열 시스템과 발전소 증기가 주를 이루는 지열 시스템의 단면도. 관정은 전기를 발전하기 위한 터빈을 돌리는 증기를 생산한다.

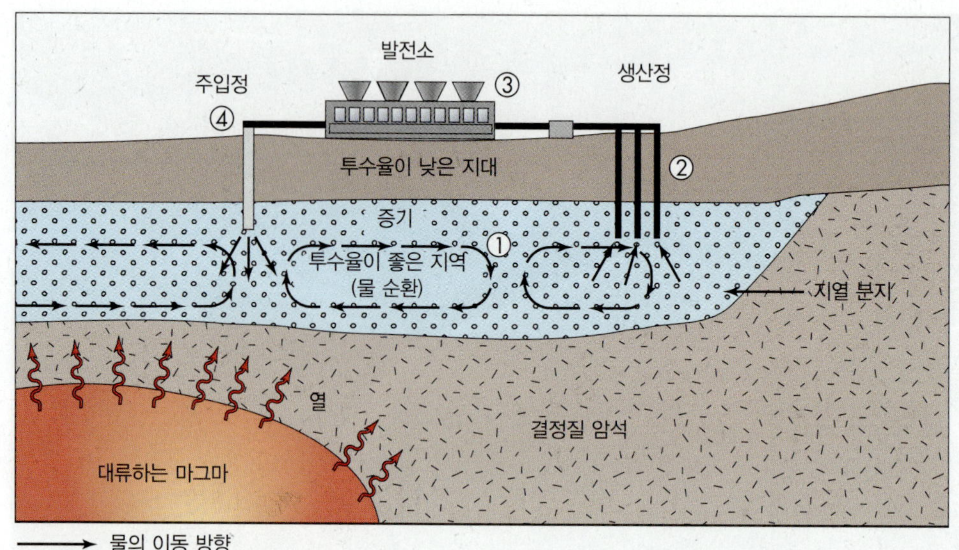

(a)

(b)

그림 15.28 열수 지열 시스템 (a) 발전소에서 증기는 전력을 생성하는데 이용되며 물로 변하게 된다. 물은 처리정을 통해 지열 시스템으로 다시 주입된다. (*Pacific Gas and Electricity [PG&E]*) (b) 캘리포니아의 맘모스 호의 열수 지열 발전소. 발전소는 12개의 생산정과 6개의 주입정을 가지고, 40,000가구에 공급될 수 있을 만큼 충분한 전력인 40MW를 생산하고 있다.

의 질소산화물과 5% 미만의 이산화탄소를 발생시킨다. 결국, 지열 에너지는 화석연료의 연소에 따른 대기 오염물질이나 방사성 폐기물 같은 것을 만들어 내지 않는다.

지열에너지 생산은 재해를 수반한다. 증기가 우세한 시스템을 제외하고, 지열 개발은 뜨거운 폐온수에 의한 열 오염을 일으킨다. 폐수는 염수이거나 광화되어 있어 파이프, 펌프 또는 다른 장비들을 부식시킬 수 있다. 대책은 이들 물을 지열 저장소에 재주입하여 처리하는 것이다. 하지만 이러한 처리 또한 문제가 있다. 주입되는 유체가 암석의 균열 시스템을 활성화시켜 지진을 유발할 수 있다. 게다가, 원래 유체의 회수는 저장소를 압축시켜 지표면의 지반침하를 유발할 수도 있다. 지반침하는 시스템에서 열이 회수되고 암석이 수축됨에 따라 발생할 수도 있다. 최종적으로, 지열 에너지의 개발은 간헐천에 영향을 미치는 열의 원천이 이동하는 방향을 변화시키거나 줄여서 주변 간헐천에 부정적인 영향을 미칠 수 있다. 결과적으로, 국립공원에서 지열 발전을 금지하여 유명한 간헐천인 올드 페이스풀과 옐로스톤 국립공원의 온천들이 있으며, 이들을 보호하기 위해 연방법률이 재정되었다(그림 7.15a). 알 수 없는 것은 무엇이 보호를 위한 적합한 대책인가이다. 옐로스톤의 온천에 피해를 주지 않기 위해 공원 경계의 외부에 얼마나 큰 완충지역을 설정해야 하는가? 옐로스톤 국립공원에서의 연구가 이 질문에 대한 이해와 답변을 줄 것이다.[43]

지열에너지의 미래

지열에너지는 분명히 특정한 장소에만 있는 에너지원이다. 30년이 넘게 이 광대한 자원으로부터 생산된 추정 에너지양은 현대 원자력 발전소 수백 개가 생산하는 에너지를 훨씬 능가했다. 만일 우리가 원가를 무시한다면 이 자원은 이 시점에 분명히 인식되고, 회수 가능하다.[44] 게다가 지금 존재하는 회수 가능한 에너지보다 더 많은 시스템이 아직 발견되지 않았다. 더군다나 낮은 온도의 지하수를 이용하는 형태의 지열에너지는 많은 지역에서 가정과 건물의 난방에 도움을 주는 미래의 에너지원이 될 것이다.

현재, 지열에너지는 미국에서 생산되는 전기에너지의 단지 1% 미만의 적은 부분을 공급하고 있다. 캘리포니아의 간헐천과 같은 일반적이지 않은 증기가 우세한 시스템을 제외하고는 화석연료를 이용하는 것보다 지열 저장소에서부터 전기를 생산하는 것이 현재로서는 훨씬 더 많은 비용이 든다. 지열에너지의 상업적인 개발은 경제성이 있을 때까지 급격히 진행되지는 않을 것이다. 그렇게 된다고 해도 가까운 미래에 지열 자원에서부터 생성되는 전체 전기에너지양은 최대 10%를 넘지 않을 것이다. 이러한 개괄적인 전망은 지열에너지가 생산되고 있으며, 유사한 시설이 확대되고 있는 캘리포니아에서는 사실일 것이다. 그럼에도 불구하고, 지열자원으로부터의 생산되는 에너지의 양적 성장은 과거 35년 동안 극적으로 증가하였다. 현재 약 60개의 새로운 지열자원 프로젝트가 미국에서 개발 중이다.

15.8 재생 에너지원

화석연료는 오늘날 사용되는 주된 에너지원이다. 화석연료는 전 세계인이 사용하는 전체 에너지의 약 90%를 공급한다. 이외의 다른 에너지들을 지칭하여 **대체에너지**(alternative energy)라고 하고 두 가지 그룹으로 나눈다—재생 에너지와 비재생 에너지. 비재생 대체에너지는 앞서 다룬 핵에너지와 지열 에너지를 포함한다. 재생 에너지는 태양에너지, 수력, 수소, 풍력 및 생물체에서 유래된 바이오매스 에너지가 있다.

특히 태양과 풍력 같은 대체 에너지의 사용은 급격히 증가하고 있다. 대체에너지는 대기를 오염시키고 산성비를 유발하며 참을 수 없을 정도로 대기를 덥게 만드는 화석연료와 경쟁할 수 있음이 입증되고 있다. 태양과 바람 같은 대체 가능한 재생 에너지원은 다른 급격한 변화나 기후 변화를 일으키지 않는다. 태양열과 풍력은 무시무시한 태풍이나 가뭄을 발생시키는 기상이변을 일으키지 않는다. 또한 해수면을 상승시키거나 해안지대를 침식시켜 섬들을 포함한 저지대를 위협하지도 않는다. 대체, 재생 에너지원은 화석연료에 대한 우리의 집착을 해소할 기회를 제공하고 지구에 해를 주지 않는 지속 가능한 에너지 정책을 발전시킨다.[48]

대체에너지의 성공을 담보할 일차적인 조건은 그 위치에 최고 품질의 자연 자원이 재생 에너지원으로 존재해야 하는 것이다. 예를 들어, 미국 남부의 태양열 발전소 입지는 태양빛이 가장 강한 곳이다. 대평원, 텍사스, 노스이스트, 캘리포니아에 있는 풍력기지는 바람이 강하며 지속적인 지역이다. 숲과 농작물 등의 연료 자원이 풍부한 곳에 위치한 기존의 석탄을 이용하는 발전소에서는 바이오매스를 이용한다.[49]

재생 에너지원은 보통 **태양에너지**(solar energy)에서 유래되기 때문에 일반적으로 한 그룹으로 묶어 이야기한다. 광범위하게 정의되는 태양에너지는 그림 15.29에서 볼 수 있듯이 많은 재생 자원의 에너지원이다. 이는 사람이 사용하는 것과 같은 시간에 태양에 의해 재생산되기 때문에 재생 에너지이다. 재생 에너지원은 고갈되지 않고 환경 파괴를 최소화하기 때문에 장점을 갖는다. 바이오매스나 그 부산물, 도시 쓰레기를 연소시키는 것을 제외

그림 15.29 재생 태양에너지의 유형 성장성과 잠재성이 있는 예를 선택적으로 보여주고 있다.

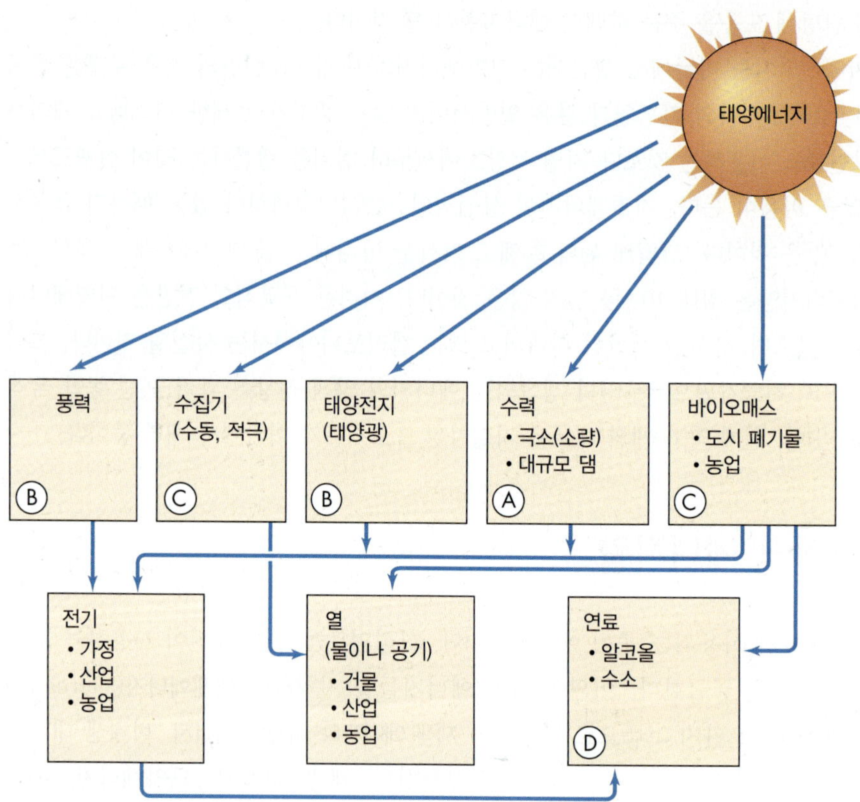

하고, 태양에너지는 연료를 연소하지 않기 때문에 대기의 이산화탄소를 증가시킬 위험이나 기후를 변화시킬 위험은 없다. 재생 에너지원의 또 다른 중요한 측면은 필요와 실행의 기술적인 진행시간이 새 원천을 개발하거나 화석연료나 핵연료를 이용하는 발전소를 건설하는 데 걸리는 시간보다 상대적으로 짧다는 것이다.

지구 표면에 도달하는 태양에너지의 총량은 막대하다. 전 세계적으로 태양에너지가 10주간 제공하는 에너지는 우리가 확인하고 있는 지구상의 석탄, 석유, 천연가스 자원에서 얻을 수 있는 에너지양과 거의 일치한다. 실제의 에너지 양은 해마다 또는 구름의 양에 따라 달라지지만, 평균적으로 태양의 원래 에너지 중 13%만이 대기를 통하여 지표에 도달하게 된다.[50]

태양에너지

태양에너지는 수동적인 태양 시스템이나 또는 능동적인 태양 시스템을 통해 직접 사용된다. 수동적인 태양에너지 시스템은 태양에너지를 흡수를 증대하는 건축 설계를 포함하고, 기계적인 동력에 의하지 않고 1년 내내 바뀌는 태양에너지의 변화를 이용한다. 단순한 기술은 차양을 설치하는 것으로 각도를 조절하여 여름의 햇볕은 막고 겨울의 햇볕은 실내로 끌어들이는 것이다. 다른 방법은 태양에너지를 흡수하여 실내로 유입시킴으로써 실내를 덥히는 벽을 만드는 것이다. 미국 남서부와 다른 지역 등에 있는 많은 수의 주택과 건물들이 사용하는 에너지의 적어도 일부분은 이러한 수동적인 태양시스템에 의해 공급되고 있다.[49] 능동적인 태양에너지 시스템은 기계적인 동력이 필요하며, 공기나 물 또는 다른 유체 등을 태양에너지 수집기로부터 열을 사용할 때 저장하는 열저장장치로 보내는 펌프나 다른 장치들이 필요하다.

태양집열기 태양집열기는 일련의 관을 통해 물이 순환되는 검은 배경에 놓인 유리판으로 구성된 편평한 패널이다. 태양열은 유리로 들어와 검은 배경에 흡수되고 순환튜브 내 물의 온도를 38~93°C까지 높여준다. 미국에서는 이러한 집열기를 이용하는 시스템의 수가 증가하고 있다.

광전변환기 반도체 물질을 이용하여 태양빛을 직접 전기로 변환시키는 기술을 광전변환공학이라고 한다. 연간 35%의 성장률을 보이는 광발전은 오늘날 세계에서 가장 빨리 성장하는 에너지원이다. 시스템은 광전변환기나 실리콘이나 다른 물질로 만들어진 고체 상태의 전자부품으로 움직이는 부분이 없는 광전지를 이용한다. 전지는 표준화된 모듈로 만들어져 여러 가지 크기의 시스템을 만들 수 있다. 결과적으로, 전기출력은 계획된 용도에 맞출 수 있다. 태양빛이 전지에 비출 때 전선을 통해 전자의 흐름이 만들어져 전기를 생산할 수 있다.

광발전은 경제적으로 가난하여 대규모의 화석 연료를 이용한 발전소를 건설 할 수 없는 상대적으로 경제가 어려운 저개발국에서 중요한 에너지로 부상하고 있다. 태양발전기술은 현재 간단하고 상대적으로 저렴하다고 인식되어 있다. 또한 세계의 대부분 지역에서 사람을 위한 에너지 사용이 가능하다. 미국의 한 태양에너지 회사는 여러 지역에 위치한 마을에 가정당 몇백 달러 이하의 원가로 설치되어 조명과 텔레비전 수신이 가능하게 하는 태양전지 시스템을 갖추었다.[52] 태양지붕타일은 지붕 자체가 발전소가 되도록 해 준다.[53] 태양 전지 패널은 빌딩의 지붕, 벽 또는 유리창에 설치될 수 있다.[49]

비록 특별한 경우에 광전변환기의 원가가 일반 전기와 비슷하지만, 광전변환기는 아직 전통적인 에너지원보다는 비싸다. 하지만 그 차이는 줄어들고 있다.[54,55]

태양에너지와 환경 태양에너지의 이용은 환경에 미치는 영향이 상대적으로 적다. 가장 주된 단점은 태양에너지가 상대적으로 분산되어 있다는 것이다. 많은 에너지를 얻기 위해서는 넓은 지역이 필요하다. 이 문제는 태양열수집기를 현재의 구조물과 결합시키면 되는데, 예를 들어 현존하는 건물의 지붕에 태양열 온수기를 설치하는 것이다. 태양에너지 시스템의 영향은 다른 용도로 사용되지 않는 지역에 이들 시설을 집중시키거나 이용이 가능한 현존하는 구조물에 분산된 태양열수집기의 사용으로 최소화할 수 있다.

수소

수소는 태양에 의해 연소되는 연료이다. 수소는 우주에서 가장 가볍고 가장 풍부한 원소이다. 수소가스는 미래의 연료이며 깨끗한 에너지의 핵심이다. 수소는 우리가 화석연료로 승용차와 트럭을 움직이고 물을 덥히고 건물을 난방하는 것과 같은 데에 필요한 에너지를 얻기 위해 화석연료를 사용하는 것과 같은 방법으로 사용하기 쉬운 고급 연료이다. 배터리와 유사한 **연료전지**(fuel cell)로 이용하면 전기를 생산할 수 있다. 천연가스와 같이 수소는 파이프라인으로 운반하고 탱크에 저장할 수 있고 태양이나 다른 대체연료를 이용하여 물을 수소와 산소로 분해하여 만들 수 있다. 수소는 청정 연료이다. 수소를 연소시키면 물이 나온다. 그래서 지구온난화를 일으키지 않고, 대기 오염과 산성비도 만들지 않는다. 수소를 이용한 실험은 계속될 것이고 미래에 충분히 가격을 낮춘 연료를 생산할 수 있기를 기대한다. 자체 에너지 소비의 88%를 담당하는 석유를 수입하는 하와이는 수소생산에 이용할 수 있는 풍부한 지열, 태양에너지, 풍력을 가지고 있다. 하와이는 나중에 수소형태의 에너지를 수출할 수 있기를 기대한다. 아이슬란드는 1999년에 첫 번째 수소 사회가 될 것이라고 선언하였고, 2050년까지 유럽에 수소에너지를 수출할 것이라고 발표하였다.[56,57,58]

수력

수력(water power)은 아주 오래된 에너지원이다. 물은 적어도 로마제국 이래 동력의 원천으로 성공적으로 사용되어 왔다. 수차는 17세기에 서유럽에 존재했으며, 흐르는 물을 동력화하여 기계적인 에너지로 전환하였다. 18세기와 19세기 동안, 미국에서 규모가 큰 수차는 방앗간, 제재소 그리고 다른 기계 장치에 동력을 공급했다.

수력발전 오늘날 수력발전소는 미국 전기생산량의 약 10%를 차지하고 있다. 비록 유수에 의한 전기 생산량이 향후 어느 정도 증가할 것이지만, 핵발전, 직접적인 태양에너지 및 지열에너지의 발전이 빠르게 증가함에 따라 차지하는 비중은 줄어들 것이다.

수력발전이 가능한 대규모 댐의 입지에 가장 유리한 장소는 이미 사용되었다. 그러나 소규모의 수력발전은 미래에 더 일반화될 것이다. 이런 것들은 개별적인 가정, 농장이나 소

그림 15.30 소수력발전 캘리포니아 시에라 네바다의 슬리버에 있는 러쉬 천의 소수력발전소. (*Edward A. Keller*)

규모 산업체에 알맞게 고안된 시스템이다. 이 시스템의 전력 생산량은 100kW 이하이고, 소수력발전 시스템이라고 부른다(그림 15.30).[59] 소수력발전은 세계에서 가장 오래되었고, 가장 일반적인 에너지원이다. 많은 지역의 수많은 장소가 소수력발전을 위한 장소로서 잠재성을 가지고 있다. 산악지역은 유수의 흐름을 이용할 수 있기 때문에 유리하다. 소수력발전소의 개발은 지역의 제약조건, 지역의 경제적 상황, 수문학적인 제한에 따라 다양한 장소에서 이루어진다.

수력발전은 전기를 생성하거나 기계장치를 움직이기 위한 동력을 생성하는 데 이용될 수 있다. 수력발전소는 에너지를 수입하는 데 드는 높은 비용을 줄여 주고 지역적인 제공자에 더욱 독립적으로 소규모로 운영할 수 있게 해 준다.[59]

조력 수력의 다른 형태는 미국의 북동부와 캐나다의 펀디 만과 같이 지형학적으로 적합한 단지 몇 지역의 해양 조수로부터 만들어진다. 펀디 만의 조수는 만조 때 15m에 이른다. 간조 때에는 8m로 그 높이 차가 **조력**(tidal power)발전을 고려할 수 있게 해 준다.

조력은 만의 입구를 댐으로 막아 댐 안쪽의 육지부분에 분지를 만들어 동력화할 수 있다. 댐은 분지와 바다 사이에 수위차를 만든다. 그래서 분지의 물이 올라가고 내려감에 따라 수력터빈을 돌려 전기를 생산한다.[60] 프랑스의 성 말로(Saint Malo) 근처의 란스 강의 조력발전소는 댐에 설치된 24개의 발전장비로 200,000kW의 전기를 생산한다.

수력과 환경 수력은 청정 에너지이다. 연료를 태울 필요도 없고, 대기 오염을 유발하지 않으며, 방사성 물질이나 쓰레기를 방출하지도 않고 효율적이다. 하지만 환경적으로 지불해야 할 대가는 있다. 높은 댐에서 떨어지는 물은 대기 중의 주요 가스인 질소가스를 포획하게 된다. 그 다음에 이 질소가스는 물고기의 피에 들어가, 부풀게 하고 결국 물고기를 죽인다. 이 과정은 스쿠버 다이버가 물 밑에서 너무 빨리 올라와 가스색전증(bands)을 일으키는 것과 유사하다. 질소는 북서태평양에서 이동하는 낚싯고기를 사망케 했다. 게다가 댐이 없었다면 바다에 이르러 해변을 채웠을 퇴적물의 운반을 막는다. 수력을 동력화할 발전소를 건설하는 것은 사람들을 이주시키고, 저수지를 위한 토지의 손실, 야생생물의 손실, 강의 생태계와 하류로의 강 흐름에 대하여 반대방향의 변화를 야기한다. 게다가 많은 사람들은 중간에 댐을 건설하여 자연상태의 강이 호수같이 변하는 것을 원치 않는다. 사실, 미국에서 여러 개의 댐들이 철거되었고, 댐의 존재로 인해 야기되는 환경적인 부작용 때문에 앞으로도 철거가 고려될 것이다.

댐의 태생적인 문제에도 불구하고, 세계에서 가장 큰 댐이 중국에 건설되었다. 양쯔 강에 위치한 삼협댐(Three Gores Dam)은 200만 명의 사람들을 고향에서 몰아냈으며, 도시들과 농장, 고고학적인 장소와 경치가 좋은 강의 협곡 등을 수장시켰다(그림 15.31). 댐의 건설로 양쯔 강의 돌고래도 사라졌다. 많은 식물과 동물의 서식지는 거대한 저수지에서 섬이 된 산곡대기로 분산화되었고 결과적으로 종의 다양성을 잃게 되었다. 댐의 높이는 185m, 너비는 1.6km로 댐이 가득 차면 그 길이가 600km에 달한다. 댐은 계속해서 버려지는 쓰레기와 산업 오염물로 오염될 것이고, 좁고 긴 저수지가 열려진 하수구로 변할 것이란 염려가 있다. 또한 댐의 끝부분인 상류지역에는 반드시 퇴적물들이 퇴적될 것이고, 그 결과 수

그림 15.31 중국 양쯔 강의 삼협댐 (a) 쿠탕 협곡. (b) 건설 중인 서령 협곡 댐 부근의 임시 설비. (*Bob Sacha/Bob Sacha Photography*)

(a)

(b)

심이 깊은 항구가 없어지거나 그 기능이 저하될 것이다. 긍정적인 견해로서는 26개의 거대한 터빈이 18개의 큰 원자력 발전소나 화력발전소의 발전량에 버금가는 약 18,000MW의 전력을 생산한다는 것이다. 그러나 댐의 반대론자는 양쯔 강 지류에 일련의 댐을 건설하면 양쯔 강 본류에 환경적인 해를 끼치지 않고 전력을 생산할 수 있다고 지적하고 있다.[61]

대규모 수력발전에 대한 미래의 성장은 댐의 대상지가 제한되고 많은 대상지에 이미 댐이 건설되었기 때문에 제한될 것이고, 소수력발전이나 전력이나 기계적인 에너지를 얻기 위한 소형댐에 대한 관심은 증가할 것이다. 하지만 한 지역에 여러 개의 소수력발전 시설을 설치할 때 환경적인 영향은 상당할 것이다. 그 지역에서는 자연적인 유수의 흐름이 바뀌고 하천 생물군과 생산력이 변화할 것이다. 소형댐과 저수지는 또한 큰 시설보다 빨리 퇴적물이 차는 경향이 있으며, 따라서 사용 유효기간이 더욱 더 짧다.

소수력발전의 개발이 하천환경에 부적합한 영향을 미칠 수 있기 때문에 조심스러운 고려가 넓은 지역을 대상으로 이루어져야 한다. 아주 적은 수의 장소만이 환경적인 부작용이 없을 것이지만, 그 수가 더 많아지면 더 넓은 지역에 미치는 영향이 분명해질 것이다. 이는 작은 시설을 포함하여 여러 형태의 기술에도 필요한 고려이다. 넓은 지역에 대한 작은 시설의 영향은 무시할 수 있겠지만, 시설의 수가 많아지면 전체 영향은 매우 심각해질 것이다.

풍력

태양에너지와 같이 **풍력**(wind power)은 초기 중국과 페르시아 문명의 시작과 함께 오랜 시간 진화해 왔다. 바람은 배를 추진하고 풍차를 통해 곡식을 제분하거나 물을 퍼 올렸다. 아주 최근에는 바람을 이용하여 전기를 발전하였다. 바람은 지표면에 대한 차별적인 가열에 의하여 열의 양과 밀도가 다른 공기 덩어리를 만들기 때문에 생긴다. 바람으로부터 얻는 에너지는 무궁무진한 잠재력을 가지고 있다. 그러나 바람은 시간, 장소 및 강도에 따라 매우 변화가 크기 때문에 아직은 그 사용에 문제가 있다.[62]

바람을 조사 연구하는 것은 중요한 시도이다. 한 나라의 규모면에서 보면, 풍력에너지가 가장 큰 잠재력을 지닌 지역은 태평양 북서부 해안 지역, 미국 북동부의 해안 지역, 텍사스 북부에서 로키 산맥이 있는 주를 거쳐 다코타까지이다. 그리고 노스캐롤라이나 산맥지역과 캘리포니아 남부의 코아첼라 계곡 북쪽 또한 좋은 지역적 환경을 가졌다.

특정 지역에서 바람의 방향, 속도 및 지속시간은 지역의 지형이나 대기 중의 온도차의 정도 등에 따라 매우 다양하다.[62] 예를 들어, 풍속은 고갯마루에서 속도가 증가하고, 가파른 산길을 지날 때 집중된다. 산을 넘어 지날 때 풍속의 증가는 바람의 수직적인 집중에 기인하는 반면에 경로에서의 속도의 증가는 부분적으로 수평적인 집중이 원인이다(그림 15.32a-c). 산이나 경로의 모양이 지역적인 지질에 종종 관련되기 때문에, 풍력에너지의 예측은 지리학적이고 대기학적인 문제이자 지질학적인 문제이다.

풍차의 크기와 풍력의 양에 대한 중대한 개선은 대규모의 풍력발전에 대한 관심 때문에 최근에 유럽과 미국에서 진전되었다. 미국에서, 수천 개의 풍력발전기들이 풍력단지에 설치되었다(그림 15.32d). 대규모 풍력 터빈은 각각 수천 가구에 전기를 공급하는 데 충분한 3~5MW의 전기를 생산한다. 풍력의 장점은 바람이 광범위하고 풍부하며, 고갈되지 않는 자원이라는 점이다. 풍력은 비싸지 않은 에너지원이다(화석연료와 경쟁할 만하고 원자력

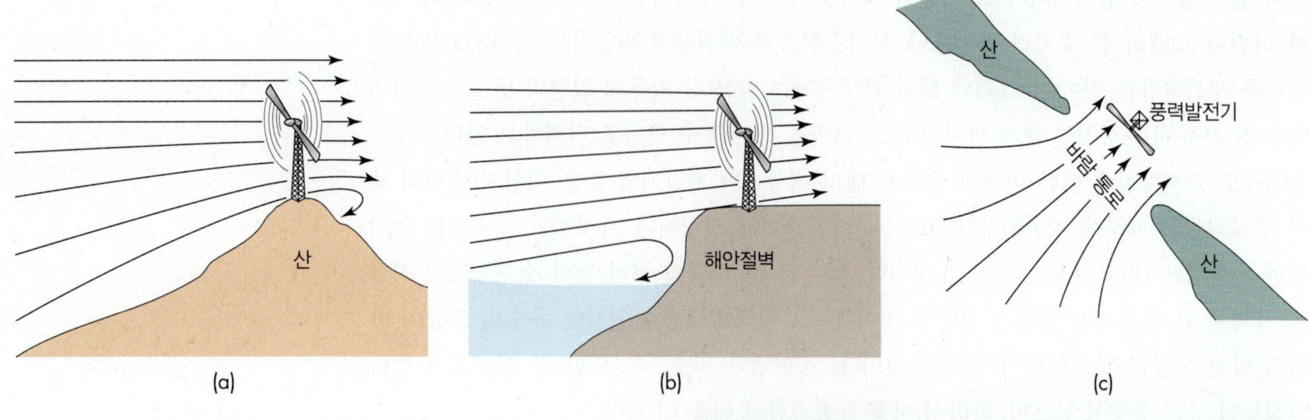

그림 15.32 증가된 풍력 자원 지역 바람이 어떻게 모여질 것이고, 수직적인(a, b) 또는 수평적인(c) 지형에 의해 속도가 어떻게 증가될 것인가. 큰 풍력발전기는 지표 근처에서의 난기류를 피하기 위해 언덕이나 해안절벽의 상부에 설치되어야 한다. (d) 캘리포니아의 오래된 풍력 단지. 새로운 풍력발전기는 훨씬 크다.

보다 싸다). 그리고 풍력은 대기를 변화시키는 대기 오염을 유발하지 않고 이산화탄소를 방출하지 않는다. 이런 이유 때문에 풍력은 세계에서 가장 빠르게 성장하는 에너지원이다. 그러나 풍력의 단점은 다음과 같다.

- 풍력발전기는 새에게 위협이 되며, 특히 매 같은 대형 맹금류가 먹이를 쫓을 때 먹이에만 집중하여 풍력발전기 날개로 뛰어들 수 있다.
- 대형 풍력단지는 도로 부지, 풍력발전기의 날개, 기타 장비 등이 필요하다.
- 풍력발전기는 지역의 경치 자원을 낙후시킨다.

최근 10년간 풍력의 성장은 석유의 성장률이 1~2%인 데 반해 연간 약 30%일 정도로 눈부시다. 텍사스, 사우스 다코타, 노스 다코타 3개의 지역이 미국 내에서 전기를 안전하게 발전할 가장 충분한 풍력에너지가 있다고 믿어진다. 워싱턴과 컬럼비아 강 위의 산등성이에 위치한 오리건의 풍력단지는 세계에서 가장 큰 것으로 천연가스의 단위원가와 비교될 정도의 원가로 300MW를 생산할 것이다. 하지만 많은 풍력자원이 아직 확보되지 않고 있다. 중국은 수백만 명의 사람이 죽음의 가스와 분진의 혼합물에 노출되는 것을 포함하여 비극적인 환경원가를 치르면서도 어마어마한 양의 석탄을 태우고 있다. 비슷하게 중국 농촌 지역에서 가정의 석탄 연소에 의한 연기에 노출되어 폐암의 위험이 9배 이상으로 증가하였다. 중국은 풍력발전에 의해 현재 발전량의 거의 2배에 가까운 전기를 생산할 수 있음에도 불구하고 이러한 환경비용을 감수하고 있다.[53,63]

풍력은 점점 중요해지고 있다. 미국에서는 수백만의 교외지역 가정들에 전기를 공급하기에 충분한 풍력 발전이 이루어지고 있다. 비록 현재 풍력이 전체 전기 수요의 1% 미만을 공급하지만, 이 성장률은 멀지 않은 미래에 상대적인 주요 동력공급원이 될 것임을 제시한다. 한 가지 시나리오는 풍력이 다음 몇십 년 내에 전 세계 전기공급의 10%를 차지할 수 있다. 장기적인 측면에서, 풍력은 현재 전 세계에서 약 20%의 전력을 공급하는 수력보다 더 많은 전력을 공급할 것이다.[63]

오늘날 전 세계에 설치된 풍력발전기는 48,000MW에 해당된다. 이는 48개의 대형 화석연료 발전소나 핵발전소와 맞먹는 양이다.

생물연료

생물연료(bio fuel)는 인간이 사용하던 가장 오래된 연료의 새로운 명칭이다. 홍적세의 선조들은 난방과 음식을 만들기 위해 나무를 태웠다. 생물연료 에너지원은 식물질이나 동물의 배설물 같은 유기물질이다. 생물연료는 직접 연소시키거나 연소가 편하도록 형태를 바꿀 수 있는 유기물이다. 예를 들어, 우리는 나무를 난로에 직접 태울 수 있고, 숯으로 바꾸어 태울 수도 있다. 바이오매스는 대부분 인간의 역사를 통하여 인류의 주요 에너지원이 되어 왔다. 환상박피(girdling)라고 알려진 농업방식이 도입된 뒤, 북아메리카의 산림은 초토화됐다. 환상박피란 나무 밑둥의 표피를 둥글게 잘라내는 것이다. 환상박피 후 나무는 죽고, 정착자들은 삼림을 태워 경작을 위한 땅을 조성한다.

장작은 가장 잘 알려진 그리고 가장 널리 이용되는 생물연료이다. 그러나 바이오매스 연료에는 여러 가지가 있다. 인도와 다른 여러 나라들에서는 소의 배설물을 요리하기 위해 연소시킨다. 토탄은 죽은 식물이 압축된 형태이며, 스코틀랜드 같이 이것이 풍부한 북쪽 지역에서 난방이나 요리연료로 사용된다.

오늘날, 전 세계에서 10억 명 이상의 사람들이 나무를 난방이나 조리를 위한 일차 에너지원으로 사용하고 있다. 바이오매스로부터의 에너지는 여러 가지 경로로 만들어질 수 있다. 바이오매스를 직접 태워서 전기를 발전하거나 물이나 공기를 데우거나, 바이오매스를 가열하여 가스화시키거나 증류를 하거나 바이오매스를 처리하여 에탄올, 메탄올 또는 메탄 등으로 만든다.[64]

북아메리카에서 일차적인 생물연료원은 삼림제품, 농업제품과 가연성 도시폐기물이다. 가축이나 다른 유기 폐기물로부터 얻어지는 퇴비는 미생물을 이용하여 메탄형태로 분해할 수 있고, 이를 태워 전기를 생산하거나 연료전지를 만든다. 퇴비로부터 유기질 메탄을 이용하는 것은 지구온난화를 일으키는 대기 중으로 방출을 허용하는 것보다 훨씬 바람직하다.[65]

오늘날 미국에는 도시 쓰레기를 이용하여 전기를 생산하거나 연료로 사용하는 많은 시설들이 있다. 현재 도시 쓰레기의 1% 미만만이 에너지로 회수되고 있다. 하지만 모든 발전소들이 최대 용량으로 가동되고, 추가적으로 건설되는 시설이 완공되면 전국 쓰레기의 10%, 연간 2,400만 톤의 쓰레기에서 에너지를 회수할 수 있게 된다. 미국은 다른 나라들보다 도시 쓰레기를 에너지원으로 이용하는 데 더딘 편이다. 예를 들어, 서유럽의 많은 나라들은 3분의 1에서 절반가량의 쓰레기를 에너지를 얻는 데 사용한다. 값싸고 사용 가능한 화석연료의 공급이 끝나면, 도시 쓰레기로부터 추가적인 에너지 회수가 급부상할 것이다. 하지만 도시 쓰레기의 연소는 대기 오염물질의 배출이나 처리해야 할 재가 나온다는 점 등이 환경에 대한 잠재적인 부작용으로 논쟁의 여지가 있다. 요약하자면, 여러 가지 형태의 생물연료는 에너지원으로서 미래가 있다. 하지만 그들이 제공하는 에너지의 양과 감소율에 대해서는 의문이 남는다. 생물연료를 어떻게 이용하든 대지의 산물을 이용하는 일반적인 계획의 일부분일 뿐이다.

15.9 보존, 효율 그리고 열병합

이 장의 처음에서 우리는 에너지 사용에 대한 환경적인 영향, 사용 가능성, 비용에 대한 불확실성과 함께 생활을 하는 것에 익숙해져야 한다는 것을 주장했다. 게다가 세계의 여러 지역에서 에너지 흐름을 혼란시키는 심각한 사회적, 경제적, 정치적인 충격이 계속 발생하리라 예상할 수 있다.

에너지의 수요와 공급은 프로젝트에 내재된 기술적, 경제적, 정치적, 사회적인 가정이 계속 변하기 때문에 예측하는 것은 매우 어렵다. 연간 에너지 소비의 큰 변화는 겨울 동안의 에너지 소비 피크, 여름의 두 번째 에너지 피크를 고려해야 한다. 미래의 인구변화와 강력한 보존정책은 이 패턴을 변화시킬 것이다. 또한 더 나은 건축 설계를 하고 태양에너지에 대한 의존이 증가할수록 현존하는 에너지 사용 패턴에 변화가 올 것이다.

보존대책, 효율성의 증가 및 열병합발전 등의 대책을 통해 에너지 소비 패턴을 변화시킬 강한 변화의 조짐이 있다. 에너지의 **보존**(conservation)이란 우리의 에너지 수요를 절제하는 것이다. 실용적으로, 이는 주어진 과제를 완수하는 데 필요한 에너지 소모를 최소화하도록 에너지 소비를 조절하는 것을 의미한다. **효율**(efficiency)에는 에너지의 낭비를 줄이고, 주어진 에너지량으로 더 많은 동력을 만들어 내도록 장치를 설계하고 만드는 것을 수반한다.[66] 마지막으로 **열병합발전**(cogeneration)은 발전소나 공장의 시설에서 발생하는 폐열이 열오염을 일으키도록 대기 중이나 물에 방출하지 않고 다시 회수하여 이용하는 일련의 과정을 의미한다.

보존, 효율성 높이기, 열병합발전의 세 가지 개념은 상당히 밀접한 관계에 있다. 예를 들어, 대규모 석탄연소 발전소에서 전기를 생산할 때, 엄청난 양의 열이 대기로 방출된다. 전형적으로 3개의 연료소각 단위가 한 단위의 전기를 생산하는데, 이때 에너지 손실은 약67%이다. 단위연료의 사용은 임의적이다. 예를 들어, 석유는 배럴이 될 수 있고 석탄의 톤이 될 수 있다. 폐열의 재활용이 포함된 열병합발전은 전형적인 발전소의 효율을 33%에서 75%로 높일 수 있다. 다른 말로 하면, 열병합발전은 에너지 손실을 67%에서 25%로 줄인다는 것이다.

15.10 미래의 에너지 정책

하드 패스 대 소프트 패스

오늘날 에너지 정책은 교차로에 서 있다. 한쪽 길은 소위 'hard technology'의 개발로 이어지며, 더 많은 양의 화석연료를 찾아내고 더 큰 집중화된 발전소를 짓는 것이다. 이 **하드 패스**(hard path)를 따라간다는 것은 평상시와 같은 일이 계속된다는 것이다. 이는 더욱 편한 접근방법이다. 새로운 사고를 요구하지도 않고, 정치적, 경제적, 사회적 조건들을 재조정할 필요도 없다. 또한 하드 패스가 만들어 놓은 화석연료 자원의 피할 수 없는 고갈에 대해 예방할 수도 없다.

하드 패스의 옹호자는 환경적인 문제가 몇몇 나라에서 사람들이 지역적인 자원을 사용하기 때문에 발생한다고 주장한다. 예를 들어 나무의 경우, 대지 보존이나 침식방지를 위해 사용하지 않고 에너지를 얻는 데 사용하기 때문에 환경문제가 발생한다는 것이다. 하드 패스 옹호자들은 이 문제를 해결하는 방법은 더욱 더 강력하게 산업화하고 기술을 이용하여 더욱 저렴한 에너지를 사람들에게 제공하는 것이라고 믿는다. 게다가 석탄이나 석유의 매장량이 뻔한 미국이나 다른 나라들은 자국의 환경적인 퇴보를 막기 위해 이들 자원을 다른 나라에서 착취해야 한다고 한다. 이 시각의 옹호자들은 에너지 산업에 대해 개발 가능한 자원을 개발할수록 자유를 허락하는 것이 안정적으로 자원공급을 가능하게 해 주며, 정부가 에너지 산업을 규제하는 것보다 환경적인 부작용이 덜 하다고 주장한다. 그들은 현재 전 미국에서 장작의 사용이 증가하는 것은 초기에 정부가 에너지 공급을 강하게 규제했기 때문이라고 지적한다. 종국적인 삼림 자원의 고갈은 다른 많은 나라에서와 같이 환경에 해로운 영향을 끼칠 것이라고 주장한다. 하드 패스는 미국에서 에너지 계획을 계속해서 주도한다.

다른 길은 **소프트 패스**(soft path)이다.[68] 이 의견의 대가 중의 한 사람인 아모리 로빈스는 소프트 패스는 재생 가능하고, 융통성 있으며 비집중화되어 있고 하드 패스보다 환경적으로 양호한 에너지 대안들을 포함한다고 주장한다. 소프트 패스에 대한 장래성 있는 기술은 화학 반응으로부터 전기를 생산하는 연료전지의 개발과 이용이다. 이미 논의된 바와 같이 연료전지는 연료로 수소를 사용하며, 전지처럼 자동차에 동력을 제공하고, 가정이나 다른 건물에 전기를 제공해 준다. 유일하게 나오는 폐기물은 산소와 물이다. 연료전지는 광전지와 결합될 수 있다. 사실, 태양전지에서 생산되는 전기는 물을 산소와 수소로 분해하는 데 사용할 수 있고 연료전지에 연료를 제공해 준다(그림 15.33).[57]

오늘날 미국에서 연간 약 100EJ의 에너지를 소비한다. 2030년 미국의 에너지 소비량은 높게는 120EJ, 낮게는 60EJ로 추정된다. 왜 이런 큰 불일치가 생기는가? 만일 우리가 하드 패스를 유지한다면, 최대값이 아마 적절할 것이다. 강력한 에너지 보존정책과 효율을 높이는 소프트 패스를 택한다면 연간 에너지 소비는 반으로 줄 것으로 보인다. 2030년의 실제 에너지 소비는 아마도 60EJ보다 낮지는 않을 것이다. 우리는 100EJ보다 많이 초과하지 않기를 바란다. 주어진 인구 증가율로 볼 때, 이 수준을 달성하는 것은 에너지 보존과 에너지 효율성을 담보하는 부수적인 약속이 요구된다.

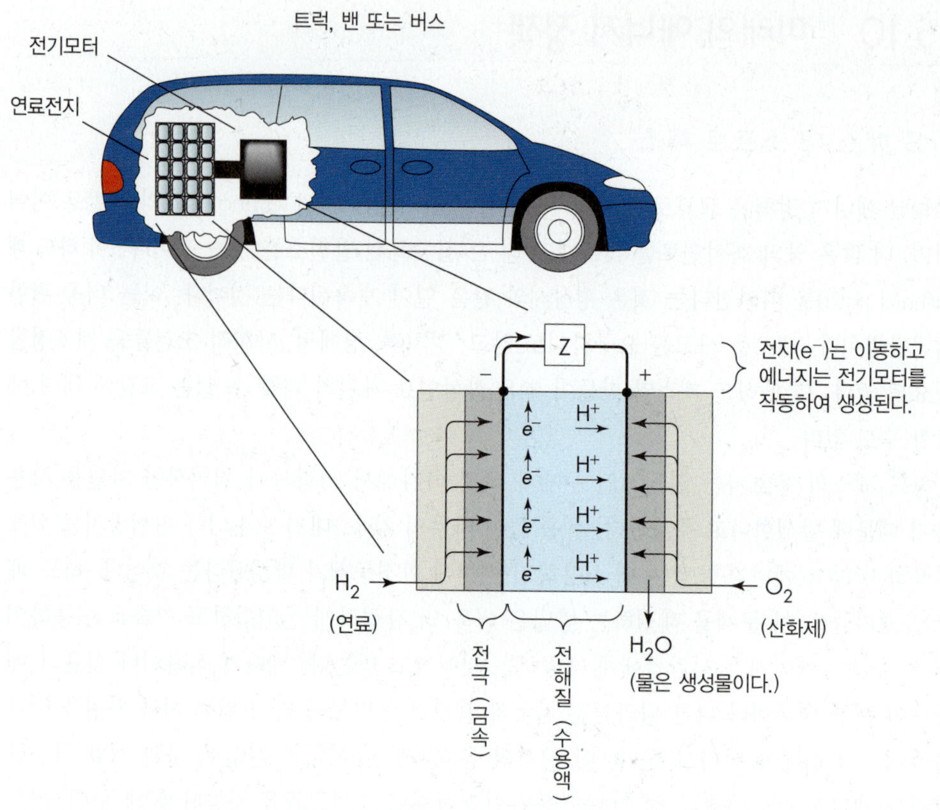

그림 15.33 연료전지 연료전지의 작용법을 보여주는 그림.

지속 가능 에너지 정책

미래를 위한 에너지 계획은 복잡하다. 우리는 화석연료를 연소하는 것이 환경을 퇴보시킨다는 것을 알고 있다. 소프트 패스는 이산화탄소와 대기 오염물질의 배출을 줄여 환경적인 퇴보를 줄여주기 때문에 환경적인 패스라고 할 수 있다. 공정하게 말하면, 몇몇 하드 패스 옹호론자들은 에너지 절약을 증가시키고, 효율을 높이며, 화석연료의 연소에 관련된 소비와 환경적인 문제를 줄일 열병합을 증가시킬 것을 제안한다. 비록 향후 100년 동안에 사용할 충분한 양의 석탄이 있지만, 소프트 패스의 제안자들은 장기적인 에너지원보다 전통적인 에너지의 사용을 선호한다. 이들의 시각에서, **지속 가능한 에너지 정책**(sustainable energy policy)의 개발이란 계속 유지될 수 있고, 대기를 오염시키지 않으며 지구온난화와 같은 기상 이변을 발생시키지 않거나, 견딜 수 없는 위험이 존재하지 않는 유용한 에너지원을 찾는 것을 의미한다.

하드 패스에서 소프트 패스로의 전환은 아마도 화석연료의 지속적 사용이 포함될 것이다. 전기는 어떤 목적에서든 계속 필수적일 것이다. 우리가 선택하는 에너지 패스는 지구에 대한 위험 없이 인간 활동에 요구되는 에너지를 제공하는 능력이 있어야 한다.[69] 이것이 지속 가능한 에너지 정책의 개념이다.

요 약

지금까지 증가하던 세계의 에너지에 대한 욕구가 비틀거린다. 이제는 산업화된 사회에서 전기와 다른 형태의 에너지는 수요의 증가가 필요하고 바람직한지 심각하게 질문해야 할 때이다. 삶의 질은 많은 에너지 사용량과 직접적인 관계가 없다.

석탄, 석유 그리고 가스와 같은 화석연료들은 태양에너지가 유기물의 형태로 저장된 것으로 산소에 의한 파괴에서 벗어난 것들이다. 비록 계속 진행되는 지질과정들이 이들 연료를 만들어 내지만, 우리가 사용하기에는 너무 느리다. 그러므로 화석연료는 비재생성 자원으로 간주된다. 이러한 자원의 탐사와 개발에 따른 환경적인 혼란은 에너지로부터 얻는 편익과 비교하여 평가되어야 한다. 이러한 개발은 제의를 하거나 하지 않거나가 아니다. 오염통제와 복구를 결합시킨 훌륭한 보존정책의 실천은 화석연료와 연관된 환경파괴를 최소화하는 데 도움을 준다.

세계적으로 여전히 막대한 양의 석탄이 공급되고 있다. 미국 내에서만도 25%가 공급된다. 석탄의 탄소 함량 또는 탄화 정도는 연료로서의 가치를 나타내는 반면, 황 함량은 이산화황이 대기를 오염시키는 지표로 사용된다.

석유와 가스는 각각 유전과 가스전라고 부르는 대규모의 광상에서 발견된다. 대부분의 유전은 판의 경계에 위치한다. 유전에서는 유정에 의해 펌프로 원유와 가스를 지표로 끌어올려 광범위하게 채광된다. 우리는 피크오일로 알려진 시간을 알아봤는데, 이때는 전체 지구의 석유의 절반을 사용했을 때이다. 피크 이후에는 생산은 감소할 것이고 생산과 수요 사이에 차이가 생길 것이다. 새로운 대규모 유전의 발견이 없다면, 미래에 석유와 가스의 부족이 발생할 것이다. 임박한 부족은 새로운 유전 개발을 압박할 것이며, 북극권 야생동물보호구역 같이 민감한 지역의 개발로 이어질 것이다. 석유는 오일셰일과 타르샌드로 불리는 지구 물질로부터도 얻어 질 수 있으나, 경제적이고 환경적으로 안전한 채굴방법이 아직 충분히 개발되지 않았다. 환경 파괴에 대한 잠재성은 석유의 개발과 사용의 모든 단계에 존재한다. 유조선에서의 기름 유출, 자동차나 발전소에서 석유제품을 연소시킬 때 발생되는 대기 오염 등이 그것이다. 화석연료의 연소는 또한 부분적으로 산성비와 관련 있는 이산화황을 배출한다.

핵분열은 전기를 발전할 수 있는 막대한 양의 열을 발생시킨다. 또한 안전하게 처분되어야 할 방사능폐기물을 만들어 낸다. 핵분열은 중요한 에너지원으로 남겠지만, 고속 증식로(Breeder reactor)가 개발되어야만 지속될 것이다. 대규모 원자력 발전소를 건설하는 데 드는 막대한 비용뿐만 아니라 환경과 건강 재해의 가능성은 고려해야 할 요소로 남아 있다. 결국 우리는 재해관리를 수반한 과학적, 경제적, 사회적, 정치적 쟁점인 방사능폐기물 처리와 씨름을 계속해야 한다.

지열 에너지의 이용은 지구 내부의 자연적인 열흐름이 상대적으로 높은 미국 서부에서 더 광범위하게 사용될 것이다. 비록 지구 내부의 열에 의한 전기 발전량이 전체 전력생산량의 10%를 넘지 못하지만, 이는 한층 더 중요해질 수 있다. 지열 에너지는 환경적인 대가를 필요로 한다. 액체를 채수함에 따라 지반침하가 발생할 수 있고, 또 발전에 사용된 폐열수를 지하에 재주입하면 지진이 일어날 지도 모른다.

재생 에너지 자원은 태양에너지에 의존하고, 직접적인 태양에너지, 수력, 풍력 그리고 도시쓰레기로부터 재활용된 것을 포함한 바이오매스 에너지 등 여러 형태를 가질 수 있다. 이들 에너지원은 일반적으로 전기를 생산하는 데 이용한다. 이들은 고갈되지 않을 것이고 그래서 오랫동안 의지 할 만하다. 이들은 여러 가지 특성을 갖고 있지만, 비록 바이오매스의 연소가 대기를 오염시키지만 일반적으로 적은 환경 파괴를 일으킨다. 하지만 대부분의 이들 에너지원은 지역적이며 간헐적이고 일부는 아직 생산 비용이 많이 든다. 태양에너지와 풍력발전의 지속적인 성장 및 개발과 더불어 연료전지와 같은 새로운 기술 및 혁신의 개발이 미래에는 더욱 중요해질 것이다. 태양에너지와 풍력 발전은 풍부하고, 고갈되지 않으며 청정하므로 세계적으로 가장 빠른 성장을 보이는 에너지원이다. 수력발전은 의심할 바 없이 미래의 중요한 발전원이 계속되겠지만, 잠재적인 설치장소가 줄어들고 환경적인 염려 때문에 미국에서는 성장이 기대되지 않는다.

미래를 위한 에너지는 계속 불확실할 것이다. 하지만 보존, 에너지 효율 그리고 열병합발전에 대해 지속적인 좀 더 심각한 관심을 가져야 하는 것은 당연한 일이다. 에너지 효율, 보존 그리고 열병합발전에 가장 가능성 있는 목표는 가정의 공간을 난방하는 분야와 여러 제조공정 그리고 자동차이다. 이 분야는 오늘날 미국에서 전체 에너지 소비의 약 60% 정도를 집약적으로 사용하는 곳이다.

우리는 에너지 정책에 있어 갈림길에 와 있다. 중앙집중, 고기술에너지로 특징되는 하드 패스와 비집중, 가변성, 재생 에너지 자원으로 특징지어지는 소프트 패스 간의 선택이다. 아마도 최선의 패스는 옛것과 새것을 혼합하고, 화석연료에 대한 우리의 의존도를 인간에게 안전한 것으로 자연스럽게 이동하는 것이다. 우리가 무슨 길을 선택하든, 우리의 목표는 필요로 하는 에너지를 환경에 해를 주지 않고 공급받을 수 있는 지속 가능한 에너지 계획을 발전시키는 것이다.

기본개념의 재확인

인구 증가

20세기 동안 세계 인구는 20억 명 이하에서 약 66억 명으로 증가했다. 최근 수십 년 동안, 세계 인구가 2배로 증가하는 동안, 세계의 에너지 소비도 2배로 증가했다. 인구 증가와 함께 대부분 화석연료에서 공급된 에너지 소비의 대단한 증가는 전 지구적인 차원에서 환경에 심각한 후퇴를 가져왔다. 하지만 한정된 화석연료, 특히 석유는 앞으로 수십 년 내에 고갈될 것이고, 따라서 에너지원의 주요한 이동이 예상된다.

지속 가능성

에너지 소비와 관련된 환경적인 퇴보를 최소화하는 핵심은 지속 가능한 에너지정책을 개발하는 것이다. 재생 가능하고 대기 오염을 유발하지 않고, 지구온난화 같은 기후 변화를 일으키지 않으며, 사회가 견딜 수 없는 위험을 주지 않는 에너지자원의 개발을 포함한다.

계로서의 지구

화석연료를 연소하는 것에 대한 대안으로의 에너지원 개발은 지구계와 이것이 하루하루, 계절적으로 그리고 오랜 기간 동안 어떻게 변화하는지에 대한 지식을 요구한다. 예를 들어, 급격하게 증가하고 있는 태양에너지와 풍력에너지 모두 광전지와 같은 수집장비로 태양에너지를 직접적으로 사용하는 것과 태양열로 인한 차별적인 가열로 발생되는 바람을 이용하는 것을 요구한다. 태양에너지와 풍력에너지에 대한 가장 큰 도전은 어떻게 생산을 최대화시키고, 어떻게 그 에너지를 효율적으로 저장하느냐 하는 것이다. 이들 문제를 해결하는 것은 자연과 풍력에너지원의 정도를 조절하는 변수와 변화하는 태양열의 투입량과 관련된 지식이 요구된다.

위험한 지구작용, 위해성 평가 및 인식

재해, 위해성 평가 및 인식은 핵에너지의 미래에 대한 논쟁의 가장 중요한 핵심이다. 위해는 사고가 발생한 결과에 대한 가능성의 산물이다. 체르노빌이나 쓰리마일 섬과 같이 핵사고의 결과는 매우 심각하기 때문에, 위해성은 개별 핵발전소에서 그 발생 가능성이 매우 낮더라도 큰 것으로 인식해야 한다. 핵발전소에 대한 미래의 확대를 찬성하는 사람들의 주된 목표는 더욱 안전한 핵발전소를 개발하는 것이다. 미국에서 핵에너지에 대한 논쟁은 다시 확대되고 있고 이전보다 더 많은 사람들이 핵발전소의 확대에 찬성하고 있다. 몇몇 유럽 국가들은, 위험이 매우 크다고 간주하고, 최근의 결정을 통해 원자력 발전소가 전체적으로 폐쇄될 가능성이 있다.

과학지식과 가치

우리는 지금 지속 가능한 에너지의 발전에 필요한 지식을 가지고 있다. 이 과학적인 지식은 심각한 환경적인 퇴보를 일으키는 원인으로 잘 알려진 화석연료 사용을 사라지게 할 수 있는 대체에너지원의 사용을 계속 증가시키기에 충분하다. 미국에서 새로운 에너지 정책이 개발되고 있다. 대체에너지원이나 에너지자원 보존에 대한 관심은 충분하지 않았다. 그럼에도 불구하고, 미국 사람들은 질문서에 대한 답변으로 청정한 환경, 특히 숨쉴 맑은 공기에 대해 높은 가치를 부여한다고 지적해 왔다. 따라서 우리의 가치는 환경적인 영향에 대한 고려 없이 풍부한 에너지를 공급받기를 원하는 몇몇 정치지도자의 필요에 의해 평가되었다.

주요 용어

대체에너지
바이오연료
보존
산성비
석유
석탄
소프트 패스
수력
연료전지
열병합
조력
지속 가능한 에너지 정책
지열에너지
천연가스
탄층 메탄
태양에너지
풍력
피크오일
하드 패스
핵에너지
화석연료
효율

복습 문제

1. 피크오일은 무엇이며 왜 중요한가?
2. 석탄의 종류는 무엇이며 종류가 왜 중요한가?
3. 메탄하이드레이트가 무엇이며 왜 중요한가?
4. 석유와 가스의 탐사와 개발이 환경에 미치는 주요 영향은 무엇인가?
5. 핵분열을 정의하라.
6. 핵에너지와 관련된 주요한 환경적인 관심은 무엇인가?
7. 지열에너지는 무엇인가?
8. 보통 온도의 지하수를 어떻게 에너지원으로 사용할 수 있는가?
9. 중요한 재생 가능한 에너지원은 무엇인가?
10. 수력발전과 관련하여 고려해야 할 환경적인 관점이 있는가? 만일 있다면 무엇인가?
11. 바이오매스는 무엇이며, 이 연료와 관련된 잠재적인 환경 영향은 무엇인가?
12. 열병합발전이란 무엇인가?
13. 하드 패스와 소프트 패스와의 주요 차이점은 무엇인가?
14. 지속 가능한 에너지 정책은 무엇을 의미하는가?

심화 문제

1. 우리가 화석연료를 처음 사용하기 시작했을 때, 특히 석유의 경우, 우리는 석유의 개발과 연소의 환경적인 잠재적 영향에 대해 몰랐고 특별히 관심을 갖지 않았다. 당시에 우리가 석유 사용에 관련된 환경적인 영향을 완벽하게 알고 있었고, 대기 오염, 독성과 산성비와 같은 환경문제들을 예측할 수 있었다고 가정해 보라. 우리가 지금까지 그래왔고 이것에 의존하게 된 것만큼 빨리 우리가 석유의 사용을 했을 것으로 생각하는가? 여러분의 답을 설명해 보라.

2. 피크오일이 인간 역사의 위기라고 생각하는가? 왜 그렇게 생각하는가?

3. 지속 가능한 에너지의 개발은 우리가 필요한 에너지를 환경에 무해하게 공급하는 에너지 정책과 이 에너지원을 말한다. 이것이 가능하다고 생각하는가? 미국의 에너지 정책은 지속 가능한 에너지의 개발이라는 큰 틀에서 움직이고 있다.

제 16 장

토양과 환경

학습 목표

토양은 우리 환경에서 매우 중요한 권역 중 하나이다. 실제 지구상의 모든 권역은 일정 수준에서 토양과 상호작용을 하고 있다. 예를 들어, 우리는 식량을 재배하기 위해 비옥한 토양을 이용하며, 건설폐기물과 각종 생활폐기물 처리를 위한 적합 여부를 판단하기 위하여 토양의 특성을 연구하고 이용하기도 한다. 궁극적으로 토양 자원에 대한 이해와 그의 보존은 이 장의 중요한 목표이며, 이 장의 학습 목표는 다음과 같다.

- 토양의 형성과 관련한 토양 용어와 과정을 이해한다.
- 토양의 비옥도와 물과의 상호작용을 이해한다.
- 토양 분류법을 이해한다.
- 토양의 기초적인 공학적 성질을 이해한다.
- 토지 이용과 토양 사이의 관계에 관해 이해한다.
- 토양 오염은 무엇이며, 어떻게 그 오염을 최소화할 수 있는가?
- 어떻게 토양이 토지 이용 계획에 영향을 주는가?
- 어떻게 우리가 토양 자원을 잘 보존할 수 있는가?

토양 오염이 발견되어 폐쇄된 마을. 1980년대 미주리 주의 타임스비치 마을은 유령도시가 되었다. 다이옥신 오염이 발견되면서 주민들은 대피하였고, 마을은 폐쇄되어 진출입이 통제되었다. (*Tom McHugh/Photo Researches, Inc.*)

사례 연구 | 미주리 주의 타임스비치

인구 2,400명인 미주리 주의 타임스비치는 세인트루이스 서쪽에 위치한 강가 마을이었다. 1983년, 이 마을 주민들은 전부 철수하였고, 이때 정부는 그 땅을 3,600만 달러에 사들였다. 먼지를 제어하기 위해 마을 도로 위에 뿌려진 기름 중에 다이옥신이 포함되어 있었다는 것이 밝혀진 후, 타임스비치는 곧바로 유령마을이 되었다(그림 16.1). 다이옥신은 산소, 수소, 탄소와 염소로 구성된 무색 결정체이다. 포유류에게는 매우 독성인 물질이며, 또한 사람에게는 발암성 물질로 알려져 있다. 약 75개 종류의 다이옥신이 있으며, 제초제와 같은 유기화합물을 생산하는 과정에서 만들어진다.[1] 다이옥신은 베트남 전쟁 중 또는 이후를 기점으로 흔히 그 용어가 대두되었는데, 전쟁 지역에서 넓은 지역에 걸쳐 뿌려진 제초제에 명명된 오렌지제(Agent Orange)의 성분이기도 하다. 시민들은 물론 군인들도 오렌지제와 그 안에 들어 있는 다이옥신에 노출되었고, 질병을 유발하는 다이옥신과 관련하여 다이옥신에 노출된 250,000명의 베트남 사람들과 그들의 가족에게 보상하라는 판결이 내려졌었다.

세인트루이스의 남서쪽으로 32km 떨어져 있고 메라멕 강을 따라 위치하는 미주리 주 타임스비치에 대하여 전 지역에 걸쳐 도로에 뿌려진 오일에서 토양으로 스며들어든 다이옥신이 오염되었는지에 대한 환경평가가 결정되었다. 1985년에는 마을이 폐쇄되고, 건물은 해체되었으며, 정화 작업과 나무를 심는 작업을 통해 이 지역은 오늘날 국립공원이 되어 새들의 서식지가 되었다.

하지만 다이옥신 노출에 의한 인체의 영향에 대해서는 아직까지 논쟁이 진행 중이다. 분명히 다이옥신이 포함된 화학물질을 다루는 사람들은 암 발생의 위험이 있지만, 매우 적은 함량에 노출된 사람들이 치명적인 암 발생의 위험에 처해 있다고 말하기는 곤란하다.[2] 주민의 대피를 주장했던 사람들을 포함한 일부 과학자들은 정부가 다이옥신 재해에 대하여 타임스비치를 폐쇄 조치한 것을 과잉반응이라 말하고 있다. 또한 지속적인 다이옥신 노출에 의한 잠재적인 위험에 대한 연구와 함께 인간과 생태계에 대한 잠재적인 악영향에 대한 논쟁이 여전히 남아 있다.

(a)

(b)

그림 16.1 미주리 주의 다이옥신 오염 토양 (a) 미주리 주 타임스비치. 다이옥신 오염이 알려진 후 황량해진 건물. (*Corbis/Sygma*) (b) 미주리 주 타임스비치. 다이옥신에 의해 오염된 토양의 검사. 마을은 다이옥신 공포로 폐쇄되었다. (*O.Franken/Corbis/Sygma*)

16.1 토양 개론

토양(soil)은 다양한 방식으로 정의될 수 있다. 토양학자들은 식물의 뿌리를 지탱하는 것처럼 물리, 화학, 생물학적 과정을 통해 이루어진 고체 지각물질이라고 정의하며, 공학자들은 토양을 폭파 없이도 제거할 수 있는 고체 지각물질이라고 정의한다. 이 두 가지 정의 모두 환경지질에서는 중요한 개념이다. 지질학자들은 상기한 정의 이외에도 토양의 생성 과정에 관한 이해와 더불어 환경문제에 있어서의 토양의 중요성에 대해서도 인지하고 있어야 한다. 또한 공학자들은 토양 강도나 수분 함량과 같은 토양의 역학적 특성을 정량화하기 위한 토양 공학 분야를 발달시켰다.

특히 토지 이용 및 제한과 관련된 토양 특성에 대한 연구는 다음과 같은 분야에서 환경 업무에 중요한 관심사로 대두되고 있다.

- 토지 이용 계획에서 특정 목적을 위한 토지의 적합성 또는 **토지 능력**은 일정 부분 토양의 특성에 의해 결정된다. 특히 토양 특성은 도시화, 산림, 농업 지역에서 중요하다.
- 토양은 폐기물 처리장 결정에 있어 필수적이며, 폐기물, 물, 토양 그리고 암석 사이의 상호작용을 통해 처리장의 적합성이 결정된다.
- 토양 연구는 토지 이용 설계자로 하여금 홍수, 산사태, 지진 등과 같은 자연재해를 평가하는 데 도움을 준다. 범람원의 토양은 고지대의 토양과 다른 양상을 지니며, 이러한 토양 특성에 관한 세밀한 연구를 통해 자연적인 범람원의 형성을 설명할 수 있다. 또한 산사태에 의해 퇴적된 퇴적물의 경우에는 토양의 상대연령 평가를 통하여 산사태의 빈도를 측정할 수 있다. 이러한 정보는 산사태의 피해를 최소화하기 위한 연구에 효과적으로 활용되고 있다. 토양 연구는 단층에 의해 변형된 지각 물질의 연령 측정에 있어서도 강력한 도구로 이용되고 있으며, 이를 통하여 지진의 반복 주기에 관한 정확한 예측이 가능해진다.
- 토양은 과거의 기후를 대변하는 기후 지시자의 역할을 담당하기도 한다. 예를 들어, 탄산칼슘은 사막 토양에 농집되며, 식물 파편과 같은 유기물은 열대 지방 토양에 많이 함유된다. 이러한 토양 성분을 살펴봄으로써 지역적 또는 전 지구적 규모의 기후 변화에 대한 이해를 높일 수 있다. 또한, 과거 수만 년 동안에 일어난 토양과 생태계의 발전이 생물, 지질 과정과 연결되어 있음을 제시하는 중요한 자료로 활용된다.[3]

16.2 토양 단면

토양은 복잡한 과정을 거쳐 형성된다. 암석과 수문 순환의 상호반응을 통하여 토양의 기본 구성 물질, 즉 암석의 풍화산물이 형성된다. **풍화**는 암석의 물리적, 화학적 분해이며 토양 형성의 첫 번째 단계이다(제3장 참조). 이후에 풍화된 암석은 토양 유기물의 활동에 의해 토양으로 변형되며, 이 과정에서 잔류 토양 및 이동 토양이 만들어진다. 본래의 장소에 남아 있는 풍화된 물질은 기반암 위에 **잔류 토양**(residual soil)을 형성하며, 미국 남서부 산록 완사면의 화성암과 변성암 기반 위에 있는 적색 토양이 그 예이다. 침식에 의해 분해된 암

(a)

O. 주로 이미 분해되거나 분해 중인 잎이나 나뭇가지 등을 포함하는 유기물질로 구성. 층의 색은 주로 어두운 갈색 또는 검은색

A. 무기 광물과 유기물로 구성. 색은 회색에서 갈색. 지하수 또는 다른 유체 성분이 침투하면서 지구 물질의 용해, 씻김 또는 배수 과정으로 정의되는 용탈이 A층에서 발생하며, 점토광물과 철, 칼슘 같은 성분은 B층으로 이동

E. 층의 하부 방향으로 지속적으로 점토광물, 칼슘, 마그네슘, 철 등이 용탈되면서 밝은 색의 물질들로 구성. A층과 E층이 용탈 구간을 형성

B. 상부의 층으로부터 용탈된 점토, 철산화물, 실리카, 탄산염과 다양한 물질들이 침적되는 집적 구간

C. 부분적으로 풍화(변질)된 모암으로 구성됨. 암석이 관찰되지만, 이는 다른 환경에서의 강 자갈처럼 특성상 물과 관련됨. 철산화물의 영향으로 붉은색을 나타낼 수 있음

R. 풍화(변질)되지 않은 모암

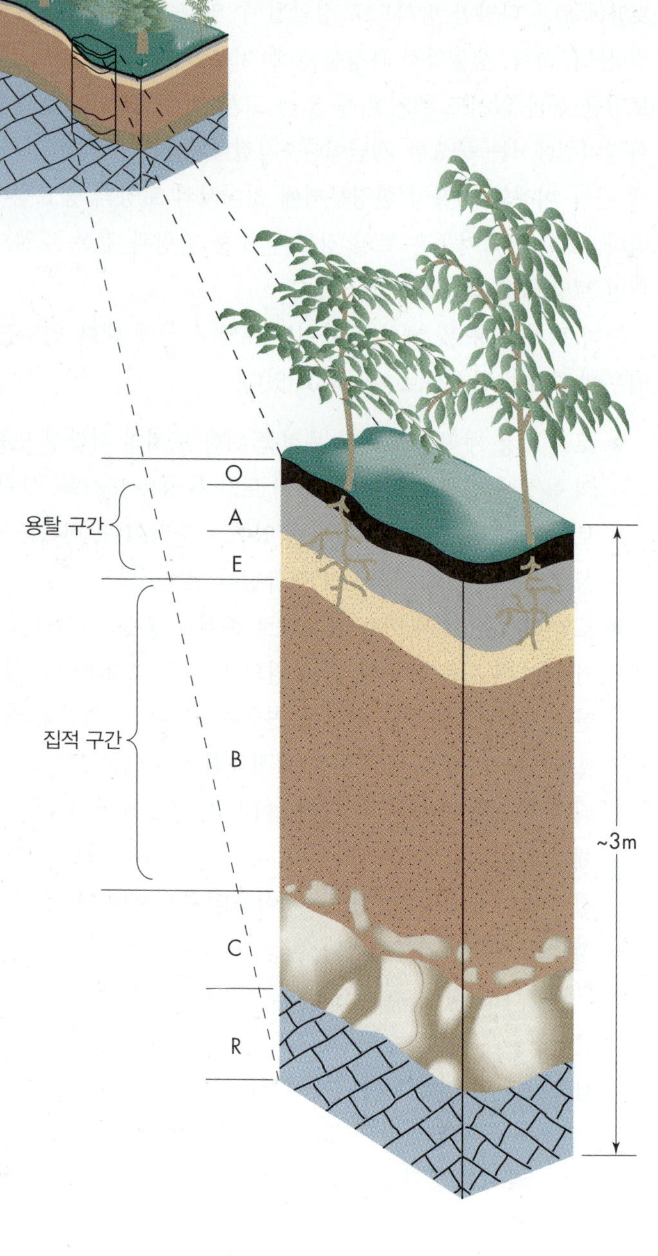

(b)

그림 16.2 토양 단면 (a) 각 토양층 위와 함께 토양 단면을 보여주는 그림. (b) 검은 A층, 밝은 붉은색의 B층, 탄산칼슘이 풍부한 흰색의 K층, 그리고 좀 더 밝은 색의 C층을 보여주는 토양 단면. (*Edward A. keller*)

석 입자가 물, 바람 또는 빙하에 의해 운반되어 새로운 퇴적 지역에 쌓이면 **이동 토양**(transported soil)이 형성되며, 미국 중서부 빙하 퇴적지의 비옥한 토양이 그 예이다.

토양은 지질 순환에 있어 다른 권역과의 상호작용에 의해 형성되는 열린 계에서의 반응 생성물로 생각할 수 있다. 토양의 특성은 기후, 지형, 모재, 성숙도(토양 연령) 및 생물 과정에 의해 좌우된다.

토양 층위

토양 시스템에서의 물질의 수직적, 수평적 이동이 발생함으로써 지표에 평행한 서로 구분되는 층들을 형성하는데, 이를 **토양 단면**(soil profiles)이라 한다. 또한 이러한 층을 대(zone) 또는 **토양 층위**(soil horizon)라고 한다. 지금부터는 토양에서 일반적으로 널리 관찰되는 토양 단면에 대해 언급할 것이다. 추가적인 세부 사항은 다른 장에서 확인할 수 있다.[4,5,6]

그림 16.2a는 일반적인 토양 층위를 보여준다. O층과 A층은 부패된 식물 등의 유기물질을 많이 포함하고 있는데, 이 두 층의 차이는 각기 포함하고 있는 유기물의 양에 의해 결정된다. 일반적으로 O층은 대부분 식물의 잔해와 기타 유기물들로 구성되어 있으며, 반면 아래쪽의 A층은 유기물과 광물질이 함께 함유되어 있다. 간혹 어떤 토양에서는 O층 또는 A층 아래에는 철을 함유한 성분의 용탈에 의해 밝은 색깔을 띠(G)는 E층이 함께 관찰되기도 한다. E층이 밝은 색을 띠는 이유는 O층과 A층에 비해 유기물의 함량이 적으며, 철산화물과 같이 색을 갖는 무기성분이 거의 없기 때문이다.

O, A 및 E층의 아래에 위치하는 B층 또는 집적 구간(zone of accumulation)은 위층으로부터 운반된 다양한 물질로 구성되어 있다. B층은 몇 개의 유형으로 구분되는데, 그중 가장 중요한 유형이 점토질 B층이다. 이 점토질 B층에는 토양 형성 과정에서 아래 방향으로 운반된 점토광물이 풍부하다. 환경지질학자들은 또한 Bk층에도 관심을 가지는데, 이 층에는 탄산칼슘이 집적되어 나타난다. 탄산염은 개별 토양 입자를 피복하기도 하며 토양 내 공극을 채우기도 한다. 이 층이 토양층을 형성하는 데 있어 주된 층은 아니지만, 만일 탄산염이 주된 지역에서 탄산칼슘에 대해 포화상태인 시점에서 토양층이 형성된다면 이를 K층으로 구분한다(그림 16.2b). 탄산염은 K층 내의 빈 공극을 완벽하게 채우고 가끔 지표와 평행한 층을 형성하기도 한다. 지표 근처의 지구 물질 내에 탄산칼슘이 불규칙적으로 침적된 것을 종종 칼리치(caliche)라 명명하기도 한다.

C층은 풍화과정에 의해 부분적으로 변질된 모암으로 구성되어 있다. 이 층은 풍화되지 않은 모암층을 지칭하는 R층의 바로 위에 위치한다. 기반암 중의 일부 파쇄면이나 공극에는 하부로 이동한 점토광물이 함유되기도 한다.[4]

저반(hardpan)이란 용어는 단단하게 압착된 토양층을 말하는 것으로서 대체로 B층에서 나타나며, 주로 압착된 점토광물이나 탄산칼슘, 철산화물 또는 실리카 등으로 구성된다. 따라서 저반층은 거의 불투수성에 가까워 토양수가 아래쪽으로 흐르는 것을 방해한다.

16.3 토양 특성

색

토양에 대해 우리가 쉽게 인지할 수 있는 첫 특성이 토양의 색, 즉 그 층의 색이다. O층과 A층은 일반적으로 풍부한 유기물질 때문에 어두운 색을 띠는 경향이 있다. E층이 존재한다면 E층은 철과 마그네슘 산화물의 용탈로 인해 흰색을 띤다. B층은 점토광물과 철산화물의 존재 양상에 따라 황갈색에서 밝은 적갈색, 검붉은색 등 매우 다양한 색을 갖는다. Bk층은 보통 탄산염 때문에 밝은 색을 띠지만, 가끔 철산화물이 침적되어 붉은색을 나타내기도 한다. K층이 발달해 있다면 탄산칼슘이 농집되어 거의 하얀색을 띤다. 비록 토양의 색이 토양 단면을 구분하는 간단하면서도 중요한 방법이 될 수는 있지만, 붉은 층을 무조건 B층이라고 단정해서는 안 된다. 원래의 모암이 철을 많이 함유하고 있다면 토양 단면의 성숙도가 그리 좋지 않더라도 붉은색의 토양이 형성될 수 있기 때문이다.

또한 토양의 색은 토양에서의 배수가 얼마나 잘되는지를 지시해 주는 주요한 인자이다. 일반적으로 배수가 잘되는 토양에서는 좋은 산화 환경대가 조성될 수 있다. 예를 들어 통기가 잘되는 토양에서는 철이 산화되어 붉은색의 토양을 형성한다. 배수가 잘되지 않는 토양은 보통 젖어 있으며, 이 토양은 노란색 계열의 색을 갖는 특징이 있다. 배수가 잘되지 않는 토양은 공학적으로는 토사의 경사면에서의 역학적 안정도가 낮고 또한 여러 가정폐수 처리시스템을 적용하기에 불가능한 조건을 갖기 때문에, 배수의 정도를 구분하는 것은 환경적 측면에서 매우 중요하다.

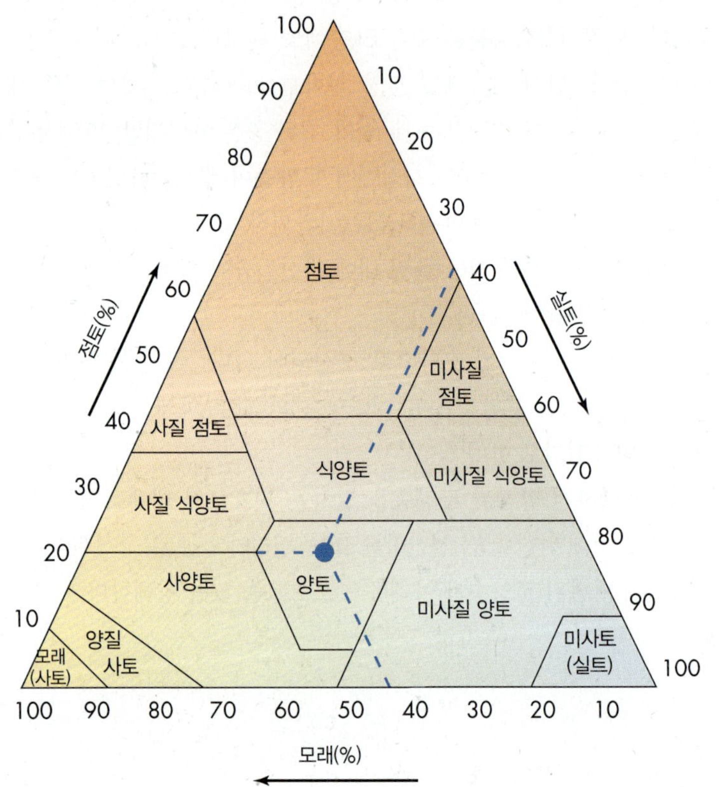

그림 16.3 토양 조직(토성) 분류도 토양 시료 내의 점토, 실트, 모래 입자의 구성비에 따라 구분된다. 점선으로 연결된 점은 모래 40%, 실트 40%, 점토 20%로 구성되어 있으며, 이는 양토(loam)로 구분된다. (*U.S. Department of Agriculture*)

조직(토성)

토양의 조직(토성)은 모래, 실트 그리고 점토 크기의 입자의 상대적인 비율에 따라 결정된다(그림 16.3). 점토 입자는 직경이 0.004mm보다 작은 입자이며, 실트 입자는 직경 범위가 0.004mm에서 0.063mm, 모래 입자의 직경은 0.063mm에서 2.0mm이다. 직경이 2.0mm보다 더 큰 토양 내 물질은 그 입자 크기에 따라 자갈, 왕자갈, 표석 등으로 불린다.

야외에서 토양 조직은 일반적으로 관찰을 통해 동정할 수 있으며, 이후에 실험실에서 분류 분석을 함으로써 좀 더 세분화되어 모래, 실트, 점토의 비율이 결정된다. 모래와 그보다 작은 토양 입자의 크기를 측정하는 야외에서의 기본적인 기법은 다음과 같다. 각각의 알갱이 크기를 볼 수 있다면 모래이며, 10배 확대경으로 알갱이를 확인할 수 있다면 실트, 알갱이 크기를 확대경으로 살펴볼 수 없다면 점토이다. 또한 토양의 감촉으로도 구분해 볼 수 있는데, 모래는 껄끄러우며 씹으면 오도독 씹힌다. 실트는 베이킹파우더 같은 느낌이며, 점토는 점착성이 있다. 손 위에 올려놓고 물과 섞은 후 말리면 점토는 쉽게 떨어지지 않지만 모래나 실트는 쉽게 떨어진다.

구조

토양 입자는 모여서 단립(ped)이라 부르는 덩어리를 형성하는데, 이것은 그 모양에 따라 몇 가지 유형으로 구분된다. 그림 16.4는 토양에서 발견되는 일반적인 단립의 구조를 보여주고 있다. 보통 구조의 유형은 토양 형성 과정과 관련이 있지만, 이 중 일부 과정은 아직 확실히 밝혀지지 않았다.[4] 예를 들어 입상 구조는 A층에서 일반적으로 볼 수 있으며, 괴상과 각주상 구조는 대체로 B층에서 나타난다. 토양 구조는 토양단면의 발달 정도와 대략적인 형성시기를 추정하는 데 사용되는 중요한 도구 중 하나이다. 일반적으로 토양단면은 시간이 지날수록 구조가 복잡해지고 입상에서 괴상, 각주상 구조로 발달하며, 점토 B층의 점토

단립 유형	전형적인 크기 범위	발견되는 층위	비고
입상	1~10mm	*A*	*B*층과 *C*층에서도 발견됨
괴상	5~50mm	B_t	대개 각괴상 또는 아각괴상으로 나타남
각주상	10~100mm	B_t	각주의 윗부분이 둥글면 원주상이라고 함
판상	1~10mm	*E*	가끔 *B*층에서도 관찰

그림 16.4 토양 구조 토양 구조(단립)의 유형과 설명.

함량이 증가하게 된다.

16.4 토양 비옥도

토양은 복잡다양한 생태계의 한 부분이다. 일반적으로 토양 1m^{3}에는 수백만의 설치류, 곤충, 벌레, 조류, 균류, 박테리아 등 많은 생명체가 포함되어 있다. 이러한 유기물들은 토양 입자들의 혼합과 통기(aeration)에 있어 매우 중요하다. 또한 식물에 필수적인 토양 내 영양분의 공급 및 변환에도 관여한다.[7] **토양 비옥도**(soil fertility)는 질소, 인, 칼륨 등 식물 생장에 필요한 토양의 영양분을 제공하는 능력을 의미한다.[8]

범람원과 빙하 퇴적물에서 발달된 토양은 이미 자연적으로도 충분한 영양분과 유기물을 포함하고 있기 때문에 비옥하다. 반면 용탈과정을 많이 겪은 기반암 지역이나 유기물이 거의 퇴적되지 않은 토양의 경우는 영양분의 함량이 매우 부족하며 토양이 비옥하지 않다. 따라서 이러한 토양에 대해서는 종종 토양의 조직과 수분 보유량을 향상시키는 유기물 또는 물질을 공급하기 위하여 비료를 뿌려주고 생태계의 식물량을 조절하게 된다. 하지만 토양 침식 또는 용탈로 인한 영양분의 제거, 홍수 등과 같이 영양분의 제공을 저해하는 자연과정, 지속적인 농약의 살포로 인하여 토양 비옥도는 감소될 수 있다.

토양 내 육상 생태계의 발달과 유지는 가장 중요한 기본 요소인 토양의 특성에 의해 좌우된다. 토양 형성 단계에서의 다양한 물리적, 생화학적 과정 사이의 상호작용에 의해서 다양한 생태계를 유지하고 있으며, 이러한 형성과정은 다양한 시간(수백 년에서 수천 년)과 다양한 공간(1km^{2}에서 수천km^{2}까지)에 걸쳐 일어나게 된다. 토양의 형성 및 진화과정은 형성, 유지, 고갈의 과정으로 요약할 수 있다.[3] 형성은 화산 분출 또는 홍수에 의해 새로운 기질물이 되는 퇴적물이 공급되는 비교적 빠른 과정이다. 이때 토양 형성에 있어 광물의 화학적 풍화는 다양한 유기물들이 필요로 하는 영양분을 공급한다. 토양 유지는 토양 내 광물이 지속적인 풍화를 통해 점토를 형성하는 몇천 년에서 수백만 년까지의 오랜 시간 동안 일어나는 과정이다. 토양 고갈은 지표 근처에서 발생하는 일련의 물리적, 수문학적, 생물학적 과정에 의하여 생태계에서 요구하는 광물의 양이 부족할 때를 말한다. 이 중 물리적 과정인 토양 침식은 토양층 상부의 영양분을 제거하는 기작이다. 반대로 비옥도가 시간에 따라 향상되는 경우도 있는데, 예를 들어 아프리카 사막에서 온 먼지에 포함된 영양분이 태평양의 섬에 도달하면 풍화 후에 토양 비옥도를 유지하는 데 도움을 주기도 한다.

16.5 토양수

토양은 고체 상태의 유기물질, 무기 광물, 이들 사이의 공극으로 구성되어 있다. 공극은 대부분 기체 상태의 공기와 물로 채워져 있다. 토양 내 모든 공극이 물로 채워져 있을 때를 포화상태에 있다고 말하고, 그렇지 않은 경우를 불포화상태라 한다. 늪지 지역의 토양은 1년 내내 거의 포화상태로 존재하며, 건조 지역의 토양은 거의 불포화상태로 존재한다.[9]

토양을 통한 물(유체)의 이동과 그 양은 매우 중요한 연구 주제이다. 지하 탱크에서 유출된 가솔린의 이동이나 폐기물 처리장의 액체 오염물질의 이동 등 유체 이동은 수질 오염 문제와 밀접한 관련이 있기 때문이다.

16.6 토양 분류

토양의 분류와 용어의 명명은 환경지질학에서 아직까지 상당한 골칫거리로 남아 있다. 인간이 삶을 영위하면서 토양을 필요로 하며, 토양의 형성과 활용에 대해 관심을 갖게 된다. 하지만 아직까지는 토양 활용에 있어 체계화된 분류체계 또는 **분류법**이 매우 미비하고 일관성이 없다. 특히 토양의 공학적 특성뿐 아니라 유체 성분의 물리화학적 성질까지 포함하는 분류체계가 확실하게 구축되지 않다. 그러므로 토양 분류에 있어 각기 사용되는 두 종류의 분류법에 익숙해질 필요가 있다. 여기에서 토양 과학자들이 사용하는 토양 용어의 명명과 분류는 일반적으로 토양의 유형과 공학적 성질에 의하여 분류된 것임을 인지해야 한다.

토양 분류법

토양 과학자들은 **토양 분류법**이라 알려진 포괄적이고도 체계적인 분류체계를 개발했는데, 이는 토양단면의 물리화학적 성질에 초점을 맞춘 구분이다. 이 토양 분류법은 농업 및 토지용도를 결정하는 데 유용하게 사용되고 있다.

토양의 공학적 분류

공학 분야에서 널리 사용되고 있는 **통합 토양 분류체계**를 표 16.1에 나타내었다. 자연계의 토양은 자갈, 모래, 미세 입자, 실트, 점토, 유기물 등 여러 고체물질의 혼합물이기 때문에, 이 분류체계에서는 주로 조립질 토양, 세립질 토양, 유기 토양으로 구분하며, 토양 내 주성분 입자의 크기와 주된 유기물의 종류를 기준으로 세분화한다. 유기물의 함량이 높은 유기토는 유기물의 색(검정색 또는 회색), 간혹 썩은 계란 냄새와 같은 황화수소 냄새로서 동정이 가능할 수도 있다.

16.7 토양의 공학적 성질

지하수면은 지표 내에서 전이대의 역할을 담당한다. 지하수면 아래의 암반 공극은 포화되어 있으며, 그 위는 불포화상태로 존재한다. 지하수면 위의 토양은 고체의 입자, 액체, 그리고 공기나 이산화탄소와 같은 기체의 세 부분 내지 상으로 구분될 수 있다. 토양의 공학적 이용은 상기한 세 가지 상(고체, 액체, 기체)의 비율과 토양의 구조에 의해 좌우된다. 유/무기 고체 물질, 입자의 크기, 수분 함량은 토양의 공학적 성질을 결정하는 데 있어 매우 중요한 변수로 사용된다. 공학적 성질에서 주요하게 평가되는 항목은 강도, 민감도, 압축성, 수식성, 수리전도도, 부식성, 굴착용이성, 팽윤성 등이다.

표 16.1 공학자가 사용하는 통합 토양 분류체계

주요 구분				부호	토양족 명칭
조립질 토양 (구성 물질의 반 이상이 0.074mm보다 큰 경우)	자갈	자갈	세립질이 5% 미만	GW	분급이 좋은 자갈
				GP	분급이 나쁜 자갈
		준자갈질	세립질이 12% 이상	GM	실트질 자갈
				GC	점토질 자갈
	모래	모래	세립질이 5% 미만	SW	분급이 좋은 모래
				SP	분급이 나쁜 모래
		준모래질	세립질이 12% 이상	SM	실트질 모래
				SC	점토질 모래
세립질 토양 (구성 물질의 절반 이상이 0.074mm보다 작은 경우)	실트, 비가소성			ML	실트
				MH	운모질 실트
				OL	유기질 실트
	점토, 가소성			CL	실트질 점토
				CH	가소성 점토
				OH	유기질 점토
유기물이 우세한 경우				PT	이탄 또는 퇴비

주: 0.074mm 수치는 공학자가 사용하는 실트와 모래의 구분 경계이며, 지질학자들은 0.063 mm를 사용한다.

토양 강도

토양 강도는 변형에 저항하는 토양의 능력이다. 하지만 토양 강도에 대하여 일반화하기는 어렵다. 토양은 서로 다른 물리화학적 성질을 가지는 다양한 물질의 혼합물, 대 또는 층으로 구성되어 있기 때문에, 토양 강도의 수치적 평균값은 자칫 잘못된 정보를 제공할 수 있다.

일반적으로 특정 토양의 강도는 응집과 마찰력의 함수로 표현된다. 응집력은 작은 크기의 실트와 점토질 토양 입자가 서로 달라붙는 능력을 의미하며, 세립 토양 입자의 응집력은 주로 입자 사이의 정전기적 인력에 의한 것으로서 토양의 강도를 결정하는 중요한 요소가 된다. 부분적으로 포화된 조립질, 사질 토양에서 입자 사이의 수막은 토양 입자 표면 사이에 존재하는 물 분자의 인력에 의한 표면장력으로 인해 강한 응집력을 유발하기도 한다(그림 16.5). 간단한 응집력의 원리는 해변에서 아이들이 모래성을 쌓았을 때, 건조 상태에서는 응집력이 없어 쉽게 부숴지지만 수직 모래성이 젖은 상태에서는 잘 쌓아지는 것으로 쉽게 설명할 수 있다(그림 16.6).[10] 입자 사이의 마찰력 또한 토양 강도에 기여하는 정도가 크다. 총 마찰력은 입자의 밀도, 크기, 모양, 함께 힘을 받는 입자의 무게 등의 함수로서 표현된다. 특히 이 마찰력은 모래와 자갈이 많은 조립질 토양에서 매우 중요한 개념이다. 해변의 마른 모래 위를 걸을 때 더 이상 가라앉지 않는 이유가 바로 마찰력 때문이다. 대부분의 토양은 조립질과 세립질 물질의 혼합물이며, 토양 강도는 대개 응집력과 내부 마찰력에 의해 영향을 받는다. 사실 일반화하기 힘들지만, 점토가 풍부한 토양이나 이탄 토양(peaty

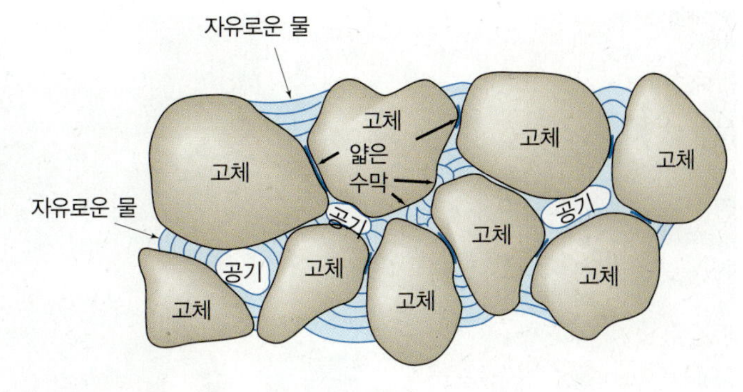

그림 16.5 토양수 토양 입자-물-공기의 결합을 보여주는 부분적으로 포화된 토양. 토양 입자의 크기는 확대되어 있다. 물과 토양 입자 간의 인력 또는 표면장력은 토양 입자를 결합하는 역할을 한다. 이러한 점착성은 토양이 마르거나 완전히 포화되면 사라진다. (Pestrong, R. 1974. *Slope stability*. New York: American Geological Institute and McGraw-Hill)

soil)과 같은 유기물이 풍부한 토양은 조립질 토양에 비해 약한 강도를 갖는 경향이 있다.

식생 또한 토양 강도에 있어 중요한 역할을 담당한다. 예를 들어, 나무뿌리는 가파른 경사면에서 얇은 토양 아래의 암반에 각각의 뿌리를 고정함으로써 상당한 응집력을 제공한다(그림 16.7).

토양 민감도

토양 민감도는 진동 또는 굴착과 같은 교란활동으로부터 유발되는 토양 강도의 변화를 측정한 값이다. 점토가 없는 모래, 자갈로만 구성된 토양은 민감도가 약하다. 미세 입자가 많아질수록 토양은 민감도는 증가한다. 몇몇 점토 토양은 교란 후에 토양 강도의 75% 이상을 잃기도 한다.[11]

토양 압축성

토양 압축성은 부피 감소 또는 고화되는 토양의 경향을 측정하는 것이다. 압축성은 부분적으로는 토양 입자의 탄성력의 함수이며, 세계적으로 매우 유명한 이탈리아의 피사의 사탑과 같이 건축물을 복원할 때 관련되는 토양의 성질이다(그림 16.8). 자갈이나 모래와 같은 조립질 물질은 낮은 압축률을 가지며, 높은 압축률을 갖는 세립질 입자나 유기 토양에 비

그림 16.6 상대 점착성 아이들의 모래성. 젖은 모래 내의 물 분자의 표면장력은 성벽이 무너지지 않게 하는 힘이다. (John Lei/Stock Boston)

그림 16.7 뿌리의 힘 나무뿌리는 이 강가의 토양 입자가 서로 결합될 수 있도록 도와준다. (*Edward A. Keller*)

하여 복원과정이 훨씬 수월하다.

수식성

토양 수식성은 토양의 구성 물질이 바람이나 물에 의해 제거되는 정도를 나타낸다. 높은 침식 인자를 갖는 토양은 실트와 모래의 함량이 많다. 20% 이상의 점토를 함유한 점토 토양과 자연적으로 속성된 토양 또는 조립질 자갈을 많이 함유한 토양은 바람이나 물에 의해 쉽게 침식되지 않으며 따라서 낮은 침식 인자를 갖는다.

그림 16.8 이탈리아의 기울어진 피사의 사탑 사탑의 기울어짐은 토양의 부등 침하의 결과이다. 만일 보정 작업을 실시하지 않고 있었다면 탑은 무너졌을 것이다. (*D. & J. Heaton/Stock Boston*)

수리전도도

수리전도도(K)는 어떤 물질을 통해 물이 쉽게 이동할 수 있는지를 측정한 값이다. 수리전도도는 속도 단위, 즉 초당 cm 또는 시간당 cm로 측정된다(제12장의 지하수 논의 부분 참조). 포화된 자갈 또는 모래는 가장 큰 K 값을 갖는다(5cm/h에서 50cm/h 이상). 포화된 자갈과 모래 혼합물에서는 작은 입자가 증가할수록 K는 감소한다. 포화된 점토는 일반적으로 0.025cm/h보다 낮은 K 값을 갖는다.[6] 불포화 토양의 경우, 수리전도도는 복잡하다. 미세 입자의 불포화 토양은 실제 물을 잡아당기거나 빨아들이는 특성이 있으며, 물을 함유하고 배출하지 않으려 한다. 수리전도도는 토양 배수, 토양 내에서의 액상 오염물질의 이동, 농업활동의 토지 이용, 폐기물 처리장, 공사부지 등과 관련된 많은 토양 환경 문제에 있어 매우 중요한 인자이다.

부식성

부식은 지표에서 지하 방향으로 향해 일어나는 느린 풍화 또는 화학적 분해과정을 말한다.

파이프, 케이블, 닻, 담, 기둥과 같이 땅 속에 매설된 모든 물질은 부식작용을 겪게 된다. 특정 토양의 부식은 토양의 화학성, 매설 물질의 종류, 수분의 양에 의해 결정된다.[12]

굴착 용이성

굴착 용이성은 공사가 진행되는 동안에 토양 제거를 위해 사용하는 장치 및 그 진행 과정과 관련이 깊다. 굴착 기술에는 세 가지 일반적인 방법이 있다. 일반 굴착은 땅 고르는 기계, 포클레인, 불도저 등으로 이루어진다. 이런 장비들은 긁는 작업 없이 토양을 제거하며, 대부분의 토양은 이 과정을 통해 제거될 수 있다. 쪼갬 굴착에서는 토양을 제거하기 전에 특히 굳은 토양을 먼저 부수는 작업을 필요로 한다. 예를 들어, 단단하게 압축되어 있거나 결합된 토양에서는 쪼갬 굴착을 먼저 시행한다. 폭파 또는 암석 절단은 세 번째 방법으로서 가장 비싼 방법이기도 하다. 실리카 물질로 단단하게 결합된 토양은 제거하기 전에 착암기로 잘라낼 필요가 있다.

팽윤성

팽윤성(shrink-swell potential)은 물을 얻거나 잃는 토양의 경향을 의미한다. 물의 함량에 따라 부피가 증가하거나 감소하는 토양을 **팽창성 토양**(expansive soil)이라고 한다. 팽윤은 점토광물의 매우 미세한 판상 입자 또는 판에서 발생하는 물 분자의 화학적 인력으로 인해 유발된다. 판은 일차적으로 규소, 알루미늄, 산소 원자로 구성되며, 물층은 판 사이에 첨가되어 판상의 점토를 확장 또는 팽창시킨다(그림 16.9a).[13] 팽창성 토양은 많은 양의 물을 흡수하여 팽창하는 경향이 있다. 땅의 균열은 토양이 건조하여 축소되면서 형성된다(그림 16.9c). 몬모릴로나이트는 팽창성 토양과 관련된 주요한 점토광물이다. 충분한 양의 물이 공급되면 건조한 몬모릴로나이트는 원래 부피의 15배까지 팽창하게 된다. 대부분의 토양은 이러한 점토광물을 소량 포함하고 있기 때문에, 25%에서 50% 이상 팽창하는 팽창성 토양은 흔치는 않다. 하지만 보통 3% 이상의 부피 증가에 의해 대규모의 자연재해가 일어날 수 있다.[13]

미국 내 팽창성 토양은 주요한 환경 문제를 유발하고 있다. 큰 피해를 주는 자연재해 중의 하나로서 팽창성 토양은 고속도로, 건물, 그리고 일반 건축물에 매년 수백만 달러의 피해를 입히고 있다. 미국에서는 매년 25만 가구 이상의 새로운 집이 팽창성 토양 위에 지어지고 있다. 이 중 약 60%가 기반, 벽, 차도와 인도의 균열 생성과 같은 피해를 경험하고 있으며(그림 16.9b, d), 10%는 복구가 되지 못할 정도의 심각한 피해를 입기도 한다.[14,15]

팽창성 토양 위에 지어진 건물의 피해는 수분 함량 변화에 수반된 토양의 부피 변화 때문이다. 팽창성 토양의 수분 함량에 영향을 주는 요소로는 기후, 식생, 지형, 배수, 건설활동 등이 있다.[14] 따라서 건기 또는 우기가 뚜렷한 지역의 건축업자들은 규칙적으로 반복되는 축소-팽창 경향을 감안하여 설계를 실시한다. 예를 들어, 미국의 남서부와 같은 지역에서는 연중 강우량이 일정한 지역에 비하여 팽창성 토양에 의한 문제를 겪기가 쉽다. 앞서 말한 바와 같이 식생도 토양 내 수분 함량을 변화시킨다. 특히 건기 동안에 토양 수분의 고갈과 식생의 수분 흡수는 토양의 수축을 촉진한다. 그러므로 팽창성 토양이 주된 지역에서

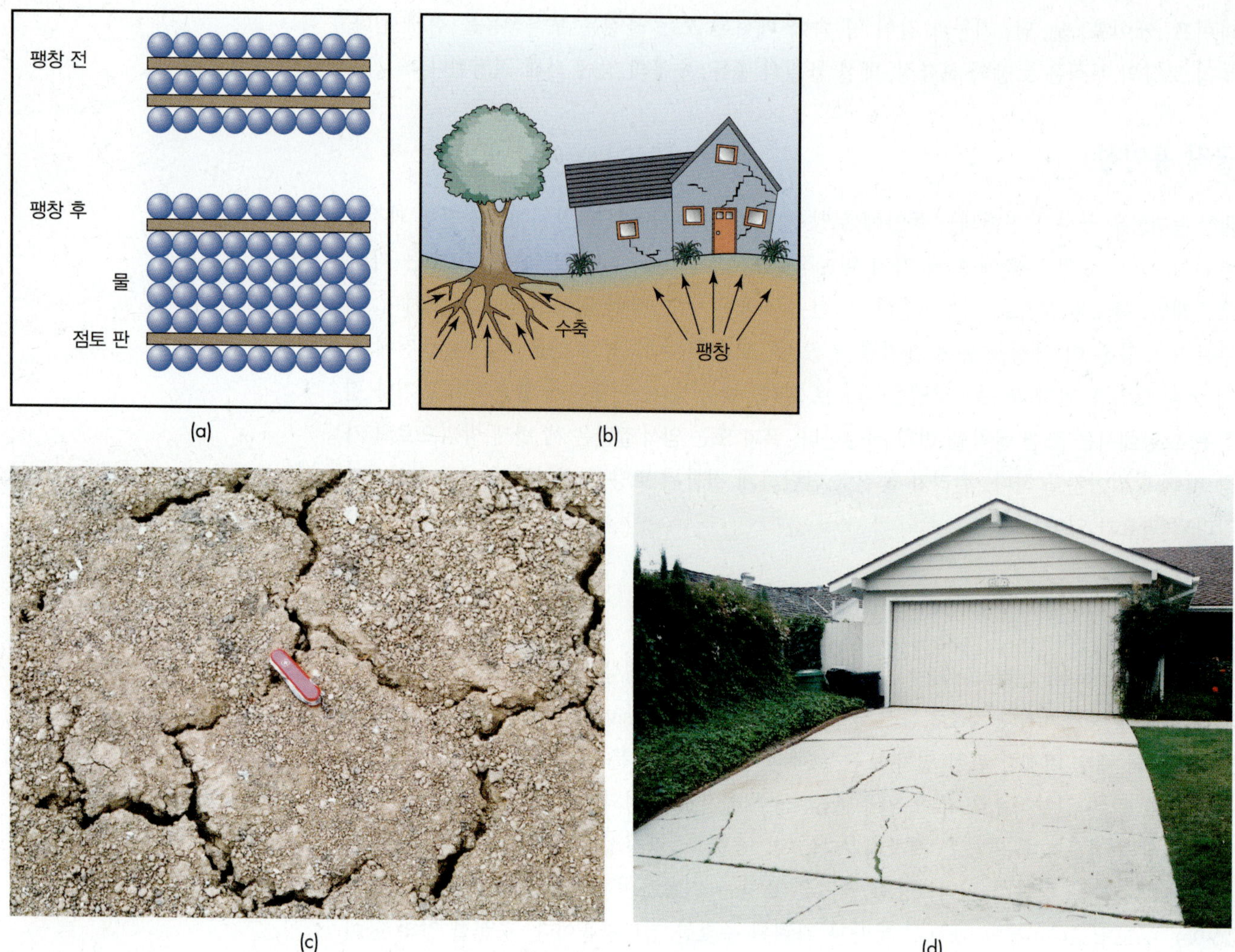

그림 16.9 팽윤성 토양 (a) 점토판 사이의 물 분자 층으로 인해 발생하는 점토(몬모릴로나이트)의 팽창. (b) 주거지역 내의 토양의 수축과 팽윤에 의한 영향. (*Mathewson, C. C., and Castleberry, J.P., II. Expansive soils: Their engineering geology. Texas A&M University*) (c) 수축된 토양의 균열. (d) 점토질 토양의 팽창 때문에 발생한 도로의 균열. (*Edward A. Keller*)

는 집과 같은 가벼운 건축물의 기반 주위에다 나무를 심어서는 안 된다(그림 16.9b).

팽윤성 토양을 평가함에 있어 지형과 배수 상태도 중요한 요인이다. 지형 및 배수 조건이 나쁘면 구조물 근처로 물이 연못처럼 모여 팽창성 점토를 부풀게 한다. 그럼에도 집주인과 공사 도급자 간에는 협의를 통해 이 문제를 해결할 수 있다. 토양의 일부 수축과 팽창을 수용할 수 있도록 지반을 설계 및 건설하는 것과 같이, 지하 배수로와 우수 물받이를 적절히 시공하여 배수를 증진시킴으로써 팽창성 토양의 피해를 최소화할 수 있다.[14]

잘 살펴보면 특정한 토양 특성을 이용하여 인간의 삶을 윤택하게 하기 위한 시설 및 공간을 확보할 수 있다. 토지 이용을 필요로 하는 설계자들의 경우, 토양의 공학적 특성을 평가하기 위한 토양 시험을 굳이 수행하지 않더라도 지구 물질에 관한 기본 용어 및 원리를 이해한다면 지구 물질의 친환경적이고 자연친화적인 이용에 한걸음 더 다가갈 수 있을 것이다. 토양의 공학적 특성 측면에서 보면, 점토질 토양의 경우에 다음과 같은 두 가지의 일반 원리를 생각해 볼 수 있다. 낮은 강도, 높은 민감도와 압축률, 낮은 투수성과 다양한 팽윤성 때문에 점토질 토양은 무거운 건축물, 허가 침하량이 작은 건축물, 배수가 잘되는 토양이 필요한 프로젝트 등에서는 피해야 한다. 둘째로 높은 수식성을 가졌거나 일반 굴착을 상당히 필요로 하는 토양도 가능한 피해야 한다. 지역적으로 굳이 이러한 토양을 이용해야만 한다면 특별한 물질과 기술, 설계, 디자인, 공사 등 평균 이상의 초기 투자 등 추가 조치가 필요하며, 또한 수행과정에 있어서도 유지 비용 등 2차 비용이 발생할 것이다.

16.8 토양 침식률

토양 침식률은 특정 시간과 지역 내에서 침식에 의해 제거된 토양의 양을 부피, 질량, 무게의 형태로 측정하여 나타낸다. 예를 들어 헥타르당 kg 등으로 표시된다. 토양 침식률은 토양의 공학적 특성, 토지 이용도, 지형, 기후에 따라 다양하게 나타난다.

토양 침식률을 측정하는 데는 몇 가지 방법이 있다. 그중 가장 직접적인 방법은 최소 몇 년 동안 토양의 기울기를 측정하고, 이 수치들을 더 넓은 지역과 더 긴 시간 동안에 발생한 것처럼 재현해 내는 것이다. 하지만 이 방법은 각각의 기울기와 배수 자료를 얻기가 매우 어렵기 때문에 거의 사용되지 않는다. 두 번째 방법은 저수지의 측량으로부터 획득한 자료를 사용하여 물의 저장 용량 변화를 계산하는 방법으로서, 저장 용량의 감소는 상류 토양으로부터 침식된 퇴적물의 부피와 동일하다고 가정하는 것이다. 세 번째 방법은 특정 부지로부터 침식된 퇴적물의 속도를 계산하는 식을 이용하는 방법이다. 가장 일반적으로 사용되는 식이 '범용 토양 유실 공식(Universal Soil Loss Equation)' 이다.[16] 이 식에서는 원래 위치로부터 이동한 토양의 양을 예측하기 위하여 강우량, 유출량, 사면의 크기와 형태, 토양층, 침식 제어 인자 등의 자료를 사용한다(자세히 살펴보기 '범용 토양 유실 공식' 참조).[17]

자세히 살펴보기 | 범용 토양 유실 공식

범용 토양 유실 공식은 다음과 같다.

$$A = RKLSCP$$

여기서

A = 장기간에 걸쳐 매년 유실된 토양의 평균 양
R = 장기간의 강우 유출에 의한 침식 인자
K = 토양 침식 가능성 지수
L = 사면/길이 비
S = 사면/경도(구배) 또는 경사 인자
C = 토양 피복층 인자
P = 침식 조절 실증 인자

이 수식을 사용하는 장점은, 여러 인자들을 결정하여 함께 곱함으로써 토양 유실량을 예측할 수 있다면 인자 C와 P를 조절해 봄으로써 토양 유실을 일정 수준 이하로 줄이기 위한 실제적인 토양 보존 방법을 평가할 수 있다는 것이다. 비교적 형태 변형이 용이한 사면에서는 퇴적물 유실량을 조절하기 위하여 K, L, S 인자를 조정할 수 있다. 이 수식은 파이프라인과 고속도로와 같은 공사 부지나 지역의 평가에 있어 특히 유용하게 사용되는데, 공사 부지 선정 및 계획 시에 설계자들은 그 지역의 하천이나 기타 자원에 미치는 퇴적물 유실의 영향을 예측하거나 그 영향을 최소화하기 위한 공법을 개발함에 있어 이 수식을 사용한다.[16,17]

그림 16.10 심각한 토양 침식 지표 유출수에 의해 발생한 중부 캘리포니아의 심각한 토양 침식과 협곡 형성. 사진을 찍기 몇 달 전의 표면은 원래 협곡이 아니었다. (*Edward A. Keller*)

그림 16.11 노스캐롤라이나의 샬럿 지역에서 원치 않은 토양 침식에 의해 발생한 붉은색 퇴적물. (*Edward A. Keller*)

16.9 퇴적물 오염

퇴적물은 가장 큰 오염물 중 하나이다. 많은 지역에서 퇴적물은 강을 막고, 호수, 저수지, 연못, 운하, 배수구, 항구 등을 채우며, 식생을 묻고, 양적으로도 제거하기가 매우 어렵다. 자연상의 오염된 퇴적물(침식 토양)은 실제로 장소가 따로 없는 자원이다. 퇴적물은 그 근원지에서 토양을 고갈시키며(그림 16.10), 수질 저하를 야기하고, 농업활동 지역 및 유용한 지역에 의미 없이 축적되어 다양한 폐해를 일으킨다(그림 16.11).[18]

이러한 퇴적물은 농업활동으로 교란된 지역이나 양이나 소와 같은 동물에 의해 지나치게 방목된 지역, 도시 건설 지역, 침수되거나 매립된 지역, 광업활동에 의해 굴착되어진 지역 등에서 기인한다. **퇴적물 오염**(sediment pollution)은 강, 호소수, 심지어 바다에까지 영향이 미친다. 그런데 불행하게도 오염 문제를 밝혀내는 것 또한 쉽지만은 않다. 인간의 다양한 활동에 의해 야기되는 다량의 퇴적물에 대한 하나의 해결책은 관리 규정을 제정하는 것이다(사례연구 '매릴랜드의 퇴적물 오염 감소' 참조). 또 다른 해결책은 퇴적물을 제어하고 가둘 수 있도록 특별하게 설계된 퇴적물 제어 분지를 활용하는 것이다. 이러한 분지는 효과적으로 작동토록 하기 위해 주기적인 청소 작업이 요구된다. 퇴적물 제어 분지의 일반적인 단면을 그림 16.12에 도시하였다.

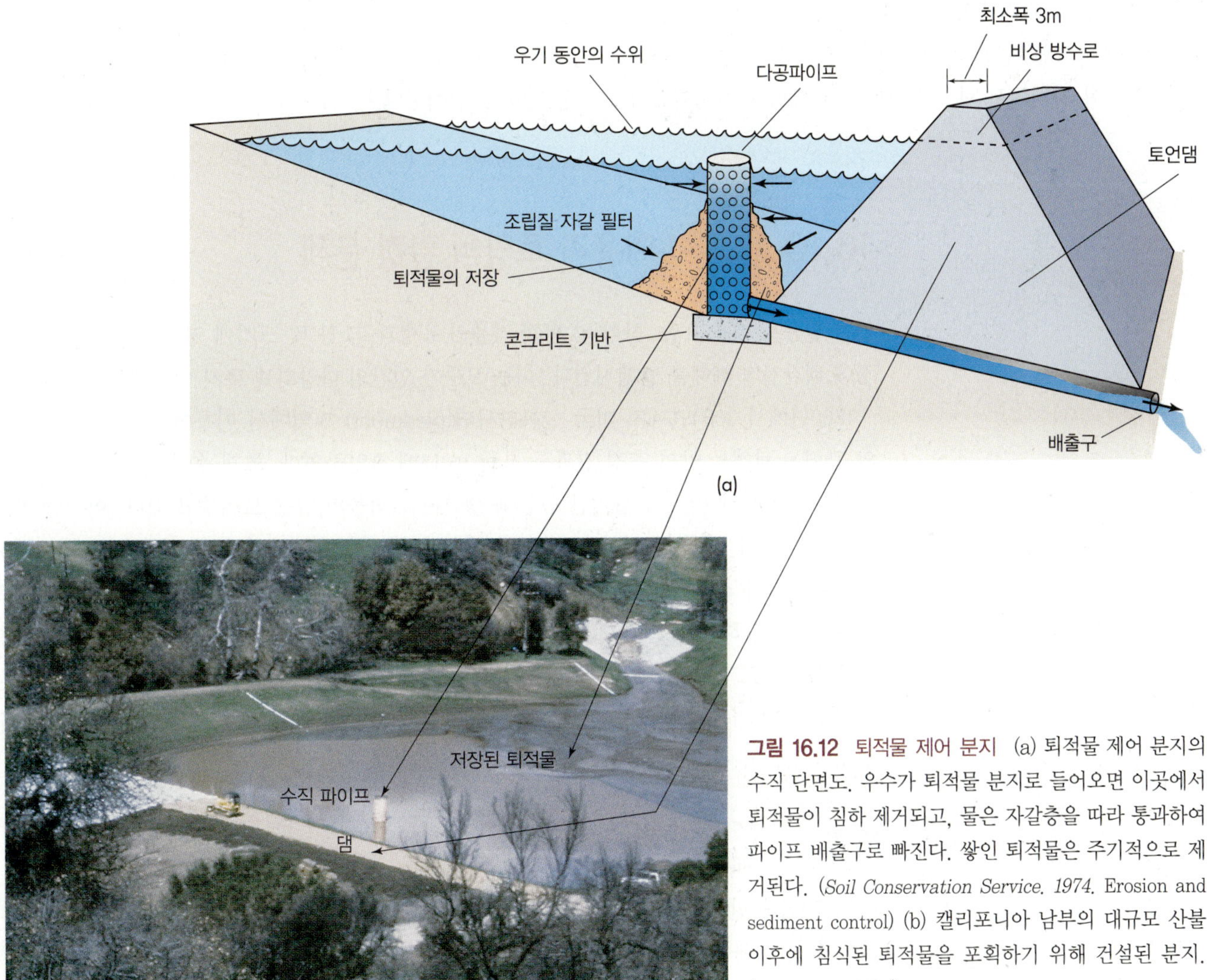

그림 16.12 퇴적물 제어 분지 (a) 퇴적물 제어 분지의 수직 단면도. 우수가 퇴적물 분지로 들어오면 이곳에서 퇴적물이 침하 제거되고, 물은 자갈층을 따라 통과하여 파이프 배출구로 빠진다. 쌓인 퇴적물은 주기적으로 제거된다. (*Soil Conservation Service. 1974.* Erosion and sediment control) (b) 캘리포니아 남부의 대규모 산불 이후에 침식된 퇴적물을 포획하기 위해 건설된 분지. (*Edward A. Keller*)

사례 연구 | 매릴랜드의 퇴적물 오염 감소

매릴랜드에서 행해진 연구를 통하여, 도시화된 지역에서는 퇴적물 제어 기법을 통하여 퇴적물 오염을 줄일 수 있음이 밝혀졌다. 배수면적 55km^{2}인 매릴랜드 콘스빌 근처 아나코스티아 강의 북서쪽에서 운반된 현탁 퇴적물의 양이 10년 넘게 측정되었다. 그 기간 동안 분지 안에서는 매년 면적의 3% 정도에서 공사가 행해졌다. 10년 동안의 연구가 끝날 무렵엔 분지 내의 도시화 면적은 약 20%였다.

퇴적물 오염은 토양이 쉽게 침식되기 때문에 문제가 된다. 더욱이 공사로 식생이 제거되면 강우에 의해 침식이 발생하게 된다.[19] 대부분의 퇴적물은 봄과 여름의 호우 기간에 운반된다. 이 지역에서 퇴적물 제어 프로그램이 시작되면서 퇴적물의 양은 약 35%가 감소되었다. 프로그램에서는 자연지형을 고려한 개발, 부지의 최소 노출, 노출 토양에 대한 보호 장치 마련, 표면 유출 최소화, 공사 부지에서 침식된 퇴적물을 포획하는 것 등 기본적인 퇴적물 제어 원리를 사용하였다. 토양 노출을 최소화하고 보호하기 위해 임시 식생, 사면 정리, 하상 안정화, 분지 등을 이용하였고, 공사 일정 또한 변경하여 토양의 유실을 제어하였다. 매릴랜드의 연구를 통하여, 침식 활동이 적은 시기에 주 공사를 진행하고, 호우 기간 동안의 유출을 제어하기 위해 퇴적물 포획 장치를 이용한다면 효과적으로 퇴적물 오염을 저감할 수 있다는 결론이 얻어졌다.[19]

16.10 | 토지 이용과 토양의 환경 문제

인간 활동은 지표 유출, 침식 및 퇴적 작용의 유형과 그 양 및 크기에 영향을 미치며, 토양환경에 직간접적 폐해를 발생시킨다. 이는 모두가 인간의 다양화된 토지 이용에서 기인한다.

1800년에서 2000년까지 미국 산록완사면(piedmont) 지역에서 이루어진 토지 이용 변화와 관련된 퇴적물 양의 측정 결과를 그림 16.13에 요약하였다. 높게 솟아 있는 피크는 1960년경의 도시화에 따른 건설기간 동안에 생산된 퇴적물의 양을 보여주고 있다. 이러한 자료들은 배수분지, 하천, 그리고 퇴적물 생성에 있어 토지 이용 변화가 큰 영향을 줌을 보여준다. 흔히 강과 산림 지역은 상대적으로 안전하고 과도한 침식이나 퇴적 활동이 없는 것으로 평가된다. 하지만 산림 지역을 농업 목적으로 바꾸어 토지를 이용하게 되면 유출과 침식은 급속도로 증가할 것이다. 결과적으로 강은 퇴적물로 탁해질 것이며, 운반 가능한 양을 초과하여 이송된 퇴적물은 부분적으로 하상을 채우게 되고, 결국 수위는 상승하여 홍수 빈도와 강도가 증가할 수도 있다.

농업

과거 50년 동안, 집약적 농업 활동에 의한 토양 침식과 남용은 세계 최대 농업 지역의 약 10%에 큰 폐해를 입혔다. 미국에서는 식생이 분포하는 지표 근처의 가장 비옥한 토양, 즉 **표토**의 1/3 정도가 이러한 침식에 의해 손실되었다고 추정되고 있다.[20]

특히 직선 형태로 고랑을 만들며 땅을 일구는 전통적 농업방식에 의하여 토양은 큰 피해를 입게 된다. 또한 식생의 제거는 토양을 바람과 물에 노출시키고, 낮은 경사면에서도 고랑을 따라 낮은 경사 방향으로 물이 이동하면서 침식의 양은 증가하게 된다. 새로운 토양이 지속적으로 형성된다 하더라도 이는 몇십 년에 단 1mm에서 연당 1mm이며, 따라서 침

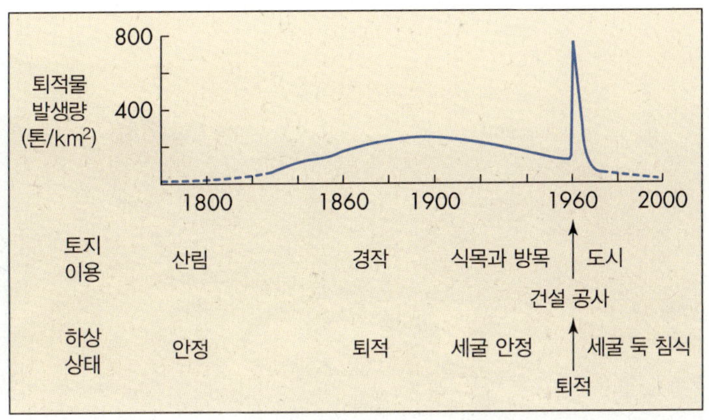

그림 16.13 토지 이용과 퇴적량 토지 이용이 퇴적물 양과 하상 수로 조건에 미치는 영향. 미국 동부 산록완사면 지역에서 대규모 경작 활동이 일어나기 이전부터 건설과 도시화가 진행된 기간에 걸쳐 관찰 및 측정된 값을 나타낸다. (*Wolman, M.* 1966. Geografiska Annaler *49A*)

식에 의해 제거되는 양보다 훨씬 작다. 따라서 토양 자원을 보존하는 기본적 메커니즘은 바로 자연적으로 토양이 생성되는 속도에 비하여 침식에 의해 제거되는 속도를 감소시켜 나가는 것이다. 토양을 보존하려는 몇 가지 농업방식을 아래에 기재하였다.[20]

- 등고선식 경작. 이는 땅의 자연적 지형을 그대로 따르는 경작법이다. 고랑을 경사 방향에 수직으로 배열한다. 이는 유수에 의한 침식을 줄이는 가장 효과적인 방법 중 하나로 널리 사용되고 있다(그림 16.14).
- 무경농업. 쟁기질과 같이 토양을 교란시키는 경작 활동 없이 농업 활동을 하는 방식으로서 토양 침식을 크게 줄이는 방식이다. 무경농업은 잡초나 다른 해충을 차단하면서도 쟁기작업 없이 농작물을 심고 작물을 수확하는 방식이다.
- 계단식 재배. 가파른 경사면에서 농업 활동을 하기 위하여 농지를 평평하게 다지고 계

그림 16.14 등고선식 경작 토양 침식을 상당량 저감할 수 있는 경작법. 아이오와 주 맥그레거 근처이다. (*Alex S. MacLean/Peter Arnold, Inc.*)

그림 16.15 계단식 경작 토양 침식을 막고 평평한 경작지를 만들어 준다. 인도네시아 발리의 쌀농사 지역이다. (*Fred Bruemmer/Peter Arnold, Inc.*)

단 형태로 개간하여 관리함으로써 토양 침식을 최소화할 수 있다. 이러한 계단식 재배지역에서는 암석이나 기타 물질로 계단별로 벽을 만들어 경사를 유지하고 안정화시킨다. 계단식 재배는 전 세계적으로 농사에 널리 사용되고 있다(그림 16.15).

- 다모작. 열대우림 지역 등에서 대규모 농업 활동을 굳이 필요로 하지 않을 때 사용되는 효율적인 방법이다. 토지 부분의 큰 나무들을 자르고 수개의 작은 나무와 식물들만 남긴다. 그리고 그 사이에 작물들을 심고 경작하게 된다(그림 16.16). 몇 년이 지나면 경작에 이용된 토지는 원래의 모습으로 회복되며, 다시 숲이 우거지면 상기의 과정을 반복하면서 경작 활동을 지속하게 된다. 이러한 방법은 인구수가 매우 적을 때 사용되는 방식으로서 인구가 증가하고 보다 넓은 대지를 농사에 사용해야 하는 경우에는 더 이상 유용치 않다.

그림 16.16 다모작 나이지리아 우림지역 내 소규모 농지에서 재배되는 다양한 작물. (*Still Pictures/Peter Arnold, Inc.*)

도시화

농지, 산지, 전원지역 토지의 도시화는 커다란 변화를 야기한다. 공사와 건설 활동이 진행되는 동안에 유출에 의한 퇴적물의 생산은 엄청나게 증가한다(그림 16.13과 16.17). 이러한 지역에서는 하천의 양상이 복잡하게 변화하고, 하상 침식과 퇴적이 반복되며, 그 결과로 수로가 넓어지거나 좁아진다. 수위가 낮은 하천에서는 유출량이 증가할 경우 홍수의 빈도 또한 증가하게 된다. 하지만 공사가 완료되면 토지는 대부분 건물, 주차장, 거리 등으로 포장되며 퇴적물의 양은 급격히 줄어든다. 이렇게 퇴적물의 양이 줄어들면, 하천 수로의 침식 활동만이 주로 일어나면서 하천은 더욱 깊어지게 된다. 하지만 하상의 불투수성 지역이 형성되고, 빗물 배수거의 사용, 그리고 시기별로 유출량이 증가하게 되면 다시금 홍수의 빈도

(a)

(b)

그림 16.17 도시 환경 내 토양 침식 (a) 도시화와 고속도로 진입로의 공사는 토양 침식과 퇴적물 생성을 증가시킨다. 캘리포니아대학교 샌타바버라 캠퍼스 내의 침식 중인 제방. (b) 식목을 통하여 침식을 제어한 수년 후 모습. (*Edward A. Keller*)

가 증가한다.

다음은 도시화 과정이 직접적으로 토양에 영향을 주는 예이다.

- 토양은 부숴지고 손실된다. 자연적으로 형성된 토양이 교란되면 다시 복구된다 하더

라도 이전에 비해 낮은 강도를 갖게 된다.

- 공사 전에 지반 침하에 대비하여 외부의 토양 물질을 사용하여 복구하였다 하더라도 이 토양은 근본적으로 이전의 해당 지역의 토양과는 다른 종류이다.
- 수분을 제거하기 위해 배수된 토양은 탈수 또는 건조되어 토양의 고유 특성이 변한다.
- 도시 지역의 토양에는 여러 목적에 의해 직접적으로 무분별한 화학물질이 첨가되게 되고, 따라서 도심 지역 토양은 이러한 화학물질에 의한 오염에 매우 취약한 특성을 갖는다. 이러한 문제는 특히 유해한 화학물질이 살포되었을 때 더욱 심각하다.

비포장도로용 차량

도시화의 문제는 토양 침식과 수리적 변화를 증가시키는 토지 이용의 변화에만 국한되지 않는다. 최근 비포장도로용 차량(ORV)의 인기가 크게 급증하고 있다. 이와 같이 여가활동을 즐기기 위한 지역에 대한 수요가 증가하면서 공적 토지를 이용하는 사람들 사이에 논쟁이 증가하고 있으며 심각한 환경문제를 야기하고 있다.

오늘날 미국에만도 수백만 대 이상의 비포장도로용 차량이 산지, 해안사구, 사막을 무단

(a)

(b)

(c)

그림 16.18 비포장도로용 차량 (a) 산악지역과 (b) 해안사구에서 비포장도로용 차량에 의해 발생하는 심각한 토양 침식. (*Edward A. Keller*) (c) 해안사구에서 모래를 휘젓고 달리는 ORV 차량. (*Los Angeles Times Photo by Steve Osman*)

으로 침범하여 달리고 있다. 노스캐롤라이나 주와 뉴욕 주의 해안으로부터 미시간 주와 인디애나 주의 사구, 미국 서부의 사막과 해안에 이르기까지 비포장도로용 차량과 관련된 문제는 이제는 아주 흔하다. 한 대의 오토바이가 8km를 주행할 때 1,000m^2의 토양 면적에 영향을 주는데, 이는 4륜차가 단지 2.4km의 운행할 때와 맞먹는다. 일부 사막 지역에서 이러한 차량의 바퀴자국은 수백 년 동안 지워지지 않고 남아 있다.[21,22]

비포장도로용 차량의 환경 문제가 발생하는 지역에서는 토양 침식, 수문 변화뿐 아니라 동식물 또한 피해에 노출된다. 이러한 차량의 사용은 직접적으로는 토양의 기계적 침식을 유발하며, 간접적으로는 바람과 물에 의한 침식을 촉진한다(그림 16.18). 차량이 운행되는 부지에서의 유출량을 살펴보면 차량 운행이 없는 지역에 비해 그 양이 8배 이상이며, 침식 퇴적물의 양은 도시화 지역의 공사 현장에서 발견되는 양과 거의 동등한 수준이다.[22] 차량 운행과 관련된 수문 변화를 살펴보면, 먼저 지표 근처 토양의 다짐, 압착작용으로 인하여 토양이 물을 흡수할 수 있는 능력이 저감되는 것이다. 게다가 토양 내 수분이 강하게 수착되어 있으면 동식물이 이용할 수 있는 토양수의 양이 줄어들게 된다. 50년 전에 만들어진 탱크 자국이 지금도 남아 있는 모하비 사막에서는 압착된 토양이 아직까지 회복되지 않고 있다.[22] 이렇게 압착된 토양은 토양 온도의 가변성을 변화시키기도 한다. 이러한 특징은 지표 근처의 토양에서 나타나는 것으로서 낮 동안은 뜨거워지며 밤에는 차가워지는 현상을 말한다. 차량의 활동은 동식물의 생태계 공간을 파괴하고 직접적으로 고사시키기도 한다. 차량에 의한 피해는 토양 침식, 압착, 온도 변화와 수분 함량 변화 등 다양하다.[22]

따라서 이러한 비포장도로용 차량만이 이용할 수 있는 부지를 따로 지정해야 한다는 정책이 크게 좋은 평가를 받고 있다. 하지만 얼마나 많은 땅을 할애할 것이며, 어떻게 환경의 피해를 최소화할 수 있겠는가? 전용 부지의 선택이 불가피한 일이라면 토양과 식생의 변화가 최소인 곳으로 선택해야 할 것이다. 특히 바람에 의한 침식은 경작지, 생물 및 지질 자원의 희생을 수반하는 것이기에 그 영향을 신중하게 평가해야 한다.[21] 주된 문제점은 아직 남아 있다. 즉 이미 너무 확산된 비포장도로용 차량의 사용을 전용부지에서만 사용하게끔 규제하기가 어려우며 특정 부지에 대한 피해를 막는 것 또한 매우 어렵다는 것이다. 기계적인 물과 바람의 침식에 의해 제거/운반된 물질은 언제나 다른 지역과 활동에 영향을 줄 것이다.[21,22]

최근 자가 추진 차량의 수가 증가하고 있다. 비포장 산악용 자전거의 사용은 크게 증가하고 있으며, 이는 환경에도 영향을 주고 있다. 일반적으로 이러한 자전거는 산의 고원 초지에 피해를 입히며 침식 흔적을 남긴다(그림 16.19). 산악용 자전거 사용자들은 국립공원의 산지, 공원, 자연보호 구역 등 더 많은 지역으로의 출입을 허가해 달라고 요구하고 있다. 그들은 자전거가 한 마리 말보다도 침식을 일으키지 않는다는 논리를 펼친다. 하지만 이것이 사실이라 하더라도, 산악용 자전거는 말보다 더 싸고 쉽게 구입하여 운행할 수 있으며, 그렇기 때문에 말을 타는 사람보다 산악용 자전거를 이용하는 사람이 더 많다. 따라서 산악용 자전거에 의한 침식 활동의 누적효과는 말보다는 훨씬 크다. 또한 등산객들과 방문자들도 자연보호 지역에서 말과 같은 동물을 바라보는 것보다 더 빠르고 소음이 없는 자전거를 선호할 것이다. 따라서 자연보호 지역의 관리 계획은 비포장도로용 차량에 의한 환경피해를 최소화시키는 방향으로 개발되고 발전되어야 한다.

그림 16.19 자전거, 오토바이, 등산 등으로 인한 토양 침식 자전거와 등산으로 인해 캘리포니아 지역의 사질 토양에 깊이 패인 바퀴 자국. (*Edward A. Keller*)

16.11 토양 오염

토양 오염은 사람이나 생태계에 피해를 주는 일련의 오염 물질들이 부주의하게 또는 고의적으로 토양에 유입되었을 때 발생한다(이 장 초반부의 사례 연구 '미주리 주의 타임스비치' 참조). 탄화수소나 농약과 같은 유기 화학물질, 셀레늄, 카드뮴, 니켈, 납과 같은 중금속을 포함하는 물질들이 토양 오염물로 작용한다. 이때 세립의 점토 입자를 가진 토양은 환경을 오염시키는 독성 물질이나 성분을 선택적으로 끌어당기거나 흡착, 고정할 수 있는 능력을 가지고 있다. 또한 토양은 이러한 오염물질을 자연저감 시킬 수 있는 유기물을 포함하기도 한다. 결과적으로 토양은 스스로 환경오염을 줄일 수 있는 기회를 제공하고 있다. 하지만 만약 토양 내의 오염물질과 토양의 생화학적 과정에 의해 분해되었던 물질들이 식물 안에 농축되거나 대기 또는 지하수계로 이동한다면 생태계와 인간에 독성물질로 작용할 수 있다.

폐기물 처리장이 아닌 다른 목적으로 사용코자 하는 토양이 오염되거나 또는 토양이 과거 이용에 의해 오염되었음을 발견하였을 경우에는 문제가 심각해진다. 이를 간과하면 사람이 거주할 목적의 집이나 학교와 같은 건물이 이러한 오염 토양 위에 세워질 수 있다. 이미 많은 지역에서 오래된 폐기물 처리장이나 화학물질의 불법투기에 기인한 독성 오염물질이 발견되고 있으며, 이 중 몇 군데에서는 복원 작업이 진행 중에 있다. 하지만 한번 오염된 토양에서 오염물질을 제거하는 복원작업에는 매우 큰 비용이 소비된다. 처리 방법에는 굴착, 연소 또는 생분해 처리 등 다양한 방법이 있다. 오염된 토양 복원에 사용되는 생분해 방식의 개념도를 그림 16.20에서 확인할 수 있다.[5,23] 최근에는 지하 탱크의 누출로 인

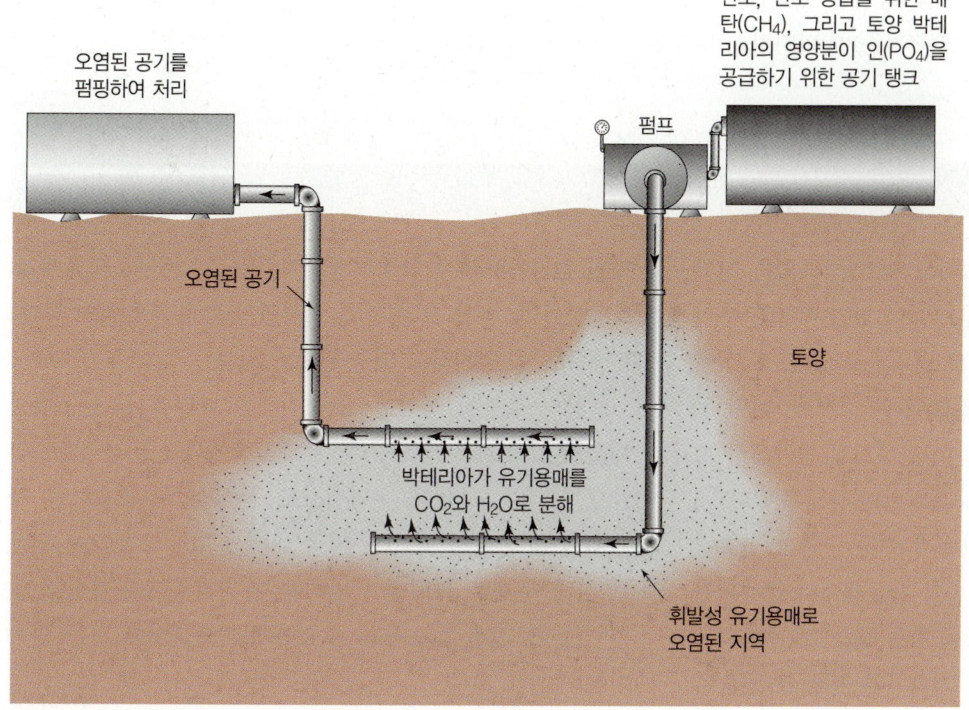

그림 16.20 생물학적 복원 유기용매에 의해 오염된 토양의 생물학적 복원 과정. 메탄, 인과 공기(산소 포함)는 박테리아의 영양분으로서 오염된 토양 내에 간헐적으로 주입되어 구멍이 뚫린 아래쪽의 파이프를 통해 퍼져 나간다. 상부의 파이프를 통해서는 토양으로부터 오염된 공기를 빨아들인다. 영양분은 토양 내의 박테리아의 성장을 촉진한다. 탄소원인 메탄의 공급을 중단되면 탄소가 부족해진 박테리아는 무기 용매를 찾아 이산화탄소와 물로 분해시킨다. 이런 과정을 통하여 오염된 토양의 처리 시간과 비용을 상당히 줄일 수 있다. (*Hazen, T. C. 1995. Savanna River site – A test bed for cleanup technologies.* Environmental Protection, April: 10–16)

해 오염된 토양과 물이 심각한 환경 문제로 급부상하고 있다. 따라서 심각한 환경 오염이 발생하기 이전에 누출을 감지할 수 있도록 저장 탱크를 감시하기 위한 시스템을 추가하는 사업이 진행 중이다.

16.12 토양 조사와 토지 이용 계획

최적의 토지 이용은 토양의 형태와 성질에 따라 결정된다. 그러므로 **토양 조사**(soil survey)라 부르는 보고서는 거의 모든 공학 프로젝트의 계획에서 중요한 부분을 이룬다. 토양 조사에는 토양의 수직, 수평적 모습을 보여주는 토양 단면도 등과 같이 토양을 묘사하는 것뿐 아니라 토양 입자의 크기, 수분 함량, 강도를 결정하는 실험 결과도 모두 포함된다. 이러한 조사의 목적은 공사 착공 이전에 해당 지역의 토양의 성질과 잠재적 오염과 같은 다양한 문제를 식별하기 위하여 필요한 정보를 제공하기 위함이다.[6]

정밀한 토양도(soil map)에서 얻을 수 있는 세밀한 정보를 토양의 적정 이용을 위한 가이드라인과 함께 고려하면 '토지 이용 계획'을 설계하고 수립하는데도 큰 도움을 받게 된다.

주택, 경공업, 정화조, 도로, 위락시설, 농업, 산림지 등 특정 목적으로 토지를 이용할 때의 제한(기준)에 의거하여 토양을 등급화하기도 한다.

요 약

토양에 대하여 공학자들은 폭파 없이도 제거할 수 있는 지구 물질로 정의하는 반면, 토양학자들은 살아 있는 식물의 뿌리를 지탱/지지할 수 있는 고체 물질로 정의하고 있다. 토지 이용 계획 수립, 폐기물 처리장, 그리고 홍수, 산사태, 지진 등 자연재해의 평가 등을 포함한 다양한 환경지질 분야에서 토양과 토양의 성질에 대한 이해의 중요성이 부각되고 있다.

토양은 암석의 생지구화학적 반응과 수문 순환의 상호작용으로 생성된다. 열린 계의 지구화학 반응계에서 생성되는 토양은 기후, 지형, 모재, 시간, 생물 활동 등의 변수에 의해 영향을 받는다. 토양 형성 과정은 기반암과 형성 조건에 따라 서로 다르게 정의되며, 일반적으로 수평의 토양층을 형성한다. 토양의 형성 과정에서 일어나는 다양한 성분의 용탈, 산화, 침적 작용은 층의 구별에 있어 중요한 반응 메커니즘이 된다. 예를 들어, 점토질 B층의 발달은 점토광물이 상부에서 하부 층으로 이동하여 생긴다. 토양의 세 가지 중요한 성질은 색, 조직(토성) 또는 입자 크기, 그리고 구조(입자의 결합)이다.

토양 내의 다양한 박테리아와 미생물이 토양 영양분을 식물이 흡수 가능한 형태로 전환시킴으로써, 토양은 복잡한 생태계의 일부를 이룬다. 토양 비옥도는 식물의 생장에 필요한 영양분을 공급할 수 있는 토양의 능력이다. 전체적으로 토양은 생성, 유지, 고갈 과정을 겪으며 진화하며, 각 단계는 생태계 유지에 있어 중요한 역할을 담당한다.

토양은 무기 광물과 유기물질로 구성된 고체 상태, 대부분이 공기로 채워진 기체 상태, 물로 이루어진 액체 상태를 모두 포함한다. 물은 토양의 공극을 따라 수직 또는 수평 방향으로 이동한다. 이러한 흐름에 의해 모든 공극이 물로 채워져 있는 포화상태나 공극이 부분적으로 채워져 있는 불포화 상태가 형성된다. 토양 수분과 흐름에 관한 토양수문학은 환경지질의 해석에 있어서도 매우 중요한 부분이다.

토양 분류에는 몇 가지 방식이 있지만, 공학적 특성과 토양의 작용 모두를 함께 고려하여 만들어진 분류체계는 아직까지 없다. 따라서 환경지질학자들은 토양과학 분류체계, 토양분류법, 통합 토양 분류 체계인 공학적 분류체계 등 모든 분류법을 인지하고 있을 필요가 있다.

토양의 공학적 성질에 대한 이해는 다양한 환경 문제의 해결에 있어 매우 중요하다. 토양공학에서는 토양 강도, 민감도, 압축률, 수식성, 수리전도도, 부식성, 굴착 용이성, 팽윤성 등을 중요시 여긴다. 미국 내에서 팽창성 토양이 심각한 환경 문제와 피해를 유발하는 자연재해로 평가받고 있기 때문에, 팽윤성은 특히 중요하게 고려되어야 하는 인자이다.

토양 침식률은 사면에서의 토양 유실량을 직접 측정하거나 다양한 수식을 이용한 계산을 통해 결정된다. 일반적으로 '범용 토양 유실 공식'을 적용하는데, 근원지에서 운반된 토양의 양을 예측하기 위하여 침식에 영향을 주는 변수들을 사용해 계산한다. 이 변수들은 특정 부지로부터의 퇴적물의 오염과 침식을 최소화하기 위한 관리 정책의 한 부분으로서 자주 사용된다. 자연적으로나 혹은 인간 활동에 의해 생성된 퇴적물은 가장 큰 오염물 중 하나로 평가된다. 이는 수질 저하를 야기하며, 하천과 호수, 저수지, 항구 등의 수로를 막는다. 하지만 다양한 보존 정책과 적절한 설계/시공을 통해 퇴적물 오염을 저감할 수 있다.

토양을 지속 가능하게 하기 위해서는 우선 토양 침식률이 토양 생성률에 비해 낮아야 한다. 토지 이용과 지표수 사용의 인위적 변화는 지표수 유출, 토양 침식과 퇴적물 오염의 유형, 절대량 및 크기 등에 영향을 준다. 농업 지역에서의 토양 침식은 등고선식 경작, 무경농업, 계단식 재배, 다모작 등을 통해 효과적으로 최소화시킬 수 있다.

도시화는 토양의 손실, 토양 특성의 변화, 도시화 공사 기간 동안의 토양 침식의 가속화, 토양 오염 등을 수반한다. 더불어 비포장도로용 차량 및 산악용 자전거 등의 사용은 토양 침식, 수문 순환 변화, 동식물 피해 등을 가속화시킨다.

토양 오염은 독성 물질의 유입에 의해 발생한다. 오염된 토양은 토양 활용을 제한하며, 심지어는 생태계에 큰 폐해를 끼치게 된다. 토양은 스스로 자정작용을 가지고 있으며, 자정작용의 능력을 초과한 오염에 대해서는 다양한 복원처리 기법을 사용한다. 그중 최근 가장 관심의 대상이 되고 있는 방식이 생분해 방식이다.

토양 조사는 토지 이용 계획 수립에 있어 매우 중요한 사전 작업이다. 토지 이용 목적에 부합하는 제한 요인(기준)에 따라 토양을 등급화할 수 있다. 이러한 정보를 정밀 토양도와 결합하면 특정 목적을 위한 토양의 제한성(기준)을 보여주는 단순화된 지도를 만들 수도 있다.

기본개념의 재확인

인구 증가

인구 증가로 인해 더 많은 식량을 생산하기 위해서는 더 많은 토양 자원이 필요하다. 하지만 한편으로는 인구 증가에 따라 농업에 필요한 생산성 토양이 포장도로와 건물로 채워지는 도시화가 야기되는 아이러니한 상황이 일어나고 있다. 증가하는 인구에 맞춰 식량을 공급하기 위한 집약적 농업활동은 반건조 또는 건조 지대에서 관개에 필요한 다량의 화학 비료와 물을 필요로 하였다. 이러한 활동으로 말미암아, 오늘날 화학 비료의 과도한 사용에 의한 토양과 물의 오염이 발생하였다.

지속 가능성

지속 가능한 토양 자원의 유지/보호는 농업지역에서 장기간 작물 생산을 가능케 하기 위한 주요 목표 중 하나이다. 특히, 토양 자원의 유실과 퇴적물 오염을 발생시키는 토양 침식을 최소화하기 위한 계획의 일환이기도 하다.

계로서의 지구

토양은 수문 순환, 고체 암석 순환 사이의 상호작용과 생지구화학적 반응 과정을 포함하는 복잡한 생태계의 일부분이다. 기후 변화에 따라 토양 형성 과정이 서로 다르게 나타나며, 토양은 강우량의 변화와 태양 에너지 복사의 변화 등 기후 변화를 그대로 반영한다.

위험한 지구작용, 위해성 평가 및 인식

토양 침식과 더불어 다양한 반응과 작용에 기인한 토양 비옥도의 저감은 일용할 식량을 제공하는 능력과 관계되어 심각한 재해의 하나가 되었다. 아울러, 토양의 팽윤성과 같은 공학적 특성과 관련된 일련의 재해 발생은 도로, 건축물, 교량, 기타 토목시설의 피해를 발생시킨다.

과학지식과 가치

토양 연구는 진일보한 과학이며, 토양이 어떻게 형성되고 침식, 유지되는지에 대해 잘 이해하고 있다. 토양 오염은 농촌, 도심 지역 어디에서나 심각한 문제로 대두되고 있다. 궁극적으로 토양오염을 어떻게 다룰 것인가의 문제는, 오염의 결과로 건강상의 재해가 발생하지 않는 안전한 환경에서 살아야 한다는 인간의 권리에 대한 우리의 가치를 반영한다.

주요 용어

이동 토양
잔류 토양
토양
토양 단면
토양 비옥도
토양 조사
토양 층위
퇴적물 오염
팽윤성
팽창성 토양

복습 문제

1. 토양학자들이 정의하는 토양과 공학자들이 정의하는 토양은 어떻게 다른가?
2. 잔류 토양과 이동 토양의 차이점은 무엇인가?
3. 주요한 토양 층위에는 무엇이 있는가?
4. 토양 조직(토성)을 정의하라.
5. 토양 비옥도가 갖는 의미는 무엇인가?
6. 토양을 분류하는 두 가지 주요 방법은 무엇인가?
7. 토양의 강도를 결정하는 것은 무엇인가?
8. 토양의 팽윤성이란 무엇이며, 이것이 왜 중요한가?
9. 토양 침식률을 평가할 수 있는 방법은 무엇인가?
10. 퇴적물 오염이 큰 환경 문제인 이유는 무엇인가?
11. 토양 침식에 있어 도시화는 왜 문제가 되며, 어떻게 이를 최소화할 수 있는가?
12. 비포장도로용 차량의 사용이 어떻게 토양 침식 문제를 발생시키는가?
13. 어떻게 토양 오염이 발생할 수 있는가?
14. 토양 조사는 무엇이며, 토지 이용 계획에 이를 어떻게 사용할 수 있는가?

심화 문제

1. 산림의 벌목과 비포장도로용 차량의 이용이 토양 비옥도를 어떻게 감소시킬 수 있으며, 그 이유는 무엇인가?
2. 환경론자인 당신의 친구 한 명이 가파른 지형을 산악용 자전거로 달리는 것을 굉장히 좋아한다. 특히 그녀는 여름에 스키 연습장의 경사면을 타고 내려오는 것을 즐긴다. 환경에 큰 피해를 주는 그녀의 스포츠를 중재할 수 있는 의견을 말해 보라.
3. 당신은 컨설턴트 회사를 가지고 있는데, 한 고객이 유기농 채소를 재배하기 위한 작은 회사를 시작하기 위하여 수백 헥타르의 면적을 조사, 평가해 달라고 당신을 고용하였다. 부지는 완만한 언덕에 위치하며 비교적 평평하다. 토지 이용 관점에서 이 프로젝트를 어떻게 평가하겠는가? 고객에게 컨설팅해 주기 위한 전반적인 계획을 간략하게 서술해 보라.

제 17 장

자원으로서의 폐기물 : 폐기물 관리

학습 목표

폐기물 문제를 해결하기 위한 폐기물 관리 전략의 개발은 중요한 환경적 관심사이다. 이 장의 학습 목표는 다음과 같다.

- '희석과 분산' 이란 고전적 폐기물 관리와 폐기물 발생을 최소화하기 위한 현대의 폐기물 통합 관리 개념을 이해한다.
- 고체 폐기물 처분에 대한 다양한 기술에 대해 이해한다.
- 침출수의 발생, 부지 선정, 설계, 감시, 법률 등 위생 매립지와 관련된 중요한 과정에 대해 이해한다.
- 유해 폐기물에 대한 책임 관리, 대안 관리 전략, 법률 등에 관한 원리를 이해한다.

주 : 방사성 폐기물 관리는 제15장 핵에너지에 포함되어 있음.

중국의 전자폐기물을 처리하는 사람. 이들은 유독물질에 노출될 수 있다.
(© *Basel Action Network 2007*)

사례 연구 | 어디에 전자폐기물을 버려야 하는가?

오늘날 미국에서 수천만 개의 컴퓨터와 휴대전화, 텔레비전, 컴퓨터 게임기 등과 같은 전자기기가 버려지고 있다. 컴퓨터의 평균수명은 약 3년이다. 컴퓨터는 재활용을 고려해 만들어지지 않았기 때문에 종종 환경적 문제를 야기한다.

사람들은 **전자폐기물**(e-waste)을 수집 장소에 버린 후 당연히 이것들이 적절하게 관리될 것이라 생각한다. 그러나 전자폐기물이 항상 잘 관리되지 않는다. 미국은 전자폐기물 발생량이 가장 많은 국가이다. 소각할 때 유해물질을 배출하는 컴퓨터의 외부플라스틱, 텔레비전 등도 전자폐기물에 포함된다. 유해하고 유독하며 호흡, 섭취 또는 피부를 통한 흡수에 의해 사람에게 암을 발생시킬 수 있는 적은 양의 금, 주석, 구리, 카드뮴, 비소 등 중금속을 포함하는 전자부품도 전자폐기물이다. 현재 수백만 대의 컴퓨터가 재활용의 목적으로 팔려지고 있다. 미국에서 전자폐기물이 향후 환경문제를 일으키지 않을 것이라고 입증하는 환경청의 공식 입장은 없다. 대부분의 전자폐기물은 나이지리아, 중국 등의 나라로 재활용표를 붙여 수출된다. 중국의 가장 큰 전자폐기물 처분시설은 홍콩 근처의 구이유 지역에 있다. 구이유 지역 사람들은 그들이 다루는 폐기물이 잠재적으로 독성이 있다는 생각 없이 하루에 100만 톤 이상을 처리하고 있다.

미국에서 종량세가 납부되지 않은 컴퓨터 폐기물은 경제적으로 재활용될 수 없다. 그래서 많은 미국 회사는 큰 이익을 얻을 수 있는 다른 나라로 컴퓨터를 보낸다. 구이유 지역의 세입은 1년에 약 100만 달러이다. 지금까지 중국 중앙정부는 전자폐기물 처분활동을 규제하지 않았다. 구이유 지역에서 노동자들은 기본적인 기구나 손으로 직접 컴퓨터를 분해한다. 노동자들은 그들이 다루는 물질이 얼마나 유독한지 그리고 그들의 직업이 얼마나 유해한지를 모른다. 구이유 지역에서 유독하고 건강에 문제를 일으킬 수 있는 전자폐기물을 분해하여 원료물질을 만드는 일을 하는 가구가 5,000가구 이상이다.

미국은 컴퓨터 공장들이 폐기물 배출을 줄이는 예방조치를 취하지 않았다. 사실 미국은 유해한 전자폐기물을 수출하는 것을 제한하고 금지하는 국제협약을 승인하지 않았다.[1]

미국의 전자폐기물 처리방식은 많은 환경문제를 야기한다. 양질의 환경을 가지기 위해서는 전자폐기물의 안전한 처리와 재활용이 요구된다. 그것은 우리가 향후에 해야 할 일이다.

17.1 폐기물 관리의 개념 : 개요

전 세계, 특히 도시 지역 사람들은 많은 양의 고체 폐기물 처분 문제에 직면해 있다. 그러한 문제는 도시 지역이 많은 폐기물을 배출하고 있고 매립할 장소가 너무 적다는 단순한 사실로 취급된다. 미국의 약 반 정도의 도시가 매립지를 운영하고 있다. 최근에 매립지 운영비용이 급등하고 있다.[2]

모든 종류의 사회가 폐기물을 배출하나 산업화와 도시화로 인해 폐기물 배출양이 계속 증가해 폐기물 관리에 복잡한 문제를 야기한다. 비록 도시, 산업, 농업 지역에서 배출되는 많은 양의 액체와 고체 폐기물이 수집, 재활용, 처리, 또는 매립되고 있지만 폐기물 위기를 극복하기 위해서는 새롭고 혁신적인 방법이 필요하다. 미국의 중앙정부와 주정부에 의한 액체와 고체 폐기물의 매립 또는 처리 비용은 매년 수억 달러이다. 사실 미국의 전체 환경 문제에 관련된 지출 중 폐기물 관리 비용이 가장 많다.

고체 폐기물 문제의 가능한 해결책은 새로운 처분장을 개발하는 것이다. 불행히도 아무도 폐기물 처분장, 도시폐기물 처분을 위한 위생매립지, 폐기물의 부피를 약 75%로 줄이기 위한 소각장, 유해 화학물질 처리장 등과 같은 시설 부근에 살기를 원하지 않는다. 이러한 이유로 명백히 지리학적 · 지질학적 · 수리학적으로 폐기물 처리시설로 적합한 지역이더라도 부지로 선정되기 어렵다. 부지선정 문제는 사회적 공평성 문제와도 관련이 있다. 폐기물 관리 시설은 흔히 저소득 계층인 소수인종 또는 민족이 거주하는 지역에 위치한다. 많은 사람들이 환경문제 때문에 반대하는 폐기물 처리시설 부지선정과 관련된 조사는 환경적 공평성 연구 분야로 알려진 융합분야의 일부이다.[3] 사람들은 폐기물 처리로 발생할 수 있는 대중 건강에 대한 위험을 억제하기 위한 정부나 산업계의 능력을 별로 신뢰하지 않는다.[2]

미국에서 200억 달러 규모의 폐기물 처리 산업은 폐기물의 수집과 매립으로 구성된 단순한 구조이다. 환경문제와 해결에 대한 대중의 관심 증대로 폐기물 처리 산업계가 새로운 고체 폐기물 관리 시스템을 개발하고 있다. 융합된 개념은 감량, 재활용, 매립, 소각 등을 포함하는 **통합적 폐기물 관리**(integrated waste management : IWM)이다.[2]

고전적 관점

산업혁명의 첫 세기 동안 배출되는 폐기물의 부피는 상대적으로 작았고 '희석과 분산' 이 적합한 개념이었다. 공장들은 배에 의한 물자이동의 편리성, 통신의 용이성, 처리와 냉각을 위한 물의 풍부함, 강으로의 폐기물 처분의 편리성 등으로 강 근처에 위치해 있었다. 소수의 공장과 낮은 인구밀도 지역에서는 '희석과 분산' 으로 폐기물을 환경으로부터 격리할 수 있었다.[4]

그러나 불행하게도 팽창하는 산업 지역과 도시 지역에서는 '희석과 분산' 의 개념은 부적합하여 '농축과 저장' 이라는 새로운 개념이 도입되었다. 그러나 폐기물은 영원히 저장될 수 없다. 자연 또는 인공적 저장용기는 누출되거나 부서져서 폐기물이 이동될 수 있다. 결과적으로 자원 회수라는 또 다른 개념이 발달하였다. 이 개념은 폐기물은 유용한 물질로 전환될 수 있다는 것이고 모든 폐기물은 자원이라는 것이다. 그러나 현대의 첨단기술로도 폐기물의 큰 부피를 경제적으로 전환할 수 없고 폐기물을 근본적으로 완전히 파괴할 수 없다. 그러므로 우리는 아직도 폐기물 처리 문제를 안고 있다.[4]

현대적 경향 : 통합적 폐기물 관리

사람들은 많은 폐기물 관리 프로그램에서 단순히 폐기물은 한 장소에서 다른 장소로 이동되어 부적절하게 처분된다고 알고 있다. 예를 들어 도시 지역에서 배출되는 폐기물은 매립지에 매립되나 메탄가스(적절하게 관리된다면 자원임)의 배출 또는 주변 지역을 오염시킬 수 있는 유독한 액체의 유출 때문에 더 문제를 야기할 수 있다. 또한 처분 지역에서 대기오염이 발생할 수 있다. 폐기물 관리에 있어 공공의 관심이 오랫동안 지속될 것이라고 생각하는 것이 안전하다. 가장 중요한 것은 대중의 건강에 해를 끼치지 않거나 피해를 일으키지 않는 폐기물 관리 방법을 개발하는 것이다.

감량, 재활용, 재사용, 퇴비화, 매립, 소각 등을 포함하는 관리 방법의 종합체로서 통합적 폐기물 관리는 1980년대에 시작되었다.[2] 통합적 폐기물 관리의 세 가지는 **감량**(reduce), **재활용**(recycle), **재사용**(reuse) 방법이다. 재활용은 매립지로 버려지는 도시 폐기물 양의 약

50%를 감소시킬 수 있다. 표 17.1의 방법을 사용하여 개인적으로 생산하는 폐기물의 양을 줄일 수 있다.

약 20여 년간 활발히 추진되어 온 통합적 폐기물 관리에서 재활용 방법은 폐기물 관리 분야에 수만 개의 일자리를 창출했을 뿐만 아니라 미국에서 매립지로 보내지는 도시 지역의 가정에서 배출되는 폐기물의 양을 1980년 90%에서 현재 약 65%로 감소시켰다(그림 17.1). 사실 많은 공장들이 매립지로 보내지는 폐기물의 양을 50% 이상 감소시키기 위하여 폐기물을 재활용하고 있다. 이러한 성공에도 불구하고 통합적 폐기물 관리는 재활용을 지나치게 강조함으로써 폐기물 배출을 막기 위한 효과적인 방법이 아니라고 비판받는다. 장

표 17.1	폐기물 배출을 축소하기 위해 무엇을 할 수 있을까?

- 개인적으로 배출하는 폐기물의 이동경로 추적 : 폐기물이 어떻게 얼마나 많이 배출되는가를 알면 폐기물 배출을 감소시키는 방법을 알게 된다.
- 가능한 한 많은 양의 재활용 : 깡통, 유리, 종이를 수거하여 재활용센터로 보내거나 재활용 쓰레기통에 버린다. 전지, 휴대전화, 컴퓨터, 페인트, 기름, 용매를 수거하여 유해폐기물 수거센터로 보낸다.
- 포장 줄이기 : 가능한 한 음식물 등을 모아서 포장하여 포장지 사용을 줄인다.
- 내구재의 사용 : 내구성이 있는 자동차, 가구, 운동기구, 장난감, 기구 등을 선택한다.
- 물건의 재사용 : 어떤 물건은 계속해서 재사용할 수 있다. 예를 들면 포장을 위한 상자와 발포비닐은 재사용할 수 있다.
- 재활용 물질로 만들어진 제품 구매 : 병, 깡통, 시리얼상자, 용기, 큰 상자, 카펫, 마루타일 등과 같은 많은 제품이 재활용 물질로 만들어진다.
- 쉽게 재활용되도록 만들어진 제품 구매 : 자동차와 같이 큰 제품은 재활용을 염두에 두고 만들어졌다.

출처 : U.S. Environmental Protection Agency. Waste. Accessed 4/21/06 at www.epa.gov

그림 17.1 일리노이 주 시카고의 재활용 공장 (*Mitch Kezar/Getty Images, Inc.*)

기적으로 재활용에 의지하는 폐기물 관리정책은 성공할 수 없다. 오늘날의 관리정책을 고수한다면, 약 50년에서 70년 후 미국 인구가 현재의 2배가 되었을 경우, 50%의 재활용률을 고려한다면 오늘날 매립지로 보내지는 폐기물의 양만큼 더 폐기물을 배출하게 된다. 명백히 재활용은 폐기물 문제의 지속적인 해결책이 아니다. 통합적 폐기물 관리 개념은 물질 관리를 포함하도록 재고되어야 하며 확장될 필요가 있다는 것을 명심해야 한다.[5]

17.2 물질 관리

물질 관리(materials management)는 통합적 폐기물 관리의 일부이나 새로운 목적을 제시한다. 그 목적은 자원 보존과 더불어 물질을 더 지속적으로 사용하도록 폐기물을 자원으로 생각하도록 하는 폐기물의 무배출이다. 통합적 폐기물 관리의 확장으로서의 물질 관리는 다음과 같이 함으로써 정착시킬 수 있다.[5]

- 목재, 광물, 기름과 같은 원료 물질의 추출로 부산물의 제거
- 새로운 건설 시 재활용 물질과 생산물 사용을 장려하기 위한 '녹색 건물'에 대한 장려금 지급
- 물질 관리 정책의 목적에 부합하지 않는 생산물의 산출에 대한 벌금 부과
- 폐기물 배출을 감소시키는 생산물과 재활용 물질 사용의 장려 등과 같이 지속성을 향상시킴으로 환경을 보호하는 산업 활동이나 생산물에 대한 장려금 지급
- 폐기물 감량, 재활용, 재사용 활동에 대한 장려금 지급과 물질 관리 기술 분야의 새로운 일거리 창출에 대한 장려금 지급. 이것은 물질 관리와 지속적인 자원 재사용의 본질이다.

'폐기물 무배출'이란 물질 관리 개념은 **산업 생태학**(industrial ecology)의 일부분이다. 이러한 생각은 도시와 산업 시스템을 한 부분에서는 폐기물이 다른 부분에서는 자원인 자연 생태계로 간주함으로써 생긴다.

이러한 현대적 경향과 통합적 폐기물 관리에 대한 소개 후 몇 개의 범주로 폐기물 관리 방법과 처분을 분리하여 설명하는 것이 도움이 된다(고체 폐기물 처분, 유해화학 폐기물 관리, 방사성 폐기물 관리, 해양 처분).

17.3 고체 폐기물 처분

고체 폐기물 처분은 주로 도시 문제이다.[6] 그림 17.2에 고체 폐기물의 주요한 공급원과 유형이 정리되어 있다. 표 17.2는 1986년과 2003년에 고체 폐기물의 일반적인 성분(재활용 전 질량)을 나타낸다. 이것은 단지 평균 성분이고 토지 이용, 경제, 산업 활동, 기후, 계절 변화와 같은 인자들의 차이 때문에 상당한 변화가 나타날 수 있음을 명심해야 한다. 종이가 가장 많은 고체 폐기물이다. 병과 같은 플라스틱 용기의 증가로 플라스틱은 1986년 이래로 약 60% 증가했다. 플라스틱 폐기물을 재활용하는 신흥 산업이 생겨나고 있다. 플라스

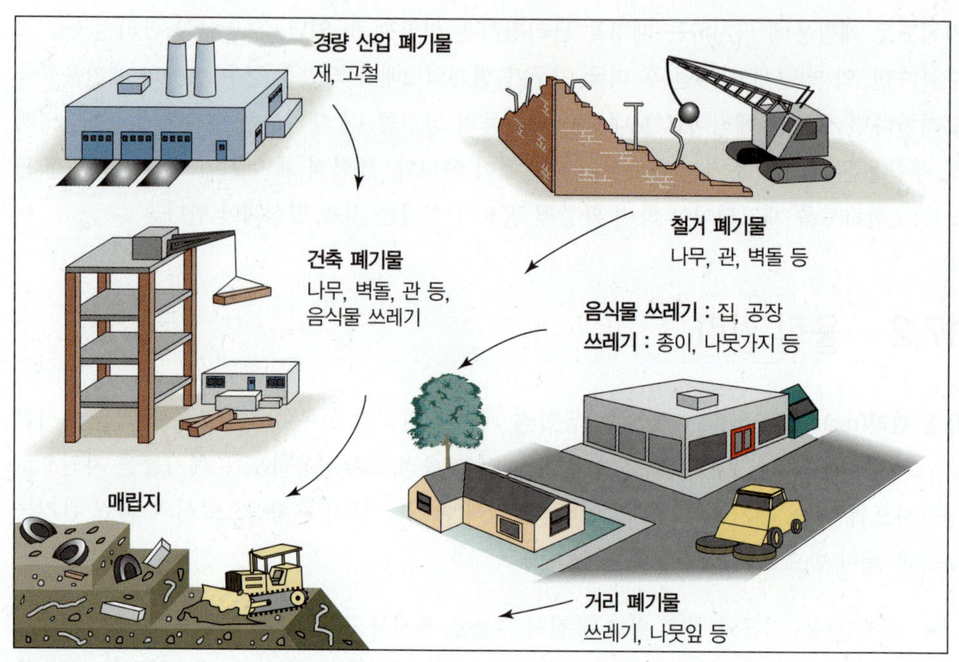

그림 17.2 매립지로 보내지는 폐기물의 유형

표 17.2 1986년과 2003년 도시 고체 폐기물의 일반적인 성분(기준 : 무게)

물질	1986 (%)	2003 (%)
종이	36	35
정원 폐기물	20	12
플라스틱	7	11
금속	9	8
음식 폐기물	9	12
유리	8	5
나무	4	6
기타(고무, 가죽, 직물 등)	7	11

출처 : Ujihara, A. M. and Gough, M. Managing ash from municipal waste incinerators, in *Resource for the future* (Center for Risk management: 1989); U.S. Environmental Protection Agency.

틱 재활용 공장이 지어지고 많은 종류의 플라스틱이 공장에서 다루어진다. 플라스틱 폐기물을 재활용하여 만들어진 새로운 플라스틱은 석유로부터 만든 것과 비슷하다.

어떤 지역의 병원에서 배출되는 감염된 폐기물은 처분되기 전에 적절하게 살균되지 않는다면 문제를 야기할 수 있다. 어떤 병원들은 그런 폐기물을 소각하는 시설을 갖추고 있다. 대도시 지역에서 많은 양의 유독물질이 매립지에 매립된다. 도시 매립지는 현재 감시와 정화가 필요한 유해 폐기물 지역으로 간주된다.

미국 지질조사소 보고서에 의하면 고체 폐기물 처분의 일반적인 방법은 원위치 처분, 퇴비화, 소각, 천부 매립, 위생 매립 등이다.[7]

원위치 처리

도시 지역에서 가장 흔한 원위치 처리방법은 음식 폐기물을 기계적으로 분쇄하는 것이다. 음식물 폐기물은 부엌 개수대의 오수관에 설치되어 있는 폐기물 처리 장치에서 갈린 후 하수처리장으로 흘러간다. 이것은 효과적으로 음식 폐기물 양을 줄이고 빨리 제거하도록 한다. 그러나 마지막 처리물은 처리되어야 하는 하수슬러지와 같은 고체 폐기물이 있는 하수처리장으로 보내진다.[7]

유해 물질을 다루는 처리시설이 필요한 유해액체 화학물질은 우연히 또는 고의적으로 하수구에 버려진다. 도시 하수구로의 불법 투기는 중요한 문제로 최근 인식되기 시작했다.

퇴비화

퇴비화(composting)는 유기물질이 부식물질로 분해되는 생화학적 작용이다. 호기성 생물에 의한 액체, 고체, 유기 폐기물의 빠르고 부분적인 분해 작용이다. 이러한 과정은 일반적으로 환경조건이 통제된 기계적 반응기에서 실행된다. 비록 퇴비화가 미국에서는 흔히 사용되지 않는 방법이지만 농업이 발달되어 혼합비료를 사용하는 유럽과 아시아에서는 흔히 사용되는 방법이다. 퇴비화의 주요 단점은 유기물질과 다른 폐기물 분리의 필요성이다. 그러므로 단지 유기물질이 분리되어 수집될 경우에만 경제적인 이점이 있다.[8] 그럼에도 불구하고 퇴비화는 통합적 폐기물 관리의 일부로서 고려되고 활용이 증가하고 있다.

소각

소각(incineration)은 고온(900~1000°C)에서 가연성 폐기물을 태워 불활성 잔유물을 만들어 폐기물의 부피를 감소시키는 것이다. 이러한 온도는 모든 가연성 물질을 태우기에 충분하고 단지 재와 비가연성 물질을 남긴다. 소각은 이상적으로 처리되어야 하는 폐기물의 부피를 약 75%에서 95%까지 감소시킨다. 그러나 소각시설의 유지와 폐기물의 공급 문제 때문에 폐기물의 실질적 부피 감소는 약 50% 정도다. 이미 언급했듯이 이것은 재활용에 의한 폐기물의 부피 감소와 같은 양이다.[6] 도시 폐기물 소각의 장점은 다음 두 가지이다.

- 소각은 효과적으로 큰 부피의 가연성 폐기물을 매립지에 매립될 수 있는 작은 부피의 재로 전환시킨다.
- 가연성 폐기물은 전기를 생산하기 위한 연료로 사용될 수 있다.

도시 폐기물의 소각은 확실히 깨끗한 과정은 아니다. 소각은 대기 오염을 야기하고 매립지에 매립되어야 하는 유독성 재를 배출한다. 소각로의 굴뚝으로부터 산성비의 선구물질인 일산화질소, 일산화황, 일산화탄소와 납, 카드뮴, 수은 등과 같은 중금속이 배출된다. 굴뚝에는 오염물질을 제거하는 장치가 부착되어 있으나 오염저감 비용이 크다. 더욱이 소각로가 비싸 종종 정부 보조금이 필요하다. 한 연구에 의하면, 미국에서 발생되는 고체 폐기물의 약 25%를 소각할 수 있는 소각로를 건설하기 위해 8억 달러가 필요한 반면에 비슷한 금액의 투자로 재활용과 퇴비화 시설을 건설할 경우 미국에서 발생하는 고체 폐기물의 약 75%를 처리할 수 있다.[6]

소각로의 경제성은 폐기물 소각에 의해 생산되는 에너지 판매 수입에 달려 있다. 따라서 소각로는 이익이 유지될 정도로 운영되어야 한다. 퇴비화와 재활용의 증가로 인한 경제성은 확실하지 않다. 그러나 폐기물 감량과 재활용은 매립지에 버려져야 하는 폐기물을 소각에 의해 감소시킬 수 있는 부피만큼 감소시킬 수 있다.[6]

천부 매립

천부 매립은 고체 폐기물을 처리하는 가장 오래되고 흔한 방법이다. 많은 경우에 천부 매립은 안전성, 건강에 대한 위험성, 심미적 악화에 대한 고려 없이 이루어진다. 폐기물은 종종 장비가 요구될 만큼 높게 쌓인다. 어떤 경우에는 폐기물이 타고 다른 곳에서는 주기적으로 다짐되어 파괴된다.[7] 천부 매립은 일반적으로 해충의 번식, 대기 오염, 지하수와 지표수 오염 등에 의해 건강상의 위험을 야기한다. 미국에서 천부 매립지는 관리되는 위생 매립지로 변모했으나 아직도 많은 가난한 나라에서는 흔히 사용되고 있다.

위생 매립

위생 매립(sanitary landfill, 도시 고체 폐기물 매립지)는 미국 토목학회에 의해 대중의 건강 또는 안정에 대한 위험과 피해를 주지 않는 기능을 하는 고체 폐기물 처리 방법으로 정의된다. 가장 작은 지역에 폐기물을 저장하고 폐기물을 가장 작은 부피로 감소시키고, 매일 또는 주기적으로 폐기물을 다짐 흙 또는 방수천으로 덮기 위하여 공학원리가 활용된다. 다짐 흙 또는 방수천은 위생 매립지를 구성하는 폐기물의 덮개층이다. 덮개층은 곤충, 쥐, 다른 동물들이 폐기물에 접근하는 것을 막고 폐기물을 대기와 분리시킨다. 덮개층의 사용은 폐기물로 침투되는 지표수의 양과 방출되는 가스의 양을 최소화한다.[8]

오늘날 우리가 알고 있는 위생 매립지는 1930년대 후반에 처음 생겼다. 상대적으로 편평한 지역에 위치한 평지 매립지와 자연적 또는 인공적 계곡 또는 구덩이에 위치한 함몰 매립지 두 종류가 사용되었다. 폐기물은 다져지고 매일 덮개층으로 덮인다. 마지막 덮개층 또는 흙(점토)은 지표수의 침투가 최소화되도록 설계된다.[7]

잠재적 위험성 위생 매립지의 가장 중요한 잠재적 위험 중 하나는 지하수 또는 지표수의 오염이다. 지표수가 침투하거나 지하수가 수평적으로 흘러 매립지에 매립된 폐기물이 물과 접촉하게 된다면, **침출수**(leachate, 전염성 오염물질을 전달할 수 있는 유해하고 광물화된 액체)가 형성된다. 예를 들어 뉴욕 주 롱아일랜드에서 1930년대와 1940년대에 만들어진 2개의 매립지에서 형성된 침출수가 매립지로부터 수백m의 넓이로 수km까지 이동하였다. 매립지에서 형성된 침출수의 성질과 농도는 폐기물의 성분, 침투수가 폐기물과 반응한 시간, 침투된 또는 폐기물을 통해 흐른 물의 양에 의해 결정된다.[7] 매립지 침출수의 오염물질의 농도는 생활하수와 도축장 폐기물보다 훨씬 크다. 다행히 도시 폐기물로부터 발생되는 침출수의 양은 생활하수에서 생산되는 양보다 훨씬 적다.

매립지에 의한 또 다른 위험은 유기 폐기물이 분해될 때 발생하는 메탄가스의 방출이다. 예를 들어 오하이오 매립지에서 방출된 가스가 사질토양을 통해 수백m 떨어진 주거 지역까지 이동했었다. 가스에 의해 집 한 채가 폭발했고 다른 집들에서는 대피가 이루어졌다.

적절히 관리된다면 메탄가스(유독성 물질로 오염되어 있지 않다면)는 자원이다. 새롭게 확장된 매립지에서 메탄은 종종 플라스틱 차수층과 점토로 만들어진 장벽에 의해 격리되고 특별히 설치된 가스정을 통해 포집된다. 메탄을 관리하는 기술은 첨단기술이다. 매립지에서 메탄이 생산되고 있으며 폐기물 관리와 관련된 비용을 절감하기 위하여 가스는 판매되고 있다.

부지 선정 위생 매립지 부지 선정의 타당성에 영향을 미치는 인자는 지형 구배, 지하수면의 위치, 강수량, 토양과 암석의 종류, 지표수와 지하수 흐름 시스템에서 매립지의 위치 등이다.

가장 좋은 부지는 자연적 조건이 고체 폐기물을 매립하기에 적합해야 한다. 따라서 가장 좋은 부지는 기후, 수리학적, 지질학적, 인위적 조건 등이 안전하여 지표수 또는 지하수 오염 가능성이 없는 지역이다.[10]

가장 좋은 매립지 부지 지역은 건조 지역이다. 건조 지역에서는 매립 물질이 투수성 또는 불투수성인지에 상관없이 거의 침출수가 발생되지 않기 때문에 매립 조건이 상대적으로 안전하다. 반면에 습윤 지역에서는 항상 침출수가 발생하기 때문에 가장 좋은 부지를 선정하기 위해 침출수 발생 허용 기준을 정립해야 한다. 침출수 발생 허용 기준은 지역의 물 이용 정도와 규제, 분산/희석/침출수를 해롭지 않은 상태로 변화시킬 수 있는 자연수리 시스템의 능력에 따라 다르다.

습윤 지역에서 가장 적합한 부지는 낮은 투수계수를 가지는 점토와 실트질 토양이 지하수면보다 높게 있는 곳에 폐기물을 매립할 수 있는 지역이다. 배출된 침출수는 부지 근처에 남아 있을 수 있고 자연여과와 점토와 침출수 사이의 양이온 교환에 의해 정화될 수 있다. 일반적으로 지하수면이 높게 위치한 습윤 지역에서도 낮은 투수계수의 물질은 침출수의 이동을 억제한다.[11] 예를 들어 그림 17.3처럼 폐기물이 균열암반대수층 위에 매립되었을 경우 침출수가 지하수면 아래로 이동할 때 자연여과에 의해 부분적으로 저감될 수 있기 때문에 심각한 오염 가능성은 낮거나 중간 정도이다. 더욱이 오염물질의 분산은 균열대로 제한된다.[2] 그러나 지하수면이 높거나 덮개층의 두께가 중간에서 큰 투수계수를 가질 정도로 얇다면 균열암반대의 지하수가 광범위하게 오염된다.

매립지 부지의 대수층이 상부에 큰 투수계수를 갖는 모래와 자갈층이 놓인 경사진 석회

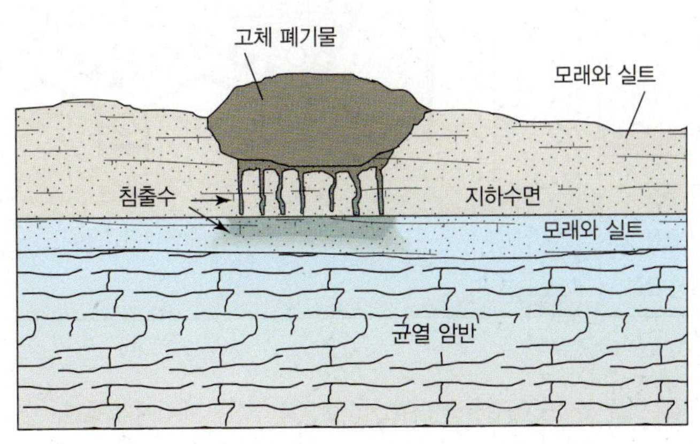

그림 17.3 균열이 있는 암반 대수층 위에 위치한 지하수면 위에 폐기물이 매립된 고체 폐기물 매립 지역. 침출수가 부분적으로 지하수면으로 흘러내려 자연 여과물질에 의해 저감되기 때문에 오염 가능성은 낮거나 중간 정도이다. (*W. J. Schneider.* 1970. *USGS Circular 601F.*)

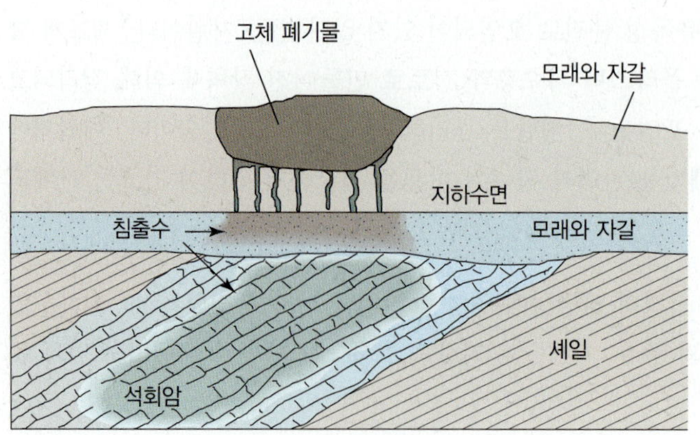

그림 17.4 폐기물이 매립된 고체 폐기물 매립 지역 침출수가 균열이 있는 기반암(석회암)으로 이동한다. 기반암에 있는 크고 연결성 좋은 많은 균열 때문에 지하수 오염의 가능성은 높다. (*W. J. Schneider. 1970. USGS Circular 601F.*)

암이라면 지하수가 상당히 오염될 것이다(그림 17.4). 침출수는 빠르게 모래와 자갈층을 통과하여 균열과 공극이 있는 석회암으로 들어간다. 석회암 내에서 오염물질은 분산과 희석 작용에 의해서가 아니라 균열과 공극을 통해 적게 저장되면서 이동한다. 경사진 암석이 모두 낮은 투수계수를 갖는 셰일이라면 오염 정도가 작을 것이다.

다음의 일반적인 기준[11]은 위생 매립지를 위한 부지 선정 시 반드시 고려되어야 한다.

- 대수층으로서 좋은 물질인 석회암 또는 큰 균열암반대와 대부분 모래와 자갈 구덩이 지역은 부지로서 적합하지 않다.
- 고여 있는 물로 침출수가 흘러들어가는 것이 적절히 조절되지 않는 습지는 부지로서 적합하지 않다.
- 지표수가 주기적으로 범람하는 범람원은 폐기물을 매립하기 위한 부지로서 적합하지 않다.

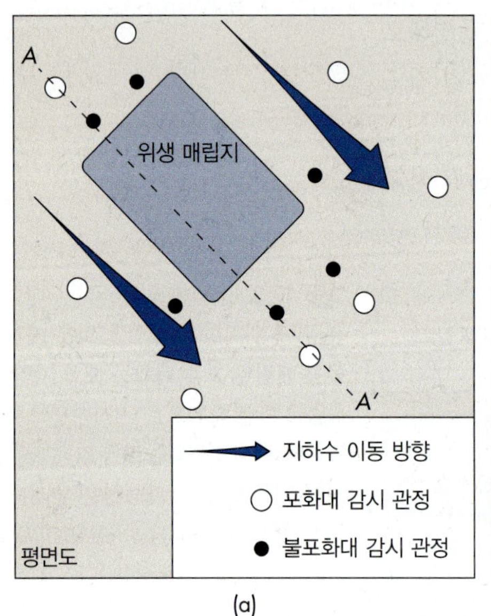

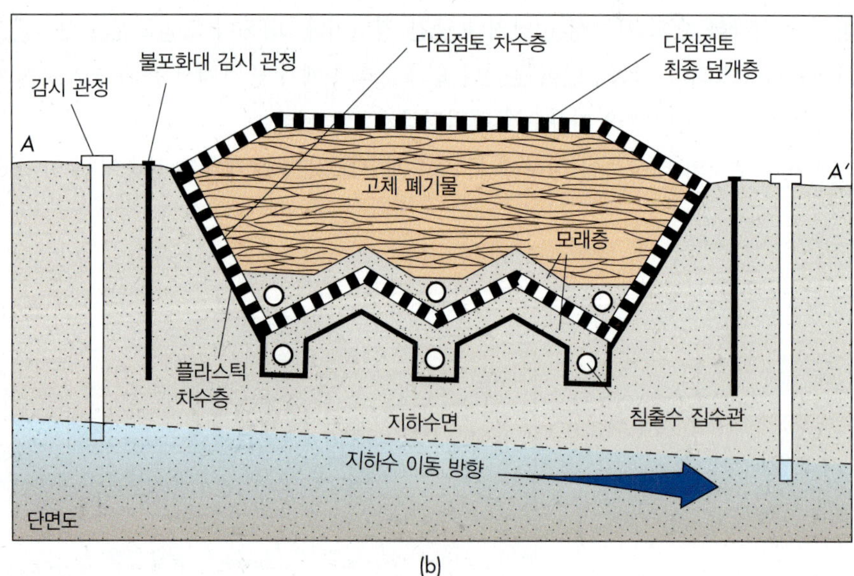

그림 17.5 매립지 설계 점토와 플라스틱의 이중 차수층과 침출수 수집 시스템으로 구성된 매립지의 평면도(a)와 단면도(b).

그림 17.6 미국 캘리포니아 칼라버라스 카운티에 건설 중인 락 크리크 도시 매립지 사진 중앙의 밝은 갈색 사면은 다짐점토차수층이다. 구불구불한 수로는 침출수 집수 시스템의 일부이다. 사진 상부의 사각형 연못은 건설 중인 침출수 증발 연못이다. (John Kramer)

- 지하수 또는 지표수 내 폐기물(바람이나 지표수에 의해 이동된) 또는 침출수가 해변이나 해변 연근해를 오염시킬 수 있는 해안과 근접한 지역은 부지로서 적합하지 않다.
- 큰 투수계수 물질과 높은 지하수면이 존재하는 지역은 적합하지 않다.
- 굴곡이 심한 지형에서 가장 좋은 부지는 지표수가 가장 적은 협곡의 머리 근처이다.
- 건조된 점토채취장은 좋은 부지이다.
- 대수층 위에 점토와 실트와 같은 낮은 투수계수 물질이 있는 편평한 지역은 적합하다.

이러한 기준이 유용하지만 이러한 기준을 충족하는 지역에서도 시료를 얻기 위한 시추, 투수계수 실험, 매립된 폐기물로부터 침출수의 이동을 예측하기 위한 실험 등의 수리지질학적 조사가 수행되어야 한다.[8]

위생 매립지의 설계 고체 폐기물 처리를 위한 현대 위생 매립지 설계는 복잡한 다층장벽방식으로 한다. 다층장벽은 다짐점토차수층, 침출수 집수 시스템, 다짐점토복토층으로 구성된다. 그림 17.5는 매립지의 이상적인 모식도이고 그림 17.6은 매립지 사진이다. 지역적 부지 조건에 따라 매립지에는 플라스틱과 같은 물질로 만든 부가적인 차수층과 자연가스를 포집할 수 있는 시스템이 설치될 수 있다. 마지막으로 위생 매립지에는 감시 관정과 지하수오염 가능성을 평가할 수 있는 장비가 설치되어야 한다. 감시는 중요하기 때문에 더 자세히 다음에서 다룬다.

위생 매립지 감시 일단 매립지 부지가 선정되면 매립하기 전에 지하수 이동 감시가 시작되어야 한다. 매립이 시작된 후 조금이라도 오염 가능성이 존재하는 한 침출수와 가스의 이동 감시가 계속되어야 한다. 매립이 끝난 후 일정한 양의 침하가 항상 발생하기 때문에 매립지가 완전히 채워지고 최종 덮개층이 설치된 후 감시는 특히 중요하다. 침하 때문에 생긴 작은 움푹한 지역에 지표수가 채워지고 최종 덮개층을 통해 침투하여 침출수를 형성한다. 따라서 폐기물 매립지의 감시와 적절한 관리는 오염 가능성을 감소시킬 것이다.[8]

고체 폐기물 처리지역으로부터 생긴 유해 폐기물 오염물질은 다음의 일곱 가지 경로로 환경[12]을 오염시킨다(그림 17.7).

1. 메탄, 암모니아, 황화수소, 질소 등과 같은 가스는 기화되어 토양을 통해 대기 중으로

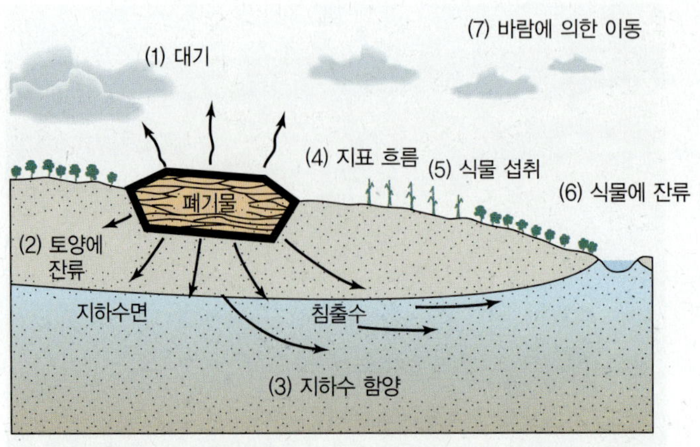

그림 17.7 고체 폐기물 매립지로부터 유해한 오염물질이 환경으로 유입되는 경로.

배출된다.

2. 납, 크롬, 철과 같은 중금속은 토양에 잔류된다.
3. 염화물, 질산염, 황산염과 같은 용해성 물질은 쉽게 토양을 통과하여 지하수로 이동한다.
4. 지표 위를 흐르는 물과 침출수가 쉽게 섞여 지표수계로 흘러간다.
5. 매립 지역에 있는 작물과 식물에 의해 선택적으로 흡수된 중금속과 독성 물질은 그 작물과 식물을 섭취한 사람과 동물로 이동된다.
6. 들에 남아 있는 식물의 독성 물질은 토양 형성과 지표수 흐름 작용에 의해 환경으로 다시 이동된다.
7. 종이, 플라스틱 등의 폐기물은 바람에 의해 다른 지역으로 이동된다.

철저한 감시 프로그램은 오염물질이 환경으로 들어갈 수 있는 일곱 가지 경로를 모두 고려해야 한다. 매립지로부터 배출된 가스에 의한 대기 오염에 대한 관심사가 증대하고 있어 철저한 감시 프로그램에는 가스가 대기환경에 심각한 문제를 야기하기 전에 독성가스를 탐지하기 위해 대기가스 시료의 주기적인 분석이 포함되어야 한다. 많은 매립지에는 지표수 흐름이 없기 때문에 지표수 감시는 반드시 필요한 것은 아니다. 그러나 지표수 흐름이 존재할 경우에는 현장 감시와 하류 지역의 하천, 강, 호수에 대한 감시가 필요하다.

위생 매립지 하부 토양 또는 암반층에 투수성 층이 존재할 경우 지하수 수질과 침출수가 지하수로 흘러들어가는 것을 주기적으로 감시하기 위해 감시 관정을 설치해야 한다(그림 17.5). 매립지가 저투수성 암석 위에 있을지라도 최소한의 지하수 수질 감시가 필요하다. 이러한 경우에 침출수와 지하수 이동 속도는 30cm/yr보다 작다. 지하수 감시는 더 많은 비용이 요구되므로 지하수면 위의 불포화대의 물은 지하수에 도달하기 전에 오염 정도를 확인하기 위한 감시를 수행해야 한다. 바람에 의해 운반되는 폐기물을 감시하고 수거해 처리해야 한다.

위생 매립지와 법규 새로운 매립지 건설은 법규에 의해 규제받는다. 법규의 목적은 위생 매립지의 설계, 운영, 감시를 강화하고 표준화하는 것이다. 법규를 만족시키지 못하는 매립지는 폐쇄되어야 한다. 매립지에 관한 법규는 다음을 포함해야 한다.

- 범람원, 습지, 불안정한 지역, 지진단층대와 같은 지역은 매립지 부지로 적합하지 않다. 새들이 서식하기 쉬운 지역에서는 새들이 비행기와 충돌할 가능성이 있으므로 매립지는 비행장 근처에 위치해서는 안 된다.
- 매립지는 차수층과 침출수 집수 시스템을 포함해야 한다.
- 매립지 운영자는 지하수 내 독성 화학물질을 감시해야 한다.
- 매립지 운영자는 재정 보증 기준을 충족시켜야 한다. 매립지 감시를 매립 종료 후 30년 이상 계속할 것이라는 것을 보증해야 한다.

17.4 유해 폐기물 관리

최근에 많은 새로운 화학물질이 만들어지고 있다. 미국에서만 약 1,000여 개의 새로운 화학물질이 매년 시장에 나오고 약 50,000여 개가 시장에 현재 유통되고 있다. 이러한 화학물질중 대부분이 사람에게 유익하지만, 그것들 중 수만 개의 화학물질은 사람의 건강에 해를 끼칠 가능성이 높다.

미국은 현재 매년 1억 5,000만 톤 이상의 **유해 폐기물**(hazardous waste)을 배출하고 있다. 최근까지 폐기물 전체 부피의 절반 정도가 아무데나 버려졌다.[13] 현재 불법인 폐기물 투기로 인해 얼마나 많은 폐기물이 도시 하수구 이외의 장소에 버려졌는지 모른다. 과거 화학폐기물의 투기는 다양한 방법으로 토양과 지하수를 오염시켰다(그림 17.8).

- 지표 또는 매립지에 버려진 화학 폐기물 저장 용기가 부식되어 누출된 화학물질이 지표, 토양, 지하수를 오염시킨다.
- 불투수성 차수층이 없는 호수에 투기된 액체화학 폐기물은 토양과 암석을 통해 최종적으로 지하수면에 도달한다.
- 방치된 지역이나 비포장도로에 불법적으로 투기된 액체화학 폐기물이 주변 환경을 오염시킨다.

표 17.3 우리가 사용하는 물질과 그것들이 배출하는 유해 폐기물

물질	유해 폐기물
플라스틱	유기염화화합물
살충제	유기염화화합물, 유기인산염화합물
약품	유기용매와 잔류물, 중금속(예 : 수은, 아연)
페인트	중금속, 색소, 용제, 유기잔류물
기름, 가솔린, 석유 제품	기름, 페놀, 그 밖의 유기화합물, 중금속, 암모니아염, 산, 부식제
금속	중금속, 불화물, 시안화물, 산과 염기 청소제, 용제, 색소, 연마재, 도금염, 기름, 페놀
가죽	중금속, 유기용제
직물	중금속, 염료, 유기염화화합물, 용제

출처: U.S. Environmental Protection Agency. SW-826, 1980.

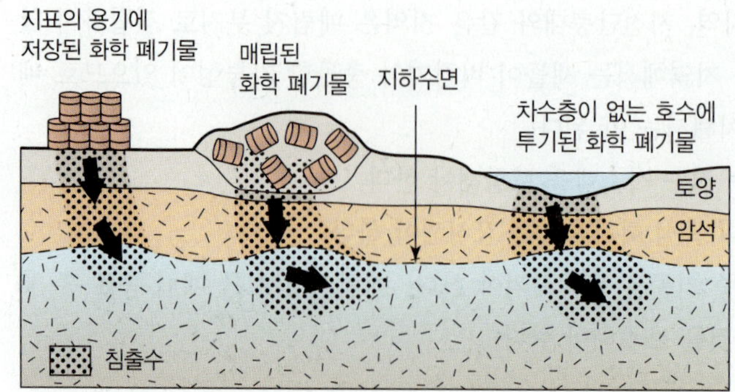

그림 17.8 화학 폐기물의 투기로 토양과 지하수가 오염되는 경로.

- 중국 등 국외로 반출된 컴퓨터, TV와 같은 전자폐기물의 유해 성분이 중국 등의 노동자들에게 해를 끼친다.

오랫동안 방치된 유해 매립지와 화학 폐기물이 매립된 지역은 해결하기 어려운 많은 문제를 야기한다(자세히 살펴보기 '러브 운하 사건' 참조). 미국 뉴저지 엘리자베스 근처 지역은 화학 폐기물의 투기로 인해 화학물질이 얼마나 넓은 지역에 영향을 주었는지를 보여주는 좋은 예이다. 이 지역이 정화되기 전에는 수천 개의 드럼이 현재 부도가 난 화학회사 소유의 건물 옆에 타버린 채 쌓여 있었다. 4층 높이로 쌓여 있는 드럼과 용기들은 약 10년 이상 부식되었다. 그들의 대부분은 화학물질 이름이 정확하게 표시되어 있지 않았거나 타버려 화학물질의 종류를 알 수 없었다. 누출된 많은 양의 화학물질은 주변 하천으로 스며들어 최종적으로 허드슨 강으로 흘러들어갔다.

그 지역은 심하게 오염되어 정화하기 매우 어려웠다. 이 지역에 대한 조사 결과 드럼과 용기에는 나이트로글리세린, 생물학적 제제, 포스겐, 가스상 인(공기에 노출될 경우 휘발성과 발화성이 큰 물질), 여러 종류의 중금속, 살충제, 용제 등이 매장되어 있었다. 대부분의 화학물질을 제거하기 위해 수개월 동안 많은 사람들이 투입되었다. 불행하게도 모든 폐기물들이 제거되었는지 알 수 없었고, 일부 물질들은 다른 지역에 매립되었다. 화학 폐기물 투기로 발생한 많은 심각한 사건 중 뉴욕 나이아가라 폭포 근처에서 발생한 러브 운하 사건이 가장 유명하다.

책임 있는 관리

1976년에 미국 정부는 자원보존 및 복구법을 제정하여 유해 폐기물을 요람에서 무덤까지 관리하도록 하였다. 법의 중요 사항은 유해 폐기물을 확인하고 수명 기간을 파악하는 것이다. 폐기물이 대중의 건강에 해를 끼치지 못하도록 법은 폐기물을 관리하도록 요구하고 있다. 폐기물은 법에 의해 다음과 같이 분류된다.

- 사람 또는 다른 생물체에 크게 유해한 폐기물
- 공기에 노출되었을 경우 폭발 또는 발화성 폐기물
- 큰 부식성 폐기물
- 불안정한 폐기물

자세히 살펴보기 러브 운하 사건

1976년 미국 뉴욕 주 나이아가라 폭포 근처 거주 지역에서 나무와 정원의 식물들이 죽기 시작했다. 어린이들의 자전거 타이어와 신발의 고무가 녹았다. 매립 지역에 사는 개들에게는 치유될 수 없는 상처가 생겼다. 해로운 독성 물질들이 토양 표면으로 스며들기 시작했고, 화학물질이 못에 떠 있었다.

조사 결과 거주 지역은 과거 화학물질의 투기지역에 건설된 것으로 밝혀졌다. 윌리엄 티 러브는 1892년에 나이아가라 강 상류와 하류 유역 사이 운하의 일부인 그 지역을 개발하였다. 새로운 도시 산업지역에 저비용 수력발전소가 건설될 예정이었으나, 교류가 발견되고 산업단지는 전력의 발전소에서 떨어진 지역에 위치할 수 없었기 때문에 그러한 계획은 실패하였다. 수영장과 스케이트장의 용도를 제외하고 운하는 수십 년 동안 쓸모없었다. 폐기물을 버리기에 적합한 장소로 생각한 화학회사가 1940년대로부터 1950년대까지 80종 이상의 물질들을 운하에 버렸다. 나이아가라 폭포 근처 도시의 도시 폐기물과 함께 화학 폐기물 2만 톤 이상이 운하에 버려졌다. 1953년에 마지막으로 화학회사는 폐기물을 버린 후 그 지역을 1달러에 나이아가라 폴시에 기부했다. 결과적으로 폐기물 투기지역의 초등학교 근처에 수백 채의 집들이 지어졌다(그림 17.A). 1976년과 1977년 겨울 동안의 강우와 폭설은 이 지역을 거주 지역으로 만든 것을 돋보이게 했다.

이 지역의 조사 결과 벤젠, 다이옥신, 디클로로에틸렌, 클로로폼과 같은 여러 종류의 발암성 물질이 발견되었다. 관리들은 이러한 화학물질의 영향이 잘 알려지지 않았다고 생

그림 17.A 러브 운하 뉴욕 러브 운하 지역의 적외선 항공사진. 건강한 식물은 선홍색으로 보인다. 러브 운하는 사진의 상부 왼쪽 부분에서 하부의 오른쪽으로 지나가며 자국처럼 보인다. 매립된 화학 폐기물은 지표로 침투되어 많은 환경문제를 야기시켰다. 이 지역은 유독성 폐기물 오염에 대한 대표적 명칭이 되었다. (*New York State Deparment of Environmental Conservation*)

각했지만 일부 사람들은 이 지역에 살고 있는 사람들에게 큰 영향을 미칠 것으로 생각했다. 그 후 몇 년 동안 이 지역에서 유산율, 혈액과 간 관련 질환, 선천적 결손증, 염색체 이상 등이 평균보다 높게 나타났다. 그러나 뉴욕 주 건강청은 조사 후 이러한 이상 질병은 화학물질에 의해 생긴 것이 아니라고 발표했다.[15~17]

러브 운하의 정화를 위해 최첨단의 유해 폐기물 처리기법이 이용되었다. 정화 목적은 지하수를 통한 폐기물의 이동을 막고 우수관을 통해 다이옥신으로 오염된 토양과 퇴적물을 제거하고 처리하는 것이다.[14] 오염물의 배출을 최소화하기 위해 사용된 방법은 지표수의 침투를 최소화하기 위해 오염된 지역을 1m 두께의 다진 점토층으로 복토한 후 폴리에틸렌 플라스틱으로 덮는 것이었다. 특별히 제작된 배수관으로 그 지역으로 들어가거나 나오는 물을 조절하였다. 이러한 과정을 통해 이 지역 물의 지하침출을 크게 감소시켰고, 침출되는 물을 수집하여 처리하였다.[15~17]

정부는 방치된 러브 운하 근처의 집들을 구입하여 약 200채의 집을 철거하였다. 1980년대에 1억 7,500만 달러가 이 지역을 정화하고 이전하는 데 소요되었다. 미국 환경청은 지금 이 지역이 정화된 것으로 생각하고 남아 있는 약 200채의 집들을 팔았다. 이 지역의 나쁜 인식에도 불구하고 그러한 집들은 나이아가라 폭포 근처의 다른 지역의 집보다 약 20% 이상 쌌기 때문에 팔렸다. 이 지역은 현재 블랙크릭 마을로 불린다. 1995년 초에 장기적인 시료 채취와 감시와 같은 이 지역의 관리운영은 뉴욕 주로부터 컨설턴트 회사로 넘겨졌다. 또한 1995년에 옥시덴탈화학 회사가 정화비용으로 1억 2,900만 달러를 지불하기로 했다.

러브 운하에서 무엇이 잘못되었는가? 미래에 어떻게 그러한 재난을 피할 수 있을까? 러브 운하의 진짜 비극은 그것이 유일한 사건이 아니라 러브 운하와 같은 많은 다른 지역이 존재한다는 사실이다.

현재 존재하는 유해한 폐기물 매립지역을 찾기 위해 1980년에 미국의회는 슈퍼펀드로 알져진 종합환경 대응, 보상과 책임법을 통과시켰다. 법의 목적은 미국에 존재하는 버려진 수백 개의 유해성 화학 폐기물 매립지를 정화하는 것이다. 미국 환경청은 국가정화 우선순위 지역 명단으로 불리는 슈퍼펀드 지역의 명단을 만들었다. 그림 17.9는 슈퍼펀드 지역의 오염물질과 환경 영향에 대한 통계 자료이다.

관리문제 등으로 계획된 정화가 모두 이루어지지 않았지만 많은 지역이 정화되었다. 불행하게도 기금이 계획된 모든 지역을 정화하기에 충분하지 않았다. 아마도 1,000억 이상

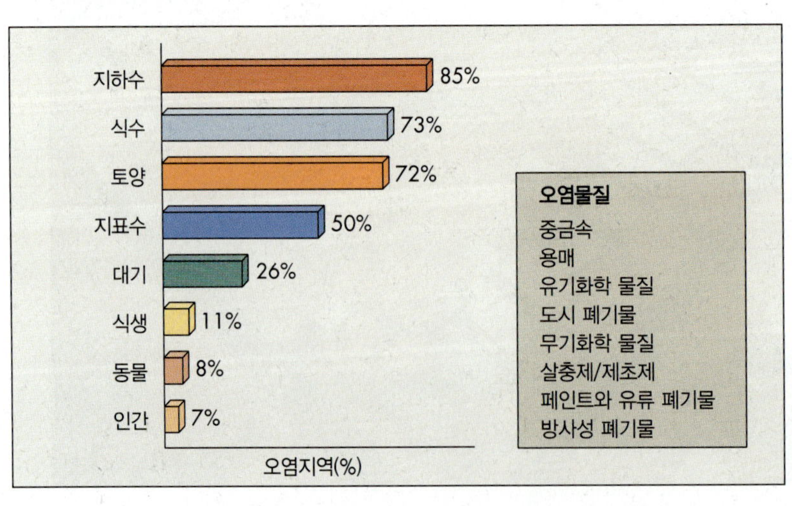

그림 17.9 슈퍼펀드 부지의 환경 영향 국가정화 우선순위 지역 명단과 그 지역의 오염물질 종류. (*National Priorities List and U.S. Water News, November 1993*)

또는 그 몇 배의 비용이 필요할 것이다. 더욱이 현재 기술이 모든 지역을 정화하기에 충분하지 않기 때문에 더 좋은 기술이 개발되기 전까지 폐기물을 그 지역에 저장하는 것이 하나의 방법이었다. 그러나 폐기물 매립 지역이 향후에 문제를 일으킬 것이라는 것은 확실하다.

미국 연방정부의 규제도 토지 소유권자가 정화의 책임을 져야 한다는 것으로 바뀌었다. 토지에서 유해 폐기물이 발견되었을 경우(문제를 배출시키지 않았더라도) 토지 소유권자가 정화비용을 지급해야 한다는 것이다. 세입자가 배출하는 유해 물질에 대한 책임은 그 지역을 임대해 준 은행과 대출기관에 있다. 1986년 슈퍼펀드 수정법에 의하면 부동산 구매자는 구매하기 전에 **환경영향평가**를 토지 소유권자에게 요구할 수 있게 되어 있다. 이러한 환경영향평가는 지도와 항공사진을 분석하고, 토양과 지하수 시료를 채취하여 분석하는 등 오염물질이 존재하는지를 밝히기 위한 과거의 토지 이용 이력 조사이다. 현재는 환경영향평가가 토지 구매 전에 행하는 일상적인 절차로 되었다.

슈퍼펀드 수정법에 의하면 산업체는 그들이 환경으로 배출하는 모든 유해 물질을 보고하도록 되어 있다. 유해 물질을 배출하는 회사 명단은 '유해 물질 배출회사 500개 명단' 으로 일반인에게 공개된다. 아무도 자기 회사가 유해 물질 배출회사 명단에 들어가는 것을 원하지 않기 때문에 회사들이 유해 물질 관리를 철저히 하는 효과가 있다. 명단에 있는 모든 회사들은 미국 회사 중 가장 심각한 오염 물질 배출회사들이다.[20]

유해 화학폐기물 관리는 재활용(상업적 가치가 있는 부산물을 얻기 위한 현장 처리), 미생물 분해, 화학적 안정화, 고온 열분해, 소각, 위생 매립지 매립 또는 심부관정주입 등 모든 방법이 포함된다. 많은 기술 발전이 유독성 폐기물 관리 분야에서 이루어졌다. 매립 비용이 점점 증가하고 있기 때문에 최근에는 현장 처리로 폐기물 처분 경향이 바뀌고 있다. 그러나 현장 처리로 모든 유해 화학물질을 처분할 수 없고 아직도 매립이 필요하다. 표 17.4에는 처리와 매립에 의한 유해물질 처분기술이 요약되어 있다. 현재 사용되는 모든 기술은 환경파괴를 부분적으로 야기할 수 있다. 모든 폐기물 관리 문제에 대한 간단한 해결책은 없다.

안전 매립식 쓰레기 처리

안전 매립식 쓰레기 처리(secure landfill)에 대한 기본 개념은 특정한 지역에 폐기물을 저장하고, 폐기물로부터 발생하는 침출수를 통제하고, 침출수를 수집하여 처리하고, 가능한 침출수 누출을 감지하는 것이다. 그림 17.10은 이러한 과정을 나타낸다. 폐기물은 점토와 플라스틱과 같은 불투수층 물질로 만든 방벽과 차수층에 의해 격리된다. 내부 배관 시스템을 통해 침출수는 한 곳에 모아지고 양수되어 폐수처리장으로 보내진다. 오늘날 새로운 매립식 쓰레기 처리에는 몇 개의 불투수층으로 구성된 다중차수층, 여과층, 덮개층이 반드시 포함되어 있다. 불투수차수층의 기능은 침출수가 토양과 지하수를 오염시키는 것을 방지하는 것이다. 그러나 이러한 폐기물 매립지에서도 침출수 누출에 의해 주변 수자원이 오염될 수 있기 때문에 침출수 누출을 감시하기 위해 감시 관정이 설치되어야 한다.

실제로 안전한 매립지는 없으며 모든 매립지에서 침출수가 어느 정도 누출된다. 불투수성 플라스틱 차수층, 여과물질, 점토 차수층의 손상과 배수관의 막힘 등으로 침출수가 누출될 수 있다. 그러나 주의 깊게 만들어진 위생 매립지에서는 침출수 누출이 최소화될 수 있다. 매립지로 가장 적절한 부지는 침출수의 이동을 최소화시키기 위해 두꺼운 점토층과 같

표 17.4 유해 폐기물 감량 기술 비교

	매립		처리		
	매립지	주입관정	소각	고온 열분해[a]	화학적 안정화
효과 : 얼마나 잘 격리할 수 있는지 또는 유해성질을 없앨 수 있는지	휘발성 물질 : 낮음 액체 : 적용 가능성 없음(실내와 현장실험 결과)	이론적으로 높음(현장실험 결과가 거의 없음)	높음, (현장실험 결과) 특정 성분에 대한 결과는 없음	매우 높음(상업적 실험결과)	많은 금속들에 대해 높음(실내 실험 결과)
신뢰성 문제	부지 선정, 건설, 운영 불확실성 : 장기적 안정성, 유해 폐기물의 수명보다 짧은 차수층과 복토층의 수명	부지이력, 지질, 관정 깊이, 건설, 운영	감시 불확실성 : 큰 파괴와 제거효능 : 불완전 연소물, 소각성	제한된 경험 이동성 장비, 현장 처리는 운반문제를 해결함 운전 단순성	안정화되지 않는 무기화학물 불확실한 용출실험, 풍화에 대한 검증
영향받는 물질	지표수와 지하수	지표수와 지하수	대기	대기	지하수
최소 적합폐기물[b]	차수층과 반응성이 좋은 물질, 유독성, 이동성, 지속성, 생체축적이 좋은 물질	반응성, 부식성, 유독성, 이동성, 지속성이 좋은 물질	유독성이 크고 다루기 힘든 유기물, 높은 중금속 농도	무기화학물질 일부	유기화합물
비용	적음-중간	적음	중간-많음	중간-많음	중간
자원 회수능력	없음	없음	에너지와 산	에너지와 금속	건축재료

[a] 용융염, 고온 유체 관정, 플라즈마가 처리방법들이다.
[b] 다른 기술에 비해 폐기물을 감량하는 데 덜 효과적이다.

출처 : Council on Environmental Quality, 1983.

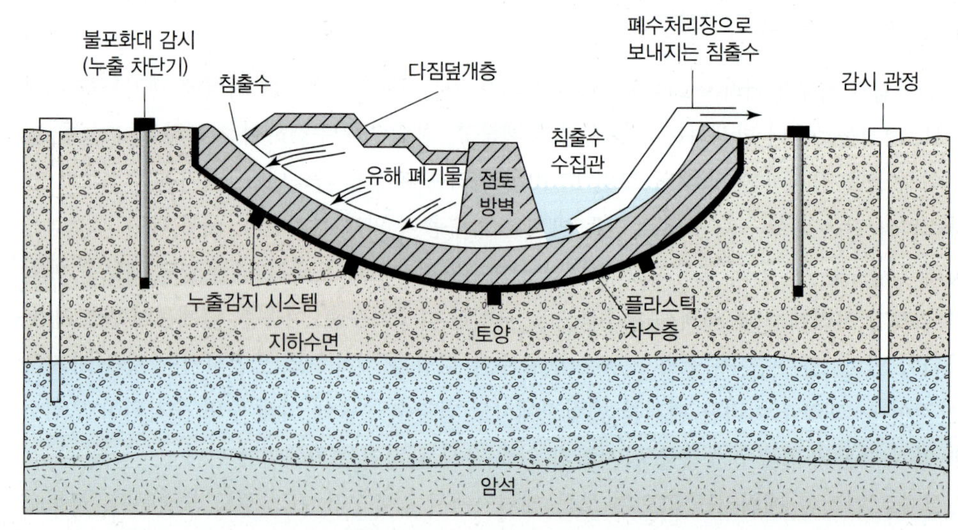

그림 17.10 유해 화학폐기물에 대한 안전 매립식 쓰레기 처리 불투수성 차수층과 배수 시스템은 침출수가 매립지로부터 유출되지 않도록 하는 중요한 부분이다. 불포화대의 감시는 중요하기 때문에 시료채취 기구를 이용해 토양공극수 시료를 주기적으로 채취해야 한다.

은 자연차수층이 존재하고, 건조하고 지하수면이 깊게 위치한 지역이다. 그러나 매립지에는 매립에 적당한 특정한 화학물질만을 매립해야 한다.

토양 처분

표토에 폐기물을 처리하는 것을 **토양 처분**(land applcation)이라 한다. 토양 처분은 석유 폐기물과 유기화학 공장 폐기물 같은 생분해산업 폐기물에 적합한 처리 방법이다. 토양 처분에 적합한 폐기물의 성질은 물질이 얼마나 오랫동안 생물권에 남아 있을 수 있는 정도인 **생지속성**(biopersistence)이다. 생지속성이 크고 장시간 걸리는 폐기물은 토양 처분에 부적합하다. 토양 처분은 염분과 중금속과 같은 무기물질에는 적합한 방법이 아니다.[21]

생분해성 폐기물이 토양에 첨가되었을 때 박테리아, 곰팡이, 효모 등과 같은 미생물이 폐기물을 분해한다. 따라서 토양은 생분해성 물질의 분해를 통한 물질의 순환으로 미생물들이 살기에 적합하기 때문에 미생물 농장으로 불린다. 큰 미생물 군집은 토양 상부층에 주로 존재하기 때문에 토양 처분은 토양 상부 15cm에서 20cm 구간에서 이루어진다.[21] 다른 종류의 토지 처리 기술과 같이 처리 지역 근처 불포화대 및 지하수는 처리 시스템의 안전성을 확인하기 위해 감시되어야 한다.

천부 매립

굴착되거나 자연적으로 침하된 지역은 유해액체 폐기물을 처분하는 데 이용되었다. 이러한 **천부 매립지**(surface impoundment)는 주로 토양 또는 다른 표토층으로 되어 있으나 플라스틱과 같은 제조된 차수층이 설치되기도 한다. 매립지는 폐기물을 폐기물 처리장에 매립하도록 설계된다. 천부 매립은 침출수가 쉽게 주변으로 스며들어 토양과 지하수를 오염시킬 가능성이 높기 때문에 좋은 방법은 아니다. 천부 매립지로부터의 증발은 대기 오염 문제를 야기할 수도 있다. 이러한 이유로 용기에 있지 않은 액체 폐기물을 천부 매립하는 것은 금지되어 왔다.

심부관정 처리

심부관정에 유해액체 폐기물을 주입하여 처리할 수 있다. 급수를 오염시키지 않도록 토양층이 아니라 담수성 대수층으로부터 완전히 격리된 암반층에 주입되어야 한다. 폐기물은 셰일이나 염분층과 같이 불투수층이고 균열에 대한 저항성이 좋은 수백 또는 수천m 깊이에 위치한 투수성 암석층에 주입되어야 한다.[4]

산업폐기물의 **심부관정 처리**(deepwell disposal)는 산업폐기물 문제해결을 위한 빠르고 손쉬운 방법은 아니다.[22] 심부관정 처리를 위해 적합한 지질조건이 필요하고 폐기물을 처리하기 위한 부지의 수와 공간에 제약이 있다. 다공성 암석의 공극에는 일반적으로 해수와 같은 자연유체가 이미 채워져 있다. 따라서 공극에 있는 유체는 다공성 암석의 압축으로 제거되거나, 폐기물을 주입할 때 저류암의 팽창에 의해 제거되어야 한다.[23]

심부관정 처리의 문제점 액체 폐기물의 심부관정 주입에 관한 여러 가지 문제점이 보고되

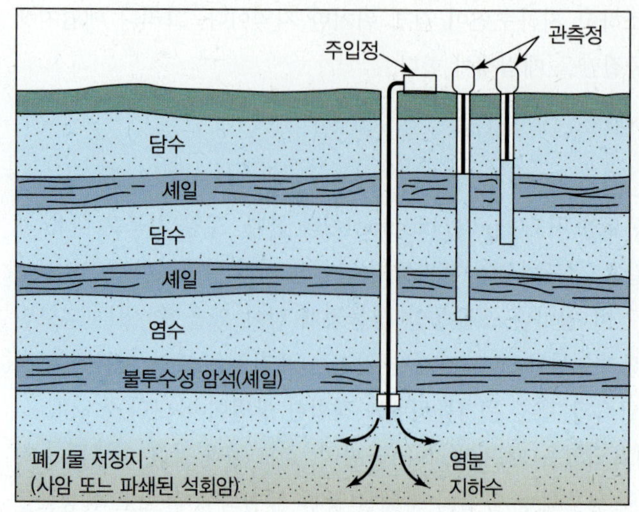

그림 17.11 심부관정 시스템 매립 지역은 불투수성 암석에 둘러싸여 있고 담수층으로부터 격리된 사암 또는 균열이 있는 석회암 지역이다. 감시 관정은 주입대 위의 담수대수층으로 액체 폐기물의 이동을 조사하기 위해 설치되어야 한다.

었다.[22,23] 가장 잘 알려진 문제점은 미국 콜로라도 덴버 근처 로키 산맥 무기고에 액체 폐기물의 주입에 의해 1962년과 1965년 사이에 발생한 지진이다. 주입대는 3.6km 깊이의 균열이 많은 편마암층이었다. 증가된 유체 압력이 균열대 면의 이동을 촉발시켰다. 이것은 유일한 사건이 아니다. 비슷한 지진이 서부 콜로라도, 텍사스, 유타 주의 유전에서 발생했다.[23]

부지 타당성 폐기물 처리 문제를 해결하기 위한 심부관정 주입 부지의 타당성은 다음 네 가지 요소에 의해 결정된다—(1) 제안된 부지의 지질학적 · 공학적 안정성, (2) 폐기물의 부피와 물리화학적 성질, (3) 경제성, (4) 법적 고려.[24] 주입관정에 대한 지질학적 고려는 다음 두 가지 사항이다.[24]

- 주입대는 안정한 주입을 위해 충분한 공극, 두께, 투수계수, 크기를 가져야 한다.
- 주입대는 담수 순환층 아래에 위치해야 하고, 그림 17.11처럼 셰일과 암염처럼 낮은 투수계수를 갖는 불투수성 암석에 둘러싸여 있어야 한다.

유해 화학폐기물의 소각

유해 폐기물은 고온 소각에 의해 분해된다. 소각은 유해 폐기물을 직접 매립하지 않고 소각 후 발생하는 잔류물인 재를 매립지에 매립하는 방식이기 때문에 매립 방법이 아니라 폐기물 처리 방법으로 분류된다.[21] 소각과 고온 분해에 사용되는 기술은 빠르게 발전하고 있다. 그림 17.12는 유독성 폐기물을 소각하는 고온 소각 시스템을 나타낸다. 액체, 고체 또는 슬러지와 같은 폐기물을 회전하는 연소실에 넣고 태운다. 이러한 소각과정에서 발생한 재는 수조에 수집되고 잔류가스 물질은 2차 연소실로 이동된 후 다시 소각된다. 잔류 가스와 입자들은 입자와 산을 형성하는 성분들을 제거하기 위해 집진기로 보내진다. 이산화탄소, 물, 공기는 굴뚝으로 배출된다. 그림 17.12처럼 여러 소각과정 중에 발생한 재 입자와 폐수는 매립지에 매립되거나 처리되어야 한다.

새로운 폐기물 소각과 열분해 기술이 발전 중에 있다. 이러한 새로운 기술 중 하나는 어떤

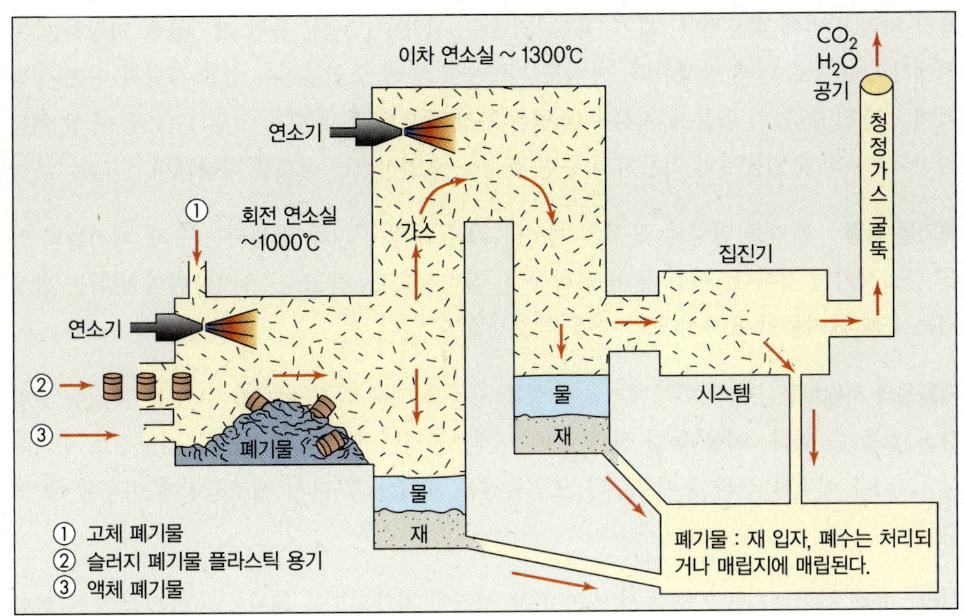

그림 17.12 유독성 폐기물을 소각하기 위한 고온 소각로

유기물질을 분해하는 데 좋은 용해된 암염층을 이용하는 것이다. 다른 소각기술은 육지와 해양에 액체 주입 소각, 유동성층 시스템, 다중 소각로 등이 있다. 어떤 소각 방법이 특정 폐기물에 적합한지는 폐기물의 성질, 성분과 유해성분을 처리하기에 필요한 온도에 의해 결정된다. 예를 들어 그림 17.12처럼 일반 소각 시스템은 PCB를 처리하는 데 사용될 수 있다.

육상 처리의 대체 방법

폐기물의 직접적 육상 처리는 때로는 가장 좋은 방법이 아닐 수 있다. 안정성과 최첨단의 설계 기술이 있을지라도 매립은 폐기물을 영구히 격리하고, 향후에 환경문제를 야기하지 않을 것이라고 단정할 수 없다. 이것은 매립지, 천부 매립지, 토양 처분, 관정주입 등 모든

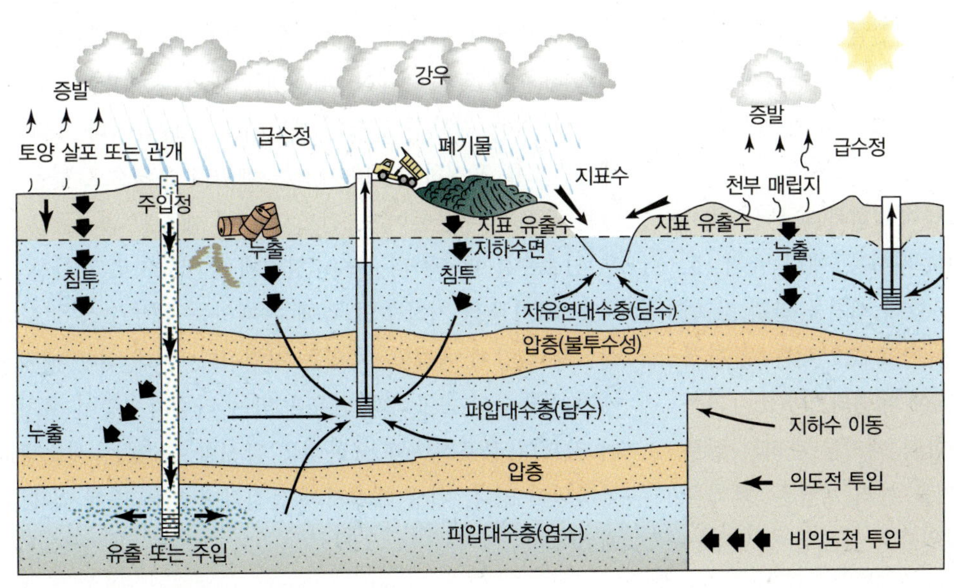

그림 17.13 폐기물의 육상 처리에 의한 환경오염 유해 폐기물을 관리하는 육상매립/처리방법이 어떻게 환경을 오염시키는지 보여주는 예이다. (*C.B. Cox, 1985.* The buried threat. No. 115-5. *Sacramento, CA: California Senate Office of Research.*)

육상 처리 방법에 적용된다. 대기, 육지, 지표수, 지하수 오염은 유해 폐기물을 저장하는 지역에서의 누출로 인해 발생한다. 아마도 지하수를 통해 오염물질이 쉽게 사람과 다른 생명체에 전달될 수 있기 때문에 지하수 오염은 가장 중요한 문제이다. 그림 17.13은 육상 처리 지역으로부터 오염물질이 이동하여 주변 환경을 오염시키는 경로를 나타낸다.

폐기물 감량 폐기물 감량의 목적은 제조나 다른 과정에 의해 발생되는 유해 폐기물의 양을 감소시키는 것이다. 예를 들어 화학공정, 장비, 원료물질 또는 유지방법의 변화는 발생되는 유해 폐기물의 유독성 또는 양을 감소시킬 수 있다.[25]

재활용과 자원회수 유해 화학폐기물은 향후 사용을 위해 다시 회수할 수 있는 물질을 포함하고 있을 수 있다. 예를 들면 산과 용매는 제조공정에서 사용될 때는 오염물질로 수거된다. 그러나 이러한 산과 용매로부터 오염물질을 제거한 후 다시 제조공정에 이용될 수 있다.[25]

처리 유해 화학폐기물은 유독성 또는 유해 성질이 저감되도록 폐기물의 물리적 또는 화학적 성분을 변화시키는 산 중화, 중금속 침전, 유해 화학성분의 산화 등과 같은 다양한 방법으로 처리될 수 있다. 소각은 또한 폐기물 처리의 한 방법이다.

폐기물 감량, 재활용, 처리의 장점은 다음과 같다.

- 매립될 폐기물의 부피 감소는 폐기물 매립 부지의 수를 감소시킨다.
- 덜 유독한 상태로 처리된 폐기물은 매립지에서 문제를 덜 야기한다.
- 유용한 화학물질은 회수되어 재사용될 수 있다.

요 약

산업화와 도시화는 많은 양의 폐기물을 발생시키고, 폐기물 관리 문제를 복잡하게 만든다. 많은 대도시 주변에서 새로운 매립지 공간을 찾기가 쉽지 않고, 사람들은 살고 있는 지역에 매립지가 운영되는 것을 원하지 않는다. 통합적 폐기물 관리에 대한 새로운 방법이나 개념이 나오지 않는다면 폐기물 위기에 직면하게 될 것이다.

산업혁명 이래 폐기물 관리 개념이 '희석과 분산'에서 '농집과 저장'으로 또 감량, 재활용, 재사용, 매립, 소각, 토양처분과 같은 방법을 포괄하는 '통합적 폐기물 관리'로 변화되고 있다. '감량, 재활용, 재사용'으로 요약되는 '통합적 폐기물 관리' 방법의 목적은 매립지에 매립되거나 소각되는 폐기물의 양을 줄이는 것이다. 통합적 폐기물 관리의 일부로서 최근에 제시되는 새로운 폐기물 관리 개념은 '폐기물 무배출'이다. 즉 모든 폐기물은 자원으로 활용될 수 있다는 것이다.

미국에서 오늘날 도시 폐기물 처리의 가장 흔한 방법은 위생 매립지에 매립하는 것이다. 매일 매립된 폐기물층은 다짐토양층으로 덮여진다. 위생 매립지의 잠재적 위험은 침출수에 의한 지하수 오염과 메탄가스의 배출이다. 그러나 메탄가스를 포집하면 메탄가스는 매립지 운영으로 얻을 수 있는 유용한 부산물이다. 건조 지역에 매립된 폐기물은 적은 침출수를 배출한다. 습윤 지역에서 매립지로 적합한 부지는 폐기물을 지하수면 위에 존재하는 불투수성 점토나 실트층 토양에 매립할 수 있는 지역이다. 현대 위생 매립지에는 침출수의 불포화대 침윤을 막는 다중차수층이 설치되어 있으며 불포화대와 포화대를 감시할 수 있는 시스템도 설치되어 있다. 위생 매립지의 선정과 운영은 법에 의해 규제된다.

유해 폐기물은 미국에서 심각한 환경문제를 야기한다. 수백 또는 수천의 비위생 매립지는 궁극적으로 일반인의 건강에 심각한 영향을 줄 수 있는 시한폭탄과 같다. 우리가 유해폐기물을 계속 배출하고 있기 때문에 안전한 처리 방법의 개발이 시급하다. 폐기물 관리 방법 중 육상 처리 방법에는 폐기물을 격리하고 침출수를 통제하는 안전 매립지, 적합한 생분해 물질을 지표에 매립하는 토양 처분, 심부관정 주입, 소각 등이 있다. 육상처리의 대안 방법에는 폐기물 감량, 상업적 가치가 있는 물질의 원위치 회수, 화학적 안정화 등이 있다.

기본개념의 재확인

인구 증가

폐기물 관리는 인구가 증가함에 따라 점점 더 큰 문제가 된다. 평소와 같은 폐기물 관리 시스템으로는 인구 증가와 함께 증가하는 폐기물을 관리할 수 없다.

지속 가능성

지속 가능한 발전은 폐기물의 무배출과 같은 합리적인 폐기물 관리 프로그램 없이는 불가능하다. 지속 가능한 발전을 위해 우리는 폐기물은 새로운 사용을 위한 원료물질이 될 수 있다는 개념을 받아들여야 한다.

계로서의 지구

계로서 폐기물을 관리하기 위해서는 폐기물 흐름에서 입력되는 물질과 배출되는 물질, 종이, 플라스틱과 같은 저장물질 등을 이해해야 한다. 폐기물은 재사용, 재구성 또는 새로운 물질로 변형되기도 한다.

위험한 지구작용, 위해성 평가 및 인식

폐기물 흐름에서 어떤 물질은 인간과 환경에 대단히 유해하다. 유해한 폐기물은 구별되어야 하고 환경문제를 감소시키기 위해 관리되어야 한다.

과학지식과 가치

우리가 폐기물을 어떻게 관리하느냐는 우리가 환경을 어떻게 관리하는가이다. 과학은 폐기물 관리의 대안방법을 제공할 수 있으나 우리가 사용하는 어느 방법이 우리의 가치를 반영하는지는 제공할 수 없다.

주요 용어

감량, 재활용, 재사용
물질 관리
산업 생태학
생지속성
소각
심부관정 처리
안전 매립식 쓰레기 처리
유해 폐기물
위생 매립
전자폐기물
천부 매립
침출수
토양 처분
통합적 폐기물 관리
퇴비화

복습 문제

1. 물질 관리란 무엇인가?
2. 통합적 폐기물 관리의 세 가지는 무엇인가?
3. 위생 매립지의 정의는?
4. 침출수란 무엇인가?
5. 위생 매립지는 어떻게 감시되어야 하는가?
6. 유해 폐기물의 특징은 무엇인가?

7. 위생 매립지란 무엇인가?
8. 러브 운하 사건은 왜 중요한가?
9. 환경영향평가는 무엇인가?
10 가장 흔한 유해 폐기물 관리방법은 무엇인가?

심화 문제

1. 여러분이 배출하는 폐기물과 버리는 폐기물의 양을 조사하라. 현재 얼마나 많은 양을 재활용하고 있고 얼마까지 재활용할 수 있는가? 여러분의 이웃이 여러분과 같이 한다면 여러분이 살고 있는 지역의 폐기물 상황에 미치는 영향을 쓰라.
2. "재활용과 소각 방법을 모두 활용하는 폐기물 관리방법은 이러한 두 가지 방법이 서로 경쟁하기 때문에 한 가지 방법만을 사용하여 폐기물을 관리해야 한다."라는 주장을 지지하거나 비판하는 의견을 쓰라.
3. 여러분이 살고 있는 지역의 집, 회사, 산업 또는 농업 지역에서 배출하는 잠재적 유해 폐기물을 조사하라. 이러한 폐기물 중 얼마나 많은 양이 처분되고 있는가? 유해 폐기물이 문제를 야기하고 있다면 더 좋은 폐기물 관리 전략은 무엇인가?
4. 대학으로부터 발생하는 전자폐기물은 어디에 버려지는가? 지역에서 발생하는 전자폐기물은 어디에 버려지는가? 위와 같은 질문에 답하기가 어려운가?

제 18 장

대기 오염

학습 목표

대기 오염은 가장 심각한 환경문제 중 하나이다. 그것은 우리가 숨 쉬는 대기의 질적인 측면뿐만 아니라, 대기 오염 제어를 위한 공공 또는 개인의 투자와 같은 측면에서도 영향을 미친다. 이 장의 학습 목표는 다음과 같다.

- 대기 오염의 역사, 영향, 발생원에 대하여 알아본다.
- 대기 오염의 공통적인 유형과 이들이 환경에 미치는 영향을 알아본다.
- 기상학, 지형, 대기 오염의 주요 상호 관련성을 이해한다.
- 스모그의 두 가지 유형과 이들이 어떻게 발생하는지를 이해한다.
- 대기 오염을 제어하는 방법에 대해서 알아본다.
- 대기 오염이 사회에 미치는 총 비용을 결정하는 기본적인 요소에 대하여 알아본다.

런던에서 짙은 스모그(1951년 12월 8일) 발생 시 교통정리를 하고 있는 경찰관. 스모그로 인하여 4,000명 이상의 사망자가 발생함. (*Bettmann/CORBIS*)

사례 연구 | 1952년 런던 스모그 위기

1952년 겨울의 첫 주 동안에 영국 런던의 공기는 심하게 정체되어 태양의 복사 에너지 대부분이 구름층을 투과하지 못하였다. 습도는 80%에 육박하였고, 기온은 급강하하여 정오의 기온이 약 1°C(34°F)에 불과하였다. 매우 짙은 안개가 발생하였고, 차고 습한 공기로 인하여 가정의 난방수요를 증가시켰다. 가정의 주된 연료가 석탄이었기 때문에 재, 아황산가스, 그을음 등의 배출이 급증하게 되었다. 정체된 공기는 가정과 자동차에서 배출된 오염물질로 가득 차게 되었다. 이러한 상황이 최고조에 달했을 때 시정은 심각하게 감소되어, 자동차는 낮에도 전조등을 켜지 않으면 안 되었다. 12월 4일과 10일 사이에 무려 4,000명 정도가 대기 오염으로 인하여 사망하였다. 그림 18.1은 이 기간 중에 발생한 아황산가스, 매연, 사망자 수가 모두 증가한 것을 나타내고 있다. 인간 활동이 아닌 환경이 이러한 문제를 마침내 해결하였다. 날씨가 바뀌고, 이에 따라 오염물질이 확산됨에 따라 스모그의 위기는 끝나게 되었다.

산업혁명 이후 런던을 비롯한 주요 대도시에 거주하는 사람들은 악조건의 날씨와 오염에도 불구하고 생존해 왔다. 그렇다면 1952년에는 도대체 무엇이 잘못되었단 말인가? 런던의 스모그 위기 동안, 악영향의 정체된 기상조건에, 석탄 사용 가구 수와 가솔린 사용 자동차 수가 오염물질을 제거하는 또는 변환시키는 대기의 능력을 초과하게 되었다. 아황산가스를 신속하게 제거시키는 자연적인 매커니즘도 포화상태에 이르렀다. 그 결과 아황산가스가 대기 중에 잔류하게 됨으로써 안개는 산성이 되고, 역으로 사람과 다른 생물, 특히 식생에 영향을 미치게 되었다. 건강에 미치는 영향은 특히 위협적이었는데, 그 이유는 산성의 수적이 큰 부유미립자에 부착되어 폐 속 깊이 파고들기 때문이었다.

1952년의 런던 스모그 위기는 역사적인 사건이었다. 마침내 인간의 활동이 지나쳐서, 쓸모없는 성분을 제거할 수 있는 대기의 자연 능력을 넘어서게 된 것이다. 그 위기는 양의 또는 강화하는 피드백(되먹임)이 작용했기 때문이다. 화석연료를 연소하면 대기 중에 부유미립자를 배출하게 되고, 결과적으로 안개를 증가시키며 시정과 빛의 투과를 약화시킨다. 짙은 매연층은 습기와 한기를 증가시키고, 이는 가정 난방 연료 사용을 증가시킨다. 기상조건과 오염이 악화되면 될수록 사람들은 난방을 위하여 더 많은 연료를 소비하게 되며, 이는 기상조건과 오염을 더욱 악화시킨다.

비록 런던은 안개로 잘 알려져 왔으나 석탄의 연소가 안개에 미치는 영향은 거의 알려진 바가 없었다. 석탄 대신에 가스가 가정 난방의 주연료로 대체되었기 때문에, 1952년부터 런던 안개는 크게 감소되어 왔다.

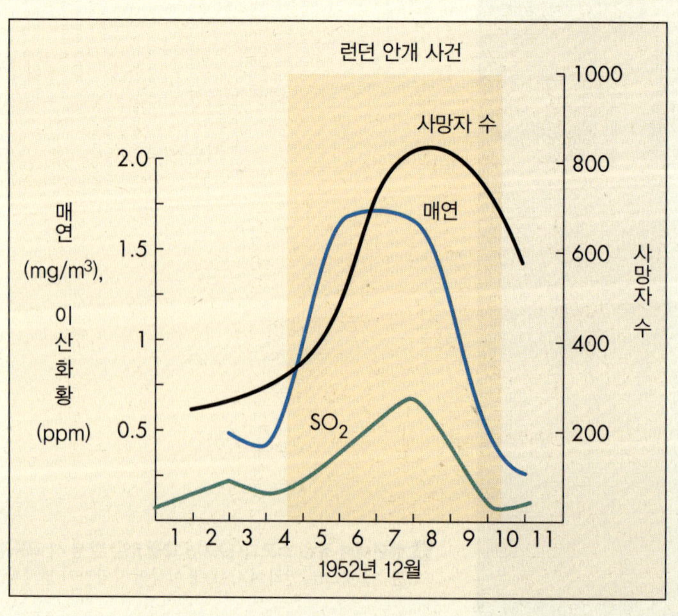

그림 18.1 런던 스모그 사건 1952년 런던 스모그와 사망자 수의 관계. (*Williamson, S. J. 1973.* Fundamentals of air pollution. *Addison-Wesley*)

18.1 서론

지구상에 생명체가 존재해 온 이래 대기는 화학원소의 주발생원인 동시에 폐기물이 축적되는 공간이기도 하였다. 초기의 광합성 식물은 이들의 폐기물인 산소를 대기로 방출하였고, 이러한 산소는 고등생물의 진화와 생존을 가능하게 하였다.

자연 환경 속에서 가장 빠르게 운동하는 동적인 매개체로서 대기는 사람들에게 불필요한 물질을 버리기에 가장 편리한 장소로 여겨져 왔다. 인간이 불을 사용한 이래 대기는 지나치리만큼 자주 폐기물이 버려지는 장소가 되어 왔다. 지난 2세기 동안의 급격한 도시화와 산업화와 더불어 대기 순환은 인간이 버린 폐기물을 소산시키기에는 부적절한 것으로 드러났으며, 도시의 대기는 점점 오염되어 왔다.

18.2 대기 오염

화학적 오염물질은 적절하지 않은 시기에 적당하지 않은 양으로 바람직하지 않은 장소에 존재하는 화합물로 간주할 수 있다. 화학물질이 생산되는 비율에 비하여 더 빠른 속도로 다른 곳으로 수송되거나 사라지게 되면 오염문제는 발생하지 않는다. 자연적 또는 인위적 배출에 의하여 대기 중으로 들어가는 오염물질은 대기 자체의 자연적인 정화 과정, 수문학 또는 지화학적 순환에 의하여 감소될 수 있다. 반대로 대기 중의 오염물질은 수문학적 그리고 지화학적 순환 속의 오염물질로 될 수도 있다(예를 들면, 제15장의 산성비 단원 참조).

인간은 자연적 발생 또는 인간 활동에 의해 발생한 대기 오염물질의 존재를 오래전부터 인식하고 있었다. 산성비는 17세기에 최초로 인식되었으며, 18세기에 들어서 스모그와 산성비가 런던의 식물에 악영향을 끼치는 것이 알려지게 되었다. 18세기의 산업혁명과 더불어 대기 오염은 더욱 현저하게 되었다. 19세기 중반에 특히 미국 남북전쟁 이후로 대기 오염은 더 큰 관심거리가 되었다. 1905년 한 외과의사가 건강을 주제로 한 공공회의에서 매연과 안개의 혼합으로 인한 대기질의 저하를 나타내기 위하여 최초로 스모그라는 단어를 사용하였다.

오늘날 대기 오염은 많은 대도시의 심각한 건강 위협요소로 매우 잘 알려져 있다. 예를 들면, 캘리포니아 로스앤젤레스의 수백만 시민이 오염된 공기에 노출되어 있다. 비록 로스앤젤레스는 미국에서 가장 심각한 대기 오염 문제를 안고 있으나, 이것은 대기가 심하게 오염된 많은 도시들 중에 하나에 불과하다. 대기 오염 문제가 심각한 미국의 다른 도시들, 예를 들면 텍사스의 휴스턴, 메릴랜드의 볼티모어, 노스캐롤라이나의 샬럿, 조지아의 애틀랜타 시 등이 있다. 태평양 연안의 북서쪽에 위치한 일부 지역을 제외하고는 미국의 어느 지역도 대기 오염으로부터 자유롭지 못하다.[1] 대략 1억 5,000만 명 정도의 미국 시민이 폐질환을 유발할 정도의 심각한 대기 오염에 노출되어 있으며, 매년 30만 명 정도가 이로 인해 사망한다. 대략적인 추정에 의하면 미국의 대기 오염에 관련된 보건비용은 매년 500억 달러에 달한다.

인공 건조물에 미치는 영향 대기 오염이 건물이나 기념비와 같은 구조물에 미치는 영향은

그림 18.2 산업지역에서 발생하는 대기 오염물질 캐나다 뉴파운드랜드의 제지 공장 굴뚝에서 배출되는 대기 오염물질. (*Malcolm S. Kirk/Peter Arnold, Inc.*)

제15장의 산성비 단원에서 다루었던 것처럼, 퇴색, 침식, 건축자재의 분해 등이 있다.

미관에 미치는 영향 대기 오염은 대기의 색을 퇴색시키거나, 가시거리 또는 대기 투명도가 감소시킴으로써 시각적인 대상(미관)에 영향을 미친다. 대기가 오염되면 대기상태가 맑은 경우보다 더 멀리 볼 수 없으며, 색의 대비도 훨씬 떨어지게 된다. 이러한 영향이 한때는 일부 도시에 국한되었으나 지금은 미국 전역으로 확대되고 있다. 예를 들면, 뉴멕시코 주, 애리조나 주, 콜로라도 주, 유타 주의 경계 부근지역에서는 화석연료를 사용하는 발전소로부터 배출되는 오염물질이 대기의 투명도를 심각하게 바꾸고 있는데, 이 경계 부근지역에서의 산꼭대기 시정 거리는 한때 80km에 달했다.[2,3]

18.3 대기 오염의 배출원

대기 오염의 대표적인 두 가지 형태는 고정배출원과 이동배출원이다. **고정배출원**(stationary sources)은 오염물질이 점배출원, 불특정배출원, 면배출원과 같이 비교적 고정된 장소에서 배출되는 경우를 말한다. **점배출원**(point sources)은 공장지대의 굴뚝과 같이 하나 또는 다수의 제어 가능한 위치에서 오염물질을 배출한다(그림 18.2). **불특정배출원**(fugitive sources)은 바람이 잘 통하는 개방된 공간에서 오염물질을 배출한다. 예로서, 흙으로 덮인 도로, 공사현장, 농장지대, 창고지대, 노천광산 등을 들 수 있다. 그림 18.3은 마우이 섬 키헤이에서 관측된 대규모의 먼지구름인데, 사탕수수를 태울 때 나타나는 현상이다. 최근에 태워진 들판에서 나오는 먼지와 그을음이 바로 불특정배출원에 속한다. **면배출원**(area sources)은 도시의 밀집된 공장지대나 작은 규모의 도시와 같이 비교적 한 곳에 모여 있는 다수의 배출원에서 나오는 오염물질이다. **이동배출원**(mobile sources)은 위치가 계속 바뀌는 배출원을 나타낸다. 예를 들면 자동차, 비행기, 선박, 기차 등이 여기에 속한다.[3]

(a)

(b)

그림 18.3 농장 기원의 대기 오염 (a) 1994년 하와이 마우이에서 사탕수수 농장을 태우는 장면. (b) 수일 후에 발생한 먼지. (*Edward A. Keller*)

18.4 대기 오염물질

대기 오염물질은 기체 또는 입자상(PM)으로 나눌 수 있다. 기체상태의 오염물질은 이산화황(SO_2), 질소산화물(NO_X, x는 산소 원자의 수를 나타내며 주로 1, 2, 3 중 하나임), 일산화탄소(CO), 오존(O_3), 휘발성 유기화합물(VOCs), 황화수소(H_2S), 플로린화수소(HF) 등이 있다. 입자상 물질은 유기 또는 무기화합물로서 고체 또는 액체상태의 물질이다. 지름이 10μm보다 작은 것은 PM 10으로, 2.5μm보다 작은 것은 PM 2.5로 각각 표기한다.

독성기체

암 또는 심각한 질병을 일으키는 대기 오염물질을 **독성기체**(air toxins)라고 부른다. 이러한 기체는 (1) 암의 원인이 되거나 (2) 호흡기, 생식기, 신경계, 면역체계에 영향을 미칠 수 있을 정도로 독성이 강한 물질이다. 독성기체는 호흡을 통하여 인체로 들어온다. 어떤 독성기체가 인체에 미치는 영향의 정도는 개인의 건강과 오염물질의 독성의 강도에 따라 달라진다. 즉 독성기체에 노출되는 빈도 및 기간, 독성기체의 농도, 독성기체에 노출된 사람의 건강 등이다. 암모니아, 염소기체, 황화수소 등을 포함하는 150종이 넘는 기체에 대한 독성의 정도가 평가된다. 독성기체에 가장 많이 노출될 수 있는 곳은 캘리포니아, 뉴욕, 오리건, 뉴저지의 4개 주를 들 수 있다. 몬타나, 와이오밍, 사우스다코다의 3개 주가 그 다음으로 많이 노출되어 있다. 독성기체를 대기 오염물질로 평가하기 시작한 것은 최근 일인데, 이렇게 함으로써 독성기체에 대한 인식을 높일 뿐만 아니라 궁극적으로는 대기질을 개선하는 데 기여할 것이다.[4]

일차 및 이차 오염물질

대기 오염물질은 발생원에 따라 일차와 이차 오염물질로도 분류된다. **일차 오염물질**(primary pollutants)은 직접 대기 중으로 방출되는 것으로서 입자성 물질, 산화황, 일산화탄소, 탄화수소 등이 있다. **이차 오염물질**(secondary pollutants)은 일차 오염물질이 대기 중의 화합물과 화학적 반응을 통하여 생성된다. 예를 들면, 오존은 도시지역에서 일차 오염물질이 태양광 및 대기 중의 다른 기체와 화학적 반응을 통하여 생성된다. 따라서 오존은 일차 오염물질이 많은 맑은 날 잘 발생하는 심각한 이차 오염물질이 된다. 오존은 특히 로스앤젤레스와 같은 남부 캘리포니아에서 잘 발생하는 것으로 알려져 있는데, 적절한 조건만 갖추어지면 세계 어디서나 발생할 수 있다.

일차 오염물질에 속하는 것은 일산화탄소, 산화질소, 산화황, 휘발성 유기화합물, 입자성 물질 등이다. 매년 미국에서는 인간 활동에 의하여 생성된 일차 오염물질이 약 5,000만 톤 정도나 대기 중으로 방출된다. 얼핏 보기에 이러한 양은 대단히 많은 것으로 보인다. 그러나 이들이 대기 중에 고르게 확산된다면 전체 대기질량의 수백만 분의 일밖에 되지 않기 때문에 큰 문제가 되지 않는다. 불행하게도 오염물질은 고르게 확산되지 않을 뿐만 아니라, 방출, 생성, 분포 등이 극히 특정지역에 편중된다. 예를 들면, 대도시의 기후 및 기상 조건은 도시화 및 산업화로 인하여 방출된 오염물질의 확산을 어렵게 하기도 한다.

표 18.1 자연 또는 인간에 의하여 발생하는 주요 오염물질

대기 오염물질	배출비율(전체 중의 %) 자연	인간 활동	배출원인이 되는 인간 활동	%
황산화물(SO_X)	50	50	연료 연소(고정배출원, 주로 석탄)	84
			산업시설	9
이산화질소(NO_2)		거의 모두	자동차	37
			연료 연소(고정배출원, 주로 천연가스와 석탄)	38
일산화탄소(CO)	91	9	자동차	54
오존(O_3)	일차 오염물질이 태양광과 반응하여 발생한 이차 오염물질, NO_2, 산소(O_2)		농도는 탄화수소나 자동차 배기가스를 포함하는 하층 대기에서 일어나는 화학반응에 따라 달라짐	
탄화수소(HC)	84	16	자동차	27
			산업시설	7
미립자	85	15	먼지	85
			산업시설	7
			연료 연소(고정배출원)	8

여기서는 자연적 또는 인간에 의하여 만들어진 주요 오염물질(표 18.1)에 대하여 논하고, 이들이 사람, 식물, 물건에 미치는 영향(표 18.2)을 알아보기로 한다.

이산화황

이산화황(SO_2)은 지표상에서는 무색, 무취의 기체이다. 이산화황은 대기 중으로 방출되면, 복잡한 반응 과정을 거쳐서 황산염(SO_4)으로 변환된 후 침착에 의해 대기로부터 제거된다. 대기 중의 약 30%의 SO_2는 변화 과정을 거친다. 제15장에서 다루었듯이,[2] 이산화황도 역시 산화과정을 거쳐서 H_2SO_4로 바뀐다. 이산화황은 주로 화석연료, 특히 석탄을 연소시킬 때 발생한다(표 18.1). 그 외에도 석유정제 과정, 종이, 시멘트, 알루미늄 등의 산업적 생산 과정에서도 많이 발생한다.[3]

이산화황은 도료나 금속을 손상시킬 뿐만 아니라 식물에도 매우 해로우며, 특히 자주개나리, 면화, 보리 등의 식물은 이에 노출되면 고사할 수도 있다. 또한 황산염의 형태로 존재할 때는 인간과 동물의 폐에 치명적 영향을 미친다(표 18.2).[3]

질소산화물

질소산화물(NO_X)은 여러 가지 형태로 배출된다. 가장 중요한 것은 밝은 황갈색 또는 적갈색 기체로서 자극적인 냄새를 갖는 이산화질소(NO_2)이다. 이는 독성과 부식성을 가진다.[2] 이산화질소는 대기 중에서 복잡한 화학반응을 통하여 매우 작은 입자성 질산염(NO_3)을 거쳐 질산(HNO_3)으로 변환될 수 있다. 더욱이, 이산화질소는 스모그를 형성하는 주 오염물질 중

표 18.2 인간, 식물, 물건에 대한 대기 오염물질의 영향

오염물질	인간에 미치는 영향[1,2]	식물에 미치는 영향[1,3]	물건에 미치는 영향[1,4]
이산화황(SO_2)	만성 호흡기 질환, 호흡이 가빠짐, 천식환자의 기도를 압박	잎이 하얗게 변함. 세포의 고사. 오래된 것보다는 새로운 세포에 더 위험. 자주개나리, 보리, 면화, 시금치, 비트(근대, 사탕무 따위), 백송, 자작나무, 사시나무 포플러 등이 특히 영향을 많이 받음. 산화하여 황산이 되면 산성비의 원인이 됨	황산이 되면 산성비의 원인이 되어 건물과 기념조각물 등에 피해를 줌. 철을 부식시키고 종이를 삭게 함. 가죽은 적갈색으로 변함. 직물의 염색을 퇴색시키고, 페인트를 손상시킴
질소산화물(NO_x)	냄새 이외에는 자극성이 없음. 호흡기질환의 감염 위험. 인후염, 기침, 코막힘, 고열증상을 일으킬 수 있음. 기침감기, 기관지염의 감염위험	거의 영향이 없으나, 일부의 식물에게는 성장저하의 위험이 있음. 농도가 낮으면 오히려 성장촉진 효과. 질산이 되면 산성비의 원인이 됨	직물의 염색을 퇴색시킴. 질산이 되면 건물이나 기념조각물 등에 영향을 줌
일산화탄소(CO)	산소운반 능력의 저하. 두통, 피로감, 메스꺼움, 집중력과 지구력의 저하. 심한 경우 식사의 가능성 있음	영향 없음	영향 없음
오존(O_3)	심한 자극성이 있음. 천식을 악화시킴. 호흡기세포의 손상을 가져옴. 폐세포의 탄력성 저하, 기침, 폐의 불쾌감 유발, 눈을 따갑게 함	크고 작은 반점 발생(잎이나 줄기의 백화현상이 있는 경우도 있음). 오래된 세포가 더욱 민감. 침엽수의 바늘 끝이 갈색으로 변하거나 또는 고사. 상추, 포도, 옥수수 등의 수확량 감소	고무의 균열, 페인트의 수명단축 및 퇴색, 직물의 염색의 퇴색
입자성 물질 (PM 2.5, PM 10)	만성 또는 극심한 호흡기 질환. 농도에 따라 목, 코, 폐, 눈 등을 자극할 수 있음[5]	입자의 화학성분에 따라 나무와 농작물에 영향, 건성침착된 SO_2가 산화되면 산성비의 원인	철의 부식, 전기시설 또는 제품의 전선 연결부분에 영향, 페인트의 수명단축 및 퇴색, 직물의 염색의 퇴색

[1] 피해 또는 영향은 오염물질의 농도나 노출기간뿐만 아니라 사람, 식물, 물건의 감수성에 따라 달라짐. 예를 들어, 노약자나 만성 폐질환자는 O_3, SO_2, NO_x에 더욱 예민하다.

[2] 연간 미국의 피해액은 약 500억 달러를 넘는다.

[3] 연간 미국의 농작물 피해액은 약 10억~50억 달러나 된다.

[4] 연간 미국의 피해액은 약 50억 달러를 넘는다.

[5] 눈에 보이는 먼지와 매연으로 나타난다.

출처 : U. S. Environmental Protection Agency: Bunbel, R. W., Fox, D. L., Turner, D. B. and Stern, A. C. 1994. *Fundamentals of air pollution*, 3rd de. San Diego: Academic Press; Godish, T. 1997. *Air quality*, 3rd ed. Boca Raton, FL: Lewis Publishers.

의 하나이다. 거의 모든 이산화질소는 인간 활동에 의하여 배출된다. 그중에서도 가장 중요한 두 가지 배출원은 자동차와 석탄과 기름을 연료로 사용하는 발전소이다(표 18.1).

질소산화물이 환경에 미치는 효과는 매우 다양한데, 눈, 코, 목의 염증을 일으키기도 하고, 동물과 인간의 전염병에 대한 감염확률을 증가시킨다. 식물의 생장을 둔화시키며, 잎에 피해를 입히기도 한다. 또한, 대기 중에서 질산염으로 변환되면 시정을 악화시킨다. 그러나 흥미롭게도, 질산염이 토양에 축적되면 식물의 성장을 촉진시킨다(표 18.2).[3]

일산화탄소

일산화탄소(CO)는 무색, 무취의 유독성 기체로서, 아주 작은 농도로도 인간과 동물에게 치명적인 영향을 줄 수 있다. 이러한 독성은 생리학적인 효과에 기인한다. 우리 몸의 헤모글로빈은 일산화탄소를 매우 잘 흡수하는데, 산소보다 약 250배나 많은 양을 흡수할 수 있다. 따라서 주변에 일산화탄소가 존재하면 아주 쉽게 혈류를 통하여 흡수된다. 미국에서는 가정, 학교, 텐트 등에서 연간 약 200명 정도가 연료의 불완전 연소에 의해 발생한 일산화탄소에 질식되어 목숨을 잃는다. 일산화탄소 감지기는 연기감지기와 유사한데, 요즘은 빌딩 안에 설치되어 일산화탄소의 농도가 유해한 수준에 이르면 경보가 울린다. 일산화탄소를 흡입한 경우의 증상은 가벼운 어지럼증과 두통으로부터 사망에 이르기까지 다양하다. 일산화탄소는 빈혈, 심장병, 호흡기 질환 등을 가진 사람들에게 특히 위험하다. 일반적으로 산소의 농도가 낮은 높은 지대에서 일산화탄소는 더욱 치명적이다.[2,3]

대기 중의 약 90%의 일산화탄소는 자연적으로 발생한다. 나머지 10% 정도는 불, 자동차, 유기화합물의 불완전연소 등에서 비롯된다(표 18.1). 경우에 따라서는 일산화탄소가 어느 지역에 집중적으로 발생할 수도 있는데, 이에 노출되면 건강에 치명적인 결과를 가져온다(표 18.2).

오존 및 기타 광화학적 옥시던트

광화학적 옥시던트는 이산화질소와 같은 오염물질과 태양광이 반응한 결과 생성되는데, 뒤의 18.5절에서 스모그와 함께 다룬다. 가장 흔한 광화학적 옥시던트는 오존(O_3)인데, 무색의 불안정한 기체로서 약한 향기를 가지고 있다. 오존으로 대표되는 광화학적 옥시던트의 배출원은 주로 자동차, 화석연료의 연소, 이산화질소를 생성시키는 산업시설 등을 들 수 있다. 오존을 비롯한 옥시던트의 효과는 잘 알려져 있으며, 고무, 페인트, 직물 등에게도 해로운 영향을 미친다.

지표 근처에서 발생하는 오존은 오염물질이다. 그러나 성층권에는 집중적으로 분포되어 있는 오존은, 태양의 유해한 자외선으로부터 인간을 보호하는 역할을 한다(제19장 참조).

식물에 대한 오존의 영향은 분명하지 않다. 오존의 농도가 매우 낮을 때에는 뚜렷한 피해는 없으며, 오히려 식물의 생장을 촉진시킨다. 농도가 높을 때는 잎의 세포를 파괴하며, 결국은 잎 전체를 고사시킨다. 농도가 더 높은 경우에는 잎은 물론 줄기와 뿌리까지 전부 고사한다. 미국 뉴잉글랜드의 고속도로 주변에 심어진 백송의 고사 원인은 자동차 배기가스에 포함된 오존이라고 믿어지고 있다. 오존은 인간과 동물에게 해로운 영향을 미치는데, 특히 눈과 호흡기에 큰 타격을 줄 수 있다(표 18.2).[3]

휘발성 유기화합물

휘발성 유기화합물(VOCs)은 드라이클리닝, 탈지(기름제거), 그래픽 제작, 접착제 생산 등의 공업생산 과정에서 사용되는 다양한 유기화합물을 포함한다. VOCs의 한 그룹인 **탄화수소**는 탄소와 수소로 구성되어 있다. 이들로 구성된 화합물은 천연가스(메탄, CH_4), 부탄(C_4H_{10}), 프로판(C_3H_8)을 비롯하여 수천 종에 이른다. 다른 독성기체의 예로서는 산업용의 용제인 동시에 휘발유 첨가제로 쓰이는 벤젠과 생산시설에서 석유를 연소시킬 때 발생하는 아크로레인을 들 수 있다. 벤젠과 아크로레인은 모두 담배연기에도 포함되어 있다.[4] 도시 대기에는 많은 종류의 탄화수소가 포함되어 있는데, 여기에는 태양광과 반응하여 광화학적 스모그를 발생시키는 것도 있다. 탄화수소는 동식물에게 매우 해로운 요소이기 때문에 잠재적인 부작용의 위험을 가지고 있다. 탄화수소는 대기 중에서 일어나는 복잡한 화학적 반응에 의하여 유해한 성분으로 변환될 수 있다. 지구 전체로 보면, 탄화수소의 총 배출량의 15%는 인간 활동에 의하여 발생한다. 그러나 미국에서는 대기 중으로 방출되는 약 반 정도의 탄화수소가 인간 활동에 의하여 발생하는데, 그중에서도 자동차에서 배출되는 것이 대부분을 차지한다(표 18.1). 인간 활동에 의한 배출은 특히 도시지역에서 두드러지게 나타난다. 그럼에도 불구하고, 애틀랜타와 조지아 등의 미국 남부의 일부 도시에서는 자동차나 다른 인간 활동에 의한 배출량보다 자연적으로 배출되는 양이 더 많다.[2]

황화수소

황화수소(H_2S)는 매우 유독한 부식성의 기체로서, 썩은 달걀 냄새와 같은 악취가 난다. 황화수소는 간헐천, 늪지대, 소택지 등 자연적 현상과 석유를 사용하는 발전소나 금속을 용융시키는 제련 과정 등의 인간 활동에 의하여 발생한다. 황화수소는 식물의 기능장애나 동물의 건강을 위협하는 잠재적 위험성을 가지고 있는데, 그 위험성은 중독은 물론 사망에까지도 이르게 한다.[3]

플로린화수소

플로린화수소(HF)는 주로 알루미늄의 제조 과정, 석탄의 기체화 과정, 발전소의 석탄연소 과정 등에서 배출되는 기체상의 오염물질이다. 플로린화수소는 매우 독성이 강한데, 아주 옅은 농도(예를 들면, 10억 분의 1)로도 동식물에 영향을 줄 수 있다. 특히 방목가축에게 위험한데, 이는 일부 초목이 이미 플로린화수소에 오염되어 독성이 있기 때문이다.

그 밖의 해로운 기체

대중매체를 통하여 독성 기체를 운반하는 트럭이나 기차가 사고를 일으켜 독성기체를 대기로 방출하는 사고가 가끔 발생함을 알 수 있다. 이런 경우 독성가스의 유출이 완전히 멈추거나, 가스가 널리 확산되어 독성이 거의 없어질 정도로 농도가 약해질 때까지, 주민들이 대피하는 사태가 발생한다. 염소기체 또는 화학공장이나 농장 등에서 사용되는 기체도 종종 포함되는 것으로 알려져 있다.

기체에 의한 대기 오염은 하수처리 과정에서도 발생한다. 도시지역에서는 페인트 희석제, 산업용 용제, 클로로폼 등을 포함한 다양한 유기화학 물질이 하수오물을 통하여 배출된다. 이들은 하수처리 공장에서 완전히 제거되지 않는다. 사실, 처리 과정에서는 화학물질

그림 18.4 유독성 기체 인도 보팔의 제초제 공장에서 발생한 독성가스 누출로 인하여 눈에 피해를 입은 사람들. 누출가스에 닿으면 피부가 타게 된다. (*Pablo Bartholomew/Getty Images Inc.*)

은 대기중으로 증발하도록 처리되는데, 대기 중에서 인간이나 동물에 의해 흡입될 가능성이 있다. 이들의 대부분은 독성이 있거나 암을 일으킬 위험이 있다. 수질 오염을 방지하기 위한 처리공장이 오히려 대기 오염의 원인을 제공하고 있는 것은 참으로 웃기는 일이 아닐 수 없다. 오염물질은 공간적으로 확산 또는 이동하거나, 액상에서 기체로 변화될 수 있기는 하지만 대기 중에서 쉽게 제거할 수는 없다.

어떤 화학물질은 지극히 독성이 심하기 때문에 환경 속으로 방출되지 않도록 대단히 주의해야 한다. 독성의 화학물질이 얼마나 무서운지는 1984년 12월 3일의 인도 보팔에서 발생한 독성기체 누출사건을 통하여 알 수 있다. 농약 제조공장에 액체 상태로 저장되어 있던 독성의 기체가 누출되어 약 $66km^2$나 되는 넓은 지역이 치명적인 구름으로 덮인 것이다. 누출은 약 반 시간 정도밖에 지속되지 않았으나 무려 2,000명이 목숨을 잃었고 15,000명 이상이 부상을 당하였다. 무색의 메틸 이소시아네이트는 눈, 코, 목, 폐 등에 심한 화상을 입히게 된다(그림 18.4). 농도가 수백만 분의 일밖에 되지 않는 낮은 농도라 하더라도 인체에 흡입될 경우 심한 기침, 폐의 팽만감, 출혈, 나아가서는 사망에 이른다. 약간만 노출된다 하더라도 실명의 위험이 높다.

메틸 이소시아네이트는 미국에서 생산되는 세빈이라는 농약과 인도에서 잘 알려진 다른 두 가지의 살충제에도 포함되어 있다. 웨스트버지니아의 공장에서도 이 화학물질을 제조하는데, 인도의 보팔사건이 있기 전과 후에 한 차례씩 누출사고가 있었다. 보팔사고는 화학물질의 누출이 얼마나 위험하고, 또 인구밀집 지역에는 절대 보관해서는 안 된다는 경각심을 일깨워 주는 예라고 할 수 있다. 따라서 화학공장은 만약의 사고에 대비하여 신뢰할 만한 사고방지 장비를 갖추는 것은 물론, 누출 및 사고를 일으키지 않도록 생산 관련자들을 잘 훈련시키는 것이 필요하다.

입자성 물질 : PM 10과 PM 2.5

입자성(또는 미립자) **오염물질**(particulate-matter pollutants)은 PM 10 또는 PM 2.5로 불리는 고체 또는 액체의 작은 입자를 말하는데, 입자의 크기에 따라 분류된다. PM 10은 10μm보다 작은 입자인데, 이들은 인간 활동이나 자연현상에 의해 대기 중으로 방출된다. 이 중 85%가 자연현상에 의한 배출이다(표 18.1). 사막, 화산분출, 화재, 현대식 농장 등은 배출원의 예로 볼 수 있다. 잉여 농작물의 연소[노스다코타의 밀 농장, 아이다호의 블루그래스(새포아풀 속의 풀), 캘리포니아의 쌀, 하와이의 사탕수수 등] 과정에서는 연기와 그을음으로 이루어진 PM 2.5가 다량 대기 중으로 방출된다(그림 18.3). 화석연료의 연소과정에서와 마찬가지로 거의 모든 산업시설에서는 입자성 오염물질을 대기 중으로 배출한다. 대부분의 물질은 연기, 그을음, 먼지와 같이 눈에 잘 보이지만, 어떤 것은 전혀 보이지 않는다. 대기 중의 미립자 중에는 석면은 물론, 제련소에서 배출되는 비소, 구리, 납, 아연과 같은 중금속이 포함되어 있는 경우도 있다.

1997년 인도네시아에서는 매우 심각한 대기 오염이 발생하였다. 그 해는 우기가 좀 늦게 와 큰 가뭄이 들었다. 날씨가 건조하여 농민들에게는 화전농법(산림벌채 및 소각)의 좋은 기회였는데, 이런 방법의 경작지 확보는 오랜 전통의 하나였다. 또한, 영세 농민들은 경작지를 청소하는 방법으로서 불도저를 이용하는 기계적 방법보다 농작물 쓰레기 소각이라는 비용이 적게 드는 방법을 더 선호하였다. 일반적으로 화전농법은 규모가 엄청나게 크지 않은 이상, 그리고 산불로 번지지 않을 정도라면 생태계에 큰 문제가 없는 것으로 알려져 있다.[5] 그러나 1997년의 불은 통제할 수 없을 정도로 커져서 다량의 독성의 연기를 발생시켰으며, 세계 최대의 자연재앙의 하나로 알려져 있다.

물론, 이러한 화전의 피해는 소규모 농업에 종사하는 농민들에게 있지만, 대규모 농업종사자에게도 그 책임은 있다. 1997년의 가뭄이 닥쳤을 때는 약 49,000에이커의 삼림이 타버렸고, 엄청난 양의 입자성 물질이 대기 중으로 배출되었다. 이로 인하여 인도네시아에서는 약 2,000만 명 정도나 되는 많은 사람들이 호흡기 등의 질환에 걸려, 직 · 간접적으로 의료처치를 받아야만 했다. 수마트라에서는 매연에 의한 시정거리 악화로 비행기가 추락하여 234명이 사망하였다. 대기질의 지표를 나타내는 대기 오염지표(Air Quality Index, AQI)는 무려 800까지나 치솟았다. AQI가 500을 넘으면 노약자가 사망할 수 있다. AQI가 800이면 하루에 담배 4갑을 피우는 정도의 위험성과 같다! (AQI는 18.8절에서 다룬다.) 농토의 소각은 짙은 연무(haze)를 생성시켜서 시정을 크게 악화시킨다. 그 해 여름이 끝날 무렵 짙은 연무는 남중국해를 거쳐서 싱가폴과 말레이시아까지 흘러 들어갔다. 우기에 접어들면서 대부분의 불은 꺼졌지만, 1998년 2월 우기가 끝나자마자 여기저기서 다시 불이 붙기 시작했다. 농사와 벌목을 위한 농토나 삼림에 불을 놓는 것은 법으로 금지는 되어 있으나 절반 정도의 효과만을 거두고 있는 실정이다. 자연 또는 사람에 의한 화전 또는 산불은 여전히 발생하고 있다. 피해는 사람뿐만 아니라 오랑우탄, 코뿔소 등과 같은 멸종위기의 야생동물, 자연림에까지도 미치고 있다.[4] 계속되는 산불과 이들에 의해 계속 축적되는 자연에 대한 피해에 대한 우려의 목소리와 경각심이 높아지고 있는 실정이다.

입자의 크기가 2.5μm보다 작은 오염물질(PM 2.5)은 폐에 치명적인 영향을 준다. 황산염과 질산염은 가장 중요한 대표적인 미립자 오염물질이다. 이들은 이산화황 또는 질소산화물이 태양광선을 받아 대기 중의 다른 기체와 광화학 반응을 할 때 발생한다. 황산과 질산 형태의 황산염은 이런 과정을 통하여 형성되어 비가 내릴 때 산성비를 만드는 성분이 된다.[3] 측정될 때 입자성 물질은 종종 총 부유분진(Total Suspended Particle : TSP)으로 불린다.

미립자는 인간의 건강은 물론 생태계와 생물권에도 영향을 미친다(표 18.2). 폐로 흡입된 미립자는 그곳에 축적되면서 만성 호흡기 질환을 일으킨다. 이 중에서도 석면은 특히 위험하다. 도로건설이나 경작지에서 나오는 먼지는 녹색식물의 표면에 침착되어, 광합성, 산소 및 이산화탄소의 흡수, 수분의 방출 등의 기능을 저해한다. 좀 무거운 먼지는 동물의 호흡을 어렵게 한다. 미국에서 미립자로 인한 사망자는 연간 6,000명에 이른다. 도시지역에서는 총 사망자의 약 9%가 미립자의 영향으로 사망하는데, 특히 미립자 오염이 심한 대도시에서는 전체 사망자의 15% 내지 25%까지도 이러한 원인에 의한 것이다.[6]

대규모 건설공사 지역에서 발생하는 미립자는 광범위한 지역의 생물 생존에 영향을 줄 뿐만 아니라, 심지어는 생물종의 구성비와 먹이사슬 등의 생태계 전반에 심각한 해를 끼친다. 더욱이, 현대적인 산업생산시설에 의해 대기 중 TPS의 양은 크게 증가하였다. 미립자는 태양광을 차단하여 궁극적으로는 기후변화를 초래하여 상당히 오랜 기간 생물권에 영향을 미치게 된다.[7]

석면 석면의 유해성은 극히 최근 들어 인식되기 시작했다. 그 전에는 석면은 특별한 방지대책이 없이 일상적인 환경에서 다루어졌기 때문에, 석면 미립자가 발생하는 작업장에서 일하는 사람들은 무방비 상태로 노출되었다. 석면은 건물의 단열장치와 자동차의 브레이크패드에 사용되었다. 그 결과, 석면은 모든 산업선진국, 특히 유럽과 미국에서 볼 수 있다. 어떤 경우에는 석면제품이 삼베봉지에 포장되어 팔리기도 했는데, 이러한 삼베봉지는 나중에 식물원 또는 종묘장에서 재활용되거나 다른 목적으로 재사용되어 많은 석면 오염물질을 확산시키게 되었다. 어떤 종류의 석면은 암의 원인이 되기 때문에 매우 조심스럽게 다루어져야 한다(제3장 참조).

납 납은 자동차 축전지와 기타 여러 산업제품의 중요 구성성분이다. 휘발유의 첨가제로 사용되면 자동차의 성능을 향상시킨다. 과거 미국에서는 자동차에서 배출된 납이 도로 옆의 토양과 지하수에 상당히 많이 축적되어 왔다(제20장의 자세히 살펴보기 '환경 속의 납' 참조). 납은 일단 방출이 되면, 미립자로서 대기 중으로 운반되고, 식물에 의해 흡수되어 잎에 축적된다. 따라서 납이 지구상의 먹이사슬에 들어가게 되고, 결국은 인간에 의해 섭취된다. 납이 시냇물이나 강에 의해 운반되어 호수나 바다 등으로 흘러들어가면, 이곳에 사는 생물이나 물고기에 의해 섭취되어 수중의 먹이사슬에도 침투하게 되는 것이다. 미국에서는 더 이상 납이 휘발유에 첨가되지 않지만, 다른 나라에서는 여전히 사용되고 있다. 휘발유에 납을 사용하지 않은 1970년 이후에 미국의 납 배출량은 약 98%나 감소하였다.

카드뮴 환경 속의 카드뮴은 석탄재로부터 발생하는데, 주로 굴뚝을 통하여 널리 확산된다. 카드뮴은 석탄 중에 약 0.05ppm 정도로 농도가 매우 낮은 미량원소로 존재한다. 식물에 닿으면, 카드뮴은 세포로 흡착되어 계속 축적된다. 먹이사슬을 통하여 확산되는 과정에서 높은 단계로 올라갈수록 생물학적 농축 효과가 발생하게 된다. 예를 들면, 초식동물은 녹색식물이 가지는 카드뮴 농도의 약 3배, 육식동물은 초식동물의 약 3배 정도를 갖는다.

18.5 도시 대기 오염

대기 오염의 정도는 지역에 따라 크게 달라진다. 대부분은 도시지역에 집중되어 있는데, 자동차와 중공업 공장 등이 방대한 폐기물을 대기 중으로 배출하기 때문이다. 스모그로 알려진 눈에 보이는 대기 오염은 발생 정도는 다르지만 거의 모든 도시지역에서 발생한다. 이 절에서는 도시 대기 오염에 영향을 미치는 요소와 스모그의 구성성분과 형성과정을 살펴보기로 한다.

기상과 지형의 영향

대기 오염이 도시지역에서 어느 정도 발생하는가는 오염물질의 배출률, 지형, 기상상태에 따라 달라진다. 이러한 요소들은 오염물질의 축적률, 수송 및 소산율, 해롭지 않은 다른 화합물로 전환되는 비율 등을 결정하게 된다. 오염물질의 발생률이 수송과 화학적 변환율보다 크면 오염이 증가하게 된다.

기상조건에 따라서 대기 오염은 가벼운 문제가 될 수도 있고, 또는 중대한 보건문제가 될 수도 있다. 로스앤젤레스나 그 밖의 스모그가 심한 지역도 연중 대부분의 기간 중에는 많은 사망자를 발생시키지는 않는다. 그러나 비록 짧은 기간일지라도 오염이 극히 심각한 상태에 이르면 질병과 사망자 수를 크게 증가시킬 수 있다.

역전층의 형성으로 하층 대기의 순환이 약해지면 대기 오염을 발생시키기 쉽다. **대기 역전층**(atmospheric inversion)은 따뜻한 공기가 찬 공기 위에 놓일 때에 발생한다(그림 18.5). 역전층은 특히 공기가 정체되어 있을 때에 큰 문제가 된다. 그림 18.6은 대기 오염 문제를 악화시키는 두 가지 유형의 역전층을 보여준다. 그림 18.6a는 건조한 내륙의 따뜻한 공기가 하강하면서 반영구적인 역전층을 형성시키는 것을 나타낸다. 산악이 오염의 장벽으로 작용하기 때문에 해륙풍과 더불어 이동되는 오염된 공기는 계곡을 따라 올라가서 정체하게 된다. 이런 과정의 대기 오염은 주로 여름과 가을에 발생하는데, 내륙의 따뜻한 공기가 해안지역의 찬 공기 위에 놓이게 되면서 역전층을 형성하기 때문이다. 로스앤젤레스 지역은 이러한 오염의 대표적인 예라 할 수 있다.

그림 18.5 로스앤젤레스의 역전층
로스앤젤레스의 기온 역전층. 오염된 공기가 지표 근처에 정체되어 짙은 적갈색의 연무를 발생시킨다. (*Stock Boston*)

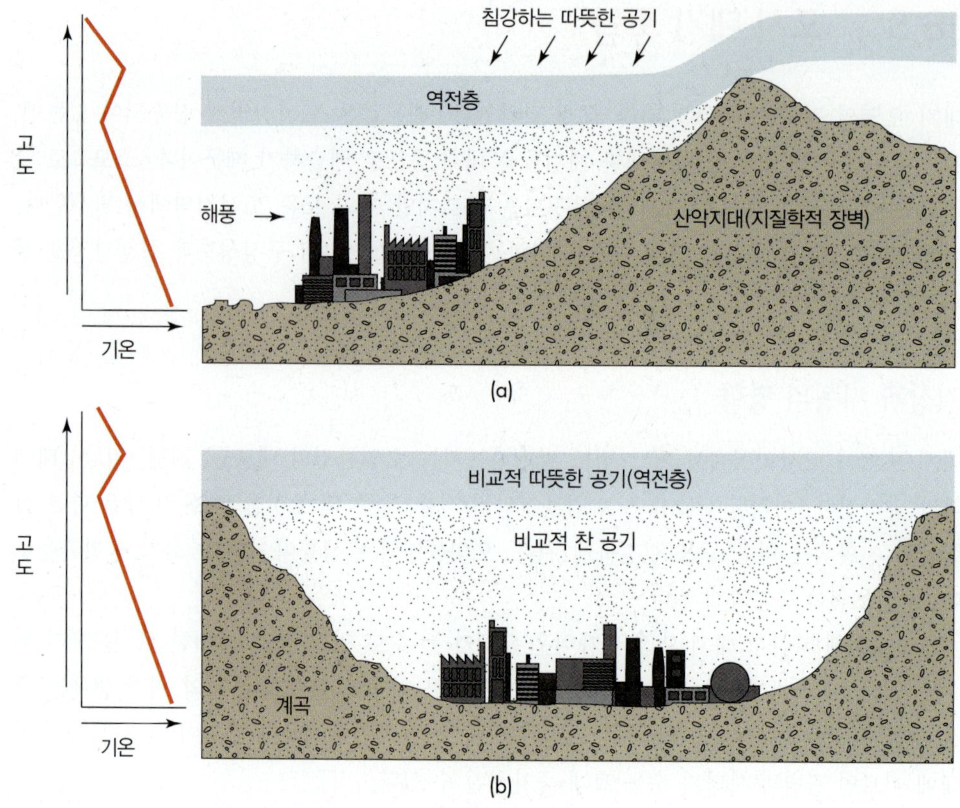

그림 18.6 기온 역전층 기온 역전층을 발달시키는 두 가지 원인. 기온 역전층은 대기 오염을 악화시킨다. (a) 내륙으로부터 불어오는 따뜻한 공기가 반영구적 역전층을 형성한다. (b) 계곡의 비교적 찬 공기 위에 따뜻한 공기가 자리잡고 있다.

그림 18.6b는 계곡의 비교적 찬 공기가 따뜻한 공기 아래에 놓여 있는 역전층을 보여주고 있다. 이러한 역전층은 수일 동안이나 지속될 수 있다. 도시지역에서 정체된 공기 위에 구름이 형성되면 태양복사에너지가 구름에 의해 차단되고 에너지가 흡수되어 가열이 되는 반면, 지상 또는 지표 근처의 공기는 냉각이 된다. 만일 습도가 높으면, 공기가 냉각되면서 짙은 안개가 발생한다. 이럴 경우 도시의 시민들은 가정이나 공장에서 난방을 위하여 더 많은 연료를 연소시키며, 그 결과 오염배출물이 증가하게 된다. 공기가 정체되면, 오염물질은 계속 축적된다. 이것이 바로 앞에서 설명한 1952년 런던 스모그 사건의 주요 원인이다.

기상 조건 분석은 스모그 형성의 가능성이 있는지를 판단하는 데에 매우 유용하다. 그림 18.7은 최소 48시간 동안 공기가 심하게 정체될 가능성을 가진 일수가 5년 동안 얼마인가를 나타낸 것이다. 이러한 예는 대부분의 오염문제(즉 대기가 정체되는 일수가 대단히 큰)는 미국 서부지역에 집중적으로 나타나고 있다는 것을 보여준다.

서부지역의 기상 및 지형 조건은 왜 캘리포니아 주의 로스앤젤레스, 샌디에이고, 애리조나 주의 피닉스와 같은 도시에서 빈번하게 대기질 문제가 발생하는지를 이해하는 데 도움이 된다. 지형적으로 산에 둘러싸인 분지 지형에 위치한 도시는 사방으로 탁 트인 도시에 비해 스모그가 쉽게 발생할 수 있다. 기온 역전과 같은 기상조건을 가진 도시 또한 스모그 문제가 쉽게 발생할 수 있다. 산으로 둘러싸인 지역의 대기 역전층은 바람 및 기상조건에 의한 오염물질의 수송 및 분산을 가로막는다.

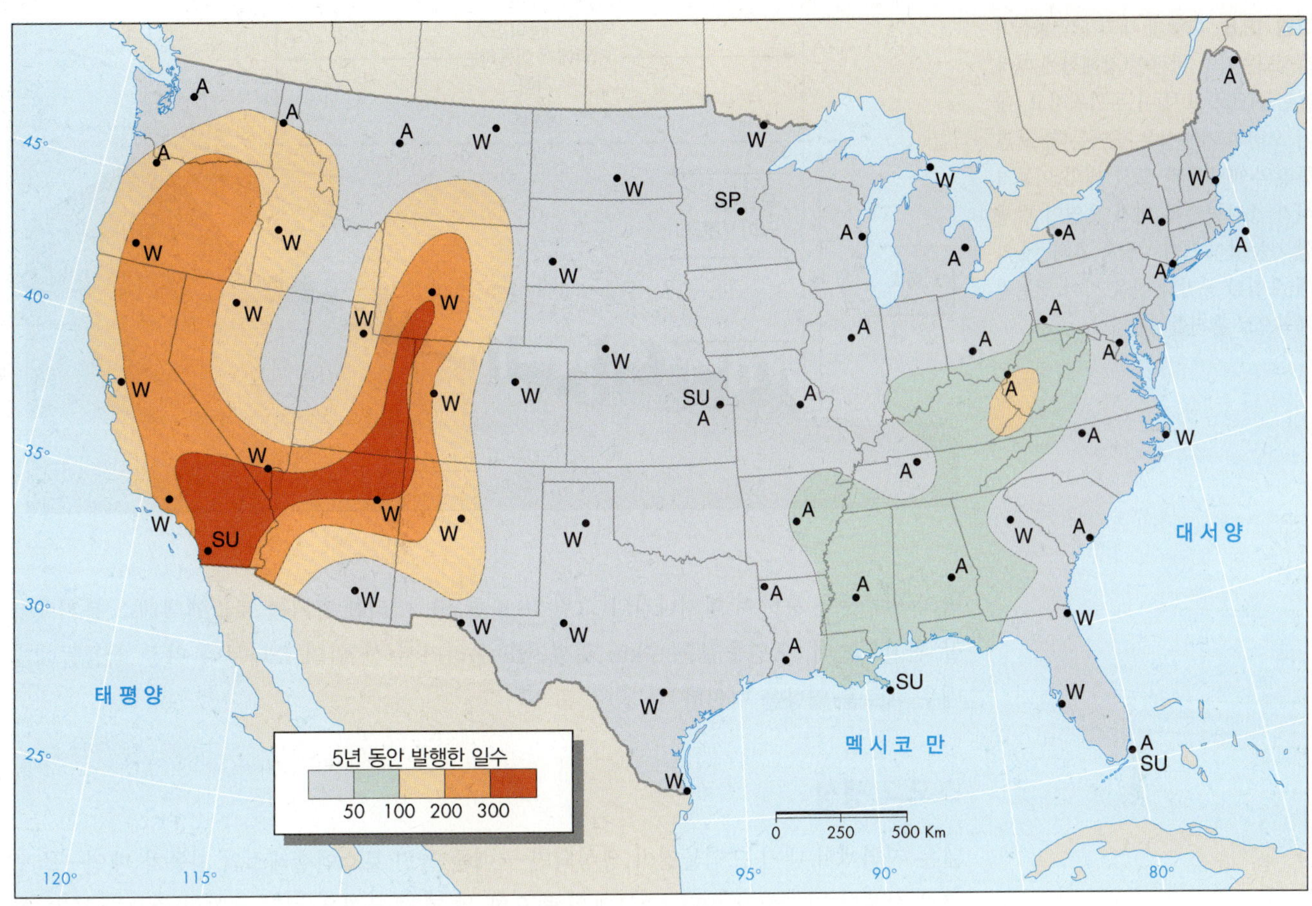

그림 18.7 대기 오염의 발생 가능성 최소 48시간 동안 국지적 대기 오염 및 확산 속도가 저하된 것이 예상되는 일수. 여기서 일수는 5년 동안의 통계를 나타냄. 연중 가장 잘 발생할 수 있는 시기를 계절로 표시함. SP(봄), A(가을), W(겨울), SU(여름). (*Holzworth, as presented in Neiburger, Edinger, and Bonner. 1973. Understanding our atmosperic environment. W. H. Freeman*)

도시 대기 오염의 잠재 가능성

그림 18.8에 나타낸 것처럼 다음과 같은 요소들이 도시지역의 대기 오염에 영향을 미친다.

- 오염물질의 배출률
- 도시 대기 오염 발생원으로부터의 거리
- 바람의 평균적인 세기
- 혼합층의 높이 — 즉 대기 하층에서 대기 오염물질이 상하로 혼합될 수 있는 높이

만일 대기 오염물질이 일정한 비율로 발생한다고 가정하면, 공기는 도시를 지나가면서 더욱 더 많은 대기 오염물질을 끌어들이게 된다. 따라서 공기 중의 오염농도는 앞의 두 가지 요소에 직접적으로 비례한다. 배출률 또는 바람이 이동하는 거리가 증가할수록 오염물질의 농도는 더욱 증가하게 된다. 반대로 바람이 강하고 혼합층의 높이가 높을수록 도시 대기 오염은 감소한다.

산악과 같은 지형적 장벽 근처에 역전층이 존재하면, '굴뚝 효과' 에 의해 오염물질은 장

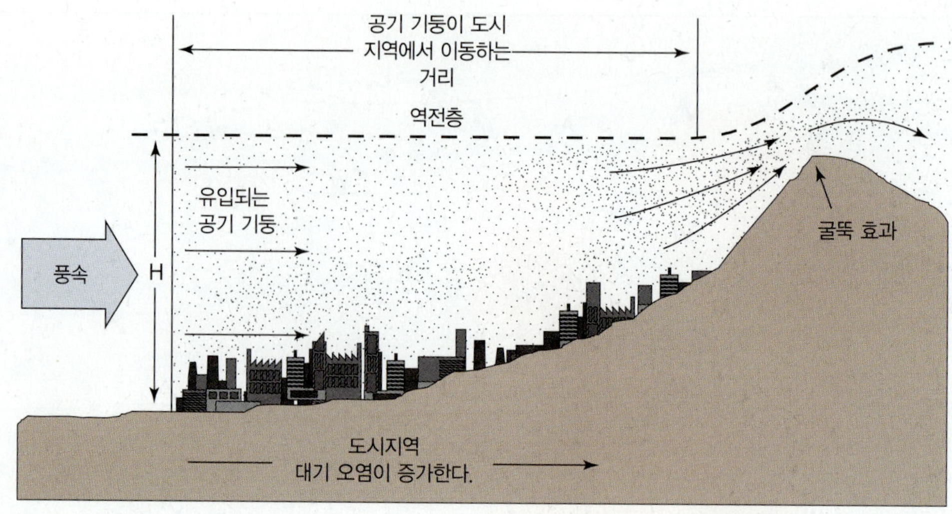

그림 18.8 어떻게 대기 오염물질이 축적되는가? 바람이 강해짐에 따라 혼합층(H로 표시)이 두꺼워지고, 대기 오염의 가능성은 줄어든다. 오염물질의 배출률과 도시 내의 이동거리가 증가할수록 대기 오염이 발생할 가능성이 크다. '굴뚝 효과'에 의해 오염된 공기가 산을 넘어 인접된 계곡으로 흘러들어간다.

벽의 윗부분을 통하여 빠져나간다(그림 18.8 참조). 이러한 효과는 로스앤젤레스 분지에서 잘 관찰되는데, 오염물질은 수km 위까지도 올라가서 산 위의 소나무나 다른 식물들에게 매우 해로운 영향을 미친다.

스모그 생성

넓은 지역에서 대기 오염물질이 생성되면— 예를 들면 로스앤젤레스의 자동차 매연—스모그가 발생할 가능성이 높다. 스모그의 중요한 두 가지 유형은 런던 유형의 스모그 또는 회색 대기라고 불리는 황화물 스모그와 LA형 또는 갈색 대기라고 불리는 광화학적 스모그이다. **황화물 스모그**(sulfurous smog)는 대형 화력발전소에서 석탄과 기름을 연소할 때에 주로 만들어진다. 어떤 기상조건에서 이러한 황산화물과 부유미립자가 결합하면 농축된 황화물 스모그를 만들어 낸다(그림 18.9).

광화학적 스모그(photochemical smog)가 생성되는 반응 과정은 매우 복잡하며, 질소산화물(NO_X), 탄화수소, 태양복사 등을 포함한다(그림 18.10). 광화학적 스모그의 발달은 자동차 매연과 관계가 있다. 예를 들면, 남부 캘리포니아에서 출근시간대에 교통량이 증가하면 일산화탄소와 탄화수소의 농도가 증가하기 시작한다. 한편, 이산화질소(NO_2)는 태양광선에 의해 일산화질소(NO)와 산소원자(O)로 분해되기 때문에 농도가 감소한다. 이때 발생한 산소원자는 산소분자와 결합하여 오존을 형성하여, 일출 후 오존농도를 증가시키게 된다. 오전의 중간쯤 되는 시간대에 산화된 탄화수소는 NO와 반응하여 NO_2의 농도를 증가시킨다. 이러한 반응은 NO 농도를 감소시키는 동시에 오존을 생성시킨다. 이 결과 정오 무렵에는 오존 농도는 최고치에 도달되고, NO의 농도는 최소치가 된다. 스모그가 짙어짐에 따라 작은 입자에 의한 태양광의 산란이 일어나고 시정은 감소한다(그림 18.11).

도시지역의 석탄
및 기름연소

방출

황산화물(SO_X)
대부분이 이산화황(SO_2)
+
입자성 오염물질

+
정체된 안정층의 공기, 충분한 습도, 구름 존재, 역전층 및 짙은 안개 형성, 수일 동안 지속

농도 짙은 황 스모그
(회색 대기)

그림 18.9 황 스모그 농도가 짙은 황 스모그 및 황 스모크가 발달할 수 있는 과정.

도시 대기 오염의 미래

선진국가의 도시 대기 오염 수준은 매우 다양한데, 대체적으로 개선되고 있는 추세이다. 미국 주요 대도시의 대기 오염 자료를 보면 유해 또는 매우 유해한 수준의 일수가 점차 줄

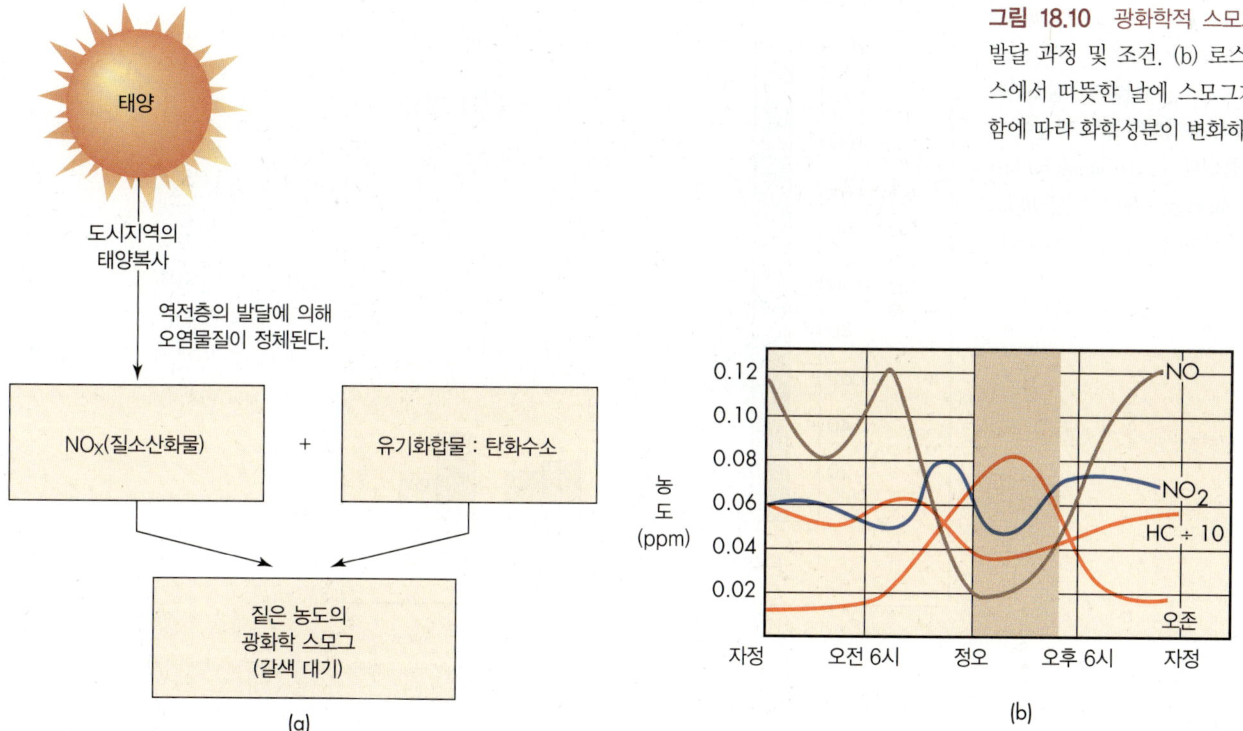

그림 18.10 광화학적 스모그 (a) 발달 과정 및 조건. (b) 로스앤젤레스에서 따뜻한 날에 스모그가 발생함에 따라 화학성분이 변화하는 예.

어들며, 이는 대기의 질이 점진적으로 개선되고 있음을 나타낸다. 이러한 감소는 자동차가 지속적으로 증가하고 있음에도 불구하고 나타나고 있다는 것이다. 이렇게 대기의 질이 개선되고 있는 것은 연료의 질이 향상되고 자동차의 동력효율이 증가하여 연료소모가 줄어드는 한편, 매연발생 감소 장치가 자동차에 도입되었기 때문이다. 그러나 뉴욕과 로스앤젤레스와 같은 도시에서는 여전히 건강에 매우 유해한 수준의 대기 오염이 연중 상당 기간 동안 발생하고 있다. 더욱이, 미국의 많은 도시에서 연중 30일 이상 매우 낮은 대기의 질이 유지되고 있다. 이러한 예를 볼 때 수백만의 미국인은 여전히 연중 대부분의 기간을 위험

(a)

(b)

그림 18.11 로스앤젤레스의 스모그 (a) 캘리포니아 로스앤젤레스의 맑은 날. (b) 스모그가 발생한 날. (*Kathleen Campbell/Getty Images, Inc.*)

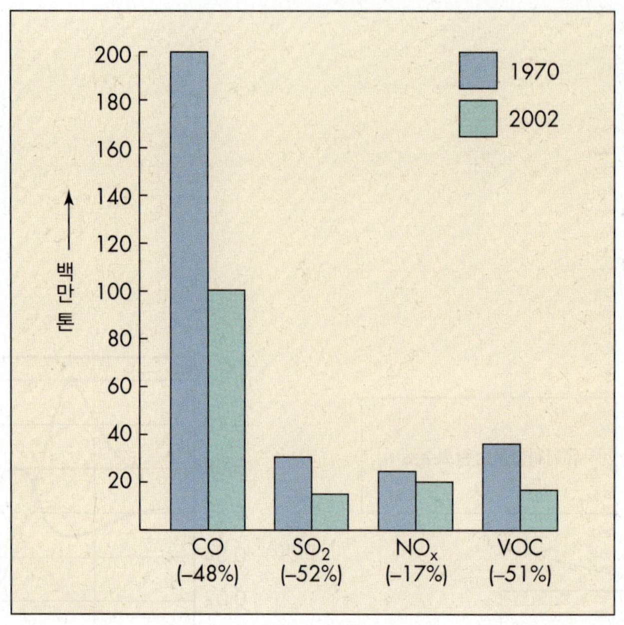

그림 18.12 미국의 주요 오염물질의 배출 경향(1970~2002) 1970년 이후 일산화탄소, 이산화황, 질소산화물, 휘발성 유기화합물의 배출이 크게 줄어들었다. (*Environmental Protection Agency. 2002. High-lights accessed 3/25/04 at www.epa.gov*)

한 대기 오염 상태에서 생활하고 있다고 할 수 있다.[1]

특히 인구가 증가하고 있는 빈곤한 국가의 도시들은 현재는 물론 미래까지도 대기 오염의 위험을 안고 있다. 이러한 지역은 대기 오염을 막기 위한 재정능력이 떨어진다. 대부분의 시민들은 하루하루의 생존에 급급하며, 주택과 늘어나는 인구를 지탱하기 위한 식량조달에 주력할 뿐이다. 예들 들면, 멕시코시티는 2,000만 이상의 인구를 가진 대도시로서 세계에서 가장 큰 도시 중의 하나이다. 멕시코시티의 산업시설과 발전소는 셀 수 없을 정도로 많은 노후한 승용차, 트럭, 버스와 함께 연간 수천 톤에 이르는 부유입자, 이산화황, 질소산화물, 탄화수소 등을 대기 중으로 방출한다. 이곳은 산에 둘러싸인 해발 약 2,255m의 자연분지로서 심각한 대기 오염이 발생하기 쉬운 위치에 자리잡고 있다. 극심한 대기 오염으로 인하여 멕시코시티에서는 도시를 에워싼 산을 더 이상 볼 수가 없다. 의학보고에 따르면 호흡기질환, 두통, 안질환, 후두염 등으로 고생하는 환자가 지속적으로 늘고 있다고 한다.

한가지 고무적인 사실은 미국의 주요 대기 오염물질의 배출이 줄고 있다는 것이다(그림 18.12). 예를 들면, 1970년 이후 석탄사용의 감소, 황함유량이 적은 석탄의 사용, 배출 전 오염배출물의 관리 및 안전처리 등에 의해 SO_2 배출은 약 52%나 감소하였다. 휘발성 유기화합물 또한, 1970년 이후 감소하기 시작하여 1940년대의 수준으로 되돌아갔다. 약 51%나 되는 휘발성 유기화합물의 감소율은 효과적인 자동차 배기가스의 제어, 아스팔트 등과 같은 제품에 VOC 대신 물 화합물을 사용한 결과라고 할 수 있다.

18.6 실내 공기오염

실내 공기오염은 사람들이 가정과 직장에서 직면하는 가장 심각한 환경 위험요소 중의 하나이다(그림 18.13).[8,9] 최근에 지은 건물들은 그 전의 건물에 비해 밀폐성이 뛰어나고, 에너지 절약을 위하여 열리지 않는 고정형의 창문을 사용하는 경우가 많아졌다. 따라서 거의

1. 건물의 난방, 환기, 냉방시설은 잘 관리하지 않을 경우, 곰팡이나 박테리아를 포함한 여러 가지 실내 오염물질을 발생시킨다.
2. 신선한 외기의 유입장치가 적절한 위치에 설치되지 않으면 오히려 오염물질을 실내로 끌어들이게 된다. 창고나 식당의 배기구 위에 설치하는 것이 그 예로 볼 수 있다.
3. 건물의 리모델링 또는 페인트 도색 후에는 건축자재로부터 새로운 화학물질이 배출된다. 여기서 나오는 자극성 있는 냄새나 가스가 건물의 환기구 또는 냉방시설로 유입되면 건물 전체로 확산되는 경우도 있다.
4. 건물의 가구나 카펫 등에도 포름알데히드, 유기용제, 석면 등의 유독성 화학물질이 포함되어 있는데, 건물 전체로 확산될 수 있다.
5. 세탁용 솔벤트(용제)는 해로운 화학물질을 포함하고 있는데, 건물에 사용될 경우 여기서 나오는 나쁜 냄새가 건물 전체에 퍼질 수 있다.
6. 커피메이커, 팩스, 컴퓨터, 프린터는 오존과 같은 화학물질을 발생시킨다.
7. 건물에서 살충제가 든 벌레퇴치기구를 사용하면 발암물질을 건물에 확산시키는 것과 같다.
8. 건물의 화장실은 간접흡연, 곰팡이, 균류 등을 포함한 다양한 실내오염의 원인이 된다.
9. 실내의 카펫과 가구에는 먼지진드기와 곰팡이가 있는 경우가 많다.
10. 사람들은 건물의 일산화탄소 양을 증가시키게 한다. 음식물쓰레기 등을 통하여 바이러스가 있는 오염물질을 배출한다.
11. 화물의 하역창고에서 많이 다루어지는 쓰레기 용기로부터 유기성 폐기물이 발생되며, 하역창고에 드나드는 자동차는 일산화탄소와 입자성 오염물질을 배출한다.
12. 토양으로부터는 라돈 가스가 건물로 스며들 수 있다. 지하수 수위가 높아지면 곰팡이가 쉽게 번식할 수 있다.
13. 건물 내(특히 화장실)의 흡연자, 건물 밖의 흡연자, 특히 회전문 근처에서 흡연하는 사람들은 담배연기를 건물 안으로 들어가게 하거나 내뿜는 연기에 의한 굴뚝 효과를 통하여 건물을 오염시키게 된다.
14. 실내외의 꽃가루가 건물로 들어갈 수 있다.

그림 18.13 실내 공기오염 실내 오염물질의 여러 가지 발생원.

모든 건물에서는 공기여과 장치가 되어 있다. 공기여과기가 적절하게 작동하지 않으면, 실내의 공기는 매연, 화학물질, 병원균, 라돈, 폐암 등의 원인으로 여겨지는 자연발생적인 방사성 기체 등을 포함한 다양한 오염물질을 포함하게 된다(제20장 참조). 리전에어질환(재향군인병)으로 불리는 호흡기 질환을 일으키는 바이러스는 건물의 공기여과기나 환기시설을 통해서 옮겨지는 것으로 알려져 있다.

현대의 도시건축물은 다양한 재료로 지어지는데, 그들 중 어떤 것은 미량의 화학물질 또는 다른 광물질을 공기 중으로 방출한다. 어떤 건물에서는 단열재나 비품 등으로부터 석면섬유가 서서히 방출되기도 한다. 이것에 노출된 사람 중에는 매우 희귀한 폐암에 걸리는 경우도 있다. 일산화탄소나 이산화질소와 같은 독성기체는 가정의 통기가 잘 안 되는 가스난로, 벽난로, 아궁이 및 온수기로부터 방출되기도 한다. 일부의 단열재나 주택건축용 목재제품에 존재하는 포름알데히드는 귀, 코, 목 등에 염증을 유발시키는 것으로 알려져 있다. 라돈은 일부의 건축자재에도 들어 있는데, 라돈을 포함하는 재료로 만든 벽돌 또는 콘크리트판 등을 예로 들 수 있다. 신선한 공기를 순환시키지 못하는 건물에서는 실내 공기오염이 쉽게 발생한다. 실내 공기의 질은 지속적으로 향상되어 왔는데, 이는 인체에 대한 각종 위협으로부터 벗어나고자 하는 노력의 결과, 오염물질의 감소와 신선한 공기의 순환이 원활하게 이루어졌기 때문이다.

흥미로운 사실은, 100년 전에도 실내 공기오염은 존재했다는 것이다. 1972년, 베링 해의 세인트로렌스 섬에서 4세기의 에스키모 여성의 사체가 발견되었다. 이 여성은 틀림없이 산사태나 지진에 의해 사망했는데, 낮은 기온으로 인하여 사망 후에 곧 냉동상태가 되었다. 부검에 의하면 이 여성은 흑폐증을 앓고 있었던 것으로 밝혀졌는데, 흑폐증은 현재도 석탄광부들을 괴롭히는 병 중의 하나이다. 인류학자와 의학자들은 이 여성이 수년 동안 오염된 공기 속에서 지내왔다고 결론지었다. 이들은 램프에서 물개나 고래의 지방을 태울 때 나오는 유독한 연기에 의해 공기가 오염되었을 것이라고 주장하였다.[10]

18.7 대기 오염의 제어

공기 오염을 줄이기 위해서는 오염 발생원이나 오염물질의 특성에 맞은 적절한 조치를 해야 한다. 환경의 관점에서 보면 정확한 관측이나 효율적인 수단을 통하여 배출량을 줄이는 것이 가장 좋은 방법이다. 즉 화석연료의 사용량을 줄이는 것이다. 고정 또는 이동 배출원에 대한 감소전략은 주로 오염물질이 대기 중으로 배출되기 전에 수집하여 처리하는 것이었다. 그 밖의 다른 방식은 캐나다 온타리오 주 서드베리의 제련소에서 본 예처럼 오히려 환경문제를 악화시킬지도 모른다. 제련소에서 처리되는 광물은 많은 양의 황을 포함한다. 제련 과정에서 다량의 이산화황은 물론, 니켈, 구리, 그 외의 여러 가지 독성의 금속물질을 포함하는 부유분진이 굴뚝으로부터 방출된다. 굴뚝을 더 높이 세움으로써 인근 지역의 대기 오염을 최소화하기 위해 노력은 하였으나 역효과가 났다. 오히려 오염물질을 더 넓은 지역에 확산시키는 결과를 가져왔다.

같은 미국 내의 도시라 하더라도 오염문제는 지역에 따라 큰 차이가 있다. 예를 들면, 로스앤젤레스 분지에서는 질소산화물과 탄화수소가 특히 큰 문제가 되는데, 태양광에 의해

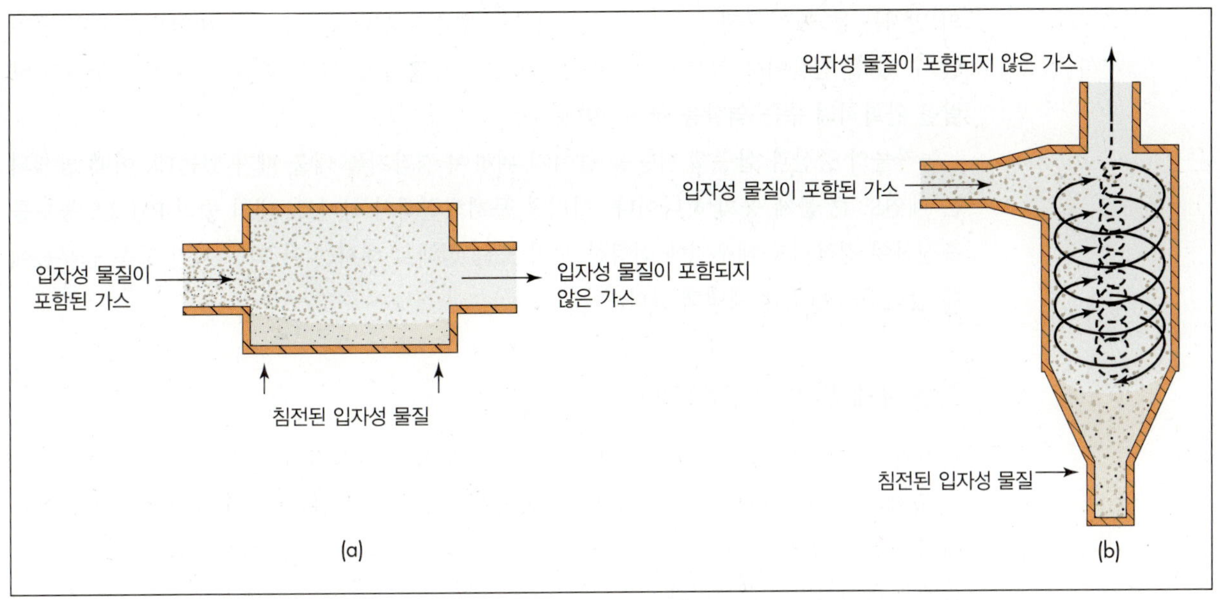

그림 18.14 입자성 물질의 현장 제어 입자성 물질이 대기 중으로 방출되기 전에 걸러내는 장치. (a) 중력 침전실 : 중력에 의한 침전. (b) 원심처리장치. 입자성 물질이 원심력에 의해 벽쪽으로 밀려나 바닥으로 떨어지게 함.

광화학 스모그를 발생시키기 때문이다. 더욱이, 대부분의 질소산화물과 탄화수소는 자동차(즉 이동 오염원)에 의해 발생한다.[11] 오하이오나 5대호와 같은 도시지역의 대기질 문제는 주로 석탄을 연료로 사용하는 산업시설과 발전소(즉 고정 배출원)에서 배출하는 이산화황과 부유분진에 의해 일어난다.

오염문제는 국가 또는 지역에 따라 매우 크게 변하기 때문에 정치적인 합의나 효율적인 제어를 위한 예산의 확보 등이 매우 어려운 경우가 많다. 그럼에도 불구하고 대부분의 오염문제에 있어서 효율적인 제어방법은 존재한다.

분진의 제어

불특정의 오염원, 점오염원, 지역오염원 등의 고정배출원에 의하여 배출되는 분진은 자동차와 같은 이동배출원에 의한 일차 또는 이차 발생원의 극미세 분진에 비해 제어하기가 용이하다. 이러한 작은 분진을 적절히 제어하기 위해서는 더 많은 연구가 필요하다.

산업지역과 발전소(면오염원)에서는 굵은 입자의 분진의 배출을 제어하기 위하여 다양한 중력집진장치와 집진기를 사용한다(그림 18.14). 이러한 방법은 분진을 한 곳으로 모아서 처리(즉 수집 및 매립지에 폐기)하는 과정을 용이하게 한다.

쓰레기 더미와 같은 불특정 오염원에서 나오는 분진은 바람에 의하여 공기 중으로 흩어지기 전에 그 현장에서 제어되어야 한다. 개방된 공간의 보호, 먼지의 제어, 바람 영향의 억제 등은 불특정 오염원으로부터 분진의 방출을 줄이는 데 효과적인 수단이다. 예를 들면, 쓰레기 더미를 플라스틱이나 다른 재료로 덮어두면 바람에 의한 비산효과를 억제할 수 있다. 노출된 토양은 식생군락을 조성함으로써 바람에 의한 침식을 막을 수 있다. 도로상의 먼지는 물 또는 물과 화학물질의 화합물을 뿌림으로써 공기 중으로 비산되는 것을 방지할 수 있다. 건물이나 식생군락은 바람막이로 사용될 수도 있다. 즉 이들은 지표 근처의 바람을 완화시켜 주는 역할을 할 수 있다.

농작물의 증산과 살충제 사용을 줄이기 위하여 경작지를 태울 때가 있는데, 이때 발생되는 매연도 큰 문제 중의 하나이다. 이러한 문제해결책의 하나로, 대기 중의 PM 2.5 농도를 측정하여 경작지를 태우기에 적합한 시기 또는 절대로 해서는 안 되는 시기 등을 농부들에게 알려주는 방법을 채택해 왔다.

자동차에 의한 오염의 제어

도시지역의 일산화탄소, 질소산화물, 탄화수소 등의 오염은 주 배출원인 자동차 배기가스를 규제하는 것이 가장 효율적인 제어방법이다. 더욱이, 이러한 오염물질을 제어하면 하층 대기의 오존 또한 제어할 수 있는데, 왜냐하면 질소산화물과 탄화수소는 태양광을 받으면 오존을 발생시키기 때문이다.

자동차 배기가스의 일산화질소는 엔진에서 배기가스를 재순환시키면 제어할 수 있다. 재순환시킴으로써 연료—공기 혼합물이 불완전 연소된 부분의 농도를 희석시킨다. 이는 연소 온도를 낮추게 되고, 연소기체의 산소농도를 감소시켜 순도가 높은 연료로 만들게 되어 결과적으로 적은 양의 질소산화물을 생성시킨다. 불행하게도, 이러한 방법은 탄화수소의 배출을 증가시킨다. 그럼에도 불구하고 일산화질소 배출을 감소시키기 위한 배기가스의 재순환은 미국에서 과거 20년 이상 사용되어 왔다. 자동차 배기가스로부터 일산화탄소와 탄화수소를 제거하는 데 사용되는 가장 일반적인 장치는 **촉매변환장치**인데, 이는 일산화탄소를 이산화탄소로, 탄화수소를 물과 이산화탄소로 바꾸어 준다.[12]

미국에서는 자동차 배기가스 규제정책이 배기가스를 감소시키는 데 과연 효과적인가라는 의문이 계속되어 왔다. 비교적 새 자동차는 오래된 자동차에 비해 오염 배기가스를 덜 배출하지만, 대부분의 사람들은 차를 폐기처분할 때까지 배기가스 제어장치를 한 번도 교환하지 않고 그대로 쓴다. 더욱 문제가 되는 것은 자동차의 배기가스 제어장치를 떼어내고 운행하는 경우도 있다는 것이다. 따라서 자동차 배기가스 제어장치를 매년 정기적으로 검사를 실시하는 것이 더 효율적인 오염제어 방법이라고 여겨지게 되었다. 배기가스 제어를 위하여 자동차는 매년 정기검사를 받고, 그 검사결과에 따라 요금이 책정된다. 이러한 요금부과제도는 배기가스를 비교적 적게 배출하는 자동차를 구입하는 동기를 부여할 뿐만 아니라 자동차에 배기가스 제어장치가 제대로 장착되어 있도록 유도한다.

그 밖에 자동차 배기가스를 줄일 수 있는 방법은 (1) 연료첨가제의 사용 또는 배기가스가 줄어들도록 연료의 성분 조절, (2) 자동차의 연비 향상을 요구하여 내연기관과 전기엔진을 모두 갖춘 하이브리드 자동차의 운행 장려 등이 있다.

이산화황의 제어

이산화황의 배출은 연소 전, 연소 중, 연소 후의 저감기술을 통하여 감소시킬 수 있다. 이 기술은 석탄을 정화하여 더욱 깨끗하게 연소를 시키는 것이다(즉 독성의 배기가스를 줄임). 그러나 황을 제거하는 데 비용이 들기 때문에 연료의 가격을 상승시키게 된다.

황을 많이 포함하는 석탄을 황이 적은 석탄으로 바꾸면, 이산화황의 배출문제는 분명히 해결할 수 있다. 불행하게도, 황이 적은 석탄은 대부분 미국의 서부에 매장되어 있고, 소비의 대부분은 동부지역에서 이루어진다. 따라서 이러한 방법은 운반비용면에서 경제성이 있는 일부 지역에서만 가능한 수단이라고 할 수 있다. 또 한 가지 방법은 황을 많이 포함하는 석탄을 물로 세척하는 것이다. 잘게 부순 석탄가루를 물과 섞으면, 황철광으로도 불리는 황화철이 밑으로 가라앉아 걸러내게 된다. 그러나 황이 걸러지기는 하지만 비용이 많이 드는 단점이 있다. 이 외에도, 황을 많이 포함하는 석탄을 가스로 만드는 과정에서 황을 제거하는 방법이 있다. 석탄으로부터 얻어지는 가스는 석탄보다는 황을 덜 포함하고 있으며, 운반하기도 쉬워서 천연가스의 공급을 늘릴 수 있는 것이다. 석탄으로부터 얻은 합성천연가스(또는 대체천연가스)는 비교적 비싸지만, 미래에는 어떤 가스에 비해서도 가격경쟁력이 있을 것으로 보인다.[14]

발전소와 같은 고정 배출원에서 나오는 SO_2는 대기로 방출되기 전에 굴뚝에서 제거하면 방출량을 줄일 수 있다. 높이 세운 굴뚝에서 배출가스를 정화시키는 고도의 선진기술을 **스크러빙**(scrubbing, 세정집진)이라고 한다(그림 18.15). 이 방법에서는, 연소 과정에서 발생한 SO_2 등의 가스는 석회슬러리 또는 석회석($CaCO_3$)과 함께 화학처리된다. 황산화물은 칼슘과 반응하여 불용성의 황화칼슘을 생성시키는데, 이는 다음 단계의 처리를 위하여 한 곳에 집적된다. 그러나 황화칼슘의 잔류물은 쓰레기장에 버려져야 하는 폐기물의 일종인 슬러지이다. 슬러지는 수문학적 과정을 거치도록 방치되면 심각한 물의 오염을 일으킨다. 따라서 이들은 매우 신중하게 처리되어야 한다.[15] 더욱이, 세정기(또는 집진기, scrubber)는 비싸기 때문에 석탄을 사용하여 전기를 생산할 경우 비용을 약 10% 내지 15%정도 증가시키게 된다.

석탄을 사용하는 독일 만하임의 발전소에서는 획기적인 방법이 사용되고 있다. 연소 시 나오는 매연은 액상의 암모니아(NH_3)로 처리되는데, 암모니아는 가스상의 황과 반응하여 황화암모늄을 생성한다. 오염제어 시스템으로 들어간 황으로 오염된 가스는 굴뚝 밖으로 보내지는 황이 제거된 청정가스에 의해 반응에 적절한 온도까지 냉각된다. 밖으로 배출되는 청정가스는 황이 많이 포함된, 즉 오염된 가스에 의해 가열되어 굴뚝밖으로 배출되기 쉽게 된다. 냉각탑에서 나오는 폐열은 인근 건물의 난방으로 사용되며, 부산물인 황산암모늄은 과립의 형태로 만들어 비료로서 재활용된다. 이 발전소는 1984년에 완성되었는데, 산성비를 줄이기 위한 엄격한 오염 규제에 대응하여 세워졌으며, 독일의 삼림을 파괴하는 오염에 크게 기여한 것으로 여겨진다.

일본에서의 오염규제는 상당히 성공적이었다. 일본은 세계 최악의 황의 오염으로 알려져 왔으며, 이는 일본인의 건강에 직접적인 악영향을 주고 있었다. 요코하마를 비롯한 많은 도시에서는 사람들이 외출할 때 마스크를 착용하는 것을 보는것은 어렵지 않은 일이었다. 일본 정부는 1970년대에 규제기준을 발표하였다. 이러한 규제가 시행된 지 5년 만에 에너지 소비가 2배로 증가하였음에도 불구하고 산화황의 농도는 반으로 줄어들었다. 전력 발전소들은 배연탈황 시스템이라고 부르는 스크러버(세정기)를 설치함으로써 정부의 규제기준을 따랐으며 굴뚝으로부터 방출되는 황의 95% 정도를 제거할 수 있었다. 일본에서는 현재

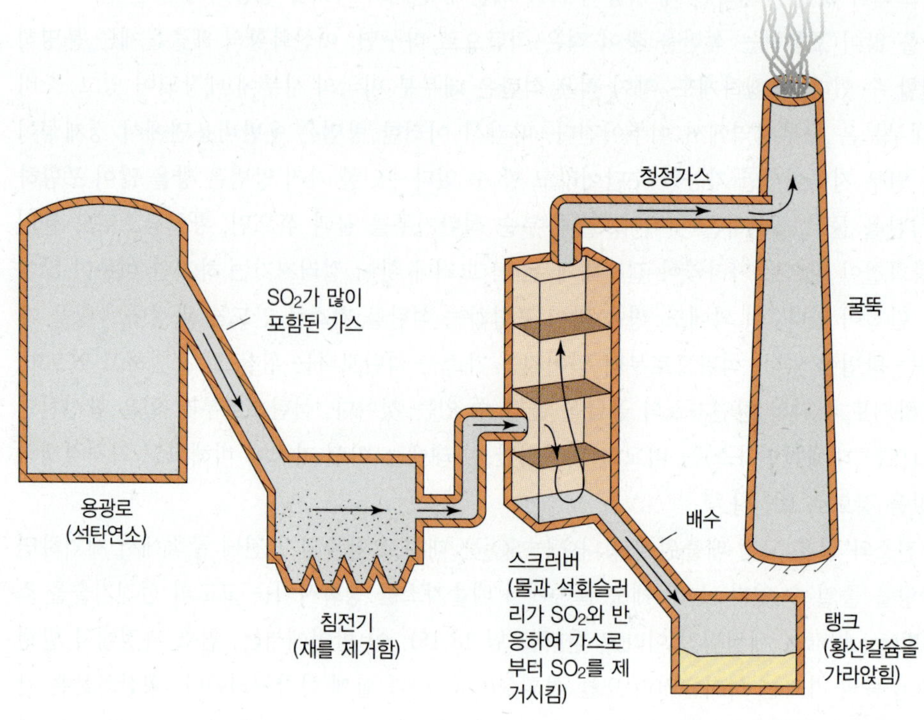

그림 18.15 이산화황의 제거 높은 굴뚝에서 방출된 가스로부터 황산화물을 제거하는 데 사용되는 스크러버

약 1,000개 이상의 산업시설에서 사용되고 있는 실정이다.[15] 일본은 이 밖에도 산화질소화합물을 제어하기 시작하였다.

18.8 대기질 환경 기준

대기질의 환경 기준(air quality standards)은 대기 오염을 제어하기 위한 배출기준과 관련이 되어 있다. 세계 여러 나라에서 시행 중인 배출기준은 특정 오염물질에 대한 최대배출량을 지정한다. 불행하게도, 최대배출량은 나라에 따라 다른데, 이는 환경문제를 일으키는 오염물질의 농도에 관한 국제적 합의가 없기 때문이다.[13]

미국의 청정대기 입법

미국에서는 대기의 질을 높이기 위하여 1970년에 청정대기조례를 제정하였다. 대기질의 기준은 대기 오염을 제어하기 위한 배출기준과 관련되어 있다. 이 조례는 그 뒤 1977년, 1990년 두 차례에 걸쳐 개정되었다. 1977년의 개정에서는 두 가지 형태의 대기질 기준을 정의하였다. 일차(주요) 기준은 인간의 건강을 보호하기 위한 것으로서 건물, 미술품, 식물들에 대한 영향은 고려되지 않았다. 이차 기준은 다른 환경의 악화를 막기 위하여 제정된 것으로서 일차 기준과 비슷하다.[13]

1990년의 개정은 대기질 향상을 위하여 전의 법령을 훨씬 강화하였다. 특히 발전소의 SO_2 배출에 대한에 대한 기준을 강화하였는데, 2000년까지 배출량을 약 50% 정도 감축하는 것을 의무화하였다. 이러한 목표는 무난히 달성되었으며, 배출량은 반으로 줄어들었다. 이렇게 성공할 수 있었던 것은 설비회사들이 배출량을 줄일 수 있는 다양한 오염규제방법을 채택하였기 때문이다. 또한 SO_2를 배출하는 것에 대한 법적 허용 또는 신용을 통하여 배출을 줄이기 위한 경제적 장려책의 도입을 시도하였다. 설비회사들은 일정한 수준의 허용치를 부여받는데, 이들의 허용치는 공개시장에서 거래될 수 있다. 배출량이 적은 설비회사는 배출량이 많은 회사에게 배출허용권을 팔 수 있다. 물론, 환경보호론자들도 이러한 배출허용권을 사들일 수 있는데, 이렇게 함으로써 설비회사의 배출허용량을 줄여서 더욱 엄격한 오염규제기술이 생산 과정에 투입되도록 유도하는 것이다.

1990년의 개정은 질소산화물 배출의 감축도 요구하고 있다. 질소산화물의 배출 감축은 이산화황의 배출 감축보다 어려운데, 질소산화물의 배출은 석탄을 사용하는 고정배출원인 발전소보다는 자동차에서 더 많이 이루어지기 때문이다.[16] 마지막으로, 1990년의 개정조례는 독성물질의 대기방출에 관해서도 언급하고 있다. 개정된 조례는 잘 알려진 발암물질은 물론 인간의 건강에 지대한 영향을 끼친다고 생각되는 독성물질도 규제한다. 설정된 목표는 배출량을 90% 정도나 감축시키는 것이다.

대기 오염의 감시

미국에서는 도시지역의 대기질을 양호, 보통, 유해, 매우 유해, 위험 수준의 다섯 가지로 분류하여 보고한다(표 18.3). 이러한 구별은 대기질 지표(AQI)값에 근거하여 이루어지는데, 다섯 가지의 주요 오염물질의 농도를 측정함으로써 얻어진다. 이들은 총부유미립자, 이산화황, 일산화탄소, 오존, 이산화질소이다. 로스앤젤레스에서는 오염이 발생하였을 때 AQI가 100을 초과하게 되면 1단계의 스모그가 발생하기 시작하는데, 1단계 스모그는 AQI가 100과 300 사이에 존재하는 정도로 대기질이 불량한 상태에 해당한다. AQI가 300을 넘어서게 되면 2단계 스모그의 경보가 내려지는데, 300이라는 수치는 대기질이 모든 사람에게 위험한 수준에 도달되어 있음을 나타낸다. 오염발생 시 주의사항, 건강에 미칠 수 있는 악영향, 행동요령 등은 표 18.3에 제시되어 있다. 오염이 발생하여 대기질이 떨어지면 실외보다는 실내에서 활동하고, 육체적인 운동을 줄이고, 가능하면 운전을 하지 않도록 권고한다. 또 이러한 경우 공장은 오염물질의 배출량을 줄일 것을 요구받는다.

18.9 대기 오염 제어 비용

현재 미국에서는 대기 오염을 제어하기 위하여 연간 수조 달러의 예산을 사용한다. 그 예산은 발전소나 공장 같은 고정배출원으로부터의 배출량을 줄이고, 자동차 배기가스의 배출을 감소시키며, 대기보존과 효율적인 측정방법의 개발 등에 쓰인다. 1990년의 청정대기 조례 개정안은 매우 광범위하며, 이것에 의한 오염규제 조치는 미국의 사회와 산업의 많은 분야에서 효과를 나타내고 있다. 이로 인하여 공업 생산품과 서비스의 비용이 증가하고, 자동차와 가솔린의 비용이 증가한 만큼 대기의 오염은 줄어든 셈이다.

오염제어에 드는 비용과 오염제어로부터 얻을 수 있는 효과에 대해선 찬반양론이 맞서

표 18.3 대기 오염 지표(AQI)의 등급 구분 및 건강에 미치는 영향

지표값	지표 등급 구분	주의해야 할 내용	의학적 부작용	행동조치 수준(AQI)[1]
0~50	양호	없음	없음	없음
51~100	보통	오염에 민감한 사람들은 실외활동 시간 제한 필요	매우 민감한 사람들[3]에게 미약한 증상[2]	없음(피해 예상자에게 주의 권고)
101~150	노약자(대기 오염에 민감한 사람들)에게 유해	천식과 같은 호흡기 질환을 가진 아동 및 성인은 실외활동 시간 제한 필요	민감한 사람들의 증상 약간 악화, 건강한 사람들에게는 약한 증상 발현	없음(모든 사람에게 주의 권고)
151~199	유해	천식과 같은 호흡기 질환을 가진 아동 및 성인은 실외활동 금지의 필요성, 모든 사람들, 특히 아동은 실외활동 제한 필요	민감한 사람들의 증상 약간 악화, 건강한 사람들에게는 약한 증상 발현	없음(모든 사람에게 주의 권고)
200~300	매우 유해	천식과 같은 호흡기 질환을 가진 아동 및 성인은 실외활동 금지의 필요성, 모든 사람들, 특히 아동은 실외활동 제한 필요	민감한 사람들의 증상이 심각하게 악화됨, 건강한 사람들에게는 증상이 만연됨	경계(200 이상)(모든 사람에게 주의 권고, 오염을 발생시킬 가능성이 있는 행동제한)
301~500	위험	모든 사람들은 실외활동 금지 요망	301~400: 건강한 사람들에게는 증상이 만연됨 400~500 : 발병이 시작됨 500 이상 : 노약자 조기 사망, 건강한 사람의 일상 생활에도 지장 초래	경보(300 초과)(모든 사람에게 주의 권고, 경보발령 시 발전소의 조업제한 및 카풀 권고) 비상(400 이상)(모든 사람에게 주의 권고, 비상발령 시 발전소를 비롯한 모든 산업시설의 조업중단 및 자동차 운행중단 조치)

[1] 주 또는 지역방정기관에서 예방조치를 내림

[2] 눈, 코, 목의 염증, 가슴통증, 호흡곤란 등의 증상이 있음

[3] 민감한 사람 : 노약자, 폐 또는 심장질환자

출처 : U.S. Environmental Protection Agency.

고 있다. 어떤 사람들은 현재와 같이 오염수준을 설정하는 것은 그다지 효과가 없다고 주장한다. 이들은 잘 알려진 오염물질보다는 새로운 오염물질에 대해 규제가 더 강하다고 말한다. 더욱이, 만일 오염물질을 배출하는 경제적 생산 활동이 오염을 제어하는 데 드는 비용보다 많다고 하더라도, 오염제어 비용은 산업의 종류에 따라 크게 달라진다.

또 다른 하나의 경제적 측면은 오염물질 배출의 규제정도가 강화될수록 추가적 오염을 줄이는 데 드는 추가비용은 추가적으로 얻어지는 이익보다는 항상 적다는 것이다. 이러한 경제적 측면을 고려하면, 오염물질을 배출하는 것에 대하여 요금과 세금을 부과하는 것이 불확실한 비용과 효과를 산출하려는 것보다는 더 효과적이라는 것을 알 수 있다. 즉 규제기준보다는 비용부과를 유도하는 것이 경제적으로 일리가 있는 것이다.

오염과 관련된 경제학적 측면에서 고려해야 할 몇 가지 변수를 그림 18.16에 제시하였다. 오염의 규제가 증가하면 오염제어시설을 건설하는 데 필요한 비용이 증가한다. 이러한 것은 그림 18.16의 거의 직선에 가까운 파란색 선을 보면 알 수 있다. 대기 오염에 대한 규

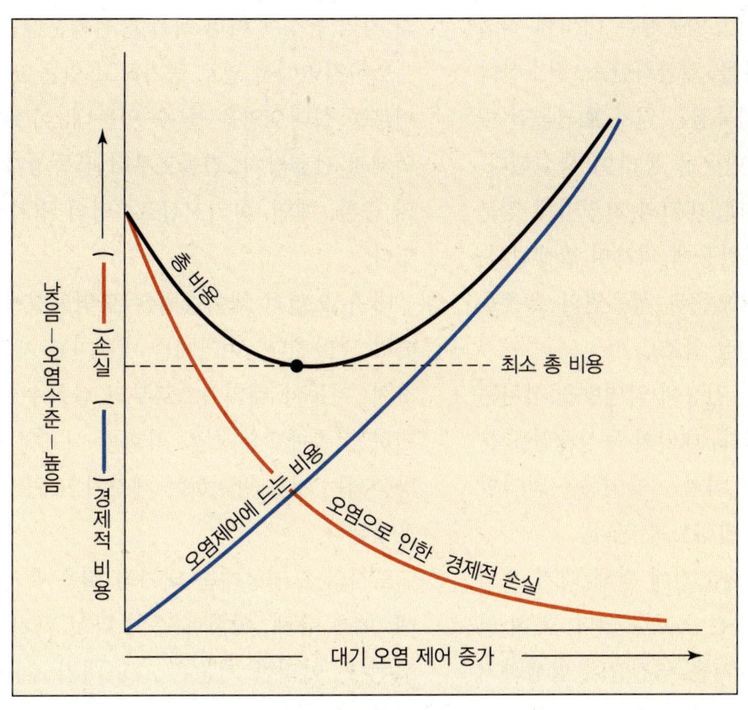

그림 18.16 대기 오염 경제학 대기 오염 제어 증가와 경제적 비용의 관계. 파란색 선이 거의 직선에 가까운 것과 대기 오염 규제가 강할수록 생산 시설에 대한 자본비용이 증가함을 나타낸다. 빨간색 선이 완만한 곡선을 그리는 것은 대기 오염이 감소할수록 오염으로 인한 손실이 감소함을 나타낸다. 검은색 선은 자본비용과 손실의 합을 나타낸다. 이 선은 U자 모양을 하고 있는데, 가장 아래 부분은 최소비용을 나타낸다. (*Williamson, S. J. 1973.* Fundamentals of air pollution. *Addison-Wesley*)

제가 증가하면 오염에 의한 각종 피해 및 손실은 감소한다. 그림 18.16의 빨간색의 완만한 곡선이 이를 나타내고 있다. 대기 오염의 총 비용은 그림 18.16의 아래로 볼록한 검은색 곡선으로 나타낸 것처럼, 자본의 손실과 비용을 합한 것이 된다. 그림에서 알 수 있듯이 만일 원하는 오염수준이 오염제어 최소 총 비용보다 낮을 경우에는 추가적인 비용의 투입이 필요하다. 이러한 모식도는 몇 가지 주요 변수만을 고려하는 데는 유용하지만, 오염피해와 관련된 모든 변수를 전부 고려할 수 없다는 단점이 있다. 예를 들어, 오염에 장기간 노출되면 인간은 만성병에 걸리거나 만성병이 악화될 수 있는데, 이를 치료하는 데는 상당한 비용이 든다. 이 경우, 오염에 의한 직접적인 피해가 전체의 어느 정도를 차지하는지 어떻게 알 수 있겠는가? 이러한 단점에도 불구하고 일정한 기준을 정하여 오염을 낮은 수준으로 감소시키는 것은 유용한 것으로 보인다. 따라서 미국에서는 오염지역을 둘러싼(오염이 안 된) 주변의 대기질 기준이 허용 가능한 최소 대기질 수준으로 사용되고 있다.

요 약

대기는 빠르게 유동하는 매체로서 인간에 의해 너무도 자주 오염물질이 버려지는 곳으로 이용되고 있다. 미국에서만 해도 인간 활동에 의해 생성된 오염물질이 대기 중으로 매년 수억 톤씩 방출된다. 이는 대기의 전체 양에 비하면 비교가 되지 않을 정도로 아주 적은 양에 불과하다. 만일 이들이 대기 중에서 고르게 확산된다면 큰 문제가 되지 않는다. 그러나 불행하게도 이들은 불균일하게 확산되며, 일부 대도시나 공기가 정체되는 장소에 집중적으로 쌓이게 된다.

대기 오염원의 중요한 두 가지 형태는 고정 및 이동 배출원이다. 고정배출원은 비교적 고정된 장소에서 배출되는데, 점오염원, 불특정오염원, 면오염원 등으로 나눌 수 있다. 대기 오염물질은 가스와 입자상의 두 가지, 또는 일차와 이차 오염물질로 분류할 수 있다. 일차 오염물질은 대기에 직접적으로 방출되는 것으로서, 황산화물, 일산화탄소, 질소산화물, 탄화수소 등이 있다. 이차 오염물질은 일차 오염물질 또는 대기의 다른 구성성분과 화학반응을 통하여 생성된다. 이러한 예로서 오존을 들 수 있는데, 대기의 자연기체 성분과 일차 오염물질 상호 간의 화학반응에 의하여 발생한다. 여기서 주의할 것은 하층 대기의 오존과 성층권의 오존을 혼동해서는 안 된다는 점이다(제19장 참조).

최근에, 미국 환경보호청은 인간 건강에 악영향을 끼치는 독성의 오염물질을 평가해 오고 있다. 대기의 독성물질을 분석함으로써, 이것들이 인간 건강에 미치는 악영향을 파악할 수 있고, 제어할 수 있는 방법을 개발하도록 한다.

어떤 특정 대도시는 기상 및 지형조건에 의해 대기 오염문제가 발생할 수 있는 가능성이 다른 곳보다 크다. 특히 산으로 둘러싸인 '분지' 지형에서는 기온 역전층이 발생하기 쉬운데, 이런 경우 하층 대기의 대기 순환이 상당히 약화되어 대기 오염이 쉽게 발생할 수 있다. 도시지역의 대기 오염은 오염물질의 방출비율과 오염물질이 도시 안에서 이동하는 거리에 비례한다. 반면에 오염은 풍속과 혼합층의 높이에 반비례한다.

스모그의 대표적인 두 가지 형태는 황 스모그(또는 회색 스모그)와 광화학 스모그(갈색 스모그)이다. 황 스모그는 산업시설의 석탄연소에서 비롯된다. 광화학 스모그는 자동차 배기가스의 질소산화물과 탄화수소의 광화학적 반응에 의하여 발생한다. 두 가지 형태의 스모그는 장소, 시간, 도시의 지역 특성에 따라 독특한 환경문제를 발생시킨다.

도시지역에서 날로 증가하고 있는 또 다른 형태의 오염문제로는 실내오염을 들 수 있는데, 이것은 현대 건물의 환기억제의 단열장치, 건물로부터의 독성기체의 방출, 독성기체의 순환, 매연, 환기시설로부터의 병원균 유입에 그 원인이 있다.

대기 오염의 제어방법은 오염물질의 종류와 배출방식에 따라 달라진다. 여기에는 미립자를 제거하는 중력침강집진장치, 자동차 배기가스로부터 탄화수소와 일산화탄소를 제거하는 촉매변환장치, 석회를 사용하여 황이 대기 중으로 방출되는 것을 방지하는 세정기 또는 연소과정 제어기 등이 포함된다.

도시의 오염상태는 대기의 질을 측정하여 양호, 보통, 유해, 매우 유해, 위험 수준의 다섯 가지 등급으로 나누어 보고된다. 이러한 기준은 AQI(대기 오염 지표)로 정의된다. 최근 들어 미국의 대기질은 점차 개선되고 있다. 그러나 연중 대부분의 기간 중에 대도시의 대기질은 여전히 건강에 유해한 수준을 유지한다.

배출제어와 환경비용의 관계는 매우 복잡하다. 총 비용의 최소치는 오염 제어에 드는 자본비용과 오염에 의한 손실 또는 피해의 두 가지를 절충하여 산출한다. 이러한 절충선에서 대기 오염을 현재보다 더욱 만족스러운 상태로 개선하기 위하여 오염제어를 증가시키면, 이에 따라 급격한 제어비용의 상승이 초래될 것이다.

기본개념의 재확인

인구 증가

도시지역의 인구 밀도와 수가 증가함에 따라 오염문제도 같이 증가하게 된다. 미국을 비롯한 선진국의 인구 한 명당 오염물질 방출량은 점차 줄고 있기는 하지만, 인구가 폭발적으로 증가하기 때문에 결과적으로 오염문제는 더욱 심각하게 되었다. 일부 선진국에서는 오염문제가 특히 심한데, 건강을 위협하는 심각한 수준에 이른다.

지속 가능성

인간의 기본권리 중의 하나는 맑은 공기 속에서 사는 것이다. 도시지역의 대기의 질을 보전하는 것은 꼭 해결해야 할 문제인 동시에 매우 어려운 문제이다.

계로서의 지구

대기는 매우 동적이며 끊임없이 변화하는 지구계의 일부로서 언제나 물 및 지표와 복잡한 양상으로 상호작용을 하고 있다. 예를 들면, 화산분출에 의해 다량의 입자와 화산기체가 공기 중으로 방출하여 그 지역에 심각한 자연의 오염을 가져온다. 인간 활동은 이산화탄소, 이산화황, 질소산화물, 미립자 등의 오염물질을 배출하는데, 이들은 하층 대기에 영향을 주고 궁극적으로는 지구온난화, 산성비(제15장 참조), 오염사태 등을 유발한다(제19장 참조).

위험한 지구작용, 위해성 평가 및 인식

수백 명 내지 수천 명의 목숨을 앗아간 런던 스모그와 같은 현상이 선진국에서 다시 일어날 확률은 낮다. 그러나 개발도상국가에서는 여전히 이러한 재앙과 같은 오염문제가 발생할 가능성을 배제할 수 없다. 삼림, 호수, 건물, 인간의 건강 등에 심각한 피해를 입히는 산성비의 문제도 지구 곳곳에 남아 있다(제15장 참조). 더욱이, 산성비의 원인이 되는 화학물질은 지난 수십 년 동안 토양에 축적되어 있기 때문에 이러한 문제는 단기간에 쉽게 해결되지 않고 오랜 기간 남아 있을 것이다.

과학지식과 가치

대기 오염의 과학과 대기 오염을 최소화하기 위한 방법 등은 이미 상당히 성숙한 학문 영역에 속한다. 그러나 대기 오염을 최소화하는 데는 경제적 비용이 많이 들기 때문에 높은 수준의 대기질을 유지하는 데는 비용과 효율이라는 측면의 갈등이 생길 수 있다. 미국 시민들은 모든 사람이 맑은 공기 속에서 살 권리가 있다는 주장이 끊임없이 제기되고 있으며, 이를 위해 비용이 든다면 기꺼이 지불할 수 있다는 입장을 가지고 있다.

주요 용어

광화학 스모그
고정오염원
노천채굴
대기 역전
대기 중 독성물질
대기질 기준
면오염원
불특정오염원
스크러빙(세정집진)
실내오염
오염물질
이동오염원
이차 오염물질
일차 오염물질
입자상 또는 미립자(분진)
점오염원
질소산화물
플로린화수소
황산화물
황 스모그
휘발성 유기화합물
PM 2.5
PM 10

복습 문제

1. 대기 오염원의 대표적인 두 종류는 무엇인가?
2. 일차 오염물질과 이차 오염물질의 차이점을 설명하라.
3. 인간 활동 중 어느 것이 대기 중의 이산화황과 관련이 있는가?
4. 이산화황이 환경에 끼치는 해로운 영향은 무엇인가?
5. 대기 중의 질소산화물은 우리에게 어떠한 영향을 미치는가?
6. 대기 중의 일산화탄소가 가지는 위험성은 무엇인가?
7. 오존을 정의하고, 하층 대기의 오존이 가지는 위험성에 대하여 설명하라.
8. 어떤 것들이 휘발성 유기화합물에 속하는가?
9. 우리가 대기 중의 황화수소와 플로린화수소를 우려하는 이유는 무엇인가?
10. 인도의 보팔사건이 우리에게 주는 교훈은 무엇인가?
11. 1997년의 인도네시아 산불은 왜 재해로 분류되는가?
12. 대기 역전은 무엇이며 어떻게 만들어지는가?
13. 도시 오염을 일으킬 수 있는 잠재 가능성이 높은 요소는 무엇인가?

14. 광화학 스모그는 어떻게 형성되는가?
15. 이산화황의 배출이 최근 들어서 줄어든 이유는 무엇인가?
16. 우리가 실내오염을 우려하는 이유는 무엇인가?
17. 자동차 배기가스의 오염을 줄이는 방법에는 어떤 것들이 있는가?
18. 이산화황의 배출을 억제할 수 있는 주된 방법은 무엇인가?
19. 대기질 기준은 무엇인가? 대기 오염 제어의 기준이 강화될수록, 늘어난 오염을 제어하는 데 드는 비용과 추가적으로 얻어지는 이익이 같아지는 적정수준이 존재한다는 주장에 찬성하는가?
20. 대기 오염을 제어하는 데 드는 최소 총 비용은 어떤 두 요소를 고려하여 절충안으로 산출되는가?

심화 문제

1. 1952년에 발생한 런던의 스모그 위기를 생각해 보자. 이로부터 얻은 교훈은 무엇인가? 이 사건은 현재 우리가 직면하고 있는 오염문제와 관련이 있다고 생각하는가? 어디서 또 왜 이와 같은 사건이 일어날 가능성이 있다고 생각하는가?

2. 환경의 측면에서 대기 오염을 줄이는 가장 좋은 방법은 오염물질을 배출하지 않는 것이다. 우리가 살고 있는 지역 또는 도시에 있어서 대기 오염 또는 오염의 잠재 가능성을 줄이기 위해서는 여러 단계의 조치가 필요하다. 이러한 각 단계에서는 환경보존의 원칙 또는 효율의 원칙 등을 어떻게 적용해야 하는지에 대하여 서술하라.

3. 대기의 독성물질을 알아내고 또 이들이 인간에게 미치는 영향을 잘 파악하면, 이들이 대기에 배출되는 것을 제어하는 데 도움이 된다. 왜 그런가?

4. 화석연료의 연소로부터 나오는 오염물질 배출을 줄이기 위한 조치로서, 오염물질 배출권 제도를 사용할 수 있다. 이러한 배출권은 공개시장에서 판매될 수도 있다. 배출권은 최소한으로 주어지기 때문에 이 제도는 우리가 원하는 수준 이하로 오염수준을 유지할 수 있도록 한다. 그러나 어떤 환경론자들은 이 제도에 반대하는 입장이다. 왜냐하면 이 제도는 기업들이 돈만 지불하면 오염문제로부터 자유로워질 수 있다고 믿기 때문이다. 이 주장에 대한 여러분의 생각은 어떠한가? 이산화황과 같은 오염물질의 배출을 제어하는 데 이 제도를 사용할 경우 단점과 장점을 들어 보라.

제 4 부

환경적 관리, 지구적 시각과 우리 사회

제4부에서는 환경지질학과 국지적, 광역적, 지구적 규모에서 환경지질과 인간사회와의 관계를 조명하고자 한다.

우리는 제19장에서 지구의 기후 변화에 대해서 토의를 시작하였다. 그리고 다음의 중요한 주제를 제시하였다. (1) 지구 변화를 연구하는 방법들, (2) 지구 대기와 기후 변화, (3) 지구 기후 변화에 의한 잠재적 영향, (4) 온실가스(주로 이산화탄소)의 방출을 야기한 인간 활동이 지구온난화를 유발한다는 가설 — 지구의 연평균기온이 20세기 동안 약 0.8°C 증가했고, 1990년대부터 2005년 사이에 역사적으로 가장 따뜻한 시기를 경험하였다는 사실에는 의심의 여지가 없다. 우리는 지구온난화가 진행되고 있고, 화석연료 연소에 의해 야기되는 온난화에 대해서 우리 인간의 책임이 있다고 결론 내렸다.

제4부의 주요 핵심은 지질학과 우리 사회 그리고 미래 사이의 상관성에 대해서 토의하는 것이다. 많은 지질전문가들은 공학 분야, 환경지질학 분야, 석유지질학 분야, 경제지질학 분야, 지하수 분야, 교육 분야와 같은 영역에서 그들의 일을 통하여 사회와 상관성을 가지게 된다. 제20장에서 지질학이 사회와 어떻게 상호관계를 맺는가(환경적 건강, 환경영향분석, 토지 이용 계획, 환경법)에 대한 선별된 예들에 대한 내용을 소개하였다. 주요한 결론은 만약 우리 지구와 인류가 지속 가능하게 되기 위해서는 지질작용, 환경 그리고 사회 사이에 중요한 연결성에 대해서 세심한 고려가 필요하다. 예를 들면, 우리는 지질환경과 인간 건강 그리고 만성 및 급성 질병(심장병과 암)의 발병률 사이의 상관관계에 대해서 보다 충분히 이해하기 시작하였다. 환경영향분석과 토지 이용 계획과 같은 주제는 중요하다. 왜냐하면 이 주제들에 대한 우리의 접근방법이 모든 수준에서 우리 환경에 대한 우리의 책임을 반영하기 때문이다. 환경법의 중요한 영역은 환경적 문제를 다룰 때 대립과 갈등보다 중재하고 문제해결에 도움을 주는 것이다. 마지막으로 나는 잠재적 환경 위기를 피하고, 어떻게 하면 우리가 지속 가능하게 될 것인가에 필요한 세 가지 중요한 단계를 제시한다.

제 19 장

전 지구적 기후 변화

학습 목표

인생에 있어서 유일하게 확실한 것은 죽음과 세금뿐이라고 흔히들 이야기한다. 그러나 여기에 변화를 덧붙일 수 있다. 우리 모두는 우리와 우리 가족, 우리 사회, 세계에 영향을 미칠 수 있는 변화에 관심이 있다. 우리가 맞이하게 될 변화의 종류는 점진적인 것에서부터 가속적이고, 갑작스럽고, 혼란의 상태로 혹은 놀라울 정도로 매우 다양하다. 어떤 변화들은 지역적이거나 광역적 혹은 지구적 규모의 환경에 영향을 미친다. 이 장의 학습 목표는 다음과 같다.

- 지구계과학과 지구 변화를 연구하기 위해 사용된 방법에 대해 이해한다.
- 기후 변화와 지구온난화에 대해 이해한다.
- 지구온난화와 수반되는 중요한 관련된 현상에 대해 알아본다.
- 지구온난화의 잠재적 충격과 이를 최소화할 수 있는 방안에 대해 알아본다.

바이킹의 착륙. 기원전 10세기 말 무렵 미국을 발견한 바이킹 탐험가들에 대한 상상도.

사례 연구 | 에릭드레드와 기후 변화

지구적 기후 변화, 특히 지구온난화는 오늘날 가장 뜨거운 환경문제이다. 약 700년간 사람들은 기후 변화를 경험해 왔지만, 오늘날 진행되는 온난화는 변화의 속도측면에서 유례가 없었다.

지구온난화는 인간 활동의 결과로 일어나고 있다고 알려져 있다. 매우 심각한 잠재적인 결과가 내재되어 있다 하더라도, 우리가 비관적인 생각에 빠져 있을 필요는 없다. 과학은 우리가 적절한 조치를 취해서 지구온난화를 지연시키고 멈추게 할 수 있음을 보여준다. 적절한 실제적인 조치와 정책으로 우리는 지구상의 생명체를 위해 더욱 더 깨끗하고 건강한 대기를 만들 수 있을 것이다.[1] 우리는 지금 지난 과거로 돌아가 인간 활동과 관련이 없는 기후 변화의 결과로서 미국의 바이킹 식민지 건설에서 발생되었던 사건에 대해서 이야기할 것이다. 그들의 이야기는 지구 변화와 지구온난화의 한 부분으로 자연적인 변화를 강조한다.

유명한 바이킹탐험가 에릭드레드는 10세기 말쯤에 탐험을 위한 항해를 위해 출항하였다. 그의 항해는 서기 약 1100년에서 1300년에 지속된 비교적 온난한 기후의 기간과 일치하였다. 중세 온난한 기간으로 알려져 있는 이 기간 도중, 바이킹들은 아이슬란드, 그린란드 및 북아메리카 북부지역을 식민지화했다. 바다 온도는 지금보다는 약 4°C 정도 더 따뜻하였을 것이다. 따뜻한 바다는 토지를 따뜻하게 만들었고 또한 옥수수를 포함한 농작물을 그린란드에서 처음으로 경작할 수 있게 하였다. 전하는 바에 의하면, 에릭드레드의 사촌이 그린랜드 남서부에 정착하여 살았고, 그의 사촌이 방문하였을 때 그는 향연을 베풀기를 원했다. 하지만 이웃 섬에서 가축을 싣고 올 배가 없었다. 그래서 그는 편도 3km 이상을 헤엄쳐서 양고기를 구해 오기도 했다.

분명하게, 그는 매우 용맹한 사람이었을 것이다. 그러나 그는 아마도 차가운 물속에서 장거리 수영에 대한 단련이 되어 있지 않았을 것이다. 수온이 최소 10°C가 아니라면 이러한 조건하에서 수영하는 것은 상상할 수 없다. 오늘날에는 그 해안을 따라서 피오르드에 있는 늦여름 수온은 아마도 6°C에 가까울 것이다. 그러므로 에릭드레드의 사촌이 양고기를 가져오기 위하여 실제로 수영을 하였다면, 바다의 수온은 오늘날보다 적어도 4°C는 더 따뜻했었음에 틀림없다. 물론, 이 이야기는 과학적인 증거가 있는 것은 아니다. 그러나 온난한 기간 동안 좋은 항해조건과 상대적으로 안정된 기후가 지속되었다는 보고들이 있다. 이 상황은 14세기 초에 짧은 소빙하기의 시작과 함께 바뀌게 된다. 소빙하 시대는 북유럽의 사람들에게는 더 춥고 더 어려운 조건의 기간이었다. 실제로, 14세기는 맹렬한 폭풍우, 습한 기간, 가뭄, 열 및 추위를 포함하여 기후적 교란의 증가가 특징적이었던 시기였다. 기후 변화는 믿을 수 없는 바다의 상황, 무역통상을 엄격하게 제한하게 하였고, 작물 실패를 야기했다. 동일한 세기 동안 여러 번의 기근이 있었고, 흑사병의 확산이 일어나 약 1400년경에 아이슬란드에도 흑사병이 돌게 된다. 어려운 농업 조건 및 질병과 더불어 제한된 무역이 결국 그린란드의 일부와 북아메리카에서 바이킹들이 정착생활을 포기했던 원인으로 믿어진다.[2,3]

바이킹 정착민들의 이야기는 기후 변화와 이에 수반된 영향들이 사람들에게 무서운 결과를 가져다줄 수 있다는 것을 제시한다. 우리의 세계적인 식량 공급에 심각한 영향을 미친 지구 기후 변화는 대변화를 가져올 수도 있을 것이다. 세계 곡물수확의 몇 퍼센트의 감소조차도 심각한 문제를 내포할 수 있다.

그림 19.1 우주에서 본 지구 모습 푸른 바다, 아프리카 대륙과 생물권 그리고 대기권의 역동적인 구름, 지구계에서 상호작용하는 모든 것을 보여준다. (*National Aeronautics and Space Administration*)

19.1 지구적 변화와 지구계과학 : 개관

지구상 생명체의 역사, 환경에 대한 인간의 영향 및 자원의 이용에 관심이 많은 유명한 지구과학자인 프레스톤 클라우드는 지구과학의 두 가지 중심목표로 제안하였다.[4]

- 지구가 불모의 바위에서 오늘날 우리가 보는 바와 같이 생명체에 의해 점령된 복잡한 지표경관으로 어떻게 진화하였으며, 또 지구가 어떻게 작용하였는지에 대해서 이해하는 것
- 환경을 더욱 잘 관리하기 위해 이러한 지식을 적용시키는 것

클라우드의 목표들은 지구가 복잡한 진화과정에 의해 특징되는 것을 강조한다. 대기권, 대양, 고체지구 및 생물권 사이의 상호작용은 복잡하고 다양한 대지 형태(해양분지, 산 , 호수, 평지, 경사지)뿐만 아니라 풍부하고 다양한 생명체(다양한 서식지 형태에서 살고 있는 생명체 형태)의 발달이라는 결과를 가져왔다(그림 19.1). 최근까지, 인간 활동이 단지 국부적 혹은 기껏해야 광역적 환경 변화를 야기한다고 생각되었다. 지구상에서 인간 활동의 영향은 매우 광범위하여 우리가 계획하지 못했던 지구적 실험에 실질적으로 관련되었다는 것이 지금에서 일반적으로 인식되고 있다. 우리가 시초한 지구 변화를 인식하고 이를 바꾸기 위하여 우리는 지구 전체가 시스템으로서 어떻게 작동하는지 이해할 필요가 있다. **지구계과학**(earth system science)이라는 새로 선보이는 학문 분야는, 시스템의 다양한 요소들(기권, 대양, 육지 그리고 생물권)이 지구상의 생명체에 영향을 미치기 위해 어떻게 상호작용하는지 큰 규모상으로 연결되어 있는지를 밝혀냄으로써 이 같은 이해를 더 추구하는 것이다.[5]

19.2 지구적 변화를 연구하는 방법들

지질학적 기록

범람원, 호수, 소택지, 빙하, 바다에 겹겹이 퇴적된 퇴적물은 역사책의 한 장 한 장 쌓인 페이지와 비교될 수 있다. 퇴적물과 같이 퇴적된 생물체는 퇴적물 연대의 선후관계를 파악하기 위해 다양한 방법을 이용하여 연대를 측정할 수 있다. 더욱이 유기물은 그 지역의 과거 기후, 생물종에 대한 역사와 발생된 환경적 변화에 대해서 말해 줄 수 있다.[6]

지질학적 기록의 한층 더 관심 있는 활용내용 중 하나는 빙하얼음에 대한 조사이다(19.4절 참조). 빙하는 공기방울을 포함하고 있으며, 이 공기는 빙하가 생성될 당시에 대기 중의 이산화탄소 농도에 대한 정보를 얻기 위해 분석될 수 있다. 이 포획된 공기방울은 대기에 대한 과거 시간의 타임캡슐이 될 수 있고, 160,000년 정도 오래된 공기 중의 이산화탄소 함량을 분석하는 데 이용되어 왔다.[7] 빙하는 최근 지구 역사를 연구하기 위해 사용될 수 있는 다양한 화학종뿐만 아니라 대기로부터 침전된 납과 같은 중금속의 기록을 포함하기도 한다.

실시간 감시

감시는 특정 목적을 위한 자료의 규칙적인 수집을 말한다. 실시간 감시는 어떤 과정이 실제적으로 발생되는 동안의 자료 수집을 말한다. 예를 들면, 우리는 수자원이나 홍수재해를 평가하기 위하여 강에서 물의 흐름을 감시한다. 비슷한 방법으로 대기 기체의 시료 분석은 대기성분의 변화와 경향을 정립하는 데 도움이 될 것이다. 해수의 온도와 성분의 측정은 대기 내에서의 변화를 밝히는 데 활용될 수 있다. 실시간 자료 수집이 지질학적 자료로부터 유래한 유사 이전의 기록을 보정하고, 기존 모형을 검증하는 데 필요하다.

감시방법은 측정되는 주제에 따라 다양하다. 예를 들면, 광산 개발에 의한 영향은 인공위성이나 고위도 항공사진에 의해 수집된 원격탐사 자료를 평가함으로써 감시가 가능할 것이다. 그러나 가장 신뢰할 수 있는 자료는 항공이나 위성측정에 의해 타당성이 확인된 지상의 측정자료이다.

수학적 모형들

수학적 모형들은 실제 세계의 현상과 관련된 과정들 사이에 연관관계와 상호작용을 나타내기 위하여 수학적 방법을 사용한다. 수학적 모형은 지표수와 지하수의 흐름, 하천계에서 퇴적물의 침식과 침전, 해양순환 그리고 대기순환을 예측하기 위하여 발달되어 왔다.

가장 주목을 받아왔던 지구적 변화 모형들은 **지구순환 모형**(global circulation models : GCMs)이다. 이 모형들은 지구적 규모에 대기순환의 변화들을 예측한다.[8] 계산에 이용된 자료는 위도와 경도의 몇 등급으로 나타내는 큰 셀 단위로 조절된다. 표준적인 셀은 대략 오리건 주 크기의 면적을 나타낸다(그림 19.2). 그리고 하부 대기권을 나타내는 수직 셀은 통상 6~20 수준의 셀이 존재한다. 그리고 예측을 위하여 주요 대기과정들에 관한 관계식을 포함하는 계산방식이 사용된다.

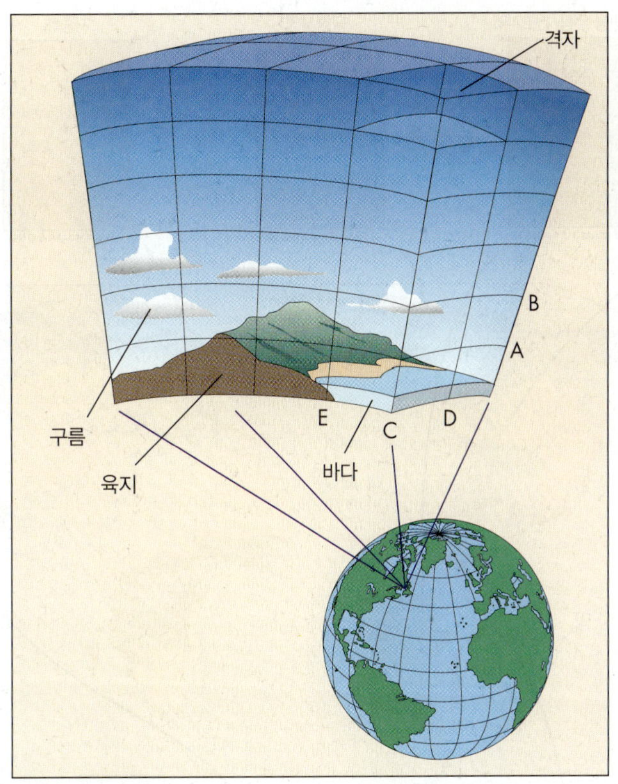

그림 19.2 기후모형화 지구순환 모형에서 사용된 격자들을 제시해 주는 이상적 그림.

지구순환 모형은 매우 복잡한 문제들을 풀기 위하여 사용되는 첫 번째 접근방법으로 간주되어야만 한다. 이와 같은 제한에도 불구하고, 지구순환 모형은 하나의 계로서 지구를 평가하기 위하여 필요로 하는 정보를 제공하며, 미래에 더 좋은 모형을 개발하기 위하여 필요로 하는 추가적인 자료를 제시한다. 이 모형들은 대기권에서 구체적인 변화에 근거를 두고 상대적으로 더 습하거나 더 건조하게 될 수 있는 지역들을 바로 예측한다.

19.3 지구 대기와 기후 변화

큰 범위에서 지구 변화에 대한 연구는 대기권에서의 변화와 대기권, 암석권, 수권 및 생물권 사이 상호 연관성에 관한 연구이다. 우리는 **기후**(climate)를 특징적 대기환경으로 정의한다. **날씨**(weather)는 계절단위나 1년 혹은 10년 단위의 기간에 걸친 특정 장소나 지역에서의 대기환경으로 정의한다. 특정지역에서의 기후는 복합적이며, 평균 강수량과 평균 온도 이외의 것들이 관련될 수 있다. 예를 들면, 기후는 인도의 어느 지역 몬순기에 강수와 같이 간헐적이고 극단적인 계절적 형태에 따라 달라진다. 지구의 주요 기후대는 그림 19.3에서 보여준다.

대기에서 공기의 이동과 지구순환은 주요 기후대를 만들어 낸다(그림 19.4a). 적도 부근에서 열대성 더운 공기가 상승하여 북위도나 남위도로 이동하고 중위도 부근에서 다시 하강한다(때로는 사막을 형성한다). 공기는 더 높은 위도로 다시 상승하다가 종국에는 극지역에서 하강하게 된다. 적도에서 극지까지 대기의 상태는 그림 19.4b에서 이상적으로 제시

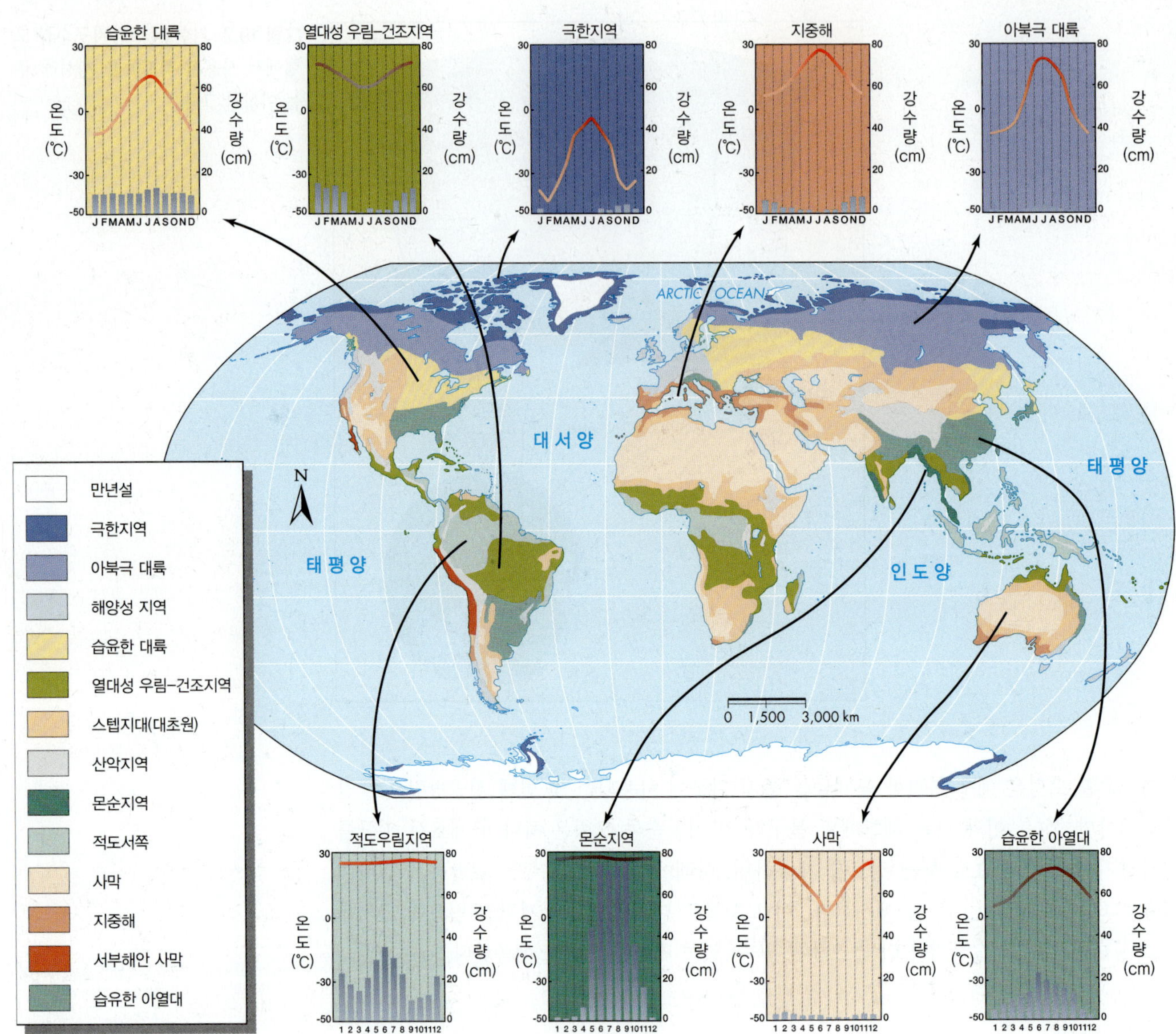

그림 19.3 세계 기후대 특징적 온도와 강수 조건. 온도는 빨간선으로 제시되었고, 강수는 막대로 보여준다. (*Marsh, W. M. and Dozier, J.* Landscapes: An introduction to physical geography. *Copyright © 1981. John Wiley & Sons*)

되어 있다. 날씨의 변화가 일어나는 대기권의 하층부의 활발한 영역이 대류권이다. 대기권의 구조는 그림 19.5에서 보여준다. 산소의 농도와 공기 온도는 대류권 내 고도 증가와 함께 감소한다. 대류권의 상층부(적도에서는 약 18km 그리고 극지방에서는 약 7km로 고도가 다름)에서는 기온이 매우 낮아 춥고, 이러한 차가운 온도는 성층권과 대류권 사이 경계면을 지나 수km 동안 거의 일정하다. 공기의 이동이 거의 없는 일정한 온도는 활발한 하부 대기권(대류권) 위에서 이를 억제하는 뚜껑 역할을 하게 된다. 온도는 성층권에서 증가하다가 중간권에서 다시 감소한다. 대기의 거의 대부분(무게의 99%)은 약 30km 고도 아래에 있다.

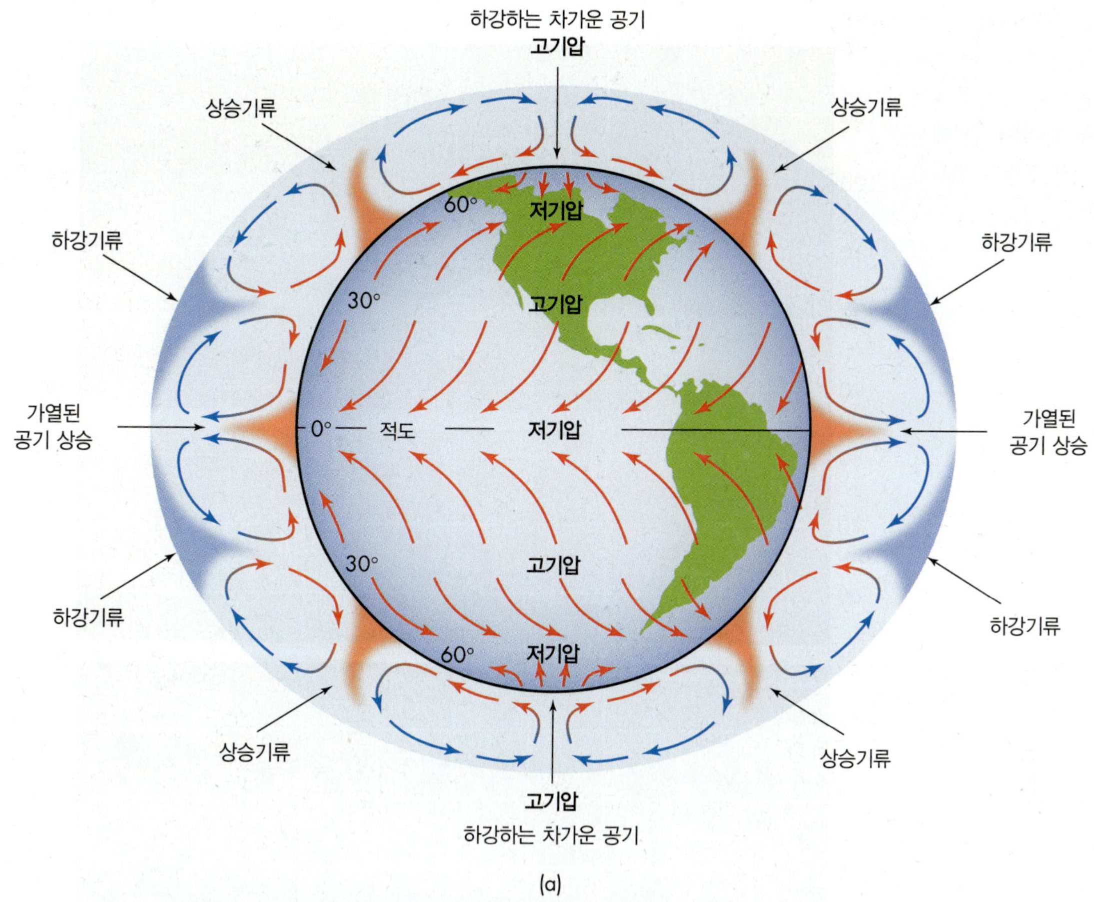

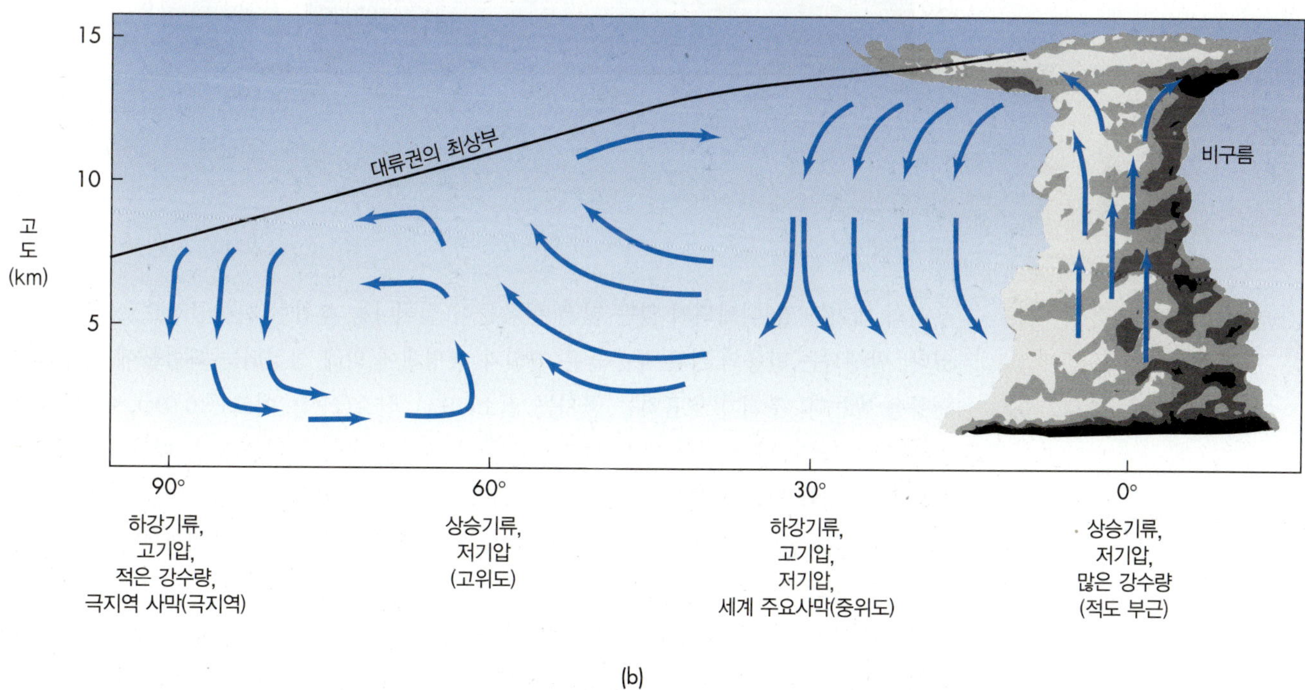

그림 19.4 대기순환 (a) 상승과 하강하는 기단대를 보여주는 대기권 하층부에서의 지구순환. (b)적도에서 극지역까지 상승과 하강하는 기단대. (*Keller, E. A. and Blodgett, R. H. 2006.* Natural hazards. *Upper Saddle River, NJ: Pearson Prentice Hall*)

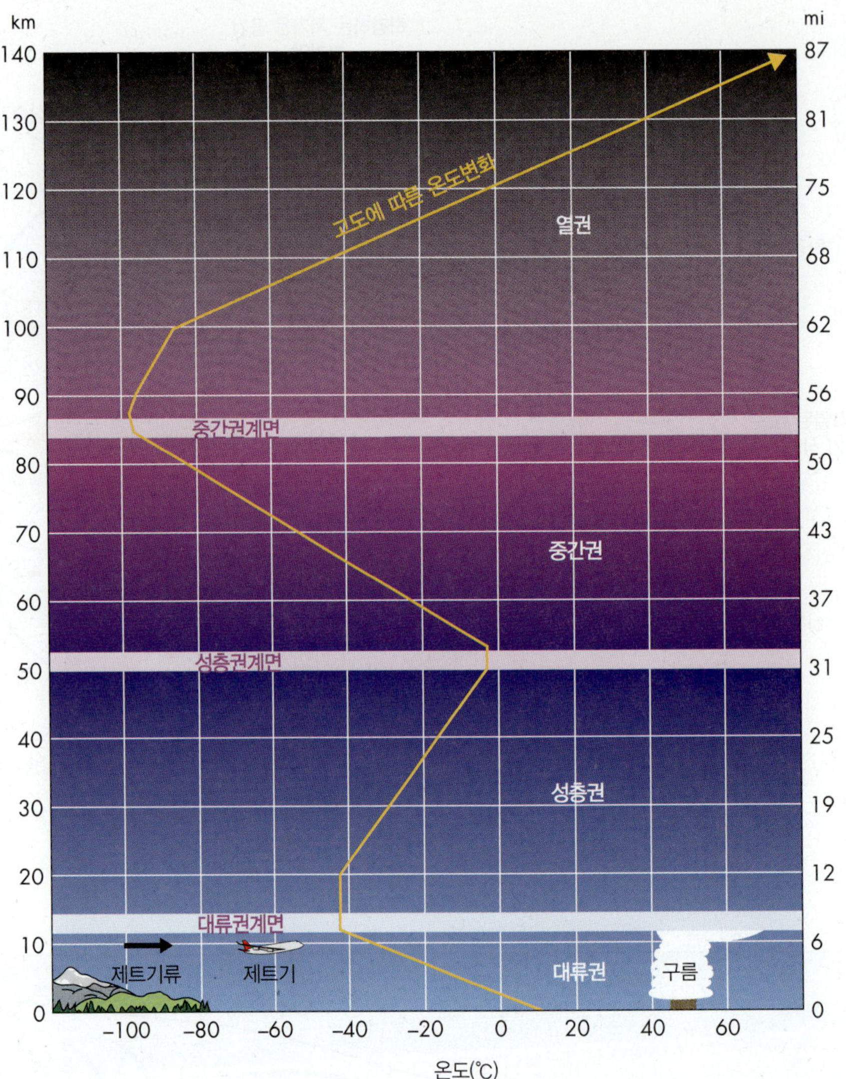

그림 19.5 대기 구조 대기층과 온도단면. 날씨는 약 11km 아래 대류권에서 발생하나 극지역에서는 7km 아래에서부터, 열대지역에서는 18km 아래까지 영역의 범위가 다르다. (*NOAA*)

대기권

우리의 대기는 잘 이해되지 않는 많은 반응들이 일어나는 복잡한 화학공장으로 생각할 수 있다. 발생되는 반응의 많은 부분들은 햇빛과 생명체에 의해 생성되는 화합물에 의해 강한 영향을 받는다. 우리가 호흡하는 공기는 질소(78%), 산소(21%), 아르곤(0.9%), 이산화탄소(0.03 %) 그리고 다른 미량 원소(0.07% 이하)의 혼합물이다. 공기는 또한 메탄, 오존, 일산화탄소, 질소와 황의 산화물, 유화수소, 탄화수소, 다양한 입자들과 같은 일반적인 공기 오염물질을 포함한다. 대기성분의 가장 변하기 쉬운 부분은 대기권 하부에서 체적비로 대략 0~4% 범위의 수증기이다.[3]

대기와 기후에 대한 간단한 소개와 함께, 우리는 지금 인간기원의 지구온난화를 다음의 관점에서 토의할 것이다—온실효과, 지구 온도 변화의 역사와 과정 그리고 이로 인해 다가올 잠재적 결과.

19.4 지구온난화

계속적으로 제시되는 많은 증거는 우리가 현재 막대한 화석연료의 소모로 인한 지구온난화의 시대에 살고 있음을 말해 준다. 이것은 우리가 인간이 야기한 지구온난화를 경험하고 있다는 것을 의미하는가? 많은 과학자들은 지금 자연적 작용뿐만 아니라 인류 활동 과정이 지구온난화에 상당히 기여하고 있다고 믿고 있다.

온실효과

대부분의 지역에서 지구의 온도는 3개의 요소에 의해 결정된다 — 지구가 받는 햇빛의 양, 지구가 반사하는 햇빛 양, 대기가 재복사된 열을 보유하는 정도.[8] 그림 19.6은 들어오고 나가는 에너지 사이의 평형을 나타내는 지구의 에너지 평형의 기초를 보여준다. 지구는 전자기 복사에너지 형태로 태양으로부터 에너지를 받는다. 전자기 에너지의 다양한 형태는 그림 19.7에서 보여준다. 태양으로부터 오는 에너지는 상대적으로 단파이고, 대부분 가시적

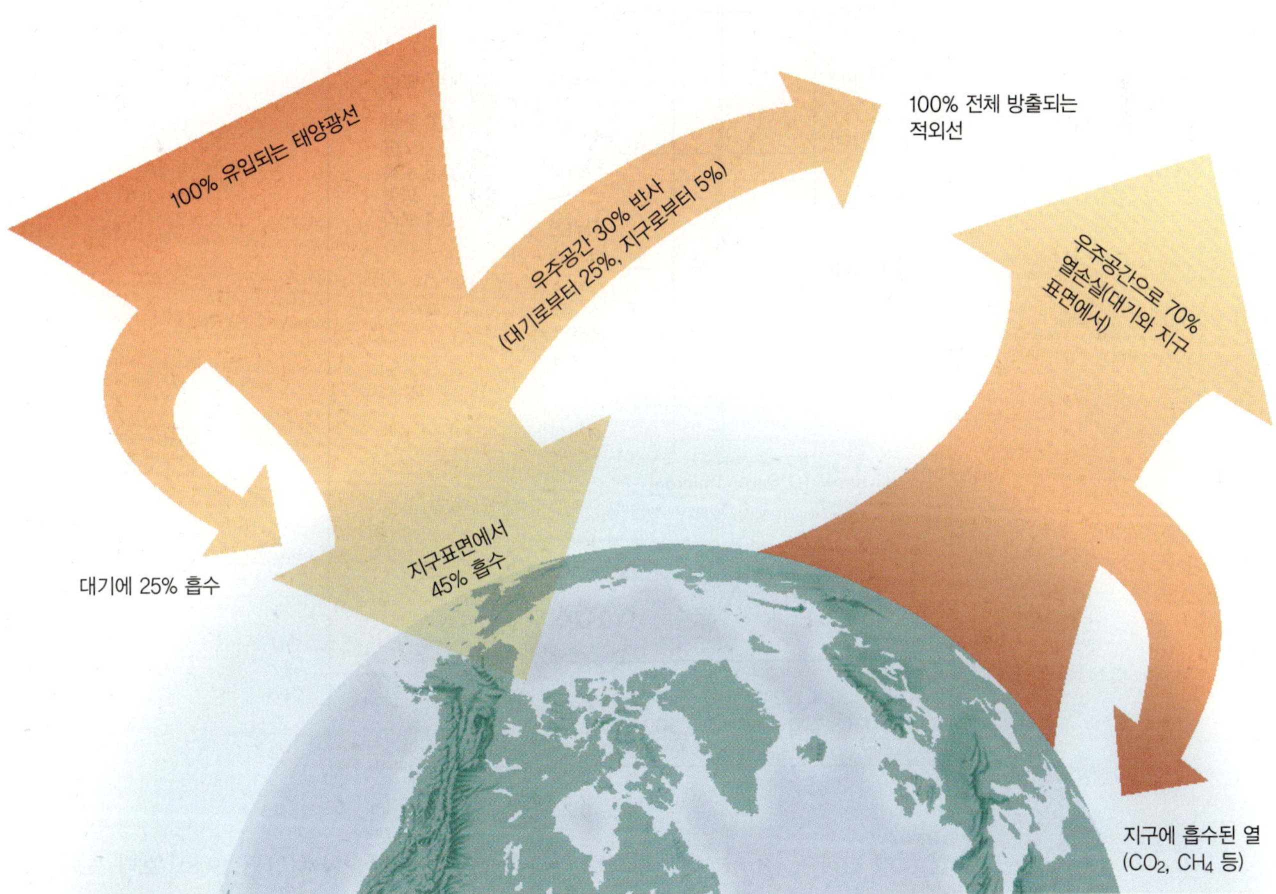

그림 19.6 태양으로부터 지구로의 연간 에너지 흐름 지구 내부에서부터 지표부까지 환경으로, 열의 상대적 순환특성을 보여준다. (*Pruitt, N. L. Underwood, L. S. and Surver, W. 1999. BioInquiry, Learning system 1.0,* making connections in biology. *John Wiley & Sons, Hoboken, NJ*)

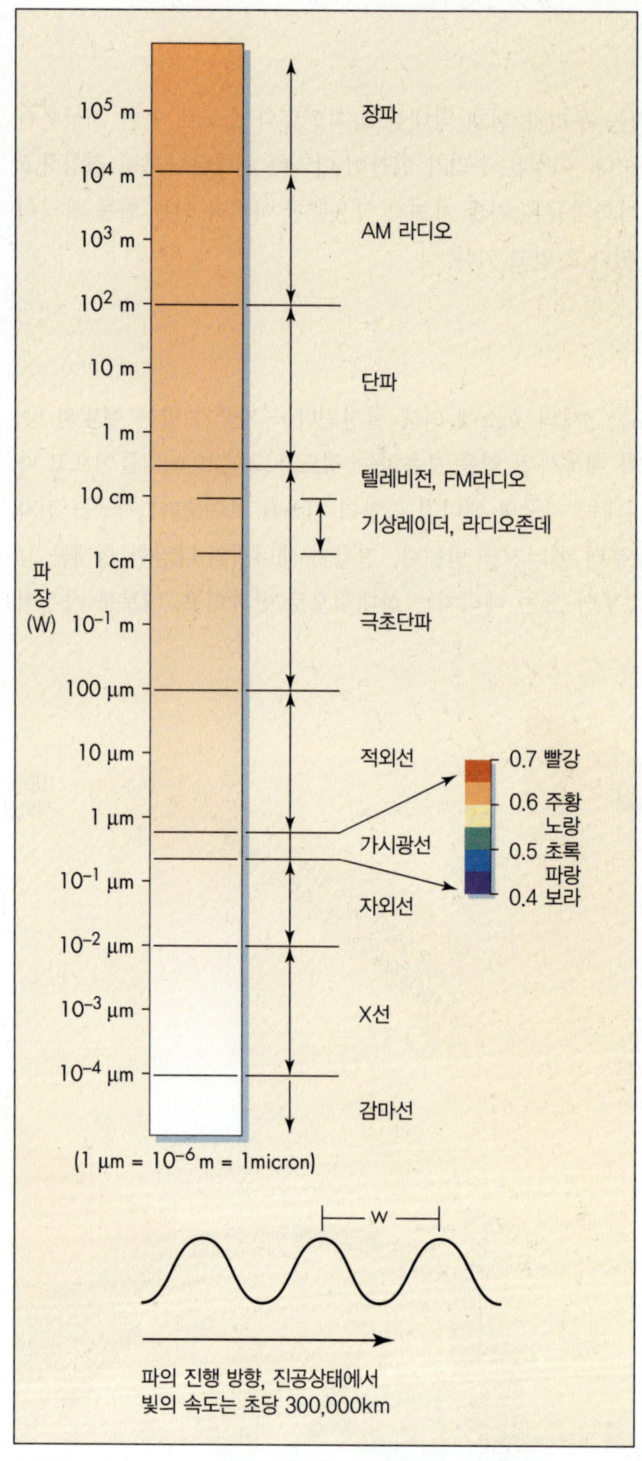

그림 19.7 전자기 스펙트럼 하나의 파고에서 다음 파고까지 거리인 파장 범위는 X선과 감마선에 대해서는 수백만 분의 1m에서부터, 장파에 대해서는 수십만m에 이르는 정도로 매우 크다. 파장은 진공상태에서 빛의 속도인 초속 300,000km로 이동한다.

인 것에 반하여, 지구는 상대적으로 장파의 적외선을 방출한다(그림 19.8). 보다 뜨거운 물체일수록 그것이 태양, 지구, 암석 혹은 호수든 더 많은 전자기 에너지를 방출한다. 5,800°C의 표면 온도를 갖는 태양은 평균 15°C의 표면 온도를 갖는 지구보다도 단위면적당 더 많은 에너지를 방출한다.

흡수된 태양 에너지는 지구의 대기와 표면을 데우고, 그 에너지는 적외선 형태로 우주로

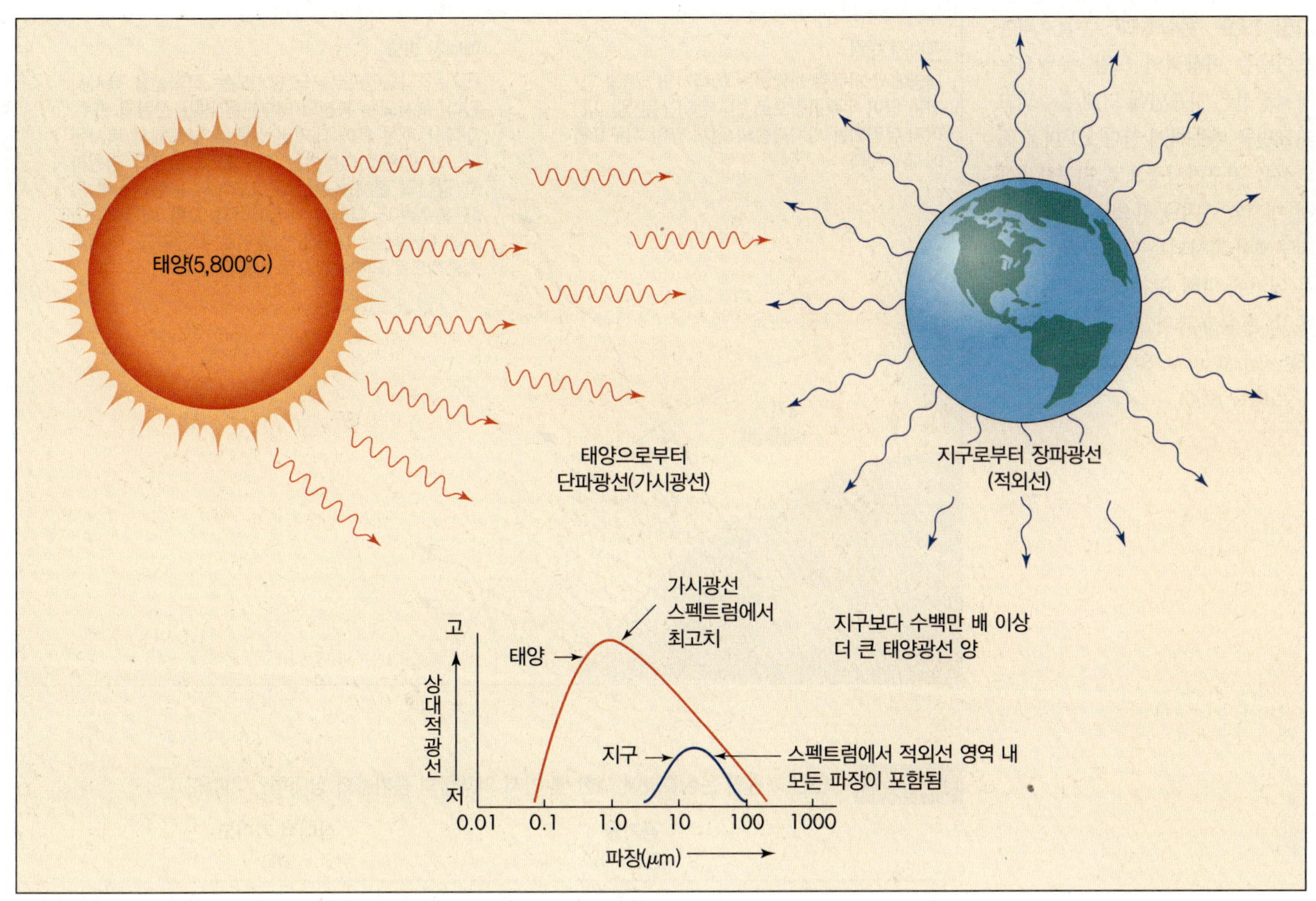

그림 19.8 지구–태양 태양으로부터 에너지의 복사와 지구로부터 에너지의 복사를 비교하는 이상적 그림. 태양선의 복사는 비교적 단파장인 반면에 지구로부터의 에너지 복사는 상대적으로 장파라는 사실에 주목하라. (*Marsh, W. M. and Dozier, J.* Landscapes: An introduction to physical geography. *Copyright © 1981. John Wiley & Sons)*

다시 재복사한다.[8] 수증기와 이산화탄소, 메탄, 그리고 냉방기와 냉장고에서 사용된 인간이 만든 화학물질인 염화플루오르화탄소(CFCs)를 포함한 몇 가지 대기 기체들은 열을 가두어 두는 성향이 있다. 다시 말하면, 이들이 지구표면으로부터 복사되는 에너지의 일부를 흡수하고 이것에 의하여 데워진다. 그 결과로, 지구의 대기권 하부는 복사열이 중간에서 흡수되거나 데워지는 것 없이 우주 공간으로 모두 복사되는 것과 비교하면 훨씬 더 따뜻하게 될 것이다. 이 영향은 온실에 의해 열이 가두어지는 것과 유사하고, 그래서 이것을 **온실효과**(greenhouse effect)라고 한다(그림 19.9).

온실효과는 우리의 태양계에 있는 다른 행성뿐만 아니라 지구에서도 수백만 년 동안 일어났던 자연적 현상이 있다는 것을 이해하는 것이 중요하다. 대기에 가쳐진 열이 없다면, 지구는 지금보다 더 추워질 것이고, 지표수는 모두 얼게 될 것이다.[9] 자연적인 '온실 데우기(지구온난화)' 의 대부분은 대기 중에 있는 수증기와 물의 작은 입자에 때문이다. 그러나 인간 활동에 기인한 잠재적인 지구온난화는 이산화탄소, 메탄, 질소산화물 및 염화플루오르화탄소와 관련이 있다. 최근 몇 년 사이에 이들 및 다른 기체들의 대기 농도가 인간 활동

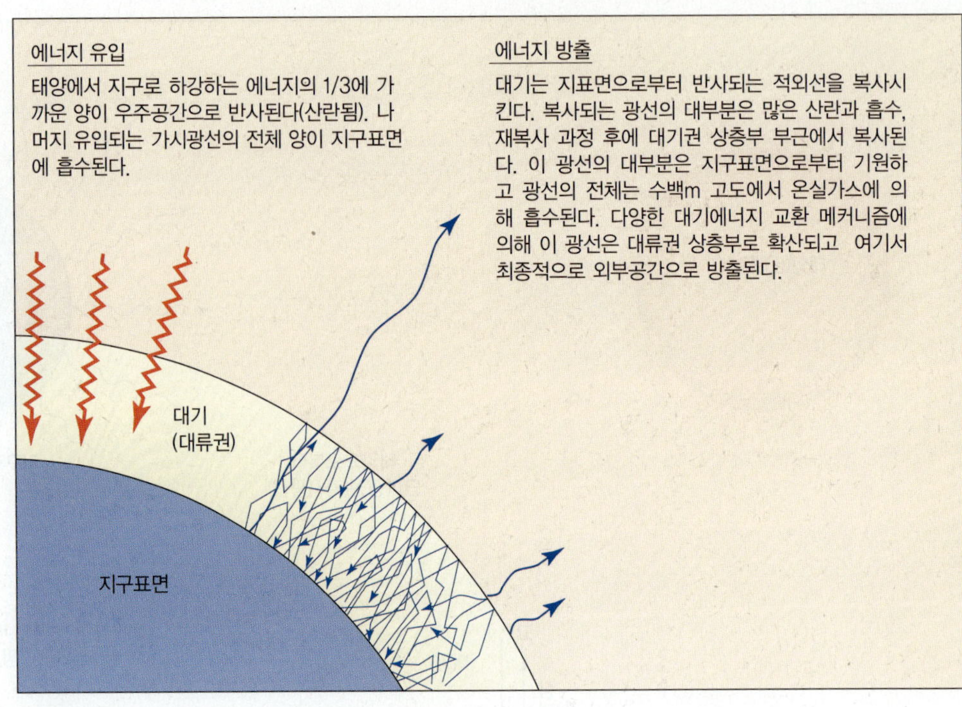

그림 19.9 온실효과 온실효과를 보여주는 이상적인 그림. 유입되는 가시광선은 지표면에 의해 흡수되고 지표면을 따뜻하게 한다. 그 다음 적외선은 지구반사광으로 지구표면에서 대기와 우주공간으로 복사된다. 지구에서 복사되는 적외선의 대부분은 대기에 의해 흡수되고, 대기를 데우고 온실효과가 유지되게 된다. (*Developed by M. S. Manalis and E. A. Keller, 1990*)

표 19.1 인간 기원의 온실효과에 대한 몇 가지 기체들의 증가율과 상대적인 기여도

	증가율 (연간 %)	상대적 기여도 (%)
CO_2	0.5	60
CH_4	<1	15
N_2O	0.2	5
O_3*	0.5	8
CFC-11	4	4
CFC-12	4	8

* 대류권에서

출처: Rodhe, H. 1990. A comparison of the contribution of various gases to the greenhouse effect. *Science* 248:1218, table 2. Copyright 1990 by the AAAS.

때문에 증가하고 있다. 이 가스들은 지구로부터 복사되는 적외선을 흡수하는 성향이 있고, 지구가 소위 이들 온실가스의 양의 증가 때문에 따뜻해지고 있다는 것이 가설로 되고 있다. 표 19.1은 인간 활동으로부터 방출된 가스로 인한 대기 기체 증가율과 온실효과에 영향을 미친 요소 중 인간 활동의 영향에 대한 상대적인 기여 정도를 보여준다. 이산화탄소가 상대적인 기여의 60%에 해당되는 것에 주목하라.

남극 빙판의 기포에 갇혀진 이산화탄소에 대한 측정결과는 과거 160,000년 동안 대부분 이산화탄소의 대기 농도가 200ppm보다 약간 낮은 값에서부터 약 300ppm까지 변화해 왔다는 것을 제시한다.[7] 가장 높은 값은 약 125,000년 전과 현재와 같은 주요 간빙기 동안에 기록되었다(그림 19.10a). 산업혁명 초기에 이산화탄소의 대기 농도는 대략 280ppm이었

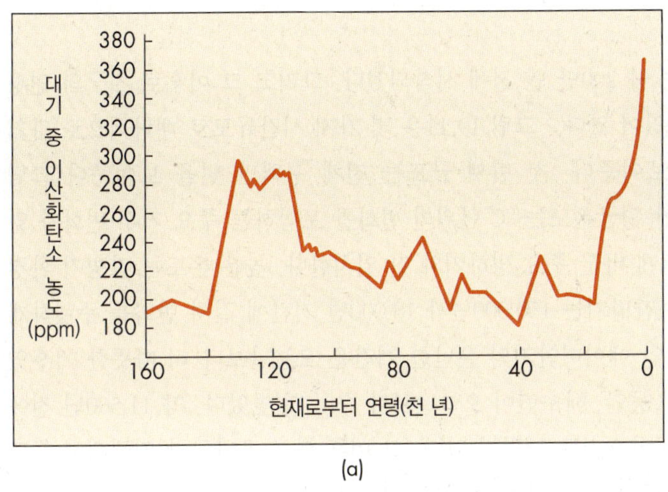

(a)

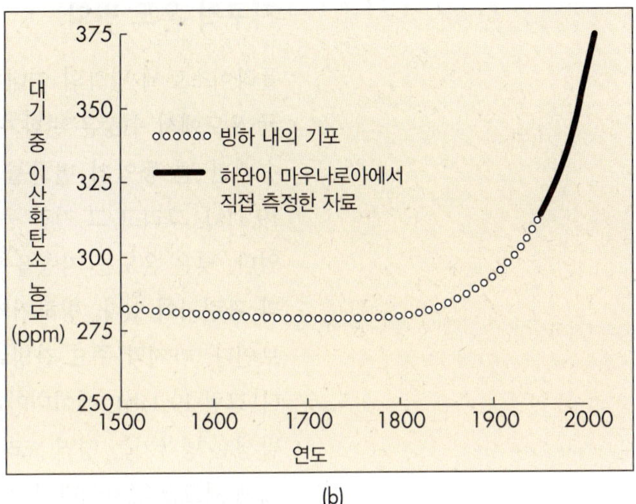

(b)

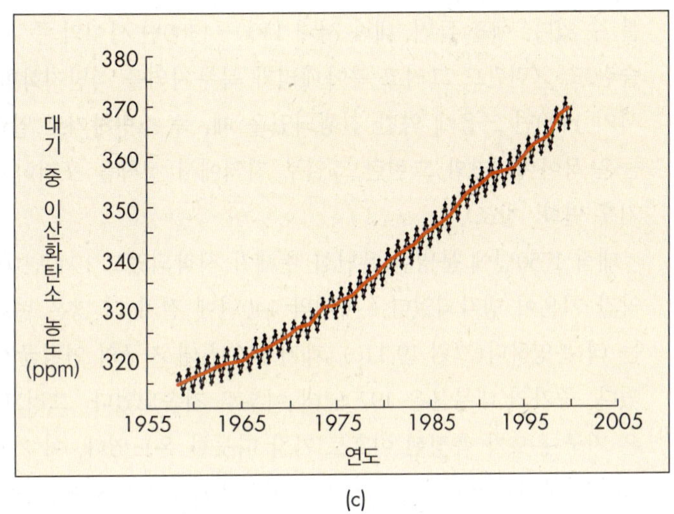

(c)

그림 19.10 대기 중 이산화탄소 (a) 남극의 자료를 근거로 과거 16만 년 동안의 대기 중 이산화탄소 농도. (*Schneider, S. H. 1989. the changing climate.* Scientific American *261: 74*) (b) 1500~2000년 사이의 대기 중 이산화탄소 평균농도. (*Post, W. M., et al. 1990, the global carbon cycle,* American scientist *78[4]:210–26*). (c) 하와이 마우나로아에서 대기 중 이산화탄소 농도. (*Scripps Institute of Oceanography, NOAA, and C. D. keeling, accessed 1/24/04 at www.mlo.noaa.gov*)

다. 1860년 이후로 화석연료 연소는 대기권의 이산화탄소 농도를 지수적인 급격한 증가에 기여했다. 대략 1500년에서 2000년까지의 변화는 그림 19.10b에서 보여준다. 20세기 중반 이전의 자료는 빙하 얼음에 갇혀진 기포로부터 측정한 것이다. 오늘날 대기권의 이산화탄소 농도는 370ppm을 초과한다. 그리고 2050년까지는 산업화 이전의 1.5배 이상인 최소 450ppm에 달할 것으로 예측된다.[10] 그림 19.10c는 하와이 마우나로아 섬에서 20세기 중반부터 오늘날까지 대기 중의 이산화탄소 농도의 변화는 보여준다. 여름 동안에 CO_2의 낮은 농도를 보이는 연간 주기는 북반구에서 여름 성장기에 기인한다. 이 시기에 식물들은 광합성으로 대기로부터 이산화탄소를 더 많이 흡수하기 때문이다.

지구적 온도 변화

플라이스토세 빙하의 연대는 약 200만 년 전에 시작되었다. 그리고 그 이후로 지구의 연평균 온도에서 수많은 변화가 있어 왔다.[3] 그림 19.11은 몇 가지 시간규모로 대략적으로 과거 수백만 년 동안의 변화를 보여준다. 첫 번째 규모는 전체 수백만 년을 보여준다(그림 19.11a). 그리고 그 기간 동안 평균온도는 °C 단위의 변화를 포함하는 주요 기후 변화가 있었다. 낮은 온도는 지형을 크게 바꾼 주요 빙하기와 잘 일치한다. 높은 온도는 간빙기 환경과 관련되어 있다. 빙하기와 간빙기는 150,000년과 18,000년 기간에 걸쳐 변화를 뚜렷하게 보인다. 마지막 주요 간빙기인 에이미안기의 온난한 기간은 오늘날보다 더 따뜻한 기후였다(그림 19.11b). 에이미안기 동안, 해수면이 오늘날보다 수m 더 높았다. 약 11,500년 전에 발생된 냉각기는 영거 드라이아스기로 알려져 있다. 그 이후 빠른 온난화가 진행되어 홀로세에 최고값을 보이다가 소빙하기로 접어들었다(그림 19.11c).

1,000년 시간단위로 인간에게 영향을 미친 온난화와 냉각화의 경향은 그림 19.11d에서 볼 수 있다. 예를 들면, 대략 서기 1100~1300년 사이의 주 온난화 기간은 바이킹들이 아이슬란드, 그린란드 그리고 북아메리카 북부지역을 식민지화할 수 있도록 하였다. 빙하기가 서기 1400년 즈음에 약간 진행되었을 때, 즉 소빙하기로 알려진 냉각기간 동안에, 바이킹들은 북아메리카와 그린란드 일부 지역에서 정착을 포기하였다(사례 연구 '에릭드레드와 기후 변화' 참조).

대략 1750년에 분명한 온난화 추세가 시작되었고 1940년대까지 지속되었다. 1940년대에 약간 기온이 냉각되었다.[3] 마지막 140년에 걸쳐 더 많은 변화가 있었다. 1940년대에 변화는 더 분명하다(그림 19.11e). 과거 100년 내 지구의 연평균기온은 대략 0.8°C 정도 증가하였다. 증가의 대부분은 1970년대 이후로 지속되었다. 그리고 1990년대와 21세기 초기 5년은 지구 온도가 측정된 이후로 가장 따듯한 온도였다. 이 기간은 지구 온도에서 20세기 말 증가로 알려져 있다.[11] 표 19.2는 최근 온난화를 지지하는 증거들을 열거하였다.

왜 기후가 변화하는가?

'지구의 기후는 왜 변화하는가?' 란 질문에 대한 답을 알아보자. 그림 19.11을 검토해 보면 10만 년 동안 지속되는 변화의 주기가 있으며, 10만 년의 주기는 2만~4만 년의 주기보다 더 짧은 주기에 의해 세분화된다. 이러한 주기는 기후 변화를 설명하기 위한 가설로서 1920년대에 밀루틴 밀란코비치에 의해 처음으로 확인되었다. 밀란코비치는 공전하는 지구는 태양과의 관계에서 일정한 위치를 유지할 수 없도록 하는 흔들리는 꼭지점과 같다고 인식하였다. 이 같은 불안정함은 태양광선이 지구에 도달하는 양과 지구온난화를 부분적으로 결정한다. 그는 태양 주위의 지구궤도 변동이 10만 년 주기를 따른다는 사실을 발견하였다. 이 주기는 그림 19.11a의 주요 빙하기와 간빙기 시기와 일치한다. 대략 4만 년과 2만 년의 주기는 지구축의 움직임의 변화 결과이다. 밀란코비치 주기는 기후에서 관찰되는 대부분의 장기적 주기를 만들어 낸다. 그리고 이 주기는 기후에 중요한 영향을 미친다. 그러나 이 주기만으로는 관찰되는 큰 규모의 지구적 기후 변화를 설명하는 데는 충분하지 않다. 그러므로 이 주기는 다른 과정들과 함께 지구적 기후 변화를 설명하는 데 이용되어야 한다. 그

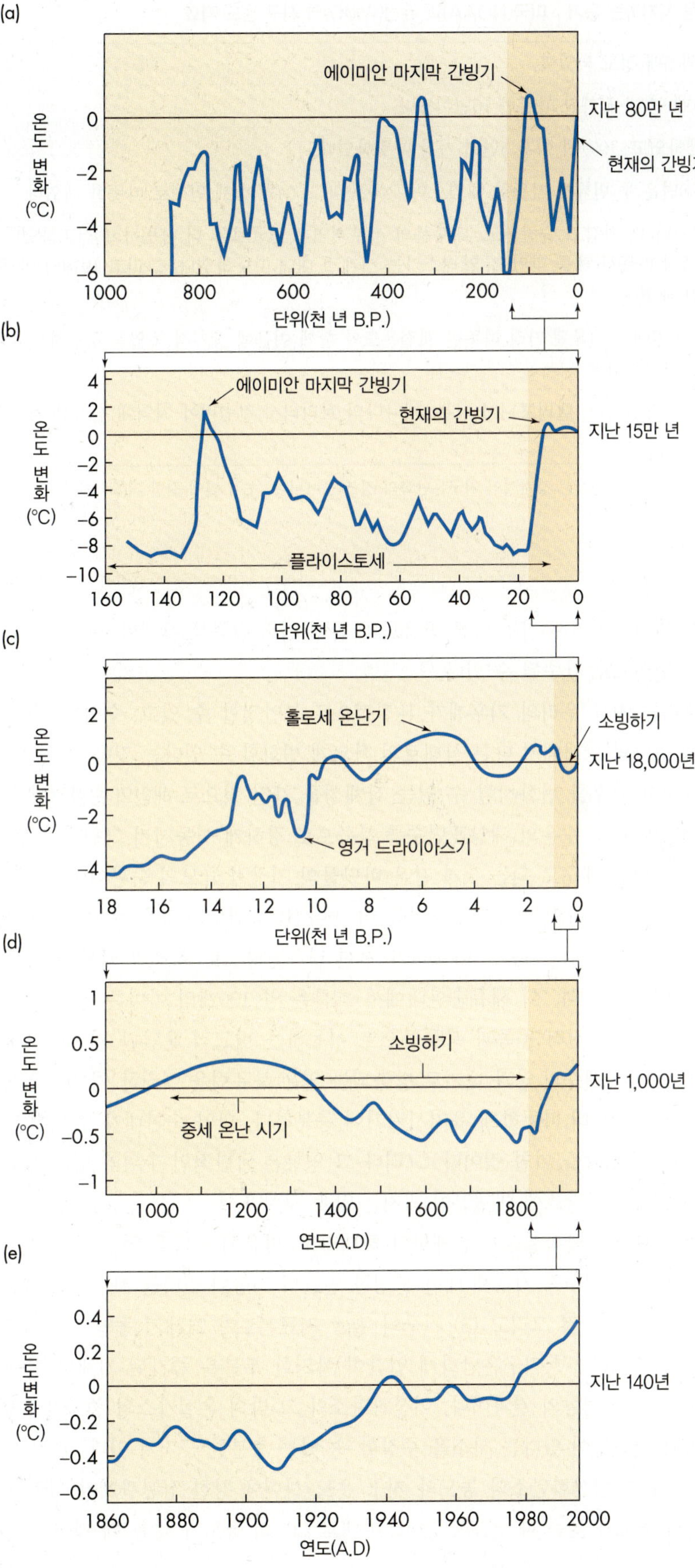

그림 19.11 지구의 온도 변화 과거 100만 년 동안 다른 시간대에 걸친 온도 변화. (*University Corporation for Atmospheric Research, Office for Interdisciplinary Studies. 1991. Science capsule, Changes in time in the temperature of the earth. EarthQuest 5[1]; and the UK Meteorological Office. 1997.* Climate change and its impacts: A global perspective)

표 19.2 20세기 말 지구 온도의 상승을 지지하는 증거 : 미국(NOAA)과 유럽(WMO)의 지구 온도 자료

1970년대 중반 이후 온난화는 앞 세기의 약 3배 정도 되었다.
1990년대는 지질자료에 근거하면 과거 1,000년 내에 가장 따뜻한 10년이였다.
가장 따뜻한 10년은 1990년대 이후에 발생하였고, 1997년 이후 5년이 가장 따뜻하였다.
기록상 가장 따뜻한 해는 2005년이고, 1998년은 두 번째로 따뜻한 해였으며, 2002년과 2004년이 세 번째로 따뜻한 해였다.
2003년 미국은 대부분의 동부지역이 평균보다 더 차갑고 습하였고, 대부분의 서부지역은 평균보다 더 따뜻하고 건조하였다. 서부 10개 주는 평균보다 더 따뜻하였다. 뉴멕시코는 가장 따뜻한 해를 맞았고, 알래스카는 사계절 내내 따뜻하였다. 그리고 1918년 알래스카에서 기온 측정을 시작한 이후 가장 따뜻한 5년 중 한 해였다.
2003년에 유럽은 스페인, 프랑스, 스위스, 독일에서 기록된 가장 따뜻한 계절온도와 함께 여름에 장기적 폭염을 경험하였다. 대략 15,000명이 여름 동안 파리에서 장기적인 폭염으로 사망하였다.
2003년에 가뭄과 함께 온난한 조건은 오스트레일리아, 캘리포니아 남부, 캐나다의 브리티시 컬럼비아 지역에 심각한 자연발화에 의한 화재 발생에 기여하였다.

주 : 가뭄, 폭염과 자연발화 화재를 수반하는 수년간의 고온현상은 장기적인 지구온난화의 징조는 아니다. 수십 년에 걸친 지속적인 온도 상승이 지구온난화가 실제로 진행되고 있다는 보다 강력한 증거가 된다.

래서 밀란코비치 주기는 다른 작용들과 함께 기후 변화를 야기할 수 있는 자연적으로 발생되는 원인으로 간주될 수 있다.[12]

우리는 지금 우리의 기후계가 본질적으로 불안정할 수 있고, 수십 년과 같이 짧은 시간 내에 하나의 상태에서 다른 상태로의 빠르게 변화할 수 있다는 것을 믿고 있다.[13] 기후계를 조정하고 기후를 변화시킬 수 있는 잠재성을 가진 것으로 해양의 순환대이다. 이 순환대는 대서양에 12°C 수온의 해양표면수를 북쪽으로 강하게 이동시켜 그린란드 부근에 도달하면 2~4°C 낮은 해수로 되는 것과 같은 바닷물의 지구적 규모의 순환이다(그림 19.12).[13] 해수의 온도가 낮아 염분의 농도가 더욱 더 높아진다. 염도는 해수의 밀도를 증가시키고 해수가 침강하게 한다. 해류는 아프리카 주변 남쪽방향으로 흐르게 되어, 해류의 지구적 형태에 합류하게 된다. 이 해류순환대에서 흐름은 약 100개의 아마존 강의 흐름과 동일하다. 대서양을 가로질러 동쪽과 북동쪽으로 이동하는 비교적 온난한 겨울대기의 강한 영향과 함께 온난한 해수의 양과 대기로 방출되는 열은 북유럽을 이러한 영향이 없는 경우와 비교하여 5~10℃ 더 따뜻하게 유지시키기에 충분하다. 만약 순환대가 멈추게 되면 이는 유럽의 기후에 영향을 미칠 것이다. 그러나 그 영향은 극단적인 추위와 빙하와 같은 환경을 만들어 영국과 프랑스에 대재앙이 되지는 않을 것이다.[14]

비록 과학적 불확실성이 존재한다 하더라도, 다음의 사항을 언급할 수 있는 충분한 증거가 있다. (1) 지구적 기후에 대한 분명한 인간의 영향이 있다는 사실, (2) 온난화는 지금 진행되고 있다는 것 그리고 (3) 지구의 평균 지표온도가 21세기 동안 1.5~4.5°C 증가할 것 같다는 것이다.[1,15] 지구온난화에 인간이 야기한 부분은 증가된 기체의 방출과 대기 중에 열을 가두는 성향의 결과이다. 이산화탄소와 그 밖의 온실가스의 증가가 지구의 평균온도 증가와 관련되어 있다는 사실을 주장할 수 있는 충분한 근거가 있다. 과거 160,000년에 걸쳐 대기 중 이산화탄소의 농도와 지구 온도 사이에 강한 상관관계가 있었다(그림 19.13). CO_2의 농도가 높을 때 온도도 높고, 반대로 CO_2의 농도가 낮을 때 지구의 온도가 낮은 것

과 상관관계가 있다. 그러나 지구온난화를 더 잘 이해하기 위하여, 우리는 태양광선의 방출, 화산 분출, 인간에 의해 발생되는 배출물들을 포함한 지구온난화에 미치는 주요한 **영향**(forcing)을 고려할 필요가 있다.

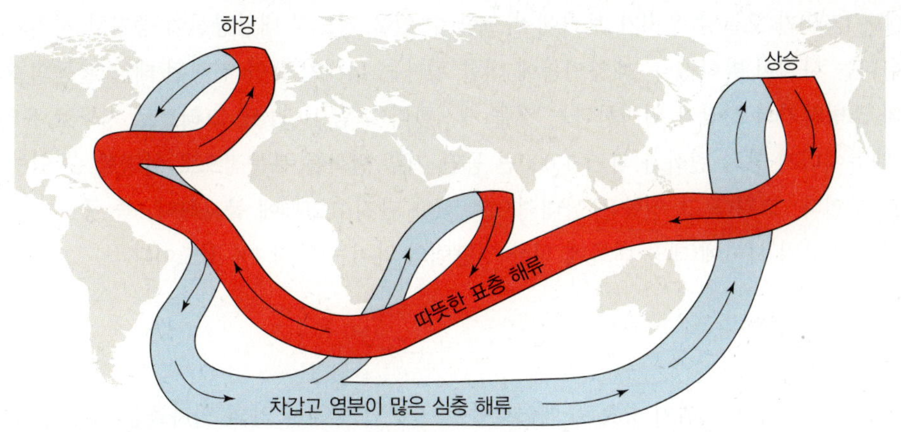

그림 19.12 해양의 해류순환대 해양 해류순환대의 이상적 그림. 실제적으로는 더 복잡하다. 그러나 일반적으로 온난한 표층수(빨간색)는 그린란드 부근의 서쪽과 북쪽으로 이동하고(증발에 의한 염도의 증가로 인해), 그곳에서 차가운 캐나다의 공기와 접하게 되어 냉각된다. 물은 밀도가 증가할 때, 바닥으로 가라앉고 남쪽으로 다시 태평양을 향해 동쪽으로 흐른다. 그곳에서 바닷물은 상승하게 된다. 침강하고 융성하는 바닷물 해류는 균형을 이루고, 전체 유동률은 대략 초당 200만m^3 정도이다. 따뜻한 해수로부터 대기로 방출되는 열은 만약 해류순환대가 존재하지 않는 경우와 비교하여 북유럽을 더 따뜻하게 유지하게 한다. (*Broecker, W. 1997. Will our ride into the greenhouse future be a smooth one?* Geology Today *7[5]:2–6*)

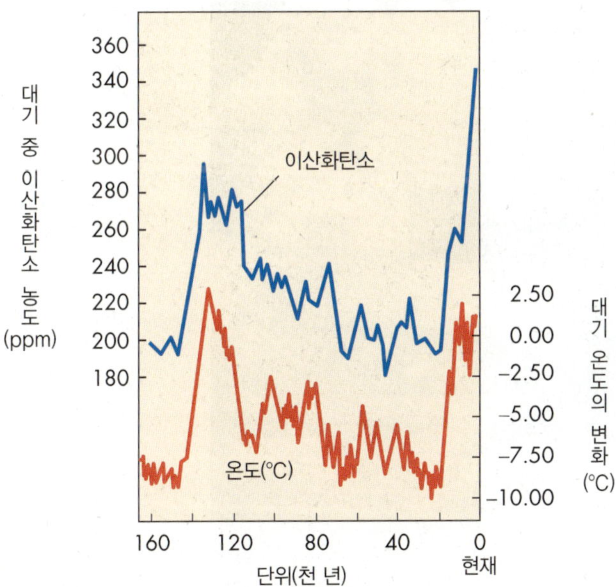

그림 19.13 이산화탄소와 온도 과거 16만 년 동안 추정된 대기 중 이산화탄소의 농도와 온도 변화. 이 관계는 남극으로부터의 증거에 기초하고, 온도와 이산화탄소 사이에 높은 상관관계를 지시한다. (*Schneider, S. H. The changing climate.* Scientific American *261: 74 © September 1989, Scientific American, Inc. All rights reserved*)

태양의 영향

태양이 지구를 따뜻하게 만든 이후, 태양의 변화가 지구의 기후 변화를 야기하는 원인으로 평가되어야만 한다. 우리가 과거 1,000년 동안 기후의 역사를 검토할 때, 태양 에너지의 변화가 그 역할을 하였음을 알 수 있다. 태양의 기록에 대한 조사로 중세 온난화 시대(A.D. 1000~1300)가 오늘날 우리가 보기에 비교할 수 있을 정도의 태양광선이 증가한 시기와 일치한다는 사실이 밝혀졌다. 태양기록에 대한 평가는 14세기 동안 진행된 태양 활동의 최저기와 소빙하기의 시작과 일치한다는 것을 제시한다(그림 19.11d). 그러므로 지구로 유입되는 태양에너지 양의 변화가 과거 1,000년 동안 기후 변화를 부분적으로 설명할 수 있는 것으로 보인다. 그러나 그 영향은 상대적으로 작아 단지 0.25%에 불과하다. 즉 중세 온난기에서 소빙하기 사이에 태양 변화에 의한 영향력의 차이는 단지 1% 정도이다.[11]

화산의 영향

화산 분출 시 화산은 대기 중으로 에어로졸로 알려진 방대한 양의 입자들을 방출할 수 있다. 에어로졸 입자들은 상당량의 태양광선을 반사하여, 인간 기원의 온실효과로부터 발생되는 것으로 기대되는 지구온난화의 상당 부분을 상쇄할 정도로 전체적으로 지구를 냉각시킨다.[16] 예를 들면, 미국 대기 중에 대기 오염으로 증가된 에어로졸은 평균온도를 대략 1°C 정도 더 차갑게 냉각시켰을 것이다. 에어로졸 입자에 의한 냉각은 지구온난화에 대한

그림 19.14 화산 분출이 지구를 냉각시킨다 1991년 필리핀의 피나투보 화산의 화산 분출은 거대한 화산재와 이산화황을 대기권 30km 상공까지 분출시켰다. (*T. J. casadevall/USGS*)

모형 시뮬레이션과 모형에 의해 예측된 온도보다 낮은 것으로 기록된 실제 온도 사이에 차이를 설명하는 데 도움을 줄 수 있다.[17]

화산 분출은 지구 온도를 예측하는 데 있어 불확실성을 더하게 한다. 예를 들면, 1991년 필리핀의 피나투보 화산 폭발에 의한 냉각효과는 무엇이었는가(그림 19.14)? 엄청난 폭발은 성층권 30km의 높이로 화산재를 분출하였고, 유사한 과거의 사건으로, 대기에 남아 있던 화산재의 에어로졸 구름과 이산화황은 수년 동안 지구를 순환하였다. 화산재 입자와 이산화황은 유입되는 태양광선을 산란시켰고, 그 결과 1991년에서 1992년 동안에 지구의 기후를 약간 냉각시켰다. 모형 계산은 피나투보 화산 분출로부터 대기 중에 에어로졸의 유입이 1992년 동안 온실가스의 유입에 의한 온난화의 영향을 상쇄할 수 있는 것으로 제시하였다. 그러나 1994년까지 화산 분출에 의해 발생된 대부분의 에어로졸들이 대기로부터 떨어지고, 지구 온도가 이전의 높은 수준으로 다시 돌아왔다.[18] 화산 분출의 주기에 따른 화산의 영향이 소빙하기의 지구 냉각에 상당히 기여하였음을 확신할 수 있다(그림 19.11d 참조).[11]

인간 활동의 영향

과거 1,000년에 걸친 기후 변화를 고려한 최근 연구는 20세기 말 온난화가 역사적인 배경 내에 있다는 것을 말해 준다. 기후 변화 영향에 대한 수학 모형은 주요 자연적 발생 메커니즘을 뺀 인간 기원의 영향력만을 따로 하여 발전시켰다. 온난화에 대한 연구는 지난 1,000년간 기후계에서 자연적 변화의 수준으로 20세기 말에 발생된 지구온난화와 21세기 초까지 온난화가 지속되는 것을 설명할 수 없음을 정설로 만들었다. 달리 말하면, 현재 온난화가 자연적 변화를 크게 초과하고, 온실가스의 영향에 대한 모형으로부터 예측된 결과와 잘 일치한다.[11] 일반적 관점의 모델링 결과는 그림 19.15가 보여준다. 20세기 말 온도 상승은 태양 활동의 변화와 화산 활동과 같은 자연적 발생 메커니즘의 결과로부터 발생될 수 있는 최대 변화폭(온난화의 경우에 온도 변화)을 크게 초과함을 주목하라. 21세기 지구온난화의 예상되는 수준은 이산화탄소의 2배 증가로 인해 온도가 대략 2.0°C 증가한다는 가정치를 보여준다. 그래서 지구온난화에 대한 주요 과학적인 문제점은 겉보기에는 해결된 것처럼

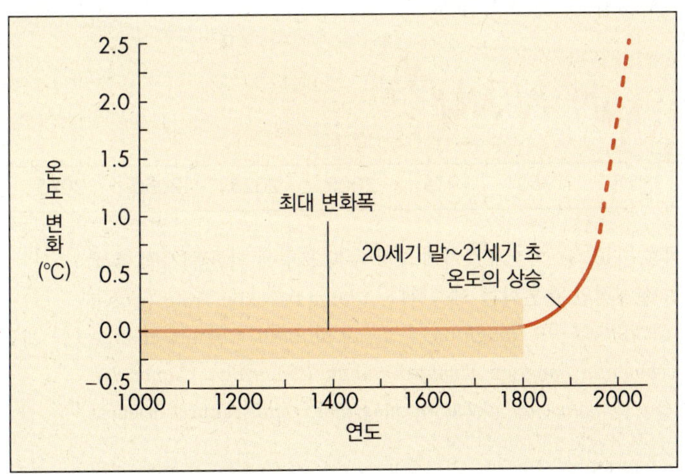

그림 19.15 20세기 말 온도 상승 과거 1,000년 동안의 지구 온도 변화. 태양과 화산의 영향을 배제한다면 온실가스 발생 등 인간 활동에 기인한 영향이 남게 된다. (*Crowley, T. J. 2000. causes of climate change over the past 1000 years. Science 289: 270–77*)

보인다. 인류 활동의 결과로 중대한 지구온난화가 발생되고 있다. 우리는 지금 지구온난화에 대한 영향과 잠재력 조정에 대해 토론할 것이다. 궁극적으로, 지구온난화를 조정하기 위한 결정이 우리의 가치를 반영할 것이다. 인간의 활동과정 역시 약간의 지구냉각을 야기하는 원인이다. 대기 오염 입자로부터의 반사가 약 10% 정도 태양에너지의 유입을 감소시켰다. 이것은 **지구흐림화 현상**(global dimming)이라 지칭된다. 그리고 이것이 온실가스로부터 기대되는 온난화의 50%까지 상쇄할 수 있을 것이다.

19.5 지구 변화에 대한 잠재적 영향

지구온난화에 대한 우리의 토론은 다음과 같이 요약될 수 있다. (1) 인류 활동은 대기권에 온실 가스의 농도를 증가시키고 있다. (2) 지구의 평균온도는 과거 100년 동안 약 0.8°C 상승되었는가? 그리고 (3) 지구의 평균온도에서 확인된 온도 상승의 상당한 부분이 인류 활동의 결과이다.

그림 19.16은 컴퓨터 모형화로 예측된 지구온난화의 잠재적인 범위를 보여준다. 이 모형 모두는 온난화가 진행될 것이고, 다가오는 수십 년 안에 아마도 온난화가 가속화될 것이라

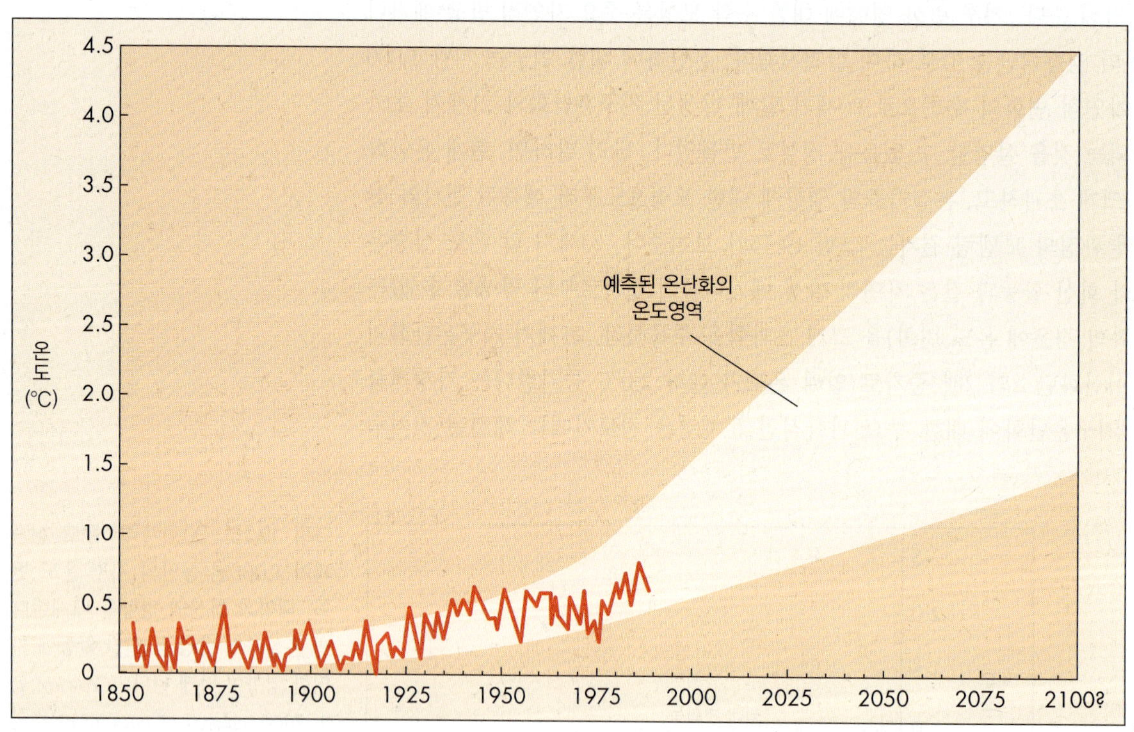

그림 19.16 예측된 온난화 약 1850년 이후 CO_2 가스의 2배 증가에 대한 수학 모형에 의한 역사적 추세와 예측된 온난화의 범위. 모든 모형은 실제적인 온난화를 예측한다. (*John Deecken from Global warming trends.* Scientific American *263[2]: 84–91; Houghton, J. T., et al. 2001.* Climate change 2001: The scientific basis. *Intergovernmental Panel on Climate Change. Cambridge: Cambridge University Press; and Hansen, J. 2003. Can we defuse the global warming time bomb?* Natural Science. *www.naturalscience. com*)

표 19.3 1967~1995년 사이 변화의 유형별 변화된 빙하의 수*

	빙하확장	정체	빙하감소
북아메리카			
1967	7	8	7
1974	9	0	2
1985	5	10	32
1990	1	5	41
1995	0	0	47
스위스			
1967	31	14	55
1975	70	3	28
1986	42	9	13
1989	19	3	83
1993	6	0	73
이탈리아			
1981	25	10	10
1985	25	6	14
1988	26	13	92
1990	9	9	123
1993	6	8	127

*주) 관측된 빙하의 수는 관측기간 동안 변화되었다.

출처: Pelto, M. S. 1993. Changes in water supply in alpine regions due to glacier retreat. American institute of Physics, *Proceedings*, Vol. 277: *The World at Risk: Natural Hazards and Climate Change*, pp. 61-67; and Pelto, M. S. 1996. Recent changes in glacier and alpine runoff in the North Cascades, Washington, *Hydrological Processes* 10:1173-80.

는 예측에 대해서 상당히 신뢰할 수 있다. 그러므로 우리는 이와 같은 온난화에 대한 잠재적인 영향을 주의 깊게 연구할 필요가 있다.

만약 온실 가스가 앞으로 2배가 된다면, 지구의 평균온도가 약 1.5°C에서 4.5°C 증가할 것이며, 극지방에서는 온난화가 훨씬 더 심각하게 진행될 것으로 추측된다.[15] 특정 지역에서 이러한 온도 상승의 구체적인 영향은 예측하기 어렵지만, 고려되는 주요 가능성 중 두 가지 사실은 지구적 기후 형태의 변화와 빙하의 일부가 녹고 따뜻한 기후로 해수의 팽창에 의한 해수면의 상승이다. 최근에 스위스와 이탈리아뿐만 아니라, 미국의 태평양 북서 지역의 많은 빙하들이 전진보다는 후퇴하고 있다. 후퇴하는 빙하 수의 증가는 캐스케이드 및 이탈리아에서 가속화되고 있다(표 19.3).[19] 자세히 살펴보기 '빙하'는 빙하에 대해 간단히 소개하고 있으니 참조하라. 분명하게, 이와 같은 가속화는 1977~1994년 동안 지구의 평균 온도는 장기적 지구의 평균온도보다 0.4°C 이상 높은 온도의 결과이다. 예를 들면, 북부 캐스케이드에 있는 베이커 산에서는 모두 8개의 빙하들이 1976년에 전진하고 있었다. 1990년에는 그중 8개가 후퇴하고 있다. 게다가, 캐스케이드 북부에서 관찰되는 47개의 고산 빙하 중 4개는 1984년 이후로 사라졌다. 특히 온난한 일련의 기간, 혹은 빙하의 해빙 또는 붕괴의 명백한 증가는 인간의 화석연료 사용으로 생긴 지구온난화의 증거가 아니다. 그럼에도 불구하고, 증거가 지구온난화와 일치하고, 이것은 우리들 관심의 중심이다.

자세히 살펴보기 | 빙하

빙하(glacier)는 지표면에서 움직이는 얼음 덩어리이다. 빙하는 수십 년에서 수백 년의 변환을 거쳐 형성된 빙하얼음으로 구성된다. 빙하얼음은 단단하지 않은 눈으로 시작하여 보다 큰 입자 덩어리로 변환되지만 여전히 상당한 다공성의 얼음이다. 상부에 쌓인 눈과 얼음의 무게에 의해 다짐작용을 받아 눈이 얼음으로 재결정화되어, 궁극적으로 치밀한 푸른빛의 빙하얼음이 형성된다. 빙하얼음은 대략 $0.9g/cm^3$의 밀도를 보이며, 이는 새로 내린 눈의 밀도에 약 150배 정도가 된다. 그러므로 빙하가 형성되기 위해서는 내린 눈이 수십 년 제자리에 보존되어 축적되어야 빙하얼음으로 변환될 수 있다. 육지의 큰 영역을 덮고 있는 빙하를 대륙빙하, 얼음빙원 혹은 만년설이라 부른다. 고위도와 높은 고도의 산계곡에 한정된 빙하들은 산악빙하 혹은 알파인 빙하라 부른다(그림 19.A).

주요 빙하의 생성(각 빙하의 생성은 수백만 년의 지속됨)이 지난 수십억 년 동안 때때로 발생되어 왔다. 우리는 지금 이들 빙하시기 중 한 시기에 살고 있다. 과거 165만 년 동안 지표상 많은 부분에 걸쳐 빙하는 성장(확대)과 후퇴(용해)를 반복해 왔다. 불과 수천 년 전인 가장 최근 대륙빙하들은 미국의 그레이트 레이크 지역으로부터 후퇴되었다. 그림 19.B는 이들 빙원의 최대 범위를 보여준다. 플라이토세의 빙하기 동안 빙하는 뉴욕, 토론토, 시카코와 같은 주요 도시의 현존하는 지역을 포함하여 지구 육지면적의 30% 정도의 많은 부분을 차지하였다. 이 기간 동안, 대륙빙하의 발달이 최고에 달하였다. 가장 최근 빙하의 최대 발달은 약 18,000년 전에 발생되었다. 담수의 상당한 양이 빙하로 갇히게 되어, 지구상의 해수면은 오늘날의 해수면보다 120m 이상 낮았다. 오늘날 빙하는 지구 육지의 단지 약 10% 정도만을 차지한다. 이 빙하의 거의 대부분은 남극빙원이 차지하고, 그린란드의 빙원과 알래스카, 노르웨이 남부, 알프스, 뉴질랜드와 같은 산악빙하가 일부를 차지한다.

우리는 빙하의 양이 비교적 작은 간빙기로 알려진 온난한 시기인 중간 휴식기에 살고 있다. 그럼에도 불구하고, 우리는 아마도 여전히 빙하기에 살고 있고, 빙원이 미래에 다시 발달될 수 있을 것이다.

빙하 생성의 원인

주요 지구적 규모의 빙하 생성이 과거 10억 년 동안 여러 번 발생한 원인에 대해서 잘 알려져 있지 않고 있다. 아마도 이 같은 빙하 생성은 지구 기후의 상황과 관련될 것이다. 우리가 플라이토세 빙하작용의 시대에 여전히 살고 있다는 가정 하에서, 지구표면에 도달하는 태양광선의 양의 몇 퍼센트가

그림 19.A 산지(계곡) 빙하 알래스카 마운트 데날리 아래 멀드로우 빙하와 트라레카 빙하의 합류. 빙하 위에 어두운 색 물질은 빙하상단에서 운반되어 온 퇴적물이다. 백색의 빙하 얼음 내 깨진 부분은 빙하 균열이다. (*Michael Collier*)

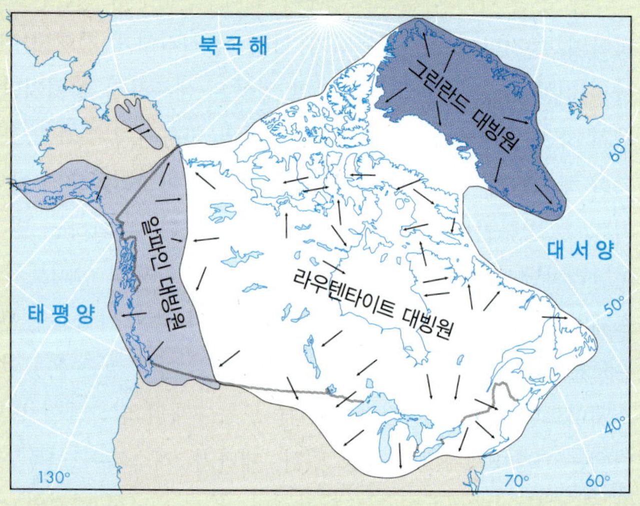

그림 19.B 빙하층 플라이스토세 빙하기 중 빙하층의 최대 범위. (*Foster, R. J. 1983.* General Geology, *4th ed. Columbus, OH: Charlese E. Merrill*).

규칙적으로 변해 왔다. 약 10만 년, 4만 년 그리고 2만 년에 작고 순환적인 변동은 지구 궤도와 지구자전축 방향의 규칙적인 변화의 결과이다.[12] 밀란코비치 주기로 알려진 순환적 변화는 빙하의 주요 혹은 작은 전진과 후퇴와 꽤 잘 일치한다. 그러나 이 상관관계가 빙하 생성 원인의 증거는 아니다. 이 주기는 지구에 도달하는 태양광선 양의 단지 작은 변화만을 야기한다. 이들은 주요 원인이 될 수 없다. 확실한 것은 대륙빙하가 전진하고 후퇴하게 하는 유일한 원인은 아니라는 것이다.

기후 형태

지구적 온도 상승은 강우 형태와 토양수분 관계, 그리고 농업에 중요한 그 밖의 기후 인자들을 상당히 변화시킬 수도 있다(자세히 살펴보기 '사막화' 참조). 캐나다와 동유럽과 같은 북부지역이 더 생산적이게 될 수 있는 반면에 남쪽지역의 토지는 더욱 더 건조하게 될 것이라고 예측되어 왔다. 이 같은 예측은 지구온난화를 둘러싼 불확실성에 비추어 매우 어렵다는 것을 강조하는 것이 중요하다. 더욱이, 적합한 기후적 성장대의 북쪽으로의 이동이 최고의 농업지대가 북으로 이동한다는 것을 반드시 의미하지는 않는다. 왜냐하면, 최대 곡물 생산은 새로운 지역에 갖추어지지 않을 수 있는 비옥한 토양조건에 역시 의존하기 때문이다. 예를 들면, 캐나다 대평지 토양은 미국 중서부의 토양보다 층이 얕고 비옥하지 않는 성향이 있다. 이와 같은 불확실성은 우리가 다소간 우려하는 부분이다. 안정적이거나 혹은 확장되는 세계적 농업 활동은 주 곡창지대에서 재배되는 식량에 의존하는 전 세계인에게 중요하다. 지구온난화 결과로 생긴 기후 변화와 관련되었던 수문학의 변화는 전 세계의 식량 공급에 심각한 영향을 줄 수 있다. 지구온난화는 심한 폭풍의 강도와 빈도를 변화시킬 수 있고, 이 변화는 더 습해지고, 더 건조해지며, 더 뜨거워지거나, 혹은 더 차가워지는 지역 문제보다 더 중요할 수 있다. 온난해지는 대양은 허리케인과 같은 큰 규모의 폭풍에 더 많은 에너지를 공급할 것이다. 더 많거나 더 큰 규모의 허리케인은 인구수가 급격히 증가하고 있는 저지대인 해안 지역에 사는 것에 대한 위험을 증가시킬 것이다. 지구적 및 광역적 기후 변화는 폭풍 피해, 산사태, 가뭄 및 화재와 같은 위험한 자연재해의 발생에 상당한 영향을 미친다는 것을 때로는 **엘리뇨**(El Niño)로 단적으로 설명될 수 있다. 엘리뇨는 매 수년(가장 최근은 1997~1998년)에 평균 한 번 발생되는 자연적인 기후 사건이다. 엘리뇨는 태평양 동부쪽 적도에서 통상적으로 높은 지표온도와 지구의 여러 장소에서 높은 강도의 폭풍우를 포함하는 대양현상이자 대기현상이다(자세히 살펴보기 '엘리뇨' 참조).

해수면 상승

해수면의 상승은 지구온난화와 관련된 잠재적으로 심각한 문제이다. 다음 세기에서 예상되는 해수면의 상승 추정치는 대략 40cm에서 200cm이고, 정확한 예상치는 현재로서는 가능하지 않다. 그러나 해수면에서 40cm의 상승은 환경에 심각한 영향을 미칠 것이다. 이러한 해수면의 상승은 80m 높이까지 개방된 해변의 해안침식으로 증가될 수 있고, 이는 빌딩과

자세히 살펴보기 | 사막화

건조 지역

지구온난화의 중요한 관심 중 하나는 광역적 그리고 지구적 기후 패턴에서의 변화이다. 특히 건조 지역과 이에 따른 사막화 과정이 확대되는 것이다. 지구상에서 역시 메마른 지역으로 알려진 건조 및 아건조 지역은 지구 지표면의 약 35% 정도이다. 세계 인구의 대략 20%는 이 지역에 살고 있으며, 분명히 메마른 지역은 사람에게 환경적으로 중요하다.[20]

지구상에 건조 및 아건조 지역의 연평균 강수량은 비교적 낮거나 매우 낮은 양이다. 어느 매우 건조한 지역에서는 측정 가능한 양의 강수가 발생하는 데 몇 년이 걸린다.

사막 지역은 그 지역의 지형적 특성과 관계 없이 사막화의 기원은 부족한 강수량 때문이다. 세계의 사막은 적도의 북쪽과 남쪽 15°와 30° 사이에 위치하는 2개의 벨트에 주로 위치한다. 이 건조한 벨트는 대기순환의 지구적 패턴에 기인한다. 적도에서 더운 공기는 상승하여 더 차가운 극지역을 향해 남쪽과 북쪽 방향으로 이동한다. 대략 30° 위도는 공기가 하강하는 영역이다(그림 19.4 참조). 고압의 반영구적인 순환단위 영역이 줄어든 강우와 더불어 이 위치에 존재한다. 적도에서의 많은 강우는 따뜻하고 습기가 많은 공기가 상승하면서 냉각되고 응축하여 강수를 형성하는 과정을 거친 결과이다. 위치가 대략 15°~30°인 아열대의 지역에서는 공기가 상승보다는 오히려 가라앉는다.[21,22] 그래서 거의 비가 생성되지 않는다. 기단의 지구순환은 아프리카, 중동, 인도 지역, 남아메리카, 오스트레일리아, 북아메리카의 사막을 포함한 세계의 주요 사막들을 설명한다. 그러나 공기의 지구순환이 세계 사막의 모두를 설명하지는 못한다. 중앙아시와와 마찬가지로 북아메리카의 반건조 및 사막의 일부 지역은 상당히 깊은 대륙 내부 지역에 이들이 위치하기 때문에 건조한 지역이 된다. 건조한 땅은 강우를 차단하고 내륙 깊은 곳으로 이동하는 폭풍우를 차단하는 산맥의 강수부족대에서 역시 발생될 수 있다.[23]

사막화

가장 간단한 수준에서, **사막화**(desertification)란 대초원과 같은 토지의 한 형태에서 사막과 유사한 땅으로의 전환으로 정의할 수 있다. 이와 같은 전환은 사막 지역의 확장 또는 축소를 일으키는 원인이라 생각되었던 지난 165만 년 동안

그림 19.C 사막의 확장 폭풍 후 아프리카 사하라 사막에서 모래언덕을 파고 있는 사람들. 사하라 사막의 확장은 계속되고 있다. (*Steve McCurry/Magnum Photos, Inc.*).

의 기후 변화와 관련되는 자연적 과정을 포함하지 않는다. 오히려, 사막화는 사막과 같은 환경을 유도하는 인간에 의해 유발된 황폐화 작용이거나 혹은 특정한 상태에서 더욱 사막같은 환경으로 토지의 형태를 변환시킬 수 있는 것이다.[20] 예를 들면, 아프리카의 사하라 사막은 북아메리카와 아시아의 몇 곳 다른 사막과 같이 확장되고 있다(그림 19.C).

사막화의 두 가지 중요한 특징은 토양침식에 주로 기인한 토양의 황폐화와 식물의 황폐화이다.[22] 이들 두 가지 특징의 결과로, 사막화 과정은 식량생산에 피해를 입히고, 이것에 따른 영양실조와 기근에 영향을 미침으로써 인간의 환경에 심각한 영향을 끼칠 수 있다.[22] 사막화에 의한 식물의 손실과 손상이 상당히 광범위하면 토지의 생산력이 근본적으로 손실되고 인간에게 유용한 시간규모에서 회복되지 않을 수 있다. 그러므로 가뭄과 같이 토지의 생산성에 영향을 미치는 비교적 짧은 기간의 문제와는 반대로 사막화는 장기적이고 만성적인 충격을 내포하고 있다.

예를 들면, 미국의 '사발 모양의 먼지폭풍'을 고려하라. 끔찍한 사발 모양의 먼지폭풍(그림 19.D)은 미국의 고지대, 특히 텍사스, 콜로라도, 오클라호마와 캔자스 지대를 휩쓸었던 먼지폭풍으로 알려진 '더러운 30년대'의 '검은 폭풍'을 만들어 냈다. 트랙터와 트럭의 보다 광범위한 사용은 대규모 경작을 가능하게 하였다. 농부들은 곡물 생산을 위하여 초목지를 없애고 농토로 개발하였다. 유난히 뜨겁고 건조하고 가뭄의 시기가 자연적인 식생의 분포면적을 또한 감소시켰다. 노출된 표토층은 바람에 의해 침식되었고, 표토

(a)

(b)

그림 19.D 미국의 '사발 모양의 모래 먼지폭풍' (a) 1935년 캔자스의 맨티얼에서 사발 모양으로 덮고 있는 먼지폭풍(미국 상무부) (b) 1936년 오클라호마 주에 발생된 모래폭풍의 전면으로 걸어가고 있는 농부와 아들. 가옥의 상당 부분이 모래먼지에 의해 매립된 것에 주목하라. (*Arthur Rothstein/AP/Wide World Photos*)

가 모래로 덮여 엄청난 먼지 폭풍을 자주 일으키게 되었다. 그래서 인류 활동과 기술 그리고 자연적인 기후 변화가 농토를 심하게 황폐화시키고, 그 지역 사람들에게 큰 고난을 가져다준 사발 모양의 먼지폭풍을 만드는 역할을 하였다. 오늘날, 중국 북부는 자체에서 발생된 '사발 모양의 먼지폭풍'을 경험하고 있다. 그 이유는 30년대 미국의 더러운 황사폭풍과 유사한 이유 때문이다. 즉 분별 없이 행해온 농업과 가축의 방목사업 때문이다.

사막화의 원인들은 잘 알려져 있고 인식되었다. 일반적인 의미에서 사막화는 토지 이용에 있어서 네 가지 좋지 않은 주요한 형태와 관련되어 있다[21] — 과도한 경작, 과도한 방목, 벌목사업, 불량한 관개시설. 이들은 건조 및 반건조한 토지를 많이 가지고 있는 일부 국가에서 인구가 빠르게 증가할 때 토지를 황폐화시킨다. 사막화를 방지하고, 최소화하며, 사막을 초지로 바꾸기 위해서는 다음의 사항들이 수행되어야 한다.

- 척박한 토지에 시간과 돈을 투자하는 것보다는 고품질의 토지를 보호하고 투자하기
- 토지를 가축의 과도한 방목으로부터 보호하기 위하여 단순하고 건전한 범위에서 관리기술의 적용
- 토양자원을 보호하기 위하여 농토에 대한 건전한 보호조치의 적용
- 보다 척박한 토지를 집중적인 농업보다는 사용 정도가 낮은 토지로 되돌려 놓는 것과 같이(예를 들면 임업, 야생 동물 또는 가축의 방목), 농작물 생산을 증가시키기 위한 적절한 기술의 사용
- 식생의 관리, 사구의 안정화 그리고 토양 침식의 조절을 통한 토양복원의 증가된 노력

다른 구조물을 큰 규모의 폭풍으로 인해 발생되는 파도에 더욱 취약하게 만들 것이다. 해변 강어귀 지역에서 40cm 해수면 상승은 강어귀를 내륙으로 이동시킬 것이고, 해안지역에 사람이 만든 구조물에 다시 압력을 가할 것이다. 1m의 해수면 상승은 매우 심각한 결과를 초래할 수 있을 것이다. 해안가의 구조물을 보호하기 위하여 상당한 변화가 필요할 것이다. 해당 지역에서는 해안침식을 통제하기 위한 매우 근본적인 투자를 하거나 혹은 해안과 강어귀를 내륙 지역의 더 넓은 지역으로 이동을 허용하는 것을 선택해야만 할 것이다.[10]

생물권의 변화

토지이용도가 변화하고 서식지가 붕괴될 때 멸종의 위험이 포함된다. 다른 변화에는 다양한 결과로 나타나는 식물과 동물의 영역에서 변이들이 포함된다.

아프리카, 남아메리카, 중앙아메리카 및 멕시코에 있는 말라리아와 뎅기열을 포함하여 질병을 옮기는 모기는 더 높은 고도까지 이동하고 있다. 몇몇 나비 종은 유럽에서 북쪽으로 이동하고 있다. 또한 몇몇 새 종류는 영국에서 북쪽으로 이동하고 있다. 워싱턴에 있는 캐스케이드 산에 있는 아고산대 숲은 더 높은 초원으로 이동하고 있다. 오스트리아에 있는 고산대 식물도 더 높은 고도로 이동하고 있다. 북극에서 녹는 바다얼음은 바다새, 해마 및 북극곰에 스트레스를 준다. 그리고 플로리다 키즈, 버뮤다, 오스트레일리아의 그레이트 보초(오스트레일리아의 북동부의 퀸스랜드 해안과 평행하게 발달한 큰 산호초), 그리고 다른 적도 해안 지역에서 얕은 해수의 온난화가 산호초의 백화현상을 야기시킨다.[30]

자세히 살펴보기 | 엘리뇨

엘리뇨의 발생은 무역풍이 변칙적으로 약간 감소하는 것에서 출발한다. 그 다음 태평양 서쪽 적도의 따뜻한 물이 동쪽으로 흐르도록 야기한다(그림 19.E). 이 변화는 더 따뜻한 물이 동쪽으로 이동하여 엘리뇨가 완성될 때까지 무역풍을 더욱 감소시킨다. 엘리뇨는 대기 중에 더욱 많은 열에너지를 전달함으로써 거의 지구적 규모의 자연재해 증가를 야기하는 것으로 생각된다. 대기에서 열에너지는 더 많은 물이 해양에서 대기로 증발할 때 증가한다. 대기에 열과 수증기의 증가는 허리케인과 같이 더욱 격렬한 폭풍우를 만들게 된다.

그림 19.F는 1997~1998년에 엘리뇨의 발생에 부분적으로 관련된 자연재해의 정도를 보여준다. 그 당시 세계적인 허리케인, 홍수, 산사태, 가뭄, 화재가 인명을 살상하고, 곡물, 환경생태계 그리고 인조구조물에 수십억 달러의 손실을 입혔다. 오스트레일리아, 인도네시아, 미국, 아프리카는 특히 심하게 타격을 입었다. 얼마나 많은 사람이 엘리뇨로 인하여 생명을 잃고 손상을 입었는지에 대해서는 약간의 논란은 있지만 그것의 중요성에 대해서는 거의 이견이 없다. 우리는 엘리뇨의 발생 원인에 대해서 아직 완전하게 이해하지 못하고 있다. 엘리뇨는 1982~1983년과 1997~1998년에 대

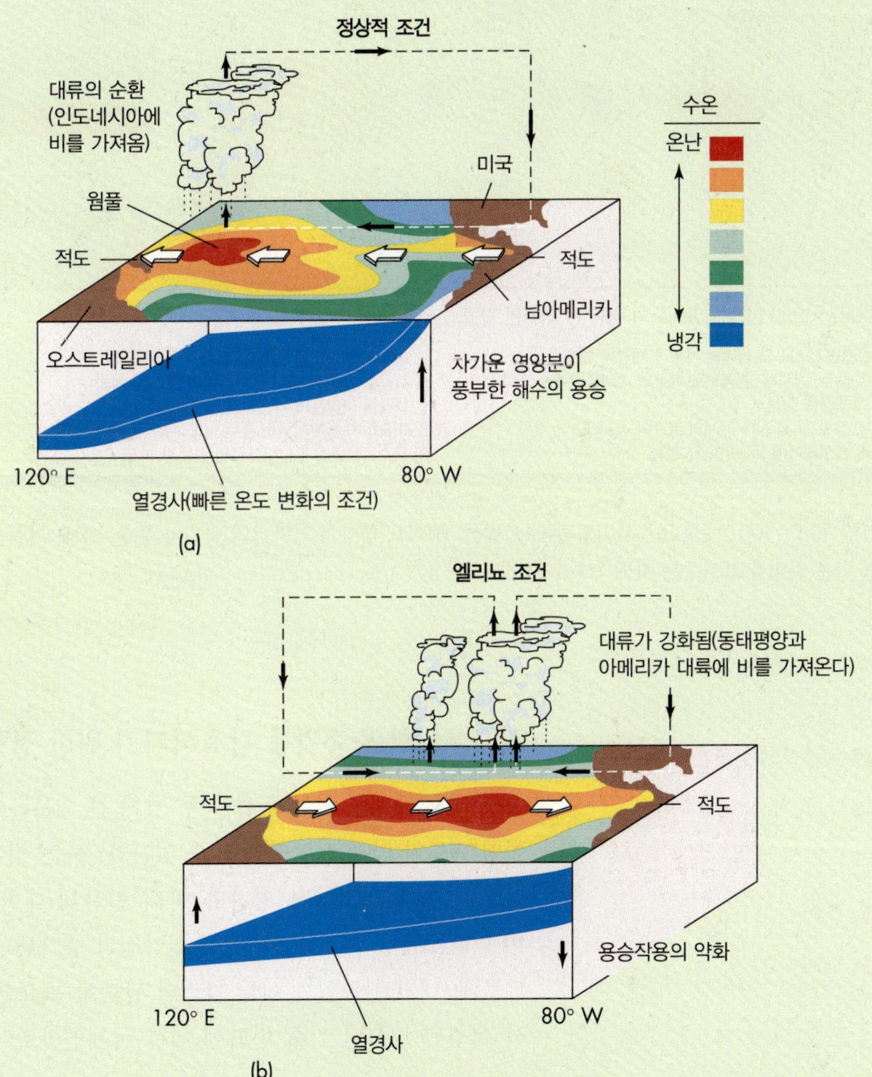

그림 19.E 엘리뇨 정상적인 환경과 과정(a)과 반대되는 엘리뇨의 환경과 과정(b)을 보여주는 이상적인 그림. (*National Oceanic and Atmospheric Administration.* www.elnino.noaa.gov/. *Accessed 3/3/99*)

형 엘리뇨의 발생을 포함하여 크고 작은 정도로 매 수년마다 발생되고 있다.

엘리뇨는 위험한 자연발생적인 사건의 증가로 인해 대량 파괴를 야기할 수 있다. 그리고 인간이 유도한 기후 변화가 지구온난화를 통하여 미래에 한층 더 크고 강력한 엘리뇨의 발생을 야기시킬 수 있다. 이 같은 영향은 우리가 더 많은 화석연료를 연소하고 더 많은 온실가스를 대기로 방출하기 때문에, 바다가 계속해서 따뜻해지는 결과를 가져올 수 있을 것이다. 그리고 해양의 여러 부분에서 차별적 온난화가 태평양에서 엘리뇨 발생의 빈도와 강도를 증가시킬 수 있다.

엘리뇨의 반대가 라니냐(La Niña)이다. 라니냐는 캘리포니아 남쪽에 홍수보다는 가뭄을 유발할 것이다. 엘리뇨에서 라니냐로의 전환은 최근에 인식된 자연적인 지구순환이다.

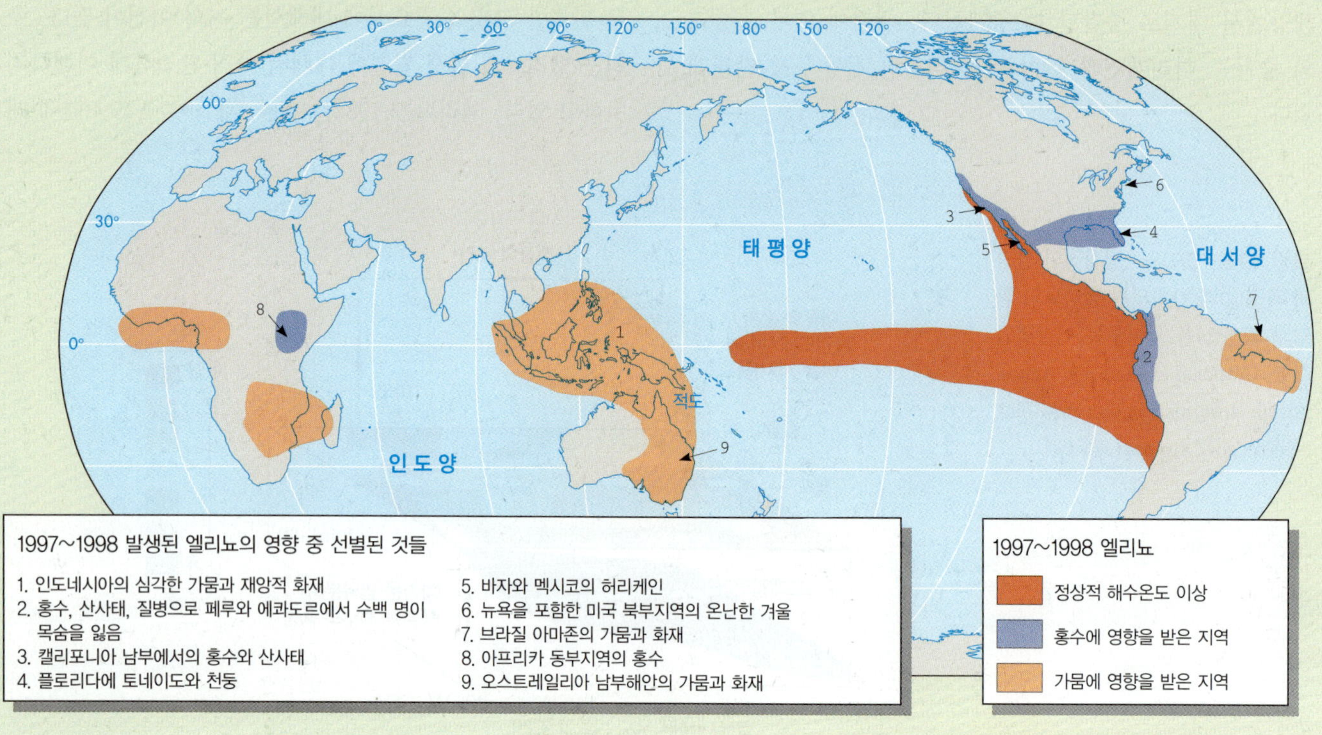

그림 19.F 1997~1998년 사이의 엘리뇨 발생 엘리뇨 영향의 일반적인 범위와 홍수, 화재, 가뭄의 피해를 입은 지역을 보여주는 지도. (*National Oceanic and Atmospheric Administration, 1998*)

지구온난화의 충격을 감소시키기 위한 전략

지구 기후 체계와 사람에 관한 두 가지 큰 의문은 (1) 어떤 변화가 일어났는가? 그리고 (2) 어떤 변화가 앞으로는 일어날 수 있는가? 하는 것이다. 이 질문에 대답하는 것은 선사시대 변화에 대한 지질학적 평가와 미래 변화에 대한 모형화를 통한 예측이 요구된다(그림 19.17). 오늘날 지구온난화가 온실가스의 증가된 농도에 일부 기인한다는 것을 알고 있기 때문에, 대기권에 있는 이들 가스의 감축이 주요한 관리 전략이 된다. 이것이 일본 교토에서 개최된 1997년 기후 변화에 대한 국제연합조약 총회의 주제가 되었다. 총회의 목표는 온실가스, 특히 이산화탄소의 배출을 감소시키기 위한 국제협약을 제정하는 것이었다. 원래 미국은 이산화탄소 배출 감소에 찬성했지만 2001년에 협약에 대한 승낙을 거부했고, 많은 다른 국가들, 특히 유럽연합국들에게 많은 실망을 주었다. 그 결과 지구온난화를 통제하는 지도력은 미국에서 유럽연합으로 이동하였다. 교토 의정서는 166개 국가에 의해 서명되었고, 2005년 2월에 공식적인 국제 조약이 되었다.

우리는 화석연료의 연소 관점에서 딜레마에 직면해 있다. 한편으로, 화석연료는 우리의 사회에 중요하고, 인류의 삶뿐만 아니라 지속적인 경제 개발 및 성장에 필요하다. 반면에, 과학적인 증거는 화석연료의 연소가 지구온난화에 상당히 기여하고 있다는 것을 말해 준다. 화석연료의 연소는 해수면 상승, 지표면 온도의 상승, 허리케인과 같은 폭풍우의 빈도와 강도의 증가를 포함한 환경 문제와 연관되어 있다. 화석연료와 관련된 큰 영향은 지구 온도가 얼마만큼 실제로 상승할지에 달려 있다. 기후 모형으로부터 온도 상승의 추정값은 약 1.5°C에서 4.5°C의 범위이다. 만약 2°C 가까이 증가할 경우에, 우리는 아마도 최소한의 교란을 받아들일 수 있을 것이다. 만약 온도 상승이 상한 가까이 증가한다면, 그때 상당한 충격이 있을 것이다. 모형 예측과 무관하게 온도의 잠재적 증가를 추정하는 하나의 방법은 과거 변화에 대한 지질학적 기록을 조사하는 것이다. 과거 수십만 년 동안 쌓인 해양퇴적물로부터 지질학적 기록에 대한 최근 연구는 다음 세기에 온난화는 약 5°C 정도 될 것이고, 이는 4.5°C 정도의 온난화를 예측한 모형과 일치하는 것을 제시한다.[31] 만약 지구 온도가 5°C 상승한다면, 심각한 환경파괴를 피하기 위하여 탄소의 배출을 감소시키기 위한 전략을 필요로 하게 될 것이다. 이 정도 수준의 온도 상승에서 상당한 환경적 충격의 가능성은 더 클 것이기 때문에 그러한 전략이 필요하다. 이산화탄소 방출에 따른 온도 변화 추세를 인식하는 것이 중요하다. 온도와 해수면이 안정화되기까지는 아마 수백 년 또는 더 긴 시간이 소요될 것이다(그림 19.18). 그러므로 우리는 이산화탄소 배출의 감소를 위한 행동을 빨리 취하면 취할수록 충격은 더 작아질 것이다. 그리고 우리는 기후 변화를 안정시키

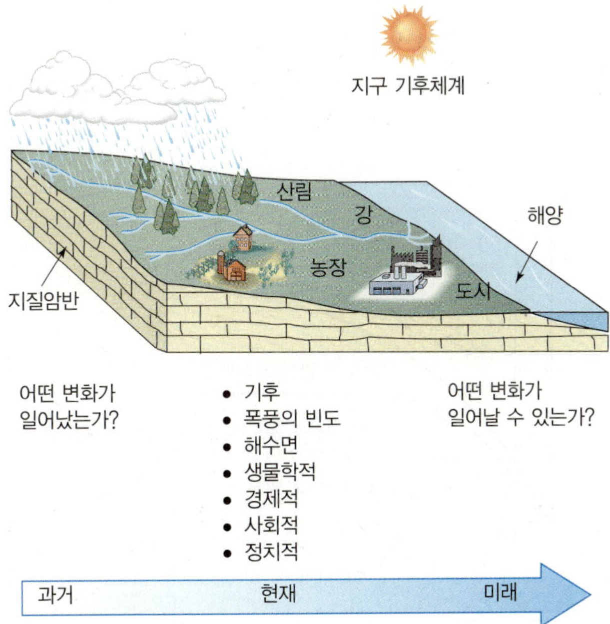

그림 19.17 사람과 환경과 관련된 지구의 기후체계에 관한 두 가지 큰 의문. (*International Panel or Climate Change 2001, at www.ipcc*)

기 위한 길로 더 빨리 들어설 것이다.

탄소 방출의 감소가 지구온난화의 충격을 감소시키기 위하여 필요하다고 하면, 우리는 조치를 취할 필요가 있다(자세히 살펴보기 '지구온난화의 진행을 어떻게 멈추게 할 것인가에 대한 토의' 참조). 이산화탄소 방출의 감소는 인구와 에너지 소비의 증가와 맞물려 진행되어야 한다. 우리가 환경으로 이산화탄소의 방출을 감소시킬 수 있는 몇 가지 방법이 있다—화석발전소의 공학적 개량을 통한 배출 감소, 석탄이나 석유가 연소할 때보다 대기권으로 이산화탄소를 적게 방출하는 천연가스와 같은 화석연료 사용(표 19.4), 화석연료에 대한 우리의 의존을 줄이기 위한 에너지 보존, 더 많은 대체에너지원의 사용, 숲, 토양 및 지구표면 아래의 암석과 같은 지구계에 탄소 저장.[32,33]

식물, 토양 및 대양 내에 탄소의 저장에 대한 상당한 연구가 진행되어 왔다. 지질환경 및 암반 내에 탄소의 저장에 관한 선택 여부에 대해서는 관심이 집중되지 않고 있다. 지질환경내에서 탄소의 체재시간이 일반적으로 수천 년에서 수십만 년의 긴 기간이기 때문에 이와 같은 격리가 주목을 받고 있다.

탄소의 지질 격리의 일반적인 원리는 아주 간단하다. 이 개념은 화력발전소와 공장으로부터 이산화탄소를 포집하여 지표지질환경 내로 탄소를 주입하는 것이다. 두 가지 지질환경이 상당한 주목을 받았다. 첫 번째 지질환경은 염수를 함유한 퇴적암이다. 염분성 대수층으로 알려져 있는 이 암석은 지구상 연구 지역에 꽤 광범위하게 분포하고 있으며, 탄소의 상당히 많은 양을 격리할 수 있는 잠재적으로 큰 저장능력을 가지고 있다. 이 저장고 내 퇴적암은 인간에 의한 이산화탄소의 배출량을 오랜 기간 격리할 수 있는 잠재성을 가지고 있다. 그들은 화석연료에 의존하지 않는 에너지 경제로의 전환에 필요한 시간을 제공할 수 있을 것이다.[32] 탄소 격리를 위한 두 번째 지질환경은 사용된 가스정과 유정이다. 지질환경 내에 이산화탄소를 격리하는 과정은 액체와 가스와 혼합하여 가스를 압축한 다음 이것을 시추공을 통하여 지하에 주입하는 것이다. 사용된 유정이나 가스정으로 이산화탄소를 주입하는 것은 이산화탄소를 단지 저장하는 것뿐만 아니라 지하유정에 남아 있는 원유와 가스의 회수율을 증가시키는 하나의 방법으로도 활용된다는 점에서 부가적인 장점을 가지고 있다. 주입된 이산화탄소는 생산 유정쪽으로 기름이 이동하도록 돕게 된다.

시범사업이 캐나다의 사스캐치완에서 지금 진행되고 있다. 웨이번 유전은 1950년대의

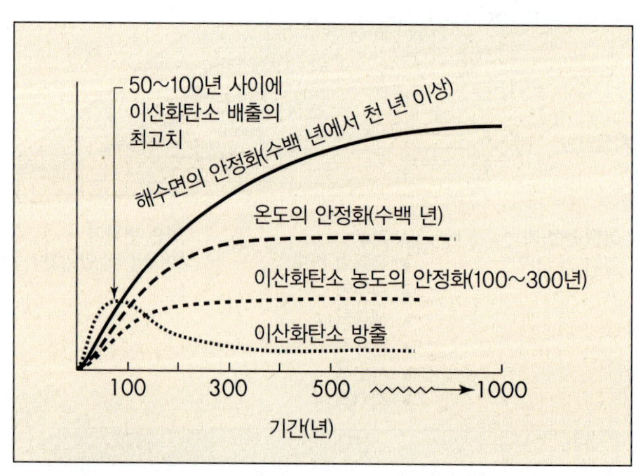

그림 19.18 가스방출의 최고치 이후 대기 중 CO_2가스, 온도, 해수면이 안정화되는 데 걸리는 시간. (*International Panel on Climate Change 2001, at www.ipcc*)

표 19.4 총탄소배출률 퍼센트의 측면에서 일반 화석연료의 비교

화석연료	화석연료로부터 방출되는 총 탄소(%)	비고
석탄	36	석유나 가스보다 단위에너지당 훨씬 더 많은 양의 탄소 배출
석유	43	석탄보다 단위에너지당 23% 정도 탄소의 배출량이 적음
천연가스	21	석유나 가스보다 단위에너지당 28% 정도 탄소 배출의 감소

출처 : Dunn J. 2001. Decarbonizing the energy economy. *World Watch Institute State of World 2001*, New York: W. W. Norton and Company. Chapters IV, V.

생산을 시작했고, 지금은 유전이 고갈될 것을 고려하고 있다. 그러나 이산화탄소의 저장과 회수율의 증가로 생산이 앞으로 수십 년 동안 더 지속될 것 같다. 웨이번 유전에 격리하는 이산화탄소는 하루에 수천 톤의 탄소를 이송하는 가스관을 거쳐 노스다코타의 석탄화력 발전소로부터 나온다.[32]

또 다른 탄소 격리사업은 북해 아래에 있다. 이산화탄소를 천연가스전 아래 위치하는 염수성 대수층에 주입하게 된다. 1996년에 시작한 이 프로젝트는 매년 지하환경에 약 100만 톤의 이산화탄소를 주입했다. 전체 시설은 다음 몇백 년 내에 유럽의 화석연료 공장들 전체에서 생산될 것으로 계획된 이산화탄소의 양을 수용할 수 있을 것으로 추정된다.[34] 북해 아래에 탄소를 격리하는 비용은 비싸다. 그러나 이것은 대기로 방출하는 데 대한 이산화탄소세를 회사가 치르게 함으로써 비용을 보존할 수 있다. 마침내, 미국 내 탄소저장에 대한 효용성과 잠재성을 알아보기 위한 현장 프로젝트가 텍사스의 고갈된 유정에서 시작되었다. 좋은 소식은 거대한 소금대수층이 걸프연안, 텍사스와 루이지애나를 포함하여 미국의 많은 지역 아래에 흔하다는 것과 탄소를 저장하는 잠재력은 매우 크다는 것이다.[34]

최근 연구는 지구온난화가 긴급한 비상시기가 아마도 아니라는 것을 제안한다. 그리고 우리는 화석연료의 계속적이고 집중적인 연소를 대신할 대체에너지 개발을 위해 10년 정도의 시간적 여유가 있을 것이다. 만약에 우리가 미래에 대기의 이산화탄소 농도를 안정화시켜야만 한다고 결정하면, 화석연료 에너지원으로부터 이산화탄소를 훨씬 더 적게 발생시키는 대체에너지로 전환을 통해 나갈 필요가 있을 것이다. 그러나 그린란드의 빙하시추핵에 관한 연구 결과에 근거한 고찰내용은 중요한 기후적인 변화가 수년 정도의 짧은 시간 내에 아마도 발생될 수 있음을 지시한다. 자연 또는 인간에 의해 빠르게 유발된 온난화 혹은 냉각작용이 아마 발생할 것 같지 않지만, 그중 한 가지가 발생되면 잠재적인 충격은 빠르고 심각할 수 있다. 인간의 문명화가 시작되고, 현재와 같이 고도의 문명화된 사회로 발달되는 데 단지 약 7,000년에 불과하다. 이 기간은 지구역사에서 이보다 더 오랜 기간 동안 이 같은 특징적인 기후가 아마도 없었을 정도로 비교적 안정되고 온난한 기후로 특징된다. 지구상에 먹고 살아야 할 인구가 100억 명 혹은 그 이상이 될 때, 빠른 기후 변화에서부터 더 척박한 환경까지 21세기 말에 초래될 수 있는 인류의 고통은 상상하기 힘들 것이다.[13]

자세히 살펴보기 | 지구온난화의 진행을 어떻게 멈추게 할 것인가에 대한 토의

지구온난화에 대한 원인규명이 해결되어 왔다. 지구온난화가 진행되고 있으며, 온난화에 영향을 미치는 상당한 부분이 화석연료의 연소이다. 주요 관심은 이산화탄소의 약 25%가 미국에 의해 방출되고, 캘리포니아 한 개 주가 세계 가스방출량의 1/12에 해당하는 가스를 방출한다. 국가차원에서 미국 정책은 통솔력 부족과 가스방출에 대해 자발적인 통제를 단순히 권고하기 때문에 비판을 받아왔다. 그 결과 가스방출에 대한 통제권은 주정부와 지방정부로 이관되었다. 최근 캘리포니아 주는 2020년까지 25%까지 가스배출량을 줄이기 위한 법안을 승인했다. 이 법안은 주지사의 최종적인 서명을 받기 위해 환경문제전문가와 다른 관련자들에 의한 로비로 몇 주간 걸린 타협안이다. 어떤 사람들은 이 법안을 일자리를 없애는 것으로 규정하였다. 그러나 환경전문가들과 이 법안을 선호하는 사람들은 이 법안이 캘리포니아 주에 많은 새로운 일자리를 가져올 것이라고 지적하였다. 캘리포니아 주는 발전소와 다른 산업과정에서 배출된 이산화탄소의 감소를 통해 지구온난화 문제를 직접적으로 착수하는 미국에서 첫 번째 주가 될 것이다. 캘리포니아 주 법이 다른 주가 지구온난화에 원인이 되는 온실가스의 규제에 대한 시도를 따라하는 하나의 예로 제공되기를 희망한다. 캘리포니아 주는 온실효과 가스의 배출을 억제하려고 시도하는 유일한 주가 아니다. 다른 몇 개 주들은 미국 북동부 지역 내 석탄을 태우는 전기발전소로부터 가스배출을 통제하기 위하여 서로 협력하고 있다. 캘리포니아 주의 대기자원국에서는 화력발전소, 정유 공장 및 다른 산업 활동을 포함한 다양한 가스배출원으로부터 발생되는 이산화탄소와 그 밖의 온실가스의 양을 측정할 의무가 있을 것이다. 배출량의 측정 다음에 규제치가 설정될 것이다. 놀라울 것 없이, 이들 산업들 중 일부에서는 배출의 규제가 캘리포니아 주의 전기가격을 올리게 될 것이고, 상당한 고용주들은 그들의 공장을 온실가스의 배출에 대한 보다 포용적인 정책을 펴는 다른 주로 이주하게 될 것이라고 말한다. 그러나 다른 그룹은 회사들이 오염규제 기술과 대체 연료 개발에 투자하는 것과 같이 규제 법률로부터 기회를 모색할 것이다. 이것으로 그 주에 수천 개의 새로운 직업이 생겨나게 될 것이다. 대기자원국에서는 가스배출 규제 전략과 시장에 기초한 정책, 즉 온실가스의 일정한 양을 배출하는 것을 보증하는 가스배출인증서로 알려진 상거래를 포함하는 정책을 통합할 것을 역시 결정할 수 있다. 인증은 전기발전소와 산업공장에 초기에 주어질 수 있다. 모든 인증서에 의해 허락된 총오염량이 그 주의 가스배출 목표치이다. 가스배출에 대한 정부인증은 공개시장에서 사거나 팔 수도 있을 것이다. 낮은 가스배출을 갖는 보다 새로운 발전소들이 모든 그들의 인증서가 필요치 않을 것이다. 그래서 가스배출량이 더 많은 노화된 발전소에 팔 수 있을 것이다. 가스배출 규제와 시장기반 프로그램의 결합은 단지 온실가스의 배출을 줄이고, 지구온난화의 위협을 줄이는 데 도움을 줄 뿐만 아니라 우리가 환경 문제들에 어떻게 접근할 것인가 하는 새로운 시대를 예고하게 되기를 희망한다.

19.6 지구 변화 과정의 연결성 : 오존의 고갈과 지구온난화

이 장에서 토론된 주요 지구 변화 과정은 흥미로운 연결성을 가진다. 예를 들어, 오존 감소를 야기시키는 염화플루오르탄소(CFCs)는 대기하층으로 방출될 때 온실효과에 기여하고, 이들이 성층권에 도달하면 오존을 고갈시킨다. 성층권의 오존 감소에 대한 원인적 과정과 남극 오존 구멍의 발달은 복합적이다. 그러나 염소와 남극지역 소용돌이(대기가 반시계방향으로 회전이 있는 곳)와 연관된 오존 사이에 화학적 반응과 관련되고, **오존고갈**(ozon depletion) 반응이 일어나는 극지방의 성층권 구름과 관련되어 있다. 회오리바람 내의 공기 덩어리는 고립되고, 냉각, 응결 그리고 하강하게 된다. 염소를 함유하는 염화플루오르탄소는 대기층 하부에서는 활발하지 못하나 성층권에서는 떠돌아다닌다. 이곳에서 염소는 태양의 자외선에 의해 CFCs로부터 분리된다. 그리고 오존과 반응하여 산화염소와 산소를 생성시킨다 — $Cl + O_3 \rightarrow ClO + O$. 이 결과 오존이 파괴된다. 염소는 산소원자 1개와 연속적 반응을 통하여 산화염소로부터 방출된다 — $ClO + O \rightarrow Cl + O_2$. 방출된 염소는 첫 번째 작용과 같은 반응에 의해 더 많은 오존을 파괴한다(그림 19.19). 이 반응은 복합적이나 바로 언급된 일반적인 반응식들을 따라 일어난다. 구름 내에 염소에 대한 두 가지 중요한 생성물은 염산과 염화질산염이다.

탈질산화화 작용과 함께 염소는 오존고갈 반응에 참여하기 위하여 방출된다(그림 19.19 참조). 남극의 봄철 동안에 이와 같은 연쇄반응은 매일 2%까지 오존 감소를 야기하고 궁극적으로 연간 50%에서 70%를 감소시키면서 매우 빠르게 일어날 수 있다. 이것들이 방출되는 대기층 하부에서 CFCs는 더 많은 적외선을 흡수할 수 있기 때문에 이산화탄소보다 더 많은 열을 가두어 둘 수가 있다. 한 연구에서는 한 개 분자단위로 CFCs는 이산화탄소보다 적외선을 흡수하는 데 10,000배 더 효율적이라고 결론을 내렸다. 그럼에도 불구하고 훨씬

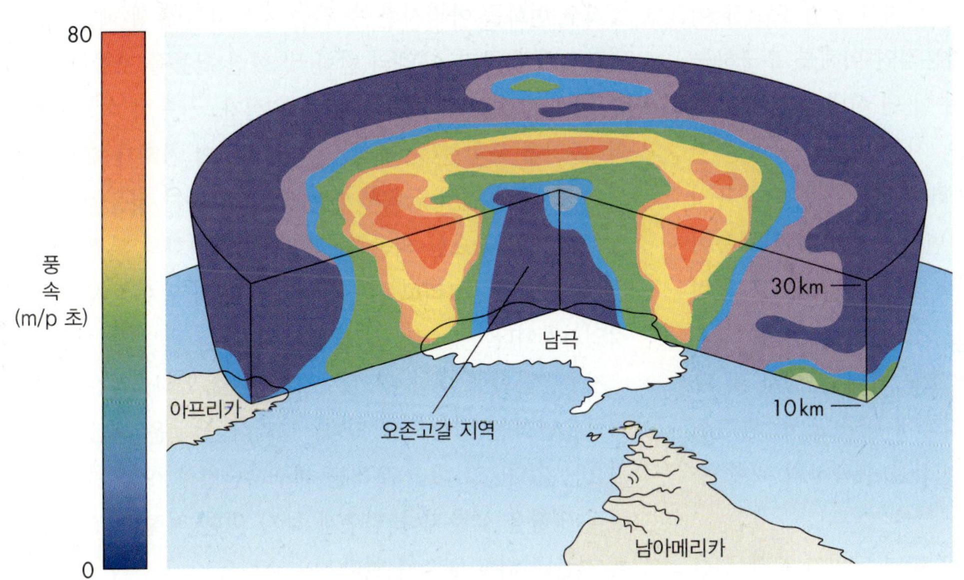

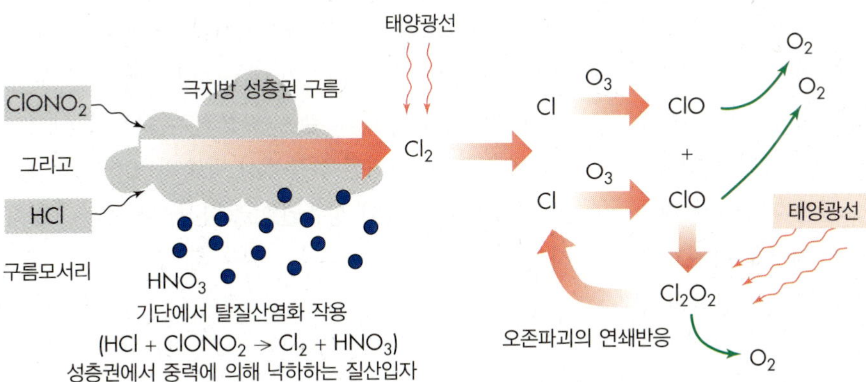

그림 19.19 남극에서의 소용돌이와 오존감소의 연쇄반응에 대한 극지역의 성층권 구름의 역할에 대한 이상적 그림. (*Based on Toon; O. B., and Turco, ozone depletion,* Scientific American *264(6): 68–74*)

더 많은 이산화탄소를 내뿜기 때문에 이산화탄소가 CFCs보다 전체 인간 기원의 온실효과에 더 많이 기여한다.[36]

CFCs와 같은 물질의 방출을 통하여 온난화 문제와 오존고갈 문제의 연결성은 고려되어야 할 중요한 요소이다. 화석연료의 연소와 같은 작용과 관련된 또 다른 연결성은 이산화탄소와 다른 온실가스뿐만 아니라 산성비에 대한 원인을 만드는 것이다(제15장 참조). 앞에서 토론된 바와 같이 화석연료의 연소와 화산폭발은 대기를 냉각시키는 미립자들을 만들어 낸다. 이산화탄소는 지구 온도의 변화에 절대적 영향을 미친다. 따라서 우리는 이것이 환경에 미치는 행위에 대해서 연결성의 원칙이 있다는 것을 알게 된다. 지구온난화와 같은 하나의 문제에 대한 많은 측면들이 다른 과정들 혹은 문제들, 예를 들면 오존고갈과 같은 문제들과 서로 연관되어 있다.

요 약

지구계과학으로 알려진 학문의 새롭게 통합된 영역의 주요 목표는 우리의 행성이 어떻게 작동하는지, 그리고 대기권, 대양 그리고 고체 지구와 같은 여러 가지의 구성 요소가 어떻게 상호작용을 하는지에 대한 기본적인 이해를 추구하는 것이다. 다른 중요한 목표는 다음 수십 년 이내에 일어날 수 있는 지구 변화를 예측하는 것이다. 지구 변화와 관련된 것은 온도 또는 기후 변화이며, 이 변화의 결과로 해수와 육지에서의 변화가 있을 것이다. 이들 변화는 단기적인 예측이기 때문에 지구계 과학은 세계 어느 곳의 사람들과도 관련되어 있다.

지구 변화를 연구하는 방법에는 호수 퇴적물, 빙하 및 다른 지구 물질들로부터 지질학적 기록에 대한 조사, 관측소로부터 실시간 자료 수집 그리고 변화를 예측하기 위한 수학 모형의 개발 등이 포함된다.

기후는 계절 단위, 연 단위 그리고 10년 단위의 시간에 걸친 강수와 온도와 같은 특징적인 대기 환경을 의미한다. 대기권은 많은 중요한 화학 반응이 일어나는 동적이고 복합적인 환경이다. 인류 활동은 지구온난화에 상당히 기여하고 있다. 대기권에 의하여 열이 가두어지는 것을 일반적으로 온실효과라고 말한다. 수증기와 이산화탄소, 메탄과 염화플루오르탄소를 포함하는 다른 여러 가스들은 지구에서 방출되는 열에너지의 일부를 흡수하기 때문에 지구를 데우고 열을 가두어두는 성향을 가지게 된다. 지구적 온도 상승의 영향은 지구적 해수면 상승과 강우 형태의 변화, 강력한 폭풍우, 토양 수분, 농업 그리고 생물권에서의 변화를 포함한다.

기후 변화를 야기시킬 수 있는 자연적인 발생 메커니즘은 밀란코비치 주기, 태양의 변화 및 화산 활동을 포함한다. 인간 기원의 원인은 대기 오염과 온실가스, 특히 이산화탄소의 증가를 포함한다. 우리는 지금 지구의 기후가 수십 년에서 수백 년에 걸쳐 급속하게 변할 수 있다는 것을 이해하고 있다. 2개의 중요한 의문은 "과거 기후 변화의 본질과 범위는 무엇인가?" 그리고 "미래에 기후 변화가 어떻게 진행될 것인가?" 이다.

지구온난화에 대한 원인은 잘 밝혀져 있다. 인간에 의한 지구온난화는 진행되고 있다. 그러나 어두운 전망을 가질 필요는 없다. 그 대신 우리는 지구온난화와 이와 관련된 환경적 영향을 늦추거나 멈추게 하기 위한 적절한 조치를 빠른 시간내 취할 필요가 있다.

지구온난화에 대응하는 것은 변화에 적응하는 것으로부터 이산화탄소의 배출을 줄이거나 탄소를 제거하는 것까지 다양하다. 몇 개의 동시적인 대응들이 있어야 할 것이다. 오존 파괴와 온실효과와 같은 지구적 변화는 동시에 진행된다. 예를 들면, 대기권 하부에서 방출되는 CFCs는 온실효과에 더해지고, 더불어 성층권으로 확산되어 오존고갈을 야기시킨다.

기본개념의 재확인

인구 증가

인구 증가는 지구온난화에 대해 인간이 기여한 요소 중의 하나이다. 전 세계 인구의 약 5%인 미국은 이산화탄소의 약 25%를 방출하며, 온실효과를 통한 온난화에 기여하는 것으로 간주된다.

지속 가능성

비교적 안정적인 지구 기후가 인류의 미래세대와 생태환경을 위하여 요구된다. 기후의 빠른 혹은 급격한 온난화와 냉각화는 인류와 생태계가 적응하는 데 어렵게 될 것이다. 현재 방대한 양의 화석연료를 연소하는 우리의 에너지 정책은 지속되지 못할 것이다. 만약 우리가 방대한 양의 온실가스의 배출을 지속한다면, 우리는 검증되지 않고 예측할 수 없는 불행한 결과를 초래할 수 있는 계획되지 않은 지구적 실험을 계속적으로 수행하는 것이다.

계로서의 지구

지구는 여러 측면에서 변경될 수 있는 공기, 물, 토양, 암석 그리고 생물체 사이에 상호 연관성을 갖는 하나의 행성계이다. 지구계와 이 계가 어떻게 변화는지에 대해 이해하는 것은 지구온난화와 산성비와 같은 환경적인 문제들을 해결하고자 한다면 중요하다. 지구의 재해적인 작용, 위해성 평가, 지구온난화에 대한 인식이 홍수, 허리케인, 해안침식을 포함하는 다양한 자연재해와 관련되어 있다. 대기 온난화의 형태로 발생될 수 있는 자연재해로부터 생겨나는 손상과 위험성의 변화에 대한 연구가 진행 중이다. 자연재해에 대한 우리의 인식은 미래에 재해 발생의 빈도와 강도가 증가하거나 감소할 때 바뀔 수 있다.

위험한 지구작용, 위해성 평가 및 인식

지구 변화와 기후 변화에 대한 과학적 이해는 과거 수십 년 사이에 크게 증가되어 왔다. 비록 세부적인 사실에 대해서는 대략적이지만, 우리는 화석연료 연소에 대한 우리의 현재 에너지 정책에 대한 잠재적 불행한 결과에 대해서 좋은 아이디어를 가지고 있다. 우리의 가치들에 대해 예전에는 결코 없었던 검증이 진행되고 있다. 이산화탄소의 배출을 줄이기 위하여 새로운 에너지 정책이 필요할 것이다. 새로운 에너지 정책에 대한 어떤 두려움은 우리의 경제에 재정적 손실을 야기할 수 있을 것이다. 다른 사람들은 환경을 오염시키지 않거나 혹은 지구온난화를 야기하지 않는 대체에너지 자원으로의 전환은 새로운 에너지 정책을 어렵게 만들지 않을 것이라고 믿는다. 에너지 자원에 대한 그들의 현재 상황에 관계없이 사람들은 빠르고 잠재적으로 피해를 주는 기후 변화에 대한 위협이 배제된 오염 없는 환경에서 살아기는 것에 대한 높은 가치를 두고 있다.

주요 용어

기후	영향	온실효과
빙하	엘리뇨	지구계과학
사막화	오존고갈	지구흐림화 현상

복습 문제

1. 프레스톤 클라우드에 의하여 정의된 것과 같이 지구과학의 두 가지 중심 목표는 무엇인가?
2. 지구계과학을 정의하라.
3. 지구 변화를 연구하기 위한 세 가지 주요 연구방법은 무엇인가?
4. 기후를 정의하라.

5. 빙하를 정의하라.
6. 사막화란 무엇인가?
7. 지구 온도를 결정하는 세 가지 주요 요소들은 무엇인가?
8. 20세기 말 지구온난화가 인간 활동에 기인한다고 생각하는 이유는?
9. 지구온난화는 무엇인가?
10. 소위 해양대류 벨트가 중요한 이유는?
11. 지구온난화의 주요 잠재적 영향은 무엇인가?
12. 이산화탄소의 배출을 감소하기 위한 주요 방안들은 무엇인가?
13. CFCs가 성층권의 오존을 감소시키는 원인이라 생각하는 이유는?
14. CFCs와 이산화탄소가 잠재적으로 지구온난화에 어떻게 관여되는가?

심화 문제

1. 여러분의 부모나 혹은 여러분과 비슷한 연령의 사람들이 여러분의 생애 동안 혹은 이들의 생애에 발생될 수 있는 주요 변화에 대해 토론하고 기록하라. 이 변화들이 점진적인 것인지, 갑작스러운 것인지, 놀라울 정도인지, 혼동의 상태인지 혹은 여러분의 선택에 의한 설명으로 특성화하라. 이들 변화를 분석하라. 그리고 여러분 개인에게 가장 중요한 변화들에 대해서 분석하고 토론하라. 이들 변화의 어떤 것이 지역적, 광역적, 지구적 수준에서 우리 환경에 영향을 미쳤는가?
2. 미래의 변화가 여러분에게 영향을 미칠 수 있는 것에 대해 어떻게 생각하는가? 특히, 세계 인구 증가의 결과로 직면할 수 있는 환경 문제를 고려해 생각해 보라.
3. 여러분은 인간 활동이 20세기 말 온난화에 대해 중요한 요소인지를 더 확실히 하기 위한 추가적인 연구가 온난화에 의한 잠재적 불행한 충격을 줄이기 위한 조치를 취하기 전에 필요하다고 생각하는가? 만약 필요하다면 그 이유는? 혹은 필요하지 않다면 그 이유는?
4. CO_2 증가에 의한 지구온난화가 다른 빙하시대로부터 우리를 구할 수 있을 것이라고 생각하는가? 이 질문에서 지구흐림화 현상의 역할은 무엇인가?
5. 지구온난화를 늦추거나 잠재적으로 멈추게 할 값비싼 조치들을 취하기 전에 더 많은 연구가 필요하다고 주장하는 것에 대한 여러분의 생각은 어떠한가? 이와 같은 조치가 재정적 문재를 야기할 것인가? 혹은 경제적 기회를 제공할 것인가? 각각에 대한 이유는?

제 20 장

지질학, 사회 그리고 미래

학습 목표

지질학과 환경 건강, 환경 영향 및 토지 이용 계획과 같은 사회의 특수한 기능에 대한 지질학과 그 관계의 연구는 이 책을 통해 배운 통합에 의존한다. 이런 의미에서 이 장은 이 책의 절정에 해당된다. 높은 수준에서 사람들과 우리 환경 사이의 관계는 우리가 왜 환경지질학을 공부하는지에 대한 통찰력을 제공한다. 희망컨대 우리는 과거 성공을 토대로 하며 우리의 잘못으로부터 배운다. 이 장에서 우리는 다음의 학습 목표에 초점을 맞춘다.

- 환경 건강의 지질학적인 관점을 이해한다.
- 토지의 적절한 이용을 위한 평가에 있어 지질학자의 역할을 이해한다.
- 환경영향평가보고서의 주요 요소와 스코핑(scoping)과 경감 과정을 포함한 환경 영향 평가 분석에 대해 이해한다.
- 법의 절차, 특히 환경 갈등을 해결하기 위한 중재와 협상의 활용에 대해 알아본다.
- 인류의 인구수 증가, 수자원의 감소 및 우리의 식량 공급과 연계된 전지구적 온난화에 기인하는 잠정적인 환경 위기에 주의를 돌리기 위해 우리가 취할 수 있는 세 가지 단계를 이해한다.
- 지속 가능성의 목적을 달성하기 위해 어떤 단계가 필요한지 논의할 수 있어야 한다.

중국의 오염된 강. 중국에서 급격한 산업 성장은 환경문제를 일으키고 있다. (National Geographic, 2004년 3월 호. Bob Sacha 사진)

사례 연구 | 환경 위기의 가장자리에 있는 중국

약 13억 명의 인구를 가진 중국은 최근까지도 '잠자는 대국'으로 불렸다. 이 대국은 수백만 명의 경제적인 환경을 개선하는 산업 성장과 함께 활동하기 시작하였다. 하지만 이는 최근에 인식되고 다루어지기 시작하였다. 중국인들은 1970년대에 미국 내에서 제기되었던 문제에 대하여 묻고 있다. 만약 우리가 공기로 호흡하거나 또는 물을 마실 수 없다면 경제 발전이 무엇 때문에 좋으냐? 만약 우리가 사막화와 토양 침식을 통해 곡물의 생산성을 떨어뜨리는 '황진 지대'를 만들어 낸다면, 식량의 수입을 필요로 할 수 있는 농업을 왜 확대하느냐? 문제는 분명하다.[1,2]

- 현재 중국은 세계가 겪어 보지 못했던 인간에 의해 발생한 가장 큰 변모를 경험하고 있다. 수많은 사람들이 흔히 환경의 희생으로 기회와 산업과 빠른 경제성장이 일어나고 있는 도시로 이주하고 있다. 환경보호는 초기 단계에 있다. 그러나 중국은 환경 파괴를 줄이고 결국 제거가 필요하다는 것을 인식하였다. 비록 긴급한 목표는 아니지만 말이다.
- 중국의 산업 성장은 대기 오염과 산성비에 기여하는 석탄 사용에 의해 가속되었다.
- 가정 내에서 석탄 사용은 심각한 실내 대기 오염 문제를 일으키며 호흡기 질환을 통해 1년에 거의 100만 명의 중국인들을 죽게 하고 있다.
- 중국의 공장과 광산에서 2억 5천만 명 이상이 독성 화학물질이나 먼지와 자주 가까이 하고 있다.
- 도시에서 나온 정화되지 않은 중국 하수의 90%는 처리되지 않은 채 강, 호수 및 바다로 배출된다. 그 결과 황해로 흘러드는 거대한 강들은 오염되어 있고, 사람들을 위한 상수로 이용될 수 없다.
- 중국 사람의 약 절반은 사람과 다른 동물들로부터 나오는 배설물에 의해 오염된 물을 마신다.
- 북중국의 곡창지대에 있는 지하수의 대수층이 고갈되고 있으며, 이는 토양 침식 및 먼지 폭풍과 함께 곡물의 생산성을 떨어뜨리고 있다.

중국 정부는 이제 오염을 일으키지 않는 새로운 에너지 자원(수력발전, 풍력, 태양에너지)의 개발, 석탄 사용의 축소, 토양 침식을 줄이기 위해 농지를 방목장, 숲 및 늪지로 되돌려 주기, 토양을 고정시키고, 지표수를 줄이며 홍수피해를 줄이기 위해 이전에 벌목된 산 사면에 나무 심기, 공장에서 나오는 독성의 폐수를 처리하기 위한 물 처리 시설의 건설, 심지어 지속 가능성을 본보기로 새로운 도시의 건설을 시도함으로써 '생태적 완전붕괴'[2]라고 부르는 것에 대응하고 있다. 중국인들은 유럽과 미국의 부유한 사람들처럼 더 큰 집과 자동차를 갖고자 한다. 이들은 또한 이들의 자녀를 위해 맑은 물과 개선된 환경을 원한다. 중대한 질문은 "중국이 깨끗하고 건강한 환경을 가질 수 있으며 빠른 경제 발전의 현재 방침을 계속할 수 있을까?"이다. 이에 답은 아마 "아니요"이다. 현재의 방침 또는 '평소대로의 영업'은 계속해서 환경을 파괴할 것이다. 이 장의 나머지에서 우리는 이러한 질문과 관련된 몇몇 관점을 논의한다. 그리고 이 장의 끝에서 중국뿐만 아니라 세계의 나머지 나라를 도울 수 있는 접근법을 제시한다.

20.1 서론

우리는 많은 지질 및 생물지질학적인 작용의 상호작용을 통해 형성된 산, 평원, 강의 계곡, 산비탈 및 해안선과 같은 지구표면에 산다. 대부분 지역에서 토양이라는 지구 물질의 생물지질학적 층이 표면을 덮고 있다. 사람들은 마을로 모여들기 시작하였으며 도시를 이루고 농사를 지으며, 다양한 지구 물질로부터 제품을 생산한 이래 지질학은 사회에서 중요한 역할을 하였다. 이 책의 다른 부분에서 우리는 자연재해를 포함한 몇몇의 주요 지구작용과 광물, 물 및 토양과 같은 자원, 그리고 이것들과 사람들의 행동양식과 작용의 상호작용을 논의하였다. 더 나아가 우리는 이 장에서 지질학과 사회의 필요 사이의 관계의 예를 학습한다. 비록 많은 관계가 가능할지라도 우리는 환경 건강, 부지 선정, 환경 영향 분석 및 환경법의 지질학적인 관점에서 논의한다. 우리는 우리가 어떻게 인간에 의해 발생하는 미래의 환경 위기를 막고 지속 가능성을 지향할 수 있는가에 대한 간결한 논의로 이 장과 책을 끝맺는다. 이 장의 논의들은 지질학과 사회적인 상호작용의 모든 양상에 대한 완전한 분석을 제공하지 않는다. 오히려 이들은 우리가 우리의 행성 지구와 한층 더 조화된 생존을 어떻게 지향할 수 있는지에 대한 주제와 미래 사고(思考)에 대한 소개 역할을 한다.

20.2 지질학과 환경 건강

생물 공동체의 구성원으로서 인류는 생물권에 생태적 적소(niche)—생물권, 대기권, 수권 및 암석권 사이의 복잡한 상호작용에 크게 의존하는 생태적 적소—를 만들었다. 그런데도 우리는 겨우 우리의 건강과 복지에 영향을 미치는 환경 요소를 조사하고 기초적인 지식을 얻기 시작하고 있다. 우리가 지질학적인 순환—토양, 암석 및 물속에 들어 있는 소량의 원소부터 기후, 지질학 및 지형의 지역적인 패턴—에 대한 조사를 계속함에 따라 우리는 이들 요소들이 사망률과 어떤 질병의 발병률에 어떻게 영향을 미치는지 중요한 발견을 하고 있다. 미국 한 나라에서 사망률은 한 지역에서 다른 지역에 따라 상당히 다르며,[3] 이러한 변화의 일부는 우리가 살고 있는 지역, 물리적, 생물학적 그리고 화학적인 환경에 기인한다(자세히 살펴보기 '환경 속의 납' 참조).

이 시점에서 기초적인 용어와 정의를 소개하는 것이 유익하다. 예를 들면 **독물학**(toxicology)은 독물 또는 독소의 연구, 사람과 생태계뿐만 아니라 환경 내의 독성 물질과 연관된 임상, 경제, 산업 및 법률상의 문제와 관련된 학문이다. 암을 일으키는 독특한 형태의 독소는 발암물질이라 부른다. 오늘날 발암물질은 사회에서 가장 위험하고 강하게 규제받는 독소의 일부이다. 특정한 독소나 발암물질의 농도는 흔히 ppm(parts per million) 또는 ppb(parts per billion) 단위로 나타낸다. 이들은 매우 작은 수의 단위이다. 예를 들면 우리가 팝콘을 만들 때 소금을 약간 넣는다고 하자. 요드염의 표준 용기 737g을 이용하여 팝콘에 1ppm 농도의 양념을 하고 싶다고 하자. 용기 내 전체 소금을 이용하여 1ppm 농도를 맞추기 위해서는 대략 737톤의 옥수수를 튀겨야 하며, 이는 4분의 1파운드 봉지 600만 개보다 더 많다! 보통 사람들이 ppm이나 ppb와 같은 낮은 농도의 화학물질이 암을 일으키거나 독성이 있다는 것을 이해하는 것은 어렵다. 끝으로 대기 중의 독소와 다른 오염물은 일반적으로 공기의 리터당 마이크로그램($\mu g/L$) 또는 세제곱미터당 마이크로그램($\mu g/m^3$)으로 측정한다. 공기 중의 방사성 라돈은 예외이다. 라돈 기체는 리터당 피코큐리(pCi/L)로 나타내며, 이는 1L 공기 내에서 일어나는 방사성 붕괴 수를 기준으로 한다.

환경적인 견지에서 질병은 개인과 환경 사이의 부족한 적응으로부터 발생한 불균형으로 설명된다.[8] 질병이 단 한 가지 원인으로 발생하는 경우는 드물다. 우리들이 질병의 원인을 이해하는 데 있어 지질학자들이 기여한 점은 질병의 발병률에 영향을 미칠 수 있는 지질학

자세히 살펴보기 | 환경 속의 납

납 중독의 발생은 질병 형태에 지질, 문화, 정치 및 경제가 함께 미치는 영향의 예이다. 납 중독의 영향은 빈혈, 지체 장애 및 마비를 포함할 수 있다. 수십 년간 납은 휘발유에 사용되었으며, 그 결과 고속도로 주변의 토양을 오염시켰다. 또한 최근까지 납은 페인트를 포함한 수많은 다른 생산품에 쓰였다. 페인트를 칠한 이들 제품의 표면을 씹은 일부 어린이들은 치명적인 양의 납을 섭취하였다. 납은 또한 밀수입한 일부 위스키에서 발견되었으며, 결국은 성인과 심지어 이 위스키를 마신 엄마들의 태내 또는 젖먹이 유아 사이에 납 중독이 발생하였다.[4]

넓게 퍼진 납 중독은 로마제국 멸망의 한 원인이었다는 것이 제안되었다. 어떤 역사학자는 로마가 몇백 년 동안 매년 55,000톤의 납을 생산한 것으로 추정하였다. 로마인들은 주류 용기, 포도주 컵, 화장품 및 의약품에 납을 이용하였다. 지배층은 또한 납으로 만든 수도관을 통해 그들의 집으로 물을 끌어들였다. 역사학자들은 상류층의 점진적인 납 중독은 넓게 퍼진 사산, 기형 및 뇌손상에 의해 결국 그들이 종말을 맞게 되었다고 주장한다. 고대 로마인들의 뼈에서 발견된 높은 납 성분은 이 가설을 지지한다.[5] 그 밖의 지지는 그린란드 빙하 얼음 시추 코어(core)의 연구로부터 얻었다. B.C. 500년에서 A.D. 300년 기간 동안 얼음 속의 납 농도는 로마제국 시대의 전후보다 대략 4배 높았다. 이 발견은 로마제국 시대 동안 북반구에 걸친 대기에 납의 오염이 일어났음을 암시한다.[6]

우리는 납이 높은 농도에서 심각한 건강 문제를 일으키는 극히 독성이 강한 금속으로 오랫동안 알고 있었다. 아주 최근에는 도시 지역의 납은 또한 사회문제를 일으키는 것으로 알려졌다. 한 연구에서 뼈의 납 농도가 평균 이상인 어린이들은 납 농도가 낮은 어린이들보다 주의력 결핍 장애 또는 청소년범죄 문제를 가지며 공격적인 행동을 보이기 쉽다는 것이 밝혀졌다.[7] 이 결과에 근거하여 도시 지역 어린이들의 범죄율과 공격적인 행동의 일부는 환경 오염뿐만 아니라 사회경제적 상황에 있을 수 있다고 생각된다. 만약 환경 오염이 사회문제를 일으킨다면 우리가 도시 환경을 어떻게 관리하는가가 엄청나게 중요해진다. 공격적인 행동은 부분적으로 우리의 오염된 환경 때문이라는 생각은 쟁점이 되고 있으며, 이러한 결론을 증명하기 위해서는 추가적인 연구가 필요하다.

적인 환경의 양상을 분리하는 것을 돕는 것이다. 이러한 매우 복잡한 과제는 의사와 다른 과학자들의 학제 간 연구와 결부된 충분한 과학적 조사를 필요로 하지는 않는다. 비록 오늘날 상황은 다소 모호할지라도 최근 생겨난 의학지질학 영역의 가능한 혜택은 호기심을 불러일으키며, 결국에는 환경 건강에 중요한 역할을 할 수 있다.

환경 건강에 있어 몇몇 지질학적 요소

식량을 얻기 위해 우리가 농작물을 재배하는 토양, 주택과 산업 시설을 짓는 암석, 마시는 물과 우리가 호흡하는 공기 모두는 심각한 건강 문제를 발생시키는 가능성에 영향을 미친다. 이와 반대로 이들 요소들은 또한 한층 더 풍요롭게 오래 살 수 있는 가능성에 영향을 미칠 수 있다. 놀랍게도 대부분의 사람들은 '자연', '청정한' 또는 '개간되지 않은' 상태의 토양, 물 또는 공기는 틀림없이 '좋으며' 만약 인간 활동이 이들 자원을 변화시키거나 변형시키면 이들은 '오염되거나' 또는 '더럽혀지며', 따라서 "나쁘다"고 여전히 믿는다. 단순한 이 이분법은 결코 완전한 설명은 아니다.[6,9,10]

만성질병과 지질 환경

건강은 생물체가 그의 고유한 내부 환경과 그의 외부 환경에 적응하는 상태로 정의 내릴 수 있다. 여러 해에 걸친 관찰을 통해 암과 심장병 같은 만성병에 있어 어떤 지역적이고 지방적인 변화는 지질학적인 환경과 관련되어 있음을 알 수 있다. 비록 증거들이 계속 쌓여가고 있지만 이들의 정확한 관련성은 발견되어야 한다. 결정적인 성과의 부족에 대한 원인에는 두 가지가 있다. 첫째, 지질 환경과 질병 사이의 관계에 대한 가설이 적절히 검증될 수 있도록 충분히 분명하지 않다. 기초적인 연구와 현장 확인은 더 나은 조화를 필요로 한다. 둘째, 의학-지질학 연구를 위한 믿을 만하고 유사한 자료의 획득에 있어 많은 방법론적인 어려움이 있다.[11] 우리는 기후와 같은 다른 환경적인 요소들의 기여보다 만성병에 대한 지질학적인 영향을 훨씬 더 적게 알고 있다.

비록 어떤 경우에 질병에 있어 지질학적인 영향에 대한 우리의 평가는 여전히 경험에서 얻은 추측이지만 이들 관계에 대해 더 많이 배울 수 있는 장점이 있는 것은 분명하다. 미국에서 심장병 발병률의 지리적인 변화는 지질 환경과 관련될 수 있다. 게다가 서구에서 암 종양의 2/3는 부분적으로 환경 영향으로부터 발생한 것으로 판단될지라도 유전적인 요소 또한 중요하다.[11]

심장병과 지구화학적 환경

우리가 여기서 사용하는 **심장병**이란 용어는 관상심장병(coronary heart disease : CHD)과 심장혈관병(cardiovascular disease : CVD)을 포함한다. 심장병의 사망률 변화는 마시는 물의 화학 성분—특히 마시는 물의 세기—과 흥미로운 관계를 보여준다. 세기는 물에 녹아 있는 칼슘, 마그네슘 및 철의 총량의 함수이다. 이들 원소의 높은 농도는 센물을 형성한다. 이들 원소의 농도가 낮은 물은 단물이라 한다. 일본, 영국, 웨일즈, 스웨덴 및 미국에서 수행된 연구 모두는 상대적으로 단물을 마시는 공동체는 센물을 마시는 공동체보다 심장병의 발병 비율이 더 높다는 결론을 내렸다.

물의 화학 성분과 심장혈관병과의 관련성은 사망의 유력한 원인이 발작—뇌혈관의 파열이나 막힘에 의해 발생하는 몸의 기능의 갑작스런 상실—임이 일본에서 아마 최초로 보고되었다. 일본에서 질병의 지리적 변화는 강물의 상대적인 세기와 관련되어 있다. 그림 20.1은 일본에서 발작에 의한 사망률이 높은 지역이 비교적 단수 지역과 일치함을 보여준다.[12]

일본 북동부 지역의 상대적인 단물은 분명히 이 지역에 분포하는 황이 풍부한 화산암으로부터 유래한다. 이 지역의 강물은 상대적으로 단물이다. 이와 대조적으로 일본에서 퇴적암 지대를 흐르는 강물은 세계 대부분의 강물처럼 상대적으로 센물이다.

센물과 심장병 사망률 사이의 일반적인 반비례 관계는 또한 미국 내에도 있다.[13,14] 예를 들면, 일본의 보고서와 비슷하게 오하이오에서 수행된 연구는 센물이 심장병의 발병률에 영향을 미칠 수 있음을 보여주었다.[15] 오하이오의 연구는 오하이오 주 남동부 지역에 분포하는 함탄층(含炭層)의 암석으로부터 유래된 비교적 단물을 마시는 군(郡)은 젊은 빙하 퇴적물로부터 유래된 비교적 센물을 마시는 군보다 심장발작에 의한 높은 사망률을 갖는 경향이 있음을 발견하였다(그림 20.2). 그러나 대체적으로 이러한 부(−) 상관관계가 결정적

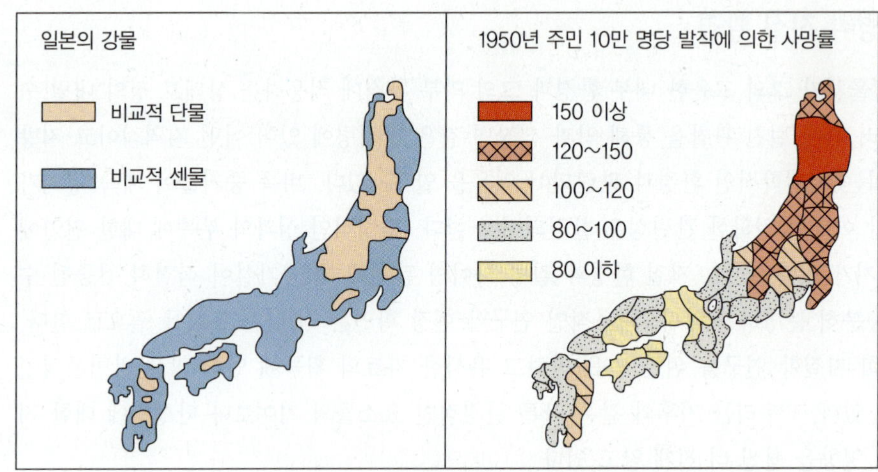

그림 20.1 발작 1950년 강물의 상대적인 단물과 센물과 발작에 의한 사망률의 비교를 나타내는 일본 지도. (*T. Kobayashi, 1957*)

이지 않음을 인식하는 것이 중요하다. 인디애나 주의 연구는 심장병과 물의 세기 사이에서 약간의 양(+)의 상관관계를 발견하였으며, 이는 다른 많은 변수가 심장병 발병률에 상당한 영향을 미칠 수 있음을 암시한다.[16]

논의된 상관관계는 지구화학적인 환경과 심장병 사이의 인과관계를 꼭 나타낼 필요는 없다. 만약 인과관계가 있다면 우리는 인과관계의 본질을 모르며 오직 몇 가지 가능성만이 존재한다.[16]

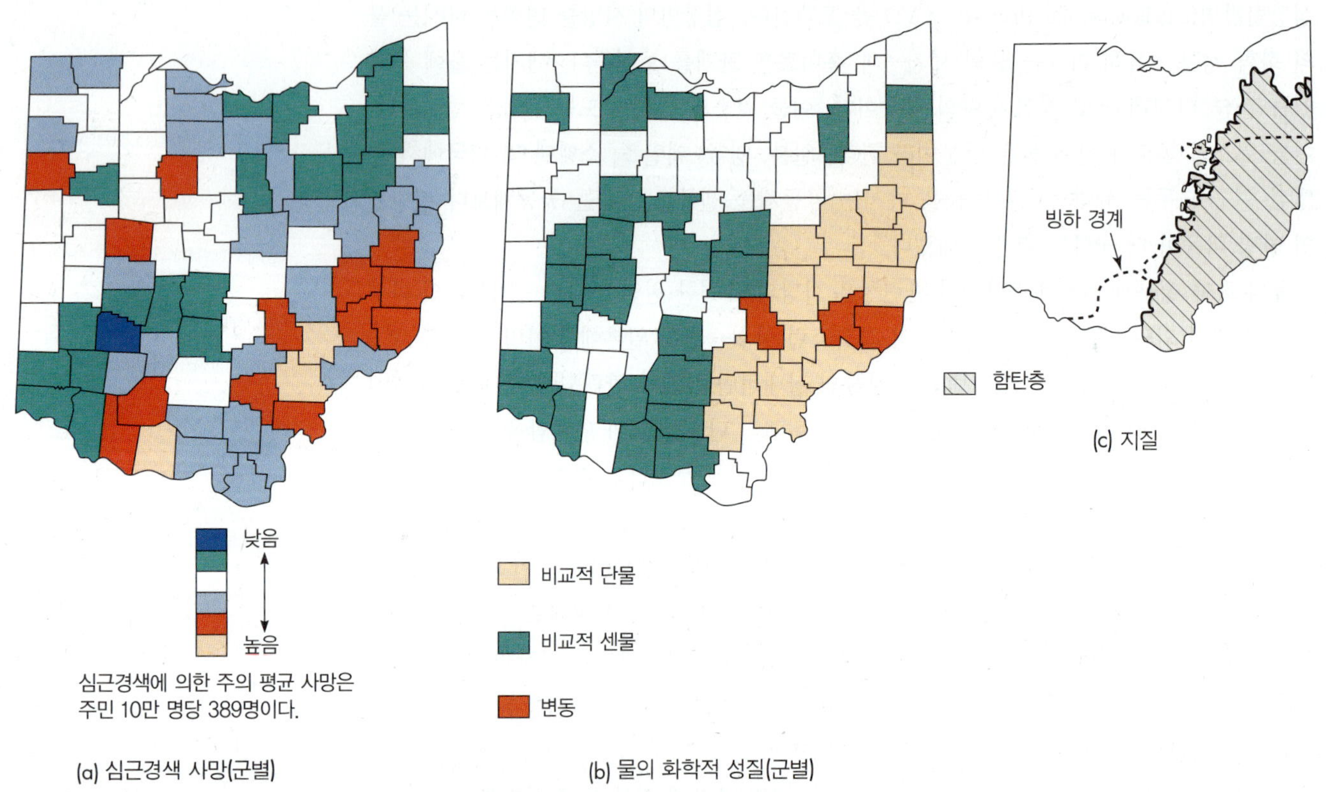

그림 20.2 심근경색 오하이오의 군별 심근경색에 의한 사망과 군별 단물과 센물의 분포.
(*R. J. Brain, 1979*. Geology, *7:7–10*)

- 단물은 센물보다 더 산성이며 수도관을 부식시켜 심장병을 일으키는 미량 원소를 물 속으로 유리시킬 수 있다.
- 단물의 다른 어떤 특성이 심장병을 직접적으로 일으킬 수 있다.
- 센물에 녹아 있는 어떤 물질이 심장병을 막는 데 도움을 줄 수 있다.

물론 이들 요소와 다른 요소들의 어떤 조합이 또한 가능하며, 한 질병은 몇 가지 원인을 가질 수 있다는 우리의 관찰과 일치한다. 센물의 이점을 증명하고 가능하면 심장병을 줄이기 위해 단물의 처리를 제안하기 위해서는 추가적인 연구가 필요하다.

암과 지구화학적 환경

암은 환경 조건과 밀접하게 관련되는 경향이 있다. 그러나 심장병의 경우처럼 지구화학적 환경과 암의 관련성은 입증되지 않았다. 다양한 형태의 암의 원인은 의심할 나위 없이 복잡하고 많은 변수를 포함하며, 이들 중 어떤 것은 지구의 어떤 구성 물질 내에 있기도 하고 없기도 한다.

환경 내에서 암을 일으키는 **발암물질**은 두 가지 기원을 갖는다. 어떤 것은 토양과 물과 같은 지구 물질 내에서 자연적으로 생긴다. 다른 것은 인간의 이용에 의해 환경으로 방출된다. 최근 몇 년 동안 발암물질로 알려지고 의심되는 많은 물질에 관심이 집중되었다. 이러한 인식은 때때로 암과 관련성이 충분히 입증되지 않은 물질에 대한 불안으로 이어졌다. 이것은 산업적으로 방출된 발암물질에 대한 모든 관심이 잘못되었다는 것을 의미하지는 않는다. 최근 정보는 암을 일으키는 물질이 우리들이 마시는 많은 물속에서 다양한 농도로 발견될 수 있다는 것을 암시한다. 발암물질은 우리가 마시는 물에 들어 있을 수도 있고 없을 수도 있다. 그러나 독성의 화학물질—이들 중 어떤 것은 발암물질이 가능한—을 포함한 산업 폐기물로 더렵혀진 물이 확실히 우리의 지표수 공급지로 방출되고 있다. 특히 미시시피 강은 오염 문제를 안고 있다. 얄궂게도 염소를 사용하는 현재의 물 소독 방법은 이러한 문제에 기여할 수 있다. 만약 염소와 결합할 때 어떤 사업 폐기물은 암을 일으키는 물질로 바뀐다. 또한 어떤 지역에서 시대에 뒤떨어진 물의 소독과정은 어떤 발암물질을 제거하는 데 실패한다. 자연적으로 발생하는 공기 내 암을 일으키는 물질이 또한 우리들의 몇몇 집과 건물에서 발견된다(자세히 살펴보기 '라돈 가스' 참조)

20.3 환경 계획 : 부지 선정

부지 선정(site selection)은 인간 활동을 떠받쳐 줄 환경의 평가과정이다. 이것은 지구과학자, 공학자, 조경사, 지리학자, 생태학자, 입안자, 사회과학자 및 경제학자가 공유할 과제이며, 따라서 풍경 평가에 대해 다차원의 접근 방법을 포함한다.

특별한 토지 이용을 위한 부지 평가의 목적은 토지 개발이 자연 환경의 가능성과 한계 모두와 양립할 수 있다는 것을 확실히 하는 것이다. 비록 개발이 시작되기 전에 부지의 가능성과 한계를 아는 것이 분명히 유리하지만 부지 평가는 흔히 못보고 지나치게 된다. 사람들은 자신들이 마음에 두고 있는 토지 이용이 그들이 선택한 부지와 양립할 수 있는지에 대한 고려 없이 다양한 활동을 위해 토지를 여전히 구입한다.

지구과학자들은 지질학적으로 중대한 정보를 제공함으로써 평가과정에서 중요한 역할을 한다. 이 정보는 토양과 암석의 종류, 암석의 구조, 특히 파쇄대, 배수 특성, 지하수 특성,

자세히 살펴보기 | 라돈 가스

라돈(radon)은 색깔, 냄새 및 맛이 없는 자연적으로 생기는 방사성 기체이다. 우라늄을 포함한 암석이 미국 내 많은 집을 오염시키고 있는 라돈 가스의 근원이다.

농도가 높은 라돈에 노출되는 것은 폐암이라는 큰 위험과 관련되어 있으며, 특히 흡연가들에게는 그렇다. 위험은 라돈 농도의 정도, 라돈에 노출된 시간 및 흡연 양의 증가에 따라 증가하는 것으로 생각된다.[17,18]

최근 몇 년 동안 미국에서 매년 14만 명이 폐암으로 죽어간다. 비록 폐암과 연관하여 흡연이 가장 중요한 요인이지만 환경보호국은 이들 폐암 사망자 중 매년 3,000명 내지 7,000명은 라돈 가스의 노출과 관련되어 있는 것으로 추정하였다. 담배와 라돈 모두에 노출되는 것은 이들 자체의 오염 물질인 둘 중 하나에 노출될 때보다 대략 10배 위험하다는 추정이다. 그러나 집에서 라돈 가스에 대한 노출과 폐암의 증가된 발병률 사이를 연계시키는 직접적인 연구는 소수이다. 이러한 연계의 추정들은 우라늄의 채광 같은 활동을 통해 라돈에 높은 노출을 경험한 사람들에 대한 연구로부터 나왔다.

내포된 위험의 관점에서 라돈의 높은 농도는 실제로 위험하며, 낮은 농도는 해롭지 않다는 것은 밝혀지지 않았다. 환경보호청은 공기 1리터당 라돈 가스의 4.0피코큐리(4.0pCi/L)를 방사능 표준으로 정하였으며, 이보다 높은 라돈 가스는 위험한 것으로 간주된다. 4.0pCi/L의 방사능 표준은 단지 옥내 수준으로 감소되어야 할 농도 목표치의 값이다.

라돈 가스의 옥외 평균 농도는 대략 0.4pCi/L이며 실내 평균 수준은 1.0pCi/L이다. 비흡연가에 있어 4.0pCi/L과 비교되는 위험은 물에 빠져 죽을 위험과 대략 비슷하다. 흡연가에 대해 이 수준에서 비교되는 위험은 비행기 추락으로 죽을 위험의 약 100배이다(그림 20.A).

라돈 노출의 위험은 또한 그림 20.A에 나타난 바와 같이 폐암에 걸릴 수 있는 사람 수에 따라 추정될 수 있다. 이러한 추정을 증명하기가 어렵다. 미국에서 비흡연 여성들에 대한 한 연구는 라돈 노출과 폐암 사이의 매우 확실한 관련성이 밝혀지지 않았다고 보고하였다.[19] 스웨덴의 또 다른 연구는 가정에서 라돈 가스의 노출과 폐암 사이에 통계적으로 아주 확실한 관련을 보고하였다.[20] 후자 연구는 스웨덴의 일반 주민의 폐암 발병률에 라돈 가스의 주거지 노출은 중요한 기여 요인이라는 결론을 내렸다.

라돈 가스의 지질

암석의 종류와 지질구조 모두는 얼마나 많은 라돈이 지구 표면에 다다를 수 있는지를 결정하는 데 중요하다. 암석과 토양 내의 우라늄-238의 농도는 크게 변할 수 있다. 사암과 같은 몇몇 암석은 보편적으로 1ppm보다 낮은 U-238을 포함한다. 일부 흑색 셰일과 일부 화강암과 같은 다른 어떤 암석은 3ppm 이상의 U-238을 포함할 수 있다. 지구표면에 도달한 라돈의 실질적인 양은 암석과 토양 내의 농도뿐만 아니라 암석 또는 토양으로부터 토양수나 토양기체로의 이동 작용의 효율과 연관되어 있다.

미국의 어떤 지역은 우라늄의 자연적 농도가 평균 이상인 기반암을 포함한다. 펜실베이니아, 뉴저지 및 뉴욕 주를 덮고 있는 레딩 프롱 지역은 라돈 가스의 높은 농도로 유명하다(그림 20.B). 이 지역의 집 역시 높은 농도의 라돈 가스를 포함한다.[21] 이와 유사하게 플로리다 두 지역은 인산염이 풍부한 암석으로부터 유래된 칼륨 이외에 높은 농도의 우라늄을 갖는다. 일리노이, 뉴멕시코, 사우스다코타, 노스다코타 및 워싱턴 주를 포함한 다른 많은 주 또한 실내 라돈 농도가 높은 지역으로 확인되었다. 캘리포니아 샌타바버라 지역에 분포하는 암회색 셰일의 한 종류는 라돈 가스의 중요한 근원으로 확인되었다.

흡연자의 라돈 위험

라돈 기준	흡연자 1,000명이 평생 동안 라돈 기준치에 노출될 경우	라돈 노출에 의한 암에 걸릴 위험과 비교	어떻게 해야 하나 : 금연과 함께…
20 pCi/L	약 135명이 폐암에 걸릴 수 있음	← 익사할 위험의 100배	집에 고정시킴
10 pCi/L	약 71명이 폐암에 걸릴 수 있음	← 난로 불로 죽을 위험의 100배	집에 고정시킴
8 pCi/L	약 57명이 폐암에 걸릴 수 있음		집에 고정시킴
4 pCi/L	약 29명이 폐암에 걸릴 수 있음	← 비행기 추락으로 죽을 위험의 100배	집에 고정시킴
2 pCi/L	약 15명이 폐암에 걸릴 수 있음	← 자동차 충돌로 죽을 위험의 2배	2와 4pCi/L 사이의 고정을 고려
1.3 pCi/L	약 9명이 폐암에 걸릴 수 있음	(평균 실내 라돈 수준)	(라돈 기준을 2pCi/L 이하로 줄이는 것은 어려움)
0.4 pCi/L	약 3명이 폐암에 걸릴 수 있음	(평균 옥외 라돈 수준)	

주 : 만약 전에 금연을 했다면 암에 걸릴 위험은 더 낮을 수 있다.

평생 비흡연자의 라돈 위험

라돈 기준	평생 비흡연자 1,000명이 평생 동안 라돈 기준치에 노출될 경우	라돈 노출에 의한 암에 걸릴 위험과 비교	어떻게 해야 하나
20 pCi/L	약 8명이 폐암에 걸릴 수 있음	← 폭력 범죄에 의해 살해당할 위험	집에 고정시킴
10 pCi/L	약 4명이 폐암에 걸릴 수 있음		집에 고정시킴
8 pCi/L	약 3명이 폐암에 걸릴 수 있음	← 비행기 추락으로 죽을 위험의 10배	집에 고정시킴
4 pCi/L	약 2명이 폐암에 걸릴 수 있음	← 익사할 위험	집에 고정시킴
2 pCi/L	약 1명이 폐암에 걸릴 수 있음	← 난로 불로 죽을 위험	2와 4pCi/L 사이의 고정을 고려
1.3 pCi/L	1명 이하가 폐암에 걸릴 수 있음	(평균 옥외 라돈 수준)	(라돈 기준을 2pCi/L 이하로 줄이는 것은 어려움)
0.4 pCi/L	1명 이하가 폐암에 걸릴 수 있음	(평균 옥외 라돈 수준)	

주 : 만약 전에 담배를 피웠다면 암에 걸릴 위험은 더 높다.

그림 20.A 라돈과 관련된 추정된 위험 이들 추정은 약 70년간 살면서 약 75%의 시간을 지정된 라돈 기준의 집에서 보내는 사람에 대한 장기적인 노출의 위험으로부터 계산되었다.

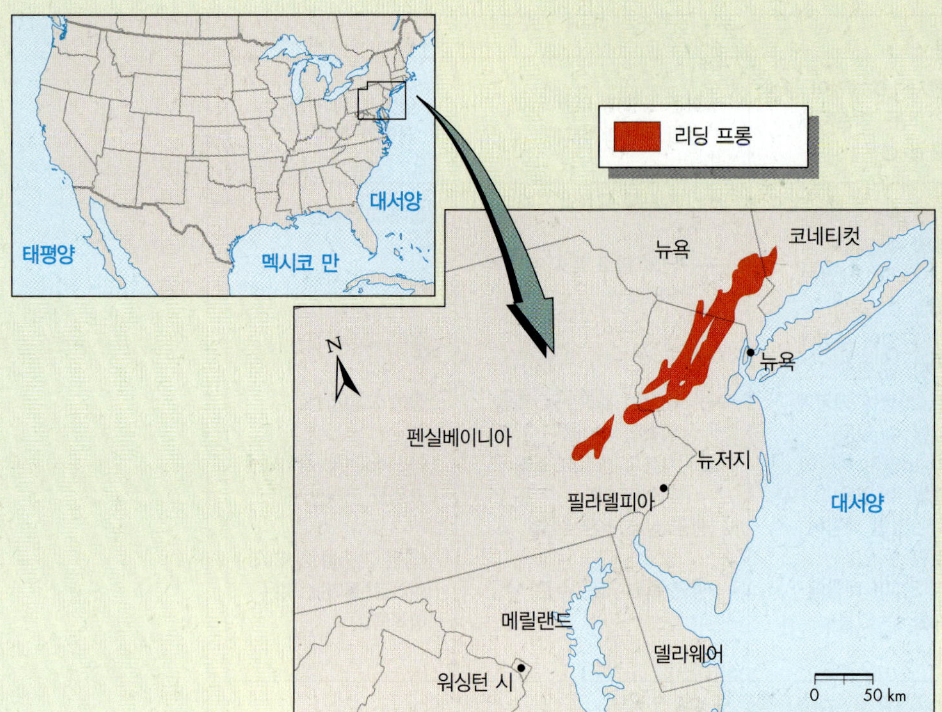

그림 20.B 리딩 프롱 지역은 미국 동부에 위치하며 1980년대 전반에 높은 수준의 실내 라돈이 처음 발견되었다. (*USGS, 1986, USGS yearbook*)

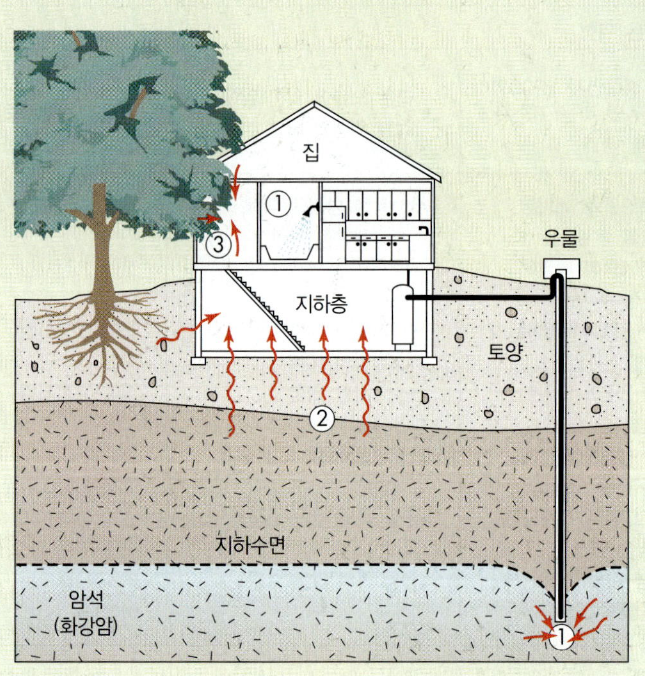

그림 20.C 라돈은 어떻게 집에 들어올까 (1) 지하수에 있는 라돈은 우물로 들어가며 집으로 이동한다. 물은 식수, 식기 세척, 샤워 및 그 밖의 목적으로 사용된다. (2) 암석과 토양 내의 라돈 가스는 기초의 균열과 구조물의 공극을 통해 지하층으로 이동한다. (3) 라돈 가스는 집을 짓는 건축 자재로부터 방출된다.

라돈 가스가 어떻게 집으로 들어오는가

라돈 가스는 세 가지 주요 경로를 통해 집으로 들어온다(그림 20.C).[22]

- 토양과 암석으로부터 지하층이나 집의 다른 부분으로 기체로 이동
- 펌프로 우물로 품어 올린 지하수
- 라돈 가스를 방출하는 물질로 만들어진 건축 자재와 같은 건축 물질

집 내의 라돈 가스에 대한 초기 관심의 대부분은 높은 농도의 라돈—우라늄의 방사성 붕괴의 산물(제15장 참조)—을 포함한 건축 자재의 사용 때문에 시작되었다. 예를 들면, 1929년과 1975년 사이에 스웨덴에서는 콘크리트를 제조하는 데 사용되는 물질은 상대적으로 높은 농도의 라돈을 포함하였다. 이와 유사하게 1960년대에 콜로라도의 그랜드정크션 지역의 일부 집과 다른 건물의 건축 자재는 우라늄 광산의 폐기물로 오염되어 있음을 알았다. 플로리다에서 사용된 인산염 광산의 폐기물이 매립 쓰레기로 사용된 집들에서 라돈의 농도가 상대적으로 높은 것으로 밝혀졌다. 뉴저지에서 어떤 집들은 라듐 처리 공장으로부터 나온 폐기물을 이전에 야적해 두었던 매립지에 지어졌다.[23]

라돈은 토양과 암석 내의 작은 틈을 통해 이동할 수 있는 기체이기 때문에 일반적으로 집에서 발견된다. 라돈은 토양 기체와 함께 이동하여 콘크리트 바닥과 토대, 바닥 배수로 또는 차단벽 내의 작은 균열과 공극을 통해 새나온다. 라돈은 연기가 굴뚝을 올라가는 것—굴뚝 스텍(chimney stack, 여러 개의 굴뚝을 한데 모아 붙인 굴뚝) 또는 굴뚝 효과로 알려진 과정—과 같은 이유로 집으로 들어온다. 집은 일반적으로 주위의 토양과 암석보다 따뜻하며, 따라서 기체와 공기가 상승함에 따라 라돈이 집으로 빨려들어 온다. 바람은 건물 안과 밖으로 공기의 흐름을 증가시키기 때문에 라돈 오염에 있어 또 다른 요소이다. 라돈은 또한 상수도를 통해 집으로 들어온다. 특히 개인 우물에 의해 집으로 물이 공급되면, 그러나 이러한 공급은 일반적으로 집의 토대를 통해 새나온 기체보다 훨씬 적다. 물이 샤워, 접시 씻기, 세탁과 같은 매일 매일의 직능을 위해 사용될 때 라돈이 방출된다. 일반적으로 물에서 대략 10,000pCi/L의 라돈은 약 1pCi/L의 라돈을 실내 공기 중에 만들어 낸다.

문제의 범위와 인식

1985년 이래 미국에서 라돈 가스에 대한 인식이 증가하였다. 그럼에도 불구하고 사람들은 이 기체를 보고, 냄새 맡고, 들을 수도 만질 수도 없다는 문제에 집중하는 데 어려움을 겪는다. 미국에서 높은 농도의 라돈 가스를 가진 집의 수에 대한 적절한 추정치는 없다. 수행된 시험은 조사된 12집 중 대략 1집이 4pCi/L보다 높은 실내 라돈 값을 가짐을 보여준다. 만약 이 비율이 만족스러운 평균이라면 미국에서 대략 700만 채가 높은 비율을 가지며, 100만 채 이상이 조사될 필요가 있다.

집에서 라돈 가스의 농도 낮추기

집에서 라돈 가스의 위험을 줄이거나 제한하기 위한 성공적인 계획은 세 가지의 주요 전략에 집중한다.[24,25]

- 더 많은 창문을 열어두거나 환풍기를 이용함으로써 집 공기의 통풍을 개선한다.
- 라돈 가스가 들어오는 지점을 찾아 막는다.
- 배출 시스템을 제공하는 건설 방법을 활용한다.

라돈의 농도를 낮추는 가장 단순한 방법은 집에 공기의 환기를 증대시키는 것이다. 이것은 때때로 문제를 해결하는 데 충분하다. 토대에 있는 균열을 막는 것 또한 라돈의 유입을 줄일 수 있다. 특히 라돈이 실질적으로 집으로 들어오는 특정 지점에서 이것이 시행되면 탐지기는 이러한 지점의 확인하는 데 이용할 수 있다. 불행하게도 이러한 방법은 흔히 문제를 해결하는 데 실패하였으며, 새로운 균열이 생길 수 있다. 지하층이나 또는 천장 밑의 좁은 공간의 통풍 시스템을 포함한 건설 선택권의 다양성은 집의 소유자에게 열려 있다. 만약 집이 슬래브 위에 짓는다면 슬래브 아래에 통풍 시스템이 설치될 수 있다.

라돈 가스에 대한 좋은 뉴스와 나쁜 뉴스가 있다. 나쁜 뉴스는 미국의 많은 지역과 세계의 다른 지역은 토양과 암석으로부터 방출되는 상대적으로 높은 라돈 가스를 가지며, 방사능은 집에서 위험을 일으키고 있다는 것이다. 좋은 뉴스는 대부분의 경우 문제는 비교적 쉽게 해결되었다는 것이다. 비록 통풍 시스템이 필요하다 할지라도 이것은 일반

적으로 집 가격의 낮은 백분율에 해당하는 단지 수천 달러가 든다.

미래의 연구는 라돈 가스 노출로부터 오는 건강 위험은 환경보호청이 예상한 것처럼 크지 않음을 보여줄 수 있을 것이다. 일부 과학자들은 회의적이며 4pCi/L의 위험 수준이 너무 낮게 정해졌다고 생각한다.[26] 그럼에도 불구하고 이러한 잠정적인 문제에 대한 정보가 제공되는 사람들에게는 중요하다. 사람들의 집에서 라돈 가스의 가능성을 다루기 위해 적절한 조치를 취하는 것은 어렵다. 사람들은 건강 문제보다 재산 가치에 더 관심을 두는 것처럼 보인다. 전체적인 실태의 인식과 라돈 가스의 감축이 문제를 해결할 수 있다는 것을 아는 것이 라돈에 대한 우리들의 공포를 줄일 수 있다.

지형에 대한 정보 및 홍수, 산사태, 지진 그리고 화산 활동과 같이 상당히 위험스러운 지구의 사건과 작용의 추정을 포함한다. 공학지질학자들은 또한 표품을 채취하여 시험을 하고 지구 물질의 공학적인 성질을 예상할 수 있다.

20.4 환경영향 분석

사람들의 토지 이용에 의해 예상되는 영향을 일반적으로 환경 영향이라고 한다. 이 용어는 국립환경정책법령(National Environmental Policy Act : NEPA)은 토지 이용 계획 평가와 환경영향평가가 인간의 환경 질에 상당히 영향을 미칠 수 있는 모든 주요 연방 활동보다 우선한다는 것을 요구한 것으로, 이는 1969년에 널리 알려졌다.

환경영향평가보고서

NEPA의 형식과 정신 모두를 수행하기 위해 환경질위원회는 **환경영향평가보고서**(environmental impact statement : EIS)를 준비하는 것을 돕기 위해 지침을 준비하였다. 1979년에 개정된 지침에 따르면 보고서의 주요 내용은 다음과 같다.[27]

- 환경영향평가보고서의 요약
- 제안된 법령, 법령의 목적, 계획의 필요성에 대한 설명
- 합리적인 다른 방도와 엄격한 비교
- 제안된 사업에 의해 영향을 받는 환경에 대한 간결한 기술
- 제안된 사업에 대한 논의, 사업의 환경적 중요성 및 대안. 보고서는 다음 사항을 반드시 포함해야 한다 — 직간접적인 영향, 에너지의 요구와 보존 잠재력, 자원 고갈의 가능성, 도시 질과 문화 및/또는 역사적 자원에 대한 영향, 주 또는 지방의 토지 이용 계획, 정책 및 관리의 충돌 가능성, 저감 조치.

스코핑 환경영향평가보고서의 작성과정은 처음 10년 동안 NEPA에 의해 비판받았다. 왜냐하면 이 환경영향평가보고서는 중요한 쟁점을 애매하게 하려는 경향이 있는 자세한 보고서를 요구함으로써 막대한 양의 문서 작업을 제안하였기 때문이다. 이에 따라 개정된 규

정은 제안된 사업의 계획 초기에 자세한 평가를 요구하는 중요한 환경 쟁점을 확인하는 작성과정인 **스코핑**(scoping)이란 개념을 창안하였다. 작업과정의 일부로 연방, 주 및 지방 기관뿐만 아니라 시민단체와 개인들은 환경 분석의 일부로 다루어져야 할 쟁점과 대안을 확인함으로써 참여하도록 요구받는다.

저감 환경영향평가 분석에서 또 다른 중요한 개념은 **저감**(mitigation)이다. 저감은 특정 사업의 예상된 불리한 환경영향을 막고 줄이며, 보완할 확인 활동을 포함한다. 예를 들면, 사업이 습지의 매립을 포함한다면 가능한 저감은 다른 장소에 습지를 증대시키거나 또는 새로 만드는 것이 될 수 있다.

저감은 많은 환경영향평가보고서와 주의 환경영향평가보고서의 공통 주안점이 되고 있다. 불행하게도 이것은 남용될 수도 있다. 때때로 저감은 특정 환경 파괴에 대해서는 불가능하다. 더군다나 우리는 대개 임무를 적절히 완수하기 위한 서식처와 습지와 같은 환경의 복원과 건설에 대해 충분히 알지 못한다. 많은 경우에 저감과정을 요구하는 것은 유용할 수 있으나 이것이 특정 사업과 연관된 불리한 환경영향을 피하기 위해 포괄적으로 받아들일 수 있는 수단으로 생각되어서는 안 된다.

반대 선언

기관은 특정 사업이 환경에 크게 불리한 영향을 미치지 않는다고 결정을 내리면 반대 선언을 정리하여 보관한다. 반대 선언은 사업에 대한 설명과 사업이 환경에 심각한 영향을 미치지 않는다는 주장을 지지하는 자세한 정보를 포함한 보고서를 필요로 한다. 반대 선언은 매우 다양한 대안을 고려할 필요는 없으나 이것은 잠정적인 환경문제에 대해 완전하며 포괄적인 보고서이어야 한다.[28] 비록 반대 선언 개념과 연관된 전문용어와 법률이 연방과 주의 수준에서 서로 다를지라도 이것은 환경영향평가의 중요한 요소이다.

환경영향평가의 실례

중앙 캘리포니아에 있는 샌호킨 계곡은 세계에서 가장 부유한 농업 지역 중 하나이다(그림 20.3). 계곡의 서쪽 농업은 깊은 우물로부터 광대한 관개와 시에라 네바다에서 시작되는 운하로 물을 끌어들임으로써 가능하게 되었다. 그러나 집약 농업을 위한 토지 개발은 토양 침식, 비료와 살충제에 의한 오염 및 관개에 의한 토양의 붕괴를 포함한 환경문제로 귀착되었다. 이 논의에서 우리는 관개에 의한 물 내의 셀레늄 독성이 일으키는 환경문제와 문제를 해결하기 위한 노력으로 완성된 환경영향평가를 조사한다.

계곡의 서쪽에서 토양은 코스트 산맥에서 흘러내린 선상지 퇴적물 위에 발달되어 있다. 연평균 강수량이 25cm 미만인 이곳에서 농사를 짓기 위해서는 관개가 필요하다. 3m 내지 15m의 얕은 깊이 때문에 배수 문제가 발생하며, 이곳에는 흔히 물과 염의 하부로의 이동을 제한하는 점토층이 있다. 관개수가 경작지에 다다랐을 때 이들 점토층은 지표면에 가까운 국부적인 포화대를 형성하였다. 이 예는 지역적인 지하수면 위의 지표 가까운 곳에서 발견된 높게 자리 잡은 지하수이다(제12장 참조). 더 많은 관개수를 끌어들임에 따라 포화대는 작물 뿌리 깊이까지 상승하여 작물들은 침수되어 죽는다.[29] 여분의 물을 제거하기 위해 지

그림 20.3 샌호킨 계곡 샌호킨 계곡과 케스터손 저수지에서 끝나는 산루이스 배수로 (*Tanjin, K., Lauchli, A., and Meyer, J. 1986. Selenium in the San Joachin Valley.* Environment 28(6))

하 배수 시스템을 설치할 수 있다.

관개수는 다양한 양이 용해된 염을 포함한다. 염은 토양수가 증발하고 식물이 증발산(식물의 잎에서 일어나는 물의 증발작용)을 통해 물을 제거함에 따라 토양 속에 남은 것이다. 많은 양의 담수를 끌어들여 주기적으로 걸러내면 염을 제거할 수 있으나 염기가 많은 물을 제거하기 위해서는 지하 배수로가 필요하다(그림 20.4). 각 경작지 아래의 타일 배수로는 더 큰 배수로로 연결되며 결국에는 주된 배수 시스템, 일반적으로 운하와 연결된다.

농업용 물을 샌프란시스코 만을 향해 북쪽으로 끌어 대기 위해 콘크리트로 안벽을 댄 135km 길이의 운하인 산루이스 배수로가 환경영향평가 분석 요구 이전인 1968년과 1975년 사이에 건설되었다(그림 20.3). 만으로 연결되는 배수로는 제한된 융자와 배수로 물을 만으로 배출할 때 발생하는 잠정적으로 불리한 환경 영향에 대한 불확실성 때문에 결코 완공되지 못하였다. 그 대신 일련의 연못 12개로 이루어진 케스터손 저수지가 배수지 물의 최종 지점으로 이용되었다(그림 20.5).

케스터손 저수지 건설에 이은 처음 수년 동안 배수로 내의 유수는 대부분 원래 물새를 위해 지정된 케스터손 야생생물보호구역에 물을 공급하기 위해 끌어올린 담수였다. 1978년에 소금기가 많은 농업 배수지역 물은 저수지로 유입되기 시작하였으며, 1981년까지 이것은 저수지에 물을 공급하는 주요 근원이다. 처음에는 배수로와 저수지가 농업 활동에서 나온 폐수를 제거하는 데 좋은 시스템인 것처럼 보였다. 불행하게도 물이 토양으로 스며듬

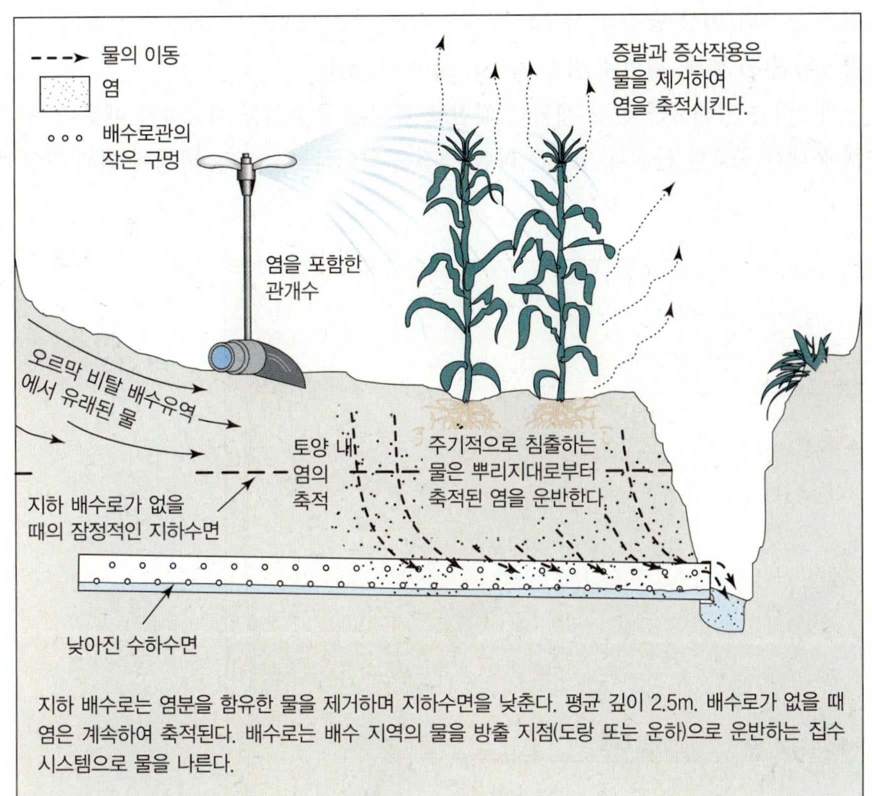

그림 20.4 농업 배수 샌호킨 계곡의 서부 지역에서 지하 배수로의 필요성을 나타내는 그림. (*U.S. Department of Interior, Bureau of Reclamation. 1984.* Drainage and salt disposal. Information Bulletin 1. *San Luis Unit, Central Valley Project, California*)

에 따라 염과 농약 이외에 중금속인 셀레늄이 물에 녹아 빠져나온다. 셀레늄은 계곡 서쪽에 있는 코스트 산맥의 퇴적암의 풍화 작용으로부터 유래된다. 셀레늄을 포함한 풍화물질은 강물에 의해 샌호킨 계곡으로 운반되어 이곳에 쌓인다. 셀레늄에 의한 잠정적인 문제는 산루이스 배수로 건설에 앞서 수행된 적당한 영향 분석

1982년 물고기와 야생생물에 대한 미국 연구는 케스터손 저수지에 사는 물고기에서 셀레늄의 농도가 매우 높음을 밝혀냈다. 1983년부터 1985년까지 물새와 그 밖의 엽조로부터 기형의 죽은 새 새끼가 보고되었다. 물 시료의 분석은 연못물의 셀레늄 농도가 60ppm부터 390ppm까지 변하는 것을 보여주었다. 4,000ppm만큼 높은 셀레늄 농도가 농업 배수로 물에서 측정되었다. 이러한 셀레늄의 농도는 환경보호국이 정한 마시는 물의 셀레늄 농도 10ppm을 크게 초과한다. 연구 결과 셀레늄의 독성이 엽조의 죽음과 기형의 거의 확실한 원인으로 추측되었다. 셀레늄은 산루이스 배수로에서 유래되었음이 분명히 밝혀졌으며, 물이 케스터손 야생생물 보호구역을 통해 퍼짐에 따라 셀레늄은 생물농축(biomagnification, 먹이사슬의 높은 단계에서 물질의 농도 증대)에 의해 더욱 더 높아진 농도로 환경과 혼합되었다.

1985년 케터스손에 있는 산루이스 배수로의 폐수는 위험하며 공중위생의 위협물로 분류되었다. 그 당시 주의 수자원 감독청은 시설을 운영하고 있던 미국 내무부의 개간청에 저수지의 위험 조건을 완화시킬 것을 지시하였다. 정화 계획을 세우는 데 5개월이, 그리고 계획을 이행하는 데 3년이 주어졌다.[29] 이 지시는 케스터손 저수지의 공식적인 환경영향평가 분석을 시작하게 하였다. 즉각적인 전략은 세 가지 요소이다. 첫째, 감시 계획의 착수 둘

엽조들이 더 이상 습지를 사용하지 않는다는 것을 보증하는 조치를 취함(겁을 주어 새를 쫓아버린다) 셋째, 위험에 대한 대중의 노출을 줄임.

케스터손 사례사는 환경 계획과 재검토 과정에 통찰력을 제공하기 때문에 흥미롭다. 환경에 대한 중요한 관심과 영향은 다음 쟁점을 확인하는 스코핑 과정에 의해 확인되었다.

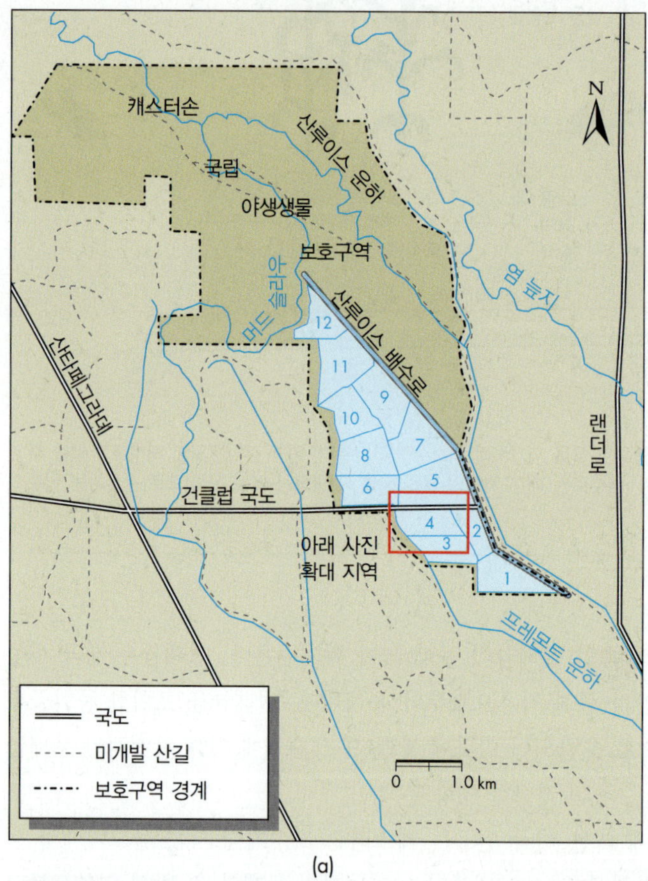

(a)

(b)

그림 20.5 야생생물의 보호구역 (a) 케스터손 저수지 못의 지도. 케스터손 저수지의 위치는 그림 20.8에 제시되어 있다. (*U.S. Department of the Interior. 1987.* Kesterson program. *Fact Sheet No. 4*) (b) 부지의 항공사진. 못 번호 4는 전경에 있으며, 1983년 이 사진이 촬영될 때 셀레늄이 풍부한 농업 배수로 채워져 있었다. (*San Luis National Wildlife Refuge Complex*)

- 정화 후에 케스터손 저수지와 산루이스 배수로 건설
- 케스터손 저수지로부터 농업 배수로로의 물의 방출 폐쇄가 미치는 환경, 사회 및 경제적 영향
- 배수로 물 내의 셀레늄과 다른 오염물이 공중위생에 미치는 잠재적 영향
- 물, 토양, 퇴적물 및 식생을 정화하기 위한 대안적인 방법에 대한 고려
- 케스터손 지역으로부터 오염된 지하수를 이동시킬 수 있는 가능성

1986년 10월 개간청은 케스터손 저수지와 산루이스 배수로를 정화하기 위한 대안 방법을 다룬 최종 환경영향평가보고서를 발행하였다.[30] 결국 약 100만m^3의 깨끗한 토양을 매립지 연못으로 가져와 가장 오염이 심한 지역을 30cm 정도의 두께로 덮었다. 이것은 생물학적인 오염의 위협을 크게 해소하였다. 위원회는 대안으로 개간청에 야생생물에게 다른 습지를 제공함으로써 케스터손 야생생물 보호지역의 피해를 완화하도록 요청하였다. 비록 이 계획은 케스터손 문제를 해결하는 데 도움을 줄 수 있을지라도 샌호킨 계곡 서부에서 광범위한 잠재적인 셀레늄 문제는 한층 더 보편적인 장기의 해결책을 필요로 한다. 계곡의 주민들은 오염된 토양과 식물을 쌓아둘 일련의 독성 폐기물의 임시 집적소를 건설하여 유지할 수 없다. 셀레늄 문제를 평가하기 위한 연구는 계속되고 있으며, 그 결과 초기 계획은 시간이 지남에 따라 더 많은 정보를 얻으면서 변경될 수 있다.

케스터손 연못을 토양으로 매립하는 것은 엽조에 대한 영향을 줄이는 데 성공적이었다. 부지 감시는 연못이 매립된 이래 계속되는 업무가 되었다. 저감 절차에 의해 지정된 습지는 역사적으로 습지가 다른 토지 이용으로 바뀐 지역 내에 유용한 야생생물 서식지를 제공하고 있다. 이 지역의 관개 농지의 17,000헥타르로부터 흘러나온 셀레늄이 많은 농업용 배수로의 물에서 제거되었으며 농부들은 상당한 비용을 지불하였다. 지하수는 배수로가 제거됨에 따라 몇몇 경작지에서 상승하였으며, 경작지의 생성을 위협하였다. 광대한 샌호킨 계곡의 셀레늄 문제는 아직도 사라지지 않았다. 다른 농업용 배수로로부터 유래된 셀레늄으로 오염된 물은 여전히 계속하여 관심을 끈다.

20.5 토지 이용과 계획

미국에서 지속된 토지 이용은 농업과 임업이 우위를 차지하며, 토지의 극히 일부분인 대략 3%만이 도시 용도로 이용된다. 현재 매년 몇천km^2의 토지가 농업 이외의 용도로 전환되고 있다. 전환된 토지의 약 절반은 자연보호구역, 공원, 유원지 및 야생생물보호구역을 위한 것이다. 국가적인 규모에서 전원 지역의 도시화는 느린 진행으로 나타난다. 그러나 전원지역의 도시화는 흔히 빠르게 성장하는 도시 지역에서 일어나며, 이러한 도시화는 농지와 자연 녹지를 파괴하며 현존하는 도시 환경문제를 악화시키는 것으로 생각될 수 있다. 경관이 아름답고 휴양지 가치가 있는 지역에서 도시화는 흔히 중요한 생태계를 잠재적으로 파괴하는 것으로 생각된다.

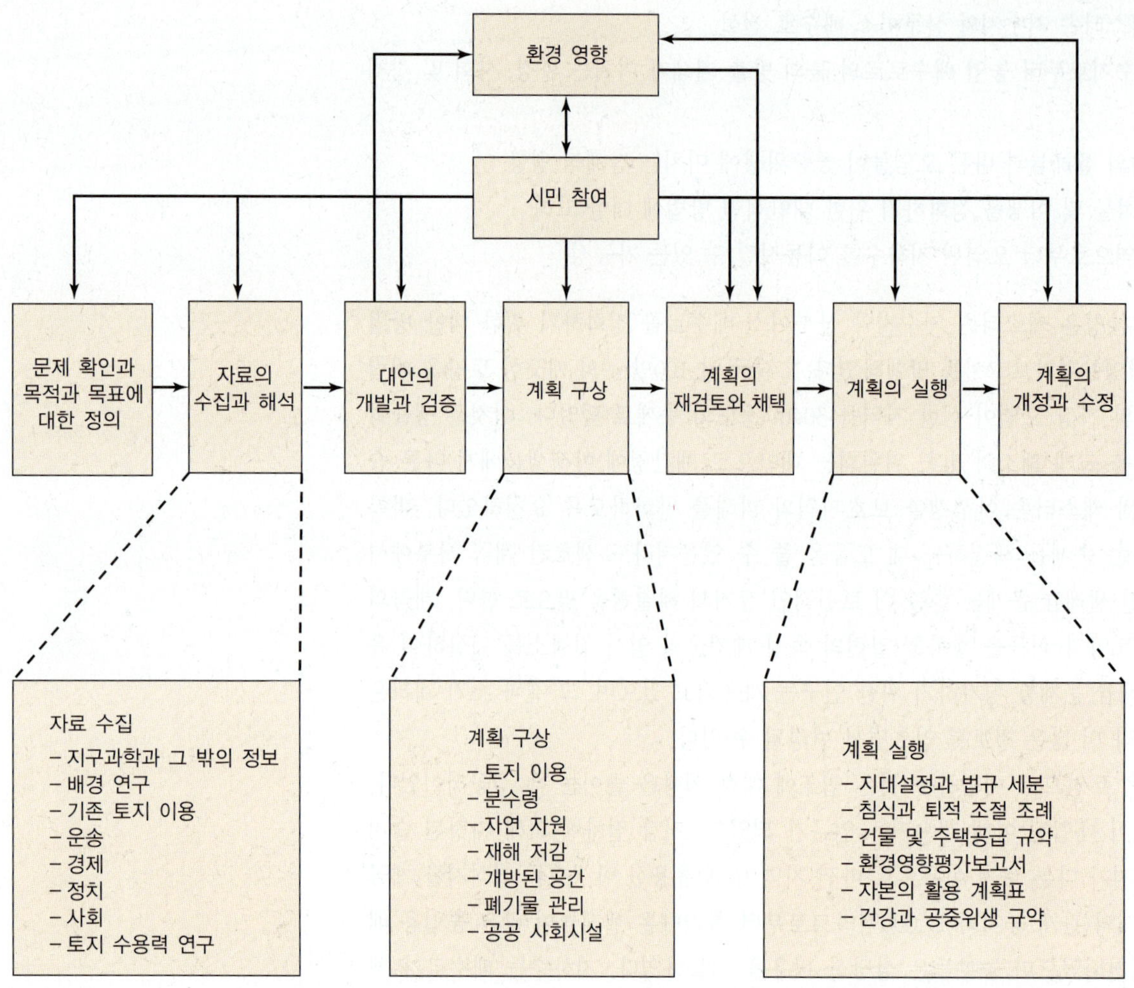

그림 20.6 토지 이용 입안 절차 (*USGS Circular 721, 1976*)

토지 이용 계획

토지 이용 계획(land-use planning)은 중요한 환경 쟁점이다. 건실한 토지 이용 계획은 견실한 경제발전과 토지 이용 사이의 갈등을 막고 우리 공동체 내에서 질 높은 생활을 유지하기 위해 필수적이다. 한 사업이 그의 자산과 자원을 유효한 방법으로 운영하면 우리는 이것을 좋은 사업이라고 한다. 한 도시나 또는 군이 그의 토지와 자원을 유효하게 운영하면 우리는 이것을 좋은 계획이라 한다.[31] 지구과학 견지에서 건전한 토지 이용 계획의 기본적인 철학은 옳은 생태학적 원리의 이용하여 위험을 막고 자연 자원을 보존하며 전체적으로 환경을 보호하는 것이다.

그림 20.6에 제시된 토지 이용 계획 과정은 다음 몇 단계를 포함한다.[32]

- 쟁점, 문제, 목표 및 목적을 확인하고 정의를 내린다.
- 자료를 수집하고 분석하며 해석한다(환경 자원과 위험의 목록을 포함함).
- 대안을 개발하고 시험한다.
- 토지 이용 계획을 구상한다.

- 계획을 재검토하고 채택한다.
- 계획을 실행한다.
- 계획을 개정하고 수정한다.

가장 중요한 단계는 그림 20.6에 제시된 바와 같이 자료 수집, 계획의 공식화 및 계획의 실행이며, 각 단계는 여러 요소들의 복합 목록으로 이루어져 있다(그림 20.6의 하단).

계획과정에서 지구과학자의 역할은 자료 수집과 분석 단계에서 가장 중요하다. 구체적인 과업 또는 계획에 따라 지구과학자들은 유용한 지구과학 정보를 이용하고, 필요한 새로운 자료를 수집하며, 해설 지도와 설명서와 같은 적절한 기술 정보를 준비하고, 토지 수용 지도의 준비에 협력한다. 이상적으로는 토지 단위의 자연적인 수용력은 구체적인 이용의 가능성과 조화를 이루어야 한다.[33]

풍경 자원

미국에서는 캘리포니아의 요세미티 계곡이 최초의 주립공원(나중에 국립공원으로 승격됨)으로 지정된 1864년 이래 풍경이 자연 자원으로 인식되었다. 풍경 자원의 초기 인식은 주로 옥외 휴양과 관련되었으며, 경치가 특별히 아름다운 풍경의 분리된 토지의 보존과 관리에 중점을 두었다. 대중들은 비교적 최근에 비도시의 실풍경의 심미적 가치에 대한 인식과 관심을 가졌다. 사회는 오늘날 충분히 풍경—비록 장관은 아니지만—을 소중한 자원으로 인식한다. 지금은 더욱 다양한 유형의 자원이 풍요로운 수준의 경제를 갖는 것과 마찬가지

(a)

(b)

그림 20.7 미시간 호 리틀트래버스 만의 순차적 토지 이용 미시간의 페토스키에 가까운 폐채석장과 시멘트 공장(a)은 세계 수준의 휴양지(b)로 바뀌었다. (공장 뒤의 채석장의 벽과 접근로의 오른쪽 건물을 주목하라.) [(a) *Ned Tanner*, (b) *Bob Fell*]

그림 20.8 목재 수확과 침식작용 (a) 캘리포니아 북서부의 아메리카삼나무 숲속의 시내. (*Rich Reid/Animals Animals/Earth Sciences*) (b) 넓은 완충 지대가 목재를 수확하는 계획의 요소가 아닐 때는 사태와 도랑의 침식작용이 숲속의 시내에 피해를 입혔다. 이러한 형태의 피해는 특히 개벌(開伐) 목재 벌채—거의 모든 나무를 제거하는—가 이루어지는 곳에서 흔하다. (c) 시내 구역을 손대지 않고 그대로 두며 넓은 완충 지대를 가진 목재 수확 계획.

로 풍경도 다양한 정도의 심미적 가치를 갖는다는 인식이 있다. 전체 환경을 평가하는 팀의 구성원으로서 지구과학자는 풍경을 포함하여 경치와 이의 가치에 특징을 부여하는 일에 조력한다.

순차적인 토지 이용

다양한 인간 활동을 위한 도시 지역에 가까운 토지 이용의 필요는, 어떤 경우에 영구적이며 독점적인 이용보다 순차적인 토지 이용의 개념을 적용하게 하였다. 토지 이용의 순차적인 개념은 토지 이용의 영향은 누적적이며, 따라서 우리는 미래 세대에 대해 책임이 있다

그림 20.9 노출된 해안선 낮은 지대에 있는 웨일즈의 펜이가레아 저수지. 노출된 해안선은 휴양 활동에 쾌적한 환경은 아니다. (*Animals Animals/Earth Scences*)

는 원리와 일치한다. 기본적인 생각은 채광 또는 매립지 공사와 같은 특정 활동이 완료된 후에 이 토지는 또 다른 목적을 위해 개간된다는 것이다.

순차적인 토지 이용의 몇몇 예가 있다. 매립식 쓰레기처리장의 부지는 부지의 사용이 완료되면 토지는 골프장과 같은 오락 목적으로 사용될 수 있도록 계획되었다. 덴버 시는 한때 매립식 쓰레기처리장으로 이용되었던 버려진 모래와 자갈 채취장의 부지를 주차장과 덴버 대경기장으로 이용하였다. 미시간의 하버 만은 현대 상류 계급의 공동체이며 미시간 호의 북쪽 끝 가까이에 있는 리틀트래버스 만에 있는 세계적 수준의 휴양지이다. 만과 다른 단지는 버려진 셰일 채석장과 시멘트 공장의 복원으로부터 생겼다. 복원은 공기 오염물인 시멘트 먼지의 근원지이었던 부지를 사람들이 방문하고 싶어 하는 고가의 풍경으로 변모시켰다(그림 20.7).

복합적인 토지 이용

복합적인 토지 이용은 토지가 한 가지 이상의 목적으로 이용되는 곳에서 발생한다. 예를 들면 우리 국유림은 휴양과 목재 수확을 포함한 다양한 목적으로 이용된다. 다른 예는 관개수를 공급하고 홍수를 조절하며 휴양을 위해 설계된 저수지를 포함한다. 흔히 하나 이상의 목적의 이익을 극대화하는 것은 어렵다고 말한다. 이것은 확실히 복합적인 토지 이용에 대해 딱 맞는다. 만약 우리가 수확한 나무 수와 숲속 강의 물고기 수와 질 모두의 극대화를 원한다면 휴양과 목재 수확은 양립할 수 없다. 매우 조심스럽지 않으며, 강을 보호하기 위한 넓은 완충 지대를 두지 않는 재목 벌채는 하천 환경을 파괴할 것이다(그림 20.8). 하천에 그림자를 드리워 물을 시원하게 하는 나무를 제거함으로써, 증대된 지표수와 토양 침식으로부터 유래된 퇴적물 오염을 통해, 그리고 사태와 고랑의 형성을 통해 파괴가 일어날 수 있다. 마찬가지로 여름에 관개로 농지에 물을 공급하기 위해 설계된 저수지는 홍수로부터 보호가 필요한 봄에는 물이 가득 찰 수 있으며 늦여름의 휴양을 위해 사람들이 도착하였을 때 수면은 매우 낮아져 호안선을 노출시켜 침식이 일어나게 할 수 있다(그림 20.9).

20.6 환경법

환경 계획안은 실행과 시행을 필요로 하며, 따라서 **환경법**(environemtal law)은 우리의 법률 체계에서 중요한 부분이 되고 있다. 환경법은 법률가와 환경법 사회 사이에서 더욱 더 중요시되고 있으며, 환경 교과과정이 법학대학원에 개설되었다.

법 절차

법의 절차는 환경과 관련되어 있기 때문에 여기서 법의 절차를 자세히 다루는 것은 우리의 논의 범위를 벗어난다. 법은 규정된 경제, 사회 및 정치적 목적의 실행에 대한 기법이라고 말하는 것으로 충분하다. 그리고 가장 바람직한 합법적인 기법은 일반적으로 도달할 수 있는 목적을 가장 빨리 인정하는 것이다. 환경과 관련된 법들은 매우 빈번히 주로 문화를 조절하는 주요 관심사를 다룬다. 그리고 고도로 발달된 우리 문화에서 주요 관심사는 부와 힘이다. 이들 관심사는 사회의 역량을 압박하여 자원 기반을 상품과 서비스 창출하는 데 이용하도록 한다. 그리고 법적 체계는 생산성을 보증하는 수단을 제공한다.[34] 다른 한편으로 최근 몇 년 동안 지방, 지역 및 전 지구적 수준에서 공기, 물, 토지 및 생활 환경을 보호하기 위한 많은 법들이 제정되었다. 만약 우리들이 지구의 재생 가능한 자원의 유지를 원한다면 이것은 고무적인 징후이다.

오늘날 몇몇 환경 법률가들은 일반적으로 법의 절차가 실행된 것처럼 환경 쟁점이 관련될 때 법의 절차는 만족스럽게 잘 되어 가지 않는다는 것을 믿는다. 일반적으로 두 견해가 상충할 때 적대적인 대립이 발생한다. 흔히 감정적인 요구는 높으며, 의견이 다른 당사자들은 그들의 입장과 다른 입장을 이해하는 것이 어려울 것이다. 환경법에서 최근에 나타난 견해는 문제해결을 강조하는 것이다. 이것은 협상을 통한 중재의 형태를 취할 수 있다. 예를 들면, 1970년대에 환경보호국은 빈번히 예고 없이 다양한 지역에 적용되는 새로운 환경 법규를 공포하였다. 놀랍지 않게 이들 법규에 영향을 받은 사람과 조직의 대부분은 소송과 지루한 기소로 끝났다. 1980년대에 환경보호국은 규제를 규정하기 전에 이해관계가 있는 당사자들과 상담하기 시작하였다. 상담, 협상 및 조정은 비생산적인 대립적 태도를 나타내는 초기 전략보다 훨씬 더 성공적임을 충분히 증명하였다.

조정과 협상에 있어 중요한 문제 중 하나는 주어진 사건에서 중요한 참가자 모두를 자리 잡고 앉아 쟁점에 대해 효율적인 방법으로 차분히 얘기하도록 하는 것이다. '우위' 에 있는 당사자는 반대하는 당사자들에게 특히 어려운 협상을 하려고 노력할 것이다. 그러나 환경 쟁점에 있어 모든 당사자들은 점점 모든 사람을 만족시킬 수 있는 해결책을 향해 협동하는 것이 유리하다는 것을 인식하고 있다. 근본적으로 이것은 활동을 허용하고 사업이 행해지면서 환경에 유리한 해결책을 찾는 협력적인 과정이다.

협력은 흔히 다른 어떤 것을 얻기 위해 어떤 것을 포기하는 타협과 다르며 포용력이 더 크다는 것을 인식하는 것이 중요하다. 협력은 서로에게 이익이 되는 기회를 창출하기 위해 당사자들이 함께 일하는 것을 요구하는, 즉 실제로 필요로 하는 점에서 더욱 포괄적이다. 협력은 문제를 공동으로 해결하려는 분위기를 조성한다. 협상과 조정이 잘되기 위해서 필요한 것은 모든 당사자들에게 그들의 입장을 명확하고 정직하게 설명한 다음에 공통된 의견이 어디에 있을 수 있는지 알아보는 것이다. 그 다음에 상호 신뢰 위에 확립된 관계는 진전된다. 거의 모든 쟁점은 협상할 수 있으며 경비가 많이 드는 소송과 지루한 지연을 피하거나 적어도 최소화할 수 있는 대안을 흔히 세울 수 있다는 것은 놀랍지 않을 것이다.

스톰킹 산의 사례

스톰킹 산 분쟁은 공익사업체와 자원보호론자의 대립의 전형적인 예이다. 1962년 뉴욕의 에디슨 회사는 뉴욕 시 북쪽으로 약 64km 떨어진 허드슨 강 고원의 일부인 스톰킹 산 위에 수력발전소의 건설사업에 대한 계획을 발표하였다. 많은 사람들은 애팔래치아 산맥에 있는 허드슨 강 고원 지역이 비할 데 없는 심미적 가치를 가진 것으로 생각하였다. 이 지역은 미국 동부에서 주요 강이 산맥을 관통하여 해수면까지 침식하여 피오르드 효과를 보여주는 유일한 지역이다.[35]

초기 계획은 스톰킹 산을 깊게 파야 하는 지상 발전소 건설을 요구하였다. 이 사업은 발전소를 완전히 지하에 짓도록 재설계되었으며, 산을 절개하지 않아도 되게 되었다(그림 20. 10). 그러나 자원보호론자들은 이 사업을 계속해서 반대하였으며 쟁점은 확대되어 어업의 피해 가능성까지 포함하였다. 자원보호론자들은 강으로부터 빠른 속도의 취수는 발전소로 많은 물고기 유충을 끌어들여 소용돌이와 마모로 이들을 죽일 것이라고 주장하였다. 강에서 가장 가치가 있는 낚싯고기는 줄무늬농어이다. 한 연구는 만약 발전소가 가동되면 농어의 연 부화의 25% 내지 75%는 파괴될 수 있다는 것을 보여주었다. 물고기는 산란하기 위해 바다로부터 조수로 되돌아오며 허드슨강은 줄무늬농어가 산란하는 체서피크만 북쪽의 유일한 강어귀이기 때문에 어업의 안전에 대한 우려는 정당화되었다. 제안된 발전소 위치가 줄무늬농어가 산란하는 지역에 가까운 곳에 선정되었기 때문에 문제는 한층 더 심각하였다.[35]

스톰킹 산 분쟁은 다차원의 쟁점에 대한 의사를 경절하는 어려움을 강조하기 때문에 흥미롭다. 공익사업체는 높은 최대 전력에 대한 요구가 많은 노동과 관리비를 동반하는 뉴욕시에 살아남기 위해 노력하고 있었다. 동시에 자연보호론자들은 아름다운 풍경과 어족자원을 보존하기 위해 투쟁하였다. 분쟁 당사자 양자는 정당하게 주장하였으나 이들의 특별한 이해관계의 견지에서 분쟁을 해결하는 것은 어려웠다. 현행 법과 절차는 쟁점을 해결하는 데 충분하지만 교환 협정이 필요하다. 결국 경제와 환경의 값이 어떤 결정을 위해 지불되어야만 한다. 이 값은 우리가 바라는 생활양식과 생활수준을 반영한다.

스톰킹 산 분쟁의 최초 소송은 1965년에 제기되었으며, 16년간의 격렬한 법정 투쟁 후에 1981년 분쟁은 해결되었다. 전체 서류철은 20,000쪽을 넘었으며, 결국은 많은 당사자들은 이들의 차이를 해소하는 데 도움을 받기 위해 외부의 조정자를 활용하였다. 유명한 이 사례는 환경보호론자의 굉장한 승리로 인용되었다. 만약 많은 소송당사자가 자리 잡고 앉아

(a)

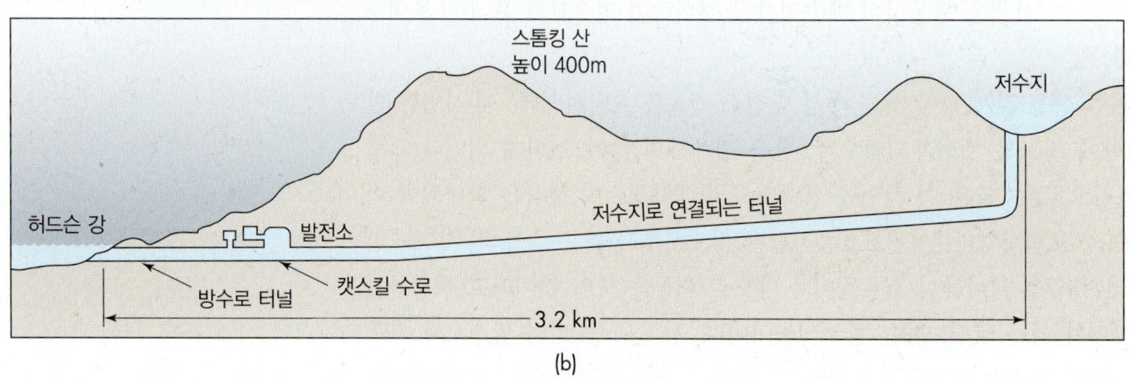

(b)

그림 20.10 허드슨 강 고원 (a) 뉴욕의 스톰킹 산과 허드슨 강 고원. (*Photo by Joe Deutsch*). (b) 전체 스톰킹 산 수력발전소 단지가 지하에 어떻게 배치되는지를 보여주는 그림. (*Carter, L.J. 1974. Science, 184: 1353–58. copyright 1974, American Association for the Advancement of Science*)

터놓고 쟁점을 상의하였다면 결과는 훨씬 더 빨리 결정될 수 있었을까? 아마 협상과 조정의 과정을 통해 분쟁은 개인 당사자와 사회 일반에 낮은 비용으로 훨씬 일찍 해결될 수 있었을 것이다.[36] 이 사례는 환경법 쟁점은 대립적인 입장을 취하는 당사자 측보다는 문제해결 관점에 의해 가장 잘 교섭될 수 있다는 것을 강조한다.

20.7 지질학, 환경 그리고 미래

이 책은 지질과 환경이 연관된 어떤 철학과 근본적인 개념의 소개와 함께 시작하였다. 이 책의 중요한 취지는 지구는 역동적인 곳이며, 사람들은 범람원에 건물을 지어서는 안 된다는 것이다. 물론 이것은 지나친 단순화이다. 지질 작용, 환경 및 사회 사이에 중요한 연계가 많으며, 만약 지속 가능성을 달성하고자 한다면 우리는 이들 연계에 용의주도한 주의를 기울여야 한다.

환경 위기 막기 : 할 수 있는 것에 집중하기

환경 위기에 대한 개념은 제1장에서 소개하였다. 이제 우리는 우리가 아는 바와 같이 인간 사회에 피해를 입히는 잠정적인 위기의 발생을 막기 위해 할 수 있는 일에 착수하였다. 첫째, 다음 수년 내지 수십 년 내의 잠정적인 식량 부족을 막기 위해 단기적인 활동을 제안할 것이다. 둘째, 우리는 수 세기에 걸친 인간의 지구 활용에 대한 지속 가능성의 장기적 개념을 우리가 어떻게 달성할 수 있는지 논의할 것이다.

전 지구적인 환경문제와 해결책의 이해에 있어 선구자인 레스터 브라운은 막대한 사회적 불안과 이전에 경험하지 못한 교란을 일으키는 개발에서 오는 인간의 환경 위기를 막기 위해 우리는 세 가지(모두는 식량 공급과 연계되어 있다)를 해야 한다고 주장하였다.[1]

1. 유엔의 초안에 따라 2050년까지 70억 내지 80억 명으로 인류의 인구수 증가를 조정한다. 현재 우리는 80억 내지 90억 명의 중간에 있다. 이러한 인구수 증가 감소를 달성할 수 있는 몇몇 핵심은 여성의 교육, 개선된 어린이들의 건강관리 및 생활수준의 상승이다(제1장 참조).
2. 수자원, 특히 지하수를 보존하고 유지하라. 지하수의 이용은 지난 반세기 동안 곡물 생산량을 3배 증가시켰으며, 인구수를 2배 이상 증가하게 하였다. 동시에 수자원은 세계(미국, 중국, 인도, 캐나다)의 모든 곡창 지대에서 고갈되어 가고 있다. 우리는 물을 어떻게 보존하고 유지하는지 알고 있으나(제12장) 보조금을 지불하는 낮은 가격이 아니라 물의 실질 가치에서 물의 가격을 결정하는 것을 포함한 정책이 필요하다. 우리는 농업과 그 밖의 이용을 위해 늦지 않게 물 보존 기술을 실행할 필요가 있다.
3. 탄소 방출을 조정하고 전 지구적 온난화를 막는다. 온난화에서 이들 각각의 점진적인 증가는 결국 우리 농작물의 적은 부분의 손실 내지 가뭄과 물과 관련된 그 밖의 재해로 끝난다. 임계 온도 이상의 온난화는 곡물 생산의 감소를 야기한다. 전 지구적 온난화를 막기 위한 해결책은 제19장에서 논의하였다. 이들은 작은 형광등의 사용과 연료 효율이 한층 더 좋은 자동차 사용과 같은 낮은 에너지 집약적인 기술로의 전환을 포함한다. 우리는 또한 전 지구적 온난화의 원인이 되는 화석 연료에서 바람과 태양 같은 재생 가능한 에너지로부터 생성된 것으로의 전환을 필요로 한다. 우리는 이것을 조만간 실행할 필요가 있다.

미래를 위한 지속 가능성의 달성

지속 가능성의 이해는 이 책의 주요 목적이다. 그러나 지속 가능성의 개념은 쟁점이 되는 주제이다. 이것의 가장 단순한 형태에서 개발 또는 입안에 적용될 때 지속 가능성을 증진시키기 위해 첫째, 우리는 물, 공기 및 생물체와 같은 재생 가능한 자원은 미래 세대와 생태계를 위해 유지되어야 한다는 것을 반드시 보증해야 한다. 둘째 우리는 인간 작용이 이들 자원을 훼손시키지 않는다는 것을 보증해야 한다. 유명한 한 지질학자는 지속 가능한 개발은 불가능하다고 설명하였다. 이 설명은 지질학적인 과거로부터 유래된 우리 자연 유산의 일부인 화석연료와 광물과 같은 재생 불가능한 자원에 대해서는 정확하다. 이들 자원의 지속 가능한 이용은 불가능하다. 우리가 할 수 있는 최선은 미래 세대들이 그들의 공평한 몫을 가질 수 있도록 재생 불가능한 자원을 사용하는 것이다. 보존과 재활용을 통해 광물 자원의 이용성을 크게 확장할 수 있다. 재생 가능한 자원에 대해 지속 가능성의 개념은 미래 환경 계획과 훌륭한 우리 환경 보존의 핵심이다.

중요한 질문은 "우리가 지속 가능한 미래를 어떻게 개발할 수 있을까?" 이다. 이 주제의 논의에 있어 저자는 우리의 현재 개발에 대해 사회로서 다수의 가치 판단을 내렸다. 이들은 내 견해이다; 여러분의 견해는 다를 수 있다. 이 논의는 사실과 검증할 수 있는 가설에 근거한 과학이 아니라 과학으로부터 배운 것으로부터 나온 결과이다. 이 차이는 중요하다. 우리의 인구과잉, 자원 소비 및 오염의 현재 방향은 분명히 지속 가능한 것은 아니다. 필요한 것은 주된 목적으로 부를 생산하는 사회를 운영하는 우리의 현재 수단을 사회, 산업, 농업 및 환경에 대한 관심을 조화롭고 지속 가능한 계로 통합하는 것으로 전환할 새로운 방향의 개발이다.[37] 이들은 다음을 포함한다.[38]

- 지속 가능성을 지향하는 가치와 생활양식의 발전. 미국에서 가치에 대해 우리는 이미 거기에 있다. 계속된 조사는 미국에서 매우 많은 사람들(90%)은 환경 보호가 최우선의 일이 되어야 한다고 말한다는 것을 확인하였다. 약 반 정도의 사람들은 환경 보호는 경제 성장과 상충될 필요가 없다고 믿는다.[39]
- 지속 가능한 개발은 빈부를 막론하고 지구상의 모든 사람을 포함하며 환경의 파괴 없이 모든 사람들에게 더 높은 생활수준에 다다르게 하는 것이 필요하다는 것에 대한 인식, 즉 우리는 세상의 혜택을 받지 못한 사람들을 이용하지 않고 이들을 도와야 한다. 노동자들은 이들의 가족을 부양할 수 있는 최저 임금이 필요하다. 상품 생산과 농작물 재배의 경비를 줄이기 위해 다른 나라의 자원과 노동력의 개발은 우리 모두를 해친다.
- 미래의 인구수 변화, 자원 이용 및 자연재해에 대해 놀람과 충격을 기다린 후에 대응하기보다는 미리 대책을 강구하는 계획을 세움.

세계 인구수는 적어도 다음 수십 년 동안 계속하여 극적으로 증가할 것이다. 이 증가는 출생률이 가장 높은 개발도상국에서 가장 뚜렷할 것이다. 증가하는 우리 주민에게 주택을 공급하기 위해 더 많은 토지가 필요해짐에 따라 태풍, 홍수, 사태, 화산 활동 및 지진과 같은 위험스런 작용에 근접하게 되어 더 많은 사람들이 위험에 놓이게 될 것이다. 과거의 경험은 자연재해가 인구 밀집 지역에서 발생할 때 우리는 이들 재해의 대부분을 다루는 데에 특별히 잘 준비되어 있지 않음을 말해 준다. 따라서 환경지질학의 주요 목표는 건전한 토지 이용 계획, 지구작용에 대한 더 나은 개괄적인 이해 및 우리의 지구와 더 조화롭게 살 수 있는 것을 배우는 데 도움을 줄 수 있는 전략의 잠정적인 범위를 통해 위험한 작용을 확인하고 이들의 잠정적인 영향을 최소화하기 위해 노력하는 것이다. 이 목적의 달성은 인구수가 증가함에 따라 사람들이 살 수 있는 더 많은 토지에 대한 요구는 계속될 것이기 때문에 미래를 위해 매우 중요하다. 도시 지역은 — 특히 사람들이 가장 많이 밀집되는 경향이 있는 일부 해안 지역을 따라 — 크기가 증가하여 거대한 도시 인구 밀집 지역이 될 것이다.

따라서 우리의 과거 실수로부터 배우는 것은 우리의 의무이며, 미래의 개발은 현명한 개발이어야 함을 보증해야 한다.

환경지질학을 공부한 여러분의 대다수가 여러분 주위의 세상과 세상에서 일어나는 지질학적인 작용에 대해 더 잘 인식하기를 희망한다. 그 결과 여러분은 지구의 자연작용과 더 조화를 이루게 되며 지금 우리가 살고 있는 지구 자원을 어떻게 사용할지, 그리고 지속 가능한 계획을 세우기 위한 목적을 가지고 어떻게 사회를 건설할지에 대해 더 현명하게 선택할 지식을 가질 수 있는 권한을 부여받았다. 이러한 선택은 우리의 미래 세계는 사람들에게 더 안전할 것이다는 것과 사회는 과거보다 환경과 더 조화를 이룰 것이라는 것을 실제로 보증하는 핵심이다. 이것은 다음 세대로서 여러분의 책임이다.

요 약

중국은 21세기로 진입함에 따라 환경 파괴의 위험 속에 처해 있다. 중국의 행로는 파괴된 환경을 개선하려는 시도에 뒤따르는 환경 훼손이 산업혁명 이후의 유럽과 미국의 행로와 비슷하다. 13억 명의 인구가 한층 더 풍족한 생활양식을 추구하고 있기 때문에 중국에서 변화의 규모는 매우 크다.

사망률과 특정 질병의 발병률은 지역에 따라 변하며, 변화의 일부는 지질과 연계되어 있다. 흔히 이들 원인은 상당히 복잡하며, 특정한 어떤 질병이 한 원인에 한 결과의 관계를 가지는 경우는 드물다. 그럼에도 불구하고 많은 증거는 지구화학적 환경이 심장병과 암을 포함한 매우 심각한 만성적인 건강 문제의 발생에 중요한 요소라는 것을 말해 준다.

인간의 토지 이용에 의해 예상되는 영향을 환경영향이라고 한다. 국립환경정책법령은 인간 활동의 질에 크게 영향을 미칠 수 있는 모든 주요 연방 활동에 대하여 환경영향평가보고서의 작성을 요구한다. 스코핑과 저감은 환경영향평가 작업에 있어 중요한 과정이다.

토지 이용은 중요한 환경적인 쟁점이다. 농촌 지역의 도시화는 농지를 파괴하거나 또는 수려한 경관 또는 휴양의 가치를 가진 생태계를 파괴할 수 있다. 도시 지역의 확장에 이용할 수 있는 한정된 토지는 단 한 가지로 이용되는 토지의 항구적인 위탁보다는 순차적이고 다차원적인 토지 이용의 개념에 이르게 하였다. 토지 이용 입안은 견실한 경제 발전과 높은 질의 생활을 유지하는 데 가장 본질이다. 지구과학의 견지에서 지속 가능한 입안의 기본적인 철학은 재해를 막고 자연 자원을 보존하며, 정통한 생태 원리를 활용하여 환경을 보호하는 계획을 세우는 것이다.

환경법의 용어는 통속적으로 사용되게 되었으며 오늘날에는 법의 중요한 요소이다. 이 법에는 환경문제에 있어 대결과 적대적인 입장보다는 문제해결과 조정에 대한 조처가 있다. 단호한 태도를 협상으로 바꾸면 문제해결에 있어 진전은 강화된다.

지질학은 우리의 미래와 환경에 대해 중요한 교훈을 갖는다. 우리는 역동적인 지구에 살고 있으므로 살 곳으로 선택한 장소와 지속 가능성을 위해 어떻게 계획을 세워야 하는지 신중하게 결정해야 한다. 이것이 지질학, 사회 그리고 미래 사이의 연계의 본질이다. '평상시와 같이 영업'을 계속할 수 없다는 것이 분명해지고 있다. 우리가 환경을 어떻게 대해 왔는가에 대한 위기를 막기 위해 우리는 인류의 인구 수 증가를 조정하고 우리의 수자원을 보존하며 인간이 일으킨 전 지구적 온난화를 정지시킬 필요가 있다.

기본개념의 재확인

인구 증가

인구 증가는 지질과 사회 사이의 거의 모든 관계에 있어 중요한 요소이다. 인구수의 증가는 더 많은 자원의 사용과 더 많은 화학물질과 폐기물의 생산을 요구한다. 사회적으로 받아들일 수 있는 인구수 조정 방법을 찾는 것은 환경과학과 이의 한 분야인 환경지질학의 근본적인 목적이다.

지속 가능성

지속 가능성은 많은 환경문제의 해결책의 중요 요소이며, 재생 가능한 자원의 유지는 중요한 환경 목적이다. 우리가 어떻게 지속 가능성을 달성할 수 있는지는 전적으로 분명한 것은 아니다. 이것은 우리의 산업, 농업 및 환경에 관심을 둔 우리 사회를 자연과 인간이 변형시킨 생태계가 한층 더 조화를 이루는 시스템으로 전환하는 새로운 사고방식을 요구한다.

계로서의 지구

사회와 지질 사이의 관계에 대한 지식은 물리, 수문 및 생물계가 어떻게 기능을 하며 변화하는지 그리고 이들이 세상의 문화와 사회가 어떻게 연계되어 있는지에 대한 이해를 요구한다. 계 사이의 연계는 주로 맑은 물과 양호한 공중위생의 이용이 적절하지 못한 나라에서 매년 수백만 명의 사람을 죽게 하는 질병과 오염의 패턴과 관련되어 있다.

위험한 지구작용, 위해성 평가 및 인식

환경 분석, 법규 및 법은 폐기물 관리와 토지와 그 밖의 자원의 이용과 같은 활동이 일어나는 환경과 인간의 상호작용으로부터 발생하는 위험과 환경 파괴를 감소시키는 것을 목적으로 한다. 환경 영향 분석과 평가는 댐과 저수지의 건설 또는 독성 폐기물의 처리와 같은 특정 활동으로부터 일어날 수 있는 위험과 변화를 인지하고 예상하는 데 중요한 요소이다.

과학지식과 가치

지질작용에 대한 이해는 연구의 성숙된 단계이다. 환경문제에 이 지식을 적용하는 것은 우리의 가치관에 의해 지지를 받는 성과이다. 사람들은 건강한 환경을 원하며 우리가 호흡하는 공기, 우리가 마시는 물, 그리고 우리가 살고 있는 토지의 질을 보호하고 향상시키고자 하는 법률 제정을 지지하고자 한다. 우리는 또한 다른 생명체와 생태계를 존중하며, 생태계와 위험에 처한 종을 보호하기 위한 법규가 있다.

주요 용어

독물학
라돈
부지 선경
스코핑
저감
토지 이용 입안
환경법
환경영향평가보고서

복습 문제

1. 독물학에 대한 정의를 내려라.
2. 환경 관점에서 질병에 대한 정의를 어떻게 내릴 수 있는가?
3. 지구화학적인 환경과 심장병 발병 사이의 관계에 대한 가능한 설명은 무엇인가?
4. 라돈은 무엇인가?
5. 집안에서 라돈 가스에 노출되는 것을 왜 위험하다고 생각하는가?
6. 라돈이 집안으로 들어올 수 있는 주요 경로는 무엇인가?
7. 집안에서 라돈 농도는 어떻게 낮출 수 있는가?
8. 부지 선정이란 부엇인가?
9. 환경영향평가보고서의 주요 요소는 무엇인가?

10. 스코핑이란 무엇인가?
11. 저감에는 왜 잠정적인 문제가 있는가?
12. 반대 선언은 무엇인가?
13. 토지 이용에 대한 입안의 주요 단계는 무엇인가?
14. 협상과 조정은 환경법의 실행에 있어 어떻게 관여하는가?

심화 문제

1. 유럽과 미국의 산업혁명과 오늘날 중국에서 일어나고 있는 산업활동 사이에 어떤 유사점을 발견할 수 있는가? 여러분은 중국이 우리의 산업 성장이 가져온 환경 파괴의 일부를 막을 수 있다고 생각하는가? 여러분의 대답이 '아니요'이면 여러분 대답의 정당성을 증명하라. 여러분의 대답이 '예'이면 중국이 할 수 있는 것을 설명하라.

2. 이 장에서 제시한 물의 세기와 심장병 발병 사이의 역관계를 고려하라. 물의 세기는 심장병과 아무런 관련이 없다는 것을 포함한 관계를 자세히 다룬 4개의 가설이 설명되어 있다. 각 가설을 검증할 수 있는 전략을 개발하라.

3. 여러분의 학교나 대학이 대학의 미래 개발을 위하여 캠퍼스나 또는 캠퍼스 가까운 곳에 10에이커의 부지를 찾고자 한다. 캠퍼스와 주위 지역에 대한 조사를 완료하고 새로운 건물이 들어설 곳을 추천하라. 여러분의 의사결정 과정에 어떤 기준을 이용하였는가? 의사결정에 어떤 평가가 포함되어 있는가?

4. 지속 가능성 개념은 여러분이 지지할 수 있는 타당한 것인가? 우리의 지속 가능한 자원을 유지하기 위해 필요한 것은 무엇이라고 생각하는가? 어떤 사람들은 지속 가능성은 비생산적인 쟁점이라고 말한다. 여러분은 이에 대해 동의하는가? 왜 동의하는가? 또는 왜 동의하지 않는가?

5. 레스터 브라운이 설명한 3단계가 가까운 미래에 있을 환경 위기를 막기 위해 필요하다고 생각하는가? 왜? 또는 왜 하지 않는가?

부록 A 광물

광물의 특유한 특성

특정 광물의 특유한 특성은 심미적 또는 실용적 가치를 가지고 있다. 예를 들면 석기 시대 사람들은 도구를 만드는 데 쓰이는 화산 분출 시 생성된 천연의 흑요석 유리와 플린트(flint)라고 하는 세립의 석영을 소중하게 여겼다. 질 좋은 석재 도구는 수집되어 지역 규모의 서로 다른 종족 사이에서 교환되었다. 이와 비슷하게 자연 구리는 오대호 지역에서 북아메리카 원주민들에게 처음 발견되었을 때 구리의 광택과 전성(나중에 설명함) 같은 특성 때문에 높이 평가되었으며 보석과 도구를 만드는 데 사용되었다. 많은 고대 문명은 우리의 고유 문명에 더해 루비와 사파이어 같은 보석을 이들의 아름다움 때문에 높이 평가하였다. 역사적으로 가장 가치 있는 광물 중 하나는 암염(NaCl) 또는 일반 식탁용 소금이었다. 왜냐하면 사람을 포함한 모든 동물이 살아가는 데 이 광물이 필요하기 때문이다. 소금은 수천 년 동안 광산에서 채굴되거나 염전에서 얻어졌다. 일부 점토 광물은 유용한 그릇, 항아리 및 장식용 소상을 본뜰 수 있으며 여전히 다른 광물로 만든 흑색, 적색 및 주황색 페인트로 칠할 수 있기 때문에 높게 평가되었다. 오늘날 광물의 매우 다양한 특정의 물리적 성질은 세라믹에서 전자 공학, 야금, 농업 및 사적인 보석의 모든 것에 이용된다. 이제 광물의 특성을 자세히 조사하여보자.

광물 감정

제3장에서 논의된 바와 같이 작은 표품에서 광물의 감정은 패턴 인식과 광물의 특수한 성질 또는 특색에 대한 조사의 조합이다. 이들은 색깔, 비중, 벽개, 결정형, 단구, 경도, 광택 및 광물 또는 광물군에 특유한 그 밖의 특징적인 성질을 포함한다.

색깔

광물의 색깔은 주어진 광물이 서로 다른 몇 가지 색깔을 가질 수 있거나 또는 서로 다른 몇 가지 광물들이 동일한 색깔을 띠기 때문에 혼동할 수 있다. 존재하는 불순물에 따라 석영은 투명, 분홍색, 자주색, 황색 또는 연기빛 흑색을 띨 수 있다. 유약을 바르지 않은 도자기 판이나 또는 '조흔판'에 광물을 문질렀을 때 광물 분말이 띠는 색깔이 훨씬 믿을 만하다. 적철석 광물, Fe_2O_3은 충충한 흑색 또는 반짝이는 어두운 금속성 은색을 띠지만 이 광물의 조흔색은 항상 적색을 띤다.

비중

광물의 비중은 물의 밀도와 비교한 광물의 밀도이다. 물의 비중은 1이다. 광물의 비중은 암염의 약 2.2에서 금의 19.3까지 각기 다르다. 대부분의 광물은 약 2.5에서 4.5의 비중을 갖는다. 실제로 광물의 표품을 손바닥에 올려놓고 들어보며 광물이 가벼운지, 보통인지 또는 무거운지 측정한다.

벽개

벽개는 광물이 결정의 내부 구조와 광물의 화학결합 양식에 의해 결정되는 약한 면을 따라 쪼개지려는 방식이다. 일반적인 몇 가지 벽개 형태가 그림 A.1에 제시되어 있다.

결정형

결정형은 또한 광물 감정에 유용한 특징적 성질이다(그림 3.5 참조). 예를 들면 끝이 뾰쪽한 육면체의 길쭉한 석영(SiO_2)의 결정은 표품의 색깔에 관계없는 특색이며, 황철석(FeS_2)의 정육면체도 마찬가지이다.

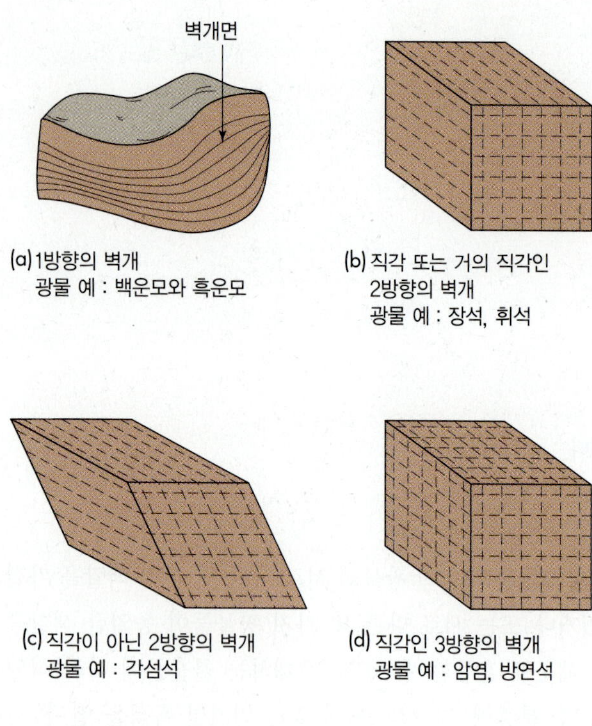

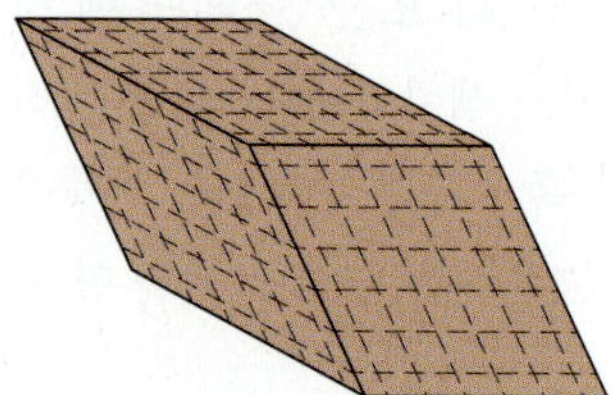

그림 A.1 일반적인 몇 가지 벽개 형태 운모를 제외하고 벽개는 대시선(--)으로 나타냈다. (a) 운모는 1방향의 벽개를 가지며 얇은 판으로 쪼개진다. (b) 장석과 휘석은 2방향의 벽개를 가지며 직각 또는 거의 직각으로 쪼개진다. (c) 각섬석은 직각을 이루지 않는 2방향의 벽개를 갖는다. (d) 암염과 방연석은 직각으로 만나는 3방향의 벽개를 갖는다. 이들은 정육면체 형태로 쪼개진다. (e) 방해석도 또한 3방향의 벽개를 갖는다. 그러나 벽개는 직각으로 만나지 않는다. 방해석은 능면체로 쪼개진다.

단구(깨짐)

일반적으로 광물이 깨지거나 또는 파쇄되는 방식은 또한 광물을 감정하는 데 도움이 될 수 있다. 단구를 기술하는 용어는 괴상, 다편상, 섬유상 또는 패각상을 포함한다. 패각상은 유리 같은 물질이 파쇄되는 것을 뜻하며, 일반적으로 조개껍데기 비슷하게 만곡된 면을 갖는다.

경도

광물의 상대적인 경도는 오스트리아 광물학자 프리드리히 모스가 제안한 모스경도계를 이용하여 결정한다. 모스경도계는 1에서 10까지이며 경도 1은 가장 연한 광물인 활석의 경도이며, 경도 10은 가장 단단한 광물인 금강석의 경도이다(표 A.1). 경도계에서 경도값의 증가는 광물의 경도의 증가와 동등하지 않다. 광물의 경도는 모스경도계를 이용한 일련의 조사에 의해 결정된다. 어떤 광물 또는 물질은 모스경도계에서 더 낮은 경도를 가진 광물을 긁히게 한다. 경도를 모르는 광물 표품을 칼날(경도 5.5)로 긁어보면 경도를 모르는 광물이 경도 5.5보다 더 단단한지 또는 더 무른지 알 수 있다. 그런 다음 모스경도계의 광물이나 또는 물질을 이용하여 모르는 광물 표품의 상대적인 경도를 결정할 수 있다.

광택

광택은 광물로부터 빛이 반사되는 방식을 말한다. 어떤 광물은 높은 반사도를 가진 금속광택을 갖는다. 다른 광물은 빛에 대해 반투명 내지 투명이며 비금속광택을 갖는다. 어떤 광물은 1개 이상의 광택을 갖는다. 예를 들면 흑연의 어떤 표품은 금속광택을 가지며 그 밖의 흑연은 비금속광택을 갖는다. 광택을 기술하는 용어는 진주광택, 지방광택 및 토상광택을 포함한다.

표 A.2는 흔한 광물의 일부 목록과 이들의 특성을 포함한다. 광물 감정의 열쇠(표 A.3)는 실질적인 감정에서 도움을 줄 수 있다. 표 A.3에서 첫 단계는 광물이 금속광택 또는 비금속광택을 갖는지 결정하는 것이다. 두 번째 단계는 상대적인 경도를 결정하는 것이다. 세 번째는 광물이 벽개를 갖는지 결정하는 것이다. 네 번째는 최종적으로 광물을 감정하기 위해 조흔색과 단구를 포함한 광물의 특유한 성질을 이용하라.

벽개와 그 밖의 성질을 결정하기 위해 단순한 시험과 아마 확대경을 이용하여 야외와 실험실에서 작은 표품으로부터 광물의 실제적인 감정은 근본적으로 패턴 인식 활동이라는 것을 유념하는 것이 중요하다. 일정 기간에 걸쳐 다수의 광물을 조사하고 특정 광물이 어떻게 변하는지 학습한 후에 우리는 특정 표품의 감정에 한층 더 익숙해진다. 만약 명확한 결정이 필요하면 광물을 명확하게 감정하기 위해 광물학자들은 광물의 화학성분과 내부구조를 결정하기 위해 다양한 정교한 기기들을 이용한다.

표 A.1 모스경도계

	상대 경도	광물	설명	비슷한 경도를 가진 물질
가장 무름	1	활석	가장 연한 광물, 분(파우더) 제조에 이용	흑연, 연필심(1~2)
	2	석고	인조 벽판 제조에 이용	손톱(2.5)
	3	방해석	대리암의 주요 구성 광물	동전(3.0)
	4	형석	플루오르를 얻기 위해 채굴, 유리와 법랑 제조에 이용	
	5	인회석	치아의 법랑질	칼날, 유리(5.5~6)
	6	정장석	주요 조암광물	
	7	석영	자주색을 띨 때 보석(자수정)으로 이용, 2월의 탄생석	줄(6.5)
	8	황옥	투명할 때 보석으로 이용, 11월의 탄생석	
가장 단단함	9	강옥	붉은색일 때 루비(보석), 7월의 탄생석	청색일 때 사파이어(보석), 9월의 탄생석
	10	금강석	광물 중에 가장 단단함, 매우 화려한 보석	

주 : 경도값은 상대적이며, 경도계에서 단위의 증가는 광물의 단단함에서 동일한 증가를 나타내지 않는다.

표 A.2 선택된 조암광물 특성과 환경에서의 중요성

광물군	광물	화학식	색깔	경도	그 밖의 특징	설명
규산염 광물	사장석	(Na, Ca)Al(Si, Al)Si_2O_8	일반적으로 백색 또는 회색, 그러나 그 밖의 색깔도 띰	6	대략 90°로 잘 발달된 두 방향의 벽개와 한 벽개면 위에 가는 줄무늬가 발달할 수 있음	조암광물 중 가장 흔한 것 중 하나. 장석군으로 Na가 풍부한 것에서 Ca가 풍부한 것으로 변화. 중요한 산업광물
	알칼리 장석	(Na, K)$AlSi_3O_8$	회색, 백색 내지 분홍색	6	90°로 잘 발달된 두 방향의 벽개. 반투명 내지 불투명이며 유리광택, 백색 조흔색	조암광물 중 가장 흔한 것 중 하나. K가 풍부한 알칼리 장석인 정장석은 요업 산업과 갖가지 산업 공정에 널리 이용
	석영	SiO_2	불순물에 따라 무색 내지 백색, 회색, 분홍색, 자색 및 그 밖의 몇 가지 색	7	흔히 잘 발달된 육각기둥의 결정형. 패각상의 깨짐	아주 흔한 조암광물. 대부분의 화학적 풍화에 저항성을 가짐. 유리와 플럭스의 기본 구성물질. 흔히 연마제로 이용. 자수정과 그 밖의 석영과 같은 색깔은 띤 변종은 다수의 준보석으로 이용
	휘석	(Ca, Mg, Fe)$_2Si_2O_6$	일반적으로 녹색 내지 흑색	5~6	결정은 일반적으로 짧고 통통함. 각도가 약 90°인 두 방향의 벽개	조암광물의 중요한 그룹. 암석 내에 특히 흔함. 다소 빠르게 풍화됨. 휘석이 결정화되어 섬유상으로 얇고 쉽게 갈라지는 덩어리를 형성하면 석면의 중요한 상업 원료가 됨
	각섬석	(Na, Ca)$_2$(Mg, Al, Fe)$_5Si_8O_{22}(OH)_2$	일반적으로 담녹색 내지 흑색	5~6	벽개 각이 90°가 아닌 120°인 두 방향의 벽개에 의해 휘석과 구분됨. 각섬석은 또한 휘석보다 더 높은 광택과 함께 더 나은 벽개를 가짐	중요한 조암광물. 특히 화성암과 변성암의 중요한 조암광물. 풍화작용에 상대적으로 저항성이 약함
	감람석	(Mg, Fe)$_2SiO_4$	일반적으로 녹색, 그러나 황색을 띨 수 있음	6.5~7	일반적으로 유리광택을 가짐. 벽개는 없음	중요한 조암광물. 특히 화성암과 변성암의 중요한 조암 광물. 화학적 풍화작용에 상대적으로 저항성이 약함
	점토	Ca, Na, Fe, Mg와 같은 성분을 포함한 다양한 함수알루미늄 규산염광물	일반적으로 백색, 그러나 불순물 때문에 변할 수 있음	1~2	일반적으로 매우 고운 입자로 구성된 부드러운 토양성의 덩어리로 산출됨. 습기를 포함할 때 흙냄새가 남. 작은 표품에서 특정 점토광물을 감정하는 것은 종종 어려움	환경 관점에서 점토 광물은 매우 중요함. 오늘날 사회에서 많은 사람들이 이용함. 점토가 풍부한 토양은 종종 많은 응용지질학적인 문제가 있음
	흑운모 (흑색 운모)	K(Mg, Fe)$_3AlSi_3O_{10}(OH)_2$	흑색 내지 암갈색	2.5~3	한 방향의 양호한 벽개 때문에 평행한 판으로 쪼개짐	중요한 조암광물로 화성암과 변성암에 흔함
	백운모	$KAl_2(AlSi_3)O_{10}(OH)_2$	무색 내지 담회색 또는 담녹색 또는 만약 표품이 몇몇 mm의 두께이면 심지어 갈색을 띰	2~3	한 방향의 양호한 벽개 때문에 얇은 판으로 쪼개짐	중요한 조암광물, 특히 화성암과 변성암에서 중요함. 지붕을 이는 산업용 원료, 페인트 및 고무를 포함한 몇몇 용도로 이용됨

표 A.2 선택된 조암광물 특성과 환경에서의 중요성(계속)

광물군	광물	화학식	색깔	경도	그 밖의 특징	설명
탄산염 광물	방해석	$CaCO_3$	무색, 그러나 불순물 때문에 다양한 색깔을 가질 수 있음	3	묽은 염산에 강하게 거품을 일으킴. 78°인 두 방향의 벽개 때문에 흔히 특징적인 능면체 조각으로 갈라짐. 투명한 방해석은 광물을 통해 종이 위의 한 점을 관찰할 때 두 점으로 보이는 복굴절을 나타냄	퇴적암의 중요한 암석인 석회암과 변성암인 대리암의 주요 구성 광물. 싱크홀의 발달을 포함한 다양한 환경 문제가 이들 암석과 관련됨. 화학적으로 빠르게 풍화됨. 아스팔트, 비료, 살충제 및 플라스틱을 포함한 다양한 산업 공정에 이용됨
	백운석	$(Ca, Mg)CO_3$	일반적으로 백색, 그러나 담갈색과 분홍색을 포함하는 그 밖의 다양한 색깔을 띨 수 있음	3.5~4	분말로 만들었을 때 묽은 염산과의 반응에서 느리게 거품을 일으킴. 벽개는 78°로 두 방향. 투명 내지 반투명일 수 있으며 유리 내지 진주 광택을 가짐	퇴적암의 중요한 암석인 백운암과 백운암질 석회암의 주요 구성 광물
	공작석	$CuCO_3 \cdot Cu(OH)_2$	밝은 색 내지 밝은 초록색, 그러나 암녹색을 띨 수 있음	3.5~4	묽은 염산과의 반응에서 느리게 거품을 내며 산성 용액을 녹색으로 변화시킴. 종종 밝고 더 어두운 녹색 띠로 이루어진 소용돌이 모양의 대상구조를 나타냄	장식용 암석으로 가치가 높음. 보석 생산에 이용되며 구리 광석임
산화광물	적철석	Fe_2O_3	일반적으로 적갈색 내지 적색 및 암회색의 다양한 색상	5.5~6.5	조흔색은 암적색	많은 화성암, 특히 현무암질 암석에서 소량으로 발견되는 흔한 광물
	자철석	Fe_3O_4	흑색	6	자성	철광석으로 가장 중요함
	보크사이트	함수알루미늄 산화물	황색에서 갈색, 회색 및 백색으로 변함	1~3	일반적으로 무색의 조흔색을 갖는 뚜렷하지 않은 흙모양의 덩어리로 이루어지며 토상광택을 가짐	알루미늄의 중요 광석. 열대와 아열대 환경에서 암석의 강한 풍화작용에 의해 생성
	갈철석	적은 양의 다른 원소를 포함한 함수철산화물	일반적으로 황색 내지 황갈색 또는 흑색	1~5.5	종종 흙모양의 덩어리나 또는 껍데기 형태를 나타냄	침철석이란 용어는 흔히 매우 세립의 다양한 함수산화물을 기술하는 데 사용됨. 철광물의 화학적 풍화작용에 의해 종종 생성되며 '녹'으로 존재함
황화광물	황철석	FeS_2	일반적으로 놋쇠빛의 황색, 갈색으로 탈색됨	6~6.5	종종 결정 표면에 줄무늬를 가진 잘 발달된 정육면체를 나타냄	황산 제조에 이용되어 옴. 그러나 대부분은 석탄에 황 성분을 첨가시키고 광물의 풍화작용에 의해 산이 풍부한 물의 형성에 기여하는 것으로 알려짐

표 A.2 선택된 조암광물 특성과 환경에서의 중요성(계속)

광물군	광물	화학식	색깔	경도	그 밖의 특징	설명
	황동석	$CuFeS_2$	암황색 내지 놋쇠빛 황색, 피막에 의한 적색 내지 청자색의 무지개 빛깔이 나타남	3.5~4	쉽게 분해됨. 녹흑색의 조흔색. 벽개 없음	구리의 중요한 광석. 종종 금과 은 광석에 수반됨
	방연석	PbS	은회색	2.5	회색 내지 흑색 조흔색. 높은 비중. 보통 금속 광택	납의 중요 광석
황산염 광물	석고	$CaSO_4 \cdot 2H_2O$	일반적으로 무색 내지 백색, 그러나 분순물 때문에 다양한 색깔을 떨 수 있음	2	한 방향의 완전한 벽개를 가지며 종종 투명 내지 불투명. 섬유상의 결정을 형성할 수 있으나 종종 흙모양의 덩어리	건축 원료, 비료 및 요업용 플럭스을 제조하는 몇몇 산업에 이용
	경석고	$CaSO_4$	일반적으로 백색, 그러나 무색일 수 있음	3~3.5	일반적으로 가는 알갱이의 괴상 집합체로 관찰됨. 반투명 내지 투명일 수 있음. 무색의 조흔색	황산 제조, 종이의 충전제 및 때때로 장식용 석재로 이용
할로겐 광물	형석	CaF_2	다양한 색깔, 종종 자주색, 황색, 백색 또는 녹색	4	종종 정육면체의 결정으로 관찰되나 괴상일 수 있음. 네 방향의 완전한 벽개	금속 산업에서 플럭스, 일부 렌즈 그리고 불산 제조를 포함한 다수의 산업에 이용
	암염	NaCl	일반적으로 무색 내지 백색, 그러나 불순물 때문에 다양한 색깔을 떨 수 있음	2~2.5	짠 맛. 세 방향의 완전한 벽개 때문에 정육면체를 이룸	일반 식탁용 소금. 겨울철에 눈 내린 길에 소금을 뿌리는 것은 물을 오염시킬 수 있음. 핵 폐기물의 모암으로 제안됨
원소광물	금	Au	금빛 황색	2.5~3	결정은 희귀함. 매우 높은 비중, 연성과 전성이 매우 큼	중요 화폐 표준으로 이용. 보석과 컴퓨터 칩과 그 밖의 전자공학에 이용
	금강석	C	일반적으로 무색, 그러나 황색과 청색의 다양한 색상을 나타냄	10	흔히 찬란한 광택을 나타내기 위해 가공함	산업용 연마제와 보석으로 이용

표 A.2 선택된 조암광물 특성과 환경에서의 중요성(계속)

광물군	광물	화학식	색깔	경도	그 밖의 특징	설명
	흑연	C	흑색 내지 회색	1~2	종종 엽리가 발달된 괴상으로 산출. 흑색 조흔색으로 종이에 잘 표시됨. 연필의 연필심으로 활용	윤활제, 염료 및 연필의 연필심을 포함한 다양한 산업용 용도
	황	S	은회색	1.5~2.5	특징적인 황 냄새	종종 석유 산업의 부산물. 황산 제조에 사용될 수 있음

주 : 경도값은 상대적이며, 경도계에서 단위의 증가는 광물의 단단함에서 동일한 증가를 나타내지 않는다.

출처 : Davidson, J. P., Reed, W.E., and Davis, P.M. 1997. *Exploring Earth*. Upper Saddle River, NJ: Prentice Hall; and Birchfield, B.C., Foster, R. J., Keller, E. A., Melhom, W. N., Brookins, D. G., Mintt, L. W., and Thurman, H. V. 1982. *Physical geology*, Columbus, OH: Charles E. Merrill.

표 A.3 광물 감정에 도움이 되는 열쇠. 이 표를 이용하기 위해 (1) 광물의 광택이 비금속광택인지 또는 금속광택인지 결정하라. 만약 비금속광택이면 광물이 밝은 색인지 또는 어두운 색인지 결정하라. (2) 칼날을 이용하여 광물이 칼날보다 더 단단한지 또는 더 무른지 결정하라. (3) 벽개를 찾아보라. 그 다음에 여러분의 표품을 여기에 제시된 그 밖의 특성과 비교해 보고 최종 감정에서는 표 A.2를 활용하라.

광택	경도	벽개	특성	광물
밝은 색의 비금속 광택	단단함 – 칼에 의해 긁히지 않음	벽개가 보임	백색 또는 피부색. 거의 직각인 두 방향의 벽개면. 경도 6. 불규칙한 맥을 보여주는 커다란 결정은 퍼사이트이다.	정장석(K-장석)
			백색 또는 녹회색. 거의 직각인 두 방향의 벽개면; 경도 6; 벽개면에 가는 줄무늬 발달	사장석
		벽개가 없음	백색, 투명 또는 그 밖의 색깔. 유리광택. 투명 내지 불투명. 육방정계(육각형)의 결정. 경도 7. 패각상 단구	석영
			녹색과 황색의 다양한 색상. 유리광택. 암석에서 입상의 덩어리와 결정. 경도 6.5~7(겉보기 경도는 훨씬 낮을 수 있음)	감람석
	무름 – 칼에 의해 긁힘	벽개가 보임	무색 내지 백색. 짠 맛. 3방향의 완전한 벽개는 정육면체의 파편을 형성. 경도 2~2.5	암염
			백색, 황색 내지 무색. 3방향의 완전한 벽개는 능면체의 파편을 형성. 경도 3. 묽은 염산과 거품을 내며 반응	방해석
			분홍색, 무색, 백색 또는 흑색. 능면체 벽개. 경도 3.5~4. 오직 분말일 때 묽은 염산과 거품을 내며 반응	백운석
			백색 내지 무색. 1방향의 완전한 벽개. 경도 2	석고
			녹색 내지 백색. 비누 같은 촉감. 1방향의 벽개. 경도 1	활석
			무색 내지 담황색 또는 녹색. 얇은 판은 투명하며 탄성이 매우 큼. 1방향의 완전한 벽개. 경도 2~3(백색 운모)	백운모
		벽개가 없음	녹색 내지 백색. 섬유상 벽개. 맥을 형성할 수 있음	석면
			녹색 내지 백색. 비누 같은 촉감. 1방향의 벽개. 경도 1	활석
			백색 내지 무색. 1방향의 완전한 벽개. 경도 2	석고
			황색 내지 녹색 빛을 띰. 수지광택. 경도 1.5~2.5	황
어두운 색의 비금속 광택	단단함 – 칼에 의해 긁히지 않음	벽개가 보임	흑색 내지 암녹색. 거의 90°인 2방향의 벽개면. 경도 5~6	휘석
			흑색 내지 암녹색. 거의 120°인 2방향의 벽개면. 경도 5~6	각섬석
		벽개가 없음	녹색과 황색의 다양한 색상. 유리광택. 암석에서 입상의 덩어리와 결정. 경도 6.5-7(겉보기 경도는 훨씬 낮을 수 있음)	감람석
			백색, 투명 또는 그 밖의 색깔. 유리광택. 투명 내지 불투명. 육방정계(육각형)의 결정. 경도 7. 패각상 단구	석영
			적색 내지 갈색. 적색 조흔색. 흙 같은 겉모양. 경도 5.5~6.5(겉보기 경도는 훨씬 낮을 수 있음)	적철석
	무름 – 칼에 의해 긁힘	벽개가 보임	갈색 내지 흑색. 1방향의 벽개. 경도 2.5~3(흑색 운모)	흑운모
			녹색의 다양한 색조. 1방향의 벽개. 경도 2~2.5(녹색 '운모')	녹니석
			적색 내지 갈색. 적색 조흔색. 흙 같은 겉모양. 경도 5.5~6.5(겉보기 경도는 낮을 수 있음)	적철석
			연필심의 흑색. 손가락에 묻어남. 경도 1~2. 단지 큰 결정에서 뚜렷한 1방향의 벽개	흑연
			황갈색 내지 암갈색. 거의 흑색일 수 있음. 황갈색의 조흔색. 토상광택; 경도 1~5.5(일반적으로 부드러움)	갈철석

표 A.3 광물 감정에 도움이 되는 열쇠. 이 표를 이용하기 위해 (1) 광물의 광택이 비금속광택인지 또는 금속광택인지 결정하라. 만약 비금속광택이면 광물이 밝은 색인지 또는 어두운 색인지 결정하라. (2) 칼날을 이용하여 광물이 칼날보다 더 단단한지 또는 더 무른지 결정하라. (3) 벽개를 찾아보라. 그 다음에 여러분의 표품을 여기에 제시된 그 밖의 특성과 비교해 보고 최종 감정에서는 표 A.2를 활용하라.(계속)

금속 광택		흑색. 강한 자성. 경도 6	자철석
		연필심의 흑색. 손가락에 묻어남. 경도 1~2. 단지 큰 결정에서 뚜렷한 1방향의 벽개	흑연
		놋쇠빛 황색. 흑색의 조흔색. 흔히 가는 줄무늬를 가진 정육면체의 결정형. 경도 6~6.5	황철석
		놋쇠빛 황색. 탈색될 수 있음. 흑색의 조흔색. 경도 3.5~4. 괴상	황동석
		반짝이는 회색. 흑색의 조흔색. 매우 무거움. 정육면체의 벽개. 경도 2.5	방연석

출처 : Birchfield, B. C., Foster, R. J., Keller, E. A., Melhom, W. N., Brookins, D. G., Mintt, L. W., and Thurman, H. V., 1982. *Physical geology*. Columbus, OH: Charles E. merrill.

부록 B 암석

우리는 제3장에서 암석은 하나 또는 여러 광물의 집합체라고 설명하였다. 전통적인 지질학적 연구에서 이것이 가장 일반적으로 사용되는 정의이다. 환경지질학의 용어는 다소 다르다 — 환경지질학에서 우리는 무엇보다도 먼저 토목 설계와 환경문제에 영향을 미치는 특성에 관심을 둔다. 환경지질학과 토목지질학에서 암석은 다이너마이트와 같은 폭발물을 사용한 발파 없이 제거될 수 없는 지구 물질을 나타낸다. 삽이나 불도저와 같이 흙을 운반하는 보통 장비로 굴착될 수 있는 지구 물질은 토양이라 부른다. 따라서 매우 부스러지기 쉽거나 또는 잘 다져지지 않아 교결이 안 된 사암은 토양으로 여겨질 수 있는 반면에 잘 다져진 점토는 암석이라 할 수 있다. 실용적인 이 용어는 입안자나 설계자들에게 전통적인 용어보다 한층 더 유용한 정보를 전달한다. 예를 들면 점토는 일반적으로 고결되지 않아 쉽게 제거된다. 점토라고 기술된 물질을 토양이라고 생각하는 토건업자는 물질이 발파 없이 제거될 수 있다고 생각하고 굴착 작업에 낮은 값을 매길 수 있다. 그러나 만약 점토가 잘 다져진 것으로 밝혀지면 경비가 훨씬 더 비싼 작업인 발파가 수반되어야만 한다. 예비조사를 수행하고 토건업자에게 점토를 암석으로 여기라고 미리 알려주면 이러한 종류의 착오를 피할 수 있다(토양과 이들의 성질은 제16장에서 자세하게 다루었다).

암석의 감정

암석은 광물로 이루어져 있다. 어떤 암석은 단지 한 광물만을 포함하는 반면에 대부분의 암석은 몇 개의 광물을 포함한다. 광물과 마찬가지로 작은 표품에서 암석의 감정은 무엇보다도 먼저 패턴을 인식하는 훈련이다. 그러나 우리를 도와줄 유용한 몇 가지 힌트가 있다. 첫 번째는 암석이 화성암, 퇴적암 또는 변성암인지 결정하는 것이다. 이 결정은 때때로 우리가 생각한 것처럼 쉽지 않다. 세립의 암석은 감정하기가 특히 어렵다. 만약 우리가 맨눈으로 개개의 광물 입자를 알아볼 수 없으면 이 암석은 세립질로 여겨진다. 우리가 광물과 암석의 특성을 조하하는 데 도움을 주는 돋보기나 또는 확대경을 사용할 것을 권장한다.

어떤 일반적인 어림 감정은 시작하는 데 있어 도움을 준다. (1) 만약 암석 표품이 다른 암석의 작은 조각과 파편으로 이루어지면 이것은 아마 퇴적암이다. (2) 만약 암석에 엽리(광물 입자들의 나란한 배열에 의해 형성된 암석 벽개라고 부르는 특징)가 발달되어 있으면 이는 변성암이다. (3) 만약 개개의 광물 결정이 상대적으로 조립 — 맨눈이나 또는 확대경으로 쉽게 알아볼 수 있음을 뜻함 — 이고 결정들이 맞물려 얽히고 석영과 장석 같은 광물로 이루어지면 이 암석은 아마 화강암 같은 심성암이다. (4) 만약 암석이 대부분 세립질이고 몇 개의 커다란 결정(반정)을 포함하면 이것은 아마 분출한 화성암이다. (5) 만약 암석이 상대적으로 연하고 묽은 염산을 떨어뜨릴 때 거품이 일면 이것은 탄산염암, 아마 석회암 또는 만약 변성암이면 대리암이다. (6) 만약 표품이 실제로 더럽고, 무르고 심하게 풍화를 받았거나 또는 변질된 암석이면 — 야외에서 보이는 대부분 암석처럼 — 우리는 암석을 감정하는 데 어떤 문제를 가질 수 있다.

일반 암석의 강도

암석의 강도는 흔히 암석의 압축 강도란 용어로 보고된다. 이는 바이스 같은 기계 내에서 기계적으로 가해져 암석 표품

표 B.1 일반 암석의 강도

	암석	압축 강도 범위($10^6 N/m^2$)	설명
화성암	화강암	100~280	균열이 없는 세립질의 화강암이 가장 강하다. 일반적으로 화강암은 대부분의 토목공사 목적에 적합하다.
	현무암	50 내지 280보다 높음	각력화된 지대, 열린 용암 동굴 또는 균열은 강도를 감소시킨다,
변성암	대리암	100~125	용해된 공동과 균열은 암석을 약화시킨다.
	편마암	160~190	일반적으로 대부분의 토목공사 목적에 적합하다.
	규암	150~600	매우 강한 암석
퇴적암	셰일	2보다 낮거나 215	토목공사 목적으로 매우 약할 수 있음. 면밀한 조사가 필요하다.
	석회암	50~60	점토에 의해 갈라진 틈, 용해 공극 또는 균열은 암석을 약화시킨다.
	사암	40~110	강도는 교결 정도와 교결물의 종류, 광물 및 균열의 특성과 정도에 따라 달라진다.

출처 : Bolz, R. E. and Tuve, G. L., eds. 1973. *Handbook of tables for applied engineering science*. Cleveland, OH: CRC Press.

을 깨뜨리거나 또는 파쇄하는 데 필요한 압축력이다. 암석의 강도는 단위면적당 힘으로 보고되며 이는 미터법으로 제곱미터당 뉴턴(N/m^2)으로 보고된다.

몇 가지 일반 암석의 압축 강도는 표 B.1에 제시되어 있다.

암석의 물리적 성질

암석의 물리적 성질은 색깔, 비중, 상대 굳기, 공극률, 투수율, 조직 및 강도이다.

색깔 암석의 색깔은 포함된 광물과 일어난 풍화작용의 정도에 따라 달라진다. 암석은 이들이 관찰되는 자연적인 환경에서 담회색 내지 갈색 또는 흑색의 색조를 띤다. 암석은 흔히 표면에 산화철에 의해 생성된 흑색 내지 주황색의 선상의 변종을 갖는다.

비중과 상대 굳기 우리가 광물에 사용한 비중과 동일한 정의를 암석에 적용하며 이는 동일한 부피의 물의 무게에 대한 암석의 무게를 나타낸다. 어떤 암석은 물보다 가벼워 물에 뜰 수 있다. 예를 들면 기공 또는 공동을 많이 가진 밝은 색의 화산암인 부석은 물보다 가볍다. 암석은 철과 마그네슘을 포함한 광물이 더욱 풍부해짐에 따라 더 무거워진다. 광물의 모스경도계와 비슷한 암석의 상대적인 굳기 척도는 없다. 무른 암석은 손으로 부숴지며 단단한 암석은 깨뜨리는 데 큰 쇠망치가 필요하다.

공극률과 투수율 공극률은 입자 사이의 빈 공간이나 균열 내의 열린 공간을 포함한 암석의 부피에 대한 총 공극 부피의 백분율이다. 투수율은 다공질 암석이 유체 — 일반적으로 기름과 물 — 를 통과시킬 수 있는 최대량이다(제11장 참조). 투수율의 계수는 속도 단위(단위시간당 거리)를 가진 물의 투수력으로 알려져 있다. 몇몇 암석과 퇴적물의 공극률 값과 물의 투수율은 표 3.4에 제시되었다. 공극률과 투수율의 특성은 폐기물 처리, 물 오염, 사태 및 심지어 지진을 포함하는 많은 환경문제와 지질학적인 자연재해에 매우 중요하다.

조직 암석의 조직은 암석을 이루는 결정 또는 입자 크기, 모양 및 배열을 나타낸다. 일반적으로 맨눈으로 광물 경정이나 입자를 알아볼 수 없으면 암석은 세립질이다. 만약 결정이나 입자를 맨눈으로 식별할 수 있으면 암석은 조립질로 여겨진다. 결정과 입자의 모양은 고르고 둥그런 것부터 맞물러 얽히고 각진 것까지 다양하다. 각진 입자는 모서리가 날카롭고 고르지 못하다. 상대적으로 공극률이 높은 암석은 입자 사이나 또는 균열 내에 많은 공극을 갖는다. 만약 이들 공극이 부분적으로 더 작은 입자나 또는 교결물로 채워지면 공극률은 감소한다. 공극률은 공극이 더 작은 입자나 방해석($CaCO_3$), 석영(SiO_2) 또는 석고($CaSO_4 \cdot 2H_2O$) 같은 교결물로 채워짐에 따라 30%에서 5%로 감소한다. 조립의 모래 입자(지름이 1~2mm)가 그림 B.1에 제시되어 있다. 만약 입자 크기의 범위가 크면 입자의 분포는 분급이 나쁘다(그림 B.1b). 반대로 모든 모래 입자들이 대략 동일한 크기이면 입자들의 분포는 분급이 좋다고 기술한다(그림 B.1a, c).

그 밖의 암석 조직은 생성되는 동안 기체의 팽창에 의해 생성된 기공 또는 공동으로 특징된다. 예를 들면 기공이 많은 암석은 흔히 기체가 방출되는 용암류의 표면 가까운 곳에 산출된다.

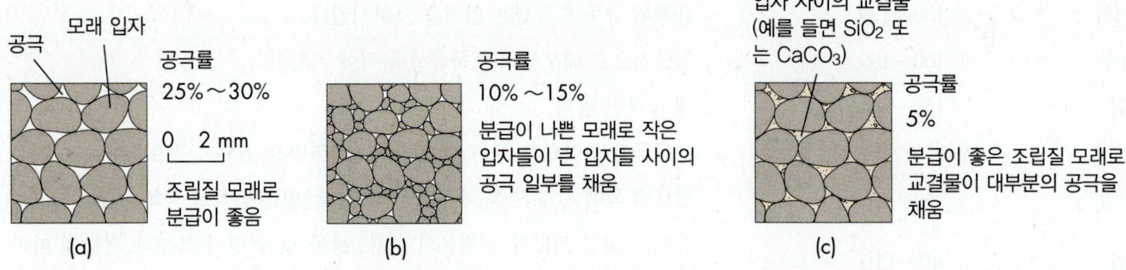

그림 B.1 (a) 분급이 좋은 조립 모래의 공극률. (b) 분급이 나쁜 모래. (c) 입자들이 서로 교결된 분급이 좋은 모래

부록 C 지도와 이와 관련된 주제

이름이 암시하듯이 지형도는 지구표면에서 지형을 나타낸다. 지형도는 지역의 자연적인 지형과 인공적인 구조물을 그림으로 나타낸다. 고도와 그 밖의 어떤 자연 지형은 동일한 높이의 선인 등고선으로 나타낸다. 지형도에서 개개의 등고선은 서로 떨어져 있는 높이가 일정한 간격이며, 이 간격은 **등고선 간격**이라 한다. 보통 등고선 간격은 5, 10, 20, 40, 80, 100 미터 또는 피트이다. 특정 지도의 실질적인 등고선 간격은 제시된 지형도뿐만 아니라 지도의 축척에 좌우된다. 만약 지형도가 상대적으로 낮은 굴곡(지도에서 가장 높은 지점과 가장 낮은 지점 사이의 등고선 차이)을 가지면 등고선 간격은 상대적으로 작다. 그러나 굴곡이 크면 큰 등고선 간격이 필요하거나 또는 등고선들이 확인할 수 없을 정도로 모이게 된다. 이것은 중요한 요점을 말해 준다. 등고선 간격이 조밀한 곳은 등고선 간격이 넓은 다른 지역에 비해 상대적으로 경사가 급하다.

지형도(또는 이에 관한 어떤 지도)의 축척은 어러 방법으로 표시된다. 첫째 한 축척은 말하자면 1대 24,000(1:24,000)과 같은 비로 표시될 수 있으며, 이는 지도상에서 1인치는 지표에서는 24,000인치 또는 2,000피트를 나타낸다. 둘째 지형도는 흔히 지도의 하단 가장자리에 있는 거리를 측정하는 데 유용한 막대 모양의 척도를 갖는다. 마지막으로 일부 지도의 축척은 지도상에 길이의 특정 단위로 설명된다. 예를 들면 이는 지도상에 1인치는 200피트와 같다고 말할 수 있다. 이것은 지도상에서 1인치는 지표에서 200피트(2,400인치)를 뜻한다. 이 예에서 우리는 또한 축척은 1:2,400이라고 말할 수 있다. 미국 지질조사소 지형도에 가장 많이 사용되는 축척은 1:24,000이다. 그러나 1:125,000 또는 더 작은 축척이 또한 이용된다. 1÷24,000은 1÷125,000보다 큰 숫자라는 것을, 그래서 1÷125,000은 더 작은 축척이라는 것을 기억하라.

등고선에 더해 지형도는 또한 도로, 가옥, 그리고 그 밖의 건물과 같은 인공 시설물을 나타낸다. 시내와 강과 같은 지형은 흔히 청색으로 표시한다. 실제로 지도상에는 일련의 모든 기호가 일반적으로 사용된다. 이들 기호는 그림 C.1에 제시되어 있다.

지형도 읽기

지형도를 읽거나 또는 해석하는 것은 과학과 같은 정도로 예술이다. 지구표면에 있는 다양한 지형과 지세를 나타내는 많은 지형도를 조사한 후에 우리는 등고선의 형태에 의해 이들 형태를 인식할 수 있다. 이것은 다양한 지도를 조사하는 데 상당히 많은 시간과 경험을 필요로 하는 과정이다. 그러나 이들은 지형도를 읽는 데 도움이 되는 일반 법칙이다.

- 강 또는 심지어 작은 시내를 포함한 계곡은 상류 방향을 가리키는 V자 형태를 이루는 등고선을 갖는다. 이것은 때때로 V자 법칙이라 한다. 따라서 만약 우리가 모든 시내를 나타내는 배수지 양상을 그리고자 한다면 우리는 상류 방향으로 등고선들이 계속 V자 패턴을 형성할 때까지 시내를 연속시켜야 한다. 배수지의 분수령에 가까워지면 V자는 더 이상 인지할 수 없다.
- 등고선이 밀집된 곳에서 경사는 상대적으로 급하며, 등고선이 상대적으로 멀리 떨어진 곳에서 경사는 상대적으로 완만하다. 상대적으로 간격이 멀리 떨어진 등고선이 치밀하게 변하는 곳은 '경사의 중단(break in slope)' 이 일어났다고 말한다. 이것은 빈번히 산의 기저나 또는 계곡 경사면이 범람원 환경으로 변하는 곳에서 관찰된다.

Control data and monuments

Third order or better, with tablet	BM×16.3
Third order or better, recoverable mark	×120.0
Bench mark at found section corner	BM 18.6
Spot elevation	×5.3

Contours

- Intermediate
- Index
- Supplementary
- Depression
- Cut; fill

- Intermediate
- Index
- Primary
- Index primary
- Supplementary

Boundaries

- National
- State or territorial
- County or equivalent
- Civil township or equivalent
- Incorporated city or equivalent
- Park, reservation, or monument

Surface features

Levee	Levee
Sand or mud area, dunes, or shifting sand	Sand
Intricate surface area	Strip mine
Gravel beach or glacial moraine	Gravel
Tailings pond	Tailings pond

Mines and caves

Quarry or open pit mine	
Gravel, sand, clay, or borrow pit	
Mine dump	Mine dump
Tailings	Tailings

Vegetation

Woods	
Scrub	
Orchard	
Vineyard	
Mangrove	Mangrove

Glaciers and permanent snowfields

- Contours and limits
- Form lines

Marine shoreline

- Approximate mean high water
- Indefinite or unsurveyed

- Mean high water
- Apparent (edge of vegetation)

Coastal features

Foreshore flat	Mud
Rock or coral reef	Reef
Rock bare or awash	
Group of rocks bare or awash	
Exposed wreck	
Depth curve; sounding	3
Breakwater, pier, jetty, or wharf	
Seawall	

Rivers, lakes, and canals

Intermittent stream	
Intermittent river	
Disappearing stream	
Perennial stream	
Perennial river	
Small falls; small rapids	
Large falls; large rapids	
Masonry dam	
Dam with lock	
Dam carrying road	
Perennial lake; Intermittent lake or pond	
Dry lake	Dry lake
Narrow wash	
Wide wash	Wide wash
Canal, flume, or aquaduct with lock	
Well or spring; spring or seep	

Submerged areas and bogs

Marsh or swamp	
Submerged marsh or swamp	
Wooded marsh or swamp	
Submerged wooded marsh or swamp	
Rice field	Rice
Land subject to inundation	Max pool 431

Buildings and related features

- Building
- School; church
- Built-up area
- Racetrack
- Airport
- Landing strip
- Well (other than water); windmill
- Tanks
- Covered reservoir
- Gaging station
- Landmark object (feature as labeled)
- Campground; picnic area

Cemetery: small; large	Cem

Roads and related features

Roads on Provisional edition maps are not classified as primary, secondary, or light duty. They are all symbolized as light duty roads.

- Primary highway
- Secondary highway
- Light duty road
- Unimproved road
- Trail
- Dual highway
- Dual highway with median strip

Railroads and related features

- Standard gauge single track; station
- Standard gauge multiple track
- Abandoned

Transmission lines and pipelines

Power transmission line; pole; tower	
Telephone line	Telephone
Aboveground oil or gas pipeline	
Underground oil or gas pipeline	Pipeline

그림 C.1 미국 지질조사소가 작성한 지형도에 사용되는 일반 기호의 일부. (*USGS*)

- 언덕이나 산의 상부 가까운 곳의 등고선은 닫힌다. 이들은 원추형의 꼭대기나 또는 길고 좁은 능선에 대해 상대적인 원형이나 타원형일 수 있다. 정상의 실질적인 고도는 표시된 마지막 등고선보다 높으며 등고선 간격의 반을 택함으로써 측정된다는 것을 기억하라. 즉 정상의 가장 높은 등고선이 1,000이고 등고선 간격이 50m 이면 산 정상의 높이는 1,025m로 추정할 수 있다.
- 닫힌 등고선을 이루는 지형적 함몰지는 등고선에 해치 마크를 가지며 이러한 함몰지의 존재를 지시하는 데 유용하다.
- 때때로 경사면의 지형은 작은 언덕 모양이며 해당 지역의 지형에 비해 이상적이다. 이러한 작은 언덕 같은 지형은 흔히 사태 작용과 산사태 퇴적물의 존재를 말해 준다.

요약컨대 다양한 지형도의 관찰과 잠시 동안의 작업 후에 우리는 등고선의 형태를 언덕과 계곡 및 그 밖의 지형으로 이루어진 실질적인 지형으로 알아보기 시작한다.

지도상에 위치 표시하기

지형도를 처음 가지고 우리가 야외 조사에 나갔을 때 우리는 우리의 위치를 표시하는 데 어려움을 겪는다. 우리가 어디에 있는가를 결정하는 것은 특정 지형 — 예를 들면 범람원, 사태 또는 그 밖의 지형 — 을 나타내는 것을 준비하는 노력에 있어 가장 중대하다. 지도상에 우리 자신의 위치를 표시하는 방법의 하나는 산의 정상, 도로의 교차 지점, 도로나 강의 뚜렷한 굴곡 또는 그 밖의 쉽게 인식되는 어떤 지형과 같은 확실한 지형을 인지하는 것이다. 그런 다음에 이곳으로부터 나침반을 가지고 작업을 해낸다. 즉 우리는 몇몇 뚜렷한 지형

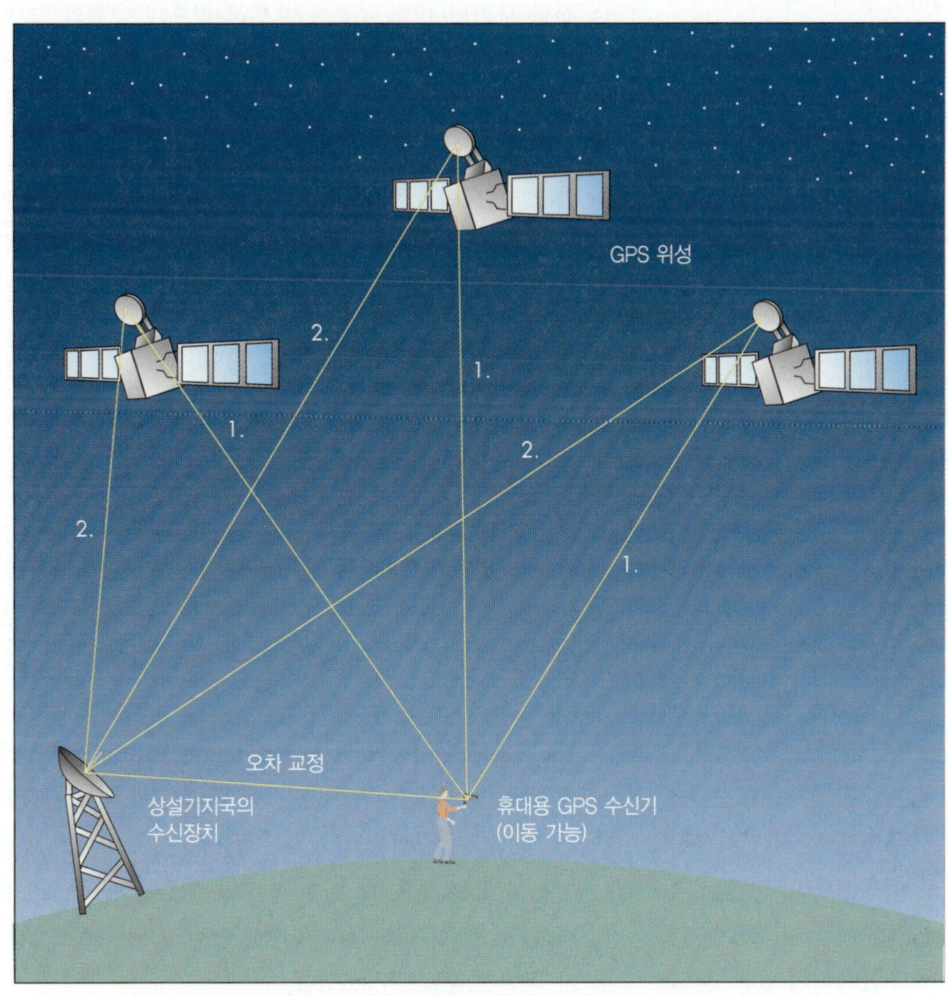

1. 야외 수신기와 인공위성 — 위치의 정확도는 실제 위치로부터 ~100m
2. 상설기지국(차동 GPS)을 가진 야외 수신기 — 위치의 정확도는 실제 위치로부터 ~6m

그림 C.2 GPS 시스템이 어떻게 작동하는가를 보여주는 개괄적인 그림

에 대해 방위각(나침반 바늘 방향)을 측정하고 지도상에 이들 방향을 표시한다. 우리의 위치는 이들 선이 교차하는 곳이다. 그러나 오늘날에는 우리 자신의 위치를 표시하는 데 있어 한층 더 현대적인 기술을 가지고 지도 작업을 하고 있다. 위성 위치 확인 시스템(Global Positioning System : GPS)는 아주 비싸지 않은 가격으로 구입하여 지구표면에 위치를 표시하는 데 도움을 준다. 휴대용 GPS 수신기는 오늘날 쉽게 이용할 수 있으며, 일반적으로 우리의 위치를 약 30m의 정확도로 지표상에 표시할 수 있다. GPS 수신기는 셋 또는 네 개의 위성으로부터 신호를 받아 인공위성과 우리 위치 간의 거리를 측정함으로써 작동한다. 이것은 신호가 우리의 수신기에서 인공위성에 도달한 후 되돌아오는 시간을 측정함으로써 수행된다. 우리의 위치를 결정하는 데 있어 정확도는 인공위성과 교신한 다음 그림 C.2에 제시된 바와 같이 기지국 수신기에 대한 우리의 상대적인 위치를 결정하고 지상의 기지국 수신기를 활용함으로써 대략 1m로 줄여질 수 있다.

GPS는 종종 컴퓨터와 연결되어 있으며, 위치가 알려지면 이 위치는 컴퓨터 화면상에 보여진 지도상에 바로 표시될 수 있다. GPS 기술은 우리가 지도를 작성하는 방법에 혁명을 일으키고 있으며 널리 이용되어 질 수 있고 야외에서 가치가 높은 연구 수단이다.

여기서 정보란 단어는 '야외에서(in the field)' 란 용어에 관한 것이다. 지질학자들이 야외에서란 용어를 사용할 때 우리는 '지구표면의 바깥쪽' 을 뜻하며 '지질학의 영역(field of geology)' 을 말하지는 않는다. 예를 들면 엘니뇨 폭풍 후 바로 밖으로 나가 캘리포니아 해안을 연구할 예정이다. 나는 내 동료들에게 "나는 야외 조사 간다." 고 말한다.

해안 지형의 예

해안 지형이 그림 C.3에 묘사되어 있다. 지형을 사각에서 본 (a)에 제시된 바와 같이 이 지역은 개재된 계곡을 가진 2개의 언덕으로 특징된다. 해안의 해안절벽은 그림의 동쪽(오른쪽)에 표시되어 있으며, 연안 해안 작용(제10장)에 의해 형성된 끝에 고리가 발달된 사취는 쇄파대와 해빈에서 이 해안 지역을 따라 모래의 이동 방향이 동쪽(오른쪽)에서 서쪽(왼쪽)임을 지시한다. 이 지역의 지형도는 (b)에 표시되어 있다. 등고선 간격(CI)은 20피트임을 주목하라. 그림의 오른쪽에 있는 가장 높은 언덕의 정상 고도는 대략 290피트이다. 왜냐하면 마지막 등고선이 280피트이며 언덕은 300피트보다 높을 수 없기 때문에 우리는 그 차를 분할한다. 몇몇 시내가 큰 계곡으로 흘러든다. 상류 방향에 있는 등고선의 V자 모양을, 특히 대략 270피트의 고도의 정상 쪽을 주목하라. 지형도에서 '읽혀' 질 수 있는 그 밖의 정보는 다음 내용을 포함한다.

- 지도의 서부에 있는 지형(왼편)은 약 275피트의 고도를 가진 언덕이며 서쪽으로 경사가 완만하고, 동쪽(오른편)과 바다를 향해 경사는 급하다. 동쪽 경사는 등고선이 밀집된 산의 정상 부근에서 특히 급하다.
- 지도의 중앙부는 갈고리 모양으로 발달된 모래톱으로 보호를 받는 만으로 흘러드는 강을 보여준다. 강 부근의 상대적으로 평탄한 육지는 서쪽을 따라 길게 뻗힌 치밀한 두 선으로 표시된 경량용 길(그림 C.3 참조)이 난 좁은 범람원이다. 두 번째 미개발된 길이 강을 가로질러 사취의 머리 부분까지 뻗혀 있으며 교회와 그 밖의 두 건물에 접근할 수 한다. 범람원은 강의 양쪽에서 20피트 등고선에 의해 윤곽이 표시되어 있다. 이 등고선 위와 40피트에 계곡의 가장자리에 경사의 중단이 있다.
- 약 275피트의 고도를 가진 지도의 서쪽(왼편)에 있는 언덕의 동쪽과 남쪽 사면에는 대부분 남쪽으로 흘러 바다로 유입되는 수많은 작은 시내가 발달되어 있다. 이들 시내는 언덕을 개석하고 있는(침식하고 있는) 상대적으로 경사가 급한 도랑으로 정의될 수 있다.
- 지도의 서부에 있는 언덕과 반대로 대략 290피트의 고도를 가진 동부의 언덕 동쪽 사면에는 상대적으로 멀리 떨어져 강과 바다로 흘러드는 시내가 발달되어 있으며 경사는 완만하다. 따라서 우리는 동쪽에서 큰 강이 있는 계곡으로 흘러드는 시내는 서쪽에서 큰 계곡으로 흘러드는 강보다 더 많이(더 낮은 경사로) 지형을 개석(침식)하였다고 말할 수 있다.
- 특히, 지도의 서쪽에 있는 약 275피트인 고도가 언덕 바로 남쪽의 시내를 주목하라. 이 시내는 상류를 활발하게 침식시켜 산의 정상으로부터 서쪽으로 경사진 지표면을 이루는 한층 더 완만한 지형에 오목한 만입을 형성하는 조밀한 등고선의 형태에 의해 표시된 좁고 경사가 급한 도랑을 형성하였다.

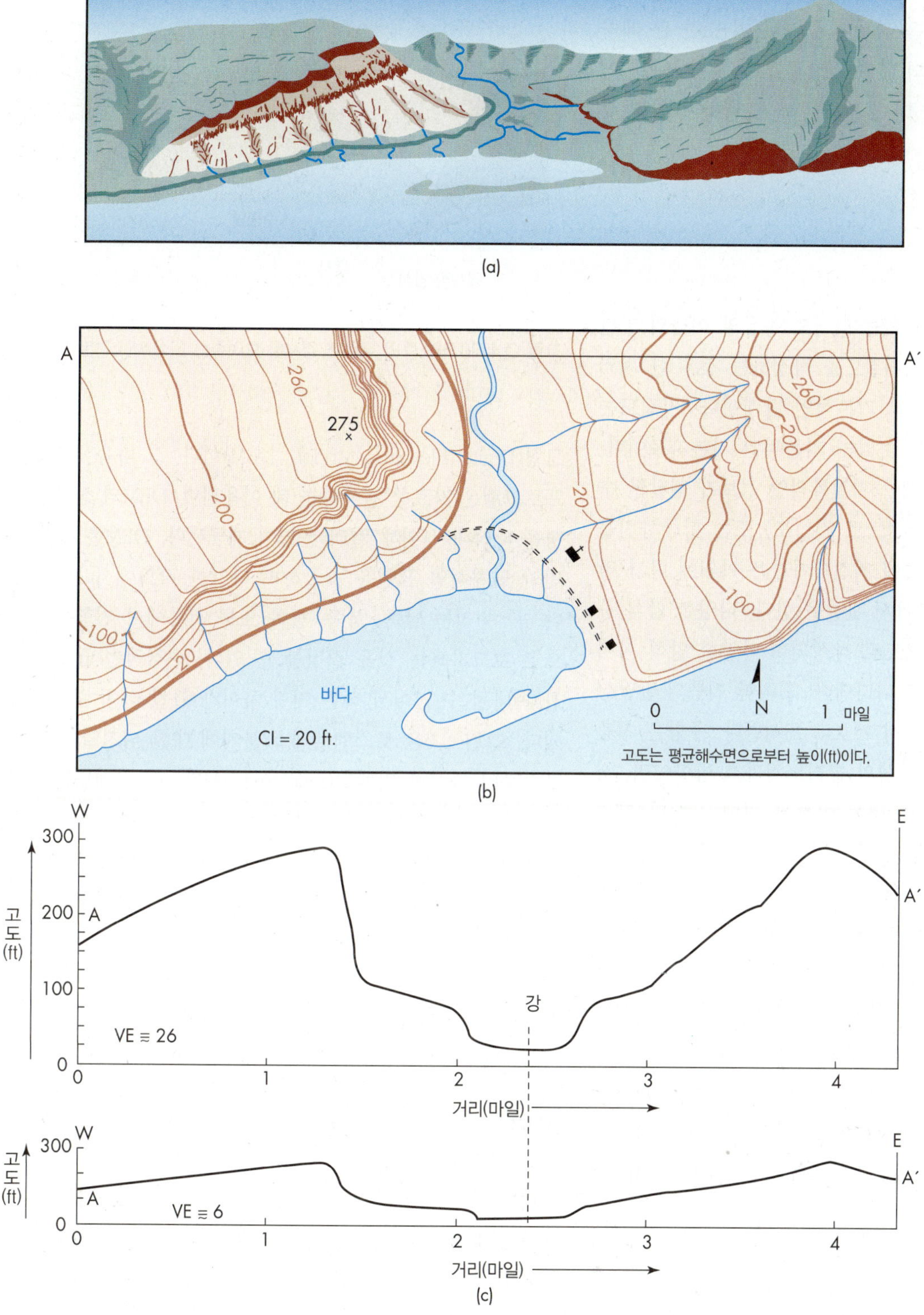

그림 C.3 해안 지역의 지형 그림 (a) 지형을 나타내는 그림 세트. (b) 등고선 간격이 20피트인 같은 지역의 지형도. (c) 지형도의 선 A-A′를 따라 그린 지형단면도로 약 26배와 8배의 수직 확대를 보여준다. 수직 확대는 지형도의 수평 축척에 대한 수직 축척의 비이다. 위 단면의 비는 약 26이며, 따라서 우리는 수직 확대가 약 26배라고 말한다. 아래 단면에 대해서 수직 단면은 약 6배이다. 물론 실제 상황에서 수직 확대는 없다(수직 및 수평 축척은 동일하다). 실습으로 선 A-A′를 따라 수직 확대 없이 지형단면도를 작성을 시도할 수 있다. 어떤 결론을 내렸는가? (*USGS*)

이 지역에 대한 연구를 계속하기 위해 우리는 동쪽에서 서쪽을 가로지르는 지형 단면을 작성할 수 있으며 또한 큰 계곡으로 흘러드는 일부 시내의 단면을 작성할 수 있다. 다음 업무는 지형과 지질에 대한 더 많은 결론을 도출하기 위해 항공사진과 지질도를 구하는 것일 수 있다.

지질도

지질학자들은 특정 지역에 있는 암석의 종류와 이들의 공간적 분포에 관심을 갖는다. 지질도를 작성하는 것은 한 지역의 지질을 이해하는 데 가장 기본적인 단계이다. 지질도는 한 지역의 지질을 해석할 수 있는 기본적인 기본자료이다. 지질도를 준비하는 첫 단계는 지질학적인 정보가 전달할 수 있는 좋은 기본 지도(일반적으로 지형도) 또는 항공사진을 구하는 것이다. 그런 다음에 지질학자들은 야외에 나가 암석을 관찰할 수 있는 노두에서 관찰을 한다. 다양한 암석 종류, 단위들 또는 층들이 지도로 작성되며 다양한 암석 사이의 경계는 지도상에 선으로 나타낸다. 퇴적암 지층의 발달상태는 T자 모양의 주향과 경사 기호로 표시한다. 주향은 지층의 층리면과 수평면의 교차선의 클리노컴파스 방향이며, 경사는 지층의 층리면과 수평면이 이루는 최대 각이다(그림 C.4). 그림 C.5a는 약 1,350km²의 면적에 분포하는 3종류의 암석 — 사암, 셰일 및 석회암 — 을 나타내는 매우 단순한 지질도를 보여준다. 주향과 경사의 기호의 배열은 지질 구조가 배사임을 말해 준다. E-E′선의 단면을 따라 작성한 지질단면도는 그림 C.5b에 제시되어 있다. 지질학자들은 특정 지역의 지질을 더 잘 이해하기 위해 자주 일련의 지질단면도를 작성한다. 1대 250,000에서 1대 24,000까지 다양한 축척의 지질도는 일반적으로 미국 지질조사소[한국의 경우 한국 지질자원연구원(역주)]를 포함한 여러 공급처로부터 구할 수 있다.

디지털 고도 모형

미국과 그 밖의 세계 여러 지역과 많은 곳에 대한 지형 자료는 이제 컴퓨터 디스크에서 얻을 수 있다. 예를 들면 지표 간격이 30m × 30m(면적, 900m²)인 표면 고도를 포함하는 고도값의 배열은 기본적인 지형 자료이다. 이것이 디지털 고도 모형(Digital Elevation Model : DEM)이다. 그 다음에 컴퓨터 프로그램은 자료를 검색하는 데 이용되며, DEM의 산물인 지형을 나타내기 위해 컬러 음영이 제공된다. DEM은 지구 표면의 입체적인 표현을 제공하며 다양한 각도에서 볼 수 있다. 즉 우리는 남쪽, 북쪽, 동쪽 또는 서쪽에서 지형을 사각으로 보고자하는 것을 결정할 수 있다. 수직적인 규모는 또한 확대될 수 있어서 작은 지형 차이가 훨씬 더 뚜렷해질 수 있다. 그림 C.6은 로스앤젤레스 분지에 대한 디지털 고도 모델로부터 작성한 입체도(relief map)이다. 이 입체도는 로스안젤레스가 최근의 조구조적 활동에 의해 융기된 산과 언덕으로 거의 둘러싸여 있음을 분명하게 보여준다. DEM은 한 지역의 지형을 평가하는 데 중요한 연구 수단이 되고 있다. DEM은 단층 절벽, 배수 지역, 해안 단구, 범람원 및 그 밖의 지형의 많은 지세와 같은 지형을 묘사하고 지도로 나타내는 데 이용될 수 있다.

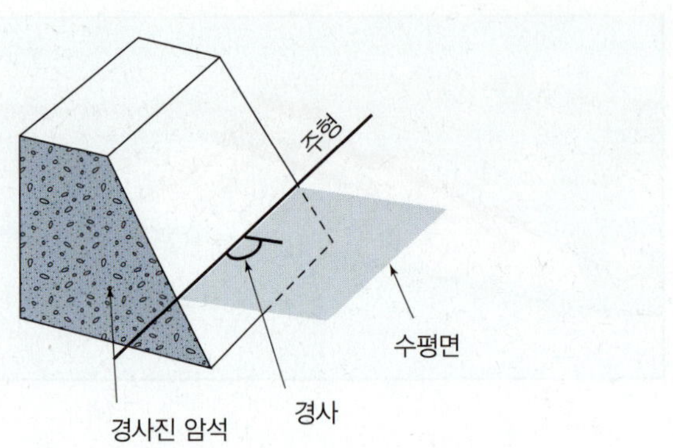

그림 C.4 퇴적암 층의 주향과 경사를 보여주는 이상적인 기본 그림

요약

우리의 검토는 특정 지역과 그 지역의 지질을 평가하는 데 유용한 몇몇 형태의 지도가 있다는 것을 확인하였다. 특히 중요한 것은 지형도와 지질도이다. 디지털 고도 모형은 지형 자료로부터 작성될 수 있으며, 그 밖의 특정한 목적의 다양한 지도를 또한 구할 수 있다. 예는 최근의 사태 지도, 범람원 지도 및 지구 물질의 응용적 특징을 보여주는 응용지질 지도를 포함한다.

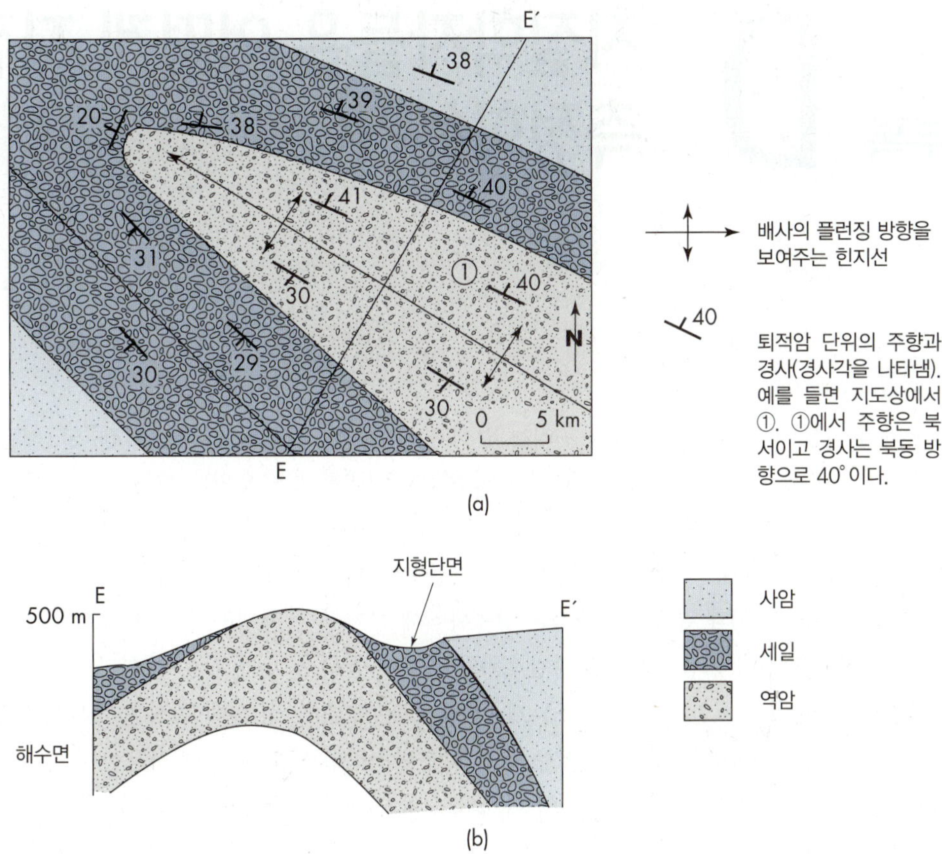

그림 C.5 (a) 3종류의 암석이 분포하는 단순한 지질도를 이상적으로 보여주는 그림과 (b) 지형과 배사 구조를 보여주는 지질단면도

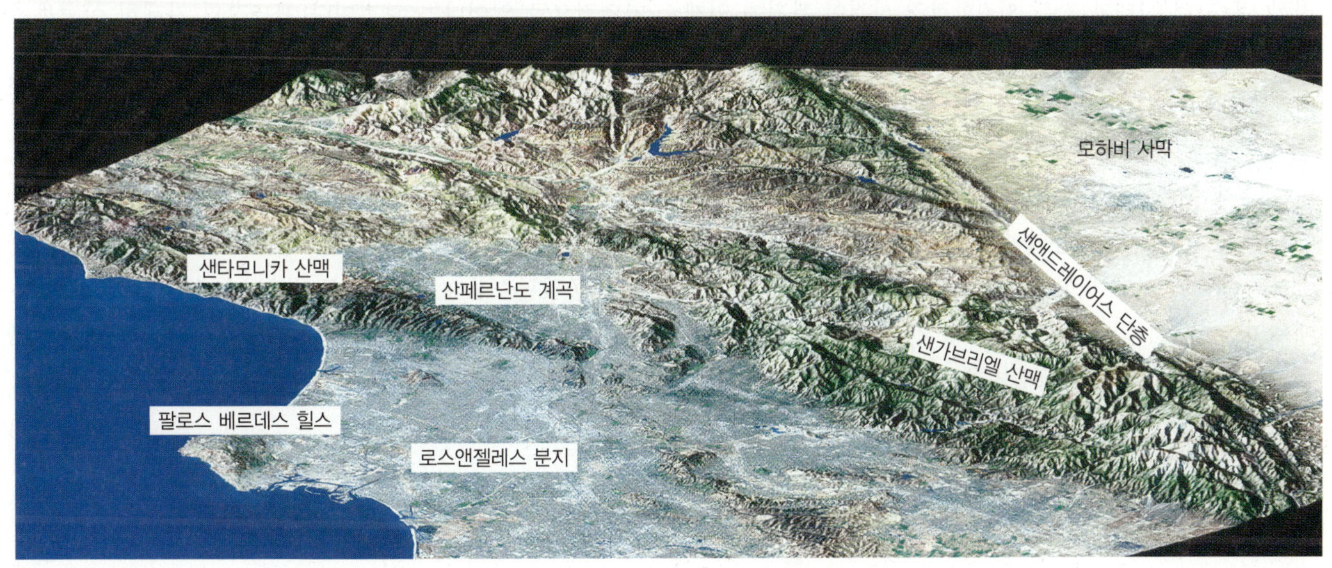

그림 C.6 디지털 고도 모형에 의해 작성된 로스앤젤레스 지역의 컬러 입체도 수직적으로 상당한 크기로 확장됨. 지도의 중심부에 있는 평탄한 지역은 로스앤젤레스 분지이다. 바로 왼쪽의 작은 분지는 샌타모니카 산맥에 의해 로스앤젤레스 분지와 분리된 산페르난도 계곡. (*Robert Crippin, NASA, Jet Propulsion Laboratory*)

부록 D 지질학자들은 어떻게 지질시대를 측정하는가

지구의 역사를 이해하기 위해서는 우리는 암석과 퇴적물의 실질적인 연령을 측정해야만 한다. 암석과 퇴적물의 연대를 측정하는 과학을 **지질연대학**(geochronology)이라 한다. 비록 동물군 군집의 법칙과 지층누중의 법칙과 관입절단의 법칙(제1장과 제3장 참조)과 같은 지질학적은 상호관계에 근거하여 상대 연령 측정이 가능할지라도 지질작용의 속도와 암석의 연령의 측정에 필요한 지질연대학을 제공하는 것은 절대연령(또는 수치연대)이다. 지질연대학은 급격하게 발전하고 있으며 수년에서 수십억 년(지구의 나이)까지의 수치 연대를 제공하는 다수의 기술을 포함한다.

환경지질학적인 관점에서 지질작용의 속도와 화산 분출, 지진, 홍수 및 사태와 같은 지질학적인 사건이 과거에 언제 일어났는지를 측정할 수 있는 것이 중요하다. 자연재해 사건의 순서(연대 배열)는 재해를 한층 더 잘 이해하고 미래에 이들이 언제 일어날 것 같은가를 예견하는 것의 일부로서 이들의 재발생 주기를 결정하는 데 중요하다. 즉 우리들은 사회에 대한 중요한 지질 작용의 속도를 측정하고자 한다.

지질 시대는 보기에 따라서는 우리들의 일상 시간 체계와 매우 다르다. 비록 지질 시대와 '일상' 시간은 측정에 있어 동일한 단위－년－를 사용할지라도 이들은 시간 길이와 시간 길이 측정에 우리가 사용하는 기기에 있어 크게 다르다.[1] 일상 시간은 시간, 일, 계절 또는 10년으로 세며 시간 측정에 사용되는 도구는 시계이다. 수백 만 내지 수억 또는 수십억 년으로 측정되는 '긴 시간(deep time)' — (지질 시대) — 에 대해 지질학자들은(다음의 동위원소가 포함된) 암석 연대를 측정하기 위해 우라늄-235, 우라늄-238, 칼륨-40 또는 탄소-14와 같은 자연적으로 산출되는 동위원소를 이용한다. 방사성 연대 측정은 방사성 동위원소를 포함한 암석의 나이를 측정하는 데 사용될 수 있는 각각의 불안정한 방사성 동위원소의 자연 붕괴가 일정한 속도로 일어나기 때문에 가능하다. 방사성 동위원소의 붕괴 과정은 하나 또는 이 이상의 방사선을 방출하는 동안 특정한 동위원소의 핵에 변화가 일어나는 자연적으로 일어나는 과정이다(제15장의 자세히 살펴보기 '방사성' 참조). 방사성 붕괴 시 방출되는 세 가지의 중요 방사선은 알파 입자, 베타 입자 및 감마선이다. 알파 붕괴는 2개의 양성자와 2개의 중성자로 이루어지기 때문에 특히 중요하다. 방사성 붕괴 이전의 동위원소를 모원소라 하고 붕괴 이후에 새로 생성된 동위원소는 자원소라 하며 이는 다른 원소의 동위원소이다. 방사성 동위원소 — 특히, 매우 무거운 원소의 방사성 동위원소 — 는 최종적으로 안정한 비방사성 동위원소의 생성으로 끝나는 일련의 방사성 붕괴 단계를 겪는다.

표 D.1 암석과 유기물질과 같은 지구 물질의 절대 (수치) 연령 측정에 흔히 사용되는 4개 원소의 모원소와 자원소 및 반감기

모원소	자원소	반감기
우라늄-238	납-206	45억 년
우라늄-235	납-207	7억 년
칼륨-40	아르곤-40	13억 년
탄소-14	질소-14	5730 년

예를 들면 우라늄-238은 여러 단계에서 알파 입자, 베타 입자 및 감마선을 방출하는 14번의 핵변환을 거쳐 마지막으로 방사성이 없는 납-206으로 붕괴한다. 우라늄-238과 같은 방사성 동위원소의 중요한 특징은 주어진 방사성 동위원소의 절반이 다른 원소로 붕괴하는 데 걸리는 시간인 반감기이다. 모든 방사성 동위원소는 고유하고 특징적인 반감기를 갖는다. 표 D.1은 4개의 방사성 동위원소의 모원소, 이들의 안정한 자원소 및 특징적인 반감기를 보여준다.

그림 D.1은 감소하는 모원소와 생성되는 자원소의 양을 그림으로 보여준다. 예를 들면 반감기가 한 번 지나면 원래 모원소의 50%가 남고, 반감기가 두 번 지나면 모원소는 25%로 줄며, 세 번의 반감기가 지나면 모원소는 12.5로 줄어든다. 거의 여섯 번의 반감기가 지나면 모든 모원소는 방사성 붕괴를 통해 없어진다. 모원소가 감소함에 따라 자원소는 여섯 번의 반감기를 거쳐 거의 100%까지 증가한다. 방사성 붕괴 과정은 비가역적이고 일정한 속도로 일어나기 때문에 이것은 연단위로 절대 (수치) 연령 측정에 이용되는 시계 구실을 한다. 우라늄-238, 우라늄-235 및 칼륨-40과 같은 방사성 동위원소는 비교적 긴 반감기(표 D.1)를 갖기 때문에 이들 붕괴는 수백 내지 수십 억 년 규모의 암석 연대측정에 유용하다. 예를 들면 우라늄은 지구상의 가장 오래된 46억 년 전의 암석의 연대에 이용된다. 비록 개념은 이해하기 쉬울지라도 모원소와 자원소의 양을 측정하고 수치연대를 계산하는 실질적인 방법은 복잡하고 지루하다. 이들 방법은 지질연대표에 수치 연대의 위치를 표시하는 데 필요한 지질연대측정법을 개발하고 조산 운동, 빙하 시대 및 생물체의 출현과 같은 중요한 지구 역사를 밝히는 데 성공적으로 이용되었다.

인류 역사를 연구하는 고고학자와 인류학자들은 인류와 고대 인류의 화석이 발견되는 시기인 수백만 년 또는 그 이하 기간의 지질연대학의 개발에 관심이 있다. 환경지질학적 관점에서 우리는 흔히 지구 역사의 지난 수백 년 내지 수십만 년의 지질연대학을 확립하는 데 관심이 있으며, 이에 대해 우리는 유용한 방법을 갖고 있다. 예를 들면 방사성 동위원소 우라늄-234는 알려진 속도로 방사성 붕괴를 거쳐 토륨-230이 되며, 이 두 동위원소의 비율은 산호와 같은 다양한 물체의 수치 연대를 몇십만 년 전까지 측정하는 데 유용하다. 4만년보다 젊은 퇴적물의 수치 연대측정에 탄소-14가 널리 이용된다. 가장 흔한 탄소의 형태는 안정한 C-12이다. 그러나

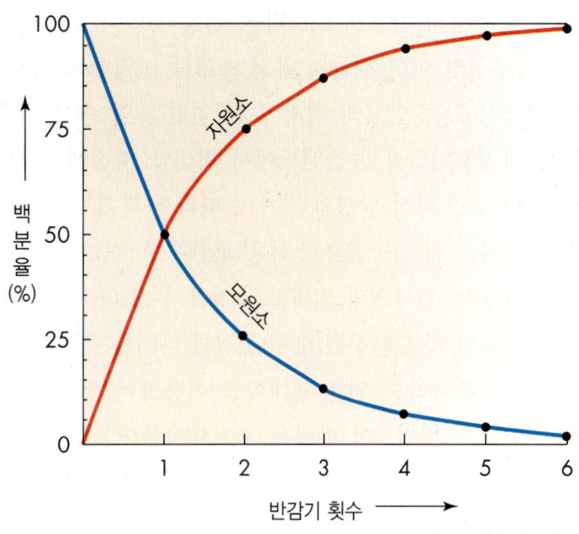

그림 D.1 반감기 횟수가 증가함에 따라 모원소는 자원소로 변해간다.

방사성을 가진 탄소-14는 소량으로 존재하며 방사성 붕괴를 거쳐 안정한 자원소 질소-14가 된다. 질소-14로 붕괴하는 탄소-14의 반감기는 5,730년이다. 생물체는 살아있는 조직 속으로 탄소-14를 흡수하고, 생물체가 죽으면 방사성 붕괴가 시작되기 때문에 탄소-14법이 사용된다. 탄소-14로 연대를 측정하는 흔한 물질은 나무, 뼈, 숯 및 매몰된 유기 물질의 그 밖의 형태를 포함한다. 탄소-14는 비교적 짧은 반감기를 가지며 이 결과 약 4만 년 이후에 남아있는 탄소-14의 양은 매우 적어 측정하기가 어렵다. 따라서 이 방법의 이용은 제한되어 있다.

지질연대학의 분야는 급격하게 확장되고 있으며, 저자가 이 책을 쓰고 있는 동안에도 새로운 기술이 개발되고 있다. 예를 들면 지금은 지구표면의 지형이 노출된 기간을 직접 측정할 수 있는 것이 가능하다. 이것은 노출 연대측정으로 알려졌다. 기본 착상은 우주선이 지구 대기와 상호작용할 때 생성되는 어떤 방사성 원소들 — 예를 들면 베릴륨-10, 알루미늄-26 및 염소-36 — 은 토양, 충적층 및 노출된 암석 표면과 같은 표면 물질 내에 측정할 수 있는 양으로 축적된다. 따라서 이들 동위원소의 축적된 양은 표면 환경에 노출된 최저 시간의 한도이다.

한 지역의 지질연대학을 개발하는 데 그 밖의 혁신적인 방법들이 또한 이용된다. 예를 들면 암석 표면에 자라는 이끼 식물은 특정 종에 있어 일정한 성장률을 갖는 것으로 알려졌

으며, 이들은 원형의 반점으로 자라는 경향이 있다. 알려진 성장률을 결부시켜 이끼 식물의 반점 크기를 면밀히 측정하면 이끼 식물이 있는 암석의 최저 수치 연령을 알 수 있다. 이 방법은 캘리포니아와 뉴질랜드에서 거대한 지진에 의해 일어나는 지역적인 낙석 발생의 시기 — 따라서 과거 지진 활동 — 를 측정하는 데 성공적으로 사용되었다.[2,3] 이끼연대측정법은 약 1,000년 전까지의 연대를 측정할 수 있다. 퇴적물은 또한 퇴적물 내에서 발견된 나무 물질의 나이를 측정하기 위해 나이테를 분석하는 연륜 연대학을 이용하여 정확하게 연대를 측정할 수 있다. 이 방법은 고고학자들이 선사시대 인류가 거주한 주거지의 연대를 측정하고 기후학자들이 습윤한 해와 건조한 해에 의해 과거 기후를 재구성하는 수단으로 널리 이용된다. 건조한 해 동안의 나무 나이테는 습윤한 해에 비해 좁기 때문에 나이테는 기후를 기록한다. 매우 정확한 수치 지질 연대학은 또한 빙하점토의 줄무늬를 셈으로써 얻어질 수 있다. 일반적으로 호수와 바다에서 빙하점토의 1개 층은 1년에 쌓인 퇴적물을 나타낸다. 빙하점토 층 수의 면밀한 계산은 연대학을 몇 백 년 전까지 확장할 수 있다.

가장 정확한 연대학은 역사 기록이다. 그러나 세계의 많은 지역에서 역사 기록은 겨우 수백 년이다(예를 들면 미국에서처럼). 중국과 같은 다른 지역에서 역사 기록은 몇천 년으로 늘어난다. 그러나 지구 역사의 매우 긴 길이에 비하여 인류 역사의 짧음을 전제로 하면, 우리는 지질연대학을 확립하기 위해 수치 연대 측정 방법에 의존한다. 수치 연대를 인정하는 지질연대학을 확립하는 데 유용한 방법은 20가지 이상이다. 이 검토는 단지 이들 방법 중 아주 기초적인 수준에서 수 가지를 소개했다. 지질연대학은 복잡하다. 그러나 이는 지질 작용의 속도를 이해하고 지질학적인 사건을 연대순으로 위치를 배열하는 데 매우 중요하다.

참고문헌

1. **Ausich, W. I., and Lane, G. N.** 1999. *Life of the past*, 4th ed. Upper Saddle River, NJ: Prentice Hall.
2. **Bull, W. B., and Brandon, M. T.** 1998. Lichen dating of earthquake-generated regional rock fall events, Southern Alps, New Zealand. *Geological Society of America Bulletin* 110(1): 608-84.
3. **Bull, W. B.** 1996. Dating San Andreas fault earthquakes with lichenometry. *Geology* 24: 111-14.

부록 E 다르시의 법칙

1856년 앙리 다르시는 프랑스 디용 지방의 정수장에서 기술자로 일하고 있었다. 여기서 그는 중요한 일련의 실험들을 수행하여 지하수 유출량(Q)은 지하수 흐름의 단면적(A)과 수리경사도(I), 수리전도도(K)의 곱으로 표현할 수 있음을 밝혔다.

$$Q = KIA$$

이 수식에서 각 항의 단위는 유출률(즉 시간당 흐르는 유체의 부피)이며, 이 식을 **다르시의 법칙**이라고 부른다. 이때 $Q/A = KI$는 **다르시의 플럭스**(v)라고 부르며, 다음과 같이 표현할 수 있다:

$$v = Q/A \quad \text{또는} \quad Q = vA$$

여기서 v는 다르시 플럭스이며, 속도의 단위로 표현되지만 이는 단지 겉보기 속도일 뿐이다. 대수층 내 지하수의 실제 유동속도(vx)는, 물이 공극을 통해서 움직이는 속도를 의미하므로 대수층 매질의 공극률에 영향을 받는다. 매질의 공극률을 n이라 하면, 물이 흐르게 되는 실제 단면적은 An이 되며, $Q = vA$로부터 다음의 식이 유도된다.

$$vx = Q/An = v/n \quad \text{또는} \quad vx = KI/n$$

평균적인 공극률을 $n = 0.33$이라고 가정하면, 실제유동 속도 vx는 다르시 플럭스의 약 3배가 된다.

지하수 유동을 일으키는 힘은 **유체 포텐셜**(fluid potential) 또는 **수두**(hydraulic head)라고 하며, 이는 관측지점에서의 물의 고도(고도 수두)와 물의 단위무게에 대한 유체압력의 비(압력 수두)를 합한 것이다. 또한 두 지점 간의 수두의 차이(h)를 거리(L)로 나누게 되면 수리경사도(I)를 얻게 된다.

지하수는 항상 수두가 높은 곳에서 낮은 곳으로 움직이므로, 지역적인 조건에 따라서 지하수는 아래로, 옆으로 또는 위로 유동하게 된다.

다르시의 법칙은 지하수에 관한 많은 문제들에 유용하게 사용된다. 예를 들어, 아건조 기후대의 퇴적암층 하부에 놓인 지역을 생각해 보자. 이 지역에는 4km 정도의 폭을 갖는 계곡과 하천이 발달되어 있다. 계곡의 충적층은 점토층에 의해 피압 대수층을 이루고 있으며, 두 관정이 계곡 하부 방향으로 약 1km 정도 거리를 두고 설치되어 있다(그림 E.1a). 두 관정 사이의 계곡 단면(그림 E.1b)을 보면 포화대의 두께가 25m이고, 사력질로 구성되어 있으며, 수리전도도는 100m/day(1.2×10^{-3}m/sec)이다. 대수층 매질의 공극률(n)은 30%(0.3)이다. 계곡 하부로의 단면은 그림 E.1c에 나와 있다. 관정들이 1,000m 떨어져 있으며, 관정 1과 2의 고도는 각각 98m, 97m이다. 여기서 그림 E.1에 보이는 상황에 대하여 두 가지 질문을 할 수 있을 것이다.

1. 대수층을 통해 계곡 하부로 유동하는 지하수의 유출량 Q (m^3/sec 또는 gallon per day)는 얼마인가?
2. 관정 1과 2 사이에서 지하수의 유동시간(T)은 얼마인가? 이 질문은 관정 1이 오염되어 있는 상태에서 이 오염이 언제 관정 2까지 도달하는가를 예측하기 위한 환경적인 측면에서는 특히 중요하다.

위 두 질문에 답하기 위해서 다르시의 법칙을 사용한다. 첫 번째 질문, 즉 대수층을 통해서 얼마나 많은 양의 물이 흐르는가? 하는 문제는 $Q = KIA$를 생각하고, 여기서 Q를 풀어내면 된다. 수리경사도는 두 관정 사이의 수두 차이를 거리로 나누어 준 값이다. 관정 1과 2의 수두 차이는 1m이고, 거리는 1,000m이므로, 수리경사도(I)는 0.001(1×10^{-3})이다. 수리전도도(K)는 1.2×10^{-3}m/sec로 주어졌으며, 대수층의

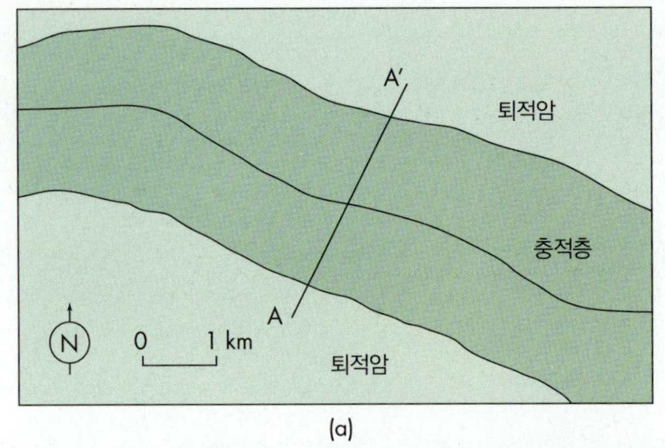

(a)

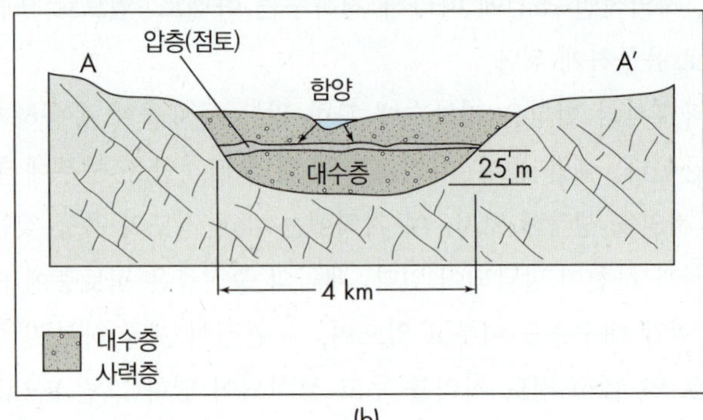

(b)

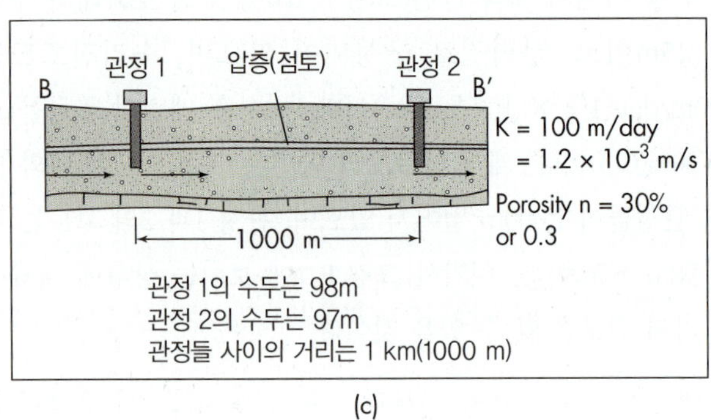

(c)

그림 E.1 충적층 계곡의 가상도 (a) 계곡의 평면도. (b) 계곡 하류의 단면도. (c) 지하수계 현황.

단면적(A)은 25m × 4,000m 또는 100,000m^2(1 × 10^5 m^2)이다. 이 값들을 곱해주면 Q = 0.12m^3/sec 또는 10,368m^3/day이며, 약 하루에 270만 갤런의 물이 흐르는 것과 같다. 물론 그렇다고 이 물을 모두 대수층으로부터 채수할 수 있는 것은 아니다. 이 270만 갤런의 지하수에서 수자원 고갈을 일으키지 않고 뽑아낼 수 있는 양을 결정하기 위해서는 관정에서의 양수 시험이 필요하다.

두 번째 질문은, 한 관정에서 다른 관정으로 물이 이동하는 시간에 대한 것으로, 역시 다르시의 법칙을 적용한다. 여기서는 다르시 플럭스(v)를 계산하면,

$$v = Q/A = KI$$

다르시 플럭스는 겉보기 속도로서, 사력질 대수층의 공극을 통한 지하수의 실제 유동속도가 아님을 기억해야 한다. 실제 유동속도(vx)는 KI와 공극률의 비로서,

$$\begin{aligned} vx &= KI/n \\ &= (1.2 \times 10^{-3}\text{m/sec})(1 \times 10^{-3})/0.3 \\ &= 4.0 \times 10^{-6}\text{m/sec} \end{aligned}$$

물의 유동시간은 유동거리(L)를 공극을 통한 물의 유동속도(vx)로 나누어 준 값이다. 이는 거리(L)는 속도(vx) 곱하기 시간(T)으로부터 계산된 것이다. 즉, T = 1,000m/(4.0 × 10^{-6}m/sec) = 2.5 × 10^{8}sec이며, 이는 대략 7.9년이다.

용어해설

가설(hypothesis) 과학 질문에 가능한 해답으로 예정된 진술. 가장 좋은 가설은 검정될 수 있다. 종종 특정 질문에 답을 하기 위해 다수의 가설이 개발된다.

가이아 가설(Gaia hypothesis) 계로서 지구가 생물체에 어떻게 영향을 미치는지 설명해 주는 일련의 가설. 은유적으로는 지구는 지구상의 많은 생물에게 환경적으로 이롭게 하는 독특한 피드백과 경계를 가지며 서로 영향을 미치는 다양한 계로 구성된 거대한 생물체로 간주된다. 게다가 생물체는 이 환경을 형성하는 데 있어 중요한 구성 요소이다.

각력암(breccia) 각진 암편으로 이루어진 암석. 퇴적암, 화산암 및 조구조운동과 관련하여 형성된 각력암이 있다.

갈탄(lignite) 품위가 낮은 석탄의 한 종류

감량, 재활용, 재사용(reduce, recycle, and reuse) 매립지에 처분되는 폐기물의 양을 감소시키기 위한 통합적 폐기물 관리 방법

감마 방사(gamma radiation) 핵 방사능 붕괴 시에 X선과 유사한 투과선과 에너지선으로 구성된 핵 방사의 종류

감시(monitoring) 폐기물관리를 위한 매립지 또는 유해폐기물 처리시설 등과 같은 폐기물 관리시설 내 또는 주변 토양, 식생, 불포화수분, 지하수 등의 주기적 또는 연속적 시료 채취

강도(strength [soil]) 변형에 저항하는 토양의 능력으로서 응집력과 마찰력에 기인함

강변 환경(riverine environmental) 강에 인접하며 강의 영향을 받는 육지 부분

건조지역(arid) 연평균강수량이 25cm/년 이하인 지역

격파대(breaker zone) 들어오는 파도가 솟아올라 불안정하게 되어 깨어지는 해빈과 연안환경의 한 부분

결정질(crystalline) 원자들이 질서정연하고 반복적인 배열을 하는 내부구조를 가진 물질

결정침전(crystal settling) 조기에 형성된 결정들이 마그마 쳄버 바닥에 가라앉는 것

결정화작용(crystallization) 결정을 형성하는 작용

경관자원(scenic resources) 심미적 체험 중 눈에 보이는 부분. 풍경은 이제 가지각색의 가치를 가진 자연자원으로 인식됨

경석고(anhydrite) 황산칼슘의 증발 광물($CaSO_4$)

경보(warning) 자연재해에 있어서, 가까운 장래에 일어날 대규모 지진이나 홍수와 같은 잠재적인 재해를 알려주는 것

경토층(hardpan soil horizon) 단단하게 교결된 토양층을 말하며, 대부분이 점토로 구성되어 있으나 때로는 탄산칼슘, 철산화물이나 실리카로 교결됨. 거의 불투수성을 나타내며, 종종 토양수의 하부 이동이 제한적임

계(system) 다양하게 부과된 조건하에서 일어나는 변화를 연구하거나 또는 관찰할 목적으로 생각이나 또는 실제로 분리된 우주의 어느 부분

계기진도(instrumental intensity) 고해상도 지진계의 조밀한 네트워크로부터 기록된 자료에서 얻어진 지진동의 강도

고도 처리(advanced treatment) 폐수처리와 관련된 것으로, 화학물질이나 모래 여과, 탄소 여과 등을 통해 폐수에서 오염물질을 제거하는 기술

고자기(paleomagnetic) 고자기학으로도 알려져 있음. 암석의 자기적 성질과 지질시대 동안 발생한 지구자기장의 크기와 방향 변화를 연구하는 학문

고준위 핵폐기물(high-level waste) 매우 유독한 우라늄과 플루토늄 조각을 포함하는 상업 및 군사용의 핵연료 폐기물

고철질 광물(ferromagnesian minerals) 철과 마그네슘을 포함하는 규산염광물로서 어두운 색을 가짐

골재(aggregate) 콘크리트를 만들기 위해 시멘트에 넣는 부순 암석, 모래, 자갈 또는 그 밖의 단단한 물질

공극률(porosity) 토양이나 암석과 같은 지구 물질 내의 빈 공간의 비율

과학 방법(scientific method) 과학자들이 연구하는 방법으로 특정 문제에 대한 질문과 함께 시작하여 가설의 설정과 검증으로 이어짐

관입암(intrusive igneous rocks) 마그마가 지표면 아래에서

고화될 때 형성되는 암석. 화산암을 예로 들 수 있다.

광물(mineral) 결정질이며 지질작용의 결과로서 형성되는 원소 또는 화합물

광석(ore) 유용한 물질을 경제적으로 추출할 수 있는 지구 물질

광역변성작용(regional metamorphism) 온도와 압력 상승을 수반한, 광역적인 규모로 작용하는 응력에 의해 심부에 매몰된 암석에서 일어나는 대규모 변성작용

광전 변환 공학(photovotaics) 태양광을 직접 전기로 변환시키는 태양 기술의 종류

광화학적 스모그(photochemical smog) 보통 로스앤젤레스 스모그 또는 갈색대기를 말하는데, 자동차 배기가스와 태양복사의 화학적 상호작용에 의하여 생성됨

교란(disturbance) 생태적 관점에서 어떠한 시스템을 해치는 사건을 말함. 예를 들면, 상당한 환경 변화를 야기하는 산불이나 태풍

구동력(driving forces) 지각물질을 미끄러지도록 만드는 힘

굴절(refraction) 해안작용과 관련하여 표면파가 천해역으로 들어오면서 바닥을 느끼면서 휘어지는 것을 말하며, 처음 바닥을 느낀 파가 느려지면서 파도를 휘게 하는 파의 속성을 뜻한다.

굴착 용이성(ease of excavation [soil]) 사람이 기구나 장비를 이용하여 토양을 얼마나 쉽게 제거할 수 있는지의 측정값

권파(plunging breaker) 비교적 가파른 해빈단면을 가진 해안선을 때리는 폭풍으로부터 형성된 파도 또는 격파의 한 형태로 주로 해빈침식과 밀접하게 관련됨

규모-주기 이론(magnitude-frequency concept) 어떤 사건의 규모는 그 주기에 반비례한다는 이론

규산염광물(silicate minerals) 가장 중요한 조암광물군

규암(quartzite) 사암이 변성작용을 받아 만들어진 주로 석영으로 이루어진 변성암

급격한 빙하발달(glacial surge) 빙하의 급격하게 빠른 발달

기준면(base level) 강이 침식작용을 행할 수 있는 이론적인 최저 해발고도. 일반적으로 해수면이나 그 근처까지임

기후(climate) 특정 장소나 지역에서 계절, 연 또는 수십 년의 기간에 걸친 특유한 대기조건(날씨)

귀속주의, 수자원법(appropriation doctrine, water law) 물의 앞선 사용이 중요한 요인이라는 생각. 유익한 목적으로 물을 먼저 사용하는 사람이 물 사용의 권리에서 우선함

납(lead, Pb) 독성 중금속으로 수천 년 동안 사용되어 왔으며, 가장 최근에는 페인트와 가솔린에 사용됨

난투수층(aquiclude) 또한 불투수층으로도 알려짐. 지하수를 붙잡아 우물에서 펌프로 퍼어 올릴 수 있도록 충분한 비율로 지하수를 흘려 보내지 못하는 지구 물질. 불투수성을 보라.

너울(swell) 연안작용과 관련하여, 폭풍으로부터 다소 균일한 파고와 파장을 가진 파도의 그룹으로 파도의 주기에 의해 분급되어 형성된 파도. 이것은 폭풍으로부터 상대적으로 작은 에너지 손실을 가지고 해안까지 먼 거리를 이동하는 파도의 그룹이 됨

노두(outcrop) 자연적으로 또는 사람의 활동에 의해 지구 표면으로 노출된 암석

노심용해(meltdown) 핵 발전소에서 반응로가 과열되어 연료봉이 녹는 사고

노천채굴(strip mining) 지표에서 채굴하는 것

농집률(concentration factor) 자원의 채굴과 관련하여, 특정한 금속에 대한 지각의 평균 농도와 경제적인 채광을 위해 필요한 농도의 비율

눈사태(snow avalanche) 눈, 얼음과 암석의 빠른 사면하강 운동

느린 지진(slow earthquake) 며칠에서 몇 달까지 걸리는 단층파열로 인해 발생하는 속도가 느린 지진

능동적 방법(active method) 영구동토와 관련해서, 건물이나 다른 구조물을 짓기 전에 얼어붙은 땅을 녹이는 방법. 일반적으로 영구동토층이 얇거나 불연속적일 때 쓰임

다르시의 법칙(Darcy's law) m^3/day와 같이 표현되는 시간당 유동하는 유량은 수리전도도와 수리경사도, 흐름 단면적의 곱으로 설명하는 경험식. 1856년 헨리 다르시가 개발

다이아몬드(diamond) 탄소로 이루어진 매우 단단한 광물

단립(ped) 토양 입자 덩어리. 형태에 따라 구상, 괴상, 각주상 등으로 분류됨

단층(fault) 암석의 한쪽이 단열 면을 기준으로 다른 쪽에 대해 상대적으로 이동한 단열 또는 단열 시스템

단층 점토(fault gouge) 지진 발생 시에 암석의 분쇄에 의해서 만들어지는 점토로서 지하수 흐름의 장벽이 됨

단층애(fault scarp) 지표에서 단층파열로 만들어진 가파른

사면

닫힌 계(closed system) 에너지와 물질의 이동을 막는 경계를 가진 계. 예를 들면 광물 자원에 대해 지구는 닫힌 계로 고려될 수 있음

대기 역전(atmospheric inversion) 따뜻한 공기가 차가운 공기 위에 존재하는 대기의 상태

대기 오염 지표(air quality index) 도시지역의 대기 질을 나타내는 방법. 정부가 설정한 대기 오염 허용 한도(치)를 이용하여 대기 오염 수준을 수치로 나타낸 것임

대기 중 독성 물질(air toxin) 암이나 그 밖의 심각한 질병을 일으킬 수 있는 대기 중의 오염물질

대기 질 기준(air quality standards) 대기오염의 허용 수준을 나타내는 것으로서, 일반적으로 정해진 일정 기간을 대상으로 함

대기권(atmosphere) 지구를 둘러싸고 있는 기체의 층

대량멸종(mass extinction) 새로운 생물종의 출현에 비해 매우 많은 수의 식물과 동물 종들이 갑자기 사라지는 사건

대류(convection) 입자의 이동으로 발생하는 열(에너지)의 이동 현상. 예를 들어, 물이 끓을 때 하부의 뜨거워진 물은 표면으로 상승하고 표면에서 상대적으로 차가워진 물은 다시 아래로 하강하는 현상

대륙이동(continental drift) 해저확장으로 인한 대륙의 이동. 가장 최근의 대륙이동은 약 2억 년 전 초대륙 판게아의 분열로 발생함

대륙붕(continental shelf) 해안선과 대륙붕 사이의 비교적 얕은 해저 지역으로 대륙을 둘러싸고 있는 대략 200m까지 펼쳐 있음

대리암(marble) 변성작용을 받은 석회암

대수층(aquifer) 취수 가능할 정도의 충분한 지하수를 포함하고 있는 지구 물질. 균열이 많이 있는 암석이나 미고결 모래, 자갈 등이 좋은 대수층임

대재앙(catastrophe) 인간, 재산, 사회에 끼치는 손실에 매우 커서 그로부터의 회복이나 복원에 시간이 오래 걸리는 재해임. 재앙을 일으킬 수 있는 가능성이 큰 자연 작용에는 홍수, 허리케인, 토네이도, 쓰나미, 화산, 대형 산불이 있음

대체에너지(alternative energy) 일반적으로 사용되는 화석연료를 대체하는 에너지원

덮은층(overburden) 광상을 덮은 지구 물질로, 특히 지표 채광(노천 채굴)에 의해 채굴되거나 위에 놓인 물질을 의미함

도시광석(urban ore) 폐기물 처리시설로부터의 일부 하수슬러지 집합체 내에 광석으로 고려될 수 있는 충분한 금속물질이 함유하는 사실을 일컬음

독성(toxic) 해롭고 치명적이거나 유독한 것을 의미함

독성학(toxicology) 독물과 사람 및 그 밖의 생물과 생태계에 대한 독물의 영향을 연구하는 학문. 또한 이에 더해 독성물질과 이로부터 생기는 임상 및 산업적인 작용의 상호관계를 다룬다.

돌발유출(flashy discharge) 강우의 시작과 최대 하천유출량의 발생시각 사이의 지연시간이 유난히 짧은 하천유출

돌발홍수(flash floods) 짧은 시간에 발생하는 상류지역의 홍수

돌제(jetty) 수로를 안정화시키고, 퇴적물의 퇴적을 조절하며, 대형 파랑을 휘어지게 만들기 위해 고안된 것으로 강의 하구 또는 석호, 염하구 또는 만의 조수로에 쌍으로 설치된 구조물

동굴(cave) 흔히 사람이 들어갈 수 있도록 충분히 큰 일련의 공간으로 이루어진 자연적인 지하 공동으로 대부분 석회암과 대리암 내에 형성됨

동위원소(isotope) 원자핵에 들어 있는 양성자수는 같으나 서로 다른 수의 중성자를 갖는 동일한 원소의 원자들

동일과정설(uniformitarianism) 현재는 과거의 열쇠라는 개념 즉 우리는 현재 일어나는 과정을 연구하여 적용함으로써 과거를 해석할 수 있음

등고선식 경작(contour plowing) 경사면의 방향에 수직이 되는 등고선을 따라 토양을 경작하는 방법으로서 토양 침식을 감소시킴

등고선(노천)채굴[contour(strip) mining] 산악지대에서 활용되는 노천채굴 형태

뜬짐(suspended load) 하천에 떠서 운반되는 짐

라돈(radon) 방사성을 가진 무색의 기체 상태의 원소

리히터 규모(Richter magnitude) 지진으로 방출되는 에너지의 양에 기초한 규모로서 S파의 최대 진폭을 로그 단위로 변환시켜 결정한다. 예를 들어 리히터 규모 2는 감지될 수 있는 지진 중에서 작은 것이며 규모 8.5는 파괴적인 큰 지진임

망상하천(braided river) 하천의 흐름을 분기시키는 많은 하

중도들로 이루어진 수로

맨틀(mantle) 약 300km의 두께를 가지며 주로 철과 마그네슘이 풍부한 규산염 암석으로 구성되는 지구 내부의 층상 구조. 맨틀의 하부는 핵과, 상부는 지각과 경계를 이루고 있음. 지각과의 경계는 모호로비치치(또는 모호) 불연속면으로 불림

메탄(methane, CH_4) 천연가스의 주성분

메탄수화물(methane hydrate) 수심 1,000m의 해저의 얼은 물에 갇혀 있는 얼음 같은 메탄가스의 분자로 만들어진 복합물

면 오염원(area source) 정체되지 않는(즉 확산되어 사라지는) 비점원의 대기 또는 수질의 오염원으로서, 도시지역의 비정체의 오염물질과 자동차 배기가스가 여기에 속함

면(노천)채굴[area(strip) mining] 상대적으로 평탄한 지역에서 수행되는 노천채굴의 한 형태

모래(sand) 직경이 2~1/16mm를 가지는 퇴적물 입자로서, 흔히 퇴적물은 이 입자 크기의 석영으로 구성되어 있음

모멘트 규모(moment magnitude) 지진을 발생시킨 단층의 평균 이동길이, 실제 파열된 면적, 파열된 암석의 전단계수의 세 가지 항목의 곱인 탄성모멘트로 평가하는 지진의 규모

모호면(Moho) 지각과 맨틀의 경계로 모호로비치치 불연속면으로도 불림. 지각과 맨틀의 구성 암석의 성분의 차이를 반영함

무경농업(No-till agriculture) 쟁기질 없이 이루어지는 농업 형태

무연탄(anthracite) 석탄의 종류로 높은 함량의 탄소, 낮은 함량의 휘발성분, 높은 열량이 특징임. 종종 역청탄의 변성작용의 결과로 생성됨

물 관리(water management) 수자원을 관리하는 행위

물 보전(water conservation) 물을 보다 효율적으로 사용하고 물 소비와 배출을 감소시키는 일

물 순환(water cycle) 물 순환(수문 순환 참조)

물질 관리(material management) 폐기물의 양을 감소시키기 위한 지속적인 물질의 사용

물질증폭(material amplification) 지구 물질에 따라 지진동의 진폭이 커지는 현상. 이러한 증가는 일반적으로 실트나 점토 퇴적물과 같은 부드러운 퇴적물과 관계가 있음

미끄럼사태(sliding) 사면붕괴와 산사태와 관련하여 미끌림면을 따라 거의 본래 상태의 지각물질 블록의 변형 또는 사면하강 운동을 말함

미끌림면(slip plane) 산사태 발생의 경계면이 되는 암석의 단열이나 층면과 같은 기울어진 면을 말함

미학(aesthetics) 원래는 철학의 한 분과였으며 오늘날에는 예술가와 예술 평론가로 한정함

민감도(sensitivity [soil)]) 굴착이나 주형과 같은 교란 행위에 의해 토양의 강도가 없어지는 정도

밀란코비치 주기(Milankovitch cycles) 대략 2만 년, 4만 년, 10만 년에 지구표면에 도달하는 태양광선의 변화에 대한 자연적 주기

밑짐(bed load) 하천바닥을 따라서 구르거나, 미끄러지거나, 뛰어서 운반되는 짐의 총량

바이오연료(biofuel) 식물로부터 유래된 에탄올(알코올)을 함유한 여러 가지 연료

바닥퇴적물(bed material) 하천 수로의 밑바닥을 따라 운반되며 쌓이는 퇴적물

바이오매스(biomass) 유기물. 연료로서 바이오매스는 (나무로) 직접 연료로 사용되거나 또는 한층 더 편리한 (숯 또는 알코올과 같은) 형태로 전환된 다음에 연료로 이용됨

반감기(half-life) 특정 방사성 원소가 감소하여 그 양이 1/2로 줄어드는 데 필요한 시간의 양

반려암(gabbro) Ca이 풍부한 사장석, 감람석 및 휘석과 같은 광물로 이루어진 어두운 색의 조립질 화성암

반정(phenocrysts) 반상조직을 갖는 화성암에 들어 있는 커다란 결정

반상조직의(porphyritic) 종종 조기에 정출된 비교적 적은 수의 커다란 결정들(반정)이 입자의 크기가 상대적으로 작고 후기에 형성된 수많은 결정들과 함께 존재하는 화성암의 특별한 조직을 언급함

반투수층(aquitard) 지하수의 흐름을 지연시키는 지구 물질

발산 경계(divergent boundary) 해령과 같이 새로운 암석권이 만들어지는 암석권의 판의 경계

발암물질(carcinogen) 인간이나 다른 동물들에게 암을 유발하는 것으로 알려진 물질

방사능 폐기물(radioactive waste) 핵 연료의 과정에서 발생하는 폐기물의 종류로, 전통적으로 고준위 또는 저준위로 구분함

방사능 폐기물 관리(radioactive waste management) 방사능 폐기물과 관련된 폐기물 관리 정책과 절차

방사성 동위원소(radioisotope) 하나의 동위원소에서 다른 동위원소로 변화하는 과정에 방사선을 방출하며 자발적으로 방사능 붕괴를 하는 화학 원소의 한 형태

방사제(groin) 해안선을 보호하고 연안표류의 지역에서 퇴적물을 잡아 놓기 위해 고안된 구조물로서 일반적으로 해안선에 수직으로 건설됨

방사제구역(groin field) 연안작용과 관련하여 구축된 여러 개의 방사제를 집단적으로 설치한 구역

방파제(breakwater) 파도에너지로부터 해빈이나 항구를 보호하기 위하여 설계된 구조물(벽체)로서 해빈에 붙이거나 외해 쪽에 설치할 수도 있음

방파제(seawall) 파도 작용에 의한 해안침식을 줄이기 위해 설치하는 토목 구조물

방해석(calcite) 칼슘 탄산염($CaCO_3$). 석회암의 주요 구성성분인 탄산염 광물. 용식작용에 의해 쉽게 풍화된다. 방해석을 포함하는 암석에서는 커다란 동굴과 풍화에 의해 생긴 균열이 일반적임

방향성(directivity) 지진재해와 관련되며 중간 또는 큰 지진에서 단층파열의 방향으로 진동의 강도가 증가하는 성질

배사(anticline) 아치의 형태를 이루고 있는 습곡의 한 유형

배수유역(drainage basin) 하나의 하계망에 지표수를 공급하는 지역

배수조절 (drainage control) 사면안정도를 증가시키기 위해 지표와 지하 배수방법을 개발하는 것을 말함

버너식 원자로(burner reactor) 생성되는 것보다 더 많은 핵분열물질을 소비하여 전기를 생산하는 핵 반응로의 종류

범람원 개발 규제(floodplain regulation) 범람원의 범위를 정하고 그 사용을 규제하는 제도

범람원 구획정리(floodplain zoning) 범람이 발생하였거나 미래에 발생할 가능성이 있는 지역에 대해서 적절한 토지용도를 결정하는 것

범람원(floodplain) 하천에 인접한 평탄한 지형으로 하천 범람과 사행천의 횡적인 이동에 의해서 형성됨

베타 입자(beta particles) 방사능 붕괴 중 전자들로 구성된 핵 방사의 종류

벤토나이트(bentonite) 매우 불안정한 점토광물의 한 유형. 물에 젖으면 원래 부피보다 몇 배 팽창함

변성암(metamorphic rocks) 지표면 아래에서 열, 압력 및 화학적으로 활성화된 유체의 영향에 의해 기존의 암석으로부터 생성된 암석. 엽리를 가진 변성암에서는 광물 입자들이 평행한 배열을 하거나 또는 광물들의 분리가 일어남. 비엽리 변성암은 이러한 것들을 갖지 않음

변환단층(transform fault) 해령과 수반되어 나타나는 단층. 캘리포니아의 샌앤드레이어스 단층과 같이 판의 경계가 될 수 있음

변환단층 경계(transform boundary) 변환단층과 동의어. 두 판이 서로 어긋나게 수평으로 움직이는 곳. 육지에서는 캘리포니아의 샌앤드레이어스 단층이 이에 해당됨

보크사이트(bauxite) 거의 전적으로 함수알루미늄 산화광물로 이루어진 암석. 알루미늄의 주요 광석임

보통 굴착(common excavation) 대형 불도저, 백호 또는 드래그나인으로 수행될 수 있는 굴착

복합토지이용(multiple land use) 예를 들면 홍수 조절, 물 공급, 휴양을 위해 설계된 댐과 저수지처럼 동시에 여러 목적의 이용을 포함하는 토지 이용의 원칙

복합 반응(complex response) 계의 외부로부터 다양한 교란의 유입 없이 다양한 규모와 시간으로 변화가 일어나는 계의 작용 메커니즘

부식(corrosion) 표면으로부터 안쪽을 향해 진행되는 느린 화학적 풍화 또는 화학적 분해. 파이프와 같은 물체가 토양에 묻히면 부식을 받게 됨

부식물(humus) 토양 중 흑색의 유기물질

부식성(corrosion potential) 토양의 화학성 때문에 토양이 매설된 쇠파이프를 부식시키는 능력

부정합(unconformity) 두 지층 사이에서 오랫동안 침식을 받은 침식면으로 암석기록의 일부가 결여된 것

분변성 대장균 박테리아(fecal coliform bacteria) 사람이나 동물의 내장에서 흔히 발견되는 박테리아의 일종. 일반적으로는 무해하지만 경우에 따라서는 질병을 일으킬 수도 있음. 흔히 생물학적 오염의 지시자로 사용됨

분출암(extrusive igneous rocks) 마그마가 지표면에 도달할 때 형성되는 화성암, 화산암

불투수성 덮개(impervious cover) 도시수문학과 관련하여, 토양을 통한 물의 침투를 방해하는 콘크리트, 지붕, 또는 그

외 구조물로 지표면이 덮여 있는 것. 일반적으로는 도시화가 진행됨에 따라 지표면이 불투수성 덮개로 덮이는 비율이 증가함

봉적층(colluvium) 산 사면에 있는 풍화된 암석, 토양 또는 일반적으로 모가 난, 그 밖의 물질의 혼합물

비산오염원(fugitive sources) 대기로 오염물질을 배출하는 고정대기오염원

비재생성 자원(nonrenewable resource) 자연적인 지질작용에 의해 매우 느리게 순환되어 한 번 소비되면 어떠한 시간 단위에서도 본질적으로 사용 가능하지 않게 되는 자원

비점 오염원(nonpoint sources) 대기 또는 수질 오염에서 오염물질이 분산된 오염원

빙하(glacier) 지표면을 따라서 움직이는 얼음덩어리

사구(sand dune) 바람에 형성된 구릉이나 언덕 형태의 모래

사막화 작용(desertification) 곡물의 생산이 가능한 토지에서 거의 사막과 같은 상태로 토지가 변화되는 현상

사면의 땅고르기(grading of slopes) 사면안정도를 증가시키기 위해 고안된 절단-채움의 작업

사문석(serpentine) 마그네슘을 많이 함유하는 광물의 변질에 의해 생성되는 고철질광물 중의 하나로서, 사문석이 많이 들어 있으면 암석이 약해지기 때문에 환경적으로 중요하다.

사암(sandstone) 모래 입자들이 교결되어 형성된 쇄설성 퇴적암

사주섬(barrier island) 염호에 의해서 육지와 분리되어 있는 섬으로서 다수의 빈제들로 구성되어 있으며 석호의 물이 해수와 교류하는 입구에 의해서 다른 사주섬과 분리되어 있음

사태(avalanche) 산사면에서 갑자기 미끄러지거나, 흐르거나, 떨어지는 대규모의 눈, 얼음, 암설을 포함한 산사태의 한 형태

사행(meanders) 수로가 범람원을 통과하면서 굽이가 앞뒤로 이동하는 것. 사행의 안쪽에는 퇴적물이 퇴적되어 포인트바가 형성되고, 바깥쪽에는 침식이 일어남

사행천(meandering) 범람원을 통과하면서 앞뒤로 이동하는 완만한 굴곡의 수로 형태

산사태(landslide) 특정적으로 암석이나 토양의 급한 경사면 이동을 뜻하지만, 모든 형태의 경사면 이동에 대한 일반적인 용어로도 사용함

산성광산배수(acid mine drainage) 석탄과 구리, 은 및 아연과 같이 중요한 금속의 황화광물화 작용과 관련된 황철석 같은 황화광물의 풍화로 인해 산성수가 배출되는 것과 관련된 환경문제

산성비(acid rain) 특히 황이나 질소산화물과 같은 오염물질에서 인위적으로 만들어지는 산성을 띤 강우. 자연적인 강우는 물에 녹아 있는 이산화탄소의 영향으로 약산성을 띰

산업 생태학(Industrial ecology) 한 부분에서는 폐기물, 다른 부분에서는 자원인 자연생태계와 유사한 산업 시스템 설계를 연구하는 학문

산화광물(oxides) 하나 이상의 금속원소와 산소가 결합하는 광물 화합물을 말하며 예로서 적철석(Fe_2O_3)이 있다.

산화작용(oxidation) 산소와 결합하는 화학작용

삼각주(delta) 강이 호수나 해양으로 흘러 들어가는 지역에 형성되는 퇴적층으로서 보통 그리스 문자의 델타(Δ) 모양을 가짐. 실제적인 모양은 강의 작용과 해안의 작용의 상대적인 크기에 따라 매우 가변적임. 지류 수로들과 함께 지형 기복이 매우 낮은 특징을 보임

삼중점(triple junction) 3개의 판이 만나는 지점

상대 단면 발달(relative profile development) 토양 단면이 약하거나 중간 또는 강하게 발달하는 것으로 토양의 특정한 성질에 따라 달라짐

생물공학(biotechnology) 자원관리 측면에서 생물체를 이용하여 광석의 채굴을 돕거나 광산활동으로 발생한 폐기물의 정화를 돕는 것

생물권(biosphere) 모든 생물을 포함하는 지표면 근처의 지역

생물다양성(biodiversity) 일반적으로 어떤 지역 또는 지구상에 생물이 얼마나 다양한지를 나타냄. 또한 종의 전체 수(종 풍부도)나 특정 지역에서 발견되는 주요한 종의 전체 수(우점도)를 나타내기도 함

생물학적 용출(bioleaching) 미생물을 이용하여 금속을 회수하는 것. 예를 들어 미립의 분산된 금의 회수에 시안용출을 이용함

생분해(bioremediation) 토양오염과 관련하여, 토양을 굴착하지 않고 자연적이거나 촉진된 미생물 활동을 이용하여 유기오염물질을 원위치에서 정화하는 공법

생지속성(biopersistence) 특정 물질이 오랫동안 생물권에 남

아 있을 수 있는 정도

생지화학적 순환(biogeochemical cycle) 대기권, 암석권, 생물권 및 수권을 포함하는 다양한 지구계를 통한 화학 원소나 화합물의 이동

생태계(ecosystem) 생명체 군집과 함께 원소 순환과 에너지 흐름이 발생하는 주변의 무기 환경의 총체

생태학(ecology) 생물학의 한 분야로서 생물체와 환경과의 관계를 다룸

생화학적 산소요구량(biochemical oxygen demand, BOD) 단위부피 물에 포함된 유기물을 분해시키기 위해 필요한 산소량. 물속의 유기성 폐기물의 함량이 증가할수록 더 많은 산소가 소모되며, 따라서 BOD는 증가함

석고(gypsum) $CaSO_4 \cdot 2H_2O$의 화학식을 갖는 증발암 광물

석면(asbestos) 단열재로 사용되는 섬유질의 광물질. 석면은 발암물질 또는 발암성의 미량원소 운반매체로서 의심을 받고 있음

석영(quartz) 규소와 산소로 이루어진 흔한 조암광물

석유(oil) 에너지 자원의 측면에서, 원유(petroleum이나 crude oil)로 불림. 유정에서 일반적으로 추출되는 액체 탄화수소

석축(riprap) 유수나 쇄파로 인한 침식으로부터 제방을 보호하기 위하여 돌로 쌓은 축대

석탄(coal) 매몰, 압축 및 변화된 식물성 물질로부터 형성된 퇴적암

석회암(limestone) 거의 전적으로 방해석으로 이루어진 퇴적암

섭입(subduction) 하나의 판이 다른 판 아래로 가라앉는 과정

섭입대(subduction zone) 하나의 판이 다른 판 아래로 가라앉아 맨틀로 사라지는 판의 수렴경계

석회질 토양(caliche) 건조 지역의 토양 내에 불규칙하게 축적된 백색 내지 회색의 탄산칼슘

성장률(growth rate) 일반적으로 어떤 것의 변화를 백분율로 측정하는 비율. 예를 들면 은행 계좌에서 1년에 5%의 이자를 받는다면 성장률은 연 5%임

세파대(swash zone) 파도가 해빈전면(beach face) 위로 올라갔다가 다시 땅이 물과 만나는 지점인 바다로 연안환경의 한 부분. 파도의 돌진 또는 세파(swash)는 해빈의 얕은 부분을 덮었다가 다시 후세파(backwash)는 이 부분을 다시 노출시킴

셀레늄(selenium) 원자 번호가 34인 중요한 비금속 미량원소

셰일(shale) 점토 크기의 입자들로 이루어진 쇄설성 퇴적암으로 가장 흔한 퇴적암

소각(incineration) 고온을 이용하여 태워 가연성 폐기물의 양을 감소시키는 방법

소모적 이용(consumptive use) 하천이나 지하수가 사용된 후에 다시 이들로 돌아가지 않는 하천 밖에서의 물 사용 형태. 물이 증발하거나, 곡물에 흡수되거나, 또는 동물이나 사람이 섭취하는 형태

소성변형작용(plastic deformation) 파쇄 없이 모양의 영구적인 변화를 수반하는 변형작용

소프트 패스(soft path) 에너지 자원의 측면에서, 재생 가능, 유동적, 비집중적 그리고 (일부 사람들에게) 하드 패스보다 환경 측면에서 양호한 대체에너지와 관련되는 에너지 정책의 발달

소행성(asteroid) 10m~1,000km의 지름을 가진 암석질 내지 금속질 우주 입자

속성작용(diagenesis) 퇴적암을 형성하는 퇴적작용이 일어난 이후에 퇴적물에서 일어나는 물리적인 화학적인 작용과 변화

쇄파대(surf zone) 파도가 부서진 후 전이적으로 이동하는 해일 같은 파도에 의해 특징지어지는 해빈과 연안환경의 한 부분

수계 분지(수역)(drainage basin) 지표수를 특정한 하천망으로 유도하는 지역

수력(water power) 저수지 같은 곳의 물 흐름을 이용하여 전력을 생산하는 것

수렴 경계(convergent boundary) 하나의 판이 다른 판 아래로 가라앉는 두 암석권 판의 경계(섭입대)

수로복원(channel restoration) 수로와 그 인접지역을 보다 더 자연적인 상태로 복원하는 작업

수로형태(channel pattern) 하늘에서 내려다보았을 때의 수로의 모양으로서 직선, 사행, 망상 수로가 있음

수로화(channelization) 자연적인 수로를 직선화, 확장, 굴착, 개조하는 공학적인 기술

수문곡선(hydrograph) 시간에 따른 하천유출량 곡선

수문순환(hydrologic cycle) 물이 바다로부터 대기로, 그리고

강우, 증발, 하천 유출, 지하수 흐름을 통해서 다시 바다로 돌아가는 순환

수문학(hydrology) 지표수와 지하수를 연구하는 학문

수식성(erodibility [soil]) 토양의 침식 용이성을 나타내는 값

수용력(carrying capacity) 특정 환경 내에서 미래에 군집을 유지하는 환경의 역량의 훼손 없이 군집이 유지될 수 있는 한 종의 군집의 최대 수

수정 메르칼리 진도(modified Mercalli scale) 지진에 의한 진동 및 피해의 양과 심각성에 기초해 12등급으로 구분된 단위

수질 오염(water pollution) 생물학적, 화학적, 물리적 측면에서 수질이 악화되는 현상

순차적 토지이용(sequential land use) 이전에 폐기물의 매립지 부지로 사용되었던 토지의 개발. 특정한 재사용은 조심스럽게 선택되어야 함

스모그(smog) 눈에 보이는 대기 오염을 말하며, 연기와 안개의 합성어로서 20세기 초에 처음으로 사용되기 시작했음

스코핑(scoping) 제안된 과제의 계획 초기에 자세한 평가를 요구하는 중요한 환경 쟁점을 확인하는 과정. 환경영향평가에서 중요한 부분임

스크러빙(scrubbing) 전력 발전소에서 석탄의 연소과정 중 나오는 연소물질로부터 이산화황을 제거하는 과정

습곡(fold) 층리를 갖는 암석에서 응력 때문에 발달되는 휨

습지(wetlands) 소택지, 늪지, 수렁 등 항상 내지는 아주 빈번하게 물에 잠겨 있는 지형

실내 대기오염(indoor air pollution) 주택 또는 사무실 등의 건물 내에서 발생하는 대기오염

실트(silt) 직경 1/16~1/256mm 사이의 퇴적물

심부관정 처리(deep-well disposal) 균열이 있거나 공극이 많은 암석이 존재하는 지하 심부에 폐기물을 주입하여 처리하는 방법

심성암(pluton) 암맥과 암상을 포함하여 크기가 다양한 몇 가지 유형의 화성관입암 전체. 일반적으로 저반은 많은 심성암으로 이루어짐

싱크홀(sinkhole) 석회암의 용해 또는 동굴과 같은 지하 공동의 붕괴로 인해 생성된 지표의 함몰 형태

쓰나미(tsunami) 해저 지진, 해저 화산분출, 수중 사태, 소행성의 해양충돌 등이 원인이 되어 발생하는 지진 해파. 쓰나미는 이 중에서 지진으로 가장 많이 발생하며 그 특징은 파장이 매우 크며 공해상에서 매우 빨리 이동한다. 조석파와는 다름

쓰레기 제로(zero waste) 쓰레기와 같은 물질은 없으며 단지 제자리에 놓이지 않은 자원이라는 것을 주장하는 쓰레기 처리와 관계된 개념

안산암(andesite) 약 60% 정도의 실리카를 함유하며 장석류와 철과 마그네슘이 풍부한 다른 규산염광물들로 이루어진 화산암의 한 유형. 일본의 후지산을 예로 들 수 있음

안식각(angle of repose) 푸석푸석한 물질이 흘러내리지 않고 유지될 수 있는 최대 각

안전 매립식 쓰레기 처리(secure landfill) 유해 화학 폐기물을 안전하게 저장하고 처분하는 방법. 그러나 유해 화학 폐기물을 안전하게 오랫동안 저장하기 어렵기 때문에 이러한 시설들이 많이 폐쇄되는 추세임

안전률(safety factor) 산사태와 관련해서는 구동력에 대한 저항력의 비를 말하는 것으로 안전율이 1보다 큰 것은 사면이 안정하다는 것을 가리키는 것임

알베도(albedo) 반사도 또는 물질이나 표면에서 반사되는 전자기 복사량(십진법 또는 백분율로 나타냄)의 비율

알칼리성 토양(alkaline soil) 건조 지역에 발달되는 토양으로 건조기에는 표면에 얇은 껍데기나 분말로 나타나는 막대한 양의 가용성의 광물질 염(주로 나트륨)을 포함함

알파 입자(Alpha particles) 방사성 붕괴 시에 두 개의 양성자와 두 개의 중성자로 구성된 핵 방사의 종류

암석권(lithosphere) 약 100km의 두께를 가지는 지구의 외곽부로, 해양 또는 대륙의 판을 구성함

암맥(dike) 일반적으로 비교적 길고, 폭이 좁은 화성 관입암

암상(sill) 퇴적암의 층리면에 평행하게 들어간 판상의 관입암체

암석 조직(rock texture) 조직, 암석 참조

암석(rock) 지질학 분야에서는 광물 또는 광물들의 집합체. 엔지니어링 분야에서는 제거하기 위해 발파약을 놓아야 하는 모든 지구 물질을 말함

암석순환(rock cycle) 화성암, 변성암 및 퇴적암을 생성하는 한 그룹의 작용들

암석학(petrology) 암석과 광물을 연구하는 분야

암설사태(debris avalanche) 경사진 사면에서 토양이나 다른

암석 쇄설물의 빠른 사면이동으로 특징지어지는 중력사면 이동(mass wasting)의 한 형태로서, 심한 강우 또는 화산의 사면 위에서 붕괴를 야기하는 화산분출과 같은 작용에 의해 발생할 수 있음

암염(halite) NaCl(소금)의 화학식을 갖는 광물

암염(rock salt) 소금광물로 구성된 암석

액상화(liquefaction) 물로 포화된 과립물질의 고체에서 액체 상태로의 변환

엘니뇨(El Niño) 무역풍이 약해지거나 역전되는 현상과 적도의 동태평양 연안에서 비정상적으로 따뜻해지는 현상. 서쪽으로 이동하는 적도의 기류가 약해지거나 역전되는 현상

여울(riffle) 빠르고 얕은 흐름이 일어나는 수로의 일부분. 일반적으로는 비교적 조립질 밑짐이 퇴적됨

여진(aftershocks) 주된 지진이 발생하고 나서 몇 분에서 1년 사이에 다시 뒤따라 일어나는 지진

역단층(reverse fault) 수직 방향으로 상반이 하반에 대해 상대적으로 올라간 단층. 경사가 낮은 역단층을 충상단층이라고 함

역암(conglomerate) 10% 이상이 지름이 2mm 이상인 둥근 암편으로 이루어진 쇄설성 퇴적암

역청탄(betuninous coal) 상대적으로 높은 탄소 함량과 낮은 휘발성분으로 특징지어지는 석탄의 일반적인 종류. 종종 soft coal이라고 불림

연료 전지(fuel cell) 화학반응에서부터 직접 전기를 생산하는 장치. 일반적으로 산화제로 공급되는 연료로는 수소가 쓰임

연성(ductile) 탄성과 소성 변형작용 이후에 파쇄되는 물질

연속방정식(continuity equation) 하천 수문학에 있어서, 하천 유량은 흐름의 단면적과 유속을 곱한 것이라는 방정식

연쇄반응(chein reaction) 핵분열에서 중성자를 우라늄에 충돌시켜 보다 많은 수의 중성자가 분열되는 반응. 통제되지 않는 반응에서는 핵폭발이 발생하지만 통제된 안정한 반응을 통해서는 전기를 생산할 수 있음

연안류(longshore current) 해안에 어떠한 각도를 가지고 들어오는 파도에 의해 쇄파대에 발달하여 연안에 평행하게 운동하는 물과 퇴적물의 흐름

연안사주와 곡부(longshore bar and trough) 파랑의 작용에 의해 만들어진 연안에 거의 평행하게 길게 발달한 모래퇴적체와 그 사이의 곡부

연안퇴적물이동(longshore sediment transport) 연안작용과 관련하여 파도의 작용에 의해 연안환경에서 퇴적물의 이동을 말함

연약권(atmosphere) 암석권 바로 아래의 맨틀 상부지역. 상대적으로 암석의 물성이 약하며 뜨겁고 느리게 유동하는 성질을 가지고 있어 판의 이동을 가능하게 하게 함

열대성 사이클론(tropical cyclone; **열대성 저기압**) 열대지역의 교란에 의해 발생한 강력한 폭풍으로 태평양의 대부분 지역에서는 태풍으로, 서반구에서는 허리케인이라고 함

열병합발전(congeneration) 에너지 자원의 측면에서, 전형적인 발전소와 공장의 효율을 증가시키는 폐열의 재활용. 산업 과정에서 부산물로 전기의 생산이 포함됨

열수 대류 시스템(hydrothermal convention system) 열수의 순환으로 특징지어지는 지열 에너지 시스템 수증기와 열수가 주됨

열수광상(hydrothermal ore deposit) 다양한 기원의 열수로부터 만들어지는 광물 광상

열점(hot spot) 지표에 화산활동을 발생시키는 암석권 아래의 고정된 열원

염도(salinity) 물속에 녹아 있는 총고형물질의 양에 대한 척도

염분의(saline) 높은 염도의 특성을 갖는 것

염수(brine) 소금의 농도가 높은 물

엽리(foliation) 판상이나 길쭉한 형태의 광물 입자들이 평행하게 배열되는 것에 의해 특징 지어지는 변성암의 성질. 암석의 강도와 수리적인 성질에 영향을 미칠 수 있기 때문에 환경학적으로 중요함

영국열단위(British thermal unit, Btu) 1lb의 물의 온도를 1°C 올리는 데 필요한 열로 정의되는 열의 단위

예방 원리(precautionary principle) 비록 과학이 완전히 이해되지 않았을지라도 환경 문제의 영향을 제거하거나 줄이기 위해 비용 효율이 높고 앞을 내다보며 대책을 강구하는 방법을 취할 것을 주장하는 환경 계획 방식. 단순한 말로 나중에 후회하는 것보다 미리 조심하는 편이 낫다는 의미함

예보(forecast) 자연재해에 대해서 홍수와 같은 어떤 특정 사건이 어떤 특정 시간에 어느 정도의 확률로 그리고 어느 규모로 일어날지를 알려주는 것

예측(prediction) 쓰나미나 홍수와 같이 특정 규모를 가진 사

건이 어느 특정 기간에 발생할 것인가를 알려주는 것. 사건의 발생 가능성을 백분율과 함께 발표하는 예보(forecast)와 대조됨

오염(pollution) 생물학적, 화학적 특정 물질이 과다하게 존재함으로써 생물체에게 유해하게 작용하는 현상

오염물질(pollutant) 과다한 양이 존재할 때 사람이나 그 밖의 다른 생물에 유해한 물질

오일셰일(oil shale) 유기물이 풍부한 셰일로 상당한 양의 석유를 포함하고 있어 전통적인 분해 증류의 방법으로 석유를 추출할 수 있음

오존(ozone) 산소원자 3개로 이루어진 기체

오존고갈(ozone depletion) 대기 중의 염화불화탄소(CFCs)의 방출과 관련되어 일반적으로 남극에서 성층권 오존의 감소를 말함

온실효과(greenhouse effect) 수증기, 이산화탄소, 메탄, 염화플르오르탄소(CFCs)에 의해 대기에 열이 갇히는 현상

옹벽(retaining wall) 산사태 가능성을 최소화하기 위해 사면의 말단부를 지지하도록 설치된 지지벽을 말함

와다티-베니오프대(Wadati-Benioff Zone) 판이 섭입되면서 만들어지는 지하의 경사진 지진 다발 지역

용암굴(lava tube) 마그마가 화산 사건으로부터 지표면에서 마그마가 다시 나타나는 곳까지 경사를 따라 이동하는(때때로 수 km) 자연 통로 또는 터널. 화산 분출 이후에 용암굴은 종종 빈 공간으로 남으며 동굴의 한 유형임

운모류(mica) 일반적인 조암 규산염광물

운반량(capacity) 강이 운반할 수 있는 퇴적물의 총량

운석(meteorite) 지구 표면과 충돌한 먼지에서 소행성 크기의 입자

웅덩이(pool) 비교적 수로 경사가 작은 사행천과 직선하천에서 하상의 깎임에 의해 만들어지는 요지. 수심이 깊고 유속이 느린 것이 특징임. 일반적으로는 사행천의 만곡 바깥쪽에 형성됨

원소(element) 정상적인 화학적 수단에 의해서는 다른 물질로 분리될 수 없는 동일한 원자들로 이루어진 화학물질

원자(atom) 화학반응에 참여하거나 다른 원소와 결합할 수 있는 화학원소의 가장 작은 부분

위생 매립(sanitary landfill) 대중의 건강 또는 안전에 대한 위험과 피해를 주지 않기 위해 고체 폐기물을 압축 저장하고 매일 또는 주기적으로 폐기물을 불투수성 물질, 다짐 흙으로 덮는 고체 폐기물 처리 방법

위해(risk) 환경적인 관점에서, 위해는 어떤 사건의 확률과 그 결과를 곱한 값으로 표현됨

위해성 평가(risk assessment) 독물학의 관점에서, 어떤 특성 물질에 노출됨으로써 건강에 역효과를 미치는 가능성을 평가하는 것

유문암(rhyolite) 약 70% 정도의 비교적 높은 함량의 실리카를 가지며 장석, 고철질광물 및 석영으로 구성되는 화산암의 한 유형. 매우 폭발적일 수 있는 화산 사건에 수반됨

유발요인(forcing) 지구적 온난화의 과정에서, 지구온난화를 유발하는 요인과 변수. 예를 들면 화석연료의 연소와 같은 인간기원의 유발요인이 있음

유성(meteor) 대기권에서 가열되어 파괴되는 먼지 크기에서 수cm 크기의 외계천체 입자(별똥별)

유성체(meteoroid) 먼지 크기에서 10m 이하의 크기를 가지는 우주 입자. 소행성의 파괴로 만들어질 수 있음

유입-배출 분석(input-output analysis) 유입량과 배출량의 비율을 계산하고 비교하는 계 분석의 한 종류

유해 폐기물(hazardous waste) 사람과 환경에 유해한 폐기물

유해화학물질(hazardous chemicals) 주로 산업이나 농업 시설에서 발생하는 인간이나 생물에게 유독하고 유해한 발암성 화학물질

응집력(cohesion) 토양의 공학적 성질 중에서 미세한 토양입자를 서로 붙어 있게 만드는 정전기력을 말함. 토양의 전단강도 중 일부임

응회암(tuff) 화산재가 쌓여서 다져지고 교결되거나 또는 용결되어 생성된 화산암

이동 오염원(mobile source) 이동하면서 오염물질을 발생시키는 오염원으로서 대표적인 예로 자동차를 들 수 있다.

이동 토양(transported soil) 충적층에서 범람원 퇴적물 또는 빙하 퇴적물과 같이, 토양의 모재가 특정 지역으로 이동하여 생긴 토양

이동속도(slip rate) 단층을 따라 장기간에 걸쳐 미끄러지는(변위) 속도. 일반적으로 mm/년 또는 cm/년으로 측정한다.

이론(theory) 설득력이 강한 과학적인 진술. 가설은 여러 번 검증되고 거절되지 않은 후에 이론이 될 수 있음

이산화황(sulfur dioxide, SO_2) 무색무취의 기체로서 인간의

화석연료 연소에 의하여 발생함

이안류(rip current) 해빈으로부터 격파대를 넘어 한정된 좁은 지역에 형성되어 외해 방향의 흐름

이차 오염물질(secondary pollutants) 대기 중의 일차 오염물질이 다른 화합물과 반응하여 생성된 오염물질. 대표적인 예는 오존으로, 일차 오염물질, 태양광선, 대기 중의 기체 성분의 상호작용에 의하여 발생함

이차 처리(secondary treatment) 폐수처리와 관련하여, 폐수로부터 박테리아에 의한 호기성 및 혐기성 분해 과정. 최종단계는 처리수의 소독이며, 보통 염소를 사용함

이타이이타이병(Itai itai disease) 뼈가 공격을 당하여 약해져서 부러지기 쉽게 되는 매우 고통스러운 병. 토양이나 음식에 들어 있는 수 ppm의 중금속, 특히 카드뮴에 노출되어 흡수될 경우 발생함

인위적 부영양화(cultural eutrophication) 인위적 원인에 의해 물로 유입되는 영양염류 때문에 담수나 해수 환경에서 조류가 급격히 증가하는 현상

일반 굴착(common excavation) 땅 고르는 기계, 포클레인, 불도저 등을 이용하여 땅을 굴착하는 것

일차 처리(primary treatment) 폐수처리 시설과 관련하여, 폐수로부터 덩어리들의 분별과 제거 및 침전 과정

입자성 물질, 미립자(particulate matter) 대기 오염물질의 한 종류로, 자연 또는 인간 활동에 의하여 배출되는 고체 또는 액체 상태의 작은 입자성 오염물질을 일컫는다. 매연, 그을음, 먼지는 물론 구리, 납, 아연과 같은 중금속이 여기에 속한다.

자갈(pebble) 지름이 4~64mm인 암편

자기역전(magnetic reversal) 정자극 또는 역자극으로의 지구자기장의 극성 변화. 혹은 지자기역전으로도 불림

자연재해(natural hazards) 사람과 재산에 위험이 되는 지진, 홍수 및 화산 분출과 같은 작용을 나타낸다.

자연제방(levee) 자연제방은 강물이 제방을 넘침으로써 만들어짐. 인위적인 제방은 강에 인접한 지역을 범람으로부터 방지하기 위해서 수로를 따라 축조되는 흙 제방임

자연의 평형(balance of nature) 인간 활동에 의해 교란되지 않은 자연은 평형 또는 평형 상대에 이를 것이라는 사상. 어떤 사람은 이 사상은 아마 자연에서 결코 존재할 수 없는 한물 간 것으로 생각함

자원(resource) 사용 가능한 유용한 지구 물질들로서, 이들 물질들의 매장량에 종국에는 활용 가능한 여타 광상들의 양을 합한 것

자철석(magnetite) Fe_3O_4의 화학식을 갖는 광물로서 철의 중요한 광석

잔류 토양(residual soil) 기반암 위에서 형성된 토양

잔류광상(residual deposit) 광물 자원의 측면에서 특정 광물의 기계적인 농집의 결과로 형성되는 광상을 의미함. 예로 강이나 풍화 받은 암석에서 발견되는 골드 너겟(nugget)을 들 수 있음

장석류(feldspar) 지각을 이루고 있는 광물 중에 가장 풍부한 광물들. 칼슘, 나트륨, 칼륨 규산염광물이 있다.

재발주기(recurrence interval) 홍수나 지진과 같은 자연 사건들 사이의 시간적 간격. 일반적으로 평균 재발주기가 중요한데 이것은 각 사건 사이의 재발주기들에 대한 중간 값으로 결정한다.

재생가능에너지(renewable energy) 과잉하여 사용되지 않는다면 일정한 공급을 유지할 만큼 빠르게 보충되는 에너지원. 예를 들어 태양에너지, 수력 및 풍력이 포함됨

재생성 자원(renewable resource) 목재, 물 또는 공기와 같이 자연적으로 재생되거나 유용한 시간의 틀 안에서 인간이 유도한 과정에 의해 재생 가능한 자원

재해에 대한 대비(disaster preparedness) 자연재해 사건 이전에 개인, 가족, 도시, 주 또는 국가 전체가 재해로 인한 손실을 최소화하기 위한 계획을 세우고 실천하는 것을 말함

재활용(recycling) 폐기물로부터 재생된 자원의 재사용

저감(mitigation) 예상되는 환경의 나쁜 영향을 막거나 줄이거나 또는 보상하는 수단의 확인

저준위 방사능 폐기물(low-level radioactive waste) 소량의 방사능 물질을 포함한 물질

저반(batholith) 수천km^3를 초과하는 화성암의 커다란 관입체로 일반적으로 100km^2보다 넓게 노출됨. 일반적으로 심성암이라고 하는 몇 개의 관입암체로 이루어짐

저항력(resisting force) 지각물질의 사면하강운동에 반대 방향으로 작용하는 힘

적철석(hematite) Fe_2O_3의 화학식을 가지며 철의 중요한 광석

전이성 산사태(translation [slap] landslide) 약한 점토층이나 층리면과 같은 일정한 절리면을 따라 운동이 일어나는 산

사태의 한 종류

전자폐기물(e-waste) 컴퓨터, 휴대전화와 같은 전자기기 폐기물

전 지구적 온난화(global warming) 화석 연료의 사용과 대기권으로 온실 기체를 방출한 결과로 대기권 하부의 연 평균 온도가 상승하고 있다는 가설

전조(precursor event) 자연재해에 있어서, 어떤 사건(홍수, 지진 또는 화산 분출)이 일어나기 전에 발생하는 물리적, 화학적, 또는 생물학적 사건을 지칭함

전조현상(precursor events) 자연재해와 관련하여 홍수, 지진, 화산분출과 같은 사건이 일어나기 전에 보이는 물리, 화학, 생물학적인 현상들

전진(foreshocks) 주된 지진 이전에 일어나는 소형 또는 중간 규모의 지진

절리(joint) 변위가 발생하지 않는 암석균열. 평행한 절리들은 절리세트를 형성한다.

점 오염원(point sources) 특정 공장이나 시설로부터 대기 또는 하천으로 오염물질이 유입되는 관 또는 분리된 경로

점토(clay) 광물류 또는 매우 세립의 퇴적물. 토양의 수축과 팽창과 퇴적물의 오염과 같은 많은 환경 문제를 수반함

점도질 B층(argillic B soil horizon) 토양 생성 과정에서 하부로 운반된 점토 광물이 풍부한 토양층으로 Bt층으로 표시함

점판암(slate) 이암이나 셰일이 광역변성작용을 받아 형성된 세립질의 엽리 변성암

접촉변성작용(contact metamorphism) 모암이 지표면 아래에서 냉각 중인 마그마와 가까이 접촉하고 있을 때 일어나는 변성작용의 한 유형

정단(berm) 파도작용에 의해 퇴적되어 형성된 해빈단면의 상대적으로 수평한 부분으로 사람들이 일광욕을 즐기는 해빈의 한 부분

정단층(normal fault) 수직 방향으로(경사 이동) 상반이 하반에 대해 상대적으로 내려간, 대체로 경사가 급한 단층

정체성 오염원(stationary sources) 고정된 장소에서 오염물질을 배출하는 대기오염원

정화조(septic tanks) 고체 및 액체 폐기물을 받아들여 임시로 저장하는 통. 혐기성 박테리아의 활동이 폐기물을 분해하고, 고체 폐기물은 분리되며, 액체 폐기물은 통에서 넘쳐흐르게 함으로 배수 시스템으로 보냄

조력(tidal power) 에너지 자원과 관련하여, 조력 흐름을 유용하게 이용하여 전기를 생산하는 것

조력 에너지(tidal energy) 조력에 의해 발전되는 전기

조류 홍수(tidal flood) 높은 조수와 태풍 파도 사이의 상호작용에 의해 발생하는 삼각주나 해안 강에서 발생하는 일종의 홍수

조직, 암석(texture, rock) 암석에 들어 있는 광물 입자들의 크기, 모양 및 배열

종합계획(comprehensive plan) 지역사회의 미래 발전을 위한 일반적이고 장기적인 정책을 나타내는 지방자치단체에 의해 수립된 계획

주상절리(columnar jointing) 전형적으로 오각형 또는 육각형 모양의 다각형으로 암석이 갈라지는 절리 시스템. 다각형들이 기둥을 형성한다. 주상절리는 현무암에서 흔히 나타나며 대개 용암이 식는 동안 수축에 의해 형성됨

주파수(frequency) 1초 동안 기준점을 통과하는 파의 수로서 단위는 초당 진동수 또는 헤르츠(Hz)이다. 주기의 역수이다.

주향이동 단층(strike-slip fault) 암석의 양쪽이 반대 방향으로 거의 수평으로 움직이는 단층

중성자(neutron) 원자의 원자핵에서 발견되며 전기적인 성질을 갖지 않는 아원자 입자

중앙해령(mid-oceanic ridge) 해저확장이 발생하는 해양의 중앙부에서 흔히 관찰되는 고지. 예를 들어 대서양 중앙해령이 해당됨

중재(mediation) 환경에 관한 갈등을 모든 사람에게 유리하게 해결하기 위한 작업 과정. 환경을 소중하게 다룸과 동시에 활동과 계획이 진척되도록 하게 하는 해결법을 찾는 협력적인 과정

증발광상(evaporite deposits) 호수나 바닷물의 강력한 증발의 결과로 물로부터 침전된 퇴적물 증발에 의해 용해된 물질이 남는 것

증식로(breeder reactor) 사용되는 연료보다 더 많은 핵분열 물질을 생성하는 핵 반응로

지각(crust) 암석권 상부를 구성하는 고체지구의 가장 외곽부로, 해양에서는 6~7km 두께를 가지며 대륙의 산맥에서는 70km에 가까운 두께를 보임

지각균형설(isostacy) 얇고 무거운 지각보다 두껍고 가벼운 지각이 부력이 더 커 높은 지형을 형성한다는 원리. 산맥

의 경우에는 상부 지각 암석의 무게가 심부 결정질 암체의 부력에 의해 보정된다는 원리. 즉 산맥은 바다에 떠 있는 빙하같이 보다 가벼운 지각 암석이 더 무거운 맨틀 암석 아래로 뿌리를 내리고 있음

지구계과학(earth system science) 지구를 하나의 계로 연구하는 학문

지구근접천체(near earth object) 지구와 태양 사이에 위치 또는 선회하거나 지구의 궤도와 교차할 수 있는 궤도를 가진 외계천체

지구냉각현상(global dimming) 유입되는 태양광선이 인간에 의한 대기오염입자들에 의해 우주공간으로 반사되어 태양광선의 유입이 줄어 지구가 약간 냉각되는 현상

지구순환 모형(global circulation models) 평균온도, 강수량, 다른 기후변화와 같은 지구변화를 예측하기 위하여 사용되는 컴퓨터모델

지구조(tectonic) 지각의 암석 변형을 일컫는 총칭적인 용어

지구조 윤회(tectonic cycle) 지질학적 윤회과정의 하나로, 전 지구적인 관점에서 해양과 산맥이 사라지고 만들어지는 판구조 관점의 윤회

지구화학(geochemistry) 토양, 암석 및 물 안에 들어 있는 화학 원소들의 상대적인 양과 분포에 대해 연구하는 학문 분야

지속 가능성(sustainability) 정의 내리기 어려운 용어이다. 그러나 일반적으로 미래 세대들이 지구 자원을 공평하게 공유하고 싱질의 환경을 물러받는 방법으로 자원을 개발하거나 이용하는 것을 말한다. 바꾸어 말하면 지속 가능성은 경제적으로 실행 가능하고, 환경을 훼손하지 않으며, 사회적으로 정의로운 개발 방법을 나타냄

지속 가능한 에너지 정책(sustainable energy police) 미래 세대들이 에너지 자원과 상질의 환경에 접근할 수 있는 방법으로 환경에 나쁜 영향을 미치지 않는 유용한 에너지 자원을 찾거나 또는 이들 영향을 최소화하는 에너지 정책을 개발하는 것

지속 가능한 전 지구적 경제(sustainable global economy) 환경을 훼손하지 않고 미래 세대들에게 공급하며 사회적으로 정의로운 전 지구적 경제개발

지수함수 성장(exponential growth) 총량이나 수가 매년 일정한 백분율로 증가하고, 매년의 증가율이 전해의 전체에 더해지며, 특정한 2배 시간으로 환산하여 특별하게 설명되고, 일반적으로 인수 증가와 관련하여 이용되는 복식 증가의 한 종류

지연시간(lag time) 비가 본격적으로?오기 시작한 — 때부터 하천 유출량이 최고에 도달하기까지의 시간 간격. 도시화가 되면 — 일반적으로 지연시간이 짧아짐

지열 구배(geothermal energy) 깊이에 따른 지구 표면 아래의 온도 증가 비율. 일반적으로 km당 25°C 정도 증가함

지열에너지(geothermal energy) 지구 내부에서 유래된 자연열의 유용한 전환

지진(earthquake) 단층을 따른 암석의 파괴에 의한 지구의 자연적인 진동 또는 흔들림. 지구의 지진대는 일반적으로 암석권 판의 경계에 분포한다.

지진계(seismograph) 지진을 기록하는 장치

지진공백(seismic gaps) 큰 지진을 발생시킬 수 있는 활성단층을 따른 지역 중에서 지진이 최근에 한 번도 일어나지 않았던 지역

지진위험 지도(seismic risk map) 특정 지역에 대한 지진 위험도를 표시한 지도. 과거의 지진 활동과 특정 기간 동안에 특정 규모의 지진이 발생할 확률을 근거로 작성된다.

지진주기(earth cycle) 지진 발생 후 탄성변형이 강하되며 다시 변형이 축적되어 다음 지진이 발생한다는 가설로서 지진의 주기적인 발생을 설명함

지진학(seismology) 자연적인 지진파와 인공적인 지진파를 분석함으로써 지구의 내부구조와 지진을 공부하는 학문

지질시대(geologic time) 지구의 탄생에서 현재까지 이어지는 시간. 이는 여러 시대에 쌓여 생성된 암석과 퇴적물 내에 기록되어 있으므로 부분적으로 지구의 역사로부터 결정된다. 지질시대의 단위는 여러 시대의 암석의 연대학적인 배열로 일반적으로 가장 오래된 사건에서 가장 젊은 순으로 배열한다.

지질연대학(geochronology) 수치연대측정 방법으로 지구 사건의 연대를 구하여 배열하는 학문

지질학(geology) 지구에 관한 학문으로 지구의 구조, 성분 및 역사에 대한 연구를 포함함

지체구조적 포행(tectonic creep) 단층을 따른 느리고 다소 연속적인 움직임

지표수(surface water) 지표상의 물

지표유출(runoff) 육지 사면이나 하천을 따라서 흐르는 지표상의 물의 흐름. 수문순환의 일부로서 강우나 융설이 하천 유출을 유발함

지하수면(water table) 통기대와 포화대를 구분하는 면. 이 면 하부의 모든 공극은 물로 포화되어 있음

진동지도(shake map) 지진에 의한 지진동의 패턴과 분포를 보여주는 지도

진앙(epicenter) 지진의 진원(진동이 처음 시작된 영역) 직상부에 있는 지표상의 위치

진원(focus, hypocenter) 지진 에너지가 처음 방출되는 지점 또는 위치. 지진 동안에 탄성 에너지는 진원으로부터 사방으로 퍼져나감

질병(disease) 환경적인 관점에서 질병은 개인과 그 환경 사이의 불충분한 적응으로부터 야기되는 불균형으로 여겨질 수 있음

질소산화물(nitrogen oxides, NOx) 자동차나 발전소에서 화석연료의 연소과정 중 발생하는 기체 이산화질소(NO_2)가 대표적인 예로, 이는 연한 녹갈색 또는 적갈색의 색을 띠고 있으며 광화학적 스모그의 원인이 됨

짐의 총량(total load) 하천의 작용에 있어서, 하천이 운반하는 녹은 짐, 뜬 짐, 밑짐의 합을 말함

쪼갬 굴착(rippable excavation) 토양을 깬 후 제거하는 굴착 행위

처리수(reclaimed water) 폐수처리 시설에서 처리된 물로서, 배출된 경우에는 골프장이나 농작지에서 활용할 수 있는 물

천부 매립(surface impoundment) 유해 액체 폐기물을 굴착 지역이나 함몰지역에 매립하는 방법. 그러한 매립지역은 흔히 바닥에 불투수층을 가지고 있으나 침출수가 침투되어 토양 및 지하수를 오염 시킬 가능성이 높음

천연가스(natural gas) 천연 에너지 가스 또는 탄화수소로 일컬어지는 것으로 에탄, 프로판, 부탄 및 수소로 이루어져 있음

초우라늄 폐기물(transurainc waste) 우라늄보다 무거운 방사능 원소로 구성된 인간이 만든 핵 폐기물

최대운반능(competency) 강이 운반할 수 있는 최대 입자의 크기

충상단층(thrust fault) 경사가 낮은 역단층

충적선상지(alluvial fan) 원추의 일부인 부채꼴 모양의 퇴적층으로서 하천이 산지에서 평야로 나오는 곳에 형성됨. 이 퇴적층은 하천퇴적층과 이질 또는 쇄설성 퇴적층으로 구성됨

층리면(bedding plane) 퇴적암의 층과 층 사이의 면

침출(leaching) 지하수나 다른 유체의 침투에 의하여 지각물질이 용해, 세척 또는 배수되는 작용

침출수(leachate) 지표수나 지하수가 고체 폐기물과 접촉하여 발생하는 박테리아를 운송할 수 있는 유해한 액체

취성(brittle) 어떤 소성 변형 전에 파열되는 물질

층(formation) 지질도에 표시될 수 있는 암석 단위

카르스트 지형(karst topography) 싱크홀, 동굴, 지하 유로를 통한 지표수의 분산 등의 특징을 보이는 지형

칼로리(calorie) 1g의 물의 온도를 14.5°C에서 15.5°C로 올리는 데 필요한 열량

퀵클레이(quick clay) 지진의 진동과 같은 것에 의해 변형되었을 때에 순간적으로 액화되어 모든 전단응력을 잃을 수 있는 점토의 형태를 말함. 민감점토(sensitive clay)라고 부르기도 함

킴벌라이트 파이프(kimberlite pipe) 암석 전체에 걸쳐 분산되어 있는 다이아몬드 결정들을 가질 수 있는 관입암체

타르 샌드(tar sand) 매우 점성이 큰 석유물질을 함유한 자연적으로 산출되는 모래, 사암 또는 석회암

탄산염(carbonate) CO_3를 포함하는 광물이나 화합물. 흔한 탄산염으로는 방해석이 있다.

탄성변형작용(elastic deformation) 물질에 가해지던 응력이 제거되면 원래의 형태로 되돌아가는 변형작용의 한 유형

탄소 순환(carbon cycle) 대기권, 생물권, 암석권 및 수권 내의 탄소 이동을 포함하는 지구의 주요 생지화학적 순환의 하나

탄소-14(carbon-14) 반감기가 약 5,730년인 탄소의 방사성 동위원소 방사성탄소를 이용하여 약 4만 년 이전까지 연대를 측정할 수 있음

탄층메탄(coal-bed methane) 석탄 내 유기물의 표면에 저장되어 있는 메탄

탄화수소(hydrocarbon) 탄소와 수소로 이루어진 유기화합물

탈염(desalination) 사람이나 농업에서 섭취, 사용될 수 있을 정도로 물의 염도를 낮추는 기작 내지 기술

태양에너지(solar energy) 태양으로부터 수집되는 에너지

태양열 집열기(solar collector) 태양에너지를 모으는 능동적이고 수동적인 여러 가지 장치. 가장 일반적인 것은 물을 데우는 데 쓰이는 평판 집열기임

태풍(typhoon) 인도양이나 서태평양에 걸쳐서 발생하는 열대성 저기압. 대서양에서 발생하는 허리케인에 대응된다.

테프라(tephra) 화산으로부터 물리적으로 분출된 모든 물질. 대부분 화산재임

토류(earth flow) 물로 포화된 지각물질이 사면 아래의 방향으로 이동되는 특성을 갖는 사면붕괴 또는 산사태의 일종이며, 흔히 상부의 함몰사태와 하부의 퇴적물류로 전이하는 변형을 보임

토양 강도(soil strength) 응집력과 마찰력에 관련된 토양의 전단 강도

토양 단면(soil profile) 생물 활동 및 시간과 더불어, 기원 물질과 상이한 여러 층위로 구성된 토양을 만드는 지구 물질의 풍화작용

토양 미끌림(soil slip) 일반적으로 폭이 상대적으로 좁고 형태가 직선형인 사면붕괴의 일종. 급경사 사면에서 강우기에 발달한다. 캘리포니아에서는 얕은 토양 미끌림은 니질미끄럼사태(mud slides)라고 부름

토양 민감도(soil sensitivity) 교란 또는 주형 될 때 원래의 강도를 유지하는 토양의 상대 능력값. 원 강도의 일부만을 유지하는 토양을 민감하다고 함

토양 분류법(soil taxonomy) 토양과학 분야에서 미국 농업성에 의해 개발된 토양 구분법

토양 비옥도(soil fertility) 기타 요인들이 만족되는 조건에서 토양이 식물 성장에 필요한 영양물질(질소, 인, 칼륨 등)을 공급해 줄 수 있는 능력

토양 시간 순서(soil chronosequence) 젊은 것부터 오래된 것까지 상대적인 토양 단면 발달 순서로 배열한 일련의 토양

토양 압축성(compressibility [soil]) 토양의 부피가 감소하는 능력

토양 조사(soil survey) 정밀 토양 지도 작성, 토양 특성과 토지 이용 제한(기준) 등으로 이루어지는 조사 활동으로서 흔히 지방 정부와의 협력하에 이루어짐

토양 조직(**토성**, soil texture) 어떤 토양에 있어 모래, 실트(미사), 점토 크기의 상대 비율

토양 처분(land application) 유해 화학 폐기물을 토양에 살포해 생물학적 작용에 의해 자연적으로 처리하는 방법

토양 층위(soil horizons) 화학, 물리, 생물학적 특성이 서로 다른 토양 구성층들(A, B, C 층 등)

토양(soil) 토양과학 : 생물, 화학 및 물리적 과정에 의해 변형되어 뿌리 식물을 지탱해 주는 지구 물질. 폭파 없이도 제거해 낼 수 있는 지구 물질

토양학(pedology) 토양을 연구하는 학문

토지 윤리(land ethic) 식물, 동물 및 지구 물질을 포함하는 모든 자원의 권리를 존속했던 실체와, 적어도 어떤 지역에서, 자연 상태에서 존속했던 실체에게 부여하는 것을 주장하는 윤리

토지이용계획수립(land-use planning) 토지 이용의 쟁점, 목적, 자료 수집 및 분석, 토지 분류도, 환경적인 관심사가 높은 지역의 적절한 개발을 위한 보고서 등을 포함하는 토지 이용 개발 계획, 극히 논란이 많은 주제임

통기대(vadose zone) 물이 하부의 지하수면으로 이동하거나 또는 횡적으로 배출지점으로 이동하게 되는, 지하수면 상부에 놓인 지층

통합 토양 분류 체계(unified soil classification system) 공학 분야에서 흔히 사용되는 토양 분류로서 조립 물질, 세립 물질 또는 유기물질의 상대 양에 따라 구분함

통합적 폐기물 관리(integrated waste management) 감량, 재활용, 재사용, 퇴비화, 매립, 소각 등을 포함하는 폐기물의 통합적 관리방법

퇴비화(composting) 유기물질이 호기성생물에 의해 부식질 같은 물질로 분해되는 생화학적 과정

퇴적물 오염(sediment pollution) 육지 또는 수체 환경에서 바람이나 물에 의해 운반되어 온 퇴적물에 의한 오염. 예를 들면, 급수의 탁도(즉 뻘이 많은 물)

퇴적암(sedimentary rock) 퇴적물이 운반되어 퇴적되고 나서 자연적인 교결, 다져짐 또는 다른 기작에 의해 암석화 될 때 생기는 암석. 쇄설성 퇴적암은 기존의 암석이 부수어진 부분들로부터 생성된다. 화학적 퇴적암은 화학적 용액을 통해 운반된 물질을 제거하는 화학적 또는 생화학적인 작용에 의해 생성됨

퇴적학(sedimentology) 퇴적물의 퇴적 환경에 대해 연구하는 학문

퇴적환경(sedimentary environment) 호수, 범람원, 사구 및

빙하퇴적층을 포함하여 퇴적물이 퇴적될 수 있도록 하는 환경

투수 실험(percolation test) 물이 토양을 침투하는 속도를 측정하는 표준 시험법. 일차적으로 정화조 탱크 시스템의 적정성을 판단하기 위해 사용함

투수성(permeability) 지구 물질이 물이나 기름과 같은 유체를 통과시키는 능력. 수리전도도 참고

파고(wave height) 파도의 골과 마루 사이의 고도차

파랑기후(wave climate) 특정한 장소에 대한 파고, 주기, 방향에 대한 연간 자료에 기초한 통계학적 특성

파의 주기(wave period) 한 고정지점을 통과하는 2개의 연속되는 파봉이 지나가는 데 걸리는 시간(단위 : 초). 파도의 진동수에 대한 역의 수임

파장(wave length) 연속적인 파봉 사이의 수평거리

파편상 쇄파(spilling breaker) 상대적으로 낮은 경사의 해안가와 관련된 파의 종류. 파편상 쇄파는 해변에서 모래의 퇴적과 관련됨

판구조론(plate tectonics) 전 지구적인 관점에서 암석권으로 불리는 지구 외곽부의 변화를 설명하는 이론. 암석권은 서로 상대적인 운동을 하는 몇 개의 큰 판들로 구성됨. 대륙과 해양은 이 판들의 운동에 의해 수동적으로 이동됨

판내부 지진(intraplate earthquake) 판 경계로부터 멀리 떨어진 암석권 판의 내부에서 일어나는 지진

판을 당기는 힘(slab pull) 판이 해령에서 멀어지면서 하부 연약권보다 판이 점점 차가워지고 무거워진다는 개념. 이때 섭입대에서는 무거워진 판이 보다 가벼운 맨틀 속으로 가라앉게 되어 가라앉는 판의 무게로 전체 판이 해구 쪽으로 당겨지게 됨

패각상 단구(conchoidal fracture) 암석과 광물에서 조개껍데기처럼 만곡한 형태로 깨지는 단구

팽윤성(shrink-swell potential [soil]) 토양이 물 함량 변화에 따라 부피가 증가 또는 감소하는 경향성의 척도

팽창성 흙(expansive soil) 흙의 공학적 성질과 관련하여, 습윤과 건조에 따라 팽창과 수축이 교대로 일어나는 흙으로서 건축물과 그 외 구조물의 기초에 문제를 일으킴

페그마타이트(pegmatite) Li, B, F, U 등과 같은 원소들이 풍부한 희귀광물들을 포함하기도 하는 거정질의 화성암

편마암(gneiss) 밝은 색 광물들과 어두운 색 광물들이 형성하는 띠로 된 엽리를 가진 조립질의 변성암

편암(schist) 판상이거나 길쭉한 광물 입자들이 배열되어 생성된 엽리 조직을 갖는 조립질변성암

평균체류시간(average residence time) 총 저장량 또는 공급량이 계 내에서 계를 통해 순환하는 데 걸리는 시간

폐수 개선 및 보전 주기(wastewater renovation and conservation cycle) 액체 폐기물을 재활용하는 공정으로, 처리된 폐수를 곡물이나 관개시설로 돌려보내기, 지하수 함양을 통한 지속적 개선 과정을 포함함. 또한 지하수를 취수하여 도시, 산업 또는 다른 용도로 물을 재사용하는 과정도 포함함.

포인트 바(point bar) 수로의 사행 안쪽에 퇴적되는 모래와 그 외 퇴적물

포행(creep) 토양이나 다른 지각 물질들이 느리게 흐르거나 미끄러지는 특성을 보이는 하향 사면이동의 한 형태

포화대(zone of saturation) 지하수면 하부의 영역을 일컫는 말로, 이 영역의 암석이나 토양의 모든 공극은 물로 포화되어 있음

폭풍해일(storm surge) 보통 허리케인을 동반하는 바람에 의해 형성되는 해양성 파도

표면파(surface wave) 지진파 중의 하나로서 지표상의 구조물은 대부분 이것으로 인해 피해를 입음

표사광상(placer deposit) 흐르는 물, 얼음 또는 바람 같은 요인들에 의해 이동되고 퇴적된 물질에서 발견되는 광석 광상. 예를 들어 금과 다이아몬드는 하천 광상에서 발견됨

표석점토(till) 빙하에 의해 직접적으로 퇴적된 것으로 층리가 발달되지 않으며 분급이 불량한 물질

풍력(wind power) 바람으로부터 전기에너지를 추출하는 기술(대부분 풍차)

풍식 작용(abrasion) 바람의 작용과 관련해서, 바람에 의해 운반되는 모래나 실트가 암석 표면과 부딪쳐 패인 흠집을 내거나 마멸시킴으로써 암석 표면에서 일어나는 침식작용

풍화작용(weathering) 물리적, 화학적 및 생물학적인 변화에 의해 지표면이나 지표면 근처에 있는 광물과 암석에서 일어나는 변화. 암석과 광물의 물리적, 화학적 및 생물학적 붕괴

플루오르화 수소(hydrogen fluoride) 심한 독성기체로서, 매우 낮은 농도로도 치명적인 영향을 미칠 수 있음

플루토늄-239(plutonium-239) 핵반응로에서 발생하는 방사능 원소. 약 24,000년의 반감기를 가짐

피크 오일(peak oil) 지구상의 모든 석유의 반이 채굴되는 시기

하드 패스(hard path) 환경 에너지 관점에서 대규모의 집중화된 발전소의 사용을 일컫는 말. 에너지 보존과 열병합이 함께 이루어짐

하류홍수(downstream floods) 장기간 계속되는 호우가 토양을 포화시키고 비교적 넓은 지역에 지표유출량을 증가시킴으로써 발생하는 홍수. 흔히 넓은 지역에서 발생함

하천 밖에서의 이용(offstream use) 특정한 용도를 위해 원래의 수원으로부터 이전되거나 경로를 변경하는 등의 물 사용

하천 안에서의 이용(instream use) 수원에서 사용되지만 다른 곳으로 유출되지는 않는 물의 사용. 예를 들면 수력발전을 위한 물의 사용

하천력(stream power) 하천유출량과 에너지구배의 곱

하천유출량(discharge) 한 하천의 어떤 지점을 통과하는 하천수의 양. 일반적으로 초당 입방피트(cfs) 또는 초당 입방미터(cms)로 표기됨

함몰사태(slump) 휘어진 미끌림면을 따라 암석체의 하향 미끄러짐(회전이동)으로 특징지어지는 산사태의 형태

해구(trench) 판구조론 관점에서 수렴경계와 섭입대와 관련된 긴 해저의 골짜기. 해저 해구와 동의어로 지구에서 가장 깊은 해저 지형을 형성. 섭입대의 해양 쪽에 형성

해령에서 미는 힘(ridge push) 대규모 사태와 같이 발산 경계에서 판이 중력에 의해 밀리는 힘

해빈(beach) 파도활동의 결과 해안선 위에 모래, 자갈, 조개껍데기 등이 물질의 종류와는 관계없이 느슨하게 쌓여 있는 부분

해빈 물질수지(beach budget) 특정한 해안선 부분에서 퇴적물의 축적과 유실에 의한 해빈퇴적물의 양(퇴적) 또는 음(침식)의 축적량

해빈양빈(beach nourishment) 연안침식에 대한 완충작용을 제공하는 것은 물론 휴양과 심미적 목적으로 해빈에 모래 퇴적물을 인위적으로 부가시키는 것

해빈전면(beach face) 해빈단면에서 정단(berm) 아래쪽 거의 수평에 가까운 해빈환경의 한 부분으로서 보통 파도의 세파작용에 노출되어 있는 부분

해식절벽(seacliff) 해빈이나 해안환경 주변이나 부속되어 나타나는 경사진(통상적으로 거의 수직인) 절벽. 파도의 작용과 풍화, 산사태와 육지로부터 흘러나오는 표층수와 같은 지표작용에 의해 형성됨

해안침식(coastal erosion) 파의 작용, 사태, 바람 및 육지로부터의 지표수를 포함한 다수의 작용에 의해 일어나는 해안의 침식작용

해저 해구(submarine trench) 상대적으로 좁고 길며(수천 km) 깊은(수km) 해저의 골짜기로 하나의 판이 다른 한 판 아래로 수렴되어 섭입되면서 만들어짐

해저확장(seafloor spreading) 중앙해령을 따라 상승하는 마그마에 의해 판의 발산 경계에서 새로운 지각이 계속적으로 새로이 만들어진다는 판구조적 개념

핵(core) 맨틀 아래의 지구 중심부로 약 1,300km의 반지름을 가지는 고체인 내핵과 약 2,000km의 두께를 가진 용융된 외핵으로 구분됨. 주로 철과 같은 금속물질로 구성되는 것으로 알려져 있음

핵 반응로(nuclear reactor) 핵분열이 유지되도록 통제된 장치 핵발전소의 주요 구성요소

핵 에너지(nuclear energy) 핵 반응로를 이용한 전기의 생산

핵융합(nuclear fusion) 핵융합(fusion, nuclear) 참조

핵융합(fusion, nuclear) 가벼운 원소의 결합으로 에너지를 방출하면서 무거운 원소가 생성됨

향사(syncline) 습곡의 날개에 위치하는 암석이 축을 향해 안쪽으로 경사하는 골 같은 형태의 모양을 하는 습곡

허리케인(hurricane) 풍속 100km 이상으로 직경이 약 160km 이상으로 발달한 회전하는 바람으로 특징지어지는 열대성 사이클론(열대성 저기압)으로 태평양에서는 태풍(typhoon)으로 알려져 있음

현무암(basalt) 장석류와 철과 마그네슘이 풍부한 다른 규산염광물들로 이루어진 화산암의 한 유형. 약 50% 정도의 비교적 낮은 실리카 함량을 가짐. 가장 일반적인 화산암-순상화산의 형태

현무암의(basaltic) 세립질의 화성암을 가리키는 엔지니어링 지질학 용어

혐기성의(anaerobic) 자유 산소의 결핍으로 특징되는

협상(negotiation) 환경법과 관련하여 특정 쟁점에 대해 서로 다른 당사자들이 마주 앉아 토론하며 동의를 얻어 내려고

시도하는 과정을 나타냄

혜성(comet) 석질 핵과 이를 둘러싸고 있는 얼음으로 구성되며 수m에서 수백km의 지름을 가지는 우주 입자

호상 열도(island arc) 심해 해구와 섭입대(판의 수렴경계)에 수반된 활 모양으로 배열된 화산섬들

홍수(flooding) 환경적인 관점에서 볼 때, 강물이 제방 위로 넘쳐서 구조물에 피해를 주는 것을 지칭함. 자연작용으로서는 수로에 인접한 범람원의 형성에 기여하는 제방상의 흐름을 지칭함

홍수보강(flood-proofing) 홍수재해와 관련하여, 홍수로 범람되지 않는 건물이나 그 외 구조물의 건축과 개축을 말함

홍수재해도 작성(flood-hazard mapping) 홍수재해의 범위를 알아내기 위해서 어떤 특정 규모의 홍수에 의한 범람원과 범람의 높이를 도면화하는 것

화강암(granite) K가 풍부한 장석, 석영 및 운모류와 같은 광물들로 이루어진 조립질의 관입암

화산각력암, 집괴암(volcanic breccia, agglomerate) 커다란 암편들이 화산재 및 다른 화산 물질과 함께 교결되어 생성된 화산암

화석 연료(fossil fuel) 이전 지질시대 동안 식물과 동물의 변질과 분해에 의해 생성된 석탄, 석유, 그리고 가스와 같은 연료

화성암(igneous rocks) 마그마의 고화작용에 의해 형성된 암석. 지표면에서 결정화되면 분출암, 지표면 아래에서 결정화되면 관입암임

화학결합(chemical bonding) 원자들 사이의 끌어당기는 힘과 (또는) 전자들을 공유함으로써 원자들을 함께 묶는 것

화합물(compound) 화학에서, 중량에 의해 일정한 비율을 갖는 두 개 이상의 원소를 포함하는 모든 물질

확장 축(spreading center) 판의 가장자리에 새로운 지각이 만들어지는 곳인 중앙해령과 동의어

환경 위기(environmental crisis) 인류의 환경 이용 결과로서 환경 훼손이 위기 상태에 도달했다는 가설을 나타냄

환경 일체성(environmental unity) 무엇이든 모두는 그 밖의 모든 것과 연결되어 있다는 것을 설명해 주는 환경 연구의 원리

환경법(environmental law) 자연 자원의 보존과 이용과 오염 감독에 관한 법률 분야

환경심사(environmental audit) 지도와 항공사진 분석, 토양과 지하수 시추 및 채취 등을 통한 특정한 지역의 과거 토지사용이력 조사

환경영향평가보고서(environmental impact statement, EIS) 인류 환경에 영향을 미칠 수 있는 특정 과제의 가능한 영향을 평가하고 검토하는 서면으로 된 보고서로 1969년 국립환경정책규약이 명령함

환경지질학(environmental geology) 환경 문제에 지질학적인 정보의 적용

활성단층(active fault) 지난 10,000년 동안 움직인 기록이 있는 단층. 또는 지난 35,000년 동안 움직임이 여러 차례 있었던 단층

황화스모그(sulfurous smog) 런던스모그 또는 회색대기라고도 불리는데, 대형 발전소에서 석탄 또는 기름의 연소에 의하여 발생한다. 이 연소과정에서 발생하는 황산화물과 입자성 오염물질이 스모그의 원인이 된다.

회전성 산사태(rotational landslide) 균질한 물질에 발달하는 산사태의 한 형태로 미끄럼면(잠재면)을 따라 회전하는 것처럼 이동하는 사태

호기성의(aerobic) 자유 산소의 존재로 특징되는

효율(efficiency) 에너지 자원의 측면에서, 주어진 양의 에너지에서 보다 많은 힘을 만드는 장치의 디자인과 이용으로 지구환경계에 열로 버리는 폐기물을 줄임

화산각력집괴암(agglomerate volcanic breccia) 화산각력암과 집괴암을 보라.

화산재 흐름(ash flow) 화산재, 뜨거운 기체 및 암석과 유리의 파편으로 이루어진 혼합물로 화산의 측면을 따라 빠르게 흘러내림. 매우 위험스러운 현상이 될 수 있음

환태평양대(Circum-Pacific belt) 지진이 많이 일어나는 3개 주요 지진대 중의 하나. 태평양 판의 가장자리에서 많은 활화산이 분포하기 때문에 이 대는 또한 불의 고리라고도 함

흑운모(biotite) 흔한 철마그네슘 광물로 운모류의 한 종류임

흡수(adsorption) 물질을 빨아들이거나 혼합시키거나 또는 동화시키는 작용

흡착(adsorption) 가스 분자나 또는 용액 내의 분자가 접촉하는 고체 물질의 표면에 달라붙는 작용

휘발성 유기화합물(volatile organic compound) 보통 VOC로

나타내며 휘발유, 벤젠, 프로판가스 등의 탄화수소화합물이 여기에 속함

1969년의 국가환경정책규약(National Environmental Policy Act of 1969) 사람과 그들의 물리적 환경 사이에 조화를 장려하는 국가정책을 공표한 규약. 환경질자문회와 환경영향평가보고서가 인류 환경의 질에 큰 영향을 미치는 연방의 주요 조치 전에 완성되어야 한다는 요구조건이 제정됨

2배 시간(double time) 어떤 것의 양이 2배가 되는 데 필요한 시간

A층(A soil horizon) 최상부의 토양 층위이며, 용탈대라 불리기도 함

B층(B soil horizon) 중간의 토양 층위이며, 집적대로 알려짐

Bk층(Bk soil horizon) 특징적으로 탄산칼슘이 집적된 토양 층위를 말함. 탄산칼슘은 개별 토양 입자를 피복하거나 일부 공극을 채우고 나타나지만, 이 층위에서 지배적인 물질은 아님

C층(C soil horizon) 토양에서 최하부의 층위이며, 부분적으로 변질된 모재가 나오는 곳으로 알려짐

E층(E soil horizon) A층 아래의 층위로서 함철 물질의 용탈에 의해 밝은 색을 띰

K-경계(TK-T boundary) 백악기와 제3기의 지질시대 경계로 대략 6500만 년 전임

K층(K soil horizon) 흔히 지표면에 평행한 얇은 층을 이루는 탄산칼슘이 풍부한 토양 층위. 탄산칼슘은 토양 입자 간의 공극을 완벽히 채움

O층(O soil horizon) 식물 잔해나 기타 유기물이 풍부한 토양 층위로서 A층위에 나타남

P파(P wave) 지진파 중에서 가장 빠른 파로 고체와 액체를 모두 통과함

PM-10 대기 오염에 대하여, 입자의 크기가 10마이크로미터보다 작은 입자성 오염물질을 말함

PM-2.5 대기 오염에 대하여, 입자의 크기가 2.5마이크로미터보다 작은 입자성 오염물질을 말함

R층(R soil horizon) 토양 아래에 놓이는 고화된 기반암

S파(S wave) 지진파 중의 하나로서 2차 파 또는 전단파라 함

참고문헌

제1장

1. **Diamond, J.** 2005. *Collapse*. London, England: Penguin Books.
2. **Hunt, T. L.** 2006. Rethinking the fall of Easter Island. *American Scientist* 94(5):412–19.
3. **Cloud, P.** 1978. *Cosmos, Earth, and man*. New Haven, CT: Yale University Press.
4. **Ermann, M.** 1927. *Desiderata*. Terre Haute, IN.
5. **Davidson, J. P., Reed, W. E., and Davis, P. M.** 1997. *Exploring Earth*. Upper Saddle River, NJ: Prentice Hall.
6. **Population Reference Bureau.** 2000. World Population Data Sheet. Washington, DC.
7. **Brown, L. R., Flavin, C., and Postel, S.** 1991. *Saving the planet*. New York: W. W. Norton & Co.
8. **Smil, V.** 1999. How many billions to go? *Nature* 401: 429.
9. **Hooke, LeB.** 1994. On the efficiency of humans as geomorphic agents. *GSA Today* 4(9):217, 224–25.
10. **Moncrief, L. W.** 1970. The cultural basis for our environmental crisis. *Science* 170: 508–12.
11. **National Research Council.** 1971. *The Earth and human affairs*. San Francisco: Canfield Press.
12. **Barnhardt, W.** 1987. The death of Ducktown. *Discover*, October, 35–43.
13. **Ellis, W. S.** 1990. A Soviet sea lies dying. *National Geographic* 177(2):73–92.
14. **Earth Systems Science Committee.** 1988. *Earth systems science*. Washington, DC: National Aeronautics and Space Administration.
15. **Lovelock, J.** 1988. *The ages of Gaia*. New York: W. W. Norton & Co.
16. **Leopold, A.** 1949. *A Sand County almanac*. New York: Oxford University Press.
17. **Foster, K. R., Vecchia, P., and Repacholi, M. H.** 2000. Science and the precautionary principle. *Science* 5(288):979–81.
18. **Easton, T. A., and Goldfarb, T. D.,** eds. 2003. *Taking sides, environmental issues,* 10th ed. Issue 5. Is the precautionary principle a sound basis for international policy? pp. 76–101. Guilford, CT: McGraw-Hill/Dushkin.
19. **Shepard, P.** 1998. *Coming home to the Pleistocene*. Washington, DC: Island Press.

제2장

1. **Wysession, M.** 1995. The inner workings of Earth. *American Scientist* 83: 134–47.
2. **Glatzmaier, G. A.** 2001. The geodynamo. www.es.ucsc.edu/~glatz/geodynamo.html. Accessed 2/21/01.
3. **Fowler, C. M. R.** 1990. *The solid Earth*. Cambridge: Cambridge University Press.
4. **Le Pichon, X.** 1968. Sea-floor spreading and continental drift. *Journal of Geophysical Research* 73: 3661–97.
5. **Isacks, B. L., Oliver, J., and Sykes, L. R.** 1968. Seismology and the new global tectonics. *Journal of Geophysical Research* 73: 5855–99.
6. **Cox, A., and Hart, R. B.** 1986. *Plate tectonics*. Boston: Blackwell Scientific Publications.
7. **Keller, E. A., and Pinter, N.** 1996. *Active tectonics*. Upper Saddle River, NJ: Prentice Hall.
8. **Pinter, N., and Brandon, N. T.** 1997. How erosion builds mountains. *Scientific American* 276(4):60–65.
9. **Dewey, J. F.** 1972. Plate tectonics. *Scientific American* 22: 56–68.
10. **Heirtzler, J. R., Le Pichon, X., and Baron, J. G.** 1966. Magnetic anomalies over the Reykjanes Ridge. *Deep Sea Research* 13: 427–43.
11. **Cox, A., Dalrymple, G. B., and Doell, R. R.** 1967. Reversals of Earth's magnetic field. *Scientific American* 216(2):44–54.
12. **Claque, D. A., Dalrymple, G. B., and Moberly, R.** 1975. Petrography and K-Ar ages of dredged volcanic rocks from the western Hawaiian Ridge and southern Emperor Seamount chain. *Geological Society of America Bulletin* 86: 991–98.

제3장

1. **Ross, M.** 1990. Hazards associated with asbestos minerals. In *Proceedings of a U.S. Geological Survey workshop on environmental geochemistry,* ed. B. R. Doe, pp. 175–76. U.S. Geological Survey Circular 1033.
2. **Skinner, H. C. W., and Ross, M.** 1994. Minerals and cancer. *Geotimes* 39(1):13–15.
3. **Gribble, C. D.**, ed. 1988. *Rutley's elements of mineralogy,* 27th ed. Boston: Unwin Hyman.
4. **Nickel, E. H.** 1995. Definition of a mineral. *Mineralogical Magazine* 59: 767–68.
5. **Davidson, J. P., Reed, W. E., and Davis, P. M.** 1997. *Exploring Earth.* Upper Saddle River, NJ: Prentice Hall.
6. **Krynine, D. P., and Judd, W. R.** 1957. *Principles of engineering geology and geotechnics.* New York: McGraw-Hill.
7. **Schultz, J. R., and Cleaves, A. B.** 1955. *Geology in engineering*. New York: John Wiley.
8. **Rogers, J. D.** 1992. Reassessment of the St. Francis Dam failure. In *Engineering geology practice in Southern California,* ed. R. Proctor and B. Pipkin, pp. 639–66. Association of Engineering Geologists, Special Publication No. 4.

제4장

1. **Botkin, D. B., and Keller, E. A.** 2005. *Environmental science,* 5th ed. Hoboken, NJ: John Wiley, p. 664.
2. **Tallis, J. H.** 1991. *Plant community history*. London: Chapman and Hall, p. 398.
3. **Ripple, J. W., and Beschta, Robert L.** 2004. Wolves and the ecology of fear: Can predation risk structure ecosystems? *BioScience* 54(8):755–66.
4. **Dugan, J. E., and Hubbard, D. M.** 2006. Ecological responses to coastal armoring on exposed sandy beaches. *Shore and Beach* 74(1):10–16

5. **Gould, S. J.** 1993. *The golden rule: A proper scale for our environmental crisis in Eight Little Piggies: Reflections in natural history*. New York: W. W. Norton.
6. **Vitousek, P. M., Mooney, H. A., Lubchenco, J., and Melillo, J. M.** 1997. Human dominator of ecosystems. *Science* 277(5325):494–499.
7. **Riley, A. L.** 1998. *Restoring streams in cities*. Washington, DC: Island Press.
8. **Society for Ecological Restoration.** 2004. The SER international primer on ecological restoration. www.ser.org. Accessed 3/11/06.
9. **South Florida Water Management District.** Kissimmee River restoration. www.sfwmd.gov. Accessed 3/11/06.
10. **Comprehensive Everglades Restoration Plan.** www.evergladesplan.org. Accessed 3/11/06.

제5장

1. **Dokka, R. K.** 2006. Modern-day tectonic subsidence in coastal Louisiana. *Geology* 34: 281–84.
2. **U.S. Army Corps of Engineers.** 2006. *Performance evaluation of the New Orleans and southeast Louisiana hurricane protection system*, vol. 1. Executive summary and overview. Washington DC.
3. **Advisory Committee on the International Decade for Natural Hazard Reduction.** 1989. *Reducing disaster's toll*. Washington, DC: National Academy Press.
4. **White, G. F., and Haas, J. E.** 1975. *Assessment of research on natural hazards*. Cambridge, MA: MIT Press.
5. **Peterson, D. W.** 1986. Volcanoes—Tectonic setting and impact on society. In *Studies in geophysics: Active tectonics*, pp. 231–46. Washington, DC: National Academy Press.
6. **Crowe, B. W.** 1986. Volcanic hazard assessment for disposal of high-level radioactive waste. In *Studies in geophysics: Active tectonics*, pp. 247–60. Washington, DC: National Academy Press.
7. **Kates, R. W., and Pijawka, D.** 1977. Reconstruction following disaster. In *From rubble to monument: The pace of reconstruction*, ed. J. E. Haas, R. W. Kates, and M. J. Bowden. Cambridge, MA: MIT Press.
8. **Costa, J. E., and Baker, V. R.** 1981. *Surficial geology: Building with the Earth*. New York: John Wiley.
9. **Abramovitz, J. N., and Dunn, S.** 1998. *Record year for weather-related disasters*. Worldwatch Institute, Vital Signs Brief, 98–5.
10. **Magnuson, E.** 1985. A noise like thunder. *Time* 126(13):35–43.
11. **Abramovitz, J. N.** 2001. Averting unnatural disasters. In L. R. Brown, et al. *State of the world 2001*. Worldwatch Institute. New York: W. W. Norton, pp. 123–42.
12. **Russell, G.** 1985. Colombia's mortal agony. *Time* 126(21):46–52.
13. **Herd, D. G.** 1986. The 1985 Ruiz Volcano disaster. *EOS, Transactions of the American Geophysical Union*, May 13, 457–60.
14. **IAVCEE Subcommittee on Decade Volcanoes.** 1994. Research on decade volcanoes aimed at disaster prevention. *EOS, Transactions of the American Geophysical Union* 75(30):340, 350.

제6장

1. **U.S. Geological Survey.** 1996. *USGS response to an urban earthquake, Northridge '94*. U.S. Geological Survey Open File Report 96–263.
2. **U.S. Geological Survey.** 2005. *Magnitude 7.6—Pakistan*. Earthquake Hazards Program. earthquake.usgs.gov. Accessed 5/2/06.
3. **Achenbach, J.** 2006. The next big one. *National Geographic* 209(4):120–47.
4. **U.S. Geological Survey.** 2003. *Shake map—A tool for earthquake response*. USGS Fact Sheet FS-087-03.
5. **Hamilton, R. M.** 1980. Quakes along the Mississippi. *Natural History* 89: 70–75.
6. **Mueller, K., Champion, J., Guccione, M., and Kelson, K.** 1999. Fault slip rates in the modern New Madrid Seismic Zone. *Science* 286: 1135–38.
7. **Melbourne, T. I., and Webb, F. H.** 2003. Slow but not quite silent. *Science* 300: 1886.
8. **Bolt, B. A.** 2004. *Earthquakes*, 5th ed. San Francisco: W. H. Freeman.
9. **Jones, R. A.** 1986. New lessons from quake in Mexico. *Los Angeles Times*, September 26.
10. **Hough, S. E., Friberg, P. A., Busby, R., Field, E. F., Jacob, K. H., and Borcherdt, R. D.** 1989. Did mud cause freeway collapse? *EOS, Transactions of the American Geophysical Union* 70(47):1497, 1504.
11. **Hart, E. W., Bryant, W. A., and Treiman, J. A.** 1993. Surface faulting associated with the June 1992 Landers earthquake, California. *California Geology*, January, February, 10–16.
12. **Hanks, T. C.** 1985. *The national earthquake hazards reduction program: Scientific status*. U.S. Geological Survey Bulletin 1659.
13. **Evans, D. M.** 1966. Man-made earthquakes in Denver. *Geotimes* 10: 11–18.
14. **Youd, T. L., Nichols, D. R., Helley, E. J., and Lajoie, K. R.** 1975. Liquefaction potential. In *Studies for seismic zonation of the San Francisco Bay region*, ed. R. D. Borcherdt, pp. 68–74. U.S. Geological Survey Professional Paper 941A.
15. **Hansen, W. R.** 1965. *The Alaskan earthquake, March 27, 1964: Effects on communities*. U.S. Geological Survey Professional Paper 542A.
16. **Oppenheimer, D., Beroza, G., Carver, G., Dengler, L., Eaton, J., Gee, L., Gonzales, F., Jayko, A., Li, W. H., Lisowski, M., Magee, M., Marshall, G., Murray, M., McPherson, R., Romanowicz, B., Sataker, K., Simpson, R., Somerville, P., Stein, R., and Valentine, D.** 1993. The Cape Mendocino, California, earthquakes of April, 1992: Subduction at the triple junction. *Science* 262: 433–38.
17. **U.S. Geological Survey.** 2005. Magnitude 9.0 Sumatra-Andaman Island earthquake SAIE. Earthquake hazards program EHP. earthquake.usgs.gov. Accessed 1/13/05.
18. **Chapman, C.** 2005. The Asian tsunami in Sri Lanka: A personal experiencee. *EOS, Transactions, American Geophysical Union* 86(2):13–14.
19. **Reuters, M. B.** Elephants saved tourists from tsunami. savetheelephants.org. Accessed 6/13/06.
20. **Danielsen, F., and 11 others.** 2005. The Asian tsunami: A protective role for coastal vegetation. *Science* 310: 643.
21. **U.S. Geological Survey.** 2004. *Is a powerful quake likely to strike in the next 30 years?* USGS Fact Sheet 039-03, revised in 2004.
22. **Scholz, C.** 1997. Whatever happened to earthquake prediction? *Geotimes* 42(3):16–19.

23. **Raleigh, B., et al.** 1977. Prediction of the Haicheng earthquake. *EOS, Transactions of the American Geophysical Union* 58(5):236–72.
24. **Press, F.** 1975. Earthquake prediction. *Scientific American* 232: 14–23.
25. **Scholz, C. H.** 1990. *The mechanics of earthquakes and faulting*. New York: Cambridge University Press.
26. **Silver, P. G., and Wakita, H.** 1996. A search for earthquake precursors. *Science* 273: 77–78.
27. **Rikitakr, T.** 1983. *Earthquake forecasting and warning*. London: D. Reidel.
28. **Page, R. A., Boore, D. M., Bucknam, R. C., and Thatcher, W. R.** 1992. *Goals, opportunities, and priorities for the USGS Earthquake Hazards Reduction Program*. U.S. Geological Survey Circular 1079.
29. **Hait, M. H.** 1978. Holocene faulting, Lost River Range, Idaho. *Geological Society of America Abstracts with Programs* 10(5):217.
30. **Reilinger, R., Toksot, N., McClusky, S., and Barka, A.** 2000. 1999 Izmit, Turkey earthquake was no surprise. *GSA Today* 10(1):1–5.
31. **Stein, R. S.** 1999. The role of stress transfer in earthquake occurrence. *Nature* 402(6762):605–609.
32. **Eberhart-Phillips, D., and 28 others.** 2003. The 2002 Denali fault earthquake, Alaska: A large magnitude, slip-partitioned event. *Science* 300: 1113–18.
33. **Hendley, J. W., II, and Stauffer, P.H.,** eds. 2003. *Rupture in south-central Alaska—The Denali earthquake of 2002*. U.S. Geological Survey Fact Sheet 014-03.
34. **Holden, R., Lee, R., and Reichle, M.** 1989. *Technical and economic feasibility of an earthquake warning system in California*. California Division of Mines and Geology Special Publication 101.
35. **Southern California Earthquake Center.** 1995. *Putting down roots in earthquake country*. Los Angeles: University of Southern California.

제7장

1. **Wright, T. L., and Pierson, T. C.** 1992. *Living with volcanoes*. U.S. Geological Survey Circular 1073.
2. **Pendick, D.** 1994. Under the volcano. *Earth* 3(3):34–39.
3. **IAVCEE Subcommittee on Decade Volcanoes.** 1994. Research at decade volcanoes aimed at disaster prevention. *EOS, Transactions of the American Geophysical Union* 75(30):340, 350.
4. **Decker, R., and Decker, B.** 2006. *Volcanoes*, 4th ed. New York: W. H. Freeman.
5. **Fisher, R. V., Heiken, G., and Hulen, J. B.** 1997. *Volcanoes*. Princeton, NJ: Princeton University Press.
6. **Francis, P.** 1983. Giant volcanic calderas. *Scientific American* 248(6):60–70.
7. **Office of Emergency Preparedness.** 1972. *Disaster preparedness*. 1, 3. Washington, DC.
8. **Crandell, D. R., and Waldron, H. H.** 1969. Volcanic hazards in the Cascade Range. In *Geologic hazards and public problems, conference proceedings*, ed. R. Olsen and M. Wallace, pp. 5–18. Office of Emergency Preparedness Region 7, Washington, DC.
9. **Williams, R. S., Jr., and Moore, J. G.** 1973. Iceland chills a lava flow. *Geotimes* 18: 14–18.
10. **Tilling, R. I.** 2000. Volcano notes. *Geotimes* 45(5):19.
11. **U.S. Geological Survey.** 1997. *Volcanic air pollution*. U.S. Geological Survey Fact Sheet 169-97.
12. **U.S. Geological Survey.** 1999. Pilot project Mount Rainier volcano lahar warning system. volcanoes.usgs.gov. Accessed 8/29/06.
13. **Ancochea, E., Fuster, J. M., Ibarrola, E., Cendrero, A., Hernan, F., Cantagrel, J. M., and Jamond, C.** 1990. The volcanic evolution of the island of Tenerife (Canary Islands) in the light of new K-Ar data. *Journal of Volcanology and Geothermal Research* 44(3–4):231–49.
14. **Cantagrel, J. M., Arnaud, N. O., Ancochea, E., Fuster, J. M., and Huertas, M. J.** 1999. Repeated debris avalanches on Tenerife and genesis of Las Cañadas caldera wall (Canary Islands). *Geology* 27(8):739–42.
15. **Watts, A. B., and Masson, D. G.** 1995. A giant landslide on the north flank of Tenerife, Canary Islands. *Journal of Geophysical Research* 100(12):24487–98.
16. **American Geophysical Union.** 1991. Pinatubo cloud measured. *EOS, Transactions of the American Geophysical Union* 72(29):305–06.
17. **Tilling, R. I.** 2000. Mount St. Helens 20 years later. *Geotimes* 45(5):14–18.
18. **Hammond, P. E.** 1980. Mt. St. Helens blasts 400 meters off its peak. *Geotimes* 25: 14–15.
19. **Brantley, S., and Topinka, L.** 1984. *Earthquake Information Bulletin* 16(2).
20. **Pendick, D.** 1995. Return to Mount St. Helens. *Earth* 4(2):24–33.
21. **Francis, P.** 1976. *Volcanoes*. London: Pelican Books.
22. **Richter, D. H., Eaton, J. P., Murata, K. J., Ault, W. U., and Krivoy, H. L.** 1970. Chronological narrative of the 1959–60 eruption of Kilauea Volcano, Hawaii. U.S. Geological Survey Professional Paper 537E.
23. **Murton, B. J., and Shimabukuro, S.** 1974. Human response to volcanic hazard in Puna District, Hawaii. In *Natural hazards*, ed. G. F. White, pp. 151–59. New York: Oxford University Press.

제8장

1. **Rahn, P. H.** 1984. Flood-plain management program in Rapid City, South Dakota. *Geological Society of America Bulletin* 95: 838–43.
2. **U.S. Department of Commerce.** 1973. *Climatological data, national summary* 24(13).
3. **Anonymous.** 1993. The flood of '93. *Earth Observation Magazine*, September: 22–23.
4. **Mairson, A.** 1994. The great flood of '93. *National Geographic* 185(1):42–81.
5. **Bell, G. D.** 1993. The great midwestern flood of 1993. *EOS, Transactions of the American Geophysical Union* 74(43):60–61.
6. **Anonymous**. 1993. Flood rebuilding prompts new wetlands debate. *U.S. Water News*, November, 10.
7. **Committee on Alluvial Fan Flooding.** 1996. *Alluvial fan flooding*. Washington, DC: National Academy Press.
8. **Edelen, G. W., Jr.** 1981. Hazards from floods. In *Facing geological and hydrologic hazards, Earth-science considerations*, ed. W. W. Hays, pp. 39–52. U.S. Geological Survey Professional Paper 1240–B.
9. **Keller, E. A., and Capelli, M. H.** 1992. Ventura River flood of February, 1992: A lesson ignored? *Water Resources Bulletin* 28(5):813–31.
10. **Mackin, J. H.** 1948. Concept of the graded river. *Geological Society of America Bulletin* 59: 463–512.

11. **Keller, E. A., and Florsheim, J. L.** 1993. Velocity reversal hypothesis: A model approach. *Earth Surface Processes and Landforms* 18: 733–48.
12. **Beyer, J. L.** 1974. Global response to natural hazards: Floods. In *Natural hazards*, ed. G. F. White, pp. 265–74. New York: Oxford University Press.
13. **Linsley, R. K., Jr., Kohler, M. A., and Paulhus, J. L.** 1958. *Hydrology for engineers*. New York: McGraw-Hill.
14. **Leopold, L. B.** 1968. *Hydrology for urban land planning*. U.S. Geological Survey Circular 559.
15. **Seaburn, G. E.** 1969. *Effects of urban development on direct runoff to East Meadow Brook, Nassau County, Long Island, New York*. U.S. Geological Survey Professional Paper 627B.
16. **McCain, J. F., Hoxit, L. R., Maddox, R. A., Chappell, C. F., and Caracena, F.** 1979. *Storm and flood of July 31–August 1, 1976, in the Big Thompson River and Cache la Poudre River Basins, Larimer and Weld Counties, Colorado*. U.S. Geological Survey Professional Paper 1115A.
17. **Shroba, R. R., Schmidt, P. W., Crosby, E. J., and Hansen, W. R.** 1979. *Storm and flood of July 31–August 1, 1976, in the Big Thompson River and Cache la Poudre River Basins, Larimer and Weld Counties, Colorado*. U.S. Geological Survey Professional Paper 1115B.
18. **Bradley, W. C., and Mears, A. I.** 1980. Calculations of flows needed to transport coarse fraction of Boulder Creek alluvium at Boulder, Colorado. *Geological Society of America Bulletin*, Part II, 91: 1057–90.
19. **Agricultural Research Service.** 1969. *Water intake by soils*. Miscellaneous Publication no. 925.
20. **Strahler, A. N., and Strahler, A. H.** 1973. *Environmental geoscience*. Santa Barbara, CA: Hamilton Publishing.
21. **Terstriep, M. L., Voorhees, M. L., and Bender, G. M.** 1976. *Conventional urbanization and its effect on storm runoff*. Illinois State Water Survey Publication.
22. **Office of Emergency Preparedness.** 1972. *Disaster preparedness*, 1, 3. Washington, DC.
23. **Mount, J. F.** 1997. *California rivers and streams*. Berkeley: University of California Press.
24. **Baker, V. R.** 1984. Questions raised by the Tucson flood of 1983. In *Proceedings of the 1984 meetings of the American Water Resources Association and the Hydrology Section of the Arizona–Nevada Academy of Science*, pp. 211–19.
25. **Baker, V. R.** 1994. Geologic understanding and the changing environment. *Transactions of the Gulf Coast Association of Geological Societies* 44: 1–8.
26. **Pinter, N., Thomas, R., and Wlosinski, J. H.** 2001. Assessing flood hazard on dynamic rivers. *Transactions, American Geophysical Union* 82(31):333, 38–39.
27. **U.S. Congress.** 1973. *Stream channelization: What federally financed draglines and bulldozers do to our nation's streams*. House Report No. 93–530. Washington, DC: U.S. Government Printing Office.
28. **Rosgen, D.** 1996. *Applied river morphology*. Lakewood, CO: Wildland Hydrology.
29. **Pilkey, O. H., and Dixon, K. L.** 1996. *The Corps and the Shore*. Washington, DC: Island Press.
30. **Smith, K., and Ward, R.** 1998. *Floods*. New York: John Wiley.
31. **Bue, C. D.** 1967. *Flood information for floodplain planning*. U.S. Geological Survey Circular 539.
32. **Schaeffer, J. R., Ellis, D. W., and Spieker, A. M.** 1970. *Flood-hazard mapping in metropolitan Chicago*. U.S. Geological Survey Circular 601C.
33. **Baker, V. R.** 1976. Hydrogeomorphic methods for the regional evaluation of flood hazards. *Environmental Geology* 1: 261–81.

제9장

1. **Gurrola, L. D., and Keller, E. A.** 2005. Prehistoric landslides complexes in the landscape and associated hazards: La Conchita, California. *Geological Society of America Abstracts with Programs* 37(7):519.
2. **Jibson, R.W.** 2005. Landslide hazards at the La Conchita, California. U.S. Geological Survey Open file report 2005-1067.
3. **U.S. Geological Survey.** 2004. *Landslide types and processes*. Fact Sheet 2004-3072.
4. **Pestrong, R.** 1974. *Slope stability*. American Geological Institute. New York: McGraw-Hill.
5. **Nilsen, T. H., Taylor, F. A., and Dean, R. M.** 1976. *Natural conditions that control landsliding in the San Francisco Bay region*. U.S. Geological Survey Bulletin 1424.
6. **Campbell, R. H.** 1975. *Soil slips, debris flows, and rainstorms in the Santa Monica Mountains and vicinity, southern California*. U.S. Geological Survey Professional Paper 851.
7. **Terzaghi, K.** 1950. *Mechanisms of landslides*. Geological Society of America: Application of Geology to Engineering Practice, Berkey Vol.: 83–123. Boulder, CO: Geological Society of America.
8. **Leggett, R. F.** 1973. *Cities and geology*. New York: McGraw-Hill.
9. **Kiersch, G. A.** 1964. Vaiont Reservoir disaster. *Civil Engineering* 34: 32–39.
10. **Swanson, F. J., and Dryness, C. T.** 1975. Impact of clear-cutting and road construction on soil erosion by landslides in the Western Cascade Range, Oregon. *Geology* 7: 393–96.
11. **Jones, F. O.** 1973. *Landslides of Rio de Janeiro and the Sierra das Araras Escarpment, Brazil*. U.S. Geological Survey Professional Paper 697.
12. **Leighton, F. B.** 1966. Landslides and urban development. In *Engineering geology in southern California*, ed. R. Lung and R. Proctor, pp. 149–97. Los Angeles: Los Angeles Section of the Association of Engineering Geology.
13. **Briggs, R. P., Pomeroy, J. S., and Davies, W. E.** 1975. *Landsliding in Allegheny County, Pennsylvania*. U.S. Geological Survey Circular 728.
14. **Jones, D. K. C.** 1992. Landslide hazard assessment in the context of development. In *Geohazards*, ed. G. J. McCall, D. J. Laming, and S. C. Scott, pp. 117–41. New York: Chapman and Hall.
15. **Slosson, J. E., Yoakum, D. E., and Shuiran, G.** 1986. Thistle, Utah, landslide: Could it have been prevented? In *Proceedings of the 22nd symposium on engineering geology and soils engineering*, pp. 281–303.
16. **Piteau, D. R., and Peckover, F. L.** 1978. Engineering of rock slopes. In *Landslides*, ed. R. Schuster and R. J. Krizek. Transportation Research Board, Special Report 176: 192–228.

17. **Poland, J. F., and Davis, G. H.** 1969. Land subsidence due to withdrawal of fluids. In *Reviews in engineering geology*, ed. D. J. Varnes and G. Kiersch, pp. 187–269. Boulder, CO: Geological Society of America.
18. **Bull, W. B.** 1974. Geologic factors affecting compaction of deposits in a land subsidence area. *Geological Society of America Bulletin* 84: 3783–3802.
19. **Kenny, R.** 1992. Fissures. *Earth* 1(3):34–41.
20. **Cornell, J., ed.** 1974. *It happened last year—Earth events—1973*. New York: Macmillan.
21. **Dougherty, P. H., and Perlow, M., Jr.** 1987. The Macungie sinkhole, Lehigh Valley, Pennsylvania: Cause and repair. *Environmental Geology and Water Science* 12(2):89–98.
22. **Rahn, P. H.** 1996. *Engineering geology*, 2nd ed. Upper Saddle River, NJ: PrenticeHall.
23. **Craig, J. R., Vaughan, D. J., and Skinner, B. J.** 1996. *Resources of the Earth*, 2nd ed. Upper Saddle River, NJ: Prentice Hall.

제10장

1. **McDonald, K. A.** 1993. A geology professor's fervent battle with coastal developers and residents. *Chronicle of Higher Education*, 40(7):A8–89, A12.
2. **Coates, D. R.**, ed. 1973. *Coastal geomorphology*. Binghamton, NY: Publications in Geomorphology, State University of New York.
3. **Davis, R. E., and Dolan, R.** 1993. Nor'easters. *American Scientist* 81: 428–39.
4. **Komar, P. D.** 1998. *Beach processes and sedimentation*, 2nd ed. Upper Saddle River, NJ: Prentice Hall.
5. **El-Ashry, M. T.** 1971. Causes of recent increased erosion along United States shorelines. *Geological Society of America Bulletin* 82: 2033–38.
6. **Norris, R. M.** 1977. Erosion of sea cliffs. In *Geologic hazards in San Diego*, ed. P. L. Abbott and J. K. Victoris. San Diego, CA: San Diego Society of Natural History.
7. **Flanagan, R.** 1993. Beaches on the brink. *Earth* 2(6):24–33.
8. **Carter, R. W. G., and Oxford, J. D.** 1982. When hurricanes sweep Miami Beach. *Geographical Magazine* 54(8):442–48.
9. **U.S. Department of Commerce.** 1978. *State of Maryland coastal management program and final environmental impact statement*. Washington, DC: U.S. Department of Commerce.
10. **Leatherman, S. P.** 1984. Shoreline evolution of North Assateague Island, Maryland. *Shore and Beach*, July, 3–10.
11. **Wilkinson, B. H., and McGowen, J. H.** 1977. Geologic approaches to the determination of long-term coastal recession rates, Matagordo Peninsula, Texas. *Environmental Geology* 1: 359–65.
12. **Larsen, J. I.** 1973. *Geology for planning in Lake County, Illinois*. Illinois State Geological Survey Circular 481.
13. **Buckler, W. R., and Winters, H. A.** 1983. Lake Michigan bluff recession. *Annals of the Association of American Geographers* 73(1):89–110.
14. **White, A. U.** 1974. Global summary of human response to natural hazards: Tropical cyclones. In *Natural hazards: Local, national, global*, ed. G. F. White, pp. 255–65. New York: Oxford University Press.
15. **Office of Emergency Preparedness**. 1972. *Disaster preparedness*, 1, 2. Washington, DC.
16. **Lipkin, R.** 1994. Weather's fury. In *Nature on the rampage*, pp. 20–79. Washington DC: Smithsonian Institution.
17. **Rowntree, R. A.** 1974. Coastal erosion: The meaning of a natural hazard in the cultural and ecological context. In *Natural hazards: Local, national, global*, ed. G. F. White, pp. 70–79. New York: Oxford University Press.
18. **Baumann, D. D., and Sims, J. H.** 1974. Human response to the hurricane. In *Natural hazards: Local, national, global*, ed. G. F. White, pp. 25–30. New York: Oxford University Press.
19. **National Research Council.** 1990. *Managing coastal erosion*. Washington, DC: National Academy Press.
20. **Neal, W. J., Blakeney, W. C., Jr., Pilkey, O. H., Jr., and Pilkey, O. H.** 1984. *Living with the South Carolina shore*. Durham, NC: Duke University Press.
21. **Pilkey, O. H., and Dixon, K. L.** 1996. *The Corps and the shore*. Washington, DC: Island Press.

제11장

1. **Lewis, J. S.** 1996. Rain of iron and ice. Reading, MA: Addison-Wesley; Rubin, A. E. 2002. *Disturbing the solar system*. Princeton, NJ: Princeton University Press.
2. **Rubin, A. F.** 2002. *Disturbing the solar system*. Princeton, NJ: Princeton University Press.
3. **Brown, P., Spalding, R. E., ReVelle, D. O., Tagliaferri, E. and Worden, S. P.**, 2002. The flux of small near-Earth objects colliding with the Earth. *Nature* 420: 294–96
4. **Cloud, P.** 1978. *Cosmos, Earth and man*. New Haven, CT: Yale University Press.
5. **Davidson, J. P., Reed, W. E., and Davis, P. M.** 1997. *Exploring Earth*. Upper Saddle River, NJ: Prentice Hall.
6. **Grieve, R., and Cintala, M.** 1999. Planetary impacts. In *Encyclopedia of the solar system*, ed. P. R. Weissman, L. McFadden, and T. V. Johnson. San Diego, CA: Academic Press.
7. **Williams, S. J., Barnes, P., and Prager, E. J.** 2000. *U.S. Geological Survey coastal and marine geology research—recent highlights and achievements*. U.S. Geological Survey Circular 1199, p. 28.
8. **Weissman, P. R., McFadden, L., and Johnson, T. V.**, eds. 1999. *Encyclopedia of the solar system*. San Diego, CA: Academic Press.
9. **Dott, R. H., Jr., and Prothero, D. R.** 1994. *Evolution of the Earth*, 5th ed. New York: McGraw-Hill.
10. **Alvarez, W.** 1997. *T. rex and the crater of doom*. New York: Vintage Books. Random House.
11. **Alvarez, L.W., Alvarez, W., Asaro, F., and Michel, H. V.** 1980. Extraterrestrial cause for Cretaceous-Tertiary extinction. *Science* 208(4448):1095–1108.
12. **Pope, K. O., Ocampo, A. C., and Duller, C. E.** 1991. Mexican site for the K/T impact crater? *Nature* 351: 105.
13. **Swisher, C. C., III, Grajales-Nishimura, J. N., Montanari, A., Margolis, S. V., Claeys, P., Alvarez, W., Ranne, P., Cedillo-Pardo, E., Maurrasse, F. J.-N. R., Curtis, G. H., Smit, J., and McWilliams, M. O.** 1992. Ages of 65.0 million years ago from Chicxulub crater melt rocks and Cretaceous-Tertiary boundary tektites. *Science* 257: 954–58.

14. **Hildebrand, A. R., Penfield, G. T., Kring, D. A., Pilkington, N., Camargo, Z.A., Jacobsen, S. B., and Boynton, W. V.** 1991. Chicxulub crater: A possible Cretaceous/Tertiary boundary impact crater on the Yucatan peninsula, Mexico. *Geology* 19: 867–71.

제12장

1. **Foxworthy, G. L.** 1978. Nassau County, Long Island, New York—Water problems in humid country. In *Nature to be commanded*, ed. G. D. Robinson and A. M. Spieker, pp. 555–68. U.S. Geological Survey Professional Paper 950.
2. **Alley, W. M., Reilly, T. E., and Franke, O. L.** 1999. *Sustainability of ground-water resources*. U.S. Geological Survey Circular 1186.
3. **Water Resources Council.** 1978. *The nation's water resources, 1975–2000,* vol. 1. Washington, DC: Water Resources Council.
4. **Gleick, P. H.** 1993. An introduction to global fresh water issues. In *Water in crisis*, ed. P. H. Gleick, pp. 3–12. New York: Oxford University Press.
5. **Winter, T. C., Harvey, J. W., Franke, O. L., and Alley, W. M.** 1998. *Ground water and surface water. A single resource*. U.S. Geological Survey Circular 1139.
6. **Solley, W. B., Pierce, R. R., and Perlman, H. A.** 1993. *Estimated use of water in the United States in 1990*. U.S. Geological Survey Circular 1200.
7. **Sharp, J. M., Jr., and Banner, J. L.** 1997. The Edwards aquifer: A resource in conflict. *GSA Today* 7(8):1–8.
8. **Loaiciga, H. A., Maidment, D. R., and Valdes, J. B.** 1999. Climate-change impacts in a regional karst aquifer, Texas, U.S.A. *Journal of Hydrology* 227: 173–94.
9. **Leopold, L. B.** 1977. A reverence for rivers. *Geology* 5: 429–30.
10. **Graf, W. L.** 1985. *The Colorado River*. Association of American Geographers.
11. **Nash, R.** 1986. Wilderness values and the Colorado River. In *New courses for the Colorado River*, ed. G. D. Weatherford and F. L. Brown. Albuquerque: University of New Mexico Press.
12. **Hundley, N., Jr.** 1986. The West against itself: The Colorado River—An institutional history. In *New courses for the Colorado River*, ed. G. D. Weatherford and F. L. Brown. Albuquerque: University of New Mexico Press.
13. **Dolan, R., Howard, A., and Gallenson, A.** 1974. Man's impact on the Colorado River and the Grand Canyon. *American Scientist* 62: 392–401.
14. **Lavender, D.** 1984. Great News from the Grand Canyon. *Arizona Highways Magazine*, January, 33–38.
15. **Hecht, J.** 1996. Grand Canyon flood a roaring success. *New Scientist* 151: 8.
16. **Lucchitta, I., and Leopold, L. B.** 1999. Floods and sandbars in the Grand Canyon. *Geology Today* 9: 1–7.
17. **Covich, A. P.** 1993. Water and ecosystems. In *Water in crisis*, ed. P. H. Gleick, pp. 40–55. New York: Oxford University Press.
18. **Gleick, P. H.,** ed. 1993. *Water in crisis*, Table F.1. New York: Oxford University Press.
19. **Levinson, M.** 1984. Nurseries of life. *National Wildlife*. Special Report, February/March, 18–21.
20. **Holloway, M.** 1991. High and dry. *Scientific American* 265(6):16–20.
21. **Brown, L. R.** 2003. *Plan B. Rescuing a planet under stress and a civilization in trouble*. New York: W. W. Norton.

제13장

1. **Bowie, P.** 2000. No act of God. *The Amicus Journal* 21(4):16–21.
2. **Mallin, M. A.** 2000. Impacts of industrial animal production on rivers and estuaries. *American Scientist* 88(1):26–37.
3. **Schwarzenbach, R. P., and six others.** 2006. The challenge of micropollutants in aquatic systems. *Science* 313: 1072–77.
4. **Mitch, W. J., Day, J. W., Jr., Gilliam, J. W., Groffman, P. M., Hey, D. L., Randall, G. W., and Wang, N.** 2001. The Gulf of Mexico hypoxia—Approaches to reducing nitrate in the Mississippi River or reducing a persistent large-scale ecological problem. *BioScience* (in press).
5. **Oil Spill Issue.** 1989. *Alaska Fish and Game* 21(4).
6. **McGinn, A. P.** 2000. POPs culture. *World Watch,* April 1, 26–36.
7. **Delzer, G. C., Zogorski, J. S., Lopes, T. J., and Basshart, R. L.** 1996. *Occurrence of gasoline oxygenate MTBE and BTEX compounds in urban storm water in the United States, 1991–1995*. U.S. Geological Survey Water Resources Investigations Report 96–4145.
8. **Waldbott, G. L.** 1978. *Health effects of environmental pollutants*, 2nd ed. Saint Louis. MO: C. V. Moseby.
9. **U.S. Geological Survey.** 1995. *Mercury contamination of aquatic ecosystems*. U.S. Geological Survey FS-216-95.
10. **Author unknown.** Arsenic exposure. sos-arsenic.net. Accessed 9/22/06.
11. **Parfit, M.** 1993. Troubled waters run deep. *National Geographic* 184(5A):78–89.
12. **Environmental Protection Agency.** 2002. American Heritage Rivers, Cuyahoga River. www.epa.gov/rivers/98river/fscuya.html. Accessed 1/9/02.
13. **Carey, J.** 1984. Is it safe to drink? *National Wildlife*, Special Report, February/March, 19–21.
14. **U.S. Geological Survey.** 1999. *National water-quality assessment program, Delaware River basin*. U.S. Geological Survey Fact Sheet FS-056-99.
15. **Moss, M. E., and Lins, H. S.** 1989. *Water resources in the 21st century*. U.S. Geological Survey Circular 1030.
16. **Environmental Protection Agency.** 1991. *Is your drinking water safe?* EPA 570-9-91-0005.
17. **Jewell, W. J.** 1994. Resource-recovery wastewater treatment. *American Scientist* 82(4):366–75.
18. **Bedient, P. B., Rifai, H. S., and Newell, C. J.** 1994. *Groundwater contamination*. Englewood Cliffs, NJ: Prentice Hall.
19. **Leeden, F., Troise, F. L., and Todd, D. K.** 1990. *The water encyclopedia*, 2nd ed. Chelsea, MI: Lewis Publishers.
20. **U.S. Geological Survey.** 1997. *Predicting the impact of relocating Boston's sewage outfall*. U.S.G.S. Fact Sheet 185-97.
21. **American Chemical Society.** 1969. *Clean our environment: The chemical basis for action*. Washington, DC: U.S. Government Printing Office.
22. **Breaux, A., Fuber, S., and Day, J.** 1995. Using natural coastal wetland systems: An economic benefit analysis. *Journal of Environmental Management* 44: 285–91.

23. **Parizek, R. R., and Myers, E. A.** 1968. Recharge of ground water from renovated sewage effluent by spray irrigation. *Proceedings of the Fourth American Water Resources Conference*, pp. 425–43.
24. **Bastian, R. K., and Benforado, J.** 1983. Waste treatment: Doing what comes naturally. *Technology Review*, February/March, 59–66.
25. **Hileman, B.** 1995. Rewrite of Clean Water Act draws praise, fire. *Chemical & Engineering News* 73: 8.

제14장

1. **Prospectors & Developers Association of Canada.** Minerals & use. www.pdac.ca. Accessed 9/5/06.
2. **U.S. Department of the Interior, Bureau of Mines.** 1991. *Minerals in 1991* I 28.156/3: 991.
3. **Barsotti, A. F.** 1992. Wake up and smell the coffee. *Minerals Today*, October, 12–17.
4. **U.S. Geological Survey.** 1997. The role of non-fuel minerals in the U.S. economy. Accessed 1/15/07 @minerals .usgs.gov
5. **Brobst, D. A., Pratt, W. P., and McKelvey, V. E.** 1973. *Summary of United States mineral resources*. U.S. Geological Survey Circular 682.
6. **Kesler, S. F.** 1994. *Mineral resources, economics and the environment*. Upper Saddle River, NJ: Prentice Hall.
7. **National Oceanic and Atmospheric Administration.** 1977. Earth's crustal plate boundaries: Energy and mineral resources. *California Geology*, May, 108–09.
8. **Craig, J. R., Vaughan, D. J., and Skinner, B. J.** 1996. *Resources of the Earth*, 2nd ed. Upper Saddle River, NJ: Prentice Hall.
9. **U.S. Department of the Interior, Bureau of Mines.** 1991. *Research 92. Biotechnology—Using nature to clean up wastes* I 28.115(992):16–21.
10. **Silva, M. A.** 1988. Cyanide heap leaching in California. *California Geology* 41(7):147–56.
11. **Woodbury, R.** 1998. The giant cup of poison. *Time* 151(12):4.
12. **Pettyjohn, W. A.** 1972. Nothing is without poison. In *Man and his physical environment*, ed. G. D. McKenzie and R. O. Utgard, pp. 109–10. Minneapolis: Burgess Publishing.
13. **Takahisa, H.** 1971. *Discussion on environmental geochemistry in health and disease*, ed. H. L. Cannon and H. C. Hupps, pp. 221–22. Geological Society of America Memoir 123.
14. **Jeffers, T. H.** 1991. Using microorganisms to recover metals. *Minerals Today*, June, 14–18.
15. **Haynes, B. W.** 1990. Environmental technology research. *Minerals Today*, May, 13–17.
16. **Sullivan, P. M., Stanczyk, M. H., and Spendbue, M. J.** 1973. *Resource recovery from raw urban refuse*. Report of Investigations 7760. Washington, DC: U.S. Bureau of Mines.
17. **Davis, F. F.** 1972. Urban ore. *California Geology*, May, 99–112.
18. **U.S. Geological Survey.** 2005. Minerals yearbook 2004—Recycling metals. Accessed 1/15/07 @minerals.usgs.gov.
19. **Brown, L., Lenssen, N., and Kane, H.** 1995. Steel recycling rising. In *Vital signs 1995*. Washington, DC: Worldwatch Institute.
20. **Wellmar, F. W., and Kosinowoski, M.** 2003. Sustainable development and the use of non-renewable sources. *Geotimes* 48(12):14–17.

제15장

1. **Alekett, K.** 2006. Oil: A bumpy road ahead. *World Watch* 19: 1, 10–12.
2. **Cavanay, R.** 2006. Global oil about to peak? A recurring myth. *World Watch* 19: 1, 13–15.
3. **Butti, K., and Perlin, J.** 1980. *The golden thread: 2500 years of solar architecture and technology*. Palo Alto, CA: Cheshire Books.
4. **Craig, J. R., Vaughan, D. J., and Skinner, B. J.** 1996. *Resources of the Earth*. Upper Saddle River, NJ: Prentice Hall.
5. **Rahn, P. H.** 1982. *Engineering geology: An environmental approach*. New York: Elsevier.
6. **Garbini, S., and Schweinfurth, S. P.,** eds. 1986. U.S. Geological Survey Circular 979.
7. **U.S. Environmental Protection Agency.** 1973. *Processes, procedures and methods to control pollution from mining activities*. EPA-430/9-73-001.
8. **Committee on Environment and Public Planning.** 1974. Environmental impact of conversion from gas or oil to coal for fuel. *Geologist*, Supplement 9(4).
9. **Vendetti, J.** 2001. Storing coal slurry. *Geotimes* 46(12):7.
10. **Kesler, S. E.** 1994. *Mineral resources, economics and the environment*. New York: Macmillan.
11. **McCabe, P. J., Gautier, D. L., Lewan, M. D., and Turner, C.** 1993. *The future of energy gases*. U.S. Geological Survey Circular 1115.
12. **McCulloh, T. H.** 1973. Oil and gas. In *United States mineral resources*, ed. D. A. Brobst and W. P. Pratt, pp. 477–96. U.S. Geological Survey Professional Paper 820.
13. **Nuccio, V.** 1997. *Coal-bed methane—An untapped energy resource and an environmental concern*. U.S. Geological Survey Fact Sheet FS-019-97.
14. **Suess, E., Bohrmann, G., Greinert, J., and Lauch, E.** 1999. Flammable ice. *Scientific American* 28(5):76–83.
15. **Culbertson, W. C., and Pitman, J. K.** 1973. Oil shale. In *United States mineral resources*, ed. D. A. Brobst and W. P. Pratt, pp. 497–503. U.S. Geological Survey Professional Paper 820.
16. **Office of Oil and Gas, U.S. Department of the Interior.** 1968. *United States petroleum through 1980*. Washington, DC: U.S. Government Printing Office.
17. **Allen, A. R.** 1975. Coping with oil sands. In *Perspectives on energy*, ed. L. C. Ruedisili and M. W. Firebaugh, pp. 386–96. New York: Oxford University Press.
18. **Kerr, R. A.** 2000. USGS optimistic on world oil prospects. *Science* 289: 237.
19. **Youngquist, W.** 1998. Spending our great inheritance. Then what? *Geotimes* 43(7):24–27.
20. **Edwards, J. D.** 1997. Crude oil and alternative energy production forecast for the twenty-first century: The end of the hydrocarbon era. *American Association of Petroleum Geologists Bulletin* 81(8):1292–1305.
21. **Maugeri, L.** 2004. Oil: Never cry wolf—When the petroleum age is far from over. *Science* 304: 1114–15.
22. **Krajick, K.** 2001. Long-term data show lingering effects from acid rain. *Science* 292: 195–96.
23. **Finch, W. I., et al.** 1973. Nuclear fuels. In *United States mineral resources*, ed. D. A. Brobst and W. P. Pratt, pp. 455–76. U.S. Geological Survey Professional Paper 820.

24. **U.S. Geological Survey.** 1973. *Nuclear energy resources: A geologic perspective*. U.S. Geological Survey, INF-73-14.
25. **Duderstadt, J. J.** 1977. Nuclear power generation. In *Perspectives on energy*, ed. L. C. Ruedisili and M. W. Firebaugh, pp. 249–73. New York: Oxford University Press.
26. **Brenner, D. J.** 1989. *Radon: Risk and remedy*. New York: W. H. Freeman.
27. **Till, C. E.** 1989. Advanced reactor development. *Annals of Nuclear Energy* 16: 301–05.
28. **Cohen, B. L.** 1990. *The nuclear energy option: An alternative for the '90s*. New York: Plenum.
29. **Lake, J. A., Bennett, R. G., and Koten, J. F.** 2002. Next-genereation nuclear power. *Scientific American*, January, 73–81.
30. **MacLeod, G. K.** 1981. Some public health lessons from Three Mile Island: A case study in chaos. *Ambio* 10: 18–23.
31. **Anspaugh, L. R., Catlin, R. J., and Goldman, M.** 1988. The global impact of the Chernobyl reactor accident. *Science* 242: 1513–18.
32. **Balter, M.** 1995. Chernobyl's thyroid cancer toll. *Science* 270: 1758.
33. **Fletcher, M.** 2000. The last days of Chernobyl. *Times* 2, November 14, 3–5. London.
34. **Office of Industry Relations.** 1974. *The nuclear industry, 1974*. Washington, DC: U.S. Government Printing Office.
35. **Fischer, J. N.** 1986. *Hydrologic factors in the selection of shallow land burial for the disposal of low-level radioactive waste*. U.S. Geological Survey Circular 973.
36. **Weart, W. D., Rempe, M. T., and Powers, D. W.** 1998. The waste isolation plant. *Geotimes*, October, 14–19.
37. **U.S. Department of Energy.** 1999. Waste isolation pilot plant, Carlsbad, New Mexico. www.wipp.carlsbad.nm.us. Accessed 6/20/01.
38. **U.S. Department of Energy.** 1992. *DOE's Yucca Mountain studies*. DOE/RW-0345P.
39. **Hunt, C. B.** 1983. How safe are nuclear waste sites? *Geotimes* 28(7):21–22.
40. **Heiken, G.** 1979. Pyroclastic flow deposits. *American Scientist* 67: 564–71.
41. **U.S. Department of Energy.** 1990. *Yucca Mountain project: Technical status report*. DE90015030.
42. **Bredehoeft, J. D., England, A. W., Stewart, D. B., Trask, J. J., and Winograd, I. J.** 1978. *Geologic disposal of high-level radioactive wastes—Earth science perspectives*. U.S. Geological Survey Circular 779.
43. **Duffield, W. A., Sass, J. H., and Sorey, M. L.** 1994. *Tapping the Earth's natural heat*. U.S. Geological Survey Circular 1125.
44. **Wright, P.** 2000. Geothermal energy. *Geotimes* 45(7):16–18.
45. **Muffler, L. J. P.** 1973. Geothermal resources. In *United States mineral resources*, ed. D. A. Brobst and W. P. Pratt, pp. 251–61. U.S. Geological Survey Professional Paper 820.
46. **Tenenbaum, D.** 1994. Deep heat. *Earth* 3(1):58–63.
47. **Worthington, J. D.** 1975. Geothermal development. *Status Report—Energy resources and technology, a report of the Ad Hoc Committee on Energy Resources and Technology*. Atomic Industrial Forum.
48. **Flavin, C., and Dunn, S.** 1999. Reinventing the energy system. In *State of the world 1999: A Worldwatch Institute report on progress toward a sustainable society*, ed. L. R. Brown and others. New York: W. W. Norton.
49. **Berger, J. J.** 2000. *Beating the heat*. Berkeley, CA: Berkeley Hills Books.
50. **Eaton, W. W.** 1978. Solar energy. In *Perspectives on energy*, 2nd ed., ed. L. C. Ruedisili and M. W. Firebaugh, pp. 418–36. New York: Oxford University Press.
51. **Miller, E. W.** 1993. *Energy and American society. A reference handbook*. Santa Barbara, CA: ABC-CLIO.
52. **Mayur, R., and Daviss, B.** 1998. The technology of hope. *The Futurist*, October, 46–51.
53. **Brown, L. R.** 1999. Crossing the threshold. *Worldwatch*, March–April, 12–22.
54. **Quinn, R.** 1997. Sunlight brightens our energy future. *The World and I*, March, 156–63.
55. **Hunt, S. C., Sawin, J. L., and Stair, P.** 2006. *Cultivating renewable alternatives to oil*. In *State of the world 2006*, ed. W. Stark, pp. 61–77. New York: W. W. Norton.
56. **Seth, D.** 2001. *Hydrogen futures: Toward a sustainable energy system*. Worldwatch Paper 157. Washington, DC: Worldwatch Institute.
57. **Kartha, S., and Grimes, P.** 1994. Fuel cells: energy conversion for the next century. *Physics Today* 47: 54–61.
58. **Haggin, J.** 1995. Fuel-cell development reaches demonstration stage. *Chemical & Engineering News* 73: 28–30.
59. **Alward, R., Eisenbart, S., and Volkman, J.** 1979. *Micro-hydro power: Reviewing an old concept*. Washington, DC: U.S. Department of Energy, National Center for Appropriate Technology.
60. **Committee on Resources and Man, National Academy of Sciences.** 1969. *Resources and man*. San Francisco: W. H. Freeman.
61. **Zich, R.** 1997. China's Three Gorges: Before the flood. *National Geographic* 192(3):2–33.
62. **Nova Scotia Department of Mines and Energy.** 1981. *Wind Power*.
63. **Flavin, C.** 1999. The bull market in energy. *Worldwatch*, March–April, 24–27.
64. **U.S. Congress, Office of Technology Assessment.** 1993. *Potential environmental impacts of bioenergy crop production—Background paper*. Washington, DC: U.S. Government Printing Office.
65. **Wihersaari, M.** 1996. Energy consumption and greenhouse gas emissions from biomass production chains. *Energy Conversion and Management* 37: 1217.
66. **Darmstadter, J., Landsberg, H. H., Morton, H. C., with Coda, M. J.** 1983. *Energy today and tomorrow*. Englewood Cliffs, NJ: Prentice Hall.
67. **Steinhart, J. S., Hanson, M. E., Gates, R. W., Dewinkel, C. C., Briody, K., Thornsjo, M., and Kabala, S.** 1978. A low energy scenario for the United States: 1975–2050. In *Perspectives on energy*, 2nd ed., ed. L. C. Ruedisili and M. W. Firebaugh, pp. 553–88. New York: Oxford University Press.
68. **Lovins, A. B.** 1979. *Soft energy paths: Towards a durable peace*. New York: Harper & Row.
69. **Davis, G. R.** 1990. Energy for planet Earth. *Scientific American* 263(3):55–74.

제16장

1. **Grady, D.** 1983. The dioxin dilemma. *Discover*, May, 78–83.

2. **Roberts, L.** 1991. More pieces of the dioxin puzzle. *Science* 254: 377.
3. **Vitousek, P. M., Chadwick, O. A., Crews, T. E., Fownes, J. H., Hendricks, D. M., and Herbert, D.** 1997. Soil and ecosystem development across the Hawaiian Islands. *GSA Today* 7(9):1–10.
4. **Birkland, P. W.** 1984. *Soils and geomorphology.* New York: Oxford University Press.
5. **Brady, N. C., and Weil, R. R.** 1996. *The nature and properties of soils,* 11th ed. Upper Saddle River, NJ: Prentice Hall.
6. **Miller, R. W., and Gardiner, D. T.** 1998. *Soils in our environment,* 8th ed. Upper Saddle River, NJ: Prentice Hall.
7. **Anonymous.** 1979. *Environmentally sound small-scale agricultural projects.* Mt. Rainier, MD: Mohonk Trust, Vita Publications.
8. **Olson, G. W.** 1981. *Soils and the environment.* New York: Chapman and Hall.
9. **Singer, M. J., and Munns, D. N.** 1996. *Soils,* 3rd ed. Upper Saddle River, NJ: Prentice Hall.
10. **Krynine, D. P., and Judd, W. R.** 1957. *Principles of engineering geology and geotechnics*. New York: McGraw-Hill.
11. **Pestrong, R.** 1974. *Slope stability.* New York: American Geological Institute and McGraw-Hill.
12. **Flawn, P. T.** 1970. *Environmental geology.* New York: Harper & Row.
13. **Hart, S. S.** 1974. Potentially swelling soil and rock in the Front Range urban corridor. *Environmental Geology* 7. Denver: Colorado Geological Survey.
14. **Mathewson, C. C., Castleberry, J. P., II, and Lytton, R. L.** 1975. Analysis and modeling of the performance of home foundations on expansive soils in central Texas. *Bulletin of the Association of Engineering Geologists* 17(4):275–302.
15. **Jones, D. E., Jr., and Holtz, W. G.** 1973. Expansive soils: The hidden disaster. *Civil Engineering,* August, 49–51.
16. **Wischmeier, W. H., and Meyer, L. D.** 1973. Soil erodibility on construction areas. In *Soil erosion: Causes, mechanisms, prevention and control,* pp. 20–29. Highway Research Board Special Report 135. Washington, DC: Highway Research Board.
17. **Dunne, T., and Leopold, L. B.** 1978. *Water in environmental planning.* San Francisco: W. H. Freeman.
18. **Robinson, A. R.** 1973. Sediment: Our greatest pollutant? In *Focus on environmental geology,* ed. R. W. Tank, pp. 186–92. New York: Oxford University Press.
19. **Yorke, T. H.** 1975. Effects of sediment control on sediment transport in the northwest branch Anacostia River Basin, Montgomery County, Maryland. *U.S. Geological Survey Journal of Research* 3: 487–94.
20. **Botkin, D. B., and Keller, E. A.** 2000. *Environmental science.* New York: John Wiley.
21. **Wilshire, H. G., and Nakata, J. K.** 1976. Off-road vehicle effects on California's Mojave Desert. *California Geology* 29: 123–32.
22. **Wilshire, H. G., et al.** 1977. *Impacts and management of off-road vehicles.* Report to the Committee on Environment and Public Policy. Washington, DC: Geological Society of America.
23. **Hazen, T. C.** 1995. Savanna River site—A test bed for cleanup technologies. *Environmental Protection,* April, 10–16.

제17장

1. **Harder, B.** 2005. Toxic e-waste is coached in poor nations. *National Geographic News,* November 8.
2. **Relis, P., and Dominski, A.** 1987. *Beyond the crisis: Integrated waste management.* Santa Barbara, CA: Community Environmental Council.
3. **Bullard, R. D.** 1990. *Dumping in Dixie: Race, class and environmental quality.* Boulder, CO: Westview Press.
4. **Galley, J. E.** 1968. Economic and industrial potential of geologic basins and reservoir strata. In *Subsurface disposal in geologic basins: A study of reservoir strata,* ed. J. E. Galley, pp. 1–19. American Association of Petroleum Geologists, Memoir 10.
5. **Relis, P., and Levenson, H.** 1998. *Discarding solid waste as we know it: Managing materials in the 21st century.* Santa Barbara, CA: Community Environmental Council.
6. **Young, J. E.** 1991. Reducing waste, saving materials. In *State of the world,* ed. L. R. Brown, pp. 39–55. New York: World Watch Institute, W. W. Norton & Co.
7. **Schneider, W. J.** 1970. *Hydraulic implications of solid-waste disposal.* U.S. Geological Survey Circular 601F.
8. **Turk, L. J.** 1970. Disposal of solid wastes—Acceptable practice or geological nightmare? In *Environmental geology,* pp. 1–42. Washington, DC: American Geological Institute.
9. **Hughes, G. M.** 1972. Hydrologic considerations in the siting and design of landfills. *Environmental Geology Notes, No. 51.* Illinois State Geological Survey.
10. **Bergstrom, R. E.** 1968. Disposal of wastes: Scientific and administrative considerations. *Environmental Geology Notes, No. 20.* Illinois State Geological Survey.
11. **Cartwright, K., and Sherman, F. B.** 1969. Evaluating sanitary landfill sites in Illinois. *Environmental Geology Notes, No. 27.* Illinois State Geological Survey.
12. **Walker, W. H.** 1974. Monitoring toxic chemical pollution from land-disposal sites in humid regions. *Ground Water* 12: 213–18.
13. **Environmental Protection Agency.** 1980. *Everybody's problem: Hazardous waste.* SW-826. Washington, DC: U.S. Government Printing Office.
14. **New York State Department of Environmental Conservation.** 1994. *Remedial chronology: The Love Canal hazardous waste site.* Albany, NY: New York State.
15. **Elliot, J.** 1980. Lessons from Love Canal. *Journal of the American Medical Association* 240: 2033–34, 2040.
16. **Kufs, C., and Twedwell, C.** 1980. Cleaning up hazardous landfills. *Geotimes* 25: 18–19.
17. **Albeson, P. H.** 1983. Waste management. *Science* 220: 1003.
18. **Return to Love Canal.** 1990. *Time* 135(22):27.
19. **Magnuson, E.** 1980. The poisoning of America. *Time* 116(12):58–69.
20. **Bedient, P. B., Rifai, H. S., and Newell, C. J.** 1994. *Ground water contamination.* Englewood Cliffs, NJ: Prentice Hall.
21. **Huddleston, R. L.** 1979. Solid-waste disposal: Landfarming. *Chemical Engineering* 86(5):119–24.
22. **Committee of Geological Sciences.** 1972. *The Earth and human affairs.* San Francisco: Canfield Press.
23. **Piper, A. M.** 1970. *Disposal of liquid wastes by injection underground: Neither myth nor millennium.* U.S. Geological Survey Circular 631.

24. **Warner, D. L.** 1968. Subsurface disposal of liquid industrial wastes by deep-well injection. In *Subsurface disposal in geologic basins: A study of reservoir strata*, ed. J. E. Galley, pp. 11–20. American Association of Petroleum Geologists Memoir 10.
25. **Cecelia, C.** 1985. *The buried threat.* No. 115-5. Sacramento: California Senate Office of Research.

제18장

1. **American Lung Association.** 2001. *State of the Air 2000.*
2. **Godish, T.** 1991. *Air quality*, 2nd ed. Chelsea, MI: Lewis Publishers.
3. **National Park Service.** 1984. *Air resources management manual.*
4. **U.S. Environmental Protection Agency.** 2006. National-scale air toxics assessment for 1999: Estimated emissions, concentrations and risks. www.epa.gov. Accessed 4/10/06.
5. **Simons, L. M.** 1998. Plague of fire. *National Geographic* 194(2):100–19.
6. **Pope, C. A., III, Bates, D. V., and Raizenne, M. E.** 1995. Health effects of particulate air pollution: Time for reassessment? *Environmental Health Perpsectives* 103: 472–80.
7. **Pittock, A. B., Frakes, L. A., Jenssen, D., Peterson, J. A., and Zillman, J. W.**, eds. 1978. Climatic change and variability: A southern perspective. (Based on a conference at Monash University, Australia, December 7–12, 1975.) New York: Cambridge University Press.
8. **Colin, M.** 2000. Is your office killing you? *BusinessWeek*, June 5, 114–24.
9. **Zummo, S. M., and Karol, M. H.** 1996. Indoor air pollution: Acute adverse health effects and host susceptibility. *Environmental Health* 58: 25–29.
10. **Zimmerman, M. R.** 1985. Pathology in Alaskan mummies. *American Scientist* 73: 20–25.
11. **Gates, D. M.** 1972. *Man and his environment: Climate*. New York: Harper & Row.
12. **Stoker, H. S., and Seager, S. L.** 1976. *Environmental chemistry: Air and water pollution*, 2nd ed. Glenview, IL: Scott, Foresman.
13. **Stern, A. C., Boubel, R. T., Turner, D. B., and Fox, D. L.** 1984. *Fundamentals of air pollution*, 2nd ed. Orlando, FL: Academic Press.
14. **Anthes, R. A., Cahir, J. J., Fraser, A. B., and Panofsky, H. A.** 1981. *The atmosphere*, 3rd ed. Columbus, OH: Charles E. Merrill.
15. **Anonymous.** 1981. How many more lakes have to die? *Canada Today* 12(2):1–11.
16. **Molina, B. F.** 1991. Washington report. *GSA Today* 1(2):33.

제19장

1. **Hansen, J.** 2003. Can we defuse the global warming time bomb? *Natural Science*. www.naturalscience.com.
2. **Lamb, H. H.** 1977. Climate: Present, past and future, vol. 2. *Climatic history and the future.* New York: Barnes & Noble Books.
3. **Marsh, W. M., and Dozier, J.** 1981. *Landscape*. Reading, MA: Addison-Wesley.
4. **Cloud, P.** 1990. Personal written communication.
5. **National Aeronautics and Space Administration (NASA).** 1990. *EOS: A mission to planet Earth.* Washington, DC: NASA.
6. **Chumbley, C. A., Baker, R. G., and Bettis, E. A., III.** 1990. Midwestern Holocene paleoenvironments revealed by floodplain deposits in northeastern Iowa. *Science* 249: 272–74.
7. **Post, W. M., Peng, T., Emanuel, W. R., King, A. W., Dale, V. H., and De Angelis, D. L.** 1990. The global carbon cycle. *American Scientist* 78(4):310–26.
8. **Moss, M. E., and Lins, H. F.** 1989. *Water resources in the twenty-first century.* U.S. Geological Survey Circular 1030.
9. **Titus, J. G., and Seidel, S. R.** 1986. In *Effects of changes in the stratospheric ozone and global climate*, vol. 1. ed. by J. G. Titus, pp. 3–19. Washington, DC: U.S. Environmental Protection Agency.
10. **Titus, J. G., Leatherman, S. P., Everts, C. H., Moffatt and Nichol Engineers, Kriebel, D. L., and Dean, R. G.** 1985. *Potential impacts of sea level rise on the beach at Ocean City, Maryland.* Washington, DC: U.S. Environmental Protection Agency.
11. **Crowley, T. J.** 2000. Causes of climate change over the past 1000 years. *Science* 289: 270–277.
12. **Kennett, J.** 1982. *Marine geology*. Englewood Cliffs, NJ: Prentice Hall.
13. **Broecker, W.** 1997. Will our ride into the greenhouse future be a smooth one? *GSA Today* 7(5):1–7.
14. **Seager, R.** 2006. The source of Europe's mild climate. *American Scientist* 94: 334–41.
15. **Alley, et al.** 2007. *Climate Change: The Physical Science Basis.* Intergovernmental Panel on Climate Change (IPCC). Summary For Policy Makers at www.ipcc.ch accessed 2/8/07.
16. **Charlson, R. J., Schwartz, S. E., Hales, J. M., Cess, R. D., Coakley, J. A. J., Hansen, J. E., and Hofmann, D. J.** 1992. Climate forcing by anthropogenic aerosols. *Science* 255: 423–30.
17. **Kerr, R. A.** 1995. Study unveils climate cooling caused by pollutant haze. *Science* 268: 802.
18. **McCormick, P. P., Thomason, L. W., and Trepte, C. R.** 1995. Atmospheric effects of the Mt. Pinatubo eruption. *Nature* 373: 399–436.
19. **Pelto, M. S.** 1996. Recent changes in glacier and alpine runoff in the North Cascades, Washington. *Hydrological Processes* 10: 1173–80.
20. **Mainguet, M.** 1994. *Desertification*, 2nd ed. Berlin: Springer-Verlag.
21. **Goudie, A.** 1984. *The nature of the environment*, 3rd ed. Oxford: Blackwell Scientific.
22. **Grainger, A.** 1990. *The threatening desert.* London: Earthscan Publications.
23. **Oberlander, T. M.** 1994. Global deserts: a geomorphic comparison. In *Geomorphology of desert environments*, ed. A. D. Abrahams and A. J. Parsons, pp. 13–35. London: Chapman and Hall.
24. **Dregne, H. E.** 1983. *Desertification of arid lands*. Advances in desert and arid land technology and development, vol. 3. Chur, Switzerland: Harwood Academic Publishers.
25. **Sheridan, D.** 1981. *Desertification of the United States.* Washington, DC: Council on Environmental Quality.

26. **University Corporation for Atmospheric Research.** 1994. *El Niño and climate prediction*. Washington, DC: NOAA Office of Global Programs.
27. **Dennis, R. E.** 1984. A revised assessment of worldwide economic impacts: 1982–1984 El Niño/southern oscillation event. *EOS, Transactions of the American Geophysical Union* 65(45):910.
28. **Canby, T. Y.** 1984. El Niño's ill winds. *National Geographic* 165: 144–81.
29. **Philander, S. G.** 1998. Who is El Niño? *EOS, Transactions of the American Geophysical Union* 79(13):170.
30. **Holmes, N.** 2000. Has anyone checked the weather (map)? *Amicus Journal* 21(4):50–51.
31. **Lea, D. W.** 2004. The 100,000 year cycle in tropical SST, greenhouse forcing, and climate sensitivity. *Journal of Climate* 17(11), 2170–79.
32. **Friedman, S. J.** 2003. Storing carbon in Earth. *Geotimes* 48(3):16–20.
33. **Nameroff, T.** 1997. The climate change debate is heating up. *GSA Today* 7(12):11–13.
34. **Bartlett, K.** 2003. Demonstrating carbon sequestration. *Geotimes* 48(3):22–23.
35. **Toon, O. B., and Turco, R. P.** 1991. Polar stratospheric clouds and ozone depletion. *Scientific American*, 264(6):68–74.
36. **Molina, M. J., and Rowland, F. S.** 1974. Stratospheric sink for chlorofluoromethanes: Chlorine atom-catalyzed destruction of ozone. *Nature* 249: 810–12.

제20장

1. **Brown, L. R.** 2003. *Plan B: Rescuing a planet under stress and a civilization in trouble*. New York: W. W. Norton & Co.
2. **Becker, J.** 2004. China's growing pains. *National Geographic* 205(3):68–95.
3. **Sauer, H. I., and Brand, F. R.** 1971. Geographic patterns in the risk of dying. In *Environmental geochemistry in health*, ed. H. L. Cannon and H. C. Hopps, pp. 131–50. Boulder, CO: Geological Society of America Memoir 123.
4. **Bylinsky, G.** 1972. Metallic menaces. In *Man, health and environment*, ed. B. Hafen, pp. 174–85. Minneapolis: Burgess Publishing.
5. **Hong, S., Candelone, J.-P., Patterson, C. C., and Boutron, C. F.** 1994. Greenland ice evidence of hemispheric lead pollution two millennia ago by Greek and Roman civilizations. *Science* 265: 1841–43.
6. **Warren, H. V., and Delavault, R. E.** 1967. A geologist looks at pollution: Mineral variety. *Western Mines* 40: 23–32.
7. **Needleman, H. L., Riess, J. A., Tobin, M. J., Biesecker, G. E., and Greenhouse, J. B.** 1996. Bone lead levels and delinquent behavior. *Journal of the American Medical Association* 275: 363–69.
8. **Hopps, H. C.** 1971. Geographic pathology and the medical implications of environmental geochemistry. In *Environmental geochemistry in health*, ed. H. L. Cannon and H. C. Hopps, pp. 1–11. Boulder, CO: Geological Society of America Memoir 123.
9. **Pettyjohn, W. A.** 1972. No thing is without poison. In *Man and his physical environment*, ed. G. D. McKenzie and R. O. Utgard, pp. 109–10. Minneapolis: Burgess Publishing.
10. **Takahisa, H.** 1971. *Environmental geochemistry in health and disease*, ed. H. L. Cannon and H. C. Hopps, pp. 221–22. Boulder, CO: Geological Society of America Memoir 123.
11. **Armstrong, R. W.** 1971. Medical geography and its geologic substrate. In *Environmental geochemistry in health and disease*, ed. H. L. Cannon and H. C. Hopps, pp. 211–19. Boulder, CO: Geological Society of America Memoir 123.
12. **Kobayashi, J.** 1957. On the geographical relationship between the chemical nature of river water and death-rate of apoplexy. *Berichte des Ohara Institute für landwirtschaftliche biologie* 11: 12–21.
13. **Winton, E. F., and McCabe, L. J.** 1970. Studies relating to water mineralization and health. *Journal of the American Water Works Association* 62: 26–30.
14. **Schroeder, H. A.** 1966. Municipal drinking water and cardiovascular death-rates. *Journal of the American Medical Association* 195: 125–29.
15. **Bain, R. J.** 1979. Heart disease and geologic setting in Ohio. *Geology* 7: 7–10.
16. **Klusman, R. W., and Sauer, H. I.** 1975. *Some possible relationships of water and soil chemistry to cardiovascular diseases in Indiana*. Boulder, CO: Geological Society of America Special Paper 155.
17. **U.S. Environmental Protection Agency.** 1989. *Radon measurements in schools*. Office of Radiation Programs. EPA 520/1 89–010.
18. **U.S. Environmental Protection Agency.** 1986. *A citizen's guide to radon*. OPA-86-004.
19. **Alavanja, M. C., Brownson, R. C., Lubin, J. H., Berger, E., Chang, J. C., and Boice, J. D., Jr.** 1994. Residential radon exposure and lung cancer among non-smoking women. *Journal of the National Cancer Institute* 80(24):1829–37.
20. **Pershagen, G., Akerblom, G., Axelson, O., Clavensjo, B., Damber, L., Desai, G., Enflo, A., Lagarde, F., Mellander, H., Svartengren, M., and Swedjemark, G. A.** 1994. Residential radon exposure and lung cancer in Sweden. *New England Journal of Medicine* 330(3):159–64.
21. **Brenner, D. J.** 1989. *Radon: Risk and remedy*. New York: W. H. Freeman.
22. **University of Maine and Maine Department of Human Services.** 1983. Radon in water and air. *Resource Highlights*, February.
23. **Hurlburt, S.** 1989. Radon: A real killer or just an unsolved mystery? *Water Well Journal*, June, 34–41.
24. **U.S. Environmental Protection Agency.** 1986. *Radon reduction techniques for detached houses*. EPA 625/5-86-019.
25. **U.S. Environmental Protection Agency.** 1988. *Radon resistant residential new construction*. EPA 600/8-88/087.
26. **Store, R.** 1993. Radon risk up in the air. *Science* 261: 1515.
27. **Council on Environmental Quality.** 1979. *Environmental quality*. Annual Report.
28. **Remy, M. H., Thomas, T. A., and Moose, J. G.** 1991. *Guide to the California Environmental Quality Act*, 5th ed. Point Arena, CA: Solano Press Books.
29. **Tanji, K., Lauchli, A., and Meyer, J.** 1986. Selenium in the San Joaquin Valley. *Environment* 28(6):6–11, 34–39.
30. **U.S. Department of the Interior, Bureau of Reclamation.** 1987. *Kesterson Program*. Fact Sheet No. 4.

31. **Rohse, M.** 1987. *Land-use planning in Oregon*. Corvallis: Oregon State University Press.
32. **Curtin, D. J., Jr.** 1991. *California land-use and planning—Law*, 11th ed. Point Arena, CA: Solano Press Books.
33. **William Spangle and Associates, F. Beach Leighton and Associates, and Baxter, McDonald and Company.** 1976. *Earth-science information in land-use planning—Guidelines for Earth scientists and planners*. U.S. Geological Survey Circular 721.
34. **Murphy, E. F.** 1971. *Man and his environment: Law*. New York: Harper & Row.
35. **Carter, L. J.** 1974. Con Edison: Endless Storm King dispute adds to its troubles. *Science* 184: 1353–58.
36. **Bacow, L. S., and Wheeler, M.** 1984. *Environmental dispute resolution*. New York: Plenum Press.
37. **Hawken, P., Lovins, A., and Lovins, L. H.** 1999. *Natural capitalism*. Boston: Little, Brown and Co.
38. **Hubbard, B. M.** 1998. *Conscious evolution*. Novato, CA: New World Library.
39. ***Los Angeles Times***. 2001. *Los Angeles Times Poll Alert*. Study No.458.

찾아보기

ㄱ

가설 28
가속도계 206
가이아 가설 26
각력암 410
감량 633
감쇠 199
감시 641
감시시스템 425
강한 지진 185
경보 163, 231
경보 시스템 236
경사이동단층 193, 235
계 21
계곡열 213
고베 지진 186, 225, 232
고압형 광물 411
고자기학 57
고정배출원 660
고지진 196
고지진성 228
곤드와나 61
공극률 444
공룡 418, 423
공중폭발 409, 423
과학 방법 28
광물의 농집도 517
광석 517
광화학적 스모그 672
구덩이 417
구립운석 409
구조적 방호 228
굴뚝 효과 671
규모 182, 185, 197, 222
기복 439
기체상태의 오염물질 661
기화 411
기후 693
길버트 410

ㄴ

날씨 693
납 668
내핵 43, 57
노스리지 지진 182, 183, 187, 188, 190, 195, 203, 212, 228, 231, 233
눈사태 352
뉴마드리드 지진대 191, 192
느린 지진 196, 235

ㄷ

다르시의 법칙 445, 780
다르시의 플럭스 780
단기예측 222, 224, 226, 236
단순 구덩이 413
단층 192, 193
단층 형태 193
단층 활동 192
단층애 211, 226
단층활동 207
대기 오염 657
대기 오염의 제어 676
대기 오염의 총 비용 683
대기 오염지표 667
대기보존 681
대기질의 환경 기준 680
대량멸종 417, 421, 423
대류 45, 57
대류순환 45
대륙 지각 45, 59
대륙이동설 47, 56
대서양 중앙해령 58
대수층 442
대양저의 연령 60
대재앙 423
대체에너지 585
대형 지진 185
데본기 417
도시 대기 오염 669
독물학 729
독성기체 661
돌발 홍수 298
돌제 382
동물의 이상한 행동 226, 236
동일과정의 원리 24
디아블로 산 충상 단층 223

ㄹ

라돈 225, 236, 734
랜더스 지진 207
런던 스모그 658
로라시아 61
로마프리에타 지진 190, 202, 212, 213
리히터 규모 183, 185

ㅁ

마그마 245

맑은 물 법 501
매몰단층 195
매장량 510
맨틀 44
먹는 물 기준 494
먹이사슬 423
메틸 이소시아네이트 666
메틸화 483
멕시코시티 지진 201
면배출원 660
멸종 사건 417
모멘트 규모 183, 185, 196, 222, 224
모호로비치치 불연속면 45
목성 416
목성족 혜성 415
물 관리 458
물 순환 435
물 이용 458
물질 관리 635
물질 증폭 201
미소구역화 232, 236
미소지진 224

ㅂ

발산 경계 50
방사제 380
방파제 381
방향성 203
배사 195
배수 부지 495
배수 유역 287
범람원 287
범람원 개발규제 315
베링거 운석구 410
변성암 89
변환단층 52, 55
변환단층 경계 52
별똥별 408
보존 594
보험 및 구호대책의 확대 230
복합 구덩이 414
복합화산 248
봉합대 52
부유 대수층 442
부유미립자 658
부지 선정 733
분변성 대장균 박테리아 476
분석구 249
분쇄물 411
분수령 437
분화 409
분화구 410
불특정배출원 660
비그늘 53
비점 오염원 485
비포화대 440
비피압 대수층 442
비활성 196
비활성단층 195
비활동성 퇴적작용 69
빈도 185
빙하 710

ㅅ

사막화 712
사면붕괴 327
산맥 53
산사태 211, 212
산성광산배수 486
산성비 421, 563
산업 생태학 635
산페르난도 지진 188, 231
삼중점 52
상반 195
샌앤드레이어스 단층 42, 55, 69, 190, 196, 211, 222, 225, 231
샌프란시스코 지진 211, 213
샘 444
생물공학 530
생물다양성 122
생물연료 593
생물학적 농축 483
생태 복원 135
생태계 120
생태학 118
생화학적 산소요구량(BOD) 475
석면 668
석순 449
석탄(coal) 546
섭입대 47,49, 51
성장률 13
세노테스 420
소각 637
소모적 사용 453
소프트 패스 595
소행성 406, 409, 412, 417, 421, 423, 426
소행성대 408
소행성의 충돌 423
수력 588
수렴 경계 51
수로 복원 310
수로 형태 295
수로화 309
수리경사도 444
수리전도도 444
수마트라 지진 214
수문 순환 435
수용력 15
수위상승추 491
수위하강추 444, 491
수정 메르칼리 진도 211
수정된 메르칼리 진도 187, 188, 235
수질 오염 474
순상화산 246
순차 지진 226, 227, 232
슈메이커-레비 혜성 412
슈메이커-레비 9G 혜성 416
스모그 657

스코핑 739
스크러버(세정기) 679
스크러빙(세정집진) 679
습지 464
습지 처분 499
시애틀 지진 189, 207
시추조사 421
실내 공기오염 674
심부관정 처리 649
싱크홀 355420, 448
쌍극자기장 57
쓰나미 211, 214, 220, 221, 227, 236, 423
쓰나미 경보 시스템 220

ㅇ

아르메니아 지진 228
안전 매립식 쓰레기 처리 647
안전율 332
알래스카 대지진 212, 214
알래스카 지진 212, 214, 229
알바레스 418
알프레드 베게너 56
알프레트 베게너 47
암석 89
암석 순환 89
암석권 45, 192
암석권 판 46
암설류 265
압축파 197
압층 442
애팔래치아 산맥 53
액상화 211, 212
에오세 417
엘리뇨 711
엘살바도르 지진 213
여진 209, 212, 235
역단층 195, 235
역자극 57
역전층 669
연령측정법 417
연료전지 588
연속방정식 290
연안퇴적물 이동 373
연약권 45
열대성 저기압 388
열병합발전 594
열잔류자기 57
열점 60, 62
영향 705
예방 원리 35
예보 161, 222
예측 161
오르도비스 417
오르트 구름 408, 409, 426
오염 485
오염물질 474
오염제어 최소 총 비용 683
오존고갈 720
옥시던트 664
온실효과 699
와다티-베니오프대 47
외계 천체 417
외핵 44, 57
용암 245
용암류 258
용융 411
용융암석 421
우수향 주향이동단층 193, 208
우주 천체 407
우주감시 425
운석 409, 419
운석구 406, 410
운석진 419
운석충돌 421
원격탐사 412
원유 552
위생 매립 638
위해성 165
유동암 449
유성 408, 426
유성우 408, 426
유성체 407, 408, 409, 423
유역 437
유역 분지 437
유입 하천 447
유입-배출량 분석 23
유체 포텐셜 780
유출 하천 447
유해 폐기물 643
이동 속도 193, 224
이론 30
이류 265
이리듐 419
이안류 374
이차 오염물질 661
인도네시아 쓰나미 215, 217
인위적 배출 659
인위적 부영양화 478
일산화탄소 678
일차 오염물질 661
입자성(또는 미립자) 오염물질 667

ㅈ

자기 극성 57
자기 연대표 57
자기변동 58
자기이상 58
자기이상 줄무늬 58, 59, 60
자동차 배기가스 678
자분 442
자분정 442
자연적 배출 659
자철석 57
잔류 광상 522
잔류 토양 603
잔류성 유기오염물질(POPs) 480
잠재적 활성단층 235
잠재활성 195, 196

장기예측 222, 226, 228, 236
재발 주기 192
재사용 633
재생수 497
재앙 156
재해에 대한 대비 169
재활용 633
저감 739
전단파 197
전이성 미끄럼사태 333
전자폐기물 632
전조현상 222, 224, 226
전조 162
전진 209, 224, 226
절단의 법칙 90
점 오염원 485
점배출원 660
정단층 195, 235
정자극 57
정화조 495
제방 285
조력 589
종유석 449
좌수향 주향이동단층 193
주기 199
주파수 199
주향이동단층 193, 207, 235
중기예측 226
중력집진장치 677
중앙열곡 50
중앙해령 47, 50, 59, 67
증발 광상 518
지각 45
지각균형설 53, 54
지각단축 195
지각확장 195
지구 407
지구 시스템 과학 691
지구계과학 27
지구근접천체 425, 426
지구자기장 56, 57, 59
지구자기장의 역전 57
지구조 윤회 47
지구조(tectonics) 46
지구흐림화 현상 708
지반 파열 211
지반가속 204
지반침하(subsidence) 328
지속 가능성 16
지속 가능한 에너지 정책 596
지열에너지 580
지자기 역전 57, 59
지진 182, 185, 192, 207
지진 강도 187
지진 과정 192
지진 규모 182
지진 예측 222
지진 위험도 222
지진 훈련 233
지진경보 231
지진경보 시스템 230
지진계 183, 198
지진공백 225, 226
지진기록 183, 198, 199
지진동 197
지진성 209
지진예측 226, 228, 236
지진원 193, 224
지진재해 지도 222, 223
지진재해저감 프로그램 228, 236
지진주기 207, 208, 209, 236
지진파 193, 198
지진파의 종류 197
지진학 46
지질계통표 417
지질시대 6
지질학 9
지체구조적 포행 196, 235
지층누중의 법칙 90
지층수평의 법칙 90
지표변형 225
지하수 배출 442
지하수 함양 442
지하수면 440
진도 187, 188, 211, 222
진동지도 188, 236
진앙 183, 184, 197, 199, 201, 205, 235
진원 183, 184, 201, 207, 235
진폭 183, 201
질소산화물 662, 678
집진기 677

ㅊ

천부 매립지 649
천연가스 552
청정대기 조례 개정안 681
청정대기조례 680
충격에너지 411, 421
충격파 421
충돌 409
충돌 사건 424
충돌 사건의 위험도 424
충돌 위험 423
충돌 위험성 423
충돌각력암 421
충돌사건 423
충상단층 195
측방폭발 262
층상구조 43
칠레 지진 214
침식작용 53
침출수 638

ㅋ

카드뮴 668
카르스트 지형 448
카르스트 평원 448

카이퍼대 408, 409
칼데라 분출 255
칼라베라스 단층대 196
콘드륨 409
콘트라이트 운석질 425
큐리온도 57
큰 지진 185

ㅌ

탄성반발 208, 236
탄성변형 208, 209, 236
탄성파 193
탄층 메탄 557
탄화수소 665
탈염 453
태양에너지 586
태평양 쓰나미 경보센터 221
테티스 해 61, 63
토양(soil) 603
토양 단면 605
토양 비옥도 608
토양 조사 625
토양 처분 649
토양 층위 605
토지 이용 계획 169, 228, 744
통기대 440
통합적 폐기물 관리 633
퇴비화 637
퇴적물 오염 617
퇴적암 89
퉁구스카 406, 409
퉁구스카 사건 406, 417
퉁구스카형 425
트라이아스기 417

ㅍ

파키스탄 지진 228, 232
파푸아뉴기니 지진 214
판게아 61
판경계 지진 190
판구조 46, 63, 70
판구조 운동 420
판구조론 47, 49, 56, 61, 192
판내부 지진 191, 192
판을 끌어당기는 힘 65
판을 밀어내는 힘 65
팽윤성 613
팽창성 토양 613
페루 지진 212
페름기 417
평균 체류 시간 23
폐수 개선 및 보전 주기 500
폐수 처리시설 496
포화대 440
폭풍해일 390
표면파 197, 199, 201, 235
풍력 591
풍화 82
플로린화수소 665
피드백(되먹임) 658
피압 대수층 442
피크오일 540

ㅎ

하계 밀도 439
하계망 438
하드 패스 595
하류 홍수 301
하반 195
하수오물 665
하수처리 공장 665
하와이 군도 61
하와이-황제 군도 60, 62
하이청 지진 224
하천 밖의 이용 453
하천 안의 이용 453
하천유출량 290
해구 52
해리 헤스 56
해빈 372
해빈양빈 381
해빈의 물질수지 375
해수 침입 434
해안절벽 376
해양 지각 45, 59
해양자력탐사 58
해양지각 58
해저 자기이상 59
해저협곡 52
해저확장 59
해저확장설 47, 56
핵에너지 567
핵폭발 211, 427
핼리 혜성 426
향사 195
허리케인 388
헤일-밥 혜성 408
현무암 58
혜성 407, 408, 409, 412, 415, 417, 423, 426
호상열도 52
호안벽 380
혼합층 671
홍수 298
화구 406
화산 위기 278
화산군도 60, 61
화산돔 249
화산재 강하 262
화산재류 262
화석 군집의 법칙 6
화석연료 542
화성쇄설성 활동 262
화성암 89, 91
화전농법 667
화학적 오염물질 659

확장중심 47
환경 위기 19
환경 일체성 25
환경법 748
환경영향평가보고서 738
환경지질학 9, 67
환태평양 섭입대 47
활동성 지각 변동 69
활성 196, 226
활성단층 195, 228, 235
황제군도 61
황화물 스모그 672
황화수소 665
회전성 미끄럼사태 332
효율 594
후안 데푸카 판 207
휘발성 유기화합물(VOC) 481, 664
흡수 부지 495
히말라야 산맥 61

기타

1AU 426
2배 시간 13
K-T 경계 417, 418, 421, 423
K-T 멸종 418
K-T 멸종 사건 418
MTBE(methyl tertbutyl ether) 481
NEAT 425
P파 197, 198
S파 197, 198
S−P 값 199
TPS 668

저자소개 | Edward A. Keller

Edward A. Keller는 교수, 학자, 저술가이면서 학부학생과 대학원생들에게 멘토 역할을 하고 있다. 현재 Keller 교수의 학생들은 지진재해와 가벼운 지각 변동 후 퇴적물의 하천계를 통한 움직임, 그리고 위험에 처한 줄무늬농어의 서식처에 가해지는 지질학적인 제어에 대해 연구하고 있다. Keller 교수는 프레즈노 캘리포니아주립대학교에서 지질학과 수학을 전공했으며, 데이비스 캘리포니아대학교에서 지질학으로 석사학위를 받았다. 1973년에 퍼듀대학교에서 지질학으로 박사학위를 받고 그해에 『환경지질학』을 저술했는데, 이 책은 곧바로 환경지질학 교육과정의 기초가 되었다. 1976년 샌타바버라 캘리포니아대학교 교수로 부임하여 환경연구와 지하수과학 프로그램의 책임자로 활동하였으며, 100편이 넘는 학술논문을 저술하고 하천 작용과 조구조적 지형학에 관한 연구활동에 참여했다. 그는 여러 기관으로부터 많은 학술상을 수상하였다.

역자소개

박수인
독일 마르부르크 필립스대학교
지질과학부 이학박사
현재 강원대학교 지질학과 교수

김지수
캐나다 매니토바대학교 지질과학과 이학박사
현재 충북대학교 지구환경과학과 교수

박영록
미국 인디애나대학교 지질과학과 이학박사
현재 강원대학교 지질학과 부교수

손문
부산대학교 지질학과 이학박사
현재 부산대학교 지질환경과학과 부교수

우남칠
미국 위스콘신주립대학교 지구과학과 이학박사
현재 연세대학교 지구시스템과학과 교수

윤성택
고려대학교 지질학과 이학박사
현재 고려대학교 지구환경과학과 교수

전승수
서울대학교 해양학과 이학박사
현재 전남대학교 지구환경과학부 교수

정찬호
서울대학교 지질과학과 이학박사
현재 대전대학교 지반설계정보공학과 교수

정형빈
일본 동경대학교 지구물리학과 이학박사
현재 부경대학교 환경대기과학과 교수

조호영
미국 위스콘신주립대학교 지질공학과 공학박사
현재 고려대학교 지구환경과학과 부교수

최상훈
고려대학교 지구환경과학과 이학박사
현재 충북대학교 지구환경과학과 교수

함세영
프랑스 몽펠리에2대학교 이학박사
현재 부산대학교 지질환경과학과 교수